国家规划重点图书

水工设计手册

（第2版）

主　编　索丽生　刘　宁
副主编　高安泽　王柏乐　刘志明　周建平

第11卷　水工安全监测

主编单位　水电水利规划设计总院
主　　编　张秀丽　杨泽艳

中国水利水电出版社
www.waterpub.com.cn

内容提要

《水工设计手册》（第2版）共11卷。本卷为第11卷——《水工安全监测》，共分6章，其内容分别为安全监测原理与方法、监测仪器设备、建筑物安全监测设计、监测仪器设备安装与维护、安全监测自动化系统和监测资料分析与评价等。

本手册可作为水利水电工程规划、勘测、设计、施工、管理等专业的工程技术人员和科研人员的常备工具书，同时也可作为大专院校相关专业师生的重要参考书。

图书在版编目（CIP）数据

水工设计手册．第11卷，水工安全监测/张秀丽，杨泽艳主编．—2版．—北京：中国水利水电出版社，2013.5（2014.12重印）
ISBN 978-7-5170-0926-9

Ⅰ.①水…　Ⅱ.①张…②杨…　Ⅲ.①水利水电工程-工程设计-技术手册②水利水电工程-安全监测-技术手册　Ⅳ.①TV222-62

中国版本图书馆CIP数据核字（2013）第113136号

书　　名	水工设计手册（第2版） 第11卷　水工安全监测
主编单位	水电水利规划设计总院
主　　编	张秀丽　杨泽艳
出版发行	中国水利水电出版社 （北京市海淀区玉渊潭南路1号D座　100038） 网址：www. waterpub. com. cn E-mail：sales@waterpub. com. cn 电话：（010）68367658（发行部）
经　　售	北京科水图书销售中心（零售） 电话：（010）88383994、63202643、68545874 全国各地新华书店和相关出版物销售网点
排　　版	中国水利水电出版社微机排版中心
印　　刷	涿州市星河印刷有限公司
规　　格	184mm×260mm　16开本　30.5印张　1032千字
版　　次	1983年10月第1版第1次印刷 2013年5月第2版　2014年12月第2次印刷
印　　数	2001—5000册
定　　价	**255.00**元

凡购买我社图书，如有缺页、倒页、脱页的，本社发行部负责调换

《水工设计手册》(第2版)

技术委员会

主　　任　潘家铮

副 主 任　胡四一　郑守仁　朱尔明

委　　员　（以姓氏笔画为序）

马洪琪　王文修　左东启　石瑞芳　刘克远

朱尔明　朱伯芳　吴中如　张超然　张楚汉

杨志雄　汪易森　陈明致　陈祖煜　陈德基

林可冀　林　昭　茆　智　郑守仁　胡四一

徐瑞春　徐麟祥　曹克明　曹楚生　富曾慈

曾肇京　董哲仁　蒋国澄　韩其为　雷志栋

潘家铮

组织单位

水利部水利水电规划设计总院

水电水利规划设计总院

中国水利水电出版社

《水工设计手册》（第2版）

各卷卷目、主编单位、主编、主审人员

卷目		主编单位	主编	主审
第1卷	基础理论	水利部水利水电规划设计总院 河海大学	刘志明 王德信 汪德爟	张楚汉　陈祖煜 陈德基
第2卷	规划、水文、地质	水利部水利水电规划设计总院	梅锦山 侯传河 司富安	陈德基　富曾慈 曾肇京　韩其为 雷志栋
第3卷	征地移民、环境保护与水土保持	水利部水利水电规划设计总院	陈　伟 朱党生	朱尔明　董哲仁
第4卷	材料、结构	水电水利规划设计总院	白俊光 张宗亮	张楚汉　石瑞芳 王亦锥
第5卷	混凝土坝	水电水利规划设计总院	周建平 党林才	石瑞芳　朱伯芳 蒋效忠
第6卷	土石坝	水利部水利水电规划设计总院	关志诚	林　昭　曹克明 蒋国澄
第7卷	泄水与过坝建筑物	水利部水利水电规划设计总院	刘志明 温续余	郑守仁　徐麟祥 林可冀
第8卷	水电站建筑物	水电水利规划设计总院	王仁坤 张春生	曹楚生　李佛炎
第9卷	灌排、供水	水利部水利水电规划设计总院	董安建 李现社	茆　智　汪易森
第10卷	边坡工程与地质灾害防治	水电水利规划设计总院	冯树荣 彭土标	朱建业　万宗礼
第11卷	水工安全监测	水电水利规划设计总院	张秀丽 杨泽艳	吴中如　徐麟祥

《水工设计手册》
第1版组织和主编单位及有关人员

组织单位　水利电力部水利水电规划设计院

主 持 人　张昌龄　奚景岳　潘家铮

（工作人员有李浩钧、郑顺炜、沈义生）

主编单位　华东水利学院

主 编 人　左东启　顾兆勋　王文修

（工作人员有商学政、高渭文、刘曙光）

《水工设计手册》

第1版各卷（章）目、编写、审订人员

卷目	章目		编写人	审订人
第1卷 基础理论	第1章	数学	张敦穆	潘家铮
	第2章	工程力学	李咏偕　张宗尧 王润富	徐芝纶　谭天锡
	第3章	水力学	陈肇和	张昌龄
	第4章	土力学	王正宏	钱家欢
	第5章	岩石力学	陶振宇	葛修润
第2卷 地质　水文 建筑材料	第6章	工程地质	冯崇安　王惊谷	朱建业
	第7章	水文计算	陈家琦　朱元甡	叶永毅　刘一辛
	第8章	泥沙	严镜海　李昌华	范家骅
	第9章	水利计算	方子云　蒋光明	叶秉如　周之豪
	第10章	建筑材料	吴仲瑾	吕宏基
第3卷 结构计算	第11章	钢筋混凝土结构	徐积善　吴宗盛	周　氏
	第12章	砖石结构	周　氏	顾兆勋
	第13章	钢木结构	孙良伟　周定荪	俞良正　王国周 许政谐
	第14章	沉降计算	王正宏	蒋彭年
	第15章	渗流计算	毛昶熙　周保中	张蔚榛
	第16章	抗震设计	陈厚群　汪闻韶	刘恢先
第4卷 土石坝	第17章	主要设计标准和荷载计算	郑顺炜　沈义生	李浩钧
	第18章	土坝	顾淦臣	蒋彭年
	第19章	堆石坝	陈明致	柳长祚
	第20章	砌石坝	黎展眉	李津身　上官能

卷　目	章　　目		编 写 人	审 订 人
第 5 卷 混凝土坝	第 21 章	重力坝	苗琴生	邹思远
	第 22 章	拱坝	吴凤池　周允明	潘家铮　裘允执
	第 23 章	支墩坝	朱允中	戴耀本
	第 24 章	温度应力与温度控制	朱伯芳	赵佩钰
第 6 卷 泄水与过 坝建筑物	第 25 章	水闸	张世儒　潘贤德 沈潜民　孙尔超 屠　本	方福均　孔庆义 胡文昆
	第 26 章	门、阀与启闭设备	夏念凌	傅南山　俞良正
	第 27 章	泄水建筑物	陈肇和　韩　立	陈椿庭
	第 28 章	消能与防冲	陈椿庭	顾兆勋
	第 29 章	过坝建筑物	宋维邦　刘党一 王俊生　陈文洪 张尚信　王亚平	王文修　呼延如琳 王麟璠　涂德威
	第 30 章	观测设备与观测设计	储海宁　朱思哲	经萱禄
第 7 卷 水电站 建筑物	第 31 章	深式进水口	林可冀　潘玉华 袁培义	陈道周
	第 32 章	隧洞	姚慰城	翁义孟
	第 33 章	调压设施	刘启钊　刘蕴琪 陆文祺	王世泽
	第 34 章	压力管道	刘启钊　赵震英 陈霞龄	潘家铮
	第 35 章	水电站厂房	顾鹏飞	赵人龙
	第 36 章	挡土墙	甘维义　干　城	李士功　杨松柏
第 8 卷 灌区建 筑物	第 37 章	灌溉	郑遵民　岳修恒	许志方　许永嘉
	第 38 章	引水枢纽	张景深　种秀贤 赵伸义	左东启
	第 39 章	渠道	龙九范	何家濂
	第 40 章	渠系建筑物	陈济群	何家濂
	第 41 章	排水	韩锦文　张法思	瞿兴业　胡家博
	第 42 章	排灌站	申怀珍　田家山	沈日迈　余春和

水利水电建设的宝典

——《水工设计手册》（第2版）序

《水工设计手册》（第2版）在广大水利工作者的热切期盼中问世了，这是我国水利水电建设领域中的一件大事，也是我国水利发展史上的一件喜事。3年多来，参与手册编审工作的专家、学者、工程技术人员和出版工作者，花费了大量心血，付出了艰辛努力。在此，我向他们表示衷心的感谢，致以崇高的敬意！

为政之要，其枢在水。兴水利、除水害，历来是治国安邦的大事。在我国悠久的治水历史中，积累了水利工程建设的丰富经验。特别是新中国成立后，揭开了我国水利水电事业发展的新篇章，建设了大量关系国计民生的水利水电工程，极大地促进了水工技术的发展。1983年，第1版《水工设计手册》应运而生，成为我国第一部大型综合性水工设计工具书，在指导水利水电工程设计、培养水工技术和管理人才、提高水利水电工程建设水平等方面发挥了十分重要的作用。

第1版《水工设计手册》面世28年来，我国水利水电事业发展迈上了一个新的台阶，取得了举世瞩目的伟大成就。一大批技术复杂、规模宏大的水利水电工程建成运行，新技术、新材料、新方法和新工艺广泛应用，水利水电建设信息化和现代化水平显著提升，我国水工设计技术、设计水平已跻身世界先进行列。特别是近年来，随着科学发展观的深入贯彻落实，我国治水思路正在发生着深刻变化，推动着水工设计需求、设计理念、设计理论、设计方法、设计手段和设计标准规范不断发展与完善。因此，迫切需要对《水工设计手册》进行修订完善。2008年2月水利部成立了《水工设计手册》（第2版）编委会，正式启动了修编工作。在编委会的组织领导下，水利水电规划设计总院、水电水利规划设计总院和中国水利水电出版社3家单位，联合邀请全国4家水利水电科学研究院、3所重点高等学校、15个资质优秀的水利水电勘测设计研究院（公司）等单位的数百位专家、学者和技术骨干参与，经过3年多的艰苦努力，《水工设计手册》（第2版）现已付梓。

《水工设计手册》（第2版）以科学发展观为统领，按照可持续发展治水思路要求，在继承前版成果中开拓创新，全面总结了现代水工设计的理论和实践经验，系统介绍了现代水工设计的新理念、新材料、新方法，有效协调了水利工程和水电工程设计标准，充分反映了当前国内外水工设计领域的重要科研成果。特别是增加了计算机技术在现代水工设计方法中应用等卷章，充实了在现代水工设计中必须关注的生态、环保、移民、安全监测等内容，使手册结构更趋合理，内容更加完整，更切合实际需要，充分体现了科学性、时代性、针对性和实用性。《水工设计手册》（第2版）的出版必将对进一步提升我国水利水电工程建设软实力，推动水工设计理念更新，全面提高水工设计质量和水平产生重大而深远的影响。

当前和今后一个时期，是加强水利重点薄弱环节建设、加快发展民生水利的关键时期，是深化水利改革、加强水利管理的攻坚时期，也是推进传统水利向现代水利、可持续发展水利转变的重要时期。2011年中央1号文件《关于加快水利改革发展的决定》和不久前召开的中央水利工作会议，进一步明确了新形势下水利的战略地位，以及水利改革发展的指导思想、目标任务、基本原则、工作重点和政策举措。《国家可再生能源中长期发展规划》、《中国应对气候变化国家方案》对水电开发建设也提出了具体要求。水利水电事业发展面临着重要的战略机遇，迎来了新的春天。

《水工设计手册》（第2版）集中体现了近30年来我国水利水电工程设计与建设的优秀成果，必将成为广大水利水电工作者的良师益友，成为水利水电建设的盛世宝典。广大水利水电工作者，要紧紧抓住战略机遇，深入贯彻落实科学发展观，坚持走中国特色水利现代化道路，积极践行可持续发展治水思路，充分利用好这本工具书，不断汲取学识和真知，不断提高设计能力和水平，以高度负责的精神、科学严谨的态度、扎实细致的作风，奋力拼搏，开拓进取，为推动我国水利水电事业发展新跨越、加快社会主义现代化建设作出新的更大贡献。

是为序。

水利部部长 陈雷

2011年8月8日

序

经过500多位专家学者历时3年多的艰苦努力，《水工设计手册》（第2版）即将问世。这是一件期待已久和值得庆贺的事。借此机会，我谨向参与《水工设计手册》修编的专家学者，向支持修编工作的领导同志们表示敬意。

30年前，为了提高设计水平，促进水利水电事业的发展，在许多专家、教授和工程技术人员的共同努力下，一部反映当时我国水利水电建设经验和科研成果的《水工设计手册》应运而生。《水工设计手册》深受广大水利水电工程技术工作者的欢迎，成为他们不可或缺的工具书和一位无言的导师，在指导设计、提高建设水平和保证安全等方面发挥了重要作用。

30年来，我国水利水电工程设计和建设成绩卓著，工程规模之大、建设速度之快、技术创新之多居世界前列。当然，在建设中我们面临一系列问题，其难度之大世界罕见。通过长期的艰苦努力，我们成功地建成了一大批世界规模的水利水电工程，如长江三峡水利枢纽、黄河小浪底水利枢纽、二滩、水布垭、龙滩等大型水电站，以及正在建设的锦屏一级、小湾和溪洛渡等具有300米级高拱坝的巨型水电站和南水北调东中线大型调水工程，解决了无数关键技术难题，积累了大量成功的设计经验。这些关系国计民生和具有世界影响力的大型水利水电工程在国民经济和社会发展中发挥了巨大的防洪、发电、灌溉、除涝、供水、航运、渔业、改善生态环境等综合作用。《水工设计手册》（第2版）正是对我国改革开放30多年来水利水电工程建设经验和创新成果的总结与提炼。特别是在当前全国贯彻落实中央水利工作会议精神、掀起新一轮水利水电工程建设高潮之际，出版发行《水工设计手册》（第2版）意义尤其重大。

在陈雷部长的高度重视和索丽生、刘宁同志的具体领导下，各主编单位和编写的同志以第1版《水工设计手册》为基础，全面搜集资料，做了大量归纳总结和精选提炼工作，剔除陈旧内容，补充新的知识。《水工设计手册》（第2版）体现了科学性、实用性、一致性和延续性，强调落实科学发展观和人与自然和谐的设计理念，浓墨重彩地突出了生态环境保护和征地移民的要求，彰显了与时俱进精神和可持续发展的理念。手册质量总体良好，技术水平高，是一部权威的、综合性和实用性强的一流设计手册，一部里程碑式的出版物。相信它将为21世纪的中国书写治水强国、兴水富民的不朽篇章，为描绘辉煌灿烂的画卷作出贡献。

我认为《水工设计手册》（第2版）另一明显的特色在于：它除了提供各种先进适用的理论、方法、公式、图表和经验之外，还突出了工程技术人员的设计任务、关键和难点，指出设计因素中哪些是确定性的，哪些是不确定的，从而使工程技术人员能够更好地掌握全局，有所抉择，不致于陷入公式和数据中去不能自拔；它还指出了设计技术发展的趋势与方向，有利于启发工程技术人员的思考和创新精神，这对工程技术创新是很有益处的。

工程是技术的体现和延续，它推动着人类文明的发展。从古至今，不同时期留下的不朽经典工程，就是那段璀璨文明的历史见证。2000多年前的都江堰和现代的三峡水利枢纽就是代表。在人类文明的发展过程中，从工程建设中积累的经验、技术和智慧被一代一代地传承下来。但是，我们必须在继承中发展，在发展中创新，在创新中跨越，才能大大地提高现代水利水电工程建设的技术水平。现在的年轻工程师们一如他们的先辈，正在不断克服各种困难，探索新的技术高度，创造前人无法想象的奇迹，为水利水电工程的经济效益、社会效益和环境效益的协调统一，为造福人类、推动人类文明的发展锲而不舍地奉献着自己的聪明才智。《水工设计手册》（第2版）的出版正值我国水利水电建设事业新高潮到来之际，我衷心希望广大水利水电工程技术人员精心规划，精心设计，精心管理，以一流设计促一流工程，为我国的经济社会可持续发展作出划时代的贡献。

中国科学院院士
中国工程院院士　潘家铮

2011年8月18日

第 2 版 前 言

《水工设计手册》是一部大型水利工具书。自 20 世纪 80 年代初问世以来，在我国水利水电建设中起到了不可估量的作用，深受广大水利水电工程技术人员的欢迎，已成为勘测设计人员必备的案头工具书。近 30 年来，我国水利水电工程建设有了突飞猛进的发展，取得了巨大的成就，技术水平总体处于世界领先地位。为适应我国水利水电事业的发展，迫切需要对《水工设计手册》进行修订。现在，《水工设计手册》（第 2 版）经 10 年孕育，即将问世。

一

《水工设计手册》修订的必要性，主要体现在以下五个方面：

第一是满足工程建设的需要。为满足西部大开发、中部崛起、振兴东北老工业基地和东部地区率先发展的国家发展战略的要求，尤其是 2011 年中共中央国务院作出了《关于加快水利改革发展的决定》，我国水利水电事业又迎来了新的发展机遇，即将掀起大规模水利水电工程建设的新高潮，迫切需要对已往水利水电工程建设的经验加以总结，更好地将水工设计中的新观念、新理论、新方法、新技术、新工艺在水利水电工程建设中广泛推广和应用，以提高设计水平，保障工程质量，确保工程安全。

第二是创新设计理念的需要。30 年前，我国水利水电工程设计的理念是以开发利用为主，强调“多快好省”，而现在的要求是开发与保护并重，做到“又好又快”。当前，随着我国经济社会的发展和生产生活水平的不断提高，不仅要注重水利水电工程的安全性和经济性，也更要注重生态环境保护和移民安置，做到统筹兼顾，处理好开发与保护的关系，以实现人与自然和谐相处，保障水资源可持续利用。

第三是更新设计手段的需要。计算机技术、网络技术和信息技术已在水利水电工程建设和管理中取得了突飞猛进的发展。计算机辅助工程

(CAE) 技术已经广泛应用于工程设计和运行管理的各个方面，为广大工程技术人员在工程计算分析、模拟仿真、优化设计、施工建设等方面提供了先进的手段和工具，使许多原来难以处理的复杂的技术问题迎刃而解。现代遥感（RS）技术、地理信息系统（GIS）及全球定位系统(GPS) 技术（即“3S”技术）的应用，突破了许多传统的地球物理方法及技术，使工程勘探深度不断加大、勘探分辨率（精度）不断提高，使人们对自然现象和规律的认识得以提高。这些先进技术的应用提高了工程勘测水平、设计质量和工作效率。

第四是总结建设经验的需要。自 20 世纪 90 年代以来，我国建设了一大批具有防洪、发电、航运、灌溉、调水等综合利用效益的水利水电工程。在大量科学研究和工程实践的基础上，成功破解了工程建设过程中遇到的许多关键性技术难题，建成了举世瞩目的三峡水利枢纽工程，建成了世界上最高的面板堆石坝（水布垭）、碾压混凝土坝（龙滩）和拱坝（小湾）等。这些规模宏大、技术复杂的工程的建设，在设计理论、技术、材料和方法等方面都有了很大的提高和改进，所积累的成功设计和建设经验需要总结。

第五是满足读者渴求的需要。我国水利水电工程技术人员对《水工设计手册》十分偏爱，第 1 版《水工设计手册》中有些内容已经过时，需要删减，亟待补充新的技术和基础资料，以进一步提高《水工设计手册》的质量和应用价值，满足水利水电工程设计人员的渴求。

二

修订《水工设计手册》遵循的原则：一是科学性原则，即系统、科学地总结国内外水工设计的新观念、新理论、新方法、新技术、新工艺，体现我国当前水利水电工程科学研究和工程技术的水平；二是实用性原则，即全面分析总结水利水电工程设计经验，发挥各编写单位技术优势，适应水利水电工程设计新的需要；三是一致性原则，即协调水利、水电行业的设计标准，对水利与水电技术标准体系存在的差异，必要时作并行介绍；四是延续性原则，即以第 1 版《水工设计手册》框架为基础，修订、补充有关章节内容，保持《水工设计手册》的延续性和先进性。

三

为切实做好修订工作，水利部成立了《水工设计手册》（第2版）编委会和技术委员会，水利部部长陈雷担任编委会主任，中国科学院院士、中国工程院院士潘家铮担任技术委员会主任，索丽生、刘宁任主编，高安泽、王柏乐、刘志明、周建平任副主编，对各卷、章的修编工作实行各卷、章主编负责制。在修编过程中，为了充分发挥水利水电工程设计、科研和教学等单位的技术优势，在各单位申报承担修编任务的基础上，由水利部水利水电规划设计总院和水电水利规划设计总院讨论确定各卷、章的主编和参编单位以及各卷、章的主要编写人员。主要参与修编的单位有25家，参加人员约500人。全书及各卷的审稿人员由技术委员会的专家担任。

第1版《水工设计手册》共8卷42章，656万字。修编后的《水工设计手册》（第2版）共分为11卷65章，字数约1400万字。增加了第3卷征地移民、环境保护与水土保持，第10卷边坡工程与地质灾害防治和第11卷水工安全监测等3卷，主要增加的内容包括流域综合规划、征地移民、环境保护、水土保持、水工结构可靠度、碾压混凝土坝、沥青混凝土防渗体土石坝、河道整治与堤防工程、抽水蓄能电站、潮汐电站、鱼道工程、边坡工程、地质灾害防治、水工安全监测和计算机应用等。

第1、2、3、6、7、9卷和第4、5、8、10、11卷分别由水利部水利水电规划设计总院和水电水利规划设计总院负责组织协调修编、咨询和审查工作。全书经编委会与技术委员会逐卷审查定稿后，由中国水利水电出版社负责编辑、出版和发行。

四

修订和编辑出版《水工设计手册》（第2版）是一项组织策划复杂、技术含量高、作者众多、历时较长的工作。

1999年3月，中国水利水电出版社致函原主编单位华东水利学院（现河海大学），表达了修订《水工设计手册》的愿望，河海大学及原主编左东启表示赞同。有关单位随即开展了一些前期工作。

2002年7月，中国水利水电出版社向时任水利部副部长的索丽生提出了“关于组织编纂《水工设计手册》（第2版）的请示”。水利部给予了高度重视，但因工作机制及资金不落实等原因而搁置。

2004年8月，水利部水利水电规划设计总院、水电水利规划设计总院和中国水利水电出版社三家单位，在北京召开了三方有关人员会议，讨论修订《水工设计手册》事宜，就修编经费、组织形式和工作机制等达成一致意见：即三方共同投资、共担风险、共同拥有著作权，共同组织修编工作。

2006年6月，水利部水利水电规划设计总院、水电水利规划设计总院和中国水利水电出版社的有关人员再次召开会议，研究推动《水工设计手册》的修编工作，并成立了筹备工作组。在此之后，工作组积极开展工作，经反复讨论和修改，草拟了《水工设计手册》修编工作大纲，分送有关领导和专家审阅。水利部水利水电规划设计总院和水电水利规划设计总院分别于2006年8月、2006年12月和2007年9月联合向有关单位下发文件，就修编《水工设计手册》有关事宜进行部署，并广泛征求意见，得到了有关设计单位、科研机构和大学院校的大力支持。经过充分酝酿和讨论，并经全书主编索丽生两次主持审查，提出了《水工设计手册》修编工作大纲。

2008年2月，《水工设计手册》（第2版）编委会扩大会议在北京召开，标志着修编工作全面启动。水利部部长陈雷亲自到会并作重要讲话，要求各有关方面通力合作，共同努力，把《水工设计手册》修编工作抓紧、抓实、抓好，使《水工设计手册》（第2版）“真正成为广大水利工作者的良师益友，水利水电工程建设的盛世宝典，传承水文明的时代精品”。

修订和编纂《水工设计手册》（第2版）工作得到了有关设计、科研、教学等单位的热情支持和大力帮助。全国包括13位中国科学院、中国工程院院士在内的500多位专家、学者和专业编辑直接参与组织、策划、撰稿、审稿和编辑工作，他们殚精竭虑，字斟句酌，付出了极大的心血，克服了许多困难，他们将修编工作视为时代赋予的神圣责任，3年多来，一直是苦并快乐地工作着。

鉴于各卷修编工作内容和进度不一，按成熟一卷出版一卷的原则，逐步完成全手册的修编出版工作。随着2011年中共中央1号文件的出台和新中国成立以来的首次中央水利工作会议的召开，全国即将掀起水利水电工程建设的新高潮，修编出版后的《水工设计手册》，必将在水利水电工程建设中发挥作用，为我国经济社会可持续发展作出新的贡献。

本套手册可供从事水利水电工程规划、设计、施工、管理的工程技术人员和相关专业的大专院校师生使用和参考。

在《水工设计手册》（第2版）即将陆续出版之际，谨向所有关怀、支持和参与修订和编纂出版工作的领导、专家和同志们，表示诚挚的感谢，并祈望广大读者批评指正。

《水工设计手册》（第2版）编委会

2011年8月

第 1 版 前 言

我国幅员辽阔，河流众多，流域面积在 1000km^2 以上的河流就有 1500 多条。全国多年平均径流量达 27000 多亿 m^3，水能蕴藏量约 6.8 亿 kW，水利水电资源十分丰富。

众多的江河，使中华民族得以生息繁衍。至少在 2000 多年前，我们的祖先就在江河上修建水利工程。著名的四川灌县都江堰水利工程，建于公元前 256 年，至今仍在沿用。由此可见，我国人民建设水利工程有悠久的历史和丰富的知识。

中华人民共和国成立，揭开了我国水利水电建设的新篇章。30 余年来，在党和人民政府的领导下，兴修水利，发展水电，取得了伟大成就。根据 1981 年统计（台湾省暂未包括在内），我国已有各类水库 86000 余座（其中库容大于 1 亿 m^3 的大型水库有 329 座），总库容 4000 余亿 m^3，30 万亩以上的大灌区 137 处，水电站总装机容量已超过 2000 万 kW（其中 25 万 kW 以上的大型水电站有 17 座）。此外，还修建了许多堤防、闸坝等。这些工程不仅使大江大河的洪涝灾害受到控制，而且提供的水源、电力，在工农业生产和人民生活中发挥了十分重要的作用。

随着我国水利水电资源的开发利用，工程建设实践大大促进了水工技术的发展。为了提高设计水平和加快设计速度，促进水利水电事业的发展，编写一部反映我国建设经验和科研成果的水工设计手册，作为水利水电工程技术人员的工具书，是大家长期以来的迫切愿望。

早在 60 年代初期，汪胡桢同志就倡导并着手编写我国自己的水工设计手册，后因十年动乱，被迫中断。粉碎“四人帮”以后不久，为适应我国四化建设的需要，由水利电力部规划设计管理局和水利电力出版社共同发起，重新组织编写水工设计手册。1977 年 11 月在青岛召开了手册的编写工作会议，到会的有水利水电系统设计、施工、科研和高等学校共 26 个单位、53 名代表，手册编写工作得到与会单位和代表的热情支持。这次会议讨论了手册编写的指导思想和原则，全书的内容体系，任务分工，计划进度和要求，以及编写体例等方面的问题，并作出了相应的决定。会后，又委托华东水利学院为主编单位，具体担负手册的编审任务。随着编写单位和编写人员的逐步落实，各章的初稿也陆续写出。1980年4月，由组织、主编和出版三个单位在南京召开了第1卷审稿会。同年8月，三个单位又在北京召开了与坝工有关各章内容协调会。根据议定的程序，手册各章写出以后，一般均打印分发有关单位，采用多种形式广泛征求意见，有的编写单位还召开了范围较广的审稿会。初稿经编写单位自审修改后，又经专门聘请的审订人详细审阅修订，最后由主编单位定稿。在各协作单位大力支持下，经过编写、审订和主编同志们的辛勤劳动，现在，《水工设计手册》终于与读者见面了，这是一件值得庆贺的事。

本手册共有42章，拟分8卷陆续出版，预计到1985年全书出齐，还将出版合订本。

本手册主要供从事大中型水利水电工程设计的技术人员使用，同时也可供地县农田水利工程技术人员和从事水利水电工程施工、管理、科研的人员，以及有关高校、中专师生参考使用。本手册立足于我国的水工设计经验和科研成果，内容以水工设计中经常使用的具体设计计算方法、公式、图表、数据为主，对于不常遇的某些专门问题，比较笼统的设计原则，尽量从简；力求与我国颁布的现行规范相一致，同时还收入了可供参考的有关规程、规范。

这是我国第一部大型综合性水工设计工具书，它具有如下特色：

（1）内容比较完整。本手册不仅包括了水利水电工程中所有常见的水工建筑物，而且还包括了基础理论知识和与水工专业有关的各专业知识。

（2）内容比较实用。各章中除给出常用的基本计算方法、公式和设计步骤外，还有较多的工程实例。

（3）选编的资料较新。对一些较成熟的科研成果和技术革新成果尽量吸收，对国外先进的技术经验和有关规定，凡认为可资参考或应用的，也多作了扼要介绍。

（4）叙述简明扼要。在表达方式上多采用公式、图表，文字叙述也力求精练，查阅方便。

我们相信，这部手册的问世将对我国从事水利水电工作的同志有一定的帮助。

本手册编成之后，我们感到仍有许多不足之处，例如：个别章的设置和顺序安排不尽恰当；有的章字数偏多，内容上难免存在某些重复；对现代化的设计方法如系统工程、优化设计等，介绍得不够；在文字、体例、繁简程度等方面也不尽一致。所有这些，都有待于再版时加以改进。

本手册自筹备编写至今，历时已近 5 年，前后参加编写、审订工作的有 30 多个单位 100 多位同志。接受编写任务的单位和执笔同志都肩负繁重的设计、科研、教学等工作，他们克服种种困难，完成了手册编写任务，为手册的顺利出版作出了贡献。在此，我们向所有参加手册工作的单位、编写人、审订人表示衷心的感谢，并致以诚挚的慰问。已故水力发电建设总局副总工程师奚景岳同志和水利出版社社长林晓同志，他们生前参加手册发起并做了大量工作，谨在此表示深切的怀念。

最后，我们诚恳地欢迎读者对手册中的疏漏和错误给予批评指正。

水利电力部水利水电规划设计院

华东水利学院

1982 年 5 月

目　录

水利水电建设的宝典——《水工设计手册》(第2版)序 …… 陈　雷
序 …… 潘家铮
第2版前言
第1版前言

第1章　安全监测原理与方法

1.1　水利水电工程特性与监测工作的重要性 …… 3
1.1.1　水利水电工程特性 …… 3
1.1.2　监测工作的重要性 …… 4
1.2　安全监测原理 …… 4
1.3　安全监测的方法与仪器设备 …… 8
1.3.1　变形监测 …… 8
1.3.2　渗流监测 …… 9
1.3.3　应力应变及温度监测 …… 9
1.3.3.1　应力应变监测 …… 9
1.3.3.2　温度监测 …… 10
1.3.4　地震反应监测 …… 10
1.3.5　水力学监测 …… 10
1.3.6　环境量监测 …… 10
1.3.7　巡视检查 …… 10
1.4　安全监测的设计思路 …… 11
1.4.1　安全监测的目的 …… 11
1.4.2　安全监测的设计依据和原则 …… 11
1.4.2.1　设计依据 …… 11
1.4.2.2　设计原则 …… 12
1.4.2.3　监测设计重点 …… 13
1.5　安全监测技术的发展 …… 17
1.5.1　监测仪器设备 …… 18
1.5.2　监测数据自动采集系统 …… 20
1.5.3　监测资料分析与信息处理 …… 20
1.5.4　安全监控与反馈 …… 21
1.5.5　安全监测技术标准 …… 22

第2章　监测仪器设备

2.1　监测仪器设备的基本要求及分类 …… 25
2.1.1　监测仪器设备的基本要求 …… 25
2.1.2　监测仪器设备分类 …… 25
2.2　传感器的工作原理 …… 26
2.2.1　钢弦式传感器 …… 26
2.2.2　差动电阻式传感器 …… 28
2.2.3　电感式传感器 …… 29
2.2.4　压阻式传感器 …… 30
2.2.5　电容式传感器 …… 31
2.2.6　电位器式传感器 …… 32
2.2.7　热电偶式传感器 …… 33
2.2.8　光纤光栅传感器 …… 33
2.2.9　电阻应变片式传感器 …… 35
2.2.10　伺服加速度式测斜传感器 …… 35
2.2.11　电解质式测斜传感器 …… 36
2.2.12　磁致伸缩式传感器 …… 36
2.3　变形监测仪器设备 …… 37
2.3.1　表面变形监测标点 …… 37
2.3.1.1　用途 …… 37
2.3.1.2　结构型式 …… 37
2.3.2　激光准直系统 …… 39
2.3.2.1　用途 …… 39
2.3.2.2　结构型式 …… 39
2.3.2.3　工作原理 …… 40
2.3.2.4　观测方法 …… 41
2.3.2.5　技术参数 …… 41
2.3.3　垂线系统 …… 41
2.3.3.1　用途 …… 41
2.3.3.2　结构型式 …… 42
2.3.3.3　工作原理 …… 42
2.3.3.4　观测方法 …… 45
2.3.3.5　技术参数 …… 46
2.3.4　引张线系统 …… 46
2.3.4.1　用途 …… 46
2.3.4.2　结构型式 …… 46
2.3.4.3　工作原理 …… 47

2.3.4.4 观测方法…………………………… 48
2.3.4.5 技术参数…………………………… 48
2.3.5 引张线式水平位移计系统………… 48
2.3.5.1 用途………………………………… 48
2.3.5.2 结构型式…………………………… 48
2.3.5.3 工作原理…………………………… 49
2.3.5.4 观测方法…………………………… 49
2.3.5.5 技术参数…………………………… 49
2.3.6 滑动测微计……………………………… 49
2.3.6.1 用途………………………………… 49
2.3.6.2 结构型式…………………………… 49
2.3.6.3 工作原理…………………………… 50
2.3.6.4 观测方法…………………………… 50
2.3.6.5 技术参数…………………………… 50
2.3.7 竖直传高系统…………………………… 51
2.3.7.1 用途………………………………… 51
2.3.7.2 结构型式…………………………… 51
2.3.7.3 工作原理…………………………… 51
2.3.7.4 观测方法…………………………… 52
2.3.7.5 技术参数…………………………… 52
2.3.8 静力水准系统…………………………… 53
2.3.8.1 用途………………………………… 53
2.3.8.2 结构型式…………………………… 53
2.3.8.3 工作原理…………………………… 53
2.3.8.4 技术参数…………………………… 55
2.3.9 水管式沉降仪…………………………… 55
2.3.9.1 用途………………………………… 55
2.3.9.2 结构型式…………………………… 55
2.3.9.3 工作原理…………………………… 56
2.3.9.4 观测方法…………………………… 57
2.3.9.5 技术参数…………………………… 57
2.3.10 电磁式沉降仪 ………………………… 57
2.3.10.1 用途 ……………………………… 57
2.3.10.2 结构型式 ………………………… 57
2.3.10.3 工作原理 ………………………… 57
2.3.10.4 技术参数 ………………………… 57
2.3.11 液压式沉降仪 ………………………… 58
2.3.11.1 用途 ……………………………… 58
2.3.11.2 结构型式 ………………………… 58
2.3.11.3 工作原理 ………………………… 58
2.3.11.4 技术参数 ………………………… 58
2.3.12 钻孔测斜仪 …………………………… 59
2.3.12.1 用途 ……………………………… 59
2.3.12.2 结构型式 ………………………… 59
2.3.12.3 工作原理 ………………………… 61
2.3.12.4 观测方法 ………………………… 62
2.3.12.5 技术参数 ………………………… 62
2.3.13 三向位移计 …………………………… 63
2.3.13.1 用途 ……………………………… 63
2.3.13.2 结构型式 ………………………… 63
2.3.13.3 工作原理 ………………………… 64
2.3.13.4 技术参数 ………………………… 64
2.3.14 多点位移计 …………………………… 64
2.3.14.1 用途 ……………………………… 64
2.3.14.2 结构型式 ………………………… 64
2.3.14.3 工作原理 ………………………… 65
2.3.14.4 技术参数 ………………………… 65
2.3.15 基岩变形计 …………………………… 65
2.3.15.1 用途 ……………………………… 65
2.3.15.2 结构型式 ………………………… 66
2.3.15.3 工作原理 ………………………… 66
2.3.15.4 技术参数 ………………………… 66
2.3.16 土位移计 ……………………………… 66
2.3.16.1 用途 ……………………………… 66
2.3.16.2 结构型式 ………………………… 66
2.3.16.3 工作原理 ………………………… 66
2.3.16.4 技术参数 ………………………… 67
2.3.17 测缝计 ………………………………… 67
2.3.17.1 用途 ……………………………… 67
2.3.17.2 结构型式 ………………………… 67
2.3.17.3 工作原理 ………………………… 68
2.3.17.4 技术参数 ………………………… 69
2.3.18 裂缝计 ………………………………… 70
2.3.18.1 用途 ……………………………… 70
2.3.18.2 结构型式 ………………………… 70
2.3.18.3 工作原理 ………………………… 70
2.3.18.4 技术参数 ………………………… 70
2.3.19 脱空计 ………………………………… 70
2.3.19.1 用途 ……………………………… 70
2.3.19.2 结构型式 ………………………… 70
2.3.19.3 工作原理 ………………………… 71
2.3.19.4 技术参数 ………………………… 71
2.3.20 位错计 ………………………………… 71
2.3.20.1 用途 ……………………………… 71
2.3.20.2 结构型式 ………………………… 71
2.3.20.3 工作原理 ………………………… 71
2.3.20.4 技术参数 ………………………… 71
2.3.21 倾角计 ………………………………… 71
2.3.21.1 用途 ……………………………… 71
2.3.21.2 结构型式 ………………………… 71
2.3.21.3 工作原理 ………………………… 71
2.3.21.4 技术参数 ………………………… 72

2.4 渗流监测仪器及设施 …………………… 72
2.4.1 测压管…………………………………… 72
2.4.1.1 用途………………………………… 72
2.4.1.2 结构型式…………………………… 72
2.4.1.3 工作原理…………………………… 72
2.4.2 孔隙水压力计（渗压计） …………… 72
2.4.2.1 用途………………………………… 72
2.4.2.2 结构型式…………………………… 72
2.4.2.3 工作原理…………………………… 74
2.4.2.4 技术参数…………………………… 74
2.4.3 水位计…………………………………… 75
2.4.3.1 用途………………………………… 75
2.4.3.2 结构型式与工作原理 ……………… 75
2.4.3.3 技术参数…………………………… 76
2.4.4 量水堰…………………………………… 76
2.4.4.1 用途………………………………… 76
2.4.4.2 结构型式…………………………… 77
2.4.4.3 工作原理…………………………… 78
2.4.4.4 技术参数…………………………… 79
2.4.5 分布式光纤温度监测系统 …………… 79
2.4.5.1 用途………………………………… 79
2.4.5.2 结构型式…………………………… 79
2.4.5.3 工作原理…………………………… 80
2.5 应力应变及温度监测仪器 ………………… 80
2.5.1 无应力计………………………………… 80
2.5.1.1 用途………………………………… 80
2.5.1.2 结构型式…………………………… 80
2.5.1.3 工作原理…………………………… 81
2.5.1.4 技术参数…………………………… 81
2.5.2 应变计、应变计组……………………… 81
2.5.2.1 用途………………………………… 81
2.5.2.2 结构型式…………………………… 81
2.5.2.3 工作原理…………………………… 82
2.5.2.4 技术参数…………………………… 82
2.5.3 钢板计…………………………………… 82
2.5.3.1 用途………………………………… 82
2.5.3.2 结构型式…………………………… 83
2.5.3.3 工作原理…………………………… 83
2.5.3.4 技术参数…………………………… 83
2.5.4 钢筋应力计……………………………… 83
2.5.4.1 用途………………………………… 83
2.5.4.2 结构型式…………………………… 83
2.5.4.3 工作原理…………………………… 83
2.5.4.4 技术参数…………………………… 83
2.5.5 锚杆应力计……………………………… 83
2.5.5.1 用途………………………………… 83
2.5.5.2 结构型式…………………………… 83
2.5.5.3 工作原理…………………………… 84
2.5.5.4 技术参数…………………………… 84
2.5.6 锚索（杆）测力计……………………… 84
2.5.6.1 用途………………………………… 84
2.5.6.2 结构型式…………………………… 84
2.5.6.3 工作原理…………………………… 84
2.5.6.4 技术参数…………………………… 84
2.5.7 土压力计………………………………… 84
2.5.7.1 用途………………………………… 84
2.5.7.2 结构型式…………………………… 85
2.5.7.3 工作原理…………………………… 86
2.5.7.4 技术参数…………………………… 86
2.5.8 温度计…………………………………… 86
2.5.8.1 用途………………………………… 86
2.5.8.2 结构型式…………………………… 86
2.5.8.3 工作原理…………………………… 87
2.5.8.4 技术参数…………………………… 87
2.5.9 分布式光纤测温系统 ………………… 87
2.6 动力及水力学监测仪器设备 ……………… 87
2.6.1 速度计…………………………………… 87
2.6.1.1 用途………………………………… 87
2.6.1.2 结构型式与工作原理 ……………… 87
2.6.1.3 技术参数…………………………… 88
2.6.2 加速度计………………………………… 88
2.6.2.1 用途………………………………… 88
2.6.2.2 结构型式与工作原理 ……………… 88
2.6.2.3 技术参数…………………………… 89
2.6.3 强震仪…………………………………… 89
2.6.3.1 用途………………………………… 89
2.6.3.2 结构型式与工作原理 ……………… 89
2.6.3.3 技术参数…………………………… 90
2.6.4 脉动压力计……………………………… 91
2.6.4.1 用途………………………………… 91
2.6.4.2 结构型式与工作原理 ……………… 91
2.6.4.3 技术参数…………………………… 93
2.6.5 水听器…………………………………… 93
2.6.5.1 用途………………………………… 93
2.6.5.2 结构型式与工作原理 ……………… 93
2.6.5.3 技术参数…………………………… 93
2.6.6 流速仪…………………………………… 93
2.6.6.1 用途………………………………… 93
2.6.6.2 结构型式与工作原理 ……………… 94
2.6.6.3 技术参数…………………………… 94

2.7 测量仪表 ······ 94
2.7.1 经纬仪 ······ 94
2.7.1.1 用途 ······ 94
2.7.1.2 结构型式 ······ 94
2.7.1.3 工作原理与观测方法 ······ 95
2.7.1.4 技术参数 ······ 96
2.7.2 测距仪 ······ 96
2.7.2.1 用途 ······ 96
2.7.2.2 结构型式 ······ 96
2.7.2.3 工作原理 ······ 97
2.7.2.4 技术参数 ······ 98
2.7.3 全站仪 ······ 98
2.7.3.1 用途 ······ 98
2.7.3.2 结构型式 ······ 99
2.7.3.3 工作原理 ······ 99
2.7.3.4 技术参数 ······ 99
2.7.4 水准仪 ······ 100
2.7.4.1 用途 ······ 100
2.7.4.2 结构型式 ······ 100
2.7.4.3 工作原理 ······ 101
2.7.4.4 技术参数 ······ 102
2.7.5 GPS 设备 ······ 103
2.7.5.1 用途 ······ 103
2.7.5.2 结构型式 ······ 103
2.7.5.3 工作原理 ······ 103
2.7.5.4 技术参数 ······ 104
2.7.6 觇标 ······ 104
2.7.6.1 用途 ······ 104
2.7.6.2 结构型式 ······ 104
2.7.6.3 工作原理 ······ 104
2.7.6.4 技术参数 ······ 105
2.7.7 收敛计 ······ 105
2.7.7.1 用途 ······ 105
2.7.7.2 结构型式 ······ 105
2.7.7.3 测读方式 ······ 105
2.7.7.4 技术参数 ······ 105
2.7.8 钢弦式仪器测量仪表 ······ 106
2.7.8.1 工作原理 ······ 106
2.7.8.2 技术参数 ······ 106
2.7.9 差动电阻式仪器测量仪表 ······ 106
2.7.9.1 工作原理 ······ 106
2.7.9.2 技术参数 ······ 107
2.7.10 电感式仪器测量仪表 ······ 107
2.7.10.1 工作原理 ······ 107
2.7.10.2 技术参数 ······ 107
2.7.11 压阻式仪器测量仪表 ······ 107
2.7.11.1 工作原理 ······ 107
2.7.11.2 技术参数 ······ 108
2.7.12 电容式仪器测量仪表 ······ 108
2.7.12.1 工作原理 ······ 108
2.7.12.2 技术参数 ······ 108
2.7.13 电位器式仪器测量仪表 ······ 108
2.7.13.1 工作原理 ······ 108
2.7.13.2 技术参数 ······ 108
2.7.14 热电偶式仪器测量仪表 ······ 109
2.7.14.1 工作原理 ······ 109
2.7.14.2 技术参数 ······ 109
2.7.15 光纤光栅式仪器测量仪表 ······ 109
2.7.15.1 工作原理 ······ 109
2.7.15.2 技术参数 ······ 109
2.7.16 静态电阻应变片式仪器测量仪表 ······ 110
2.7.16.1 工作原理 ······ 110
2.7.16.2 技术参数 ······ 110
2.7.17 动态电阻应变片式仪器测量仪表 ······ 110
2.7.17.1 工作原理 ······ 110
2.7.17.2 技术参数 ······ 110
2.7.18 伺服加速度式测斜仪器测量仪表 ······ 111
2.7.18.1 工作原理 ······ 111
2.7.18.2 技术参数 ······ 111
2.7.19 电解质式测斜仪器测量仪表 ······ 111
2.7.20 磁致缩式仪器测量仪表 ······ 111
2.7.20.1 工作原理 ······ 111
2.7.20.2 技术参数 ······ 111
2.7.21 水工观测电缆 ······ 111
2.7.22 集线箱 ······ 113
参考文献 ······ 113

第3章 建筑物安全监测设计

3.1 重力坝 ······ 117
3.1.1 重力坝结构特点及监测重点 ······ 117
3.1.1.1 结构特点 ······ 117
3.1.1.2 监测重点 ······ 117
3.1.2 监测设计依据 ······ 118
3.1.3 监测项目 ······ 119
3.1.4 变形监测 ······ 119
3.1.4.1 水平位移 ······ 120
3.1.4.2 垂直位移 ······ 122
3.1.4.3 坝基特殊部位变形 ······ 123
3.1.4.4 坝体接缝开合度 ······ 123

3.1.4.5 工程实例 …… 124
3.1.5 渗流监测 …… 124
3.1.5.1 基础扬压力和渗透压力 …… 128
3.1.5.2 坝体渗透压力 …… 129
3.1.5.3 绕坝渗流 …… 129
3.1.5.4 渗流量 …… 130
3.1.5.5 水质分析 …… 130
3.1.5.6 工程实例 …… 130
3.1.6 应力应变及温度监测 …… 132
3.1.6.1 监测断面 …… 132
3.1.6.2 测点布置 …… 132
3.1.6.3 仪器选用 …… 134
3.1.6.4 工程实例 …… 134
3.1.7 巡视检查 …… 135
3.1.7.1 总体要求 …… 135
3.1.7.2 检查内容 …… 136
3.1.7.3 检查要求和方法 …… 136
3.1.8 监测频次 …… 137
3.2 拱坝 …… 138
3.2.1 拱坝结构特点及监测重点 …… 138
3.2.1.1 结构特点 …… 138
3.2.1.2 监测重点 …… 138
3.2.2 监测设计依据 …… 139
3.2.3 监测项目 …… 139
3.2.4 变形监测 …… 139
3.2.4.1 水平位移 …… 140
3.2.4.2 垂直位移 …… 143
3.2.4.3 岩体内部变形 …… 145
3.2.4.4 坝体接缝及裂缝 …… 147
3.2.4.5 谷幅 …… 150
3.2.5 渗流监测 …… 151
3.2.5.1 坝基扬压力和渗透压力 …… 151
3.2.5.2 坝体渗透压力 …… 151
3.2.5.3 绕坝渗流 …… 152
3.2.5.4 渗流量 …… 152
3.2.5.5 水质分析 …… 152
3.2.5.6 工程实例 …… 152
3.2.6 应力应变及温度监测 …… 153
3.2.6.1 应力应变 …… 153
3.2.6.2 温度 …… 154
3.2.6.3 仪器选用 …… 155
3.2.6.4 工程实例 …… 155
3.2.7 特殊监测项目 …… 157
3.2.7.1 库盘变形 …… 157
3.2.7.2 地质缺陷处理工程 …… 158
3.2.7.3 断层 …… 159
3.2.8 巡视检查 …… 159
3.2.9 监测频次 …… 159
3.3 面板堆石坝 …… 160
3.3.1 面板堆石坝结构特点及监测重点 …… 160
3.3.1.1 结构特点 …… 160
3.3.1.2 监测重点 …… 160
3.3.2 监测设计依据 …… 161
3.3.3 监测项目 …… 161
3.3.4 变形监测 …… 162
3.3.4.1 表面水平位移 …… 162
3.3.4.2 表面垂直位移 …… 162
3.3.4.3 面板接缝位移 …… 162
3.3.4.4 面板挠度及脱空 …… 163
3.3.4.5 堆石体内部变形 …… 163
3.3.4.6 基础变形 …… 166
3.3.4.7 工程实例 …… 166
3.3.5 渗流监测 …… 167
3.3.5.1 渗流量 …… 168
3.3.5.2 坝基渗透压力 …… 170
3.3.5.3 绕坝渗流（地下水位） …… 170
3.3.5.4 水质分析 …… 170
3.3.5.5 工程实例 …… 170
3.3.6 应力应变及温度监测 …… 171
3.3.6.1 面板应力应变及温度 …… 171
3.3.6.2 坝基、坝体土压力 …… 171
3.3.6.3 接触土压力 …… 172
3.3.6.4 工程实例 …… 172
3.3.7 巡视检查 …… 172
3.3.8 监测频次 …… 173
3.4 心墙坝和均质坝 …… 174
3.4.1 心墙坝监测 …… 174
3.4.1.1 结构特点及监测重点 …… 174
3.4.1.2 监测设计依据 …… 174
3.4.1.3 监测项目 …… 174
3.4.1.4 变形监测 …… 175
3.4.1.5 渗流监测 …… 178
3.4.1.6 应力应变及温度监测 …… 181
3.4.1.7 巡视检查 …… 181
3.4.1.8 监测频次 …… 182
3.4.2 均质坝监测 …… 182
3.4.2.1 结构特点及监测重点 …… 182
3.4.2.2 监测设计依据 …… 182
3.4.2.3 监测项目 …… 182
3.4.2.4 变形监测 …… 182

3.4.2.5 渗流监测 …………………………… 182
3.4.2.6 巡视检查 …………………………… 183
3.4.2.7 监测频次 …………………………… 183
3.5 泄水及消能建筑物 …………………………… 183
3.5.1 泄水洞 …………………………… 183
3.5.1.1 结构特点及监测重点 …………………………… 183
3.5.1.2 监测设计依据 …………………………… 184
3.5.1.3 监测项目 …………………………… 184
3.5.1.4 进水塔结构监测 …………………………… 184
3.5.1.5 洞身监测 …………………………… 184
3.5.1.6 工作闸门室结构监测 …………………………… 184
3.5.1.7 出口段结构监测 …………………………… 185
3.5.1.8 巡视检查 …………………………… 185
3.5.1.9 监测频次 …………………………… 185
3.5.2 岸边溢洪道 …………………………… 185
3.5.2.1 结构特点及监测重点 …………………………… 185
3.5.2.2 监测设计依据 …………………………… 186
3.5.2.3 监测项目 …………………………… 186
3.5.2.4 控制段结构监测 …………………………… 186
3.5.2.5 泄槽结构监测 …………………………… 186
3.5.2.6 出口消能段结构监测 …………………………… 187
3.5.2.7 巡视检查 …………………………… 187
3.5.2.8 监测频次 …………………………… 187
3.5.3 消能防冲建筑物 …………………………… 187
3.5.3.1 结构特点及监测重点 …………………………… 187
3.5.3.2 监测设计依据 …………………………… 188
3.5.3.3 监测项目 …………………………… 188
3.5.3.4 底流水跃消能工结构监测 …………………………… 188
3.5.3.5 挑流消能工结构监测 …………………………… 189
3.5.3.6 面流消能工结构监测 …………………………… 190
3.5.3.7 涡旋内消能工结构监测 …………………………… 190
3.5.3.8 下游防冲设施监测 …………………………… 190
3.5.3.9 巡视检查 …………………………… 190
3.5.3.10 监测频次 …………………………… 190
3.6 发电引水建筑物 …………………………… 191
3.6.1 发电引水建筑物特点及监测重点 …………………………… 191
3.6.2 监测设计依据 …………………………… 192
3.6.3 监测项目 …………………………… 192
3.6.3.1 设计原则 …………………………… 192
3.6.3.2 监测项目 …………………………… 192
3.6.4 电站进（出）水口结构监测 …………………………… 192
3.6.5 隧洞监测 …………………………… 194
3.6.5.1 围岩变形与稳定监测 …………………………… 195
3.6.5.2 围岩应力监测 …………………………… 196
3.6.5.3 围岩温度监测 …………………………… 197
3.6.5.4 围岩松动范围监测 …………………………… 197
3.6.5.5 围岩支护结构监测 …………………………… 197
3.6.5.6 水压力监测 …………………………… 199
3.6.6 岔管衬砌结构监测 …………………………… 201
3.6.7 调压室（塔）结构监测 …………………………… 201
3.6.8 压力钢管结构监测 …………………………… 203
3.6.9 巡视检查 …………………………… 205
3.6.10 监测频次 …………………………… 205
3.7 发电厂房 …………………………… 206
3.7.1 厂房结构特点及监测重点 …………………………… 206
3.7.2 监测设计依据 …………………………… 206
3.7.3 监测项目 …………………………… 206
3.7.4 机组支撑结构监测 …………………………… 207
3.7.4.1 应力应变及温度 …………………………… 207
3.7.4.2 振动 …………………………… 208
3.7.5 河床式厂房监测 …………………………… 208
3.7.6 坝后式厂房监测 …………………………… 210
3.7.7 引水式厂房监测 …………………………… 210
3.7.7.1 岸边厂房 …………………………… 210
3.7.7.2 地下厂房 …………………………… 210
3.7.8 巡视检查 …………………………… 219
3.7.9 监测频次 …………………………… 219
3.8 通航建筑物 …………………………… 221
3.8.1 船闸 …………………………… 221
3.8.1.1 结构特点及监测重点 …………………………… 221
3.8.1.2 监测设计依据 …………………………… 221
3.8.1.3 监测项目 …………………………… 221
3.8.1.4 变形监测 …………………………… 221
3.8.1.5 渗流监测 …………………………… 222
3.8.1.6 应力应变及温度监测 …………………………… 222
3.8.1.7 水位监测 …………………………… 222
3.8.1.8 巡视检查 …………………………… 223
3.8.1.9 监测频次 …………………………… 223
3.8.2 升船机 …………………………… 223
3.8.2.1 结构特点及监测重点 …………………………… 223
3.8.2.2 监测设计依据 …………………………… 223
3.8.2.3 监测项目 …………………………… 223
3.8.2.4 变形监测 …………………………… 223
3.8.2.5 渗流监测 …………………………… 224
3.8.2.6 应力应变及温度监测 …………………………… 225
3.8.2.7 水位及泥沙淤积监测 …………………………… 225
3.8.2.8 巡视检查 …………………………… 225
3.8.2.9 监测频次 …………………………… 225
3.9 边坡工程 …………………………… 226
3.9.1 边坡工程特点及监测重点 …………………………… 226

3.9.1.1 工程特点 …… 226
3.9.1.2 监测重点 …… 227
3.9.2 监测设计依据 …… 227
3.9.3 监控等级的确定 …… 227
3.9.3.1 监控等级 …… 227
3.9.3.2 监控等级选择原则 …… 227
3.9.3.3 监控等级定性判识 …… 228
3.9.4 监测项目 …… 229
3.9.5 外部变形监测 …… 229
3.9.5.1 表面变形 …… 229
3.9.5.2 表面裂缝 …… 230
3.9.5.3 表面倾斜 …… 230
3.9.6 内部变形监测 …… 230
3.9.6.1 钻孔轴向的变形 …… 230
3.9.6.2 垂直于钻孔轴向的变形 …… 230
3.9.6.3 洞内变形 …… 231
3.9.6.4 工程实例 …… 231
3.9.7 支护效应监测 …… 233
3.9.7.1 锚固措施 …… 233
3.9.7.2 抗滑支挡结构 …… 234
3.9.7.3 工程实例 …… 234
3.9.8 渗流监测 …… 235
3.9.8.1 地下水位 …… 235
3.9.8.2 渗流量 …… 235
3.9.8.3 水质分析 …… 235
3.9.8.4 工程实例 …… 235
3.9.9 其他专项监测 …… 236
3.9.9.1 边坡危险源 …… 236
3.9.9.2 爆破振动影响 …… 237
3.9.9.3 岩石应力 …… 238
3.9.10 巡视检查 …… 239
3.9.11 监测频次 …… 238
3.10 其他建筑物 …… 239
3.10.1 水闸 …… 239
3.10.1.1 结构特点及监测重点 …… 239
3.10.1.2 监测设计依据 …… 239
3.10.1.3 监测项目 …… 239
3.10.1.4 变形 …… 239
3.10.1.5 渗流 …… 240
3.10.1.6 应力应变及温度 …… 240
3.10.1.7 水位 …… 240
3.10.1.8 流量 …… 240
3.10.1.9 冲刷及淤积 …… 240
3.10.1.10 巡视检查 …… 240
3.10.1.11 监测频次 …… 241
3.10.2 渡槽 …… 241
3.10.2.1 结构特点及监测重点 …… 241
3.10.2.2 监测设计依据 …… 241
3.10.2.3 监测项目 …… 241
3.10.2.4 进、出口连接段 …… 241
3.10.2.5 槽身段 …… 242
3.10.2.6 其他监测 …… 243
3.10.2.7 巡视检查 …… 243
3.10.2.8 监测频次 …… 243
3.10.3 倒虹吸及涵管 …… 244
3.10.3.1 结构特点及监测重点 …… 244
3.10.3.2 监测设计依据 …… 244
3.10.3.3 监测项目 …… 244
3.10.3.4 倒虹吸箱涵（管） …… 244
3.10.3.5 进、出口及渐变段 …… 245
3.10.3.6 倒虹吸上部明渠 …… 245
3.10.3.7 涵管 …… 245
3.10.3.8 巡视检查 …… 246
3.10.3.9 监测频次 …… 246
3.10.4 特殊渠道 …… 246
3.10.4.1 结构特点及监测重点 …… 246
3.10.4.2 监测设计依据 …… 247
3.10.4.3 监测项目 …… 247
3.10.4.4 深挖方渠道 …… 247
3.10.4.5 高填方渠道 …… 247
3.10.4.6 高地下水渠道 …… 248
3.10.4.7 不良地质渠道 …… 248
3.10.4.8 巡视检查 …… 249
3.10.4.9 监测频次 …… 249
3.10.5 泵站 …… 250
3.10.5.1 结构特点及监测重点 …… 250
3.10.5.2 监测设计依据 …… 250
3.10.5.3 监测项目 …… 250
3.10.5.4 监测设施布置 …… 250
3.10.5.5 巡视检查 …… 251
3.10.5.6 监测频次 …… 252
3.10.6 堤防与吹填工程 …… 252
3.10.6.1 工程特点及监测重点 …… 252
3.10.6.2 监测设计依据 …… 252
3.10.6.3 监测项目 …… 252
3.10.6.4 常规堤防监测 …… 253
3.10.6.5 吹填区围堤监测 …… 253
3.10.6.6 巡视检查 …… 253
3.10.6.7 监测频次 …… 253
3.10.7 水工隧洞挡水封堵体 …… 253
3.10.7.1 结构特点及监测重点 …… 253

3.10.7.2 监测设计依据 …… 254
3.10.7.3 监测项目 …… 254
3.10.7.4 监测布置 …… 254
3.10.7.5 巡视检查 …… 255
3.10.7.6 监测频次 …… 255
3.11 专项监测 …… 255
3.11.1 表面变形监测控制网 …… 255
3.11.1.1 设计目的和内容 …… 255
3.11.1.2 设计依据和原则 …… 255
3.11.1.3 平面变形控制网布设 …… 256
3.11.1.4 高程变形控制网布设 …… 259
3.11.1.5 观测方法 …… 260
3.11.2 水力学监测 …… 264
3.11.2.1 监测目的和特点 …… 264
3.11.2.2 设计依据 …… 264
3.11.2.3 监测项目及监测布置 …… 264
3.11.2.4 泄水及消能建筑物水力学监测 …… 266
3.11.2.5 输水建筑物水力学监测 …… 283
3.11.2.6 通航建筑物水力学监测 …… 285
3.11.2.7 水力学监测资料整理 …… 289
3.11.3 强震动监测 …… 289
3.11.3.1 监测目的 …… 289
3.11.3.2 监测设计依据 …… 289
3.11.3.3 监测项目 …… 289
3.11.3.4 监测布置 …… 289
3.11.3.5 工程实例 …… 291
3.11.4 环境量监测 …… 292
3.11.4.1 监测项目 …… 292
3.11.4.2 设计依据 …… 293
3.11.4.3 监测布置 …… 293
参考文献 …… 295

第4章 监测仪器设备安装与维护

4.1 安装与维护的基本要求 …… 299
4.1.1 安装与维护的一般规定 …… 299
4.1.2 仪器设备采购和验收 …… 299
4.1.3 安装埋设前的准备 …… 300
4.2 仪器设备的性能检验 …… 300
4.2.1 一般规定 …… 300
4.2.2 钢弦式仪器 …… 301
4.2.2.1 力学性能检验 …… 301
4.2.2.2 温度性能检验 …… 302
4.2.2.3 防水性能检验 …… 303
4.2.3 差动电阻式仪器 …… 303
4.2.3.1 力学性能校验 …… 303
4.2.3.2 温度性能检验 …… 304
4.2.3.3 防水性能检验 …… 305
4.2.4 水管式沉降仪 …… 305
4.2.4.1 仪器量测性能检验 …… 305
4.2.4.2 防水密封性检验 …… 306
4.2.4.3 监测稳定性检验 …… 306
4.2.4.4 耐运输颠振性能试验 …… 306
4.2.4.5 外观检验 …… 306
4.2.5 引张线式水平位移计 …… 306
4.2.5.1 仪器量测性能检验 …… 306
4.2.5.2 铟钢丝屈服强度与温度系数检验 …… 307
4.2.5.3 外观检验 …… 307
4.2.6 测斜仪 …… 307
4.2.6.1 检验设备 …… 307
4.2.6.2 性能参数 …… 307
4.2.6.3 绝缘电阻检验 …… 308
4.2.6.4 稳定性检验 …… 308
4.2.6.5 耐运输颠振性能检验 …… 308
4.2.6.6 外观检验 …… 308
4.2.7 垂线坐标仪 …… 308
4.2.8 活动觇标 …… 309
4.2.8.1 水准管轴检验与校正 …… 309
4.2.8.2 圆水准器检验与校正 …… 309
4.2.8.3 照准牌检验与校正 …… 309
4.2.8.4 零位测定 …… 309
4.2.9 量水堰 …… 309
4.2.10 水力学仪器 …… 310
4.2.11 二次测量仪表 …… 310
4.2.11.1 水工比例电桥 …… 310
4.2.11.2 数字电桥 …… 310
4.2.11.3 频率读数仪 …… 311
4.2.11.4 测斜仪读数仪 …… 311
4.2.11.5 全站仪与水准仪及水准标尺的检验 …… 311
4.2.11.6 收敛计 …… 313
4.2.12 电缆检验 …… 313
4.3 变形监测仪器设备安装埋设 …… 313
4.3.1 表面变形标点安装 …… 313
4.3.1.1 平面控制网及水平位移标点 …… 313
4.3.1.2 视准线 …… 314
4.3.1.3 精密水准点 …… 315
4.3.1.4 双金属标 …… 316

4.3.1.5 深层沉降测点 …………………… 317
4.3.2 真空激光准直系统 …………… 318
4.3.2.1 技术要求 ……………………… 318
4.3.2.2 真空管道系统安装 …………… 318
4.3.2.3 真空激光准直设备安装 ………… 319
4.3.2.4 真空管道的焊接与安装 ………… 319
4.3.2.5 真空泵的安装调试 …………… 319
4.3.2.6 波带板翻转机构的调整 ………… 319
4.3.2.7 保护措施 ……………………… 319
4.3.2.8 观测 …………………………… 320
4.3.3 垂线系统 ……………………… 320
4.3.3.1 正垂线与倒垂线安装 ………… 320
4.3.3.2 垂线坐标仪安装 ……………… 321
4.3.4 引张线系统 …………………… 322
4.3.5 引张线式水平位移计 ………… 323
4.3.5.1 准备 …………………………… 323
4.3.5.2 基床整平 ……………………… 323
4.3.5.3 引张线线路安装 ……………… 324
4.3.5.4 支架及传感器安装 …………… 325
4.3.6 滑动测微计 …………………… 325
4.3.6.1 钻孔中测管测环的安装 ……… 325
4.3.6.2 桩基中测管测环的安装 ……… 325
4.3.7 竖直传高仪 …………………… 326
4.3.7.1 基本安装步骤 ………………… 326
4.3.7.2 安装技术要求 ………………… 326
4.3.8 静力水准系统 ………………… 326
4.3.8.1 安装前准备 …………………… 326
4.3.8.2 系统安装 ……………………… 326
4.3.8.3 管线保护和测点仪器的保护 …… 327
4.3.8.4 仪器安装注意事项 …………… 327
4.3.9 沉降仪 ………………………… 327
4.3.9.1 水管式沉降仪 ………………… 327
4.3.9.2 电磁式沉降仪 ………………… 330
4.3.9.3 液压式沉降仪 ………………… 331
4.3.10 钻孔测斜仪 ………………… 331
4.3.10.1 钻孔 ………………………… 331
4.3.10.2 安装测斜管 ………………… 332
4.3.10.3 仪器操作方法 ……………… 332
4.3.11 多向位移计 ………………… 333
4.3.12 多点位移计 ………………… 333
4.3.13 基岩变形计 ………………… 335
4.3.14 土位移计 …………………… 335
4.3.15 测缝计（裂缝计） ………… 336
4.3.15.1 埋入式测缝计 ……………… 336
4.3.15.2 表面测缝计 ………………… 336
4.3.15.3 三向测缝计 ………………… 337
4.3.16 脱空计 ……………………… 337
4.3.17 位错计 ……………………… 337
4.3.18 倾角计 ……………………… 338
4.3.19 收敛测点 …………………… 338
4.3.19.1 安装灌浆钢筋锚头 ………… 338
4.3.19.2 安装玻璃树脂锚固钢筋锚头 …… 339
4.3.19.3 安装膨胀锚头 ……………… 339
4.3.19.4 安装钢构件上锚头 ………… 339
4.4 渗流监测仪器及设施安装埋设 ………… 340
4.4.1 测压管 ………………………… 340
4.4.1.1 安装埋设与灵敏度检验 ……… 340
4.4.1.2 管口装置及保护 ……………… 341
4.4.2 孔隙水压力计（渗压计） ……… 341
4.4.2.1 坑槽安装埋设法 ……………… 341
4.4.2.2 钻孔安装埋设法 ……………… 342
4.4.3 水位计 ………………………… 342
4.4.4 量水堰 ………………………… 343
4.4.4.1 量水堰的设置要求 …………… 343
4.4.4.2 量水堰的流量计算公式 ……… 343
4.4.4.3 观测要求 ……………………… 343
4.4.5 分布式光纤 …………………… 343
4.4.5.1 分布式光纤光缆安装 ………… 343
4.4.5.2 光纤的连接 …………………… 344
4.5 应力应变及温度监测仪器安装埋设 …… 345
4.5.1 无应力计 ……………………… 345
4.5.2 应变计（组） ………………… 345
4.5.3 钢板计 ………………………… 345
4.5.4 钢筋应力计 …………………… 346
4.5.5 锚杆应力计 …………………… 347
4.5.6 锚杆测力计 …………………… 347
4.5.7 锚索测力计 …………………… 347
4.5.8 土压力计 ……………………… 348
4.5.9 温度计 ………………………… 349
4.6 动力及水力学监测仪器安装埋设 …… 349
4.6.1 强震仪 ………………………… 349
4.6.1.1 安装一般要求 ………………… 349
4.6.1.2 仪器组装与安装 ……………… 350
4.6.2 脉动压力计 …………………… 350
4.6.3 水听器 ………………………… 350
4.7 仪器保护与电缆连接 ………………… 351
4.7.1 一般规定 ……………………… 351
4.7.2 仪器埋设初期的保护 ………… 351
4.7.3 仪器运行期的保护 …………… 351
4.7.4 仪器设备的日常维护 ………… 351
4.7.5 仪器电缆的保护和标识 ……… 352

4.7.6 仪器电缆连接 …… 352
4.8 安全监测测量仪表维护 …… 353
4.8.1 一般维护方法 …… 353
4.8.2 全站仪 …… 354
4.8.3 水准仪 …… 354
4.8.4 GPS设备 …… 355
4.8.5 觇标 …… 355
4.8.6 激光准直系统 …… 355
4.8.7 垂线系统 …… 356
4.8.8 引张线系统 …… 356
4.8.9 静力水准系统 …… 356
4.8.10 引张线式水平位移计系统 …… 356
4.8.11 水管式沉降仪 …… 357
4.8.12 收敛计 …… 357
4.8.13 钻孔倾斜仪 …… 357
4.8.14 竖直传高仪 …… 357
4.8.15 电测水位计 …… 358
4.8.16 钢弦式仪器测量仪表 …… 358
4.8.17 差动电阻式仪器测量仪表 …… 358
4.8.18 压阻式仪器测量仪表 …… 358
4.8.19 电位器式仪器测量仪表 …… 358
4.8.20 光纤光栅式仪器测量仪表 …… 359
4.8.21 渗压设施 …… 359
4.8.22 脉动压力计 …… 359
参考文献 …… 360

第5章 安全监测自动化系统

5.1 安全监测自动化系统设计依据和原则 …… 363
5.1.1 重要性及必要性 …… 363
5.1.2 设计依据和原则 …… 364
5.1.2.1 设计依据 …… 364
5.1.2.2 设计原则 …… 364
5.2 安全监测自动化系统的构成、功能及性能 …… 364
5.2.1 类型 …… 364
5.2.2 总体结构 …… 366
5.2.3 安全监测自动化系统的功能 …… 366
5.2.4 安全监测自动化系统的性能 …… 367
5.3 安全监测自动化系统数据采集装置 …… 367
5.3.1 主要技术指标及要求 …… 367
5.3.2 模块类型及特性 …… 368
5.3.3 功能特点及配置 …… 368
5.3.4 布置设计原则 …… 369
5.4 安全监测自动化系统网络及通信 …… 369
5.4.1 网络设计 …… 369
5.4.2 网络拓扑结构 …… 370
5.4.3 通信介质 …… 371
5.5 安全监测自动化系统软件及信息管理 …… 371
5.5.1 系统软件 …… 371
5.5.2 应用软件 …… 371
5.5.3 常见的安全监测信息管理系统应用软件 …… 372
5.5.3.1 大坝安全监测管理软件 …… 372
5.5.3.2 大坝远程管理系统软件 …… 373
5.6 安全监测自动化系统的防雷接地系统 …… 373
5.6.1 雷击形式及入侵途径 …… 373
5.6.2 直击雷的防护 …… 374
5.6.2.1 合理地进行系统设计 …… 374
5.6.2.2 技术防雷 …… 374
5.6.3 雷电电磁脉冲（LEMP）防护 …… 375
5.7 工程实例 …… 376
5.7.1 小湾水电站安全监测自动化系统 …… 376
5.7.2 十三陵蓄能电厂安全监测自动化系统 …… 376
5.7.3 山东泰安抽水蓄能电站安全监测自动化系统 …… 377
5.7.4 北疆供水工程安全监测自动化系统 …… 378
5.7.5 北溪水闸安全监测自动化系统 …… 380
5.8 产品验收 …… 381
5.8.1 验收步骤与组织 …… 381
5.8.2 出厂验收 …… 381
5.8.3 现场验收 …… 381
5.9 安全监测自动化系统安装调试、运行维护及考核验收 …… 382
5.9.1 系统安装调试 …… 382
5.9.2 系统运行维护 …… 382
5.9.3 考核验收 …… 382
5.10 安全监测自动化系统主要考核指标 …… 383
5.10.1 有效数据缺失率 …… 383
5.10.2 采集装置平均无故障时间 …… 383
5.10.3 单测点比测指标 …… 383
5.10.4 短期测值稳定性 …… 383
参考文献 …… 383

第6章 监测资料分析与评价

6.1 资料分析的内容、要求和方法 ………… 387
6.1.1 资料分析的内容 ………………………… 387
6.1.1.1 大坝监测效应量的变化规律 …… 387
6.1.1.2 大坝结构性态存在的问题 ……… 387
6.1.1.3 大坝结构性态变化的预测 ……… 387
6.1.1.4 大坝结构性态的客观判断 ……… 387
6.1.2 资料分析的要求 ………………………… 387
6.1.2.1 监测数据和检查资料要确实可靠 ……………………… 387
6.1.2.2 计算和分析方法要科学合理 …… 387
6.1.2.3 资料分析和成果要及时反馈 …… 387
6.1.2.4 分析成果要全面反映 …………… 387
6.1.2.5 分析和评价要突出重点 ………… 388
6.1.2.6 分析方法和手段技术要先进 …… 388
6.1.2.7 分析过程要人机结合 …………… 388
6.1.2.8 组织管理要做好 ………………… 388
6.1.3 资料分析的方法 ………………………… 388
6.1.3.1 常规分析 ………………………… 388
6.1.3.2 定量正分析 ……………………… 388
6.1.3.3 定量反分析 ……………………… 388
6.1.4 各阶段资料分析的侧重点 ……………… 389
6.1.4.1 施工阶段 ………………………… 389
6.1.4.2 首次蓄水阶段 …………………… 389
6.1.4.3 运行阶段 ………………………… 389
6.2 资料分析的基础工作 ………………… 389
6.2.1 资料的收集与积累 ……………………… 389
6.2.1.1 监测资料的收集 ………………… 389
6.2.1.2 水工建筑物资料的收集 ………… 390
6.2.1.3 其他资料的收集 ………………… 390
6.2.2 资料的整理和整编 ……………………… 390
6.2.2.1 原始监测数据的检验 …………… 390
6.2.2.2 变形效应量的计算 ……………… 390
6.2.2.3 渗流效应量的计算 ……………… 391
6.2.2.4 应力应变及温度监测效应量的计算 ……………………… 392
6.2.2.5 监测成果表的编制及绘图 ……… 394
6.2.2.6 监测资料的整编 ………………… 394
6.3 环境量及监测效应量真伪性分析 …… 395
6.3.1 环境量分析 ……………………………… 395
6.3.2 监测效应量的误差分析 ………………… 396
6.3.2.1 监测效应量误差的定义 ………… 396
6.3.2.2 监测效应量误差的研究意义 …… 396
6.3.2.3 监测效应量误差的来源 ………… 396
6.3.2.4 监测效应量误差的分类 ………… 396
6.3.3 监测效应量真伪性分析 ………………… 397
6.3.3.1 监测效应量真伪的定义 ………… 397
6.3.3.2 监测效应量真伪性分析方法 …… 397
6.4 监测资料的常规分析 ………………… 397
6.4.1 特征值统计分析 ………………………… 397
6.4.1.1 环境量特征值统计 ……………… 397
6.4.1.2 物理量特征值统计 ……………… 399
6.4.2 对比分析 ………………………………… 399
6.4.2.1 与历史测值比较 ………………… 399
6.4.2.2 与相关的资料对照 ……………… 399
6.4.2.3 与设计计算值及模型试验值比较 ……………………… 399
6.4.2.4 与规定的安全监控值和预测值比较 ……………………… 399
6.4.3 变化过程分析 …………………………… 399
6.4.3.1 水位变化过程分析 ……………… 399
6.4.3.2 气温变化过程分析 ……………… 399
6.4.3.3 水温变化过程分析 ……………… 400
6.4.3.4 坝体温度变化过程分析 ………… 400
6.4.3.5 坝基温度变化过程分析 ………… 401
6.4.3.6 混凝土坝基扬压力变化过程分析 ……………………… 402
6.4.3.7 混凝土坝体及坝基排水量变化过程线绘制与分析 ……………… 402
6.4.3.8 混凝土坝变形变化过程分析 …… 403
6.4.3.9 混凝土坝接缝及裂缝变化过程分析 ……………………… 405
6.4.3.10 坝体混凝土应力变化过程分析 ……………………… 407
6.4.4 分布图比较分析 ………………………… 409
6.4.4.1 坝前水温分布图的绘制及分析 ……………………… 409
6.4.4.2 坝体温度分布图的绘制及分析 ……………………… 410
6.4.4.3 混凝土坝基扬压力分布图的绘制及分析 ……………………… 411
6.4.4.4 混凝土坝体及坝基排水量分布图的绘制及分析 ……………………… 413
6.4.4.5 混凝土坝变形分布图的绘制及分析 ……………………… 413
6.4.4.6 坝体混凝土应力分布图的绘制及分析 ……………………… 414
6.4.5 相关图比较分析 ………………………… 414
6.5 变形和应力监测量的统计模型 ……… 416

6.5.1 混凝土坝变形监测点的统计模型 …… 416
6.5.1.1 引言 …… 416
6.5.1.2 统计模型各因子的选择 …… 416
6.5.1.3 应用实例 …… 418
6.5.2 土石坝变形监测量的统计模型 …… 419
6.5.2.1 变形的统计模型 …… 419
6.5.2.2 应用实例 …… 420
6.5.3 地下洞室周壁变形的统计模型 …… 420
6.5.3.1 无支护的洞室在施工期周壁变形的统计模型 …… 420
6.5.3.2 洞室支护的周壁变形的统计模型 …… 421
6.5.3.3 运行期有压隧洞洞壁变形的统计模型 …… 421
6.5.4 边坡变形量的统计模型 …… 421
6.5.5 应力统计模型 …… 421
6.5.5.1 实际应力计算 …… 421
6.5.5.2 应力应变统计模型 …… 423
6.5.5.3 应用实例 …… 424
6.6 渗流监测量的统计模型 …… 425
6.6.1 混凝土坝坝体和坝基渗压的统计模型 …… 425
6.6.1.1 引言 …… 425
6.6.1.2 坝体渗透压力的统计模型 …… 425
6.6.1.3 混凝土坝坝基扬压力的统计模型及成果分析 …… 426
6.6.1.4 两岸地下水位的统计模型 …… 428
6.6.2 土石坝浸润线测压管水位的统计模型 …… 428
6.6.2.1 统计模型及因子选择 …… 428
6.6.2.2 应用实例 …… 429
6.6.3 渗流量的统计模型 …… 430
6.6.3.1 统计模型及因子选择 …… 430
6.6.3.2 应用实例 …… 431
6.7 确定性模型和混合模型 …… 431
6.7.1 混凝土坝的位移确定性模型和混合模型 …… 431
6.7.1.1 各分量的计算公式 …… 431
6.7.1.2 参数估计 …… 435
6.7.1.3 变形单测点确定性模型和混合模型的应用举例 …… 435
6.7.2 混凝土坝的应力确定性模型和混合模型 …… 437
6.7.2.1 基本原理 …… 437
6.7.2.2 应用实例 …… 438
6.7.3 土石坝渗压的确定性模型 …… 438
6.7.3.1 渗压确定性模型的表达式 …… 438
6.7.3.2 应用实例 …… 440
6.8 安全监测资料的反演 …… 441
6.8.1 混凝土坝坝体弹性模量和线膨胀系数及基岩变形模量的反演 …… 441
6.8.1.1 基本原理和方法 …… 441
6.8.1.2 反演 E_c、E_r 和 α_c 时应注意的问题 …… 441
6.8.2 土石坝材料的物理力学参数和徐变度的反演 …… 443
6.8.2.1 物理力学参数的反演 …… 443
6.8.2.2 徐变度的反演 …… 444
6.8.2.3 应用实例 …… 445
6.8.2.4 土石坝徐变度的反演 …… 445
6.8.3 拟定大坝安全监控指标的方法 …… 445
6.8.3.1 数理统计法 …… 445
6.8.3.2 结构计算分析法 …… 446
6.8.3.3 应用实例 …… 447
6.9 安全性态综合评价 …… 450
6.9.1 综合评价的体系结构及方法 …… 450
6.9.2 综合评价的主要过程和实施要点 …… 450
6.9.2.1 主要过程 …… 450
6.9.2.2 实施要点 …… 451
6.9.3 应用实例 …… 453
6.9.3.1 工程的关键问题 …… 453
6.9.3.2 荷载效应集的分析 …… 453
6.9.3.3 综合评价 …… 453
6.9.3.4 处理措施 …… 454
参考文献 …… 454

第1章

安全监测原理与方法

本章是全卷的总论，共分5节。主要阐述了安全监测工作的重要性和安全监测的原理，概述了安全监测的方法与仪器设备、安全监测设计的基本思路，同时总结了水利水电工程安全监测技术的发展历史，展望了安全监测的最新发展技术。

本章针对水工建筑物结构特点和失事后的严重后果，强调安全监测工作在水工建筑物的建设和运行期安全管理中的重要性；通过工程实例说明安全监测的工作原理在于水工建筑物对荷载和环境量变化固有的响应，这些响应可以量化为位移、应力应变、渗漏量等物理量的变化；通过研制特定的监测仪器设备捕捉这些变化信息，与设计中的理论分析计算值对比，可以评估和判断建筑物当前的工作状态，达到监控安全的目的。

章主编　张秀丽　王玉洁

章主审　施济中　顾冲时

本章各节编写及审稿人员

节次	编　写　人	审稿人
1.1	赵志勇　张秀丽	施济中　顾冲时
1.2	张秀丽	
1.3	赵志勇	
1.4	王玉洁	
1.5	王玉洁　杨泽艳	

第1章 安全监测原理与方法

1.1 水利水电工程特性与监测工作的重要性

1.1.1 水利水电工程特性

水是人类社会赖以生存不可或缺的自然资源。大江大河孕育了人类最初的文明，水资源的利用和开发促进了人类社会的发展。人类一直与水相伴，为了利用水资源人们修建了多种水利水电工程，为了预防水灾害人们又构筑了很多防洪工程。

建造水利水电工程是改造自然、开发利用水资源的重大举措，能为社会带来巨大的经济效益和社会效益。但是，随着经济与社会的发展，城市化进程加快、人口与财产高度集中，这种紧密的经济结构有其脆弱的一面，难于承受水利水电工程设施失效的影响。作为国民经济的基础产业之一，水利水电工程工作性状失常，会直接影响其经济收益，而工程一旦失事，将给社会带来巨大的生命财产损失和人为的灾害，严重时甚至会形成社会问题和环境问题。因此，应从社会、环境、经济等全局利益出发，高度重视水工程安全。

在水利水电工程中，水工建筑物与一般的土木建筑物不同，建设规模宏大，地形地质条件各异，结构型式多样，运行条件特殊，承受荷载复杂，从勘测设计到施工完建，历时长，经过的程序和环节非常多。因此，水利水电工程具有以下6个主要特点。

1. 承受多种荷载组合作用

水工建筑物和任何建筑物一样，要承受自重、土压力、温度等环境荷载以及地震作用，此外水利水电工程的特点是还要承受水的各种作用。而水又是一种无孔不入的液体，它与坝体、地基中的混凝土和岩土体等成为一种多相介质，使结构的力学性能变得十分复杂。水是一种变幅巨大的荷载，挡水建筑物长期承受反复作用的面力或体力，需要考虑结构的防渗、抗浮和抗冻问题；水作为一种溶剂可能弱化岩体或筑坝材料相关的物理力学指标，泄水建筑物长期存在高速水流的冲刷和空蚀问题。因此，与一般建筑物相比，水工建筑物除承受多种荷载组合作用外，其工作条件还因水的作用而变得更加恶劣。

2. 水工建筑物结构型式多样

水工建筑物的结构型式虽有几种基本类型，但对每一个工程都要根据其地形、地质状况、挡水、泄流的要求和水力学条件等进行选择和设计。同一类型的水工建筑物会因所处位置不同而有不同的结构型式。

3. 工程地质条件及地基处理存在不确定性

工程地质条件是控制水工建筑物安全的首要因素。在选择枢纽建筑物位置和布置时常受到很多因素制约，导致最终确定的建筑物位置的地质条件时常不尽如人意。对地质缺陷的处理需要依据大量的地质勘探工作和岩石力学研究成果。然而水利水电工程的地质情况很复杂，地质钻探也仅能有限布置，一些不利的地质现象难以全部客观地揭示，这就使工程地基的处理存在不确定因素。

4. 建造技术异常复杂

水利水电工程的建设环节多，先要对工程的枢纽布局和选址合理性、可行性进行研究、论证，做大量的勘测规划工作，进行统一规划，科学论证，然后进行总体设计，确定工程规模、枢纽布置和水库特征水位等参数，对各建筑物做出总体布置。同时，因水工建筑物的结构型式和地质条件的不同，其建设过程和工作环境也不同，使得水工建筑物的建造技术异常复杂，导致建设的环节多，水工建筑物实际结构受力特性与设计情况容易发生偏差，需要修正。

5. 对生态环境保护要求高

水工建筑物规模大，施工过程很复杂，但对周边生态环境必须保护。因此，对于水利水电工程的建设，通常要进行施工设计，以便合理地布置和利用场地，有效地组织施工程序，以减少水利水电工程在工程涉及区域对生态环境可能造成的影响。同时，修建的挡水建筑物还可能打破本流域的原有生态平衡等，这对库区水环境的保护提出新的问题。

6. 安全性要求极高

由于水利水电工程的重要和复杂，一旦失事，后果相当严重。工程的投资巨大、建设周期长。工程建成运行后的经济效益和社会效益显著。因此，对工程的安全性要求极高。

1.1.2　监测工作的重要性

水利水电工程历史悠久，尽管已积累了丰富的实践经验，但由于地质、水文、气象的复杂性，即使掌握了现代最先进的勘探技术，采取了周密详尽的调查研究，仍然难以彻底掌握坝址区工程地质、水文、气象等情况；任何地质勘探和水文、气象调查的结果，最后都是通过理论计算而成为设计的依据，因此在某些情况下，这种数据与实际情况可能有很大的出入。设计中既可能存在对水工建筑物工作条件估计偏差或运行情况考虑不全的问题，也可能存在因引用假设进行简化而使结果偏离实际的情况，设计很难做到完美无缺。施工中，也可能发生因施工方法不当，混凝土浇筑振捣不透，温度控制、选用材料不严，堆石体碾压不密实等各种问题，从而引发一系列质量问题。竣工运行后，大坝受各种力的作用和自然环境的影响，筑坝材料的逐渐老化，加之高压水的不断渗流溶蚀，使得大坝及其地基的物理力学性能逐渐变异，偏离设计要求。因此，在荷载长期作用以及洪水、地震等恶劣环境因素影响下，水工建筑物结构不断老化，发生事故乃至失事的可能性长期存在，具有事故的风险性。

如果能够在事故发生前获得有关信息，进行分析和判断，及时采取有效的防范措施，便有可能避免事故的发生或减免损失。20 世纪 50 年代以来，水电工程界逐步认识到大坝和上部结构的失事多由地基因素引起，边坡工程、地下工程的事故往往系岩土体失稳所致。基于岩土体的复杂性，一般情况下仅凭人的巡查和直觉判断难以及时发现和有效判定，必须依靠布置针对性的监测项目进行系统监测和分析评价。于是，水利水电工程安全监测的问题被逐渐提出和重视，并随监测方法和监测手段的不断改进而逐步发展。

对于大型、复杂的水利水电工程，除采取及时有效的工程措施外，布设完善、先进的安全监测系统、及时埋设监测设施进行监测并对监测成果进行及时分析和反馈，是工程安全施工和动态设计的重要保障。同时，也应根据现场开挖揭示的实际地质情况和相关建筑物实际施工方式适时调整、优化监测布置。在水利水电工程施工及运行过程中，安全监测体系均以“耳目”作用直接指导、反馈工程问题的处理。因此，监控工程施工期和运行期的安全，检验已实施的工程措施的效果，并为水利水电工程的实践积累经验，同时研究、完善监测评价体系与预警机制是十分必要的。

监测工作在水利水电工程建设期和运行期的安全管理中具有举足轻重的作用，非常重要。

1.2　安全监测原理

任何建筑物在荷载作用和温度、湿度等环境量变化的情况下，都会出现自身响应，表现出变形、渗流、震动、内部应力应变变化、外部裂缝、错动等不同的性态反映。这些性态反映可以量化为建筑物有关的各种变形量、渗流量、扬压力、应力应变、压力脉动、水流流速、水质等各种物理量的变化，并且这种变化有一个从量变到质变的过程，任何一种水工建筑物失事破坏都不是突然发生的。例如：坝体滑动失稳，就会反映在持续变形、内部应力变化上；坝基破坏，就会在坝基变形、渗透压力、坝基与接合面应力、接缝开度上表现出来；防渗、排水系统损坏，就会在漏水量和渗透压力上表现出来；结构破坏，就会在应力应变等方面表现出来。这就使通过量测和监测手段获得水工建筑物失事破坏前的信息成为可能。随着人们对水工建筑物的认识和科学技术的进步，人类通过研制各种监测仪器和设备并预先埋设在水工建筑物中，可以捕捉到这些物理量的变化信息，再对比设计情况就能判断建筑物当前的工作状态，及早发现问题并采取措施，防患于未然。因此，安全监测的原理，在于建筑物对荷载和环境量变化有固有的响应，这些响应可以量化为位移、应力应变、渗流量等物理量的变化，通过研制特定的监测仪器和设备捕捉这些变化信息，与设计中的理论分析计算成果进行对比，从而评估和判断建筑物当前的工作状态，达到监控建筑物安全的目的。水工建筑物安全监测的原理可概括为通过仪器监测和现场巡视检查的方法，全面捕捉水工建筑物施工期和运行期的性态反映，分析评判建筑物的安全性状及其发展趋势。

安全监测的原理在水工建筑物，特别在大坝安全管理中得到了充分的展现，可以通过一些实际大坝安全管理的工程例子来进一步说明。大坝在水压力、温度和自重等荷载作用下必然要发生变形、渗流等性态变化，因此监测坝体、坝基的变形量的大小和变化规律，同时监测渗流引起的坝体与坝基渗漏量、扬压力、坝肩绕渗地下水位变化等渗流参数，就可以宏观地评估大坝的工作状态是否正常。这是大坝安全管理的重要工作之一。国内外坝工史上有很多监测成功的案例。

【例 1】　瓦依昂水库滑坡。意大利的瓦依昂水库，位于文尼托省贝鲁诺村附近的瓦依昂河上。整个工程由建于狭窄河谷的双曲薄拱坝、引水发电隧洞及地下厂房、表孔及泄水隧洞等水工建筑物组成。库容 1.7 亿 m^3。拱坝坝高 262m，坝顶弧长 190m，体积

35.3 万 m^3，弧高比 0.73，厚高比 0.086。水库的滑坡体位置见图 1.2-1。

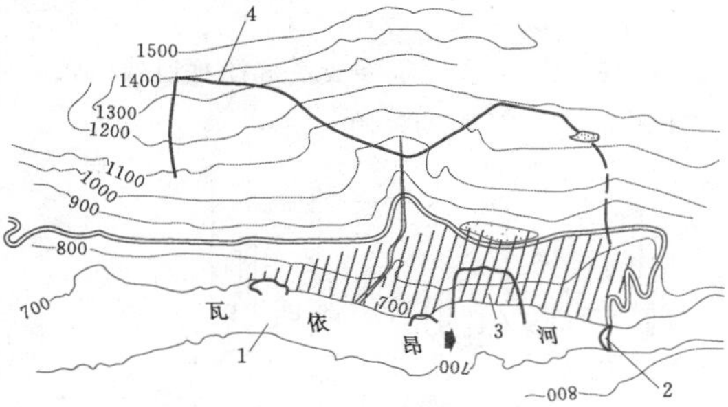

图 1.2-1 瓦依昂水库滑坡体位置

1—瓦依昂河；2—大坝；3—滑坡体；4—后缘 M 裂缝

水库于 1960 年 3 月下闸蓄水，6 月底，库水位从 580.00m 升至 595.00m，左岸山体发生水平位移，但位移量较小，且分布范围也不大。

1960 年 10 月初，水库水位达 635.00m，山体位移突然增加，速度加快，约 3.8cm/d，同时岩体大范围蠕动，出现一条 M 形大裂缝，长约 2km，面积 $2km^2$。1960 年 11 月 4 日库水位 640.00m 时，大坝上游左岸发生第一次小滑坡，滑坡体积约 70 万 m^3。为防滑坡恶化，限制库水位 600.00m 以下；在右岸开挖一条引水隧洞；设置大型观测网；坝头设立微震监测台。此后山体变形趋于缓慢，水平总位移 140cm。

1962 年 10 月～1963 年 4 月，库水位 700.00m，位移速率 1～1.2cm/d，累计水平总位移 273cm，同时测得地颤。

1963 年 7～9 月底，库水位 710.00m，位移速率 0.3～0.5cm/d，累计水平总位移 372.9cm。

1963 年 9 月 28 日～10 月 9 日，连续降雨 2 周，库水位 710.00m，低于坝顶 10m，位移速率逐步加大至 4.8cm/d，累计水平总位移 392cm。

1963 年 10 月 9 日 22 时 41 分 40 秒，左岸山体突然高速下滑，下滑速度 25m/s，持续时间 20s，滑坡体急速冲出，穿过 80m 宽水库，直冲右岸，爬高 140m，封堵坝前 50～1800m 河段，堆积体高出库水位 150m，致使水库报废。滑坡引起伴有气垫、水、泥石的巨型涌浪，涌浪高达 250m，漫过坝顶水深 150m，漫坝水体约 300 万 m^3，工程被迫废弃。

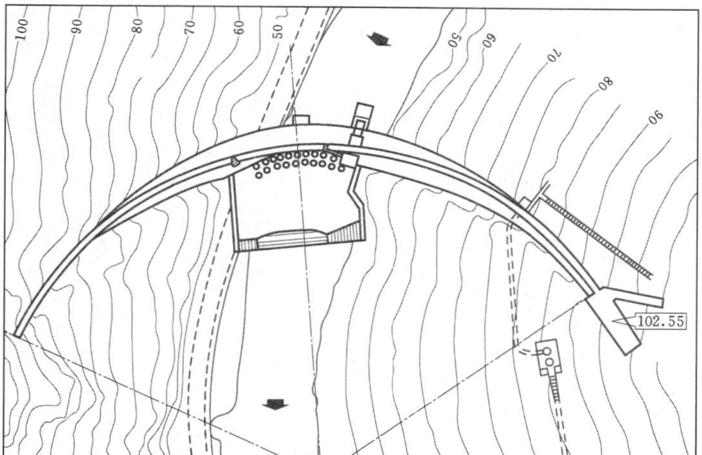

(*a*) 平面布置图

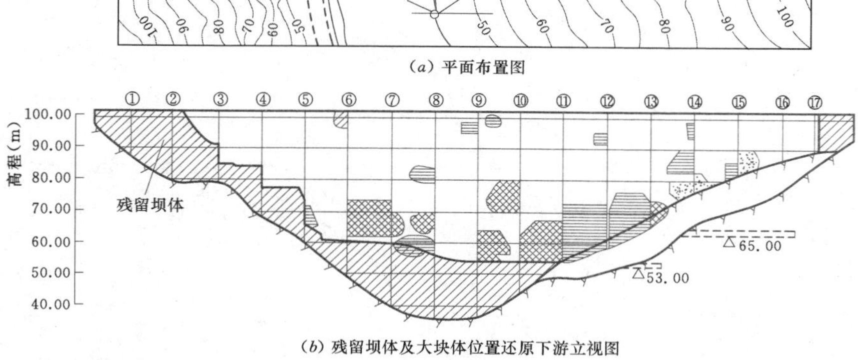

(*b*) 残留坝体及大块体位置还原下游立视图

为不同的残块

图 1.2-2 马尔巴塞拱坝平面布置图和溃坝后残留大块体位置还原下游立视图

瓦依昂滑坡体监测成果，包括详细的环境量（降雨量、水库水位）、效应量（边坡滑动变化速率、累计水平位移、扬压力）过程线等见图 1.2－3。

【例 2】　马尔巴塞拱坝溃坝。法国的马尔巴塞水库，库容 5100 万 m^3，工程任务为供水、灌溉和防洪。挡水建筑物为坝顶设溢流表孔的混凝土双曲拱坝，坝高 66m，坝顶长 222.7m，最大底宽 6.78m，弧高比 3.374，厚高比 0.102，该坝为一典型宽河谷上的双曲薄拱坝，其平面布置图和溃坝后残留大块体位置还原下游立视图见图 1.2－2。

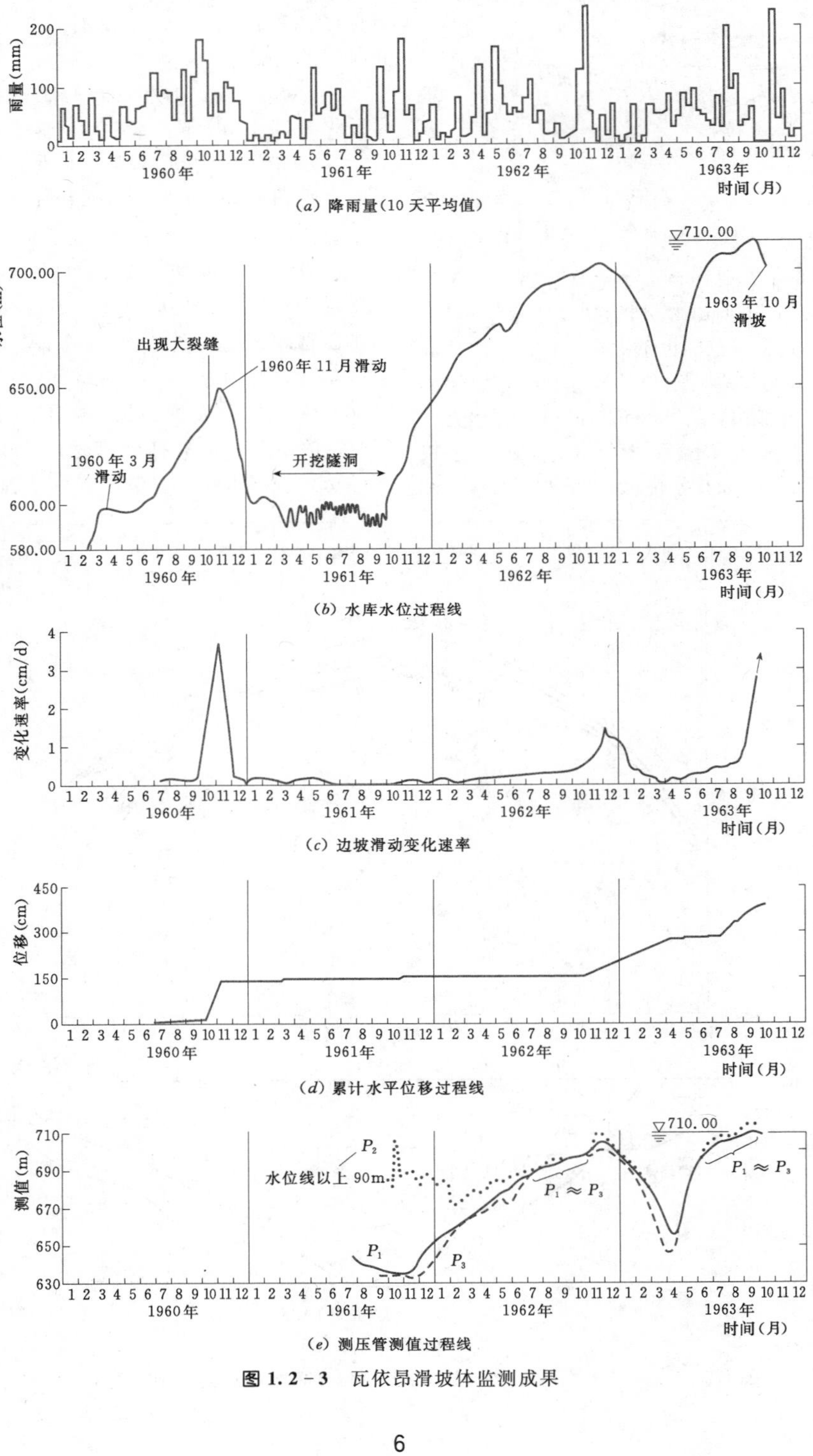

图 1.2－3　瓦依昂滑坡体监测成果

1954年4月20日水库下闸蓄水，1959年7月水库蓄水位94.10m，比正常蓄水位（98.50m）低4.4m，大坝拱冠梁底部径向位移增大10mm；1959年11月中旬水库水位95.20m，发现右坝下游20m处有水渗出，渗水点高程80.00m；1959年11月29日晚又降大雨，次日下午6时水位达97.00m，比正常蓄水位低1.5m；1959年12月2日中午水位达100.00m，比正常蓄水位高1.5m，比坝顶低2.55m。这时，决定开闸放水，下午19时30分库水位下降3m，21时10分大坝崩垮，洪水形成一堵巨大水墙，涌出峡谷。

上述两个失事案例中，失事之前建筑物的性态反映十分明显。对于瓦依昂水库滑坡，从1960年3月水库下闸蓄水开始观测，直到1963年10月9日下滑，3年多时间连续观测到滑坡体的累计水平位移、变化速率和边坡内扬压力（参见图1.2-3），最终累计水平总位移达到392cm，位移速率逐步加大至4.8cm/d，扬压力测值与库水位几乎一致。对于马尔巴塞拱坝，1954年4月20日下闸蓄水，1959年12月2日21时突然溃坝。事后查明，在拱坝挡水运行的5年多时间内，大坝拱冠梁底部径向位移早有变化，在失事前4个月的1959年7月，就记录到增大值达到10mm，这意味着当时坝基已有较大的错动破坏，但是没有得到重视，最终坝基变形进一步发展，直至失稳，酿成惨祸。从上面两个失事工程的例子看，建筑物的破坏确有一个过程，有明显的反映，也有可监测的物理量，监测成果对表征物理量的获取也是准确和到位的，监测工作是成功的，只是监测成果的应用不及时，未采取有效的应对措施，最终酿成了惨剧。因此，对监测成果及时、有效地分析应用并采取有效的措施是防止事故的重要环节之一。下面是两个监测成果得以成功应用，防止事故发生的案例。

【例3】 安徽省梅山连拱坝。该坝为高88.4m的连拱坝，由15个垛、16个拱组成。1962年10～11月，通过垂线坐标仪观测到13号垛的变形发生异常，11月9日向左岸位移达42.06mm，向下游位移14.53mm。同时巡视检查发现，该垛附近坝基有大量漏水。右岸14～16号垛基也出现大量渗漏水，最大渗漏量达70L/s，其中14号垛基一个未封堵的固结灌浆孔产生喷水，射程达11m。监测数据表明，14号、15号垛基向上抬动，最大上升值达14.1mm，随着库水位下降又转变为下沉趋势；13号垛顶在上下游方向和左右方向强烈摆动，2天之内上下游方向摆动幅度10mm，3天之内左右方向摆动幅度达58.14mm。巡视检查结果：右侧坝顶、坝垛及拱台陆续出现几十条裂缝，15号垛裂缝最为严重，最长达28m，缝宽6.6mm；坝基和岸坡节理张开，防渗帷幕遭到破坏。监测数据和巡视检查成果均表明，大坝处于危险状态，被迫放空水库，采取预应力锚索、灌浆等加固措施，避免了一场运行事故的发生。

【例4】 浙江省乌溪江湖南镇支墩坝。1983年4月21日，该坝当库水位超过220.00m时，12号坝段灌浆廊道渗漏量突然大幅度增加，与1982年相近库水位时的数据对比，约增大6倍；随着库水位的继续升高，渗漏量以更大幅度增加，当库水位首次达到正常蓄水位230.00m时，渗漏量超过50m^3/d，其中有一个排水孔单孔渗漏量达32.83m^3/d，在这期间帷幕后的扬压力测孔水位也逐渐上升，有的孔扬压力系数超过设计采用值。通过帷幕前后测孔间的现场连通放水试验，证实12号坝段坝基接触面帷幕已被拉开。采用水溶性聚氨酯群孔灌浆技术，对12号坝段帷幕损坏部位进行补强灌浆后，帷幕后部的渗流状态恢复正常。

上述两个例子表明，通过成功监测坝体变形和渗流数据，结合巡视检查发现的问题，准确掌握了大坝运行性态，及时采取有效措施，避免了事故的发生。

安全监测与工程建设、运行情况等密切相关，具有很强的工程特性。安全监测具有自己的专业特点，但又依附土木结构、岩土工程、仪器仪表、计算机技术、数值分析、自动控制、通信、工程设计与施工等多专业和多学科而发展，可以说安全监测是一门跨学科和多专业交叉的边缘性学科，极具发展和应用前景。就其安全监测专业中的量测、数据采集和通信、资料管理和分析三大系统来说，量测系统的传统传感器，其原理和产品经过几十年的发展目前均较为成熟；数据采集和通信系统基于微电子产品和网络协议的发展，近十多年来，国内外先后推出了一批较为成熟的产品；监测资料管理和分析系统其分析方法、监控模型和评判准则等也在进一步研究和应用之中。

随着监测领域的科技攻关和工程实践，监测设计和监测方法得到了不断改进，有关考虑地形地质条件、岩土工程技术性质、工程布置、空间和时间连续性要求因素的安全监测布置原则和方法相继得到体现和应用。监测自动化系统、监测数据信息管理系统、安全预警系统等技术也在不断地发展。工程安全监测已成为水工建筑物设计的必要内容，安全监控是水工建筑物信息化设计和安全评价不可缺少的重要组成部分，是工程设计、施工质量控制的主要手段之一。

基于监测新技术和监测信息反馈水平的发展，今后一段时间内安全监测将向手段多样化、传感器新型化和智能化、监测工作自动化、安全故障诊断、安全监控预警方向发展，必将进一步发挥安全监测在抗灾防害、为民造福工作中的积极作用。

1.3 安全监测的方法与仪器设备

总体来说，水工建筑物的各种破坏征兆一般可归结为出现异常的变形（如沉降、倾斜、开裂等异常现象）、异常的渗流（如渗漏量、扬压力、渗透压力异常增大等）、结构内部应力应变剧烈变化等。为了分析和评估结构安全性，还需要掌握环境量和荷载的情况。因此，安全监测的方法，主要有巡视检查和仪器监测两种。巡视检查主要通过人工巡检，发现水工建筑物的沉降、开裂、渗漏等异常现象；仪器监测主要利用已埋设在水工建筑物中的仪器设备或安装的固定测点监测效应量及环境量。监测的物理量主要有变形、渗流、应力应变和温度、动力响应及水力学参数等类型，监测的环境量主要有大坝上下游水位、降水量、气温、水温、风速、波浪、冰冻、冰压力、坝前淤积和坝后冲刷等。安全监测项目按上述监测工作内容划分为变形监测、渗流监测、应力应变及温度监测、地震反应监测、水力学监测、环境量监测和巡视检查等 7 类，相关水工建筑物安全监测项目的选择随建筑物的不同而有所不同。监测设计、监测仪器的研制开发和生产、监测系统的集成、监测资料的分析以及建筑物的安全性评估，也大体按照这些类别展开。

1.3.1 变形监测

变形监测是安全监测中的重要项目之一，是通过人工或仪器手段观测建筑物整体或局部的变形量，用以掌握建筑物在各种原因量的影响下所发生的变形量的大小、分布及其变化规律，从而了解建筑物在施工和运行期间的变形性态，监控建筑物的变形安全。

变形监测包括水平位移与挠度、垂直位移与倾斜、土坝固结、裂缝及接缝变形、净空收敛、内部变形等监测，相应的监测方法和监测仪器有以下五方面。

1. 水平位移与挠度监测

水平位移的监测通常有大地测量法、基准线法和全球定位系统（Global Positioning System，GPS）测量法。其中：大地测量法一般有交会法、极坐标法和导线法等；根据基准线的不同，基准线法一般分为垂线法、引张线法、视准线法、激光准直法等；GPS 测量法一般有常规 GPS 测量和一机多天线测量法等。

挠度系指截面形心在垂直于轴线方向的位移。挠度的监测一般没有直接的监测方法，通常情况下是对建筑物的同一轴线上不同测点的变形测值通过合理的数学算法予以累加计算至某一测点处。常用的监测方法有垂线法、挠度计、电平器、钻孔测斜仪等。

水平位移与挠度的监测仪器设备有经纬仪、全站仪、视准仪、引张线仪、波带板激光准直仪、垂线坐标仪、测斜仪等。

2. 垂直位移及倾斜监测

垂直位移是指测点在高程方面的变化量，即垂直方向的上升或沉陷的变化量均称为垂直位移。垂直位移的监测通常有几何水准测量法、流体静力水准测量法、双金属标法、三角高程测量法、激光准直法、GPS 测量法等。

倾斜系指建筑物如坝体沿铅垂线或水平面的转动变化。倾斜的监测方法有直接监测法和间接监测法两类。直接监测法系采用倾斜仪直接测读大坝的倾斜角；间接观测法是通过观测相对垂直位移确定倾斜，采用的监测方法与坝体垂直位移监测相同。

垂直位移及倾斜的监测仪器设备有静力水准仪、竖直传高仪、沉降仪、测斜仪、固定式倾斜仪、倾角计、位错计等。

测定土石体如土石坝坝体随孔隙水的排出而出现的沉陷量，称为固结监测。土石坝坝体内部的固结和沉降，一般采用在坝体内逐层埋设横梁管式沉降仪、电磁式沉降仪、干簧管式沉降仪、水管式沉降仪和深式标点的方法，测量各高程点的高程变化，从而计算出坝体内的固结度和沉降量。通常情况下固结监测总是伴随土体孔隙水的消散过程监测。

3. 裂缝、接缝变形监测

建筑物裂缝监测的内容包括裂缝的分布、长度、宽度、深度及发展等，有漏水的裂缝，应同时监测漏水情况。裂缝位置和长度的监测，可在裂缝两端尖灭处用油漆画线作为标志，或绘制方格坐标丈量；裂缝宽度的监测可借助读数放大镜测定，重要的裂缝可在缝两侧各埋设一金属标点，用游标卡尺测定缝宽；裂缝的深度可用金属丝探测或用超声波探伤仪测定；裂缝的发展可用测缝计、滑动测微计、有机玻璃或砂浆条带等定量或定性监测。

为适应温度变化和地基不均匀沉陷以及满足施工要求，建筑物不同部位一般均设有接缝。接缝的开合度与坝体温度、水温、气温、水位等因素有关。接缝监测一般采用在接缝的测点处埋设不同型式金属标点、测缝计等测量缝的变化。

4. 净空收敛监测

对于地下洞室、基坑、挡墙等，其表面收敛相对变形对表层支护时机和判断建筑物表面变形安全较为重要。收敛变形的监测一般采用收敛计、巴塞特收敛系统（Bassett Convergence System）、多功能隧洞测量系统等。

5. 深部变形监测

对于建筑物基础、地下洞室、边坡、基坑、挡墙等，其深部变形对深层支护工程措施和判断建筑物深层变形安全较为重要。深部变形监测主要采用钻孔或平洞埋设相应仪器监测岩土体内部的变形，主要包括钻孔轴向变形和垂直于钻孔轴向的变形监测。监测钻孔轴向的变形一般采用多点位移计、滑动测微计、铟钢丝位移计、伸缩仪和土位移计等仪器进行监测；监测垂直于钻孔轴向的变形采用活动（固定）测斜仪、垂线法和时域反射系统 TDR 等仪器进行监测。

1.3.2 渗流监测

水工建筑物建成后，其挡水结构在上、下游水位作用下，结构和基础会出现渗流现象。如水库建成蓄水后，坝体和坝基会有渗流，渗流对坝体和坝基稳定有重要影响。地表水、地下水是影响边坡和地下洞室稳定的重要因素之一，水对岩土有软化、泥化作用，产生静水压力和动水压力等，对其稳定性的影响十分明显。

渗流监测包括扬压力监测、渗流压力监测、绕坝渗流监测及近坝区地下水位监测、渗漏流量监测和水质监测等。

1. 扬压力监测

扬压力监测一般采用安装测压管方式。测压管可选用金属管或硬质工程塑料管。进水管段必须保证渗漏水能顺利地进入管内。当有可能塌孔或产生管涌时，应加设反滤装置；管口有压时，应安装压力表；管口无压时，应安装保护盖，亦可在管内设置渗压计或水位计。扬压力测压管有单管式和多管式两种。

2. 渗流压力监测

渗流压力监测仪器应根据不同的监测目的、土体透水性、渗流场特征以及埋设条件等，选用测压管或渗压计。一般作用水头小于 20m 的情况，渗透系数 $k \geqslant 10^{-4}$cm/s 的土中、渗流压力变幅小的部位、监视防渗体等，宜采用测压管；作用水头大于 20m 的坝，渗透系数 $k<10^{-4}$cm/s 的土中、监测不稳定渗流过程以及不适宜埋设测压管的部位（如铺盖或斜墙底部接触面等），宜采用渗压计。坝基渗流压力通常也是在坝基内埋设渗压计或测压管进行监测。

3. 绕坝渗流监测及近坝区地下水位监测

水库蓄水后，库水绕过坝两端的防渗系统或坝与岸坡的接触面渗透到下游，称为绕坝渗流。一般布置渗压计或水位孔进行绕坝渗流监测，其测点的埋设深度应视地下水情况而定，对于观测不同透水层水压的测点应深入到透水层中，可采用多管式。若采用水位孔，当孔中水位高出管口高程时，一般采用孔口压力表装置监测；当孔中水位低于管口高程时，可采用测深钟、电测水位计、气压 U 形管和示数水位器等监测管中水位。

4. 渗漏流量监测

当建筑物的渗流处于稳定状态时，在渗透通道面积不变的情况下，其渗漏量将与水头（降水量）的大小保持稳定的相对变化，渗漏量在同样水头（降水量）作用下的显著增加和减少，都意味着渗流稳定的破坏或排水系统的失效。因此，进行渗漏量观测，对于判断渗流是否稳定，掌握防渗和排水设施工作是否正常，具有很重要的意义。渗漏量根据不同工程情况可采用不同的方法：当流量小于 1L/s 时采用容积法；当流量在 1～300L/s 之间时采用量水堰法；当流量大于 300L/s 或受落差限制不能设量水堰时，应将渗流水引入排水沟中，采用流速仪法或流量计法。

建筑物的渗漏有可能不对称，如河谷地形和坝体布置不对称的土石坝，引起的渗漏可能不对称，可能的渗漏来源比较复杂。在众多的渗水途径中，能够分别掌握渗漏量的来源及其渗漏量大小，对评价结构的安全具有特别重要的意义，以便针对性地采取相应的工程处理措施。洪家渡、董箐等面板堆石坝在两岸坡低高程处设置截水沟，将两岸的渗漏量集中引入下游两岸的分量水堰，在坝下游设总量水堰，实现了堆石坝渗漏量分区监测的目的。

5. 水质监测

渗漏水的水质的监测内容主要包括物理指标和化学指标两部分，通过水质对比分析，可判断是否为水库渗漏水。渗漏水水质监测一般先进行物理分析，主要分析物理指标。若发现有析出物或有侵蚀性的水流出等问题时，则应进行化学分析。其中：物理指标有渗漏水的温度、气味、pH 值、电导率、浑浊度、色度、悬浮物、矿化度等；化学指标有总磷、总氮、硝酸盐、高锰酸盐、溶解氧、生化需氧量、有机金属化合物等。

渗漏水的水质监测的设备主要有水温计、pH 计、电导率计、透明度计等，此外可利用自动水质监测仪进行水质观测。

1.3.3 应力应变及温度监测

1.3.3.1 应力应变监测

应力应变及温度监测是针对结构内部应力及温度进行监测，以判断材料的应力控制是否在材料强度容许的范围之内。

应力应变及温度监测包括结构内部应力应变监测、支护工程应力应变监测和温度监测等。

1. 结构内部应力应变监测

结构内部应力应变的监测就是为了了解其应力的实际分布，寻求最大应力（拉、压应力和剪应力）的位置、大小和方向，以便估计结构的强度安全程度，为建筑物运行和加固维修提供依据。监测结构内部应力应变的主要仪器有应变计（组）、无应力计、应变片、钢筋计、钢板计、混凝土压应力计、土压力计、岩石应力计等。

2. 支护工程应力应变监测

支护工程应力应变的监测就是为了了解锚固措施和抗滑支挡结构的受力情况，寻求应力（拉、压应力和剪应力）的位置、大小、方向和沿程分布，以便估计锚固措施和抗滑支挡结构的安全储备。监测支护工程应力应变的主要仪器有锚杆应力计、预应力锚索（杆）测力计、应变计（组）、无应力计、应变片、钢筋计、钢板计、混凝土压应力计、土压应力计等。

1.3.3.2　温度监测

温度监测的目的是了解混凝土水化热和水温、气温、太阳辐射等影响而形成的建筑物内部温度高低、分布和变化情况，以研究温度对建筑物内部和表面的应力及体积变化的影响。监测温度的主要仪器有温度计、分布式测温光纤系统等。

1.3.4　地震反应监测

地震对建筑物的影响是突发的、瞬时的、强烈的，一般一次强震只持续几十秒钟。地震反应监测就是监测天然地震和水库诱发地震对建筑物的影响，分析建筑物的地震反应特性，为建筑物动荷载工况的复核计算、维修加固等提供基础依据，同时积累相关地震资料。

地震反应监测包括地震工况下建筑物强震动监测和相关项目的动态监测。

1. 强震动监测

在建筑物上设立强震动监测台阵，结合微震台网的监测资料，监测地震过程中建筑物的动力放大系数、地震的相位、振型等。强震动监测的主要仪器有加速度计、加速度记录器以及信号传输和计算机信息处理系统。

2. 相关项目的动态监测

地震工况下建筑物的相关项目动态监测，应根据不同的监测目的进行针对性布置。一般情况下，应对地震工况下的孔隙水压力、缝的开合度、接触应力、抗震措施的结构应力等进行动态监测，监测仪器应具备低频动态响应性能。

1.3.5　水力学监测

水力学监测的目的是为了了解泄水建筑物泄流时的工作状态，保证泄洪时建筑物自身和周围的建筑物及下游河道的安全运行，为合理调度提供资料，发现问题及时解决；对泄洪建筑物设计、科研和模型试验成果进行验证，为今后泄洪消能研究和消能工的设计和发展提供原型观测资料。

泄水建筑物水力学监测的主要项目有流态及水面线、动水压力、底流速、掺气浓度、空穴监听、掺气空腔负压、通气孔（井）风速、泄流水舌轨迹、过流面不平整度及空蚀调查、闸门膨胀式水封、泄洪振动、工作闸门振动与下游雾化等监测。

水力学监测的主要设备有测压管、毕托管、水尺、精密压力表、水听器、雨量计、风速仪、底流速仪、振动传感器、变送器、电荷放大器、摄像机、照相机、望远镜等。

1.3.6　环境量监测

环境量监测的目的是为了掌握环境量的变化对建筑物监测效应量的影响。其主要监测内容包括大坝上下游水位、降水量、气温、水温、风速、波浪、冰冻、冰压力、坝前淤积和坝后冲刷等。环境量监测应遵循《水位观测标准》（GBJ 138）、《降水量观测规范》（SL 21）、《水文普通测量规范》（SL 58）、《河流水情观测规范》（SL 59）等水文、气象标准的要求。

环境量监测的主要设备有水尺、水位计、标准气象站、压力传感器、温度计、地温计、测波标杆（尺）、测深仪、全站仪、水下摄像机等。

1.3.7　巡视检查

施工期及运行期均需对建筑物进行巡视检查。巡视检查与仪器监测分别为定性和定量了解建筑物安全状态的两种手段，互为补充。其作用在于宏观掌握建筑物的状态，弥补监测仪器覆盖面的不足，及时发现险情，并系统地记录、描述工程随开挖揭示的实际地质情况，及时了解施工开挖、支护和周边环境变化等过程，为监测资料的分析和评价提供客观的依据。

巡视检查分为日常巡查、年度巡查及特殊巡查三类。日常巡查在施工期宜每周一次；水库第一次蓄水或提高水位期间每 1～2 天一次；正常运行期间每月不少于一次；汛期特别是高水位期应加密检查次数。年度巡查应每年 2～3 次，一般在汛前、汛后及高水位、低气温时进行。特殊巡查在发生有感地震或大洪水以及其他特殊情况下立即进行。巡视检查项目应根据建筑物的特点、内容拟定。

巡视检查通常用目视、耳听、鼻嗅、手摸、脚踩等直观方法，可辅以锤、钎、量尺、放大镜、望远镜、照相机、摄像机等工器具进行。如有必要，可采用坑（槽）探挖、钻孔取样或孔内电视、孔壁数字成像、注水或抽水试验，化学试剂、水下检查或水下电视摄像、超声波探测及锈蚀检测、材质化验或强度检测等特殊方式进行检查，重要部位通过设置监控探头进行巡查。

1.4 安全监测的设计思路

安全监测设计的主要内容有确定监测项目、选取监测方法、进行测点布置以及仪器选型等。其中，测点布置和仪器选型与被监测的建筑物紧密相关。

1.4.1 安全监测的目的

水工建筑物安全监测的主要目的是监控水工建筑物的安全，掌握水工建筑物的运行性态和规律，指导施工和运行，反馈设计和为科学研究提供依据。通过对工程过程持续的监测，采集相关的环境量、荷载量及其作用下水工建筑物及基础的变形、渗流、应力应变和温度等效应量，经计算分析，及时对水工建筑物和基础的稳定性和安全性作出评价，及时捕捉各效应量异常现象和可能危及水工建筑物安全的因素，提出决策建议，保证大坝施工安全和运行安全。

1. 监控工程安全

监控工程安全包括监控施工期安全和监控运行期安全，可细分为三个阶段：第一阶段在施工期，监控临时建筑物及永久性建筑物在建设过程中可能发生的安全问题，如基坑、边坡、洞室等开挖爆破，大体积混凝土浇筑，土石方填筑等施工过程对工程安全可能造成的不利影响；第二阶段在水库首次蓄水期，建筑物及基础开始逐步承受巨大的水压力作用，需要密切监控建筑物及其基础性状的变化，及时发现工程隐患；第三阶段为运行期，监控永久性建筑物在长期运行中，因性态变异而发生的异常迹象，以便及时采取措施，防止或避免重大事故发生，保证正常运行，同时根据长期运行积累的监测资料掌握建筑物的运行规律，预测、预报其未来性态及发展趋势，对建筑物的安全状态进行评估，为调度运行和加固处理等提供科学依据。

2. 指导施工和运行

施工期间的监测资料，主要反映了施工质量和施工条件以及临时建筑物的安全性，据此评价所采用的施工技术的适用性、优越性，提出改进的措施等。例如：混凝土的浇筑需要控制入仓温度和浇筑块的最高温升，了解混凝土的导温系数和温度膨胀系数，为温度控制提供依据；坝内纵缝灌浆，需要通过监测坝内温度和纵缝开度，确定其最佳灌浆时间和评价灌浆效果；基础帷幕补强需要通过监测扬压力及渗漏量，评价补强效果；地下洞室、边坡开挖需要监测岩体变形和支护结构的受力，以改进施工工艺，调整支护参数。

运行期间的监测资料，反映建筑物的运行性态，如坝基渗透压力增大或渗漏量增大，表明防渗体系有恶化可能；边坡变形加大提示需要关注其稳定性；大坝的变形监测资料是了解其抗滑稳定性和坝体沉降的重要数据。这些数据对指导运行，及时维修消缺具有重要意义。

3. 反馈设计和科学研究

通过对长期积累的监测资料分析、计算和进一步地研究，检验设计边界条件、参数选择、计算方法、计算模型及计算结果的合理性；检验新的施工技术、工艺，以及新的混凝土配合比、添加剂的优越性；检验地下工程等施工期原型性态和实际运行数据并反馈到设计方，可指导设计人员及时调整工程措施这些监测成果。为工程设计积累经验，为科研工作提供依据，并将这些工程经验和科研成果应用到新建工程的设计、施工中，从而降低工程造价、缩短工期，发挥更大的经济和社会效益。

1.4.2 安全监测的设计依据和原则

1.4.2.1 设计依据

安全监测设计是整个水利水电工程设计的重要组成部分，应由熟悉工程水文、地质、水工结构及其基础设计、施工工艺、工程运行条件的工程技术人员和熟悉安全监测方法并熟悉监测仪器设备性能、精度及可靠程度的监测技术人员共同协作完成。监测设计除了应遵循现行的规程规范外，还应根据工程的基本资料、仪器设备的性能等确定监测项目、测点布置和采用的监测仪器和方法。

1. 工程基本资料

工程基本资料包括工程规模、工程等别、建筑物级别及水文、地质、泥沙、气象、水库特征水位等环境条件以及枢纽建筑物结构设计图纸和施工规划，用以确定必须设置的监测项目。工程规模越大，水文、地质等环境条件越复杂，设置的监测项目越多。

2. 水工结构设计和科研试验成果

（1）水工建筑物的基础资料，包括各种荷载组合情况下的应力与位移设计计算资料、结构模型试验资料、地质力学模型试验的基岩弹性变形或破坏变形情况、防渗排水系统设计和基础主要地质缺陷情况等，以了解控制水工建筑物安全的关键部位，布设监测点。

（2）建筑材料的物理力学特性资料，包括抗拉和抗压强度、变形模量、热膨胀系数、徐变、自身体积变形等，以便根据监测成果计算水工建筑物的实测应力。

(3) 地质条件和地基岩土物理力学性能资料，包括其抗拉和抗压强度、变形模量、流变、地应力等，以了解坝地基岩土特性，布置岩土变形和应力监测仪器，计算分析实测岩土变形和应力。

(4) 水力学计算成果，水工模型试验资料，了解水流性态、溢流坝表面和流道的压力分布等，以便确定水力学监测测点布置和仪器选型，为分析评价溢流面、流道的水力学特性，如时均压力、脉动压力、流速等提供依据。

(5) 施工分期和程序，了解施工进度和先后顺序，便于监测仪器电缆及现场数据采集站的布置；同时了解不同分期部位结构的性能特性，为仪器布置和资料分析提供依据。

3. 监测仪器设备的基本资料

常用监测仪器设备的基本资料有型号、性能、基本原理、生产厂家以及这些仪器的应用情况等，包括：耐水压、防潮湿、抗震动、除静电、抗干扰的能力；量测原理和数据采集方式；安装方法和维护保养要求；监测自动化硬件和软件的发展现状等。

4. 工程实例

收集国内外同类型建筑物监测设计的有关资料和发生安全事故的报告，吸取经验和教训，不断地改进监测设计工作。

5. 规程规范

水工建筑物安全监测设计主要遵守的技术标准有以下方面：

(1) 相应的水工建筑物设计类标准。

(2) 水利水电工程岩土、材料试验类标准。

(3) 水工建筑物及岩土工程施工类标准。

(4) 安全监测技术类标准。

(5) 监测仪器设备类标准。

(6) 监测资料分析整编类标准。

(7) 测量类标准。

1.4.2.2　设计原则

安全监测设计原则涉及监测项目的选取及布置、数据采集方式和网络设计、数据管理和分析系统设计等三个方面。

1. 监测项目选取及布置原则

安全监测设计应根据建筑物的地质条件、结构型式、运行工况、荷载条件等基本资料，了解其隐含的风险，找出其薄弱环节和制约建筑物安全状态的控制因素和部位，综合考虑，统筹安排。其指导思想是以工程安全为主，同时兼顾设计、施工、科研和运行的需要。监测项目布置的总原则是：目的明确、突出重点；控制关键、兼顾全局；统一规划、分步实施。用最少的测点，最合适的仪器，获得最关键的建筑物和基础的性状信息。

(1) 监测项目布置原则，主要有以下方面：

1) 针对性。除了设置必要的水位、温度、降水等环境（原因）量外，还应根据不同工程特点和监测目的，有针对性地布置变形、渗流和应力应变测点，设置相应的监测仪器，并经论证选定水力学、坝体地震反应、变形控制网等专项监测项目。根据施工、蓄水、运行等不同阶段，先后顺序，选择监测重点。设计时根据建筑物及地基的特点、计算分析成果，在影响工程安全或能敏感反映工程安全运行状态的部位布置测点。监测断面、监测项目和监测点的选择，要以监测目的为先导，做到“少而精”。

2) 全局性。对监测系统的设计要有总体方案，从全局出发，既要控制关键，又要兼顾全局。应根据安全控制的重要性，对水工建筑物分为关键监测部位、重要监测部位和一般监测部位三个层次。对关键部位和重要部位应适当地重复和平行布置测点，留有冗余；对一般部位应顾及工程枢纽建筑物的整体，并设置反应最敏感的监测项目。此外，有相关因素的监测仪器布置要相互配合，以便综合分析。

3) 统一性。对各部位不同时期的监测项目的选定应从施工、首次蓄水和运行全过程考虑，监测项目相互兼顾，永久与临时相结合，做到一个项目多种用途，统一规划，分步实施。

4) 并重性。安全监测设施的施工与主体工程施工应同步实施。现场巡视检查与仪器监测相互补充，是监视建筑物特别是大坝安全的重要方法。一些异常现象不能通过仪器单点监测的方法发现，需要通过巡视检查才可及时发现，如新增裂缝和渗漏点、混凝土冲刷和冻融、坝基析出物等，因此应遵循巡视检查和仪器监测并重的原则。

(2) 监测仪器选型原则。监测仪器包含了传感器及其配套电缆、测量仪表和可用于实现自动化测量的数据采集装置。监测仪器是安全监测的工具，监测仪器可靠性和准确性直接影响到人们对建筑物结构性态和安全的评估。因此，监测仪器必须具备耐久、可靠、适用，满足量程和精度要求。实际应用时可在《混凝土坝监测仪器系列型谱》和《土石坝监测仪器系列型谱》内，选择信誉好、售后服务有保障、且有相应的仪器生产资质的厂家生产的监测仪器。为了便于运行管理和自动化监测，同一工程监测仪器设备的种类尽可能少，并尽量选用能与常用的数据采集装置兼容的监测仪器。具体要求如下：

1）可靠性。在选择仪器时，最重要的是仪器的可靠性。仪器固有的可靠性应该是最简易、最稳定、最牢固并具有良好的运行性能，测值准确、可靠。其标准是自身和外界影响引起的误差，均在检测或标定控制的容许误差之内。

2）耐久性。水利水电工程的特点是环境条件差，使用寿命长。因此，应该选择技术成熟，经长期工程运行考验，不易受施工设备和人为的破坏，不易受水、灰尘、温度或化学侵蚀损坏的监测仪器。

3）适应性。选择仪器时，事先要了解仪器的监测物理量、安装埋设环境等，明确仪器使用目的，选择实用、有效，适应环境、材料、量程和测量精度，且便于实现自动化的监测仪器设备。

4）经济性。仪器设备的选择应统筹考虑，不能只考虑单支仪器的性能和价格，在进行不同仪器方案的经济评价时，应比较其采购、校准、安装、维护、观测和数据处理的总投资，选择性价比（性能／价格）优越，技术先进，经济合理的仪器设备。

2．数据采集方式和网络设计原则

对于数据采集系统在总体设计中要提出数据采集的方式，重点是自动化采集设计中的一些原则性问题，涉及数据自动采集站的布置、数据处理中心计算机网络设计、中远程数据传输线路等。数据采集方式和网络设计应遵循以下原则：

（1）实用性。从水利水电工程的实际出发，适应每个工程特点，以满足工程安全监测数据采集、处理、报表制作、信息报送、建筑物工作状态评判的需要来进行数据采集方式和网络设计。工程规模小、人工观测工作量小的可采用人工数据采集方式；对大型水利水电工程，在施工期可以采用半自动方式；对运行期应根据监测资料分析成果和运行管理的要求，选定采用自动采集的仪器，还应具备人工监测的接口，以保证当自动数据采集系统发生故障时，能测得人工数据，保证监测资料的连续性；对未接入监测数据自动采集系统仪器，其人工监测的数据应能方便地输入或导入计算机数据库。

（2）先进性。采用国内外先进的监测数据采集设备、高性能的计算机网络环境，保证准确、稳定、可靠地获得数据，并能通过网络实现远程安全管理。

（3）经济性。高的性价比是确定选用自动化系统的重要因素，在技术先进、稳定可靠的前提下，选用经济合理的产品。

（4）稳定性。监测数据采集设备能在水电站恶劣的环境下长期稳定地运行，并具有可靠的防雷保护措施。

（5）可靠性。保证自动化系统长期稳定、可靠运行是实现对水工建筑物进行安全监测的重要保障，否则测量数据的可信度会降低，因此在满足观测精度和可靠性的前提下，采用先进、成熟的自动化监测系统十分必要。对关键部位的监测必须留有人工监测的接口，以确保在任何情况下都不会发生长时间的数据中断。

（6）可扩展性。自动数据采集应具有较强的可扩展性，能方便灵活地对接入的监测仪器进行增加或撤除，但不影响整个系统的工作。

（7）安全性。自动数据采集系统应具有完善的安全保密、安全控制和安全管理功能，防止非法用户对数据进行操作，并具有完善的数据备份功能，能够方便地对重要数据进行备份和恢复。

3．数据管理分析系统设计原则

数据管理分析系统包括数据存储、处理、分析、工程安全评价、预报预警及应急处理等。功能齐全的数据管理分析系统属于安全监测决策支持系统，是一个系统的软件工程，应由监测工程师提出要求，软件工程师依据有关软件工程设计规范进行设计。数据管理分析系统设计应遵循以下原则：

（1）完整性。数据管理分析系统应包括所有自动采集和人工采集的监测数据，仪器安装埋设信息，巡视检查记录以及相关的水文、地质、水工结构等工程信息资料。

（2）实用性。界面友好，方便操作，满足用户的各类需要。如用户可以自定义报表、图表模板样式，根据需要定义各测点的监控指标。各类分析图表、报表可以直接打印，也可以保存和直接批量输出为Word文档或Excel文件。可以自己定义计算的模型和因子，可以选择单个测点或者多个测点同时进行分析计算，计算结果可以保存在服务器，也可以输出为Excel文件。

（3）及时性。监测仪器设备的安装、埋设及监测数据应及时采集，并录入数据管理分析系统，系统应对关键或重要测点的监测数据进行在线监控，监控得到的异常信息可以列表查询，也可以直接在过程线图上突出显示，并可以自动通过短信的方式发送给相关的管理人员。

1.4.2.3　监测设计重点

水工建筑物规模大、结构复杂，地基条件常有一些不确定因素，加上工期长，施工环节多，给建筑物造成了各种类型和不同程度的安全隐患和风险。好的监测设计必须在着重认识和分析各类水工建筑物特点的基础上，有针对性地进行。

1．混凝土重力坝

混凝土重力坝承受的主要荷载是迎水面的水平推

力（水压力、泥沙压力等）、坝基面上的扬压力和坝体自重等。重力坝主要依靠自重来维持坝体的稳定。重力坝坝基的稳定是保证大坝安全的先决条件，混凝土重力坝通常修筑在岩基上，低坝也可建在非岩基上。应根据坝区地质条件和坝体结构特点，在选择控制性横断面和控制性纵轴线的基础上，选择重点监测项目和监测点。根据混凝土重力坝的特点，其监测重点如下：

(1) 抗滑稳定。这是混凝土重力坝运行中最重要的问题，主要监测项目是大坝的位移量。

(2) 地基不均匀沉降。主要针对非岩基或地质构造复杂、节理裂隙发育的岩基，主要监测项目是坝体及地基的垂直位移。

(3) 渗流。主要针对渗流水对地基和筑坝材料的侵蚀破坏，以及防渗排水设施的效果。对于混凝土重力坝主要监测项目有建基面、可能滑动面上的扬压力、帷幕前后的渗透压力、坝体渗透压力、渗漏量及两岸坝肩的绕坝渗流监测。

(4) 应力应变监测。主要针对相关标准中不容许出现拉应力部位，可能因局部应力破坏影响大坝安全的部位，空洞、闸墩等结构复杂的部位。主要监测项目有混凝土应力、基岩应力、界面应力、钢筋应力、锚杆应力、锚索锚固力等。

(5) 温度监测。主要针对施工期和运行初期温度控制。

(6) 坝基内的软弱夹层或影响到结构稳定的结构面的变形和层面应力。

2. 拱坝

拱坝是一种拱形结构的坝型。其结构特点是通过拱的作用将大部分横向荷载传递至两岸岩体（即坝肩），而通过梁的作用把其余少部分荷载传至坝基。拱坝主要依靠岩体作用于拱端的反力来抵抗水压力、地震荷载等横向荷载以保持坝身的稳定。拱坝的抗滑稳定主要取决于坝肩岩体的抗滑稳定。应根据坝区地质条件和拱坝结构特点，选择控制性拱圈高程和控制性拱梁断面。根据拱坝的特点其监测重点如下：

(1) 坝肩稳定。主要关注坝肩变形及其对坝体变形的影响。主要监测项目包括坝肩和坝体水平位移。重点监测部位为坝体拱梁监测体系和坝基交汇处、坝基开挖的体型变化处和分布有地质缺陷的部位等。

(2) 坝基变形。主要关注坝基竖向拉应力以及地基岩体产生不均匀垂直变形等破坏坝基稳定的因素。主要监测项目有基岩变位、界面应力、接缝变形、坝基扬压力、渗漏量、水质分析等。

(3) 坝体结构变化。主要针对相关标准不容许出现拉应力部位和可能因局部应力破坏影响大坝安全的部位。主要监测项目有混凝土应力、基岩应力、界面应力、钢筋应力、锚杆应力、锚索测力、接缝开合度、坝体渗漏量和水质分析等。

(4) 温度监测。主要针对施工期温度控制和运行期温度变化对坝体应力、应变的影响。

3. 面板堆石坝

面板堆石坝是大坝防渗体位于坝体上游表面的堆石坝，通过面板和垫层料、过渡料、主堆石区的渗流稳定级配设计构成完整的防渗体系。在碾压式土石坝分类中属非土质材料防渗体坝。依据面板使用材料的不同，又可分为钢筋混凝土面板堆石坝、沥青混凝土面板堆石坝和复合土工膜防渗面板堆石坝三大类。因此，以安全监测角度去认识面板坝结构特点，面板及趾板是关注的焦点，引起面板变形的主要因素为堆石体三维变形及水荷载等。从结构理论认识面板坝，可认为面板是一种柔性结构，在结构设计时，面板依赖于垫层料和堆石体，面板同堆石体有变形协调问题。应根据河谷形状和坝体结构特点，选择控制性断面和控制性高程，构成控制性层和线。面板堆石坝的监测重点如下：

(1) 面板和堆石体变形。主要关注沉降过大对坝高的影响，以及面板与堆石体两者变形的协调问题，主要监测项目包含堆石体变形监测、面板垂直缝及周边缝开合度监测、面板与垫层结合部位的错动与脱空监测、面板变形监测等。

(2) 面板防渗效果。堆石体透水性大，坝内浸润线很低，渗透压力较小，也不产生孔隙水压力，因此主要关注坝体结构的完整性。主要监测项目有建基面渗透压力、不同高程垫层料渗透压力、渗漏量、面板应力、应变等。

(3) 坝基变形和防渗效果。对覆盖层地基上的高坝，应关注地基的沉降及基础防渗帷幕和防渗墙等防渗设施的防渗效果。主要监测项目有地基渗透压力、地基沉降等。

(4) 与混凝土建筑物的结合面。堆石坝与混凝土坝、溢洪道、船闸、涵管等混凝土建筑物的连接处是薄弱部位，容易发生集中渗流、渗流破坏或出现因不均匀沉降而产生的裂缝等，因此主要监测项目有界面位移、界面压力、接缝开合度和渗流等。

(5) 关注高面板坝的工程特点，重点监测项目随之调整。对 70m 以下或对称河谷上的 100m 以下的面板堆石坝主要关注堆石体的沉降，对开阔河谷和狭窄河谷特别是不对称河谷的高坝，大坝堆石体的纵向位移对面板和周边缝的运行带来不利影响。因此，大坝的纵向位移、垂直缝的挤压变形、面板的应力应变也提升为监测重点。另外，还要重视监测水流对上下游坝坡和坝脚的冲刷破坏。若高坝两岸山体地质条件复杂，透水性强，可能存在绕坝渗流时，则两岸绕渗的监测也不可忽视。

(6) 高趾墙部位，贴坡面板应增加变形和应力监测。

4. 心墙坝

心墙坝是土石坝的一种坝型，其特点就是利用土质或非土质的防渗材料作为防渗体，以降低坝体的浸润线，防止坝体渗透破坏和减少坝体渗漏量。也应根据河谷形状和坝体结构特点，选择控制性断面和控制性高程，构成控制性层和线。其监测重点如下：

(1) 心墙与堆石体变形的协调性。主要关注心墙与堆石体的不均匀沉降，主要监测项目为心墙与堆石体的垂直位移、界面错动位移等。

(2) 心墙防渗性能。主要关注心墙与地基及岸坡接触面的开裂和渗漏，以及心墙内部应力应变、渗透压力、浸润线、渗漏情况等。主要监测项目有心墙渗透压力、土压力、界面位移、界面压力、界面渗透压力、渗漏量等。

(3) 心墙与混凝土坝、溢洪道、船闸、涵管等混凝土建筑物的连接处是薄弱部位，很易发生集中渗流、渗流破坏和因不均匀沉降而产生裂缝。主要监测项目有界面位移和界面渗透压力等。

(4) 坝基变形和防渗效果。对覆盖层或地基条件复杂，需设基础防渗设施的心墙坝，需要关注地基沉降及基础防渗帷幕、防渗墙等防渗设施的防渗效果。主要监测项目包括地基沉降、渗透压力、渗漏量等。

(5) 根据工程特点，重点监测项目将随之调整。若高坝两岸山体地质条件复杂，透水性强，可能存在绕坝渗流，则两岸绕渗的监测不可忽视。

5. 土坝

土坝是土石坝的一种坝型，包括均质土坝和分区土坝，其特点就是坝身由一种或多种土料筑成，整个剖面起防渗和稳定作用。由于此类坝型的坝坡较缓，在高水头作用下渗流稳定是本坝型最关键的问题，因此坝体的高度一般较低。应根据河谷形状和坝体结构特点，选择控制性断面和控制性部位。其监测重点如下：

(1) 裂缝。土坝裂缝对大坝运行极为不利，若任其发展会严重危及工程安全。而裂缝主要是不均匀变形引起，主要监测项目为坝体变形，特别是坝内埋管部位以及混凝土坝、溢洪道、船闸、涵管等混凝土建筑物与土坝体连接部位的变形。对一些重要的裂缝或接缝要设置测缝计，连续观测了解其变化规律及动向。若坝体应力超过其强度指标会发生受拉破坏或剪切破坏，过大变形还会造成防渗体的开裂。

(2) 渗流。渗流监测是土坝监测的重点内容，主要了解坝体在上下游水位差作用下的渗流规律，主要监测项目包括坝体和坝基渗透压力、绕坝渗流、渗漏量和水质等。

6. 发电厂房

水电站发电厂房包括河床式、坝后式和岸边地面厂房和地下厂房。应根据发电厂房的布置及结构特点确定监测重点，具体如下：

(1) 河床式电站厂房与挡水坝段进行整体布置，作为挡水建筑物的组成部分，应按挡水建筑物进行安全监测，主要监测项目包括结构应力变形及基础变形、接缝位移、扬压力、渗透压力、渗漏量等，并与坝体挡水坝段相应监测项目协调布置。对于厂顶溢流的河床式电站厂房，尚应加强顶部结构受力、接缝位移和厂房振动监测，避免厂房机组支撑结构与厂顶溢流产生共振破坏。主要监测项目有结构应力应变、钢筋应力、接缝位移、震动等。

(2) 坝后式电站厂房位于坝体下游，因作为相对独立于坝体的主体工程建筑物，承受下游水荷载及基础渗透压力作用，其监测项目一般包括表面变形、基础变形、接缝位移和渗透压力等监测。

(3) 引水式厂房的发电用水来自较长的引水道，厂房远离挡水建筑物，分为岸边地面厂房和地下厂房。

对于岸边地面厂房，影响厂房运行安全的外部因素包括厂房后边坡的变形与稳定（含地下水环境）、基础变形及渗透压力等，需相应进行安全监测，而对于在软基或地质条件差的地基上修建的地面厂房，宜同时进行表面变形及接缝位移监测。主要监测项目包括厂房结构应力和变形、边坡及基础变形、地下水位、渗透压力、界面位移等。

地下厂房是修建在天然岩体内的大型地下洞室，围岩是承载结构，由各种地质构造面组合而成，承受一定的应力场作用。因此，工程安全在很大程度上取决于围岩本身的力学特性及自稳能力以及其支护后的综合特性，安全监测的重点是地下厂房系统洞室围岩的变形与稳定，同时需相应进行岩壁吊车梁监测和渗流监测（含地下水）。主要监测项目包括围岩变形、锚杆应力、锚索力、地下水位、界面压力、界面位移、渗漏量等。

无论哪种类型的厂房，若承受高水头还应对蜗壳及外包混凝土的应力应变、钢筋应力、蜗壳与外包混凝土的接缝、厂房机组支撑结构的应力应变和振动等进行监测。

7. 输水建筑物

输水系统主要由进水口、引水隧洞、压力管道及岔管、尾水隧洞及调压室（塔）等水工建筑物组成。输水系统监测应根据输水洞的布置、水文地质条件及结构设计原理布设监测仪器，监测重点如下：

（1）地下隧洞及调压室。包括引水隧洞、尾水隧洞及调压室，主要根据地质条件、结构受力及施工因素等设置监测项目，主要监测围岩变形、接缝位移、支护结构受力、调压室水位波动、渗流及地下水位等。

（2）地面调压塔。除监测水位波动外，还应进行结构倾斜变形监测，并根据地震烈度进行强震动监测。

（3）钢筋混凝土衬砌结构。对需要承受水压或围岩压力的衬砌，应进行钢筋混凝土结构应力、衬砌与围岩接缝位移监测，并考虑内水外渗及埋管外部水环境的影响与变化。

（4）混凝土环锚衬砌结构。需结合环锚结构进行钢索及混凝土应力监测。

（5）钢衬及钢岔管结构。进行钢衬与回填混凝土、回填混凝土与围岩之间的缝隙值、钢衬的钢板应力监测。对于考虑围岩分担内水压力的钢衬高压管道宜相应进行钢衬外水压力、围岩压应力及回填混凝土应变监测。

（6）坝后背管。应结合坝体变形对影响其结构安全的背管基础变形、钢板应力、钢衬与混凝土缝隙值、外包混凝土钢筋应力、接缝位移和裂缝及温度进行监测。

（7）压力明管。除对管身的应力应变进行监测外，还应对镇墩的应力应变及地基的变形进行监测。

8. 泄水建筑物

泄水建筑物是水利水电工程的一个重要组成部分，主要有泄洪、放空和冲沙等建筑物，用以宣泄洪水、放空水库及减少坝前泥沙淤积。混凝土坝一般都在坝体上布置有泄水建筑物，如坝身表孔、中孔、深孔等。对于土坝、堆石坝或因河谷狭窄的混凝土坝不能在坝身上布置孔口，则必须在河岸设置泄水建筑物。河岸泄洪建筑物分为开敞式进口溢洪道（洞）和有压进水口泄洪隧洞两大类。此外，为了放空水库或减少坝前泥沙淤积，各类坝型均可能布置放空设施或冲沙孔（洞），低高程的泄洪洞可兼作放空洞或冲沙洞。各类泄水建筑物的监测重点如下：

（1）坝身泄洪建筑物。监测重点为坝身变形、基础渗透压力、结构应力应变、闸墩锚索应力等。

（2）岸坡溢洪道（洞）。监测重点为基础不均匀沉降、底板渗透压力、岸坡变形和地下水位、与相邻建筑物交接处变形协调性和渗漏、基础锚杆应力等。

（3）泄水隧洞。监测重点基本与输水建筑物的地下隧洞及调压室的相同，主要监测围岩变形、接缝位移、支护结构受力、水位波动、渗流及地下水位等。

（4）对结构型式新颖或受高速水流条件复杂或需要进行科学研究的泄水建筑物，还应进行水力学监测和结构振动监测。水力学监测的重点是高速水流通过的进出口、弯道段、断面突变段、闸墩、门槽处的水流形态、流速、脉动、空蚀、冲刷等。

9. 边坡

边坡按成因可分为自然边坡和工程边坡，按组成可分为岩质边坡、土质边坡和岩土混合边坡等。影响边坡稳定的因素十分复杂，其内在因素主要为边坡岩土体类型、岩土体结构、地应力等，它们决定了边坡的变形失稳模式和规模，外在因素包括水的作用、地震作用、边坡形态及人类活动等，只有内在因素对边坡起破坏的主要作用，导致边坡失稳。宏观上边坡失稳模式可分为滑动型、崩塌型和有限变形等。边坡安全监测体系布置即根据其性质（永久、临时）、重要性（与建筑物的关系）、失稳模式等因素进行综合考虑。其监测重点如下：

（1）建筑物地基边坡。必须满足稳定和有限变形要求，则对监测精度的要求较高，主要监测项目包括基岩变形、地下水位、基础渗透压力、边坡与建筑物结合面的界面应力、接缝开合度等。

（2）建筑物邻近边坡。必须满足稳定要求，监测精度可相对较低，重点监测边坡变形、地下水位和支护效应，包括锚杆、锚索、格栅梁、挡墙的受力情况等。

（3）对建筑物影响较小的延伸边坡。容许有一定限度的破坏，主要进行表面变形和地下水位的监测。

（4）潜在滑动面、断层、构造带等部位的渗透压力。

（5）边坡的监测重点应根据其重要性、勘察及监测资料分析成果进行调整，经多年监测已稳定的边坡可以减少监测项目和频次，对处于不稳定状态的边坡则要增加监测项目、监测手段并增加监测频次。

10. 水闸

水闸是低水头的水工建筑物，按其功能区分有拦河闸、进水闸、排水闸、分洪闸、退水闸、泄洪闸、挡潮闸等。水闸可修在岩基上也可修建在土基上，但它必须满足闸室在结构强度、抗滑稳定、地基承载能力、地基沉降等方面的技术要求。其监测重点如下：

（1）闸基稳定。监测重点主要包括闸基不均匀沉降、闸基压应力和渗透压力、基础桩的应力应变；地基软弱夹层、裂隙或断层的变形和渗透压力等。

(2) 防渗效果。监测重点主要包括水闸上游铺盖、垂直防渗墙与闸底板的裂缝和渗透压力，防渗墙（帷幕、铺盖）与闸底板连接处的渗透压力，渗漏量等。

(3) 混凝土闸墩。监测重点主要包括闸墩、底板结构薄弱部位的应力应变、锚索力等。

(4) 隔墙、导墙。监测重点主要包括隔墙、导墙变形及其结构薄弱部位的应力应变等。

11. 渡槽

渡槽按工程布置由输水的槽身、支承结构、基础及进出口建筑物等部分组成。渡槽按支承结构型式，一般可分为梁式、拱式、桁架式、组合式、悬吊式和斜拉式等，监测重点如下：

(1) 有支墩的渡槽，重点监测支墩基础变形、支墩及槽身结构应力应变。

(2) 地基上的渡槽，重点监测基础变形、槽身段的应力应变和渗漏。

12. 倒虹吸及涵管

倒虹吸及涵管主要工程特点为：倒虹吸管及涵管埋设在地下，承受外部土压力和内、外水压力，土质地基上的倒虹吸管在上部荷载作用下，容易产生地基过大沉降和不均匀沉陷；倒虹吸在基坑开挖过程中，开挖边坡受地下水和结构荷载的作用，容易产生较大的变形；在运行过程中，河床的冲淤变化将使倒虹吸管荷载发生变化，从而影响倒虹吸管及涵管的结构受力。

倒虹吸管及涵管的监测重点为垂直位移、内水和外水压力及结构受力等，监测部位为地基或结构受力条件复杂部位。

13. 渠道

渠道是用于输送水流的槽状宽沟，其断面形式一般为矩形或梯形。深挖方、高填方、高地下水及不良地质等特殊渠段需要进行监测，其监测重点如下：

(1) 深挖方渠段在渠道开挖过程中及开挖后，土体原有应力状态和渗流状态发生改变，可能产生向临空侧的土体滑移，开挖边坡的变形为监测重点。

(2) 高填方渠段在渠坡填筑后，随着土体逐渐固结硬化，将产生较大的沉降变形，地基沉降和土压力等为监测重点。

(3) 高地下水渠段的渠坡在地下水作用下，可能产生向渠道内的渗透变形及破坏，渠坡变形、渗透压力等为监测重点。

(4) 特殊土质，如膨胀土等，可能产生渠坡和渠底的不均匀变形，变形和土压力等为监测重点。

14. 船闸

船闸主要工程特点为上下闸首直接挡水，在上下游水头和岸坡岩体变形的作用下，可能产生顺水流向的水平位移或两侧墙的变形，以致影响闸门的开启和漏水。船闸的监测重点如下：

(1) 土质基础上的船闸在上部结构荷载作用下，容易产生基础过大沉降和不均匀沉陷，主要监测沉降和渗透压力。

(2) 与挡水建筑物一起建造的高水头船闸，上闸首在上游水头作用下，还可能出现稳定问题，闸首、闸基变形，闸基扬压力为监测重点。

(3) 若船闸深挖，监测重点还应包括边坡的稳定。

(4) 船闸受到充放水的往复荷载作用，容易造成接缝漏水，接缝渗水应重点监测。

15. 升船机

升船机是主要由承船厢升降运行的船厢室段和位于其两端的闸首，以及上、下游引航道三部分组成。垂直升船机应根据工程特点确定重点监测部位，具体如下：

(1) 闸首为挡水结构，在上下游水位等荷载作用下，顺水流向和垂直于水流向的结构变形或渗透变形为重点监测项目。

(2) 垂直升船机塔柱是支撑船厢和平衡船重的承重结构，为高耸薄壁筒体结构，在各种荷载作用下，塔柱会产生侧向变形，塔柱地基的沉降和结构的应力应变和变形为监测重点。

(3) 斜面升船机主要工程特点是利用布设在天然地基或桩基上的斜坡道等来实现通航要求，地基的不均匀沉陷对斜坡道上的轨道梁产生不利影响。因此，升船机建筑物地基和结构变形、闸基渗透压力是工程安全监测的重点。

(4) 若闸首基岩内存在不利的软弱结构面，还可能产生深层变形，影响闸首的整体稳定性，对这类的软弱结构面要监测其变形和渗流。

1.5　安全监测技术的发展

纵观大坝安全监测工作发展史，其理念经过了大坝原型观测、大坝安全监测、大坝安全监控等三个发展阶段。

大坝原型观测阶段，始于20世纪20年代。当时主要采用大地测量方法观测大坝的变形，20世纪30年代初美国利用卡尔逊式（国内称差动电阻式）仪器开展了大坝的内部观测。几乎同时，欧洲部分国家以及日本、苏联等国也相继采用应力、应变等埋入式传感器和内部变形监测仪器开展原型观测工作，并于1958年第六次国际大坝会议上以“大坝与基础的应力、变形观测及其与计算和模型试验的比较”为专题，首次较系统地发表了一批基于原型观测的研究成果。当时原型观测的主要目的是研究大坝的实际变形、温度和应力状态，其重点在于验证设计，改进坝工理论。

大坝安全监测阶段，为 20 世纪 30～70 年代。伴随着世界各国筑坝的高潮，大坝失事的事件也时有发生。人们认识到，如果能在事故发生前得到信息，并进行准确的分析和判断，及时采取有效的防范措施，是可以防止或减少大坝失事事故发生的。世界各国均致力于大坝安全监测技术的研究和开发，各类新型的监测仪器设备和数据处理方法大量涌现，使得大坝安全监测的理论和方法得到不断完善。但当时计算机和信息化技术还不发达，虽然从理念上已经完成了从大坝原型观测到大坝安全监测的转变，但实际上还不能做到及时、动态、远程反馈和监控，停留在测得数据，事后了解和评价建筑物运行性态的阶段。

大坝安全监控阶段，为 20 世纪 80 年代以后。随着科技进步以及工程实践经验的不断积累，监测仪器设备的改进和完善，使安全监测工作中存在的影响可靠性、稳定性、耐久性的问题得到了逐步解决。同时，随着监测设计和监测资料分析反馈方法的不断改进、计算机和信息化技术的应用，使得及时分析反馈监测信息、及时了解建筑物运行性态、及时对发现的问题采取防范措施等成为可能；使得动态监控安全成为可能；进一步实现了从大坝安全监测到大坝安全监控的观念转变。

我国安全监测工作始于 20 世纪 50 年代中期，20 世纪 60 年代水利部有关主管部门就着手编制水工建筑物观测工作暂行办法草案以及有关技术规范初稿，70 年代在监测项目的确定、仪器选型、仪器布置、仪器埋设、观测方法、监测资料整理分析、信息反馈等方面的研究工作取得了一定的成果。但是，由于当时安全监测经验不足和认识水平的限制，在监测设计的项目选择和仪器布置上，只注重内部监测仪器的布置。随着人们认识的不断提高和筑坝技术的成熟，对大坝的“原型观测”由原先主要为设计、施工、科研等技术服务，进而发展成为监控大坝安全运行这个关系到社会公共安全的、不容忽视的重要工作上来，因而改名为“安全监测”。

20 世纪 80 年代以来，随着科技攻关不断深入以及工程实践经验的不断积累，安全监测工作中存在的问题得到了逐步解决，监测设计和监测资料分析反馈方法不断改进，一些安全监测设计规范、仪器标准、资料整编规程相继颁布实施，我国大坝安全监测领域有关技术标准逐步健全。

1.5.1　监测仪器设备

经过几十年，特别是近十余年的不断努力，大坝安全监测仪器无论从仪器原理、品种、性能和自动化程度等方面都取得了很大的进展，总体上可以满足实际工程安全监测的需要。目前已有差动电阻式、钢弦式、电容式、电阻应变片式、电感式、电磁式、滑线电阻式等多种监测仪器在水工建筑物安全监测中广泛应用。近几年来，光纤和渗流热监测技术发展迅速并已在一些大型工程中应用。

1. 变形监测

安全监测仪器始于外部变形观测，第一个进行外部变形观测的是德国的埃施巴赫混凝土坝（1891 年），第一次采用大地测量法观测的是瑞士某大坝（1920 年）。我国的大坝外部变形观测始于 20 世纪 50 年代初，测量仪器主要采用光学水准仪和经纬仪。随着科学技术的进步，目前水准仪、经纬仪、测距仪等在精度、方便性、自动化等方面都有飞速发展，更出现了有“测量机器人”之称的全自动全站仪，对测点与基点间无通视要求的 GPS 测量系统和适合全天候自动监测的干涉雷达系统等新型的仪器设备都在逐步应用之中。

测量机器人是在全站仪的基础上集成电动机驱动和程序控制并结合激光、通信及电荷耦合元件（Charge - coupled Device，CCD）和传感器技术等，集目标识别、自动照准、自动测角测距、自动跟踪、自动记录于一体，可以实现测量的自动化。测量机器人能够自动寻找并精确照准目标，在 1 秒内完成对单点的观测，并可以对成众多目标进行持续、重复观测。

GPS 监测具有精度高、速度快、自动化、全天候以及测点之间无需通视等优点。近年来，随着接收机硬件性能和软件处理技术的提高，GPS 定位技术已在大坝测量、地壳变形监测、精密工程测量等诸多领域得到了普及，但 GPS 安全监测在国际上尚属于前沿课题，我国在这方面做了一些探索性的研究工作。目前，对于 GPS 精密测量，采用性能优良的接收机和较好的数据处理软件，平差后点位的平面位置精度为 1～2mm，高程精度为 2～3mm。当然，影响 GPS 定位精度的因素有很多，还应针对具体内容采取相应的措施减小误差，提高精度。目前能大大降低成本的 GPS 一机多线技术也得到迅速发展。

监测混凝土坝变形的正倒垂系统始于 20 世纪 40 年代，早期采用的是机械接触式的垂线坐标仪，是靠钢丝推动仪器的传动杆进行读数。20 世纪 60 年代开始采用光学垂线坐标仪，至今仍是主要的人工测读仪器。到了 20 世纪 80 年代，随着科学进步各类遥测垂线坐标仪相继问世，目前在国内生产且应用较多的、能实现自动数据采集的遥测垂线坐标仪，主要有步进电机式垂线坐标仪、电容式垂线坐标仪和 CCD 式垂线坐标仪。

混凝土坝的引张线系统由苏联发明，我国最早于 1968 年 7 月在丹江口大坝上使用引张线系统监测坝体的水平位移，由于引张线系统设备简单，在正常工作状态下不受大气影响，精度较高，很快在全国混凝土坝上普及应用。引张线自动化遥测仪在 20 世纪 70 年代中期即开始研制，初期为差动电感式，但未能推广应用。目前，引张线坐标仪的研究和发展基本与垂线坐标仪同步。

我国从 20 世纪 70 年代初开始研究大气激光准直系统，70 年代后期开始研究真空激光准直系统，1981 年在太平哨坝顶建成运行。20 世纪 90 年代后期真空激光准直系统有新的发展，采用密封式激光点光源、光电耦合器件 CCD（面阵）作传感器，采用新型的波带板和真空泵自动循环冷却水装置等新措施和新技术，进一步提高该真空激光准直系统的可靠性。目前，真空激光准直系统具有精度高、便于操作、稳定可靠、易于维护、容易实现自动化的优点，已可在长度超过 1000m，甚至达到 2000m 的大坝上应用。

测量岩体和土体变形的多点位移计和测斜仪始于 20 世纪 60 年代。早期的多点位移计在孔口用百分表测量，我国从 20 世纪 80 年代初从国外引进孔口采用传感器的多点位移计，并逐渐形成组装和自主产品。目前，国内应用较多的、用于监测多点变位变形的传感器主要有弦式、差阻式、电感式位移计等。我国最早于 20 世纪 80 年代初就在天生桥二级水电站的边坡采用美国进口的伺伏加速度式滑动测斜仪，并开始自主研究与生产，目前在国内水利水电工程中应用最多的滑动测斜仪仍是伺伏加速度式。此外，还有一些电平器式、弦式、应变片式的固定测斜仪。

监测土石坝内部沉降的仪器始于以大地测量为基础的横梁式沉降计，以后发展到电磁式沉降仪。由于其垂直埋设，对施工干扰较大，1961～1964 年期间奥地利修建高 153m 的碾压堆石坝心墙盖伯奇（Gepastsch）坝开始采用水平埋设的水管式沉降仪，同时监测土石坝水平位移的仪器也开始采用水平埋设的引张线式水平位移计，并在实际工程的应用中得到不断改进，最大长度超过 500m 的超长水平垂直位移计，使 200m 以上高堆石坝的内部位移监测成为可能。电平器监测高坝面板挠度，解决了测斜孔监测高坝面板挠度变形精度差的问题；适用于土石坝内部大量程位移监测的电位式位移计、电阻应变片式位移计等一系列土石坝监测仪器也已研制成功。这些技术改变了过去有些部位变形没法监测，或监测可靠性差的局限，丰富和发展了堆石坝变形监测项目和手段。

2. 渗流监测

最早被用来监测坝体坝基渗透压力、土石坝体内孔隙水压力的是测压管，早在 1911 年美国垦务局在贝尔富升（Bell Foueche）坝上安装了直径 2 英尺、用白铁皮制成的测压管，用测深锤观测管内水位，后又发展到用电测水位计监测管内水位，随着 20 世纪 30 年代差阻式、弦式、应变片式、差动变压器式等类型的压力传感器的问世及发展，这些压力传感器逐渐被用于监测测压管内水位，或直接埋入坝体内监测渗透压力的变化。

容积法和量水堰流量法是渗漏量监测的基础，起初都采用人工观测记录，随着科技的进步和传感器的发展，人们研究了监测管内流量的电磁式、超声波式流量计和监测量水堰堰上水头的各类微压传感器、浮子式水位计，水位测针、超声波水位计等监测量水堰水位（小量程、高精度）的仪器。

3. 应力应变及温度监测

最早埋入混凝土坝内的仪器是温度计，1903 年在美国新泽西州的布恩顿（Boonton）重力坝内就埋入了温度计，目前埋入式温度计已发展成包括电阻式、弦式、热敏电阻式、半导体式等多种类型，在国内水利水电工程中应用最广的是电阻式温度计。

用于测量应力应变的差阻式仪器于 20 世纪 30 年代初在美国问世，我国差阻式仪器的研制从 1956 年开始，最早用于以新安江为代表的、20 世纪 50 年代建设的大型混凝土坝。通过半个多世纪的努力，攻破了很多技术难关，如为了消除芯线电阻影响的 5 芯测量方法，适用于高坝和高水头引水工程的新型的液压平衡式差动电阻式应变计和测缝计我国已研制成功。目前，国产差阻式仪器的品种和性能不仅完全可以取代进口产品，并创新了多个新品种，满足了我国水利、水电、交通等有关工程建设的需要，在大坝和岩土工程中的应用尤为突出，基本覆盖了全国所有大中型水电水利工程。

与此同时，在欧洲问世的弦式仪器，初期使用 220V 交流电源的电子管型耳机式钢弦频率计，靠人耳听到拍频声辨别频率，使用不便，直到 20 世纪 60 年代末半导体、微电子技术的发展，高分辨率的袖珍式频率计解决了弦式仪器测量上的难题。我国也是从 20 世纪 60 年代开始研究弦式仪器并已投入批量生产。

4. 光纤监测技术

目前，我国在应用光纤技术研制新型传感器方面也做了大量的工作，该类产品具有抵抗腐蚀、潮湿、雷电及强磁场等影响的优越性，已有一些研制产品并在工程中应用，但总体上仍处在试制阶段。

光纤监测技术是利用光导纤维来感受各种物理量并传送所感受数据的一种新技术。凡是电子仪器能够测量的物理量，如位移、压力、流量、液面、温度等，光纤传感器几乎都能测量。光纤灵敏度相当高，其位移传感器能测出 0.01mm 的位移量，温度传感器能测出 0.01℃的温度变化。目前，在水利水电工程中，光纤技术已从初期的单纯温度监测，发展到应力应变及温度监测、渗流监测、位移监测等多个方面。分布式光纤测温技术已应用到碾压混凝土坝温度监测、面板堆石坝周边缝渗漏监测，光纤陀螺技术也已应用于面板挠曲变形或坝体的变形监测。

5. *渗流热监测技术*

与同位素测渗流方法不同，渗流热监测技术通过观测温度分布及其变化来监测坝体、坝基渗流，是一项新颖的技术，它已在美国、俄罗斯和瑞典等国得到了应用。关于渗流热监测的原理，美国的研究认为，地下（坝内）渗流的存在将对热环境产生明显影响。水的热传导系数和比热与岩土不同，岩土中如果有渗水，其热学参数必然会改变。如果地下水不流动，这种影响比较小；而流动的地下水会产生冷却的效果，因而地温相对较低的部位有可能存在流动的地下水。由此，温度分布图像可以帮助发现渗漏较严重的部位。同时，通过长时间观测掌握了埋设的各支温度计的正常变化规律后，当温度测值一旦偏离正常值时，就可认为有渗流异常的特征而加以注意和研究。

除了仪器种类增多，仪器质量提高外，仪器的安装埋设质量也越来越好。目前，大部分工程在竣工验收时，外部可修复仪器的安装完好率可达 100%，埋入式仪器的完好率达 90%以上。

1.5.2　监测数据自动采集系统

从 20 世纪 60 年代开始，欧美等一些发达国家开始研制监测数据自动采集系统，并在 20 世纪 70 年代进入使用阶段。我国的监测数据自动采集系统研制起步于 20 世纪 70 年代，首先实施的是差阻式应变计自动巡检装置，用于龚嘴水电站大坝，1983 年原南京自动化研究所研制的 BNZ－1 自动化巡检装置安装在葛洲坝二江电厂。为了加快自动化的进程，“大坝安全自动监测微机系统及仪器研制”列为国家“七五”攻关项目，原南京自动化研究所研制的大坝安全自动监测装置于 1985 年 10 月首次在梅山大坝试用。

进入 20 世纪 90 年代中期以后，随着电子技术、计算机技术、通信技术的发展，国外先进设备的引进和成功应用，广大科技工作者的不断努力和攻关，研制出多种型号的大坝安全监测数据自动采集系统，使大坝安全监测自动化的可靠性和实用化显著提高。这些系统已用于国内多个水利水电工程，2012 年在国家电力监管委员会大坝安全监察中心注册的近 300 座水电站大坝中，60%以上的水电站大坝已实现了监测自动化。

我国大坝安全监测数据自动采集系统经历了从集中式到分布式的发展过程。集中式数据采集系统与其他工业监测领域一样是早期开发的产品，初期研制的监测系统受当时微电子技术发展水平和电子元器件成本等综合因素的限制，多采用集中式数据采集系统，为了适应大坝监测仪器种类多、数量大的情况，在各类仪器附近安装遥控转换箱。随着微电子技术及通信技术发展，电子元器件成本大幅度下降，数据采集单元代替了遥测转换箱，导致分布式数据采集系统的出现。数据采集单元可以选点测量各类仪器模拟信号或数据信号，并转换成标准输出量，具有数据存储及数据通信等功能，这样就消除了长距离电缆传输模拟信号对测量结果的影响，提高了测量精度，且仪器测量风险分散，可靠性得到了很大的提高，另外在防雷性能方面也明显优于集中式系统。

1.5.3　监测资料分析与信息处理

监测资料分析及信息处理是大坝安全监测工作的一个重要组成部分。20 世纪 70 年代初，我国开始对大坝安全监测资料进行分析、反分析和信息管理。尽管起步较晚，但是从 20 世纪 80 年代，尤其是 90 年代，随着大批超越现行技术标准的大型工程的兴建，许多关键技术问题需要根据安全监测成果对其实践验证和反演反馈分析；部分已建工程随着时间的延长，逐渐出现危及工程安全的局部问题，需要根据安全监测成果进行深入综合分析和评判；大坝安全定期检查需要对监测资料进行长系列分析。随着计算机技术的迅速发展，使得监测资料分析和信息处理工作得到了快速的发展。

1. *监测资料分析数学模型*

单点数学模型包括统计模型、混合模型和确定性模型，目前仍然是大坝监测资料分析及安全监控中所采用的主要模型。针对统计模型，也经历了从最初的多元回归模型到逐步回归模型，还发展了消元（差值）回归方法、最小二乘回归方法等，进一步引进了主成分分析法、岭回归分析法等，直到 20 世纪末又出现的偏最小二乘回归法。针对单点模型的局限性，国内提出了“分布数学模型”的概念，以处理同一监测量多个测点的监测信息，这一模型方法得到了较系统、深入的研究，目前已得到了较广泛的应用。除多测点模型外，国内对传统监控模型的完善和改进进行了多方面的研究。例如，对监测量影响因素的进一步描述，包括考虑材料蠕变特性的时效分量的因子设置、考虑到温度滞后作用的瑞利分布函数的应用、考虑渗流滞后影响因素的渗流分析模型等。此外，还包括时间序列分析、回归与时序结合的分析方法、数字滤波方法、非线性动力系统方法等，以及新的理论及方法，包括灰色系统法、神经网络法和模糊数学法等。

2. 综合分析评价方法

将现代数学理论、信息处理技术应用于大坝监测的综合分析评价是近几年的一个发展趋势，现在主要有层次分析法和综合分析推理法。此外，国内学者还从多个角度、多种途径对监测性态的综合分析方法进行了研究，包括模糊评判与层次分析相结合的方法、模糊模式识别方法、模糊积分评判方法、多级灰色关联方法、突变理论方法、属性识别理论方法等，这些研究方法中应用了现代数学领域的系统工程方法，得到了一批有价值的研究成果。这些方法的应用有助于从多方面解决复杂的大坝监测性态综合分析评价问题。

3. 反分析方法

传统单点混合模型、确定性模型的建立中已包含反分析的内容。目前，国内在变形的反分析中已经较普遍地采用多测点的混合或确定性模型。除去基于监测数据测值序列、通过传统回归分析方法进行变形反分析之外，还提出利用变形测值的“差状态”，通过刚度矩阵分解法、改进和优化方法等对位移场进行反分析的方法。

4. 监控指标拟定方法

目前国内拟定运行期监控指标的主要方法有：通过监测量的数学模型并考虑一定的置信区间所构成的数学表达式来确定；根据数学模型代入可能的最不利原因量组合并计入误差因素推求极限值，以极限值作为监控指标；通过符合稳定及强度条件的临界安全度或可靠度来反算出监测量的允许值作为监控指标；针对实际工程问题，确定级别及计算物理模型，通过实测变形资料的反分析调整力学参数，最后确定具体的变形监控指标。

5. 大坝安全监测信息管理系统

国内开展大坝安全监测信息管理系统的研制开发工作始于20世纪80年代，随着信息管理系统(MIS)、决策支持系统（DSS）开发的基本理论方法以及大坝监测技术的不断发展，该类系统的开发随着计算机技术的进步也有了较大的进展。在大坝安全监控的数据共享中，用于安全分析评价的信息量巨大，且为多用户的远程信息通信，因此既要考虑各个大坝或单项工程的特点、信息的安全性和使用权，又要考虑逐级管理和上一级对下一级的调控，这就要求必须采用稳定可靠的网络控制。C/S（Client/Sever，客户机/服务器）模型是许多网络通信的基础。传统的两层C/S体系在解决工程范围的应用被证明是非常有效的，但对于较大规模网络或广域网上的应用，两层结构就遇到了诸多问题。主要表现在服务器的负荷过重、可扩展性差、系统维护不便和客户端效率低下等。近年来所提出的三层C/S结构是对传统的C/S结构的一种改进，它将应用功能分成表示层、功能层和数据层三部分。在三层C/S结构中，数据计算和数据处理集中在中间层部件，因而三层结构系统能够实现分布计算功能。

许多新的实用技术或新的理论方法不断地被引进或吸收。例如，在综合分析评价中采用神经网络方法，采用数据仓库、数据挖掘的理论方法对监测信息进行处理分析，利用网络技术进行大坝监测信息的通信管理等。这些研究进一步提高了大坝安全监测信息处理的技术水平。

综观国内外大坝安全监控领域的现状，大坝安全资料分析大致可分为信息管理系统、信息分析系统、专家决策支持系统和综合评价专家系统等四个层次。其中，综合评价专家系统由人工智能的概念突破发展而来，是在某个特定领域内运用人类专家的丰富知识进行推理求解的计算机程序系统。它是基于知识的智能系统，主要包括知识库、综合数据库、推理机制、解释机制、人机接口和知识获取等功能模块。专家系统采用了计算机技术实现应用知识的推理过程，与传统的程序有着本质的区别。作为人工智能的重要组成部分，专家系统近年来在许多领域得到了卓有成效的应用。近年来兴起的大坝安全综合评价专家系统就是在专家决策支持系统的基础上，加上综合推理机，形成“一机四库”的完整体系。它着重应用人类专家的启发性知识，用计算机模拟专家对大坝的安全作为综合评价（分析、解释、评判和决策）的推理过程。国内外专家系统目前都还处于起步阶段，有待进一步完善。

1.5.4 安全监控与反馈

安全监测成果是建筑物工作性态直观、有效和可靠的体现，安全监测体系均以“耳目”作用直接指导、反馈工程的客观作用与演变，是建筑物安全评价的有效手段之一。同时，水电工程由于自身的结构特点，一般技术复杂，对所处的地质环境要求高，一方面以往的经验和技术难以完全覆盖，需要在传统和经验的基础上作更进一步的探索和研究；另一方面，实际地质条件、施工状况、运行环境以及混凝土材料特性等对理论分析影响较大，需要通过数学模型逼近真实地去模拟和反映这些因素，以探讨真实工作机理，进而反馈论证理论分析以及控制标准的合理性及准确性，确保建筑物安全可靠、经济合理。但计算模型由于本构关系的局限性、材料参数的不确定性以及边界条件的复杂性，很难完全真实地反映工程实际运行状况，需要通过现场监测、地质素描获得关于基础、结构工作性状的各类信息，然后对监测数据、力学参数进行计算和分析，按照一定的评判准则，来评价工程措施的经济性与安全性，借以修改和确定治理措施的设计参数、治理时机和相关对策，达到优化工程设计和施工的目的。

安全监测的终极目标是监控水工建筑物施工期和运行期各阶段的工程安全，并通过监测数据反馈设计，指导施工。监测工作中所有的监测仪器布置，监测数据的采集、传输，资料分析、反馈和安全性评价等都是实现这一终极目标的手段。

随着国家对安全管理的日益重视，对应急管理工作的要求越来越高，整个行业对监测工作的认识进一步深化，监测工作服务于安全监控和反馈设计与施工的理念越来越清晰，实践成果越来越显著。

对于安全监测在施工期监控水工建筑物安全、反馈设计、指导施工的方面，在一些大型水电水利工程中已经得到有效实施并取得了显著效果。如已建的三峡、小湾和正在建设中的锦屏等一大批大型水利水电工程，都有安全监测中心或专门的组织机构，及时分析和反馈工程施工情况和建筑物安全状况。

对于安全监测在运行期监控水工建筑物安全方面，电力系统的大坝安全管理已经在这一方面跨出了可喜的一步。在发电企业层面，一些流域发电公司对所属的大坝建立了远程管理分系统，集中管理，及时掌握大坝的运行性态并为水库管理、运行调度决策提供相关信息。在电力系统，经过多年的努力，目前注册的 200 多座大坝已经基本实现了重要部位、关键测点的监测数据远程传输、动态监控和及时管理，防患于未然。例如，2010 年 8 月，东北第二松花江发生全流域大洪水，丰满水库下游地区灾情严重，为了让上游的白山、丰满水库滞洪削峰，拟蓄洪水至校核洪水位，通过大坝安全远程管理系统及时对两座大坝的监测数据进行分析、判断，确定两座大坝运行性态正常，可以承受校核洪水位荷载，为防汛调度提供了有力的技术支撑。

1.5.5　安全监测技术标准

20 世纪 60 年代，水利部有关主管部门就着手编制水工建筑物观测工作暂行办法草案以及有关技术规范初稿，并于 1964 年出版了《水工建筑物观测技术手册》❶。20 世纪 70 年代以来，在监测项目确定、仪器选型、仪器布置、仪器埋设、观测方法、监测资料整理分析、信息反馈等方面的研究工作逐步深入，并取得了一些令人满意的成果。

20 世纪 80 年代以来，随着科技攻关不断深入以及工程实践经验的不断积累，安全监测工作中存在的问题得到了逐步解决，监测设计和监测资料分析反馈方法不断改进，水力发电工程学会大坝安全监测专业委员会和电力行业大坝安全监测标准化技术委员会相继成立，对工程安全监测理论和实践经验进行了充分的总结，一些安全监测设计规范、仪器标准、资料整编规程相继颁布实施。这些标准的颁布实施，填补了我国大坝安全监测领域有关技术标准的空白，健全、完善了大坝安全监测技术标准体系，为大坝安全监测工作的规范化、标准化创造了条件。

---

❶ 《水工建筑物观测技术手册》，水利电力部水利管理司编，中国工业出版社出版。

第2章

监 测 仪 器 设 备

本章共分7节。主要介绍水工设计中对监测仪器设备的基本要求及分类，传感器的工作原理，各类监测仪器设备和测读仪表的用途、结构型式与工作原理等。

根据监测效应量的不同，可将监测仪器设备分为变形监测仪器设备、渗流监测仪器设备、应力应变及温度监测仪器设备、动力学与振动监测仪器设备、水力学监测仪器设备等。变形监测仪器包括表面变形监测标点、激光准直系统、垂线系统、引张线式水平位移计、张引线系统、滑动测微计、竖直传高系统、静力水准系统、沉降仪、测斜仪、三向位移计、多点位移计、基岩变形计、土位移计、测缝计、裂缝计、脱空计、位错计、倾角计等；渗流监测仪器包括测压管、渗压计、水位计、量水堰及分布式光纤等；应力应变及温度监测仪器包括无应力计、应变计（组）、钢板计、钢筋计、锚杆应力计、锚索测力计、土压力计、温度计等；动力学与振动监测仪器包括速度计、加速度计、强震仪等；水力学监测仪器包括脉动压力计、水听器、流速仪等。

本章从用途、结构型式、工作原理、技术参数要求等四个方面分别对上述监测仪器设备进行了阐述，供设计人员参考。有关水力学监测设计方法将在第3.11节进行详细介绍，本章仅列出部分仪器的主要技术参数要求。

章主编　李端有

章主审　王玉洁　陈惠玲

本章各节编写及审稿人员

节次	编　写　人	审稿人
2.1	李端有	王玉洁　陈惠玲
2.2	甘孝清　李端有	
2.3	邹双朝　李强	
2.4	耿贵彪	
2.5	周武　甘孝清　李端有	
2.6	甘孝清　金峰　段文刚	
2.7	廖勇龙　邹双朝　宁晶　周元春	

第2章 监测仪器设备

2.1 监测仪器设备的基本要求及分类

2.1.1 监测仪器设备的基本要求

用于水工安全监测的仪器设备所处的工作环境条件大都比较恶劣，有的仪器设备暴露在很高的边坡上，常年遭受风吹日晒；有的仪器设备深埋于地面以下几百米的坝体或地基中；有的仪器设备长期处于潮湿的工作环境或位于较深的水下；有的仪器设备埋设于岩土体或水工建筑物的外面，经常受到施工爆破或人为损坏的威胁；有的仪器设备要在正负几十摄氏度的变温条件下工作；有的仪器设备要在酸碱性较强的环境中工作。大部分监测仪器设备埋设完成后就无法进行修复或更换，因此除了必须具备良好的技术性能，满足必要的使用功能外，通常设计制造时还需满足以下基本要求：

(1) 高可靠性。设计应周密，应采用高品质的元器件和材料制造，并应严格进行质量控制，保证仪器设备安装埋设后具有较高的完好率。

(2) 长期稳定性好。零漂、时漂和温漂满足设计和使用所规定的要求，一般有效使用寿命不低于15年。

(3) 精度较高。必须满足安全监测实际需要的精度，有较高的分辨力和灵敏度，有较好的直线性和重复性，观测数据可能受到长距离和环境温度变化的影响，但这种影响造成的测值误差应易于消除，仪器设备的综合误差一般应控制在2%F.S以内。

(4) 耐恶劣环境。可在温度－25～80℃，相对湿度95%以上的条件下长期连续运行，设计有防雷击和过载保护装置，耐酸、耐碱、防腐蚀。

(5) 密封耐压性好。防水、防潮密封性良好，绝缘度满足要求，在水下工作要能承受设计规定的耐水压力。

(6) 操作简单。埋设、安装、操作方便，容易测读，最好是直接数字显示。具有中等以上文化水平的观测人员经过短期培训就能掌握使用。

(7) 结构牢固。能够耐受运输时的振动和在工地现场埋设安装时可能遭受的碰撞、倾倒。在混凝土振捣或土层碾压时不会损坏。

(8) 维护或维修要求不高。选用易于采购的元器件，便于检修和定时更换，局部故障容易排除。

(9) 工程施工适应性强。埋设安装时对工程施工干扰小，能够顺利安装的可能性大，尽量不需要交流电源和特殊的影响土建施工的手段。

(10) 性价比高。在满足相关的技术要求的条件下，仪器设备的采购价格、维修费用、安装费用、配套的测读仪表、传输信号的电缆等直接和间接费用应尽可能低廉。

(11) 能够实现自动化测量，自动化监测系统容易配置。

2.1.2 监测仪器设备分类

用于水工安全监测的仪器设备按传感器分类有钢弦式、差动电阻式、电感式、电容式、压阻式、电位器式、热电偶式、光纤光栅、电阻应变片式、伺服加速度式、电解质式、磁致伸缩式、气压式等，目前比较常用的是钢弦式和差动电阻式仪器。

监测仪器设备的分类方法可按监测物理量进行分类，也可按相关标准中的型谱进行分类。

1. 按监测物理量分类

监测仪器设备按监测物理量进行分类有：变形监测仪器设备；应力、应变、温度监测仪器设备；渗流监测仪器设备；动力学及水力学监测仪器设备等。

(1) 变形监测仪器包括表面变形监测仪器和内部变形监测仪器。表面变形监测仪器主要有经纬仪、水准仪、测距仪、全站仪等；内部变形监测仪器主要有沉降仪、静力水准仪、引张线式水平位移计、土位移计、垂线坐标仪、激光准直、垂直传高仪、滑动测微计、多向位移计、多点位移计、测缝计、测斜仪、基岩变形计、裂缝计、位错计、收敛计、倾角计等。与表面变形监测仪器配套的监测设备有变形观测墩、水准点等，变形观测墩上安装有强制对中基座，水准点上安装有水准标芯，便于高精度测量。

(2) 应力、应变监测仪器有无应力计、应变计

(组)、钢筋应力计、钢板计、锚杆应力计、锚索测力计、土压力计等；温度监测主要有温度计。每一类仪器因使用的传感器不同，可以分为很多种，如锚杆应力计，可分为钢弦式锚杆应力计、差动电阻式锚杆应力计、电感式锚杆应力计以及光纤光栅式锚杆应力计等。

(3) 传统的渗流监测仪器设备主要有测压管、孔隙水压力计（渗压计）、水位计、量水堰等，其中量水堰主要监测渗漏量。此外，一些新型监测方法也可用于监测水库大坝的渗漏状况，如分布式光纤测温系统，可通过监测水工建筑物或基岩的温度场分布及变化，从而监测出渗漏点和渗漏规模。另外，同位素示踪法等也被用于监测水库大坝的渗漏情况。

(4) 动力学监测仪器有速度计、加速度计和动态电阻应变片等，用于监测水工建筑物在爆破、地震、动载等作用下的振动效应；水力学监测仪器主要有脉动压力计、水听器和流速仪，用于监测水流流态、时均压力、脉动压力、流速及水工建筑物在高速水流作用下的振动情况。

2. 型谱分类

土石坝监测仪器可分为压（应）力监测仪器、变形监测仪器、渗流监测仪器、混凝土应力应变及温度监测仪器、动态监测仪器、测量仪表。其中：压（应）力监测仪器包括孔隙水压力计、土压（应）力计等；变形监测仪器包括沉降仪、位移计、测缝计、测斜仪、倾斜计、光学测量仪器等；渗流监测仪器包括孔隙水压力计、测压管、量水堰渗流量监测仪等；混凝土应力应变及温度监测仪器包括应变计、温度计、测缝计（埋入式）、混凝土应力计、钢筋应力计、锚索测力计、锚杆测力计、锚杆应力计等；动态监测仪器包括动态孔隙水压力计、动态土压力计、动态位移计、加速度计等；测量仪表包括钢弦式、差动电阻式、压阻式、气压式、伺服加速度式、电位器式、电阻应变式、电解质式、电感式等。

混凝土坝监测仪器可分为变形监测仪器、渗流监测仪器、应力应变及温度监测仪器、测量仪表及数据采集装置。其中变形监测仪器包括测斜仪、倾斜仪、位移计、收敛计、滑动测微计、测缝计（表面）、多点位移计、垂线坐标仪、引张线仪、激光准直位移测量系统、静力水准仪、光学测量仪器等；渗流监测仪器包括渗压计、测压管水位计、压力表、量水堰渗流量监测仪等；应力应变及温度监测仪器包括应变计、温度计、测缝计、混凝土应力计、钢筋应力计、锚杆应力计、锚索测力计及锚杆测力计等。

2.2 传感器的工作原理

2.2.1 钢弦式传感器

钢弦式传感器由受力弹性外壳（或膜片）、钢弦、坚固夹头、激振线圈、振荡器和接收线圈等组成。钢弦常用高弹性弹簧钢、马氏不锈钢或钨钢制成，它与传感器受力部件连接固定，利用钢弦的自振频率与钢弦所受到的外加张力关系式测得各种物理量。它结构简单可靠，传感器的设计、制造、安装和调试都非常方便，而且在钢弦经过热处理之后其蠕变极小，零点稳定。钢弦式传感器所测定的参数主要是钢弦的自振频率，常用钢弦频率计测定，也可用周期测定仪测周期，两者互为倒数。

以连续激振型为例介绍钢弦式传感器的工作原理，见图 2.2-1。

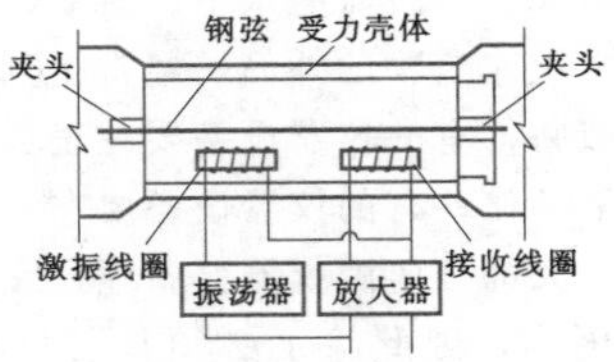

图 2.2-1 钢弦式传感器工作原理图（连续激振型）

钢弦式仪器是根据钢弦张紧力与谐振频率成单值函数关系设计而成。由于钢弦的自振频率取决于它的长度、钢弦材料的密度和钢弦所受的内应力，其关系式为

$$f = \frac{1}{2}L\sqrt{\frac{\sigma}{\rho}} \qquad (2.2-1)$$

式中 f——钢弦自振频率，Hz；

L——钢弦有效长度，m；

σ——钢弦的应力，Pa；

ρ——钢弦材料密度，kg/m³。

由式 (2.2-1) 可以看出，当传感器制造成功之后所用的钢弦材料和钢弦的直径有效长度均为不变量。钢弦的自振频率仅与钢弦所受的张力有关。因此，张力可用频率 f 的关系式来表示，即

$$F = K(f_x^2 - f_0^2) + A \qquad (2.2-2)$$

式中 F——张力、位移或压力，N、mm 或 Pa 等；

K——传感器灵敏系数；

f_x——张力变化后的钢弦自振频率，Hz；

f_0——传感器钢弦初始频率，Hz；

A——修正常数，在实际应用中可设 $A=0$。

从式 (2.2-2) 中可以看出，钢弦式传感器的张

力（应力）与频率的关系为二次函数，见图 2.2－2（a）；频率平方与张力为一次函数见图 2.2－2（b）。通过最小二乘法变换后的式（2.2－2）为线性方程。根据仪器的结构不同，张力 F 可以变换为位移、压力、压强、应力、应变等各种物理量。从式（2.2－2）中可以看出钢弦的张力与自振频率的平方差呈直线关系。但不同的传感器中钢弦的长度、材料的线性度很难加工得完全一样。因此，修正常数（图 2.2－2 中 Y 轴的截距）相对每只传感器也都不尽相同，为以后资料整理时的起始值造成不一致，通常根据资料的要求人为设 $A=0$，使一个工程中的多只传感器起点一致，以方便计算中的数据处理。

钢弦式传感器的激振一般由一个电磁线圈（通常称磁芯）来完成。工作原理可用图 2.2－3 来说明。通过将各类物理量转换为拉（或压）力作用在钢弦上，改变钢弦所受的张力，在磁芯的激发下，使钢弦的自振频率随张力变化而变化。通过测出钢弦自振频率的变化，代入式（2.2－2）中即可换算成相应的物理量。

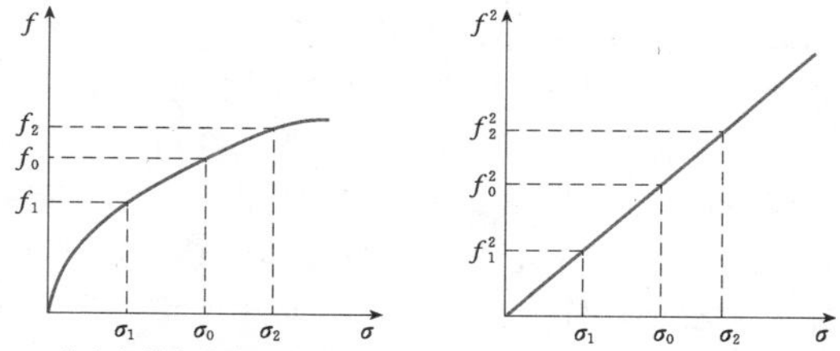

（a）张力与频率的关系为二次函数　（b）频率平方与张力为一次函数

图 2.2－2　钢弦传感器输出特性

f—钢弦自振频率；σ—钢弦的应力

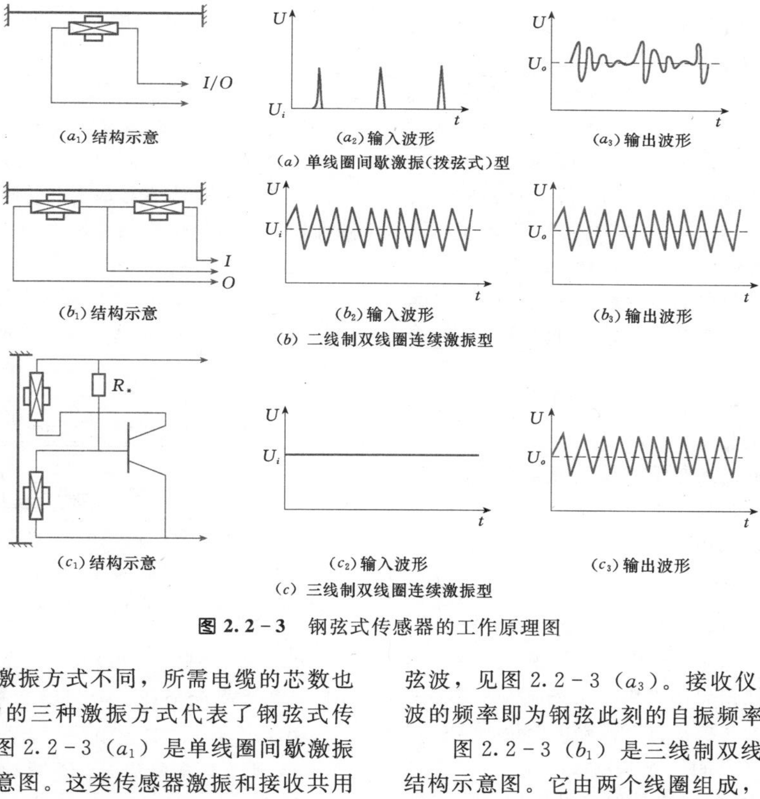

（a_1）结构示意　（a_2）输入波形　（a_3）输出波形

（a）单线圈间歇激振（拨弦式）型

（b_1）结构示意　（b_2）输入波形　（b_3）输出波形

（b）二线制双线圈连续激振型

（c_1）结构示意　（c_2）输入波形　（c_3）输出波形

（c）三线制双线圈连续激振型

图 2.2－3　钢弦式传感器的工作原理图

钢弦传感器的激振方式不同，所需电缆的芯数也不同。图 2.2－3 中的三种激振方式代表了钢弦式传感器的发展过程。图 2.2－3（a_1）是单线圈间歇激振型传感器的结构示意图。这类传感器激振和接收共用一组线圈，结构简单，但由于线圈内阻不可能很大，一般是几十欧姆到几百欧姆，因此传输距离受到一定限制，抗干扰能力比较差，传输电缆要求使用截面较大的屏蔽电缆。单线圈间歇激振型传感器的激振方式为单脉冲输入，见图 2.2－3（a_2）。当激发脉冲输入到磁芯线圈上时，磁芯产生的脉动磁场拨动钢弦（国外也称拨弦式），钢弦被拨动后产生一个衰减振荡，切割磁芯的磁力线，在磁芯的输出端产生一个衰减正弦波，见图 2.2－3（a_3）。接收仪表测出此衰减正弦波的频率即为钢弦此刻的自振频率。

图 2.2－3（b_1）是三线制双线圈钢弦式传感器的结构示意图。它由两个线圈组成，一个线圈为激振线圈，另外一个线圈为接收线圈。激振线圈由二次测量仪表输入一个 1000Hz 左右的激发脉冲（一般为正弦波或锯齿波）。当钢弦激振后，由接收线圈将频率传送到二次仪表中，经放大处理，将一部分信号反馈到激发线圈上，使激发频率与接收频率相等，使钢弦处于谐振状态，另一部分信号送到整形、计数、显示电路，测出钢弦振动频率。图 2.2－3（b_2）和图 2.2－3（b_3）分别为激发和输出的波形。三线制双线圈钢弦

式传感器的性能比单线圈有了很大的改善，但同样存在线圈内阻小，对电缆要求较高的缺陷。该类传感器常用三芯或双芯屏蔽电缆，屏蔽层或其中一芯为公用线，一芯为激发线，一芯为接收线。

图 2.2-3（c）为二线制双线圈钢弦传感器的结构示意图和输入、输出波形图。这类钢弦传感器结构比较新颖，磁芯中有一组反馈放大电路，由二次测量仪表的二芯传输线将直流信号输入，经内部电路激发，输出正弦波。此方式采用了现代电子技术，把磁芯内阻做到 3500Ω 左右，内阻提高，传输损耗小，传输距离较远，抗干扰增强，因此对电缆要求必较低。一般采用二芯不屏蔽电缆即可。若一个测点有几支钢弦传感器，每增加一支传感器只需增加一根芯线（有避雷要求必须采取屏蔽措施的除外）。例如，一组四点位移计只需一根 5 芯不屏蔽电缆。

由于传感器零件的金属材料膨胀系数的不同，造成了温度误差。为减小这一误差，在零件材料选择上，除尽量考虑达到传感器机械结构自身的热平衡外，还从结构设计和装配技术上不断调整零件的几何尺寸和相对固定位置，以取得最佳的温度补偿结果。实践结果表明，传感器在−10～55℃温度范围内使用时，温度附加误差仅有 1.5Hz/10℃。尽管如此，钢弦式传感器的温度补偿十分必要。通常温度补偿方法有两种：一种方法是利用电磁线圈铜导线的电阻值随温度变化的特性进行温度测量；另一种方法是在传感器内设置可兼测温度的元件。用当前温度测值与初始温度测值之间的温差乘相应的温度修正系数后，可得到相应监测量的修正值。

钢弦式传感器的优点是钢弦频率信号的传输不受导线电阻的影响，测量距离比较远，仪器灵敏度高，稳定性好，容易实现监测自动化。

2.2.2　差动电阻式传感器

差动电阻式传感器是美国人卡尔逊研制成功的，因此又习惯被称为卡尔逊式传感器。这种传感器利用仪器内部张紧的弹性钢丝作为传感元件，将仪器感受到的物理量变化转变为模拟量，所以国外也称这种传感器为弹性钢丝式（Elastic Wire）仪器。

如图 2.2-4 所示，钢丝受到拉力作用而产生弹性变形，其变形与电阻变化之间的关系为

$$\Delta R/R = \lambda \Delta L/L \qquad (2.2-3)$$

式中　ΔR——钢丝电阻变化量，Ω；

R——钢丝电阻，Ω；

λ——钢丝电阻应变灵敏系数，无量纲；

ΔL——钢丝变形增量，mm；

L——钢丝长度，mm。

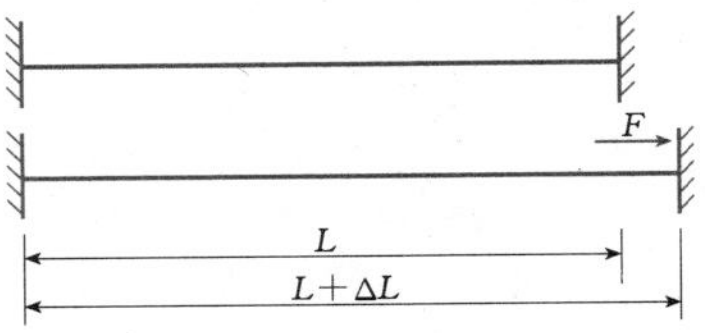

图 2.2-4　电阻丝变形示意图

由图 2.2-4 可见，仪器钢丝长度的变化和钢丝的电阻变化是线性关系，测定电阻变化，利用式（2.2-3）可求得仪器承受的变形。另外，钢丝还有一个特性，当钢丝受不太大的温度改变时，钢丝电阻随其温度变化之间的近似关系为

$$R_T = R_0(1 + \alpha T) \qquad (2.2-4)$$

式中　R_T——当温度为 T℃的钢丝电阻，Ω；

R_0——当温度为 0℃的钢丝电阻，Ω；

α——电阻温度系数，一定范围内为常数，1/℃；

T——钢丝温度，℃。

只要测定了仪器内部钢丝的电阻值，根据式（2.2-4）就可以计算出仪器所处环境的温度值。

差动电阻式传感器基于上述两个基本原理，利用弹性钢丝在力的作用和温度变化下的特性设计而成，把经过预拉、长度相等的两根钢丝用特定方式固定在两根方形断面的铁杆上，钢丝电阻分别为 R_1 和 R_2，因为钢丝设计长度相等，R_1 和 R_2 近似相等，见图 2.2-5。

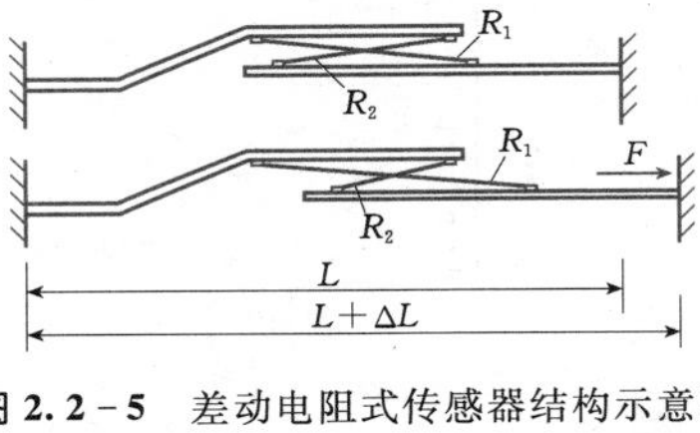

图 2.2-5　差动电阻式传感器结构示意图

当仪器受到外界的拉压产生变形时，两根钢丝的电阻产生差动的变化，一根钢丝受拉，其电阻增加，另一根钢丝受压，其电阻减少，两根钢丝的串联电阻 $R_1 + R_2$ 不变而电阻比 R_1/R_2 发生变化，测量两根钢丝电阻的比值，就可以求得仪器的变形或应力。

当温度改变时，引起两根钢丝的电阻变化是同方向的，温度升高时，两根钢丝的电阻都减少。测定两根钢丝的串联电阻 $R_1 + R_2$，就可求得仪器测点位置的温度。

差动电阻式传感器的读数装置是电阻比电桥（惠斯通型），电桥内有一可以调节的可变电阻 R，还有两个串联在一起的 50Ω 固定电阻 $M/2$，其测量原理

见图 2.2-6，将仪器接入电桥，仪器钢丝电阻 R_1、R_2，电桥中可变电阻 R，以及固定电阻 M 构成了电桥电路。

图 2.2-6（a）是测量仪器电阻比的线路，调节 R 使电桥平衡，则有

$$R/M = R_1/R_2 \tag{2.2-5}$$

因为 $M=100\Omega$，故由电桥测出的 R 值是 R_1 和 R_2 之比的 100 倍，$R/100$ 即为电阻比。电桥上电阻比最小读数为 0.01%。

图 2.2-6（b）是测量串联电阻时，利用上述电桥接成的另一电路，调节 R 达到平衡时，则有

$$(M/2)/R = (M/2)/(R_1+R_2) \tag{2.2-6}$$

简化式（2.2-6）得

$$R = R_1 + R_2 \tag{2.2-7}$$

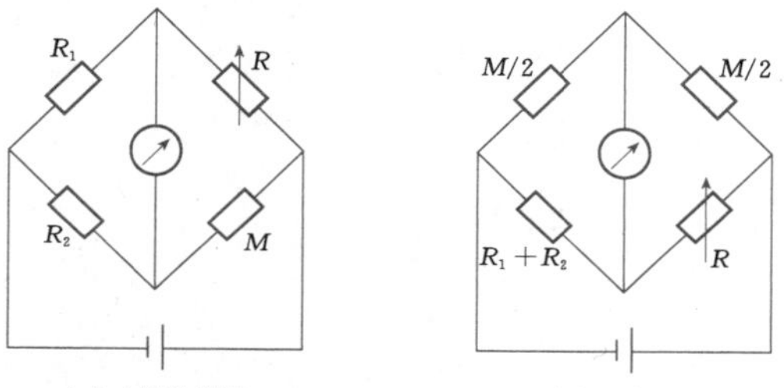

图 2.2-6 电桥工作原理图

这时从可变电阻 R 读出的电阻值就是仪器钢丝的总电阻，从而求得仪器所在测点的温度。

综上所述，差动电阻式仪器以一组差动的电阻 R_1 和 R_2，与电阻比电桥形成桥路从而测出电阻比和电阻值两个参数，来计算出仪器所承受的应力（变形）和测点的温度。

2.2.3 电感式传感器

电感式传感器是建立在电磁感应基础上利用线圈的电感变化来实现非电量电测的传感器，它可以把输入的各种机械物理量如位移、振动、压力、应变、流量、比重等参数转换成电量输出，实现信息的远距离传输、记录、显示和控制。根据工作原理的不同，电感式传感器可分为变磁阻式（自感式）、差动变压器式和涡流式（互感式）等。

1. 变磁阻式传感器

电感式传感器的结构型式多种多样，基本包括线圈、铁芯和活动衔铁 3 个部分。变磁阻式传感器的结构型式见图 2.2-7。

电感式传感器的铁芯和活动衔铁均由导磁材料如硅钢片或镀镍合金制成，可以是整体的或者是迭片的，衔铁和铁芯之间有空气间隙 δ。当衔铁移动时，

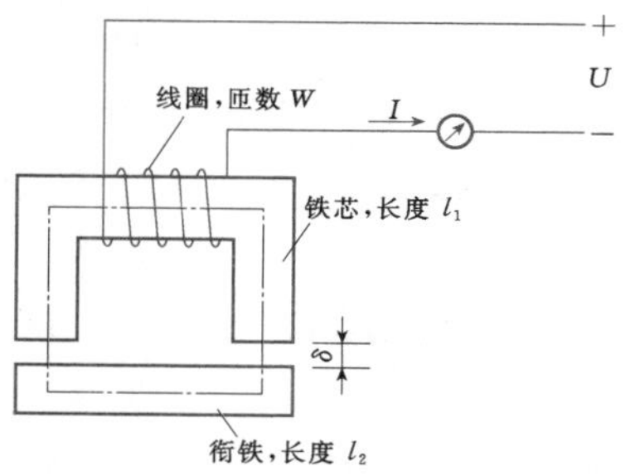

图 2.2-7 变磁阻式传感器结构示意图

磁路中气隙的磁阻发生变化，从而引起线圈电感的变化，这种电感的变化与衔铁位置即气隙大小相对应。因此，只要能测出这种电感量的变化，就能判定出衔铁位移量的大小。电感式传感器就是基于这个原理设计制作的。

根据电感的定义，设电感传感器的线圈匝数为 W，则线圈的电感量 L 为

$$L = W\Phi/I \tag{2.2-8}$$

$$\Phi = IW/R_M = IW/(R_F + R_\delta) \tag{2.2-9}$$

式中 Φ——磁通，Wb；

I——线圈中的电流，A；

R_F——铁芯磁阻，1/H；

R_δ——空气间隙磁阻，1/H。

R_F 和 R_δ 的计算为

$$R_F = (l_1/\mu_1 S_1) + (l_2/\mu_2 S_2) \tag{2.2-10}$$

$$R_\delta = 2\delta/\mu_0 S \tag{2.2-11}$$

式中 l_1——磁通通过铁芯的长度，m；

l_2——磁通通过衔铁的长度，m；

S_1——铁芯横截面积，m^2；

S_2——衔铁横截面积，m^2；

μ_1——铁芯在磁感应值为 B_1 时的导磁率，H/m；

μ_2——衔铁在磁感应值为 B_2 时的导磁率，H/m；

δ——气隙长度，m；

S——气隙截面积，m^2；

μ_0——空气导磁率，$4\pi\times10^{-7}$ H/m。

其中，μ_1、μ_2 的计算为

$$\mu = (B/H)4\pi\times10^{-7} \tag{2.2-12}$$

式中 B——磁感应强度，T；

H——磁场强度，A/m；

μ——导磁率，H/m。

由于电感式传感器采用的导磁材料一般都工作在非饱和状态下，其导磁率 μ 要大于空气的导磁率 μ_0 数千倍甚至数万倍，因此铁芯磁阻 R_F 和空气隙磁阻 R_δ 相比非常小，常常可以忽略不计。这样，电感量 L 的计算为

$$L = W^2/R_\delta = W^2\mu_0 S/2\delta \qquad (2.2-13)$$

式（2.2－13）中，线圈匝数 W 和空气导磁率 μ_0 是固定的，当气隙截面积 S 或者气隙长度 δ 发生变化时，会引起电感量 L 的变化，从而可以测得位移量或角位移量。

2. *差动变压器式传感器*

差动变压器式传感器又称为互感式传感器，它把被测的非电量变化转换为线圈互感量的变化。差动变压器式传感器的结构型式有变隙式、变面积式和螺线管式等，它们的工作原理基本相同。这里以变隙式差动变压器为例介绍传感器的工作原理。

变隙式差动变压器的结构型式见图 2.2－8，在铁芯 A 与铁芯 B 上绕了两个一次绕组 $W_{1a}=W_{1b}=W_1$ 和两个二次绕组 $W_{2a}=W_{2b}=W_2$，两个一次绕组顺向串接，两个二次绕组反向串接。

当衔铁处于初始状态时，没有位移发生，衔铁处于中间平衡位置，它与两个铁芯间的间隙为 $\delta_{a0}=\delta_{b0}=\delta_0$，此时绕组 W_{1a} 与 W_{2a} 之间的互感系数 M_a 等于绕组 W_{1b} 与 W_{2b} 之间的互感系数 M_b，使得两个二次绕组的互感电动势相等，即 $e_{2a}=e_{2b}$。由于二次绕组是反向串接的，因此差动变压器的输出电压 $U_o=e_{2a}-e_{2b}=0$。

当衔铁往上移动时，$\delta_a<\delta_b$，对应的互感系数 $M_a>M_b$，两个二次绕组的互感电动势 $e_{2a}>e_{2b}$，输出电压 $U_o=e_{2a}-e_{2b}>0$；反之，当衔铁往下移动时，$\delta_a>\delta_b$，对应的互感系数 $M_a<M_b$，两个二次绕组的互感电动势 $e_{2a}<e_{2b}$，输出电压 $U_o=e_{2a}-e_{2b}<0$。因此，根据输出电压的大小和极性就可以判断出被测物体位移的大小和方向。

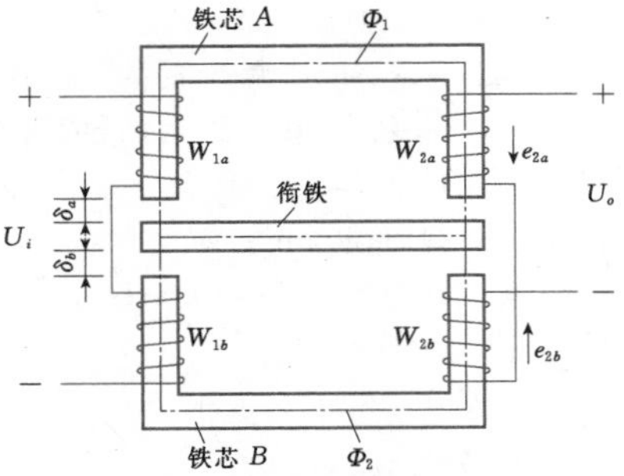

图 2.2－8　差动变压器式传感器结构示意图

3. *螺线管式变压器式传感器*

螺线管式变压器的结构型式见图 2.2－9。它由位于中间的一次绕组（匝数 W_1）、两个位于边缘的二次绕组（反向串接，匝数分别为 W_{2a} 和 W_{2b}）和插入绕组中央的圆柱形铁芯组成。

螺线管式变压器的工作原理与变隙式差动变压器的工作原理基本相同。当衔铁发生位移时，上、下部二次绕组的磁通发生改变，从而影响互感系数和互感电动势，并最终影响差动变压器的输出电压。同理，根据输出电压的大小和极性可以判断出被测物体位移的大小和方向。

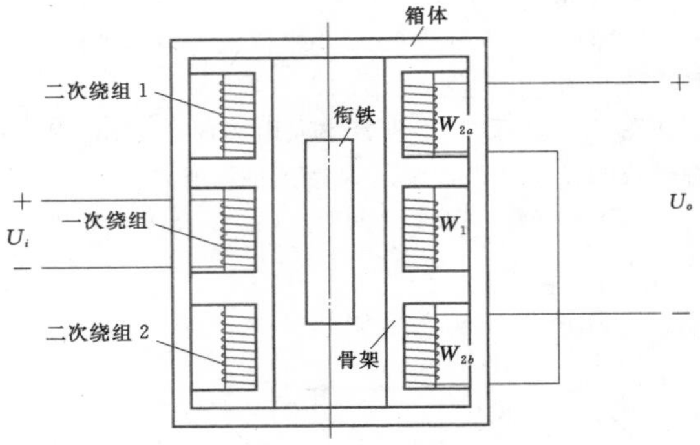

图 2.2－9　螺线管式变压器式传感器结构示意图

2.2.4　压阻式传感器

当固体受到作用力后，其电阻率（或电阻）会发生变化，这就是固体的压阻效应。所有固体都具有压阻效应，其中以半导体材料的压阻效应最为显著。

任何固体材料的电阻变化率均可以写成

$$\frac{dR}{R}=\frac{d\rho}{\rho}+\frac{dL}{L}-2\frac{dr}{r} \qquad (2.2-14)$$

式中　R——电阻，Ω；

ρ——电阻率，Ω；

L——材料长度，m；

r——材料半径，m。

对金属电阻而言，$d\rho/\rho$ 很小，主要由几何变形量 dL/L 和 dr/r 形成电阻的应变效应；而对半导体材料而言，$d\rho/\rho$ 很大，几何变形量 dL/L 和 dr/r 很小。半导体材料的电阻取决于有限数目的载流子、空穴和电子的迁移，其电阻率可表示为

$$\rho \propto \frac{1}{eN_i\mu_{av}} \qquad (2.2-15)$$

式中　N_i——载流子浓度；

μ_{av}——载流子的平均迁移率；

e——电子电荷量，$e=1.602\times10^{-19}$C。

当应力作用于半导体材料时，单位体积内的载流子数目即载流子浓度 N_i、平均迁移率 μ_{av} 都要发生变化，从而使电阻率 ρ 发生变化，这就是半导体压阻效应的本质。

半导体材料的电阻率的相对变化为

$$\frac{d\rho}{\rho}=\Pi_L\sigma_L \qquad (2.2-16)$$

式中 Π_L ——压阻系数，表示单位应力引起的电阻率相对变化量，Pa^{-1}；

σ_L ——应力，Pa。

对于单向受力的晶体，$\sigma_L = E\varepsilon_L$，则有

$$\frac{d\rho}{\rho} = \Pi_L E\varepsilon_L \tag{2.2-17}$$

电阻变化率可以写为

$$\frac{dR}{R} = \frac{d\rho}{\rho} + \frac{dL}{L} + 2\mu\frac{dL}{L} = (\Pi_L E + 1 + 2\mu)\varepsilon_L = K\varepsilon_L \tag{2.2-18}$$

半导体材料的弹性模量约为 $1.3\times10^{11}\sim1.9\times10^{11}$ Pa，压阻系数约为 $40\times10^{-11}\sim80\times10^{-11}\,Pa^{-1}$，$\Pi_L E$ 的取值约为 50～150，而 $1+2\mu$ 的取值范围约为 1.5～2。因此，可不考虑几何变形的影响，将电阻变化率简化为

$$\frac{dR}{R} \approx \Pi_L E\varepsilon_L \tag{2.2-19}$$

通过测量半导体在外力作用下的电阻变化值，就可以计算得到半导体的应变，从而制作出相应的传感器，测出位移、压力、应力等物理量。

2.2.5 电容式传感器

电容式传感器是将非电量的变化转换为电容量变化来实现对物理量的测量。电容式传感器具有结构简单、体积小、分辨力高、动态响应好、温度稳定性好、电容量小等优点，同时也存在负载能力差、易受外界干扰产生不稳定现象等缺点。电容式传感器广泛用于位移、振动、角度、加速度、压力、差压、液面等的测量。

电容式传感器的工作原理可用图 2.2-10 所示的平板电容器进行说明。当忽略边缘效应的时候，其电容量为

$$C = \frac{\varepsilon_r\varepsilon_0 A}{d} = \frac{\varepsilon A}{d} \tag{2.2-20}$$

式中 A ——电容极板的面积，m^2；

d ——极板间的距离，m；

ε_0 ——真空介电常数，$\varepsilon_0 = 8.85\times10^{-12}$ F/m；

ε_r ——极板间介质的相对介电常数；

ε ——极板间介质介电常数，$\varepsilon = \varepsilon_0\varepsilon_r$。

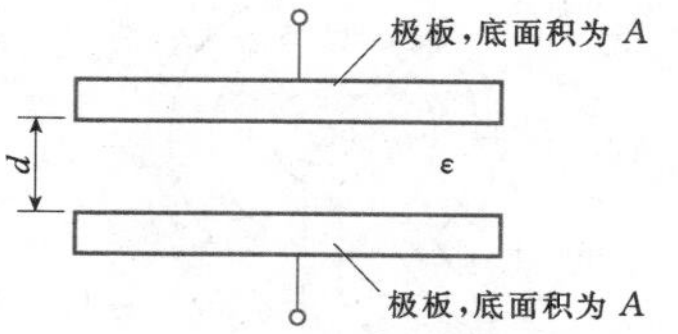

图 2.2-10 电容器式传感器工作原理图

由式（2.2-20）可以看出，A、d、ε 这三个参数中的任何一个发生变化时，都会引起电容量 C 的变化。当分别变化电容器的三个参数 A、d、ε 时，可形成三种不同类型的电容式传感器，即变面积型、变极距型和变介电常数型。

1. 变面积型传感器

图 2.2-11 为变面积型传感器的结构示意图。当定极板不动，动极板作直线运动或转动时，相应地改变了两极板的相对面积，引起电容器电容的变化。图 2.2-11（a）中，假设两极板原始长度为 a_0，极板宽度为 b，极距为 d_0，当动极板随被测物体发生位移 x 后，两极板的遮盖面积减小，此时电容 C_x 为

$$C_x = \frac{\varepsilon b(a_0 - x)}{d_0} = C_0\left(1 - \frac{x}{a_0}\right) \tag{2.2-21}$$

$$C_0 = \varepsilon b a_0/d_0$$

传感器的灵敏度为

$$K = \frac{dC_x}{dx} = -\frac{\varepsilon b}{d_0} \tag{2.2-22}$$

由式（2.2-22）可知，传感器的电容输出与位移呈线性关系，灵敏度为常数。在实际使用中，可增加动极板和定极板的对数，使多片同轴动极板在等间隔排列的定极板间隙中转动，以提高灵敏度。由于动极板与轴连接，所以一般动极板接地，但必须制作一个接地的金属屏蔽盒，将定极板屏蔽起来。

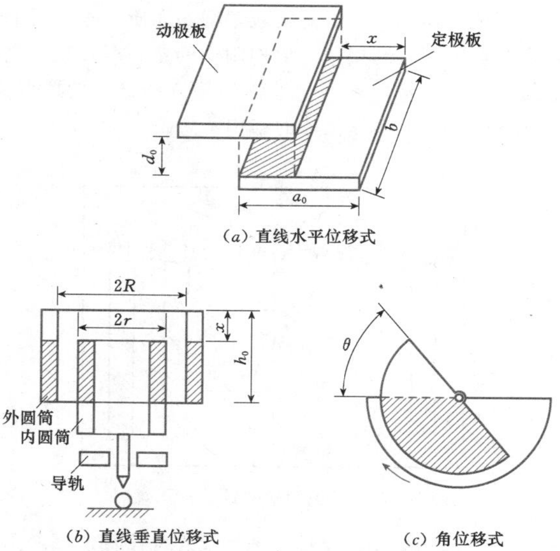

（a）直线水平位移式

（b）直线垂直位移式　（c）角位移式

图 2.2-11 变面积型电容式传感器结构示意图

2. 变极距型传感器

图 2.2-12 为变极距型传感器的结构示意图。当动极板受被测物作用产生位移时，改变了两极板之间的距离 d，从而使电容器的电容发生变化。设初始极距为 d_0，当动极板发生位移使极板间距减小 x 后，

其电容值变大。C_0 为初始电容，$C_0=\varepsilon A/d_0$，则有

$$C_x=\frac{\varepsilon A}{d_0-x}=C_0\left(1+\frac{x}{d_0-x}\right) \qquad (2.2-23)$$

由式（2.2-23）可知，电容 C_x 与位移 x 不是线性关系，其灵敏度不为常数，即

$$K=\frac{\mathrm{d}C_x}{\mathrm{d}x}=\frac{\varepsilon A}{(d_0-x)^2} \qquad (2.2-24)$$

式中 C_0——初始电容，F；

C_x——发生位移后的电容，F；

A——极板面积，m^2；

d_0——极板间初始距离，m；

x——极板间位移量，m；

ε——介电常数，F/m。

当 d_0 较小时，对于同样的位移 x，灵敏度较高。

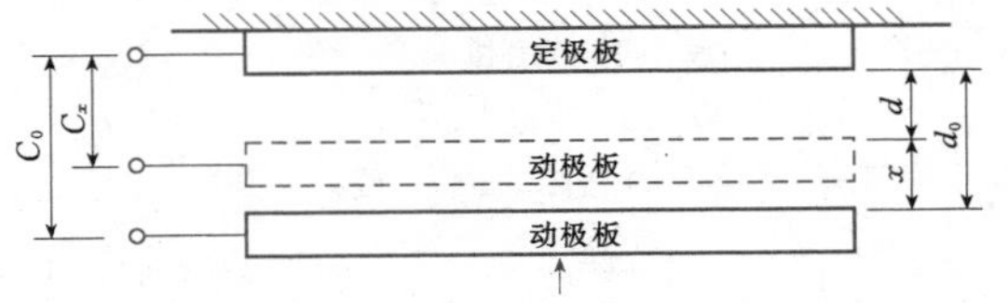

图 2.2-12 变极距型电容式传感器结构示意图

所以实际使用时，总是使初始极距尽量小些，但这也会带来变极距式电容器的行程较小的缺点，并且两极板间距小，电容器容易被击穿。

图 2.2-13 为差动变极距型电容器式传感器的结构示意图，中间为动极板（接地），上下两块为定极板。经过信号测量转换电路后其灵敏度提高近1倍，线性度也得到了改善。

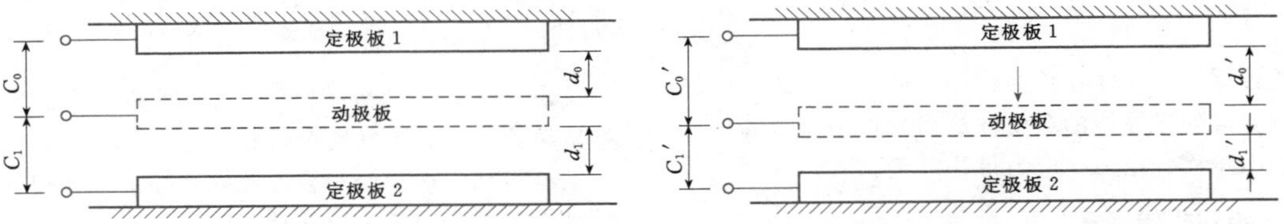

图 2.2-13 差动变极距型电容式传感器结构示意图

3. 变介电常数型传感器

在电容器两极板之间插入不同的介质，电容器的电容就会不同，利用这一原理制作的变介电常数型电容式传感器常被用来测量液体的液位和材料的厚度。图 2.2-14 为电容液位计的结构示意图。

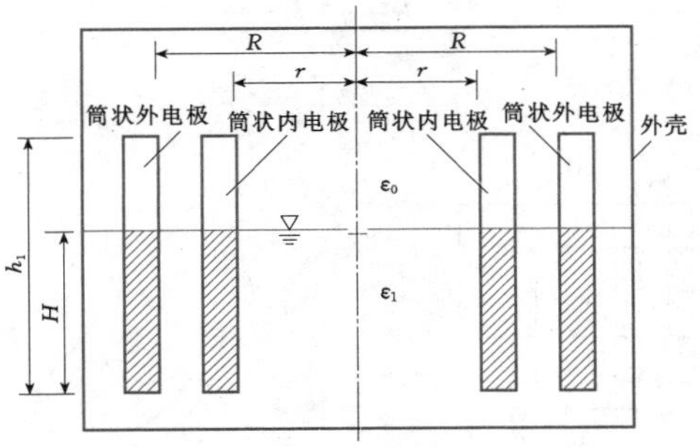

图 2.2-14 电容液位计结构示意图

当被测物体（绝缘体）的液面在两个同心圆金属管状电极间上下变化时，引起两极间不同介电常数介质的高度变化，从而导致总电容的变化。电容器由上下介质形成的两个电容器相并联而成，总电容与液面高度的关系为

$$C=C_{空}+C_{液}=\frac{2\pi(h_1-H)\varepsilon_0}{\ln(R/r)}+\frac{2\pi H\varepsilon_1}{\ln(R/r)} \qquad (2.2-25)$$

式中 h_1——电容器极板高度，m；

r——内电极的外半径，m；

R——外电极的内半径，m；

H——液面高度，m；

ε_0——真空介电常数；

ε_1——液体的介电常数。

从式（2.2-25）可以看出，电容 C 与液面高度 H 呈线性关系。

2.2.6 电位器式传感器

电位器式传感器可将位移或其他形式的能量转换为位移的非电量，转换为与其有一定函数关系的电阻值的变化，从而引起电路中输出电压的变化，其结构见图 2.2-15。

电位器式传感器由电阻体、电刷、转轴、滑动

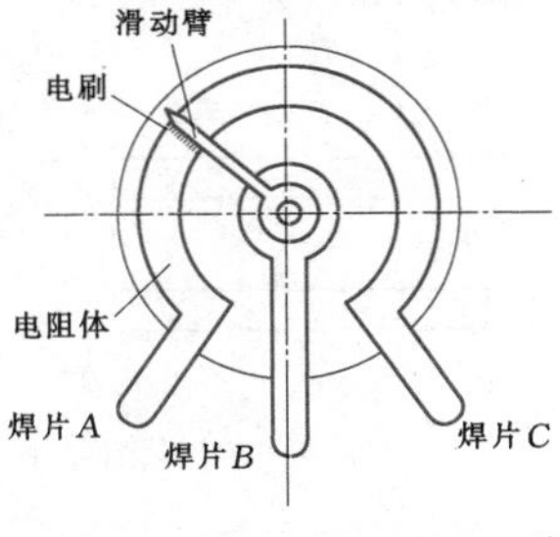

图 2.2-15 电位器式传感器结构示意图

臂及焊片等组成，电阻体的两端和焊片 A、C 相连，则 A、C 端的电阻值就是电阻体的总电阻值。转轴是和滑动臂相连的，调节转轴时滑动臂随之转动。在滑动臂的另一端装有电刷，它靠滑动臂的弹性压在电阻体上并与之紧密接触，滑动臂的另一端与焊片 B 相连。

电位器式传感器的电路图，见图 2.2-16。转轴上的电刷将电阻体电阻 R_0 分为 R_{12} 和 R_{23} 两部分，输出电压为 U_{12}。改变电刷的接触位置，电阻 R_{12} 亦随之改变，输出电压 U_{12} 也随之变化。由于电刷和电位器的转轴连接在一起，转轴的转动（位移或其他物理量引起）可改变输出电压，测量输出电压即可转换成相应的位移量或其他物理量。

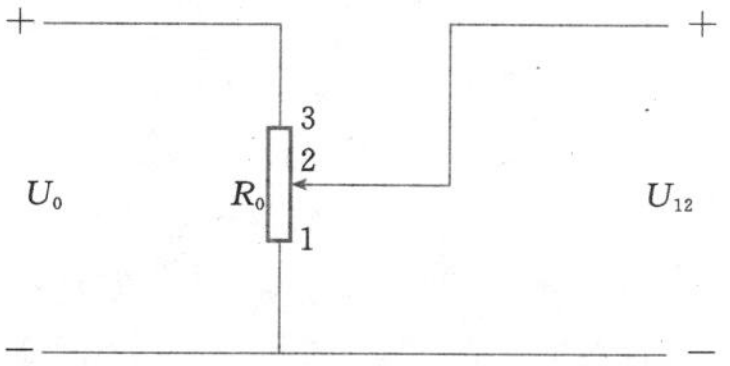

图 2.2-16 电位器式传感器电路图

2.2.7 热电偶式传感器

热电偶式传感器是一种利用金属的热电效应将温度的变化直接转变为电信号的温度传感器。热电偶是应用最广泛的测温元件之一，其主要优点是测温范围广、精度高、性能稳定、结构简单、动态性能好、信号便于处理和远距离传输。

热电偶是由两种不同的导体 A 和导体 B 构成的一个闭合回路，其结构示意见图 2.2-17，相应的等效电路见图 2.2-18。当两个导体的接点温度不同，即 $T > T_0$ 时，回路中会产生热电动势 $E_{AB}(T,T_0)$。其中，T 为工作端或热端，T_0 为冷端或自由端、参比端，A 和 B 称为热电极。热电动势 $E_{AB}(T,T_0)$ 的大小由两种材料的接触电动势和单一材料的温差电动势决定。

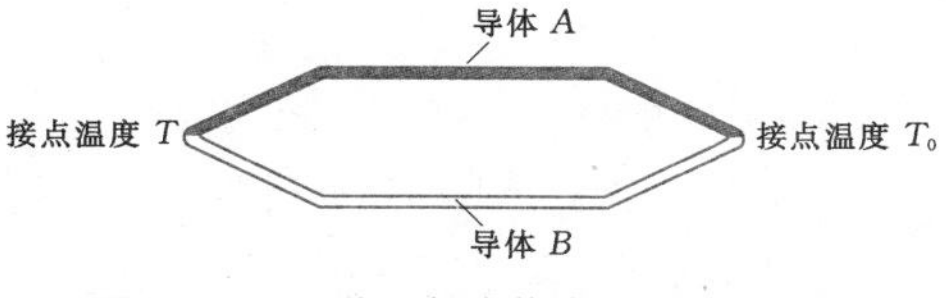

图 2.2-17 热电偶式传感器结构示意图

1. 接触电动势

由于不同的金属材料内部的自由电子密度不相同，当两种金属材料 A 和 B 接触时，自由电子就要从自由电子密度大的金属材料扩散到自由电子密度小的金属材料中去，从而产生自由电子的扩散现象。当金属材料 A 的自由电子密度比金属材料 B 的大时，则自由电子从 A 扩散到 B，当扩散达到平衡时，金属材料 A 失去电子带正电荷，而金属材料 B 得到电子带负电荷。这样 A、B 接触处形成一定的电位差，这就是接触电动势 $E_{AB}(T)$。

2. 温差电动势

在同一金属材料 A 中，当金属材料两端的温度不同，即 $T > T_0$ 时，两端电子能量不同，温度高的一端电子能量大，则电子从温度高的一端扩散到温度低的一端数量多，最后达到平衡。这样，在金属材料 A 的两端形成一定的电位差，即温差电动势 $E_A(T,T_0)$。

3. 热电偶回路中的总电动势

图 2.2-18 中，由于热电偶回路中同时存在接触电动势和温差电动势，则回路中的总电动势为

$$E_{AB}(T,T_0) = E_{AB}(T) - E_{AB}(T_0) - E_A(T,T_0) + E_B(T,T_0) \tag{2.2-26}$$

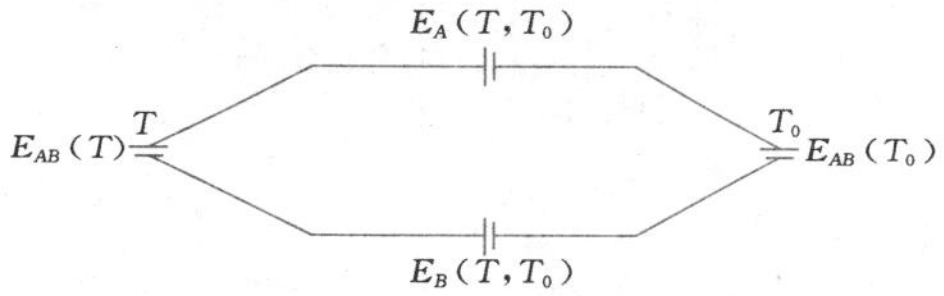

图 2.2-18 热电偶式传感器电路图

由于单一导体的温差电动势比接触电动势小很多，可以忽略不计，则热电偶的总热电动势为

$$E_{AB}(T,T_0) = E_{AB}(T) - E_{AB}(T_0) \tag{2.2-27}$$

由此可见，热电偶热电动势的大小只与导体 A、B 的材料和冷、热端的温度有关，而与导体的粗细、长短及两导体接触面积无关。判断热电偶正负极的方法是将热电偶稍加热，在冷端用直流电表辨别正负极即可。

2.2.8 光纤光栅传感器

光栅是在一块长条形的光学玻璃上均匀地刻上许多与运动方向垂直的线条，线条之间距离（称为栅距）可以根据所需的精度决定，一般每毫米刻 50、100、200 条线。长光栅 G_1 装在仪器的移动部件上，称为标尺光栅；短光栅 G_2 装在仪器的固定部件上，称为指示光栅。两块光栅互相平行并保持一定的间隙（如 0.05mm 或 0.1mm 等），而两块光栅的刻线密度相同。如果将指示光栅在其自身的平面内转过一个很小的角度，这样两块光栅的刻线相交，当平行光线垂

直照射标尺光栅时，则在相交区域出现明暗交替、间隔相等的粗大条纹，称为莫尔条纹。

由于两块光栅的刻线密度相等，即栅距 ω 相等，使产生的莫尔条纹的方向与光栅刻线方向大致垂直，其几何关系见图 2.2－19。当 θ 很小时，莫尔条纹的节距为 $W=\frac{\omega}{\theta}$，这表明莫尔条纹的节距是栅距的 $1/\theta$ 倍。当标尺光栅移动时，莫尔条纹就沿与光栅移动方向垂直的方向移动。当光栅移动一个栅距 ω 时，莫尔条纹就相应准确地移动一个节距 W，也就是说两者一一对应。只要读出移过莫尔条纹的数目，就可知道光栅移过了多少个栅距，而栅距在制造光栅时是已知的，所以光栅的移动距离就可以通过光电检测系统对移过的莫尔条纹数进行计数、处理后自动测量出来。

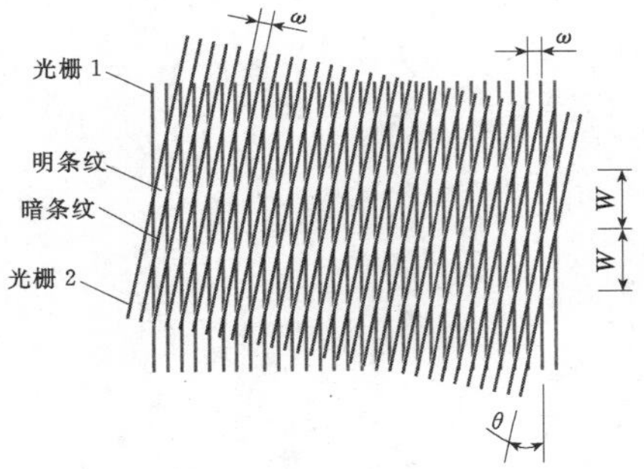

图 2.2－19 莫尔条纹几何关系图

光栅的刻线人们是无法用肉眼来分辨的，但它的莫尔条纹却清晰可见。这种放大特点是莫尔条纹系统的独具特点。莫尔条纹的另一特点，就是平均效应。因为莫尔条纹是由若干条光栅刻线组成，若光电元件接受长度为 10mm，在 $\omega=0.01$mm 时，光电元件接收的信号是由 1000 条刻线组成，所以制造上的缺陷，例如间断地少几根线，只会影响千分之几的光电效果。因此，用光栅测量长度，决定其精度的要素不是一根刻线，而是一组刻线的平均精度。

光纤光栅传感系统主要由宽带光源、光纤光栅传感器、信号解调等组成，见图 2.2－20。宽带光源为系统提供光能量，光纤光栅传感器利用光源的光波感应外界被测量的信息，外界被测量的信息通过信号解调系统实时地反映出来。

光纤光栅主要分两大类：一是 Bragg 光栅（也称为反射或短周期光栅，布拉格光栅）；二是透射光栅（也称为长周期光栅）。光纤光栅从结构上可分为周期性结构和非周期性结构，从功能上还可分为滤波型光栅和色散补偿型光栅，色散补偿型光栅是非周期光栅，又称为啁啾光栅（Chirp 光栅）。

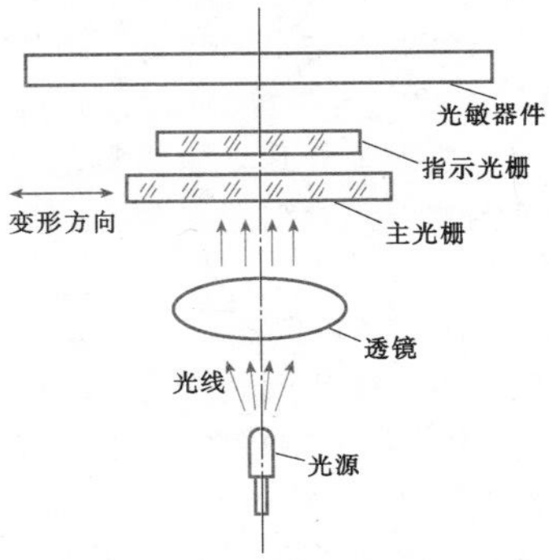

图 2.2－20 光纤光栅传感系统组成图

Bragg 光栅的波长必须满足的条件为

$$\lambda_B = 2nT \quad (2.2-28)$$

式中 λ_B——Bragg 波长；

n——光栅的有效折射率，即折射率调制幅度大小的平均效应；

T——光栅周期，即折射率调制的空间周期。

当光波传输通过光纤光栅传感器时，满足 Bragg 光栅条件的光波将被反射回来，这样入射光就分成透射光和反射光。光纤光栅传感器的反射波长或透射波长取决于反向耦合模的有效折射率 n 和光栅周期 T，任何使这两个参量发生改变的物理过程都将引起 Bragg 光栅波长的漂移，测量此漂移量就可直接或间接地感知外界物理量的变化。

在只考虑光纤受到轴向应力的情况下，应力对光纤光栅的影响主要体现在，弹光效应使折射率改变和应变效应使光栅周期改变两方面。温度变化对光纤光栅的影响也主要体现在热光效应使折射率改变和热膨胀效应使光栅周期改变两方面。当同时考虑应变与温度时，弹光效应与热光效应共同引起折射率的改变，应变和热膨胀共同引起光栅周期的改变。假设应变和温度分别引起 Bragg 波长的变化是相互独立的，则两者同时变化时，Bragg 光栅波长的变化可以表示为

$$\Delta\lambda_B/\lambda_B = (1-P)\varepsilon + (\alpha+\xi)\Delta T \quad (2.2-29)$$

式中 P——弹光系数；

ε——轴向应变导致的光栅周期变化；

α——热胀系数；

ξ——热光系数；

ΔT——温度的变化量。

理论上只要测到两组波长变化量就可同时计算出应变和温度的变化量。对于其他的一些物理量，如加速度、振动、浓度、液位、电流、电压等，都可以设法转换成温度或应力的变化，从而实现测量。

2.2.9 电阻应变片式传感器

电阻应变片式传感器是利用电阻应变片将应变转换为电阻变化的传感器。传感器由在弹性元件（感知应变）上粘贴电阻应变敏感元件（将应变转换成电阻变化）构成。当待测物理量作用在弹性元件上，则弹性元件在力、力矩或压力等的作用下发生变形，变换成相应的应变或位移，然后传递给与之相连的应变片，从而引起应变敏感元件的电阻值发生变化，通过转换电路变成电量输出。输出的电量大小反映了被测物理量的大小。

图 2.2-21 所示，当一根具有应变效应的金属电阻丝在未受力时，电阻值为

$$R=\frac{\rho L}{A} \tag{2.2-30}$$

式中 R——电阻丝电阻，Ω；

ρ——电阻丝电阻率，Ω·m；

L——电阻丝长度，m；

A——电阻丝截面积，m^2。

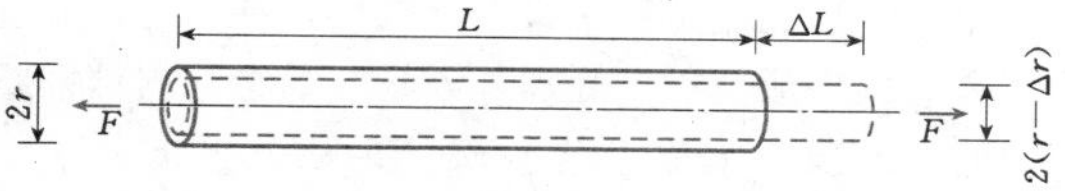

图 2.2-21 电阻应变片式传感器工作原理图

当电阻丝受到拉力 F 作用时，电阻丝将会伸长，横截面积相应减小，电阻率也将会随变形而改变，故引起的电阻丝的电阻变化为

$$dR=L d\rho/A+\rho dL/A-\rho L dA/A^2 \tag{2.2-31}$$

由式（2.2-30）和式（2.2-31）可得

$$\frac{dR}{R}=\frac{d\rho}{\rho}+\frac{dL}{L}-\frac{dA}{A} \tag{2.2-32}$$

一般地，电阻丝以圆形截面为主，$A=\pi r^2$（r 为电阻丝的半径），微分可得

$$dA=2\pi r dr \tag{2.2-33}$$

$$\frac{dA}{A}=2\frac{dr}{r} \tag{2.2-34}$$

因变化量较小，上述式中 dr、$d\rho$、dL 可分别用 Δr、$\Delta\rho$、ΔL 表示，则有

$$\frac{\Delta R}{R}=\frac{\Delta\rho}{\rho}+\frac{\Delta L}{L}-\frac{2\Delta r}{r} \tag{2.2-35}$$

式中 $\frac{\Delta L}{L}$——电阻丝的轴向长度变化量，即轴向应变，可用 ε 表示。

同时，由材料力学理论，径向应变可转换为轴向应变，即

$$\frac{\Delta r}{r}=-\mu\varepsilon \tag{2.2-36}$$

式中 μ——电阻丝的泊松比。

因此有

$$\frac{\Delta R}{R}=\frac{\Delta\rho}{\rho}+(1+2\mu)\varepsilon \tag{2.2-37}$$

当采用金属应变片时，$(1+2\mu)\varepsilon$ 要比 $\frac{\Delta\rho}{\rho}$ 大得多，因此可得应变与电阻值变化的关系式为

$$\frac{\Delta R}{R}=(1+2\mu)\varepsilon \tag{2.2-38}$$

测得电阻值变化，可得应变值，由公式 $\sigma=E\varepsilon$ 可反映出被测物体的应力状态。

2.2.10 伺服加速度式测斜传感器

伺服加速度测斜传感器通常由敏感质量、换能器、伺服放大器和力矩器等四部分组成，见图 2.2-22。当外界加速度 a 沿敏感轴方向输入时，敏感质量 m 相对平衡位置运动而产生惯性力 F 或惯性力矩 M，通过换能器将机械运动转换为电压信号 U，再通过伺服放大器变成电流信号 I，将此信号反馈到处于恒定磁场中的力矩线圈而产生反馈力 F_r 或反馈力矩 M_r，与惯性力 F 或惯性力矩 M 平衡，直到敏感质量 m 再次恢复到原来的平衡位置，此时，$F_r=F$，见图 2.2-23。根据牛顿第二定律 $F=ma$ 和电流通过恒定磁场内线圈所产生的电磁力公式 $F_r=BLI$，可得

$$ma=BLI \tag{2.2-39}$$

式中 B——恒定磁场中的磁感应强度，T；

L——线圈导线长度，m。

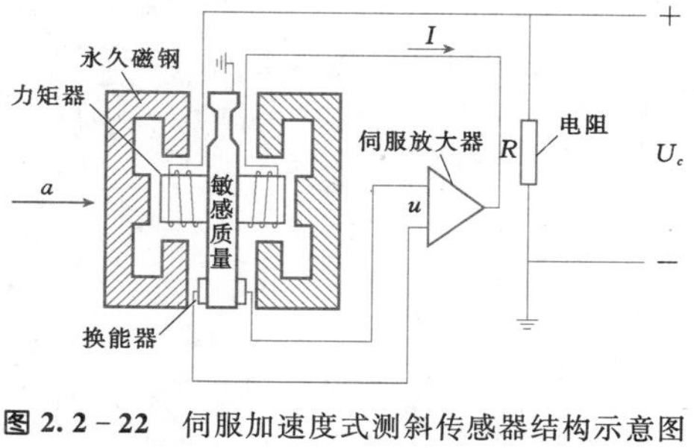

图 2.2-22 伺服加速度式测斜传感器结构示意图

令 $K=m/BL$，通常 K 为定值，则

$$I=Ka \tag{2.2-40}$$

由式（2-40）可见，反馈电流 I 正比于被测加速度 a 的大小。

在伺服放大器输出端接精密电阻 R，则输出电压 $U_c=IR=KaR$，故测出输出电压的大小，就可以得到被测加速度 a 的值。

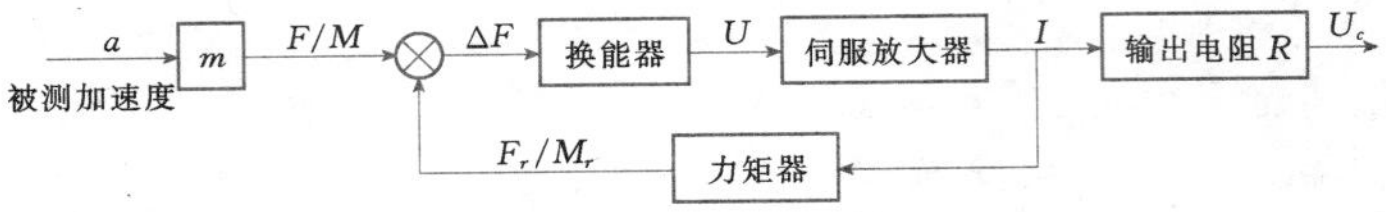

图 2.2-23 伺服加速度式测斜传感器电路图

测斜仪的工作原理是利用伺服加速度计测量重力矢量 g 在传感器轴线垂直面上的分量大小，从而测出传感器轴线的角度变化，再转换为位移变化。当加速度计敏感轴与水平面存在一个夹角 θ 时，则加速度计的输出电压为

$$U_c = K_0 + K_1 g\sin\theta \qquad (2.2-41)$$

式中 K_0 ——加速度计偏值，V；

K_1 ——加速度计电压刻度因素。

2.2.11 电解质式测斜传感器

电解质式测斜传感器由玻璃或陶瓷等材料制作外壳，外壳内充以容量一半左右的导电液体，并有三根金属电极与外部相连接，三根电极相互平行且间距相等，见图 2.2-24。当壳体处于水平状态时，电极插入导电液的深度相同。如果在两根电极之间加上幅值相等的交流电压时，电极之间会形成离子电流，两根电极之间的液体相当于两个电阻 R_{ab} 和 R_{bc}。若传感器处于水平状态时，则 $R_{ab} = R_{bc}$。当与传感器固接的被测物体倾斜时，传感器也必然会产生相应的偏移角度 θ，见图 2.2-25，由于地球重力的影响，会使传感器中的导电液面仍保持与水平面平行，而电极间的导电液不相等，三根电极浸入液体的深度也发生变化，但中间电极浸入深度基本保持不变。左边电极浸入深度增大，则导电液增加，导电的离子数增加，电阻 R_{ab} 减少；右边电极浸入深度减少，则导电液减少，导电的离子数减少，而使电阻 R_{bc} 增加，即 $R_{ab} < R_{bc}$。反之，若倾斜方向相反，则 $R_{ab} > R_{bc}$。

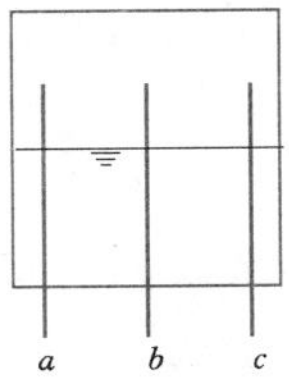

图 2.2-24 电解质式测斜传感器结构示意图

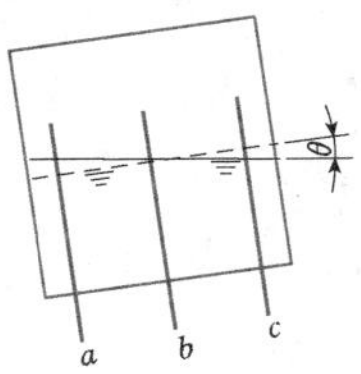

图 2.2-25 传感器转动 θ 角后原理图

可见，在电特性上，电解质式测斜传感器类似于分压计，阻抗的变化与倾斜的角度变化成正比，通过适当的调节电路可将电阻的变化测量出来，就可以计算出传感器的偏移角度 θ。当倾角大于 20°时输出信号会变成非线性。传感器可以测量的倾角范围为电解液容量、电极间距和电极长度的函数。传感器在某种程度上类似于铅酸电池，电流能引起电解质的化学反应，最终结果使电解质失去导电性，所以为了防止电解反应的发生，传感器的激励必须为频率足够高的交变电流。

2.2.12 磁致伸缩式传感器

除了加热外，磁场和电场的改变也会导致物体尺寸的伸长和缩短。铁磁性物质在外磁场的作用下，其尺寸伸长（或缩短），去掉外磁场后，其又恢复原来的长度，这种现象称为磁致伸缩现象（或效应）。此现象的机理是：铁磁或亚铁磁材料在居里点以下发生自发磁化，形成磁畴；在每个磁畴内，晶格都沿磁化强度方向发生形变；当施加外磁场时，材料内部随机取向的磁畴发生旋转，与各磁畴的磁化方向趋于一致，物体对外显示的宏观效应即沿磁场方向的伸长或缩短。

磁致伸缩位移（液位）传感器利用磁致伸缩原理，通过两个不同磁场相交产生一个应变脉冲信号来准确地测量位置。测量元件是一根波导管，波导管内的敏感元件由特殊的磁致伸缩材料制成。测量过程是由传感器的电子室内产生电流脉冲，该电流脉冲在波导管内传输，从而在波导管外产生一个圆周磁场，当该磁场与套在波导管上作为位置变化的活动磁环产生的磁场相交时，由于磁致伸缩的作用，波导管内会产生一个应变机械波脉冲信号，这个应变机械波脉冲信号以固定的声音速度传输，其工作原理见图 2.2-26。由于这个应变机械波脉冲信号在波导管内的传输时间和活动磁环与电子室之间的距离成正比，通过测

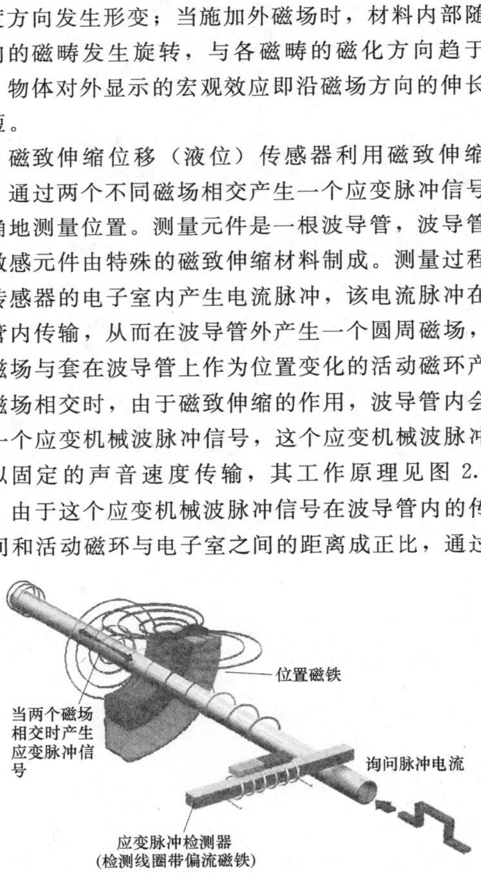

图 2.2-26 磁致伸缩式传感器工作原理图

量时间，就可以高度精确地确定这个距离，从而测量出位移或液面的变化。由于输出信号是一个真正的绝对值，而不是比例的或放大处理的信号，所以不存在信号漂移或变值的情况，更不需要定期重新标定，具有较好的长期稳定性。

2.3 变形监测仪器设备

2.3.1 表面变形监测标点

2.3.1.1 用途

表面变形监测标点主要分为水平位移监测标点和垂直位移监测标点。水平位移监测标点用于监测水工建筑物和边（滑）坡岩土体的表面水平位移，有时也适用于精度要求不高的表面垂直位移监测（采用几何高程测量方法）；垂直位移监测标点用于监测水工建筑物和边（滑）坡岩土体的表面垂直位移。

表面变形监测标点的主要测量部件是强制对中基座和水准标芯。强制对中基座是为了满足表面水平位移监测和表面变形控制网观测时对中需要的监测设备。在长期、经常性监测的表面水平位移监测点上，现场浇筑混凝土观测墩，在顶部安装强制对中基座。强制对中基座通用性强，可安置各种类型的经纬仪、光电测距仪、全站仪、GPS接收机、棱镜、觇标等监测设备和照准标志，作用是使仪器设备和观测目标严格对中。水准标芯作为垂直位移标点上的辅助观测设备，其球面顶部高程的变化能够真实反映附着目标的垂直位移变化。

2.3.1.2 结构型式

1. 水平位移监测标点

水平位移监测标点可以是简易式的，也可以是混凝土观测墩。对于直接安装在建筑物混凝土表面的标点可采用简易式的，位于原状土、岩体、土石坝等部位的标点，或者观测精度要求较高的标点应采用混凝土观测墩。

常用的混凝土观测墩结构型式见图2.3-1。混凝土观测墩由基础、墩身及墩顶强制对中基座组成。混凝土观测墩基础应位于较为坚硬的土层、经压实的堆石体或岩石上，墩身高度不宜低于1.2m，墩身及基础均应配置钢筋，观测墩混凝土强度不应低于C20。若水平位移监测标点兼作垂直位移观测标点时，观测墩的基础平台上应埋设水准标芯。混凝土观测墩表面宜采用白色涂料进行装饰，便于观测距离较远时易于寻找观测目标，并在观测墩表面喷印测点编号和其他信息。

强制对中基座的种类较多，本手册以一种较为通用的强制对中基座介绍其结构型式。强制对中基座通常由中心螺栓、基座保护盖、水平微调、竖直微调、预埋螺栓、基座板、定位销、托盘、螺母、垫圈、中心螺母等组成，见图2.3-2。测量时取下基座保护盖，将变形监测仪器设备或照准设备置于基座板上，通过对中螺杆与强制对中基座相连，固定牢靠后调平仪器或照准设备。强制对中基座的对中精度应小于0.05mm，采用全不锈钢制造。

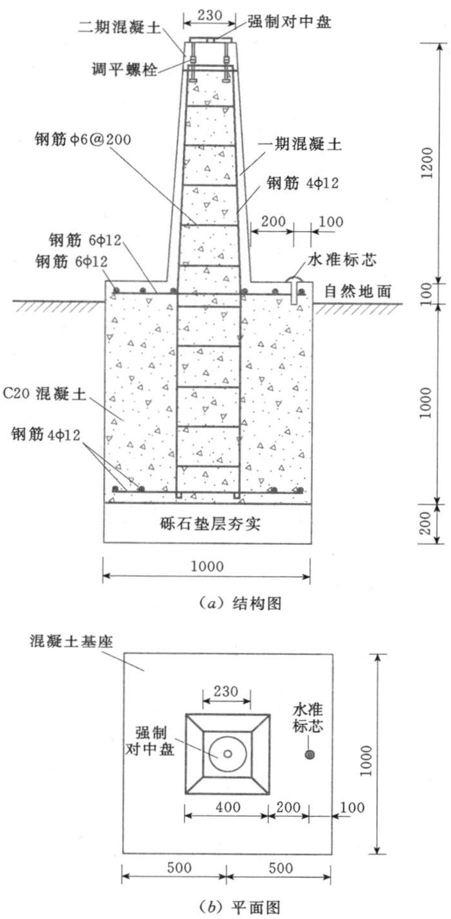

图2.3-1 水平位移监测标点结构示意图（混凝土观测墩，单位，mm）

2. 垂直位移监测标点

垂直位移监测标点可分为以下类型：

（1）简易标点。简易标点一般只包括水准标芯及保护盒，常用于混凝土结构表面上的垂直位移监测标点。水准标芯可在混凝土施工完成后钻孔埋设，也可在混凝土浇筑时埋设。

（2）混凝土水准标石。混凝土水准标石是指在测点处挖坑，坑内浇筑混凝土墩，墩顶埋设水准标芯的

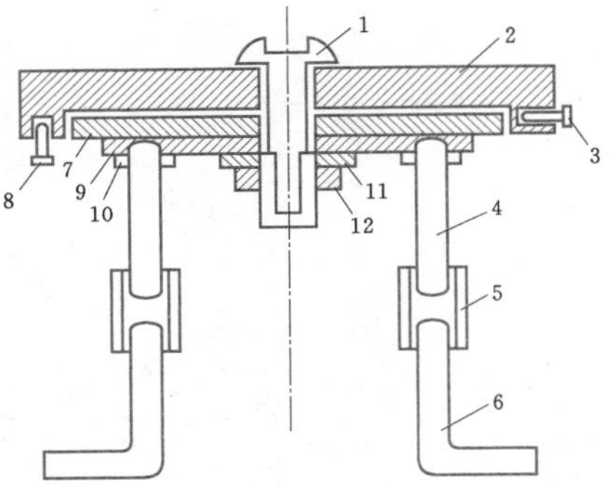

图 2.3-2 通用式强制对中基座结构示意图

1—中心螺栓；2—基座保护盖；3—水平微调；4、6—预埋螺栓；5—竖直微调；7—基座板；8—定位销；9—托盘；10—螺母；11—垫圈；12—中心螺母

垂直位移观测墩。根据混凝土水准标石的用途，可分为垂直位移基准点标石和垂直位移工作点标石，其中基准点的埋设要求高于工作点。常见的基准点标石见图 2.3-3，工作点标石见图 2.3-4。

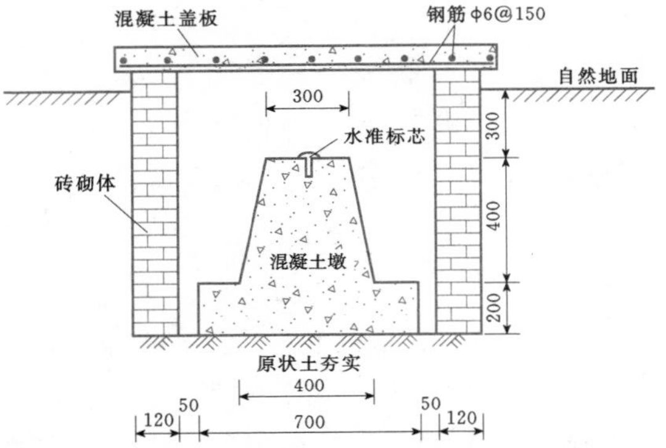

图 2.3-3 垂直位移基准点结构示意图（单位：mm）

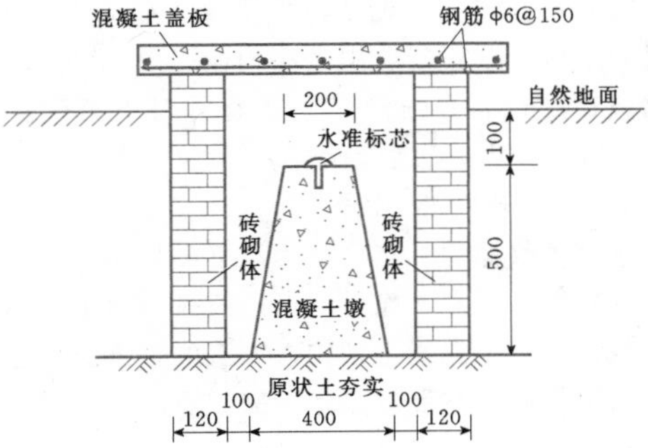

图 2.3-4 垂直位移工作点结构示意图（单位：mm）

（3）地表岩石标。地表岩石标是埋设在覆盖层较浅的地表基岩上的水准标石，它容易受地表温度变化的影响。

（4）平洞岩石标。平洞岩石标是埋设在岩石平洞内的垂直位移监测标点。为了保证水准基点的安全，避免观测过程中温度变化的影响，设内室、外室和过渡室。选择完整岩体开凿平洞建标，见图 2.3-5。基准点埋设在平洞内完整的岩体上，内标志本身受地表温度的影响小，稳定性高，隐蔽性好。平洞出口处作一过渡室，过渡室有内、外两扇门，内门通平洞，外门通洞外。工作时，将水准仪安置在平洞内，关闭过渡室外门，等到过渡室温度与平洞内一致时，将内标点的高程传至外标点。此后，关闭内门，开启外门，将仪器置于洞外，待过渡室内温度与外界温度调和后，将高程传至洞外，这样可消除由于视线通过不同温度的空气而产生的折光影响。

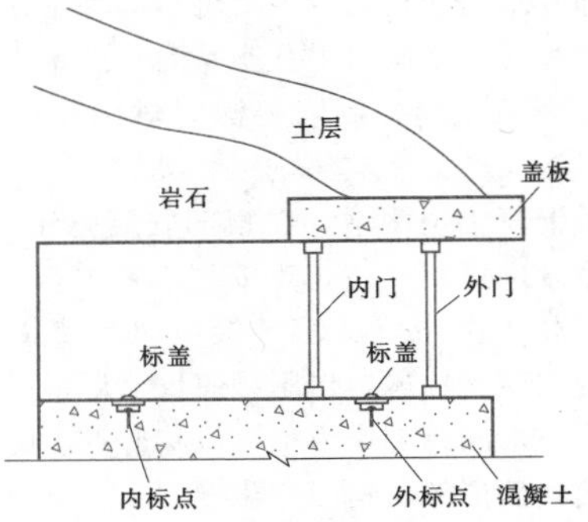

图 2.3-5 平洞岩石水准标石结构示意图

（5）深埋式钢管标。钢管标适合于覆盖土层较厚的平坦地区，采用钻孔穿过土层，到达砂卵石层或基岩，常用的深埋式钢管标有测温钢管标和双金属钢管标。

1）测温钢管标。它由内外两层钢管构成，内管通过排浆孔于基岩相连，嵌入新鲜基岩 2m 以上，外管和内管之间设有橡皮隔圈，以防止内管不规则变形，见图 2.3-6。内管顶部焊接铜质水准标头。深埋钢管标因温度变化引起标志发生垂直位移。在内管的不同高程处安设电阻温度计，用电缆连至顶部，通过测量温度确定钢管因温度变化引起的伸缩，并对其进行改正。

2）双金属标。在常年温度变化幅度很大的地方，当岩石上部土层较深时，为了避免由于温度变化对标点高程的影响，还可采用深埋双金属标，见图 2.3-7。双金属标由膨胀系数不同的两根金属管（例如钢和铝）组成。在两根管的顶部装有位移传感器。由此位移传感器可以测出由于温度变化所引起两管长度变

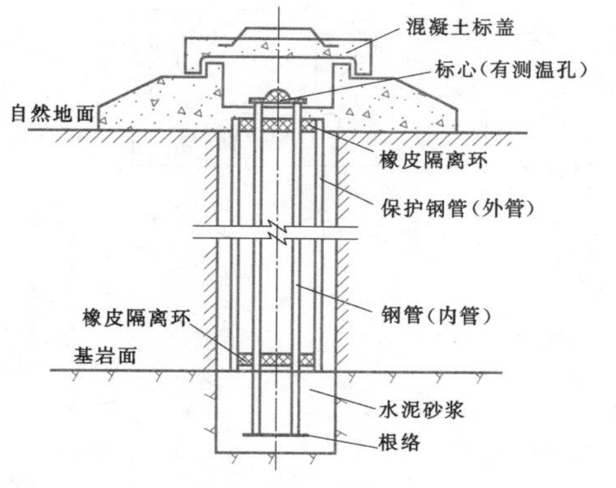

图 2.3-6　测温钢管标结构示意图

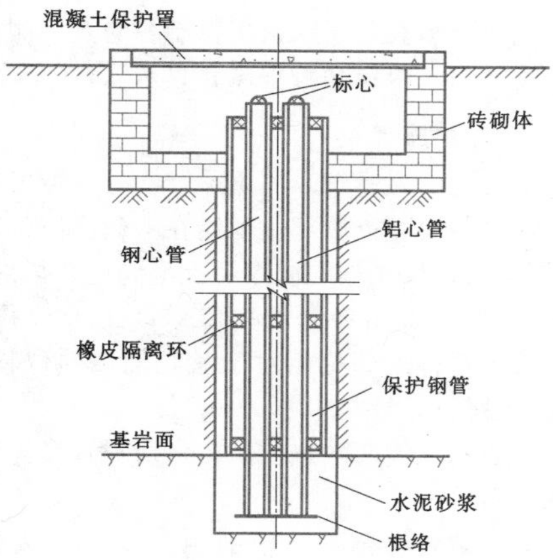

图 2.3-7　双金属标结构示意图

化的差数 Δ，由 Δ 值便可计算出金属管本身长度的变化。其工作原理如下：

设以钢、铝制成两根金属管，原长均为 L_0，钢管的线膨胀系数为 $a_{钢}$，铝管的线膨胀系数为 $a_{铝}$，则受热后各自伸长为

$$L_{钢} = L_0 + L_0 a_{钢} T = L_0 + \Delta L_{钢} \quad (2.3-1)$$

$$L_{铝} = L_0 + L_0 a_{铝} T = L_0 + \Delta L_{铝} \quad (2.3-2)$$

式中　$\Delta L_{钢}$、$\Delta L_{铝}$——钢管和铝管因温度变化所引起的改正数，1/℃；

T——标志各层高程处温度改变之平均值。

两金属管之长度差值为

$$\Delta = L_{钢} - L_{铝} = \Delta L_{钢} - \Delta L_{铝} = L_0 T(a_{钢} - a_{铝}) \quad (2.3-3)$$

根据式（2.3-1）、式（2.3-2）和式（2.3-3）得

$$\Delta L_{钢} = \Delta \frac{a_{钢}}{a_{钢} - a_{铝}}；\ \Delta L_{铝} = \Delta \frac{a_{铝}}{a_{钢} - a_{铝}} \quad (2.3-4)$$

已知钢的线胀系数为 0.000012/℃，铝的线胀系数为 0.000024/℃，则得

$$\Delta L_{钢} = -\Delta；\ \Delta L_{铝} = -2\Delta \quad (2.3-5)$$

2.3.2　激光准直系统

2.3.2.1　用途

基准线法是观测直线型建筑物水平位移和垂直位移的重要方法。由于激光具有良好的方向性、单色性；具有较长的相干距离，采用经准直的激光束作为测量的基准线，可以实现有较长的工作距离，较高测量精度的位移自动化观测。真空激光准直系统在一个人为创造的真空环境中，完成各测点的测量采样，其观测精度受环境影响较小，长期工作稳定可靠，测量精度可达 $0.5\times10^{-6}L$（L 为激光准直的长度）以上，可用于直线型混凝土大坝的水平、垂直方向位移监测。

2.3.2.2　结构型式

激光准直系统分为真空激光准直系统和大气激光准直系统，两者布置形式基本相同，只是真空激光准直系统采用了真空管道，测量精度比大气激光准直系统更高。下面以真空激光准直系统介绍激光准直系统的结构型式。

真空激光准直系统是以激光准直光线为基准，测出各测点相对于该基准光线（轴）的位移变化。测值反映了各测点相对于系统的激光发射端和接收端的位移变化。因此，一个完整的真空激光准直系统由激光发射部件、测点部件、激光接收部件、真空管道、真空发生设备、真空度检测设备、激光装置控制箱、数据采集及控制系统等部分构成。其结构示意见图 2.3-8。

1. 激光发射部件

采用激光器作为准直系统的光源，单色性好，光束光强分布均匀。激光管前置组合光阑，与发射端底板固定。激光管支撑在具有方向调节功能的支架上，便于激光管的维修更换。

2. 测点部件

测点部件由在大坝待测部位设置的一块波带板及由单片机控制的翻转机构（均安装在密封的测点箱内）构成。在测量时，由计算机发送命令，启动该测点单片机，举起波带板进入激光束内，完成测量后，即倒下波带板，退出激光束。每次测量时，仅举起一个测点的波带板进入光束。

3. 激光接收部件

激光接收部件由 CCD 激光检测仪、图像卡等组成，用于测量经波带板形成的激光衍射光斑的坐标位置。CCD 坐标仪主要由成像屏和 CCD 成像系统两部

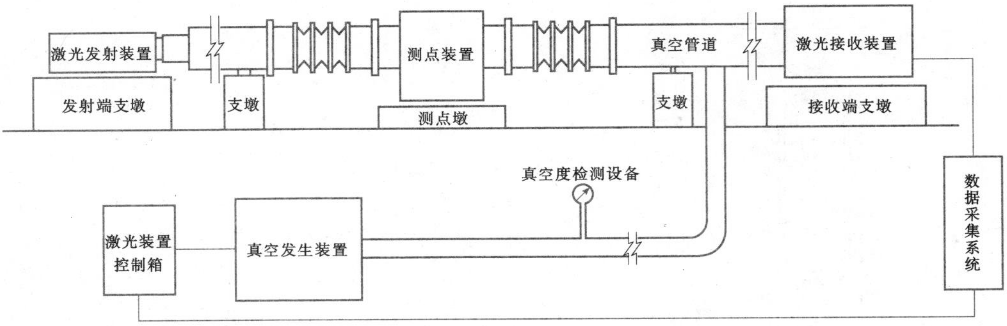

图 2.3-8　真空激光准直系统结构示意图

分组成。CCD成像系统将成像屏上的衍射光斑转化为相应的视频信号输出。

4. 真空管道

真空管道采用不同管径的无缝钢管焊制而成，包括密封测点箱，无缝钢管，波纹管及两端的密封平晶等。

(1) 密封测点箱。测点箱内安装波带板、翻转机构及控制翻转的电路板。

(2) 无缝钢管。根据不同的准直距离需要，选用不同直径或规格的无缝钢管。

(3) 不锈钢波纹管。用来补偿真空管道的热胀冷缩，减少热应力对测点的影响。安装时由波纹管将真空管道和测点箱连接成一体。

(4) 平晶。真空管道两端用两块高精度的平晶密封，以形成通光条件，又不至于影响激光束的成像。

5. 真空发生设备

真空发生设备包括真空泵、真空截止阀和冷却系统等。

6. 真空度检测设备

真空度检测设备包括真空气压表、水银真空度计等。

7. 系统控制箱

控制箱为激光系统工作的电气箱，由箱内的智能模块控制真空泵、冷却系统、激光源及各测点电源有序地工作。必要时可由人工直接启动，控制激光系统的工作。

8. 数据采集及控制系统

包括工控机、图像处理软件及数据采集软件和系统软件等。工控机在专用软件的支持下，控制激光准直系统各部件有序地工作：打开激光电源→定时开启冷却系统→启动真空泵→依次控制各测点的测量→处理所得的数据→保存到数据库并显示。

2.3.2.3　工作原理

真空激光准直系统采用He-Ne激光器发出一束激光，穿过与大坝待测部位固结在一起的波带板（菲涅耳透镜），在接收端的成像屏上形成一个衍射光斑。利用CCD坐标仪测出光斑在成像屏上的位移变化，即可求得大坝待测部位相对于激光轴线的位移变化。其工作原理简图见图2.3-9。

(1) 在基准线两端点A、B分别安置激光器点光源和探测器。

(2) 在需要测定偏离值的观测点C上安置波带板。当激光管点燃后，激光器点光源就发射一束激光，照满波带板，通过波带板上不同透光孔的绕射光波之间的相互干涉，就会在光源和波带板连线的延伸方向线上的某一位置形成一个亮点。

(3) 根据观测点的具体位置，对每一观测点可以设计专用的波带板，使所成的像恰好落在接收端点B的位置上。

设波带板距光阑为S，即波带板的物距为S；成像屏距波带板为S'，即经波带板成像的像距为S'；成像屏至光阑的距离为L，$L=S+S'$，即系统的准直距离为L；波带板的焦距f满足波带板的成像公式，即

$$\frac{1}{f}=\frac{1}{S}+\frac{1}{S'} \tag{2.3-6}$$

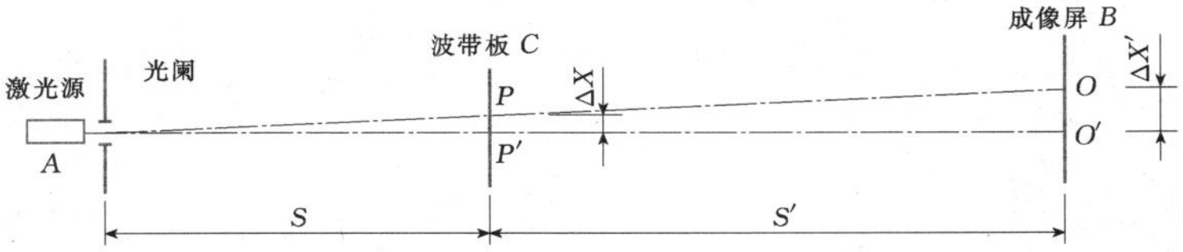

图 2.3-9　激光准直系统工作原理图

则通过小孔光阑的激光束经波带板会聚，将在成像屏上形成一个清晰的衍射光斑。当波带板随坝体相对于准直光线轴移动了 ΔX，则其在像屏上的衍射斑将移动 $\Delta X'$，且有关系式为

$$\Delta X = \frac{S}{L}\Delta X' \qquad (2.3-7)$$

利用CCD坐标仪测出 $\Delta X'$ 的值，就可很方便地求得待测部位相对位移 ΔX。

当用其他监测手段测出发射端和接收端的位移 ΔA 和 ΔO 时，则可利用测点间的几何关系求得待测部位 P 点的位移变化 ΔP，即

$$\Delta P = P'P'' + PP'' \qquad (2.3-8)$$

由于发射端、接收端发生位移，原先的基准轴 AO 变成了 $A''O''$，见图 2.3-10。而波带板中心位移了 ΔP，但相对于变化了的基准轴 $A''O''$ 只位移了 $P'P'' = \Delta X$。

$$\Delta P = \Delta A + \frac{S}{L}(\Delta O - \Delta A) + \frac{S}{L}\Delta X' \qquad (2.3-9)$$

式中 $\Delta X'$——波带板 P 形成的衍射光斑中心在成像屏上的位移量（$\Delta X' = O'O''$），由CCD坐标仪测出；

ΔA、ΔO——发射端、接收端的位移变化，分别由正倒垂线组的坐标仪、双金属管标（或静力水准仪）等测出水平位移和垂直位移；

S——波带板至光阑的距离；

L——成像屏至光阑的距离，即系统的准直距离，$L = S + S'$。

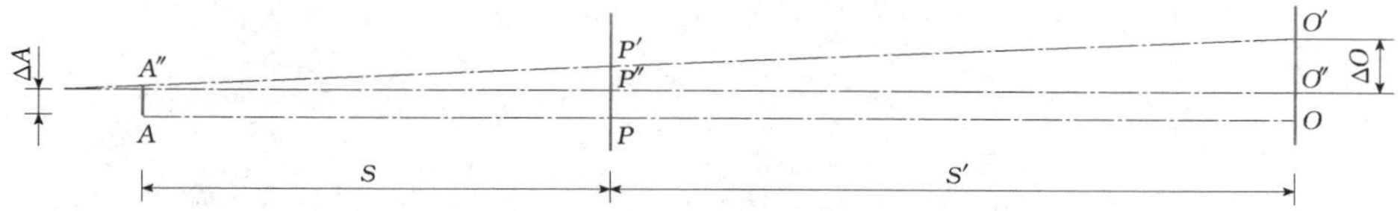

图 2.3-10 激光准直系统位移测量简图

2.3.2.4 观测方法

1. 大气激光准直系统

大气激光准直系统观测方法如下：

（1）观测应在大气稳定、光斑抖动微弱时进行，如在坝顶观测或在夜间观测。

（2）首次观测前应调整点光源位置和方向，使激光束中心与第一块波带板中心基本重合。

（3）用手动（目测）激光探测仪观测时，每测次应观测两测回（每测回由往、返测组成）。由近至远，依次完成各测点观测（往测）；由远至近，依次完成各测点观测（返测）。

（4）用自动激光探测仪观测时，应先启动电源，使仪器预热（预热时间视仪器特性而定），认真进行调整后，按手动观测的相同程序观测。

2. 真空激光准直系统

真空激光准直系统观测方法如下：

（1）真空激光准直系统观测前应先启动真空泵抽气，使管道内压强降低到规定的真空度以下（具体要求在设计书中规定，或参照仪器厂家使用要求）。

（2）用激光探测仪进行观测时，每测次应往返观测一测回，两个“半测回”测得偏离值之差不得大于 0.3mm。

2.3.2.5 技术参数

根据《混凝土坝监测仪器系列型谱》（DL/T 948）的规定，激光准直系统的主要技术参数见表 2.3-1。

表 2.3-1 激光准直系统主要技术参数表

仪器名称	测量范围（mm）		分辨力（%F.S）	适用准直距离（m）
	水平位移	垂直位移		
真空激光准直系统	0～100 0～200 0～300	0～100 0～200 0～300	≤0.1	>300
大气激光准直系统	0～100 0～200	0～100 0～200	≤0.1	≤300

2.3.3 垂线系统

2.3.3.1 用途

垂线系统是观测水工建筑物水平位移与挠度的一种简便有效的测量手段，也可用于坝基岩体的相对位移、边坡岩土体的水平位移监测。垂线系统通常由垂线、悬挂（或固定）装置、吊锤（或浮桶）、观测墩、测读装置（垂线坐标仪、光学坐标仪、垂线瞄准器）等组成。常用的垂线有正垂线和倒垂线。垂线坐标仪与垂线瞄准器则是用于安装在水工建筑物或其他建筑物所设置的垂线上，测量建筑物水平方向的位移。安装在正垂线上可量测结构物的相对水平位移和挠度，安装在倒垂线上可量测结构物的绝对水平位移。

垂线系统常用于混凝土坝和边坡岩土体的水平位移监测。

2.3.3.2 结构型式

1. 正垂线

正垂线由一根悬挂点处于上部的垂线和若干个安装在建筑物上处于垂线下部的测读站组成。垂线下部悬挂一个重锤使其处于拉紧状态，重锤置于阻尼箱内，以抑制垂线的摆动。正垂线结构型式见图 2.3-11。

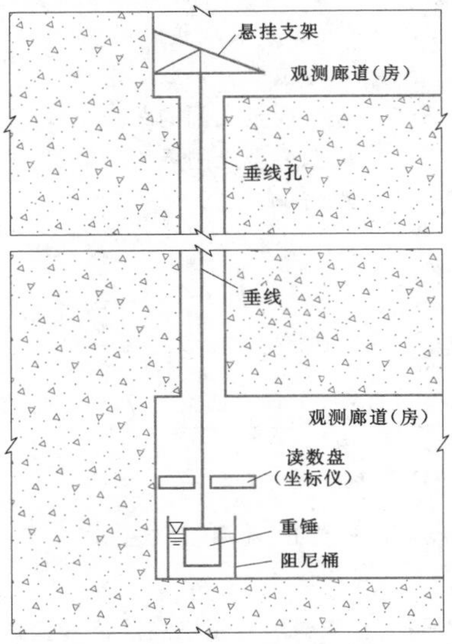

图 2.3-11 正垂线结构示意图

对于高度较高的大坝，正垂线往往采用分段悬挂的方法，每段垂线长度以不超过 60m 为宜。正垂线测得的位移值是测点相对于悬挂点的相对位移值，通常必须与其他分段悬挂的正垂线测值或倒垂线测值进行叠加计算，以确定测点处的绝对位移。

2. 倒垂线

倒垂线的固定端灌注在整个垂线系统的下部，垂线由上面的浮筒拉紧。如果锚固安装在基础内的固定点上，测站的测量值是沿垂线测点的绝对位移量。倒垂线结构型式见图 2.3-12。

一般地，倒垂线的固定端位于较为稳定的岩体内，假定固定端的位移值为零，因此认为倒垂线测得的位移值是绝对位移值。若在坝基岩体内（断层带的上、下盘）布置多根倒垂线，倒垂线的固定端埋设在岩体的不同深度处，即断层带的上、下盘处，则可以测得断层带上、下盘之间的错动变形和岩体的深部变形。

3. 垂线坐标仪

正（倒）垂线的测量可由一台固定的读数盘进行

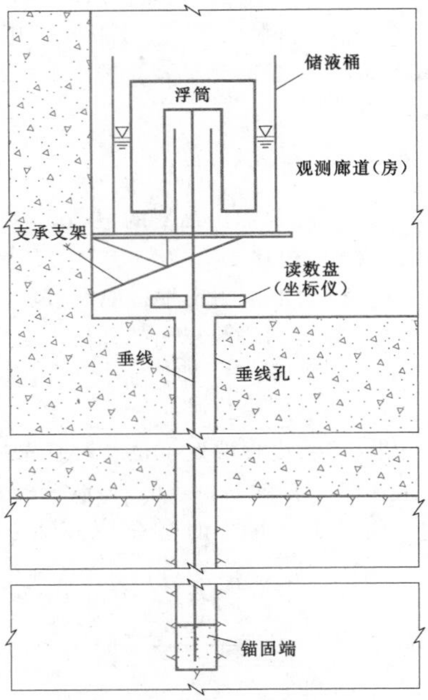

图 2.3-12 倒垂线结构示意图

人工测读，也可以用固定的或能够移动的具有数据自动化采集功能的垂线坐标仪进行读数。

垂线坐标仪根据传感器的类型可以分为电容式坐标仪、光电耦合（Charge-coupled Device，CCD）式坐标仪、电感式坐标仪、步进式坐标仪、光学坐标仪、垂线瞄准器等。

2.3.3.3 工作原理

1. 垂线组

以过基准点的铅垂线为垂直基准线，沿铅垂基准线的目标点相对于铅垂线的水平距离可通过垂线坐标仪、测尺或传感器测得。常用的垂线有正垂线和倒垂线两种。

正垂线观测系统通常采用直径 1.5～2mm 的不锈钢丝，下端挂上 20～40kg 的重锤，用卷扬机悬挂在坝顶的某一固定点，通过竖直井到达坝底基点。根据观测要求，沿垂线在不同高程处及基点设置观测墩，利用固定在墩上的坐标仪，测量各观测点相对于此垂线的位移值。

正垂线观测与位移计算方法可分为一点支承多点观测法和多点支承一点观测法。一点支承多点观测法是利用一根正垂线观测各测点的相对位移值的方法，见图 2.3-13（*a*）。测读仪安装在不同的高程处（测点设计高程）。S_0 为垂线最低点与悬挂点之间的相对位移，S 为任一点 N 与悬挂点之间的相对位移，S_N 为任一点 N 处的挠度，则有

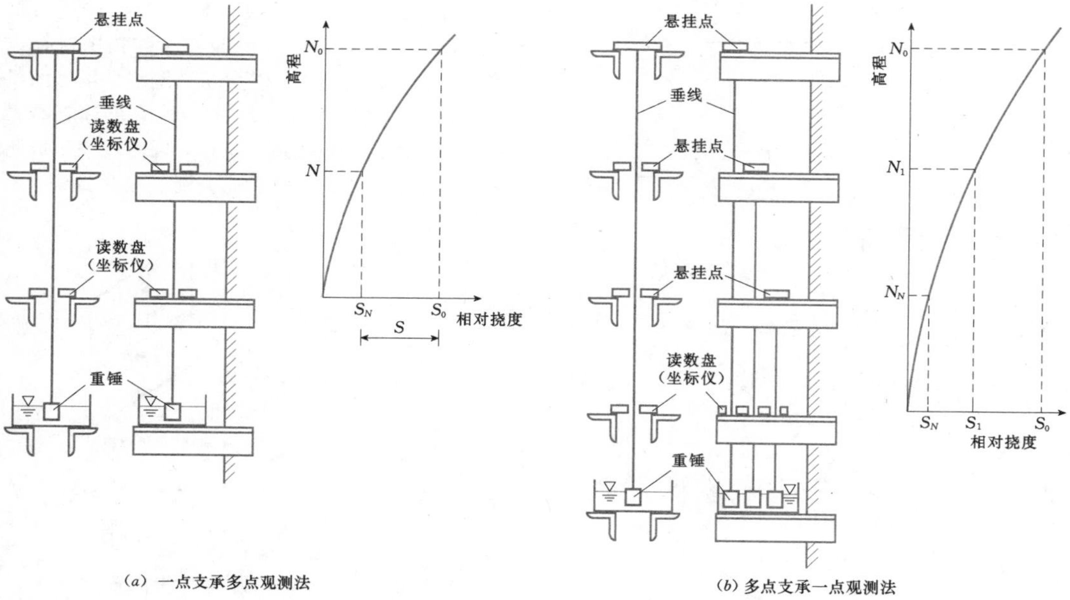

图 2.3-13 正垂线计算简图

$$S_N = S_0 - S \qquad (2.3-10)$$

多点支承一点观测法是将多根正垂线悬挂在不同高程处（测点设计高程），而将测读仪安装在最低测点高程处的方法，见图 2.3-13 (*b*)。各测点的观测值减初始值即为各测点与垂线最低点之间的相对挠度 S_0，S_1，…，S_N。

倒垂线观测系统垂线下端固定在基岩深处的孔底锚块上，上端与浮筒相连，在浮力作用下，钢丝铅直方向被拉紧并保持不动。在各观测点设观测墩，安置仪器进行观测，既得到各测点相对于基岩深处的绝对挠度值，见图 2.3-14 中的 S_0、S_1、S_2 等。这就是倒垂线的多点观测法。

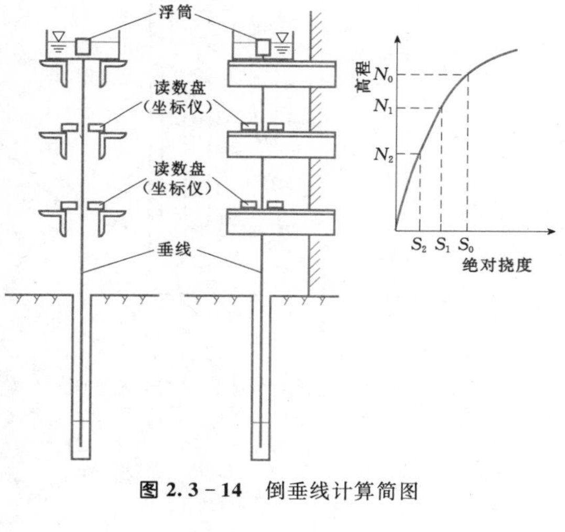

图 2.3-14 倒垂线计算简图

2. 垂线坐标仪

(1) 电容式垂线坐标仪。电容式垂线坐标仪由水平位移测量部件、标定部件、挡水部件以及屏蔽罩等部分组成，坐标仪的测量信号由电缆引出，见图2.3-15。

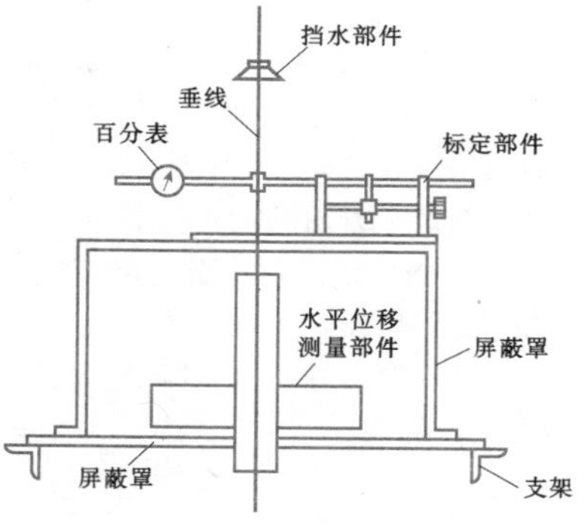

图 2.3-15 电容式垂线坐标仪结构示意图

电容式双向垂线坐标仪结构，见图 2.3-16。在垂线上固定了一个中间极板，在测点上仪器内分别有一组上下游方向的极板 1、2 和左右岸方向的极板 3、4，每组极板与中间极组成差动电容感应部件。当线体与测点之间发生相对位移时则两组极板与中间极间的电容比值会产生相应变化，分别测量二组电容比变化值即可检测出测点相对于垂线体在 x 和 y 方向的水平位移变化量（Δx、Δy）。

电容式坐标仪的电容比变化与位移的关系为

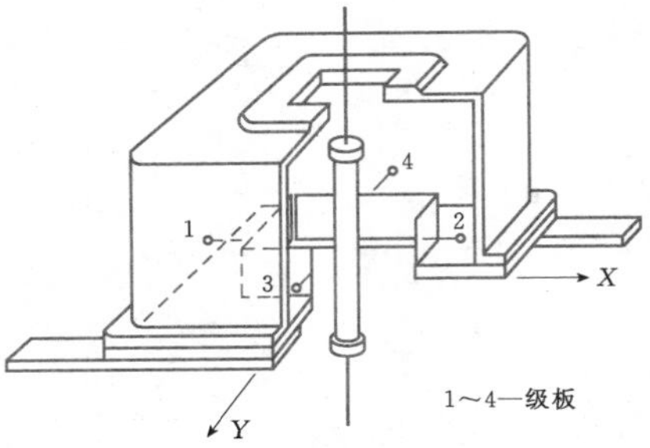

图 2.3-16　电容式双向垂线坐标仪结构示意图

$$\Delta x=(a_{ix}-a_{基x})K_{fx} \quad (2.3-11)$$

$$\Delta y=(a_{iy}-a_{基y})K_{fy} \quad (2.3-12)$$

式中　a_{ix}、a_{iy}——本次电容 x 方向和 y 方向比测值；

$a_{基x}$、$a_{基y}$——建立基准时仪器的电容 x 方向和 y 方向比测值；

K_{fx}、K_{fy}——仪器的 x 方向和 y 方向灵敏度系数，mm。

（2）CCD式垂线坐标仪。CCD式垂线坐标仪利用光电耦合器件CCD作为位移的检测单元，通过测量目标（垂线）的光学投影或图像信号，实现对目标（垂线）的精密定位。它具有光电转换、信息存储和扫描读取等三大功能。由于CCD的输出为直接数字信号，故没有感应式坐标仪的零点漂移问题。CCD式垂线坐标仪具有结构简单的特点，主要由平行光照明系统、光电耦合器件电路、电源、机架等部分组成，见图2.3-17。

双向位移坐标仪安装有两套完全相同、互相垂直的平行光照明系统及CCD传感器光电接收系统，可实现相互垂直的两个方面的位移测量。

CCD式垂线坐标仪采用高分辨力CCD线阵图像传感器作为核心传感器，由点光源发出的光线经透镜后变为平行光源，照射到CCD线阵图像传感器表面，同时将待测线体的阴影投射到CCD线阵图像传感器表面，再通过分析处理CCD灰度扫描图对垂线阴影位置进行识别，通过计算分析待测线体阴影的投射坐标，并通过数据通信或D/A转换输出计算结果。由此，可检测出待测线体的位移，同时还检测被测线体宽度及个数，作为测值状态判断，见图2.3-18。

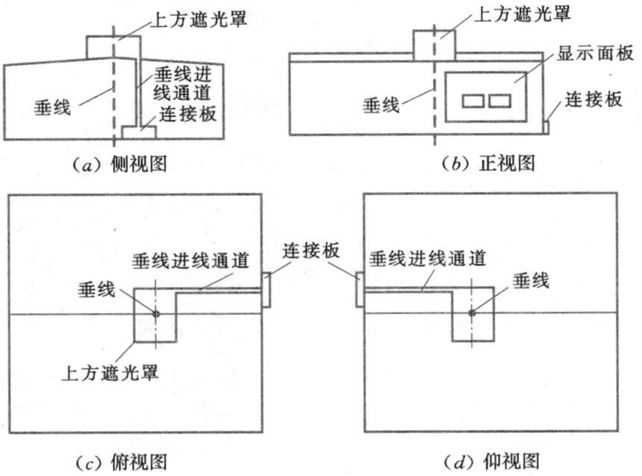

图 2.3-17　CCD式垂线坐标仪结构示意图

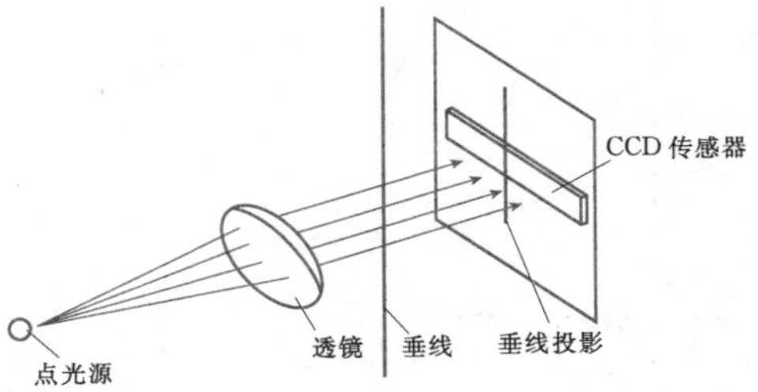

图 2.3-18　CCD坐标仪工作原理图

CCD式垂线坐标仪安装调试完成后，可以取得仪器初始测值 x_0、y_0，当垂线的位置相对于垂线坐标仪发生变化后，从垂线坐标仪上可以获取测值 x_1、y_1，则垂线位置的位移量为

$$\Delta x=(x_1-x_0)k_x \quad (2.3-13)$$

$$\Delta y=(y_1-y_0)k_y \quad (2.3-14)$$

式中　k_x——x 向比例系数；

k_y——y 向比例系数。

k_x 和 k_y 可以通过仪器检验校准得到，一般CCD遥测垂线坐标仪的数字量输出比例系数约等于1。

（3）电感式垂线坐标仪。电感式垂线坐标仪由电感式传感器、杠杆传动系统、油箱、底板及保护罩等组成，是一种接触式垂线坐标仪，具体结构见图2.3-19。

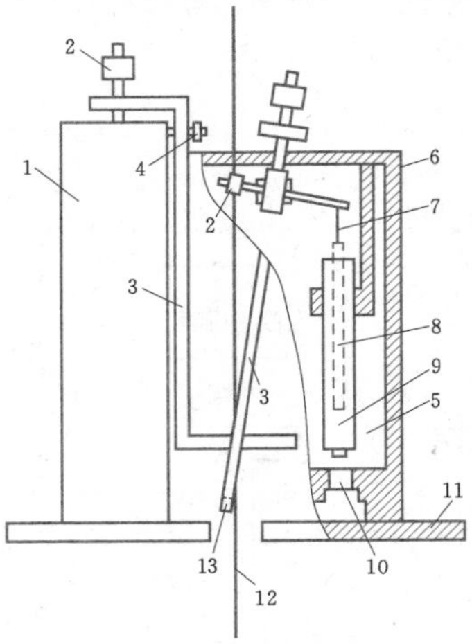

图 2.3-19　电感式垂线坐标仪结构示意图

1—Y向油箱；2—平衡螺母；3—垂直杠杆；4—防振销；5—变压器油；6—X向油箱；7—吊丝；8—铁芯连杆；9—线圈磁罩；10—止油螺钉；11—拼装底板；12—垂线；13—传动杆

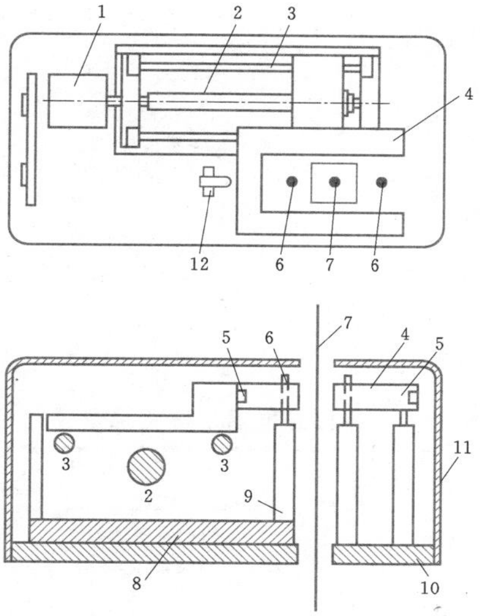

图 2.3-20 步进电机式垂线坐标仪结构示意图

1—步进电机；2—丝棒；3—导棒；4—探头；5—光缆索；6—基准杆；7—垂线；8—基准杆座；9—底板；10—外壳；11—加热体；12—插座板、插座

当坝体发生位移时，垂线将推动坐标仪的传动杆，通过杠杆系统使电感式传感器中的磁芯产生移动，从而把机械位移转换成电信号，通过电感式读数仪可读取位移值。电感式传感器的工作原理参见本章2.2节中的相关内容。

（4）步进电机式垂线坐标仪。步进电机式垂线坐标仪主要由传动机构和测量机构两部分组成，具体见图2.3-20。传动机构包括基座、丝杆、导杆和步进电机等；测量机构包括底板、基准杆、基准杆座、变形测量探头及电缆插座等。

在步进电机式垂线坐标仪中，步进电机是将电脉冲信号转变成机械位移的直流执行元件，它具有步距角小、定位精度高、误差不积累等特点。量测垂线位移时，步进电机在变形检测仪或测控装置的控制下转动，驱动丝杆带动探头做直线运动。探头中的光电照准器依次扫描基准杆和垂线，一旦光线被基准杆和垂线遮挡，光电管将立即记录基准杆和垂线位置的信号并返回给检测仪或测控装置，经自动处理后得到垂线在两个方向的位置。与初始位置相比较，即可求出大坝相对于垂线的位移值。由于两根基准杆和仪器底板永远固定在大坝观测墩上，两根基准杆的间距即基准长度值是一个固定值，所以仪器每次测量均有自校功能。

（5）光学垂线坐标仪。光学垂线坐标仪通常由瞄准部分和量测部分组成，其中瞄准部分由照明灯、转像系统、瞄准系统、铅垂向测微器等组成；量测部分由纵向导轨、横向导轨、精密螺旋、水准器、脚螺旋等组成。

图2.3-21为光学垂线坐标仪的工作原理图。测量时，照明灯发出的光线使视场形成一个光亮的背景，当垂线遮断了光线，就会形成一条黑影，经半棱镜3、观测物镜4和转45°棱镜5后，在分划板7上呈现一个竖直线影像。同时，铅垂线经转像物镜1及反射镜与棱镜后，进入观测系统，在分划板上呈现一个水平线影像。为量测铅垂向的形变量，在观测视场钢丝段装有分划尺附件，在转像物镜的像面上装有测微指标2。分划尺与测微指标成像于分划板上，观测者通过目镜6进行观测。

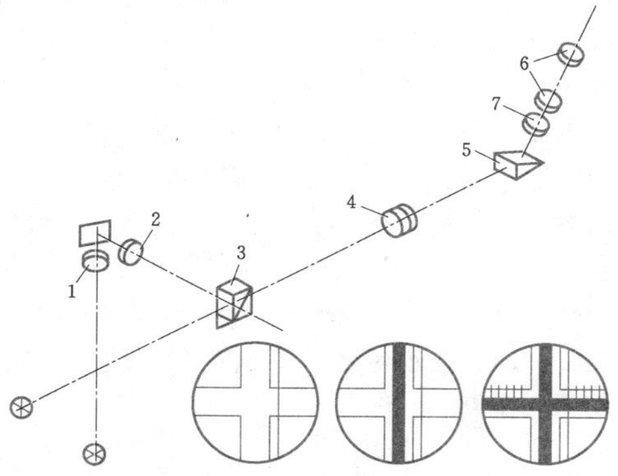

图 2.3-21 光学垂线坐标仪工作原理图

1—物镜；2—测微指标；3—半棱镜；4—观测物镜；5—棱镜；6—目镜；7—分划板

利用上述光学成像原理，只要操作纵、横向导轨及铅垂向测微器，用瞄准系统进行瞄准，使纵线影像夹于纵双丝中央，横线影像夹于横双丝中央，然后分别在分划尺上读数，在测微鼓轮上读得尾数，经多次瞄准与读数，即可得到测点的坐标值。

（6）盘式垂线瞄准器。常用的盘式垂线瞄准器结构见图2.3-22，分划尺有圆弧形和直线形两种形式。仪器盘面上的左、右靶针与盘面一起固定在待测建筑物上，作为相对不动点，垂线为移动点。移动瞄准器，使得瞄准器上的准心、垂线外轮廓、靶针针尖位于一条直线上。由左瞄准器和右瞄准器瞄准的两根相交直线，可定出垂线的位置。

2.3.3.4 观测方法

（1）垂线观测可采用光学垂线坐标仪、电测垂线坐标仪或垂线瞄准器。

（2）垂线观测前，必须检查该垂线是否处于自由状态。倒垂线还应检查调整浮体组的浮力，使垂线能够满足一定的张力要求。

（3）一条垂线上的各测点的观测，应从上而下，

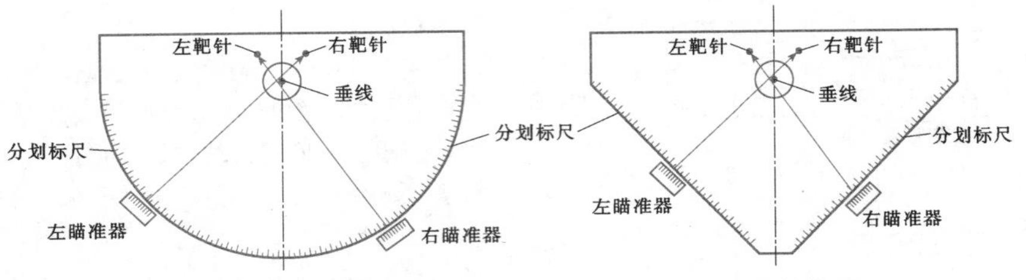

(a) 圆弧形分划标尺　　(b)直线形分划标尺

图 2.3-22　盘式垂线瞄准器结构示意图

或从下而上，依次在尽量短的时间内完成。

(4) 用光学机械式仪器观测前后，必须检测仪器零位，并计算它与首次零位之差，取前后两次零位差之平均值作为本次观测值的改正数。

(5) 每一测点的观测时，将仪器置于底盘上，调平仪器，照准测线中心两次（或左右边缘各一次），测记观测值，构成一个测回。取两次读数的均值作为该测回之观测值。两次照准读数差（或左右边缘读数差与测线直径之差）不得超过 0.15mm。每测次应观测两测回（测回间应重新整置仪器），两测回观测值之差不得大于 0.15mm。

(6) 当采用电容式、CCD 式、电感式、步进电机式等具有自动化测量功能的垂线坐标仪进行测量时，观测前应进行灵敏度系数测定。

2.3.3.5　技术参数

根据《混凝土坝监测仪器系列型谱》（DL/T 948）的规定，垂线坐标仪与垂线瞄准器的主要技术参数见表 2.3-2 和表 2.3-3。

表 2.3-2　　**垂线坐标仪主要技术参数表**

仪器名称	测量范围（mm）		分辨力
	X 向	Y 向	
电容式垂线坐标仪 CCD 式垂线坐标仪 电感式垂线坐标仪 步进电机式垂线坐标仪	0～10	0～10	≤0.1%F.S
	0～25	0～25	
	0～25	0～50	
	0～50	0～50	
	0～50	0～100	
	0～100	0～100	
光学垂线坐标仪	0～20	0～20	≤0.1mm
	0～50	0～50	

表 2.3-3　　**垂线瞄准器主要技术参数表**

测量范围（mm）		分辨力（mm）
X 向	Y 向	
0～15	0～15	≤0.1

2.3.4　引张线系统

2.3.4.1　用途

引张线系统是一种埋设于直线型大坝或廊道内的位移监测系统，主要监测大坝或岩体的变形，具有结构简单、适应性强、易于布设、操作方便、观测精度高等特点，配引张线仪后可用于自动化监测。

引张线系统主要适用于变形量较小的混凝土大坝变形和拱坝坝肩岩体变形（廊道内）。

2.3.4.2　结构型式

引张线是利用在两个固定的基准点之间拉紧的一根线体作为基准线，对设置在建筑物（或岩体）上的各个观测点进行垂直偏离于此基准线的变化量的测定，从而求得各观测点水平位移量的一种方法。引张线分为浮托引张线和无浮托引张线。由于自重的原因，引张线线体会有一定的下垂，当垂径过大时，在大坝上将无法进行布置，需要使用小船浮托，以克服线体重力产生的挠度，这时就称为浮托引张线。若垂径不大，无需使用小船浮托，就称为无浮托引张线。

浮托引张线由于浮托装置的干扰，测线的准直性将受到一定程度的影响，观测精度较低，目前很少使用。

无浮托引张线是在浮托引张线的基础上发展起来的。与浮托引张线比，具有观测精度高，易于实现自动化观测等特点。它由固定端、加力端、测点装置、坐标仪、线体、重锤及保护管等组成，其结构见图 2.3-23。

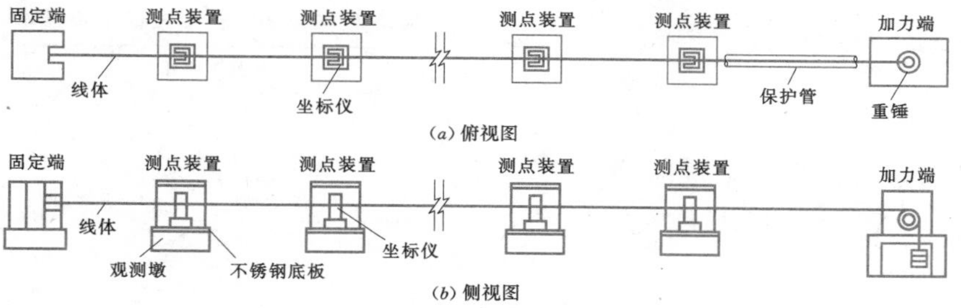

图 2.3-23 无浮托引张线结构示意图

固定端及加力端是位移观测的基准点，应设置在稳定基岩上。若不能设置在稳定基岩上，则固定端及加力端需要通过其他变形观测手段确定其位移。

线体一端固定在固定端上，另一端通过滑轮，悬挂上一定重量的重锤，从而在固定端和加力端之间形成一条参照线。无浮托引张线采用 DPRP 材料制作线体，在悬挂同样重量的重锤时，线体的垂径只有不锈钢线体的 1/5，因此更容易在大坝上或廊道内方便地布置。为了保护线体，并保证线体不受风力的影响，线体需要使用保护管进行保护，并确保线体在保护管内一定量程范围内自由活动。悬链线的垂径大小是决定引张线能否布置的重要因素。若垂径过大，甚至会导致无法布置。垂径大小跟材料密度、引张线长度、直径以及施加的拉力大小有关。引张线的悬链线方程为

$$y=\frac{a(e^{\frac{x}{a}}+e^{-\frac{x}{a}})}{2} \tag{2.3-15}$$

$$a=\frac{F}{\gamma}$$

式中 x——垂径计算点距起算原点（端点）的水平距离，m；

a——引张线的比应力；

F——对引张线施加的拉力，N；

γ——引张线的线密度，kg/m，对直径 1mm 的 DPRP 引张线体，取 $\gamma=0.00118$kg/m。

施加于张引线上的拉力应根据线体材料的断裂拉力确定，一般控制在断裂拉力的 1/2 以内，以确保一定的安全度。对于直径 1mm 的引张线体，拉力控制在 981N 以内，也就是说重锤重量不应超过100kg。

垂径的计算公式为

$$y=\frac{x^2-x\left(s-\frac{2ah}{s}\right)}{0.2a} \tag{2.3-16}$$

式中 s——线体长度，m；

h——终端点相对于起算端点的高差，m；

y——垂径，m。

测点装置位于固定端及加力端之间，与待监测部位紧密结合。测点装置的数量根据需要确定。通过测点装置相对于基准线的位移，即可了解待监测部位的位移量。

引张线坐标仪安装于测点装置内部，可采用 CCD 式垂线坐标仪、步进电机式垂线坐标仪、电容式和电感式垂线坐标仪等。坐标仪采集的位移信号通过电缆传输到监控中心，通过换算即可得出各测点的真实位移。

当不采用坐标仪时，也可以通过设置在测点上的读数尺，用读数显微镜来读出测点装置相对于线体的相对位移。

2.3.4.3 工作原理

1. 引张线系统

引张线系统是通过测量各测点装置相对于测线的相对位移，来监测各测点处的水平位移的变形监测系统。测线两端分别固定于大坝两端的固定端及加力端上，通过悬挂一定重量的重锤，使得线体能够张紧，成为一条悬链线。若固定端及加力端都能布置在稳定基岩上，则悬链线在水平面上的投影是不动的，因此可以成为一条用于测量的位移基准线。若固定端及加力端不能布置在稳定的基岩上，则这条位移基准线就不能视为不动的，应通过其他手段测得固定端及加力端的实际位移，并换算出基准线在各测点的实际位置。加力端及固定端的位移，通常采用倒垂线进行监测。没有条件的，也可以采用三角网测量。

由于加力端及固定端通常是布置在两岸坝肩上，不能视为不动点，因此常需要将加力端及固定端的实测位移与各测点的实测位移进行一定的换算，才能获得各测点的真实位移。用于换算的位移值，都是取 Y 方向的分量，也就是垂直引张线方向的分量。

设 Y_i 为某一时刻测点偏离引张线线体的实测位移，Y_{1i} 为该时刻引张线固定端在 Y 方向的位移分量，Y_{2i} 为该时刻引张线加力端在 Y 方向的位移分量，L 为固定端与加力端之间的距离（也就是引张线线体长度），x_i 为该测点距离加力端的距离，则该测点的真实位移量 Y 的计算为

$$Y = Y_{2i} + (Y_{1i} - Y_{2i})\frac{x_i}{L} + Y_i \tag{2.3-17}$$

2. 引张线仪

各类自动化引张线仪工作原理与垂线坐标仪的工作原理基本一致，见本章 2.3.3 中内容。

2.3.4.4 观测方法

（1）各测点与两端点间距应在首次观测前测定，测距相对误差不应大于 1/1000。

（2）采用人工观测时应遵守以下规定：

1）一测次观测前，应检查、调整全线设备，使浮船和测线处于自由状态，并将测线调整到高于读数尺 0.3～3mm 处（依仪器性能而定），固定定位卡。

2）一测次应观测两测回（从一端观测到另一端为一测回）。测回间应在若干部位轻微拨动测线，待其静止后再测下一测回。

3）观测时，先整置仪器，分别照准测线两边缘读数，取平均值作为该测目的观测值。左右边缘读数差和测线直径之差不得超过 0.15mm，两测回观测值之差不得超过 0.15mm（当使用两用仪、两线仪或放大镜观测时，不得超过 0.3mm）。

（3）采用电容式、CCD 式、电感式、步进电机式等具有自动化测量功能的引张线仪进行观测时，首次观测前应进行灵敏度系数测定。

2.3.4.5 技术参数

引张线仪包括电容式、CCD 式、电感式、步进电机式等。根据《混凝土坝监测仪器系列型谱》（DL/T 948）的规定，引张线仪的主要技术参数见表 2.3-4。

表 2.3-4 引张线仪主要技术参数表

测量范围 (mm)		分辨力 (%F.S)
Y 向	Z 向	
0～10		≤0.1
0～20		
0～40		
0～50		
0～100		
0～20	0～20	
0～40	0～40	

注 Y 向为垂直于引张线的水平方向，Z 向为垂直于引张线的竖直方向。

2.3.5 引张线式水平位移计系统

2.3.5.1 用途

引张线式水平位移计系统（亦称钢丝位移计系统）一般安装埋设在土石坝及其他岩土工程洞室内，用来监测大量程的沿钢丝水平张拉方向的位移变化。其优点是工作原理简单、直观、观测数据可靠，长距离位移传递的铟钢丝不受温度及外部环境影响，能长期在任何环境下工作，广泛用于土石坝和其他填土建筑物及边坡工程等。

2.3.5.2 结构型式

引张线式水平位移计系统由大量程位移传感器（人工测读时采用位移标尺）、锚固装置、铟钢丝、保护管、伸缩节及配重等组成，传感器测读方式与人工标尺测读方式的引张线式水平位移计系统组成，见图 2.3-24 和图 2.3-25。

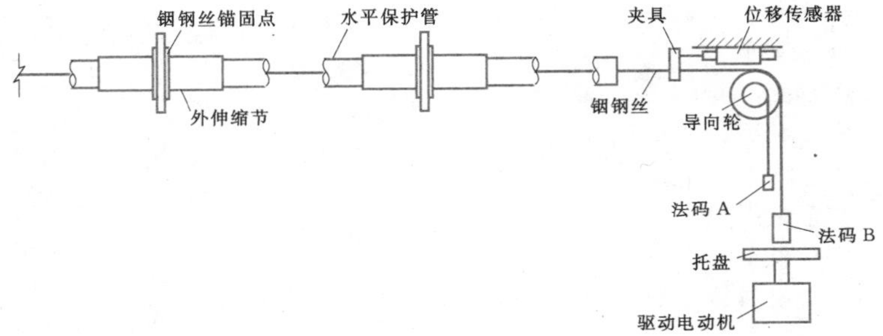

图 2.3-24 引张线式水平位移计系统（传感器测读）结构示意图

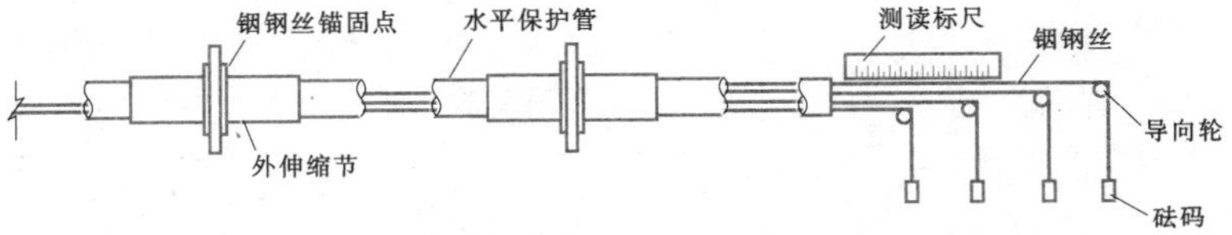

图 2.3-25 引张线式水平位移计系统（位移标尺测读）结构示意图

1. 传感器（位移标尺）

引张线式水平位移计的传感器一般选用钢弦式大量程位移传感器，用夹具与被测铟钢丝固定在一起，由铟钢丝将测点位移传递给位移传感器。位移传感器具有传输距离远，稳定性好，能在恶劣环境下使用的优点。当采用人工测读的方式时，在测读台上安装最小读数不小于 0.01mm 的千分尺。

2. 传递钢丝

传递钢丝为直径 1.2mm 铟钢丝，铟钢丝具有刚性好、质轻、线胀系数低的特点。铟钢丝的固定端压接不锈钢连接头，与锚固板连接，活动端用带孔接头与配重块连接。

3. 保护管与伸缩节

保护管为抗腐蚀性好的镀锌钢管，每 4m 一节。管与管的接头用标准管连接，两端与锚固板（或中间保护管与保护管之间）的连接采用带密封结构的伸缩接头。当两个锚固点之间的距离小于 30m 时，则在保护管中间段设一伸缩节，超过 30m 时则可设置多个伸缩节。伸缩节部分为带 O 形密封的钢管，钢管可在伸缩套管间自由移动。

4. 支撑片与扣环

支撑片主要作用是支撑铟钢丝以使铟钢丝居中在保护管的中间，避免铟钢丝与钢管壁接触，同时具有减小摩擦力的作用，使位移传递更加可靠。扣环用尼龙制成，安装在伸缩套管两端，以避免泥沙进入。在安装时保持伸缩套管与保护管基本在同一轴线上。

5. 锚固装置

锚固装置由 10mm 钢板及伸缩套管组成，分为首锚固装置和中间锚固装置两种。其区别在于：首锚固装置为单端焊接有伸缩套管，板上有一个固定孔，用于靠近上游的测点；中间锚固装置为两端焊接有伸缩套管，用于中间及其最下游的测点。

2.3.5.3 工作原理

引张线式水平位移计是利用固定在被测建筑物两端的钢丝将位移传递到位移传感器或位移标尺，来测量建筑物的水平变形。坝体内部水平方向的变形会带动锚固板发生位移，锚固板的位移则通过紧绷的钢丝传递给位移传感器或位移标尺，从传感器或标尺上读取到的位移量就是坝体内部各测点的位移。引张线式水平位移计测得的位移值是坝体内各测点与观测房内测读装置之间的相对位移，与大坝表面水平位移观测值（如视准线）叠加即可计算得到坝体内部各测点处的绝对位移值。

2.3.5.4 观测方法

(1) 在引张线式水平位移计系统埋设完成后，初始读数测读前，对钢丝实行预拉，将常挂砝码全部挂上后，将钢丝预拉 24h，预拉期间派人 24h 旁站，以免损坏。预拉完成后方可测定初始值，进入正常观测。预拉完成后，常挂砝码将永久悬挂于仪器上，测读砝码则在观测时挂上，观测完成后卸去。

(2) 观测时，将测读砝码用绞车徐徐加载于铟钢丝上，加荷完毕经过约 10～30min，待测值稳定后，在游标卡尺上读数，以后每隔 10min 测读一次，直到前后 2 次的测值读数差小于 2mm，同时应测量观测房的水平位移。

2.3.5.5 技术参数

根据《土石坝监测仪器系列型谱》(DL/T 947) 的规定，引张线式水平位移计的主要技术参数见表 2.3-5。

表 2.3-5 引张线式水平位移计主要技术参数表

测量范围 (mm)	分辨力 (%F.S)
0～500	≤1.0
0～800	
0～1000	

2.3.6 滑动测微计

2.3.6.1 用途

滑动测微计是一种高精度的便携式应变计，专门用于高精度地测量任意方向的钻孔及岩石、混凝土或土壤中测线的轴向位移，适用于隧道、膨胀岩、挤压岩、挖掘、地基、大坝、易滑坡的斜坡、不稳定的斜坡、岩片、岩质边坡、桩墙、地下连续墙、桩、桩载荷等监测。

滑动测微计能够完整地测量沿着测线方向的应变和位移分布，具有很高的监测精度；能够监测混凝土大坝在水荷载和温度作用下的变形以及混凝土的收缩变形；能够对隧道进行松散区域测定和膨胀分析；能够监测桩或地下连续墙测线上的应力分布情况，能够确定结构物挠度曲线并简单地估算出弯矩。

2.3.6.2 结构型式

滑动测微计主体为一标长 1m，两端带有球状测头的位移传感器，内装一个线性电感位移计 (LVDT) 和一个 NTC 温度计。为了测定测线上的应变及温度分布，测线上每隔 1m 安置一个具有特殊定位功能的环形标，其间用硬塑料管相连，滑动测微计可依次地测量两个环形标之间的相对位移，可用于多条测线。滑动测微计由探头、电缆、绞线盘和数据控制器等组成，具体外形见图 2.3-26。其中，数据控制器外形见图 2.3-27，标定装置外形见图 2.3-28。

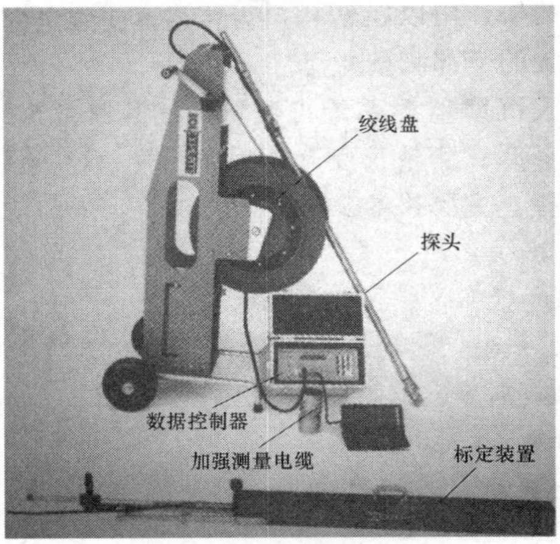

图 2.3-26　滑动测微计外形图

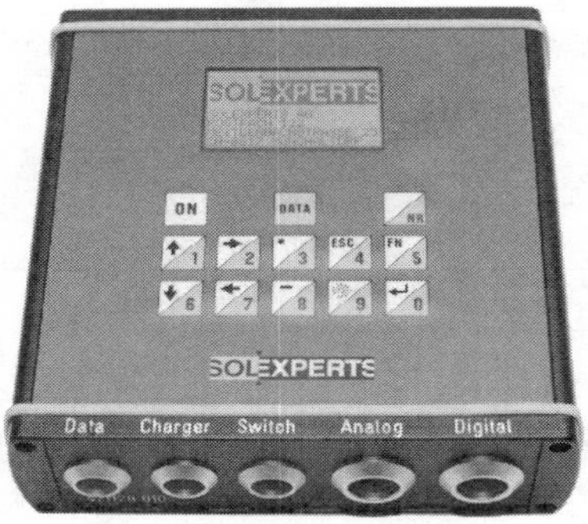

图 2.3-27　滑动测微计数据控制器外形图

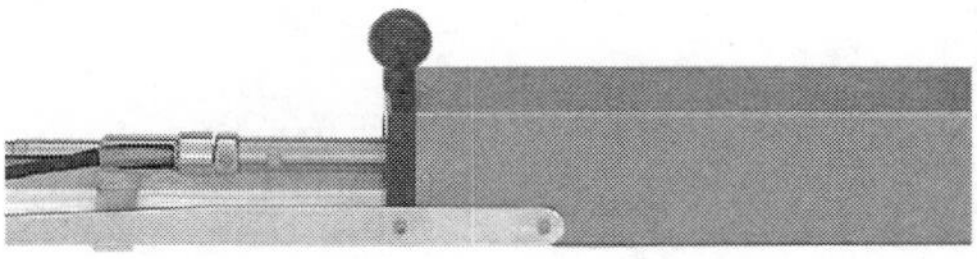

图 2.3-28　滑动测微计标定装置外形图

(1) 探头，内含 LVDT 电感位移计和 NTC 温度传感器。

(2) 电缆绞盘。

(3) 数据控制器 (SDC)，它是一种多用途的数据采集、处理、储存、控制仪，屏幕上可同时显示 X、Y、Z 三个方向读数，可通过 RS-232 接口同现场计算机或打印机连接，存储总容为 8000 个数据。

(4) 打印机或便携式计算机。

(5) 辅助部件，包括操作杆，导向链、铟钢标定筒，脚踏数据采集板以及钻孔中的埋设件（测环、导管、孔底封堵、孔口保护盖等)。

滑动测微计配有用铟瓦合金制成的便携式标定架，可以随时检查仪器的功能，对探头进行标定，以保证仪器的长期稳定性和精度。

2.3.6.3　工作原理

与滑动测微计配套使用的塑性套管一般埋入结构物或岩土体内，塑性套管上每隔 1m 有一个金属测标（锥形)，将测线划分成若干段，通过灌浆，测标与被测介质牢固地浇筑在一起，当被测介质发生变形时，将带动测标与之同步变形。

滑动测微计的探头根据球—锥接触原理设计，两端均为球面。锥形测标是环形的，并被切成四瓣，探头两端的球头也切成四瓣，见图 2.3-29 (a)。这样，探头就可在用套管连接的锥形测标中自由地滑动和测量，见图 2.3-29 (b)。通过采用高硬度的不锈钢或铜及精密机械加工，球心定位精度可达到 0.001mm，可满足多次反复测量的定位要求。用滑动测微计逐段测出各标距长度随时间的变化，从而得到反映被测介质沿测线的变形分布规律。测量原理是线法位移测量原理，见图 2.3-30。沿测线以线法测量位移量，可提供岩石和土壤中被测区域或结构的性状，以及结构和基础之间的相互作用信息。通过测量每两个相邻测标之间的微应变量 ε_i，按胡克定律可以计算出轴向力，进一步可得到桩周的摩阻力以及端阻力。

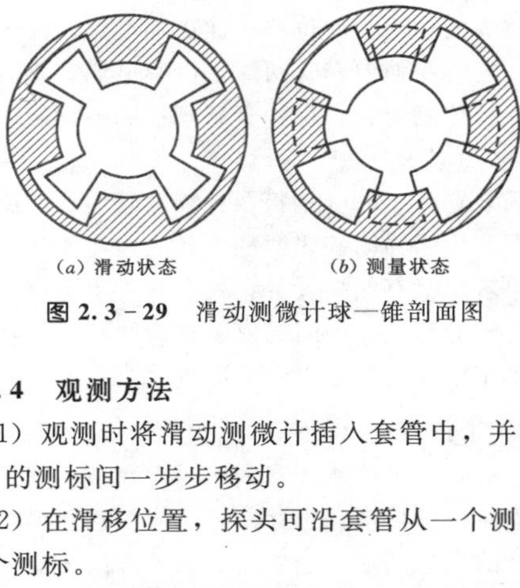

图 2.3-29　滑动测微计球—锥剖面图

2.3.6.4　观测方法

(1) 观测时将滑动测微计插入套管中，并在间距为 1m 的测标间一步步移动。

(2) 在滑移位置，探头可沿套管从一个测标滑到另一个测标。

(3) 使用导杆，将探头旋转 45°到达测试位置，向后拉紧加强电缆，利用锥面—球面原理，使探头的两个测头在相邻的两个测标间张紧，然后进行读数。

(4) 观测时先将探头放至套管底部，由下而上依次进行观测。

2.3.6.5　技术参数

根据《混凝土坝监测仪器系列型谱》(DL/T 948) 的规定，滑动测微计的主要技术参数见表 2.3-6。

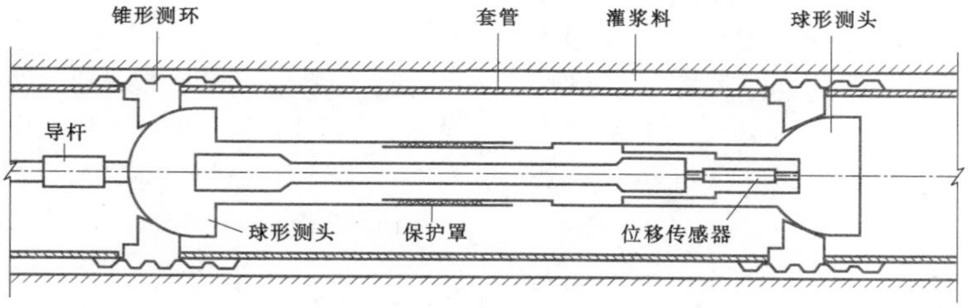

图 2.3-30 滑动测微计测量结构示意图

表 2.3-6 滑动测微计主要技术参数表

测量范围 (mm)	分辨力 (mm)
0～10	≤0.01
0～20	
0～40	
0～50	

2.3.7 竖直传高系统

2.3.7.1 用途

竖直传高系统主要用于大坝、竖井、矿山、高层建筑中的高程垂直传递，对于多层建筑，可以一次直接传递高程，也可以分层连续传递。仪器可用于两相邻层面或不同层面间伸缩变形、垂直位移的监测，也可用于大坝的变形监测。仪器既可目视观测，配上自动化测量装置还可以进行自动采集、传输及数据处理。

2.3.7.2 结构型式

竖直传高系统一般由接测装置 1、接测装置 2、传递丝、铟瓦合金检测带尺、位移传感器、位移换能电路、数字位移测量仪、采集控制系统等部分组成，见图 2.3-31 和图 2.3-32。

(1) 接测装置 1。它由基板 1、接测标志 1、传递丝固定器、标准尺支承器、保护箱组成。

(2) 接测装置 2。它由基板 2、接测标志 2、传递丝拉力器、差分读数盘、保护箱等组成。

(3) 传递丝。传递丝选用两种不同线膨胀系数的金属丝。一种是线膨胀系数很小 ($d<1\times10^{-6}/℃$) 的高强度铟钢丝；另一种是高强度不锈钢丝，线膨胀系数的数值范围一般在 $10\times10^{-6}\sim12\times10^{-6}/℃$。

(4) 铟瓦合金检测带尺。铟瓦合金检测带尺是在垂直状态下使用的专用标准尺。

(5) 位移传感器。可将位移量转换成电信号。

(6) 位移换能电路。位移换能电路是将位移量换成相应关系的电信号输出的装置。

(7) 数字位移测量仪。数字位移测量仪是将模拟信号转换数字信号的仪器，它可直接显示位移量，并与计算机进行数据传输。装入计算机的采集控制系统可通过它控制适时采集。

(8) 采集控制系统，可与其他大坝自动化采集系统兼容。

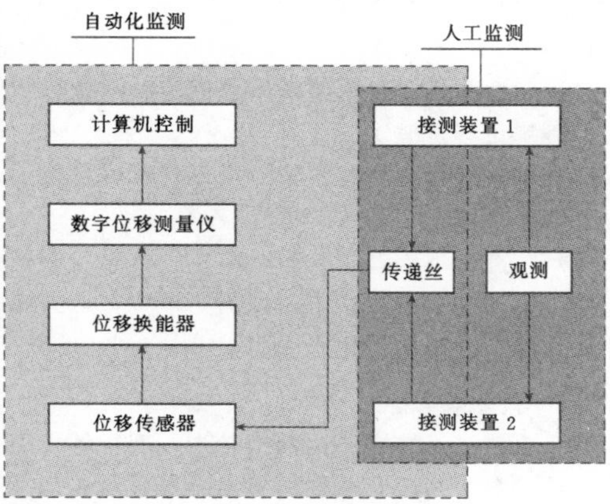

图 2.3-31 竖直传高系统组成示意图

2.3.7.3 工作原理

竖直传高系统的基本原理是采用标准尺测定竖直高度（高差），采用两种线膨胀系数相差较大的金属丝进行高差差分观测，测定其变化量，根据变化量求算各次高程传递时的竖直高度（高差），同时根据两种不同线膨胀系数的钢丝的变化差值进行温度修正。工作原理见图 2.3-32。

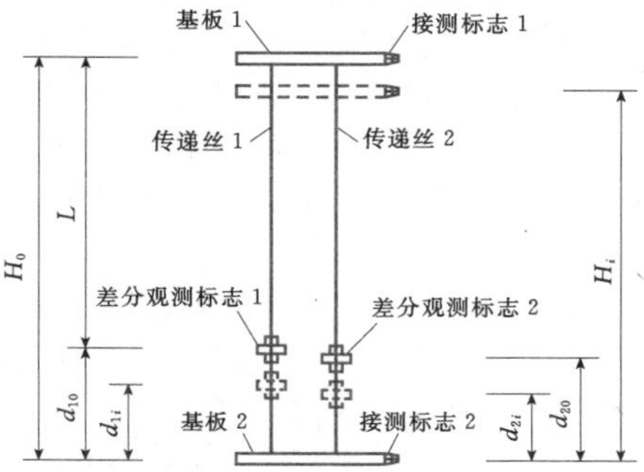

图 2.3-32 竖直传高系统工作原理图

图2.3-32中，采用标准尺首次量测出上、下接测标志间的高差为H_0，同时测得传递丝1上差分观测标志1到基板2的距离为d_{10}。第i次高程传递时，测得传递丝1上差分观测标志1到基板2的距离为d_{1i}，设第i次上、下接测标志之间的高差为H_i，基板1至差分观测标志1的高度为L，则

$$H_i = L + d_{1i} \tag{2.3-18}$$

$$L = H_0 - d_{10} \tag{2.3-19}$$

第i次上、下接测标志之间的高差H_i的计算为

$$H_i = H_0 + (d_{1i} - d_{10}) \tag{2.3-20}$$

安装在传递丝1上的位移传感器能直接反映出变化量$d_{1i} - d_{10}$，由此高程传递自动化就能够得以实现。为了消除温度对高程传递丝1的影响，仪器中采用了另一种不同线膨胀系数的传递丝2，通过差分观测能精确改正传递丝1受温度影响的变化，则高差为

$$H_i = H_0 + (d_{1i} - d_{10}) + k[(d_{2i} - d_{1i}) - (d_{20} - d_{10})] \tag{2.3-21}$$

$$k = \frac{a_1}{a_1 + a_2}$$

式中 d_{1i}、d_{10}、d_{2i}、d_{20}——传递丝1和传递丝2第i次和首次观测值；

a_1、a_2——传递丝1和传递丝2的线膨胀系数。

2.3.7.4 观测方法

1. 首次观测

首次观测应在最短时间段内连续两次独立有效观测，取两次观测值的平均值作为首次观测值。两次观测时间段间隔最长不得超过1天。

首次观测工作包括：①测量上、下接测标志间的竖直高差H_0；②测量高差差分观测值d_{10}、d_{20}。

（1）竖直高差H_0值的观测步骤如下：

1）检查挂尺架、卷尺盘上的各连接部件是否牢固，检查铟瓦合金检测带尺上挂尺环是否牢靠。

2）小心谨慎地将铟瓦合金检测带尺缓缓放下（注意“0端”在下），上端挂在卷尺盘的挂尺架上，放置（凉置）至少20min。

3）在铟瓦合金检测带尺的下端挂上10kg重锤。

4）缓缓转动卷尺盘，使带尺贴近接测标志面，刻度线一侧应在接测标志的十字线附近。

5）用放大镜照准分划，以接测标志水平刻线为读数指标线，同时读数取上接测标志处的带尺刻度b_n和下接测标志处的带尺刻度a_n，此为一测回，$h_1 = b_n - a_n$。

6）微动卷尺盘使带尺垂直移动1～2mm，重复操作5）步骤，进行第二、第三回观测读数，得到h_2和h_3。三测回为一组观测，$h_1' = (h_1 + h_2 + h_3)/3$。每组观测开始时应读取上、下端气温值。气温观测值读数至0.1℃。

7）利用卷尺盘垂直调节移动带尺5～10mm，重复操作5）、6）步骤，进行下一组观测读数，得到h_2'和h_3'。共测3组读数，取其平均值为第一测次值，得到$H_1' = (h_1' + h_2' + h_3')/3$。再经过第二个测次并计算得到$H_2'$，则$H_0 = (H_1' + H_2')/2$。

（2）高差差分观测值d_{10}、d_{20}的观测步骤如下：

1）缓缓松开承力螺杆Ⅰ、Ⅱ使加力重锤悬空。

2）用手轻微托起加力重锤，又轻轻放下。

3）分别读取传递丝Ⅰ、Ⅱ在各自弧形度盘上的指针读数，此为一测回值。

4）重复2）、3）步骤进行第二、第三测回观测。取三测回平均值为测次值d_{1i}、d_{2i}。首次观测值d_{10}、d_{20}为两测次d_{1i}、d_{2i}的平均值。

2. 重复观测与检测

（1）首次观测后，以后每次进行高程传递只需观测d_{1i}、d_{2i}即可。其他测量方法、步骤及要求首次观测的相同。

（2）当进入正常观测后，为保证竖直传高的正确可靠，并检验传递是否发生变化，当观测数据出现异常和观测时间进行一年以上时，应对上、下接测标志间的竖直高度H_0进行检测。检测所包括的工作内容及测量方法、步骤与首次观测相同，但只观测一个测次。

3. 几何水准测量与竖直传高仪的接测

几何水准测量时，直接将竖直传高仪上、下接测标志顶点与其他精密水准点接测。

4. 观测注意事项

（1）标准铟瓦合金检测带尺应按中国计量科学研究院检验规定进行检定。

（2）在进行竖直高差测量时应先将带尺悬挂于观测位置放置（凉置）20min以上。

（3）在进行高差差分观测时应注意将承力螺杆松开，使传递丝处于受力状态；观测完毕应将承力螺杆顶住加力重锤，减轻传递丝受力。

2.3.7.5 技术参数

因竖直传高系统在国内使用较少，现行的相关标准对其技术参数暂没有明确的规定，本手册仅列出部分技术参数供设计人员参考，见表2.3-7。

表 2.3-7　竖直传高仪主要技术参数表

参数名称	参考值
高层传递高差中每米误差（每段）	≤±0.3mm
高差差分观测中每米误差（每段）	≤±0.2mm
直接传递高度范围	5～100m
测量范围	±10mm
分辨力	0.01mm
精度	±0.1mm

2.3.8 静力水准系统

2.3.8.1 用途

静力水准系统可测量建筑物各测点间相对高程变化，主要适用于大型建筑物如水库大坝、高层建筑物、核电站、地铁等不均匀沉降和倾斜监测。优点在于能比较直观地反映各测点之间的相对沉降量。

2.3.8.2 结构型式

静力水准系统由主体容器、液体、传感器、浮子、连通管、通气管等部分组成，见图 2.3-33。主体容器内装一定高度的液体。连通管用于连接其他静力水准仪测点，并将各个测点连成一个连通的液体通道，使主体容器内各测点的液面始终为同一水平面。传感器通常安装在主体容器顶部，浮子则置于主体容器内，浮子随液面升降而升降，浮子将感应到液面高度变化传递给传感器。

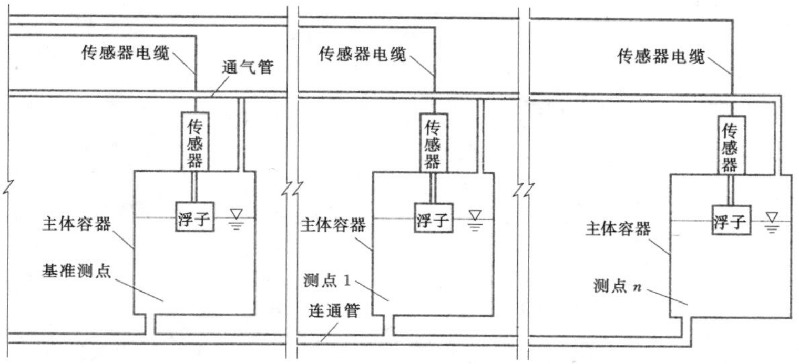

图 2.3-33　静力水准系统结构示意图

静力水准系统根据所使用的传感器不同可分为钢弦式静力水准仪、电容式静力水准仪、电感式静力水准仪、CCD 式静力水准仪、光纤光栅式静力水准仪等。其中，钢弦式静力水准仪是目前应用最为广泛的仪器类型。静力水准仪虽然种类较多，但工作原理和结构型式基本相同，主要区别在于测读液面高度变化的方法与手段不同。

主体容器（钵体）是组成连通管的容器。为了使所有的钵体一致性好，采用标准化设计，专用模具制造。钵体质地坚固、透明、观感好，便于安装调试和使用过程中随时监视仪器内部的工作状况。在垂直钵体表面设计了标尺，可人工测读液位状态。

浮子单元是跟踪和指示液位变化的部件，包括浮子、接杆、位移指示标志和双层片簧导轨四个部件。在仪器运输过程中，为了保护导轨不被破坏，先不连接浮子，同时用定位叉将组装好的双层片簧的接杆固定住。

传感器外罩分为两体，上部起保护作用，下部为安装电源线和通信线密封涵道用。下部在设计模具时与安装板设计成一体，上下两部分用螺纹连接。

2.3.8.3 工作原理

1. 静力水准系统

静力水准系统的工作原理见图 2.3-34。容器 1 与容器 2 相互联结，分别安置在欲测的测点 A 与测点 B 处，两容器内装有相同的均匀液体（即同类液体并具有同样的参数）。当初始安装完成，液体完全静止后，两容器内液体的自由表面处于同一水平面上，高程为 $EL1$，见图 2.3-34（a）。现假设测点 A 发生了沉降 Δh，测点 B 保持不变，则容器 2 内的部分液体会流向容器 1，并最终达到新的平衡，两容器内液体的自由表面高程变为 $EL2$，见图 2.3-34（b）。容器 1 内的液体高度由 H_1 变为 H'_1，变幅为 $\Delta h_1 = H'_1 - H_1$；容器 2 内的液体高度由 H_2 变为 H'_2，变幅为 $\Delta h_2 = H'_2 - H_2$。因容器 1 和容器 2 内径相同，则有

$$|\Delta h_1| = |\Delta h_2| \tag{2.3-22}$$

故测点 A 的沉降量为

$$\Delta h = |\Delta h_1| + |\Delta h_2| \tag{2.3-23}$$

在容器内安装不同类型的传感器可以测得容器内的液面变化量 Δh_1 和 Δh_2，即可计算出测点 A 相对

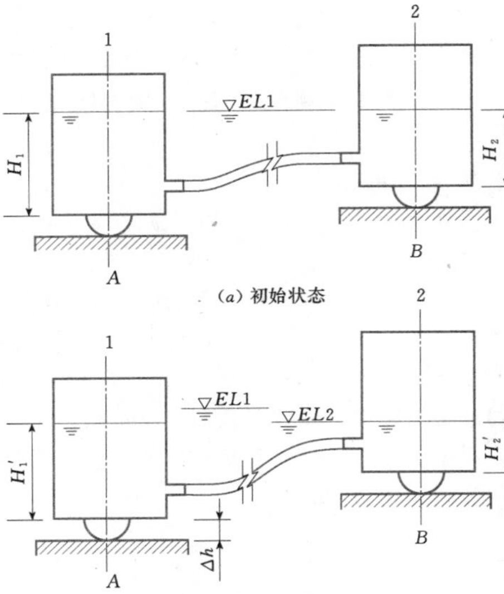

(a) 初始状态

(b) 出现垂直位移后

图 2.3-34 静力水准系统测量工作原理图

于测点 B 的沉降量。实际监测中，两测点之间的水平距离 S 可以量测出，因此两测点的相对倾斜量也可以求出。

根据上述原理，可以在水工建筑物及基础内布设多个测点，并连成系统，监测各测点之间的相对沉降和倾斜。对于多测点静力水准系统，每个测头均需加接三通接头，使各测点之间的水管连通，各测点容器上部与大气相同，且基本位于同一高程处。多测点静力水准系统中一般选择一个稳定的不动点作为基准点，测出其他测点相对于不动点的沉降量。基准点纳入建筑物变形监测系统中，可定期对基准点高程进行校核。

2. 静力水准仪

(1) 电容式。电容式静力水准仪根据圆柱形线位移式电容传感器的结构见图 2.3-35。仪器的环形电极 1、电极 2 与中间极固定在仪器主体容器的上部，构成两个电容 C_1、C_2，电容量为

$$C = \frac{2\pi\varepsilon_r\varepsilon_0 L}{\ln(R_A/R_B)} \qquad (2.3-24)$$

式中 R_A——中心极外径，m；

R_B——电极 1、电极 2 的内径，m；

ε_0——真空介电常数，F/m；

ε_r——介质相对介电常数，F/m；

L——环形电极长度，m。

当仪器位置发生垂直位移时，主体容器的液面将产生相应的变化，装在浮子上的屏蔽管随之发生垂直位移，采用接地方式的屏蔽管使电容 C_2 的感应长度

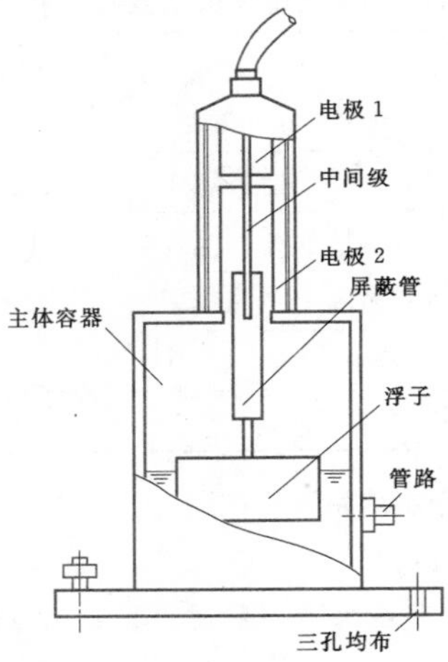

图 2.3-35 电容式静力水准仪结构示意图

改变，从而使电容 C_2 发生变化。通过测量装置测出电容比的变化即可计算得测点处的相对垂直位移变化量。

电容式静力水准仪的电容比变化与位移的关系为

$$\Delta = (a_i - a_{基})K_f \qquad (2.3-25)$$

式中 Δ——本次测量相对于安装基准的变位量；

a_i——本次电容比测值；

$a_{基}$——建立基准时仪器的电容比测值；

K_f——仪器的灵敏度系数。

(2) CCD 式。CCD 静力水准仪应用连通管原理多点连通，通过连通容器中的浮子跟踪液位，将被测参考点的微小高差变化转换为标志杆的垂直位移，由 CCD 智能传感器检测垂直位移，用单片机实现 CCD 器件的程控驱动、信号处理和识别、数据采集、计算和通信等功能。CCD 式静力水准仪的结构见图 2.3-36。

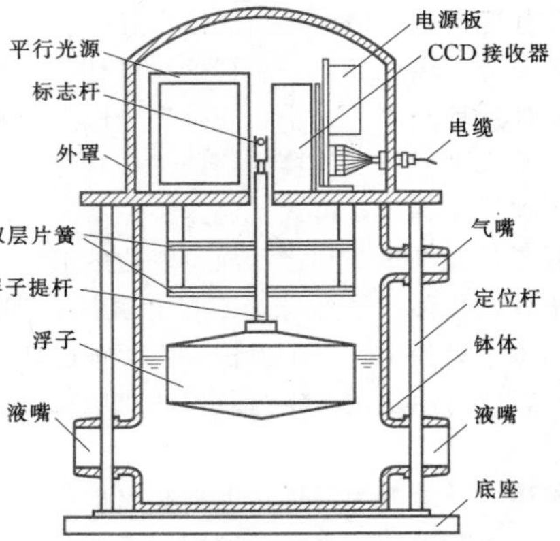

图 2.3-36 CCD 式静力水准仪结构示意图

CCD式静力水准仪采用中心对称的双层螺线函数片簧作浮子单元的导轨，浮子跟踪液位变化，通过接杆将被测参考点的微小高差变化转换为标志杆的垂直位移，由智能化的CCD传感器检测垂直位移信号。一般选择光电图像传感方法，采用CCD摄像器件开发成的光电一体化位移传感器检测微量位移，实现了宽测量范围、高分辨力、高精度、无电学漂移等优良的技术指标。

传感器单元由平行光光源和CCD光接收器两部分组成。平行光光源和CCD光接收器都固定在仪器底板上。点光源发出的光束经透镜转换为平行光垂直照射CCD光接收器窗口。浮子标志杆置于光路中，其阴影投射到光接收器上被CCD识别、处理、量化成与浮子标志杆位置相对应的数据。点光源置于透镜的焦点处。透过透镜的平行光的视场足够大，以能充分覆盖垂线的运动范围和CCD光接收器窗口。

（3）钢弦式。钢弦式静力水准仪的工作原理可参见本章2.2.1中的相关内容。

（4）电感式。电感式静力水准仪的工作原理可参见本章2.2.3中的相关内容。

2.3.8.4 技术参数

根据《混凝土坝监测仪器系列型谱》（DL/T 948）和《土石坝监测仪器系列型谱》（DL/T 947）的规定，静力水准仪的主要技术参数见表2.3-8。

表2.3-8 静力水准仪主要技术参数表

仪器名称	测量范围（mm）	分辨力（%F.S）
钢弦式静力水准仪	0～100，0～150，0～300，0～600	≤0.025
电容式静力水准仪	0～20，0～40，0～50，0～100，0～150	≤1.0
CCD式静力水准仪	0～20，0～40，0～50，0～100，0～150	
电感式静力水准仪	0～20，0～40，0～50，0～100，0～150	

注 当《混凝土坝监测仪器系列型谱》（DL/T 948）和《土石坝监测仪器系列型谱》（DL/T 947）对仪器的技术参数要求不一致时，以更高精度为准。

2.3.9 水管式沉降仪

2.3.9.1 用途

水管式沉降仪是安装埋设在堤坝、土石坝、土基内部，用来监测平面上不同部位垂直位移变化的仪器。

2.3.9.2 结构型式

水管式沉降仪主要由沉降测头、管路系统（包括连通水管、通气管、排水管和保护管）、供水系统（包括水箱和压力室）、测量系统（包括测量管、测尺和供水分配器）等部分组成，见图2.3-37；自动测量式水管式沉降仪还应包括量测传感器、测控单元及电磁阀等部件。

1. 沉降测头

沉降测头内已装配好连通水管、通气管，并在筒底分别装配了连通水管、排水管、通气管接头。沉降测头筒身上一般贴有厂牌，厂牌上已标明连通水管水杯口至容器口的距离 h。现场安装测量沉降测头高程时，将水准测量标尺尺底放置在容器顶部、测量读数减去 l，即为测头埋设高程 h_0。见图2.3-38。

根据沉降测头（测点）至观测房测读装置间连通水管的长度不同，沉降测头尺寸有所不同，距离越长，尺寸越大。

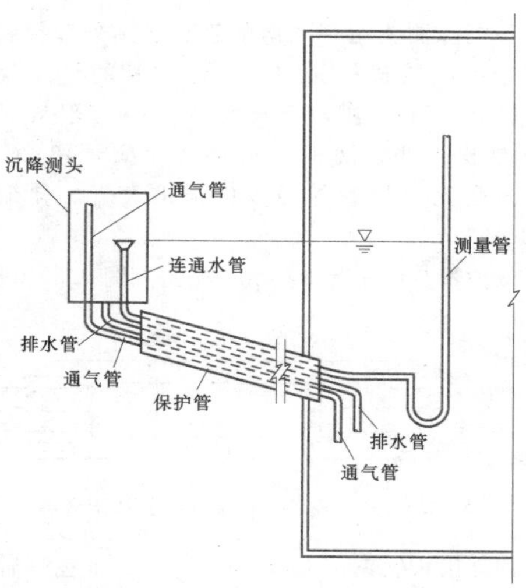

图2.3-37 水管式沉降仪装置结构示意图

2. 管路

管路分别由连通水管、排水管、通气管等组成。管路必须用镀锌钢管或硬质塑料管进行保护。

连通水管与观测房的测量板相应编号的有机玻璃量管相接。排水管、通气管也必须接至观测房内。

连通水管的作用是将沉降测头连通水管水杯口与

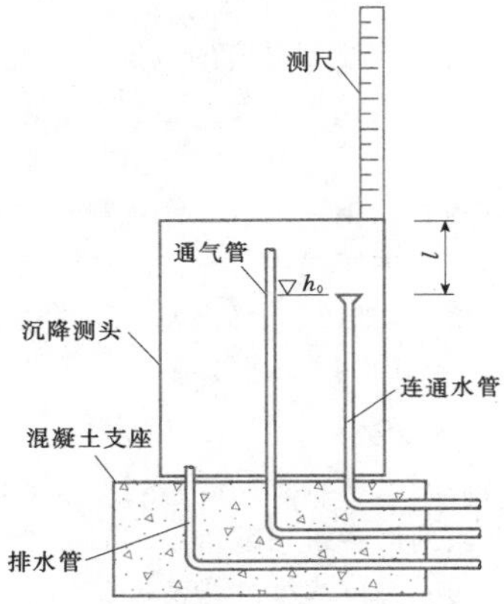

图 2.3-38 沉降测头结构示意图

量测板的测量管口连通，形成 U 形管。选用时应尽可能用整根，避免中间接头，确保管路的可靠性。排水管的作用是使沉降测头筒中连通水管水杯口溢出的水排出。排水管必须引至观测房，切不可将水排入保护管内。通气管的作用是使沉降测头内的气压与大气压平衡，使连通水管符合 U 形管原理。每个沉降测头的通气管也必须引至观测房。不可几个测头合用一根通气管，同样，排水管与通气管应尽可能减少管接头数量。

3. 保护管

各沉降测头至观测房的管路必须外套镀锌钢管保护管或硬质塑料保护管。保护管的尺寸视测点多少而定。保护管每节长约 4～6m，塑料保护管则可放长一些。两根保护管之间应预留 20cm 间距，外套比保护管外径大的伸缩套管，伸缩套管长40～50cm。

保护管与伸缩套管接头的密封见图 2.3-39。

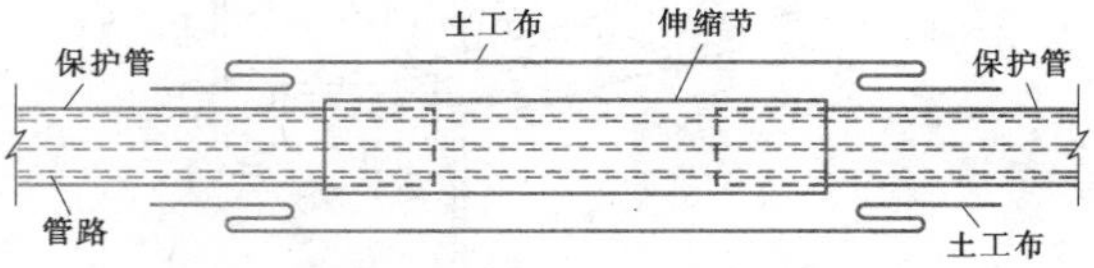

图 2.3-39 保护管伸缩接头结构示意图

伸缩接头密封采用宽 1m 的土工布包裹伸缩接头，土工布应如图 2.3-39 所示的方法折叠，并用尼龙带（线）扎紧。两保护管在伸缩管内各有±10cm 的伸缩余地，能适应土石坝内部的沉降、水平位移。土工布的作用是防止泥沙进入保护套管内。

如果同一高程的几个沉降测头的管路使用同一根保护管，则当沉降测头的管路进入总的保护管时，应采用分叉伸缩管接头，见图 2.3-40。沉降测头的保护管在分叉伸缩接头的叉管外边。保护管应伸入分叉

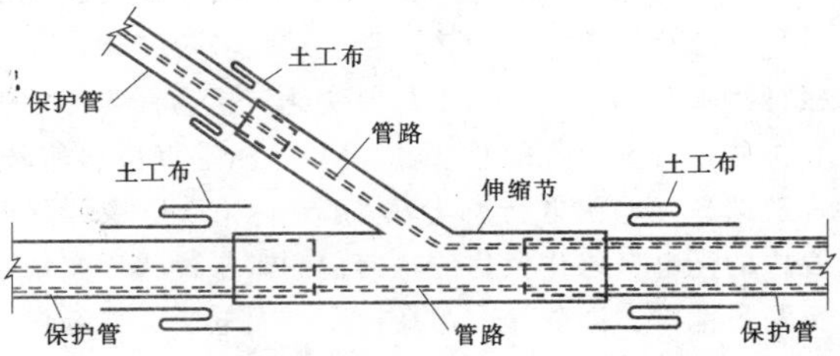

图 2.3-40 分叉伸缩管接头

伸缩管接头内约 10～15cm。分叉伸缩管接头的三个端头处均应用土工布包裹密封。

4. 观测台

水管式沉降测读装置的观测台设置在与测点同高程的下游坡面上的观测房内。观测房地面高程应低于沉降测量高程线 1.4～1.6m 左右。根据该高程沉降测头的多少可设计成测量台形式或单独测量板形式。量测板安装有直径 20mm，厚 3mm 的有机玻璃管，它是溢流水管的量测管，旁边装有不锈钢板尺，最小刻度为 1mm。从沉降测头引至观测房的排水管、通气管也应固定在观测台上。连通水管与量测管之间设有阀门，控制连通水管的进水与排气。图 2.3-41 是观测台的布置图。

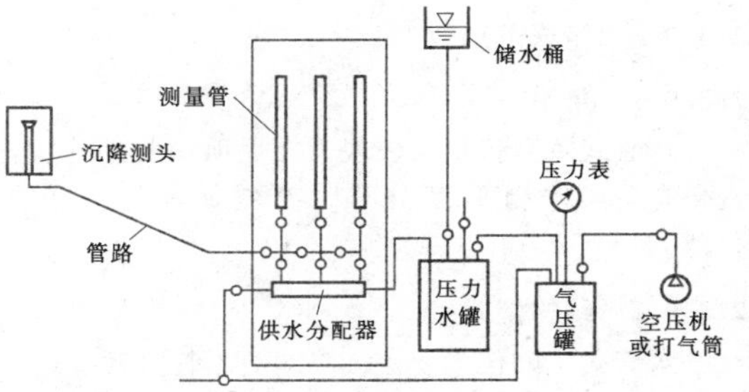

图 2.3-41 观测台布置图

观测房内地面设有垂直位移标点，该标点位移可由几何水准法进行观测。测量管不锈钢板尺零刻度高程等于标点高程与标点和刻度尺零刻度之和。管路敷设高程必须低于沉降测头内连通水管水杯口的高程。管路敷设坡度一般采用 1%～3%（倾向于观测房），这样有利于连通水管的充水排气和排水管的排水，同时通气管内也不易产生积水，影响排气效果。

2.3.9.3 工作原理

水管式沉降测量装置亦称水管式沉降仪，即静水溢流管式沉降仪，它是利用液体在连通管两端口保持同一水平面原理制成，见图 2.3-42。

当观测人员在观测房内测出连通管一个端口的液面高程时，便可知另一端（测点）的液面高程，

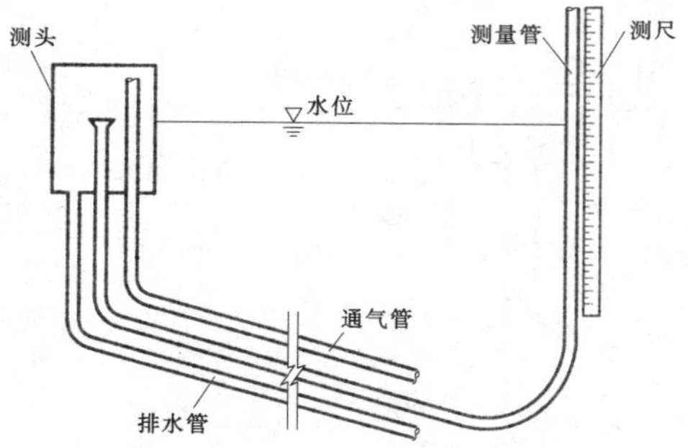

图 2.3-42 水管式沉降仪工作原理图

前后两次高程读数之差即为该测点的沉降量，计算公式为

$$S_1 = (H_0 - H_1) \times 1000 \quad (2.3-26)$$

式中 S_1 ——测点的沉降量，mm；

H_0 ——埋设时沉降测头的溢流测量管口的高程，m；

H_1 ——观测时刻测得的液面高程，m。

2.3.9.4 观测方法

(1) 水管式沉降仪观测时，打开水箱与压力室连接的二通阀，使水箱向压力室供水，转动三通阀使压力室向仪器进水管及玻璃管内供水 1min，再次转动三通阀使仪器进水管与量测玻璃管连通而与压力室隔断，经过约 10min 量测玻璃管内水位稳定后读数。

(2) 重复上述步骤，若两次读数误差小于 2mm，则该测点观测完成，进入下一测点观测。

2.3.9.5 技术参数

水管式沉降仪材料及尺寸：测头内径应大于 100mm，壁厚应不小于 4mm；管路应采用坚固、径向变形小、吸湿量小的材料；进水管内径应大于等于 6mm，通气管内径应大于 8mm，排水管直径应大于 12mm，当管路总长大于 200m 时，各管径宜相应加大；环境温度在 0℃以上时，测量液体可采用蒸馏水或冷开水，环境温度在 0℃以下时，测量液体应采用防冻液。根据《土石坝监测仪器系列型谱》(DL/T 947) 的规定，水管式沉降仪的主要技术参数见表 2.3-9。

表 2.3-9 水管式沉降仪主要技术参数表

测量范围 (mm)	分辨力 (mm)
0～1000	≤1.0
0～1500	
0～2500	

注 表中测量范围是指垂直位移。

2.3.10 电磁式沉降仪

2.3.10.1 用途

电磁式沉降仪是安装埋设在堤坝、土石坝、地基内部或外表面，用来监测竖直向不同高程垂直位移变化的仪器。

2.3.10.2 结构型式

电磁式沉降仪分为电磁震荡式和干簧管式两类沉降仪。干簧管式沉降仪的构造与电磁震荡式沉降仪基本相同，不同之处在于干簧管式沉降仪的探头采用干簧管制成，而示踪环采用永久磁铁制成。

电磁式沉降仪主要由探头、沉降环或沉降板、电缆和测尺等组成。探头由圆筒形密封外壳和电路板组成。探头一端与长钢卷尺（两侧带有导线，并与卷尺一同压入尼龙或透明塑料中）或有刻度标识的电缆相连。钢卷尺或电缆平时盘绕在滚筒上，滚筒与脚架连为一体。测量时将脚架放置在观测管管口外，将探头放入测管中。测管采用 PVC 管或 ABS 管制成，由主管和连接管组装而成。连接管是伸缩的，套于两节主管之间，用自攻螺丝定位。沉降环或沉降盘套于主管之上，与主管一起埋入钻孔或填土中。电磁式沉降仪构造见图 2.3-43。

2.3.10.3 工作原理

电磁式沉降仪是将带有永久磁铁的锚固点穿过测管轴线并锚固在地下，带有读数开关的测量探头通过钢尺连接放入观测管管中，在钢尺的两侧带有两根导线。当探头通过每个锚固点时，将会使探头读数开关闭合，然后会使放置在地表的钢尺绞盘上的蜂鸣器发声。当蜂鸣器鸣叫时，通过读取钢尺上的读数来得到锚固点的深度。一般地，最底部的锚固点会深入基岩，可作为基准点，土体沉降可用其他测点相对于基准点的绝对位移来计算。如果最深点锚固点不能深入基岩，则必须用每个测点相对于观测管顶部（或孔口）的相对位移与测管顶部（或孔口）相对于外部垂直变形基准点的相对位移之和来计算测点高程，从而得到土体的沉降变化。

2.3.10.4 技术参数

电磁式沉降仪材料及尺寸：一端与测头相连的测尺及电缆可采用一体的，也可以采用分体的；测尺应使用钢卷尺，在温差大的地区测尺宜使用铟钢尺；沉降环或沉降板可采用铁环（板）或钢环（板），内径应略大于沉降管的连接管外径；干簧管式沉降仪的沉降环（板）应采用永久性磁铁。根据《土石坝监测仪器系列型谱》(DL/T 947) 的规定，电磁式沉降仪的主要技术参数见表 2.3-10。

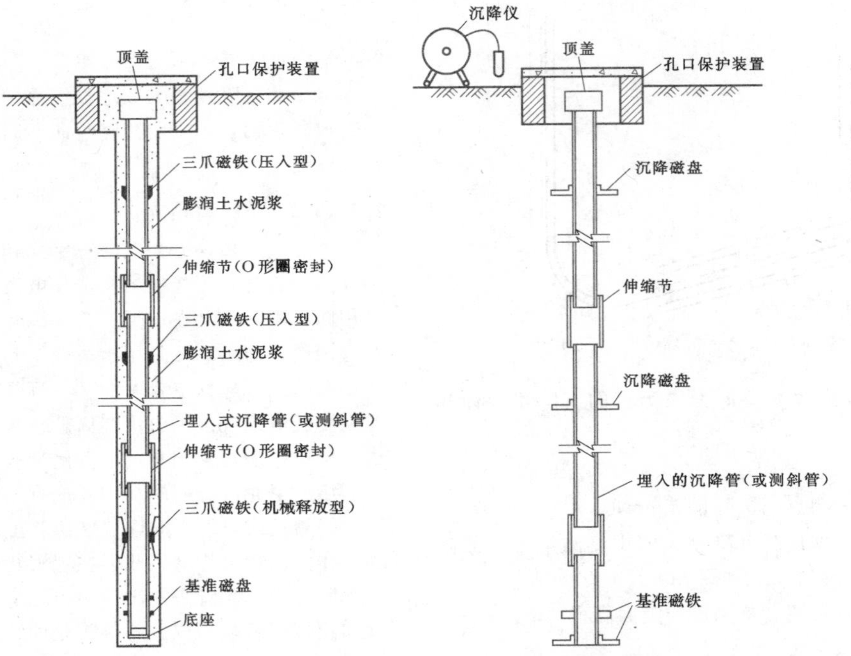

(*a*) 钻孔埋设方式　　(*b*) 填土埋设方式

图 2.3-43　电磁式沉降仪结构示意图

表 2.3-10　电磁式沉降仪主要技术参数表

测量范围（mm）	分辨力（mm）
0～50	≤2.0
0～100	
0～150	

注　表中测量范围是指垂直位移。

2.3.11　液压式沉降仪

2.3.11.1　用途

沉降仪是安装埋设在堤坝、土石坝、地基内部或外表面，用来监测垂直位移变化的仪器。

2.3.11.2　结构型式

液压式沉降仪主要由测头、压力传感器、管路（包括充液管、通气管和保护管）、液体容器（包括补液装置）、电缆、量测装置（测读仪表）等部分组成。

钢弦式沉降仪是液压式沉降仪的主要形式之一。钢弦式沉降仪可分为填土中水平方向安装型和钻孔中垂直方向安装型，见图 2.3-44 和图 2.3-45。水平安装型一般埋设于填土中，对同一断面、同一高程上的土体沉降分布情况进行监测；垂直安装型一般埋设于钻孔中，对同一孔中不同高程的土体沉降分布情况进行监测。水平安装型的传感器与沉降盘均位于测点处；垂直安装型的沉降盘位于孔口处，而传感器位于测点处。

2.3.11.3　工作原理

液压式沉降仪是通过测头内压力传感器测得的液体压力变化计算测点沉降量的沉降仪。储液罐放置在固定的基准点上，储液罐与测点传感器之间采用两根充满液体的通液管连接起来，见图 2.3-46。传感器通过通液管感应液体的压力，并换算成液柱的高度，由此可以实现在储液罐和传感器之间测量出不同高程的任意测点的高度，从而对堤坝、公路填土及相关建筑物的内外部沉降进行监测。

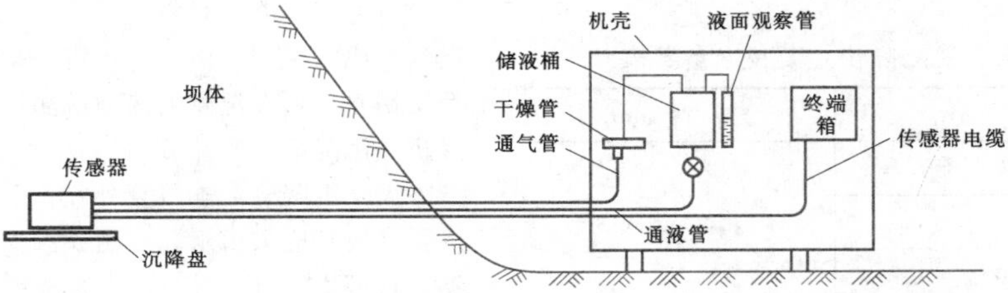

图 2.3-44　填土中水平方向安装的钢弦式沉降仪结构示意图

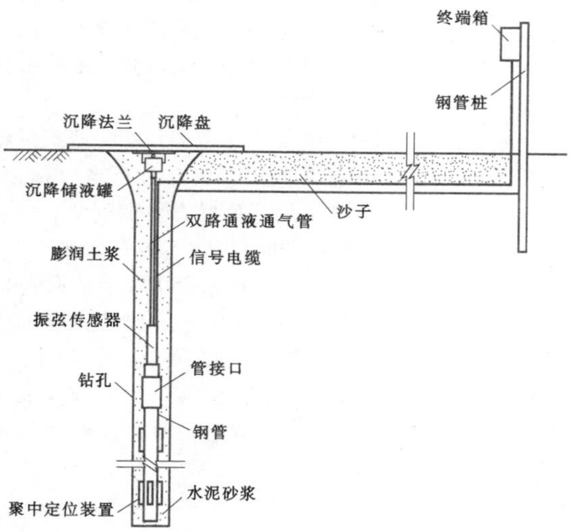

图 2.3-45 钻孔中垂直方向安装的钢弦式沉降仪结构示意图

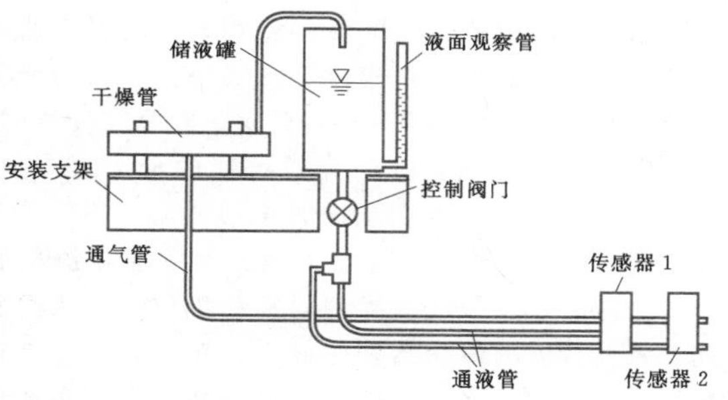

图 2.3-46 液压式沉降仪工作原理图

2.3.11.4 技术参数

液压式沉降仪材料及尺寸：测头腔体及充液管应充满无色的液体，可采用蒸馏水或防冻液；管路应采用坚固、径向变形小、吸湿量小的材料；充液管和排气管内径应为 4mm 或 6mm，外径应为 6mm 或 8mm；液体容器应能够冲液，其液面应始终保持在同一位置。

根据《土石坝监测仪器系列型谱》(DL/T 947) 的规定，沉降仪的主要技术参数见表 2.3-11。

表 2.3-11 钢弦式沉降仪主要技术参数表

测量范围 (mm)	分辨力 (%F.S)
0～2000	≤0.1
0～5000	
0～7000	

注 表中测量范围是指垂直位移。

2.3.12 钻孔测斜仪

2.3.12.1 用途

钻孔测斜仪是一种精度高、稳定性好、可移动的、测定垂直与钻孔轴线的水平位移的原位监测仪器。通过对钻孔的逐段测量可以获得沿钻孔在整个深度范围内的水平位移，从而可以比较准确地确定其变形的大小、方向和深度。钻孔测斜仪对边坡、地基、地下洞室等岩土工程进行变形监测，效果很好。

钻孔测斜仪在水利水电工程中主要适用于土石坝坝体、心墙、边坡（滑坡）岩土体、围岩等的深部水平位移监测。

2.3.12.2 结构型式

钻孔测斜仪按使用方式的不同，可分为活动测斜仪与固定测斜仪两种类型，固定测斜仪埋设于已知滑动面的部位，而活动测斜仪则沿钻孔各个深度从下至上滑动观测，以寻找可疑的滑面并观测位移的变化。

1. *活动测斜仪*

活动测斜仪由测斜管、探头、电缆、数字式测读仪等四部分组成。测斜管在监测前埋设于待测的岩土体和水工建筑物内。测斜管内有四条十字形对称分布的凹形导槽，作为测斜仪滑轮的上下滑行轨道。测量时，使探头的导向滚轮卡在测斜管内壁的导槽中，沿导槽滑动至测斜管底部，再将探头往上拉，每隔 0.5m 或 1m 读取一次数据。监测数据由传感器经控制电缆传输并显示在测读仪上。

钻孔测斜仪的传感器类型很多，有伺服加速度计式、电阻应变片式、电位器式、钢弦式、电感式、差动变压器式等。

(1) 测斜仪探头。测斜仪探头由不锈钢外壳、传感器、控制电缆接头和两组轴轮装置组成，见图 2.3-47。控制电缆连接正常时，探头是防水的，在一定深度的水下仍可以正常使用。轴轮装置由轮架和两个轮子组成，在每组装置中一个轮子高于另一个轮子，该轮子称为高轮，测量时高轮所对方向为角度变化方向。两组轮子之间的距离通常为 0.5m。

测斜仪探头采用两个受力平衡的伺服加速度计（或其他类型传感器）测量倾斜。一个加速度计（或其他类型传感器）测量测斜仪测轮所在平面的倾斜，为 A 轴；另一个加速计（或其他类型传感器）测量与测斜仪测轮所在平面相垂直的平面的倾斜，为 B 轴。图 2.3-48 为探头的俯视图，当探头向 A_0 或 B_0 方向倾斜时读数为正，当探头向 A_{180} 或 B_{180} 方向倾斜时读数为负。

探头本身包括一个受重力作用的垂摆，大多数测斜仪使用一个力平衡伺服加速度计，其位置传感器可以探测垂摆的位置，并且提供足够的伺服力使摆回到竖直零位置。从竖直零位置倾斜的越大，恢复力越大，因而摆块不能自由运动。伺服力的大小转变成电

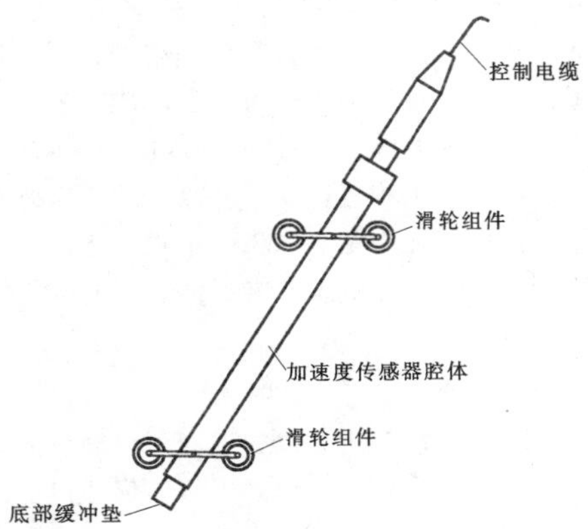

图 2.3－47 测斜仪探头结构示意图

信号输出在读数装置上显示成为倾斜量。由于伺服力和倾斜角的正弦成正比，因而输出值也和测孔水平位移成正比（或横向测孔的竖直位移）。

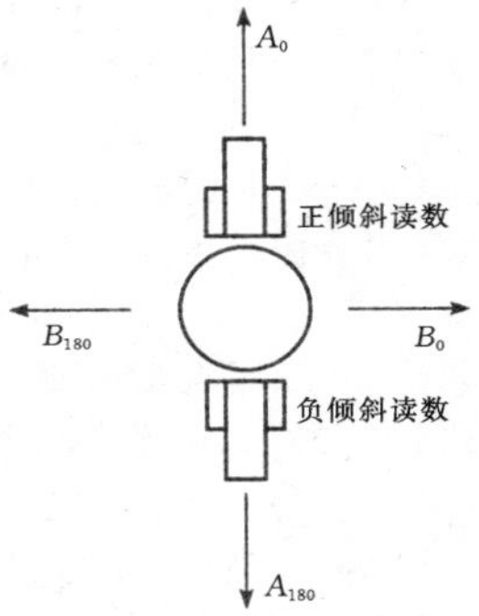

图 2.3－48 测斜仪探头俯视图

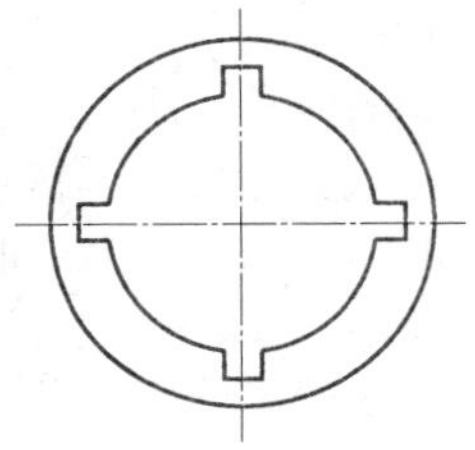

图 2.3－49 测斜管结构示意图

在探头底部有一个橡胶垫，用来缓冲探头可能掉在坚硬物面引起的震动，防止损坏探头。在探头顶部有带有电缆连接的接口装置。新式探头的电缆接头装置可拆分，便于更换。电缆接头配有螺丝帽，用来保护未与电缆相连时的接口，同时还配有 O 形圈来密封电缆上的接头，防止电缆进水。

（2）测斜管。测斜管采用聚氯乙烯、ABS 塑料和铝合金等材料专门加工而成。管内有互成 90°的 4 个导向槽，见图 2.3－49。导向槽用于定位测斜仪滑轮上下滑动。铝合金管一般应用在岩土边坡和较硬的地基中，其缺点是防腐性能差一些；塑料管一般应用在土基和软弱地基中，其缺点是长时间暴露在阳光高温下容易产生翘曲，故应尽量避免长时间放置在阳光高温下。

（3）控制电缆。控制电缆用来控制测斜仪探头的深度，负责给探头供电及将信号传到读数仪。

测斜仪控制电缆设计坚固，内部有钢绞线，能承受 400kg 的拉力，从而有效地防止电缆被拉伸，而且万一测斜仪探头堵塞在测斜管中能容许强大的拉力拉出测斜仪。

控制电缆上设有标记，在和测斜仪探头两组滑轮相同间隔处（0.5m 或 2 英尺）设有彩色橡胶标记。公制控制电缆每隔 0.5m 用黄色标志显示刻度，每隔 1m 用红色标志显示刻度，间隔 5m 有数字标识。

（4）孔口滑轮装置。图 2.3－50 所示的孔口滑轮装置能防止电缆的磨损，有助于操作者控制探头的深度。使用滑轮装置时，电缆位于套管的中心。在滑轮装置上的防滑夹子卡住电缆，为电缆深度标记提供方便的参照。滑轮装置有两种规格，小规格用于 48mm 和 70mm 套管，大规格用于 70mm 和 85mm 套管。

2. 固定测斜仪

固定测斜仪由测斜管和一组串联（或单支）安装的固定测斜传感器所组成，见图 2.3－51。测斜管与活动测斜仪所使用的测斜管相同。测斜管通过钻孔安装到地面以下，使得定向安装在管内的测斜仪能够测量地下岩（土）层的位移。在垂直安装时，测斜管可以安装在钻孔中穿越可能的滑动岩（土）层；一组凹槽需对准在预期的位移方向（例如，滑坡方向）；传感器逐个由轴销相连接安装在测斜管内。当地层发生位移时，测斜管产生位移，从而引起安装在管内的传感器发生倾斜，然后通过每支传感器的标距的位移读数测量得到倾角。在大多数情况下，传感器连接到自动采集系统上，数据处理由

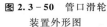

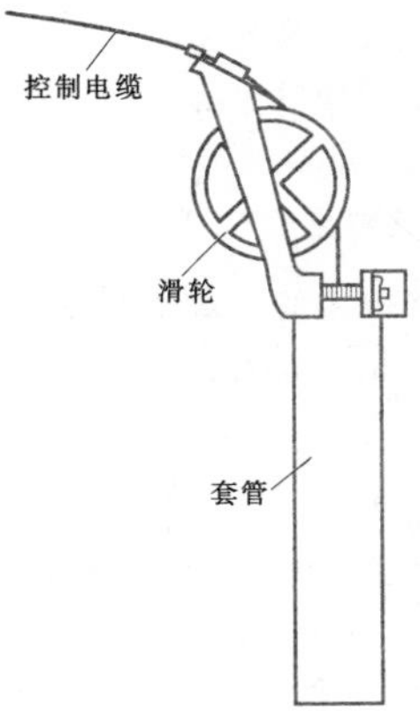

图 2.3－50 管口滑轮装置外形图

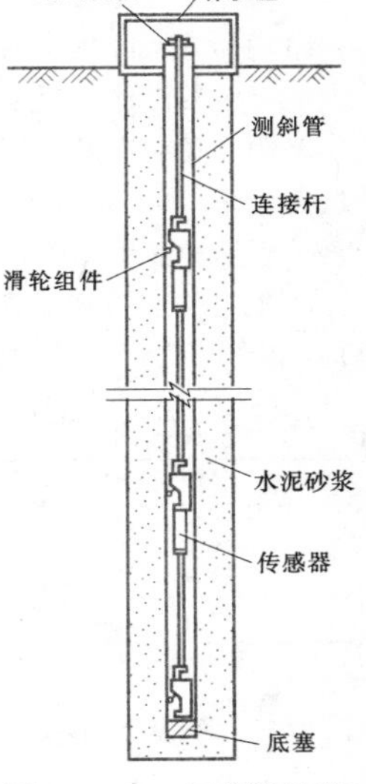

图 2.3－51 固定测斜仪结构示意图

计算机来完成。

一支单独的传感器包括传感器和标距延伸杆，一个顶部测轮和一个底部测轮。传感器串则包括 N 支传感器，N 个标距延伸杆，一个顶部测轮，$N-1$ 个中间测轮和一个底部测轮。传感器可以是单轴传感器或者是双轴传感器，但他们外形一样。标距延伸杆在连接传感器和测轮的时候，可以将其尺寸做成 1m、2m 或者 3m 等。顶部测轮上有一个金属圈，用来连接不锈钢悬挂缆索。也有一个插口，用来连接标距延伸杆。底部测轮直接连接底部传感器，下端没有插口。中部测轮常用来连接传感器。中部测轮直接固定在传感器的下端，用来与下端的标距延伸杆连接。

按使用传感器不同，固定测斜仪可分为电解质式、钢弦式、MEMS 式、伺服加速度计式等，图 2.3-52 为钢弦式固定测斜仪结构图，图 2.3-53 和图 2.3-54 分别为 MEMS 单轴和 MEMS 双轴固定测斜仪结构图。

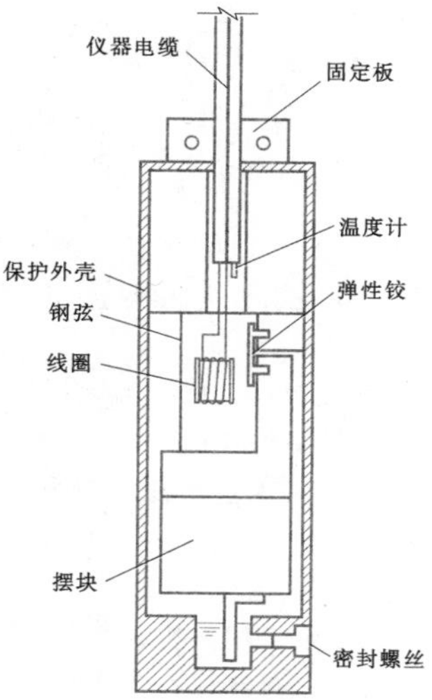

图 2.3-52 钢弦式固定测斜仪传感器结构示意图

2.3.12.3 工作原理

1. 活动测斜仪

活动测斜仪的工作原理是量测仪器轴线与铅垂线之间的夹角变化量，进而计算出岩土体不同高程处的水平位移，见图 2.3-55。用适当的方法在岩土体内埋设一垂直并有 4 个导槽的测斜管，当测斜管受力发生变形时，测斜仪便能逐段（一般 50cm 一个测点）显示变形后测斜管的轴线与垂直线的弧度偏移夹角 θ_i。按测点的分段长度分别求出不同的高程处的水平位移增量 Δd_i，即

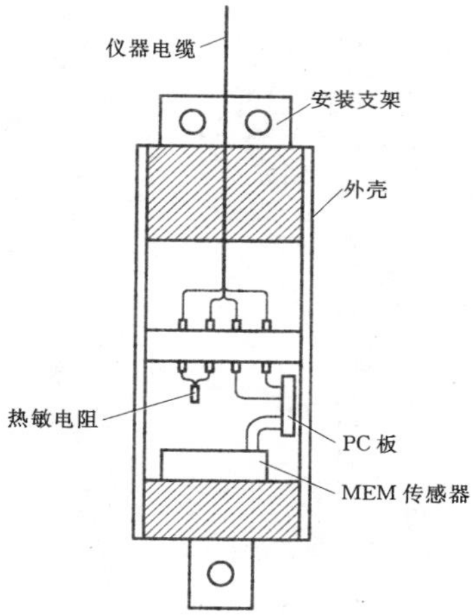

图 2.3-53 MEMS 单轴固定测斜仪结构示意图

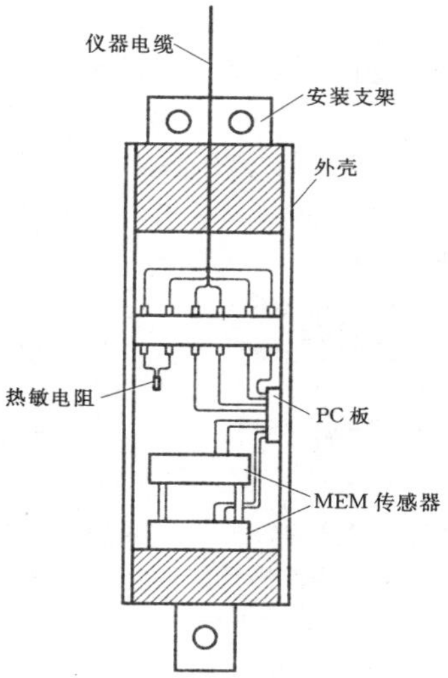

图 2.3-54 MEMS 双轴固定测斜仪结构示意图

$$\Delta d_i = L\sin\theta_i \qquad (2.3-27)$$

由测斜管底部测点开始逐段累加，可得任一高程处的实际水平位移，即

$$b_i = \sum_{i=1}^{n} \Delta d_i \qquad (2.3-28)$$

式中 Δd_i——测量段内的水平位移增量，mm；

L——测量点的分段长度，一般取 0.5m（探头上下两组滑轮间距离一般为 0.5m），mm；

θ_i——测量段内管轴线与铅垂线的夹角，(°)；

b_i——自固定点的管底端以上 i 点处的位移，mm；

n——测孔分段数目，$n=H/0.5$，H 为孔深。

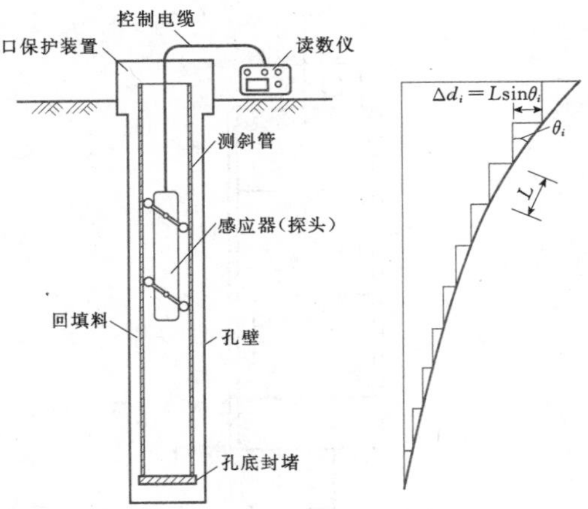

图 2.3-55 测斜仪工作原理图

测斜仪探头通常包括两个（双轴）轴互成 90°的传感器，A 轴与滑轮组成一排平行，B 轴与其成直角。因而在测量时，得出 A_0、A_{180} 读数，也就得到了 B_0、B_{180} 读数。

数据处理时，将该两组读数（A_0、A_{180}、B_0、B_{180}）相结合（用一组数据减去另一组数据），以此来消除传感器的零点漂移的影响。测斜仪探头在竖直位置时读数产生零点飘移，理想的偏差应是零，但在使用探头时，由于传感器的偏差、滑轮的磨损，或者由于探头下落甚至与安装的测斜仪测斜管底部严重相碰等造成对传感器的冲击，通常测试数据会产生零点飘移并发生变化。

后期的测斜管观测数据，与原始的观测数据相比较时，就可得到测斜管的倾斜量变化。把倾斜量从测孔底部开始绘成曲线，见图 2.3-56，结果就是初次观测与后来的任一次观测之间的水平偏移变化曲线。从这个位移曲线上很容易看出在某个深度处正在产生位移及位移的幅度。

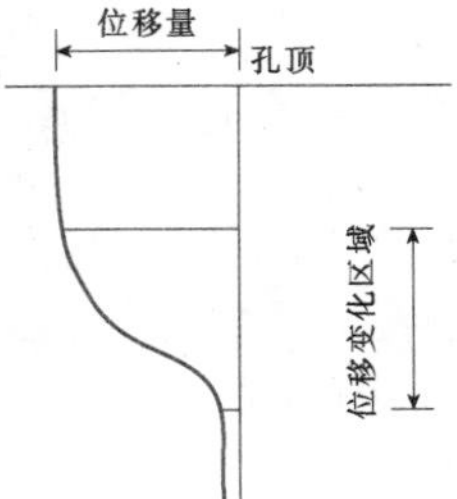

图 2.3-56 钻孔位移变化曲线图

2. 固定测斜仪

固定测斜仪由多支固定式测斜仪串联装在测斜管内，通过装在每个高程上的倾斜传感器，测量出被测结构物的倾斜角度，以此将结构物的变形曲线描述出来。同时其测值可计算出测杆标距长度 0.5m 范围内的水平位移。固定测斜仪可多支串联组装，亦可布设为一个测量单元独立工作，并可回收重复使用。固定测斜仪能方便地实现倾斜测量自动化。

固定测斜仪计算方法：当被测结构物发生倾斜变形时，固定测斜仪将同步感受变形，其变形量 S_i 与输出的读数 F_i 的关系为

$$S_i = L_i \sin(a + bF_i + cF_{i2} + dF_{i3}) \qquad (2.3-29)$$

$$S = S_1 + S_2 + S_3 + S_4 + \cdots \qquad (2.3-30)$$

式中 S_i——被测结构物在第 i 点与铅垂线（或水平线）的倾斜变形量，mm；

L_i——第 i 支测斜仪的两轮距间的标距，mm；

F_i——第 i 支测斜仪的实时测量值；

a、b、c、d——第 i 支测斜仪的计算系数；

S——各测点位移值求和后被测结构物的总倾斜变形量，mm。

2.3.12.4 观测方法

活动测斜仪观测方法如下：

(1) 初次观测前应先用模型探头检查测斜孔和导槽是否畅通。

(2) 观测前应检查仪器和测头是否处于正常工作状态。

(3) 将测头高轮对准 A_0 方向，插入测斜管导槽内，缓慢下到孔底；A_0 方向一般定为可能出现最大位移的方向。

(4) 打开读数仪预热 10min 后，将测头由孔底开始自下而上沿导槽每提起 0.5m 读一次数，直至孔口；测读完毕后，将探头提出旋转 180°插入同一对导槽内（A_{180}），按以上方法再测一次，两次测量的部位应保持一致。

(5) 测完一对导槽后，将探头以 A_0 方向为基准，顺时针旋转 90°，再测另一对导槽 B_0 和 B_{180} 方向的测值。如果测量精度要求不高或仪器测量精度较高时，只需进行 A_0 和 A_{180} 方向的测量，B_0 和 B_{180} 方向的测值可以同时测得。

(6) 在测量过程中要注意检查数据，如发现可疑数据应及时补测。测斜仪同一位置的正、反向测值之和应基本不变，这可用来校验测值的正确性，测斜仪的初值应连续测读两次，且在两次的累计误差小于仪器精度后，取其平均测值。

2.3.12.5 技术参数

根据《土石坝监测仪器系列型谱》(DL/T 947) 的规定，测斜管的主要技术参数见表 2.3-12，活动式测斜仪的主要技术参数见表 2.3-13，固定式测斜

仪的主要技术参数见表 2.3－14 和表 2.3－15。

2.3.13　三向位移计

2.3.13.1　用途

三向位移计用于高精度地测量垂直钻孔及岩石、混凝土或土壤中测线的轴向位移和径向位移，适用于隧道、膨胀岩、挤压岩、挖掘、地基、大坝、易滑坡的斜坡、不稳定的斜坡、岩片、岩质边坡、桩墙、地下连续墙、桩、桩载荷试验等。

表 2.3－12　测斜管主要技术参数表

材料	导管			束节			导槽扭角（°/m）
	外径（mm）	内径（mm）	长度（m）	外径（mm）	内径（mm）	长度（m）	
HDPE	65	54	1.5～4	75	65	0.2	≤0.3
ABS	70	59	1.5～4	75	70	0.2	
铝合金	58	53	1.5～4	63	58	0.3	
	70	65	1.5～4	75	70	0.3	

注　除铝合金管外，所有测斜管均适用于电磁式沉降仪。

表 2.3－13　活动测斜仪主要技术参数表

仪器名称	测量范围（°）	分辨力
伺服加速度计式测斜仪	0～±23	≤0.01mm/500mm
	0～±53	≤0.02mm/500mm
电阻应变片式测斜仪	0～±10	≤9″
	0～±15	≤18″
钢弦式测斜仪	0～±5	≤0.05%F.S
	0～±10	
	0～±20	
	0～±30	

表 2.3－14　固定测斜仪主要技术参数表

仪器名称	测量范围（°）	分辨力
钢弦式测斜仪	0～±5	≤0.05%F.S
	0～±10	
	0～±30	
电解质式测斜仪	0～±10	≤2″

表 2.3－15　双向伺服加速度计式固定测斜仪主要技术参数表

测量范围	分辨力	基座旋转范围	旋转基座定位方向
0～±53°	≤8″	－30°～300°	1″，90″，180″，270″

2.3.13.2　结构型式

三向位移计是由一个量程较大、滑动较大的滑动测微计和两个测斜探头组成，见图 2.3－57。滑动测微计测量 Z 方向位移，测斜探头测量 X、Y 方向位移。多向位移计所量测之 X、Y、Z 三个方向的位移矢量值可直接在 SDC 型数据控制器的显示屏上显示出来，并可通过它的 RS—232 接口在现场传输到计算机中，随机提供了这种数据传输软件。现场量测的测微计精度高于 3μm，而测斜探头的误差同量测线的倾斜成正比，假如它接近于竖直时，则现场量测的精度将高于 0.05mm/m。

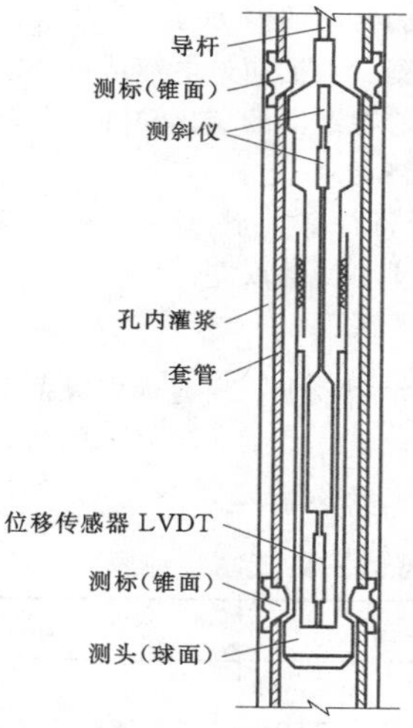

图 2.3－57　三向位移计结构示意图

为了检查探头的操作、线性位移传感器的零点与线性是否正常以及测斜探头是否稳定，特别设计了一种标定的装置，见图 2.3－58。整个装置由铟钢制成，避免了单纯由于温度的变化而引起这种装置的不稳定。它通过两个高精度的复合气泡来控制该装置的正确倾斜度，因此整个装置在 X 和 Y 方向上的倾斜和它同竖直方向的偏斜均可观测到。如果需要时，也可利用这台设备，在同一钻孔中使用不同类型的探头。

将测量管、测量标和塑料连接管用水泥浆固定封灌在钻好的测量孔里（推荐钻孔直径 100mm），测量管随土层变形而发生的三向位移，用三向位移计测杆将探头放入测量管测量。

图 2.3-58 三向位移计铟瓦合金标定装置

2.3.13.3 工作原理

三向位移计的工作原理在轴向上与滑动测微计相同，在径向上与钻孔倾斜仪相同，即将球一锥接触原理应用于支承在两个相邻测标间的测头拉紧，使探头中的传感器被触发，并将测量数据通过电缆传递到测读装置上。沿着钻孔轴线所有距离的变化和倾斜角度的变化都将以两读数之差被记录。

每次测量后，用导杆将探头旋转 180°，再次测量，以补偿温度影响或探头自身的误差。

2.3.13.4 技术参数

因三向位移计在国内使用较少，现行规程规范对其技术参数暂没有明确的规定，本手册仅列出部分技术参数供设计人员参考，见表 2.3-16。

表 2.3-16 多向位移计主要技术参数表

参数名称		参考值
基本长度（mm）		1000
轴向量测系统	测量范围（mm）	±10
	系统精度（mm）	±0.002
	线性度（%F.S）	<0.02
	分辨力（mm）	0.001
	温度影响系数（%F.S/℃）	<0.01
径向量测系统	测量范围（mm/m）	±180（±10°）
	系统精度（mm/m）	±0.04
	线性度（%F.S）	<0.02
	分辨力（mm）	0.001
	温度影响系数（%F.S/℃）	<0.005
校准装置	基本长度（mm）	1000
	测量区段（mm）	997.5/1002.5
	热系数（mm/℃）	<0.0015

2.3.14 多点位移计

2.3.14.1 用途

多点位移计一般钻孔安装埋设在岩土工程洞室或边坡等内部，用来监测钻孔轴向的位移变化。水利水电工程中，多点位移计常用于洞室围岩岩体变形、边坡岩体变形、坝基岩体变形等监测。

2.3.14.2 结构型式

多点位移计结构见图 2.3-59，基本组件包括以下方面：

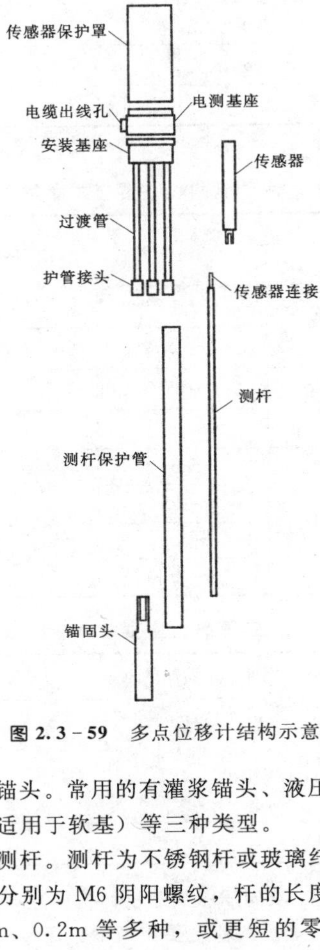

图 2.3-59 多点位移计结构示意图

（1）锚头。常用的有灌浆锚头、液压锚头以及抓环锚头（适用于软基）等三种类型。

（2）测杆。测杆为不锈钢杆或玻璃纤维杆。不锈钢杆两端分别为 M6 阴阳螺纹，杆的长度分别有 2m、1m、0.5m、0.2m 等多种，或更短的零配件结合使用，可以连接为任意长度。玻璃纤维杆一般整根使用，中间不设接头。

（3）塑料保护管。为防止测杆和灌浆之间粘连，将测杆嵌入塑料管。塑料管的一端直接与锚头连接，另一端与过渡管相连。塑料管将随着岩土体的变形而发生变形。

（4）过渡管。过渡管连接保护管和安装基座。采用有倒扣的护管接头连接保护管，使安装基座和测杆端部更易于定位。

(5) 安装基座。位移测量是在基座进行的。可采用带有传感器的电测基座，也可采用带有深度测微计而非传感器的机械测量基座。

(6) 电测基座由基座总成与保护罩组成。电测基座上的部件有固定锚、O形环、保护罩连杆及电缆等。

(7) 传感器。传感器上设有防止转动的定位槽与定位销，在传感器的率定、安装或拆卸时注意定位销必须落入定位槽后方可旋转整个传感器，若定位销拉离定位槽后，应在没有转动的情况下保持定位销与定位槽在同一直线上。

安装基座部位各组件的组装方式见图 2.3-60。

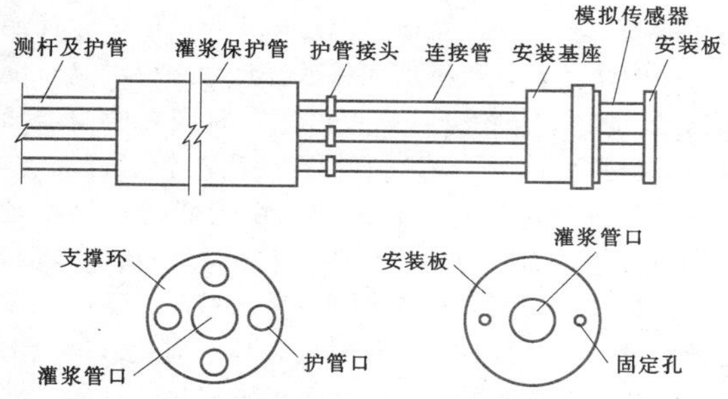

图 2.3-60 安装基座部位组装方式图

2.3.14.3 工作原理

当钻孔各个锚固点的岩土体发生变形时，变形将会通过传递杆传递到多点位移计的安装基座端，各点的位移量均可在安装基座端进行量测。安装基座端与各测点之间的位置变化即是测点相对于基座的位移。根据这一原理，可用多点位移计监测建筑物某一部位相对于另一部位的变形、建筑物相对地基的变形、地基某一部位相对于另一部位的变形以及岩体某一部位相对于另一部位的变形等。在水利水电工程中，常将多点位移计的最深测点安装在岩土体变形范围之外，将其作为稳定不变的基准点，其余测点及孔口部位相对于最深测点的变形可当作岩土体的绝对变形。

2.3.14.4 技术参数

根据《混凝土坝监测仪器系列型谱》(DL/T 948) 和《土石坝监测仪器系列型谱》(DL/T 947) 的规定，多点位移计的主要技术参数见表 2.3-17～表 2.3-19。

2.3.15 基岩变形计

2.3.15.1 用途

基岩变形计用于长期监测沿钻孔轴向变形，适于埋设在混凝土坝的坝基、坝肩拱座、岩体边坡、隧洞衬砌等部位的岩体中。

表 2.3-17 位移计主要技术参数表

仪器名称	测量范围 (mm)	分辨力 (%F.S)
钢弦式位移计	0～5	≤0.025
	0～10	
	0～15	
	0～20	
	0～30	
	0～50	
	0～100	
	0～150	
	0～200	
	0～500	
电位器式位移计	0～5	≤0.1
	0～10	
	0～15	
	0～20	
	0～30	
	0～50	
	0～100	
	0～150	
	0～200	
	0～500	
电容式位移计	0～5	≤0.1
	0～20	
	0～45	
	0～50	
	0～100	
	0～150	

表 2.3-18 差动电阻式位移计主要技术参数表

位移测量范围 (mm)	位移分辨力 (%F.S)	温度测量范围 (℃)	温度分辨力 (℃)
0～5	≤0.1	-25～+60	≤0.05
0～12			
0～25			
0～40			
0～100			

表 2.3-19 其他类型位移计主要技术参数表

仪器名称	测量范围（mm）	分辨力（%F.S）
步进电机式位移计	0～30，0～50，0～100	≤0.1
CCD式位移计	0～30，0～50，0～100	≤0.1
电感式位移计	0～10，0～20，0～50，0～100，0～150	≤0.1

2.3.15.2 结构型式

基岩变形计通常由传感器和固定附件组成，传感器为位移计，固定附件由锚杆连接头、安装底座、保护管和位移计后端座环（或支架）等组成，见图 2.3-61。基岩变形计在现场安装时首先要在仪器布置位置的基岩上造孔，拉杆就位后灌入砂浆，等待砂浆固结后安装好附件，再将传感器与锚杆连接，附件固定在钻孔孔口即可。

基岩变形计采用的传感器有很多种类型，如差动电阻式传感器、钢弦式传感器、电容式传感器、压阻式传感器及电感式传感器等。

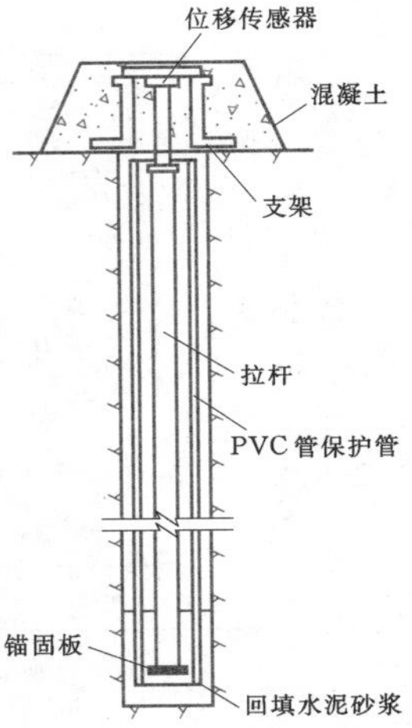

图 2.3-61 基岩变形计结构示意图

2.3.15.3 工作原理

基岩变形计锚固端与基岩相对不动点用砂浆联成一体。位移传感器一端与拉杆顶部固定，另一端与建基面上的仪器底座固定，当建基面上的岩体相对锚固端发生沿钻孔方向变形时，变形量可通过拉杆传递给位移传感器，其测值与基准值相比就可以得到建基面处相对于锚固端的相对变形量。锚固点一般选择在变形非常小，岩体比较稳定的区域，因此基岩变形计所测得的变形量也可以视作建基面岩体表面的绝对位移量。

2.3.15.4 技术参数

基岩变形计的主要技术参数要求与多点位移计相同，可参照表 2.3-17～表 2.3-19 的规定执行。

2.3.16 土位移计

2.3.16.1 用途

土位移计用于测量岩石、混凝土、堆石体、土体等的轴向变形。土位移计是一种坚固、测量精度高、埋设简单的位移测量仪器，可测土体中某一部位任何方向的位移，可单点埋设也可以串联埋设。

2.3.16.2 结构型式

1. 钢弦式土位移计

钢弦式土位移计的结构见图 2.3-62。位移计的传感器固定在一个法兰端，通过一定长度的传递杆连至另一个法兰端。传感器和传递杆外套一根给定长度（仪器长度）的保护管（当仪器较长时则在中间增加伸缩节）来固定两个法兰端。当两法兰相对移动时，位移信号被传递杆传至传感器，由读数装置测得读数。通过选择不同的仪器长度和传感器的量程范围，可选到最佳灵敏度。对于达到分辨力最高的情况，仪器长度越长、量程越小的传感器最佳。而变形最大的情况，应选长度相对短、量程大的传感器。

2. 差动电阻式土位移计

差动电阻式土位移计由变位敏感元件、密封壳体、万向铰接件、引出电缆等组成，见图 2.3-63。变位敏感元件是差动电阻式位移传感器。仪器两端万向铰接件配有柱销接头和螺栓连接头，可用于连接锚固板和长杆等。

3. 滑线电阻式土位移计

滑线电阻式土位移计主要由传感元件、铟钢连接杆、钢管保护内管、塑料保护外壳、锚固法兰盘和传输信号电缆组成，见图 2.3-64。传感元件为直滑式合成型电位器。

2.3.16.3 工作原理

钢弦式土位移计的工作原理与钢弦式传感器的工作原理相同，岩土体变形会引起滑动杆伸缩，传递器件、弹簧的张力以及振弦的张力与频率都会随之发生变化。频率的变化可转换为张力的变化量和滑动杆的

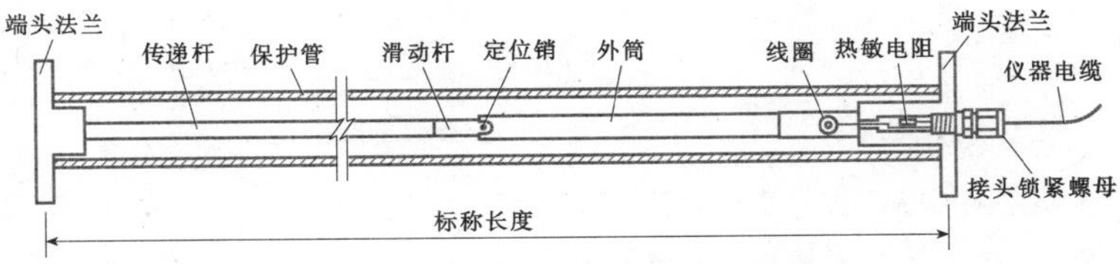

图 2.3-62 钢弦式土位移计结构示意图

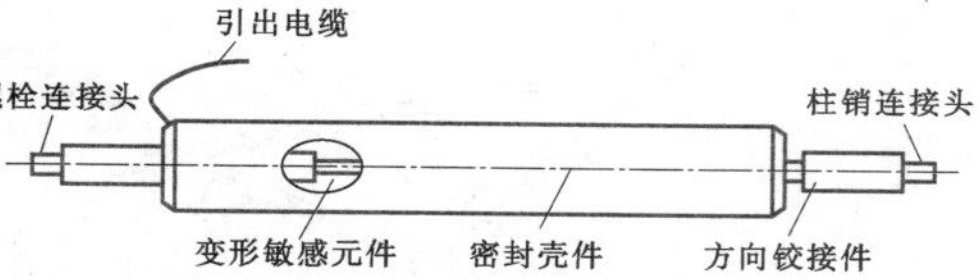

图 2.3-63 差动电阻式土位移计结构示意图

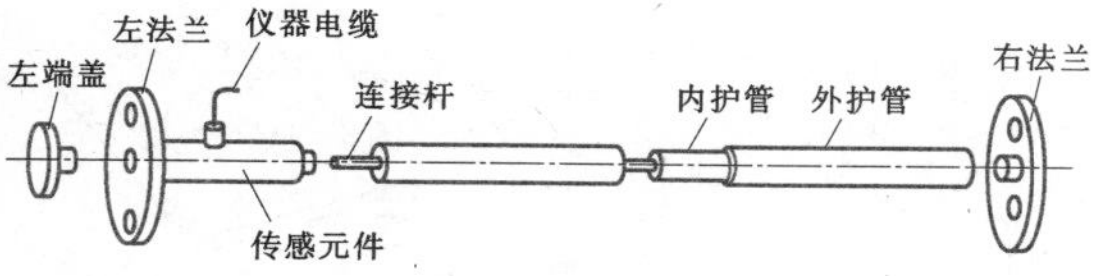

图 2.3-64 滑线电阻式土位移计结构示意图

伸缩变化量，从而得到岩土体的变形量。

差动电阻式土位移计的工作原理与差动电阻式传感器的工作原理相同，当岩土体发生变形时，通过土位移计的连接件将变形传递给差动电阻式传感器，测读传感器的电阻值与电阻比，经计算后可得到位移测值，与初始值相比较后得到岩土体的位移量。

滑线电阻式土位移计的工作原理与电位器式传感器的工作原理相同。土位移计内可自由伸缩的铟钢丝连接杆的一端固定在土位移计的一个端点上，电位器式传感器固定在土位移计的另一个端点上，当岩土体产生变形时，土位移计的两个端点发生相对位移，此时伸缩杆在电位器式传感器内滑动，不同的位移量产生不同电位器移动臂的分压，测出电压变化后可计算得到位移量。

2.3.16.4 技术参数

土位移计的主要技术参数要求与多点位移计相似，可参照表 2.3-17～表 2.3-19 的规定执行。因土位移计常用于土体和堆石体的变形监测，土体和堆石体的变形量比岩体和混凝土结构的变形量要大得多，因此土位移计选型时应考虑量程较大的传感器，而测量精度的要求可适当降低。

2.3.17 测缝计

2.3.17.1 用途

测缝计适用于长期埋设在水工建筑物或其他混凝土建筑物内或表面，测量结构物伸缩缝或周边缝的开合度（变形），也可用于监测混凝土结构与岩体之间的接触面开合度（变形）。

2.3.17.2 结构型式

1. 单向测缝计

单向测缝计通常由前、后端座、保护钢管（波纹管）、弹性梁、传感器元件、信号传输电缆等组成。根据所使用传感器的不同，可分为钢弦式、差动电阻式、电容式、电感式等。

图 2.3-65 为钢弦式单向测缝计结构示意图，钢弦式单向测缝计由端部法兰、套筒底座、传递杆、钢弦式传感器、引出电缆等组成。

图 2.3-66 为差动电阻式测缝计结构示意图。差动电阻式测缝计由上接座、钢管、波纹管、电阻感应组件、接线座和接座套筒等组成。电阻感应组件由两根方铁杆、弹簧、高频瓷绝缘子和弹性电阻钢丝等组成。两根方铁分别固定在上接座和接线座上。两组电阻钢丝绕过高频瓷绝缘子张紧在吊拉簧和玻璃绝缘子焊点之间，并交错地固定在两根方铁杆上。

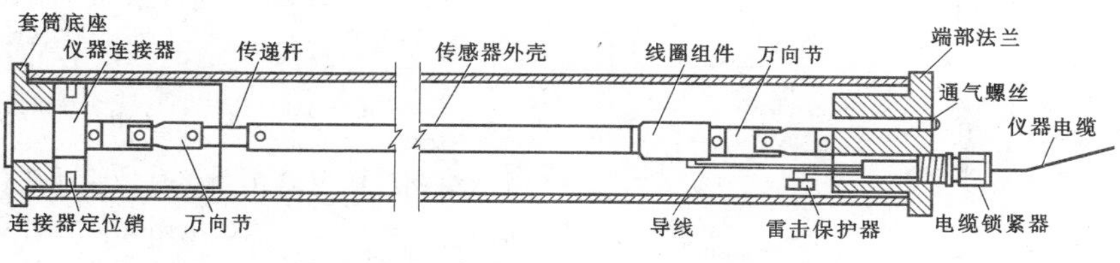

图 2.3-65 钢弦式单向测缝计结构示意图

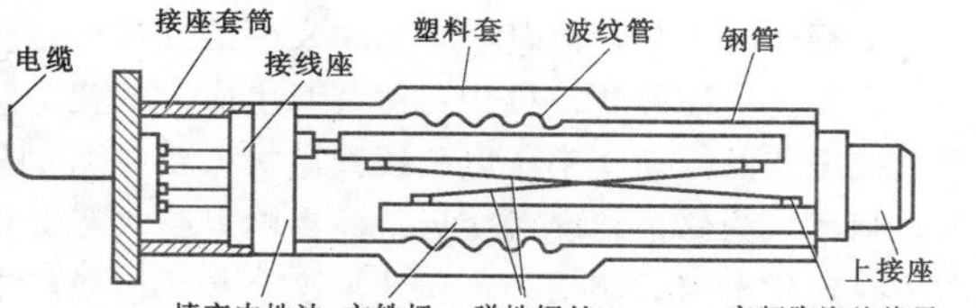

图 2.3-66 差动电阻式测缝计结构示意图

2. 多向测缝计

多向测缝计分为二向测缝计和三向测缝计。多向测缝计通常由单向大量程位移计（或测缝计）组装而成，配有特制的测缝计机架。常用的三向测缝计有 TSJ 型三向测缝计（传感器为电位器式位移计）、CF 型三向测缝计（传感器为差动电阻式测缝计）、SDW 型三向测缝计（传感器为钢弦式位移计）、3DM 旋转型三向测缝计（传感器为电位器式位移计）等。前三种都是利用刚性传递杆组装而成，典型结构型式见图 2.3-67 和图 2.3-68；3DM 型三向测缝计采用柔性钢丝传递位移，结构型式见图 2.3-69。

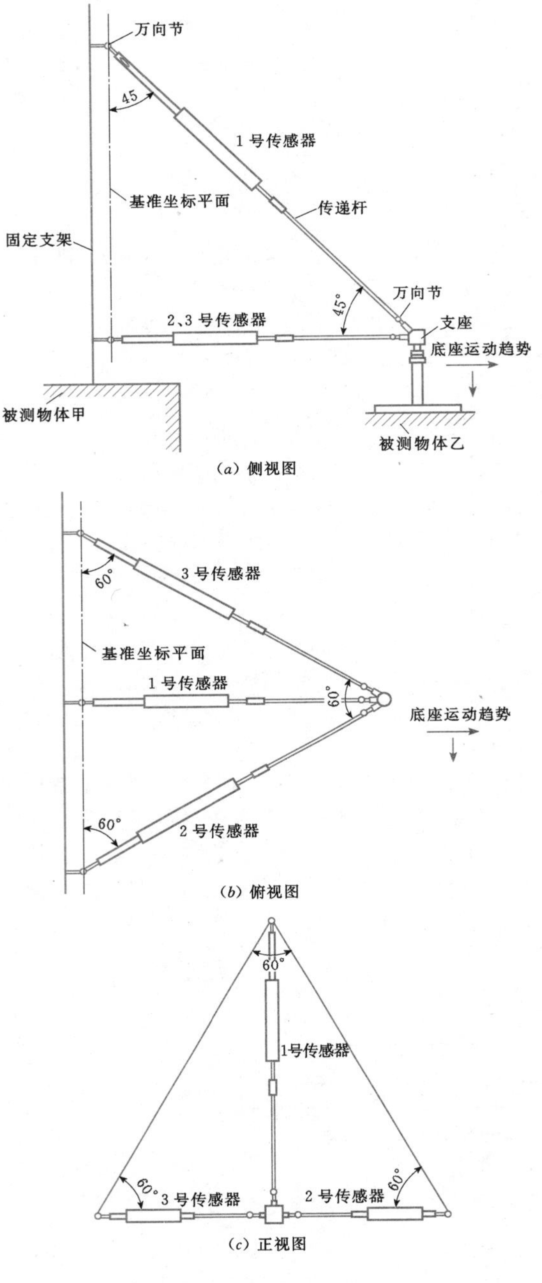

(a) 侧视图

(b) 俯视图

(c) 正视图

图 2.3-67 刚性传递杆三向测缝计典型结构示意图（一）

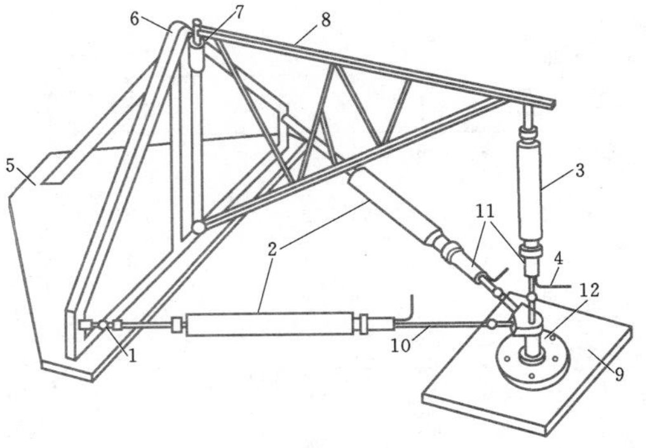

图 2.3-68 刚性传递杆三向测缝计典型结构示意图（二）

1—万向节；2，3—位移传感器；4—仪器电缆；5—相对不动点支座；6—相对不动点固定支架；7—活动铰链；8—三角支架；9—相对活动点支座；10—调节螺杆；11—固定螺孔；12—位移计支座

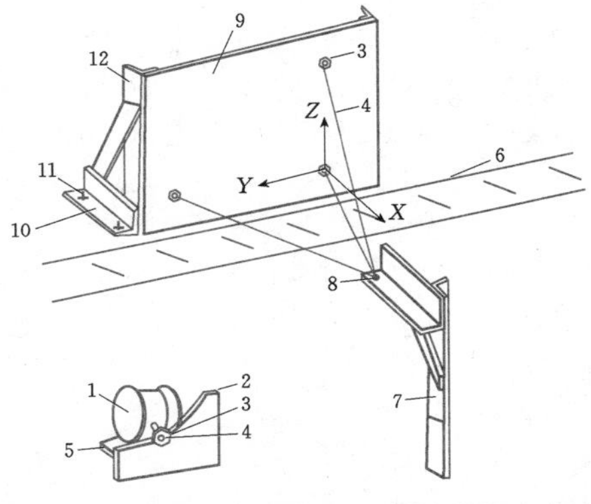

图 2.3-69 柔性传递杆三向测缝计结构示意图

1—位移传感器；2—坐标板；3—传感器固定螺母；4—不锈钢丝；5—传感器托板；6—周边缝；7—预埋板（虚线部分埋入面板内）；8—钢丝交点（细部略）；9—面板；10—趾板；11—地脚螺栓；12—支架

2.3.17.3 工作原理

1. 单向测缝计

对差动电阻式测缝计而言，当仪器受到表面变形时，由于外壳波纹管以及传感部件中的吊拉弹簧承担了大部分变形，小部分变形引起钢丝电阻的变化。而且两组钢丝的电阻在变形时是差动变化，电阻比的变化与变形成正比。测出电阻比即可计算出测缝计产生的变形量，根据差动电阻式仪器的特性还可以利用测出的电阻值计算出测点的温度值。

对钢弦式测缝计而言，结构物发生的变形可通过前、后端座传递给转换机构，使其产生应力变化，从而改变振弦的振动频率。电磁线圈激振振弦并测量其振动频率，为修正温度对变形量的影响，弦式测缝计内装有热敏电阻监测安装部位的温度。频率信号经电缆传输至频率读数仪上，即可测出被测结构物的变形量。

一般计算公式为

$$J = K\Delta F + b\Delta T + B \qquad (2.3-31)$$

式中 J——缝的开合度，mm；

K——测缝计的标定系数，mm/F；

ΔF——测缝计输出频率模数实时测量值相对于基准值的变化量，频率模数 $F=f^2\times10^{-3}$；

b——测缝计的温度修正系数；

ΔT——测缝计的温度实时测量值相对于基准值的变化量，℃；

B——测缝计的计算修正值，mm。

2. 三向测缝计

采用刚性位移传递杆的三向测缝计的机架可作为相对不动点，三支传感器分别与机架上的固定点及活动测点相连。其工作原理是当活动测点相对于机架发生水平和垂直方向的位移时，通过刚性位移传递杆带动传感器发生变形，根据三支传感器的变形量和传感器的布置型式可以计算出活动测点相对于机架在三个方向上的变形，即周边缝（接、裂缝）的沉降（上升）、张开（闭合）和剪切位移。为了使三向测缝计的每支传感器都能自由灵活地变形，在每支传感器的两端都配有万向轴节和量程调节螺杆。

采用柔性钢丝传递位移的三向测缝计与采用刚性位移传递杆的三向测缝计工作原理相同，只是位移传递方式不同，其活动测点相对于机架的位移是通过柔性钢丝传递给安装在机架上的位移传感器的。柔性钢丝可以适应测点任何方向上的变形。

2.3.17.4 技术参数

按安装埋设的方式，测缝计分为表面式测缝计和埋入式测缝计。根据《混凝土坝监测仪器系列型谱》(DL/T 948) 和《土石坝监测仪器系列型谱》(DL/T 947) 的规定，测缝计的主要技术参数见表 2.3-20～表 2.3-25。

表 2.3-20 钢弦式测缝计（表面）主要技术参数表

测量范围 (mm)	分辨力 (%F.S)
0～10	≤0.1
0～20	
0～30	
0～50	
0～100	
0～150	

表 2.3-21 差动电阻式测缝计（表面）主要技术参数表

测量范围 (mm)		分辨力 (%F.S)
拉伸	压缩	
0～5	−1～0	≤0.3
0～12	−1～0	
0～25		
0～40	−5～0	
0～100		

表 2.3-22 电容式测缝计（表面）主要技术参数表

仪器名称	测量范围 (mm)			分辨力 (%F.S)
	第一向	第二向	第三向	
单向电容式测缝计	0～10 0～20 0～40 0～50 0～100			≤0.1
双向电容式测缝计	0～10 0～20 0～40	0～10 0～20 0～40		
三向电容式测缝计	0～10 0～20 0～40	0～10 0～20 0～40	0～10 0～10 0～20	

表 2.3-23 电位器式测缝计（表面）主要技术参数表

仪器名称	测量范围 (mm)			分辨力 (%F.S)
	第一向	第二向	第三向	
单向电位器式测缝计	0～10 0～20 0～50 0～100 0～200			≤0.1
双向电位器式测缝计	0～50 0～100 0～200	0～50 0～100 0～200		
三向电位器式测缝计	0～50 0～100 0～200	0～50 0～100 0～200	0～50 0～100 0～200	

表 2.3-24 钢弦式测缝计（埋入式）主要技术参数表

测量范围（mm）	分辨力（%F.S）
0～10	≤0.05
0～20	
0～30	
0～50	
0～100	
0～150	

表 2.3-25 差动电阻式测缝计（埋入式）主要技术参数表

测量范围（mm）		分辨力（%F.S）
拉伸	压缩	
0～5	−1～0	<0.3
0～12	−1～0	
0～25		
0～40	−5～0	
0～100		

2.3.18 裂缝计

2.3.18.1 用途

裂缝计用于监测水工建筑物裂缝的开合度，也可用于监测建筑物混凝土施工缝、土体内的张拉缝以及岩体与混凝土结构的接触缝等。

2.3.18.2 结构型式

裂缝计与测缝计的结构型式基本相同，裂缝计是测缝计改装的一种仪器，分为埋入式裂缝计和表面裂缝计。

1. 埋入式裂缝计

埋入式裂缝计由测缝计与带弯钩的加长杆机械连接而成，见图 2.3-70。加长杆长度根据现场需要决定，加长杆和仪器外缘全部用多层塑料布、土工布包裹，避免加长杆与周围混凝土连成一体。埋设时，可以在加长杆埋入设计位置处后，挖出其端部，装上测缝计后用土工布、多层塑料布包裹，人工捣实混凝土。埋设的关键是保证裂缝计的一端和另一端加长杆弯钩部分与混凝土连接成一体，传感器与加长杆不与周围混凝土接触。

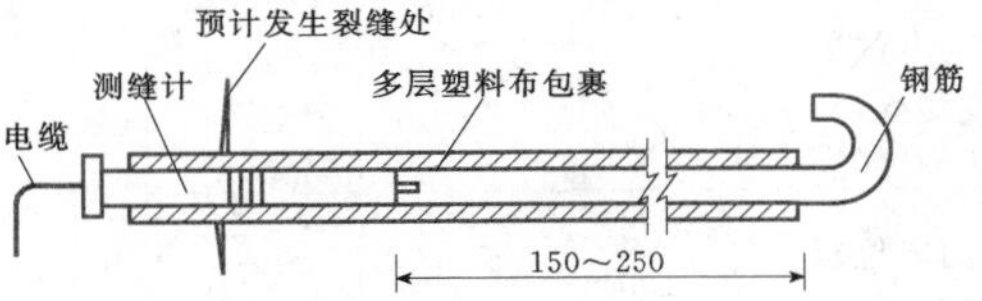

图 2.3-70 裂缝计结构示意图（单位：cm）

2. 表面裂缝计

表面裂缝计用于监测一般表面裂缝，测值为两端固定点间的相对位移（距离）变化值。根据安装夹具的不同，可分为两种形式，见图 2.3-71 和图 2.3-72。

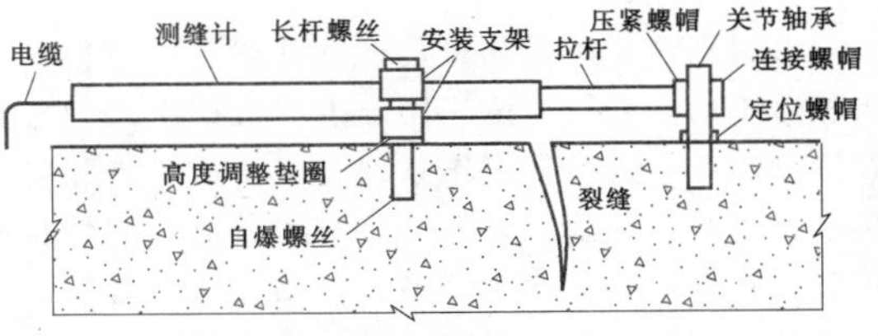

图 2.3-71 表面裂缝计结构示意图（一）

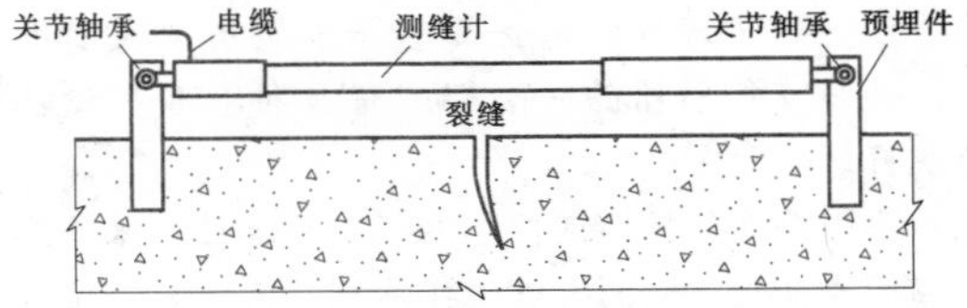

图 2.3-72 表面裂缝计结构示意图（二）

2.3.18.3 工作原理

裂缝计的工作原理与测缝计相同。

2.3.18.4 技术参数

裂缝计的主要技术参数要求与测缝计相同，可参照表 2.3-20～表 2.3-25 的规定执行。

2.3.19 脱空计

2.3.19.1 用途

脱空计用于长期测量面板堆石坝的混凝土面板与垫层料或其他混凝土结构物与地基之间因变形造成的脱空。

2.3.19.2 结构型式

脱空计是由测缝计改装而成，通常由测缝计和相应的配件组成。比较常用的脱空计结构型式见图 2.3-73，它由 2 支位移传感器组成，通过传递杆分别与面板混凝土和堆石体相连。

对于脱空比较严重的面板堆石坝，也可以采用由 3DM 三向测缝计改装而成的 3DM 型脱空计，其结构型式见图 2.3-74。

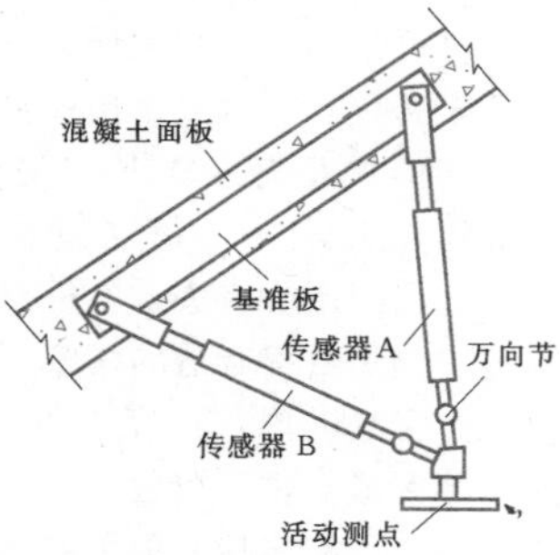

图 2.3－73 脱空计结构示意图

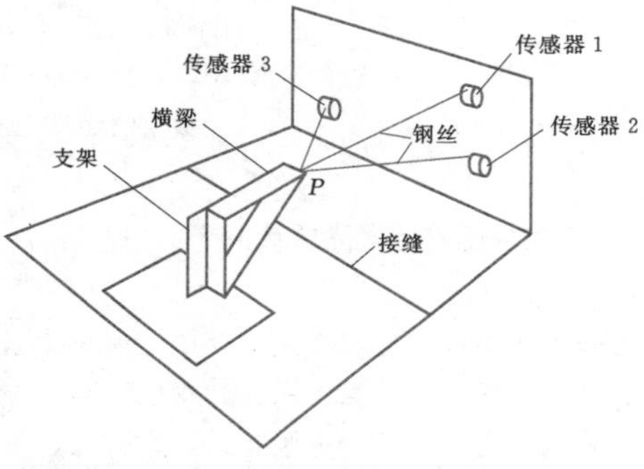

图 2.3－74 3DM 型大量程脱空计结构示意图

2.3.19.3 工作原理

脱空计的工作原理与测缝计相同。

2.3.19.4 技术参数

脱空计的主要技术参数要求与测缝计相同，可参照表 2.3－20～表 2.3－25 的规定执行。

2.3.20 位错计

2.3.20.1 用途

位错计用于测量不同介质或相同介质不同块体之间位置错动的位移变化，适用于堤坝、心墙、护坡、填土等与基础结构面之间的位错、相对沉降。位错计实际是一个安装在两个固体介质结构缝内，两个端点分别固定在两边介质上的测缝计。

2.3.20.2 结构型式

位错计一般由测缝计或位移计改装制成。测缝计（或位移计）安装时一般用专用夹具固定在混凝土表面裂缝的两侧（或两种不同介质间的接触缝），基本垂直于裂缝走向，固定测缝计（或位移计）的两端夹具要分别位于完整的混凝土块上，见图 2.3－75。夹具用膨胀螺栓固定在混凝土面上，安装时要使用专门制作的测缝计（或位移计）安装模具，确保两侧夹具的圆心与测缝计（或位移计）圆心保持同轴固定。测缝计（或位移计）安装在混凝土表面，因此需要安装专门保护罩，注意保护罩只能在裂缝的一侧固定，否则有可能由于裂缝变形而破坏保护罩，甚至拉动固定测缝计（或位移计）夹具的混凝土而导致测值失真。这样安装的测缝计（或位移计）可以测量裂缝的错动变化。

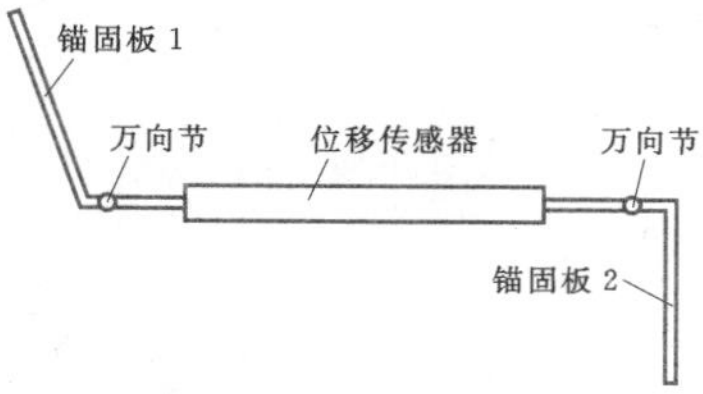

图 2.3－75 位错计结构示意图

当需要测量平行于裂缝走向的错动变形时，可以在裂缝的一侧固定一个过渡部件（一般用钢板）伸到裂缝另一侧。过渡钢板要伸入保护罩的缺口内，并为裂缝变形留一定的富余空间。将测缝计（或位移计）一端固定在过渡钢板上，一端固定在裂缝的另一侧，就可以测得裂缝错动变形。

2.3.20.3 工作原理

位错计的工作原理与测缝计（或位移计）相同。

2.3.20.4 技术参数

位错计的主要技术参数要求与测缝计或位移计相同，可参照表 2.3－17～表 2.3－19 或表 2.3－20～表 2.3－25 的规定执行。

2.3.21 倾角计

2.3.21.1 用途

倾角计是一种点式测斜仪，它是一种监测结构物和岩土体水平倾斜或垂直倾斜（转动）的快速便捷的监测仪器，可用于测量诸如大楼、大坝、堤坝等结构的倾斜，也可用来测量边坡、矿井口、开挖面（如挡土墙）等的相对稳定性。倾角计可以是便携式的，也可以固定在结构物表面，使倾角计的底板随结构物一起运动。

2.3.21.2 结构型式

倾角计通常由传感器、倾斜板和读数仪组成。倾角计置于专用测斜板上，测斜板固定在待测结构上（垂直或水平）。读数可采用成对读数法（相隔 180°）以消除仪器的偏差。两个敏感轴分别感受俯仰角和滚转角的变化。

2.3.21.3 工作原理

倾角计的工作原理与固定测斜仪的工作原理相同。

2.3.21.4　技术参数

倾角计的主要技术参数要求与固定测斜仪相同，可参照表 2.3－13～表 2.3－15 的规定执行。

2.4　渗流监测仪器及设施

2.4.1　测压管

2.4.1.1　用途

测压管适用于建筑物地基扬压力、渗透压力和地下水位等的监测。

2.4.1.2　结构型式

(1) 测压管由透水管段和导水管段组成。透水管段可用导管管材加工制作，一般长 1.5～3m，当用于点压力监测时应不大于 0.5m，面积开孔率约 10%～20%（孔眼形状不限，但必须排列均匀和内壁无毛刺）；外部包扎采用足以防止土颗粒进入的无纺土工织物，管底封闭，不留沉淀管段，也可采用与导管等直径的多孔聚乙烯过滤管或透水石管作透水管段；透水管段顶端与导管牢固相连，导管段应顺直，内壁光滑无阻，两节管连接应采用外箍接头，见图2.4－1。

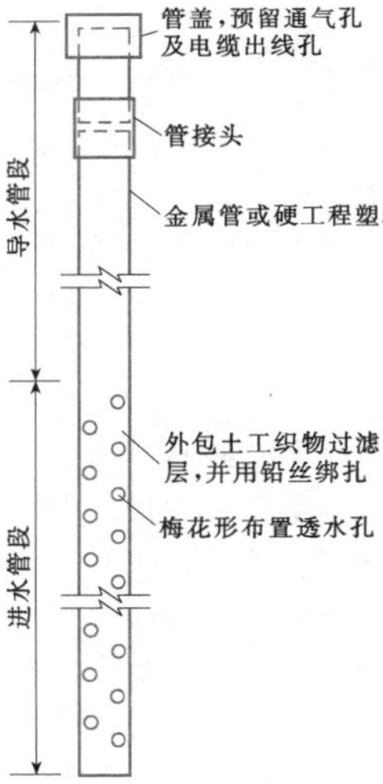

图 2.4－1　测压管结构示意图

(2) 管材宜采用金属管或硬工程塑料管，一般选用管径为 38～50mm。对于利用地质勘探孔难以安装导管或岩体完整不易塌孔而不安装导管的地下水位监测孔，其孔口封孔段管材与上述一致，管径可据孔径确定。

2.4.1.3　工作原理

通过读取测压管管内水头压力以监测建筑物地基扬压力、渗透压力或地下水位。

对测压管水位可采用尺式水位计或压力表进行观测。当管水位低于管口高程时采用尺式水位计测测压管水头，测尺长度的最小刻度 1mm，应带有不锈钢温度测头，且耐用、防腐蚀；当管水位高于管口高程时，采用压力表量测测压管水头，应根据管口可能产生的最大压力值，选用量程合适的精密压力表，使读数在 1/3～2/3 量程范围内，精度不得低于 0.4 级，测读压力值时应读到最小估读单位，对于拆卸后重新安装的压力表应待压力稳定后才能读数；用渗压计量测测压管水头时，精度不低于±0.25%F.S；测压管水位，两次测读误差应不大于 1cm；尺式水位计的测尺长度标记，应每隔 3～6 个月用钢尺校正一次；测压管的管口高程和有压管的压力表，在施工期和初蓄期应每隔 3～6 个月校测一次；在运行期至少应每年校测一次。

2.4.2　孔隙水压力计（渗压计）

2.4.2.1　用途

孔隙水压力计（又称渗压计）适用于建筑物基础扬压力、渗透压力、孔隙水压力和水位监测。

孔隙水压力计一般分为竖管式、水管式、电测式及气压式等四大类。电测式孔隙水压力计又依传感器不同分为钢弦式、差动电阻式、光纤光栅式、电感式、压阻式和电阻应变片式等。在国内水工建筑物中多采用竖管式、钢弦式和差动电阻式孔隙水压力计；气压式孔隙水压力计在美国和英国应用很广泛；电阻应变片式孔隙水压力计在日本和东南亚国家应用较多。各种孔隙水压力计的优缺点见表 2.4－1。

2.4.2.2　结构型式

1. 钢弦式孔隙水压力计

钢弦式孔隙水压力计由透水板（体）、承压膜、钢弦、支架、线圈、壳体和传输电缆等构成，见图 2.4－2。透水板有圆锥形、圆板形等，材料一般用氧化硅、不锈钢或青铜粉末冶金烧结，高进气压力透水板多用陶瓷材料烧结。

国内钢弦式孔隙水压力计的钢弦一般采用机械夹紧方式，并与支架做成一体；国外则采用了特殊夹持技术来固定钢丝，使敏感元件做到了微型化，也随之缩小了外形尺寸。承压膜是传感器的受力元件，多采用小直径受压膜片结构，膜片厚度取决于量程大小。线圈有单线圈和双线圈两种，前者为间隙激振型，后者为连续激振型。

根据孔隙压力计的使用条件，仪器壳体的外形设计成多种形式。除图 2.4－2 所示的形状外，还有如锥体贯入型可以直接推入软基中；配有螺纹管型可接

表 2.4-1　　孔隙水压力计的技术性能表

类　型		优　点	缺　点
竖管式、测压管式		构造简单，观测方便，测值可靠，无须复杂的终端监测设备；使用耐久，无锈蚀问题，有长期运行记录	安装埋设复杂，钻孔费用高，易受施工干扰破坏；存在冰冻问题；竖管套管竖直放置，存在堵塞失效问题，灵敏度相对低
水管式、双水管式		观测直观可靠，灵敏度高，能利用观测井集中测量；双管式还可测出负孔隙压力；相对竖管式不易受施工干扰破坏，有长期使用记录	存在冰冻及与水有关的微生物滋生堵塞问题，要用脱气水定期排气，长期运行失效率达 30%；需设置观测井，费用高，存在施工干扰，高程不能高过测头位置 5～6m
电测式	钢弦式	测读（四芯输出可兼测温度）及维护简便，灵敏度高；能测负孔隙压力，能遥测实现自动化；输出频率信号可长距离传输，电缆要求较低，使用寿命长，有长期使用记录	存在零点漂移及停振现象，大气压力对测量精度有一定影响
	差动电阻式	测读方便并可兼测温度，易于维护，长期稳定性较好；能遥测实现自动化	内阻小，对电缆长距离传输要求高，一般按全桥原理采用五芯接法消除电缆电阻对测值的影响；制造工艺要求高；小量程的精度低，无气压补偿，温度修正系数稳定性较差
	电阻、应变片式	测读及维护简便，灵敏度高；可长距离传输，易实现遥测自动化；加工制作简单，能测负孔隙压力，有长期运行记录	对温度相对敏感，存在零点漂移问题。存在温度、电缆长度和连接方式改变的误差影响；长期稳定性相对较差
气压式		测读及维护简便，灵敏度高；费用低，可直测孔隙压力值	必须防止湿气进入管内；使用寿命较短，需要观测人员熟练操作

入液压或气压管路等。此外，用于低压小量程的通大气型和安装在测压管内的小型仪器，也得到了广泛应用。国外某些仪器厂家生产的小型钢弦式孔隙水压力计的最小尺寸为外径 11.1mm，见图 2.4-3；国内某些仪器厂家生产的小型钢弦式孔隙水压力计的最小尺寸为外径 18mm，其性能指标接近国外的同类产品。钢弦式孔隙水压力计的电缆通常采用氯丁橡胶护套、

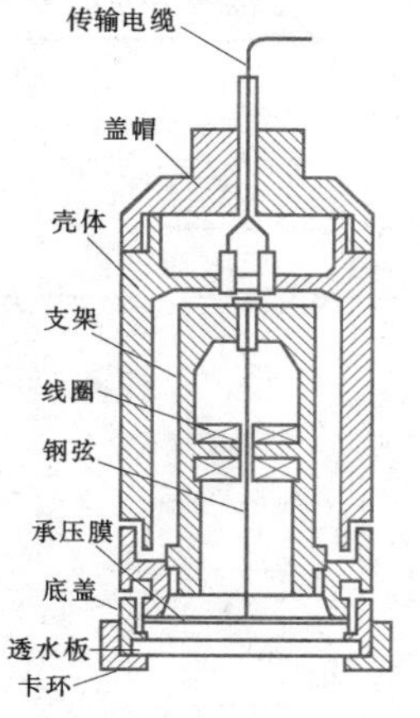

图 2.4-2　钢弦式孔隙水压力计结构示意图

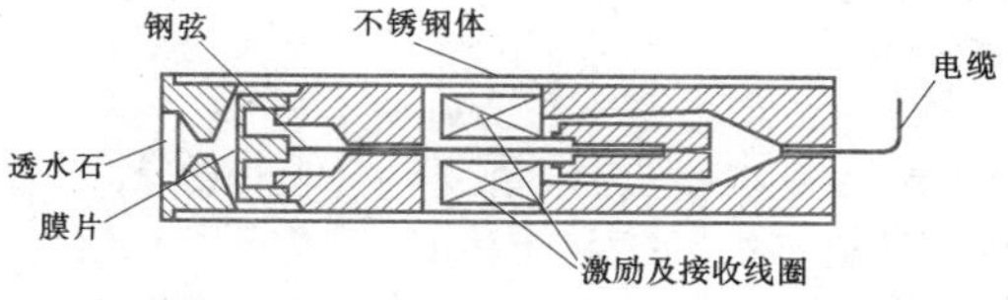

图 2.4-3　小型钢弦式孔隙水压力计结构示意图

聚氯乙烯护套四芯或二芯屏蔽电缆。

2. 差动电阻式孔隙水压力计

国内生产的差动电阻式（卡尔逊式，下同）孔隙水压力计，见图 2.4-4，由前盖、透水石、弹性感应板、密封壳体、传感部件和引出电缆等组成，传感部件为差动电阻式感应组件。

3. 电阻应变片式孔隙水压力计

电阻应变片式孔隙水压力计由锥头（或顶盖）、承压薄膜、筒身、防水闷头和引出电缆组成，见图 2.4-5。承压薄膜与承膜环是一个整体，由不锈钢制成；电阻应变片粘贴在薄膜上，薄膜厚度决定承受水压力大小（量程）；筒身材料为铜或不锈钢，筒身和承膜环之间用螺纹紧密连接，并加止水铜片以保证其密封性；防水闷头由金属头、橡胶、止水铜

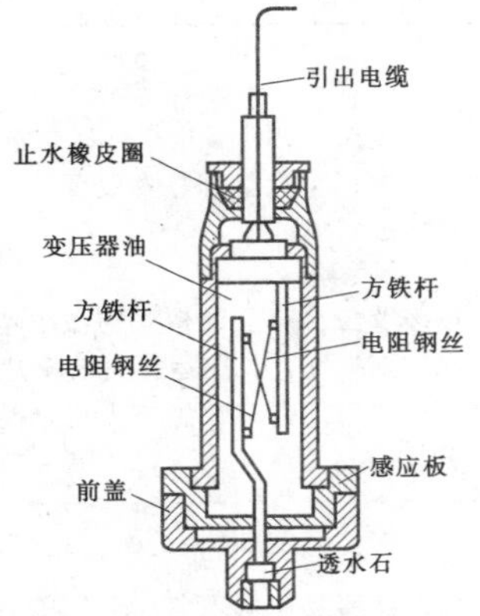

图 2.4-4 差动电阻式孔隙水压力计结构示意图

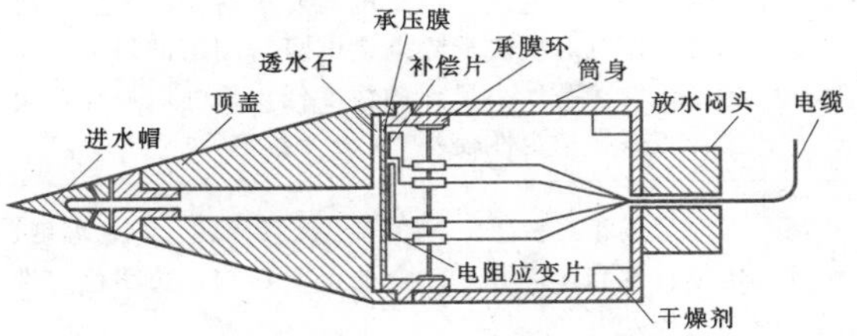

图 2.4-5 电阻应变片式孔隙水压力计结构示意图

片和硅橡胶组成，电缆即由此引出并防止水沿电缆从尾部渗入侧头内部，电缆通常采用四芯橡胶护套或塑料护套。

4. 气压式孔隙水压力计

气压式孔隙水压力计是一种非电测传感器，是将孔隙水压力值转换为气体压力值，通过精密压力表测量气体压力实现孔隙水压力测量的装置。气压式孔隙水压力计由滤水管、顶盖、管座、筒身、滚动隔膜、球阀、进气管、回气管和PVC套管等组成，见图 2.4-6。

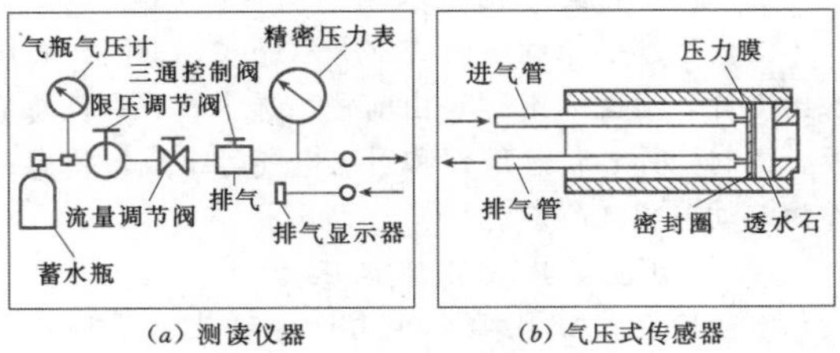

(a) 测读仪器　(b) 气压式传感器

图 2.4-6 气压式孔隙水压力计工作原理及结构示意图

2.4.2.3 工作原理

钢弦式孔隙水压力计的工作原理是将一根振动钢弦与一灵敏受压膜片相连，当孔隙水压力经透水板传递至仪器内腔作用到承压膜上，承压膜连带钢弦一同变形，测定钢弦自振频度的变化，即可把水压力转化为等同的频率信号进行测读。

差动电阻式孔隙水压力计的感应板在渗流水的作用下会产生变形，并推动传感器中，引起传感组件上两组钢丝电阻值的变化，测出电阻与电阻比，就可以计算出埋设点的渗透压力和介质温度。

电阻应变片式孔隙水压力的工作原理是通过测头顶盖上的透水石施加水压力于贴有电阻应变片的弹性薄膜上，薄片的变形引起电阻应变四个桥臂的电阻变化，用电阻应变仪测读与孔隙水压力成正比的电桥输出，即可算出其孔隙水压力的大小。

气压式孔隙水压力计的胶片状压力膜在承受外水压力后将紧贴于支撑面上，测量时由测读仪器通过进气管向传感器支撑面内侧的弹性压力膜供气给压；当供气压力大于外水压力时压力膜向外凸出，气体会通过向外凸出的压力膜空间由排气管向外排出，此时关闭供气阀；供气压力继续减少；当供气压力等于外水压力时，压力膜又回到原来位置，紧贴于支撑面，排气停止。此时，读取供气压力表数值即为孔隙水压力值。

2.4.2.4 技术参数

孔隙水压力计的水压力观测，应采用其配套读数仪。测读操作方法应按产品说明书进行，两次读数误差应不大于仪器的最小读数。测值物理量用压强或水头（水位）来表示。

根据《混凝土坝监测仪器系列型谱》（DL/T 948）和《土石坝监测仪器系列型谱》（DL/T 947）的规定，孔隙水压力计的主要技术参数见表 2.4-2～表 2.4-7。

表 2.4-2　钢弦式孔隙水压力计主要技术参数表

测量范围 (kPa)	分辨力 (%F.S)
0～160	≤0.1
0～250	
0～400	≤0.05
0～600	
0～1000	
0～1600	
0～2500	
0～4000	
0～7000	

表 2.4-3 差动电阻式孔隙水压力计主要技术参数表

压力测量范围（kPa）	压力分辨力（%F.S）	温度测量范围（℃）	温度分辨力（℃）
0～200	≤0.15	0～60	≤0.05
0～400	≤0.20		
0～600	≤0.30		
0～800	≤0.60		
0～1600	≤1.20		

表 2.4-4 电感式孔隙水压力计主要技术参数表

测量范围（kPa）	分辨力（%F.S）
0～100	≤0.1
0～160	
0～250	
0～400	
0～600	
0～1000	
0～1600	
0～2500	
0～4000	

表 2.4-5 压阻式孔隙水压力计主要技术参数表

测量范围（kPa）	分辨力（%F.S）
0～40	≤0.1
0～100	
0～160	
0～250	
0～400	
0～600	
0～1000	

表 2.4-6 气压式孔隙水压力计主要技术参数表

测量范围（kPa）	分辨力（%F.S）
−50～250	≤0.15
−50～400	
−50～600	
−50～1000	
−50～1600	
−50～2500	
−50～4000	

表 2.4-7 双水管封闭式孔隙水压力计主要技术参数表

测量范围（kPa）	分辨力（%F.S）
−40～160	≤0.15
−40～250	
−40～400	
−40～600	

2.4.3 水位计

2.4.3.1 用途

水位计用于监测水库、江河以及测压管（孔）、量水堰等的水位。根据其用途和适用条件分为电测水位计和自动化量测水位计（包括浮子式和传感器式）等。

2.4.3.2 结构型式与工作原理

1. 电测水位计

电测水位计由测头、电缆或钢尺、滚筒、手摇柄和指示器等组成。典型结构有提匣式和卷筒式，具体见图 2.4-7。测头为金属制成的短棒，两芯电缆在测头中与电极相接，形成闭合电路的“开关”，测头的结构见图 2.4-8。

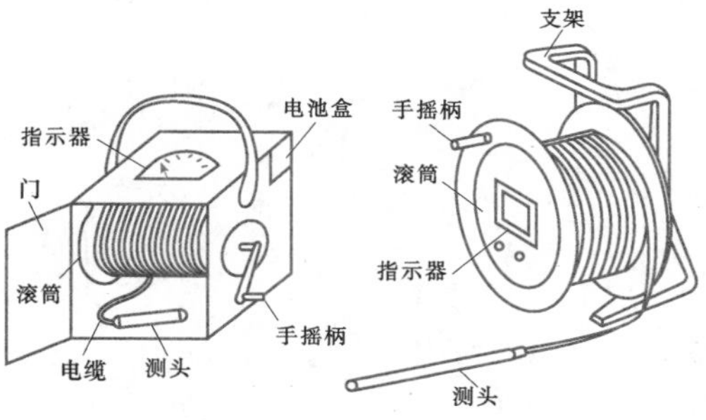

(a) 提匣式　(b) 卷筒式

图 2.4-7 电测水位计结构图

两芯电缆除用来传输信号外，同时作为刻度标尺和测头的吊索，一般采用聚乙烯两芯刻度标尺，以测头下端为起点，自下而上标注刻度。滚筒用来盘卷标尺，用手摇柄操作滚筒进行收放。指示器一般采用微安表（或毫伏表），配有蜂鸣器或指示灯，电源采用干电池。有的电测水位计在测头装有测温元件，在水位测量的同时兼测水温。

电测水位计的简化电路见图 2.4-9。当测头接触水面时水导体使电路两电极闭合，信号经电缆传至指示器配置的蜂鸣器或指示灯，此时可从电缆标尺上直接读取水位深度。

2. 自动化量测水位计

(1) 浮子式自动化量测水位计。浮子式自动化量

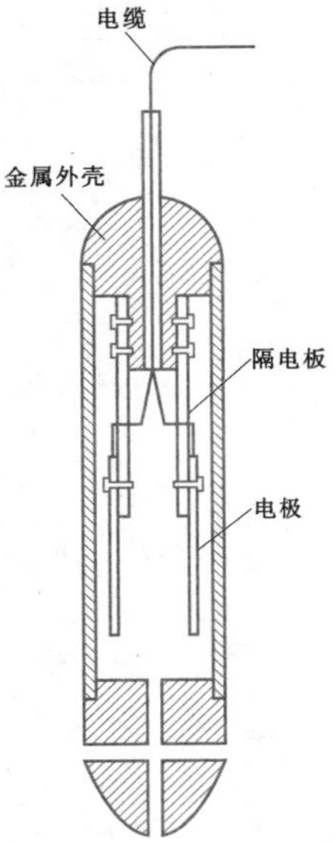

图 2.4-8　电测水位计测头结构图

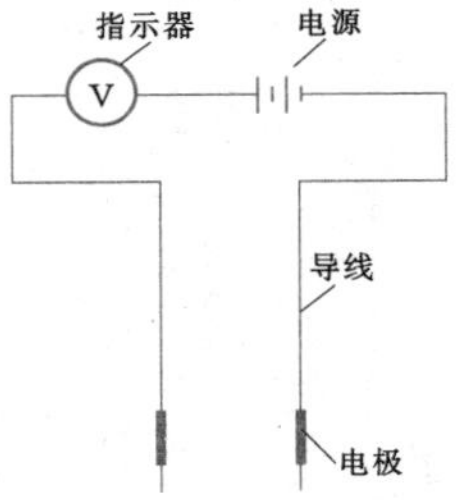

图 2.4-9　电测水位计简化电路图

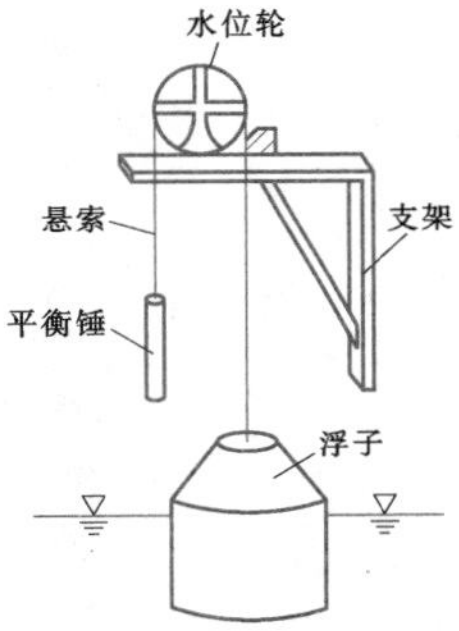

图 2.4-10　浮子式水位计结构示意图

测水位计主要由水位感应、水位传动、编码器、记录器和基座等部分组成。水位感应部分由浮子、平衡锤、悬索和水位轮等组成，见图 2.4-10；堰槽浮子水位计见图 2.4-11。悬索一般用多股不锈钢丝绳，有的采用穿孔不锈钢带以防滑，还有的采用尼龙绳。浮子感应水位变化，带动水位轮旋转，产生与水位变化相应的转角。

水位转动部分主要是将水位转角通过传动轴齿轮准确地传递给编码器。

编码器接收传递来的转角位移并完成相应的数字编码，由数字轮显示相应的水位，并通过电缆输出一定码制的电信号远传给记录器，以显示、记录其水位，采用纸筒式记录仪或数字式显示器。

基座或箱体主要用来组装支撑上述结构部件，适用于不同现场条件。

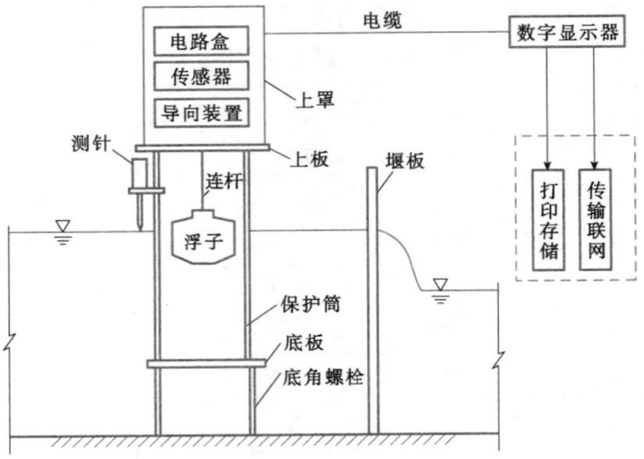

图 2.4-11　堰槽浮子水位计结构示意图

(2) 传感器式自动化量测水位计（包括压阻式、差动电阻式和电容式等）。传感器式自动化量测水位计由传感器、传输电缆和读数仪组成。利用传感器对静水压力的测量，经传输电缆在终端利用其配套读数仪读取水位深度。堰槽传感器式自动化量测水位计结构见图 2.4-12。

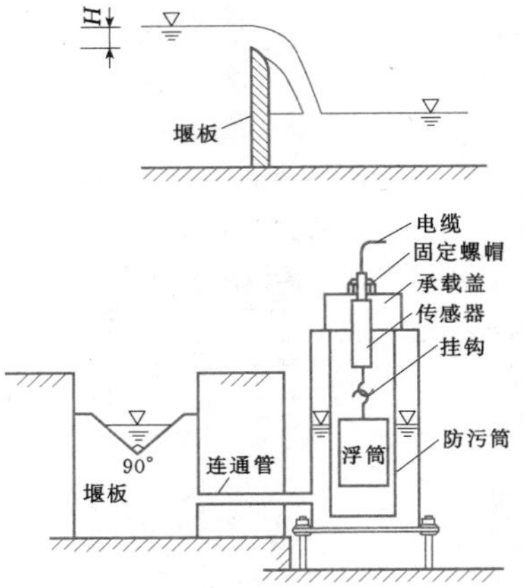

图 2.4-12　堰槽传感器式自动化量测水位计结构示意图

2.4.3.3　技术参数

根据《混凝土坝监测仪器系列型谱》(DL/T 948) 和《土石坝监测仪器系列型谱》(DL/T 947) 的规定，电测水位计的主要技术参数见表 2.4-8～表 2.4-11。孔隙水压力计也可作为传感器式自动化量测水位计，其技术要求可参照表 2.4-2～表 2.4-5 的规定执行。

2.4.4　量水堰

2.4.4.1　用途

量水堰适用于各类大坝的渗透流量监测，渗流量监测设施应根据其大小和汇集条件进行设计，当流量在 1～300L/s 之间时宜采用量水堰法。

表 2.4-8 电测水位计主要技术参数表

测量范围 (m)	分辨力 (mm)
0～10 0～30 0～50	≤1

表 2.4-9 压阻式水位计主要技术参数表

测量范围 (kPa)	分辨力 (%F.S)
0～50 0～100 0～200 0～500 0～700 0～1000	≤0.1

注 水位计所测压力经换算后可得水面高程。

表 2.4-10 差动电阻式水位计主要技术参数表

测量范围 (kPa)	分辨力 (%F.S)
0～100 0～200 0～250 0～500 0～700 0～1000	≤0.1

注 水位计所测压力经换算后可得水面高程。

表 2.4-11 电容式水位计主要技术参数表

测量范围 (kPa)	分辨力 (%F.S)
0～5 0～15 0～20 0～40 0～50 0～100	≤0.1

注 水位计所测压力经换算后可得水面高程。

2.4.4.2 结构型式

1. 直角三角形堰

当流量在 1～70L/s 之间（堰上水头约 50～300mm）时采用。直角三角形堰结构见图 2.4-13，常用直角三角形堰标准结构及安装尺寸见表 2.4-12。直角三角形堰的流量推荐计算公式为

$$Q = 1.4H^{5/2} \qquad (2.4-1)$$

式中 Q——渗流量，m^3/s；

H——堰上水头，m。

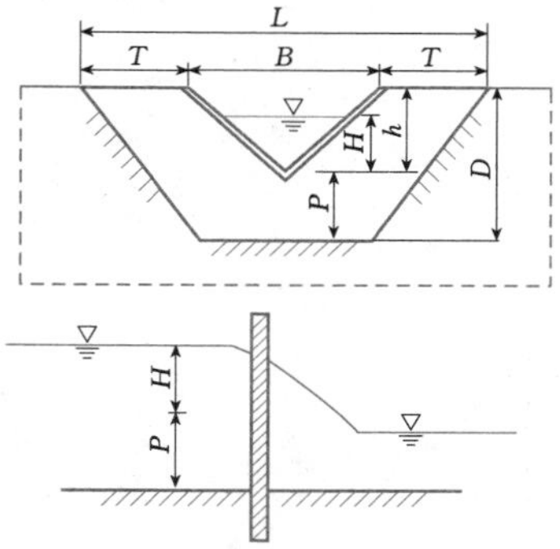

图 2.4-13 直角三角形量水堰结构图

表 2.4-12 直角三角堰标准尺寸

编号	堰上水头 H (m)	堰口深 h (m)	堰坎高 P (m)	堰板高 D (m)	堰肩宽 T (m)	堰口宽 B (m)	堰板宽 L (m)	流量范围 (L/s)
1	22	27	22	49	22	54	98	0.8～32
2	27	32	27	59	27	64	118	0.8～53
3	29	34	29	63	29	68	126	0.8～64
4	35	40	35	75	35	80	150	0.8～101

2. 梯形堰

当流量在 10～300L/s 时采用。一般常用 1∶0.25 的侧边坡比。堰坎宽度 b 应小于 3 倍堰上水头 H，一般应在 0.25～1.5m 范围内。梯形堰结构见图 2.4-14，常用梯形堰标准结构及安装尺寸见表 2.4-13。梯形堰的流量推荐计算公式为

$$Q = 1.86bH^{3/2} \qquad (2.4-2)$$

式中 Q——渗流量，m^3/s；

H——堰上水头，m；

b——堰坎宽度，m。

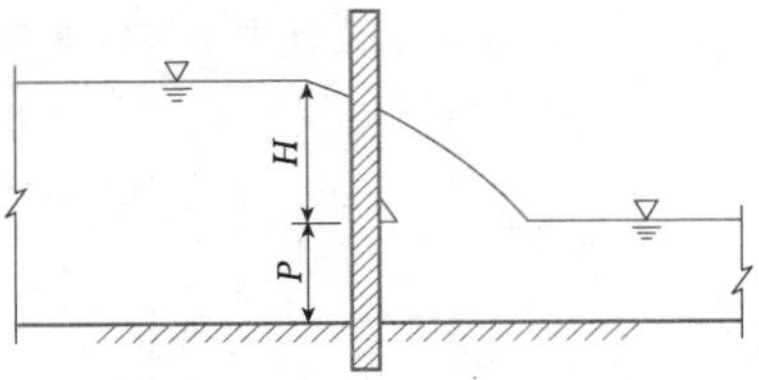

图 2.4-14 梯形量水堰结构图

3. 矩形堰

当流量大于50L/s时采用。堰坎宽度b应为2～5倍堰上水头H，一般应在0.25～2m范围内。其中无侧向收缩的矩形堰见图2.4-15；有侧向收缩矩形堰见图2.4-16，水舌下部两侧壁上应设通气孔。其中，无侧向收缩矩形堰的流量推荐计算公式为

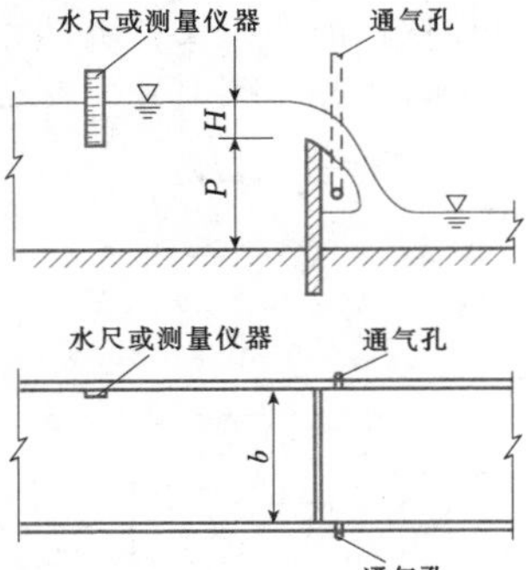

图 2.4-15 无侧向收缩矩形量水堰结构图

$$Q = mb\sqrt{2g}H^{3/2} \quad (2.4-3)$$

$$m = (0.402 + 0.054H/P)$$

式中 Q——渗流量，m^3/s；

H——堰上水头，m；

b——堰坎宽度，m；

P——堰坎高度（堰槽底板至堰板顶面的距离），m。

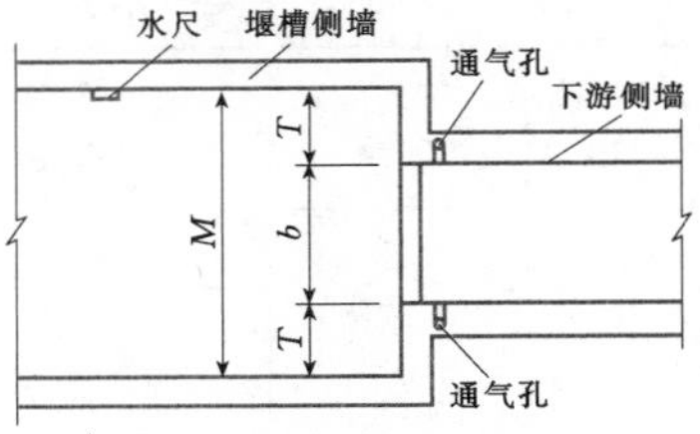

图 2.4-16 有侧向收缩矩形量水堰结构图

有侧向收缩矩形堰的流量推荐计算公式为

$$Q = \left(0.405 + \frac{0.0027}{H} - 0.030\frac{M-b}{M}\right) \times \left[1 + 0.55 \times \left(\frac{b}{M}\right)^2 \left(\frac{H}{H+P}\right)^2\right] b\sqrt{2g}H^{3/2} \quad (2.4-4)$$

式中 M——堰槽宽度，m；

其余各项符号意义与式（2.4-3）同。

各种量水堰的堰板应采用不锈钢板制作，堰板顶部过水部位应做成45°斜口，倾向下游水面。

表 2.4-13 梯形量水堰标准尺寸表

编号	堰坎宽 b（m）	堰口宽 B（m）	堰上水头 H（m）	堰口深 h（m）	堰坎高 P（m）	堰板高 D（m）	堰肩宽 T（m）	堰板宽 L（m）	流量范围（L/s）
1	25	31.6	8.3	13.3	8.3	21.6	8.3	48.2	0.5～11.5
2	50	60.8	16.6	21.6	16.6	38.2	16.6	94.0	0.9～65.2
3	75	90.0	25.0	30.0	25.0	55.0	25.0	140.0	1.4～174.4
4	100	119.1	33.3	38.3	33.3	71.6	33.3	185.7	1.9～360.8

2.4.4.3 工作原理

1. 量水堰

量水堰的工作原理比较简单，当通过量水堰槽的流量增加时，量水堰板前方的壅水高度将会增加，壅水高度与流量之间存在一定的函数关系，因此只要测出量水堰板前方的壅水高度就可以求出渗流量。壅水高度可以采用水尺或水位测针进行人工测读，也可以采用具有自动化测量功能的量水堰计（亦称渗流量仪）进行观测。

2. 量水堰计

根据所使用传感器类型的不同，量水堰计可分为电容式量水堰计、钢弦式量水堰计、压阻式量水堰计、陶瓷电容式量水堰计、超声波式量水堰计、步进电机式量水堰计、测针式量水堰计、CCD式量水堰计等。

量水堰计由保护筒、浮子、连杆、导向装置、位移传感器等组成。保护筒底板用地脚螺栓固定在堰槽测点的混凝土壁上；传感器固定于保护筒的顶端；保护筒下部有网状滤孔，容许渗流水自由进入保护筒

内；浮子悬浮于保护筒内，当保护筒内水面随堰槽内水位变化时，浮子会随着水位上升或下降；导向装置保证浮子随水面变动作上下垂直运动。浮子的升降变化将通过连杆传递给位移传感器，从而测量出量水堰内的水位变化，由式（2.4-1）～式（2.4-4）计算得到渗流量的大小。

2.4.4.4 技术参数

量水堰计包括电容式、钢弦式、压阻式、陶瓷电容式、超声波式、步进电机式、测针式、CCD式等类型。根据《混凝土坝监测仪器系列型谱》（DL/T 948）和《土石坝监测仪器系列型谱》（DL/T 947）的规定，量水堰计的主要技术参数见表2.4-14。浮子式量水堰计主要技术参数见表2.4-15。

表2.4-14 量水堰计主要技术参数表

测量范围（mm）	分辨力（%F.S）
0～80	≤0.1
0～100	
0～150	
0～300	
0～500	
0～600	
0～1000	

表2.4-15 浮子式量水堰计主要技术参数表

测量范围（mm）	分辨力（mm）
0～500	0.5
0～1000	
0～2000	1
0～4000	

2.4.5 分布式光纤温度监测系统

2.4.5.1 用途

分布式光纤温度监测系统可用于大坝渗流监测及周边缝集中渗漏监测，是一种新型的渗流监测设备。

2.4.5.2 结构型式

分布式光纤温度监测系统由温度监测主机、计算机及相关软件等组成。分布式光纤温度监测主机是系统的核心部件，实现光信号发生、背向散射信号的光谱分析、光电转换、信号放大和信号处理的功能，由同步控制单元、光发射器、激光脉冲器、光路耦合器、分光器、滤波器、光电转换器、信号处理器等构成，具体的系统构成见图2.4-17。

在同步控制单元的触发下，光发射器产生一个大电流脉冲，该脉冲驱动激光器发出一束激光进入测温光纤并产生拉曼散射。当激光在光纤中发生散射后，

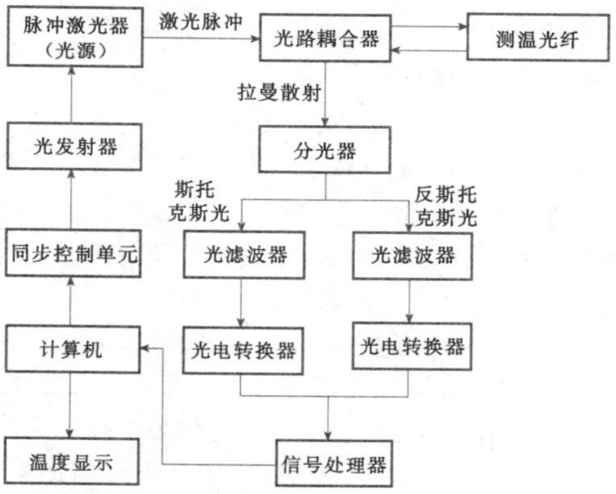

图2.4-17 分布式光纤测温系统构成框图

携带温度信息的拉曼背向散射光返回到光路耦合器中。光路耦合器不仅可以将发射光直接耦合到测温光纤，而且可以将散射回来的拉曼散射光耦合至分光器。分光器分别滤出斯托克斯光和反斯托克斯光，经光电转换器送入信号处理器，最后送入计算机进行温度的计算、存储、显示和控制。

分布式光纤温度监测系统有以下特点：

（1）分布式。光纤时域反射（Optical Time Domain Reflection，OTDR）实现了最大空间分辨力5cm的分布式温度测量。根据现场情况，应用各种特定的铺设方式，可以避免监测点选择的主观臆断，能够对结构整体情况进行监测。

（2）测量的单一性。温度测量结果与应力、压力、损耗等参数无关，在工作环境恶劣的混凝土和大坝内部仍然能正常工作。

（3）长距离。最长可达30km。铺设简单，无论使用单模或多模光纤，根据具体工程情况，可以找到合适的光纤和铺设方案。

（4）测温范围大。利用最新的光纤制造技术，温度测量范围在−200～1000℃之间。

（5）对光缆全线提供连续的温度监测，而且系统兼备故障自检测功能，光缆发生故障时可以在光缆全长曲线上指示出断点的具体位置，有利于系统的故障监测与迅速维修。

（6）系统安装非常简便。由于信号传输和探测共用一根光缆，现场安装时仅需将探测光缆固定即可。

（7）探测部分完全采用光传输方式，光纤本身安全防爆防雷，并可以完全杜绝电磁干扰影响。

（8）光缆耐用性设计优异，探测光缆的寿命可达30年之久。对环境影响如温度、压力和湿度波动有抵抗力，同样也适用于有较多灰尘和含有腐蚀性物质的空气中。

（9）系统集成方便，直接以通信接口与常规预警

系统连接。

2.4.5.3 工作原理

1. 分布式光纤的测温原理

光纤测温的原理是依据后向拉曼（Raman）散射效应，激光脉冲与光纤分子相互作用发生散射。散射有多种，其中拉曼散射是由于光纤分子的热振动，产生一个比光源波长更长的光，称斯托克斯（Stokes）光和一个比光源波长短的光，称为反斯托克斯（Anti-Stokes）光。反斯托克斯光信号的强度与温度有关，斯托克斯光信号与温度无关。从光波导内任何一点的反斯托克斯光信号和斯托克斯光信号强度的比例中，可以得到该点的温度为

$$T=\frac{h\Delta f}{K}\left[\ln\left(\frac{I_S}{I_{AS}}\right)+4\ln\left(\frac{f_0+\Delta f}{f_0-\Delta f}\right)\right]^{-1} \tag{2.4-5}$$

式中 h——普朗克常数，JS；

K——玻尔兹曼常数，J/K；

I_S——斯托克斯光强度，cd；

I_{AS}——反斯托克斯光强度，cd；

f_0——伴随光的频率，Hz；

Δf——拉曼光频率增量，Hz。

2. 光纤光时域反射定位原理

对光纤上温度测量点的空间定位是通过光纤光时域反射OTDR技术实现的。当激光脉冲在光纤中传输时，在时域里入射光经过背向散射返回到光纤入射端所需时间为t，激光脉冲在光纤中所走过的路程为$2L$，即

$$2L=\frac{V}{t} \tag{2.4-6}$$

$$V=\frac{C}{n} \tag{2.4-7}$$

式中 V——光在光纤中的传输速度，m/s；

C——真空中的光速，m/s；

n——光纤折射率。

利用光时域反射技术可以确定沿光纤温度场中每个温度采集点的距离及异常温度点、光纤断裂点的距离定位信息。

通过光纤的测温原理与定位原理，可以得到整个光纤上的温度分布，测温与定位精度由所采用的光纤测量仪器的性能所决定，目前最精确的定位精度可达5cm。若将分布式光纤敷设于土石坝坝体内，可以获得土石坝的空间温度分布情况。

3. 分布式光纤监测渗流的原理

大坝中渗流场与温度场之间相互作用、相互影响。一方面，大坝渗流场的存在与改变，将使渗透水流参与坝体系统中的热量传递与交换，从而影响大坝温度场的分布。另一方面，大坝温度场的改变，即可引起水的黏度及坝体渗透系数的改变，还会由于温度梯度（或温度势梯度）的存在引起水的运动，温度的改变还有可能引起水的相变，这些都会影响到大坝渗流场的分布。渗流场与温度场相互作用、相互影响的结果，会使双场耦合达到某一动平衡状态，分别形成温度场影响下的渗流场及渗流场影响下的温度场。在渗流场与温度场相互影响的机理上，可以建立渗流场与温度场的耦合分析模型。

在大坝坝体内埋设分布式光纤对其温度场进行监测；结合温度监测数据，可对大坝渗流场进行反分析。在渗流场与温度场耦合模型及渗流场反分析的基础上，可建立大坝渗流监控模型，并最终形成渗流预测预报及预警系统，对建筑物或地基渗流进行全面有效地监控。

2.5 应力应变及温度监测仪器

2.5.1 无应力计

2.5.1.1 用途

无应力计用于测量零应力状态下混凝土的自由体积变形，差动电阻式无应力计能同时监测测点的温度。无应力计与单向应变计或应变计组配套使用，埋设在同一测点的混凝土内，也可以和钢筋计配套使用。

2.5.1.2 结构型式

无应力计由应变计传感器和无应力计套筒组成，见图2.5-1。图中括号内数值为常用小规格无应力计套筒尺寸。无应力计应变传感器选用与之配套观测的同类型、同规格（或小量程）应变计，套筒一般采用锥形双层套筒，套筒内外层之间可填木屑或橡胶等，内筒内侧涂抹5mm厚沥青。应变计采用铅丝固

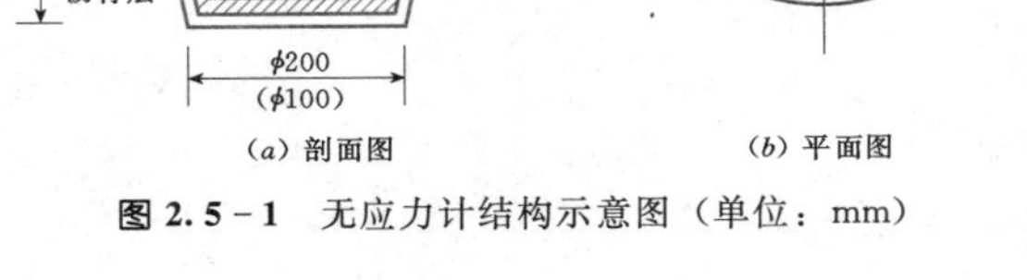

(a) 剖面图　　(b) 平面图

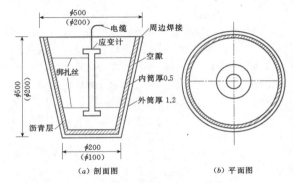

图2.5-1 无应力计结构示意图（单位：mm）

定在套筒内。

2.5.1.3　工作原理

无应力计的锥形双层套筒可使埋设在筒中混凝土内的应变计不受外部混凝土荷载的影响。而筒口又和外部混凝土连成一体，使得筒内与筒外保持相同的温度和湿度。这样内筒混凝土产生的变形，只是由于温度、湿度和自身原因引起，与外部荷载无关。因此，内筒测得的应变即为混凝土由于温度、湿度以及水泥水化作用等原因产生“自由体积变形”，或称自由应变。与无应力计配套埋设的应变计或应变计组测得的混凝土变形（应变）扣除无应力计测得的自由体积变形（自由应变）后，即可得到混凝土结构受外部荷载作用后产生的变形（应变），经计算后得出混凝土的应力。

2.5.1.4　技术参数

无应力计传感器一般采用与之配套的同类应变计，其主要技术参数要求参照表 2.5-1～表 2.5-3 的数据。

表 2.5-1　钢弦式应变计主要技术参数表

标　距（mm）	应变测量范围（$\times10^{-6}$）	分辨力（%F.S）
50 100 150 250	0～2500	≤0.05
50 100 150 250	0～3000	

表 2.5-2　差动电阻式应变计主要技术参数表

标　距（mm）	应变测量范围（$\times10^{-6}$）		分辨力（%F.S）
	拉伸	压缩	
100	0～600 0～1000 0～500	−1200～0 −1500～0 −2000～0	≤0.3
150	0～1200 0～600 0～500	−1200～0 −1200～0 −2000～0	
250	0～600 0～500 0～200	−1000～0 −1000～0 −2000～0	

表 2.5-3　光纤光栅式应变计主要技术参数表

标　距（mm）	应变测量范围（$\times10^{-6}$）		分辨力（%F.S）
	拉伸	压缩	
100 150	0～1500	0～1500	≤0.3
150 250	0～3000	0～3000	

2.5.2　应变计、应变计组

2.5.2.1　用途

应变计、应变计组用于长期监测水工建筑物混凝土或钢筋混凝土构件混凝土的应变，也可用来测量浆砌块石圬工建筑物或基岩内的应变。再通过力学计算，求得混凝土应力分布，了解水工结构内应力的实际分布，求得最大拉应力、最大压应力和最大剪应力的位置、大小和方向，核算混凝土是否超越材料强度的容许范围，评估建筑物的安全性。

2.5.2.2　结构型式

应变计、应变计组按传感器类型可分为差动电阻式应变计、钢弦式应变计、电阻式应变计、电感式应变计、光纤光栅式应变计等型式，差动电阻式应变计和钢弦式应变计是最常使用的两种应变计。

1. 差动电阻式应变计

差动电阻式应变计，主要由电阻传感器元件、密封壳体和引出电缆三部分组成。电阻传感元件由两组差动电阻钢丝、高频绝缘瓷子和两根方铁杆组成。传感元件外部构成一个可以伸缩密封的中性油室，内部灌满不含水分的中性油，以防钢丝氧化生锈，同时在钢丝通电发热时，也起到吸收热量的作用，使测值稳定。差动电阻式应变计结构见图 2.5-2。

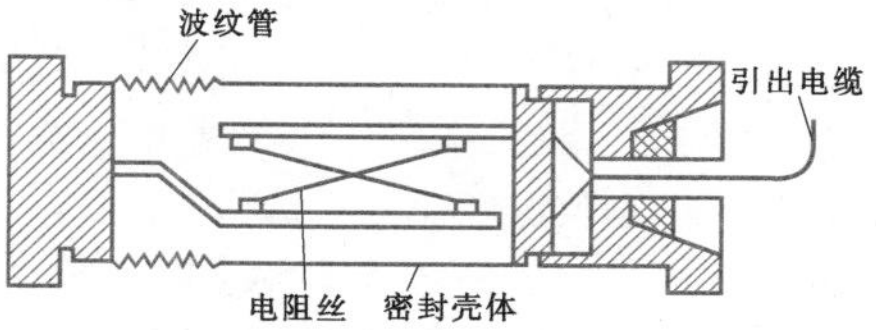

图 2.5-2　差动电阻式应变计结构示意图

2. 钢弦式应变计

钢弦式应变计主要由端座、护管、振弦、激振及拾振线圈等部分组成。典型钢弦式应变计结构见图 2.5-3。

3. 应变计组

应变计组由一个应变计支架（多向）和多支应变计组成，用于监测混凝土的空间应力状态，包括大、小主应力和最大剪应力的大小与方向。应变计组通常

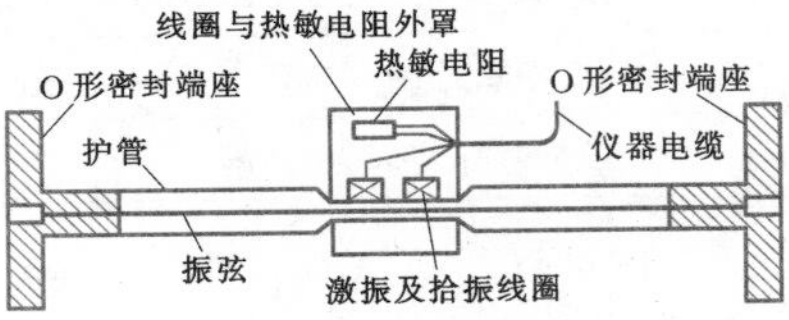

图 2.5-3 典型钢弦式应变计结构示意图

包括两向应变计组、三向应变计组、五向应变计组、七向应变计组和九向应变计组等，部分应变计组结构型式见图 2.5-4。每组应变计组附近埋设一支无应力计，用于消除温度、湿度、水化热、蠕变等对混凝土变形的影响。

2.5.2.3 工作原理

应变计虽然结构形式和传感器类型不同，但其工作原理基本一致，就是通过固定标距的传感器测量标距范围内的混凝土微小变形，同时测得测点处的混凝土温度，消除温度对混凝土变形的影响，经温度改正后的混凝土变形除以标距，即得测点处的混凝土应变。

1. 差动电阻式应变计

当差动电阻式应变传感器所处的环境温度不变而受到轴向变形时，或者当传感器两端标距不变而温度变化时，电阻比与应变均具有线性关系，且温度的变化与传感器内部电阻值的变化具有线性关系。因此，应变计受变形和温度双重作用的影响可以通过测量差动电阻式应变计的电阻值和电阻比测出，从而计算出水工建筑物混凝土的应变量。

2. 钢弦式应变计

钢弦式应变传感器两个端块之间张拉固定有一定长度的钢弦，端块固定在水工建筑物内部时，建筑物的变形使得两端块相对移动导致钢弦长度发生变化，从而钢弦张力出现变化，这种张力的变化导致钢弦谐振频率发生变化。因应变值受负温度影响，故钢弦式应变计还设热敏电阻温度计监测混凝土温度，用以补偿温度对应变的影响。钢弦式读数仪发出脉冲电压，利用靠近钢弦的电磁线圈激振钢弦，使钢弦产生自由振动，实现对钢弦谐振频率的测量，同时还可以测读热敏电阻温度。

3. 光纤光栅式应变计

光纤光栅式应变计埋设于被测物体的表面或内部，当被测物体发生变形时，应变计两端随被测物体变形产生相对运动，从而引起仪器内部光纤光栅长度的改变，光纤光栅长度的改变引起探测光波长的变化，波长的变化可通过光纤光栅分析仪直接转化为应变值。

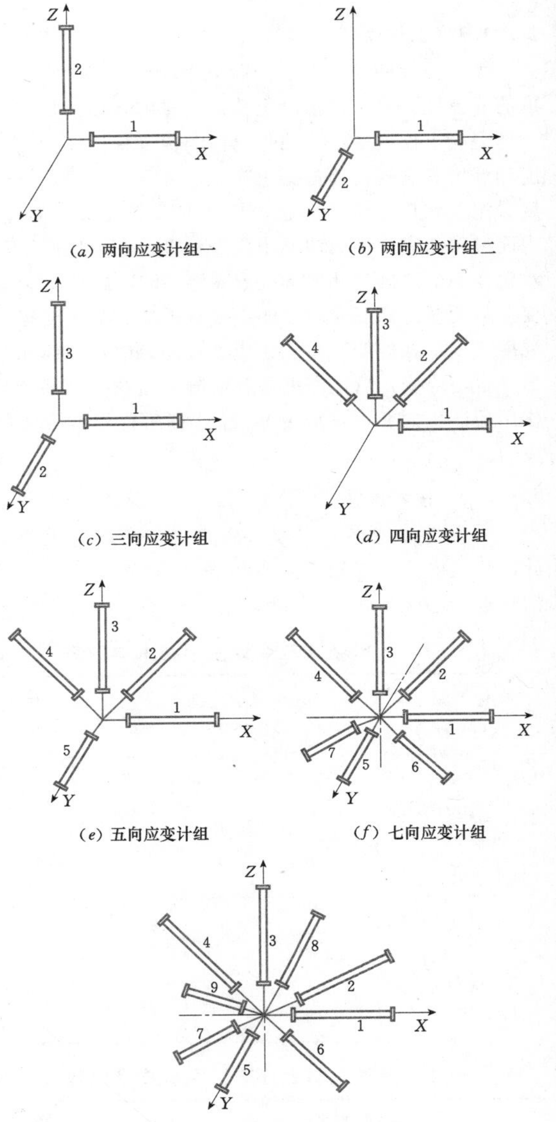

图 2.5-4 应变计组结构示意图

2.5.2.4 技术参数

根据《混凝土坝监测仪器系列型谱》(DL/T 948) 的规定，钢弦式应变计和差动电阻式应变计的主要技术参数见表 2.5-1～表 2.5-3。光纤光栅式应变计暂没有规范规定，设计人员可参照表 2.5-2 中的要求执行。

2.5.3 钢板计

2.5.3.1 用途

钢板计适用于长期安装在水工建筑物、岩土工程或其他建筑物的钢板、钢管上，测量钢结构中的应变和应力。也可以安装在钢筋、钢缆上量测其应变和应力。

2.5.3.2　结构型式

钢板计由应变计、夹具及保护罩等组成，焊接在压力钢管或其他钢结构上，用以长期监测钢结构的应力，并监测测点的温度，见图2.5-5。

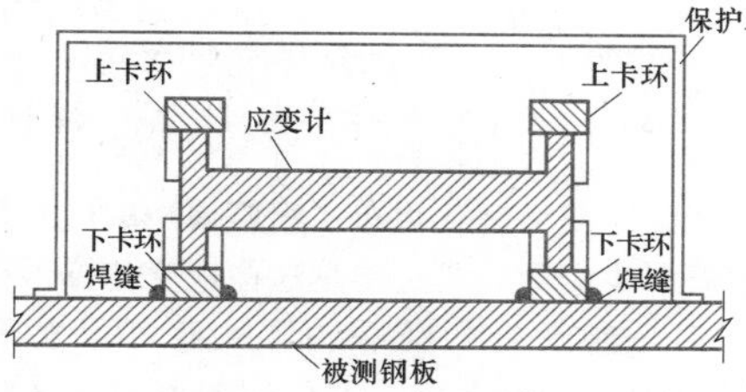

图2.5-5　钢板计结构示意图

2.5.3.3　工作原理

当被测结构物发生变形时，将带动钢结构表面的钢板计产生变形。变形通过前、后端支座传递给应变测量传感器。钢板计应变测量传感器工作原理与应变计测量原理相同。

2.5.3.4　技术参数

钢板计的主要技术参数要求与应变计相同，可参照表2.5-1～表2.5-3中的规定执行。

2.5.4　钢筋应力计

2.5.4.1　用途

钢筋应力计简称为钢筋计，用来测量钢筋混凝土内的钢筋应力。将钢筋计两端与直径相同的待测钢筋对接，直接埋入混凝土内。钢筋应力计不管钢筋混凝土内是否有裂缝，可以测得一段长度的平均应变，从而确定钢筋受到的拉（压）力。钢筋应力计包括差动电阻式钢筋计、钢弦式钢筋计、光纤光栅式钢筋计等多种形式。常用的钢筋应力计有差动电阻式和钢弦式两种。

2.5.4.2　结构型式

钢筋应力计由连接杆、钢套、差动电阻式（振弦式或其他）感应组件及引出电缆组成，差动电阻式钢筋应力计的结构见图2.5-6（*a*），钢弦式钢筋应力计的结构见图2.5-6（*b*）。感应组件端部的引出电缆从钢套的出线孔引出，钢套两端各焊接一根连接杆。钢筋计的型号规格主要根据连接杆的直径大小进行划分。

2.5.4.3　工作原理

钢筋应力计与受力钢筋对焊后连接成整体，当钢筋受到轴向拉（压）力时，钢套随之产生拉伸（压缩）变形，与钢套紧固在一起的感应组件跟着被拉伸（压缩），使电阻比（振动频率或其他）产生变化，从而得出钢筋计的应变，乘以钢筋计钢套的弹性模量后可以计算得到钢筋计的轴向应力，也就是待测钢筋的应力。

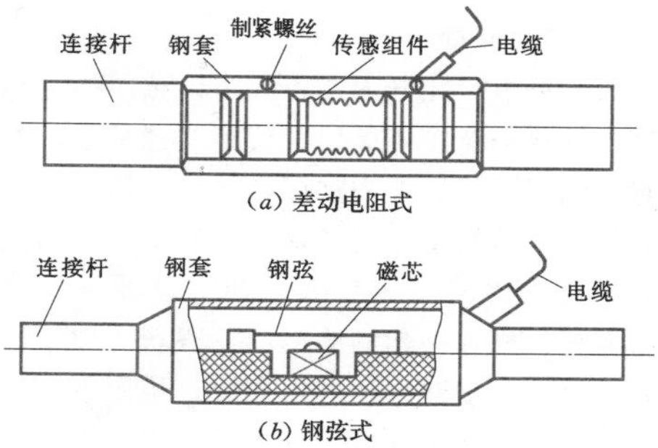

（*a*）差动电阻式

（*b*）钢弦式

图2.5-6　钢筋应力计结构示意图

2.5.4.4　技术参数

根据《混凝土坝监测仪器系列型谱》（DL/T 948）的规定，钢弦式钢筋应力计和差动电阻式钢筋应力计的主要技术参数见表2.5-4。光纤光栅式钢筋应力计暂没有规范规定，设计人员可参照表2.5-4中的要求执行。

表2.5-4　钢筋应力计主要技术参数表

仪器名称	应力测量范围（MPa）		分辨力（%F.S）
	拉伸	压缩	
钢弦式	0～200	−100～0	≤0.05
	0～300	−100～0	
差动电阻式	0～200	−100～0	≤0.3
	0～300	−100～0	
光纤光栅式	0～210	−100～0	<0.2
	0～300	−100～0	

2.5.5　锚杆应力计

2.5.5.1　用途

锚杆应力计用于水工建筑物或岩土工程中加固锚杆的轴向应力的测量。常用的锚杆应力计有差动电阻式和钢弦式两种。

2.5.5.2　结构型式

锚杆应力计由两端连接锚杆、连接杆、钢套、应变传感组件及引出电缆组成。锚杆应力计测量原理和传感组件与钢筋应力计相同，施工时可选用相同规格和相同技术参数的钢筋应力计焊接锚杆代替。

2.5.5.3 工作原理

将与锚杆直径相同的锚杆应力计按照指定观测部位与锚杆焊接或套接，制成与待测锚杆型号、直径相同的观测锚杆，然后埋入加固岩体或土体中，锚杆应力计会随着岩体或土体的变形产生应变。当锚杆受到轴向拉（压）力时，钢套随之产生拉伸（压缩）变形，与钢套紧固在一起的感应组件跟着拉伸（压缩），使电阻比（或振动频率）产生变化，从而得出锚杆应力计的应变，乘以锚杆应力计钢套的弹性模量后可以计算得到锚杆应力计的轴向应力，也就是待测锚杆的应力。差动电阻式锚杆应力计除可测得锚杆应力外，还可以测得测点处的温度。

2.5.5.4 技术参数

根据《混凝土坝监测仪器系列型谱》（DL/T 948）的规定，锚杆应力计的主要技术参数见表2.5-5。光纤光栅式锚杆应力计暂没有规范规定，设计人员可参照表2.5-5中的要求执行。

表2.5-5 锚杆应力计主要技术参数表

仪器名称	应力测量范围（MPa）		分辨力（%F.S）
	拉伸	压缩	
钢弦式	0～300	−100～0	≤0.05
	0～400	−100～0	
差动电阻式	0～300	−100～0	≤0.3
	0～400	−100～0	
光纤光栅式	0～300	−100～0	<0.2
	0～400	−100～0	

2.5.6 锚索（杆）测力计

2.5.6.1 用途

锚索（杆）测力计用于监测各种锚索（杆、桩）、螺栓等对岩体或支柱（墩、座）、隧道与地下洞室中的支架以及大型预应力钢筋混凝土结构的荷载，可同时兼测埋设点的温度。

2.5.6.2 结构型式

锚索（杆）测力计由承压钢筒以及均布在其周边的应变传感器组成，外部用保护罩进行密封。典型锚索（杆）测力计结构见图2.5-7。

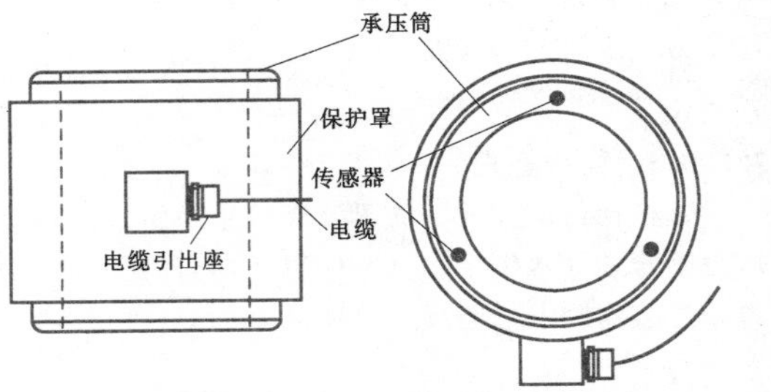

图2.5-7 典型锚索（杆）测力计结构示意图

2.5.6.3 工作原理

将锚索（杆）测力计套桩在锚索（杆）上，锚索（杆）测力计承压钢管所承受的轴向压力将与锚索（杆）所承受的轴向拉力保持一致。当承压钢筒承受压力产生轴向变形时，均布在钢筒周边的应变传感器也与钢筒同步变形，通过测量这些应变传感器即可以推算出钢筒所承受的荷载力，从而可以获得锚索（杆）所承受的轴向荷载。部分锚索测力计还可以通过测读每支应变传感器的应变计算出锚索测力计所承受的不均匀荷载或偏心荷载。

2.5.6.4 技术参数

根据《混凝土坝监测仪器系列型谱》（DL/T 948）的规定，锚索（杆）测力计的主要技术参数见表2.5-6。光纤光栅式锚索（杆）测力计暂没有规范规定，设计人员可参照表2.5-6中的要求执行。

表2.5-6 锚索（杆）测力计主要技术参数表

仪器名称	测量范围（kN）	分辨力（%F.S）
钢弦式锚索（杆）	0～4000	≤0.05
	0～5000	
差动电阻式锚索（杆）	0～500	≤0.3
	0～1000	
	0～1500	
	0～2000	
	0～3000	
光纤光栅式锚索（杆）	0～500	<0.2
	0～1000	
	0～1500	
	0～2000	
	0～3000	
	0～5000	

2.5.7 土压力计

2.5.7.1 用途

土压力计用于测量土体作用在水工建筑物上的总压力和土体中的土应力分布。

2.5.7.2 结构型式

土压力计按埋设方法分为埋入式和边界式两种。埋入式是土压力计埋入土体中，测量土中应力分布，也称土中压力计或介质土压力计；边界式土压力计是安装在刚性结构物表面，受压面朝向土体，测量接触应力，也称界面式土压力计或接触式土压力计。单支土压力计一般只能测量与表面垂直的正压力，3～4只土压力计成组埋设，相互间成一定角度，即可用空间应力理论求得观测点的大、小主应力和最大剪应力。

土压力计有立式、卧式和分离式三种结构型式。按照采用传感器的不同又可以分为钢弦式、差动电阻式、电阻应变片式、电感式、气压式和电磁阻式等多种型式。

(1) 埋入式土压力计一般设计成分离式结构。主要由压力盒、压力传感器、油腔、承压膜、连接管和屏蔽电缆等组成，压力盒由两块圆形或矩形的不锈钢板焊接而成。两块钢板间约有1mm的间隙，构成一个空腔，腔内充满防冻液体（如硅油）。油腔通过一根高强度的连接钢管与钢弦传感器相连形成封闭的承压系统。典型结构，见图2.5-8。钢弦式分离式土压力计的压力盒直径与厚度应满足

$$D/H \geqslant 20 \qquad (2.5-1)$$

式中 D——压力盒直径，mm；

H——压力盒厚度，mm。

(2) 边界式土压力计也可采用分离式结构，见图2.5-9。所不同的是埋入式的土压力计压力盒是双膜的，而边界式土压力计压力盒是单膜的。

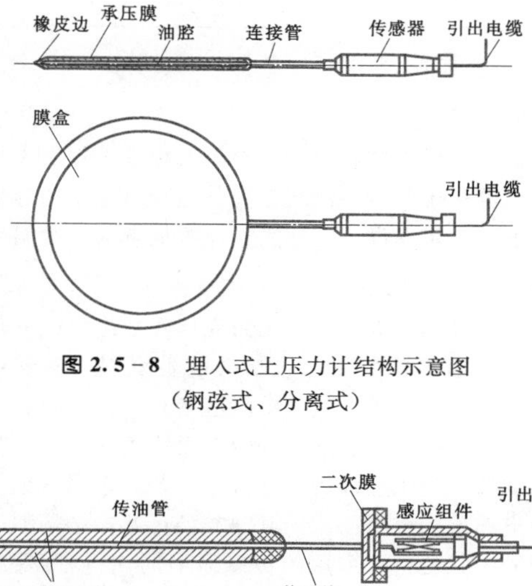

图2.5-8 埋入式土压力计结构示意图（钢弦式、分离式）

图2.5-9 分离式差动电阻式土压力计结构示意图

边界式土压力计可以采用竖式或卧式结构，竖式与卧式土压力计均没有连接管。以钢弦式土压力计为例，竖式土压力计的钢弦垂直于受压板的中心，一端固定在受压板上，另一端则固定在与受压板连成一体的刚性构架上。因此，当传感器受力后，钢弦松弛，频率降低。竖式土压力计结构型式见图2.5-10和图2.5-11。卧式土压力计的钢弦则平行于受压板，钢弦固定支架垂直于受压板。因此，受压板受力后，钢弦拉紧，频率增高。卧式土压力计结构见图2.5-12。

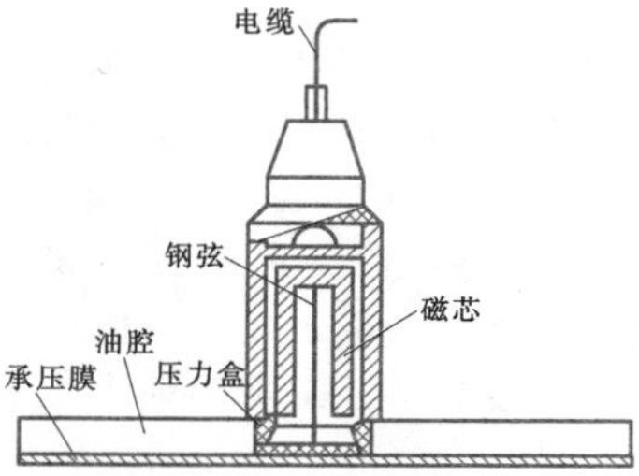

图2.5-10 边界式土压力计结构示意图（钢弦式、竖式）

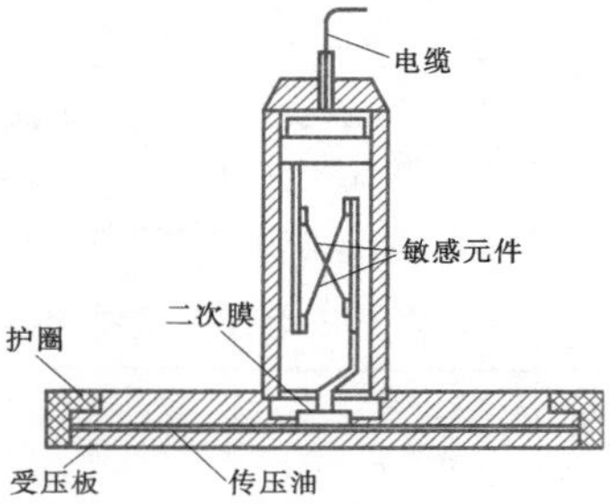

图2.5-11 竖式差动电阻式土压力计示意图

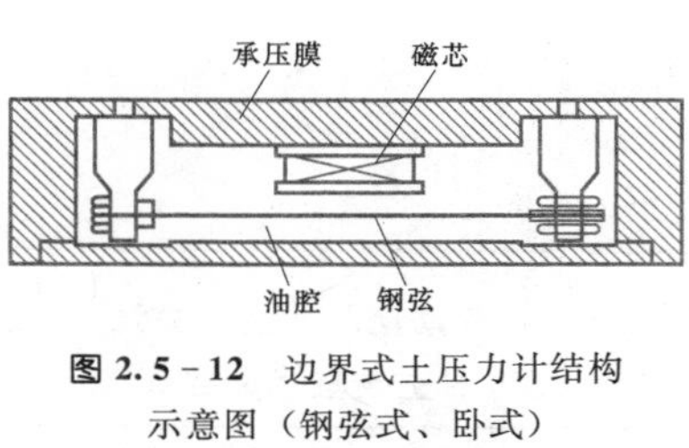

图2.5-12 边界式土压力计结构示意图（钢弦式、卧式）

电阻应变片式土压力计则是在其压力传感器的弹性膜片上粘贴圆形箔式电阻应变片，所以内部结构更为紧凑，压力传感器的外形尺寸较之其他类型的土压力计都要小，其典型结构见图2.5-13。差动电阻式土压力计和电阻应变片式土压力计都有充满液体的空腔，用以传递液体压力，所以也称二次膜结构。

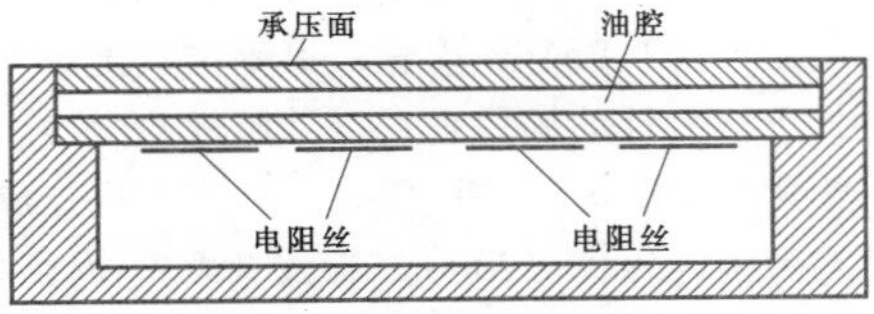

图 2.5-13 电阻应变片式土压力计结构示意图

2.5.7.3 工作原理

以分离式土压力计为例，当土压力作用于压力盒承压膜（一次膜）上，承压膜即产生微小挠性变形，使油腔内液体受压，因液体的不可压缩特性而产生液体压力，通过连接管传到压力传感器的受压膜即二次膜上，使钢弦式传感器的自振频率，或使差动电阻式传感器的电阻比和电阻值发生变化，或使电阻应变片式传感器的四个桥臂的电阻发生变化。通过测读仪表，测出相应的变化值，经换算即可求得所测土压力值。

2.5.7.4 技术参数

根据《土石坝监测仪器系列型谱》(DL/T 947) 的规定，钢弦式土压力计和差动电阻式土压力计的主要技术参数见表 2.5-7～表 2.5-8。电感式土压力计和气压式土压力计的主要技术参数见表 2.5-9～表 2.5-10。光纤光栅式土压力计暂没有规范规定，设计人员可参照表 2.5-11 中的要求执行。

表 2.5-7 钢弦式土压力计主要技术参数表

测量范围 (kPa)	分辨力 (%F.S)
0～250	≤0.1
0～400 0～600 0～1000 0～1600 0～2500 0～4000 0～6000	≤0.05

表 2.5-8 差动电阻式土压力计主要技术参数表

压力测量范围 (kPa)	压力分辨力 (kPa)	温度测量范围 (℃)	温度分辨力 (℃)
0～200	≤0.15	-25～60	≤0.05
0～400	≤0.30		
0～600	≤0.45		
0～1000	≤0.60		
0～1600	≤1.20		

表 2.5-9 电感式土压力计主要技术参数表

测量范围 (kPa)	分辨力 (%F.S)
0～100 0～160 0～250 0～400 0～600 0～1000 0～1600 0～2500	≤0.1

表 2.5-10 气压式土压力计主要技术参数表

测量范围 (kPa)	分辨力 (%F.S)
-50～250 -50～400 -50～600 -50～1000 -50～1600 -50～2500 -50～4000 -50～6000 -50～10000	≤0.15

表 2.5-11 光纤光栅式土压力计主要技术参数表

测量范围 (kPa)	分辨力 (%F.S)
0～300 0～350 0～700 0～1500 0～3500 0～5000 0～7000 0～20000	≤0.1

2.5.8 温度计

2.5.8.1 用途

温度计用于监测混凝土坝、面板堆石坝的库水温度以及混凝土结构在浇筑过程与运行过程中的温度变化情况。也可埋设于钻孔中，监测测点的环境温度。

2.5.8.2 结构型式

温度计由感温元件、密封壳体和引出电缆三部分组成。常用的感温元件包括铜电阻线圈、钢弦传感体、热敏电阻、热电偶、电阻应变片、铂电阻、光纤温度计等。铜电阻温度计的铜电阻线圈是采用高强度漆包线按一定工艺绕制在瓷管上，外壳采用紫铜管与引出电缆滚槽密封而成。其他类型传感器结构型式基本相同，只是由于采用的传感器不同使得密封方式、密封材料、电缆类型及内部结构有相应改变。铜电阻温度计结构见图 2.5-14。

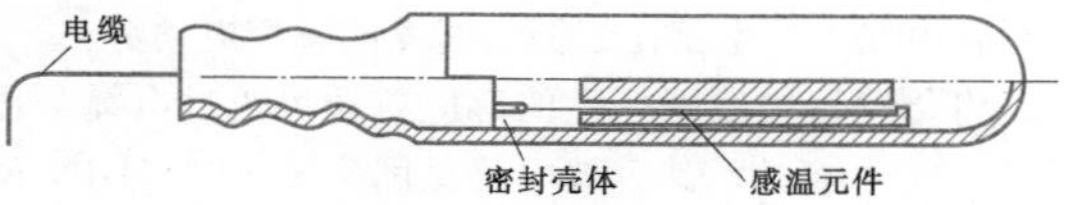

图 2.5-14　铜电阻温度计结构示意图

2.5.8.3　工作原理

铜电阻温度计、铂电阻温度计根据金属导体的电阻值具有随温度的变化而变化的特性来测量温度，同时采用三线制或四线制消除热电阻传感体的引出电缆等各种导线电阻的变化给温度测量带来的影响。

钢弦式温度计是基于钢弦传感体在不受外力作用时，受温度影响产生不同的膨胀变形，从而导致钢弦频率发生变化的原理制成。

热敏电阻温度计则是用一种半导体材料制成的温度敏感元件，其电阻随温度而显著变化，并能将温度的变化直接转换为电量的变化。

热电偶温度计是把两种不同导体（金属丝）A 和 B 结成一闭合回路，利用热点效应来测量温度。当两结合点 A 和 B 出现温差，在回路中就有电流产生，这种由于温度不同而产生的电压，其大小取决于所用金属的种类，并与结合点温度成正比。用专用仪表测出该处电压便可确定温度。

电阻应变片温度计是基于应变片的电阻值在不受外力作用下可随环境温度改变而变化的原理制成的，可采用应变仪进行测量。

2.5.8.4　技术参数

根据《混凝土坝监测仪器系列型谱》（DL/T 948）的规定，温度计的主要技术参数见表 2.5-12。热敏电阻式温度计与光纤光栅式温度计暂没有规范规定，设计人员可参照表 2.5-12 中的要求执行。

表 2.5-12　　温度计主要技术参数表

仪器名称	温度测量范围（℃）	温度分辨力（℃）
铜电阻式、铂电阻式	−30～70	≤0.05
钢弦式	−20～80	≤0.1
热敏电阻式	−20～80	≤0.1
	−30～120	
	−60～400	
光纤光栅式	−30～80	≤0.1
	−30～120	
	−30～200	

2.5.9　分布式光纤测温系统

分布式光纤测温系统是一种新型的温度量测系统，可用于混凝土温度监测和库水温度监测等。与传统温度计相比，具有测量点多（最小测温间距可高达 10cm）的优势，可测量出混凝土的温度场分布。但分布式光纤测温系统的测温精度与传统温度计相比稍弱，目前最高精度可达 0.35℃。

分布式光纤测温系统的组成与工作原理见本章 2.4.5 节。

2.6　动力及水力学监测仪器设备

2.6.1　速度计

2.6.1.1　用途

速度计用于监测爆破、地震、动载等作用下大坝及其他水工建筑物的振动速度。

2.6.1.2　结构型式与工作原理

速度计多为磁电式，也称摆式，它是通过摆法带动线圈运动产生电流和电压对振动速度进行测量。从磁电式传感器的基本原理可知，其基本元件是磁路系统和线圈。磁路系统产生恒定的直流磁场，为了减小传感器的体积，一般都采用永久磁铁。线圈运动切割磁力线，产生感应电动势。运动部分可以是线圈，也可以是永久磁铁，只要两者之间存在相对运动就可以。图 2.6-1 是磁电式速度计的结构示意图。

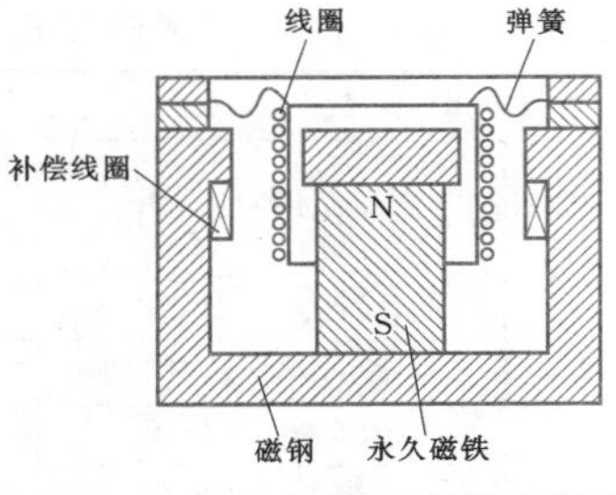

图 2.6-1　磁电式速度计结构示意图

图 2.6-2 是绝对式速度计，使用时把它与被测物体紧固在一起，当物体振动时传感器外壳随之振动，此时线圈、阻尼环和芯杆的整体由于惯性而不随之振动，因此它们与壳体产生相对运动，位于磁路气隙间的线圈就切割磁力线，于是线圈就产生正比于振动速度的感应电动势。该电动势由测振仪直接放大，可测量速度，经过积分或微分网络，也可用于测量位移或加速度。相对式速度计的结构图见图 2.6-3，它可以把两个相对运动着的物体的振动速度转换为电量。

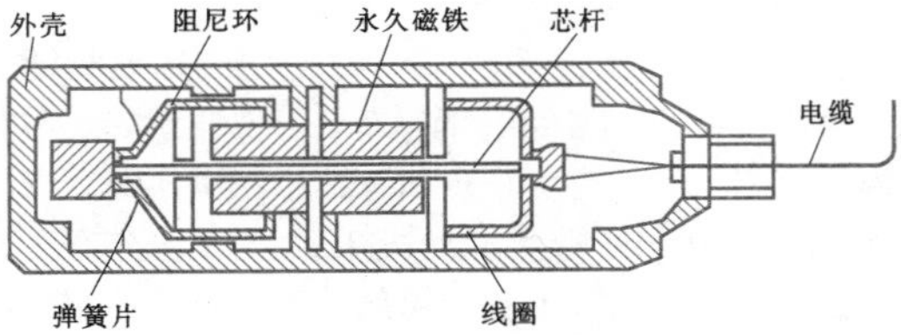

图 2.6-2 绝对式速度计结构示意图

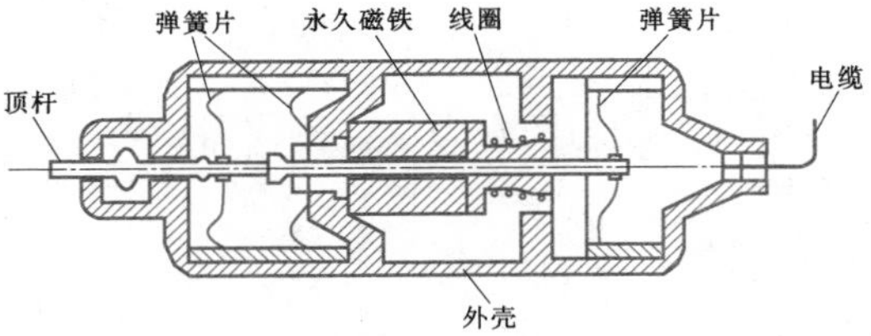

图 2.6-3 相对式速度计结构示意图

工作时，把外壳紧固于振动着的物体，而其顶杆顶着另一个振动物体，这样，两个物体之间的相对运动必然会导致磁路系统和线圈之间的相对运动，于是线圈切割磁力线，产生正比于振动速度的感应电动势。

将传感器中线圈产生的感应电动势通过电缆与电压放大器连接时，其等效电路见图 2.6-4。图中，R_c 是电缆导线的电阻，一般 R_c 很小可以忽略不计，故等效电路中的输出电压为

$$U_L = e\frac{1}{1+\frac{Z_0}{R_L}+j\omega C_c Z_0} \qquad (2.6-1)$$

式中 e——线圈的感应电动势；

Z_0——线圈阻抗；

R_L——负载电阻（含放大器输入电阻）；

C_c——电缆的分布电容。

如果所使用的电缆不是特别长，C_c 也可以忽略不计，并且如果有 $R_L \gg Z_0$ 时，则有放大器输入电压 $U_L \approx e$。感应电动势经过放大、检波后即可推动指示仪表，得到速度值。如果经过微分或积分网络，可以得到加速度或位移。

2.6.1.3 技术参数

速度计的主要技术参数见表 2.6-1。

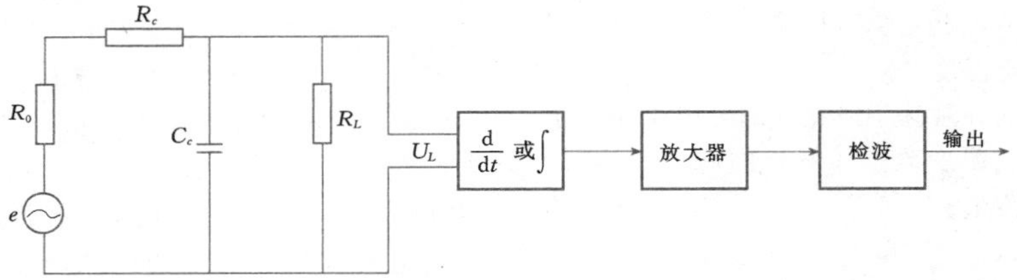

图 2.6-4 速度计的等效电路图

表 2.6-1 速度计主要技术参数表

技术参数		参考值
速度	测量范围 (km/h)	0～100 0～300
	分辨力 (%F.S)	≤0.05
	精度 (%F.S)	≤0.5
距离	测量范围 (m)	0～100000
	分辨力 (%F.S)	≤0.1
	精度 (%F.S)	≤0.5
时间	测量范围 (s)	0～10000
	分辨力 (%F.S)	≤0.1
	精度 (%F.S)	≤0.5
减速度	测量范围 (m/s)	0～10
	分辨力 (%F.S)	≤0.1
	精度 (%F.S)	≤0.5
平均减速度	测量范围 (m/s)	0～10
	分辨力 (%F.S)	≤0.01
	精度 (%F.S)	≤0.5

2.6.2 加速度计

2.6.2.1 用途

加速度计用于监测爆破、地震、动载等作用下大坝及其他水工建筑物的运动加速度。

2.6.2.2 结构型式与工作原理

加速度计的种类有很多，按检测质量的运动方式可分为线加速度计和摆式加速度计；按支承方式又可分为宝石支承、挠性支承、气体悬浮、液体悬浮、磁力支承和静电支承等；按检测方式可分为开环加速度计和闭环加速度计；按传感器的类型可分为压电式加速度计、电容式加速度计、半导体压阻式加速度计、电感式加速度计、电位器式加速度计等；按工作原理可分为张弦式加速度计、静电式加速度计、摆式陀螺加速度计等。

图 2.6-5 (a) 是线加速度计的力学模型图。它是由惯性检测质量 m（也称为敏感质量）、支承弹簧、位移传感器、阻尼器和仪表外壳组成。惯性检测质量

借助弹簧支承在壳体内，阻尼器一端也连接到壳体上。检测质量到支承的限制，只能沿敏感轴方向作线性位移。图 2.6－5（b）是线加速度计感受加速度 a 时的状态。敏感质量的惯性力压缩弹簧，使之产生位移量 x。惯性力 ma 与弹簧的弹力 kx 大小相等，方向相反，故通过测量位移量 x，就可以得到加速度 a。

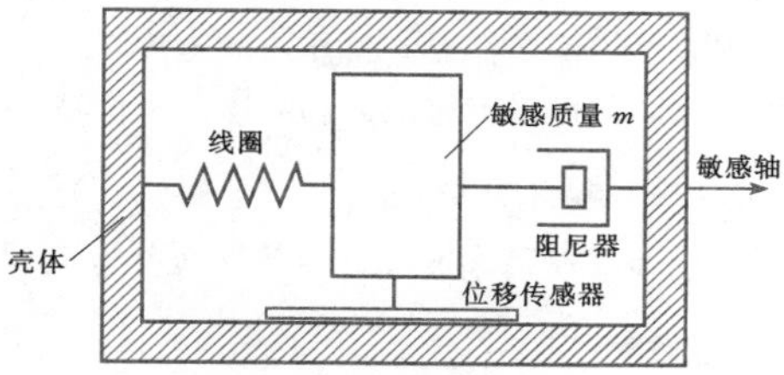

（a）力学模型

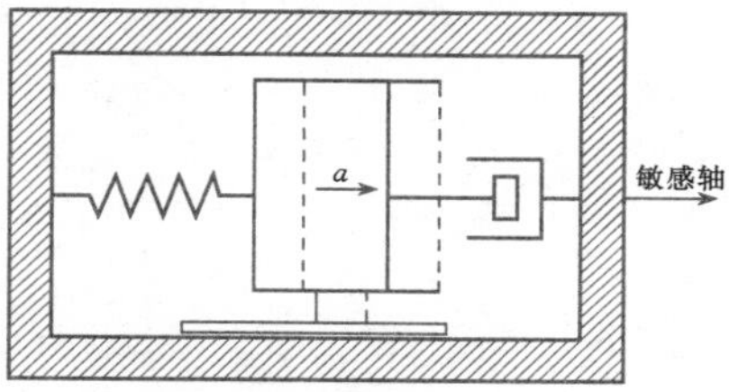

（b）运动状态

图 2.6－5　线加速度计结构示意图

图 2.6－6（a）是摆式加速度计的力学模型图，它的检测质量做成摆锤，可绕支承轴转动。当运动物体有沿 x 轴负向加速度 a 时，检测质量摆受加速度引起的惯性力 $F=ma$，由于摆杆具有长度，故形成的惯性力矩 M_a，使摆锤偏离初始位置，并产生角位移 α，与此同时，转轴的转动使轴端弹簧变形而产生弹性力矩 $M_s=K_a$（K 为弹性系数），M_s 与 M_a（$M_a=mal\cos\alpha$，l 为摆锤长度）方向相反。又由于摆杆偏离 z 轴，重力 mg 形成与弹性力矩方向相同的 $mal\sin\alpha$ 力矩分量，摆锤达到力矩平衡时即达到稳态，见图 2.6－6（b）。用传感器将角位移转变为电信号，就可以测定加速度值。

2.6.2.3　技术参数

加速度计的主要技术参数见表 2.6－2。

2.6.3　强震仪

2.6.3.1　用途

强震仪（strong motion seismograph）主要用于大型结构（大坝、桥梁、高层建筑、核电厂等）震时地震记录以及常时健康诊断，配置的软件除可进行一般振动信号的记录分析外，还可判断结构健康状态。特别适合结构地震观测台阵使用，如水库大坝、大型桥梁、重要高层建筑、核电站等的地震观测。

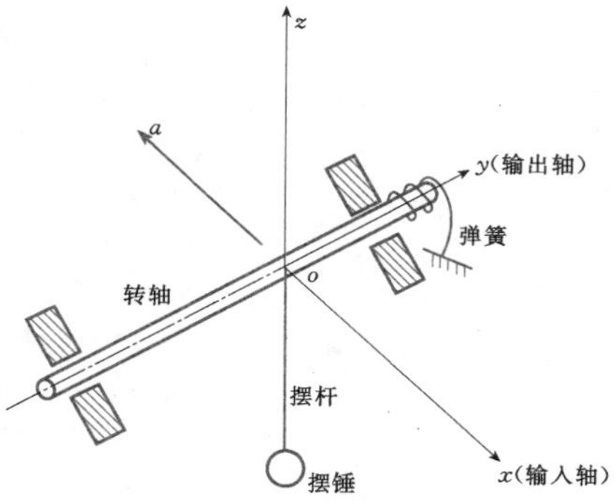

（a）力学模型

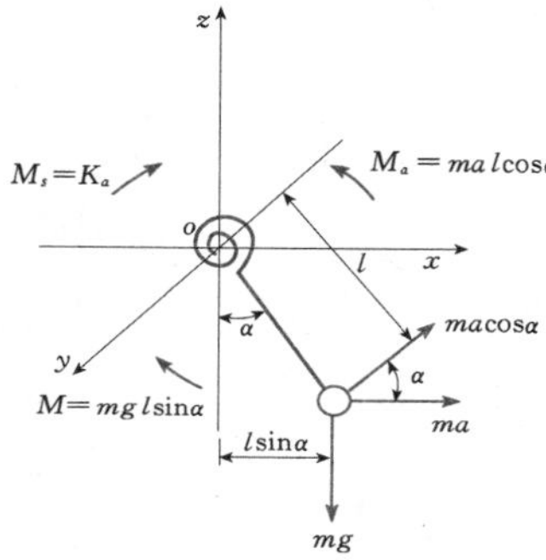

（b）转轴平衡状态

图 2.6－6　摆式加速度计工作原理图

表 2.6－2　　加速度计主要技术参数表

技 术 参 数	参 考 值
测量范围（g）	0～10 2～200
分辨力（%F.S）	≤0.01
频率范围（Hz）	0～100 0～300 0～1000 0～2500 0～10000
激励电压（V）	9～15 9～32 18～32

2.6.3.2　结构型式与工作原理

强震仪是记录强烈地震近地面运动的自动触发式地震仪。一般由拾振系统、记录系统、触发—起动系统、时标系统和电源系统等五部分构成。拾振系统通常采用三个拾振器，一个测量竖向运动，另两个测量互相垂直的水平向运动；记录系统是把拾振器相对于仪器底座的运动信号固定下来，可分为直接记录和非直接记录两种；触发—起动系统是强震仪中控制仪器起动和停止的一套装置；时标系统为精确反映测点运动与时间关系的记录时间坐标装置，由一套周期脉冲信号系统提供；电源系统是保证整套仪器正常运转的能源，一般由直流电源提供。强震仪种类很多，按监测的物理量来分类，可分为位移仪、速度仪和加速度仪等；按记录方式来分类，可分为直接记录式（机械记录式和光记录式）、电流记录式、磁带记录式（模拟磁带记录式和数字磁带记录式）等；按记录线道数来分类，可分为单分向、二分向、三分向和多道（中心记录）等。

拾振器是接收地震信号的装置，除直接记录的拾振器外，一般的是把地面运动的机械能转换为电能，而后输送给记录装置把地面运动记录下来。拾振器主要由摆、弹簧元件、阻尼器和换能器组成。按工作原理分，拾振器有压电式、磁电式、电动式、电容式、电感式、电涡流式、电阻式和光电式等。在振动测量中，目前广泛应用的是压电式加速计，因为它具有测量频段宽、动态范围大、体积小、重量轻、结构简单、使用方便等诸多优点。另外，加速计与适当的电路网络配合，即可得出相应振动的速度和位移值。

2.6.3.3　技术参数

国内外部分强震仪主要技术参数见表2.6-3。

表2.6-3　　国内外部分强震仪主要技术参数表

产品	型号	130—SM/SMA	GDQJ2	GSMA—2400IP	GMS—18	SYSCOM
传感器	加速度计	131系列	SLJ100			MS2005
	加速度计放置方式	内置	外接	外接	内置或外接	外接
	测量范围(g)		±0.005、±0.02、±0.01、±0.05、±0.01			
	输入电压	10～16V	12V	9～18V	90～260V/50～60Hz 内置12V	
	工作温度(℃)	−20～60	−10～45	−25～65	−20～70	−20～50
	相对湿度(%)		≤90		100	100
	动态范围(dB)	120/112	135		>130	
	灵敏度(V/g)	2.4/1.6	±1.25、±0.625、±0.5、±0.25			
	线性度(%F.S)	<0.02	<1			
	轴横向灵敏度(g/g)	<0.005	0.001			
	频率响应(Hz)	500				
	采样率(Hz)	50～500	100、200、300、400	50、100、200、500	50、100、200、500	50、100、200、500
	功耗(W)	2～3	≤35	≤2.5	≤1.6	≤0.9
	时间同步源	GPS	GPS	GPS	GPS,互联共同触发	
	时间精度	±10μs	±0.5ms	<1ms		
	动态范围		优于120dB			>114dB
	防水防尘级别	IP67				IP65
	尺寸(mm×mm×mm)	235×203×336		200×300×88	296×175×140	200×230×110
	重量（kg）	4.8			7.3	7.5

续表

产品	型号	130—SM/SMA	GDQJ2	GSMA—2400IP	GMS—18	SYSCOM
记录器	输入通道	3 或 6 通道	可选 6～18 通道，24 通道	3 或 6 通道		3
	信号输入方式		双端平衡差分输入	5V，10V 或 20V；双端平衡差分输入		
	触发类型	连续、外部、电平和权重触发（0.0001～4g）			级别触发、触发滤波、STA/LTA 触发	
	触发方式		电平触发、STA/LTA 触发		阈值触发或者 STL/LTA 触发	阈值触发或者 STL/LTA 触发
	记录方式	PASSCAL 记录格式		可选压缩格式，支持 SEED 格式	miniSEED	
	事件前记录长度（s）		0～30		1～100	1～100
	事件后记录长度（s）		0～120		1～1000	1～100
	记录容量	8MB，1～16GB（闪存卡）		内置 20GB USB 硬盘或 2GB 的 Flash 存储器	2GB 可移动 CF 卡，更高容量可达 32GB	内置 2MB 静态存储器带配用电池
	通信方式	RS—232	RS—232 直接通信、Modem 通信、RS—232 转光接口利用光纤通信	两个标准 RS—232C 串行口，一个标准 10M/100M 以太网接口		RS—232
	存储温度		－45～85℃		－40～85℃	－40～85℃

2.6.4 脉动压力计

2.6.4.1 用途

脉动压力计是用来对水流产生的动水压力进行监测的仪器，既可进行时均压力测量，又可进行脉动压力测量，尤其是可作非稳定水力过程的动水压力过程线测量。脉动压力计一般安装于预埋在过流面的底座上，通过预埋的电缆线将所测信号传至观测站。由压力传感计接收的信号经放大、适当滤波送入计算机采集系统，进行采样监测。

2.6.4.2 结构型式与工作原理

水力学监测涉及的脉动压力计按工作原理分类，一般分为电容式、压电式、谐振式和压阻式等四种型式。

电容式压力传感器采用变电容测量原理，将由被测压力引起的弹性元件的位移变形转变为电容的变化，用测量电容的方法测出电容量，便可知道被测压力的大小。

压电式压力传感器是利用压电材料的压电效应将被测压力转换为电信号，由压电材料制成的压电元件受到压力作用时产生的电荷量与作用力之间呈线性关系来测量压力。其特点是体积小、结构简单、工作可靠，测量范围宽，测量精度较高，频率响应高，但由于压电元件存在电荷泄漏，故不适宜测量缓慢变化的压力和静态压力。

压阻式压力传感器是基于半导体材料（单晶硅）的压阻效应原理制成的传感器，它是利用集成电路工艺直接在硅平膜片上按一定晶向制成扩散压敏电阻，当硅膜片受压时，膜片的变形将使扩散电阻的阻值发生变化。硅膜片上的扩散电阻通常构成桥式测量电路，相对的桥臂电阻对称布置，电阻变化时，电桥输出电压与膜片所受压力成对应关系。压阻式压力传感器的特点是：灵敏度高，频率响应高；测量范围宽，可测低至 10Pa 的微压到高至 60MPa 的高压；精度高，工作可靠，其精度可达±（0.02%～0.2%）；易于微小型化，目前国内已生产出直径 1.8～2mm 的压阻式压力传感器。

表 2.6-4　国内外部分脉动压力计主要技术参数表

型　号	BPR—39/40	BRP—2/50 BRO—2/70 BRO—2/100	CYG101	CYG1/CYG144	CYH300	H3100/ HQ—1200S	HG300	KYC08	YMC303P
量程（MPa）	0～5/0.16～6.3	0～5 0～7 0～100	0～1.0	0.1～10	0.005～100	0.1～10	0.003～100	0.005～60	0～100
传感器类型			压阻式	扩散硅式		扩散硅式			
过载压力	最大量程的1.5倍		最大量程的1.5倍		最大量程的1.5倍		最大量程的2倍	最大量程的1.5倍或70MPa	
精度（%F.S）	<0.5	±1	±0.5	±（0.1～0.5）	±0.3	±（0.1～0.5）	±0.2	±0.25	
重复性及迟滞（%F.S）	<0.5	1	0.2		±0.2， ±0.5			±0.15， ±0.3（<10kPa）	
供电电源（直流）	15V		15V	12～30V	15～28V/15～30V	15～30V	14～36V，标准24V±5%	9～36V	
零点输出		≤±1%F.S	≤±10mV					−2～2mV	
满量程输出			80mV±30%	4～20mA/ 1～10V		4～20mA/ 1～10V			
工作温度（℃）	−10～60	−20～80	−40～80	−20～80	−40～80	−20～80	−25～85	−25～85	
补偿温度（℃）			−10～60				−20～70	0～70	
零点温度系数		≤±0.02%F.S/10℃	5×10^{-4}%F.S/℃	1F.S/10K	0.2%F.S/℃	1F.S/10K		±3.5×10^{-4}%F.S/℃	
灵敏度温度系数		≤±0.02%F.S/10℃	5×10^{-4}%F.S/℃		0.2%F.S/℃			±3.5×10^{-4}%F.S/℃	
零点时漂	<0.5%F.S/℃							±0.2%/8h	
稳定性					±0.10%/1年		±0.25%/1年	±0.25%/1年	
膜片材料	铝合金/不锈钢		1Cr18Ni9Ti不锈钢		316L不锈钢		316L不锈钢	316L不锈钢	

谐振式压力传感器是靠被测压力所形成的应力改变弹性元件的谐振频率，通过测量频率信号的变化来检测压力，多用于气体压力监测。

目前水利工程上多用压阻式脉动压力计，一般又根据放大电路的放置方式分为压阻式压力传感器和压阻式压力变送器等。

2.6.4.3 技术参数

国内外部分脉动压力计主要技术参数见表 2.6-4。

2.6.5 水听器

2.6.5.1 用途

水听器是目前通过水下噪声获取空化信息的常用仪器，它是一种利用压电效应制作的声电换能器。水听器安装在预埋底座上，通过预埋的电缆将水声信号传至观测站，水听器带有前置放大器，监测时必须提供专门电源，由高频率、大容量采集系统进行信号的采集和分析。

2.6.5.2 结构型式与工作原理

根据作用原理、换能原理、特性及构造等的不同，水听器可以分为有声压、振速、无向、指向、压电、磁致伸缩、电动（动圈）、光纤等。

压电式水听器是目前较为常用的水听器类型，它采用对温度和压力变化性能较稳定的 PZT 压电陶瓷作为灵敏元件，利用其压电机理，将声信号转换成电信号。水听器采用了特殊结构和专门材料的声障板，减小了接收范围内混凝土和金属结构的不良影响。采用的前置放大器具有高输入阻抗，低输出阻抗，使得水听器接收到的信号能远距离传输。

压电式水听器一般由外壳、吸声材料、压电敏感元件、位于压电敏感元件两侧的内电极和外电极以及信号处理电路等组成，可分为平面型、柱型和球型等型式，以适应不同的接收需要。平面型水听器接收以其安装平面法线为轴线、具有一定开角的近似锥体范围内的水下噪声信号；柱型水听器可接收其感应元件安装平面（实际也有一较小开角）内的水下噪声信号；球型水听器从理论上可接收其安装点周围一定范围三维空间的水下噪声信号。对于水工建筑物水流空化的监测，由于不容许在过流面上设置突起物或在水流中设置绕流物，固一般将水听器与过流表面齐平安装，或加保护罩后在低流速水环境中垂吊（如在船闸门井内）。

光纤水听器是一种建立在光纤、光电子技术基础上的水下声信号传感器。它通过高灵敏度的光纤相干检测，将水声信号转换成光信号，并通过光纤传至信号处理系统提取声信号信息。光纤水听器与传统水听器相比，在未来的声纳系统中作为接收阵列显示出更大的吸引力。它的优点有：具有将大量单元的信号经由单根光纤传输的大规模成阵的能力；具有水听器单元设计的灵活性；具有灵敏度高、响应的带宽宽、单元及信号传输不受电磁干扰的影响等重要特点。

2.6.5.3 技术参数

国内部分水听器的主要技术参数见表 2.6-5。

2.6.6 流速仪

2.6.6.1 用途

流速仪是测量水流流速的仪器。

表 2.6-5　国内部分水听器主要技术参数表

型　号	RHS—30	SQ31	SMH－101	TC4013	ZKY
量程（Hz）	20～50k	5～65000	0～100 40×9.8N/cm^2	1～170	4～200k
最大深度（m）	500	650	400	700	200
接收灵敏度	－193dB	－148dB±1dB		－211dB±3dB	－210dB
发射灵敏度				130dB±3dB	
频率响应			（5～20k）Hz±0.5dB		±3dB，局部不超过±7dB 范围
指向性	水平向：±1.5dB（50kHz）；垂直向：±2.0dB（50kHz，240°范围）		水平向：200kHz±0.5dB；垂直向：100kHz±2dB		＞80°
其他		前置放大器			

2.6.6.2 结构型式与工作原理

流速仪有多种型式：旋杯式和旋桨式流速仪、多普勒流速仪、毕托管式流速仪。

旋杯式和旋桨式流速仪工作原理是基于水流作用到旋杯或者旋桨时，旋杯或者旋桨产生回转运动，其转速 n 与流速 v 之间存在着一定的函数关系：$v=f(n)$。通过流速仪检定水槽实验，建立检定公式，从而测定流速。旋杯式和旋桨式流速仪一般由旋桨、旋转支承系统、信号转换发生部分和仪器座等四部分组成。

多普勒流速仪采用多普勒频移物理原理来测量水流速度，一般采用多个超声波换能器（探头）同时向多个方向发射超声波，通过接收自然界的水中不同距离的悬浮颗粒反射信号之后加以分析，代入多普勒频移方程式，计算出水流的速度。

毕托管利用滞点的动水压强 $H_{动}$ 与未受探头干扰的静水压强 $H_{静}$ 之差 ΔH_w 来计算流速 v，即

$$v=C\sqrt{2g\Delta H_w} \tag{2.6-2}$$

式中 C——毕托管的修正系数，一般由率定求得。

因标准毕托管测流速的适应范围较小，为适应高流速的测量，在原型观测中，常采用毕托管动压管制成的动压管流速仪，静压则取自附近区域不受毕托管干扰的壁面静水压力。当毕托管为流线型时，可近似取 $C=1$。水利工程中多采用毕托管测流原理的水平剖面轴对称流线翼型总压式探头，后接压力传感器测量测点动水压强，该仪器既能测量流速的时均值，也能测量其瞬时（脉动）值。

2.6.6.3 技术参数

国内外部分流速仪主要技术参数见表2.6-6。

表2.6-6 国内外部分流速仪主要技术参数表

型 号	LS25-1/LS25-3A	LS68	MGG/KL-DC	Triton	VCTRINO
测量范围	0.06～5m/s/ 0.04～10m/s	0.2～3.5m/s	0.01～10m/s	±0.001～6m/s	0～10m/s
仪器类别	旋桨式	旋桨式		声学多普勒式	声学多普勒式
工作水头（m）	0.2～24/0.2～40	0.2			
分辨力（cm/s）	0.1	0.1		0.1	0.1
精 度	所测流速的±1%	所测流速的±1%	所测流速的±1%	所测流速的±1%， 1mm/s	

2.7 测量仪表

2.7.1 经纬仪

2.7.1.1 用途

经纬仪的作用是角度测量。角度是几何测量的基本元素，包括水平角和垂直角，见图2.7-1。水平角是一点到两目标点的方向垂直投影在水平面上所构成的角度。垂直角是一点到目标点的视线与水平面的夹角。若视线在水平面之上，垂直角为正，为仰角；否则垂直角为负，为俯角。

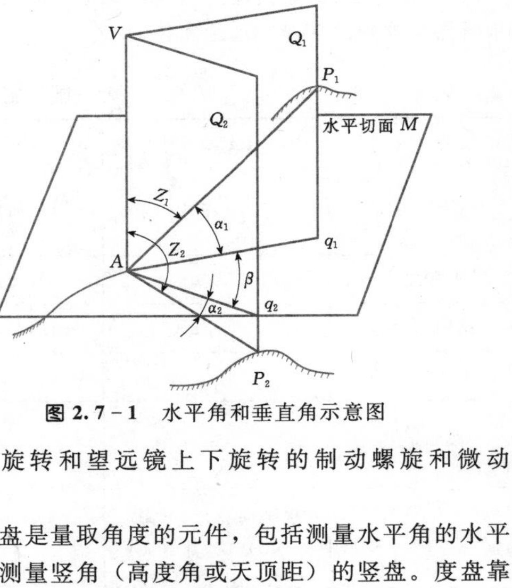

图2.7-1 水平角和垂直角示意图

2.7.1.2 结构型式

经纬仪由瞄准目标的照准部、量取角度的度盘、获得度盘上数值的读数设备、安置照准部的基座以及与地面点的对中设备等组成。

照准部是带十字丝的望远镜，其主要包括视准轴、横轴、竖轴和支撑横轴和望远镜的支架。照准部上有照准部水准管和竖盘指标水准管，它用于了解竖轴是否竖直。照准部上还有用于控制照准部本身在水平方向旋转和望远镜上下旋转的制动螺旋和微动螺旋。

度盘是量取角度的元件，包括测量水平角的水平度盘和测量竖角（高度角或天顶距）的竖盘。度盘靠近外边缘处有计量角度值的标记。标记有两种：一种为0°～360°的分划线，相邻分划线之间一格的角度值多为1°、30′或20′，每度的分划线记有一数字，称为

角度分划线度盘；另一种为可用电子设备获取数值的编码、光栅等图形或刻线，称为编码度盘或光栅度盘。

基座由承载照准部并与竖轴轴承连接的顶部、调节竖轴使之竖直的脚螺旋和便于与三脚架连接的三角底板等组成。

对中装置就是仪器中心和地面点的中心在同一条垂线上。一般采用光学对中器，它是由目镜、分划板和物镜构成一个简易的小望远镜，视线经直角棱镜转折 90°后可对准地面点。通常称经直角棱镜转折 90°后的视线为光学垂线，当竖轴是垂线状态时，光学垂线也是垂线状态，此时通过目镜看到分划板标记对准了地面点。

2.7.1.3 工作原理与观测方法

1. 水平角

水平角是两条视准线在同一水平面上投影线所形成的夹角。水平角在 0°～360°范围内按顺时针方向量取。水平角观测方法一般根据观测的精度要求和目标的数目来定。常用的测角方法有测回法和方向观测法。

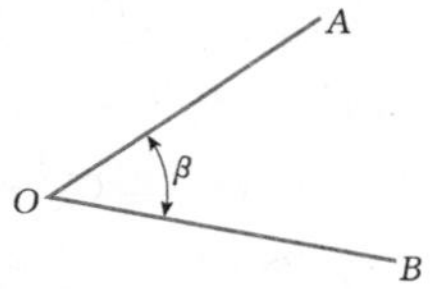

图 2.7－2 测回法水平角观测示意图

（1）测回法。测回法适用于观测两个方向之间的水平角，如图 2.7－2 所示。经纬仪安置在测站点 O 上，对中整平后按下述步骤进行水平角观测：

1）经纬仪置于盘左位置。所谓盘左（或称正镜），即观测者面对望远镜目镜，竖直度盘在望远镜的左侧。

2）精确瞄准起始目标 A，配置度盘，并读取水平度盘读数 a_L。配置度盘的目的是为了减小度盘刻划误差的影响并且也方便计算。各测回之间起始目标的读数间隔应在 $180°/n$（n 为测回数）。

3）松开照准部制动螺旋，顺时针旋转照准部，照准目标 B，读取水平度盘读数 b_L 记入观测手簿，完成上半测回观测。盘左位置的水平角值 $\beta_L = b_L - a_L$。

4）松开照准部制动螺旋和望远镜制动螺旋，纵转望远镜，使经纬仪置于盘右位置（竖盘在望远镜右侧，又称倒镜）。然后旋转照准部照准目标 B，读取水平度盘读数 b_R，记入观测手簿。

5）松开照准部制动螺旋，逆时针旋转照准部，照准目标 A，读取水平度盘读数 a_R，记入观测手簿，完成下半测回观测。盘右位置的水平角值 $\beta_R = b_R - a_R$。

上半测回和下半测回构成一测回。理论上 β_L 与 β_R 应相等。受各种误差的综合影响，实际观测中当 β_L、β_R 两者的较差（称半测回较差）满足相关标准规定的容许值时，取两者的平均值作为该测回的观测值。

（2）方向观测法。方向观测法又称为全圆测回法，适用于在一个测站观测两个以上的目标。与测回法不同的是，方向观测法在每半测回内依次观测各方向后，最后还应再次回到起始方向进行观测。设 O 为测站点，A、B、C、D 为观测目标，用方向观测法观测各方向间的水平角，见图 2.7－3。具体观测步骤如下：

1）在测站点 O 安置仪器，对中整平。选择目标 A 作为起始方向，盘左瞄准起始方向，配置度盘。将水平度盘读数安置在稍大于 0°处，读取水平度盘读数并记入观测手簿中。

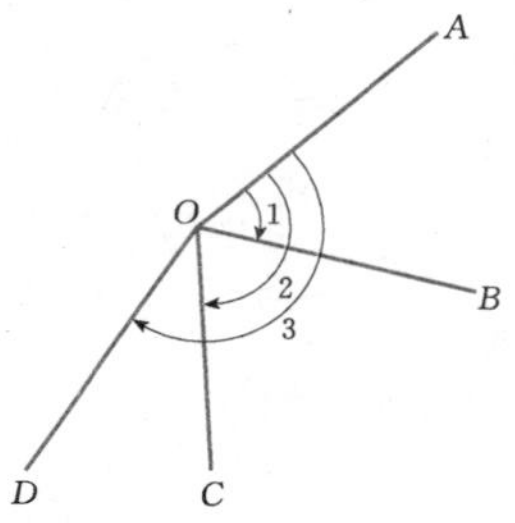

图 2.7－3 方向法水平角观测示意图

2）松开照准部制动螺旋，按顺时针方向依次瞄准目标 B、C、D 读数并记入观测手簿。

3）为了校核，再次瞄准起始方向目标 A（称为归零），读数并记入观测手簿。两次瞄准目标 A 的读数之差的绝对值称为归零差，归零差应满足相关标准的规定。上述观测完毕称为上半测回，当观测方向数只有 3 个时，同测回法一样，也可不必做归零观测。

4）纵转望远镜使仪器处于盘右位置，逆时针依次瞄准 A、D、C、B、A 目标，读取读数并记入手簿，完成下半测回观测，其归零差仍应满足规定要求。

5）多测回观测时，若同一方向各测回互差符合规定，则取各测回归零后方向值的平均值作为该方向的最后结果。

6）任意两目标的方向值相减，即得该两方向之间的水平角。

在实际作业中，当测站上要观测的方向较多时，各个方向的目标不一定能同时稳定并清晰成像，如果要同时观测，往往要花费较长时间来等待各方向的成像都稳定并清晰下来，否则观测精度将有所降低。因此，国家的相关标准规定，当测站上观测方向数多于 6 个时，应考虑分为两组观测。

分组观测时，一般是将成像情况大致相同的方向分在一组，每组内所包含的方向数大致相等。为了将两组方向观测值化归成以同一零方向为准的一组方向值并满足观测成果质量检核的要求，观测时两组都要联测两个共同的方向，其中最好有一个是共同的零方向，以便加强两组间的联系。两组中每一组的观测方法、测站的检核项目、作业限差和测站平差等与前面所述的一般方向观测法相同，所不同的是，两组共同方向之间的联测角应进行检核，以保证观测质量。

2. 垂直角

垂直角是视准轴与其相应的水平视线的夹角，水平视线以上为正，水平视线以下为负。垂直度盘与望远镜连在一起转动，横轴通过其中心并与之正交。为获取垂直角，需有一水平位置作参考，见图2.7-4。

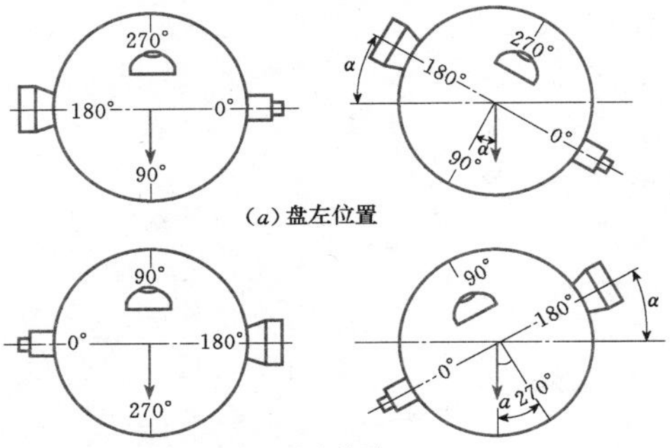

(a) 盘左位置

(b) 盘右位置

图2.7-4 垂直角观测示意图

当视准轴水平时，竖盘读数为90°或270°。当视准轴仰起时，则垂直角为竖盘读数减90（盘左时）或270减竖盘读数（盘右时）。事实上，当水准器气泡居中时，经纬仪竖盘指标线并非水平，这一差值称为竖盘指标差，可以通过盘左、盘右观测，计算出指标差，以消除其影响。

垂直角观测的具体操作程序为：①盘左，按上、中、下三根水平丝的顺序依次照准同一目标各一次，并分别读竖盘读数；②盘右，同盘左一样进行观测；③分别计算三根水平丝所测得的指标差和垂直角，并取垂直角的平均值作为一个目标的一测回的值。

2.7.1.4 技术参数

国内外部分经纬仪主要技术参数见表2.7-1。

2.7.2 测距仪

2.7.2.1 用途

测距仪广泛用于水平控制网和工程测量的精密距离测量，取代用钢尺直接丈量待测边的方法。

2.7.2.2 结构型式

光电测距仪主要由光源、调制器、棱镜反射器和光电转换器件等组成，结构见图2.7-5。

表2.7-1 国内外部分经纬仪主要技术参数表

型号			DT210	DT302C	ET/DT—02L	ETH—332	J2—2	J2B	TDJ2E
精度			2″	2″	2″	2″	2″	2″	2″
望远镜	成像方式		正像	正像	正像	正像	正像	正像	正像
	放大倍率（倍）		30	30	30	30	30	30	30
	物镜孔径（mm）		45	40	45	45	40	40	40
	视角场		1°30′	1°20′	1°30′	1°30′	1°20′	1°30′	1°20′
	最短视距（m）			1.3	1.4	1.35	2	2	2
度盘	补偿范围		±3′	±3′	±3′		±3′		±2′
	刻画	水平	1″	1″	1″	1″	1″	1″	1″
		垂直	1″	1″	1″	1″	1″	1″	1″
水准器	圆水准器		8′/2mm	8′/2mm	8′/2mm	8′/2mm	8′/2mm	8′/2mm	8′/2mm
	水准管		20″/2mm	30″/2mm	30″/2mm	30″/2mm	20″/2mm	20″/2mm	20″/2mm
操作温度（℃）			−20～+45	−20～+50	−20～+45	−20～+45	−20～+50	−25～+45	−20～+45
仪器重量（kg）			4.7	4.3	4.3	4.6	6.0	6.0	6.0

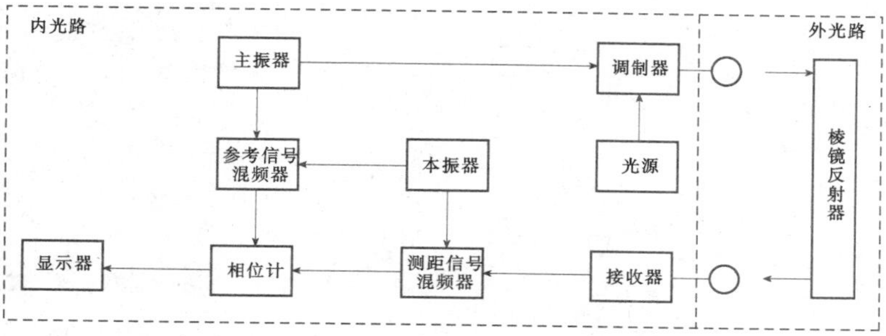

图 2.7-5　相位式光电测距仪的结构示意图

测距仪的光源，主要有砷化镓（GaAs）二极管和氦—氖（He—Ne）气体激光器。前者一般用于短程测距仪中，后者用于中远程测距仪中。

采用砷化镓（GaAs）二极管发射红外光的红外测距仪，发射光强直接由注入电流调制，发射一种红外调制光。但采用氦氖激光等作光源的相位式测距仪，必须采用一种调制器，其作用是将测距信号载在光波上，使发射光的振幅随测距信号电压而变化，成为一种调制光。

棱镜反射器是将测距仪发射的调制光反射回去，被仪器接收器接收。对于任意入射角的入射光线在反射棱镜的两个面上的反射是相等的，所以通常反射光线与入射光线平行。因此，在安置棱镜反射器时，要把它大致对准测距仪，对准方向偏离在 20°以内，就能把发射出的光线经它折射后仍能按原方向反射回去。

根据距离远近不同，实际应用的棱镜反射器有单块棱镜的，也有多块棱镜组合的。安置反射器时是将它的底座中心对准地面标识中心，但由于光线在棱镜内部需要一段光程，使底座中心与顾及此光程影响的等效反射面不相一致，距离计算时必须顾及此项影响。

在光电测距仪中，接收器的信号为光信号。为了将此信号送到相位器进行相位比较，必须把光信号变为电信号，对此要采用光电转换器件来完成这项工作。用于测距仪的光电转换器件通常有光电二极管，雪崩光电二极管和光电倍增管等。

2.7.2.3　工作原理

测距原理是由激光器对被测目标发射一个光信号，然后接受目标反射回来的光信号，通过测量光信号往返经过的时间，计算出目标的距离。电磁波测距是通过测定电磁波束，在待测距离上往返传播的时间 t_{2D} 来计算待测距离 D，见图 2.7-6。

电磁波测距的基本公式为

$$D=\frac{1}{2}ct_{2D} \qquad (2.7-1)$$

式中　c——电磁波在大气中的传播速度；

t_{2D}——电磁波在测线上的往返传播时间，可以直接测定也可以间接测定。

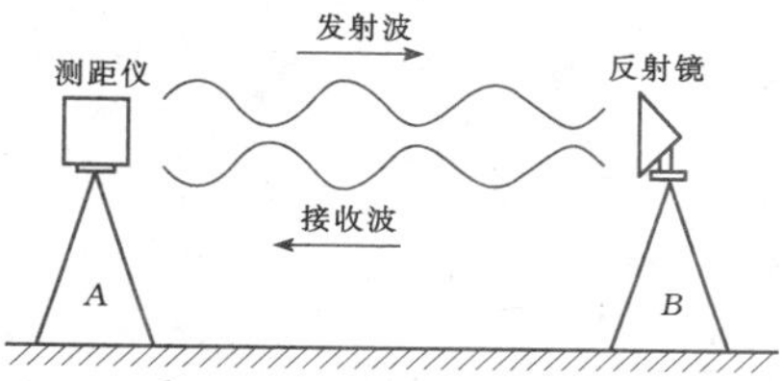

图 2.7-6　电磁波测距示意图

直接测定电磁波传播时间是用一种脉冲波，它是由仪器的发送设备发射出去，被目标反射回来，再由仪器接收器接收，最后由仪器的显示系统显示出脉冲在测线上的往返传播时间 t_{2D} 或直接显示出测线的斜距，这种测距仪称为脉冲式测距仪。

间接测定电磁波传播时间是采用一种连续调制波，它由仪器发射出去，被反射回来后进入仪器接收器，通过发射信号与返回信号的相位比较，即可测定调制波往返于测线的迟后相位差中小于 2π 的尾数。用 n 个不同调制波的测相结果，便可间接推算出传播时间 t_{2D}，并计算出测线的倾斜距离。这种测距仪器称为相位式测距仪，这种仪器的计时精度达 10^{-10} s 以上，从而使测距精度提高到 1cm 左右，可基本满足精密测距的要求。

假设测定 A、B 两点的距离 D，将相位式光电测距仪整置于 A 点（称测站），反射器整置于另一点 B（称镜站）。测距仪发射出连续的调制光波，调制波通过测线到达反射器，经反射后被仪器接收器接收，见图 2.7-7。调制波在经过往返距离 $2D$ 后，相位延迟了 Φ。我们将 A、B 两点之间调制光的往程和返程展开在一直线上，用波形示意图将发射波与接收波的相位差表示出来，见图 2.7-8。

设调制波的调制频率为 f，它的周期 $T=1/f$，相应的调制波长 $\lambda=cT=c/f$。调制波往返于测线传

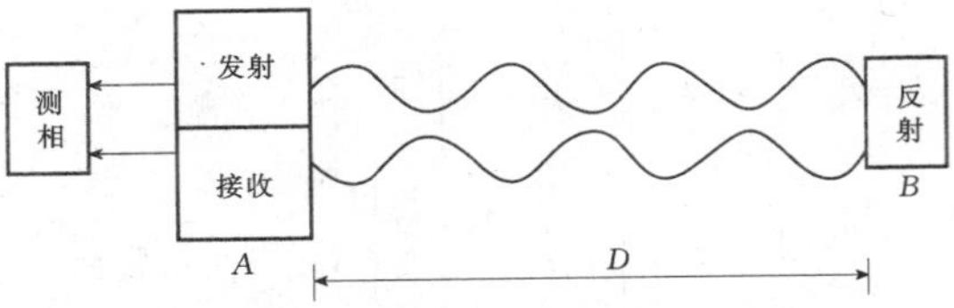

图 2.7-7　相位式电磁波测距示意图

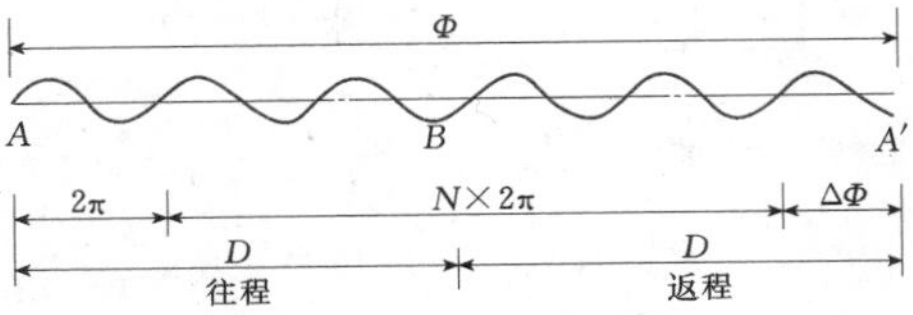

图 2.7-8　相位式电磁波测距相位差示意图

播过程所产生的总相位变化 Φ 中，包括 N 个整周变化 $N\times 2\pi$ 和不足一个周期的相位尾数 $\Delta\Phi$，即

$$\Phi = N\times 2\pi + \Delta\Phi \qquad (2.7-2)$$

根据相位 Φ 和时间 t_{2D} 的关系式 $\Phi=\omega t_{2D}$，其中 ω 为角频率，则

$$t_{2D} = \Phi/\omega = \frac{1}{2\pi f}(N\times 2\pi + \Delta\Phi) \qquad (2.7-3)$$

$$D = \frac{c}{2f}(N + \Delta\Phi/2\pi) = L(N + \Delta N) \qquad (2.7-4)$$

$$L = c/2f = \lambda/2$$

$$\Delta N = \Delta\Phi/2\pi$$

式中　L——测尺长度；

N——整周数；

ΔN——不足一周的尾数。

由此可以看出，这种测距方法同钢尺量距相类似，用一把长度为 $\lambda/2$ 的“尺子”来丈量距离，式（2.7-2）中 N 为整尺段数，而 $\Delta N\times\frac{\lambda}{2}$ 等于 ΔL 为不足一尺段的余长。则 $D=NL+\Delta L$，式（2.7-3）和式（2.7-4）中，c、f、L 为已知值，$\Delta\Phi$、ΔN 或 ΔL 为测定值。由于测相器只能测定 $\Delta\Phi$，而不能测出整周数 N，因此使相位式测距公式产生多值解，可借助于若干个调制波的测量结果（ΔN_1，ΔN_2…或 ΔL_1，ΔL_2…）推算出 N 值，从而计算出待测距离 D。

2.7.2.4　技术参数

根据水利工程的需要，一般选用短程光电测距仪。测程小于 3km，一般测距中误差为±（5mm+5ppm）。这种仪器可用来测量三等以下的三角锁网的起始边以及相应等级的精密导线和三边网的边长。国内外部分测距仪技术参数见表 2.7-2。

表 2.7-2　国内外部分测距仪技术参数表

型号		D3000	D5	DCH3	ME3000	ME5000	ND1000
名称		激光测距仪	手持式测距仪	激光测距仪	光电测距仪	光电测距仪	激光测距仪
测距精度	标准模式	±(3mm+2ppm)		±(5mm+5ppm)	±(0.2mm+1ppm)	±(0.1mm+1ppm)	±(3mm+2ppm)
	跟踪模式	2.0		±(10mm+1ppm)			
测距范围（km）	单棱镜	3.0	0.2	2.0	2.5	1.0	0.7
	三棱镜	3.0		5.0	3.5	3.0	1.6
测量时间（s）	标准模式	0.8		0.5～10			3
	跟踪模式						0.8
分辨力（mm）		1.0	1.0	1.0	0.1	0.1	1.0
测距仪倾角范围		0°～90°	±45°	0°～90°	−55°～90°	±25°	0°～90°
操作温度（℃）		−20～50	−10～50	−20～50	−40～40	−40～40	−20～50
仪器重量（kg）		1.8	0.195	2.5	7.6	13.5	1.6

2.7.3　全站仪

2.7.3.1　用途

全站仪（Total Station），又称全站型电子速测仪，是一种兼有电子测距、电子测角、计算和数据自动记录及传输功能的自动化、数字化的三维坐标测量与定位系统。

全站仪用微处理器对测量值进行计算，测角度盘均是光栅、编码或两者结合的度盘。测得的角度值将直接传送到微处理器，按操作面板的指令按钮可以进行某些项目的计算，如测站点的直角坐标、水平距离、测站至目标的坐标方位角等。为使测得的距离与角度值为同一个对象的属性，在仪器内部设置了一些棱镜，让光发生必要的折射和反射，使得测距部分的测距光与视准轴重合。另外，部分全站仪还装有自动照准目标的设备，由仪器发出的激光束搜索目标（反光镜），引导仪器内的伺服电动机转动照准部和横轴，使视准轴对准目标。

2.7.3.2 结构型式

全站仪是集水平角、垂直角、距离（斜距、平距）、高差测量功能于一体的测绘仪器系统。因其一次安置仪器就可完成该测站上全部测量工作，所以称之为全站仪，广泛用于地上大型建筑和地下隧道施工等水利工程的精密测量或变形监测领域。全站仪由电源、测角系统、测距系统、补偿系统、CPU中央处理器、数据处理系统、通信接口及显示屏、键盘等组成。微处理器对获取的倾斜距离、水平角、竖直角、垂直轴倾斜误差、视准轴误差、垂直度盘指标差、棱镜常数、气温、气压等信息加以处理，从而获得各项改正后的观测数据和计算数据。全站仪的结构框架见图2.7-9。

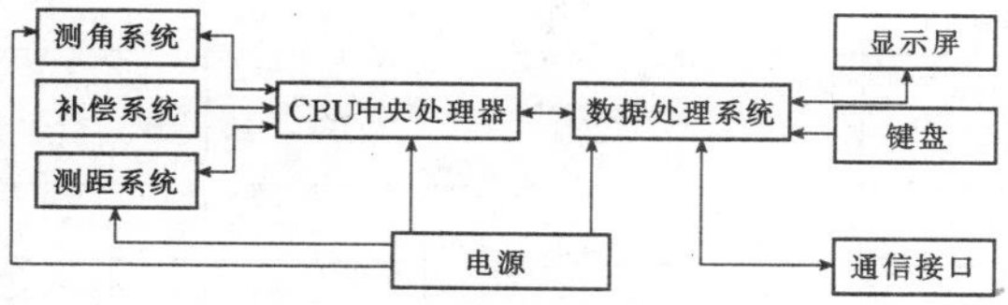

图2.7-9 全站仪组成框架图

全站仪的组成可分为两大部分，具体如下：

（1）为采集数据而设置的专用设备。主要有电子测角系统、电子测距系统、数据存储系统、自动补偿设备等。

（2）测量过程的控制设备。主要有序地实现上述每一专用设备的功能，包括与测量数据相连接的外围设备及进行计算、产生指令的微处理机等。

只有上面两大部分有机结合才能真正地体现“全站”功能，既要自动完成数据采集，又要自动处理数据和控制整个测量过程。

2.7.3.3 工作原理

全站仪的测角部分是将光学度盘换为光电扫描度盘，将人工光学测微读数代之以自动记录和显示读数，使测角操作简单化，避免产生读数误差。另外，采用自动记录、储存、计算功能以及数据通信功能，提高了全站仪测量作业的自动化程度，实现经纬仪、测距仪、微处理器的三者合一。

1. 同轴望远镜

全站仪的望远镜实现了视准轴、测距光波的发射、接收光轴同轴化。同轴化的基本原理是：在望远物镜与调焦透镜间设置分光棱镜系统，通过该系统实现望远镜的多功能，既可瞄准目标，使之成像于十字丝分划板进行角度测量，同时其测距部分的外光路系统又能使测距部分的光敏二极管发射的调制红外光在经物镜射向反光棱镜后，经同一路径反射回来，再经分光棱镜作用被光电二极管接收；为满足测距的需要在仪器内部另设一套内光路系统，通过分光棱镜系统中的光导纤维将光敏二极管发射出的调制红外光传送给光电二极管，进而由内、外光路系统调制光之间的相位差间接计算出光的传播时间，再根据光的传输速度计算得到测量距离，同轴性使得望远镜一次瞄准即可实现水平角、垂直角和斜距等全部基本测量要素的测定。全站仪因强大、便捷的数据处理功能在工程中被广泛使用。

2. 双轴自动补偿

在仪器进行测量作业时，若全站仪纵轴倾斜会引起角度观测的误差，盘左、盘右观测值取中不能使之抵消。而全站仪特有的双轴（或单轴）倾斜自动补偿系统，可对纵轴的倾斜进行监测，并在度盘读数中对因纵轴倾斜造成的测角误差自动改正（某些全站仪纵轴最大倾斜可允许至±6′），也可通过将由竖轴倾斜引起的角度误差，由微处理器自动按竖轴倾斜改正计算式计算，并加入度盘读数中加以改正，使度盘显示读数为正确值，即所谓纵轴倾斜自动补偿。

双轴自动补偿的所采用的构造使用一水泡（该水泡不是从外部可以看到的，与检验校正中所描述的不是一个水泡）来标定绝对水平面，该水泡是中间填充液体，两端是气体。首先，在水泡的上部两侧各放置一发光二极管，而在水泡的下部两侧各放置一光电管，用一接收发光二极管透过水泡发出的光。然后，通过运算电路比较两二极管获得的光的强度：当在初始位置，即绝对水平时，将运算值置零；当作业中全站仪器倾斜时，运算电路实时计算出光强的差值，从而换算成倾斜的位移，将此信息传达给控制系统，以决定自动补偿的值。自动补偿的方式初由微处理器计算后修正输出外，还有一种方式即通过步进电动机驱动微型丝杆，对此轴方向上的偏移进行补正，从而使轴时刻保证绝对水平。

2.7.3.4 技术参数

全站仪主要精度指标是测距精度 m_D 和测角精度 m_β。在全站仪的精度等级设计中，对测距和测角精度的匹配采用“等影响”原则，即

$$\frac{m_\beta}{\rho''}=\frac{m_D}{D} \tag{2.7-5}$$

$$\rho''=206265''$$

式中　m_{β}——一测回水平方向标准偏差；

m_D——每千米测距标准偏差；

D——测距，km。

国内外部分全站仪的技术性能参数见表2.7-3。一般情况下，用于高等级控制测量及变形观测的仪器精度要求较高；用于道路和建筑场地的施工测量、电子平板数据采集、地籍和房地产测量等的仪器精度要求稍低。

2.7.4　水准仪

2.7.4.1　用途

水准仪是为进行水准测量而专门设计的仪器，它能够精密测定两点之间的高差，其特点是能使望远镜视准轴较为精确地为水平状态。水准测量是沿水准路线一个测站一个测站进行的，每个测站水准仪的位置通常是安置在后视点和前视点之间，但并不一定要在后视点和前视点连接的直线上。

表2.7-3　国内外部分全站仪技术参数表

型　号		BTS—822A	NET05	NTS—352R	OTS812	S8	TCA2003	TCRA1201	TM30
名　称		全站仪	超高精度全站仪	全站仪	全站仪	监测型全站仪	精密全站仪	专业型全站仪	精密全站仪
角度测量精度（″）		2.0	0.5	2.0	2.0	1.0	0.5	1.0	0.5、1.0
测距精度	精密模式	2mm+2ppm	0.8mm+1ppm	2mm+2ppm	2mm+2ppm	1mm+1ppm	1mm+1ppm	1mm+1.5ppm	0.6mm+1ppm
	标准模式	2mm+2ppm	0.8mm+1ppm	2mm+2ppm	2mm+2ppm	1mm+1ppm	1mm+1ppm	1mm+1.5ppm	1mm+1ppm
	无棱镜	—	1mm+1ppm	5mm+3ppm			—	—	2mm+2ppm
测距范围（km）	圆棱镜	2.0	3.5	5.0	5.0	3.0	2.5	3.0	3.5
	无棱镜	—	0.04	0.3	0.3		—	—	1.0
测量时间（s）	精密模式	2.5	2.4	1.0	3.0	2.0	3.0	2.4	7.0
	标准模式	1.8	2.4	1.0	1.2	2.0	3.0	2.4	2.4
	无棱镜	—	2.4	1.0			—	—	3.0
望远镜	放大倍率（倍）	30	30	30		30	30	30	32
	最短视距（m）	1.5	1.3	1.0		1.5	1.7	1.5	1.7
旋转180°定位时间（s）		—		—		3.2	4.0	4.0	2.3
操作温度（℃）		−20～55	−10～50	−20～50		−20～50	−20～50	−30～50	−20～50
防水防尘级别		IP54	IP64	IP54	IP54	IP55	IP54	IP67	IP54
仪器重量（kg）		6.0	7.6	5.8		5.25	7.5	5.5	7.6

2.7.4.2　结构型式

直接利用水准管来判断视准轴是否水平的水准仪称为水准管水准仪；当视准轴有微小的倾斜，利用一个称为补偿器的器件而能获得水平视线的水准仪称为补偿器水准仪（也称自动安平水准仪）；无需人工读取水准尺上数值，而由电子设备自动获得数值的水准仪称为电子水准仪（也称为数字水准仪）。测得高差的准确度与望远镜的放大倍率和视准轴水平的准确度有关。

1. 水准管水准仪

水准管轴必须与望远镜视准轴平行，并能同步实现倾斜运动。为使水准管的气泡能迅速、精确居中，它的活动范围便不能太大，故而需装置一个圆水准器，使之能事先将仪器粗略整平。微倾螺旋即是使水准管气泡精确居中的器件，它通过微倾顶杆的高低变化使水准管气泡移动。微倾顶杆高低变化时，基座面并无倾斜变化，望远镜将连同水准管以准高点为支点（旋转轴）作微小倾斜变化。

与水准仪配合使用的是水准尺。尺子长度一般为3m，两面均有分划，每格为1cm，一面为黑色，称为主尺，简称黑面；另一面为红色，称为辅尺，简称红面。黑面的底部为零，是计算高差的基本面。红面的底部是常数，测量时视准轴在黑、红两面读数之差应为此常数，目的是检查读数是否有错。水准测量时有前视和后视，为节省水准尺由后视迁到前视的迁移时间，总是用两只尺子同时测量，常称为一对水准尺。两只尺子红面底部的常数并不相同，一只为4687mm，另一只则为4787mm，这样由黑面计算的高差（后视—前视）为基本高差，而红面计算的高差将与基本高差相差100mm，目的也是为了检查读数或计算有无错误。

2. 补偿器水准仪

补偿器水准仪的补偿器分两个部分，一部分与望远镜筒连接在一起（平面镜），可随望远镜倾斜而改变位置，另一部分被吊丝悬挂着（棱镜和阻尼器），不随望远镜倾斜而改变位置。望远镜倾斜后水平光线的光路则可由补偿器的这两个部分的相对变动反映出来。图2.7-10（*a*）为望远镜没有倾斜时的状况，由物镜入射的水平光线经平面镜反射后仍为水平光线。图2.7-10（*b*）为望远镜物镜端下倾α角的情况，此

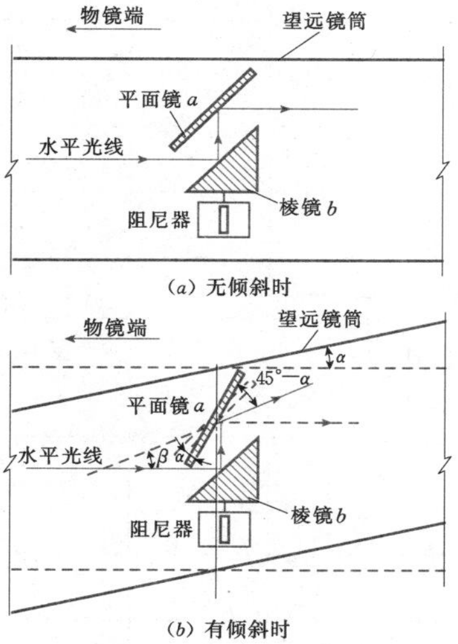

(*b*) 有倾斜时

图2.7-10 补偿器原理示意图

时平面镜*a*随望远镜也转动了α角，而棱镜*b*则因重力摆的作用而保持了原有的状态，水平光线在经平面镜反射后偏转了一个β角，依几何光学理论知，$\beta=2\alpha$。若选择合适的悬挂补偿器的位置，便仍能在望远镜分划板中丝处得到偏转后的水平光线。

3. 电子水准仪

电子水准仪的结构见图2.7-11。与补偿器水准仪不同的是在仪器结构中增加了调焦发送器、分光镜和图形探测器。分光镜是将物镜实像的光分成两路，一路进入分划板供眼睛观察，一路通向图形探测器。图形探测器是由256个光电二极管组成的行阵阵列，它将物镜的实像分解成256个像素并转换为电信号。实现自动读数的办法是将图形探测器获得的图像与预先存储在仪器中的标准图像对比（作相关运算）。在对比时需作两个方面的考虑：一是参考图像的大小应与标准图像相同；二是参考图像的位置应与标准图像吻合。前者与水准尺距仪器的距离*d*有关，后者与视准轴在水准尺上的位置（尺子底部到视准轴的高度*h*）有关。因此，所作的相关运算是一个二维相关运算。由于水准尺距仪器的距离最长为100m，水准尺长有3m，因此相关运算的工作量相当大，需要花费较长的时间。缩减运算量的办法是将物镜调焦的量传递给微处理器，得到一个与*d*相关的粗相关运算结果，这就是调焦发送器的作用。剩下的二维相关运算量尚约有20%。在进一步相关运算中给参数*d*和*h*一个合适的步长值，使参考图像逐步与标准图像吻合，最后的参数*d*即是水准尺距仪器的距离，参数*h*即是水平视准轴在水准尺上的读数，所需时间约为4s。

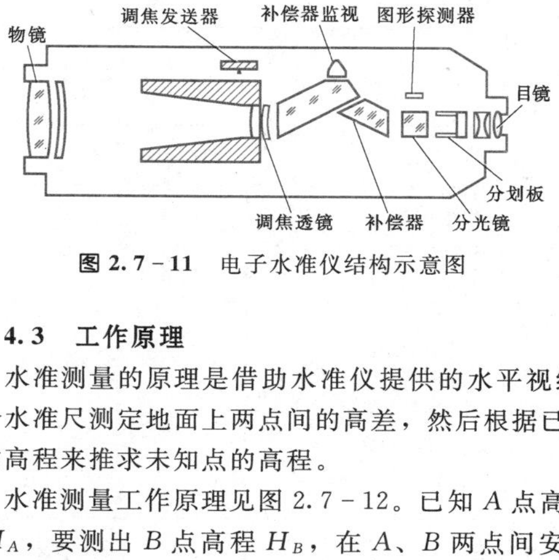

图2.7-11 电子水准仪结构示意图

2.7.4.3 工作原理

水准测量的原理是借助水准仪提供的水平视线，配合水准尺测定地面上两点间的高差，然后根据已知点的高程来推求未知点的高程。

水准测量工作原理见图2.7-12。已知*A*点高程为H_A，要测出*B*点高程H_B，在*A*、*B*两点间安置一架能提供水平视线的仪器——水准仪，并在*A*、*B*两点各竖立水准尺，利用水平视线分别读出*A*点尺

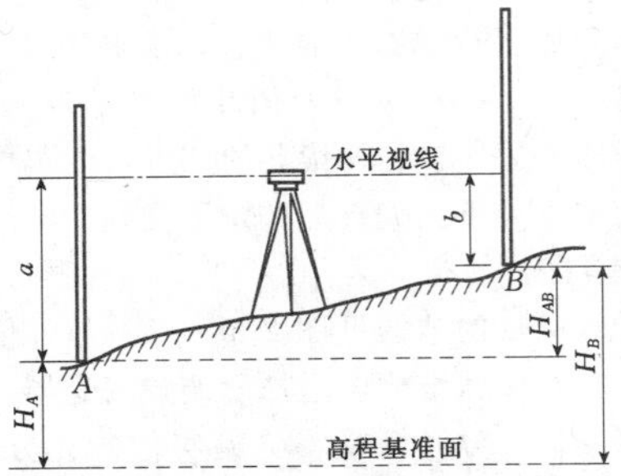

图 2.7-12 水准测量工作原理图

子上的读数 a 及 B 点尺子上的读数 b，则 A、B 两点间的高差为

$$h_{AB} = a - b \tag{2.7-6}$$

如果测量是由 $A \rightarrow B$ 的方向前进，则 A 点称为后视点，B 点称为前视点，a 及 b 分别为后视读数和前视读数，两点间的高差就等于后视读数减去前视读数；如果 B 点高于 A 点，则高差为正；反之，高差为负。

2.7.4.4 技术参数

目前我国水准仪是按仪器所能达到的每公里往返测高差中误差作为主要精度指标。水准仪型号都以DS开头，分别为“大地”和“水准仪”的汉语拼音第一个字母，通常书写省略字母D。国内外部分水准仪的技术参数见表2.7-4。

表 2.7-4 国内外部分水准仪技术参数表

型号		AC—2S	DINI12	DL—101C	DNA03	DSZ2+FS1	NA2	PL1	SDL1X
名称		自动安平水准仪	数字水准仪	数字水准仪	数字水准仪	自动安平水准仪	自动安平水准仪	精密水准仪	数字水准仪
每公里往返测高差中误差（mm）		0.4（带测微器）	1.0（标准尺）、0.3（铟钢尺）	1.0（标准尺）、0.4（铟钢尺）	1.0（标准尺）、0.3（铟钢尺）	0.7（带测微器）	0.7、0.3（带测微器）	0.2（带测微器）	1.0（BGS玻璃钢尺）、0.3（BIS20/30铟钢尺）、0.2（BIS30A铟钢尺）
望远镜	成像方式	正	正	正	正	正	正	正	正
	放大倍率（倍）	34	32	32	24	32	32、40	42	32
	物镜孔径（mm）	45	40	45	45	45	45	50	45
	视角场			1°20′					1°20′
	最短视距（m）	1.0	1.5	2.0	1.8	1.6	1.6	2.0	1.6
补偿器	补偿范围	±2′	±15′	±12′	±10′	±14′	±30′		
	补偿精度	0.3″	0.2″	0.3″	0.2″	0.3″	0.3″		
圆水准器		8′/2mm	8′/2mm	8′/2mm	8′/2mm	8′/2mm	8′/2mm	8′/2mm	8′/2mm
度盘	刻值（mm）	0.1	0.01	0.01	0.01	0.1	0.1	0.1	0.01
	估读（mm）	0.01	0.001	0.001	0.001	0.01	0.01	0.01	0.001
操作温度（℃）		−20～50	−20～50	−20～50	−20～50	−20～50	−20～50	−20～50	−20～50
仪器重量（kg）			3.5	2.8	2.8	2.5	2.4	4.8	3.7

2.7.5 GPS 设备

2.7.5.1 用途

全球定位系统（Global Positioning System，GPS）是一种定时和测距的空间交会定点的导航系统，可以向全球用户提供连续、实时、高精度的三维位置、三维速度和时间信息。GPS 测量不但简便，定位精度好，而且成本低，经济效益高，已取代三角测量、三边测量和导线测量等常规大地测量技术，广泛用于建立全国性的大地控制网、建立陆地和海洋的大地测量基准、地壳变形监测和高精度工程变形监测等领域。

2.7.5.2 结构型式

GPS 系统主要包括地面控制部分、空间部分和用户部分三大部分，GPS 定位系统的三个组成部分及其相互关系见图 2.7-13。

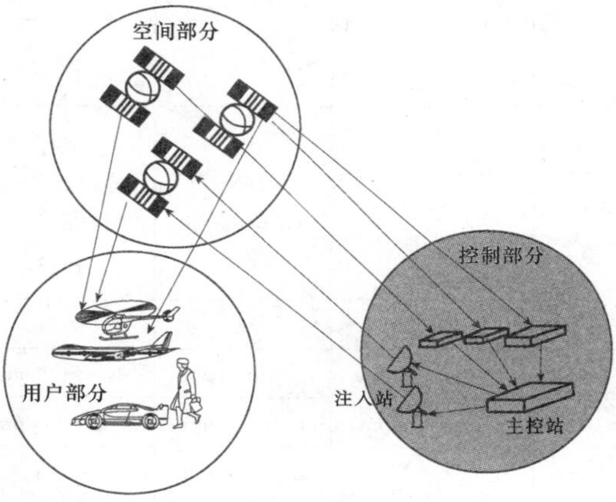

图 2.7-13 GPS 系统组成示意图

用户部分主要是研发 GPS 接收系统，其中 GPS 接收机是接收系统的主要设备。它的主要功能是对接收信号解码，分离出导航电文，进行伪距和载波相位测量。GPS 接收机主要由天线单元、信号处理单元、记录装置和电源组成。天线单元由天线和前置放大器组成，灵敏度高，抗干扰性强，是把卫星发射的十分微弱的信号通过放大器放大后进入接收机。信号处理单元是 GPS 接收机的核心部分，进行滤波和信号处理，由跟踪环路重建载波，解码得到导航电文，获得伪距定位结果。记录装置是接收机的内存硬盘或记录卡。电源分为外接和内接电池，机内还有一锂电池，用于测量的接收机分为单频、双频和双频 RTK 接收机。

2.7.5.3 工作原理

GPS 进行定位的基本原理，是以 GPS 卫星和用户接收机天线之间距离（或距离差）的观测量为基础，并根据已知的卫星瞬间坐标来确定用户接收机所对应的点位，即待定点的三维坐标（x，y，z）。GPS 定位的关键是测定用户接收机天线至 GPS 卫星之间的距离。

1. 单点定位

单点定位 SPP（Single Point Positioning），其优点是只需一台接收机即可独立定位，外业观测的组织及实施较为方便，数据处理也比较简单。缺点是定位精度较低，受卫星轨道误差，钟同步误差及信号传播误差等因素的影响，精度只能达到米级。所以该定位模式不能满足大地测量精密定位的要求。

精密单点定位 PPP（Precise Point Positioning），利用载波相位观测值以及由 IGS 等组织提供的高精度的卫星时钟差来进行高精度单点定位的方法。目前，根据一天的观测值所求得的点位平面位置精度可达 2～3cm，高程精度可达 3～4cm，实时定位的精度可达分米级。但该定位方式所需顾及方面较多，如精密星历、天线相位中心偏差改正、地球固体潮改正、海潮负荷改正、引力延迟改正、天体轨道摄动改正等。

2. 相对定位

相对定位是目前 GPS 测量中精度最高的一种定位方法，它广泛用于高精度测量工作中。由于 GPS 测量结果中不可避免地存在着误差，但这些误差对观测量的影响具有一定的相关性，所以利用这些观测量的不同线性组合进行相对定位，便可能有效地消除或减弱上述误差的影响，提高 GPS 定位的精度，同时消除了相关的多余参数，也大大方便了 GPS 的整体平差工作。如果用平均误差量与两点间的长度相比的相对精度来衡量，GPS 相位相对定位方法的相对定位精度一般可以达 10^{-6}（1ppm），最高可接近 10^{-9}（1ppb）。

静态相对定位的最基本情况是用两台 GPS 接收机分别安置在基线的两端，固定不动；同步观测相同的 GPS 卫星，以确定基线端点在 WGS—84 坐标系中的相对位置或基线向量，由于在测量过程中，通过重复观测取得了充分的多余观测数据，从而改善了 GPS 定位的精度，该方法基线精度约为±（5mm＋1ppm）。

实时动态相对定位，在基准站上设置一台接收机，对所有可见卫星进行连续观测，并将其相位观测值和其坐标通过无线电设备实时发送到流动站。流动站上的接收机在同步接收卫星信号的同时接收基准站传输来的观测数据和坐标信息，根据相对定位原理，实时得到流动站的三维坐标。其精度可达厘米级。

2.7.5.4 技术参数

GPS网的精度指标，通常是以网中相邻点之间的距离误差来表示的，其具体形式为

$$\sigma = \sqrt{a^2 + (bD)^2} \tag{2.7-7}$$

式中 σ——网中相邻点间的距离中误差，mm；

a——固定误差，mm；

b——比例误差，ppm；

D——相邻点间的距离，km。

根据全球定位系统测量规范，GPS基线向量网被分成了A、B、C、D、E五个级别。A级网一般为区域或国家框架网、区域动力学网；B级网为国家大地控制网或地方框架网；C级网为地方控制网和工程控制网；D级网为工程控制网；E级网为测图网。美国联邦大地测量分管委员会（Federal Geodetic Control Subcommittee，FGCS）在1988年公布的GPS相对定位的精度标准中有一个AA级的等级，此等级的网一般为全球性的坐标框架。

国内外常用GPS测量设备精度指标参数见表2.7-5。

表2.7-5 国内外常用GPS测量设备精度指标参数表

型号			GRX1	GS15	M600	R8	S82	V8
名称			GNSS接收机	Viva GNSS	GNSS接收机	双频双码接收机L2C	GNSS接收机	GNSS接收机
GNSS性能	通道数		72	120	220	220	54	220
	同时跟踪最多卫星数			60	72	72		
	卫星信号跟踪		GPS；GLONASS；SBAS	GPS；GLONASS；Galileo；Compass；SBAS	GPS（L2C）；GLONASS；Galileo	GPS（L2C）；GLONASS；Galileo	GPS；GLONASS	GPS；GLONASS；Galileo；SBAS
测量精度	DGPS		<0.5m	25cm	45cm	25cm	45cm	<0.5m
	RTK精度	水平	10mm+1ppm	10mm+1ppm	10mm+1ppm	10mm+1ppm	10mm+1ppm	10mm+1ppm
		垂直	15mm+1ppm	20mm+1ppm	20mm+1ppm	20mm+1ppm	20mm+1ppm	20mm+1ppm
	后处理精度	水平	3mm+0.5ppm	3mm+0.5ppm	2.5mm+1ppm	3mm+0.1ppm	3mm+1ppm	2.5mm+1ppm
		垂直	5mm+0.5ppm	6mm+0.5ppm	5mm+1ppm	3.5mm+0.4ppm	5mm+1ppm	5mm+1ppm
动态初始化	置信度		>99.9%	>99.9%	>99.9%	>99.9%	>99.9%	>99.9%
	初始化时间（s）		<10	8	<10	<10	<10	<10
采样率（Hz）			100	20	20	20	20	50
操作温度（℃）			−40～65	−40～65	−40～65	−40～65	−40～60	−40～75
防水防尘级别			IP67	IP67	IP67	IP67	IP67	IP67

2.7.6 觇标

2.7.6.1 用途

觇标用于水工建筑物、桥梁、码头和滑坡等水平位移观测，辅助全站仪、经纬仪等大地测量仪器进行测角量边，满足角度测量、滑坡观测和水平位移中的视准线法观测。

2.7.6.2 结构型式

精密活动觇标由底座、传动系统、游标读数尺、照准牌等组成。主要特点是传动灵活、隙动差小、读数精度高、照准牌采用印刷制版、图案清晰。固定觇牌由底座和照准牌两部分组成。

2.7.6.3 工作原理

觇标形状、尺寸及颜色可以用来提高测角量变的观测精度，其设计原理主要依据以下方面：

（1）反差大。用不同颜色的觇牌所进行的试验表明，以白色作底色，以黑色作图案的觇牌为最好。白

色与红色配合，虽则能获得较好的反差，但它相对前者而言易使观测者产生疲劳。

(2) 没有相位差。采用平面觇牌可以消除相位差，在视准线观测中一般采用平面觇牌。

(3) 图案应对称。

(4) 应有适当的参考面积。为了精确照准，应使十字丝两边有足够的比较面积，同心圆环图案对精确照准是不利的。

(5) 便于安置。所设计的觇标希望能随意安置，亦即当觇标有一定倾斜时仍能保证精确照准。

2.7.6.4 技术参数

活动觇标的主要技术参数见表2.7-6，固定觇标的照准边长为20～2000m。

表2.7-6 精密活动觇标技术参数表

技术参数	参考值（mm）
测量范围	0～200
分辨力	±0.01
精度	±0.02
对中精度	0.2
读数方式	游标读数
底座连接方式	螺纹连接

2.7.7 收敛计

2.7.7.1 用途

收敛计是一种应用较为普遍的便携式仪器，主要用于固定在建筑物、基坑、洞室、边坡及周边岩体的锚栓测点间相对变形的监测，它可以在施工期和竣工后定期观测隧洞顶板下沉、坑道顶板下垂、基坑形变、边坡稳定性的表面位移等。

2.7.7.2 结构型式

收敛计主要由钢卷尺、百分表（或数字显示器）、测量拉力装置及锚栓测点相连接的连接吊钩等部分组成，见图2.7-14。钢尺按每2.5cm或5cm孔距用高精度加工穿孔，测力计张拉定位进行拉力粗调。弹簧控制拉力使钢尺张紧，用百分表（或数字显示器）进行位移微距离读数测量。

1. 钢卷尺

测量时，钢卷尺（包括收敛计）横跨在两个参考测点之间放置。卷尺上每隔50mm（公制）或2in（英制）就有一个孔，卷尺上的刻度就标明了尺孔的具体位置。

卷尺长度大约比标识的刻度短165mm或6.5in。

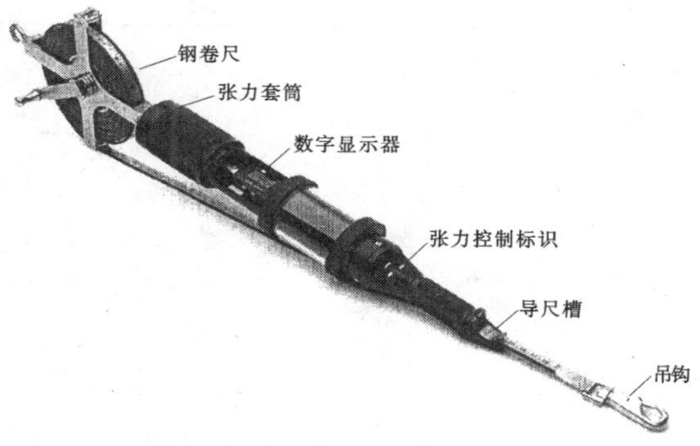

图2.7-14 钢尺式收敛计外形图

在计算距离变化值时，卷尺上的读数会略去，所以卷尺的实际长度与计算值无关。由于不需要距离的绝对值，故不考虑卷尺的悬链线或参考测点的伸出长度。

2. 吊钩

钢卷尺的自由端带有一个吊钩，钩在一个参考测点上。实际测量的时候，操作员可放松卷尺以便将收敛计另一端的挂钩挂到参考测点上。

3. 导尺槽和指示插销

仪器的前端有个卷尺导槽。操作人员将卷尺穿进导槽里，并将插销插入适当的尺孔内，这样操作人员可使卷尺充分张拉，控制测量。

4. 张力套筒和张力控制标识

旋转张力套筒给卷尺施加张力。控制标识对准时，卷尺处于正确张拉状态。

5. 百分表或数字显示器

百分表或数字显示器用于微距离的精确读数。

2.7.7.3 测读方式

测量时将收敛计一端的连接挂钩与测点锚栓上不锈钢环（钩）相连，展开钢尺使挂钩与另一测点的锚栓相连。张力粗调可把收敛计测力装置上的插销定位于钢尺穿孔中来完成。张力细调则通过测力装置微调至恒定拉力时为止。在弹簧拉力作用下，钢尺固紧，高精度的百分表可测出细调值。记下钢尺计数，加上（减去）测微细调读数，即可得到测点位移值。

为提高测量精度，每一工程应使用专用的收敛计，并用率定架定期核对其稳定性，和确定温度补偿进行校验。更换钢尺时，则应建立新的基准读数。仪表使用前温度应稳定。

2.7.7.4 技术参数

国内外部分收敛计主要技术参数见表2.7-7。

表 2.7-7　　国内外部分收敛计主要技术参数表

型　号	51811510	CONVEX EALEY	GK1610	GK4125	JMSL—1015/1030	JTM—J7100	NSL
量　程（m）	30、50	15.20、30	15、20、30	12.5、25、50、100	15/30	20、30、50	10、20、30、50
分辨力	0.01mm	±0.01mm	0.01mm	0.025%F.S	0.01mm	0.01mm	0.01mm
重复性	±0.10mm		0.1mm	<0.5%F.S		0.1mm	
测力装置		卷尺	卷尺	连接杆		弹簧	
钢尺张力（kg）			10			5～12	7～8

2.7.8 钢弦式仪器测量仪表

2.7.8.1 工作原理

钢弦式仪器测量仪表是钢弦式仪器配套的电测读数仪表。从激励和读数技术来区分，钢弦式仪器主要有间歇振荡型和连续振荡型两种方式。随着单线圈连续激振技术获得的突破，以双线圈自动谐振方式生产的传感器已基本停产。目前，钢弦式仪器测量仪表基本上是针对间歇振荡型传感器而设计的，工作原理图见图 2.7-15。

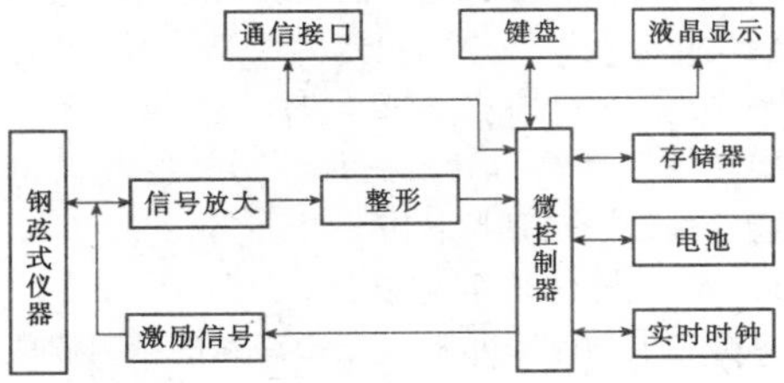

图 2.7-15　典型钢弦式仪器测量仪表原理框图

该仪表采用了全密封便携式结构、薄膜防水面板和带背光的液晶面板，可选择“点亮背光”、“关闭背光”，点亮液晶屏背光后，可在光线黑暗的场所进行操作；自带菜单式人机交互操作，用户可以根据提示任意设定仪表的初始参数和工作状态；内置大容量的静态数据存储器能在测量显示的同时存储测量数据；配备 RS—232C 通信接口，可通过计算机及相关通信软件实现对测量仪表的控制、实时监测、参数下载和数据上传等功能；内置可充电的免维护蓄电池确保测量仪表长期稳定工作。

钢弦式仪器测量仪表工作时由微控制器指令激励信号电路向连接的传感器发出电信号，“拨振”传感器内的钢弦，钢弦的震荡频率经信号放大和整形电路到达微控制器，经计算，再由微控制器发送显示、存储或通信等指令。钢弦式仪器内部一般都装入了热敏电阻传感器来兼测测点的温度。

目前国内大部分监测仪器生产厂家均有配套的钢弦式仪器测量仪表，各厂家生产的仪表除型号、外形稍有区别外，功能基本相同，大部分厂家的钢弦式仪器测量仪表可通用。

2.7.8.2 技术参数

根据《混凝土坝监测仪器系列型谱》（DL/T 948）的规定，钢弦式仪器测量仪表及数据采集装置的主要技术参数见表 2.7-8。

表 2.7-8　　钢弦式仪器测量仪表及数据采集装置主要技术参数表

频率测量范围（Hz）	频率分辨力（Hz）	温度测量范围（℃）	温度分辨力（℃）
400～6000	≤0.1	−20～70	≤0.1

2.7.9 差动电阻式仪器测量仪表

差动电阻式仪器有两个测量参数，即电阻比和电阻值。原始的差阻式仪器最大的缺点就是不能远距离测量，限制了仪器的使用。目前已发明了用五芯电缆连接仪器的测量方法，同时改变传统的电桥测量方法，采用恒流源和高阻抗电压表，实现了差动电阻式仪器的远距离测量和测量自动化。

2.7.9.1 工作原理

差动电阻式仪器测量仪表是差动电阻式仪器配套的电测读数仪表。五芯仪器测量原理见图 2.7-16。图中 R_1、R_2 分别为差动电阻式仪器的两个分线电阻，r_1、r_2、r_3、r_4、r_5 分别为五芯水工电缆的芯线电阻，R_s 为标准电阻，I_0 为恒流源。因 I_0 是恒电流，其大小与外界电阻无关，测量时计算方式为

$$U_s = I_0 R_s \tag{2.7-8}$$

$$U_1 = I_0 R_1 \tag{2.7-9}$$

$$U_2 = I_0 R_2 \tag{2.7-10}$$

由上三式可求出电阻和 R、电阻比 Z，即

$$R = R_1 + R_2 = \frac{R_s(U_1 + U_2)}{U_s} \tag{2.7-11}$$

$$Z = \frac{R_1}{R_2} = \frac{U_1}{U_2} \tag{2.7-12}$$

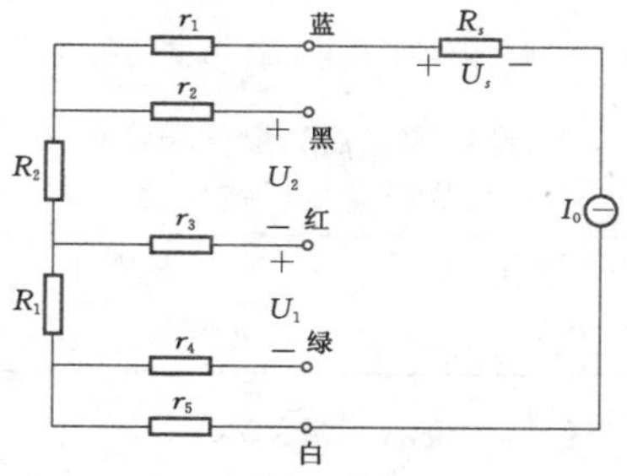

图 2.7-16 五芯连接差动电阻式仪器测量原理图

差动电阻式仪器测量仪表工作时由恒流源向参考电阻和差动电阻式仪器提供恒流；差动电阻式仪器接入测量仪表后，功能切换及控制电路可自动判断四芯传感器或五芯传感器，完成功能切换，控制测量电路测出的传感器电阻比 Z 和电阻值 R；将获得的取样电压经放大电路作低温漂移，高线性度的放大，再送入A/D转换电路，以求得最大限度的转换灵敏度；A/D转换电路实现模拟量到数字量的转换，见图 2.7-17。

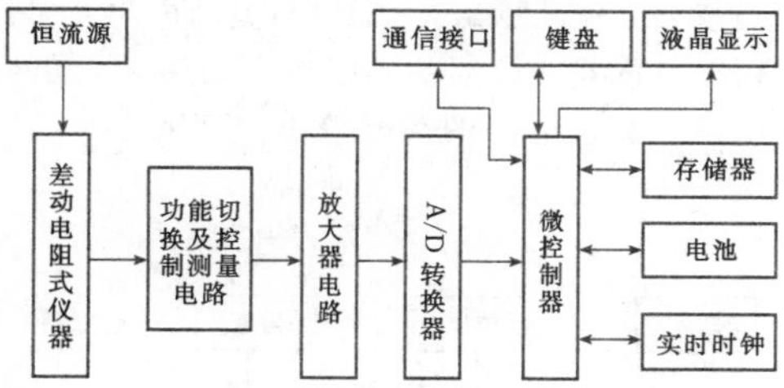

图 2.7-17 典型差动电阻式仪器测量仪表原理框图

2.7.9.2 技术参数

根据《混凝土坝监测仪器系列型谱》（DL/T 948）的规定，差动电阻式仪器测量仪表及数据采集装置的主要技术参数见表 2.7-9。

表 2.7-9 差动电阻式仪器测量仪表及数据采集装置主要技术参数表

电阻值测量范围（Ω）	电阻值分辨力（Ω）	电阻比测量范围	电阻比分辨力
0～111.1	≤0.01	0.9～1.111	≤0.0001

2.7.10 电感式仪器测量仪表

电感式仪器就其敏感元件结构而言可分为力、压力和位移等三大类型，其共同点是都采用电感式敏感元件和 LC 振荡原理，构成电感式传感器。

2.7.10.1 工作原理

电感式调频式仪器测量仪表工作时由内部电源系统给仪器激励源，激发仪器内的 LC 振荡电路，发出频率信号，微控制器指令采集频率信号，经信号放大和整形电路达到微控制器，再由微控制器发送显示、存储或通信等指令，见图 2.7-18。

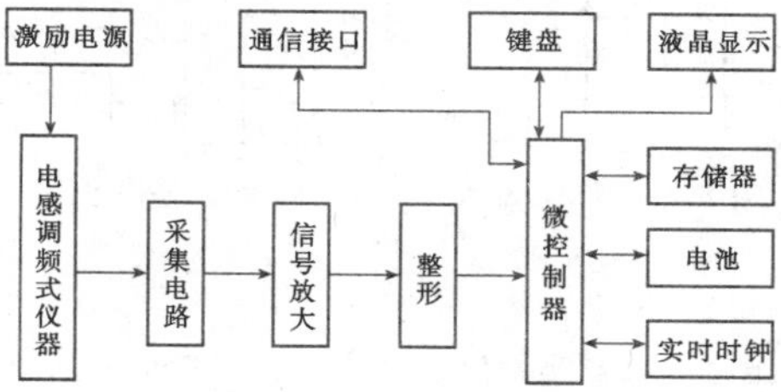

图 2.7-18 典型电感式调频式仪器测量仪表原理框图

2.7.10.2 技术参数

根据《混凝土坝监测仪器系列型谱》（DL/T 948）的规定，电感式仪器测量仪表及数据采集装置的主要技术参数见表 2.7-10。

表 2.7-10 电感式仪器测量仪表及数据采集装置主要技术参数表

测量范围（kHz）	分辨力（Hz）
10～99	≤1

2.7.11 压阻式仪器测量仪表

压阻式仪器采用压敏电阻作为感应元件，压敏电阻主要采用单晶硅材料制成基片，仪器可以感受力或力矩时所产生的应力，应力使压敏电阻产生变化，通过电桥可将电阻变化转换为电压或电流信号。

2.7.11.1 工作原理

压阻式仪器测量仪表可采用恒压源或恒流源供电，由于恒压源供电不能消除温度变化带来的误差，而恒流源供电时电桥的输出与温度无关，因此恒流源供电要比恒压源供电的稳定性高，压阻式仪器测量仪表通常采用恒流源供电工作方式。

当承压的感应芯片所受压力发生变化时，单晶硅不同的晶面方向上受的应力变化是不同的，其电阻率变化也是不一样的。选择合适的方向扩散成二组电阻条，在芯片受压时，两组电阻条的电阻发生相反的变

化，即一组增加，一组减小。将二组电阻条接入检测电路中，即可将敏感元件上所受的压力变化转换为电量变化输出。恒流源供电工作方式，压阻式仪器输出信号一般为4～20mA的恒流输出，通过测量仪器输出电流即可得到压力的变化。典型压阻式仪器测量仪表原理见图2.7-19。

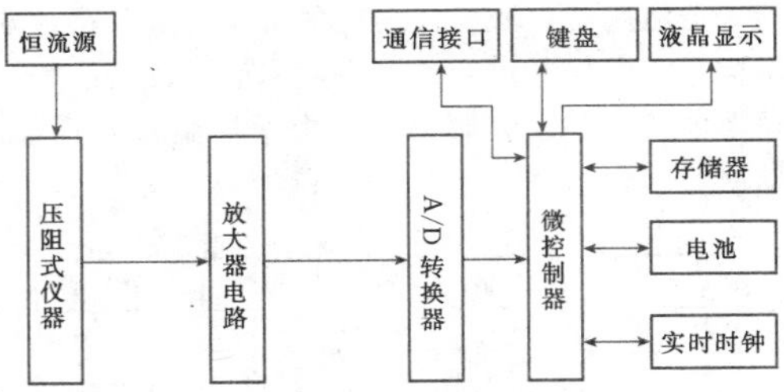

图2.7-19　典型压阻式仪器测量仪表原理框图

2.7.11.2　技术参数

压阻式仪器测量仪表的主要技术参数要求没有规范要求，设计时可参照表2.7-11的规定执行。

表2.7-11　压阻式仪器测量仪表主要技术参数表

电压测量范围(V)	电流测量范围(mA)	分辨力(%F.S)
-5～5	0～20	≤0.02
-10～10	0～20	≤0.02

2.7.12　电容式仪器测量仪表

电容式仪器采用电容作为感应元件，将不同的物理量的变化转换为电容量的变化，电容传感器通常可分为面积变化型、介质变化型和间隙变化型三种，安全监测仪器，一般是面积变化型、间隙变化型电容式仪器。将两个结构完全相同的电容式传感器共用一个活动电极，组成差动电容传感器，其灵敏度高，非线性得到改善，并且能补偿温度变化。

2.7.12.1　工作原理

电容式仪器测量仪表工作时由微控制器指令激励信号电路向连接的传感器发出电信号，指令数据采集电路采集传感器发出的信号，经信号放大电路、A/D转换电路达到微控制器，再由微控制器发送显示、存储或通信等指令，见图2.7-20。

2.7.12.2　技术参数

根据《混凝土坝监测仪器系列型谱》(DL/T 948)的规定，电容式仪器测量仪表及数据采集装置的主要技术参数见表2.7-12。

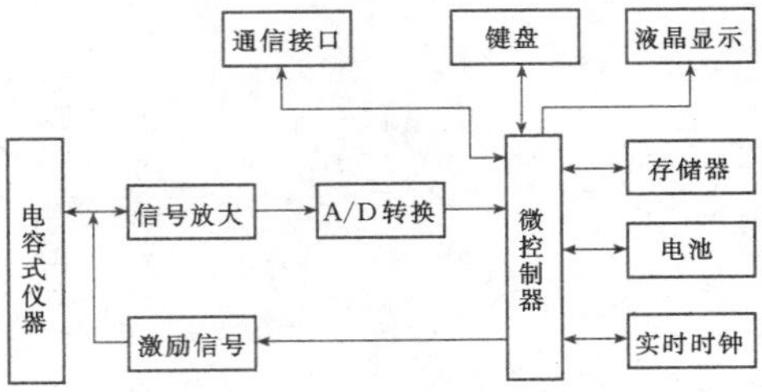

图2.7-20　典型电容式仪器测量仪表原理框图

表2.7-12　电容式仪器测量仪表及数据采集装置主要技术参数表

测量范围(mm)	分辨力(%F.S)
0～200	≤0.05

2.7.13　电位器式仪器测量仪表

电位器是一种将机械位移转换为电阻值变化的变换元件，其优点是：结构简单；参数设计灵活；输出特性稳定；可以实现线性和较为复杂的特性；受环境影响小；输出信号强；一般不需要放大就可直接作为输出；成本低；测量范围宽等。其缺点主要是触点处始终存在着摩擦和损耗，可靠性较低，寿命较短。

2.7.13.1　工作原理

电阻式仪器采用可变化的电位器作为感应元件，把位移量转换为电阻比的变化，在给传感器施加一定的工作电压后，可把电阻的变化转换为电压的变化，通过测量电路即可得到位移变化量。典型电位器式仪器测量仪表原理见图2.7-21。与差动电阻式仪器不同，由于电位器式仪器的内阻有5kΩ左右，电缆芯线的电阻对测量电路的影响较小，可采用3芯电缆传输。

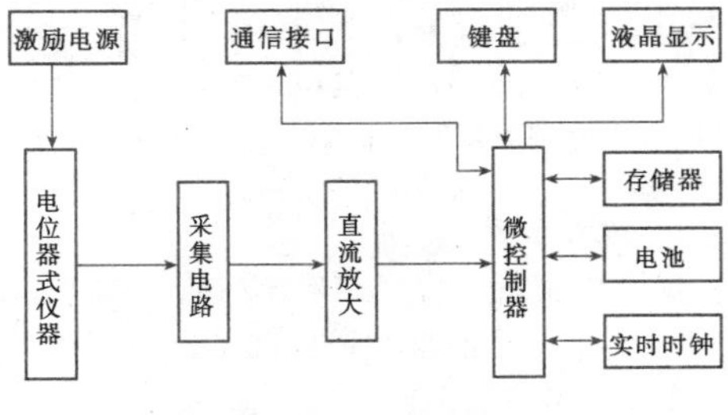

图2.7-21　典型电位器式仪器测量仪表原理框图

2.7.13.2　技术参数

根据《混凝土坝监测仪器系列型谱》(DL/T 948)的规定，电位器式仪器测量仪表及数据采集装置的主要技术参数见表2.7-13。

表 2.7-13　　电位器式仪器测量仪表及数据采集装置主要技术参数表

仪器名称	电位器阻值（Ω）	测量范围		分辨力	
		电阻比	电压（V）	电阻比	电压（V）
电位器式仪器测量仪表	400～2000	0～1.0000	0～1.9999	0.0001	0.0001
电位器式仪器数据采集装置	400～2000	0～1.0000		0.0001	

2.7.14　热电偶式仪器测量仪表

2.7.14.1　工作原理

热电偶是一种感温元件，把温度信号转换成热电动势信号，通过电气仪表转换成被测介质的温度。热电偶测温的基本原理是两种不同成分的均质导体组成闭合回路，当两端存在温度梯度时，回路中就会有电流通过，此时两端之间就存在热电动势，这就是所谓的塞贝克效应。两种不同成分的均质导体为热电极，温度较高的一端为工作端，温度较低的一端为自由端，自由端通常处于某个恒定的温度下。根据热电动势与温度的函数关系，制成热电偶分度表。分度表是自由端温度在0℃时的条件下得到的，不同的热电偶具有不同的分度表。在热电偶回路中接入第三种金属材料时，只要该材料两个接点的温度相同，热电偶所产生的热电势将保持不变，即不受第三种金属接入回路中的影响。因此，在热电偶测温时可接入测量仪表，测得热电动势后，即可知道被测介质的温度。

2.7.14.2　技术参数

钢弦式传感器的测读仪表可用于测量热电偶式温度计的温度值。水工安全监测中不单独使用热电偶式仪器测量仪表。

2.7.15　光纤光栅式仪器测量仪表

2.7.15.1　工作原理

光纤光栅式仪器测量仪表通过对光纤光栅传感器的中心波长进行解调，转换为数字信号。宽谱光源（如 SLED 或 ASE）将有一定带宽的光通过环行器入射到光纤光栅中，由于光纤光栅的波长选择性作用，符合条件的光被反射回来，再通过环行器送入解调装置测出光纤光栅的反射波长变化。当布拉格（Bragg）光纤光栅做探头测量外界的温度、压力或应力时，光栅自身的栅距发生变化，从而引起反射波长的变化，解调装置即通过检测波长的变化推导出外界被测温度、压力或应力。

光纤光栅式仪器测量仪表的工作原理见图 2.7-22。宽带光源照射光纤时，每一个光纤光栅传感器反射回一个满足不同布拉格条件波长的窄带光波。任何对光纤光栅的激励影响如温度或应变，都将导致这个窄带光波波长的改变。光纤光栅测量仪表通过测量各光纤光栅传感器反射光波长的精细变化来计算各测点的效应量变化。光纤耦合器引导光纤光栅反射光进入可调谐窄带光纤 F—P 滤波器，通过电控压电陶瓷改变滤波器中 F—P 的腔长来改变 F—P 滤波器的导通频带。在调谐控制信号的作用下，光纤 F—P 滤波器的导通频带扫描整个光栅反射光光谱。由于光纤 F—P 滤波器的导通频带很窄，当光纤 F—P 滤波器的导通中心波长与某一光纤光栅的布拉格波长相等时，有且仅有一个光纤光栅的反射光通过光纤 F—P 滤波器进入到光电探测器。光电探测器将这光纤光栅的反射光变换成电信号，电信号的峰顶对应于从这一光纤光栅反射回的波长。当某个被测光纤光栅传感器在某时刻的被测物理量（如温度或者应变等）发生改变，相应的反射光波长发生改变，检测出的反射光波长的改变对应被测物理量的变化。通过这种解调方式，在可调谐 F—P 滤波器的每个扫描周期中，所有光纤光栅传感器的窄带光波波长能得到快速测定。

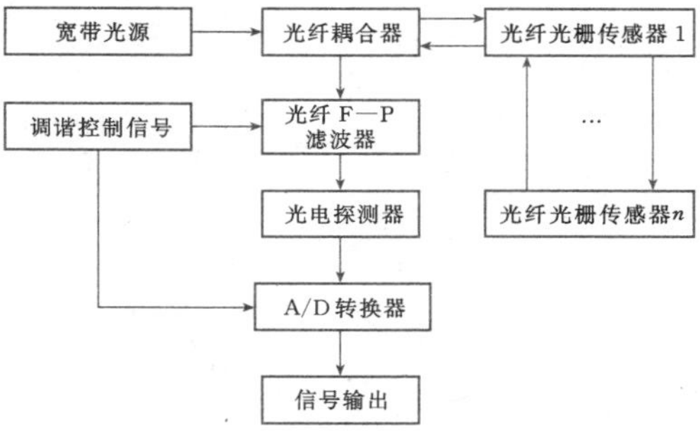

图 2.7-22　光纤光栅式仪器测量仪表工作原理图

2.7.15.2　技术参数

光纤光栅式仪器测量仪表的主要技术参数要求暂没有规范规定，设计时可参照表 2.7-14 中的参数执行。

表 2.7-14　　光纤光栅式仪器测量仪表及数据采集装置主要技术参数表

测量范围（Hz）	分辨力（%F.S）
0～20	<0.1
1～100	
100～500	

2.7.16 静态电阻应变片式仪器测量仪表

2.7.16.1 工作原理

静态电阻应变片式测量仪表用电学方法测量不随时间变化或变化极为缓慢的静态应变。

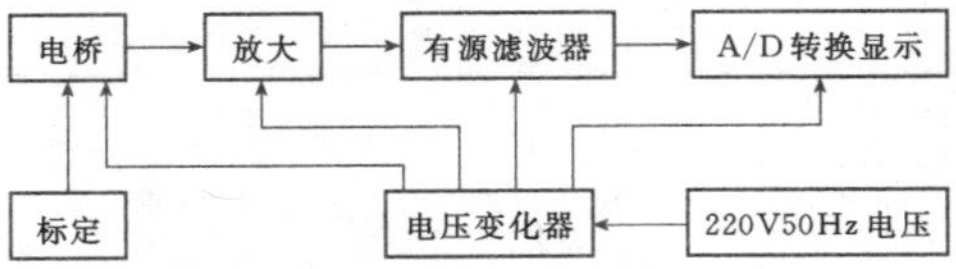

图 2.7-23 静态电阻应变片式测量仪表工作原理图

静态电阻应变片式测量仪表的工作原理，见图 2.7-23。它是利用惠斯顿电桥法来测量微小的电阻变化，外接点的微小变化产生的电压变化经过滤波、放大和 A/D 转换，在仪表上显示出来，直接得到应变量。其基本配置主要由测量电桥、放大器、数字显示等组成，可进行半桥或全桥测量。在测量应变时，把粘贴在构件上的应变片接入电桥，将电桥预调平衡。当构件受载发生变形时，应变片随之产生电阻值的变化，从而破坏了电桥的平衡，产生输出电压，经放大器放大后由显示仪表指示出相应的应变值。静态电阻应变片式测量仪表每次只能测出一个点的应变。进行多点测量时可配以预调平衡箱。所有测点的应变片导线均预先接在平衡箱各点上，然后靠开关逐点转换接入应变仪。

2.7.16.2 技术参数

根据《混凝土坝监测仪器系列型谱》(DL/T 948) 的规定，静态电阻应变片式仪器测量仪表及数据采集装置的主要技术参数见表 2.7-15。

表 2.7-15 静态电阻应变片式仪器测量仪表及数据采集装置主要技术参数表

测量范围 ($\times10^{-6}$)	分辨力 ($\times10^{-6}$)
−1999～1999	≤1
−19999～19999	≤1
−200000～200000	≤10

2.7.17 动态电阻应变片式仪器测量仪表

2.7.17.1 工作原理

随时间而变化的应变称为动态应变，动态应变与静态应变的测量原理基本相同，但由于动态应变随时间而发生变化，因此必须采用记录器，同时对应变仪有不同要求，对记录下的应变过程要用适当方法进行处理。

随着技术的发展，又出现了无线动态应变测量系统，其系统组成见图 2.7-24。

2.7.17.2 技术参数

根据《混凝土坝监测仪器系列型谱》(DL/T 948) 的规定，动态电阻应变片式仪器测量仪表及数据采集装置的主要技术参数见表 2.7-16。

表 2.7-16 动态电阻应变片式仪器测量仪表及数据采集装置主要技术参数表

测量范围 ($\times10^{-6}$)	分辨力 ($\times10^{-6}$)
−1999～1999	≤1
−19999～19999	≤1
−200000～200000	≤10

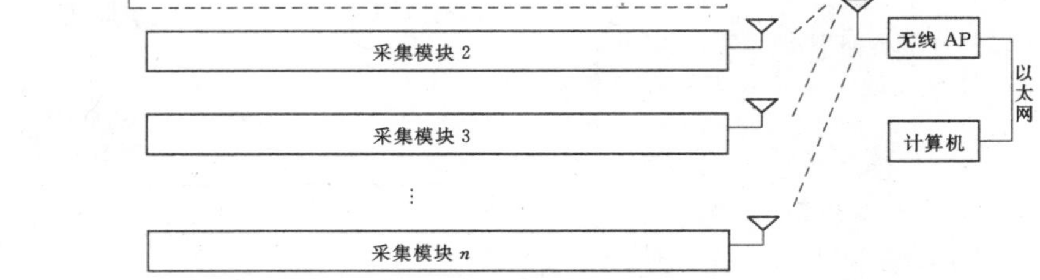

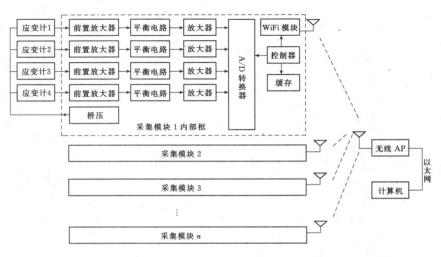

图 2.7-24 无线动态应变测试系统组成图

2.7.18 伺服加速度式测斜仪器测量仪表

2.7.18.1 工作原理

伺服加速度计是用于测量加速度的传感元件，主要用于重力加速度以及各种运动设备加速度的测量。利用伺服加速度计还能用于倾斜角度的传感测量，具有灵敏度高、精度高、体积小等优点，20 世纪 80 年代开始被移植到测斜仪，用来测量工程建筑物的斜度变化。

伺服加速度计式测斜仪测量仪表是通过测量加速度计输出的电压，来测得倾角的变化。当伺服电流流经伺服放大器输出端所连接的精密电阻 R 时，在 R 上产生压降，用数字电压表测量此电压，这一输出电压与敏感轴上的输入加速度成正比，而敏感轴上的输入加速度直接反映了测斜仪在该方向上的倾角的大小，即通过测得输出电压可得到测斜仪的相应输出量。所采用的数字电压表可以采用通用的数字式电压表，一般是 $4\frac{1}{2}$位液晶数字显示，可以是台式仪表，并可自动记录或打印记录。

2.7.18.2 技术参数

根据《混凝土坝监测仪器系列型谱》（DL/T 948）的规定，伺服加速度计式仪器测量仪表及数据采集装置的主要技术参数见表 2.7－17。

表 2.7－17 伺服加速度计式仪器测量仪表及数据采集装置主要技术参数表

数字显示（位）	分辨力（字）
$4\frac{1}{2}$	1

2.7.19 电解质式测斜仪器测量仪表

电解质式测斜仪，是在玻璃或陶瓷小瓶中装有电解液，并置入白金（铂）电极。传感器水平时，白金电极没入深度相等，一旦发生倾斜，没入深度发生变化，从而电极对的电阻发生相应变化。基于电解式水平传感元件的测斜仪，具有一些独特的优点：它没有可移动的机械部件，不会产生漂移；具有极好的灵敏度和重复性，一般在 10^{-6} 量级，灵敏度较高；测斜仪固定安装在现场并连续地记录着监测数据，从而避免了因来回重复安装而带来的误差。

电解质式固定测斜仪，可用便携式读数仪或自动采集仪来采集读数，有多种通用的数据采集仪可以使用，通过自动采集系统可实现数据的自动测读。便携式数据采集仪由数据采集仪、直流电源、串行接口以及可选的自动拨号器等部件组成。传感器、外接多路转换器等通过采集仪内部接线板与采集仪连接。通过安装蜂窝电话、调制解调器、储存模块和无线遥测等配件，可实现与主计算机之间的通信。

2.7.20 磁致缩式仪器测量仪表

2.7.20.1 工作原理

磁致伸缩式位移传感器主要由测杆、电子仓和套在测杆上的非接触的磁环组成。测杆内装有磁致伸缩线（波导丝）。工作时，由电子仓内的电子电路产生一起始脉冲，此起始脉冲在波导丝中传输时，同时产生了一沿波导丝方向前进的旋转磁场，当这个磁场与磁环中的永久磁场相遇时，产生磁致伸缩效应，使波导丝发生扭动，这一扭动被安装在电子仓内的拾能机构所感知并转换成相应的电流脉冲，通过电子电路计算出两脉冲之间的时间差，即可精确测出被测的位移。由于磁致伸缩式仪器是通过测量发射脉冲和返回脉冲的时间差来确定被测位移量，因此测量精度极高。

2.7.20.2 技术参数

磁致伸缩式仪器测量仪表的主要技术参数暂没有规范规定，设计时可参照表 2.7－18 的规定执行。

表 2.7－18 磁致伸缩式仪器测量仪表及数据采集装置主要技术参数表

测量范围（V）	分辨力（%F.S）
－10～10	≤0.01

2.7.21 水工观测电缆

水工观测电缆适用于水工观测仪器仪表及其他类似的电子装置。水工观测电缆应具有良好的防水性能和电器性能，可长期直接埋设在混凝土或岩土中，亦可长期置于耐压范围的河、湖或海水中。水工观测电缆不仅应有良好的耐酸碱性能，并应具有良好的抗电磁干扰和防雷电功能。

水工观测电缆的种类有很多，按屏蔽与否可分为屏蔽电缆与非屏蔽电缆；按绝缘电线按固定在一起的相互绝缘的导线根数，可分为单芯线和多芯线，多芯线也可把多根单芯线固定在一个绝缘护套内，同一护套内的多芯线可多到 24 芯，平行的多芯线用“B”表示，绞型的多芯线用“S”表示；也可按电线常用的绝缘材料有聚氯乙烯和聚乙烯两种，聚氯乙烯用“V”表示，聚乙烯用“Y”表示。

图 2.7－25 分别列出了四芯屏蔽电缆、五芯屏蔽电缆、五芯橡胶套电缆及十芯屏蔽电缆的结构示意图。

国内部分电缆的主要技术参数见表 2.7－19。

表 2-7-19　　国内部分水工电缆主要技术参数表

型　号	YSQW /YSZW	YSZW	YSQW	WEVS−1	WBYVP	WBYU	YSPT	CGYVP
电缆类型	橡套水工电缆	橡套水工电缆	橡套水工电缆	屏蔽电缆	屏蔽电缆	橡套水工电缆	屏蔽电缆	屏蔽电缆
芯　数	3，4，5，6，8	3，4，5，6，8	3，4，5，6，8	3，4，10	1，2，3，4，5，6，7，10，12，14		2，4，8，10，14	2，4，8，10，14
芯线截面（mm^2）	0.50，0.75/0.75，1.50	0.75	0.75	0.37		0.50，0.75	0.30，0.35，0.50	0.30，0.35，0.50
额定电压（V）	300	300	250	110	110	300，500	300	300
绝缘厚度（mm）	0.5/0.7							
护套厚度（mm）	1.3							
标称外径（mm）	9.6～13.0							
芯线直流电阻（Ω/km）					40～90	25～40	40～60	
芯地绝缘电阻（MΩ/km）					10^5	10^5		
芯芯绝缘电阻（MΩ/km）					10^3	10^3		
使用温度（℃）					−40～70	−40～70	−30～80	
耐水压（MPa）					5	10	≥1	≥1
长度（m/卷）	100，200	200		1000				
其他								

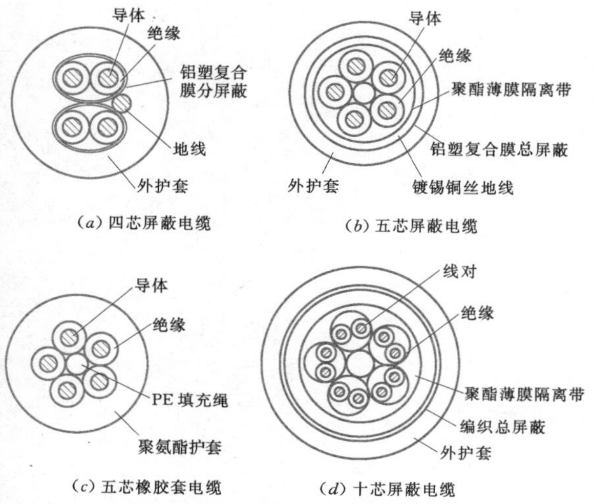

图 2.7-25 典型水工电缆结构示意图

2.7.22 集线箱

集线箱是安全监测数据的集中采集与存储装置，适用于钢弦式、差动电阻式、电容式、电位器式等不同类型传感器的信号采集与存储，分为自动集线箱和手动集线箱两种。

集线箱通常由不锈钢防潮机箱、主控制板、通道板与电源等四部分组成，电路采用模块化结构，每台标准型号的集线箱分别有 8、16、24、32 或 40、48、56、64 通道，最多可接入 32 支或 64 支传感器，大部分集线箱可接入所有类型的传感器。

根据《混凝土坝监测仪器系列型谱》(DL/T 948) 的规定，差动电阻式仪器集线箱和钢弦式仪器集线箱的主要技术参数必须满足表 2.7-20 和表 2.7-21 的规定。

表 2.7-20　差动电阻式仪器集线箱主要技术参数表

电缆芯数	接电缆数
4	16～32
5	

表 2.7-21　钢弦式仪器集线箱主要技术参数表

电缆芯数	接电缆数
4	16～64

参 考 文 献

[1] 南京水利科学研究院勘测设计院，常州金土木工程仪器有限公司. 岩土工程安全监测手册 [M]. 北京：中国水利水电出版社，2008.

[2] DL/T 5178—2003 混凝土坝安全监测技术规范 [S]. 北京：中国电力出版社，2003.

[3] SL 60—94 土石坝安全监测技术规范 [S]. 北京：水利电力出版社，1994.

[4] 陈黎敏. 传感器技术及其应用 [M]. 北京：机械工业出版社，2009.

[5] 胡向东，刘京诚，余成波，等. 传感器与检测技术 [M]. 北京：机械工业出版社，2009.

第 3 章

建筑物安全监测设计

本章共分 11 节。主要介绍各种典型的水工建筑物安全监测设计，针对水工建筑物的不同特点和监测重点，重点叙述了不同建筑物等级的监测设计依据、监测项目选择、具体监测布置、仪器选型原则，以及相应监测布置采用的监测手段、典型的观测方法和监测频次等。

根据近年来的安全监测设计理念（原型观测→安全监测→监控反馈）的转变和监测技术的进步，本章在叙述设计布置时弱化了以往单纯的原型观测设计，强化了对建筑物安全运行的监测评价和监控反馈（信息化动态设计反馈、施工过程和质量监控反馈、安全运行后评价反馈等）的理念，并在叙述布置时有针对性地介绍了近年来采用的新型监测技术的使用情况、优缺点等（如光纤传感器、GPS 测量系统等），并配有大量的新、老典型工程的监测布置实例。

本章各建筑物监测设计适用于 1、2、3 级建筑物，4、5 级建筑物可参照使用，并着重布置环境量、变形和渗流监测项目，加强巡视检查即可。

章主编　王玉洁　赵志勇

章主审　杨泽艳　李端有　魏德荣

本章各节编写及审稿人员名单

节次	编　写　人	审稿人
3.1	王玉洁	杨泽艳 李端有 魏德荣
3.2	赵志勇	
3.3	颜义忠	
3.4	王　跃	
3.5	赵志勇	
3.6	王玉洁　耿贵彪	
3.7	耿贵彪　黄太平	
3.8	郝长江　杜泽快　武方洁	
3.9	赵志勇	
3.10	郝长江　杜泽快　胡长华　季　凡	
3.11	濮久武　吴时强　陈惠玲　王玉洁	

第3章 建筑物安全监测设计

3.1 重 力 坝

3.1.1 重力坝结构特点及监测重点

3.1.1.1 结构特点

重力坝在各类坝型中是历史最悠久的坝型之一，在水压力及其他外荷载作用下，主要依靠坝体自重来维持稳定的坝。人们已在重力坝的设计、施工与运行等方面积累了丰富的实践经验，筑坝技术较为成熟。重力坝体积庞大，它通常沿坝轴线用横缝分成若干坝段，每一坝段在结构型式上类似三角形悬臂梁。上游水压力在坝的水平截面上所产生的力矩将在上游面产生拉应力，在下游面产生压应力，而在坝体自重作用下，在上游面产生的压应力足以抵消由水压力产生的拉应力。因此，重力坝又得以满足强度要求。一旦稳定和强度得不到满足，将危及重力坝的安全。

3.1.1.2 监测重点

监测设计应根据工程特点及关键部位综合考虑，统筹安排。其指导思想是以安全监测为主，同时兼顾设计、施工、科研和运行的需要。监测项目布置除了需要控制关键部位外，还需兼顾全局，监测项目宜以“目的明确、重点突出、兼顾全面、反馈及时、便于实现自动化”为基本原则，并结合工程建设进度计划进行统一规划，分项、分期实施。

1. 重点监测部位

监测范围应包括坝体、坝基以及对重力坝安全有重大影响的近坝边坡和其他与大坝安全有直接关系的建筑物。一般选择典型的或代表性的横向断面和纵向断面（或测线）进行监测。

监测横断面设在监控安全的重要坝段，横断面布置在地质条件或坝体结构复杂的坝段或最高坝段及其他有代表性的坝段。断面间距可根据坝高、坝顶长度类比拟定，特别重要和复杂的工程可适当加密监测断面。

重力坝的纵向测线是指平行于坝轴线的测线，需根据工程规模选择有代表性的纵向测线。一般应尽量设置在坝顶和基础廊道，高坝还需在中间高程设置纵向测线。

2. 重点监测项目

重力坝安全的重点监测项目是：坝基扬压力；渗流量；绕坝渗流及坝基、坝体变形；坝体温度；坝基应力等。

从重力坝特点来看，由于重力坝坝体与地基接触面积大，因而坝基的扬压力较大，对坝体稳定不利，重力坝失事大多也是由基础引起。因此，应把坝基面扬压力、基础渗透压力、渗流量及绕坝渗流作为重点监测项目。

由于重力坝的失稳模式是滑动或倾覆，而变形监测可了解坝体抗滑、抗倾稳定情况以及基础及坝体混凝土材料受外荷载产生的压缩、拉伸等情况，是重力坝安全监测的重点。

由于重力坝体积较大，施工期混凝土的温度应力和收缩应力较大，在施工期对混凝土温度控制的要求较高，因此也需要重视施工期坝体混凝土温度监测。

由于重力坝坝体应力较小，一般只有高坝（≥100m）在地震工况下，才有可能出现对坝体结构产生破坏的应力，因此坝体内部的应力应变不是重力坝安全监测的重点，只需结合计算分析成果对结构特殊的坝体或溢流闸墩、泄洪底孔、中孔等部位布置混凝土应力应变、钢筋应力或锚索荷载等监测项目。

3. 监测仪器选型

监测仪器包含了传感器及其配套电缆、测量仪表和可用于实现自动化测量的数据采集装置。监测仪器是安全监测的工具，其可靠和准确与否直接影响到人们对大坝结构性态和安全的评估。因此，监测仪器必须具备耐久性、可靠性、适用性，并满足量程和精度要求。

监测仪器的选型原则，除了要求可靠性和稳定性外，确定合理的测量精度至关重要。过高的精度要求可能导致无法寻求到合适的监测传感器且费用可能极为昂贵，而过低精度又会增加成果分析的困难甚至会得出不正确的结论。故仪器测量精度应综合考虑测量物理量大小、变化速率、仪器和方法所能达到的实际精度以及监测的目的等因素。一般来说，如果监测是为了使物理量不超过相关标准的容许数值，则其误差应小于容许值的1/10～1/20。如果是为了研究物理量的变化过程，则其误差要求应很小，甚至应采用目前监测手段和仪器所能达到的最高精度。

通常情况下，重力坝变形和渗流量都较小，原则上应选择精度高、量程小的传感器。为了便于运行管理和自动化监测，同一工程监测仪器设备的种类应尽可能少，并尽量选用能与常用的自动数据采集装置兼容的传感器。

3.1.2　监测设计依据

监测设计是整个工程设计的重要组成部分，应由熟悉工程地质、水文地质、大坝结构及其基础设计、施工工艺、工程运行条件的坝工技术人员和熟悉监测方法、监测仪器设备性能、精度及可靠程度和安装埋设的监测技术人员，共同精心拟定。

在监测设计时，需要依据的工程基本资料主要包括以下四方面内容。

1. 工程基本资料

工程基本资料包括工程规模、大坝级别及地质、水文、泥沙、气象、水库特征水位等环境条件，以及枢纽和坝体结构设计图纸和施工规划，用以确定必须设置的监测项目。工程规模越大，地质、水文等环境条件越复杂，设置的监测部位和项目也越多。

2. 水工结构计算和科研试验成果

水利水电工程设计、施工采用的新技术、新工艺，设计所期望解决的问题，设计、施工的重点和难点等都是监测设计专项研究的依据。

(1) 各种荷载组合工况下的应力、位移与渗流设计计算成果。地质力学模型试验在设计荷载下的坝体及基岩弹性变形或超载下的破坏变形情况，建基面断层、裂隙等地质缺陷分布及必要的处理措施，坝基固结灌浆、防渗帷幕及排水系统设计等。这些成果可用于了解控制大坝安全的关键部位，并有针对性地布设监测项目。

(2) 坝体混凝土的物理力学特性资料。包括混凝土抗拉强度、抗压强度、弹性模量、级配、温度线膨胀系数、徐变度、自生体积变形等参数，以便根据应力应变监测资料转换计算坝体的实测应力。

(3) 地质条件和基岩物理力学性能资料。包括基岩抗拉强度、抗压强度、变形模量、流变、地应力、坝基下的地质缺陷（断层、裂隙、软弱夹层等）等，以了解坝基岩体特性，布置基岩变形和应力监测仪器，计算分析实测基岩变形和应力。

(4) 坝体混凝土分区、施工方法和程序。了解不同分区部位混凝土的性能、浇筑进度和先后顺序，为计算、分析坝体不同强度等级混凝土的实测应力，评价混凝土温度控制措施实施效果提供依据。同时，便于监测仪器电缆走线规划及现场数据采集站的布置。

(5) 水工模型试验资料。了解水流形态、泄水及消能建筑物过流面的压力、流速、掺气分布等，以便确定水力学监测仪器的布置项目和部位，如时均压力、脉动压力、底流速仪、空蚀、雾化等测点的布置。

3. 使用标准

混凝土坝安全监测设计主要遵循的技术标准有：

(1)《混凝土坝安全监测技术规范》(DL/T 5178)。

(2)《混凝土坝安全监测资料整编规范》(DL/T 5209)。

(3)《混凝土重力坝设计规范》(SL 319、DL 5108)。

(4)《大坝安全监测自动化技术规范》(DL/T 5211)。

(5)《水工建筑物强震动安全监测技术规范》(DL/T 5416)。

(6)《水电水利工程爆破安全监测规程》(DL/T 5333)。

(7)《水电水利工程岩石试验规程》(DL/T 5368)。

(8)《水利水电工程岩石试验规程》(SL 264)。

(9)《水利水电工程地质观测规程》(SL 245)。

(10)《水工建筑物抗震设计规范》(SL 203、DL/T 5073)。

(11)《水电水利岩土工程施工及岩体测试造孔规程》(DL/T 5125)。

(12)《水工混凝土水质分析试验规程》(DL/T 5152)。

(13)《水电水利工程地质勘察水质分析规程》(DL 5194)。

(14)《国家三角测量规范》(GB/T 17942)。

(15)《中、短程光电测距规范》(GB/T 16818)。

(16)《国家一、二等水准测量规范》(GB/T 12897)。

(17)《水电水利工程施工测量规范》(DL/T 5173)。

(18)《全球定位系统（GPS）测量规范》(GB/T 18314)。

(19)《加密重力测量规范》(GB/T 17944)。

(20)《1∶5000、1∶10000 地形图图式》(GB/T 5791)。

(21)《1∶500 1∶1000 1∶2000 地形图图式》(GB/T 7929)。

(22)《测量外业电子记录基本规定》(CHT 2004)。

(23)《水位普通测量规范》(SL 58)。

4. 监测仪器选型

设计选用的监测仪器必须符合《混凝土坝监测仪器系列型谱》(DL/T 948) 和监测仪器设备类的相关标准；国内外常用混凝土监测仪器生产厂家的监测仪器性能及其应用情况，包括设备类型、种类及其安装埋设、使用维护说明书等；最新的监测技术进展以及新技术、新产品在实际工程中应用情况。

3.1.3 监测项目

由于大坝的工程等别不同，大坝失事后对公共安全和环境的影响程度不同，对安全监测系统的要求也各不相同。对于重要的、地质条件复杂的，失事后影响大的大坝，必须设置系统的监测设施，对其运行性态进行全面监控。对于一般性的大坝，监测设施的设置可以适当降低要求。此外，还须考虑一些具体的问题，如外来荷载及大坝的可靠性等。国际上有采用风险度方法拟定大坝监测项目的实例。一般大坝安全监测包括仪器监测和巡视检查两类。

针对具体工程，根据重力坝的级别及工程特性选定监测项目，详见表 3.1-1。此外，若坝基内地质缺陷部位（如断层破碎带、软弱夹层等），采取结构加固措施的，宜布置相应的监测设施，如变形、应力应变、钢筋应力等监测仪器。

表 3.1-1 混凝土重力坝安全监测项目分类表

序号	监测类别	监测项目	大坝级别		
			1	2	3
一	人工巡视检查		●	●	●
二	变形	坝体位移	●	●	●
		倾斜	●	○	
		接缝变化	●	●	○
		裂缝变化	●	●	●
		坝基位移	●	●	●
		近坝边坡位移	○	○	○
三	渗流	渗流量	●	●	●
		扬压力	●	●	●
		渗透压力	○	○	
		绕坝渗流	●	●	●
		水质分析	●	●	○
四	应力	应力	●	○	
		应变	●	○	
		混凝土温度	●	●	○
		坝基温度	●	○	
五	水文、气象	上、下游水位	●	●	●
		气温	●	●	●
		降雨量	●	●	●
		库水温	●	○	
		坝前淤积	●	○	○
		下游冲淤	●	○	○
		冰冻	○		

注 1. 有●者为必设项目；有○者为可选项目，可根据需要选设。
2. 坝高 70m 以下的 1 级坝，应力应变为可选项。

对地质条件复杂的高坝大库，还可能包括库盘变形、地质缺陷处理工程措施等特殊监测项目等。具体设计参见本章 3.2.7 中的内容。

巡视检查是必不可少的监测项目，大坝运行中的异常迹象，大多是工程技术人员在巡视检查中发现。对工程区范围以及监测设备应定期和不定期进行日常巡视检查、年度巡视检查和特别巡视检查。巡视检查作为仪器监测的重要补充，其作用在于弥补监测仪器覆盖面的不足，及时发现险情并系统地记录、描述工程开挖、爆破、支护、混凝土浇筑、冷却、灌浆等对监测效应量有客观影响的因素，并对这些影响因素进行量化，为监测资料的综合分析提供依据。

对于重力坝来说，埋设仪器数量较大的通常为应力、应变、温度及接缝监测仪器，其中有部分是由于施工期温控和纵缝灌浆的需要，有部分为设计反馈和科学研究的需要。在达到监测目的以后非重点监测部位的监测项目可封存停测，必要时再启用。

3.1.4 变形监测

一般而言，重力坝的变形监测主要有坝体和坝基水平位移、垂直位移监测、接缝和裂缝监测等。

变形测量系统测得的变形，严格意义上都是相对的（包括相对基准点和相对某次基准测值），但在工程实际应用中，相对大地测量基准和工程变形影响范围之外的倒垂线锚固点的变形也称为绝对变形；相对工作基点、相对坝基面的变形或相邻两点或相邻接缝间的变形称为相对变形。

重力坝水平、垂直位移监测纵断面是指平行于坝轴线的断面，纵断面上的测线一般应尽量设在坝顶和基础廊道，坝高大于 100m 的高坝还应在中间高程设置。一般纵断面上测点布置应兼顾全局，每个坝段至少均应设一个监测点。重力坝纵断面上的水平位移一般采用准直线法监测，包括视准线、引张线、激光准直系统等，也有少数重力坝的坝顶水平位移采用正、倒垂线组，交会法和极坐标法等观测。垂直位移一般采用几何水准法和静力水准法监测。

变形监测横断面布置在地质或结构复杂的坝段或最高坝段和其他有代表性的坝段。横断面的数量视地质情况、坝体结构和坝顶轴线长度而定，一般设 1～3 个，对于坝顶轴线长度大于 800m 的，宜设置 3～5 个。典型横断面上的水平位移一般采用正、倒垂线组观测，用以监测坝基和坝体不同位置、不同高程的水平位移；垂直位移可根据地质及坝体结构情况在基础和坝顶部位沿上下游方向布置不少于 3 个测点，用于监测坝基不均匀沉降和坝体倾斜。

重力坝变形监测布置与采用的监测仪器设备有关。

3.1.4.1　水平位移

重力坝水平位移一般采用准直线法（包括视准线、引张线、激光准直系统等），正、倒垂线组和交会法等进行监测。

3.1.4.1.1　准直线法

准直线平行于坝轴线布置，测线一般应尽量设在坝顶和基础廊道，坝高大于100m的高坝还应在中间高程设置。准直线上测点布置应兼顾全局，每个坝段至少应设一个监测点。采用准直线法监测的测点应尽量布置在同一高程、同一直线上，并应在其两端延长线上各设工作基点。准直线工作基点位移一般采用大地变形控制网或正、倒垂线组校测。其中，引张线和激光准直系统的两端点，也可设在两岸山体的平洞内，当平洞深度足够超出变形的影响范围以外，可以不设校核点。在工程等别较低，且视准线工作基点的延长线上视线开阔、岩石稳定性较好的情况下，可在视准线工作基点的延长线上设校核基点，校测工作基点的位移。

1. 视准线

视准线是平行于坝轴线建立一条固定不变的光学视线，定期观测各测点偏离该视准线测值的测量方法。视准线监测重力坝变形是众多水平位移监测方法中最古老的一种。

视准线的优点是结构简单、投资小、便于布置与维护、观测值直观可靠；缺点是视线长度及布置位置受光学观测仪器设备的性能影响（宜小于300m），不便于实现自动化监测，需选择合适的观测时段，避免受大气折光的影响。

视准线的布置位置和视线长度应适合不同光学观测仪器设备（经纬仪、全站仪或视准线仪）的工作能力；位置尽量避免坝面大气折光和库区蒸发的影响，一般应布设在坝顶靠近下游的地方，距吊车架、栏杆、坝面等障碍物1m以上。位移测点必须设在两工作基点连成的视准线上，以钢筋混凝土墩的形式直接固定在坝体上。在测点和工作基点的测墩的顶部埋设强制对中设备，以便观测时安装活动觇标和固定觇标或棱镜组。典型位移测点结构见图3.1-1。

视准线采用的观测方法主要有活动觇标法和小角度法。活动觇标法是将经纬仪（或视准线仪）安置在工作基点 A，照准另一基点 B（安装固定觇标），构成视准线，该视准线作为观测坝体位移的基准线。将活动觇标安置于位移标点上，令觇标图案的中线与视准线重合，然后利用觇标上的分划尺及游标读取测点的偏离值，即为活动觇标法。要求视准线上各测点均在同一准直线，且测点位移的变化量在活动觇标的量程范围内。活动觇标在重力坝上用得较多。

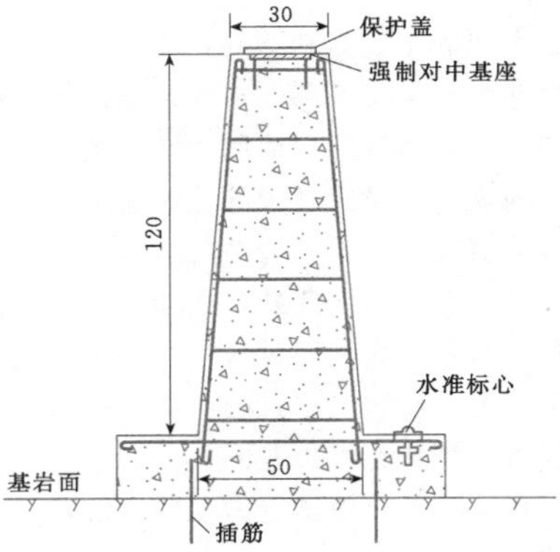

(a) 结构图

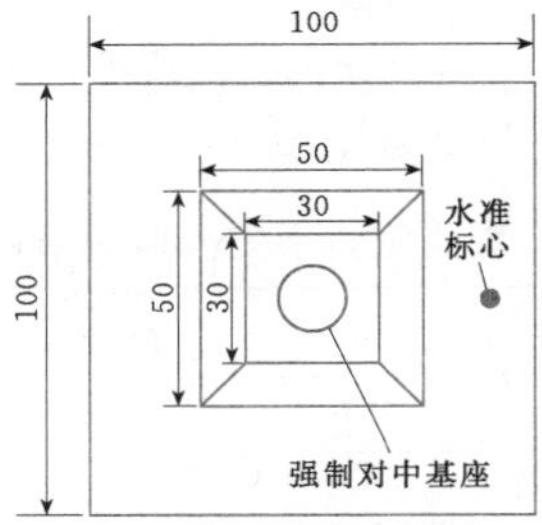

(b) 平面图

图3.1-1　位移测点结构图（单位：cm）

采用活动觇标法观测水平位移，司觇标者要根据司仪者的指挥使活动觇标的中心线恰与视准线重合。当距离较远时，两者配合将发生困难，或当测点安装质量不好或测点位移变化较大，测点偏移视准线的距离大于活动觇标的量程范围，无法与视准线重合，则可采用小角度观测法。

小角度观测方法的工作原理见图3.1-2，A、B 为固定工作基点，C 为位移测点，为了测定 C 点的偏离值将经纬仪或大坝视准仪安置于 A 点，在后视的固定工作基点 B 和位移标点 C 上同时安置固定觇牌，测出固定视准线 AB 方向线与位移标点 AC 间的微小水平角 β（以秒计），并据此计算偏离值，即

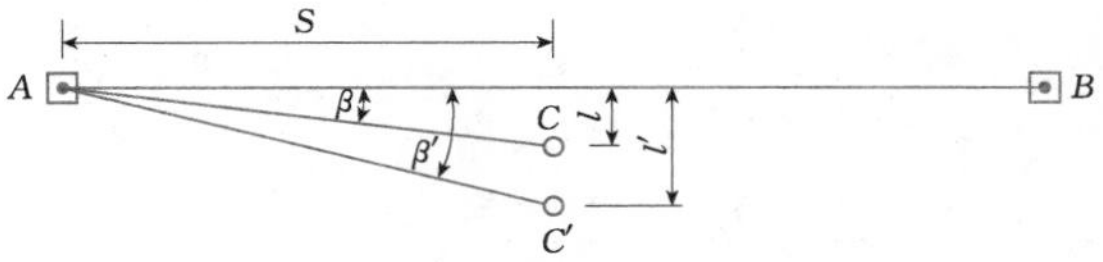

图3.1-2　小角度观测方法工作原理图

$$\Delta l = \frac{S\Delta\beta}{\rho''} \tag{3.1-1}$$

$$\rho'' = 206265''$$

式中　S——A 点至 C 点的距离；

Δl——水平位移差值，$\Delta l = l' - l$；

$\Delta\beta$——水平角差，$\Delta\beta=\beta'-\beta$。

2. 引张线

引张线是在坝顶或廊道内选定的两端点之间一端固定、一端挂重，张拉一根高强钢丝作为基准线，用以测量坝体上各测点相对于该钢丝水平位移的装置。由于重力作用，使得引张线的挠度较大，因此一般要在钢丝中间设立若干个浮托装置，将引张线托起，使测线形成若干段较短的悬链线，减少垂径。引张线较短或测线悬链垂径能适应保护管及坐标仪的情况下，可以不设浮托装置。目前引张线有定型产品，其线体直径、挂垂重量、水箱、浮船、读数设备及保护箱、保护管的设计要求详见《混凝土坝安全监测技术规范》(DL/T 5178)。

引张线法的优点是结构装置较简单、直观，经济实惠，长度适应性从几十米到上千米，可以实现自动化观测；缺点是水箱、浮船维护工作量较大，其设计之初主要用于人工观测，目前实现自动化监测后，不能免除对线体工作状态的日常检查和维护，两端固定后，使用长度减小到300m以内。目前国内已有采用轻质高强度的DPRP线体材料的无浮托引张线，减少了测点的维护工作量，便于实现自动化监测，应用长度已达500m。

引张线一般布置在坝顶或不同高程的廊道内，两端点应尽可能延伸至两岸地基稳定处或灌浆隧洞及平洞深处，以便将端点视作为不动点。如果端点设在坝体上或坝体变形影响范围内，则应建立正、倒垂线组或采用其他适当的测量方法校测、修正端点位移的影响。

设置在廊道内的引张线，最好置于上下游侧墙上的混凝土预留槽内，这对于减少防风保护设施及不占廊道空间位置都有好处，但施工时应考虑到由于浇筑混凝土引起的尺寸误差。对于已建成的廊道无预留槽时，也可在廊道壁上架设保护管或在廊道内设观测墩。

每次观测前应检查、调整全线设备，使浮船和测线处于自由状态。引张线自动化是国内外坝工专家们致力研究的内容，近20多年来，随着技术的进步，引张线仪由接触式发展到非接触式。非接触式引张线仪从步进电动机光学跟踪式发展到CCD式引张线坐标仪。各类坐标仪为引张线监测自动化提供了较理想的监测手段，详见本卷第2章。

3. 真空激光准直系统

激光准直系统采用波带板激光准直原理，是20世纪80年代初在光学视准线基础上开发研制的监测重力坝水平位移的准直线法。

真空激光装置的优点是能同时监测水平位移和垂直位移，测量精度高，对准直线的长度没有要求，适应长度从几十米到2km，且便于自动化观测；缺点是价格较贵，施工工艺和运行维护要求高。有些系统失败的根本原因是施工质量极差，真空管道严重漏气，管道内锈蚀产生的锈蚀粉尘影响正常观测，另外由于漏气量大，真空泵和电磁阀频繁启动，也会加速电磁阀损坏，最终使整个系统瘫痪。

真空激光准直系统分为激光准直系统和真空管道系统两部分。激光准直（波带板激光准直）系统由激光点光源（发射点）、波带板及其支架（测点）和激光探测仪（接收端点）等组成；真空管道系统包括真空管道、测点箱、软连接段、两端平晶密封段、真空泵及其配件等。

真空管道宜选用无缝钢管，其内径应大于波带板最大通光孔径的1.5倍，或大于测点最大位移量引起像素点位移量的1.5倍，但不宜小于150mm。

测点宜设观测墩并与坝体牢固结合，使之代表坝体位移。测点箱安装在测点墩上且顶部应有能开启的阀门，以便安装或维护波带板及其配件，两侧应开孔并焊接带法兰的短管，使之与真空管道的软连接段连接。软连接段一般采用金属波纹管，其内径应和管道内径一致，波数依据每个波的容许位移量和每段管道的长度、气温变化幅度等因素确定。

两端平晶密封段必须具有足够的刚度，其长度应略大于高度，并应和端点观测墩牢固结合，保证在长期受力的情况下，其变形对测值的影响可忽略不计。

管道系统所有的接头部位，均应设计密封法兰。法兰上应有橡胶密封槽，用真空橡胶密封。在有负温的地区，宜选用中硬度真空橡胶并略加大橡胶圈的断面直径。

目前真空激光准直系统已经系列化、定型化，选型设计详见《混凝土坝安全监测技术规范》(DL/T 5178)。

激光探测仪有手动（目测）和自动探测两种，应尽量采用自动探测，激光探测仪的量程和精度必须满足位移观测的要求，详见第2章。

3.1.4.1.2 正、倒垂线组

正、倒垂线一般布置在地质或结构复杂的坝段或最高坝段和其他有代表性的坝段，以监测重点坝体不同高程的水平位移（或称挠度）。其特点是可作为垂直方向的准直线，布置灵活，结构简单，可以采用人工和自动化观测。此外，还可采用倒垂线组监测断层的上、下盘水平错动。

根据大坝的不同情况，正垂线、倒垂线可以单独使用，也可以联合使用。一般情况下，高坝在同一坝段应设置一组正、倒垂线，低坝可只设一条倒垂线。按现行《混凝土坝安全监测技术规范》（DL/T 5178），单条正垂线长度一般不宜超过 50m，主要是考虑到测点变形超过垂线坐标仪的量程或线体过长，受气流影响大，所需的重锤重量或浮力也大，对线体强度要求也高，线体扰动后稳定所需时间较长，将线体分成一条倒垂线和几条正垂线结合布置，结合点宜布置在同一观测墩上。因制约垂线长度选择的因素较多，线体的长度宜根据坐标仪量程、线体强度、护管防风设计和坝体结构等确定。

正垂线宜采用一线多测站式，单根正垂线的悬挂点应尽量设在坝顶附近，并应考虑换线及调整方便，保证换线前后位置不变。正垂线体设在坝体内预留的专用竖井内，也可利用其他竖井或宽缝设置。目前正垂线的挂重装置、重锤及阻尼油桶均有定型产品，可按《混凝土坝安全监测技术规范》（DL/T 5178）计算、选定相应的重锤重量及相应的挂线设备。

倒垂线钻孔深入基岩深度应参照坝工设计计算结果，达到变形影响范围之外。缺少该项计算结果时，可遵照《混凝土坝安全监测技术规范》（DL/T 5178）规定，取坝高的 1/4～1/2，当 1/4 坝高小于 10m 时，钻孔深度不宜小于 10m。但 200m 以上的特高坝，若按上述原则设计，倒垂线的长度就远远超过规范提出的适宜长度。因此，倒垂线深入基岩的深度需综合考虑浮力、线体强度、垂线系统精度和造孔难度等因素，在保证系统准确性的前提下，尽量深入到基岩不动点。倒垂孔内宜埋设保护管，必要时孔外还应装设测线防风管。目前，倒垂浮力装置和锚固点也有定型产品，可按《混凝土坝安全监测技术规范》（DL/T 5178）的要求计算确定。

垂线观测站宜采用现浇筑钢筋混凝土观测墩，观测墩上应设置强制对中底盘，底盘对中误差不应大于 0.1mm。观测站宜设防风保护箱或修建安全保护室，并装门加锁。在竖井、宽缝和直径较大的垂线井中，测线应设防风管。防风管内径视变形幅度而定，但不宜小于 100mm。安装后，最小有效管径应不小于 85mm。

垂线观测前，必须检查该垂线是否处在自由状态；倒垂线还应检查调整浮体组的浮力，使之满足要求。垂线观测可采用光学垂线坐标仪、垂线瞄准仪和遥测垂线坐标仪。

光学垂线坐标仪和垂线瞄准仪结构均较简单，性能稳定，价格便宜，但难以实现观测自动化。可靠、实用的垂线监测自动化是国内外坝工专家们致力研究的内容，各类遥测垂线坐标仪为垂线监测自动化提供了较理想的监测手段，详见第 2 章。

3.1.4.1.3　交会法

当重力坝的布置为折线、弧线，致使准直线的布置无法实现时，可在坝顶或下游坝坡需要监测的部位布置表面位移测点，采用交会法进行监测。

交会法是利用 2 个或 3 个已知坐标的工作基点，用经纬仪或全站仪测定位移测点的坐标变化，从而确定其水平位移值。交会法包括测角交会法、测边交会法和边角交会法等。

1. 测角交会法

采用测角交会法时，在交会点上所成的夹角最好接近 90°，但不宜大于 120°或小于 60°。工作基点到测点的距离不宜大于 200m。当采用三方向交会时，上述要求可适当放宽。测点上应设置觇牌塔式照准杆或棱镜。

2. 测边交会法

采用测边交会法时，在交会点上所成的夹角最好接近 90°，但不宜大于 135°或小于 45°。工作基点到测点的距离不宜大于 400m。在观测高边坡和滑坡体时，不宜大于 600m。测点上最好安置反光棱镜。

3. 边角交会法

采用边角交会法时，观测精度比单独测角或单独测边的有明显提高，对交会点上所成的夹角没有严格的要求。工作基点到测点的距离不宜大于 1km。

交会法测点观测墩的结构同视准线墩，但墩顶的固定觇牌面应与交会角的分角线垂直，觇牌上的图案轴线应调整铅直，不铅直度不得大于 4′。塔式照准杆亦应满足同样的铅直要求或安置棱镜。

水平角观测应采用方向法观测 4 测回（晴天应在上、下午各观测两测回）。各测回均采用同一度盘位置，测微器位置宜适当改变。每一方向均须采用双照准法观测，两次照准目标读数之差不得大于 4″。各测次均应采用同样的起始方向和测微器位置。观测方向的垂直角超过 ±3°时，该方向的观测值应进行垂直轴倾斜改正。

3.1.4.2　垂直位移

重力坝垂直位移一般采用几何水准法和液体静力水准法（即连通管法）进行监测，此外真空激光准值系统可以兼测垂直位移。坝基微小的变形监测可采用基岩变位计、滑动测微计；若坝基软弱，压缩变形量较大的监测可采用杆式沉降仪和多点位移计。

表面垂直位移测点应尽量与水平位移测点结合布置。在主要监控断面应设坝体倾斜监测。根据地质及坝体结构情况，测点在基础和坝顶部位沿上下游方向布置，坝高大于 100m 的高坝还可在中间高程设置，以监测坝基的不均匀沉降和坝体倾斜。坝体倾斜除采用几何水准法和静力水准法观测，还可采用倾斜计进行监测。

1. 几何水准法

几何水准法的优点是测点结构简单、布置灵活、测值直观可靠；缺点是观测工作量大，不便实现自动化观测。坝体和坝基的垂直位移应采用一等水准测量，并应尽量组成水准网。

为了便于观测，减小高程传递误差，工作基点（起测点）应设在距坝较近处，一般在两岸基岩或原状土上各设一个，与测点高程大致相同，可采用基岩标、平洞基岩标和岩石标。若重力坝廊道条件不容许设坝外同高程起测点时，应设竖井垂直高程传递系统传递起测高程或采用双金属标作为起测点。坝体上的测点宜采用地面标志、墙上标志、微水准尺标，坝外测点宜采用岩石标和钢管标。

水准基点是垂直位移观测的基准点，其稳定与否直接影响整个观测成果的准确性，应埋设在不受库区水压力影响的地区。一般设在坝下游1～5km处，埋设在稳定的基岩上，基准点宜用双金属标（或钢管标）；若用基岩标应成组设置，以便校检水准基点是否稳定，每组不少于三个水准标石，其中一个为主点，另两个为辅点。三个水准基点组成一个边长约为60～100m的等边三角形，并在三角形的中心，与三个水准基点等距离的地方设置固定测站，由固定测站定期观测三点之间的高差，即可检验水准基点是否有变动。

2. 静力水准法

静力水准系统的优点是可安装在大坝廊道内实现垂直位移和倾斜的自动化监测；缺点是维护工作量较大，测量精度和性能受各类静力水准液面传感器和基点双金属标工作能力的影响，静力水准系统中温差对液面影响较大，相邻测点之间温差不宜超过2℃。

液体静力水准系统的测点应布置在同一高程上，两端应设垂直位移工作基点。同一条静力水准线上测点间的高差不能超过仪器量程容许范围。单条系统长度不宜超过200m，长度超过150m宜在一端设置液体补偿装置。

液体静力水准系统的起测点和水准基点的布置原则与几何水准的相同。但在工程实际应用中，为了便于自动化观测，它们的起测点一般采用双金属标，标管深入变形影响线以下，可作为水准基点。

3.1.4.3 坝基特殊部位变形

坝基范围内存在断裂或软弱结构面或基础覆盖层时，可采用多点位移计、基岩变位计、测温钢管标组、滑动测微仪等仪器监测基岩的压缩、拉伸变形。

（1）基岩变位计。基岩变位计一般采用测缝计改装而成。若重力坝的建基面岩石较风化或软弱，可在重力坝的坝踵和坝趾部位的基岩垂直钻孔，埋设基岩变位计，监测基岩沿钻孔轴向的变形。

（2）多点位移计。多点位移计用于监测钻孔轴向的变形，其特点是位移传递杆的刚度较小，1个钻孔内可埋设多测点，以监测拉伸变形为主。一般用于监测岸坡坝段基础断层或两坝肩边坡不同深度的变形。

（3）滑动测微计。滑动测微计也用于监测钻孔轴向变形，其特点是精度高，可在整个测孔深度内以米为间隔单位连续监测。但是，需要人工将探头放入钻孔内，逐点测读，观测工作量较大。当重力坝的基础岩性较硬，但节理、裂隙构造密集，需要监测灌浆时的基础抬动情况时，可采用滑动测微计进行监测。

（4）倒垂线组。若重力坝有较大的顺河向缓倾角断层或软弱结构面，需要监测基础沿结构面的滑动时，可以在断层或软弱结构面的上下层，即不同深度设置倒垂线，以监测垂直于钻孔方向的位移。

3.1.4.4 坝体接缝开合度

重力坝的接缝主要指坝与基础的结合缝、各个坝段间的横向分缝、施工期纵向分缝和碾压混凝土坝的诱导缝。

1. 建基面与坝体之间接缝

坝与基础的结合部位是坝工的一个薄弱环节，也是大坝性态反应敏感的区域，是接缝监测的重点部位。重力坝受水压力的影响，其坝踵一般处于受拉状态，为了了解坝体混凝土与基岩面的结合情况，可在典型横断面的坝踵和坝趾部位、基岩与混凝土的结合处设竖直向测缝计，也可埋设用测缝计改装的基岩变位计或多点位移计，监测坝踵部位的拉应力和坝趾区基岩因压应力产生的压缩变形，判断大坝是否可能倾覆。若坝趾处的基岩变位计成组埋设，即一支垂直、一支倾向上游，还可监测坝体的抗滑稳定。岸坡较陡坝段的基岩与混凝土结合处，可根据结构和地质情况布置单向、三向测缝计或裂缝计。

2. 横向分缝

由于重力坝各个坝段一般是相互独立的，横向分缝监测的主要目的是监测相邻两坝段之间的不均匀变形，主要包括上、下游方向的错动和竖直方向的不均匀沉降，同时可兼测接缝的开合度，以了解各坝段间是否存在相互传力。一般选择在基础地质或坝体结构型式差异较大的相邻两坝段的接缝处，在坝顶、基础廊道和高坝的坝中部位廊道设置接缝监测点。一般采用三向机械测缝标点或三向测缝计进行监测。

3. 纵向分缝

对一些施工期设纵向分缝的重力坝，采用分缝浇筑，为了选择纵缝灌浆时间或了解不灌浆纵缝的状态以及纵缝对坝体应力的影响，可在纵缝不同高程处布置3～5支测缝计。

另对运行或施工中出现危害性的裂缝，可根据结构和地质情况增设测缝计进行监测。

4. 诱导缝

碾压混凝土坝通仓浇筑，为适应混凝土的温度变形，有些碾压混凝土重力坝设有纵向诱导缝。一般监测诱导缝缝面法向的开合度，监测诱导缝缝面开合度的测缝计宜采用带有加长杆式测缝计。

5. 仪器选用

接缝一般用各类测缝计进行观测。按其工作原理有差动电阻式测缝计、电位器式测缝计、钢弦式测缝计、旋转电位器式测缝计以及型板式三向测缝计和金属标点结构测缝装置等，详见本卷第2章。

3.1.4.5 工程实例

【实例1】 三峡大坝为混凝土重力坝，坝顶总长2309.47m，最大坝高181m。大坝水平位移主要采用引张线和真空激光位移测量系统进行监测，引张线分上（坝顶）、中（坝腰）、下（基础）三层布设。其中：坝顶布置6条（段）引张线，线体长度140～560m不等，1条真空激光位移监测系统，全长2060m；坝中设3条引张线，线体长度1条400m、2条560m；基础布置6条（段）引张线，线体长度156m至487m不等，1条真空激光位移测量系统，全长1100m。各条引张线和激光位移测量系统端点，或以倒垂线为工作基点，或以正、倒垂线组为工作基点。工作基点的位移由三峡水利枢纽基点检验网和大坝主体部分平面监测网校测。

大坝垂直位移主要应用液体静力水准系统、精密几何水准系统和真空激光位移测量系统进行监测。原则上分上（坝顶）、下（基础）两层布设。除利用真空激光位移测量系统进行垂直位移测量外，静力水准测线经过处每坝段布设一个精密水准点，作为静力水准系统检修和校核用；在未布设静力水准点的基础廊道内布设精密水准测点。基础设有横向排水廊道的坝段，结合关键和重要断面的布置，有选择地在横向廊道的中间增设一个精密水准测点；坝顶垂直位移测点布置尽可能与基础廊道的观测点相对应。在左、右岸设立的双金属标为工作基点，也可以以基础廊道内的双金属标为工作基点（通过竖直传高设施传递高程）。利用设立在横断面上的精密水准测点或静力水准测点也可以监测坝基的倾斜度。

该坝变形监测布置见图3.1-3。

【实例2】 水口水电站大坝为混凝土重力坝，最大坝高102m，坝顶长783m。坝体水平位移采用引张线和正、倒垂线相结合的方法进行观测，在坝顶、坝体中下部廊道（高程13.00m）和坝基廊道（高程−4.30m）各布置一条引张线，各条引张线的挂重端及固定端均设置了倒垂线或正、倒垂线组，作为端点位移的校测手段。

该坝的垂直位移主要采用精密几何水准法和液体静力水准法监测。几何水准测点布置同引张线测点。液体静力水准法设在基础廊道和24号、32号坝段横向廊道，在监测基础沉降的同时监测坝基倾斜。坝顶以位于左坝头的垂直位移测点为工作基点；在高程13.00m廊道内设垂直位移测点，观测时以在13号坝段的为工作基点。工作基点的位移由水准基点和一等水准网校测。

该坝变形监测布置见图3.1-4。

【实例3】 锦屏二级拦河坝建筑在深覆盖层基础上，主要由钢筋混凝土泄洪闸和两岸混凝土重力式挡水坝组成，全长165m。最大闸坝高34m，闸室上游设长30m、厚3m的钢筋混凝土防冲铺盖，下游设长60m、厚3m的钢筋混凝土护坦。坝基沉降和渗流为监测重点。

选择沉降较大的2号、3号、4号闸坝段河床部位设置基础沉降观测横断面，分别在铺盖、闸基、护坦基础上设置杆式沉降仪。在每个闸墩顶部上、下游侧各布设一个垂直位移观测纵断面，在闸墩缝的两侧均布置水准测点，以观测闸墩不均匀沉降和倾斜。分别采用精密几何水准系统和液体静力水准系统观测。在闸坝两岸坝头附近各布设一个水准测量工作基点，作为垂直位移的起测基点，起测基点的稳定由水准基点和一等水准网校测。

为了结合垂直位移整体分析闸坝的变形，在坝顶布置一条引张线，每个坝段布置一个测点，观测坝顶水平位移，引张线端点由垂线校测。

该坝变形监测布置见图3.1-5。

【实例4】 棉花滩水电站大坝为碾压混凝土重力坝，最大坝高115m，由左至右共分为7个坝段。

坝顶水平位移监测主要采用引张线和正、倒垂线组，工作基点用正、倒垂线校核。垂直位移采用精密几何水准系统监测，倾斜采用电水平梁（倾斜计）监测。

该坝变形监测布置见图3.1-6。

3.1.5 渗流监测

渗流主要由重力坝建成后蓄水造成，是在上下游水头差作用下穿过坝体、坝基及两岸坝肩的渗透水流，是监测大坝安全的重要物理量。渗流监测包括扬

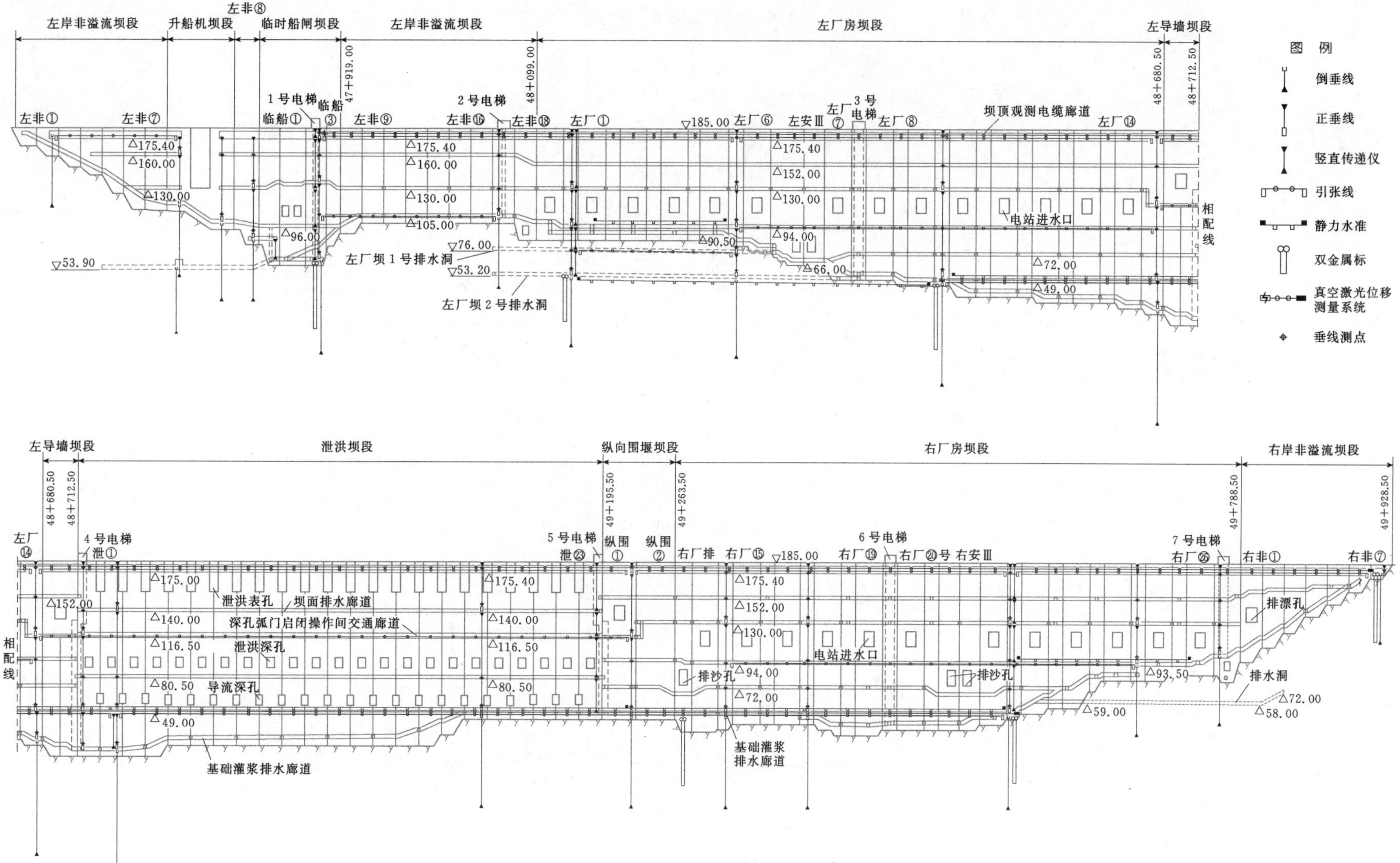

图 3.1-3 三峡大坝变形监测布置图（单位：m）

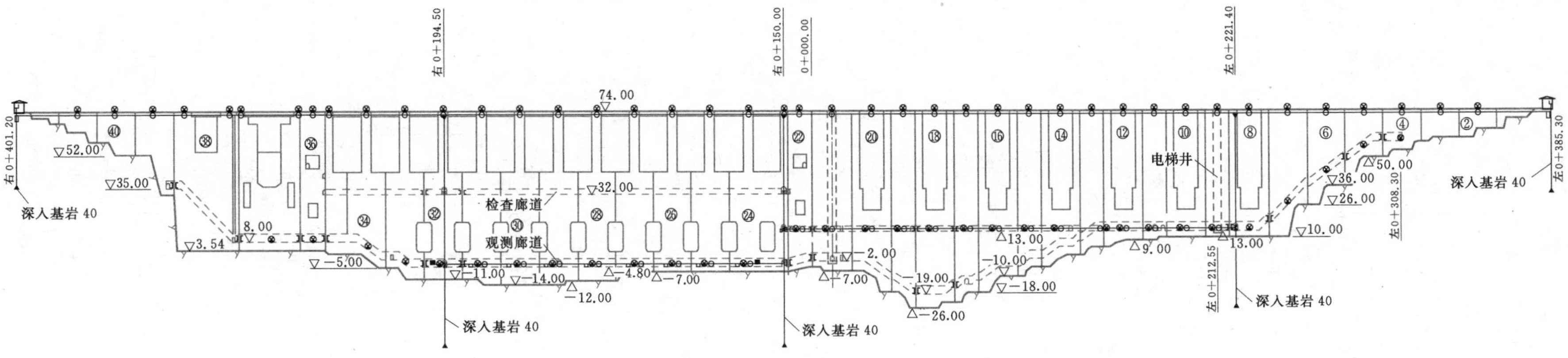

(*a*) 变形监测布置立面图

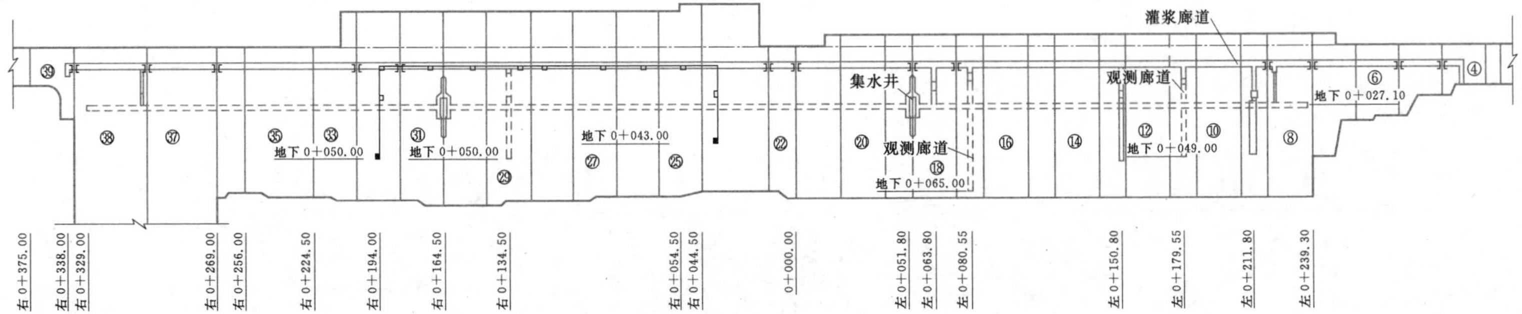

(*b*) 变形监测布置廊道平面图

图 例

⊗ 坝体观测点　　倒垂线　　引张线

型板式表面测缝器　　观测房　　液体静力水准仪

图 3.1-4 水口大坝变形监测布置图（单位：m）

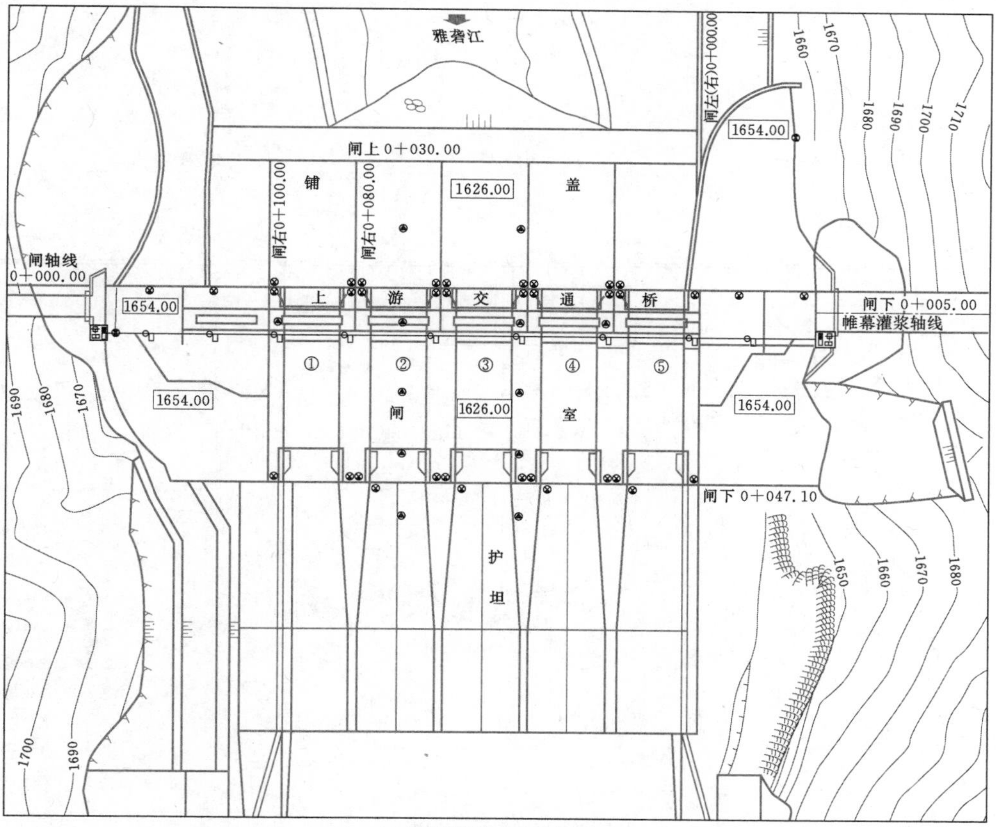

(*a*) 闸坝变形监测布置平面图

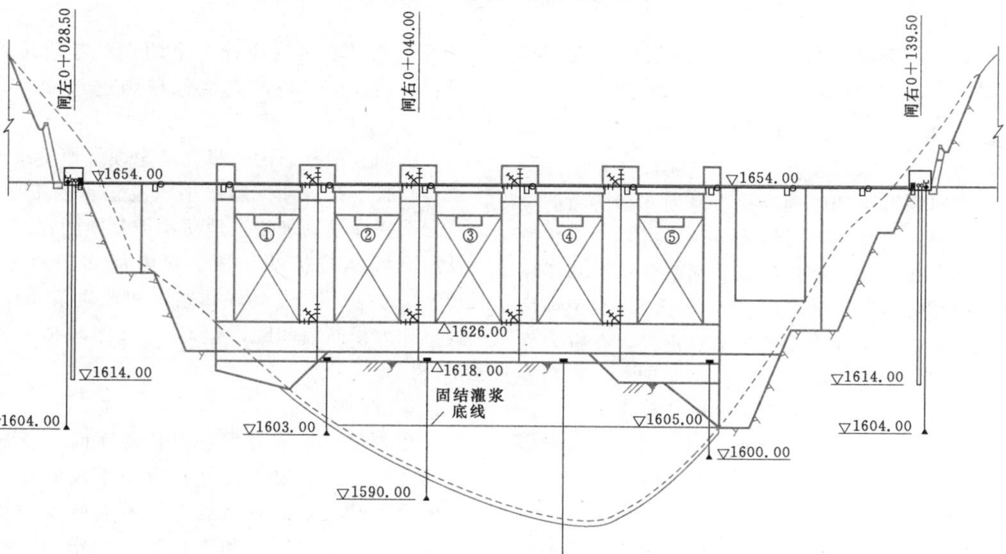

(*b*) 闸坝变形监测布置纵剖面图

图　例

水准工作基点　倒垂线　引张线　测缝计　观测房　三向测缝计

坝测点　双金属标　静力水准线　土应变计　正垂线　杆式沉降仪

图 3.1-5　锦屏二级拦河坝变形监测布置图（单位：m）

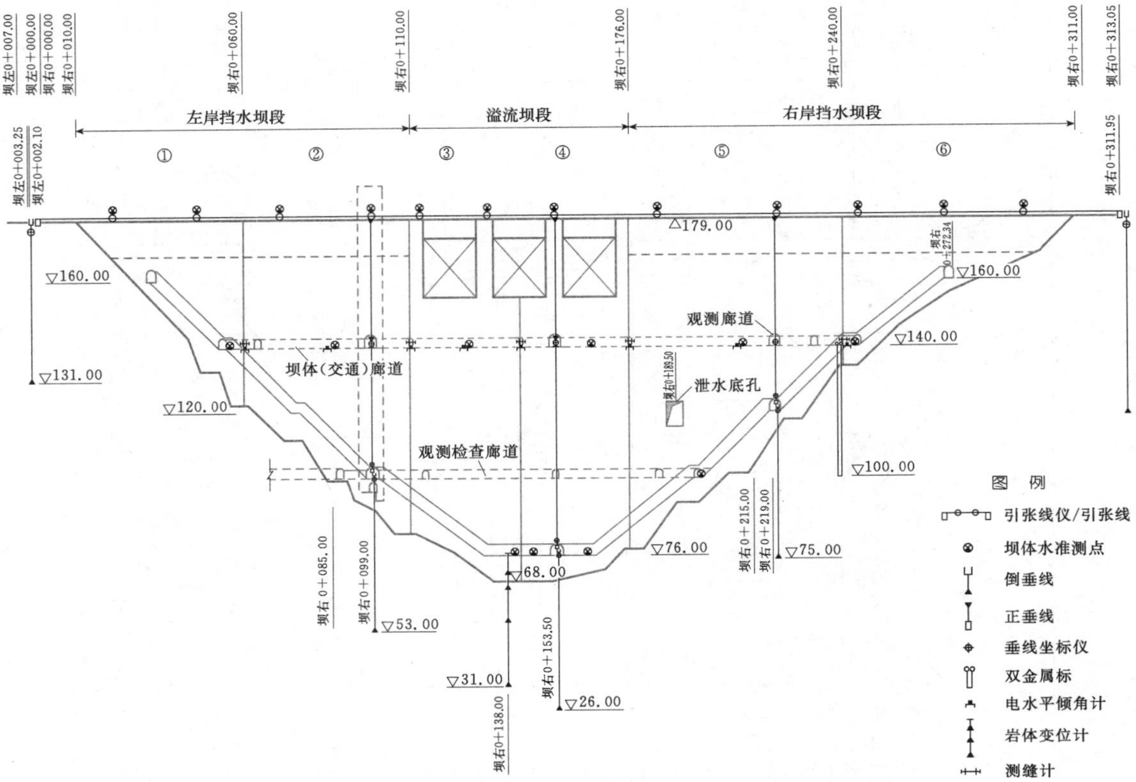

图 3.1-6　棉花滩水电站大坝变形监测布置图（单位：m）

压力监测、坝体渗透压力监测、渗流量监测、绕坝渗流监测以及渗漏水的水质分析等。

3.1.5.1　基础扬压力和渗透压力

扬压力是指库水对坝基或坝体上游面产生的渗透压力及尾水对坝基面产生的浮托力。坝基扬压力的大小和分布情况，主要与基岩地质特性、裂隙程度、帷幕灌浆质量、排水系统的效果以及坝基轮廓线和扬压力的作用面积等因素有关。向上的扬压力减少了坝体的有效重量，降低了重力坝的抗滑稳定性，在重力坝的稳定计算中，扬压力的大小直接关系到重力坝的安全性。由于渗透压力影响到坝基的渗透稳定，因此对坝基内存在的断层破碎带或软弱夹层，不能忽视对渗透压力和水力坡降的监测。

1. *监测断面*

坝基扬压力监测应根据工程规模、坝基地质条件和渗流控制的工程措施等进行设计布置。一般应设纵向监测断面和横向监测断面。

纵向监测断面一般应设 1～2 个，第一道排水幕线上布置一排纵向监测断面，低矮闸坝，不设排水幕时，可在防渗灌浆帷幕后布置。在纵向监测断面通过的每一个坝段至少应设一个测点；若地质条件复杂时，如遇大断层或软弱夹层或强透水带，可增加测点数。

横向监测断面的选择要考虑坝基地质条件，坝体结构型式、计算和试验成果以及工程的重要程度等。一般选择在最高坝段、地质构造复杂的谷岸台地坝段及灌浆帷幕转折的坝段。横断面间距一般为 50～100m，如坝体较长，坝体结构和地质条件大体相同，则可加大横断面间距，但对 1、2 级坝横向监测断面不得少于 3 个。

2. *测点布置*

在岩基上的重力坝，坝基横断面上下游边缘的扬压力接近上下游水位，一般可不设测点。而软基上的重力闸坝，横断面靠上下游面两点的扬压力的大小会受到上游铺盖和下游护坦的影响，测点布置应考虑坝基地质特性、防渗、排水等因素，应在坝基面上下游边缘设测点。高坝或有地质缺陷的部位还可在帷幕前设测点。如有大断层或软弱夹层穿过坝基，则需考虑沿断层或软弱夹层布设扬压力或渗透压力监测点。

每个横断面上测点的数量，一般为3～4个。第1个测点最好布置在帷幕、防渗墙或板桩后，以了解帷幕或防渗墙对扬压力的影响，其余各测点宜布置在各排水幕线上两个排水管中间，以了解排水对扬压力的影响。若坝基只设1～2道排水，或排水幕线间距较大，或坝基地质条件复杂时，测点可适当加密，测点间距一般5～20m。但如果为了了解泥沙淤积、人工铺盖、齿墙对扬压力的影响等，也可在灌浆帷幕前增设1～2个测点。下游设帷幕时，应在其上游侧布置测点。

当对坝基某些部位有特殊监测要求，如需要专门了解排水管的效果时，可在距排水管上、下游2m的部位各设一个扬压力测点；如需了解断层或软弱带的处理效果，可在混凝土塞下方布设测点。

坝基扬压力可采用深入基岩面1m的测压管或在坝基面上埋设渗压计进行监测。若坝基深部存在有影响大坝稳定的软弱带（或称滑动面），有必要设深层扬压力监测点。若采用渗压计，则可埋设在软弱带内（滑动面上）；若采用测压管时，测压管的底部应埋设在软弱带以下0.5～1m的基岩中，进水管段长度应与软弱带宽度匹配，同时做好软弱带处导水管外围的止水，防止上、下层潜水互相干扰。为了解坝基温度对裂隙开度和渗水的影响，扬压力监测孔内宜设温度测点。

3. 仪器选用

重力坝坝基扬压力和渗透压力观测一般采用渗压计或测压管，渗压计的优点是灵敏度高，测值不滞后，但若埋入坝体或坝基内的渗压计损坏，就不易更换，若仪器测值漂移、失真，也不易校正。测压管的优点是测值直观、可靠，便于维修、更换，但测压管内水位可能会有滞后，尤其是埋设在渗透系数较小介质内。测压管内水位可以用水位测深计或压力表（有压时）人工观测，也可在测压管内放置可更换的渗压计自动观测。

3.1.5.2 坝体渗透压力

坝体渗透压力大小能反映筑坝混凝土的防渗性能及施工质量。随着常态混凝土质量和施工水平的提高，已很少在常态混凝土内设渗透压力监测。而碾压混凝土坝，因其采用的是一种无坍落度的、少胶凝材料的干硬性混凝土，薄层摊铺，通仓连续浇筑，坝体水平施工缝未经特殊处理，可能结合不好。因此，一般需在碾压混凝土坝体水平施工缝上埋设渗压计，监测渗透压力。

埋设断面可与坝体应力、应变监测断面相结合。在高程上，测点宜设在死水位以下，高程由低到高时测点布置由密到疏。在顺河向平面上，测点应布设在上游坝面至坝体排水管之间。在同一平面，自上游面往下游面的测点间距由密渐稀布置。靠近上游面的测点，与坝面的距离不应小于0.2m。

坝内渗透压力一般采用渗压计进行监测。

3.1.5.3 绕坝渗流

绕坝渗流是指库水环绕与大坝两坝肩连接的岸坡产生的流向下游的渗透水流。在一般情况下绕坝渗流是一种正常现象，但如果大坝与岸坡连接不好，岸坡过陡产生裂缝或岸坡中有强透水层，就有可能造成集中渗流，引起变形和漏水，威胁坝的安全和蓄水效益。因此，需要进行绕坝渗流观测，以了解坝肩与岸坡或与副坝接触处的渗流变化，判明这些部位的防渗与排水效果。

1. 监测布置

绕坝渗流水位孔的布置应根据地形、枢纽布置、工程地质及水文条件、排渗设施、绕坝渗流区渗透特性（地下水类型、岩体透水性、岩体卸荷特性、断层分布等）及渗流计算成果综合考虑，测点布置以观测成果能绘出绕流等水位线为前提。通常是在两岸的帷幕端、帷幕后沿着绕渗流线和沿着渗流可能较集中的透水层布设，至少要布置两排监测断面，每排布置不少于3个观测孔，靠坝肩附近较密，帷幕前可布置少量观测孔，孔底应深入到强透水层及深入到筑坝前的地下水位以下1～2m，埋设测压管或安装渗压计进行监测。

对于层状渗流，应利用不同高程上的平洞布置监测孔；无平洞时，应分别将监测孔钻入各层透水带，至该层天然地下水位以下的一定深度，一般为天然地下水位以下1～5m。必要时，可在一个钻孔内埋设多管式测压管或安装多个渗压计，但必须做好上下两个测点间的隔水设施，防止层间水互相贯通。

绕坝渗流监测布置还应与两坝肩山体地下水位监测统筹考虑，若两坝肩存在对大坝安全有较大影响的滑坡体或高边坡，已查明有滑动面者，宜沿滑动面的倾斜方向或地下水的渗流方向，布置1～2个监测断面。对坝体或坝基的稳定性有重大影响的地质构造带，沿渗流方向通过构造带至少应布置一排地下水位观测孔。监测滑动面地下水位孔的深度应在滑动面以下0.5～1m。若滑动面距地表很深，可利用勘探平洞或专设平洞，设置测压管安装渗压计进行监测。若滑坡体内有隔水岩层时，应分层布置，同时亦应做好层间隔水。无明显滑动面的近坝岸坡，应分析可能的滑动面布设监测断面。若有地下水露头时，可布置浅孔或浅沟槽量水堰，以监测表层水的流向和变化。

2. 仪器选用

绕坝渗流监测一般采用测压管，测压管内水位可以用电测水位计或压力表（有压时）人工观测，也可在测压管内放置可更换的渗压计自动观测。

3.1.5.4 渗流量

渗流量是指库水穿过大坝地基介质和坝体孔隙产生的渗透水量。一般当渗流处于稳定状态时，其渗流量将与水头的大小保持稳定的相应变化，在同样水头及环境温度情况下渗流水量的显著增加或减少，都意味着渗流稳定的破坏。渗流量显著增加则有可能发生帷幕破坏或产生新的集中渗流通道；渗流量显著减小则可能是排水系统堵塞的反映。因此，为了判断渗流是否稳定，保证重力坝的安全运用，必须进行渗流量的观测。

1. 监测布置

应根据坝体、坝基排水设施的布置和渗漏水的流向，布置渗流量监测点。重力坝的坝体、坝基和绕坝渗流量监测点，一般设在基础灌浆廊道和两岸坝基排水平洞内。为了便于分析，应尽可能分区拦截，分区观测。渗漏流量的观测要与绕坝渗流水位、扬压力及水库上下游水位配合进行。

坝体靠上游面排水管渗漏水以及坝体混凝土缺陷、冷缝和裂缝的漏水为坝体渗流，大多流入基础廊道上游侧排水沟内，可根据排水沟设计的渗流水流向，分段集中量测，也可对单处渗漏水采用容积法量测；坝基排水孔排出的渗漏水为坝基渗流，一般流入基础廊道下游侧排水沟，河床和两岸的坝基渗漏水宜分段量测，也可对每个排水孔单独采用容积法量测渗流量。同时还可在坝体廊道或坝基的排水井集中观测总渗流量。

2. 仪器选用

排水孔的渗漏水可用容积法量测。廊道或平洞排水沟内的渗漏水，一般用量水堰量测，重力坝的渗水量较小，一般都可采用直角三角形量水堰，堰上水头可人工测读，也可用专用的小量程水位计量测。仪器选型详见本卷第 2 章。

3.1.5.5 水质分析

在监测渗漏流量的同时，还应选择有代表性的排水孔、量水堰或绕坝渗流监测孔，定期进行水质分析。包括渗流水的物理性质、pH 值和化学成分分析。其水样的采集均应在相对固定的监测孔、堰口或渗流出口进行。若发现有析出物或有侵蚀性的水流出时，应取样进行全分析；若发现渗水浑浊不清或有可疑成分时，可能是坝基、坝体或两岸接头岩土受到溶蚀后被渗流水带出。这些现象往往是内部冲刷或化学侵蚀等渗流破坏的先兆，应及时进行透明度检定或水质分析。在渗漏水水质分析的同时应对不同深度的库水进行水质分析。

水质分析一般可作简易分析，必要时应进行全分析或专门研究。简易分析和全分析项目见《混凝土坝安全监测技术规范》（DL/T 5178）附录 D.4，其中物理分析项目，最好在现场进行。

3.1.5.6 工程实例

【实例 1】 三峡工程中，三峡混凝土重力坝渗流监测项目包括：坝基扬压力观测；坝内混凝土渗透压力观测；坝体、坝基渗流量观测；绕坝渗流观测及水质分析等。

坝基扬压力纵向观测断面设 2 个，其中：1 条设在上游基础灌浆排水廊道的排水幕线上，每个坝段各布置 1～2 个测压管，共计 84 个测压管；另 1 个设在基础封闭抽排区下游灌浆排水廊道或灌浆排水隧洞的排水幕线上，每个坝段各布置 1～2 个测压管，共计 54 个测压管。

在挡水坝段、厂房坝段、溢流坝段、临时船闸坝段、左导墙坝段、纵向围堰坝段各选取若干典型坝段，共 31 个坝段，每个坝段布设 1 个横向观测断面，其中左、右安Ⅲ坝段、临时船闸坝段和纵向围堰坝段各布置 2 个横向观测断面，共 35 个横向观测断面。横向观测断面上除关键、重要监测断面布设 5～4 个测压管外，一般布设 3 个测压管。

结合枢纽布置、廊道布置、排水设施、排水沟流向、集水井位置等统筹规划，分段渗流量按部位用量水堰进行监测（河床部分与两岸坝段分开量测）。坝基共布设 32 个量水堰。另在左、右岸帷幕灌浆廊道布置 20 个量水堰。施工期对每个排水孔定期单独用容积法量测。量水堰投入运行后，选择典型排水孔单独进行量测。坝体渗漏一般将靠上游面排水管的渗漏水引入排水沟在各层廊道设置量水堰，分段集中观测。坝体约设置 16 个量水堰。对坝体裂缝、冷缝及混凝土施工缺陷产生的渗漏水，用目视观察。渗漏水量较大时，集中后用容积法量测。对位于左厂房下的 F_7 断层、F_4 断层、位于临时船闸坝段和左非 8 号坝段上游部的 F_{23} 断层、位于右厂房 16～17 号坝段下的 F_9 断层等共布设 30 个测压管，并在各坝段断层对应的基础廊道内设量水堰共 12 个。

对于部分重要的泄洪坝段、厂房坝段、导墙坝段和重要监测部位等共 12 个坝段靠近基础的水平施工缝上布设监测坝体渗透压力的渗压计，每坝段 6 支，共计 72 支渗压计。另在布设有渗透压力测点的水平施工缝上部的混凝土块体内，对应布设相应的渗压计以监测混凝土水平施工缝及混凝土的抗渗性能，每坝段 3 支，共计 36 支渗压计。

在大坝右坝肩山体中垂直坝轴线布置 3 个监测断面，每个断面布设 6 个测压管，共 18 个测压管。在中间山体连接段和永久船闸右侧回填区的混凝土防渗墙和帷幕后布设三道地下水位长期观测孔，每道按每 100m 左右间距布设 1 个地下水位长期观测孔，另在混凝土防渗墙和帷幕前布设 2 个地下水位长期观测孔，共 23 个地下水位长期观测孔。此外，还将利用两岸地下水位长期观测孔进行绕坝渗流观测。

在泄洪坝段，左、右厂房坝段，左、右非溢流坝段等建筑物上游水库近 10 处定点取水质分析的水样，利用大坝基础廊道帷幕前的扬压力观测孔，基础廊道帷幕后的扬压力观测孔共 30 处定点取水样；大坝左、右岸山体各 5 处定点取水样。总计 50 处定点渗流水取水样进行水质分析。

【实例 2】 水口水电站中，水口混凝土重力坝渗流监测项目包括：坝基扬压力观测，坝内混凝土渗透压力观测，坝体、坝基渗流量观测，绕坝渗流观测及水质分析等。

扬压力纵向观测断面设在基础灌浆廊道内帷幕下游侧，每个坝段设一个，共布置 38 个扬压力观测孔。布置 4 个横向扬压力观测断面，按其基础扬压力设计图形各设 4 个扬压力观测孔。

在典型坝段，沿高程若干水平施工缝，从上游到下游，由密到疏布置渗压计，以观测坝体混凝土的防渗能力及施工质量。

为了分区测出坝体和坝基的渗水量，在基础灌浆廊道排水沟内，共设 8 个三角形量水堰。在 1 号集水井与 2 号集水井内设集水井流量仪，与集水井、抽水装置配套使用，通过测量一定时段内集水井中的水量，计算该时段相应的平均渗流量。在必要时采用容积法对所有排水孔的排水量作全面量测。

由于水口坝址为花岗岩，两岸山体地质条件较好，因此只在大坝左岸设 3 个，右岸设 2 个绕坝渗流监测孔。

水口重力坝渗流监测布置见图 3.1－7。

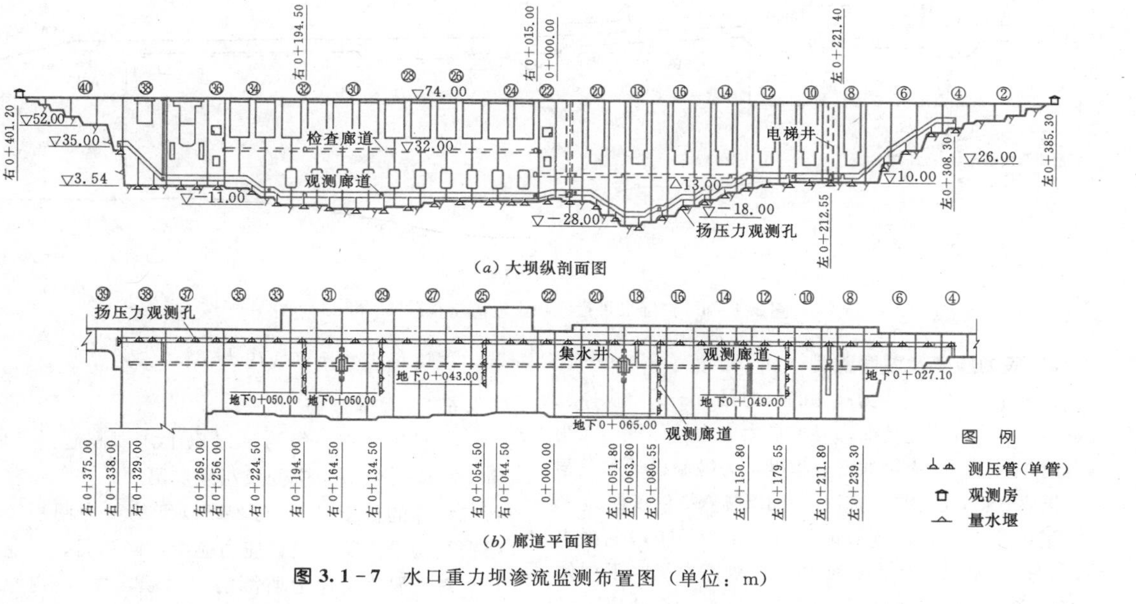

图 3.1－7 水口重力坝渗流监测布置图（单位：m）

【实例 3】 由于锦屏二级拦河坝的坝基河床覆盖层结构和密实度各有差异，渗透性普遍较强，设置 3 个纵向监测断面、2 个横向监测断面。

第一个纵向监测断面布置在混凝土防渗墙后；第二个纵向监测断面布置在闸墩门机轨道下游侧；第三个纵向监测断面布置在闸室中部。每个纵断面上对每个坝段布置 1 个测点，采用测压管和渗压计监测。

在河床部位最大闸高处布置 2 个横向监测断面，每个断面设 5～6 个测点，采用埋设渗压计的方法观测闸址铺盖、闸室和护坦渗透压力。

因闸肩两岸地下水位低，浅部岩体透水性较强，可能存在绕闸肩的渗流，在左、右岸灌浆平洞内各设置测压管，在左、右岸边坝段坝体与岸坡接触面以及左右岸护坦边墙与岸坡接触面设渗压计和测压管，以观测绕闸肩渗流的情况。

锦屏二级渗流监测布置见图 3.1－8。

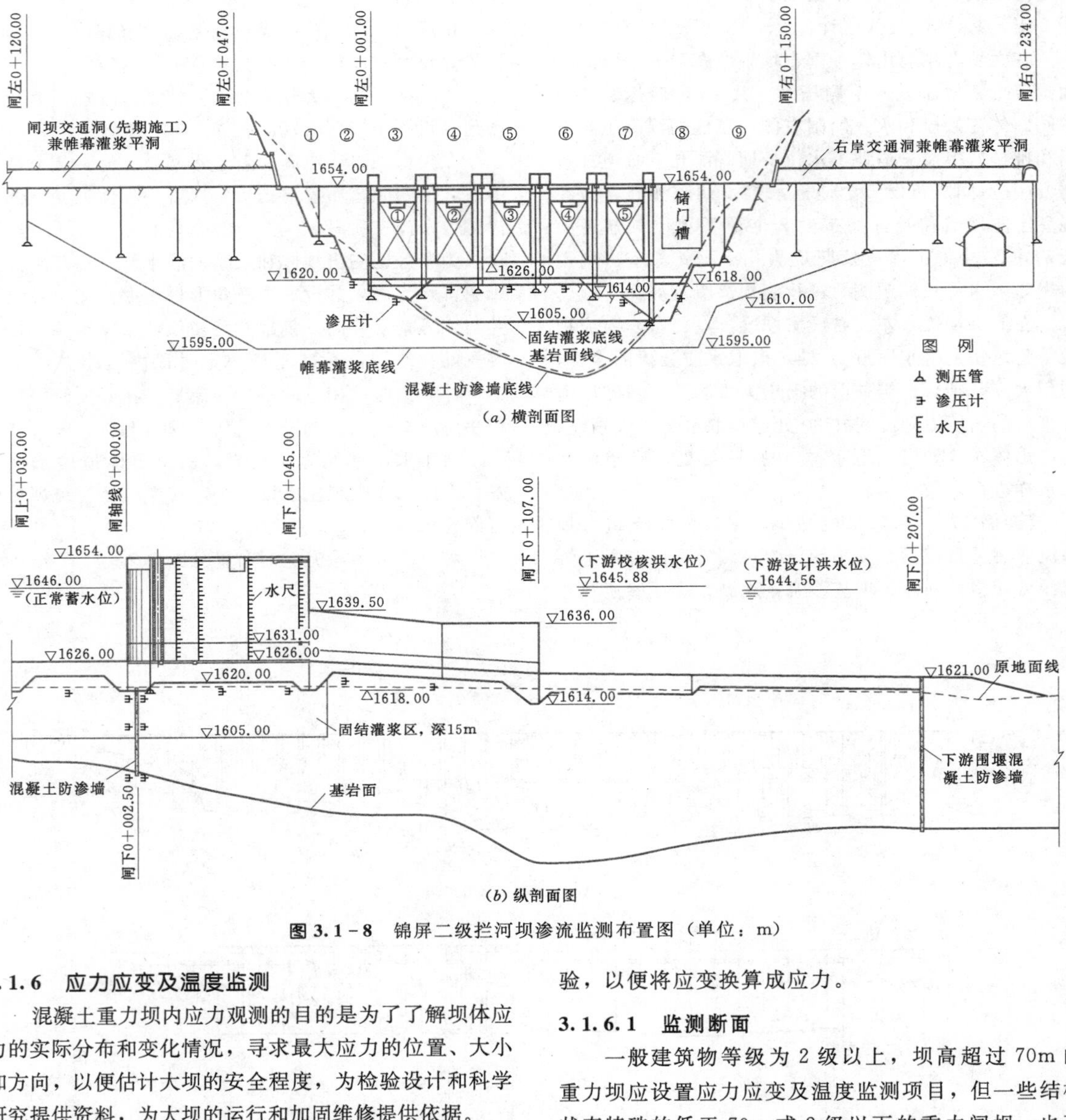

(a) 横剖面图

(b) 纵剖面图

图 3.1-8　锦屏二级拦河坝渗流监测布置图（单位：m）

3.1.6　应力应变及温度监测

混凝土重力坝内应力观测的目的是为了了解坝体应力的实际分布和变化情况，寻求最大应力的位置、大小和方向，以便估计大坝的安全程度，为检验设计和科学研究提供资料，为大坝的运行和加固维修提供依据。

混凝土重力坝温度监测的目的是为了了解混凝土在水化热、水温、气温和太阳辐射等因素影响下坝体内部温度分布和变化情况，以研究温度对坝体应力及体积变化的影响，分析坝体的运行状态，随时掌握施工中混凝土的散热情况，借以研究改进施工方法，进行施工过程中的温度控制，防止产生温度裂缝，确定灌浆时间并为科研、设计积累资料。

应力、应变及温度监测布置应与变形监测和渗流监测项目相结合，重要部位可布设互相验证的监测仪器。在布置应力、应变监测项目时，应对所采用的混凝土进行热学、力学及徐变、自生体积变形等性能试验，以便将应变换算成应力。

3.1.6.1　监测断面

一般建筑物等级为 2 级以上，坝高超过 70m 的重力坝应设置应力应变及温度监测项目，但一些结构状态特殊的低于 70m 或 2 级以下的重力闸坝，也可根据结构受力状态设置应力应变监测项目。

对需要进行应力监测的重力坝，先应根据坝高、结构特点及地质条件选定监测坝段。如可以选择高度最大或基岩最差的坝段作为监测坝段，也可以在非溢流坝段和溢流坝中各选一个坝段作为监测坝段。一般选 1～4 个应力应变监测坝段，坝段的中心部位作为监测横断面。

3.1.6.2　测点布置

1. 应力、应变

重力坝的应力分布受坝体受力及施工方法的影

响，重力坝的应力应变监测布置应根据坝体应力分布状况及混凝土分层分块的施工计划和分期蓄水计划合理布置，使监测成果能反映结构应力分布及最大应力的大小和方向，能和计算成果及模型试验成果进行对比，能与其他监测资料综合分析，满足工程需要。

在监测横断面上，可在不同高程布置1～4个水平监测截面。由于重力坝距坝底越近，水荷载和自重引起的应力越大，因此基础监测截面的应力状态在坝体强度和稳定控制方面起关键作用，是重点监测部位，但是为了避开基坑不平和边界变化等基础约束导致的应力集中，水平监测截面距坝底宜3m以上。必要时（想了解坝踵、坝趾和坝基面的集中应力现象时），可另在混凝土与基岩结合面附近布置测点。

对通仓浇筑的重力坝，基础监测截面的应力分布是连续的，一般布置5个测点，测点（应变计组）与上、下游坝面的距离应大于1.5～2m，在严寒地区还应大于冰冻深度。表面应力梯度较大时，应在距坝面不同距离处布置测点；柱状分缝浇筑的重力坝，应力分布不连续，坝底正应力和按整体断面计算的应力很不相同，随着纵缝的开合坝体应力随之变化。在这种情况下，同一浇筑块内的测点应不少于2个，在纵缝两侧应有对应的测点，距纵缝1～1.5m；采用斜缝分期施工蓄水的一期截面内可以布置3～5个测点，在后期断面内布置2～3个测点。

重力坝的上游坝踵不容许出现拉应力，但分期施工的重力坝、空腹坝等坝型有可能在上游坝踵出现拉应力，因此上游坝踵部位除了用应变计组监测应力外，还应配合布置其他监测仪器（测缝计、基岩变位计、渗压计等）。

重力坝的下游坝趾通常是外荷引起最大压应力的部位，在距坝面1m处布置应变计组外，还可在其附近布置压应力计直接监测压应力，其测值直接可与同方向的应变计互相校核，压应力计和其他仪器的间距应保持0.6～1m的距离。

重力坝的岸坡坝段，如边坡较陡，坝体应力是空间分布的，应根据设计计算及试验的应力状态布置应变计组。

在重力坝溢流闸墩、穿过坝体的压力钢管或泄流孔等可能产生局部拉应力并配置钢筋的部位，应根据计算应力分布情况，除布置应变计组外，还可布置钢筋应力测点。对预应力闸墩可按需要进行预应力监测。重力坝的消能工的结构监测见本章3.5节。

测点应变计组的应变计支数和方向应根据应力状况而定。空间应力状态宜布置7～9向应变计组，平面应力状态宜布置4～5向应变计，主应力方向明确的部位可布置单向或两向应变计。每应变计组旁1～1.5m处宜布置1套无应力计。

2. 温度

温度是影响重力坝位移和应力的重要因素，也是施工期间混凝土浇筑和进行坝缝灌浆的主要控制参数。温度监测坝段可与应力监测坝段结合，也可根据坝体结构和施工方案另行选择。

重力坝大体积混凝土内部温度变化过程十分复杂，混凝土浇筑以后：由于水泥水化热而引起温度的急剧上升，到最高温度后随着热量的发散而逐渐冷却；由于分层浇筑，新浇混凝土的水化热将对下层老混凝土产生影响，新老混凝土之间的热量交换和老混凝土内强迫冷却都使混凝土内部温度分布复杂化；由于混凝土温度的不均匀性以及混凝土内部约束和边界约束，导致混凝土产生温度应力。混凝土大坝建成后，内部温度逐渐趋于稳定。坝上游迎水面受库水温度的影响，水温日变幅对坝体表面影响深度在0.8m之内，年变幅的影响深度大约10m。混凝土的下游面通常受气温和日照的影响，其影响深度大体与水温相似。

（1）坝体温度。坝体温度监测应与应力监测统筹考虑，温度监测点布置应根据混凝土结构的特点和施工方法及计算分析的温度场状态进行布置。一般按网格布置温度测点，网格间距为8～15m。若坝高150m以上，间距可适当增加到20m，在温度梯度较大的坝面或孔口附近测点宜适当加密，以能绘制坝体等温线为原则。在纵缝每个灌浆区宜布设温度计。宽缝重力坝和重力坝引水坝段的测点布置应顾及空间温度场监测的需要，加密布置。一般情况下，坝体温度监测与应力监测可取同一坝段布置。差阻式应变计、测缝计等一般都能兼测温度，在这些仪器布设部位，可不再布置温度计。

（2）坝面温度。可在距上游5～10cm的坝体混凝土内沿高程布置坝面温度计，间距一般为1/10～1/15的坝高，死水位以下的测点间距可加大一倍。但多泥沙河流的库底水温受异重流影响，该处测点间距不宜加大。该表面温度计在蓄水后可作为水库温度计使用。

在受日照影响的下游坝面可适当布置若干坝面温度测点。若需要了解混凝土导温系数，则可在典型坝体温度监测坝段中上部高程下游坝面1m范围，外密内疏布置3～5支温度计，监测混凝土不同深度的温度，计算混凝土导温系数。

（3）基岩温度。为了解基岩温度的变化对坝体基岩和坝体应力的影响和对坝基渗漏水的来源分析，可在温度监测断面的底部，靠上、下游附近分别设置一深5～20m的钻孔，在孔内不同深度处布置温度测点。

3.1.6.3　仪器选用

1. 应力应变

长期以来，混凝土应力应变的观测主要是利用应变计观测混凝土应变，再通过力学计算求得混凝土应力分布。所以应变计是混凝土应力应变观测的重要手段。只有在明显的受压部位才埋设压应力计，混凝土内的钢筋应力可用钢筋应力计监测。闸墩设有锚索的部位可用锚索测力计监测锚索张力变化。

常用的应变计从工作原理分，有差动电阻式、钢弦式和电阻应变片式等。差动电阻式应变计在国内已使用 40 多年，是一种性能可靠的仪器。近年来也使用一些进口钢弦式应变计，其特点是分辨率高，长期稳定性较好且不受传输电缆长度的影响。详见本卷第 2 章。

2. 温度

目前，国内在混凝土重力坝中应用最多的为铜电阻式温度计，其输出信号为电阻值，性能可靠，长期稳定性较好，但易受电缆电阻和接触电阻变化的影响，另外采用的有：钢弦式温度计，其输出信号为频率，灵敏度高，不受由于浸水而引起的电缆电阻、接触电阻变化的影响，但价格较高；热敏电阻式温度计，它的特点是灵敏度高、体积小、长期稳定性较差；热电偶式温度计，其外形尺寸很小，可测量很小点上的温度，价格低廉、施工方便、坚固耐用，但热电偶产生的电压信号极小，且易受外界干扰和长电缆不均匀性的影响。若单纯为了监测大体积混凝土施工期温度，控制混凝土的施工温度，施工单位常采用手持式红外温度计、水管闷温等监测手段。

近年来也有采用分步式光纤测温系统监测碾压混凝土坝体温度的实例。采用光纤在混凝土坝体内的网络布置有两种型式：①平面网络布置型式，取坝体一个典型横断面，光纤从下而上作蛇形（S 形）布置；②空间网络布置型式，取坝体一个典型坝段，光纤自下而上连续地沿水平截面从左至右或从右至左作蛇形（S 形）布置。第一种布置型式简单，第二种布置型式可以获得多个横断面的温度分布情况，了解施工期和运行期坝体温度空间分布和变化情况，对于碾压混凝土坝，还可以对碾压层面进行渗流定位监测。

例如，索风营大坝工程采用了分布式光纤测温系统（采集间隔为 0.25m），其监测的结果与采用电阻式温度计监测结果对比分析，成果表明两种监测成果之间的偏差小于 0.5℃，两者的监测成果相关性和变化趋势基本一致，因此可认为光纤测温系统与常规仪器同样能满足大坝温度监控工作的技术要求，但存在仪器价格昂贵、测试和维护工作要求高、二次仪表适应恶劣环境（水、雾、灰尘等）性能较差等缺点。

3.1.6.4　工程实例

【实例 1】　在三峡大坝中，2 号泄洪坝段位于主河床深槽，最大坝高 175m，是三峡水利枢纽最大坝高的坝段，故选该坝段作为典型坝段，应力应变监测布置如下：在坝踵、坝趾处基岩面上分别布置 1 支压应力计和 1 支垂直向钢筋计，在坝踵、坝趾处距建基面 1.5m 的混凝土内各布置 1 组五向应变计组和 1 支无应力计，以监测坝踵、坝趾处的应力应变状况；在距建基面 5m 以上设 2 层五向应变计组，每组配 1 支无应力计，以监测坝体应力应变；泄洪深孔沿洞线取 4 个监测剖面布置钢筋计。孔口断面布置 9 支（上、下水平向各 2 支，侧面垂直向 3 支，角缘斜筋上 2 支），明流槽断面布置 5 支，共 32 支；在弧门支座处的主受力钢筋上布置 10 支钢筋计。

导流底孔的有压段和下弯段各取 1 个监测断面。在孔口周边主受力钢筋上垂直水流方向及底板以下并缝钢筋上跨坝缝处布置钢筋计；在导流底孔的闸墩上布置锚索测力器，在预应力区布置钢筋计、裂缝计和应变计。

在坝体内按 20m 间距呈网格状布设温度计，以监测坝体温度分布情况（有差阻式仪器的地方不再布置温度计）；为量测地温及其变化，在坝基岩石上垂直打一 20m 深钻孔，距基岩表面不同深度共布设 5 支温度计；为监测库水温分布情况，在距上游坝面 10cm 混凝土中沿不同高程布设温度计。

【实例 2】　在水口水电站中，水口坝体内部应力、应变及温度仪器布置主要在 13 号、19 号挡水坝段，3 号和 6 号机组引水坝段，30 号溢流坝段，32 号纵缝不灌浆坝段和 33 号纵缝灌浆坝段。仪器的布置方式：在底部 5m 以上选 2～3 层布置五向应变计组；每一应变计组旁设 1 支无应力计；在压应力方向较明显的部位，布设混凝土压应力计；沿纵缝布置测缝计，坝踵设测缝计观测坝体混凝土与基岩接触面的结合情况。坝内温度计分 5 层按网格布置，其中 2～3 层利用应变计的测温功能。典型布置见图 3.1-9。

19 号坝段除了布置坝内应变计组、温度计和测缝计外，还在距上游面 10cm 处分层设温度计，以观测库水温度；在基础钻孔深至基岩下 8m，孔内沿不同深度布置 5 支温度计，以监测基础温度对坝体应力的影响；在距坝基面 2m 靠近上游面的部位设 2 支渗压计，以了解混凝土的防渗能力和施工质量。

在 32 号纵缝不灌浆坝段和 33 号纵缝灌浆坝段布置相同的仪器，分析纵缝不灌浆对坝体内部应力的影响。测点布置原则：在基岩面 5m 以上选两层布置五

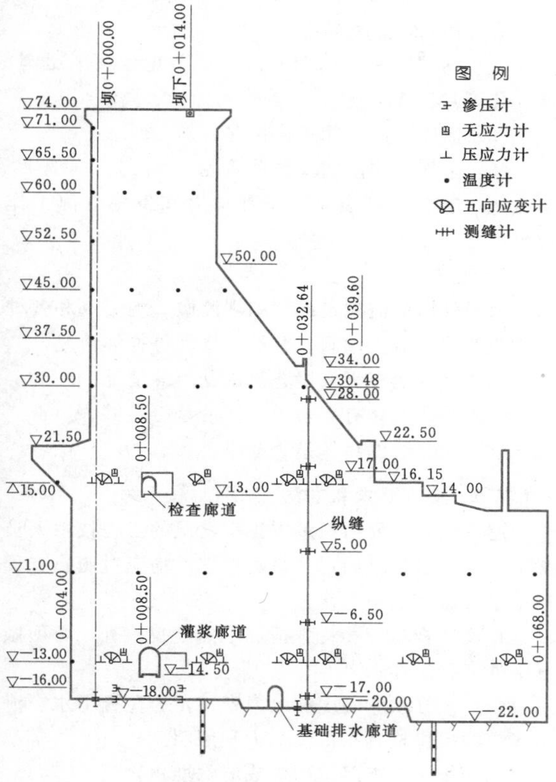

图 3.1-9 水口重力坝坝段监测仪器典型布置图（单位：m）

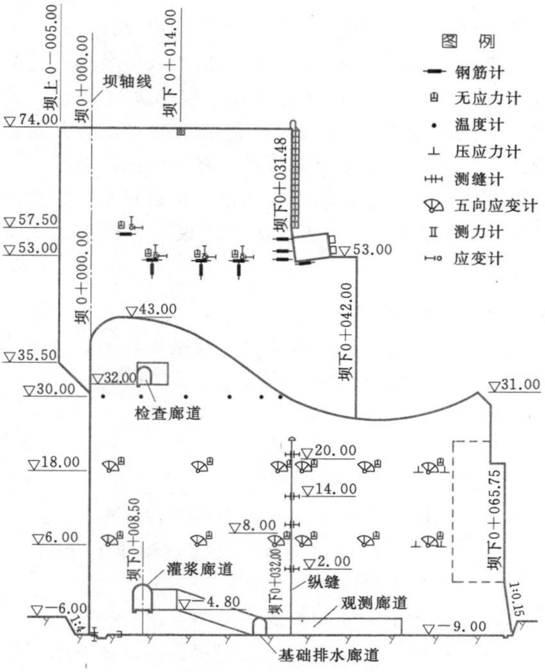

图 3.1-10 水口溢流坝坝段监测仪器典型布置图（单位：m）

向应变计组，每层除按等间距布置外，还在纵缝两侧1.5m的位置各增设1组五向应变计；沿纵缝分4层布置测缝计；按网格状布置温度计，其中部分利用应变计的测温功能；在坝踵设测缝计和渗压计，以观测坝踵混凝土与基岩的接触情况。典型布置见图3.1-10。

在3号、6号钢管的斜管段、弯管段、水平段各取一个观测断面布置两向钢板应力计（环向和轴向）。由于水平段受力最大，所以该断面处除布置钢板应力计外，还在钢管外围的钢筋混凝土中设环向、轴向钢筋计和无应力计。

3.1.7 巡视检查

3.1.7.1 总体要求

在施工期和运行期，各级大坝均须进行巡视检查。每座坝都应根据工程的具体情况和特点，制定巡视检查程序。巡视检查程序包括检查项目、检查顺序、记录格式、编制报告的要求及检查人员的组成职责等内容，可按《混凝土坝安全监测技术规范》(DL/T 5178）第5章和附录B相关要求进行。

巡视检查包括日常巡视检查、年度巡视检查和特殊情况下的巡视检查。

1. 日常巡视检查

日常巡视检查是经常性的巡视检查。日常巡视检查应按规定程序对大坝各种设施进行外观检查。

2. 年度巡视检查

年度巡视检查是在每年汛前、汛后或枯水期（冰冻严重地区的冰冻期）及高水位低气温时，对大坝进行较为全面的巡视检查。在年度巡视检查中，除按规定程序对大坝各种设施进行外观检查外，还应审阅大坝运行、维护记录和监测数据等资料档案。

3. 特殊情况下的巡视检查

特殊情况下的巡视检查是在坝区（或其附近）发生有感地震、大坝遭受大洪水或库水位骤降、骤升，以及发生其他影响大坝安全运用的特殊情况时进行的巡视检查。

巡视检查应根据预先制定的巡视检查程序，携带必要的工器具进行。参加现场巡视检查的人员应具备相关专业知识和工程经验。巡视检查中发现大坝有损伤，或原有缺陷有进一步发展，以及近坝岸坡有滑移崩塌征兆和其他异常迹象，应分析原因。现场巡视检查后应及时编写巡视检查报告。

日常巡视检查报告的填写要求：内容应简单扼要，可用表单形式，要说明检查时间、范围和发现的问题等，应附上照片及简图。

年度巡视检查报告内容包括：①检查日期；②本次检查的目的和任务；③检查组参加人员名单及其职务；④对规定项目的检查结果（包括文字记录、略图、素描和照片）；⑤历次检查结果的对比、分析和判断；⑥不属于规定检查项目的特殊问题；⑦必须加以说明的特殊问题；⑧检查结论（包括对某些检查结论的不一致意见）；⑨检查组的建议；⑩检查组成员的签名。

3.1.7.2　检查内容

巡视检查一般要检查坝体、坝基和坝肩、引水建筑物、泄水建筑物、近坝区岸坡、闸门及金属结构、监测设施等。

1. 坝体

(1) 相邻坝段之间有无错动。

(2) 伸缩缝开合情况和止水的工作状况。

(3) 上下游坝面、宽缝内及廊道壁上有无裂缝、裂缝中漏水情况等。

(4) 混凝土有无破损。

(5) 混凝土有无溶蚀、水流侵蚀或冻融现象。

(6) 坝体排水孔的工作状态，渗漏水的漏水量和水质有无显著变化。

(7) 坝顶防浪墙有无开裂、损坏情况。

2. 坝基和坝肩

(1) 基础岩体有无挤压、错动、松动和鼓出。

(2) 坝体与基岩（或岸坡）结合处有无错动、开裂、脱离及渗水等情况。

(3) 两岸坝肩区有无裂缝、滑坡、溶蚀及绕渗等情况。

(4) 基础排水及渗流监测设施的工作状况、渗漏水的漏水量及浑浊度等。

(5) 基础灌浆廊道内排水异常情况（水量、颜色、析出物气味等）。

3. 引水建筑物

(1) 进水口和引水渠道有无淤堵、裂缝及损伤。

(2) 控制建筑物及进水口拦污设施状况。

(3) 水流流态。

4. 泄水建筑物

(1) 溢洪道（泄水洞）的闸墩、边墙、胸墙、溢流面（洞身）、工作桥等处有无裂缝和损伤。

(2) 消能设施有无磨损冲蚀和淤积情况。

(3) 下游河床及岸坡的冲刷和淤积情况。

(4) 水流流态。

(5) 上游拦污设施的情况。

5. 近坝区岸坡

(1) 地下水露头及绕坝渗流情况。

(2) 岸坡有无冲刷、塌陷、裂缝及滑移迹象。

6. 闸门及金属结构

(1) 闸门（包括门槽、门支座、止水及平压阀、通气孔等）工作情况。

(2) 启闭设施启闭工作情况。

(3) 金属结构防腐及锈蚀情况。

(4) 电气控制设备，正常动力和备用电源工作情况。

7. 监测设施

(1) 外露的监测设施（如观测墩、观测点和各种保护装置等）有无倾斜、开裂、错动等损坏情况。

(2) 量水堰有无淤堵、流水受阻等情况。

(3) 垂线线体有无自由、浮液是否足够。

(4) 引张线的线体是否受阻。

3.1.7.3　检查要求和方法

巡视检查主要由熟悉本工程情况的工程技术人员参加，并要求相对固定，每次检查前均应对照检查程序要求，做好准备工作。

年度巡视检查和特殊情况下的巡视检查，必须做好下列准备工作：

(1) 做好水库调度和电力安排，为检查引水、泄水建筑物提供检查条件及动力和照明。

(2) 排干检查部位积水或清除堆积物。

(3) 水下检查及专门检测设备、器具的准备和安排。

(4) 安装或搭设临时设施，便于检查人员接近检查部位。

(5) 准备交通工具和专门车辆、船只。

(6) 采取安全防护措施，确保检查工作及设备、人身安全。

检查的方法主要依靠目视、耳听、手摸、鼻嗅等直观方法，可辅以锤、钎、量尺、放大镜、望远镜、照相机、摄像机等工器具进行。如有必要，可采用坑（槽）探挖、钻孔取样或孔内电视、注水或抽水试验、化学试剂测试、水下检查或水下电视、超声波探测及锈蚀检测、材质化验或强度检测等特殊方法进行检查。

每次巡视检查均应按各类检查规定的程序做好现场填表和记录，必要时应附有简图、素描或照片。

现场记录及填表必须及时整理，并将本次检查结果与上次或历次检查对比，分析有无异常迹象。在整理分析过程中，如有疑问或发现异常迹象，应立即对该检查项目进行复查，以保证记录准确无误。重点缺陷部位和重要设备，应设立专项卡片和电子文档。

巡视检查应及时编制报告。年度巡视检查报告应在现场工作结束后20天内提出。特殊情况下的巡视检查，在现场工作结束后，还应立即提交一份简报。

巡视检查中发现异常情况时，应立即编写专门的检查报告，及时上报。各种填表和记录、报告至少应保留一份副本，存档备查。

3.1.8 监测频次

重力坝的监测包括仪器安装埋设后基准值的监测、施工期监测、蓄水期监测、初蓄期监测和运行期监测。不论是哪个阶段的监测都应根据监测系统的仪器使用程序和仪器厂家说明书，用人工或自动测读系统，进行基准值测读和定期测读。

监测频次与被测物理量的变化速率有关，不同阶段（施工期、首次蓄水期、初蓄期和运行期）变化速率不同，监测频次要求也不同。当发生非常事件和性态异常时，比如高库水位期和水位骤降、地震后，监测物理量达到临界状态或量值变化速率异常加大时，应加密监测频次。

总之，监测频次应与相关监测物理量的变化速率和可能发生显著变化的时间间隔相适应，同时又要与测量装置相适应，并满足资料分析和判断重力坝性态的需要。对重力坝各阶段监测频次的要求见表3.1-2。

表3.1-2　重力坝安全监测项目监测频次表

监测项目	监测频次			
	施工期	首次蓄水期	初蓄期	运行期
位移	1次/周～1次/月	1次/天～1次/旬	1次/旬～1次/月	1次/月
倾斜	1次/周～1次/月	1次/天～1次/旬	1次/旬～1次/月	1次/月
大坝外部接缝、裂缝变化	1次/周～1次/月	1次/天～1次/旬	1次/旬～1次/月	1次/月
近坝区岸坡稳定	2～1次/月	2次/月	1次/月	1次/季
渗流量	1次/周～1次/旬	1次/天	2次/旬～1次/旬	1次/旬～2次/月
扬压力	1次/周～1次/旬	1次/天	2次/旬～1次/旬	1次/旬～2次/月
渗透压力	1次/周～1次/月	1次/天	2次/旬～1次/旬	1次/旬～2次/月
绕坝渗流	1次/周～1次/月	1次/天～1次/旬	1次/旬～1次/月	1次/月
水质分析	1次/季	1次/月	1次/季	1次/年
应力、应变	1次/周～1次/月	1次/天～1次/旬	1次/旬～1次/月	1次/月～1次/季
大坝及坝基的温度	1次/周～1次/月	1次/天～1次/旬	1次/旬～1次/月	1次/月～1次/季
大坝内部接缝、裂缝	1次/周～1次/月	1次/天～1次/旬	1次/旬～1次/月	1次/月～1次/季
钢筋、钢板、锚索、锚杆应力	1次/周～1次/月	1次/天～1次/旬	1次/旬～1次/月	1次/月～1次/季
上下游水位		4～2次/天	2次/天	2～1次/天
库水温		1次/天～1次/旬	1次/旬～1次/月	1次/月
气温		逐日量	逐日量	逐日量
降水量		逐日量	逐日量	逐日量
坝前淤积			按需要	按需要
冰冻		按需要	按需要	按需要
坝区平面监测网	取得初始值	1次/季	1次/年	1次/年
坝区垂直位移监测网	取得初始值	1次/季	1次/年	1次/年
下游冲淤			每次泄洪后	每次泄洪后

注 1. 表中监测频次均系正常情况下人工测读的最低要求。特殊时期（如发生大洪水、地震等），应增加测次。监测自动化按《大坝安全监测自动化技术规范》（DL/T 5211—2005）执行，即试运行期1次/天，常规监测不少于1次/周，非常时期可根据需要，适当加密测次。

2. 在施工期，坝体浇筑进度快的变形和应力监测的次数应取上限；①首次蓄水期：库水位上升快的，测次应取上限；②初蓄期：开始测次应取上限；③运行期：当变形、渗流等性态变化速度大时，测次应取上限，性态趋于稳定时可取下限。当多年运行性态稳定时，可减少测次，减少监测项目或停测，但应报主管部门批准。但当水位超过前期运行水位时，仍需按首次蓄水执行。

3. 对于低坝的位移测次可减少为1次/季。

首次蓄水对大坝是一次重大考验，蓄水过程中的安全监控非常重要，特别是渗流和变形的监测频次与库水位的上升速度有关，水位越接近高水位，量测的间隔就越短。设计单位可以根据坝高和库容水位特性确定更加详细的监测要求和监测频次，但不能少于《混凝土坝安全监测技术规范》（DL/T 5178）的规定。

国际大坝委员会在 1988 年发表的题为“大坝监测的一般原理”的 60 号公告中有关初蓄期监测频次的建议为：①当水位达到 1/4 坝高时，进行一次观测；②当水位达到 1/2 坝高时，进行一次观测；③当水位趋向 3/4 坝高时，每升高 1/10 坝高观测一次；④当水位在 3/4 坝高至坝顶时，每升高 2m 观测一次。

除了仪器监测，巡视检查也十分重要，对于不同的巡视检查应按《混凝土坝安全监测技术规范》（DL/T 5178）采用相应的巡检次数。具体如下：

（1）日常巡视检查。在施工期，宜每周二次；水库第一次蓄水或提高水位期间，宜每天一次或每两天一次（依库水位上升速率而定）；正常运行期，可逐步减少次数，但每月不宜少于一次；汛期应增加巡视检查次数；水库水位达到设计洪水位前后，每天至少应巡视检查一次。

（2）年度巡视检查。在每年汛前、汛后或枯水期（冰冻严重地区的冰冻期）及高水位低气温时，对大坝进行检查。每年不少于 2 次。

（3）特殊情况下的巡视检查。在坝区（或其附近）发生有感地震、大坝遭受大洪水或库水位骤降、骤升，以及发生其他影响大坝安全运用的特殊情况时，应及时进行巡视检查。

3.2　拱　　坝

3.2.1　拱坝结构特点及监测重点

3.2.1.1　结构特点

拱坝是固结于基岩的空间超静定结构，在平面上呈凸向上游的拱形，其拱冠剖面呈竖直或向上游凸出的曲线坝型。主要依靠材料的强度，特别是抗压强度来保证大坝安全。坝体结构既有拱作用又有梁作用，其承受的荷载一部分通过拱的作用传向两岸山体或重力墩，另一部分通过竖直梁的作用传到坝底基岩，故应该把坝体和坝基、坝肩作为一个统一体来考虑。坝体的稳定主要是依靠两岸拱端的反力作用来维持，因此拱坝对坝址的地形、地质条件要求较高，对地基处理的要求也较严格。拱坝坝身一般不设永久伸缩缝，温度变化和基岩变形对坝体应力的影响比较显著。拱坝属于高次超静定结构，超载能力强，安全度高，当外荷载增大或坝的某一部位开裂时，坝体的拱和梁作用将会自行调整，使坝体应力重新分布。

3.2.1.2　监测重点

拱坝安全监测项目设置的基本原则参考本章 3.1 节相关内容。

1. 监测重点

从拱坝受力特点来看，应把“拱坝＋地基”作为一个统一体来对待，其监测范围应包括坝体、坝基及坝肩以及对拱坝安全有重大影响的近坝区岸坡和其他与大坝安全有直接关系的建筑物。

拱坝坝体重点监测部位应结合计算成果、拱坝体型等因素，以坝段为梁向监测断面，以高程为拱向监测基面，构成空间的拱梁监测体系。梁向监测断面应设在监控安全的重要坝段，其数量与工程等别、地质条件、坝高和坝顶弧线长度有关，可类比工程经验拟定。特别重要和复杂的工程，可根据工程的重要性和复杂程度适当加密。其中，拱冠梁坝段是坝体最具代表性的部位，且该部位的各项指标很多是控制性极值出现处；左右岸 1/4 拱坝段一般可同时兼顾坝体、坝肩变形，在坝段空间分布上具有代表性，这些部位对监控大坝正常运行至关重要，宜作为梁向监测断面的典型坝段。拱向监测基面应与拱向推力、廊道布置等因素结合考虑，一般应设在最大平面变形高程（通常为坝顶以下某一高程范围）、拱推力最大高程和基础廊道，高坝还应在中间高程设置。拱坝监测点宜布置于拱向监测基面和梁向监测断面交汇的节点处，以便与多拱梁法和有限元法的计算成果予以对比分析。

拱坝坝基、坝肩是拱坝设计最重要、最复杂的部位，这不仅因为它是隐蔽工程，地质条件难以准确掌握，更主要的是岩体结构面纵横切割，地应力、裂隙渗流与拱坝推力产生的应力场及坝肩的动力反应等问题相互交织影响，使坝基、坝肩的变位、应力和稳定等问题变得异常复杂。故对于拱坝来说，坝基、坝肩部位的相关监测非常重要，坝基监测重点部位原则上以与坝体拱梁监测体系和坝基交汇处一致，但开挖体型变化处、分布有地质缺陷部位的坝基应加强监测。坝肩应重点关注近坝拱座部位和地质缺陷处理部位。由于拱坝对基础要求很高，所以其基础开挖一般较深，地质赋存条件较好，但一般地应力较高，在拱端推力作用下坝基岩体中传力较深，并动用了较多的侧向约束。坝基、坝肩监测深度原则上可取坝体高度的 1/4～1/2 或 1～3 倍拱端基础宽度。

2. 重点监测项目

拱坝安全监测的重点是：坝体及坝基、坝肩变形；坝体温度及应力应变；渗流量、扬压力和绕坝渗流等。

从拱坝的特点来看，由于拱坝的稳定主要依靠两岸拱端的反力作用，其失稳模式主要是坝肩抗滑失稳所致。拱坝的变形最能直接地反映其在各种荷载作用下的工作状态，变形监测可了解坝肩、坝基抗滑情况以及基础及坝体混凝土材料受外荷载产生的压缩、拉伸等变形情况，是拱坝安全监测的重点，且坝基坝肩的变形监测与坝体同等重要。

通常拱坝坝身不设永久伸缩缝，坝体混凝土浇筑量大，在施工期对混凝土温度控制的要求较高，温度变化和基岩变形对坝体应力的影响比较显著，甚至是施工期坝体混凝土防裂的关键性问题，故坝体温度和应力监测是拱坝安全监测的重点，同时需关注坝体上如闸墩、孔口等特殊部位。

由于应把“拱坝＋基础”作为一个统一体来对待，渗透压力不仅能在岩体中形成相当大的渗透压力推动岩体滑动，而且会改变岩体的力学性质（降低抗压强度和抗剪强度），是控制坝肩岩体稳定的重要因素之一。渗流对拱坝的影响不容忽视，故拱坝扬压力、基础渗透压力、渗流量和绕坝渗流也作为拱坝的重点监测项目。

3. 监测仪器选型

监测仪器选型原则和要求同重力坝，即要求可靠性和稳定性，特别是合理的测量精度。但要注意：①拱坝的水平变形一般较大，可选用一些测量精度略低、量程较大的仪器；②因为垂直位移远小于水平位移，所以垂直位移监测应采用精度高、量程小的监测仪器；③基于拱坝的特点，拱向监测基面的变形监测仪器在平面上应优先考虑适用于曲线坝型的一些特殊监测仪器。

3.2.2 监测设计依据

拱坝监测设计依据参见本章3.1节，引用标准应增加《混凝土拱坝设计规范》（DL/T 5346、SL 282）。

3.2.3 监测项目

拱坝安全监测项目设置以实现各建筑物安全监控目标为前提，同时可根据拱坝的规模和特点，设置必要的为施工期或提高拱坝建设水平的科研服务的监测项目。针对具体工程，根据拱坝的级别及工程特性选定监测项目，详见表3.2－1。

表3.2－1　混凝土拱坝安全监测项目分类表

序号	监测类别	监 测 项 目	大坝级别		
			1	2	3
一	人工巡视检查		●	●	●
二	变形	坝体水平位移及挠度	●	●	●
		垂直位移及倾斜	●	○	○
		接缝变化	●	●	●
		裂缝变化	●	●	●
		坝基及坝肩位移	●	●	●
		谷幅变形	●	○	○
		坝体弦长变化	○	○	○
		近坝边坡位移	○	○	○
		库盘变形	○	○	○
		断层活动性	○	○	○
三	渗流	渗流量	●	●	●
		扬压力	●	●	●
		渗透压力	○	○	○
		绕坝渗流	●	●	●
		水质分析	●	●	○
四	应力	应力	●	●	○
		应变	●	●	○
		混凝土温度	●	●	●
		坝基温度	●	○	○
五	水文、气象	上、下游水位	●	●	●
		气温	●	●	●
		降水量	●	●	●
		库水温	●	○	○
		坝前淤积	●	○	○
		下游冲淤	●	○	○
		冰冻	○	○	○

注　有●者为必设项目；有○者为可选项目，可根据需要选设。

对于拱坝来说，埋设仪器数量较大的通常为温度、接缝及坝肩缺陷处理的围岩监测仪器，其中有部分是由于施工期温控、横缝灌浆和控制坝肩岩体开挖爆破的需要，有部分为信息化动态设计和科学研究的需要。在达到监测目的以后，非重点监测部位的这些监测项目可封存停测，必要时再启用。

3.2.4 变形监测

拱坝水平、垂直位移的拱向监测基面是指沿高程分布的拱向监测断面，拱向监测基面的变形监测点一般应尽量设在坝顶、坝后桥和基础廊道，坝高大于100m的高坝还应在中间高程设置。一般拱向监测基面上测点布置应兼顾全局，每个坝段至少应设一个监测点。拱向监测基面的平面变形监测一般采用表面变形监测点。近年来，随着技术的逐步成熟和静态测量精度的提高，GPS 测量系统也开始应用于拱坝的水平变形监测。表面水平位移监测点多采用交会法和极坐标法观测，GPS 测量系统则一般采用实时在线监测。垂直变形一般采用几何水准法和静力水准法监测。

梁向监测断面视地质情况、坝体结构和坝顶弧线长度而定。鉴于拱向监测基面的变形监测手段有限，且坝肩对于拱坝的重要性，梁向监测断面一般设 3～5 个，对于坝顶弧线长度大于 500m 的，宜设置 5～7 个。梁向监测断面上的水平位移一般采用正、倒垂线组，用以监测坝基和坝体不同位置、不同高程的水平位移。垂直位移可根据地质及坝体结构情况在基础和坝顶部位沿上下游方向布置不少于 3 个测点，以监测坝基不均匀沉降和坝体倾斜。

拱坝变形监测布置与采用的监测仪器设备有关。

3.2.4.1　水平位移

拱坝水平位移一般采用正倒垂线组、表面变形监测点、GPS 测量系统等。其中，表面变形监测点、GPS 测量系统还可同时监测水平和垂直位移。坝基、坝肩水平位移一般采用正、倒垂线组、引张线及铟钢丝（杆）位移计等。

1. 正、倒垂线

拱坝由于体型的限制，通常情况下，正、倒垂线组是监测拱坝坝体水平位移的主要手段。正倒垂线一般都是成组布置在坝体重点监测坝段，重点监测坝段的选择应结合地质条件、计算成果和工程处理措施等因素，在平面上以能监控整个坝体、坝基及坝肩的宏观变形为原则。首先选择地质或结构复杂的坝段，其次是最高坝段和其他有代表性的坝段，位于河床部位的拱冠梁坝段，由于坝体高、变形大是必测部位。对坝高 200m 以上的特高拱坝或坝顶弧线长度超过 500m 的拱坝宜布置 5 组以上正倒垂线组，分别布置在拱冠、1/4 拱弧和坝顶拱端部位。其设置同时还应结合坝肩引张线、铟钢丝位移计和坝体连续式折线激光系统等校核基点的布置需要。

与其他坝型相区别，拱坝的拱座稳定是拱坝结构安全的基本前提，也是水工设计中的重点问题。应利用不同高程的坝肩山体内灌浆洞、排水洞、监测洞等，在拱推力影响范围内设置正倒垂线系统，监测在拱推力作用下的坝肩岩体的变形。

由于双曲拱坝梁向断面形状也呈弧形，而且坝体较薄，不同高程的廊道在平面上大多不在同一位置，为了便于布置垂线，各层检查廊道内都需布设长短不一的垂线支廊道。

拱坝正倒垂线组其他设置原则、观测方法、仪器选型和注意事项基本与重力坝监测设计相同，可参见本章 3.1 节。

2. 表面变形监测点

拱坝表面变形监测点的布置宜分高程设置，无论坝的高低均应在每个坝段的坝顶各设置一个表面变形监测点。坝高超过 200m 以上的高坝或采用分期蓄水的拱坝，应根据坝体浇筑或分期蓄水的实际情况，在典型高程的坝后桥布置表面变形监测点，监测因坝体垂线尚未悬挂时施工期坝体倒悬和蓄水期坝体在水压力作用下的整体变形，且能尽早捕捉坝体的真实水平位移全变形过程。表面变形监测点的布置应结合垂线坝段，以便与垂线系统建立数据传递关系，保证垂线系统获得初始数据，并且在运行期与垂线监测成果相互校核和验证分析。为便于资料相互验证分析，通常采用表面变形监测点与水准点一体化布置，见图 3.2-1。因观测精度限制，其三角高程测量的垂直位移在与水准测量的垂直位移进行对比分析时仅作为参考，重点对比分析其垂直位移的变形趋势即可。

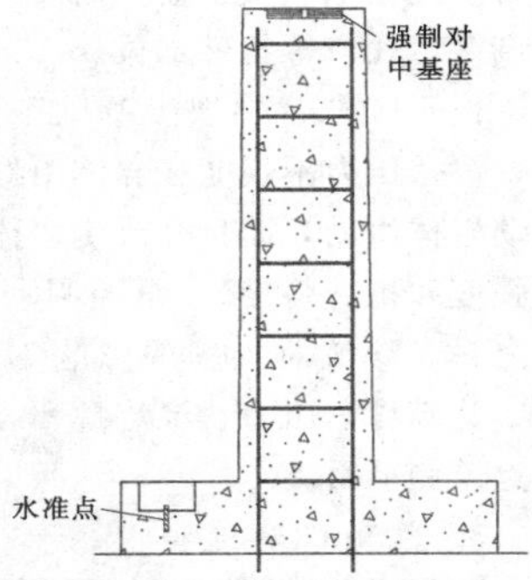

图 3.2-1　表面变形监测点与水准点一体化布置图

拱坝表面变形监测点安装埋设、观测方法、仪器选型基本与重力坝监测设计相同，可参见本章 3.1 节。

3. GPS 测量系统

目前 GPS 测量系统主要接受 GPS 系统信号，GPS 系统为军民两用卫星，提供粗码（C/A 码）和精确码（P 码或 Y 码）。粗码为民用码，但精度只有 10～20m 左右，不能满足监测要求，精确码精度可以达到毫米级，但不对民用开放。目前监测采用的是载波相位信息，通过设置参考站，利用载波相位差分 RTK（Real Time Kinematic，实时动态差分）技术，再通过建立相关模型，将参考站与各个监测站数据进行差分处理，可以有效地消除或减弱卫星测距的各种误差，使得定位精度得以大大提高，可以使用于变形监测的静态变形测量精度达到毫米级。

GPS 测量系统测点布置不受通视条件的限制，

可实现全天候、快速地进行全自动的变形监测，目前已可用于水平位移变幅较大的高拱坝水平位移监测。但由于拱坝的坝址区一般为V形河谷，且受双曲拱坝坝体体型的影响，为保证有效接收卫星信号，拱坝GPS测量系统测点一般均布置在坝顶。为与表面变形监测点和垂线监测成果相互校核和验证分析，通常与垂线监测坝段结合布置，棱镜和GPS测量设备一体化装置布置，见图3.2-2。基于拱坝工程的地形特点和蓄水后形成的库区，GPS测量设备布置应特别注意避免多路径效应的影响，测点布置一般应远离强电磁波发射区、高大障碍物和光滑的镜面物体。GPS测量系统基准站应设在远离坝体影响的部位同时兼顾测量精度的要求，原则上距离测点的平面距离不宜大于2km，高差不宜大于400m；距离高压线及强电场、磁场等干扰源不少于200m。基准站的卫星接收情况良好，基本上能接受所有监测点接收到的卫星（解算时基准点与监测点卫星共用）。基于基准站对于GPS测量系统的特殊性和重要性，为提高系统测量的可靠性和观测精度，宜在坝址区左右两岸各设置一个基准站。

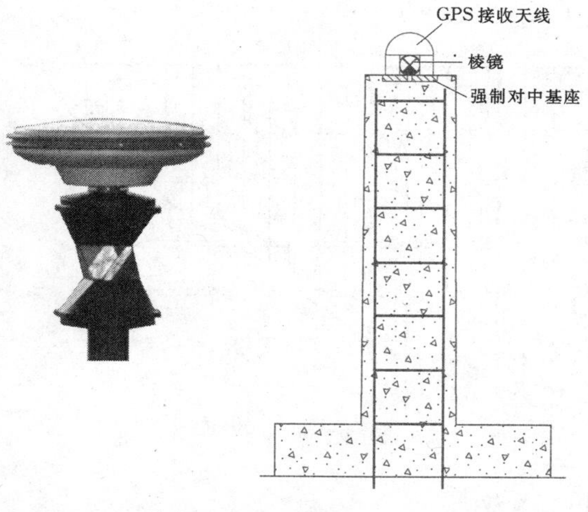

图3.2-2 棱镜和GPS测量设备一体化装置布置图

拱坝GPS测量系统宜采用24h实时在线采集，采集频率1～20Hz。根据不同阶段对数据解算和处理时段提出不同要求，综合系统精度和必要性等因素，蓄水期水库水位变化期间可采用4～6h/次，蓄水期水库水位稳定期间和运行期可12～24h/次的观测数据进行解算。具备条件时，安装后所有GPS测点应与工程的独立变形监测网进行坐标联测，还要定期利用工程的独立变形监测网采用GPS测量方法对GPS测量系统基准站进行校测。

GPS测量系统观测原始数据一般应包括：拱坝局部坐标值及综合位置精度因子值（Position Dilution of Precision，PDOP）、载波相位观测值（为方便第三方独立分析应同时输出RENIX格式数据）等监测数据信息；每个基准站和测站接收到的卫星数量、卫星坐标及分布图、卫星信噪比和卫星仰角等卫星信息、数据分析使用的卫星数量；基线向量（基线长和X、Y、Z分量）、基线解类型、可靠性指标、协方差阵、基线误差（中误差和相对误差）等基线解信息；网络状态、设备工作状态等运行状态信息。

GPS测量系统数据分析处理功能应包括自动基线解算、平差、数据检验、自动基线网平差（具备自由网平差功能）、具备动态解算功能、坐标转换（应转换到每个点的局部坐标系上）、数据精度分析评价、相关历时曲线和卫星分布图输出等。

4. 引张线及铟钢丝（杆）位移计

基于拱坝的体型和受力特点，引张线和铟钢丝（杆）位移计主要布置在拱座的灌浆洞、排水洞和监测洞内。铟钢丝（杆）用于监测沿线（杆）体方向的变形，引张线用于监测垂直于线体方向的变形，两者结合可完成拱座沿拱端推力和横河向水平位移的监测。宜根据计算成果、抗力体灌浆、排水洞布置等因素，分高程布置，拱推力较大高程应重点布置。通常情况下两岸呈对称布置，但对地质条件较差的部位应加强监测布置。

拱坝引张线安装埋设、观测方法、仪器选型基本与重力坝监测设计相同，可参见本章3.1节。

拱坝挠度的监测一般没有直接的监测方法，通常利用同一坝段不同高程的正倒垂线组不同测点的变形测值通过合理的数学算法累加计算至某一测点处。

拱坝某一高程拱圈的弦长变化监测，一般采用坝后桥布置的表面变形监测点进行监测，选择同一高程对称坝段的测点进行同时观测，计算拱坝不同高程弦长的变化。

5. 工程实例

【实例1】 二滩双曲拱坝位于四川省攀枝花市的雅砻江干流下游河段上，坝顶高程1205.00m，最大坝高240m。坝身设7个表孔，孔口尺寸11m×11.5m，堰顶高程1188.50m。6个中孔，孔口尺寸6m×5m。拱冠梁底厚55.74m，拱冠梁顶宽11m，顶拱中心线弧长744.69m。

二滩拱坝共布置5组正垂线组和8组倒垂线组，正倒垂线组分别布置在4号、11号、21号、33号和37号坝段，共20个测点。为加强坝基变位监测，另在19号和23号坝段高程980.00m各布置一个倒垂测点。正垂线依据大坝内部各廊道的布置分段布设。图3.2-3为二滩拱坝正倒垂线系统监测布置图。

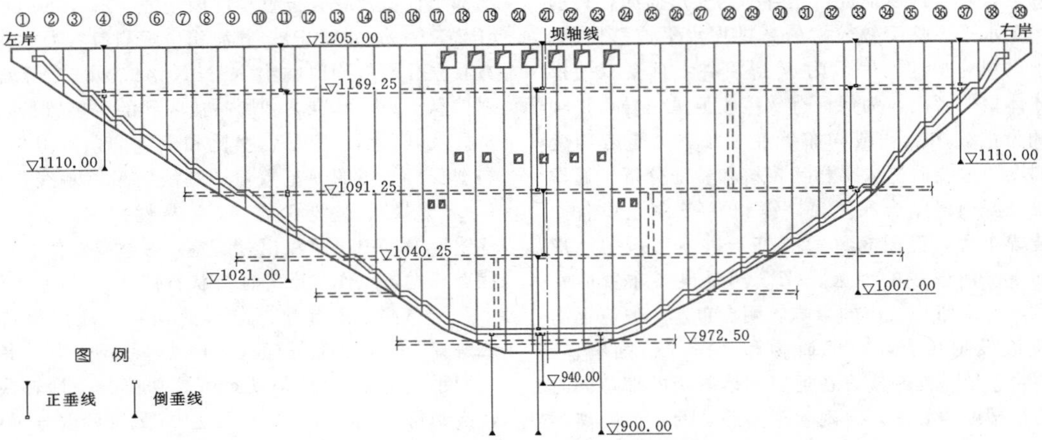

图 3.2-3　二滩拱坝正倒垂线系统监测布置图（单位：m）

【实例 2】　小湾双曲拱坝位于云南省南涧县与凤庆县交界的澜沧江中游河段干流，坝顶高程 1245.00m，最大坝高 294.5m。坝身设 5 个表孔，孔口尺寸 11m×15m，堰顶高程 1225.00m。6 个中孔，孔口尺寸 5m×9.5m。2 个底孔，孔口尺寸 6m×8.5m。拱冠梁底厚 72.39m，拱冠梁顶宽 12m，顶拱中心线弧长 901m。

小湾拱坝共布置 9 组正倒垂线组，分别布置在 4 号、9 号、15 号、19 号、22 号、25 号、29 号、35 号和 41 号坝段，共 43 个测点。正垂线分段数根据大坝内部各廊道布设确定。图 3.2-4 为小湾拱坝正倒垂线系统监测布置图。

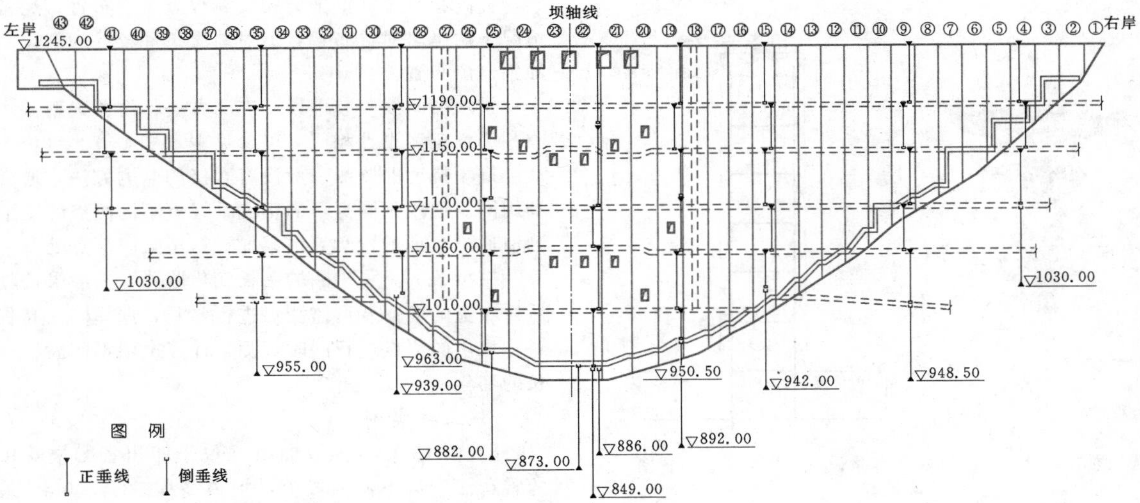

图 3.2-4　小湾拱坝正倒垂线系统监测布置图（单位：m）

【实例 3】　拉西瓦拱坝位于青海省贵德县与贵南县交界的黄河干流上，坝顶高程 2460.00m，最大坝高 250m。坝体设 3 个表孔，孔口尺寸 13m×9m，堰顶高程 2443.00m。2 个泄洪深孔，孔口尺寸 5.5m×6m。1 个底孔，孔口尺寸 4m×6m。拱冠梁底厚 49m，拱冠梁顶宽 10m，顶拱中心线弧长 466.63m。

拉西瓦拱坝布置 7 组正倒垂线组，分别布置在左右两坝肩、4 号、7 号、11 号、16 号和 19 号坝段，共 29 个测点。正垂线依据大坝内部各廊道的布置分段布设。图 3.2-5 为拉西瓦拱坝正倒垂线系统监测布置图。

【实例 4】　锦屏一级双曲拱坝位于四川省盐源县与目里县交界的雅砻江干流，坝顶高程 1885.00m，最大坝高 305m。坝身设 4 个表孔，孔口尺寸 11m×12m，堰顶高程 1868.00m。5 个深孔，孔口尺寸 5m×6m。拱冠梁底厚 63m，拱冠梁顶宽 12m，顶拱中心线弧长 552.25m。

锦屏一级拱坝共布置 9 组正倒垂线组，分别布置在 1 号、5 号、9 号、11 号、13 号、16 号、19 号、23 号和 26 号坝段，共 51 个测点。正垂线依据大坝内部各廊道的布置分段布设。图 3.2-6 为锦屏一级拱坝正倒垂线系统监测布置图。

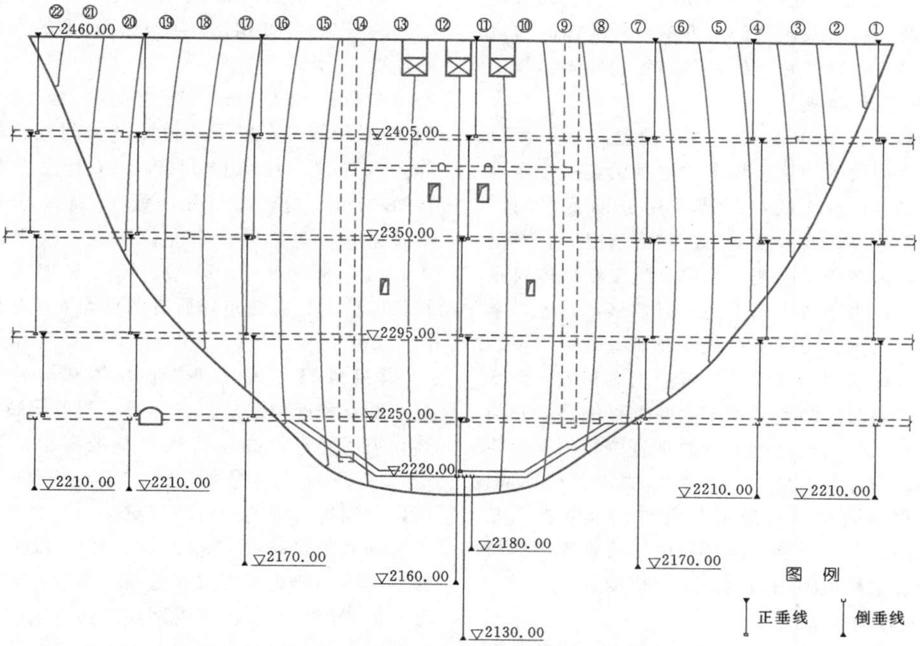

图 3.2-5 拉西瓦拱坝正倒垂线系统监测布置图（单位：m）

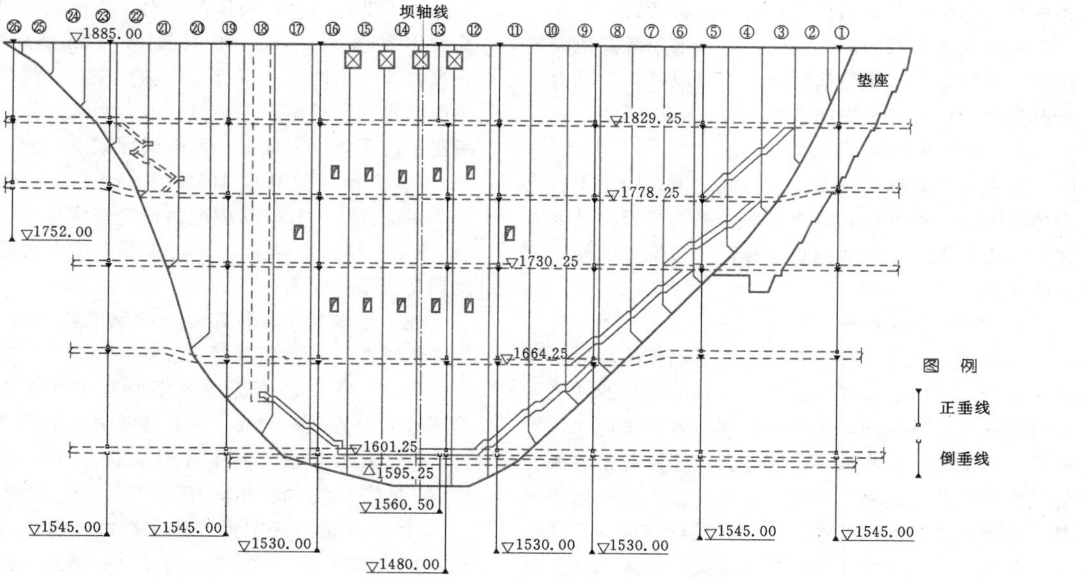

图 3.2-6 锦屏一级拱坝正倒垂线系统监测布置图（单位：m）

3.2.4.2 垂直位移

拱坝垂直位移一般采用几何水准测点、液体静力水准系统和竖直传高系统等。特殊部位的垂直位移可用双金属标、基岩变位计或滑动测微计进行监测。

拱坝倾斜监测一般布置于同一梁向观测断面的不同高程的廊道和坝顶。倾斜监测方法有直接监测法和间接监测法两种。直接监测法一般采用将倾斜仪直接安装于大坝混凝土中，测点基座长度应大于0.1m，监测坝体倾斜角的变化；间接观测法是通过观测相对垂直位移确定倾斜，一般也采用几何水准测点和液体静力水准系统，且宜采用几何水准测点和液体静力水准系统平行布置，以计算坝体不同高程的倾斜。

1. 几何水准测点

拱坝水准测点的布置宜分高程设置，一般情况下，应在每个坝段的坝顶和坝基廊道各设置一个水准测点。超过200m以上的高坝或采用分期蓄水的拱坝，应根据坝体浇筑或分期蓄水的实际情况，在典型高程的坝内廊道布置水准测点，监测施工期坝体自重和蓄水期坝体在水压力作用下的垂直位移，且能尽早捕捉坝体的真实垂直位移全过程。在典型高程的坝后桥表面水平位移监测点的同一位置应相应布置一个水准测点，在需要时监测坝体下游坝面垂直位移，并与表面变形监测点的三角高程测量的垂直位移相互校核和验证分析。为方便日常垂直位移监测，宜在坝基、坝肩不同高程的灌浆洞或排水洞内布置水准工作基点，水准工作基点应通过坝体高程传递装置或坝后桥与枢纽区垂直位移监测网的网点进行校测。

2. 液体静力水准系统

液体静力水准系统可布置在坝内廊道和坝顶，其布置应根据拱坝位移计算成果、廊道布置、坝基地质条件和其他位移监测系统的布置等综合考虑。

拱坝几何水准测点、液体静力水准系统其他设置原则、观测方法、仪器选型和注意事项基本与重力坝监测设计相同，可参见本章3.1节。

3. 双金属标

拱坝双金属标一般布置在基础廊道和两岸坝肩抗力体灌浆洞、排水洞和监测洞内，其主要目的是为液体静力水准系统、水准测点等提供垂直位移的校核或工作基点。

4. 竖直传高系统

拱坝竖直传高系统宜布置于靠近河床的坝段，以利于基础廊道内的水准测点监测。其主要目的是将外部变形垂直位移监测网的绝对位移传入坝体内部，校核静力水准系统、水准工作基点，以便修正上述装置的垂直位移监测成果。竖直传高系统多采用铟钢带尺悬挂重锤通过几何水准观测的方式进行传递，其观测工作量稍大，但精度能满足相关标准的要求。目前也有部分工程采用了竖直传高仪，但是由于仪器的精度性能等原因，在实际应用中效果较差，有关垂直传高仪的精度和可靠性还有待进一步得到实践的确认。

5. 工程实例

【实例1】 二滩拱坝坝体及坝基垂直位移观测点分别布置在坝顶高程1205.00m上检查廊道、高程1091.00m下检查廊道、基础廊道以及右岸高程1040.00m灌浆排水平洞，其中坝顶水准测量以BM1～BM14为节点，廊道内所有水准点以BM28～BM35、BM38～BM43为结点，与Ⅰ等大地水准基准网连接。

在高程980.00m基础廊道19号、20号、21号和23号坝段各布置了一台监测基础廊道相对变形的静力水准仪。在高程1169.25m上检查廊道、高程1091.25m下检查廊道和高程1040.25m交通廊道中下游边墙，布置单管水准仪测点，监测水平拱圈转角。在4号、11号、21号、33号和37号坝段布置倾斜仪，监测梁向转角，所有测点均安装在距垂线坐标仪0.8m处。

【实例2】 小湾拱坝在坝体和抗力体内廊道设置水准点和静力水准仪，为了监测各层廊道的垂直位移，采用竖直传高仪将坝外基准高程传递至各层廊道，在15号、29号坝段各布置一条竖直传高系统，用以联测各高程的绝对位移量。

在坝顶及高程1190.00m、高程1100.00m、基础帷幕灌浆廊道每个坝段布置一个水准点，配合静力水准仪的观测，与坝区水准网相连接。同时为实现自动化监测，在上述坝段布置水准点的部位各层廊道每个坝段设置一个静力水准测点。

为了解左右岸抗力体的竖向位移情况，在左右岸高程1020.00m、1100.00m、1190.00m灌浆平洞内，各布置2个水准点进行抗力体垂直位移观测，分别采用静力水准和精密水准测量。静力水准工作基点设在灌浆平洞深处（采用深埋双金属标或基岩标）。

在22号坝段高程1010.00m、1100.00m，9号、35号坝段高程1100.00m顺河向检查廊道和坝顶各布设3～4个静力水准测点并配套布置相应水准点，监测典型坝段的倾斜。

在5个主要坝段各高程横向廊道各布设1～5个静力水准测点，监测典型坝段的倾斜。

【实例3】 拉西瓦拱坝坝内精密水准和静力水准测线共设置三条测线，两种监测方法的各个测点相连，便于相互校核。其中高程2250.00m、2295.00m廊道内静力水准和精密水准同时布置，高程2405.00m廊道内只布置精密水准。静力水准和水准点，在坝体内原则上每个坝段布置一测点，两岸灌浆洞内间隔30m布置一测点。左右两岸分别设置双金属标作为工作基点，在高程2250.00m，双金属标与倒垂线相结合布置在左右坝肩的垂线室内。高程2295.00m、2405.00m双金属标布置在左右岸灌浆洞里端墙位置。坝顶利用布置的综合测点及水准网，可测出坝体的绝对沉降。

坝体倾斜监测同时采用静力水准法和梁式倾斜仪法，以便于两种监测仪器相互校核。静力水准法利用布置在坝体内部的横向交通廊道静力水准测线进行观测，梁式倾斜仪布置在垂线室内直接测量。

静力水准测法横向测线在高程 2250.00m、2295.00m、2350.00m、2405.00m 横向交通廊道均布置横向测线。

梁式倾斜仪在拱冠梁断面各高程廊道（垂线室）各布置一组，在 7 号坝段和 16 号坝段的高程 2295.00m、2350.00m、2405.00m 各布置一组。

【实例 4】 锦屏一级拱坝在坝体和抗力体内廊道设置水准点和静力水准仪，为了监测各层廊道的垂直位移，采用竖直传高仪将坝外基准高程传递至各层廊道。在 9 号坝段布置一条从坝顶到 1664.25m 廊道的竖直传高系统，在 12 号坝段布置一条从 1664.25m 廊道到 1601.25m 廊道的竖直传高系统，采用 5 套竖直传高仪联测各高程的绝对位移量。竖直传高上下两端设置精密水准标志作为人工比测。

在高程 1885.00m、1829.00m、1785.00m、1730.00m、1670.00m、1601.00m 的坝体及坝基廊道各布置 26 个水准点。

在高程 1829.00m、1601.00m 的坝体及坝基廊道对应水准点各布置 26 个静力水准测点，监测横向支廊道布置 45 个水准点和静力水准测点。

利用高程 1601.00m 7 个倒垂孔，增设双金属标设施，形成双标倒垂系统，并作水平位移和垂直位移基点。

3.2.4.3 岩体内部变形

拱坝坝基和坝肩内部变形监测可采用多点位移计、基岩变位计、滑动测微仪、伸缩仪、铟钢丝（杆）位移计、引张线和倒垂线等。布置方式主要采用钻孔或利用已有勘探洞、灌浆洞、排水洞或监测洞等布置相应仪器。坝基坝肩岩土体的内部变形监测主要包括钻孔或线体轴向变形和垂直于钻孔或线体轴向变形的监测。

坝基监测布置部位应与重点监测坝段一致，在分布有地质缺陷和坝基岩体卸荷回弹变形明显的部位应加强监测。坝肩布置部位应结合地质条件、计算成果、工程处理措施和相应洞室布置等因素统筹考虑并进行针对性的布置，原则上近坝部位测点应加密布置。坝基坝肩岩体内部变形监测深度宜根据地质条件和计算成果确定，原则上可取坝体高度的 1/4～1/2 或 1～3 倍拱端基础宽度。

1. 钻孔轴向变形

一般采用基岩变位计、多点位移计、滑动测微计、铟钢丝（杆）位移计、伸缩仪和土位移计监测钻孔或线体轴向的变形。

（1）基岩变位计。基岩变位计实质是单点式多点位移计，它与单点式多点位移计的区别是变形传递杆的刚度较大，一般采用测缝计改装而成。主要布置于建基面监测基础深部岩体变形和灌浆抬动变形等。

（2）多点位移计。拱坝坝基及坝肩多点位移计的布置应根据工程地质条件、拱梁分载情况、基础受力方向等因素综合考虑。河床坝段坝体靠近建基面部位的梁向作用突出，应考虑以竖向布置多点位移计为主，监测坝基岩体在梁向作用下的内部变形；在建基面中上部高程一般为拱向作用突出，多点位移计宜考虑水平拱推力向布置为主，监测坝肩岩体在拱推力作用下的内部变形；在拱梁作用均较强突出部位，多点位移计宜竖向和水平拱推力向平行布置或沿拱梁作用合力方向布置。原则上多点位移计监测深度取坝体高度的 1/5～1/10 或拱端基础宽度的 0.5～1.5 倍。在施工期，坝基坝肩岩体一般变形主要为开挖卸荷的影响，其多点位移计布置宜沿岩体卸荷方向布置，监测坝基岩体在开挖卸荷作用下的内部变形，其深度主要考虑岩体卸荷特性和坝基开挖影响深度。采用超前监测布置时，应考虑合适的测点保护深度，避免开挖爆破损坏测点。拱坝坝基坝肩典型变形监测布置见图 3.2-7。

（3）滑动测微计。滑动测微计在坝基坝肩岩体中的布置原则与多点位移计基本一致。滑动测微计的优点是精度高于多点位移计 1～2 个数量级，在整个测孔深度内每米一个测点，可以近似认为是连续线法监测。接触式滑动测微计孔除水平孔（±20°以内）以外，原则上不宜超过 60m。滑动测微计在构造密集带或高精度小变形监测方面明显优于多点位移计，但因存在难以实现自动化测量、不能适用于剪切变形较大的部位、二次仪表昂贵、测试工作复杂、技术要求高等不足。

（4）铟钢丝（杆）位移计和伸缩仪。铟钢丝（杆）位移计和伸缩仪测量原理和布置原则基本等同于多点位移计，但一般利用坝基坝肩已有的勘探平洞、灌浆洞、排水洞和监测洞等布置，与钻孔类埋设仪器相比，具有直观、便于维护、可更换、受施工干扰小等优点。

2. 垂直钻孔轴向变形

一般采用活动（固定）测斜仪和时域反射计 TDR 监测垂直于钻孔轴向的变形。

（1）活动（固定）测斜仪。拱坝坝基及坝肩测斜孔的布置应根据工程地质条件，一般布置在缓倾坡、缓倾潜在滑面部位，孔深宜超过最深潜在滑面以下

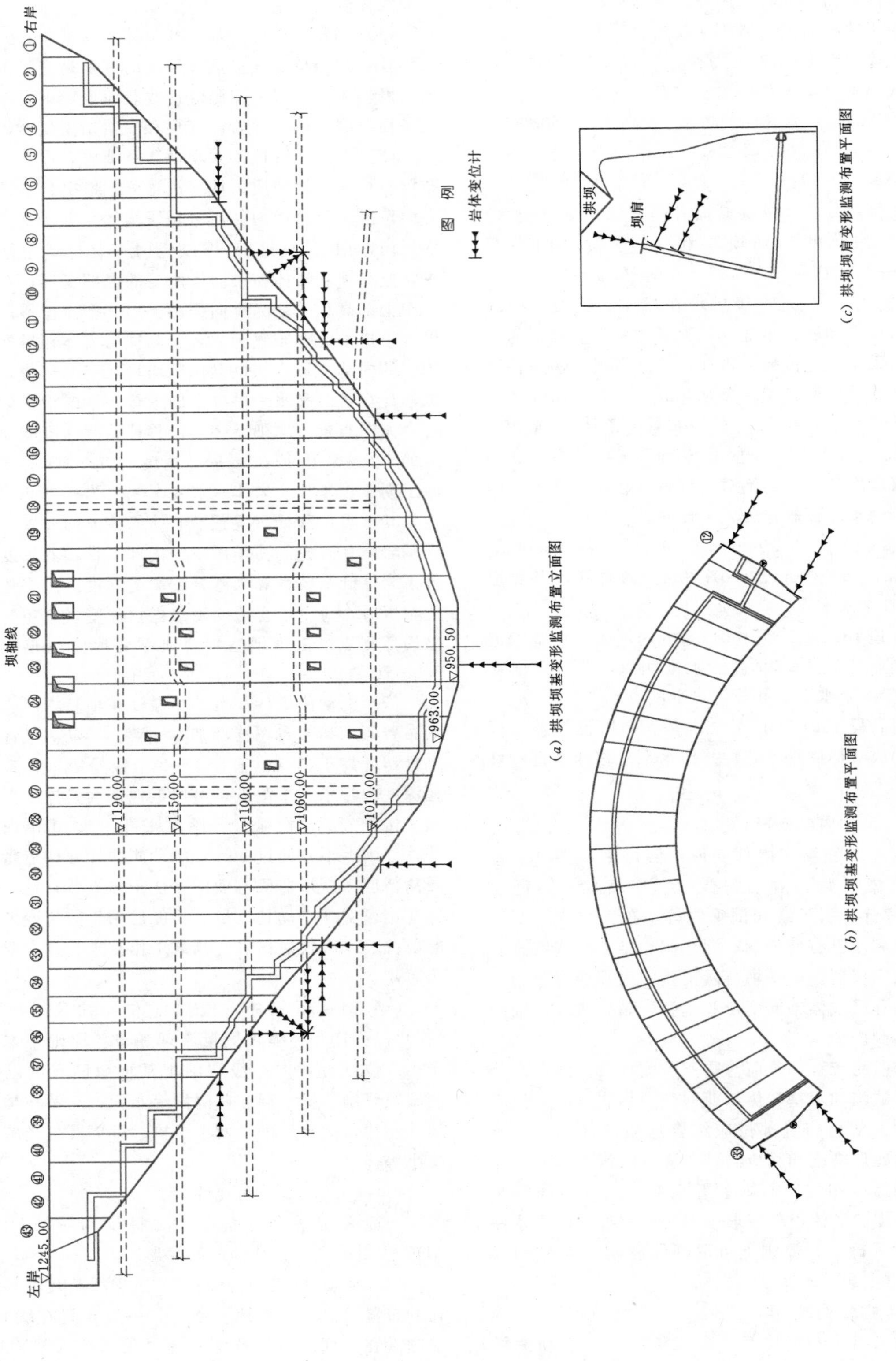

(a) 拱坝坝基变形监测布置立面图

(b) 拱坝坝基变形监测布置平面图

(c) 拱坝坝肩变形监测布置平面图

图 3.2-7　拱坝坝肩典型变形监测布置图

5m。固定测斜仪的布置一般均是先期采用活动测斜仪监测到滑移面的位置后，再在滑移面上、下一定范围内布置固定测斜仪，以保证仪器布置的应有效果和精简仪器数量。

（2）时域反射计（TDR）。时域反射计原理是利用同轴电缆在受剪切后电缆间有相对错动，沿电缆传播的时间阶跃电压在相对错动的部位阻抗一部分反射回来，测量输入电压与反射电压比，从而计算不连续的阻抗滑面的大小和位置，布置因素基本等同测斜孔。其优点是可以自动化观测、适应大变形、电缆可以作为其他配套传感器的信号传输线等；其缺点是无法测量变形绝对量和变形方向。

（3）倒垂线组。对倒垂线组也就是指在同一部位，不同深度埋设倒垂线，以监测断层或软弱结构面的错动。

3. 工程实例

【实例 1】　小湾拱坝坝基和坝肩岩体内部变形监测主要采用多点位移计和滑动测位移计监测，高程1000.00m 以上坝基变形监测布置主要考虑拱梁作用的相互影响，在拱梁作用均相对明显的高程 1000.00～1100.00m 之间布置拱向和梁向的变形监测设施，在高程 1100.00m 以上主要布置拱向变形监测设施。拱向变形监测主要布置在坝踵和坝址部位，方向主要考虑拱推力和建基面岩体的结构面的构成；梁向变形监测主要布置在坝中部位，方向竖直向下。

为监测开挖卸荷、混凝土浇筑和蓄水过程坝基的全变形过程，在左右岸高程 1060.00m、1020.00m、1100.00m 坝基排水洞分别布置 1 套竖直方向、1 套沿建基面法向和 1 套水平方向多点位移计和 1 个沿建基面法向的滑动测微计测孔。

由于坝基低高程的缓倾角节理组产状近水平，开挖卸荷导致岩体浅表层产生近水平的裂隙，兼之低高程河床开阔使拱坝的梁向作用很强，上述因素对坝基浅层抗剪不利。为监测低高程坝基潜在的浅层滑动现象，在 14 号、20 号、23 号、25 号和 31 号坝段第一坝基排水廊道中布置深入坝基岩体 10m 的浅孔固定测斜仪。

【实例 2】　拉西瓦拱坝坝基采用钻孔岩石变位计监测坝基岩体变位，沿拱坝高程 2400.00m、2320.00m、2250.00m 两岸坝基以及坝踵、坝趾部位设置钻孔岩石变位计，每个部位布置一组，共布置 8 组岩石变位计。岩石变位计采用大测缝计改装，每组包含 3 个钻孔，孔深分别为 10m、20m、30m，三孔呈等腰三角形布置。

【实例 3】　锦屏一级拱坝在拱冠坝段和坝基地质结构复杂部位拉应力变化较敏感位置布设 14 套五点式位移计监测基岩变形。在左右岸高程 1829.00m、1785.00m、1730.00m、1670.00m、1601.00m 灌浆平洞布置引张线各 1 套，在左岸高程 1885.00m、1829.00m 和 1785.00m 灌浆平洞布置石墨杆收敛计各 1 套，监测坝基内部变形，监测深度达 300m。

【实例 4】　柯尔布赖恩拱坝在坝基及坝肩多套倾向上游或下游的滑动测微计和伸缩仪监测坝基的变形。该坝曾出现裂缝，表现为位移、扬压力和漏水量产生突变。为监测裂缝的变化及基础上抬变形，在裂缝坝段坝基埋设 3 支滑动测微计：倾向上游的测微计反映上游裂缝受拉张开；倾向下游的反映裂缝闭合的情况；第三支从布置沿下游至上游的水平孔布置，连续反映整个建基面从上游到下游的变形情况。该坝共布置滑动测微计测孔 26 个，铟钢丝伸缩仪 16 台，杆式伸缩仪 137 台。

3.2.4.4　坝体接缝及裂缝

拱坝接缝一般包括建基面与坝体之间、纵缝、横缝、诱导缝、周边缝和结构缝等，裂缝一般包括坝体开裂区的潜在随机裂缝及已有裂缝等。

1. 接缝

（1）建基面与坝体之间接缝。拱坝建基面与坝体之间接缝监测一般分为缝的开合度和错动监测。缝的开合度监测坝段宜与垂线、应力应变及温度坝段重合，一般布置于坝踵、坝中和坝趾，采用竖向布置单向埋入式测缝计。为便于监测成果验证和对比分析，测缝计宜与建基面压应力计配套布置。根据相关文献，在拱坝建基面较陡或拱推力较大部位，施工期在坝体自重作用下，坝段相对于建基面有向下游相对滑动的趋势；蓄水期在水推力作用下，坝段相对于建基面有向下游和向上相对滑动的趋势。为监测上述沿水平径向和沿建基面高程方向的错动变形，可在这些部位布置适量多向测缝计，宜采用带有不少于 1m 加长杆的单向测缝计或线体式测缝计予以组装的多向测缝计。

（2）纵缝、横缝。拱坝是整体结构，为便于施工期间混凝土散热和降低收缩应力，防止混凝土产生裂缝，需要分段浇筑，各坝段之间设有收缩缝，一般在坝体混凝土温度冷却到年平均气温左右进行封填，以保证坝体的整体性。

拱坝收缩缝一般分为纵缝和横缝，对于拱坝来说，横缝是必须设置的。基于横缝灌浆质量对于拱坝整体作用的重要性，拱坝横缝开合度监测应作为重点监测项目，在施工期指导接缝灌浆的时机、压力和监测灌浆效果，在运行期监测横缝的开合度变化。横缝开合度监测应对施工期和永久监测统筹考虑，永临结合布置。平面上，河床和低高程坝段，宜间隔 1～2 个坝段横缝布置；在岸坡和高高程坝段，宜间隔 2～4 个坝段横缝布置。高程上，低高程宜在每个横缝灌浆区布置至少一支测缝计，在高高程可间隔 1～2 个横缝灌区布置一支测缝计。拱坝选址一般均为 V 形河谷，施工期坝段均有向河床挤压的特性，宜在横缝上典型测缝计部位，并结合坝体应力应变监测布置沿某一拱圈配套布置压应力计，以便于监测成果验证和对比分析。

目前随施工技术进步，无论厚薄拱坝，一般不再设置纵缝。根据工程实际情况，纵缝监测布置根据纵缝设置和灌浆分区等参数，可参考横缝的监测布置适量简化。

（3）诱导缝。为改善坝踵的应力状态，有些拱坝在坝身坝踵部位设置诱导缝。诱导缝变形监测一般分为缝面法向的开合度和沿缝面错动变形监测。缝面法向开合度监测布置一般在缝面上游、中部和下游布置沿缝面法向的单向埋入式测缝计。沿缝面错动变形监测应布置和诱导缝缝面呈小角度相交的测缝计，其锚固点应分别位于诱导缝缝面两侧。测缝计宜采用带有加长杆或线体式测缝计。为便于监测成果验证和对比分析，测缝计宜与压应力计和渗压计配套布置，结合缝面压应力和渗水等综合判断缝面开合变化情况。拱坝诱导缝典型监测布置见图 3.2－8。

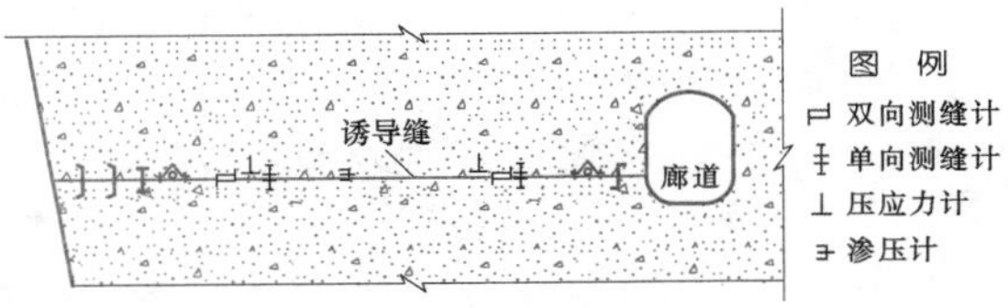

图 3.2－8 拱坝诱导缝典型监测布置图

（4）周边缝。对于地形不规则的河谷或局部有深槽时，有的拱坝为调整和改善地基的受力状态，减少河谷地形的不规则性和地质中局部软弱带的影响，改进拱坝的支承条件，在建基面与坝体之间设置垫座，在垫座与坝体之间形成周边缝。周边缝开合度和错动变形监测布置基本与建基面与坝体之间接缝监测原则一致，但因拱坝设置周边缝后，梁的刚度有所减弱，拱的作用相对加强，故宜加强拱坝梁作用相对较强的中下部周边缝的开合度监测。

（5）结构缝。有的拱坝因布置或施工的需要，坝体与闸墩、坝体与贴角混凝土等之间会形成结构缝，这些部位的接缝监测应根据实际受力情况或计算成果等，采用相应的监测仪器对其接缝的变化进行监测。

2. 裂缝

拱坝裂缝一般分为坝体受拉区的潜在随机裂缝及已有裂缝，已有裂缝又可分为表面裂缝和坝体内部裂缝。坝体已有裂缝直接削弱了坝体的承载能力，破坏了坝体的整体性，降低了坝体的刚度，故对坝体运行性态有潜在不利影响，应作为监测重点。

（1）潜在随机裂缝。对于拱坝坝体潜在的随机裂缝，监测布置应根据拱坝体型、应力计算成果、不同工况等因素综合考虑，一般应布置于坝踵、坝趾、坝身孔口周边，闸墩等突出物与坝身结合处，预应力锚索的内锚段受力集中区等部位，监测仪器一般采用普通裂缝计或光纤类连续式传感器，其监测布置着重考虑裂缝开展区域和变化情况的捕捉。

（2）已有裂缝。对拱坝已有裂缝的监测一般包括裂缝的分布范围、裂缝产状、宽度、深度及发展变化（开合和错动等）等，有渗漏水的裂缝应同时观测渗漏水情况。

1）表面裂缝。对拱坝表面裂缝的监测一般采用简易测量标点、测缝计或有机玻璃等定量或定性监测等手段。裂缝位置和长度的观测，可在裂缝两端尖灭处用油漆画线作为标志，或绘制方格坐标丈量。裂缝宽度的观测可借助读数放大镜测定，重要的裂缝可布置表面式测缝计直接观测，或在缝两侧各埋设一金属标点，用游标卡尺测定缝宽。裂缝的深度可用金属丝探测或用超声波探伤仪测定。

2）坝体内部裂缝。对坝体内部裂缝的监测宜使用钻孔电视、孔壁数字成像、压水等手段揭示裂缝位置、产状等，坝体内部裂缝发展监测可采用小量程测缝计、大量程应变计、滑动测微计和光纤类连续式传感器等。

3. 工程实例

【实例 1】 二滩拱坝在高程 1187.00m、1148.00m、1100.00m、1052.00m、1004.00m 和 987.50m 横缝，共埋设 120 支具有测温功能的弦式测缝计。由于高程 1187.00m 坝体厚度较小，因此只在上下游面各埋设一支，测点位置距坝面均为 1.5m；高程 1148.00m 以下，上下游面和坝段中间位置各埋设一支测缝计。

在 10 号、14 号、15 号、20 号、21 号、22 号、27 号、29 号和 33 号坝段基础坝块与基岩交接部位，各埋设了 2 只带测温功能的弦式测缝计，其中第一支测缝计距坝踵 1.5m，第二支测缝计距坝踵 11.5m，共计 18 支测缝计。

2000 年 12 月进行大坝汛后巡视检查，在右岸 32 号、33 号和 34 号坝段下游面高程 1090.00～1115.00m 附近和贴角部位首次发现了微裂缝，至 2002 年 5 月共计发现 5 条长度不等的微裂缝。裂缝的成因，不排除是温度荷载差异以及坝基软弱结构带（F_{20}断层、E－1 和 E－2 级岩体）的不利压缩变形、坝基时效变形等综合因数影响所致。在 33 号、34 号坝段裂缝产生的时段内，33号坝段高程1090.00m的水平变位、垂直变位、下游坝面应力、右岸高程1040.00m灌浆排水平洞水平变位、渗透压力都有异常测值反应。为进一步加强大坝裂缝的监测，根据大坝已有监测仪器的布置、运行和监测情况，除了增加右岸高程1090.00m抗力体渗透压力、变位监测及33号、34号坝段基岩深部岩体变位监测外，还增加了监测坝面裂缝开度的测缝计。

【实例2】 小湾拱坝在3号、6号、9号、12号、15号、22号、25号、29号、32号、35号、38号、41号坝段和19号、23号、25号坝段的建基面和坝体接缝上布置3～4支测缝计，监测坝体和坝基的接缝开合度，并与相同部位的压应力计、渗压计作为相互校核布置。

拱坝横缝在高程1136.00m以下同一灌浆区分为上、下游两区，1136.00m以上为一个灌浆区。在8号、9号、11号、14号、16号、18号、20号、22号、24号、26号、28号、30号、33号、36号横缝高程1136.00m以下每层同一灌区均布置1支测缝计，局部横缝在同一灌区的上下游区各布置1支测缝计；高程1136.00m以上间隔一灌区布置1支测缝计；在2号、5号、39号、42号横缝以上间隔一灌区布置1支测缝计，在施工期指导接缝灌浆工作，在运行期监测横缝的开合度。其中2号、8号、14号、18号、22号、24号、28号、33号、39号和42号横缝为永久监测横缝。

在9号、15号、22号、29号、35号坝段布置九向应变计组的坝踵和坝趾部位各布置1支裂缝计，分别监测施工期由于坝体倒悬和运行期在库水作用下，坝体混凝土的潜在开裂情况。

在高程1010.00m的15号、30号坝段、高程1050.00m的12号、33号坝段和高程1110.00m的8号、36号坝段拱圈和坝基接触面上的坝踵和坝趾部位，分别布置双向测缝计，监测拱端与建基面径向和顺坡向的剪切变形。小湾拱坝横缝开合度监测布置见图3.2-9。

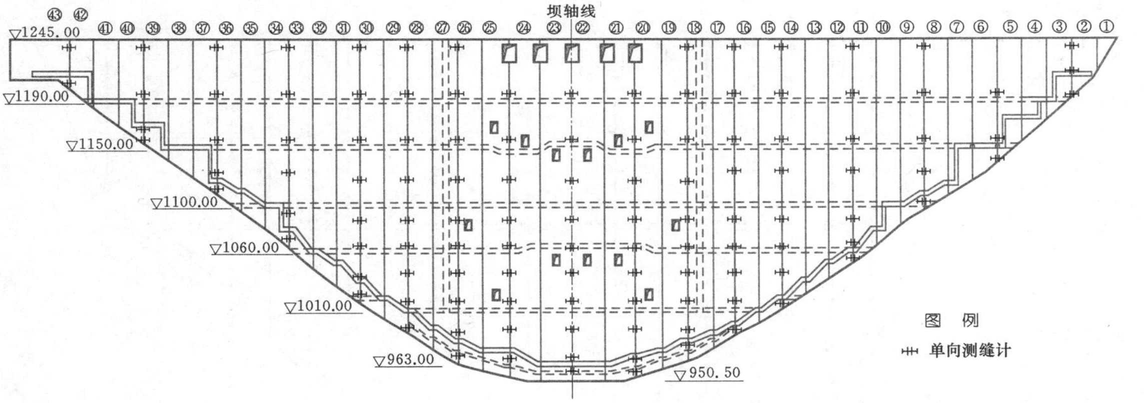

图3.2-9 小湾拱坝横缝开合度监测布置图（单位：m）

【实例3】 拉西瓦拱坝主坝施工横缝监测采用单向测缝计，原则上采用梅花形布置，每个灌区布设1～2支。为了监测拱坝沿建基面可能出现的位移与缝展，在拱坝建基面布设测缝计，一般坝段每个坝段上、下游位置布置1支。其中右岸2号、4号、6号、8号坝段，左岸15号、17号、19号、21号坝段，河床坝段11号、12号坝段每个坝段建基面布置4支测缝计，上下游侧分别布置1支，中部布置2支，分别监测缝的开展和错动变形。共布置测缝计420支。拉西瓦拱坝及其基础接缝监测布置见图3.2-10。

【实例4】 锦屏一级水电站为掌握大坝混凝土温控冷却期间拱坝横缝开度变化，并为横缝灌浆提供开合度依据，结合拱坝接缝灌浆分区高程6.00～12.00m等各灌浆分区形式，针对A型、B型、C型灌区的混凝土浇筑横缝在各灌浆分区上、下游坝面中部临时布设3支表面测缝计。此外，在大坝的3号与4号坝段、5号与6号坝段、7号与8号坝段、10号与11号坝段、13号与14号坝段、16号与17号坝段、19号与20号坝段、21号与22号坝段和23号与24号坝段之间的横缝，按每个横缝灌浆区布置一组（3支）测缝计监测横缝开度变化情况。

在1号、2号、3号、4号、8号、11号、13号、17号、20号、21号、22号和24号坝段基础坝块与基岩交接部位，沿顺河向上游侧布置2支、下游侧布置1支测缝计，监测建基面接缝开合度变化情况。共计36支测缝计。

坝体横缝测缝计距上、下游坝面的距离分别为3.5m和3m。锦屏一级拱坝及其基础接缝监测布置见

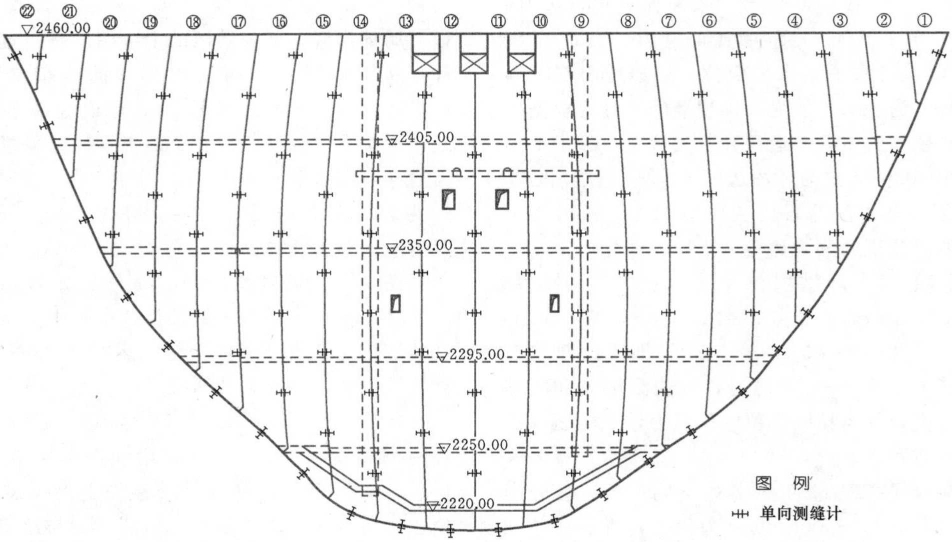

图 3.2-10　拉西瓦拱坝及其基础接缝监测布置图（单位：m）

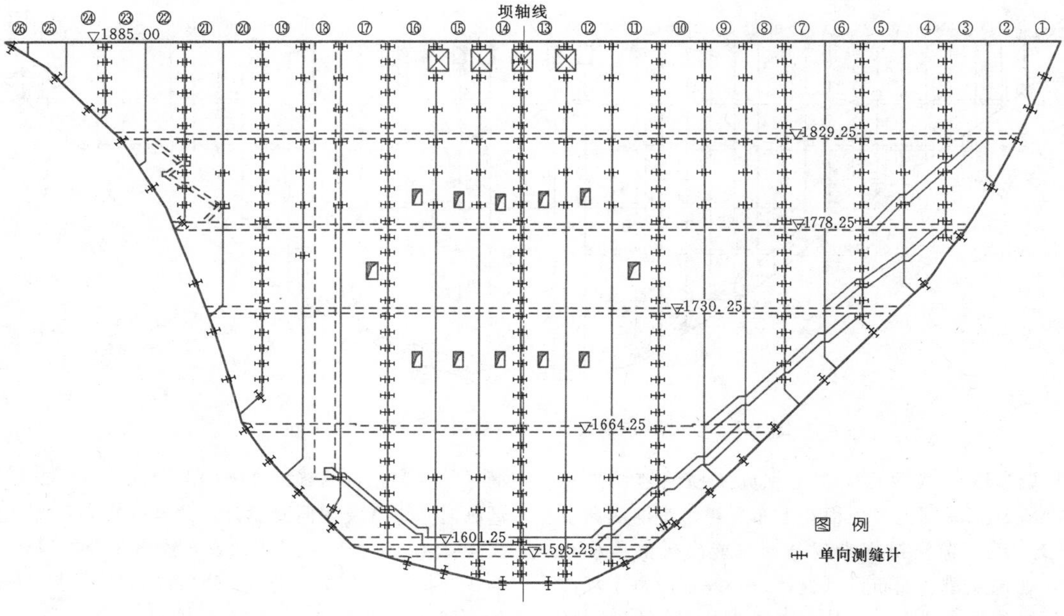

图 3.2-11　锦屏一级拱坝及其基础接缝监测布置图（单位：m）

图 3.2-11。

【实例 5】　奥地利南部马耳他河上的柯尔布赖恩特高拱坝，后期坝踵开裂、坝身斜裂缝开展情况的监测采用了滑动测微计。18 号坝段的裂缝及滑动测微计在高水位（1840.00m）情况下的测值见图 3.2-12。可见在高水位情况下，两条斜向滑动测微计反映出上游裂缝受拉张开，下游裂缝受压闭合，水平钻孔中的滑动测微计，也从另一角度反映出上游区的受拉张开和下游区的受压。

3.2.4.5　谷幅

拱坝两岸坝肩在承受各种荷载后，河谷的宽度将发生变化。可垂直河流并通过两岸坝肩设置成对测线，测量河谷谷幅的伸长或缩短，研究其变化规律，分析坝肩的稳定性。拱坝谷幅监测测线应在坝址上下游范围和不同高程均有布置，在平面上，坝址上游测线布置一般不宜超过坝址 1km，但当坝址上游附近有

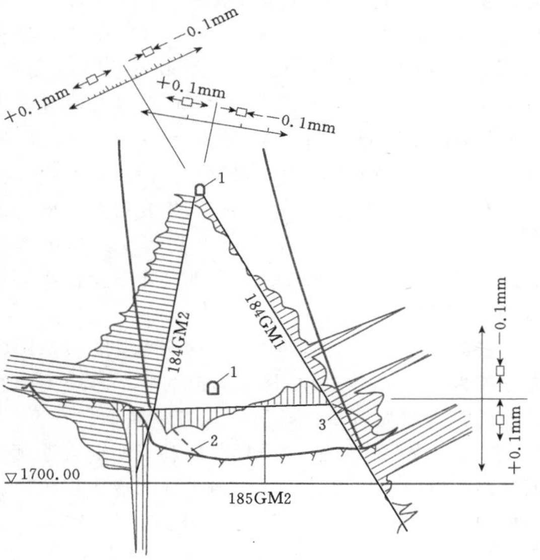

图 3.2-12　柯尔布赖恩特高拱坝 18 号坝段裂缝及滑动测微计在高水位情况下测值图

1—廊道；2—1979 年上游裂缝；3—下游裂缝

Ⅲ级以上断层穿过时，测线布置应结合断层性状和计算成果等因素确定。坝址下游测线布置一般应超过坝肩传力影响范围之外。一般情况下，在高程上不宜超过坝顶以上高程。

拱坝坝肩谷幅监测布置应根据工程区地质条件、地形地貌和其他变形监测布置等因素结合考虑，若两岸坝肩垂线的布置能兼顾，应优先考虑采用垂线的监测成果。若枢纽区外部变形监测网的网点可以利用，则宜选择两岸在平面和高程上均基本对称的网点组成谷幅测线，通过基准网观测的测值进行高程改平后计算两岸坡不同范围和高程的谷幅变化。若无法利用其他变形监测设施，应在两岸坝肩布置谷幅监测测线，通常采用表面变形监测点用大地测量法监测；若两岸坝肩岩体卸荷较深，宜专门布设垂直于河流向的谷幅监测平洞，在平洞内布置铟钢丝（杆）位移计等结合垂线监测坝肩谷幅变化。

3.2.5　渗流监测

渗透水对拱坝拱座的稳定性有明显影响，渗流将减少岩体的抗剪能力，是产生拱座岩体滑动的直接原因之一。因此，渗流监测是拱坝安全监测的必测项目之一。渗流渗透压力监测包括基础扬压力、坝体渗透压力、渗流量、绕坝渗流和水质分析等监测项目。

3.2.5.1　坝基扬压力和渗透压力

目前普遍认为根据拱坝体型和承受水压的工作特点，扬压力的影响要比体积庞大、靠坝体有效重量维持大坝稳定的重力坝小，故《混凝土坝安全监测技术规范》（DL/T 5178）对渗流的相关论述有“地质条件良好的薄拱坝，经论证后可少作或不作扬压力监测”，但一般而论，渗流对拱坝的影响不容忽视。通过扬压力的分布和变化可以判断坝基和帷幕是否拉裂、帷幕灌浆和排水的效果、坝体是否稳定等，因此扬压力是拱坝重要且必需的监测项目。

1. 监测断面

拱坝基础扬压力布置应综合考虑坝基地质条件和渗排工程措施，并结合变形及应力应变监测坝段的布置等因素，一般应布置纵向监测断面和横向监测断面。对于重力拱坝和厚拱坝，纵向监测断面宜布置在防渗帷幕后第一道排水幕线前，每一坝段布置一个测点，地质条件复杂地段（浅层软弱带、强卸荷带等）可适当增加测点数量。对于薄拱坝纵向监测坝段应重点结合地质条件和重点监测坝段按适当间隔布置。各种类型拱坝均应选择典型坝段布置横河向监测断面，横河向监测断面选择应考虑坝基纵向廊道、建基面压应力计和坝体近坝基部位梁向、拱推力向的应变计组布置等因素，一般与重点监测坝段结合，不宜少于 3 个，且在地质条件复杂地段（浅层软弱带、强卸荷带等）应适当增加监测断面。

2. 测点布置

横向监测断面扬压力监测点宜在坝踵、上游防渗帷幕后、上游排水幕线上、下游排水幕线上、下游防渗帷幕前、坝趾等特征点部位适当考虑。若地质条件复杂时，测点可适当加密，但每个坝段横向监测断面上的扬压力测点数量不得少于 3 点。在有坝基纵向廊道的部位宜布置测压管。在建基面布置有压应力计和坝体布置有近坝基梁向、拱推力向的应变计组坝段，宜在相应部位建基面上对应布置渗压计，在监测扬压力的同时换算拱坝有效应力。

遇软弱坝基的深层扬压力监测布置原则同重力坝。

3. 仪器选用

拱坝扬压力和渗透压力监测仪器选用同重力坝。

3.2.5.2　坝体渗透压力

坝体渗透压力监测主要目的是监测混凝土的防渗性能和施工质量。随着常态混凝土质量和施工水平的提高，中低高度的常态混凝土拱坝可不再布置坝体渗透压力监测，但坝高超过 200m 的常态混凝土拱坝，原则上应布置坝体渗透压力监测。其坝体渗透压力布置一般选择河床典型坝段，可与坝体应力监测坝段结合，宜选择渗压计作为监测仪器。在高程上，宜选择死水位以下高程或坝踵范围拉应力集中区域，测点高程间距自下而上由密至疏；在平面上，宜选择坝上游1/3 拱圈以内。测点间距自上游面起由密至稀。重点宜选择低高程和坝体排水管上游侧，靠近上游面的测点，与坝面的距离不应小于 0.2m，每个坝段监测截面上的坝体渗透压力测点数量不宜多于 3 点。

根据碾压混凝土材料和浇筑特性，碾压混凝土拱坝宜设置坝体渗透压力监测项目，其渗压计主要布置在坝体水平施工缝上，其布置原则可参照常态混凝土拱坝的相关内容。

若坝体有诱导缝且要求为无水工况运行时，应在诱导缝部位沿缝面布置渗压计，以监测诱导缝的缝面渗透压力情况。

3.2.5.3 绕坝渗流

基于拱坝的受力特点，应特别加强近坝部位的坝肩抗力体内和地质条件薄弱带的绕坝渗流和渗透压力监测。其余绕坝渗流监测布置原则和仪器选用可参见本章 3.1 节相关内容。

3.2.5.4 渗流量

坝基浅表部位基岩的拉裂、帷幕的拉裂与失效、坝基浅层剪变位增大和地质缺陷溶蚀等均都可引起坝基渗流量的增大，因此可利用渗流量的观测资料，综合分析拱坝坝基的工作性态。根据较多的工程实例，拱坝失事大多是出现在坝基、坝肩等部位，故渗流量监测是评判拱坝安危的重要监测项目之一。

1. 监测布置

拱坝及坝基渗流量监测布置应结合枢纽地质条件、渗排措施和渗漏水的流向进行统筹规划，原则上应区分坝体和坝基、坝肩、河床及两岸拱座等不同部位、不同高程的渗漏水量，且每个渗控区域的排水面的渗流量监测点均应闭合，以便在渗漏水量有异常变化时进行针对性的分区分析。必要时，还应对每处渗水点的渗漏水量进行单点测量。基于拱坝的受力特点，应特别加强坝肩地质条件薄弱地带（如卸荷岩体、软弱岩体等）的灌浆洞、排水洞的渗漏水量监测，条件具备时宜在地质条件薄弱地带的工程处理（如固结灌浆、置换等）前建立完整的渗流量观测体系，以便比较处理效果。

2. 仪器选用

拱坝渗流量监测仪器选用同重力坝。

3.2.5.5 水质分析

拱坝水质分析选点、取样和分析项目参照本章 3.1 节相关内容。

3.2.5.6 工程实例

【实例 1】 二滩拱坝为了了解坝基面扬压力分布以及坝基帷幕灌浆和排水效果，在 9 号、11 号、15 号、18 号、20 号、24 号、27 号、32 号、33 号和 36 号坝段坝基以下 1m 处共埋设 20 支弦式渗压计。其中 11 号、18 号、24 号、32 号和 36 号坝段各埋设 1 支渗压计，测点在排水孔前 2m 处；9 号、15 号、20 号、27 号和 32 号坝段各埋设 3 支渗压计，第一个测点布置在帷幕后、第二个测点布置在排水孔前 2m、第三个测点布置在坝趾后 2m。在高程 980.00m 基础廊道 20 号、23 号坝段的集水井通道处布置量水堰观测坝基渗流量。

【实例 2】 小湾拱坝在 3～41 号坝段坝基距帷幕灌浆廊道 5m 处或第一排水廊道的排水幕线上布置测压管，构成大坝基础扬压力观测纵断面。在 9 号、15 号、22 号、30 号、35 号坝段的基础横向交通廊道及排水廊道内顺河方向，埋设测压管构成大坝渗透压力横向主观测断面。在 4 号、6 号、9 号、12 号、15 号、18 号、22 号、29 号、32 号、35 号、38 号、41 号、44 号坝段，坝基顺河向埋设渗压计，监测坝基扬压力分布情况，同时也可作为监测拱推力的应变计组成果扣除渗透压力，以计算拱推力的有效荷载。

在高程 1190.00m 的 3 号、41 号坝段、高程 1150.00m 的 5 号、39 号坝段、高程 1100.00m 的 9 号、35 号坝段、高程 1060.00m 的 12 号、33 号坝段和高程 1010.00m 的 16 号、28 号坝段检查廊道排水沟内各布设 1 座三角形量水堰，在 23 号坝段诱导缝检查廊道、灌浆廊道、第一、二排水廊道汇入集水井前布置 10 座量水堰，监测坝体不同高程分区渗流量。在左右岸坝基高程 975.00m、1020.00m、1060.00m、1100.00m、1150.00m、1190.00m 排水洞、灌浆洞的排水沟坝体洞口段各设置 1 座量水堰，监测坝基的渗漏水量，评价断层及蚀变带岩体的处理、帷幕灌浆和固结灌浆的防渗效果。

在 15 号、22 号、29 号坝段坝体上游竖向排水管上、下游侧的高程 1100.00m 以下间隔 40～50m，在坝体混凝土内共计布置 21 支渗压计，监测坝体混凝土渗透压力，评价混凝土的施工质量和防渗效果。

左右岸分别布置绕坝渗流孔 22 个和 25 个。其中左岸 11 个、右岸 12 个布置于坝后岸坡表面各级马道，分层监测边坡入渗和坝基绕渗；左岸 3 个、右岸 5 个布置于边坡排水洞，监测岩体深部渗流情况；左岸 6 个、右岸 6 个布置于各层灌浆洞端头，监测帷幕端头绕渗情况；左右岸各 1 个布置于坝前高程 1245.00m 平台，监测库区内水位的变化；左右岸各 1 个水位孔布置在上游库区边坡，监测大坝蓄水对库区自然边坡地下水的影响。

【实例 3】 拉西瓦拱坝坝基渗透压力和扬压力

采用钻孔渗压计和测压管进行监测，渗压计主要布置于高程 2405.00m 以下拱坝坝基，一般垂线坝段（4号、7号、16号、19号坝段）和河床坝段（10号、11号、12号、13号）在坝基上游、中部、下游分别布置1支，其他坝段在每个坝段的中间部位布置1支。拱坝建基面共布置渗压计32支。高程 2250.00m 以下测压管主要布设在高程 2220.00m 基础爬坡廊道内，每个坝段（7～16号坝段）布设2孔，分别布置在灌浆和排水廊道内。在与7号、16号坝段连接的灌浆和排水廊道内各布置1孔。高程 2250.00m 以上测压管主要布设在高程 2295.00m、2350.00m、2405.00m 的边坡坝段内。每个坝段布置1孔，灌浆洞及排水洞内各布置1孔。测压管孔底深入基岩1m。拱坝基础扬压力测压管共布置40孔，其中高程 2250.00m 以下22孔，高程 2250.00m 以上18孔。

渗流量监测系统主要利用量水堰进行测量，根据排水情况分层进行。高程 2220.00m 的基础爬坡廊道内，量水堰根据水流情况共布置4座，左、右岸各1座，集水井前2座；高程 2250.00m、2295.00m、2350.00m、2405.00m 的廊道，根据水流汇集情况，每层廊道的左、右岸分别布置5座，其中灌浆洞和排水洞分别2座，纵向排水洞出口前1座；在高程 2460.00m 的左、右岸灌浆洞洞口分别设置1座。共设置量水堰46座。

为了掌握坝址区地下水分布，了解库水位对地下水的影响，评价帷幕效果以及了解是否存在绕坝渗流等情况，在坝址区两岸设置地下水位长期观测孔，共设置30个孔，其中左岸10孔，右岸20孔。左岸形成3纵3横的观测断面，右岸形成4纵4横的观测断面。

【实例4】 锦屏一级拱坝的坝基岩体具有透水性，由岸坡浅表部卸荷带的中等～强透水岩体，往深部岩体透水性逐渐过渡到弱、微透水，局部含中等透水性透镜体。河床坝基以中等偏弱透水性（q=10～30Lu）为主；右岸建基面以里岩体以弱偏中等透水（q=3～10Lu）为主，其透水性随水平埋深及垂直埋深的增加而减弱。为了判断渗透压力对大坝稳定和安全的影响，并检验大坝灌浆帷幕和排水的效果，在下检查廊道、基础廊道和排水廊道布置测压管16孔；沿坝基选择7个横剖面（位置分别位于7号、10号、12号、14号、16号、21号和22号坝段）沿顺河向各埋设3支振弦式渗压计进行观测。另外，在9号、13号和19号坝段坝基不同深度，布置钻孔式渗压计10支，以了解坝基不同深度的渗透压力。通过坝体渗流量和坝基渗流量的监测，掌握灌浆排水平洞重点部位的防渗、排水效果，以及渗漏对大坝的影响，坝体及坝基廊道布置36个量水堰。

为了掌握坝址区地下水分布，了解库水位对地下水的影响，评价帷幕效果以及了解是否存在绕坝渗流等情况，在坝址区两岸设置地下水位长期观测孔，左右岸各布置15个绕渗孔、40个水位观测孔。

3.2.6 应力应变及温度监测

拱坝坝身一般不设永久伸缩缝，温度变化和基岩变形对坝体应力的影响比较显著。应力是控制拱坝坝体尺寸、保证工程安全和经济性的一项重要指标。为控制施工期和运行期拱坝拉压应力指标满足相关规范要求，坝体应力对拱坝体型影响相当大，甚至是调整体型的控制性因素，同时根据拱坝可自行调整使坝体应力重新分布的特点，拱坝应力应变监测应作为一个主要监测项目，尤其是坝高大于 200m 以上的拱坝。同时由于拱坝的特殊性，温度荷载在拱坝结构设计中是一项主要荷载，故拱坝的温度应作为重点监测项目。

3.2.6.1 应力应变

1. 坝体及基础应力应变监测布置

基于双曲拱坝的体型特点，在施工期，一般在下游坝面出现拉应力极值，上游面出现压应力极值，坝身孔口周边易出现应力集中；在蓄水期，一般在上游面出现拉应力极值，下游面出现压应力极值。这些部位是拱坝坝体应力监测的重点部位。通常情况下，施工期温度应力极值一般出现在坝中部位，若需关注施工期温度应力引起的混凝土裂缝或了解坝体应力的分布，还应在坝中增设应变计组。

拱坝坝体应力监测布置应结合应力计算成果、拱坝体型等因素。基于拱坝是一个超静定的空间壳体结构，在外部荷载变化时坝体变形和应力均具有很强的自身调节能力，与重力坝应力应变侧重单坝段监测不同，拱坝的应力应变监测必须构成一个整体体系，以监测在不同工况下拱坝应力的分布和变化特征。通常情况下，以坝段为梁向监测断面，以高程为拱向监测基面，构成应力应变的拱梁空间监测体系。一般可在拱冠、1/4拱弧处选择布置梁向监测断面1～3个，坝顶弧线长度超过 500m 的拱坝宜适当增加梁向监测断面，在不同高程上布置拱向监测基面3～5个。在薄拱坝监测断面上，靠上下游坝面附近应各布置1个测点；在厚拱坝或重力拱坝的监测断面上，应布置2～3个测点，拱坝设有纵缝时，测点可多于3个，测点距坝面不小于1m，距基岩开挖面应大于3m。在拱坝受力特点比较明确的部位，可布置沿受力方向的单向应变计；其余部位由于拱坝受力特性复杂，均应在拱梁体系节点处布置空间应变计组。空间应变计组的主平面应至少包括切向平面和径向平面。考虑到无应力计既作为扣除应变计组中非荷载因素的混凝土应力应变，又可作为混凝土自生体积变形的监测载体，故应在每组应变计组旁约 1.5m 左右位置对应布置无应力计，不宜选择几组应变计组共用一个无应力计。拱坝梁向应力应变典型监测布置见图 3.2-13。

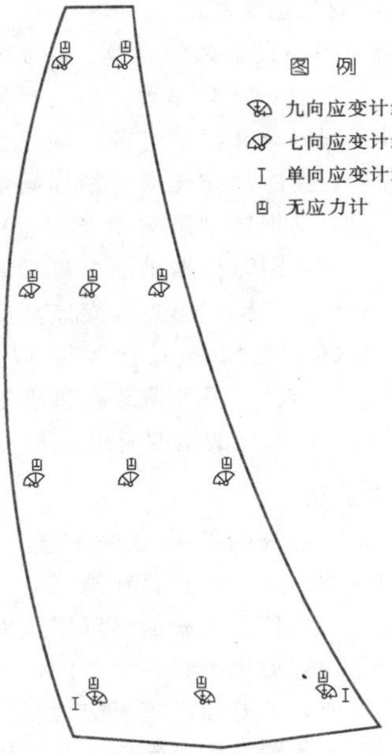

图 3.2-13　拱坝梁向应力应变典型监测布置图

若坝体有诱导缝，宜在诱导缝部位沿缝面布置压应力计，以监测诱导缝的缝面受力情况，并与缝面测缝计、渗压计和周边应力应变监测进行应力对比分析。

基于拱坝的受力特点和应变计组的应力转换计算复杂等因素，可在应力应变监测拱梁体系对应的横缝面上沿上下游布置压应力计，近似直接监测拱向应力的变化。可在梁向监测断面的不同高程分别距上游和下游坝面 3～5m 的坝体混凝土内，布置承压面为水平向的压应力计，近似直接监测梁向应力的变化。

拱坝基础应力应变监测布置应结合应力计算成果、坝基坝肩地质条件等因素。一般情况下，在有坝体应力应变监测的坝段和高程对应的建基面均应布置压应力计。梁向压应力的承压面宜水平向布置，拱推力向压应力承压面宜垂直于拱推力向布置，位置应结合拱坝建基面渗压计的布置考虑，且每个坝段建基面不宜少于 3 个测点。在坝基坝肩岩体深部附加应力较大和基础有软弱结构面的部位，宜在岩体 1/5～1/10 坝高深度内钻孔布置岩石应力计，其布置方向应根据坝基坝肩主受力方向确定。

2. 闸墩和坝体孔口局部应力应变监测布置

拱坝一般位于狭窄河谷中，泄洪消能问题较为突出，为充分利用拱坝的特点和考虑经济性，一般均要利用坝身孔口进行泄洪。有研究表明，坝高大于等于 80m 的拱坝，在通常布置条件下，下泄水流流速将超过 30m/s，高速水流问题比较突出，故坝身孔口一般均布置有钢衬。由于坝身孔口对坝体断面有削弱且产生应力重分布，应力集中区的拉应力可使孔口边缘产生开裂，故坝体孔口局部应力应变监测应包括混凝土应力应变、钢筋应力和钢衬应力的监测，主要根据计算成果和受力特性进行监测布置，应变计组宜采用平面应变计组。

坝体孔口下游闸墩和支撑大梁直接承受弧门传来的巨大的水压力作用，为了掌握其工作状态，应选择适量典型闸墩和支撑大梁进行应力应变监测。孔口闸墩和支撑大梁应力应变监测一般包括混凝土应力应变、钢筋应力和预应力锚索荷载监测，主要根据计算成果和受力特性进行监测布置，应变计组宜采用平面应变计组。若闸墩等采用普通无黏结拉力型锚索，内锚段周边混凝土可能因拉力集中有潜在开裂的危险，最终危及锚索的工作性态，宜根据计算成果在内锚段混凝土周边布置适量的应力应变监测仪器。

3. 支护措施的应力应变监测布置

在坝基坝肩岩体或混凝土贴角采用锚杆和预应力锚索（杆）等支护措施时，应对其支护措施的受力情况进行监测。支护措施的应力应变监测宜选择有代表性部位和各种型式的锚杆或各种吨位的锚索按相关技术标准要求的相应比例布置，特别重要部位的锚杆和预应力锚索（杆）的监测比例量可不受相关技术标准的要求限制。

3.2.6.2　温度

温度监测的目的是了解坝体的温度场和温度变化情况，在运行期研究温度对坝体变位、应力及坝肩稳定的影响。在施工期用于混凝土温度控制，确定拱坝接缝灌浆的时间及防止混凝土产生温度裂缝等。

1. 坝体及坝基温度监测布置

采用温度计监测坝体温度时，测点基本按网格布置。在高程上可按 1/5～1/20 坝高间距布置，但间距一般不宜少于 10m 和大于 40m，同时宜结合现场浇筑分层和横缝灌浆分区综合考虑，在平面内 10～20m 间距布置，在温度梯度较大的部位（如孔口、坝面附近等部位）测点适当加密，以能绘制坝体温度场为原则。对于目前温控措施要求严格的某些高拱坝来说，由于降温过程的温差控制要求小于 0.5℃/天，目前常规的差阻式应变计、测缝计等能兼测温度的仪器因测温精度受限，测值不满足指导施工期温控的要求，宜专门布置温度计。

采用DTS光纤测温系统监测坝体温度时，光纤宜呈S形布置，布设应平直，转弯半径不能小于15cm。光纤长边走向宜沿径向布置，若与混凝土浇筑分块有冲突时，可调整方向，但沿径向方向的光纤间距不应大于平面上点式温度计的间距。同一条测温光纤沿程距离不大于10cm的位置应布置不少于3个点式温度计，以校核测温光纤和对比分析温度成果。对于温度观测精度要求不高或温控措施要求不严部位的临时监测，可采用手持式红外温度计、水管闷温等监测手段。

坝基温度监测原则上宜和坝体温度监测坝段结合，采用钻孔布置，测点布置宜上密下疏，孔深应根据温度计算成果确定，一般可选择10～30m范围不等间距布置。

2. 导温系数监测布置

由于坝体温度场计算需要混凝土导温系数，一般可在典型坝体温度监测坝段中上部高程下游坝面1m范围内连续布置多支温度计，测点布置外密内疏，监测混凝土不同深度的温度，计算混凝土导温系数。

3. 外界温度对坝体影响深度监测布置

相关实测和计算的研究成果表明，常年平均气温和水温变幅对坝体的影响深度一般约为10m。但外界温度对坝体影响深度是温度场计算的重要边界条件之一，应对其进行监测。外界温度对坝体影响深度监测一般在坝体上下游表面10m范围内布置2～3支温度计，第一支温度计可在距上游5～10cm的坝体混凝土内沿布置，其余测点布置外密内疏，布置高程可选择坝体温度监测典型高程。

3.2.6.3 仪器选用

拱坝应力应变及温度监测仪器选用同重力坝。

3.2.6.4 工程实例

【实例1】 二滩拱坝应力应变监测按一拱三梁原则布置，重点观测21号拱冠梁坝段和高程1124.00m左右拱圈。其中，21号坝段测点布置在高程1123.50m（3个测点）、1051.50m（4个测点）和973.50m（4个测点）；高程1124.00m拱圈应变计组布置在6号、11号、17号、27号、33号和35号坝段。其次，在11号、15号、27号和33号坝段基础部位各布置三组应变计，以重点观测拱端应力状况。根据不同部位应力状态，应变计按2支、3支和6支一组埋设，共计38组。

为直接观测大坝拱推力，在高程1010.00m和1080.00m左、右岸拱端的上游、中间和下游部位各布置一个土压力计。

大坝中孔闸墩为预应力锚索型式，选择4号中孔左侧布置3组6向应变计。同时在典型受力钢筋闸墩内侧轴向和环向锚索受力钢筋上布置40支钢筋计。

选4号中孔为典型，在进口、压坡和出口部位布置观测断面，共计40支钢筋计。

为监测中孔预应力锚索工作性状，在1～6号中孔上的一根主锚索以及3号、4号中孔上的两根次锚索安装锚索测力计，共16台。

【实例2】 小湾拱坝应力应变布置为五拱（高程1000.00m、1050.00m、1100.00m、1150.00m和1190.00m）五梁（9号、15号、22号、29号、35号坝段）监测系统。在15号、29号坝段坝踵和坝趾，9号、35号坝段坝趾布置沿坝面钢筋计，与应变计组一同定性监测坝体混凝土应力变化情况。在29号坝段高程1010.00m下游混凝土内布置径向滑动测微计孔，监测坝体混凝土的应变分布情况。

在15号、22号、29号坝段的高程1090.00m、1145.00m的坝下游表面共计布置6组五向平面应变计组，监测坝体表面的应力，与拱梁分载法以及有限单元法的等效应力法的计算成果进行直接比较，并和监测下游表面受日照直接影响的温度计成组布置，同时监测表面受温度日温差影响的应力变化情况。在上述布置五向应变计组坝段的相同位置横缝下游侧50～100cm位置，布置6个压应力计，监测横缝受压过程中坝体下游表面混凝土潜在压剪破坏。

大坝各孔口闸墩直接承受弧门传来的强大水压力作用，为了掌握其工作状态，选择2号导流底孔、1号、2号放空底孔和1号、3号泄洪中孔典型闸墩进行结构监测。混凝土应力采用五向应变计组进行监测，同时埋设无应力计。为监测闸墩内钢筋的工作状态，选择闸墩内侧在典型钢筋上布置钢筋计，监测钢筋应力。按闸墩工作锚索一定比例布置相应吨位的锚索测力计，监测预应力锚索的加固效果和后期荷载变化情况。选择1号、2号放空底孔之间和3号、4号泄洪中孔之间支撑大梁，布置五向应变计组、无应力计、钢筋计和锚索测力计，对大梁的结构受力进行监测。

小湾拱坝应力应变监测布置见图3.2-14。

【实例3】 拉西瓦拱坝坝体应力应变监测主要采用五向应变计组并配无应力计的监测方法。根据坝体应力分析结果，仪器布置选择了“六拱五梁”布置应变计组。“六拱”指高程2240.00m、2280.00m、2320.00m、2360.00m、2400.00m和2430.00m拱圈；“五梁”指4号、7号、11号、16号和19号坝段。在“六拱五梁”相交处高程2400.00m以下坝体的上、中、下游各布置1组五向应变计组；高程2400.00m以上部位的坝段上游布置1组五向应变计组。

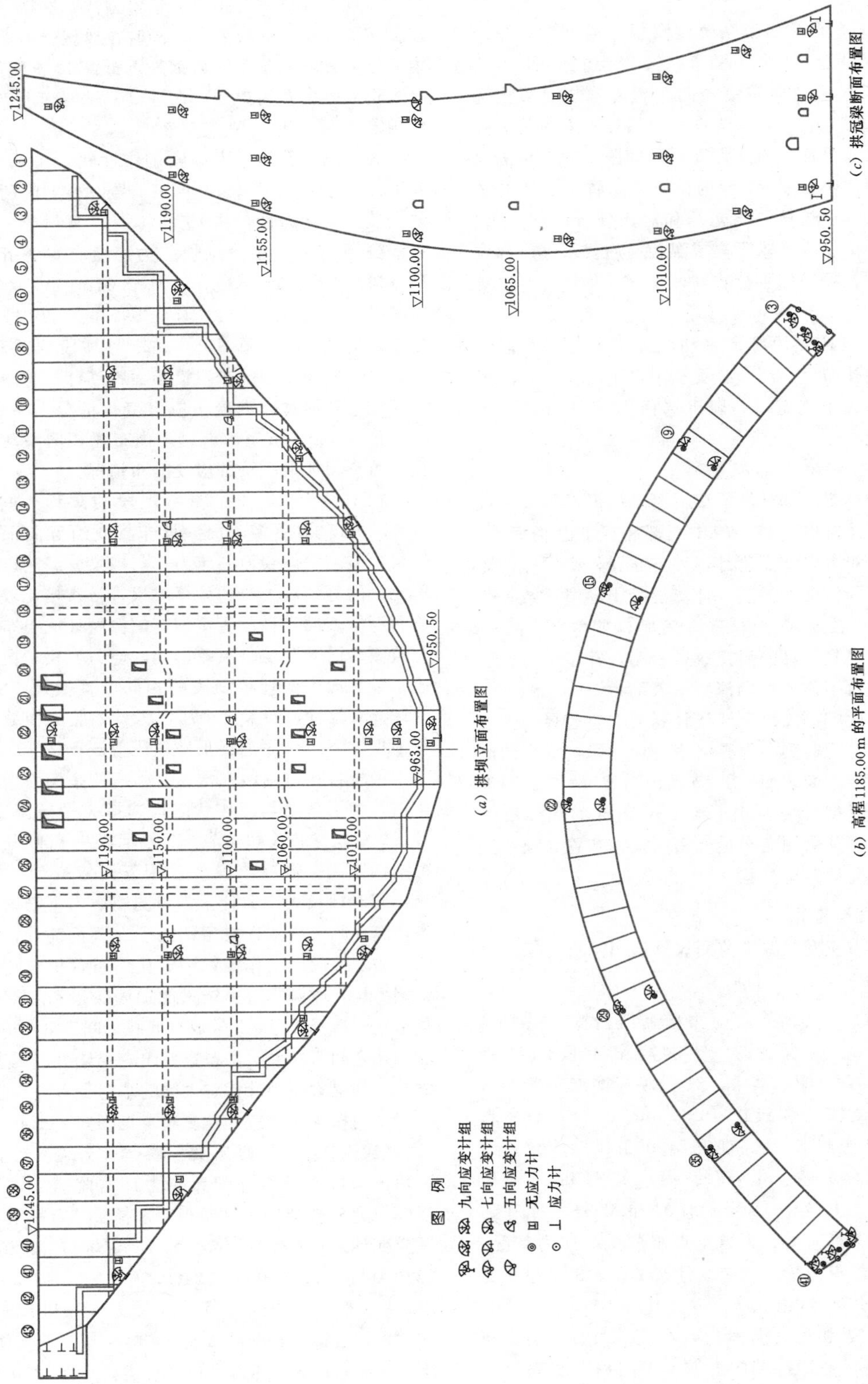

（*a*）拱坝立面布置图

（*b*）高程 1185.00m 的平面布置图

（*c*）拱冠梁断面布置图

图 3.2-14　小湾拱坝应力应变监测布置图（单位：m）

为监测拱坝基础部位应力、应变情况，在高程2405.00m以下各个坝段（11号、12号坝段除外）基础部位的上、中、下游部位埋设七（五）向应变计组及无应力计。11号、12号坝段在坝踵、中部及坝趾各布置1组五向应变计组。应变计组应力监测主平面分别为径向平面和切向平面。

为了监测建基面上的总压应力，验证应变计组计算结果，在拱坝高程2320.00m、2280.00m、2240.00m两岸坝基以及11号、12号坝段坝踵、坝趾部位各布置2支压应力计。此外，11号、12号坝段建基面的上下游侧分别布置1支钢筋计。钢筋计布于基岩面上，一半在混凝土中，一半在基岩中，以监测坝基接缝处的应力。拱坝坝体共布置七向应变计组42组，五向应变计组56组，无应力计98套。压应力计10支，钢筋计4支。

拉西瓦拱坝应力应变监测布置见图3.2-15。

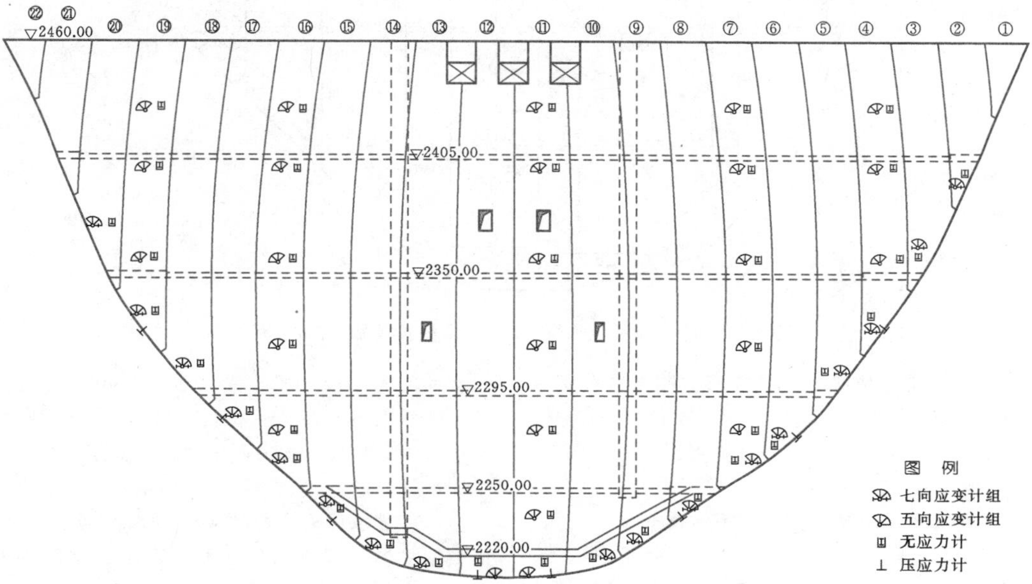

图3.2-15 拉西瓦拱坝应力应变监测布置图（单位：m）

【实例4】 锦屏一级拱坝应力应变监测按“五拱五梁”原则布置。根据应力计算成果重点对大坝局部拉、压应力较大具有代表性的5号、9号、13号、19号、21号坝段不同高程及同一拱圈两端拱座部位，沿高程布置应变计组。另外，为求得混凝土自身体积变形，在距每个应变计组1.5m地方各布置1支无应力计。锦屏一级拱坝应力应变监测布置见图3.2-16。

3.2.7 特殊监测项目

根据拱坝特点，具体的拱坝工程还可能发生库盘变形或进行地质缺陷处理等，因此需要对此布设特殊监测项目。

3.2.7.1 库盘变形

大坝的变形要素主要由三部分组成，即水压分量、温度分量和时效分量。而水压分量是主要分量之一，水压分量会导致坝体、坝基及库盘变形。对于高坝大库或近坝区库区开阔的拱坝，库盘变形影响较大。库盘变形实质上是由于地球表面荷载变化后引起的，荷载变化的直接重力效应、地下水渗透和地壳形变引起的间接效应会导致地球重力场的变化，而最大变化处即是荷载最大变化处。地球重力场的变化引起重力异常和垂线偏差的变化，重力异常对于精密水准测量的改正非常重要，而垂线偏差对大坝变形监测控制网的影响也应进行分析研究。因此，研究水库蓄水对大坝的影响，除应研究库盘变形对大坝的影响，还应研究垂线偏差变化对于外部变形监测控制网等的影响。

1. 监测内容和范围

坝址区库盘变形监测从严格意义上说应包含水平位移监测和垂直位移监测。一般情况下，外部变形监测网覆盖了坝前坝后一定范围，大坝周围岩体的变形已经可以精确获得，而监测远离大坝的山体的水平位移意义不大，同时从受力情况和实测成果来看，库盘变形主要仍是垂直位移为主，其监测也主要考虑垂直位移监测。

考虑到库盘变形主要为水库水压作用下基础岩体的变形，其监测主要是为拱坝变形成果分析服务，故库盘变形监测的范围应是坝址附近，且以上游库区为

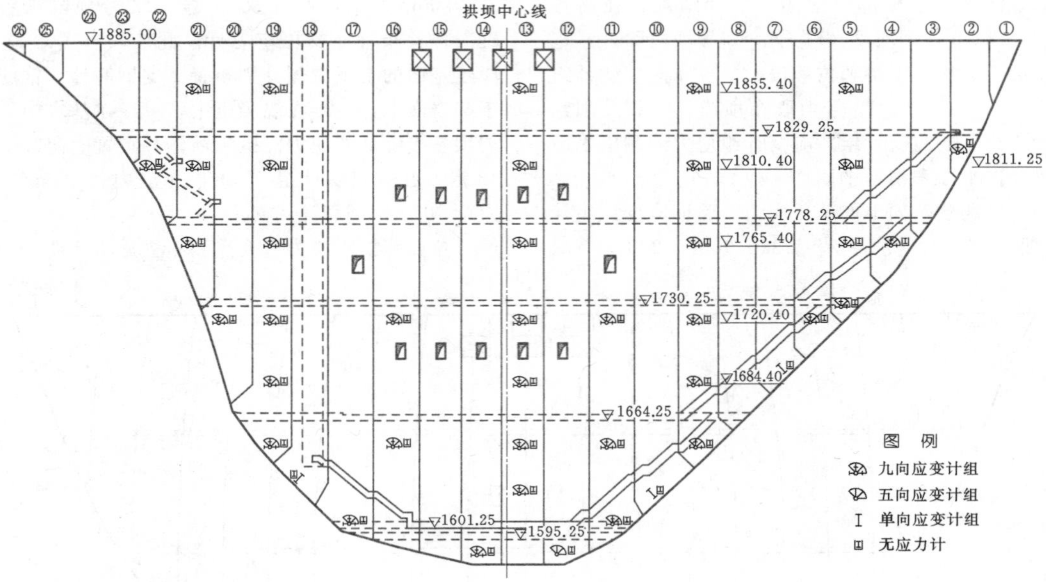

图 3.2-16　锦屏一级拱坝应力应变监测布置图（单位：m）

主。根据工程的实际情况，库盘变形监测布置范围：坝址上游宜在 3～15km；坝址下游宜在 1～3km，且不宜超过下游水准基点平洞的布置范围。

2. 监测方法

垂直位移监测的方法主要有精密水准测量、三角高程测量和 GPS 测量等。精密的三角高程受到观测误差、大气折光和垂线偏差的影响，在拱坝修建的高山峡谷区达到三等水准精度水平也是比较困难的事。GPS 测量方法高程虽具有全天候、无须通视等优点，但 GPS 测量方法高程精度远低于平面精度，目前垂直位移测量精度为厘米级，且获得的是只有几何意义的大地高程，而无法获得蓄水前后的重力场变化。因此，水准测量作为切实可行、可靠、高精度的方法是目前库盘变形监测最可靠的方法。

根据一些工程的实测结果库盘变形的量值一般为几毫米至几厘米，以监测精度为变形量的 1/10 ～1/20 计算，按照目前的观测技术，必须采用一等水准精度观测。为对库盘监测精密水准测量进行重力异常改正和计算枢纽区天文大地垂线偏差的变化等，库盘变形应同时进行加密重力测量。

3. 重力异常和垂线偏差对相关项目的修正

水准测量中正常高修正包含正常水准面不平行修正和重力异常修正。对于一个水准闭合环来说，即使没有观测误差，如果未加入正常高修正，则将存在一个水准测量的理论闭合差，它是由于水准面不平行引起的。根据苏联对平原地区地球重力场变化对测量结果的影响的统计数据表明，距离 1km 时相对于起算水准面的大地水准面的变化达到 3mm，而且在高原地区此数据还要大 2～3 倍。因此，对于精密的一等水准观测，如果不加入此项改正，则闭合差会包含一个无法计算的粗差，导致测量精度达不到要求。

水库蓄水后重力场的变化对水准网会产生影响，应根据具体工程重力场实测变化值、测段高差等因素，决定是否按重力异常改正公式计算重力异常改正数。同时，重力场的变化引起铅垂线与蓄水前产生偏离，应根据此变化对于大坝垂线监测系统的影响进行修正。

垂线偏差是地面一点铅垂线与参考椭球面法线的夹角，垂线偏差对于地面观测方向的改正称为“三差改正”，其中垂线偏差改正和由于照准点高程引起的改正数相对显著。应根据具体工程控制点高程、垂线偏差在子午和卯酉两个方向的分量、天顶距大小等因素，决定是否需测定坝址区垂线偏差，并对外部变形监测网的测角中误差进行改正。

3.2.7.2　地质缺陷处理工程

拱坝工程对坝基和坝肩的地质要求远高于其他坝型。为使拱坝的基础条件满足建坝要求，通常情况下需要对坝基和坝肩有一定地质缺陷的工程地质进行工程处理。根据工程处理措施，应布置一些必要的监测项目。一般布置应变计（组）、无应力计、压应力计、岩石应力计、钢筋计、锚索（杆）测力计、锚杆应力计、渗压计、测缝计、多点位移计、收敛计等监测仪器。

1. 建基面地质缺陷工程

一般情况下，建基面出露的地质缺陷主要采用槽挖方式置换处理。其具体监测布置应根据缺陷处理的措施、计算成果、缺陷体型和施工方法等因素综合考虑。监测部位主要包括基础、缺陷置换体与基础的接缝；监测项目一般包括基础内部变形、缺陷置换体应力应变及温度、缺陷置换体与基础接触面应力、接缝和渗压等监测项目。

2. 坝肩地质缺陷处理工程

一般情况下，坝肩的地质缺陷主要采用洞挖方式置换处理。具体监测布置应根据地质缺陷处理措施、地质情况、计算成果和施工方法等因素综合考虑。监测部位主要包括围岩、置换体、置换体与围岩的接缝。监测项目一般包括围岩净空收敛、围岩卸荷松弛深度、围岩内部变形、围岩支护措施效应监测、围岩应力、围岩渗透压力；置换体应力应变及温度、置换体与围岩接触面应力、接缝等监测项目。

3.2.7.3 断层

由于拱坝的工作特性，大部分荷载要由坝基、坝肩抗力体来承担，对坝基、坝肩的稳定性要求很高。若在枢纽区近坝址部位分布有Ⅱ级以上断层且对坝址区有潜在影响的可能，应对断层活动性情况予以监测，分析判断断层是具有局部流变性质还是典型的构造活动特征，评价对拱坝及坝基坝肩的影响程度。断层活动性应对断层上、下盘张开、错动进行监测，必要时辅以断层渗水监测项目。断层活动性监测宜优先考虑地勘平洞、排水洞、灌浆洞等布置高精度、小量程多点位移计、铟钢丝（杆）位移计、倾角计、伸缩仪等监测拉张和剪错（水平、垂直）变形，必要时还可辅以微震监测点。

3.2.8 巡视检查

巡视检查总体要求及检查方法见本章3.1节，但针对拱坝特点，视工程实际情况应加强对以下情况的巡视检查：

（1）坝肩抗力体和坝基尚未回填的勘探平洞以及排水洞、灌浆洞等部位的渗流、裂缝和卸荷岩体的张开情况等。

（2）坝体上下游库盆变形监测区域内的滑坡、较大规模裂缝等。

（3）坝体诱导缝检查廊道周边是否出现裂缝、渗水等及其大小、形态和分布规律。

（4）坝趾及下游贴角混凝土是否出现裂缝、渗水及其大小、形态和分布规律。

3.2.9 监测频次

仪器埋设初期（一般可取仪器埋设后一个月）监测的关键是要取得基准值，并注意埋设部位与邻近部位开挖、支护、混凝土浇筑、灌浆等作业的关系。拱坝监测频次要求和原则基本与重力坝监测设计相同，可参见本章3.1节。拱坝安全监测频次见表3.2-2。

表3.2-2　拱坝安全监测项目监测频次表

监测项目	监测频次			
	施工期	首次蓄水期	初蓄期	运行期
位移	1次/周～1次/月	1次/天～1次/旬	1次/旬～1次/月	1次/月
倾斜	1次/周～1次/月	1次/天～1次/旬	1次/旬～1次/月	1次/月
大坝接缝、裂缝变化	2次/周～1次/月	1次/天～1次/周	1次/周～2次/月	1次/月～1次/季
近坝区岸坡稳定	2～1次/月	2次/月	1次/月	1次/季
渗流量	2次/周～1次/旬	1次/天	2～1次/旬	1次/旬～2次/月
扬压力	2次/周～1次/旬	1次/天	2～1次/旬	1次/旬～2次/月
渗透压力	2次/周～1次/月	1次/天	2～1次/旬	1次/旬～2次/月
绕坝渗流	1次/周～1次/月	1次/天～1次/旬	1次/旬～1次/月	1次/月
水质分析	1次/季	1次/月	1次/季	1次/年
应力、应变	1次/周～1次/月	2～1次/周	1次/周～2次/月	1次/月～1次/季
大坝及坝基的温度	2次/周～1次/月初期温升和冷却期间，4～1次/天	2～1次/周	1次/周～2次/月	1次/月～1次/季
大坝内部接缝、裂缝	1次/旬～1次/月冷却到稳定温度～接缝灌浆期间，1次/天	1次/天～1次/旬	1次/旬～1次/月	1次/月～1次/季

续表

监测项目	监测频次			
	施工期	首次蓄水期	初蓄期	运行期
钢筋、钢板、锚索、锚杆应力	1 次/周～1 次/月	1 次/天～1 次/旬	1 次/旬～1 次/月	1 次/月～1 次/季
上下游水位		4～2 次/天	2 次/天	2～1 次/天
库水温		1 次/天～1 次/旬	1 次/旬～1 次/月	1 次/月
气温		逐日量	逐日量	逐日量
降水量		逐日量	逐日量	逐日量
坝前淤积			按需要	按需要
冰冻		按需要	按需要	按需要
坝区平面监测网	取得初始值	1 次/季	1 次/年	1 次/年
坝区垂直位移监测网	取得初始值	1 次/季	1 次/年	1 次/年
下游冲淤			每次泄洪后	每次泄洪后

注　1. 表中监测频次均系正常情况下人工测读的最低要求。特殊时期（如发生大洪水、地震等），应增加测次。监测自动化按《大坝安全监测自动化技术规范》（DL/T 5211—2005）执行，即试运行期 1 次/天，常规监测不少与 1 次/周，非常时期可根据需要，适当加密测次。

2. 各阶段测值上下限取值要求：①施工期：坝体浇筑进度快的，变形和应力监测的次数应取上限，反之取下限；②首次蓄水期：库水位上升快的，测次应取上限，反之取下限；③初蓄期：在水位变化较快或测值变化较大时测次取上限、反之取下限；④运行期：当变形、渗流等性态变化速度大时，测次应取上限，性态趋于稳定时可取下限；⑤当多年运行性态稳定时，可减少测次，减少监测项目或停测，但应报主管部门批准。当水位超过前期运行水位时，仍需按首次蓄水情况执行。

3. 对于低坝的位移测次可减少为 1 次/季。

3.3　面板堆石坝

3.3.1　面板堆石坝结构特点及监测重点

3.3.1.1　结构特点

面板堆石坝是以堆石为主体材料，上游面采用钢筋混凝土、沥青混凝土或土工膜等作防渗体的土石坝，属于非土质材料防渗体碾压式土石坝，与混凝土坝相比属于散粒体结构，对地基适应性较好。面板堆石坝主要由上游铺盖、趾板、面板、垫层区、过渡区、主堆石区、次堆石区、排水区和下游护坡等组成。面板堆石坝的荷载传递比较简单，水荷载通过面板依次传递给垫层区、过渡区和主堆石区，主堆石区是承受水荷载的主要支撑体。根据面板坝的特点，面板防渗和面板与堆石体的协调变形若得不到满足，将危及面板坝的安全。

3.3.1.2　监测重点

面板坝的安全监测技术对常规的中小型面板坝已非常成熟。但对高坝，特别是在不对称的峡谷地区或深厚覆盖层上修筑的面板堆石坝等，还存在众多技术问题需要研究和解决，是面板坝安全监测的重点。

1. *重点监测部位*

监测范围应包括坝体、坝基以及对面板坝安全有重大影响的近坝区边坡和其他与大坝安全有直接关系的建筑物。为使安全监测能更好地为工程服务，布置监测测点时应充分结合工程结构特点、坝区地形地质条件、坝体施工填筑进度安排及监测本身施工干扰等因素进行设计布置。监测设计断面选择、各监测测线或测点的布置间距应考虑施工分层与监测高程的关系、临时断面与面板施工时机控制和监测项目之间的相互呼应验证。在临时断面处设置临时观测站，一旦仪器埋设就位后均能投入监测运行。

面板坝的横向监测断面宜选在最大坝高处、地形突变处、地质条件复杂处、坝内埋管处等。典型监测横断面的选择：一般不宜少于 3 个；对于坝顶轴线长度大于 1000m 的，宜设置 3～5 个；特别重要和复杂的工程，还可根据工程的重要和复杂程度适当增加。

监测横断面的选取应兼顾面板变形的拉、压性缝区域。以往较多地关注面板拉性缝的监测，在已建工程多发生面板挤压性破坏后，高坝压性缝变形也成为监测重点。对压性缝的监测，一是监测压性缝的变形规律；二是监测嵌入料的变形适应能力。

面板坝的纵向监测断面可由横向监测断面上的测点构成，必要时可根据坝体结构、地形地质情况增设纵向监测断面。

在高程上，高面板堆石坝的面板施工及施工时机是高面板坝筑坝技术的关键。高面板坝其面板一般需要分二至三期施工，每一期面板施工时，堆石体均应有预沉降期和沉降变形量的控制标准。因此，堆石体变形监测断面的选取不仅仅要满足于运行期的要求，还应为面板分期施工提供依据。根据已建高坝统计资料，面板坝监测分层高差不宜超过40m。

2. 重点监测项目

以堆石体变形、面板挠曲变形、面板周边缝三维变形和竖直缝开合度的变化、大坝及基础渗流量等监测为重点。其中，对堆石体变形的监测包括横向水平位移、纵向水平位移和垂直位移，表面变形与内部变形监测要能相互印证；对面板挠曲变形的监测包括面板挠度、最大位移和面板脱空的监测；对渗流量的监测可判断面板、两岸基础的防渗效果，如果将面板及基础的渗流量分开，可找出渗流量增加的原因和部位。对堆石体内部变形的监测也是整个工程安全监测的重点，它主要反映在检查堆石体的填筑质量、寻找面板施工时机、设计计算对比等，也是大坝安全评价的重要依据。

坝高在70m以内的2、3级及以下的面板坝，监测项目的布置一般仅对面板表面和堆石体表面变形、面板垂直缝及周边缝变形以及渗流及渗流量等进行监测。

现阶段堆石坝内部变形监测布置常用竖向测点布置和水平分层测点布置两种方式，为减少施工干扰，一般采用水平分层布置方式。结合施工的临时断面，填筑方式、填料上坝交通、面板分期施工预沉降期等要求进行综合比较选择性布置。

3. 监测仪器选型

面板坝监测仪器选型原则和要求同重力坝，但主要监测仪器类型与混凝土坝有较大差异，应注意区分和掌握。同时，面板坝的水平、垂直位移和渗流量一般较大，可选用一些测量精度略低或量程较大的仪器。

坝内变形主要采用水管式沉降仪、电磁沉降仪和引张线式水平位移计进行监测；面板周边缝多采用三向测缝计组，监测开度、水平剪切、竖向剪切空间三维变形等；面板垂直缝多采用单向测缝计监测，对堆石体“漏斗状”变形较大的工程，面板间可能存在较大的剪切变形，可采用双向测缝计监测；高坝面板挠曲变形采用电位器或电平器来测量，取代了测斜仪监测面板挠度，目前已有工程尝试采用光纤陀螺仪监测面板挠度；面板与垫层料间脱空多采用由测缝计改装的脱空仪进行监测；渗流及渗流量多采用渗压计、水位观测孔和量水堰进行监测。

3.3.2 监测设计依据

面板坝监测设计依据参见本章3.1节。但基于面板坝的特点，应收集施工进度安排、坝体填筑分区及分期、面板分期浇筑、蓄水进度安排等，作为监测断面选取和监测高程确定的依据。收集各种坝料的物理力学参数的试验成果，为监测仪器选取、量程范围确定的重要依据，也是后期对监测资料分析的重要依据。

引用标准应增加以下标准：

(1)《土石坝安全监测技术规范》(SL 60、DL/T 5259)。

(2)《土石坝安全监测资料整编规程》(SL 169、DL/T 5256)。

(3)《碾压式土石坝设计规范》(SL 274、DL/T 5395)。

(4)《混凝土面板堆石坝设计规范》(SL 228)。

(5)《混凝土面板堆石坝设计规范》(SL 228、DL/T 5256)。

3.3.3 监测项目

面板坝以实现各建筑物安全监控目标为前提，通常设置表面变形（垂直、水平位移）、堆石体内部变形（垂直、水平位移）、混凝土面板变形（挠度）、渗流、混凝土面板应力应变等监测项目，具体见表3.3-1。此外，还需对一些特殊情况，如高趾墙、贴坡面板等布置相应的变形、应力应变、钢筋应力、基础渗透压力等监测仪器。

表3.3-1　面板坝安全监测项目分类表

序号	监测类别	监测项目	大坝级别		
			1	2	3
一	巡视检查	坝体、坝基、坝肩及近坝库岸	●	●	●
二	变形	表面变形（水平、垂直位移）	●	●	●
		内部垂直位移	●	○	○
		内部水平位移	●	○	○
		面板接缝、裂缝变化	●	●	●
		坝基变形	●	●	●
		面板变形	●	●	○
		近坝岸坡位移	○	○	○

续表

序号	监测类别	监测项目	大坝级别		
			1	2	3
三	渗流	渗流量	●	●	●
		坝体渗透压力	●	○	○
		坝基渗透压力	●	●	●
		面板垫层渗透压力	●	○	○
		绕坝渗流（地下水位）	●	●	○
		水质分析	●	●	○
四	应力、应变及温度	坝体土压力	○	○	
		坝基压应力	○	○	○
		接触土压力	●	○	
		面板应力、应变及温度	●	○	○
五	环境量	上、下游水位	●	●	●
		气温	●	●	●
		降水量	●	●	●
		库水温	●	○	
		坝前淤积	●	○	
		下游冲淤	●	○	
		冰冻	○		

注　1. 有●者为必设项目；有○者为可选项目，可根据需要选设。
2. 坝高 70m 以下的 1 级坝，面板应力温度和坝体内部水平位移为可选项。

3.3.4　变形监测

3.3.4.1　表面水平位移

表面水平位移测点指布置在坝顶、坝体表面的位移测点，采用各种测量手段监测测点的横向和纵向水平位移。

1. 监测布置

平行坝轴线的表面水平位移测线不宜少于 4 条，宜在坝顶上、下游两侧布设 1～2 条；在上游坝坡正常蓄水位以上设 1 条，正常蓄水位以下可视需要设临时测线，对坝高大于 100m 的Ⅰ、Ⅱ级面板堆石坝，应在分期上游面板顶部和相应部位的垫层料上设置施工期临时测线；下游坝坡半坝高以上设 1～3 条，半坝高以下设 1～2 条（含坡脚 1 条）。对软基上的土石坝，还应在下游坝趾外侧增设 1～2 条。

沿测线除应在典型监测横断面上布设测点外，还需根据坝体结构、材料分区和地形、地质情况增设测点。测点间距：一般坝轴线长度小于 300m 时，宜取 20～50m；坝轴线长度大于 300m 时，宜取 50～100m。对 V 形河谷中的高坝和两坝端以及坝基地形变化陡峻的坝，坝顶测点应适当加密。测点应远离障碍物 1m 以上。各测点的布置应形成纵横断面。

2. 基准点和工作基点布置

（1）视准线的工作基点，应在两岸每一纵排视准线测点的延长线上布设 1 个，其高程宜与测点高程相近，基础宜为岩石或坚实土基。当坝轴线为折线或坝长超过 500m 时，可在坝身每一纵排中间增设工作基点（可用测点代替）。

视准线工作基点的位移可采用校核基点校测，校核基点应设在两岸同排工作基点连线的延长线稳定基础上，各设 1～2 个。有条件的也可采用边角网法或倒垂线法校测视准线工作基点的位移。

（2）当坝长超过 1000m 时，宜在坝的上、下游各设两个工作基点，用边角交会法分别监测上下游坝面水平位移，工作基点的位移可用边角网法进行校核，有条件的宜用倒垂线法。

洪家渡坝体表面变形监测布置见图 3.3－1。

3. 监测方法

面板坝的表面水平位移一般采用视准线法、测距法、交会法进行观测，对于面板坝变形较大的，视准线一般采用小角度法；对于变形较小的土石坝，视准线可采用活动觇标法。

3.3.4.2　表面垂直位移

1. 监测布置

面板坝表面的垂直位移一般和水平位移共用一个测点，故垂直位移测点布置与水平位移测点布置断面、位置等基本相同。

2. 基准点和工作基点布置

水准工作基点宜布设在两岸岩石或坚实土基上。水准工作基点一般在两岸各布置一个；水准基准点一般在土石坝下游 1～3km 处稳定基岩上布设三个基准点。

3. 监测方法

面板坝的垂直位移一般采用几何水准法。对位移精度要求不高的情况下，可利用表面位移监测点的三角高程或 GPS 测量方法的高程值。

3.3.4.3　面板接缝位移

面板接缝位移监测系指对周边缝变形和垂直缝开合度等的监测。

1. 周边缝

周边缝变形有垂直于面板的沉降和在面板内的缝张开与平行缝的剪切等三个方向变形，用三向测缝计可直接测出某一个方向的变形或三个测值，组合计算出三个方向的变形。

三向测缝计的布置需要根据有限元的计算成果布

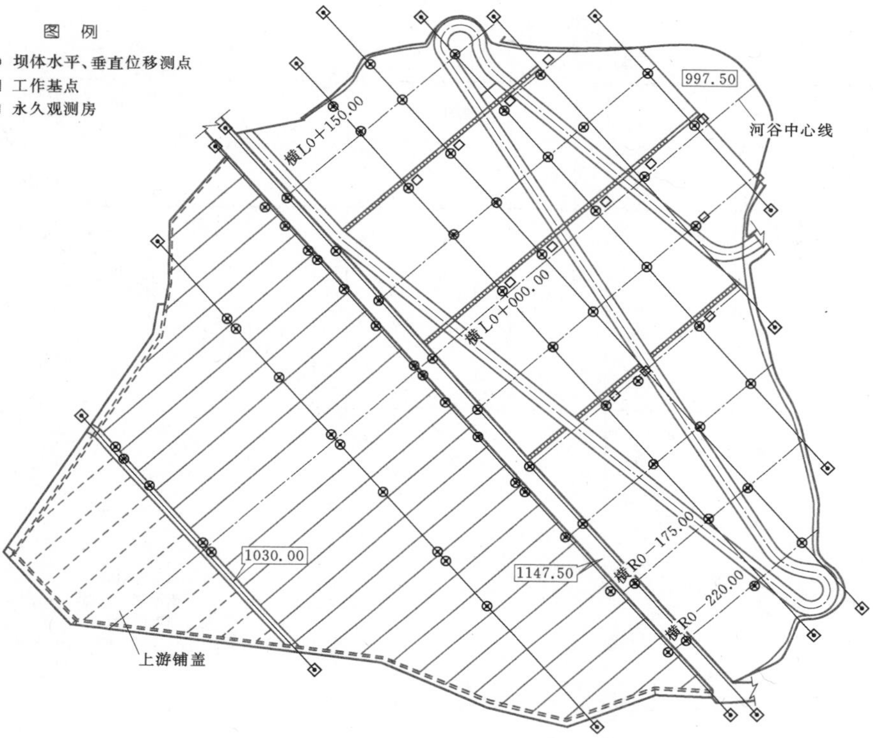

图 3.3-1 洪家渡坝体表面变形监测布置图

置在位移的最大点，通常剪切位移的最大值出现在两岸岸坡。三向测缝计通常在混凝土施工完毕并有足够强度后埋设，跨周边缝时在趾板和面板上钻孔。

测点一般应布设在正常高水位以下，在最大坝高处（底部）设 1～2 个点；在两岸坡大约 1/3、1/2 及 2/3 坝高处各布置 1 个点；在岸坡较陡、坡度突变及地质条件差的部位应酌情增加测点。

2. 面板垂直缝

面板垂直缝应布设单向测缝计，高程分布与周边缝一致，且宜与周边缝测点组成纵横观测线。高坝应在河床中部压性缝的中上部增设单向测缝计和压应力计。当岸坡较陡时，可在靠近岸边的拉性缝上布置双向测缝计，同时监测面板间的剪切变形。

接缝位移监测点的布置，还应与坝体垂直位移、水平位移及面板中的应力应变监测结合布置，便于综合分析和相互验证。

3.3.4.4 面板挠度及脱空

对高面板坝应进行挠度变形监测，目前常用的监测仪器为固定式倾斜仪或电平器。布置时底部第一个测点应设置在趾板上或其基础基岩内，顶部最末测点应与面板表面测点同一位置。但根据已建工程的经验，应用效果均不太理想。实际应用时应注意仪器的耐久性和防水性能对测值的影响；注意在面板铺盖以下部位的仪器保护，避免电缆牵引和面板施工干扰；注意挠度曲线的基准即第一支传感器埋设位置及其成功率对整个挠度曲线测值的影响，顶部测点校测及其精度匹配等问题。

对高于 100m 的面板坝，特别是面板分期施工，应监测面板与垫层料接触位移，监测点宜设在每期面板距顶部 5m 内，监测断面与堆石体内部变形监测横断面一致，当坝轴线大于 300m 时，可增设测点。洪家渡面板接缝、周边缝及脱空监测布置见图 3.3-2。

3.3.4.5 堆石体内部变形

一般地，当坝高小于 70m 时，可不设坝体堆石体内部变形监测项目；当坝高大于 70m，均应设置堆石体内部变形监测项目。目前堆石体内部变形监测点布置通常采用水平分层测点布置方法或竖向测点布置方法，也可采用水平和竖向结合布置。

高面板坝，变形大，一般情况最大沉降量约为坝高的 1%～2%左右，特别是分期填筑，沉降量的不均匀性将产生面板的脱空，恶化面板的受力条件。

对于 200m 以上的高面板坝，堆石体内部变形监

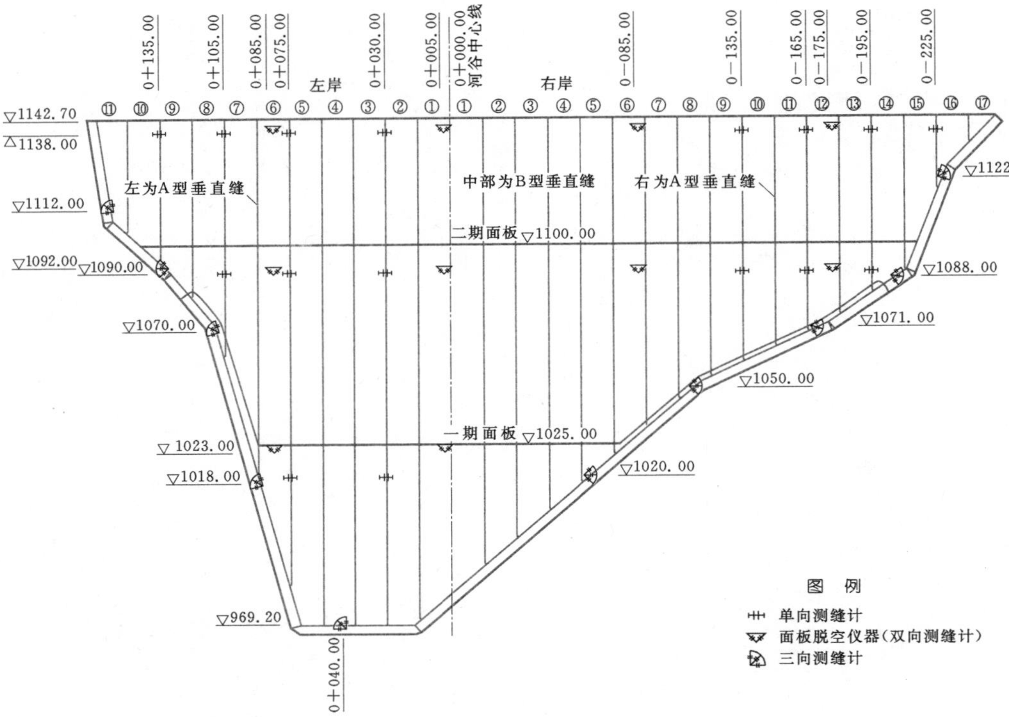

图 3.3-2　洪家渡面板接缝、周边缝及脱空监测布置图（单位：m）

测是整个工程监测的重中之重，包括横向（顺河向）水平位移、纵向（坝轴线方向）水平位移和垂直位移。它的主要作用是全面监测坝体在施工期和运行期的变形性状和发展趋势，以检验堆石体的填筑质量，指导面板施工时机，并与设计计算成果进行对比分析，是评价大坝安全性的最重要指标。

对 200m 级及其以上的高面板坝，应根据坝址地形条件、计算成果设置内部纵向位移监测线，测点布置宜采用并联方式，并需用垂直位移监测成果对水平位移的测值进行修正计算。

1. 测点布置原则

(1) 面板坝堆石体内部变形宜采用水平分层测点布置方式，高坝可在最大坝高断面坝轴线和下游坝面增设竖向布置方式。

(2) 当采用水平分层测点布置时，每个典型监测横断面上可选取 3～5 个监测高程，1/3、1/2、2/3 坝高应布置测点，高程间距宜在 20～50m，最低监测高程宜高出下游最高洪水位。各高程第一个测点应尽量设在垫层料内，同一监测高程上下游方向测点间距宜按 30～50m 设置。同一断面各监测高程的测点在竖直方向上应重合，以形成竖向监测线。

水平位移测点和垂直位移测点宜设在同一位置，监测横断面上同一监测高程水平位移测点一般不宜超过 7 点，垂直位移测点一般不宜超过 8 点。

(3) 当采用竖向测点布置方式时，每个典型监测横断面布置 1～4 个竖向测线，宜在坝轴线附近设置一个测线，测线底部应深入基础下的相对稳定点。测线上垂直位移测点间距可设置为 5m 或 10m，最下一个测点应置于坝基表面，以兼测坝基的沉降量。

2. 坝体横向位移监测

(1) 水管式沉降仪和引张线式水平位移计。横向水平位移和垂直位移宜分别采用引张线式水平位移计和水管式沉降仪进行监测，测点用网格控制，水平位移和垂直位移测点尽量在同一位置上，水平位移测点可较垂直位移测点适当减少；最低高程测线宜高于下游最高洪水位。

为避免各高程测线的水管式沉降仪的水管形成倒坡，需将垂直、水平位移计条带预先给定一定坡度，其坡度是根据变形计算成果来确定的，坡度一般控制在 1%～2%，对有临时监测断面的，后期安装依据第一期的变形量来确定。

水管式沉降仪和水平位移计的设计布置时需兼顾临时断面需要。监测房高度根据仪器设备的安装最小净空、测量量程（即坝体同高程测点最大沉降差）来确定。

内部变形监测点均是相对于坝下游坡测站的相对

位移，监测站的位移由平面控制网和精密水准控制网来监测，然后计算出坝体内部各监测点的绝对位移。洪家渡坝体堆石体内部最大断面（0＋005.00）的变形监测布置见图 3.3－3。

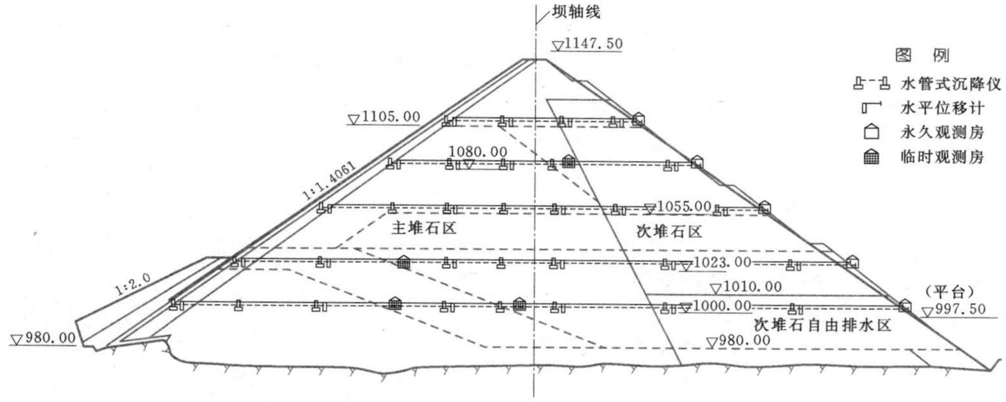

图 3.3－3 洪家渡坝体堆石体内部最大断面（0＋005.00）变形监测布置图（单位：m）

（2）竖直向测斜管和测斜沉降管。竖直向测线（竖直向测斜管或测斜沉降管）一般布置在坝顶、下游侧或上游设计水位以上，测线底部为相对不动点，坝体变形均为相对底部的变形，因此测线底部应深入坝基相对稳定处。孔口位于上游的测线在面板施工后可采用转弯角度较大（一般不小于 120°）的测管将竖向测线引至坝顶，并对沉降探头匹配合理的重量以方便探头下放测量。测线底部应深入基础变形相对稳定部位，作为相对不动点。测线上沉降环的间距可设置为 5～10m。对深覆盖层地基宜在坝基面设沉降环，监测坝基覆盖层的沉降量。

竖直向测斜管或测斜管兼电磁式沉降仪一般随坝体填筑埋设，同时坝面填筑，分为上升埋设（非坑式）和挖坑式两种埋设方式，多采用前者。为使测斜兼电磁式沉降管的刚度尽量与周围介质相当，管周边的回填料应由细到粗逐级过渡。沉降管的孔口及沉降环埋设高程对监测成果分析非常重要，应按二等水准精度控制测量确定。每当大坝填筑上升一层，都应测量沉降环和管口高程。

3. 坝体纵向位移监测

（1）大量程水平位移计。计算成果表明，大多数高面板坝特别是峡谷地区面板坝，坝体沉降和水平位移大致在 2/3 坝高以上出现左右岸非对称现象，需进行纵向位移监测。纵向位移在测点布置时，应考虑仪器埋设施工对坝体填筑施工干扰较大，测点应尽量少，以能控制纵向水平位移最大值和分布为准。其余部位的纵向水平位移用表面位移监测方法进行观测。

测点传感器选用大量程位移计，安装方式一般有串联或并联两种方式。从传感器的工作原理、剪切变形适应性考虑，可将仪器加长杆在每 2～4m 长度处设一万向节以适应沉降和水平变形。

洪家渡坝体的纵向位移监测采用并联方式的监测布置，见图 3.3－4。

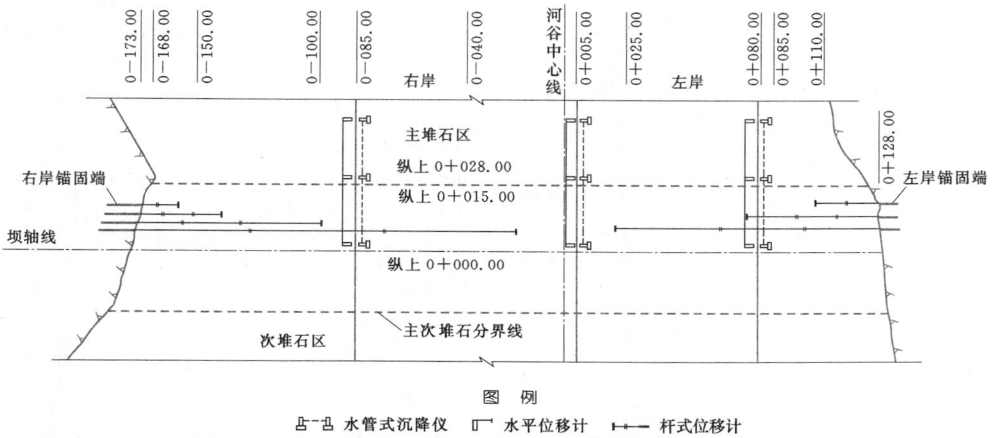

图 3.3－4 洪家渡坝体纵向位移监测布置图（单位：m）

（2）固定式测斜仪。纵向位移除用大量程位移计监测水平位移外，还可在水平向同时布置固定式测斜仪，以监测纵向垂直位移。固定式测斜仪一端应固定在坝肩基岩内，测点间距 2～5m 为宜，一般不宜超过 10m。

3.3.4.6　基础变形

当坝址区为深覆盖层时，应对深覆盖层、基础防渗墙及其与坝体防渗体结合部位进行变形监测，监测内容包括基础覆盖层变形、防渗墙变形等。变形监测应遵守下列规定：

（1）除在典型监测断面设置坝体防渗体变形监测外，还可根据特殊要求增加监测断面。

（2）基础覆盖层变形监测与坝体变形监测统一考虑，坝体下游水位较高时，监测仪器可采用电磁式沉降管、沉降板和杆式位移计等竖向布置方式的仪器。

（3）基础防渗墙变形监测包括防渗墙接触土压力、接触缝开合度、防渗墙挠度等。

（4）基础防渗墙和坝体防渗墙结合部的监测项目和测点布置应根据结构设计的需要进行。

3.3.4.7　工程实例

【实例 1】　天生桥一级混凝土面板堆石坝，最大坝高 178m，坝顶高程 791.00m，坝顶长 1104m，坝顶宽度 12m，上游坝坡 1：1.4，下游平均坝坡 1：1.25（综合坝坡 1：1.4），面板厚度按高程线性渐变设计，顶部厚度 0.3m，底部厚度 0.9m，总面积 17.15 万 m^2，在高程 680.00m 和 746.00m 处分别设水平施工缝。将坝体主要划分为垫层料、反滤料区、主堆石区和次堆石区，总填筑方量 1780 万 m^3，面板混凝土 11.32 万 m^3。

大坝表面变形监测系统由 8 条测线及大坝观测房独立测点构成。8 条测线布置平行于坝轴线，上游坝面 3 条（L_1、L_2、L_3）为临时测线，分别位于上游坡高程 680.00m、746.00m 和 787.30m，其中 L_3 改造成永久性测线，下游坝坡布置 5 条测线（L_4～L_8），分别位于坝顶和高程 759.00m、727.00m、694.00m、667.00m。水平位移采用视准线法观测，垂直位移采用几何水准法观测。

内部监测项目有坝体水平位移、垂直位移、面板挠度、垫料层脱空、周边缝及垂直缝观测等。

坝体内部变形观测布置了三个典型断面，即 0＋630.00、0＋918.00、0＋438.00 断面，在每个断面不同高程布置 8 条垂直水平位移计管线，其中垂直位移计 51 台，水平位移计 31 台。

面板挠度观测布置在 0＋438.00、0＋630.00 和 0＋918.00 三个断面的混凝土面板上，共埋设 64 支由巴西进口的固定点式面板挠度测斜仪（称电平器），其中 0＋438.00 为 13 支、0＋630.00 为 26 支、0＋918.00 为 14 支。

在大坝及面板的施工过程中，在各期的面板顶部均发现面板与垫层料间出现脱空现象，根据设计及施工期监控的要求，在二期面板 0＋662.00 断面的底部和顶部分别埋设了一组两向 TS 型位移计，在三期面板 0＋438.00、0＋662.00 和 0＋918.00 断面的高程 760.00～765.00m 共埋设了 7 组两向 TS 型位移计，以监测面板与垫层料间脱空的发展及变化情况。

面板与趾板结合部位周边缝是面板堆石坝防渗的关键部位之一，通过三向测缝计可有效地监测水下周边缝的法向、剪切位移和开合度的变化规律。在周边缝共埋设了 12 组三向测缝计，以监测面板与趾板间缝的张开、剪切及面板的法向位移。同时在左右两岸面板的垂直施工缝布置了电位器式单向测缝计进行监测，以了解左右两岸垂直张性缝的变化情况。大坝外部变形监测设备和地下水位孔布置见图 3.3－5，内部监测仪器及面板电平器布置见图 3.3－6。

【实例 2】　天荒坪下水库位于安吉县太湖次支流大溪河上，主要建筑物有拦河坝、溢洪道、放空洞等。下水库按千年一遇洪水设计，可能最大洪水校核，水库正常蓄水位 344.50m，相应库容 859.56 万 m^3。

钢筋混凝土面板堆石坝坝顶高程 350.20m，最大坝高 92m，坝顶长度 225.11m，坝顶宽 8m，上游坝坡 1：1.4，下游平均坝坡为 1：1.503，坝体横断面最大底宽 280m。混凝土面板顶部厚 30cm，底部最大厚度为 50.9cm，配置一层双向钢筋，纵、横向配筋率均为 0.4%，混凝土强度等级为 C25。

大坝表面水平位移测点共设 21 个，布置在坝顶及下游坝坡上，采用视准线及边角交会法测量。在坝体内设置了 14 个水平位移计，观测坝体不同部位的水平位移。天荒坪下水库大坝表面变形监测布置见图 3.3－7。

【实例 3】　宝泉抽水蓄能电站的上水库位于河南省辉县市薄壁镇大王庙以上 2.4km 的峪河上，主坝为沥青混凝土面板堆石坝，坝顶高程 791.90m，最大坝高 94.8m，坝顶长 600.37m，上游坝坡 1：1.7，下游坝坡高程 768.00m 以上为 1：1.5，以下为坝后堆渣场，分高程 768.00m 和 740.00m 两级堆渣平台，堆渣平台边坡 1：2.5。

在上水库主坝坝顶上游防浪墙、坝顶下游防护墙、高程 768.00m 平台、高程 740.00m 平台、高程 725.00m 马道等部位布置了表面变形观测测线。

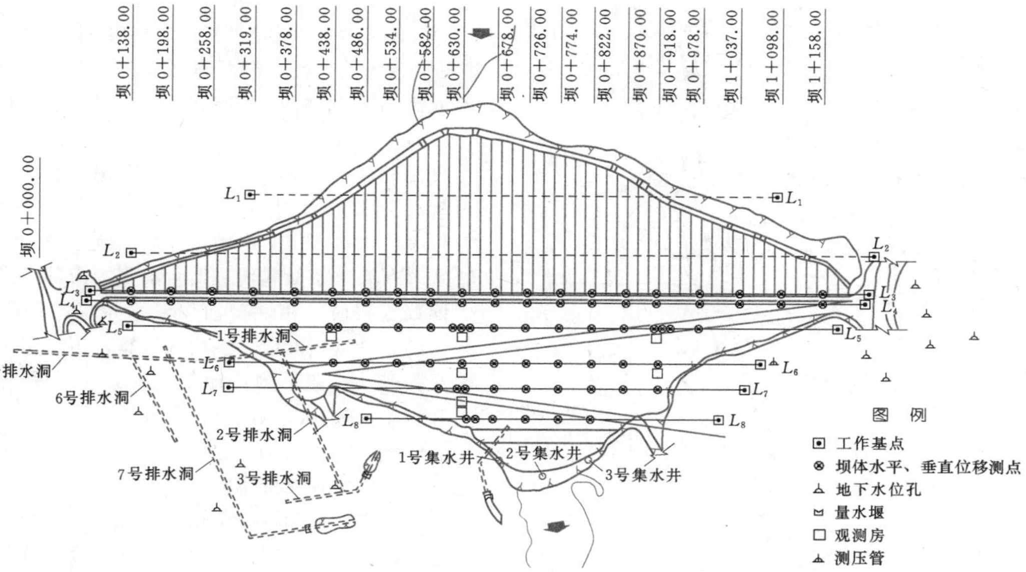

图 3.3-5 天生桥一级大坝外部变形监测设备和地下水位孔布置图

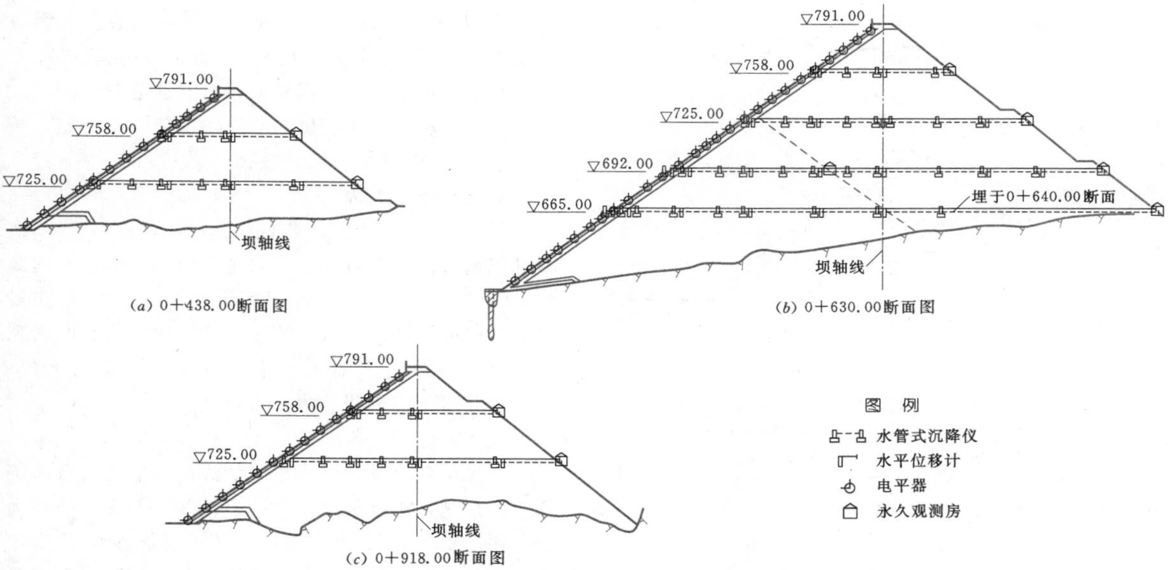

图 3.3-6 天生桥一级大坝内部监测仪器及面板电平器布置图（单位：m）

主坝坝体内部沉降变形通过安装在坝体内的固定式水平测斜仪和振弦式沉降仪来监测。固定式水平测斜仪埋设在堆渣平台以下，基准点的位移采用沉降板引至堆渣平台用几何水准校测，振弦式沉降仪埋设在堆渣平台以上；主坝坝体内部水平位移通过安装在坝体内的土体位移计监测。宝泉上水库主坝变形监测布置见图 3.3-8。

3.3.5 渗流监测

渗流监测分为渗透压力、渗流量及坝内水位线监测，渗透压力监测包括坝基通过帷幕前后的渗透压力、趾板幕后渗透压力及两岸坡渗透压力的监测；渗流量监测包括面板、岸坡及基础渗流量的监测。

面板堆石坝的渗漏部位有面板（面板混凝土自身渗漏及可能出现裂缝部位）、竖直缝、周边缝、岸坡地下渗漏等。每一项渗流量偏大，都将危及大坝安

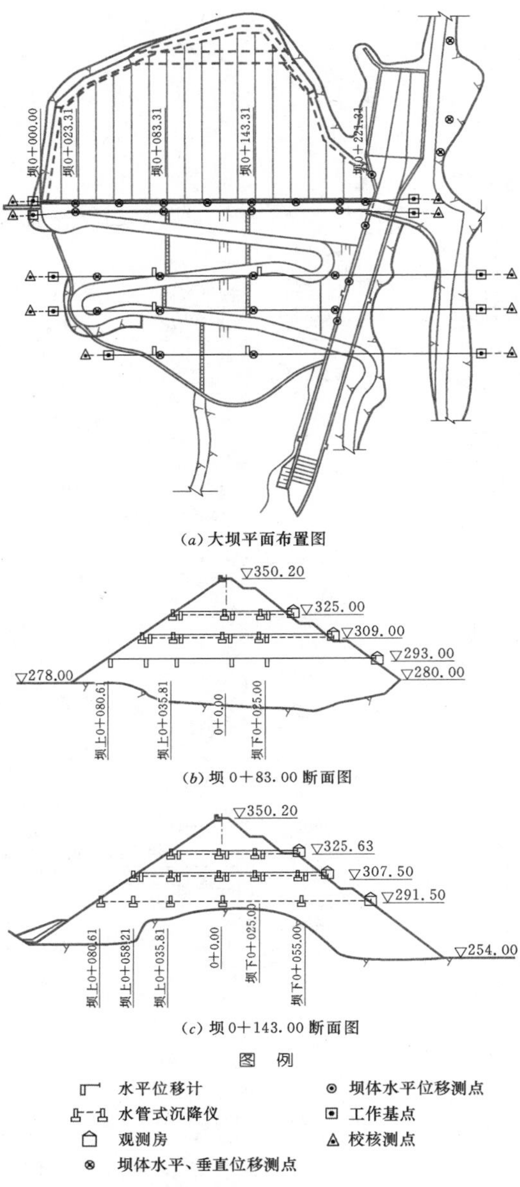

图 3.3-7　天荒坪下水库大坝表面变形监测布置图（单位：m）

全，因此监测各项渗流量指标对面板坝安全非常重要。但在实际工程中，要将各项渗流量都能测出非常困难。一是因工程本身结构上难以布设渗漏监测设备，施工干扰较大；二是地质条件，涉及面广；三是降雨影响难以分开。

3.3.5.1　渗流量

渗流量监测在面板坝工程中是一项非常重要的监测内容，是检验大坝防渗建筑物的防渗效果和地基处理是否满足要求的一项重要指标，或者说是判断大坝安全的重要依据。

面板坝常规的渗流监测方法是在下游坝脚设置量水堰进行渗流量监测；当尾水较低，下游河床较低时采用单个量水堰是监测大坝渗流总量常用并可靠的方法。

通常情况，当渗流量小于 1L/s 时宜采用容积法；当渗流量在 1～300L/s 之间时宜采用量水堰法；当渗流量大于 300L/s 或受落差限制不能设置量水堰时，应将渗透水引入排水沟中，采用测流速法。量水堰测量系统有人工读数和传感器自动观测两种。当采用人工读数量测时，在堰槽内设置水位尺，量测堰口水头，渗流量按标准堰流量公式计算；当采用传感器自动观测时，在堰槽内安装堰流计，自动采集堰口水头，渗流量按标准堰流量公式计算。

1. 常规渗漏

量水堰应设在排水沟直线段的堰槽段。该段应采用矩形断面，两侧墙应平行和铅直。槽底和侧墙应衬护防渗。堰板应与堰槽两侧墙和水流方向垂直。堰板应平整，高度应大于 5 倍的堰上水头。堰口过流应为自由出流。测读堰上水头的水尺或测量仪器，应设在堰口上游 3～5 倍堰上水头处。尺身应铅直，其零点高程与堰口高程之差不得大于 1mm。必要时可在水尺或测量仪器上游设栏栅稳流或设置连通管量测。

测流速法监测渗流量的测速沟槽应满足规定：长度不小于 15m 的直线段；断面一致；可保持一定纵坡，不受其他水干扰。

用容积法时，充水时间不得少于 10s。平行二次测量的流量误差不应大于平均值的 5%。用量水堰观测渗流量时，水尺的水位读数应精确至 1mm，测量仪器的观测精度应与水尺测读一致。堰上水头两次观测值之差不得大于 1mm。量水堰堰口高度与水尺、测量仪器零点应定期校测，每年至少一次。

2. 特殊情况渗漏

对深覆盖层及高尾水位时的渗流量监测，目前仍是一个难题，主要是投入大，效果差，但作为面板坝安全评价重要指标的渗流量，是不可缺少的监测项目。目前已有部分工程实施渗流量分区监测和采用分区计算，或用渗透压力状态定性分析法、钻孔水位定性分析法等来弥补渗流量监测难题。

（1）渗流量分区。根据面板堆石坝筑坝材料的特性，垫层料渗透系数 $k=10^{-3}$cm/s，为半透水区；主堆石料渗透系数 $k=1\sim10$cm/s，为全透水性材料。当面板或垂直缝出现渗漏水，经垫层料反滤后，绝大部分渗入河床内；当周边缝或趾板基础出现渗漏水，经垫层料反滤后，也会沿岸坡后进入河床内。因此，根据渗漏水这一流动规律，坝体渗流量监测可采用多

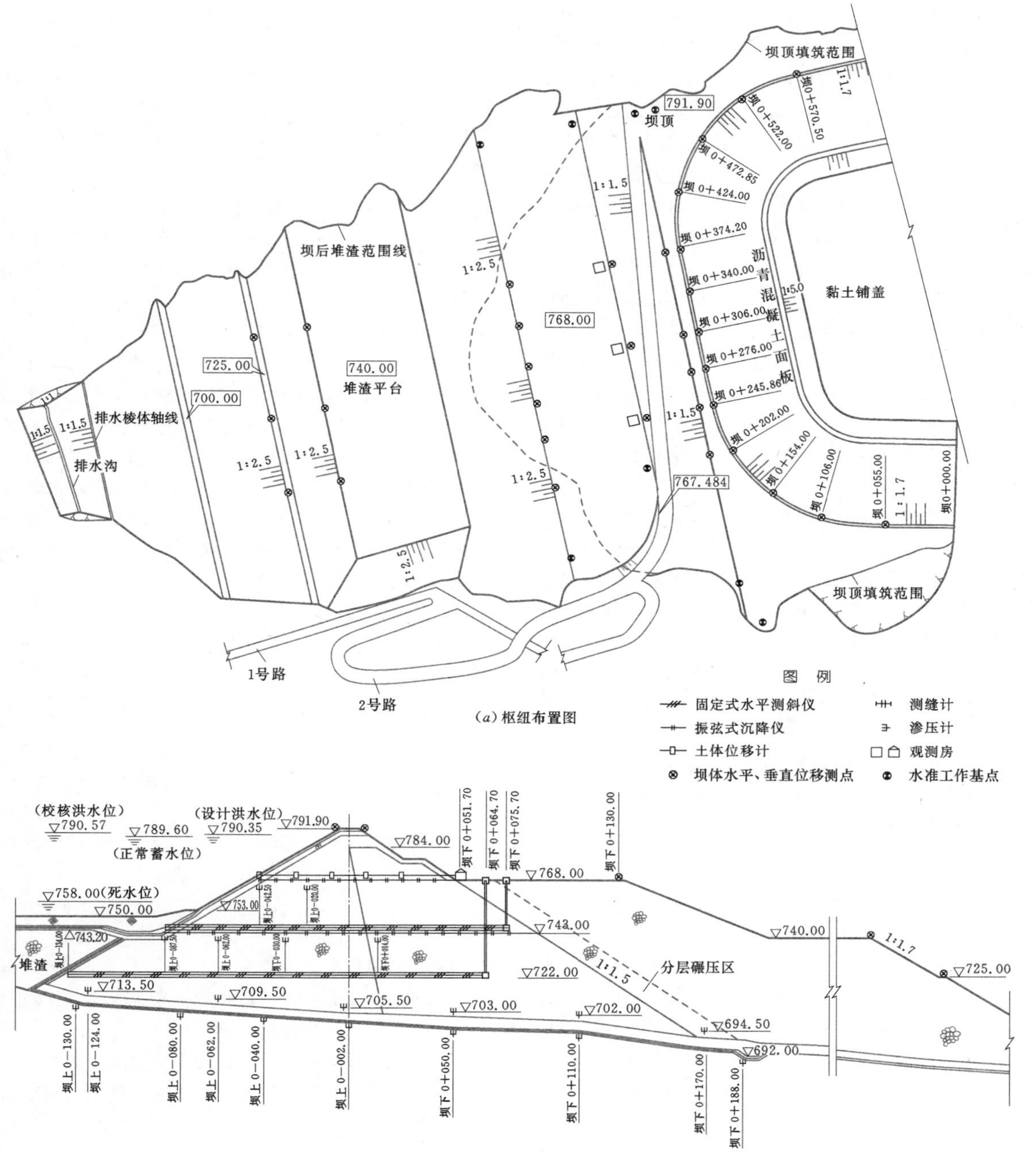

(*a*) 枢纽布置图

(*b*) 典型剖面图

图 3.3-8 宝泉上水库主坝变形监测布置图（单位：m）

个量水堰进行渗流量分区监测，关键在于将沿坝基坡面流动的渗漏水路径截断，使其进入渗流汇集系统，并将渗漏水送出坝外。

在深覆盖坝基或高水位变幅下，渗流量分区监测尽管不一定能测量总量，但能掌握两岸或特定区域的渗流量，对指导大坝的安全运行会起到重要作用。

分区分段监测渗流量的优点有：可掌握各部位的渗流量，给监控安全运行提供可靠的保障；当渗流量发生突变时，缩小事故查找范围，避免盲目性；可检验左右岸防渗效果、周边缝的止水效果、面板的工作状况。

对分区渗流量监测必须的研究工作：研究截水沟的断面型式，有利于施工，减小对堆石体施工的干扰，保证截水沟的形成；研究截水沟起始点的位置及坡度，以利于所需要截住的水流能顺利汇集到量水堰系统，不溢出进入基坑；研究截水沟在基础上的嵌深，避免和尽量减小岸坡水流沿截水沟的底部进入基坑（在大坝基础处理时，将岸坡部分的植被、覆盖层等全部清除，所有的基础面为基岩，这样也减少了后期的经过截水沟的淤积）；研究截水沟的材料，防止截水沟的淤堵，堵住淤泥，又能让水流畅通渗入。

（2）分布式光纤。在 20 世纪末，随着光纤测温监测技术的发展，利用分布式光纤测温原理来监测垂直缝、周边缝及基础的渗漏点成为可能。由于地基内温差较小，此时可采用对光纤加热处理，提高渗水温度对光纤的敏感性。该方法的优点在于可监测任意部位和同时监测很多部位，但缺点是无法定量监测，只能判断渗漏部位。

（3）分层分区计算分析。在无法布置量水堰或设量水堰投入较大，以及众多的老坝无量水堰设施而改造难度较大等情况下，可采用三维有线元计算的办法，辅助判断渗流量大小。主要根据坝体材料分区和渗透系数特性，基础及防渗处理渗透特性分区等，按区域划分网格，将不同库水位、尾水位、气温等作为外部条件进行计算和分析。如猫跳河红枫大坝采用了三维有限元计算分析。

此方法目前还不能作为渗流量监测的有效手段，仅作为辅助手段，主要用于小型工程和已建的无法补建量水堰的老坝工程，也可用于地质条件复杂的大中型工程渗漏研究。

3.3.5.2 坝基渗透压力

堆石体是一种强透水材料，坝体内浸润线的位置较低，因此对面板堆石坝渗透压力的监测主要采用渗压计监测坝基渗透压力。坝基渗透压力监测的重点是趾板附近，一般布置 1～3 个监测断面，其中最高坝段部位为主监测断面。监测断面上测点宜布置在帷幕后、周边缝处、垫层区、过渡区和堆石区，一般为 3～6 个点，其中堆石区不少于 2 个点。对尾水位较低或深覆盖层河床宜增加测点。通常，面板前还有防渗铺盖，在蓄水后可能还有泥沙淤积，因此趾板下灌浆帷幕前也不一定是全水头，可在幕前设置一支渗压计，观测幕前水头是否为库水位。

对岸坡趾板区渗透压力，可在趾板区基础帷幕后，采用坑式埋设方式埋设渗压计，监测趾板区帷幕后的渗透压力，在左右岸趾板区各布置 3 支渗压计。

依据所监测部位的测值估计数来确定该渗压计量程的最小值，在坝基幕前渗透压力按（0.9～1）h 水头估算、幕后按（0.5～0.7）h 水头估算，h 为水库最高水头（设计值）。

施工期坝体及坝基表面渗压计的安装及埋设方法可采用坑槽法或钻孔法。运行期坝体及坝基（或施工期坝基、绕坝渗流两岸深层）渗压计的安装及埋设方法应采用钻孔法。

3.3.5.3 绕坝渗流（地下水位）

绕坝渗流监测应根据地形、地质条件、渗流控制措施、绕坝渗流区渗透特性及地下水情况而定，宜沿流线方向或渗流较集中的透水层（带）设 2～3 个监测断面，每个断面上设 3～4 个地下水位测孔（含渗流出口），帷幕前可设置少量测点。对层状渗流，应分别将监测孔钻入各层透水带，至该层天然地下水位以下的一定深度，一般为 1m，埋设测压管或渗压计进行监测。必要时，可在一个孔内埋设多管式测压管，或安装多个渗压计，但必须做好上、下层测点间的隔水设施。

坝体与刚性建筑物接合部的绕坝渗流监测，应在接触边界的控制处设置测点，并宜沿接触面不同高程布设测点。

3.3.5.4 水质分析

对面板坝的水质分析，渗流监测的选点、取样和分析项目参照本章 3.1 节相关内容。

3.3.5.5 工程实例

【实例 1】 天生桥一级水电站，大坝渗流监测包括坝基渗透压力、渗流量、绕坝渗流（地下水位）等监测项目。

为监测面板和趾板间的周边缝及趾板区域的帷幕灌浆与固结灌浆的防渗效果，在 0＋404.00、0＋506.00、0＋527.50、0＋600.00、0＋630.00、0＋660.00、0＋724.60 和 1＋002.00 断面共埋设有 21 支钻孔渗压计。同时，在面板后的不同桩号的基岩面，埋设了 13 支坑埋式渗压计，以监测基岩与混凝土、混凝土与混凝土间接触缝的渗水压力。

下游坝趾建立了标准梯形量水堰及 3 个集水井水位孔，以监测大坝渗流情况，量水堰的渗流汇集暗渠伸入坝体堆石区。坝后量水堰从 1999 年 8 月 6 日开始启用，坝后集水井 1998 年 10 月 11 日建立，到 2011 年为止上述设施运行正常。

右坝肩 3 号、7 号排水洞口建有三角量水堰，监测排水洞的渗流量。

为监测绕坝渗流情况，在左右坝肩共布置了 16 个地下水位孔。

【实例 2】 三板溪水电站位于沅水干流河段清水江中下游，混凝土面板堆石坝坝顶高程 482.50m，最大坝高 185.5m，坝顶宽度 10m，坝顶长度 423.34m。左坝头与溢洪道右导墙（闸门右边墩）结合，其趾板为高趾墙结构。坝后利用下游混凝土围堰改建成截水墙，以便布置量水堰设施。

选择主坝右 0＋071.00、左 0＋009.00 及左 0＋089.00 三个渗透压力监测横断面，每个断面在防渗帷幕下游侧的基础部位布置 2～4 组渗压计，每组 2 支，采用钻孔埋设法分上、下两层埋设在基岩中。此外还在主坝左 0＋009.00 横断面，沿建基面布置了 4 支渗压计。

在主坝下游坝脚建截水墙，设置一座量水堰配以堰流计，用以观测坝体、坝基的总渗流量。

【实例 3】 引子渡水电站工程位于乌江上游南源三岔河的下游，贵州省平坝县与织金县交界处，混凝土面板堆石坝最大坝高 129.5m，坝顶高程 1092.50m，坝顶宽 10.6m，坝顶长 276m。上游坝坡 1：1.4，下游坝坡设有 10m 宽的 Z 形上坝公路，路间坡度 1：1.22，下游平均坝坡 1：1.56。其主要渗流监测项目如下：

(1) 坝基渗透压力监测。沿河床最大断面设置一条顺河向渗透压力观测线，其中在坝基趾板帷幕前布置 1 支，以直接反映上游铺盖区的渗透压力；在紧靠帷幕后布置了 3 支钻孔式渗压计，以观测不同深度渗透压力情况；在沿坝基中心线的 0＋152.50、0＋070.00、0＋000.00 和 0－070.00 断面布置了 4 支渗压计。另外，在左右岸坡趾板帷幕后埋设坑式渗压计各 3 支。

(2) 绕坝渗流监测。在左、右岸分别布置 4 个和 6 个地下水位观测孔，钻孔深度深入原地下水位以下。

(3) 渗流量监测。利用下游围堰作为坝脚的截水墙，设置一个量水堰配以堰流计，用以观测坝体、坝基的总渗流量。在引子渡暗河的出口设置量水堰，观测蓄水前后暗河地下水流量的变化情况。

(4) 帷幕渗漏监测。在左、右岸灌浆廊道内帷幕后分别布置 4 个和 3 个水位观测孔，孔内安装渗压计观测帷幕灌浆效果。

3.3.6 应力应变及温度监测

3.3.6.1 面板应力应变及温度

在面板坝结构设计中，将面板仅作为防渗体来处理，面板不单独承受水荷载作用，仅为荷载传递作用，主要依靠堆石体承担水荷载，面板是按柔性结构考虑，即当面板同过渡料紧密接触时，理论上面板竖向、横向不出现弯矩（一般不考虑面板法向正应力）。面板施工为分期跳块竖向浇筑，由于堆石体的纵向变形，带动面板向河床中部挤压。另外，由于面板混凝土在浇筑后有一定的刚度，以及面板和堆石体变形的不协调，可能产生脱空，产生负弯矩和挤压使面板承受荷载。因此，应对中高混凝土面板堆石坝的面板进行应力应变和施工期温度监测。

1. 应力应变

通常面板为平面应力状态。设计时按平行于坝轴线和顺河向两个正交方向布置混凝土应变计，靠近两岸面板内在 45°方向另增加一支应变计，组成三向应变计值，以确定主应力方向，每组应变计宜配一支无应力计。为了不破坏面板的防渗性能，无应力计可设在面板与垫层料接合处，无应力计筒的大口在面板内，筒身可设在垫层料内。混凝土内应变计选用参见本章 3.1 节。典型监测断面应尽量将变形、渗流、应力等监测项目结合起来，以便综合分析。

(1) 应变监测的测点按面板条块布置，宜选取河谷最长面板条块及其左右岸坡各一面板条块。对高度超过 100m 的Ⅰ级坝，宜在可能产生挤压破坏的面板条块增设 1 个监测断面。测点布置于面板条块的中心线上。面板钢筋计宜布置顺坡和水平两向。

(2) 应变测点宜与钢筋应力测点相邻布置，且应在面板最长条块的混凝土应变测点旁布置无应力计。当坝轴线较长，同高程位置受日照影响温差较大时，应适当增加无应力监测的面板条块。

2. 温度

面板混凝土的温度监测，是面板坝监测的辅助项目，主要目的是为施工期面板混凝土温度控制服务。多数情况下，应力应变监测仪器可兼测温度，有需要时也可在面板混凝土中设专门的温度计。

面板上的温度计可同时兼测库水温的分布规律，为环保引水、科学调度出水温度提供了依据。库水温监测点应选择在有代表性和靠近上游坝面的库水中。对于坝高在 30m 以下的低坝，应在正常蓄水位以下 20cm、1/2 水深以及库底处各布置一个测点。对于坝高在 30m 以上的中高坝，从正常蓄水位到死水位以下 10cm 处的范围内，每隔 3～5m 宜布置一个测点，死水位以下每隔 10～15m 布置一个测点，在水位变动区应加密布设。埋设在面板内的温度计，既可用于混凝土温度监测也可用于库水温度监测。

温度监测仪器一般选用深水温度计、电阻温度计、钢弦式温度计等便于实现自动化监测的仪器。

3.3.6.2 坝基、坝体土压力

压力（应力）监测应与变形监测和渗流监测项目相结合布置。土压力监测包括对堆石体的总应力（即总土压力）、垂直土压力、水平土压力等的监测。土压力监测断面和测点布置应遵守下列规定：

(1) 一般布置 1～2 个监测断面，其中在最大坝高处应设置 1 个监测断面。监测断面的位置应同变形

监测断面相结合。

（2）根据坝高，每个监测断面可选取 3～5 个高程，高程的选择与坝体内部变形监测仪器的布置高程一致，必要时可另增设。

土中土压力计的埋设，应特别注意减小埋设效应的影响。必须做好仪器基床面的制备、感应膜的保护和连接电缆的保护及其与终端的连接、确认、登记。土中土压力计埋设时，一般在埋设点附近适当取样，进行干密度、级配等土的物理性质试验，必要时应适当取样进行有关土的力学性质的试验。

3.3.6.3　接触土压力

接触土压力监测点沿刚性界面布置。一般布置在土压力最大、受力情况复杂、工程地质条件差或结构薄弱等部位。为了解面板与垫层料之间的应力状况，在内部应力监测所在高程的面板和垫层料之间各布置 1 支界面土压力计。坝高超过 100m 的 Ⅰ 级坝可在每期面板的顶部 5m 范围内增设界面土压力计，以便与面板脱空计对应分析。

接触式土压力计埋设时，应在埋设点预留孔穴。孔穴的尺寸应比土压力计略大，并保证埋设后的土压力计感应膜与结构物表面或岩面齐平。

在监测断面的过渡料上游侧和坝轴线处堆石体中布置土中土压力计。过渡料中每个测点可布置 4 向压力计，水平、垂直、平行面板底面和垂直面板底面各 1 支；坝轴线处每个测点布置 2 向压力计，水平、垂直各 1 支。

3.3.6.4　工程实例

【实例 1】　天生桥一级水电站，在面板不同高程共埋设了 27 组 84 支应变计，在应变计组旁配埋 15 支无应力计，用以监测面板混凝土的应力应变情况。同时在应变计组附近埋设了 36 组 72 支钢筋计，钢筋计按水平向和顺坡向布置，以监测钢筋受力情况，见图 3.3-9。

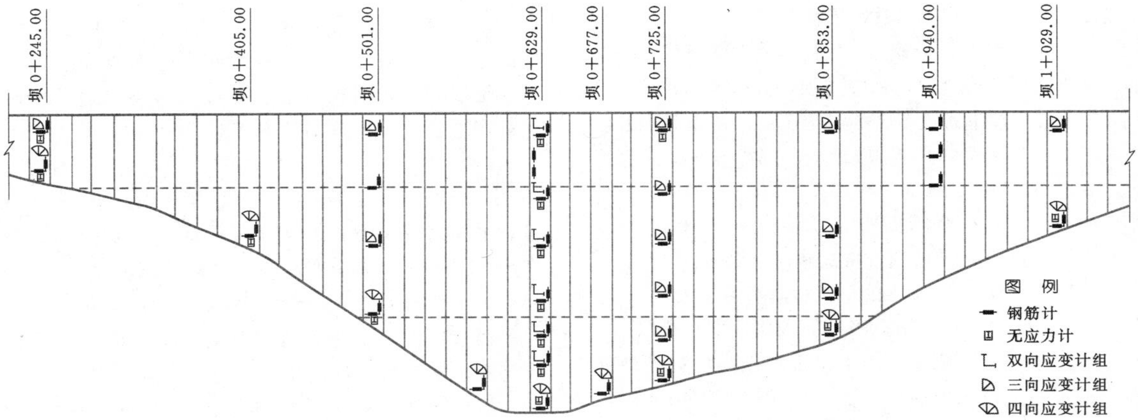

图 3.3-9　天生桥一级水电站大坝面板内部应力监测布置图

无应力计埋设在应变计组的附近，用以测量混凝土的自由体积变形或自由应变，是实测应变计算混凝土应力时必需的观测资料。

【实例 2】　引子渡水电站工程位于乌江上游南源三岔河下游，贵州省平坝县与织金县交界处。引子面板堆石坝，在面板靠近周边缝附近以及计算拉应变较大的部位布置 6 组三向应变计，三向均设在一个平面上，每组应变计配一支无应力计，共 18 支应变计和 6 支无应力计。

面板钢筋应力观测：选取 4 号、8 号和 12 号三块面板，在 993.00m、1014.00m、1038.00m、1060.00m、1076.00m 等五个高程，共布置钢筋计 20 支，其中 1050.00m 以下为双层钢筋，钢筋计也为双层。除高程 1018.00m 有 3 支横向钢筋计外，其余均为顺坡向钢筋计。

为了解坝体各部位土压力情况，在坝左 0+000.00 桩号的面板后垫层料内 998.00m、1032.00m 和 1058.00m 三个高程分别各布置了 2 支土压力计，在坝轴线 998.00m、1032.00m 和 1058.00m 三个高程各布置了 1 支土压力计；另外，在大坝纵轴线断面上两岸坡位置 998.00m、1032.00m 和 1058.00m 三个高程，也分别布置了 2 支土压力计，共 21 支。

3.3.7　巡视检查

巡视检查总体要求及检查方法见本章 3.1 节，但针对面板坝特点，视工程实际情况应加强对以下两部位的巡视检查。

1. 坝体巡视检查

（1）检查坝顶有无裂缝、异常变形、积水和植物滋生等现象；防浪墙有无开裂、挤碎、架空、错断、倾斜等情况。

(2) 检查迎水坡护面或护坡有无裂缝、剥落、滑动、隆起、塌坑、冲刷、或植物滋生等现象；近坝水面有无冒泡、变浑或漩涡等现象。

(3) 检查背水坡及坝趾有无裂缝、剥落、滑动、隆起、塌坑、雨淋沟、散浸、积雪不均匀融化、冒水、渗水坑或流土、管涌等现象；排水系统是否通畅；草皮护坡植被是否完好；有无兽洞、蚁穴等隐患；滤水坝趾、减压井（或沟）等导渗降压设施有无异常或破坏现象。

2. 坝基和坝区巡视检查

(1) 检查坝基基础排水设施的工况是否正常；渗漏水的水量、颜色、气味及浑浊度、酸碱度、温度有无变化；基础廊道是否有裂缝、渗水等现象。

(2) 检查坝体与基岩（或岸坡）结合处有无错动、开裂及渗水等情况；两坝端区有无裂缝、滑动、崩塌、溶蚀、隆起、塌坑、异常渗水、蚁穴、兽洞等。

(3) 检查坝趾区有无阴湿、渗水、管涌、流土和隆起等现象；基础排水及渗流监测设施的工作状况、渗漏水的漏水量及浑浊度有无变化。

(4) 检查地下水露头及绕坝渗流情况是否正常；岸坡有无冲刷、塌陷、裂缝及滑动迹象；护坡有无隆起、塌陷和其他损坏现象。

3.3.8 监测频次

面板堆石坝各阶段的观测内容及监测频次见表3.3-2。

表 3.3-2　面板坝监测项目监测频次表

监测项目	监测频次			
	施工期	首次蓄水期	初蓄期	运行期
表面变形	1次/周～1次/月	1次/天～1次/旬	1次/旬～1次/月	1次/月
坝体内部变形	1次/周～1次/月	1次/天～1次/旬	1次/旬～1次/月	1次/月
防渗体变形	1次/周～1次/月	1次/天～1次/旬	1次/旬～1次/月	1次/月
基础变形	1次/周～1次/月	1次/天～1次/旬	1次/旬～1次/月	1次/月
界面位移	1次/周～1次/月	1次/天～1次/旬	1次/旬～1次/月	1次/月
近坝边坡位移	2～1次/月	2次/月	1次/月	1次/季
渗流量	1次/周～1次/旬	1次/天	2～1次/旬	1次/旬～2次/月
坝体渗透压力	1次/周～1次/月	1次/天	2～1次/旬	1次/旬～2次/月
坝基渗透压力	1次/周～1次/月	1次/天	2～1次/旬	1次/旬～2次/月
防渗体渗透压力	1次/周～1次/月	1次/天	2～1次/旬	1次/旬～2次/月
绕坝渗流（地下水位）	1次/周～1次/月	1次/天～1次/旬	1次/旬～1次/月	1次/月
坝体应力、应变	1次/周～1次/月	1次/天～1次/旬	1次/旬～1次/月	1次/月～1次/季
防渗体应力、温度	1次/周～1次/月	1次/天～1次/旬	1次/旬～1次/月	1次/月～1次/季
上下游水位		4～2次/天	2次/天	2～1次/天
库水温		1次/天～1次/旬	1次/旬～1次/月	1次/月
气温		逐日量	逐日量	逐日量
降水量		逐日量	逐日量	逐日量
坝前淤积			按需要	按需要
冰冻		按需要	按需要	按需要
坝区平面监测网	取得初始值	1次/季	1次/年	1次/年
坝区垂直位移监测网	取得初始值	1次/季	1次/年	1次/年
下游冲淤			每次泄洪后	每次泄洪后

注　1. 表中监测频次均系正常情况下人工测读的最低要求。特殊时期（如高水位运行、发生大洪水、地震以及大坝某部位发生异常等）应根据实际情况增加测次。监测自动化按《大坝安全监测自动化技术规范》（DL/T 5211—2005）执行，即试运行期1次/天，常规监测不少与1次/周，非常时期可根据需要，加密测次。

2. 施工期坝体填筑进度较快时，变形测次应取上限；施工期加水碾压的土坝填筑进度较快时，坝体渗透压力测次取上限；首次蓄水期，库水位上升快的，测次应取上限；初蓄期，初期测次应取上限；运行期，当变形、渗流等性态变化速率大时，测次应取上限，性态趋于稳定时可取下限。当多年运行性态稳定时，可减少测次，减少监测项目或停测，但应报主管部门批准。但当水位超过前期运行水位时，仍需按首次蓄水执行。

3. 对于位移稳定（变化速率小于1mm/年）的低坝，测次可减少为1次/季。

3.4　心墙坝和均质坝

3.4.1　心墙坝监测

3.4.1.1　结构特点及监测重点

1. 心墙坝的特点

心墙坝是土石坝的一种坝型。其特点就是利用各种类型的防渗材料作为防渗体，以降低坝体的浸润线，防止渗透破坏坝体和减少渗流量。心墙堆石坝包括黏土心墙堆石坝、沥青混凝土心墙堆石坝和土工膜心墙堆石坝等。由于心墙堆石坝具有抗渗性能高、坝坡稳定性好的特点，目前高土石坝多采用土心墙堆石坝或沥青混凝土心墙堆石坝。

2. 重点监测部位

对于心墙坝来说，坝体的填筑规模都比较大，为了对心墙坝的工作状态和运行状况进行有效全面的监测，应确定合理的监测断面。监测断面选择一般应考虑的部位有：最高大坝断面；原河床深槽或地形变化较大处；坝基有高压缩层或地质构造复杂处；施工导流段和合拢段等。

对于大中型心墙坝来说，平行于坝轴线的监测断面（纵断面）一般至少选择一个，垂直于坝轴线的监测断面（横断面）一般不宜少于 3 个；对于坝顶轴线长度大于 1000m 的，宜设置 3～5 个；特别重要和复杂的工程，还可根据工程的重要和复杂程度适当增加。断面间距根据各工程大坝的实际情况选定，一般断面间距在 100～200m 之间。监测仪器和监测设备主要布置在监测断面上，其他部位根据大坝的实际情况可适当简化布置。对于中小型心墙坝来说，一般选择一个纵断面和 2～3 个横断面，监测项目主要布设渗流和变形监测，监测仪器和监测设备的布置可根据工程的实际情况进行适当简化。

3. 重点监测项目

由于心墙坝的筑坝材料不耐冲刷，一旦出现漫顶或裂缝，就会形成渗漏通道，导致坝体局部失稳滑坡，严重时可导致溃坝，因此心墙坝的关键问题就是坝体和坝基的变形和渗流稳定问题，心墙坝的重点监测项目应是心墙防渗体、坝体及坝基的渗流稳定和变形。

4. 监测仪器

心墙坝的监测仪器基本与面板堆石坝通用，但沥青心墙由于施工期温度较高，埋设在沥青心墙内部的仪器及电缆必须耐高温，应变计的量程必须适应沥青混凝土的变形，目前常用的是采用测缝计替代应变计。

3.4.1.2　监测设计依据

心墙坝监测设计依据参见本章 3.1 和 3.3 节的相关内容。

3.4.1.3　监测项目

对于心墙坝来说，一般根据工程的等级、大坝的结构特点、地质条件等因素来确定相应的监测项目，心墙坝各等级大坝安全监测项目的设置情况见表 3.4-1。

表 3.4-1　心墙坝安全监测项目分类表

序号	监测类别	监 测 项 目	大坝级别		
			1	2	3
一	巡视检查	坝体、坝基、坝肩及近坝边坡	●	●	●
二	变形	表面变形（水平、垂直）	●	●	●
		坝体内部垂直位移	●	●	○
		坝体内部水平位移	●	●	○
		界面位移	●	●	○
		坝基变形	●	●	●
		心墙变形	●	●	○
		近坝边坡位移	○	○	○
三	渗流	渗流量	●	●	●
		坝体渗透压力	●	●	○
		坝基渗透压力	●	●	●
		心墙渗透压力	●	●	●
		绕坝渗流（地下水位）	●	●	○
		水质分析	●	●	○
四	应力、应变及温度	孔隙水压力	○	○	
		坝体土压力	○	○	
		坝基压应力	○	○	○
		接触土压力	●	○	
		心墙应力、温度	●	●	○
五	环境量	上、下游水位	●	●	●
		气温	●	●	●
		降水量	●	●	●
		库水温	●	○	
		坝前淤积	●	○	
		下游冲淤	●	○	
		冰冻	○		

注　1. 有●者为必设项目；有○者为可选项目，可根据需要选设。
2. 坝高 70m 以下的 1 级坝，心墙应力温度和坝体内部水平、垂直位移为可选项目。

3.4.1.4　变形监测

心墙坝变形监测按其监测部位不同，分为表面变形监测和内部变形监测；按其方向不同又可分为水平和垂直两个方向的位移监测。内部变形的监测还应对不同材料的内部界面和接缝开合度进行监测。

1. 表面变形监测

表面变形监测包括对垂直位移、垂直于坝轴线方向的横向水平位移和平行于坝轴线方向的纵向水平位移的监测。为便于资料分析，一般外部垂直位移和水平位移共用一个测点。

对于表面水平位移，通常采用的监测方法有视准线法、交会法、测距法、三角网法和GPS测量系统等。心墙坝外部垂直位移监测常用的方法有几何水准法、三角高程法和GPS测量方法。观测方法参见本章3.1～3.3节。

(1) 监测布置的基本要求如下：

1) 平行坝轴线的测线不少于4条，在坝顶的上、下游两侧布设1～2条；在上游坝坡正常蓄水位以上设1条，正常蓄水位以下可视需要设临时测线；下游坝坡半坝高以上设1～3条，半坝高以下设1～2条（含坡脚1条）。对于大型或超大型心墙坝，上述布置的条数取上限；对于中小型的心墙坝，上述布置的条数取下限。

2) 测点间距，一般坝轴线长度小于300m时，宜取20～50m；坝轴线长度大于300m时，宜取50～100m。除应在上述监测断面上布设测点外，还需根据坝体结构、材料分区和地形、地质情况增设测点。对V形河谷中的高坝和两坝端以及坝基地形变化陡峻的坝，坝顶测点应适当加密。在进行测点布置时，测点旁应离障碍物1m以上。

3) 各测点的布置应形成纵横断面，以便于进行对比分析。

4) 水平位移对于中小型的心墙坝宜采用视准线法；对于大型或超大型心墙坝，根据其实际地形和地质条件，宜采用全站仪交会法。垂直位移宜采用几何水准法进行监测。

5) 视准线的工作基点和水准工作基点、水准基准点布设要求可参见本章3.1节和3.3节。

(2) 监测布置实例见图3.4-1～图3.4-3。

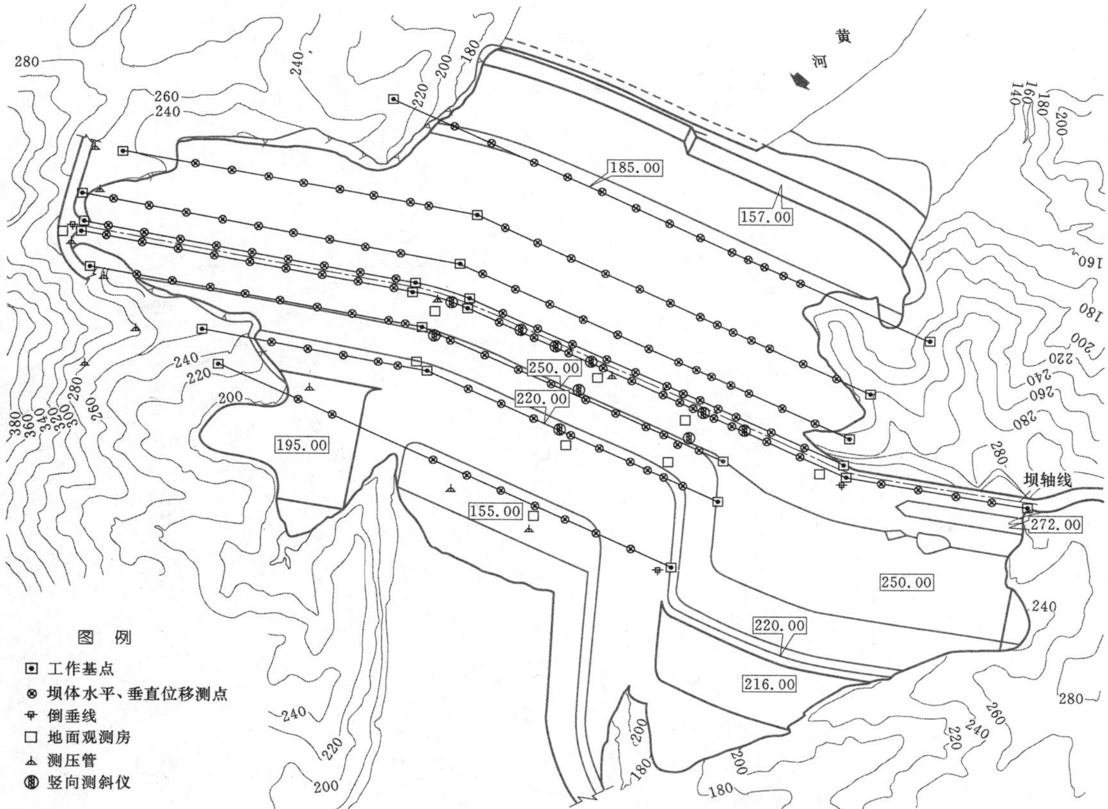

图3.4-1　小浪底斜心墙坝变形监测布置图

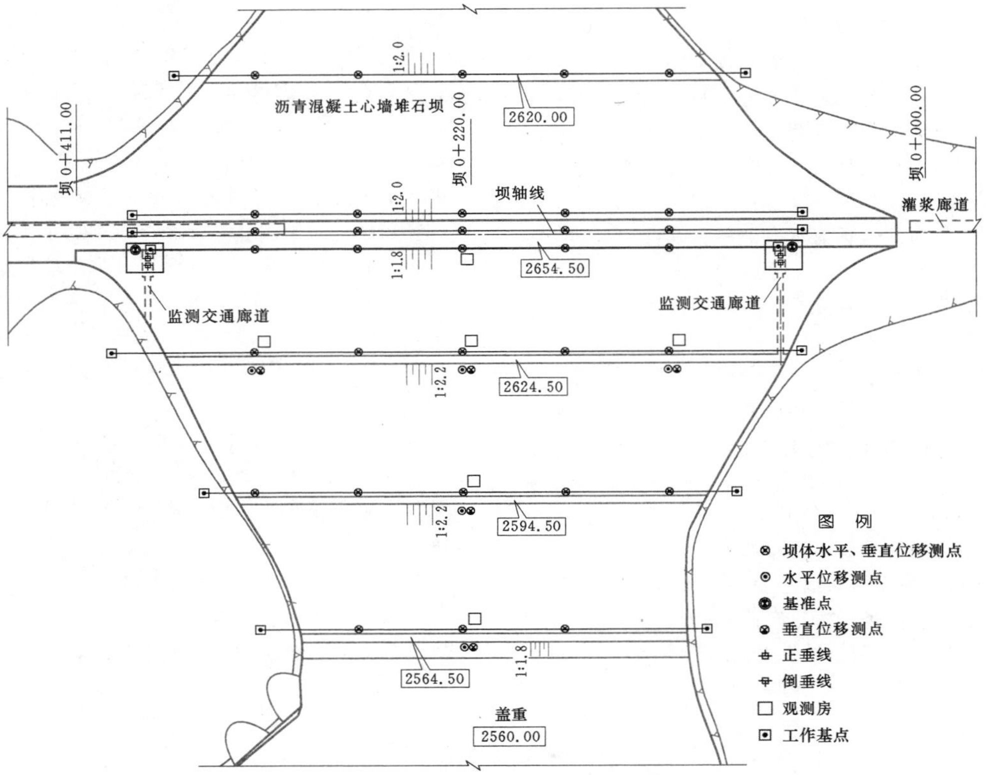

图 3.4-2　冶勒沥青心墙坝变形监测布置图

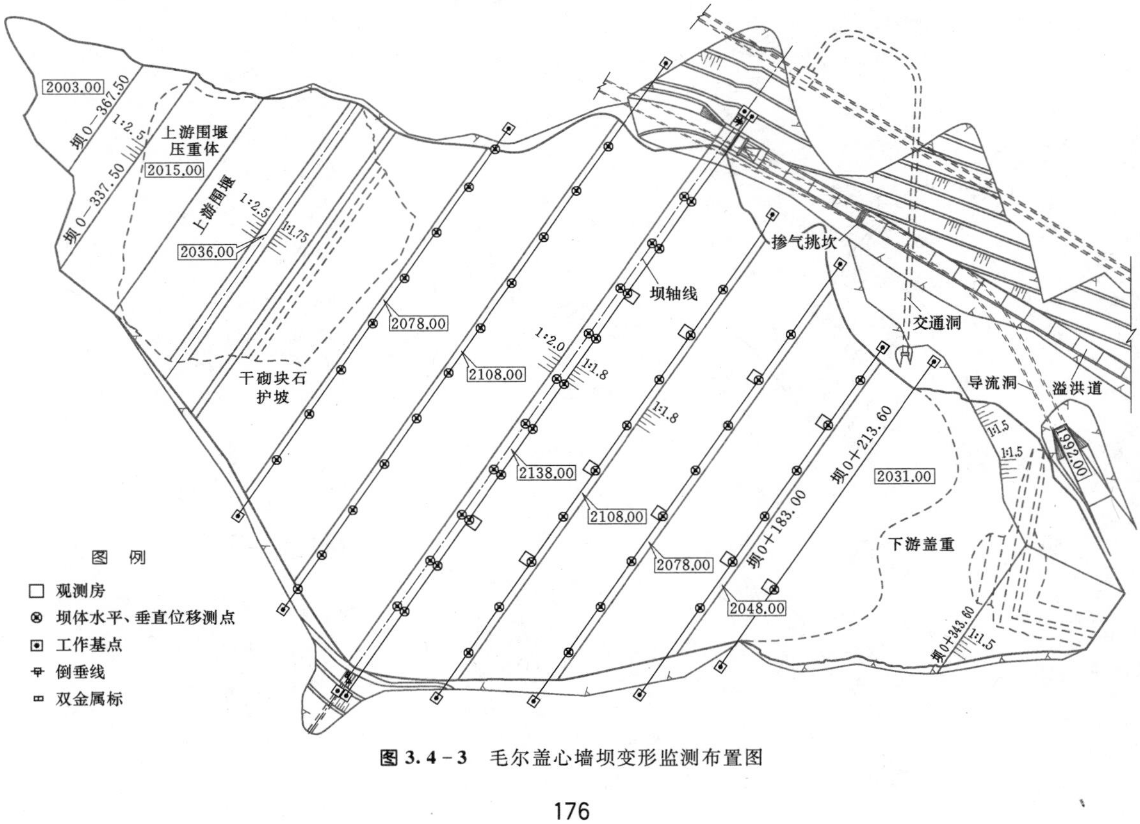

图 3.4-3　毛尔盖心墙坝变形监测布置图

2. 内部变形监测

坝体内部变形监测又可分为垂直位移（沉降）监测、水平位移监测和坝体与边坡以及不同料区间的界面相对位移监测。一般内部垂直位移监测和水平位移监测都是相对某一点的位移，而这一点的高程或平面坐标需要采用外部监测的方法来确定，两者结合才能确定坝体内部各测点绝对位移的变化。

(1) 坝体变形监测。心墙坝内部垂直位移监测主要仪器有横梁式沉降仪、电磁式沉降仪、钢弦式沉降仪、水管式沉降仪、气压式沉降仪、深式标点、测斜仪等。各种监测方法各有优缺点，埋设方法和要求不同，精度也不同。具体采用的监测方法应根据不同工程的坝型、坝高、坝长、地形、地质、施工条件以及施工方法等因素进行综合选择。目前常用的监测仪器有电磁式沉降仪、钢弦式沉降仪、水管式沉降仪和测斜仪等。

心墙坝的内部水平位移监测仪器主要有测斜仪、引张线式水平位移计、土体位移计、钢弦式水平位移计等，监测方法各有优缺点，埋设方法和要求不同，精度也不同。具体采用的监测方法应根据坝型、坝高、坝长、地形、地质、施工条件以及施工方法等因素进行综合选择。目前，常用的监测仪器有测斜仪、引张线式水平位移计、土体位移计等。

监测布置时应同时考虑水平位移和沉降监测点，具备条件时，水平位移和沉降监测点应结合布置。

心墙上游堆石体布置的测点应统筹考虑施工期和运行期监测的需要，具备条件时，应对相关监测设施引到坝顶以上以便监测施工期和蓄水期堆石体的变形。

对堆石体内部的变形监测，监测布置可采用水平向测点布置或竖向测点布置，也可采用水平向测点和竖向测点结合布置。心墙堆石坝应优先考虑竖向测点布置方式或竖向测点与水平向测点结合布置的方式。

1）竖向布置（测斜沉降管）。根据坝体结构的实际情况，对于大中型大坝来说，每个典型横断面应布置 2～4 条竖向测线（每条测线的水平位移和沉降可结合布置，如测斜沉降管），其中，在坝轴线附近设置 1 条测线，心墙下游侧设 1～3 条测线，心墙上游可在最大坝高断面处设 1 条竖向测线。竖向测线底部应深入基础变形相对稳定处。

2）水平布置（引张线式水平位移计和水管式沉降仪）。当心墙下游采用水平层测点布置方式时，监测断面位置应在最大断面及左右两端受拉区，应在 1/3、1/2、2/3 坝高处布置测点、高程间距宜为 20～50m，最低监测高程宜设置在距基础 10m 范围内；各监测高程第一个测点应尽量靠近心墙，但不能穿过心墙，测点平面间距 30～50m，测点在竖直向应形成观测线。当采用水平层和竖向结合布置时，监测断面位置应一致，测点数量应根据监测要素综合考虑。当心墙底部设置有廊道时，需要根据工程特点布置廊道变形监测，包括廊道垂直位移和水平位移等。

3）纵向布置（大量程位移计）。对 200m 级及其以上的高心墙坝，应根据坝址地形条件、计算成果设置内部纵向位移监测线，测点布置宜采用并联方式。测点布设或电缆敷设严禁水平向横穿心墙，电缆在心墙内敷设应隔一段设置止水设施。

4）监测仪器选型。水平向测点布置时，水平位移一般采用引张线式水平位移计进行监测，也可采用水平测斜仪布设沉降环进行监测，对于坝体的纵向变形，一般采用土体位移计进行监测；垂直位移监测的方法很多，一般采用水管式沉降仪、弦式沉降仪、水平测斜仪等方法进行监测。测点布设时要综合考虑所采用的方法以及坝体自身的结构情况。竖向测线布设一般采用测斜管加沉降环的方式。

(2) 坝身防渗体变形监测主要有以下方面：

1）对柔性的土质和沥青混凝土心墙，应监测心墙的压缩变形、挠曲变形。压缩变形可采用分段布置，也可采用整体布置。对刚性的混凝土心墙宜监测其挠曲变形。

2）坝身防渗体变形监测断面应与典型监测断面一致。

3）防渗体变形一般采用测斜管加沉降环的方式进行监测，也可采用其他方式进行监测，但布设时应尽量减少监测设施对心墙造成损害。

(3) 基础变形监测。当坝址区为深覆盖层时应对深覆盖层基础防渗墙及其与坝体防渗体结合部分进行监测，监测内容包括基础覆盖层变形和防渗墙变形等。

1）监测设计时，基础变形监测与坝体变形监测应统一考虑。

2）对于大型心墙坝，应在最大断面的基础部位布设测点，以监测基础的沉降量。基础覆盖层变形监测应与坝体变形监测统一考虑，坝体下游水位较高时宜采用竖向布置方式。

3）防渗墙的挠度以及防渗墙与坝体防渗体结合部位的变形应布置监测设施进行监测。

(4) 界面变形监测。界面变形包括心墙与过渡料接触位移、土体与混凝土建筑物及岸坡岩石接触位移等。

1）界面变形监测设施一般布设在不同坝料交界及土石坝与混凝土建筑物、岸坡连接处，监测界面上两种介质相对的法向及切向位移，一般采用界面变位计进行监测。

2）在心墙的上游、下游宜设置心墙与过渡料的剪错位移和接触位移监测，监测断面应与坝体内部变形断面及心墙压缩变形监测断面一致。

3）在土体与混凝土建筑物及岸坡岩石接合处易产生裂缝的部位，峡谷坝址拱效应突出的部位，应设置接触位移测点。

4）在混凝土及沥青心墙与基础防渗墙结合处，宜在结合部位的上游、下游布置接缝开合度监测，若为不对称河谷坝址，还应设置接缝水平剪切和错动位移监测。

（5）监测布置工程实例见图 3.4－4～图 3.4－6。

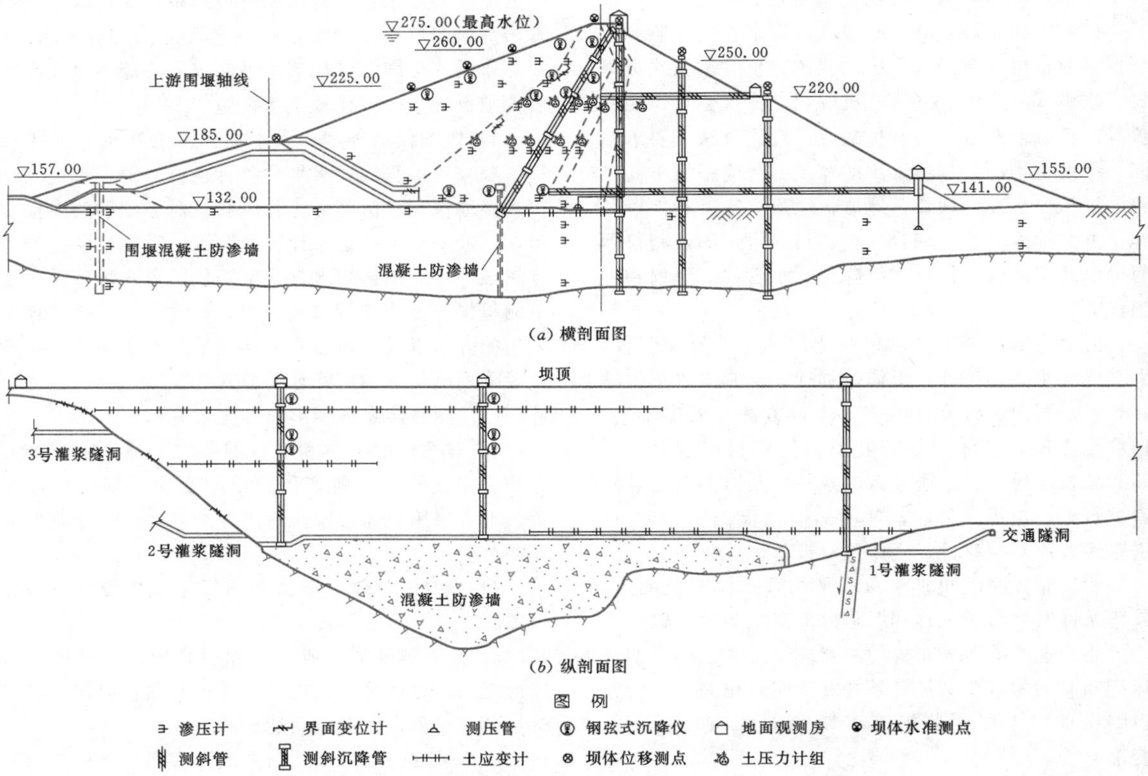

图 3.4－4　小浪底水电站监测布置图（单位：m）

3.4.1.5　渗流监测

渗流监测的目的是掌握心墙坝渗流规律和在渗流作用下坝体的渗透变形，是监测土石坝安全的重要项目。

据有关资料分析统计，心墙坝由于渗流问题引起的事故占总失事事故的 30%～40%，可见渗流监测的重要性。渗流监测是指渗透水流的状态监测，主要包括坝体浸润线监测、坝体和坝基渗透压力监测、土心墙的孔隙水压力监测、防渗和排水效果监测、绕坝渗流监测、渗流量监测以及水质分析等。

1．浸润线

坝体浸润线是指水库长期蓄水形成稳定渗流状态后的顶层流线。通过浸润线监测，借以掌握大坝运行期的渗流状况。

2．坝体渗透压力

（1）坝体渗透压力监测布置首先应选择监测横断面。监测横断面宜选在最大坝高处、地形或地质条件复杂坝段，一般不得少于 3 个（即河床及两岸各一个），并尽量与变形、应力监测断面相结合，不必等间距。

（2）监测断面上的测点布置，一般在土心墙内布设 1～3 个测点，心墙下游侧和排水体前缘各布设一个测点，坝肩与下游排水体之间布设 1～3 个测点；对于刚性心墙和窄心墙坝，心墙内无法布设测点，但可在心墙上下游各布设 1 个测点。

（3）孔隙水压力监测，对于较宽的土心墙来说，在心墙内部每个断面沿不同高程至少要布置 3 排，每排不应少于 3 个测点；坝体内，也可按照上述高程布设，测点数量可以根据坝体的结构型式、筑坝材料等

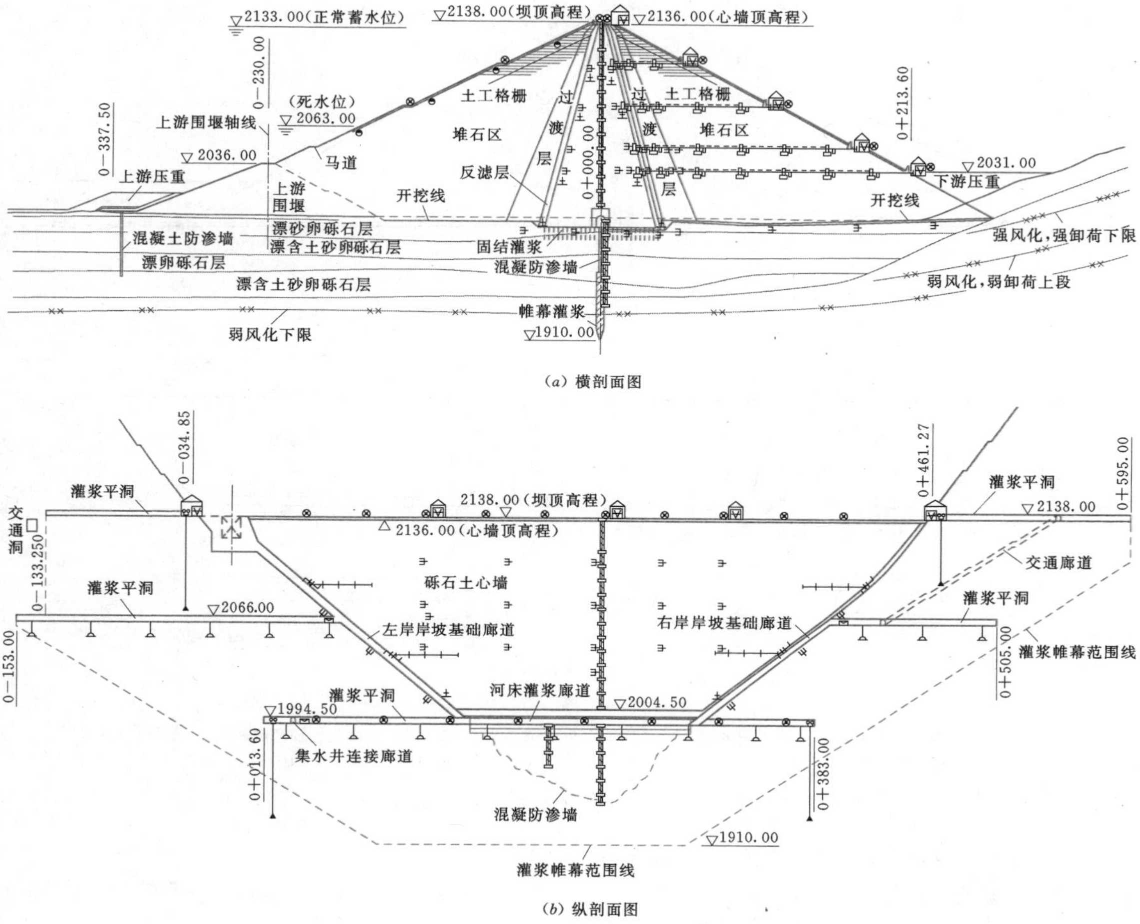

图 例

测斜沉降管　渗压计　地震仪　土压力计　观测房　倒垂线　测压管　水平位移计　表面温度计
双金属标　量水堰　位错计　水平、垂直位移测点　土体位移计串　水管式沉降仪

图 3.4-5　毛尔盖水库大坝监测布置图（单位：m）

因素确定。

（4）坝体渗透压力一般采用测压管进行监测，也可采用渗压计进行监测；孔隙水压力采用渗压计进行监测。

3．坝基渗透压力

（1）坝基渗透压力包括坝基天然岩土层、人工防渗和排水设施等部位渗透压力。坝基渗透压力监测横断面的选择主要取决于地层结构和地质构造情况。断面数一般不少于3个，并宜顺流线方向布置或与坝体渗透压力监测断面一致。坝基渗透压力监测点在每个横断面上不宜少于3个。

（2）一般应在防渗体下游侧布设一条监测纵断面，除了与横断面交叉的部位布设测点外，其他部位也应根据基础的实际情况布设一定数量的测点。对于大型工程可布设两条监测纵断面。

（3）对于均质透水坝基，除渗流出口内侧必设1个测点外，其余根据坝型而定。有铺盖的心墙坝，应在铺盖末端底部设1个测点，其余部位适当插补测点。有截渗墙（槽或帷幕）的心墙坝，应在墙（槽或帷幕）的上下游侧各设1个测点；当墙（槽或帷幕）偏上游坝踵时，可仅在下游侧设点。有防渗墙与塑性心墙相接时，需在结合部沿上下游方向适当增设测点，并宜在刚性防渗墙上下游侧沿不同高程设置测点。当防渗墙与防渗面板连接时，应在墙体下游侧和连接板下设置测点。

（4）对于层状透水坝基，一般只在强透水层中设置测点，位置宜在横断面的中下游段和渗流出口附近，测点数一般不少于3个。

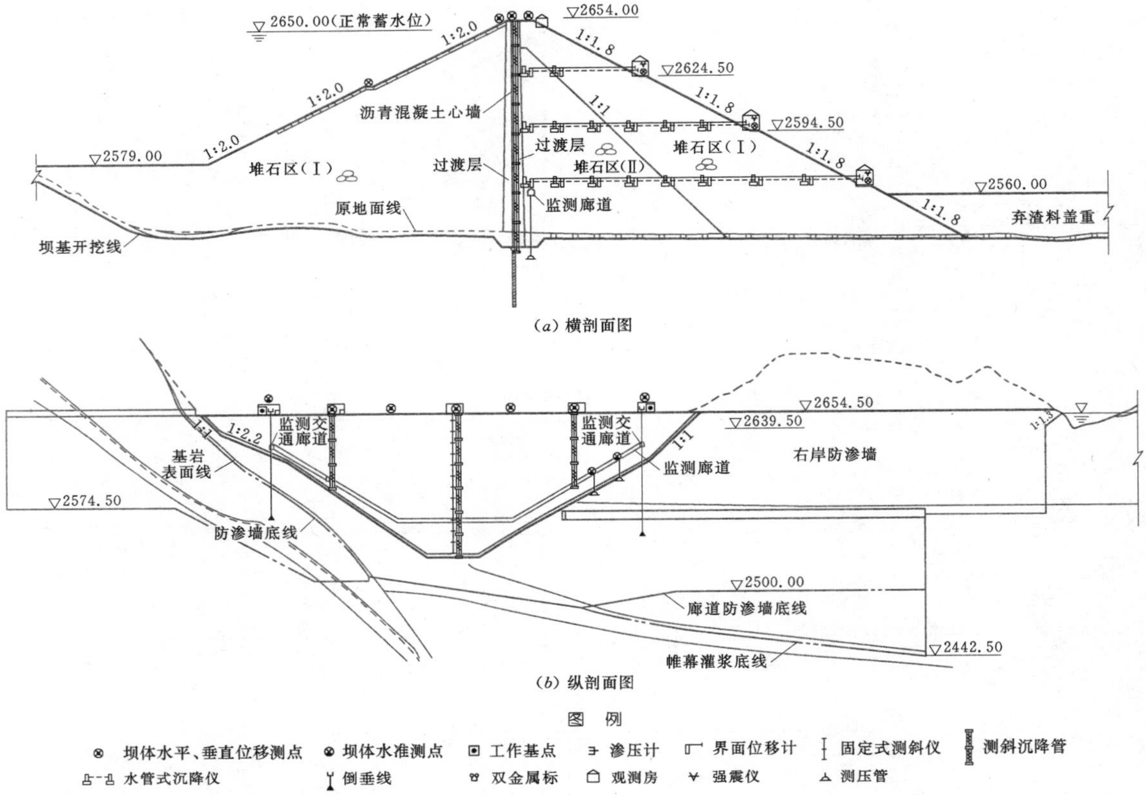

图 3.4－6　冶勒水库大坝监测布置图（单位：m）

当有减压井（或减压沟）等坝基排水设施时，还需要在其上下游侧和井间适当布设测点。

（5）岩石坝基，当有贯穿上下游的断层、破碎带或其他易溶、软弱带时，应沿其走向在与坝体的接触面、截渗墙（槽或帷幕）的上下游侧，或深层所需监视的部位布置 2～3 个测点。

4．绕坝渗流

绕坝渗流监测重点包括两岸坝端及部分山体、土石坝与岸坡或混凝土建筑物接触面，以及防渗墙或灌浆帷幕与坝体或两岸接合部等关键部位的监测。

（1）应根据地形地质条件、渗流控制措施、绕坝渗流区渗透特性及地下水情况而定，宜沿流线方向或渗流较集中的透水层（带）设 2～3 个监测断面，每个断面上设 3～4 测孔（含渗流出口），帷幕前可设置少量测点。对层状渗流，应分别将监测孔钻入各层透水带，至该层天然地下水位以下的一定深度，一般为 1m，埋设测压管或渗压计进行监测。必要时，可在一个孔内埋设多管式测压管，或安装多个渗压计，但必须做好上下层测点间的隔水设施。

（2）土石坝与刚性建筑物接合部的绕坝渗流监测，应在接触边界的控制处设置测点，并宜沿接触面不同高程布设测点。

（3）在岸坡防渗齿墙和灌浆帷幕的上、下游侧宜各布设 1 个测点。

5．渗流量

（1）渗流量的布置，应根据坝型和坝基地质条件、渗透（漏）水的出流、流向、汇集条件、排水设施，以及所采用的测量方法等确定。

（2）对坝体、坝基、绕坝渗流及导渗（含减压井、减压沟和排水廊道）的渗流量，在可能的条件下应分区、分段进行测量，有条件时宜修建截水墙、监测廊道等辅助设施。所有集水和量水设施均应尽可能避免或减少客水干扰。

（3）当坝体（基）下游有渗透（漏）水出逸时，一般应在下游坝趾附近设导渗沟（可分区、分段设置），在导渗沟出口或排水沟内设量水堰进行其出逸渗流量监测。

（4）对设有排水检查廊道的心墙坝，可在廊道内分区、分段设置量水设施。对减压井的渗流，应尽量进行单井流量、井组流量和总汇流量的监测。

（5）当深覆盖层基础、或下游尾水较高时，应研究采用截水墙汇集渗流进行渗流量监测的可能性，或采用其他渗流量监测方法。

(6) 渗流量监测方法的选用参见本章3.3节。

6. 水质分析

对心墙坝的水质分析，渗流监测的选点、取样和分析项目参照本章3.1节相关内容。

7. 监测布置

具体的工程实例，如小浪底斜心墙基础渗流监测布置见图3.4-7。

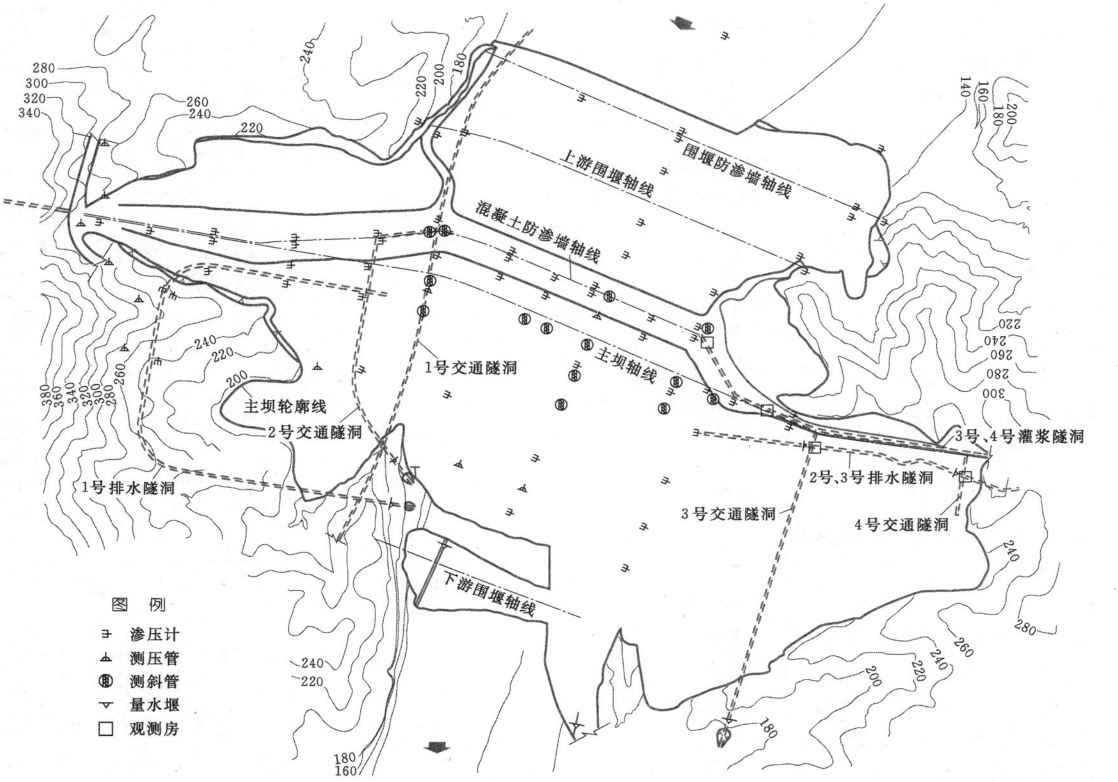

图3.4-7 小浪底斜心墙基础渗流监测布置图

3.4.1.6 应力应变及温度监测

对于心墙坝来说，应力应变监测项目主要有土压力、接触土压力、混凝土防渗墙应力应变及温度等监测。压力（应力）监测应与变形监测和渗流监测项目相结合布置。监测仪器主要技术参数及选用见本卷第2章。

1. 土心墙坝及基础监测

(1) 对于中小型土心墙坝，可不设应力应变监测项目。

(2) 对于大型土心墙坝来说，一般布置1～2个监测断面，其中在最大坝高处应设置1个监测断面。监测断面的位置应同变形监测断面相结合。

(3) 一般每个监测断面可选取3～5个高程布设测点，高程的选择与坝体内部变形监测仪器的布置高程一致。

(4) 在监测断面上，心墙内及其上下游反滤料处应布设测点，土压力计测点应与孔隙水压力测点成对布置。

(5) 应在心墙与陡峻岸坡的接触部位、心墙与岸坡接触处、地形突变部位、心墙与混凝土垫层接触面布置界面土压力计。

2. 混凝土心墙和防渗墙监测

(1) 钢筋混凝土（沥青混凝土）心墙和防渗墙应力应变及温度监测项目主要包括混凝土应变、钢筋应力、侧向土压力和温度等。

(2) 监测布置时，应结合结构、心墙特性以及地质条件，选择具有代表性的监测横断面，各监测断面沿不同高程布置应变计、无应力计、钢筋计、界面土压力计和温度计。

3.4.1.7 巡视检查

心墙坝巡视检查要求和方法可参见本章3.1节的相关内容，检查重点参见本章3.3节的相关内容。

3.4.1.8　监测频次

对心墙坝而言，监测项目包括仪器安装埋设后基准值的监测、施工期监测、蓄水期监测、初蓄期监测和运行期监测。不论是哪个阶段的监测都应根据监测系统的仪器使用程序和仪器厂家说明书，用人工或自动测读系统，进行基准值测读和定期测读。

监测频次与被测物理量的变化速率有关，不同阶段（施工期、蓄水期、初蓄期和运行期）变化速率不同，监测频次要求也不同。当发生非常事件和性态异常时，比如高库水位期和水位骤降、地震以及大坝某部位发生异常时，观测物理量达到临界状态或量值变化速率异常加大时，应根据实际情况增加监测频次。

总之，监测频次应与相关物理量的变化速率和可能发生显著变化的时间间隔相适应，同时又要与测量装置相适应，并满足资料分析和判断建筑物安全性态的需要。心墙坝各阶段监测频次和巡视检查要求与面板堆石坝相同，可参见表 3.3-2。

3.4.2　均质坝监测

3.4.2.1　结构特点及监测重点

均质坝是土石坝的一种坝型，其特点就是坝身的绝大部分由一种主料筑成，整个剖面起防渗和稳定作用。由于均质坝的剖面较大，在高水头作用下渗流稳定是最关键的问题，因此均质坝的坝高一般较低。

由于均质坝基本为中低坝，一般以渗流监测为主，对于变形监测，以外部变形监测为主，适当布置一定的内部变形监测项目。

3.4.2.2　监测设计依据

均质坝监测设计依据参见本章 3.1 节和 3.3 节的相关内容。

3.4.2.3　监测项目

对于均质坝来说，一般根据工程的等级、大坝的结构特点、地质条件等因素来确定相应的监测项目，均质坝各等级大坝安全监测项目的设置情况见表 3.4-2。

3.4.2.4　变形监测

1. 表面变形监测

表面变形监测包括垂直位移、垂直于坝轴线方向的横向水平位移和平行于坝轴线方向的纵向水平位移的监测。为便于资料分析，一般外部垂直位移和水平位移共用一个测点。

观测方法参见本章 3.3 节和 3.4.1 条中的相关内容。

（1）一般在坝顶上游侧布设 1 个纵向监测断面，在上游坝坡正常蓄水位以上布设 1 个纵向监测断面，下游坝坡布设 1～2 个纵向监测断面。

表 3.4-2　均质坝安全监测项目分类表

序号	监测类别	监 测 项 目	大坝级别		
			1	2	3
一	变形	表面变形（水平、垂直）	●	●	●
		内部垂直位移	●	○	○
		内部水平位移	●	○	○
二	渗流	渗流量	●	●	●
		坝体渗透压力	●	●	●
		坝基渗透压力	●	●	●
		绕坝渗流（地下水位）	●	●	○
		水质分析	●	●	○
三	巡视检查	坝体、坝基、坝肩及近坝边坡	●	●	●
四	环境量	上、下游水位	●	●	●
		气温	●	●	●
		降水量	●	●	●
		坝前淤积	●	○	

注　有●者为必设项目；有○者为可选项目，可根据需要选设。

（2）横向监测断面间距：一般坝轴线长度小于 300m 时，应取 20～50m；坝轴线长度大于 300m 时，应取 50～100m。除应在上述监测断面上布设测点外，还需根据坝体结构、材料分区和地形、地质情况增设测点。

（3）各测点应布置在纵横监测断面的交叉点上，以便于进行对比分析。

（4）测点的水平位移应采用视准线法进行观测，垂直位移宜采用几何水准法监测。

（5）视准线的工作基点和水准工作基点、水准基准点布设要求可参见本章 3.1～3.3 节。

2. 内部变形监测

对于小型均质坝，一般仅布设表面变形监测点即可。对于中型的均质坝，可根据地形条件、坝体规模等，选取 1～3 个监测横断面布设内部变形设备。在监测布置时，一般采用测斜管与沉降环相结合的方式进行布设，每个断面布置 1～3 条竖向测线，其中坝轴线附近设置一条。

3.4.2.5　渗流监测

1. 坝体渗透压力监测

坝体渗透压力监测断面宜与变形监测断面一致。在监测横断面上，应在坝基面沿上下游设置测点，坝轴线上游侧至少1个测点，下游排水体前缘设1个测点，其间宜设1～2个测点；坝体内应在正常蓄水位以下沿不同高程设置2～4层监测截面，每层布置不少于3个测点。

坝体浸润线一般采用测压管进行监测，也可采用渗压计进行监测；孔隙水压力采用渗压计进行监测。

2. 坝基渗透压力监测

应在防渗体下游侧布设一条监测纵断面，除了与横断面交叉的部位布设测点外，其他部位也应根据基础的实际情况布设一定数量的测点。一般每个监测横断面上不宜少于3个测点。

对于均质透水坝基，除渗流出口内侧必设1个测点外，其余视坝型而定。有铺盖的均质坝，应在铺盖末端底部设1个测点，其余部位适当插补测点。有截渗墙（槽或帷幕）的均质坝，应在墙（槽或帷幕）的上、下游侧各设1个测点。

对于层状透水坝基，一般只在强透水层中设置测点，位置宜在横断面的中、下游段和渗流出口附近，测点数一般不少于3个。

3. 绕坝渗流监测

对于绕坝绕渗，应沿流线方向或渗流较集中的透水层（带）设2～3个监测断面，每个断面上设3～4个测孔（含渗流出口），帷幕前可设置少量测点。

4. 渗流量监测

对于渗流量，一般应在下游坝趾附近设导渗沟，在导渗沟出口或排水沟内设量水堰进行其出逸渗流量的监测。

5. 水质分析

对均质坝的水质分析，渗流监测的选点、取样和分析项目参照本章3.1节相关内容。

3.4.2.6 巡视检查

巡视检查总体要求及检查方法见本章3.1节相关内容。由于均质坝设置的监测项目的数量不多，因此巡视检查甚至比其他坝型的更为重要。针对均质坝特点，视工程实际情况应加强对下述部位的巡视检查：

(1) 坝顶有无裂缝、异常变形、积水和植物滋生等现象；防浪墙有无开裂、挤碎、架空、错断、倾斜等情况。

(2) 迎水坡护面或护坡有无裂缝、剥落、滑动、隆起、塌坑、冲刷、或植物滋生等现象；近坝水面有无冒泡、变浑或旋涡等现象。

(3) 背水坡及坝趾有无裂缝、剥落、滑动、隆起、塌坑、雨淋沟、散浸、积雪不均匀融化、冒水、渗水坑或流土、管涌等现象；排水系统是否通畅；草皮护坡植被是否完好；有无兽洞、蚁穴等隐患；滤水坝趾、减压井（或沟）等导渗降压设施有无异常或破坏现象。

(4) 坝基基础排水设施的工况是否正常；渗漏水的水量、颜色、气味及浑浊度、酸碱度、温度有无变化；基础廊道是否有裂缝、渗水等现象。

(5) 坝趾区有无阴湿、渗水、管涌、流土和隆起等现象；基础排水及渗流监测设施的工作状况、渗漏水的漏水量及浑浊度有无变化。

(6) 地下水露头及绕坝渗流情况是否正常；岸坡有无冲刷、塌陷、裂缝及滑动迹象；护坡有无隆起、塌陷和其他损坏现象。

3.4.2.7 监测频次

均质坝各阶段监测频次和巡视检查要求与面板堆石坝基本相同，可参见表3.3-2。

3.5 泄水及消能建筑物

泄水建筑物的主要功能为宣泄规划库容所不能容纳的洪水，防止洪水漫溢坝顶，保证大坝安全，并按水库功能要求下泄水流。尽管泄水建筑物型式繁多，性能各异，但从其所在部位划分，主要包括坝身泄水建筑物和岸边泄水建筑物两大类。坝身泄水建筑物与坝体结合，布置紧凑，管理集中，主要包括泄水孔（洞）、溢流厂房、滑雪道式溢洪道等。但对于当地材料坝一般不容许从坝身溢流或大流量溢流，或河谷狭窄而泄洪量大，难于经坝身宣泄全部洪水时，则需在坝体以外设置岸边泄水建筑物，其主要包括岸坡式溢洪道和泄洪洞等。

消能工是泄水建筑物的有机组成部分，担负着消散部分或大部分高速水流动能的任务。其常用的消能方式分为底流、面流和挑流消能。其相应的消能工类别为消力塘、挑流鼻坎、戽斗和跌坎，同时还应包含下游防冲设施等。

本节仅针对岸边泄水洞、溢洪道及消能防冲的结构和岩土安全监测设计，有关坝身泄水建筑物的结构安全监测设计见本章3.1～3.2节，所有泄水建筑物和消能工的水力学监测设计见本章3.11节。

滑雪道式溢洪道是拱坝特有的一种泄洪方式，主要适用于坝身泄流量大、体形较薄的拱坝，其优点是水流空中扩散、挑距距坝趾较远。滑雪道式溢洪道的结构监测可参照溢洪道的结构监测。

3.5.1 泄水洞

3.5.1.1 结构特点及监测重点

泄水洞一般包括进口段、洞身段、闸门段、渐变段、出口段和消能防冲工程及必要的引水渠、尾水渠。通常情况下，工作闸门前为有压段，常为圆形断面。工作闸门后为无压段，常为城门洞形断面，且一般水流流速较高。

泄水洞工程安全监测需结合地质条件、地下水环境、结构特点和高流速等因素布置相应的监测项目，安全监测重点是围岩稳定和衬砌结构（如断层、软弱结构面通过的洞段等）、受力条件复杂部位的结构（预应力闸墩、闸门启闭机）及高速水流导致的脉动压力及脉动可能引起的建筑物振动等。

3.5.1.2　监测设计依据

泄水洞监测设计依据参见本章 3.1 节。引用标准还应包括以下标准：

(1)《水工隧洞设计规范》(DL/T 5195、SL 279)。

(2)《水电水利工程爆破安全监测规程》(DL/T 5333)。

(3)《水工预应力锚固施工规范》(DL/T 5333)。

(4)《水工建筑物水泥灌浆施工技术规范》(DL/T 5148、SL 62) 等。

3.5.1.3　监测项目

泄水洞工程安全监测通常按表 3.5-1 进行监测项目的分类和选择。有关泄水洞进出口边坡监测设计内容参见本章 3.9 节；有关泄水洞水力学监测设计内容参见本章 3.11 节。

表 3.5-1　　泄水洞安全监测项目分类表

序号	监测类别	监测项目	建筑物级别		
			1	2	3
一	变形	表面位移	●	○	○
		收敛变形	●	●	●
		内部变形	●	○	○
		接缝位移	●	○	○
二	渗流	渗透压力	●	●	●
		地下水位	○	○	○
		内水压力	○	○	○
三	应力应变及温度	混凝土应力应变	○	○	○
		钢筋应力	○	○	○
		温度	○	○	○
		压应力	○	○	○
		锚杆应力	●	○	○
		锚索荷载	●	●	●
四	结构振动	振动监测	○	○	○

注　有●者为必设项目；有○者为可选项目，可根据需要选设。

3.5.1.4　进水塔结构监测

进水塔在动、静荷载作用下的变形稳定关系到建筑物的安全运行。一般在建筑物顶部布置表面变形监测点，采用大地平面变形测量法监测进水塔的水平位移，必要时可采用视准线或引张线监测。

进水塔结构监测应根据其结构布置与计算分析成果，视需要进行针对性布置。采用钢筋计监测典型受力钢筋应力，采用测缝计监测结构分缝及塔体与岩体接缝，采用压应力计监测岩体和塔体之间压应力，在水位有可能快速升降的工况下可采用渗压计监测岩体和塔体之间渗透压力。

3.5.1.5　洞身监测

洞身监测宜设置集中监测断面，断面布置应根据地质条件、施工方法、支护措施、计算成果等进行选择，力求合理。监测断面选择应跟施工方法考虑洞段时间空间关系，施工期与运行期相结合，围岩表面与深部相结合，使监测断面、测点形成一个系统，能控制整个洞身的关键部位，且围岩变形监测、支护效应和结构监测断面宜考虑结合布置。

监测断面一般分为重点监测断面和辅助监测断面，重点监测断面可布置相对全面的监测项目，以便多种监测效应量对比分析和综合评价；辅助监测断面一般仅针对性地布置某项或几项监测项目，主要用于监测少量用于指导施工或对洞身安全性评价具有重要意义的物理参数。

3.5.1.6　工作闸门室结构监测

泄水洞工作闸门通常为弧形门，根据其运行和结构特点，主要监测闸门底板的渗透压力、闸墩推力和启闭机室的梁板柱的钢筋应力等。

因泄水洞工作闸门室上游段均为有压段，在泄水洞非运行期间闸门底板承受较大的工作水头，可布置渗压计监测闸门室底板的渗透压力情况，布置压应力计监测底板与基岩接触面的压应力情况，布置钢筋计监测底板钢筋应力情况。

对于工作闸门室为地下洞室时，围岩与支护结构的监测可参照地下洞室的围岩稳定和支护结构监测。其闸墩的推力主要由围岩承担，通常不采用预应力结构，可在闸墩与围岩接触部位布置压应力计，监测闸墩传递到围岩的压应力大小。对于工作闸门室为外露的地表结构型式，其闸墩结构监测同一般坝身闸墩结构的监测即可。

工作闸门启闭机室板梁柱的结构受力情况，应根据计算成果视需要布置钢筋计和混凝土应变计，监测启闭机层的板梁柱的钢筋应力和混凝土应力应变，测点通常布置在受力、变形较大或结构薄弱部位。

3.5.1.7 出口段结构监测

泄水洞出口消能段其结构监测项目参照本章3.5.3条。

3.5.1.8 巡视检查

巡视检查总体要求及检查方法见本章3.1节，泄水洞工程施工期和运行期巡视检查项目和内容可参照本章3.6节。

3.5.1.9 监测频次

埋设初期及施工期监测。埋设初期既要为仪器取得初始值服务，同时受临近施工影响较大，其观测频次应较密。通常情况下，埋设初期指仪器埋设后取得初始值，并在埋设后邻近部位有开挖爆破、混凝土浇筑、支护、灌浆等作业的时段。可根据仪器取得初始值的时间和埋设期间邻近部位施工情况确定，一般埋设初期的时段为15～30天。之后直至工程完工以前均为施工期。

初蓄期及泄水期监测。初蓄期泄水期由于围岩、衬砌结构、工作闸门室等初次受水荷载作用进入工作状态，边界条件较施工期发生明显变化，对结构应力、变形、渗流状态和工作性态等有重要影响。因此，应重点加强该阶段的安全监测。此外，在临近首次过水前，应对整个泄水洞工程监测进行一次系统全面的巡回观测，一方面对所有监测设施进行检查；另一方面为泄水洞过水前后监测数据资料对比分析提供基准值。

运行期监测。前述各阶段结束后，工程性态趋于稳定时可逐渐减少测次。泄水洞各阶段监测频次要求见表3.5-2。

表3.5-2　泄水洞监测项目监测频次表

监测类别	监测项目		监测频次			
			埋设初期	施工期	初蓄期泄水洞泄水期	运行期
巡视检查	—		—	2～1次/周	1次/天～2次/周	1次/月
变形	收敛变形		2～1次/天～1次/周	1次/周	当一次支护结束且变形稳定后每周观测1次，持续2个月后可停测	
	表面变形	表面变形监测点	1次/天～1次/周	1次/周～2次/月	1次/天～1次/周	1次/月～1次/季
	内部变形	便携式测斜仪	1次/周～2次/月	1次/周～2次/月	1次/周～2次/月	1次/月～1次/季
		多点位移计等电测类	1次/天～2次/周		1次/天～2次/周	1次/月～1次/季
渗流	地下水位		2～1次/周	2次/月	1次/天～1次/周	1次/月～1次/季
	内水压力		—	—	1次/天～2次/周	1次/月～1次/季
	渗透压力		2～1次/周	2次/月	1次/天～2次/周	1次/月～1次/季
应力应变及温度	锚杆应力计、锚索（杆）测力计		2～1次/周	1次/周～2次/月	1次/天～2次/周	1次/月～1次/季
	应力应变		2～1次/周	2次/月	1次/天～2次/周	1次/月～1次/季
	温度		2～1次/天～1次/周	1次/周～2次/月	1次/天～1次/周	1次/月～1次/季
	接缝		2～1次/周	2次/月	1次/天～2次/周	1次/月～1次/季
振动	振动		—	—	实时	实时

注 1. 表中监测频次均系正常情况下人工测读的最低要求。监测自动化按《大坝安全监测自动化技术规范》（DL/T 5211—2005）执行，即试运行期1次/天，常规监测不少与1次/周，非常时期可加密测次。
2. 初蓄期泄水洞泄水期，在运行平缓或测值变化平稳时测次取下限、反之取上限。
3. 运行期泄水洞每次泄水后应至少监测一次。

3.5.2 岸边溢洪道

3.5.2.1 结构特点及监测重点

岸边溢洪道一般包括引水渠、控制段、泄槽、消能防冲设施及出水渠等建筑物，可分为正槽溢洪道、侧槽溢洪道、井式溢洪道和虹吸式溢洪道等。溢洪道宣泄洪水的特点是单宽流量大，流速高，能量集中。在实际工程中，正槽溢洪道被广泛采用，也较典型，本节仅讲述正槽溢洪道，其余类型可参考。正槽溢洪道特点是溢流堰轴线与泄槽轴线正交，过堰水流流向与泄槽轴线方向一致。

溢洪道工程安全监测需结合水力学特性、地质条件及结构型式等布置相应的监测设施。监测重点是控制段闸门结构监测、泄槽底板和高边墙监测、出口消能段监测和高速水流水力学监测等。

3.5.2.2　监测设计依据

溢洪道监测设计依据参见本章 3.1 节。引用标准应增加《溢洪道设计规范》(DL/T 5166、SL 253)。

3.5.2.3　监测项目

溢洪道工程安全监测通常按表 3.5-3 进行监测项目的分类和选择。溢洪道边坡监测设计参见本章 3.9 节的相关内容；溢洪道水力学监测设计参见本章 3.11 节的相关内容。

表 3.5-3　溢洪道安全监测项目分类表

序号	监测类别	监测项目	建筑物级别		
			1	2	3
一	变形	表面位移	●	○	○
		内部变形	●	○	○
		接缝及裂缝	●	○	○
二	渗流	渗透压力	●	●	●
三	应力应变及温度	混凝土应力应变	○	○	○
		钢筋应力	○	○	○
		温度	○	○	○
		压应力	○	○	○
		锚杆应力	●	○	○
		锚索荷载	●	●	●

注　有●者为必设项目；有○者为可选项目，可根据需要选设。

3.5.2.4　控制段结构监测

1. 变形

溢洪道控制段包括溢流堰及两侧连接建筑物。溢流堰是水库下泄洪水的口门，是控制溢洪道泄流能力的关键部位；两侧连接建筑物主要包括工作桥、交通桥、闸墩、闸门等。

溢洪道工作闸室在动、静荷载作用下的变形稳定关系到建筑物的安全运行。闸室变形监测主要为闸室基础变形监测和闸室顶部外部变形监测。工作闸室基础若为岩基，可仅重点关注闸室的水平位移；若为土基还应关注闸室底板基础的垂直位移。

通常情况下，对闸室水平位移的监测可在闸墩顶部布置表面变形监测点，采用大地平面变形测量法监测闸墩的水平位移，需要时也可采用引张线。选择布置监测点的闸墩应根据基础地质条件，闸室开启顺序和通视条件等综合因素考虑，一般中墩必须布置。

工作闸室基础的垂直位移可采用多点位移计监测，主要根据地质条件和受力情况针对性布置，一般布置在工作闸室中心线上。

工作闸门室基础在脉动压力作用下底板与基岩之间可能发生张开，根据其结构特点和实际需要，可在底板与基岩间、典型结构缝上布置测缝计，以监测各块体间或基础与基岩之间接缝的开合度变化情况。

溢洪道控制段不同部位混凝土结构出现的裂缝，可根据实际情况布置小量程的测缝计或裂缝计，监测裂缝的开合度变化情况，但过水面上的布置应慎重。

2. 渗流

闸室基础渗透压力可通过埋设渗压计的方法进行观测。渗透压力监测一般布置在闸室基础顺水流方向的中心线上，其测点数量及位置应根据建筑物的结构型式、基础帷幕排水形式和地质条件等因素确定，以能测出基底渗透压力的分布及其变化为原则。应至少在工作闸门室基础中部顺水流向设 1 个渗透压力监测断面。测点布置在该断面帷幕前后、排水孔处，断面上的测点数量不应少于 3 个。

3. 应力应变及温度

工作闸室闸墩承受闸门的水推力，结构和受力条件均较复杂，需对闸墩结构应力进行监测。一般应根据结构应力计算成果，在闸墩上选择典型外侧钢筋布置钢筋计，宜在闸墩混凝土内布置应变计以及无应力计，监测混凝土结构应力和钢筋受力情况。

若工作闸门采用弧形工作门，为使闸墩结构能承受弧门支铰的强大推力并使结构较为经济，通常情况下闸墩会采用预应力锚索结构。应布置锚索测力计监测工作锚索的荷载大小和受力情况，一般至少选取一个中墩或边墩作监测对象，主锚索、次锚索都应布置测点。

对于结构块体尺寸较大的钢筋混凝土块，可选择典型部位布置少量钢筋计和温度计，监测钢筋应力和混凝土温度大小及变化情况。

3.5.2.5　泄槽结构监测

1. 变形

溢洪道泄槽边墙在动、静荷载作用下的变形稳定关系到建筑物的安全运行。泄槽边墙变形主要是侧向稳定问题，可在泄槽边墙顶部顺水流向布置表面变形监测点，采用大地平面变形测量法监测边墙的水平位移。为方便实现自动化监测，必要时可采用引张线监测泄槽的水平位移。

泄槽底板在脉动压力作用下底板与基岩之间可能发生张开，根据其结构特点和实际需要，可在底板与基岩、抗冲耐磨混凝土和普通混凝土层面间、典型结构缝上布置测缝计，以监测各块体间或基础与基岩之间接缝的开合度变化情况。

泄槽混凝土结构出现的裂缝，可根据实际情况布置小量程的测缝计或裂缝计，监测裂缝的开合度变化情况，但过水面上的布置应慎重。

2. 渗流

泄槽底板渗透压力可通过埋设渗压计的方法进行观测。基于泄槽的结构破坏大多数都是脉动水压力渐进破坏所致，因水力学观测仅为短暂工况，故应加强上述部位的动水压力监测，渗压计宜考虑具有动态测量功能。

渗透压力监测一般布置在泄槽底板顺水流方向的中心线上，其测点数量及位置应根据建筑物的结构型式、排水形式和地质条件等因素确定，以能测出基底渗透压力的分布及其变化为原则。可在泄槽底板中部顺水流向设1个渗透压力监测断面。测点布置在该断面接缝处、排水孔处及地下轮廓线有代表性的转折处，断面上的测点数量不应少于3个。若因流速较大，部分泄槽表层浇筑一定厚度的高标号抗冲耐磨混凝土，和其下部分普通混凝土存在一定分界面。此处为潜在相对弱面，其破坏方式类似底板和基础间的破坏模式，可根据工程实际情况在此界面适当布置渗压计和测缝计。

3. 应力应变及温度

为了保护槽底不受冲刷和岩石不受风化，防止高速水流钻入岩石缝隙，将岩石掀起，泄槽一般都需设置锚杆或锚筋，并进行衬砌。可选择典型部位锚杆布置锚杆应力计，监测底板锚杆或锚筋（桩）受力及其分布，一般可采用1点或3～4点式锚杆应力计。

对于结构块体尺寸较大的钢筋混凝土块，可选择典型部位布置少量钢筋计和温度计，监测钢筋应力和混凝土温度大小及变化情况。

3.5.2.6 出口消能段结构监测

溢洪道出口消能段的结构监测项目参照本章3.5.3条的相关内容。

溢洪道泄槽和消力池底板监测布置典型剖面图见图3.5-1。

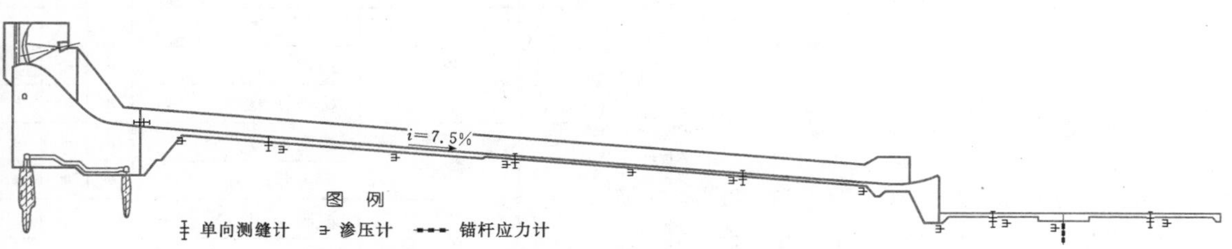

图3.5-1 溢洪道泄槽和消力池底板监测布置典型剖面图

3.5.2.7 巡视检查

巡视检查总体要求及检查方法见本章3.1节，但针对溢洪道应加强下述部位的巡视检查：

(1) 进水段（引渠）有无坍塌、崩岸、淤堵或其他阻水现象；流态是否正常。

(2) 堰顶或闸室、闸墩、胸墙、边墙、溢流面、底板有无裂缝、渗水、剥落、冲刷、磨损、空蚀等现象；伸缩缝、排水孔是否完好。

(3) 消能工有无冲刷或砂石、杂物堆积等现象。

(4) 工作桥是否有不均匀沉降、裂缝、断裂等现象。

(5) 闸门及启闭机。

(6) 闸门及其开度指示器、门槽、止水等能否正常工作，有无不安全因素。

(7) 启闭机能否正常工作；备用电源及手动启闭是否可靠。

(8) 观测及通信设施是否完好、畅通；照明及交通设施有无损坏及障碍。

3.5.2.8 监测频次

溢洪道各监测设施在埋设安装后可参照表3.5-4，按照不同阶段的实际情况进行日常观测。

3.5.3 消能防冲建筑物

3.5.3.1 结构特点及监测重点

消能防冲建筑物是泄水建筑物的有机组成部分，担负着消散部分或大部分高速水流动能的任务。消能防冲建筑物的基本特点是安全、快速消散高速水流所含的动能，并于较短的距离内使泄放的水流与下游河道的原有水流获得妥善的衔接。消散高速水流所含动能的基本途径主要为通过水流内部的紊动，动能被转变成热能而随水流散逸。主要采用水股与水股之间的冲击、掺混、紊动、扩散，并伴以剪切及漩涡，消散

表 3.5－4　　溢洪道安全监测项目监测频次表

监测类别	监测项目	监测频次			
		埋设初期	施工期	初蓄期溢洪道泄水期	运行期
巡视检查	—	—	2～1 次/周	1 次/天～2 次/周	1 次/月
变形	表面变形	1 次/天～1 次/周	1 次/周～2 次/月	1 次/天～1 次/周	1 次/月～1 次/季
	内部变形	1 次/天～2 次/周	1 次/周～2 次/月	1 次/天～2 次/周	1 次/月～1 次/季
渗流	渗透压力	2～1 次/周	2 次/月	1 次/天～2 次/周	1 次/月～1 次/季
应力应变及温度	锚杆应力计、锚索（杆）测力计	2～1 次/周	1 次/周～2 次/月	1 次/天～2 次/周	1 次/月～1 次/季
	应力应变	2～1 次/周	2 次/月	1 次/天～2 次/周	1 次/月～1 次/季
	温度	2～1 次/天～1 次/周	1 次/周～2 次/月	1 次/天～1 次/周	1 次/月～1 次/季
	接缝及裂缝	1～2 次/周	2 次/月	1 次/天～2 次/周	1 次/月～1 次/季

注　1. 表中监测频次均系正常情况下人工测读的最低要求。监测自动化按《大坝安全监测自动化技术规范》（DL/T 5211—2005）执行，即试运行期 1 次/天，常规监测不少与 1 次/周，非常时期可加密测次。
2. 初蓄期溢洪道泄水期，在运行平缓或测值变化平稳时测次取下限，反之取上限。
3. 运行期溢洪道每次泄水后应至少监测一次。

部分动能；水流沿固体边界流动时遭受边壁的摩阻作用，水流向刚体（例如消力墩、消力槛）冲击时承受的反作用力，都不同程度地产生剪切紊动及漩涡，促成水流扩散，消散部分动能；射流与周围空气的紊动、掺混、扩散，并形成复杂的二相掺气水流及水花飞溅，有效地消散部分动能。

消能防冲常用的消能方式分为底流、面流和挑流消能。其相应的消能防冲建筑物类别为消力池、消力坎、水垫塘、消力塘、挑流鼻坎、戽斗和跌坎等。

消能防冲建筑物安全监测需结合地质条件、结构特点和消能方式等因素布置相应的监测项目，安全监测重点是结构稳定监测、受力条件复杂部位（鼻坎、戽斗等）结构受力监测和水力学监测等。

3.5.3.2　监测设计依据

消能防冲建筑物监测设计依据参见本章 3.1 节。标准部分参见本章 3.5.1 条。

3.5.3.3　监测项目

消能防冲建筑物工程安全监测通常按表 3.5－5 进行监测项目的分类和选择。有关消能防冲水力学监测设计内容参见本章 3.11 节。

3.5.3.4　底流水跃消能工结构监测

当泄水建筑物泄放的集中急流沿平底或带斜坡的渠槽流动时，如果遇到足够深度的缓流尾水顶托，会突然转变为缓流流态，称为水跃现象。水跃现象一方面是流态转变的过程，同时也是进行有效消能的过程。促成水跃消能和流态转变的消能工，称为消力池。

表 3.5－5　泄洪消能工安全监测项目分类表

序号	部位	监测项目	建筑物级别		
			1	2	3
一	变形	表面位移	●	○	○
		内部变形	●	○	○
		接缝及裂缝	●	○	○
二	渗流	渗透压力	●	●	●
		渗流量	●	●	●
三	应力应变及温度	混凝土应力应变	○	○	○
		钢筋应力	○	○	○
		温度	○	○	○
		压应力	○	○	○
		锚杆应力	●	○	○
		锚索荷载	●	●	●

注　有●者为必设项目；有○者为可选项目，可根据需要选设。

水跃消能可适用于高中低水头，大中小流量的各类泄水建筑物，对地质条件要求较低，对尾水变幅的适应性较好；但对于高水头、大单宽流量的泄洪建筑物，应用水跃消能的工程不多。水跃消能也存在消力池的修建费用较高，护坦前部承受较高的流速，易于发生空蚀及磨损，动水作用力及脉动荷载问题较为突出等缺点。

根据水跃消能的特点，水跃消能工的结构监测重点应为消能塘的基础和底板的监测，对消能塘中的辅助消能工（如墩、坎等）可根据需要设置必要的结构监测项目。

1. 变形

消力池底板在脉动压力作用下底板与基岩之间可能发生张开，根据其结构特点和实际需要，可在底板与基岩、抗冲耐磨混凝土和普通混凝土层面间、典型结构缝上布置测缝计，以监测各块体间或基础与基岩之间接缝的开合度变化情况。

若上述混凝土结构出现裂缝，可根据实际情况布置小量程的测缝计或裂缝计，监测裂缝的开合度变化情况。

2. 渗流

消力池底板渗透压力可通过埋设渗压计的方法进行观测。基于消力池底板的结构破坏大多数都是脉动水压力渐进破坏所致，因水力学观测仅为短暂工况，故应加强上述部位的动水压力监测，渗压计宜考虑具有动态测量功能。

渗透压力监测一般布置在消力池底板结构顺水流方向的中心线上，其测点数量及位置应根据建筑物的结构型式、排水形式和地质条件等因素确定，以能测出基底渗透压力的分布及其变化为原则。应至少在消力池底板中部顺水流向设1个渗透压力监测断面，断面上的测点数量不应少于3个。若因流速较大，部分消力池底板表层浇筑一定厚度的高标号抗冲耐磨混凝土，和其下部分普通混凝土存在一定分界面。根据工程实例，此处为相对弱面，其破坏方式类似底板和基础间的破坏模式，可根据工程实际情况在此界面适当布置渗压计。

3. 应力应变及温度

对于消力池中钢筋混凝土分缝较大的块体，可选择在典型部位布置少量钢筋计和温度计，监测钢筋应力和混凝土温度的变化情况。

若消力池底板进行衬砌，可选择典型部位锚杆上布置锚杆应力计，监测底板锚杆或锚筋桩受力及其分布，一般可采用1点或3～4点式锚杆应力计。

3.5.3.5 挑流消能工结构监测

泄水建筑物的末端设置挑流鼻坎，利用集中急流的动能，把水流向下游挑射，远离建筑物较远处跌入下游河道，河道的尾水深度不足时将发生局部冲刷，射流在足够深的水垫内进行淹没扩散消能后与下游的正常缓流相衔接。拱坝坝顶自由溢流跌入下游水垫塘内进行扩散消能的布置，通常也列入挑流消能方式。

挑流消能方式应用范围很广，要求尾水较深和地质条件较好。主要特点为除有时为了壅成水垫而需修建二道坝外，通常在专门设计好挑流鼻坎后可省去消能塘；专门设计的挑流鼻坎对射流向空中挑射起控制性导向作用，在挑距许可范围内使射流跌落于最佳位置；但一定深度的局部冲刷坑常不可避免。因此，挑流消能需要特别考虑下游局部冲刷不危及工程和岸坡的稳定，同时对于水花飞溅及雾化影响也应给予重视。

挑流消能工的结构监测重点应为挑流鼻坎、二道坝和水垫塘衬砌的结构监测，对导流墙、隔墙、折流墙、分流墩等可根据需要设置必要的结构监测项目。

1. 变形

根据二道坝的规模和建筑物等级，可在坝顶表面布置表面变形监测点，监测二道坝施工期和运行过程检修期间的变形。

根据二道坝基础地质条件，可选择合适部位在坝中布置多点位移计，监测坝基岩体内部变形情况。

水垫塘底板在脉动压力作用下底板与基岩之间可能发生张开，根据其结构特点和实际需要，可在底板与基岩、抗冲耐磨混凝土和普通混凝土层面间、典型结构缝上布置测缝计，以监测各块体间或基础与基岩之间接缝的开合度变化情况。

挑流消能工的混凝土结构出现的裂缝，可根据实际情况布置小量程的测缝计或裂缝计，监测裂缝的开合度变化情况。

可在挑流鼻坎与基础之间布置测缝计，监测挑流鼻坎和基础在不同工况下接缝开合情况。

2. 渗流

根据在二道坝地质条件和帷幕布置情况，可在地质条件较差部位的上、下游帷幕之间选择典型断面布置渗压计，若有检查排水廊道的，也可布置测压管，监测坝基扬压力分布情况。

水垫塘底板若衬砌，可在水垫塘底板于基岩面间布置渗压计，监测水垫塘底板渗透压力分布情况。渗透压力监测至少在水垫塘底板顺水流方向的中心线上选择一个断面，断面上的测点数量不应少于3个。基于水垫塘底板的结构破坏大多数都是脉动水压力渐进破坏所致，因水力学观测仅为短暂工况，故应加强上述部位的动水压力监测，渗压计宜考虑具有动态测量功能。

应根据二道坝和水垫塘排水廊道布置、水流流向等因素，分区布置量水堰，监测二道坝和水垫塘不同分区的渗流量。

3. 应力应变及温度

在二道坝典型断面布置温度计，监测混凝土温度及变化情况。其布置原则可参考本章3.1.6条的相关内容。

对于水垫塘结构块体尺寸较大的钢筋混凝土块，可选择典型部位布置少量钢筋计和温度计，监测钢筋应力和混凝土温度大小变化情况。

若水垫塘底板进行衬砌，可选择典型部位锚杆上布置锚杆应力计，监测底板锚杆或锚筋桩受力及其分布，可根据锚杆长度采用1～4点式锚杆应力计。

可选择挑流鼻坎底板的典型锚筋桩上布置锚杆应

力计，监测锚杆应力的沿程分布及其变化情况。可选择地质条件较差部位或处理后的典型部位，在挑流鼻坎与基础之间布置压应力计，监测接触面压应力的大小和变化情况。

若挑流鼻坎边墙采用预应力锚索结构加固，应布置锚索测力计监测工作锚索的荷载大小和受力情况，一般两边墙均应布置测点。

3.5.3.6　面流消能工结构监测

在泄水建筑物的末端下方设置半径较大、挑角较大的反弧戽斗，射流水股以较大的曲率挑离戽斗时，形成较高的浪涌和成串的波浪。戽斗及其下游常需建较长的导墙，并常在导墙下游设置较长的护岸工程。戽斗面流的流态对尾水位变动的影响较敏感，这种消能方式对河床地质条件的要求一般介于挑流消能和底流消能方式之间，但对岸坡稳定性则有较高的要求。

在泄水建筑物的末端修建垂直的陡坎，坎的顶面可以是水平或带有小的仰角，坎顶的高程一般略低于下游尾水位，射流离陡坎后沿程扩散。陡坎下游应设导墙和护岸工程。下游的尾水变动以及陡坎高度，对陡坎面流的流态都有敏感的影响。陡坎面流消能方式的特点是漂浮物可能通过，一般适用于中低水头。

根据面流消能的特点，面流消能工的监测重点应为戽斗和跌坎的结构监测，主要应根据计算和模型试验成果，在戽斗和跌坎典型部位布置钢筋计、温度计等，监测钢筋应力和混凝土温度大小和变化情况。若面流流态容许漂浮物通过，应对坚硬物体易撞击部位设置适当的结构监测项目。

3.5.3.7　涡旋内消能工结构监测

为解决目前高水头、大流量泄水洞泄洪功率过大、下游消能空间狭小、挑流消能雾化等问题，涡旋内消能工作为一种较为新型的消能结构，因其具有较好的消能效果和水力特性，同时在经济上较“龙抬头”泄水洞有一定优势，目前也成为了国内导流洞改建为泄水洞的一种发展趋势。其常规布置方式有旋流竖井（垂直旋流、水流绕竖井轴旋转下泄）和水平旋流洞（水平旋流，水流经竖井进入泄水洞绕洞轴旋转下泄）。目前，国内在约 100m 水头、1000m^3/s 流量和 30m/s 流速的运行工况下已有成功应用的实例。

涡旋内消能工主要存在蜗室内或竖井内水流噪声大、掺气浓度高、建筑物结构振动特性复杂、钢筋混凝土结构受力复杂等特点。由于目前采用涡旋内消能工的水工隧洞实践运行经验较少，根据其结构特点，水力学监测应是重点，结构监测的重点应是建筑物结构振动特性、洞室内钢筋混凝土的应力应变等。

对于竖井围岩与支护结构的监测可参照泄水洞的监测。

对于竖井内钢筋混凝土的应力应变监测应根据计算成果予以针对性布置。对于竖井建筑物结构，除必要的结构安全监测外，需根据结构动力分析，设置强震动测点进行其结构动力反应监测。

3.5.3.8　下游防冲设施监测

避免在泄水建筑物下游发生危害性或较严重的局部冲刷，是消能防冲设计中的一项重要内容。相应于不同的消能方式，下游的冲刷问题也有很大区别。水跃消能塘是缓流冲刷，冲刷力一般很小；挑流消能是水下淹没扩散射流直接冲击，冲刷力很强；面流消能方式的冲刷力则介于上述两者之间。

当下游河床及岸坡的局部冲刷问题较为严重时，应当采取防冲工程措施。除常用的护坦、海漫、齿墙、防冲槽、管柱桩、护坡、丁坝、潜坝、顺坝、沉排等工程外，有时还要修建二道坝来壅高尾水位形成水垫塘，修建消能设施来降低波浪的高度等。

下游冲刷监测重点是冲刷区水下地形监测，冲刷区域地形测量的比例尺不宜小于 1∶500，基本等高距不宜大于 1m。对挑流雾化影响区的岸坡应加强雾化降雨量、地下水位和岸坡变形监测，其测点布置应结合雾化范围、地质情况等综合考虑。防冲工程措施可视需要布置针对性的结构监测。

3.5.3.9　巡视检查

巡视检查总体要求及检查方法见本章 3.1 节，但针对消能工应加强的巡视检查有以下方面：

（1）消能工有无冲刷或砂石、杂物堆积等现象。

（2）冲刷、雾化影响区岸坡的开裂、渗水等现象。

3.5.3.10　监测频次

泄洪消能工各监测设施在埋设安装后可参照表 3.5-6，按照不同阶段的实际情况进行日常观测。

表 3.5-6　　泄洪消能工安全监测项目监测频次表

监测类别	监测项目	监测频次		
		埋设初期	泄洪期	运行期
巡视检查	—	—	2～1 次/周	1 次/月
变形	表面变形	1 次/天～1 次/周	1 次/周～2 次/月	1 次/月～1 次/季
	内部变形	1 次/天～2 次/周	1 次/周～2 次/月	1 次/月～1 次/季

续表

监测类别	监测项目	监测频次		
		埋设初期	泄洪期	运行期
渗流	渗透压力	2～1次/周	2次/月	1次/月～1次/季
应力应变及温度	锚杆应力计、锚索（杆）测力计	2～1次/周	1次/周～2次/月	1次/月～1次/季
	应力应变	2～1次/周	2次/月	1次/月～1次/季
	温度	2～1次/天～1次/周	1次/周～2次/月	1次/月～1次/季
	接缝及裂缝	2～1次/周	1次/天～2次/周	1次/月～1次/季

注 1. 表中监测频次均系正常情况下人工测读的最低要求。监测自动化按《大坝安全监测自动化技术规范》（DL/T 5211—2005）执行，即试运行期1次/天，常规监测不少与1次/周，非常时期应加密测次。

2. 特殊工况下（如遭遇设计频率洪水及其以上频率洪水的），应加密监测，且在具备条件后应进行放空检查。

3.6 发电引水建筑物

3.6.1 发电引水建筑物特点及监测重点

发电引水系统工程主要由电站进（出）水口、引水隧洞、压力管道及岔管、调压室（塔）及尾水隧洞等水工建筑物组成。

1. 进（出）水口

对进水口的监测布置取决于进/出水口的布置和结构型式。目前，常见进（出）水口多为独立的，可按水库水流与引水道的关系分为侧式进（出）水口和井式进水口。进水口的监测重点为进水口边坡和结构受力。侧式岸坡式和侧向岸塔式进水口由于设计成熟、结构简单，一般不进行应力应变监测。

2. 引水隧洞

隧洞属地下工程，其支护型式主要有喷锚、钢拱架、衬砌等，衬砌结构型式主要包括钢衬、钢筋混凝土及混凝土环锚衬砌。钢衬的监测同压力钢管的。

施工期可能出现的工程安全问题主要是围岩稳定问题，而围岩能否稳定主要取决于隧洞所处部位的埋深（地应力）、围岩分类、结构面性状和地下水分布等。对引水隧洞除了水文地质影响围岩稳定外，还要考虑引水洞内高压水外渗对围岩稳定的影响，放空检查时外水压力对衬砌稳定的影响，以及水流冲刷、气蚀等对衬砌造成的影响等。

隧洞周边的地应力主要取决于隧洞的埋深、岩性和地质构造。对浅埋隧洞，影响隧洞围岩稳定的关键因素是结构面几何特征与结构面强度，围岩破坏的表现形式是块体破坏；对深埋隧洞，影响隧洞围岩稳定的关键因素是岩体地应力水平与岩体强度，围岩破坏的主要表现形式是剧烈破坏如岩爆、塑性大变形等。因此，深埋隧洞和浅埋隧洞地质调查的重点、采用的力学参数、设计计算方法、施工方法以及加固策略和加固时机都不同。

除结合地质条件、支护结构和地下水环境，相应进行围岩变形、支护结构受力监测外，对于钢筋混凝土衬砌结构，需进行钢筋混凝土结构应力、衬砌与围岩接缝开合度监测，并考虑内水外渗及衬砌外部水环境的影响与变化。对于混凝土环锚衬砌结构，与钢筋混凝土衬砌结构一致，因环锚的目的是使衬砌混凝土结构形成环向压应力，限制混凝土结构的裂缝，提高其防渗性能，需结合环锚结构进行钢索及混凝土应力监测。

3. 调压室

调压室设置在压力水道上，由调压室自由水面（或气垫层）反射水击波，限制水击波进入压力引（尾）水道，以满足机组调节保证的技术要求；改善机组在负荷变化时的运行条件及供电质量。

为确保施工期围岩稳定，必须结合工程地质、水文地质和支护设计情况有针对性的进行监测仪器布置。调压室衬砌外水压力受地质条件、地下水位，引水隧洞及调压室内水外渗等因素的影响，属不确定因素，应对衬砌外水压力、围岩渗透压力进行监测。对于围岩完整、自稳性好、结构简单、设计成熟的调压室衬砌可不设应力应变监测仪器。

当地面调压室为高筒形薄壁结构时，除了对必要的结构应力应变监测外，在高地震区（设计烈度7度以上）可以根据设计反馈或科学研究需要，设强震动反应监测。

调压室涌波水位直接反映调压室的实际运行工况和荷载，能为运行和设计提供最直接有效的信息，应作为调压室的必测项目。

4. 压力钢管

引水发电系统的压力钢管的结构型式可分为明管、地下埋管、坝内埋管、坝后背管等。压力钢管除了需要监测钢管本身的应力应变外，对明管还需监测镇墩及其基础的变形和受力；对埋管还需监测外包混凝土或联合受力的围岩、坝体的应力应变，钢管和外包材料的缝隙变化等；对坝后背管需结合坝体变形，对背管基础变形、钢板应力、钢衬与混凝土缝隙变化，外包混凝土钢筋应力、接缝位移和裂缝及温度进行监测。

5. 监测仪器

引水系统的监测仪器主要四类，其中：第一类为岩土类监测仪器，主要包括多点变位计、锚索测力计、锚杆应力计、岩石应力计等；第二类为混凝土应力、应变监测仪器，主要包括应变计、无应力计、钢筋计、测缝计等；第三类为渗流监测仪器，主要包括渗压计、测压管、量水堰等；第四类为测量仪器，主要包括收敛计、全站仪、活动测微计等。除了测量仪器外，其余用于水工隧洞的监测仪器均应承受高水压力和灌浆压力。监测仪器选型见第2章。

3.6.2 监测设计依据

发电引水系统监测设计依据参见本章3.1节的相关内容。但基于引水系统工程的特点，其安全监测设计的基本资料见表3.6-1。

表3.6-1 引水系统工程安全监测设计基本资料表

序号	类 别	基 本 资 料
一	地质条件	①地层岩性；②岩体结构与构造性状、部位、规模；③岩体物理力学性质及波速指标；④地质平面图、剖面图；⑤测区三维地质图像；⑥地应力数据及方向；⑦地下水及涌水；⑧围岩类别等
二	工程及施工设计资料	①引水系统布置及必要的结构图；②地下洞室形状及规模；③与其他分部工程关系（如立体交叉位置、距离）；④支护参数与衬砌结构；⑤围岩变形与稳定分析；⑥渗流计算；⑦结构计算；⑧水力学计算；⑨施工组织设计（包括洞室开挖程序、爆破参数等）

引用标准除本章3.5节所用的所有标准外，还应包括以下标准：

(1)《水电站压力钢管设计规范》(SL 281)。

(2)《水电站调压室设计规范》(DL/T 5058)。

(3)《公路隧道施工技术规范》(JTG F60)。

(4)《铁路隧道施工规范》(TB 10204、J 163)等。

需要指出的是，引水系统安全监测应掌握上述资料，以便结合各工程特点明确监测目的，按相关标准设置必要的监测项目，确定监测部位、监测方式及设置相应的测点；监测仪器设备安装埋设实施过程中，应依据工程具体情况（如钻孔揭露地质构造、位置，地下水出露等），做出是否调整安装埋设的建议；监测数据资料分析也应结合工程地质及水文地质条件、工程及施工设计资料、建筑物的运行工况、施工信息（如开挖程序、爆破参数等）、环境量等进行综合分析。同时，还应特别注意对相邻建筑物、洞室施工等各边界条件及影响信息的收集，才能综合各相关因素取得符合工程实际、真实可靠地反映工程建筑物工作性态、有价值的分析成果。

监测仪器选型原则参照本章3.1节。

3.6.3 监测项目

3.6.3.1 设计原则

1. 进（出）水口

对较复杂的井式进（出）水口，可根据结构计算分析成果在薄弱部位布置应力应变和钢筋应力监测点，必要时可根据水力学模型分析成果布置测点。

2. 引水隧洞

根据工程规模、等级、经费预算等因素，在满足安全监测需要的前提下，项目力求精简。对于重要的项目、部位应考虑平行布置监测项目，以便比较、印证。

3. 调压室

一般应对涌浪水位进行监测。若阻抗孔结构特殊，为了反馈设计和科学研究，可在特殊部位布设一些结构应力应变监测仪器。

地下调压井围岩与支护结构的监测同一般地下工程围岩稳定和支护结构受力监测。

对于塔式调压井结构，除对地面以上部分根据结构计算成果设置必要的监测外，还可根据结构动力分析成果，在地震基本烈度Ⅶ度以上的地区设强震动反应监测点。

4. 压力钢管

对压力钢管需根据其结构型式，对钢管应力、钢衬与混凝土缝隙值、外包混凝土钢筋应力、内外水压力、明管镇墩基础受力和变形、埋管外围结构受力和变形、接缝、裂缝及温度等进行监测。

3.6.3.2 监测项目

各等级引水建筑物（调压室除外）安全监测项目的分类见表3.6-2。

3.6.4 电站进（出）水口结构监测

电站进（出）水口根据枢纽布置包括坝体和岸边两种型式，对于坝体进水口应结合坝体结构进行安全

表 3.6－2　　引水建筑物安全监测项目分类表

序号	建筑物名称	监测项目		建筑物级别		
				1	2	3
一	进（出）水口	钢筋应力		○	○	
		接缝变形		○	○	
		渗透压力		○	○	○
二	引水隧洞	围岩变形及支护结构应力	收敛变形	●	●	●
			内部变形	●	○	○
			锚杆应力	●	●	○
			锚索锚固力	●	●	●
		钢筋混凝土衬砌结构接缝位移、钢筋应力及渗透压力	接缝变形	●	○	○
			钢筋应力	●	○	○
			渗透压力	●	●	●
		混凝土环锚衬砌结构和锚索钢绞线应力应变、接缝变形及渗透压力	锚索钢绞线应力与锚索锚固力	●	●	●
			钢筋应力	●	●	●
			混凝土应力应变	●	●	●
			接缝变形	●	●	○
			渗透压力	●	●	●
		钢衬结构钢板应力、缝隙值、混凝土应力应变、围岩压应力、外水压力及温度	钢板应力	●	●	●
			接缝变形（缝隙）值	●	●	●
			混凝土应力应变	○	○	
			围岩压应力	●	○	
			外水压力	●	●	●
			温度	●	●	●
三	岔管	岔管衬砌结构钢板应力、缝隙值、混凝土应力应变（钢筋应力）、围岩压应力、外水压力及温度	钢板应力	●	●	●
			接缝变形（缝隙值）	●	●	●
			混凝土应力应变（钢筋应力）	●	●	○
			围岩压应力	●	○	○
			外水压力	●	●	●
			温度	●	●	●
		埋管衬砌结构钢板应力、缝隙值、混凝土应力应变（钢筋应力）、围岩压应力、外水压力及温度	钢板应力	●	●	●
			接缝变形（缝隙值）	●	●	●
			混凝土应力应变（钢筋应力）	○	○	○
			围岩压应力	○	○	○
			外水压力	●	●	●
			温度	●	●	●
四	压力钢管	明管和背管衬砌结构钢板应力、缝隙值、混凝土应力应变（钢筋应力）、围岩压应力、外水压力及温度	钢板应力	●	●	●
			接缝变形（缝隙值）	●	●	●
			外包混凝土应力应变（钢筋应力）	○	○	○
			镇墩及其基础变形	○	○	○
			外水压力	●	●	●
			温度	●	●	○

注　1. 有●者为必设项目；有○者为可选项目，可根据需要选设。

2. 引水建筑物巡视检查为必设项目。

监测，一般应对结构主受力钢筋的钢筋应力（含胸墙、弧门支墩）、沿径向的温度梯度和接缝变形等进行监测，具体根据其结构布置与计算分析成果采用钢筋应力计、电测温度计及测缝计进行监测布置。对于岸边进水口，应根据边坡和闸门井开挖的地质条件相应进行边坡变形与稳定、支护措施及地下水环境等监测（边坡监测见本章 3.9 节）。对电站进水口闸门井主要进行围岩变形与稳定监测，进水口结构根据其布置与计算分析成果，一般采用钢筋应力计、测缝计分别对结构应力及结构与边坡接缝位移等进行监测，对于进水口段设置围岩帷幕灌浆的工程宜采用渗透压力计进行幕前、幕后渗透压力监测。

【实例 1】　天荒坪二级上库进（出）水口岩体较完整，但上库进（出）水口边坡有断层 f_{017} 通过，断层上盘岩体厚度较薄，对边坡稳定有一定影响。考虑上库进（出）水口边坡布置多点位移计，监测边坡的稳定情况；在进（出）水口底板布置渗压计，以了解进（出）水口底板的渗透压力情况。具体布置见图 3.6－1。

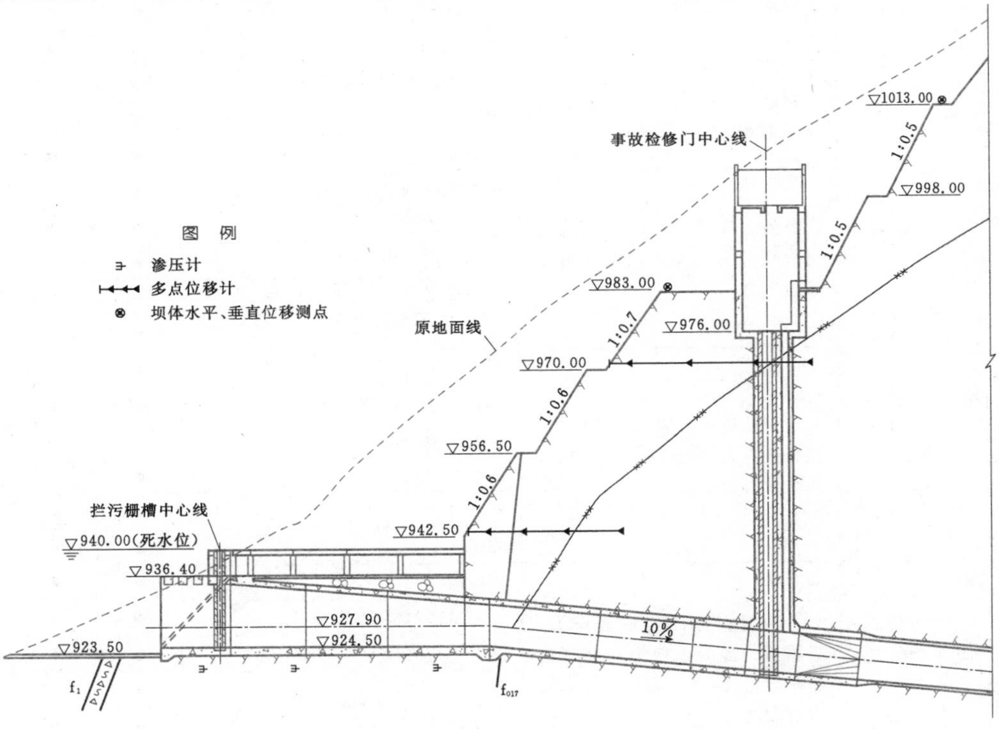

图 3.6－1　天荒坪二级上库进（出）水口监测仪器布置图（单位：m）

【实例 2】　马山上库进（出）水口布置在库盆右侧的库底，采用带顶盖的井式进（出）水口。根据三维有限元的计算结果，部分区域存在着拉、压应力集中区，如：墩柱与顶盖底部处尖端部分有较大的压应力集中区域；墩柱与顶盖上部连接处尖端部分出现了拉应力集中区；渐变段的末端处出现了拉应力集中的情况等。对这些部位应进行混凝土应力和钢筋应力监测。

上库进（出）水口承受水头高，而垂直渐缩段地质条件较差，在竖井顶部外壁分缝附近，沿程布置渗压计，观测由竖井内水外渗引起的渗透压力。上库进（出）水口以自重抗浮，在最不利的扬压力作用下，底板和地基的边缘的较小区域会出现拉应力，故考虑在底板边缘打两排支护锚杆进行加固，作为抗浮稳定的安全储备。为反馈设计，在库底土工膜与混凝土连接处沿着进（出）水口周围布置渗压计，观测土工膜连接处的防渗效果。同时选择部分锚杆进行应力监测，检验锚杆受力情况。具体的监测布置见图 3.6－2。

3.6.5　隧洞监测

根据现行的标准，对隧洞需要设置安全监测项目的条件有：①1 级的引水隧洞；②高压、高流速隧洞（高压隧洞管径 $D\geqslant 4$m，或作用水头 $H\geqslant 100$m，或 $HD\geqslant 400\text{m}^2$）；③跨度大、强度低的隧洞。

围岩类别及隧洞跨度的监测关系见表 3.6－3。

监测断面一般分为重点监测断面和辅助监测断面，重点监测断面宜设在采用新技术的洞段、通过不良地质和水文地质的洞段、隧洞线路通过的地表处有重要建筑的洞段，可布置相对全面的监测项目，以便多种监测效应量对比分析和综合评价；辅助监测断面一般仅针对性的布置某项或几项监测项目，主要用于监测少量指导施工或进行安全评价具有重要意义的物理参数，如收敛变形、锚杆应力等。

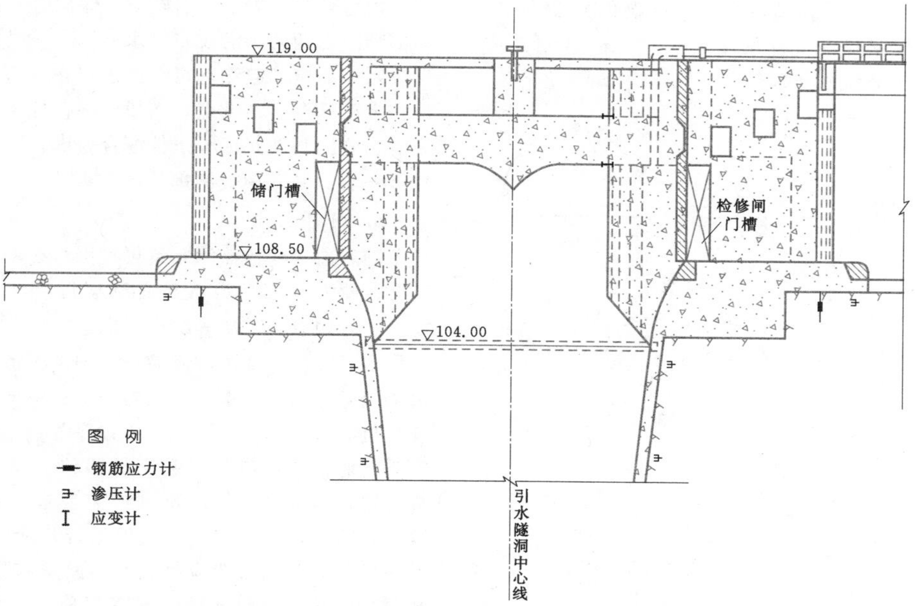

图 3.6-2 马山上库进（出）水口监测布置图（单位：m）

表 3.6-3 围岩类别及隧洞跨度的监测关系表

围岩类别	跨度 $B\leqslant 5$m	5m$<B\leqslant 10$m	10m$<B\leqslant 15$m	15m$<B\leqslant 20$m	20m$<B\leqslant 25$m
Ⅰ				△	√
Ⅱ			△	√	√
Ⅲ			√	√	√
Ⅳ		√	√	√	√
Ⅴ	√	√	√	√	√

注 1. “√”为应进行现场监测的隧洞。
2. “△”为选择局部地段进行量测的隧洞。

3.6.5.1 围岩变形与稳定监测

隧洞围岩变形与稳定监测包括内空收敛、内部位移及支护结构的监测等。

1. 收敛变形

收敛观测是应用收敛计测量围岩表面两点在连线（基线）方向上的相对位移，即收敛值。隧洞断面收敛监测是施工期围岩稳定的主要监测手段，其监测方法简单，监测成果直观。

当地质条件、隧洞断面尺寸和性状、施工方法等已定时，地下隧洞围岩变形主要受空间和时间两种因数的影响，称为空间效应和时间效应。空间效应是指掌子面的约束作用产生的影响；时间效应是指位移随时间变化的现象。这两种位移是隧洞围岩稳定情况的重要标志，可用来判断围岩稳定情况，确定支护时机，推算位移速率和最终位移值。

根据实测资料统计分析，一般情况下，当开挖掌子面距观测断面 1.5～2 倍洞径后，掌子面的作用基本消除。因此，要求初测观测断面尽量接近掌子面，距离掌子面不宜大于 1m。收敛监测断面间距宜大于 2 倍洞径，一般 50～100m 设一个断面，对于洞口、浅埋地段，特别是软弱地层、地质条件差的地段，量测断面适当加密。

收敛测点及基线的数量和方向应根据围岩的变形条件和洞室的性状与大小确定，一般有 3 点 3 线式、5 点 6 线式、6 点 6 线式，一般在拱顶、起拱线和断面中部布置测点，具体见图 3.6-3。对于具有高地应力或膨胀性的特殊岩体，还应在反拱（底板）中部布置测点。若围岩局部有稳定性差的岩体，也应该设置测点，遇软弱夹层时，应在其上下盘设测点。收敛测点的布置还与地质构造、岩层与隧洞的角度有关，水平地层中收敛测点布置见图 3.6－4（a），倾斜构造的收敛测点布置见图 3.6－4（b）。

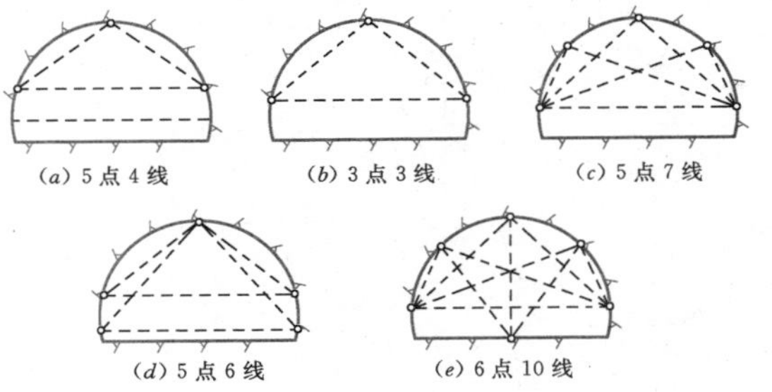

图 3.6－3　隧洞收敛测点布置示意图

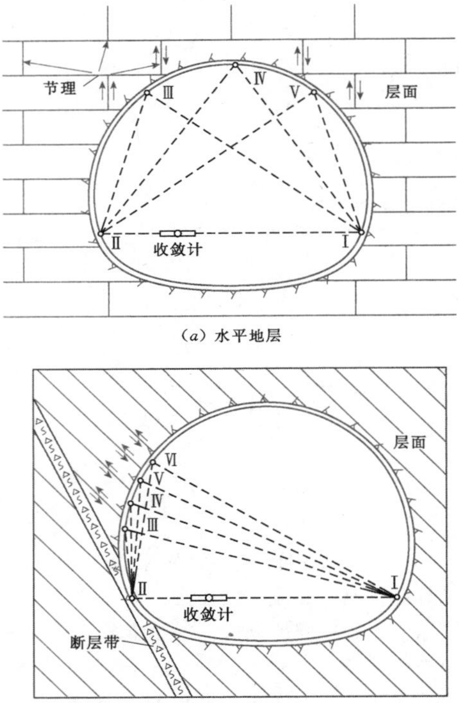

图 3.6－4　隧洞特殊构造收敛测点布置示意图

2. 地表变形

对于埋深小于 40m 的Ⅳ～Ⅴ类围岩，还应进行地面垂直位移监测。洞顶地表垂直位移监测，是为了判断隧洞对地面建筑物的影响程度和范围，并掌握地表垂直位移变化规律，为分析隧洞开挖对围岩力学性态的挠动状况提供信息，一般是在浅埋情况下观测才有意义，如跨度 6～10m，埋深 20～50m 的黄土洞室，地表沉降才几毫米。

地表垂直位移一般采用水准仪，按几何水准法监测，内容包括地表下沉、隆起、倾斜等。在地表隧洞顶部和断面两侧，沿线布设水准测点，具体位置视地形及需要而定。起测点可考虑设置在隧道观测段的两侧；水准基点为不动点，一般应根据地质条件、工程影响、监测精度要求等条件综合考虑，布设在距工程 1km 左右、基础稳定的部位。

3. 内部变形

围岩内部变形监测布置可与围岩松动范围监测相结合。围岩内部变形不是必测项目，可根据工程规模、地质构造和科研等综合考虑进行监测布置。一般采用多点变位计和滑动测微计。内部变形监测断面的选择应考虑洞室的埋深、围岩分类、围岩特性、洞身尺寸与形状、施工方法和施工程序等，选择围岩类别较差、地质构造带、洞室交叉部位、洞身进出口上覆岩体较薄部位、体型不利或需要进一步研究的洞段。为减少施工干扰，并监测围岩开挖变形全过程，条件具备时监测布置应尽量利用洞身周围的排水洞、勘探洞或其他先期开挖的洞室超前于监测洞室钻孔预埋。

监测断面内测点的布置与围岩特性和地质条件有关，大量的计算分析成果认为，当最深测点距洞壁大于 1 倍以上洞跨或超出卸荷影响范围，则可认为该点为不动点，故多点位移计和滑动测微计的最深测点应大于上述范围。对有预应力锚固的部位，最深测点应超过锚固影响深度 5m 左右。同一钻孔中的测点多少应根据围岩的应力分布、岩体结构特征等地质条件来确定，一般在软弱夹层和断层两侧应各布置一个测点。对浅埋隧洞的监测设备一般布置在中上部，见图 3.6－5。

对深埋隧洞边墙中部的变位往往大于顶部，应根据主地应力方向和地质构造全面布置，见图 3.6－6。多点变位计和滑动测微计的应用见本章 3.7 节。

因大部分水工隧洞运行期洞内有水，而多点变位计的传感器电缆可引出洞外，运行期还可继续监测，在水工隧道中应用较多。

3.6.5.2　围岩应力监测

在高地应力区，为了解隧洞开挖过程中岩石内应力分布及变化情况，沿隧洞断面布置岩石应力观测断面，钻孔埋设岩石应力计，钻孔位于顶部、腰部，钻孔深度在固结灌浆区以外，每孔沿不同深度埋设 2～3 组应力计（埋设切向和径向应力计）。

岩石应力监测断面根据隧洞开挖显示的地质情况布置，主要布置在地应力较高地段，同时与围岩内部

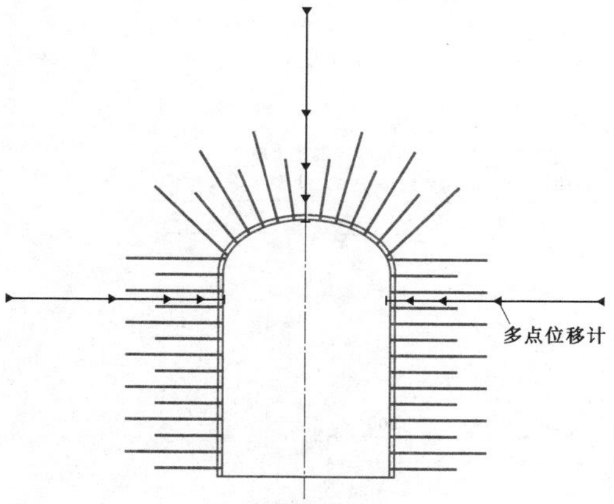

(a) 城门洞形

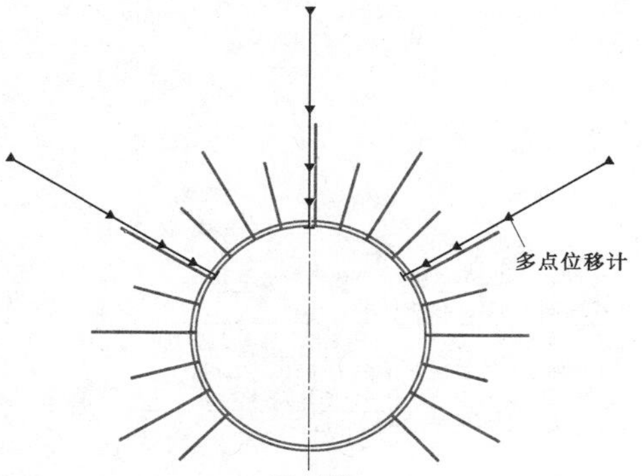

(b) 圆形

图 3.6-5 浅埋隧洞围岩内部变形监测布置典型断面图

变形监测相对应布置，以便资料的对比分析。

3.6.5.3 围岩温度监测

为了解围岩内部温度情况，以便分析温度对监测成果的影响，在不同类别、不同地形地质条件的洞段围岩内布置监测断面，由于渗压计和差阻式锚杆应力等都具有测温功能，围岩内布置渗压计或差阻式锚杆应力计的监测断面可不布设温度计。一般每个监测断面布置2～3组温度计，每组沿围岩不同深度埋设4～5支温度计，分别布置在管壁、混凝土、围岩表面及深部。

3.6.5.4 围岩松动范围监测

围岩松动范围监测是指测定由于爆破的动力作用、岩体开挖应力释放引起的岩体扩容两者共同作用下导致的围岩表层岩体的松动厚度。监测成果可以作为锚杆及其他支护设计和围岩稳定分析的依据。通常采用声波法和地震波法观测围岩松动范围。

围岩松动范围监测断面应根据围岩不同岩性、不同施工方法选定，断面内测孔的布置位置基本同锚杆应力，应满足圈定松动范围界线的要求，深度超过预测松动范围。

地震波法监测断面沿平行洞轴线掌子面进尺方向在洞底板和洞壁布置，每个断面设5～10个测点，两测点间距0.5～1m。配合声波法布置时断面和测点布置应与声波法相应。

3.6.5.5 围岩支护结构监测

隧洞的支护措施主要有喷锚支护、钢筋混凝土支护、钢衬支护、钢拱架支护等。支护结构监测断面应根据支护型式、计算成果、地质条件、设计反馈及科研需要等确定，一般可与围岩内部变形监测断面结合布置，以便相互验证分析。监测项目应根据地质条件和支护结构选择监测项目。

上部岩体浅的软岩或岩石破碎的隧洞，为了防止上部岩体塌落，需采取刚性高的衬砌，尽量控制其变形，保证隧洞的稳定。此时，围岩对支护衬砌结构的压力以及衬砌本身的应力应变也可以作为重点监测项目之一。

如果上部岩体厚，但围岩强度低，围岩可能发生挤出、膨胀变形，此时围岩的变形大，采用刚性支护不能承受围岩过大变形产生的挤压力，易遭受破坏，此时除了需要通过变形监测合理把握支护时间外，还需采取喷锚、钢拱架等柔性支护措施，相应的可根据需要对锚杆和钢拱架应力进行监测。

当岩体较厚、围岩坚硬、裂隙发育、喷混凝土仅起防止岩体表面风化，填平表面凹凸不平的作用，则喷混凝土层可以不进行监测，仅对支护锚杆应力进行监测。

1. 锚杆应力

锚杆应力计用于监测支护锚杆的轴向受力情况，一般直接布置在支护锚杆上，监测锚杆既要起支护作用，又能监测锚杆随岩体变形而产生的应力，为保证监测的真实性，锚杆应力计的材质、截面面积都应与待测锚杆相同。监测断面位置选择要求与多点变位计类似外，还应在随机布置或加强（增设）锚杆部位选择典型锚杆进行监测，监测锚杆数量应满足相关标准，一般取支护锚杆1%～3%。断面内测点布置一般与变形测点布置一致，在施工过程中，若发现锚杆应力超量程，应考虑补设，若超量程的锚杆数量较多，要考虑增加支护。

锚杆应力计监测的是锚杆的轴向应力，需根据锚杆长度、围岩特性、地质结构等因数布置单点或多点锚杆应力计。一般锚杆长度4m以下，布置单点；4～8m布置2～3点；8m以上，布置3～4点。

2. 锚索荷载

在隧洞个别块体结构段需要采用预应力锚索加固

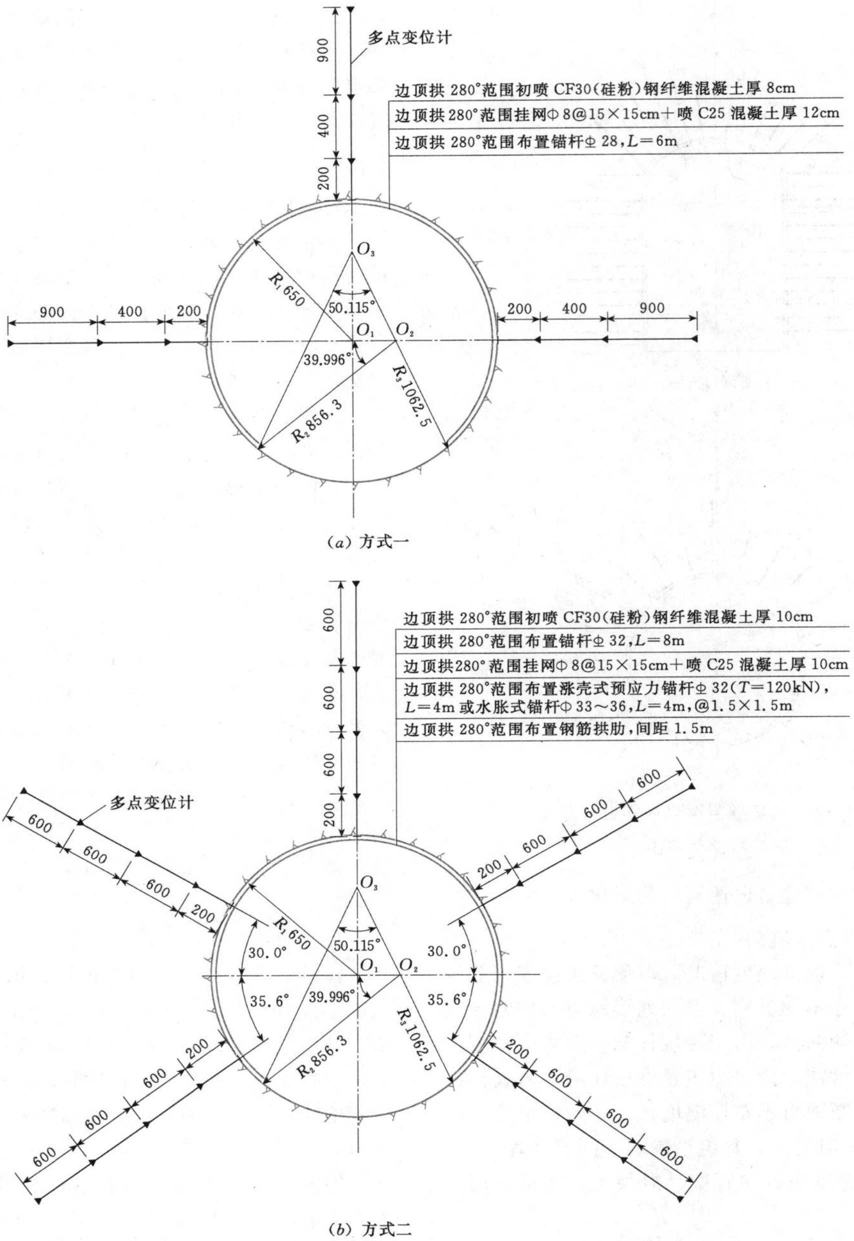

图 3.6-6　深埋隧洞内部变位布置图（单位：mm）

时，为了监测预应力锚固效果和预应力荷载的形成与变化，可采用锚索测力计进行监测，监测锚索数量应满足相关标准，一般取支护锚索 5%～10%。锚索测力计布置在张拉端的工作锚具与锚垫板之间，在工程锚索中系统地选取典型锚索进行监测，根据全长黏结锚索和无黏结锚索受力特征的不同，为了保证监测值的准确性、真实性，监测锚索应为不黏结锚索。锚索测力计的尺寸应与预应力锚具配套，锚索测力计的量程应与张拉吨位配套。

隧洞围岩锚杆应力监测布置典型断面见图 3.6-7。

3．钢筋混凝土衬砌结构

对于钢筋混凝土衬砌结构宜与相应围岩变形一同设置监测断面，具体根据围岩地质条件、支护结构和地下水环境，采用钢筋计、测缝计及渗压计，对衬砌

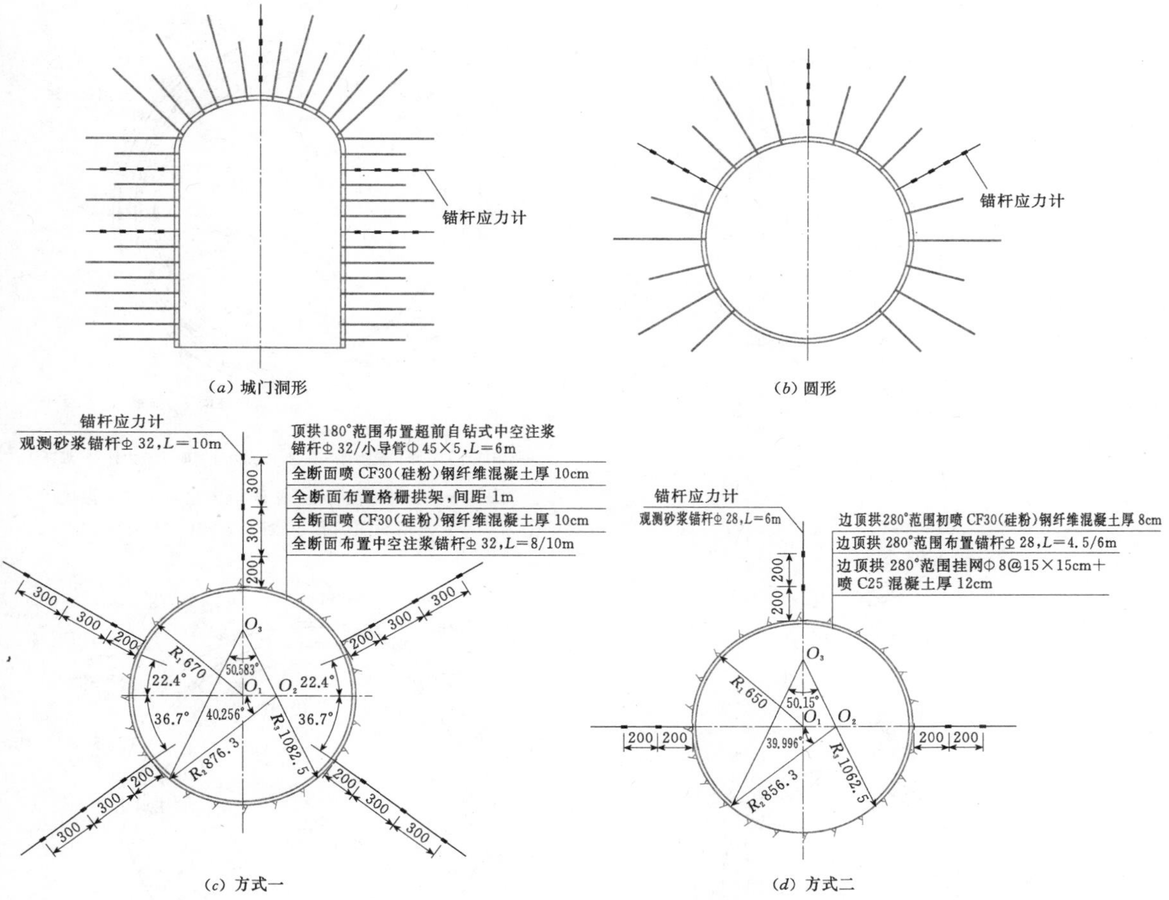

图 3.6-7 隧洞围岩锚杆应力监测布置典型断面图（单位：mm）

结构钢筋应力、衬砌与围岩接缝变形和衬砌围岩部位的渗透压力进行监测，必要时进行混凝土应力应变监测，其测点宜按轴对称布置，围岩衬砌内的应变计、钢筋计一般应径向和切向方向布置。渗压计测点监测其内水外渗及衬砌结构外部水环境的影响与变化。钢筋混凝土衬砌结构典型断面监测布置见图 3.6-8。

对于钢筋混凝土衬砌的无压隧洞，除为保证施工期安全，根据地质条件进行围岩变形与稳定监测外，一般根据工程需要相应进行衬砌结构钢筋应力和衬砌围岩部位的渗透压力监测。

4. 混凝土环锚衬砌结构

对于混凝土环锚衬砌结构，除进行衬砌结构应力应变、衬砌与围岩接缝变形及渗透压力的监测外，还需进行锚索预应力荷载监测或进行预应力锚索钢绞线的应力应变分布监测，采用钢索计设置测点，并通过锚索钢绞线的应力来计算锚索锚固力。因该结构预应力锚索是对钢绞线环形两端进行张紧锚固，相邻锚束体锚固点交错，其测点布置需考虑相对锚固点的轴对称性，以及相邻群锚效应的作用与影响。其典型断面监测布置见图 3.6-9 和图 3.6-10。

3.6.5.6 水压力监测

水工隧洞水压力监测包括洞内、洞外水压力监测和渗透压力、渗流量等监测，渗流监测仪器的选用参见重力坝。

1. 内水压力监测

水工隧洞衬砌承受的静内水压力即为该部位承受的库水压力，在不需考虑动水压力、不研究水头损失的情况下，可以不在衬砌内设水压力监测仪器。

内水压力一般采用水位计进行观测，一般测量最大内水压力，布置在最大内水压力附近。为了研究水头损失，或负荷突变的附加水头压力，也可分段布置。

2. 外水压力监测

水工隧洞外水压力主要是作用在衬砌外侧的水压

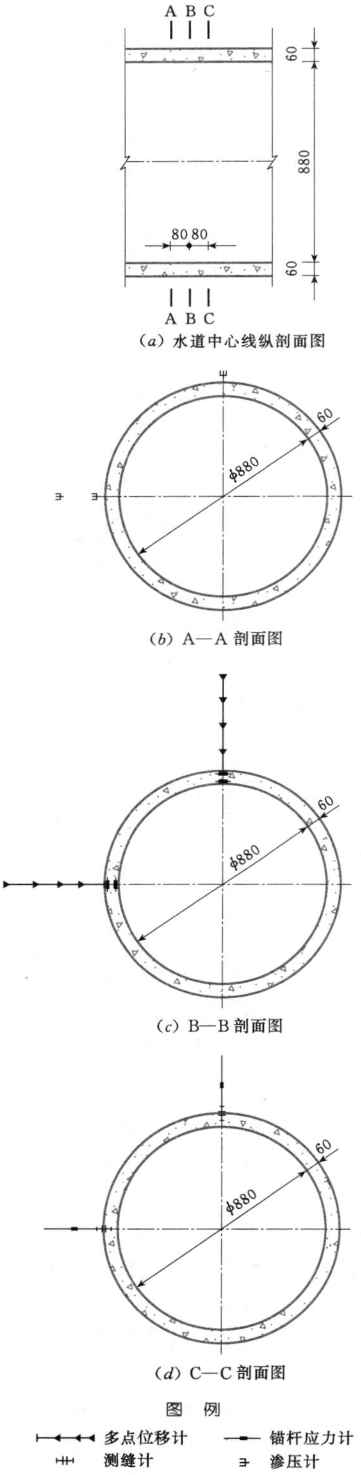

图 3.6-8　钢筋混凝土衬砌典型断面监测布置图（单位：cm）

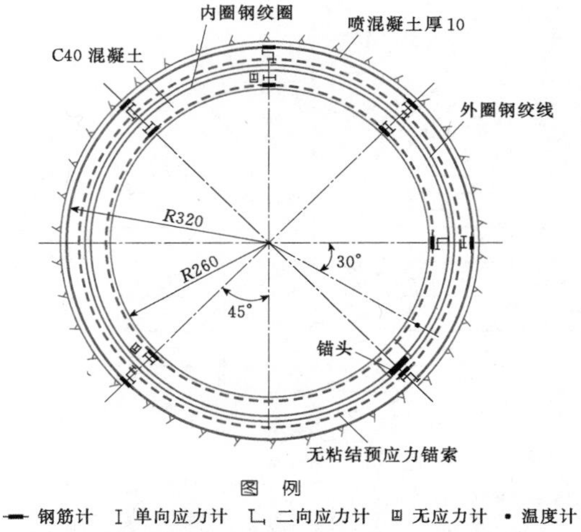

图 3.6-9　混凝土环锚衬砌结构应力应变及温度典型断面监测布置图（单位：cm）

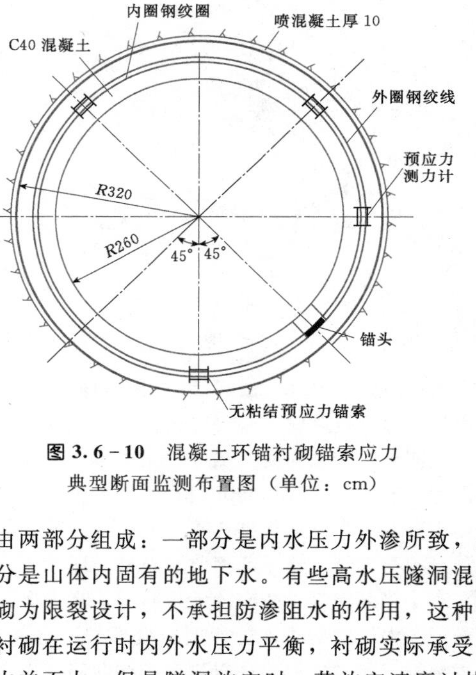

图 3.6-10　混凝土环锚衬砌锚索应力典型断面监测布置图（单位：cm）

力，由两部分组成：一部分是内水压力外渗所致，另一部分是山体内固有的地下水。有些高水压隧洞混凝土衬砌为限裂设计，不承担防渗阻水的作用，这种混凝土衬砌在运行时内外水压力平衡，衬砌实际承受的水压力并不大，但是隧洞放空时，若放空速度过快，外水压力没有与内水压力同步消落，则有可能因外水压力过大压坏衬砌，因此一般都要对外水压力进行监测。

隧洞外水压力的监测布置，应根据洞线的工程地质及水文地质情况，在隧洞沿线的山体上布置水位观测孔，监测山体地下水位情况，山体地下水位观测孔可以在隧洞开挖前埋设，以便了解在隧洞开挖工程中及隧洞充水后地下水的变化情况。同时，在具有代表性的监测断面的衬砌外侧围岩中布置渗压计，以了解衬砌承受的外水压力。由于受地质构造的影响，断面上的外水压力是不均匀的，渗压计一般可对称布置在管道的顶部、腰部及底部，也可根据地质构造非对称布置。

3. 渗透压力监测

有些高水压隧洞防渗结构的设计理念是通过灌浆加固周边围岩使其成为承载和防渗阻水的主要结构。监测目的是为了解围岩防渗阻水的效果，研究渗透压力分布情况。监测布置需根据隧洞沿线水文地质情况，选择一些具有代表性的监测断面，在围岩内钻孔埋设渗压计，钻孔位置同外水压力，钻孔深度至少深入围岩固结灌浆圈以外，可沿孔深布置 2～4 支渗压计。

4. 渗流量监测

隧洞的渗流量监测点一般设在排水洞、自流排水孔或交通洞内。监测方法包括：在排水孔口监测排水孔单孔渗流量；在集水沟内设量水堰流量计监测分区流量；在集水井内设水位计间接监测总渗流量。

3.6.6 岔管衬砌结构监测

岔管结构根据岩体地质条件、电站水头等主要有钢岔管和钢筋混凝土岔管两种型式。岔管应根据结构计算，按岔管段结构整体设置监测断面，一般在主支管、相贯线、腰线及肋板设置监测断面或测点，并加强相贯线、腰线折角点部位监测。

对于钢筋混凝土岔管应根据结构计算，主要进行钢筋混凝土衬砌结构应力应变、衬砌与围岩接缝变形及渗透压力监测。混凝土岔管监测布置见图 3.6－11。

对于按明管准则设计的钢衬岔管，重点加强钢衬钢板应力和外水压力监测，相应进行缝隙值、围岩压应力及钢衬温度监测。

对于承受高内水压力的钢岔管段结构监测，需加强钢衬钢板应力、缝隙值、围岩压应力和外水压力监测，相应进行回填混凝土环向和径向应变及钢衬温度监测。钢岔管监测布置见图 3.6－12。

3.6.7 调压室（塔）结构监测

应根据调压室的结构型式及地形、地质等条件，设置必要的监测项目并及时整理分析监测资料。对调压室需要设置监测项目的有：①1 级、2 级及 3 级调压室；②采用新技术、新工艺的调压室；③位于不良工程地质和水文地质部位的调压室。

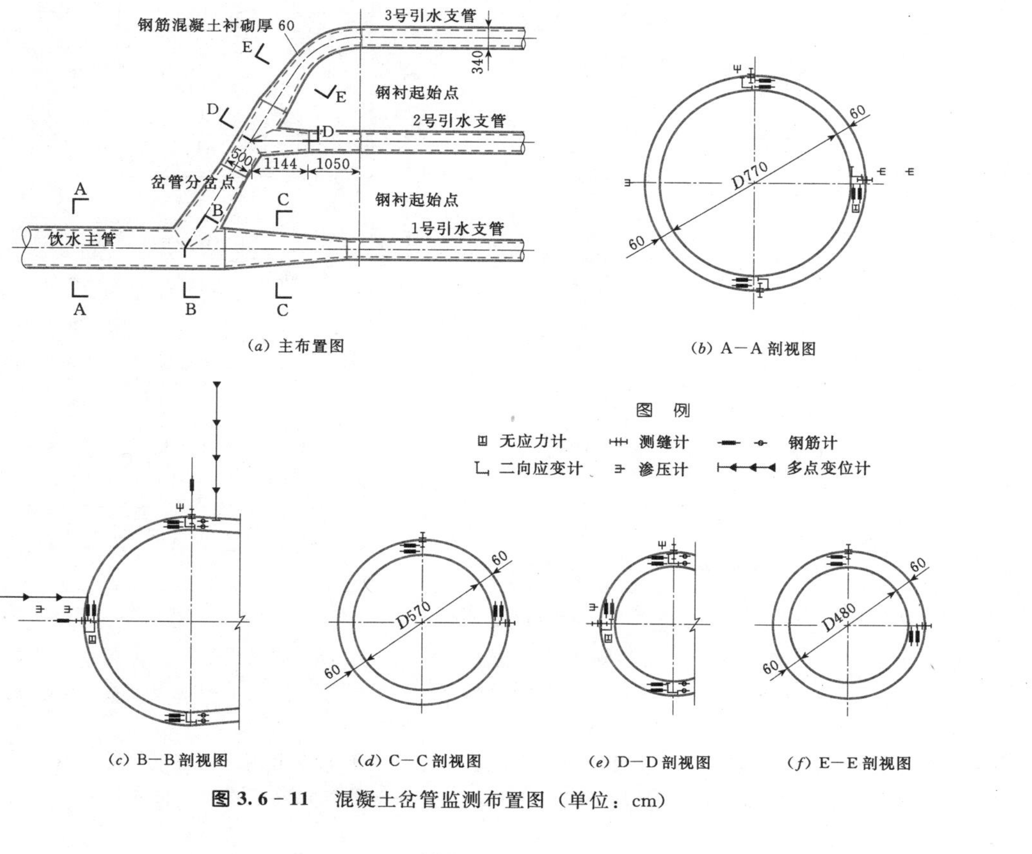

(a) 主布置图　(b) A—A 剖视图

(c) B—B 剖视图　(d) C—C 剖视图　(e) D—D 剖视图　(f) E—E 剖视图

图 3.6－11　混凝土岔管监测布置图（单位：cm）

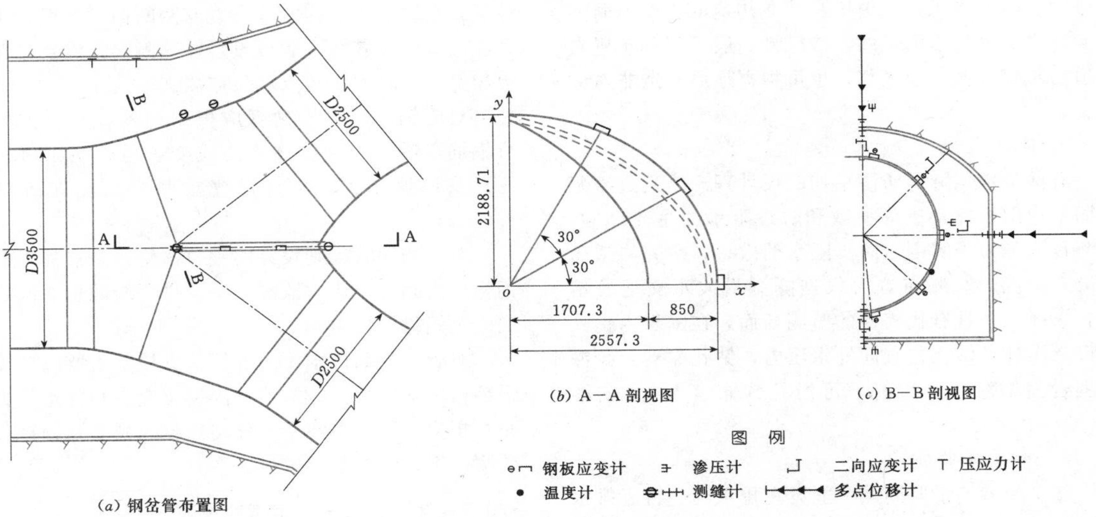

图 3.6-12　钢岔管监测布置图（单位：mm）

应根据调压室类型、结构特性和调压室的级别设置监测项目，见表 3.6-4。

表 3.6-4　**调压室安全监测项目分类表**

序号	监测类别	监测项目	建筑物级别								
			开敞式、埋藏式			地面式			气垫式		
			1	2	3	1	2	3	1	2	3
一	运行状态	涌波水位	●	●	●	●	●	●	●	●	●
		室内气压							●	●	●
		室内温度							●	●	●
二	围岩稳定	锚杆、锚索应力	○	○	○				○	○	○
		围岩变形	○	○	○				○	○	○
		围岩渗透压力	○	○	○				●	●	●
三	结构受力	外水压力	●	○	○				●	○	○
		应力应变	○			○	○	○	●	○	○
		衬砌与围岩接缝变形	○						●	○	○
		衬砌与围岩接触压力	○						○		
四	水力学	脉动压力	○			○			○		
		流速	○			○			○		
五	地震反应	地震加速度				○					

注　有●者为必设项目；有○者为可选项目；空格为不监测。

地下调压室的监测设计，重点为施工期围岩稳定，必须结合工程地质、水文地质和支护设计情况，有针对性地进行监测仪器布置。调压室衬砌外水压力受地质条件、地下水位、调压室内水外渗等因素的影响，为工程设计的不确定因素，因此应对衬砌外水压力、围岩渗透压力等进行监测；调压井围岩与支护结构的监测布置同一般地下工程围岩稳定和支护结构的监测。

地面以上调压塔宜进行结构倾斜变形监测，一般沿高程在结构表面设置倾角计测点进行其塔身倾斜监测。同时，对位于强震区的调压塔，需根据结构动力分析，在地面以上沿高程设置地震测点进行其结构动力反应监测，并宜在近调压塔地面、顶部和塔身结构表面设置不少于3个三分向拾振器测点，进行其地震加速度监测，调压塔结构倾斜变形和强震动监测布置实例见图3.6-13。

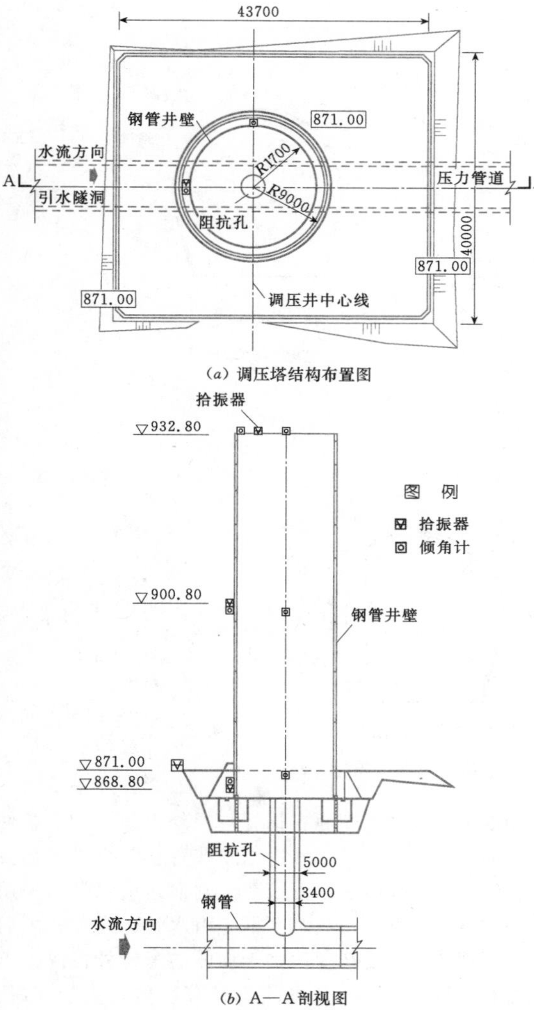

(*a*) 调压塔结构布置图

(*b*) A—A剖视图

图3.6-13 调压塔结构倾斜变形和强震动监测布置图（高程单位：m；其余单位：mm）

调压室涌波水位直接反映调压室的实际运行工况和荷载，能为运行和设计提供最直接有效的信息，应作为调压室的必测项目。在必要时可进行阻抗孔部位及底部结构应力监测及调压井下部结构的涌浪水压力监测，调压室底部结构监测布置见图3.6-14。

对气垫式调压室必须进行运行期室内气压和温度监测。对新型结构的调压室还可进行水力学监测，其仪器布置应尽量与模型试验一致。

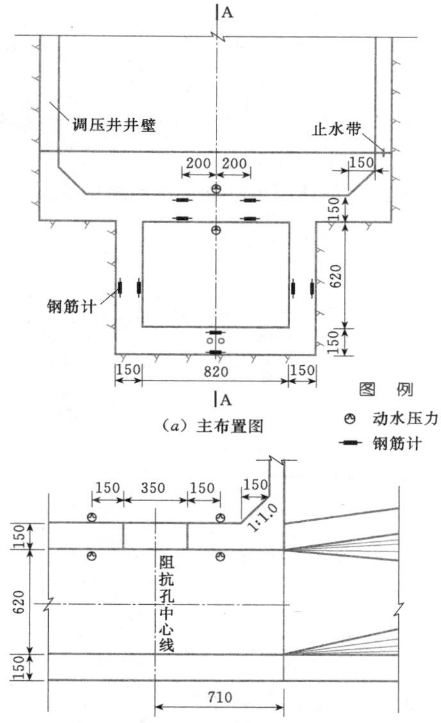

(*a*) 主布置图

(*b*) A—A剖面图

图3.6-14 调压室底部结构监测布置图（单位：cm）

3.6.8 压力钢管结构监测

对引水发电系统的压力钢管，需要设置监测项目的情况有：①1、2级钢管；②3级钢管有下述情况之一：电站装机容量大于或等于100MW；管径$D\geqslant$4m，或作用水头$H\geqslant$100m，或$HD\geqslant$400m^2；采用新材料、新结构、新设计理论和方法或新工艺。

1. 地下埋管

对于考虑利用围岩分担内水压力的地下埋管，按钢管、外围混凝土和围岩的联合受力分析，其内水压力是由围岩与钢管共同分担。需进行相应钢衬应力、缝隙值、回填混凝土应力应变、围岩压应力、外水压力与排水效果及钢衬温度等监测。应根据地质条件、结构型式、内外水压力等设置监测断面，宜在监测断面内设置测点进行集中监测，以便于对比分析与验证。

在监测断面上的钢板应变计、测缝计和压应力测点宜按轴对称布置，虽然计算是以环向应力控制的，但每个测点还是应布置环向和轴向钢板应变计，以监测地质构造对衬砌的影响。

测缝计应布置在顶拱回填混凝土与围岩和底部钢衬与回填混凝土之间；压应力计测点一般设置在围岩表面，可直接监测并定量分析围岩分担的内水压力，并可为施工期的回填灌浆提供定量依据。

渗压计宜直接设置在钢衬与回填混凝土接触面，以取得其钢衬承受的外水压力，渗压计安装时需注意采取必要的措施保证回填混凝土和灌浆的施工时不阻塞测点传感器的透水石影响对外水承压的监测。

对于需要联合受力的钢衬，可对回填混凝土环向和径向应变进行监测，以便分析高压管道回填混凝土裂缝、缝隙值及外水压力对钢衬应力的影响。

对钢衬温度的监测，其电测温度计应靠钢衬设置，并兼测内水温度。压力管道钢衬结构典型断面监测布置见图 3.6-15。

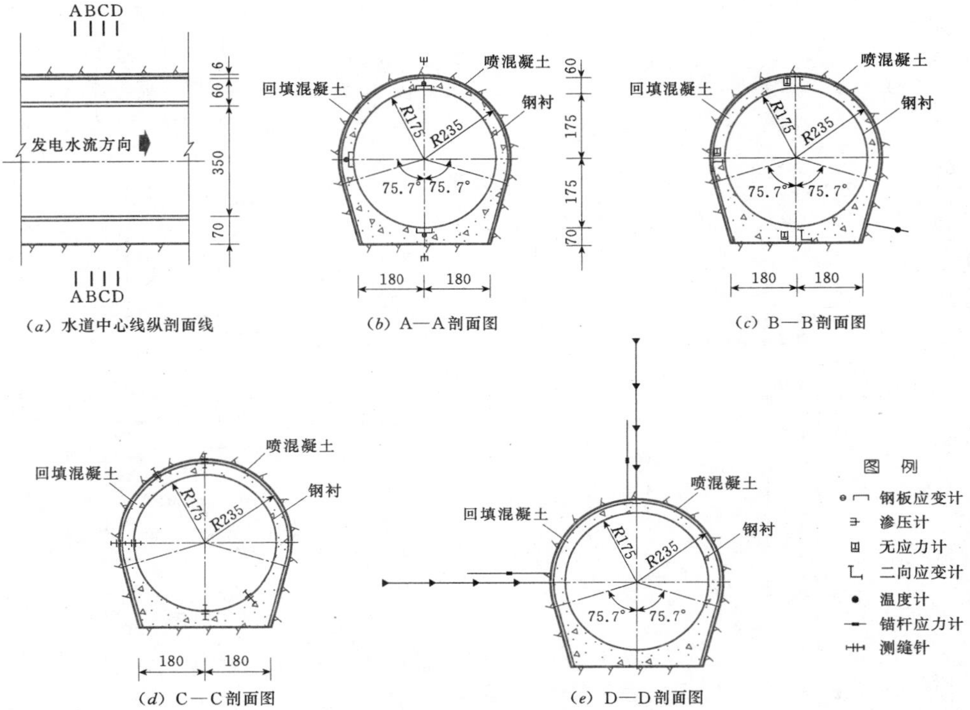

(a) 水道中心线纵剖面线　(b) A—A 剖面图　(c) B—B 剖面图　(d) C—C 剖面图　(e) D—D 剖面图

图 3.6-15　压力管道钢衬结构典型断面监测布置图（单位：cm）

对于按明管准则设计的压力管道钢衬结构，一般需对其钢板应力、缝隙值、外水压力及排水效果进行监测，相应监测项目的断面和测点布置与考虑围岩分担内水压力钢衬结构基本一致。

2. 坝内埋管

对坝内埋管与外围混凝土联合承受内水压力的，除了监测钢管应力、内外水压力、钢管与外围混凝土缝隙外，还需监测外围混凝土和钢筋的应力应变。对全部有钢管承受内水压力的坝内埋管，一般不需对外围混凝土和钢筋的应力应变进行监测。监测断面应选择自受力条件复杂的、需要进行结构计算的控制断面。

3. 坝后背管

由于坝后背管受坝体变形、温度和内水压力作用，几乎所有已建工程的背管混凝土均不同程度地出现了轴向和环向裂缝，包括为降低背管外包混凝土对内水压力的分担荷载，为减小外包混凝土环向钢筋应力和控制混凝土裂缝宽度而在钢管与混凝土间设置了柔性垫层的工程等，如紧水滩水电站在背管斜直段下部设置套管式三向伸缩节、万家寨水利枢纽引水管道采用全埋式坝后背管、三峡水利枢纽引水管道浅埋式坝后背管。坝体变形使刚度远小于坝体的背管外包混凝土受力状态极为复杂，远非平面计算所能解决的问题。温度作用也是坝后背管外包混凝土开裂的主要因素之一，温度作用与内水压力叠加使坝后背管的应力和钢筋应力水平很高，已建工程中已有出现在管腰部位外包混凝土外层钢筋达到或超过了屈服极限实例。

坝后背管应根据具体工程特点、已有工程监测资料分析实例和结构计算分析成果，选择靠管顶、管腰及镇墩等部位设置监测断面，结合坝体变形对影响背管结构安全的背管基础变形、钢板应力，外包混凝土钢筋应力、接缝位移和裂缝及温度进行监测，并根据结构需要可进行钢衬与混凝土缝隙值监测。

背管基础变形应结合坝体变形监测进行，一般通过垂线和表面变形监测获取。钢板应力、外包混凝土钢筋应力宜主要进行环向应力监测，温度监测可结合监测断面设置，在出现裂缝后应对其裂缝长度、宽度、深度、方位等边界条件与因素进行监测。

必要时采用测缝计监测裂缝的开合度，若压力钢管过厂坝分缝处设置伸缩节，应特别加强该部位的三向位移监测。

坝后背管主要采用钢板应变计、钢筋应力计、测缝计（裂缝计、千分表）、温度计等监测设备进行监测。

4. 明管

明管除对管身的应力应变和内水压力进行监测外，还需对镇墩、支墩及其基础变形和承载能力进行监测，若明管布置在边坡上，还需对边坡的稳定（变形、地下水等）进行监测。

发电引水系统监测仪器选型详见本卷第 2 章。

3.6.9 巡视检查

巡视检查总体要求及检查方法见本章 3.1 节，引水系统工程主要由电站进水口、引水隧洞、压力管道及岔管、尾水隧洞及调压室（塔）等水工建筑物组成。针对引水建筑物特点，视工程实际情况应加强巡视检查的工程部位有以下方面：

（1）隧洞围岩。在施工期随开挖施工应检查围岩地层岩性、断层及裂隙构造发育情况、岩体裂缝、楔形体、局部危岩、地下渗水、喷锚支护结构施工质量，以及施工爆破参数控制等可能影响工程质量和运行安全的隧洞围岩工程隐患。

（2）混凝土衬砌及进水口结构。在施工期和放空期间要注意检查：混凝土结构有无蜂窝、麻面、裂缝、位移变形、隆起、塌陷、磨损冲蚀（空蚀）、渗水、腐蚀及表层剥落等现象；有无挤碎、架空、错断；有无钢筋露头及处理情况；接缝止水是否有集中渗水现象；施工支洞的封堵及渗漏情况等。

（3）钢衬结构。要注意检查：钢衬结构焊缝施工工艺、焊接质量、裂缝或损伤；钢衬、加筋环及焊缝外观及涂装情况；回填混凝土及接触、回填、固结、帷幕灌浆的施工质量；灌浆孔、施工支洞的封堵及渗漏情况；有无隆起、塌坑情况；排水管出水、排水洞渗水情况等。

（4）机电与金属结构。要注意检查：闸门（包括门槽、支座、止水及平压阀和通气孔等）工作情况，启闭设施启闭工作状况；金属结构防腐、锈蚀情况；电气控制设备、正常动力和备用电源工作情况等。

除对上述结构物、机电与金属结构质量及工作状况等巡视检查外，在施工期和运行期应同时对监测仪器设施等进行检查，除不可修复外保证使其处于正常工作状态；并同时检查供电、供水、供气、通风及通信设施等是否完好，照明及交通设施有无损坏和障碍等。在充水前应将工程建筑物表面和周围的杂物清理干净；检查进（出）口、引水隧洞（管道）、渠道、尾水隧洞（管道）、调压室（塔）有无堵淤及损伤，控制建筑物及进/出水口拦污设施状况、水流流态；应注意在电站运行期引水系统放空时根据需要可对建筑物结构进行系统全面的巡视检查，认真检查和记录可能存在的安全隐患等，对发现的问题进行妥善处理。

3.6.10 监测频次

（1）第一阶段：施工期及充水准备期监测。首次充水以前，施工期监测项目测次可取表 3.6-5 中的下限；首次充水以前一个月时段进入充水准备期，测次取表 3.6-5 中的上限。此外，在临近充水前，应对整个引水系统工程的监测项目进行一次系统、全面地巡回观测，一方面对所有监测设施进行检查；另一方面为引水系统充水前后监测数据资料分析，提供工程建筑物进入工作状态前的基准值。

（2）第二阶段：首次充水和机组调试期监测。首次充水和机组调试期由于围岩、衬砌结构、压力管道等初次受外荷载作用进入工作状态，对结构应力、变形、渗流状态和工作性态等有重要影响。同时，电站运行水位的变化亦将导致结构受力状态的改变，因此应重点加强该阶段的安全监测。在引水系统管道充水试验期间测次需具体结合首次充水和机组调试期间的试验程序与工况进行观测，但每周不宜少于 2 次。

（3）第三阶段：运行期监测。第二阶段结束后，工程性态趋于稳定时可逐渐减少测次。引水系统结构应力、变形、渗流等性态变化时的监测频次取表 3.6-5 中的上限，性态趋于稳定时的监测频次可取表 3.6-5 中的下限。

表 3.6-5　引水系统监测项目监测频次表

监测项目	监测频次		
	施工期及充水准备期	首次充水及机组调试期	运行期
围岩变形	6～4 次/月	2 次/周	4～1 次/月
围岩锚杆应力	6～4 次/月	2 次/周	4～1 次/月

续表

监测项目	监测频次		
	施工期及充水准备期	首次充水及机组调试期	运行期
接缝位移	6～4次/月	2次/周	4～1次/月
缝隙值	6～4次/月	2次/周	4～1次/月
应力、应变及温度	6～4次/月	2次/周	4～1次/月
渗透压力及外水压力	6～4次/月	2次/周	4～1次/月
调压塔倾斜位移	6～4次/月	2次/周	4～1次/月
明管、坝后背管基础变形	4～1次/月	2次/周	4～1次/月
调压塔强震动	调试到正常工作状态～4次/月	自动测记	自动测记
调压井涌浪水压力及水位	—	按需要	按需要

注 1. 在首次充水和机组调试过程，宜采用自动化监测，以便加密测次，了解结构受力过程，及时发现问题。
2. 表中监测频次均系正常情况下测读的要求，可根据工程实际情况适当调整监测项目的具体测次。
3. 首次充水及机组调试期间应具体结合试验程序与工况进行观测，但每周不宜少于2次。
4. 洞室围岩变形与支护锚杆应力其监测仪器设施均紧跟开挖掌子面安装并观测，在测点距离掌子面2倍洞径以内宜每天观测一次。
5. 相关监测仪器设施应力求在同一时间观测，以便相互验证与对比分析。
6. 如遇工程扩（改）建或长期停运又重新充水调试时，需再按第一、二阶段的要求进行观测。

3.7 发电厂房

3.7.1 厂房结构特点及监测重点

根据发电厂房与挡水建筑物的相对位置及其结构特征，可分为三种基本类型，即河床式厂房、坝后式厂房和引水式厂房。

1. *河床式厂房*

河床式电站厂房位于河床中，与挡水坝段进行整体布置，成为挡水建筑物的一部分。因此，除根据厂房结构计算进行必要的厂房结构监测外，应同时按挡水建筑物进行安全监测，包括表面变形、内部及基础变形、接缝变形、泥沙压力、扬压力（渗透压力）及渗流量监测等，并与坝体挡水坝段相应监测项目协调布置。

2. *坝后式厂房*

坝后式电站厂房位于拦河坝的下游，紧接坝后，在结构上与大坝用永久缝分开，发电用水由坝内高压管道引入厂房。因相对独立于坝体的主体工程建筑物承受下游水荷载及基础渗透压力的作用，其监测项目一般包括表面变形、基础变形、接缝位移和渗透压力等监测，其监测方式与河床式电站厂房基本一致，对于厂顶溢流的坝后式电站厂房，应加强顶部结构受力、接缝变形和厂房振动监测，避免厂房机组支撑结构与厂顶溢流产生共振破坏。

3. *引水式厂房*

引水式电站厂房发电用水来自较长的引水道，厂房远离挡水建筑物，一般位于河岸。如若将厂房建在地下山体内，则称为地下厂房。

引水式电站岸边厂房运行安全的外部因素包括厂房后边坡的变形与稳定（含地下水环境）、基础变形及渗透压力等，需相应进行安全监测，而对于在软基或地质条件差的基础上修建的地面厂房，宜同时进行表面变形及接缝变形监测。对于岸边地面厂房后边坡变形与稳定、支护措施及地下水环境监测，参见本章3.9节。

引水式电站地下厂房是修建在天然岩体内的大型工程建筑物，工程的安全在很大程度上取决于围岩本身的物理力学特性及自稳能力，以及其支护后的综合特性，因此安全监测的重点是地下厂房系统洞室围岩的变形与稳定监测，同时需相应进行岩壁吊车梁、机组支撑结构受力、结构振动及渗流（含地下水）等的监测。

4. 监测仪器

河床式、坝后式厂房监测仪器选用参见本章3.1节，地下厂房监测仪器选用参见本章3.5节和3.6节的相关内容。

3.7.2 监测设计依据

发电厂房监测设计依据参见本章3.1节。但基于发电厂房工程的特点，其安全监测设计时的基本资料见表3.7-1。

引用标准除本章3.5节所用的所有标准外，还应包括《水电站厂房设计规范》（SL 266）、《水电水利工程爆破安全监测规程》（DL/T 5333）等。

3.7.3 监测项目

各等级发电厂房建筑物监测项目的分类和选择见

表 3.7-2。

表 3.7-1　发电厂房工程安全监测基本资料表

序号	类别	基本资料
一	水文气象	①气象特征；②暴雨特征；③洪水特性；④施工洪水；⑤水情自动测报系统等
二	地质条件	①区域地质与地震；②地层岩性；③地质构造；④岩体物理力学性质；⑤地质平、剖面图；⑥岩体类别；⑦地下水及涌水；⑧工程地质与水文地质试验资料等
三	工程及施工设计资料	①工程规模、等级和枢组布置、厂房布置及必要的结构图；②与其他分部工程布置及结构之间关系；③厂房结构及基础应力变形分析；④厂房结构及基础动力分析；⑤渗流计算；⑥结构计算；⑦水力学计算；⑧施工组织设计（包括施工程序、开挖爆破参数等）

表 3.7-2　发电厂房建筑物安全监测项目分类表

序号	建筑物名称	监测项目		建筑物级别		
				1	2	3
一	机组支撑结构	结构应力、应变		●	○	
		结构振动		○	○	
二	河床式厂房	表面变形		●	●	●
		内部及基础变形		●	●	●
		接缝变形		●	○	○
		扬压力（渗透压力）		●	●	●
		渗流量		●	●	●
		泥沙压力		○	○	
三	坝后式厂房	表面变形		●	○	
		基础变形		●	○	○
		接缝变形		●	○	○
		渗透压力		●	●	●
		渗流量		●	●	●
		厂顶结构和厂房振动		○	○	
四	引水式岸边厂房	表面变形		●	○	
		基础变形		●	○	○
		接缝位移		●	○	○
		渗透压力		●	●	●
		强震动		○	○	○
五	引水式地下厂房	围岩变形、渗流、应力应变（含支护结构）及温度	收敛变形	●	●	●
			内部变形	●	●	●
			岩石应力	○	○	
			松动范围	○	○	
			围岩温度	●	○	
			锚杆应力	●	●	●
			锚索锚固力	●	●	●
			渗透压力	●	●	●
			渗流量	●	●	●
		岩壁吊车梁变形、结构应力应变及接缝位移	围岩及梁体变形	●	○	
			锚杆应力	●	●	●
			接缝位移	●	●	●
			壁座压应力	○	○	
			钢筋应力	○	○	
			混凝土应力应变	○	○	

注　1. 有●者为必设项目；有○者为可选项目，可根据需要选设。
2. 发电厂房建筑物巡视检查为必设项目。

3.7.4　机组支撑结构监测

3.7.4.1　应力应变及温度

水头高、转速快、运行工况复杂的水电站厂房，其机组支撑结构承受的机械离心力、不平衡力矩以及水道脉动压力均很大，其机组周围混凝土支撑结构和受力条件复杂，理论计算难以准确反应结构的受力状态。因此，需进行机组支撑结构应力应变监测，掌握其在电站运行期间的受力及工作状况。

厂房机组支撑结构采用钢筋应力计和混凝土应变计组及无应力计进行监测，宜按监测断面设置测点。具体根据厂房结构计算，一般在尾水管底板、肘管上下游侧，蜗壳进口段、下游侧及厂房中心线方向蜗壳周围，机墩内、风罩楼板结构及厂房上、下游侧等设置测点，宜主要进行钢筋应力监测，可根据需要设置少量混凝土应变计组及无应力计进行监测。

对于高水头电站宜进行机组蜗壳钢板应力监测，必要时对蜗壳与外围混凝土的缝隙值进行监测。可按轴对称设置测点，采用钢板应力计和测缝计进行监测。电站厂房机组支撑结构监测布置见图 3.7-1。

为监测厂房蜗壳混凝土结构在与钢蜗壳联合承载

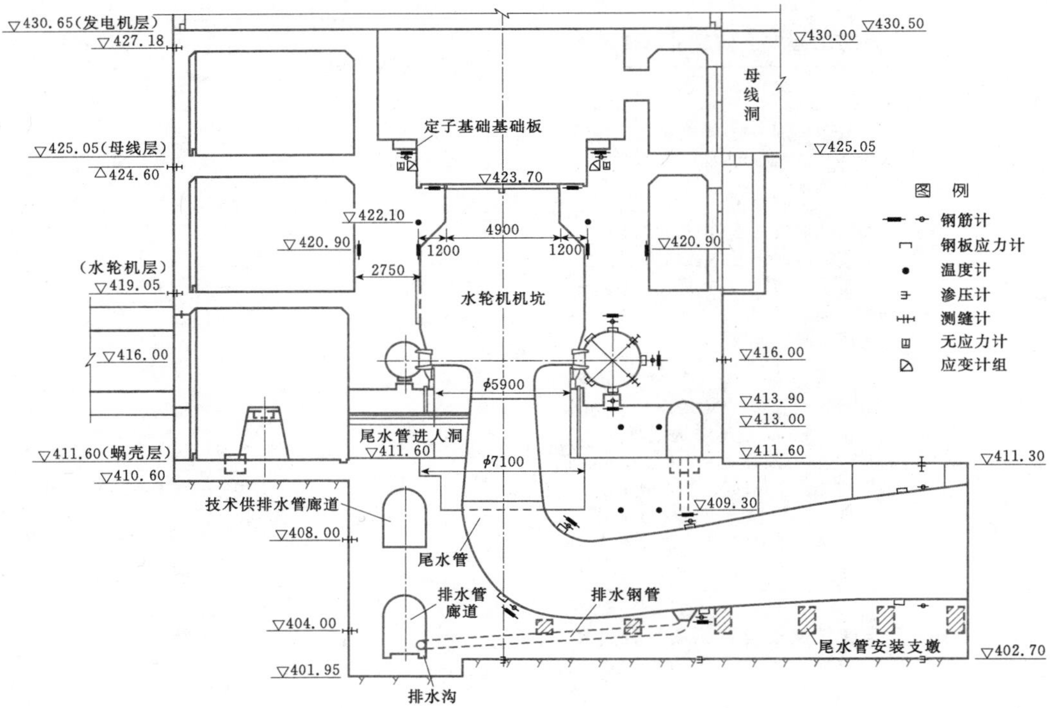

图 3.7-1　机组支撑结构中心线横剖面监测布置图（高程单位：m；其余单位：mm）

中所起的作用，全面了解蜗壳钢板、蜗壳外包混凝土及钢筋的受力状况以及蜗壳钢板与混凝土接缝开合度变化等，在蜗壳混凝土中布设钢筋计、钢板应力计、测缝计和温度计等监测设备。

龙滩水电站地下厂房机组支撑结构应力应变监测布置见图 3.7-2。

3.7.4.2　振动

在大型水电站厂房结构设计中，要对厂房的动力特性进行分析并采取相应的防振、抗振措施，但由于厂房机组支撑结构振动的复杂性，尤其是对于高水头、高转速、大容量的发电机组来自于机械、水力、电气三种振源情况的不确定性，目前尚无法建立较系统的标准和提出较准确、可靠的工程技术措施，因此对大型机组电站宜进行机组支撑结构的振动动力反应监测。

厂房机组支撑结构振动监测宜采用三分向拾振器，可在水轮机层、机墩、风罩和发电机层及副厂房楼板结构表面布置测点，对其振动速度、位移、加速度及振幅和频率等进行安全监测，厂房机组支撑结构振动监测布置实例见图 3.7-3。同时，为配合厂房机组支撑结构振动监测及理论分析，在机组段结构缝间沿高程设置测点，进行其相应接缝位移监测；对于地下厂房应同时在厂房机组支撑结构与围岩接触缝间，沿上下游侧壁设置测缝计测点。

3.7.5　河床式厂房监测

河床式厂房作为挡水建筑物的组成部分，除需对厂房机组支撑结构监测外，还应按挡水建筑物的监测要求进行表面变形、内部及基础变形、接缝位移、扬压力（渗透压力）及渗流量等监测，其监测布置应与大坝挡水坝段监测布置协调考虑。部分河床式厂房还需根据泥沙沉积情况和结构要求进行泥沙压力监测。

河床式厂房表面变形监测主要包括厂（坝）顶和厂房基础的变形监测。在厂（坝）顶变形监测包括水平位移监测和垂直位移监测；厂房基础变形监测只有垂直位移（沉降）监测。每坝段宜在厂（坝）顶和基础廊道各设置一个表面变形测点。

考虑顺河向建基面宽度较大，故对厂房坝段内部及基础变形监测应根据基础地质条件并结合坝体及坝基变形统筹布置监测设备，一般采用垂线、沉降仪、基岩变位计和多点位移计等。

接缝位移监测主要指厂房坝段之间接缝开合度监测，测点沿高程布置，对软基厂房应适当增设测点。

对厂房基础扬压力及渗透压力监测根据上游帷幕灌浆和封闭式帷幕灌浆防渗确定，对于仅设置上游帷

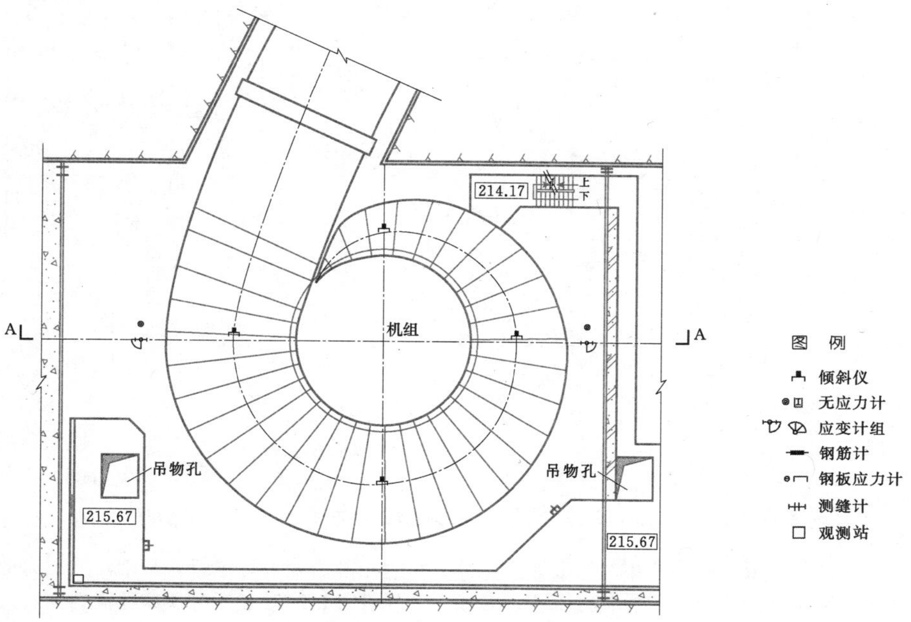

(*a*) 主布置图

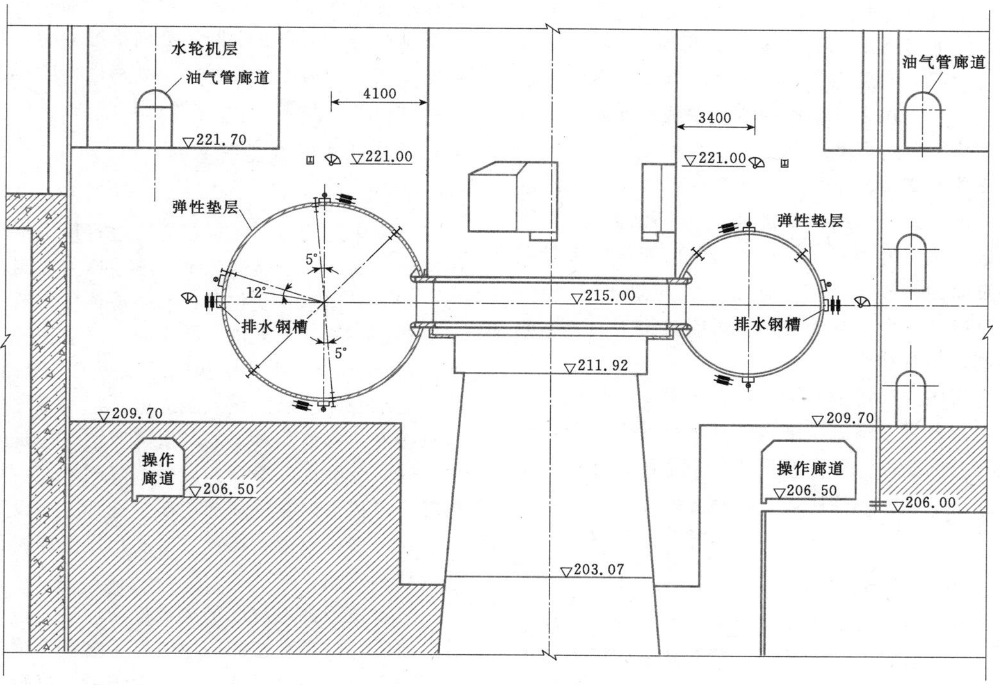

(*b*) A—A 剖视图

图 3.7-2 龙滩水电站地下厂房机组支撑结构应力应变监测布置图（高程单位：m；其余单位：mm）

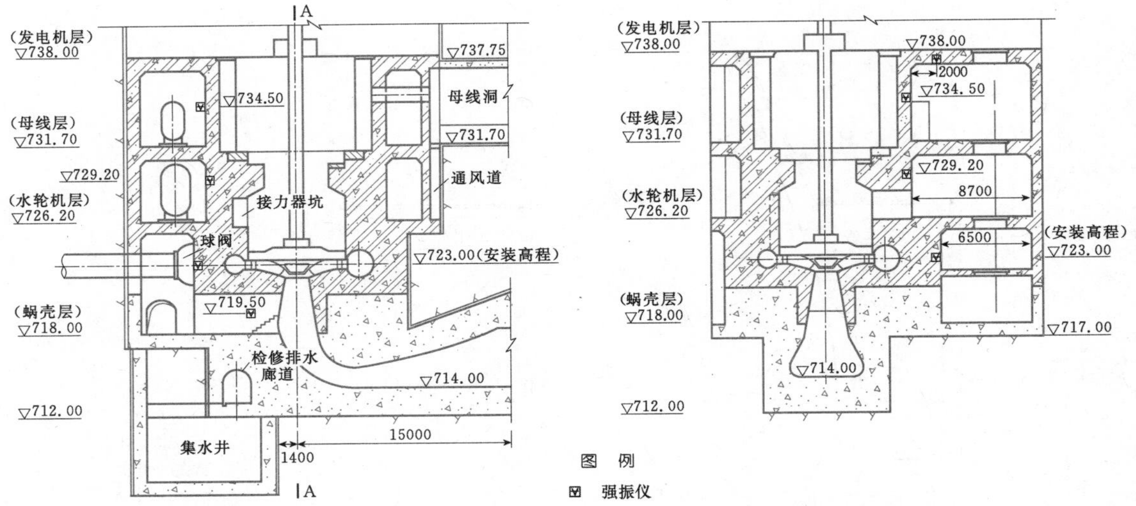

(*a*) 主布置图　　　　(*b*) A—A 剖面图

图 3.7-3　厂房机组支撑结构振动监测布置图（高程单位：m；其余单位：mm）

幕灌浆防渗的基础扬压力监测，按相关标准在主帷幕下游排水幕线上每坝段应设置 1～2 个测压孔。对于封闭式帷幕灌浆防渗的基础扬压力监测，除在上游帷幕后布置扬压力测压孔外，还应在下游帷幕的上游排水幕线上设置测压孔，测点位置与数量可与上游侧一致，必要时亦可在上、下游排水幕间增设 1～2 个测压孔；沿顺河向的厂房基础扬压力及渗透压力监测根据工程条件可采用在基础廊道内设置测压孔或在建基面设置渗压计进行监测。

河床式厂房渗流主要包括上游胸墙渗水、基础渗水、机组渗水以及机组检修排水等，一般需对上游胸墙、基础和机组的渗流量进行监测，监测设备为量水堰，布设原则一般结合厂房排水系统和集水井布置，有条件时应分区设置量水堰，尽可能监测不同区域的分区渗流量和总渗流量。

对于河床式厂房上游泥沙压力监测，一般根据电站冲沙运行方式、河床与结构体型及预计泥沙淤积高程等设置监测断面，沿高程设置界面土压力计（不少于 3 个测点）监测泥沙压力，并相应设置渗压计监测水压力。

3.7.6　坝后式厂房监测

坝后式电站厂房位于坝体下游，作为独立于坝体的主体工程建筑物，承受下游水荷载及基础渗透压力作用，因此对其监测项目一般包括表面变形、基础变形、接缝变形和渗透压力等监测，监测方式与河床式电站厂房基本一致。对坝后式厂房表面变形的监测一般只在厂房顶部设置测点进行监测；基础变形的监测采用基岩变位计进行；基础渗透压力的监测多采用渗压计进行。对于厂房顶部溢流的坝后式电站厂房，应加强顶部结构受力、接缝变形和厂房振动的监测，避免厂房机组支撑结构与厂房顶部溢流产生共振破坏，应在厂房顶部结构顺河向设置监测断面，并在发电机层或副厂房楼板布置空间三分向拾振器测点对其振动速度、位移、加速度及振幅、频率进行监测，厂房顶部沿顺河向应布置 2～3 个测点。

3.7.7　引水式厂房监测

3.7.7.1　岸边厂房

对于岸边厂房，可根据需要进行厂房机组支撑结构监测、基础变形监测和基础渗透压力监测。基础变形监测多采用基岩变位计；基础渗透压力监测应结合厂房后边坡地下水环境进行布置，一般在建基面沿顺河向布置测点。对于软基或地质条件较差的岸边厂房，宜结合厂房后边坡或独立进行厂房不均匀沉降监测和接缝位移监测，不均匀沉降监测可按机组段（含安装间）分缝在厂房顶部设置沉降测点，一般每个机组段厂房顶部的 4 个角部中至少选择 3 个设置沉降测点。在厂房机组段结构缝内沿高程设置测缝计，进行接缝位移监测。

对于位于强地震区的大型岸边厂房，应结合厂房后边坡进行强震动监测，岸边厂房宜在厂顶、发电机层及地面自由场等设置三分向拾振器，进行地震动峰值加速度的监测。

3.7.7.2　地下厂房

地下厂房的特点是埋藏在地下一定深处的天然岩

体中，由岩石和各种结构面组合而成的建筑物，其稳定性取决于围岩本身的物理力学特性及自稳能力和支护后的综合特性。由于围岩存在着节理裂隙、地应力和地下水，经开挖扰动后，围岩应力场重分布、地下水系发生变化，围岩的自稳能力降低，因此通过安全监测获取地下厂房性状变化的实际信息，为及时优化洞室支护结构型式、选择支护参数及改进施工工艺和设计方案提供依据显得尤为重要。水电站地下厂房洞室群一般包括主、副厂房及安装间、引水洞、尾水洞、母线洞、主变开关站、尾水调压井及其他附属洞室，其工程特点是多个洞室汇集在一起，岩石挖空率高，主要洞室跨度大，边墙高，且上、下重叠，互相贯通，结构极为复杂。

地下厂房的监测重点为主要洞室围岩变形和渗透压力监测、支护应力应变监测、岩壁吊车梁监测、洞室交叉口变形监测及敏感区（如地质缺陷通过部位、洞室间岩柱较薄部位）的变形监测等。监测设施布置应能全面反映和监控主要洞室的工作状态，监测系统应可靠性高，设备维护方便，观测数据采集便利。

3.7.7.2.1 围岩变形

围岩变形是地下厂房的重要监测项目，通过量测围岩变形来监控洞室的稳定状况并反馈设计，它对验证围岩的稳定性和最终确定支护型式与支护参数具有相当大的作用。围岩变形监测项目主要有收敛变形监测和围岩内部变形监测等，围岩变形监测项目见表3.7-3。

表3.7-3 围岩变形监测项目一览表

监测类别	监测项目	监测仪器	监测目的
收敛变形	洞壁面之间距离的变化、变形速率	收敛计、位移计、滑动测微计	洞室围岩稳定性、支护效果，根据变形速度预测围岩变形量，确定混凝土衬砌浇筑与支护时间
	顶拱下沉	精密水准仪、收敛计、多点位移计	顶拱岩体稳定
围岩内部变形	洞壁到围岩内部某点的相对变形	多点位移计、滑动式测微计	围岩松动范围，合理确定支护锚杆长度和岩体内部变形分布及范围
	由地表或洞外到岩体内某点的水平和垂直变形	多点位移计、测斜仪、滑动测微计	开挖前岩体状态与稳定性、围岩内部变形分布
岩体滑移	地表位移、倾斜位移	位移计、测缝计、倾角计	预测滑坡产生
	岩体深部水平及垂直变形	多点位移计、测斜仪	滑动面的位置、滑动方向
岩体转动	角位移、倾斜	倾角计	岩体角位移和倾斜变化
地表及其建筑物状态	地表下沉、隆起	水准仪、沉降计	洞室开挖影响范围、洞室上部岩体稳定性
	建筑物下沉、隆起、倾斜	水准仪、沉降测斜计	影响范围及影响范围内建筑物的安全性

1. 监测断面的选择

(1) 监测断面应按工程的需求、地质条件以及施工条件选择，应注意地下洞室埋深、岩体结构特性、围岩性态、结构物尺寸及形状、预计的变形以及施工方法、施工程序等。通常至少在机组中心线，装配场和厂房两端各取一个监测断面。

(2) 监测断面布置要合理，注意时空关系。采取表面与深部结合、重点与一般结合、局部与整体结合，使得测网、断面、测点形成一个系统，能控制整个工程的关键部位。监测断面可分为主要监测断面和辅助监测断面，主要断面可埋设多种仪器，进行多项监测；在主要断面附近设辅助断面，辅助断面埋设仪器少，用于监测断面内对围岩稳定影响较大的效应量，这种布置既保证了重点，又简化了工作面，降低了费用。

(3) 在监测断面上，应根据围岩性态变化的分布规律、结构物的尺寸与形状以及预测的变形等物理量的分布特征来布置测点，应在考虑均匀分布、结构特征和地质代表性的基础上，依据其变化梯度来确定测点数量。梯度大的部位，点距要小；梯度小的部位，点距要大。

2. 监测孔（点）的布置

(1) 多点位移计测孔（点）的布置。多点位移计用于观测岩体内深部两点之间沿孔轴方向的相对位移。如果最深测点距洞壁大于一倍以上洞跨，或超出开挖卸荷影响范围，则某点相对于最深点（若可近似视为不动点）的位移可近似为绝对位移。对于围岩中有预应力锚固的部位，多点位移计埋设最深点应超过锚固影响深度 5m。

测孔一般布置在地下洞室的顶拱、拱座及边墙，有对称和非对称式布置方式，仪器安装分为现埋和预埋两种埋设方式。多点位移计布置时应注意围岩变形的时空关系。对于围岩地质条件较好的地下厂房，顶拱和拱座可适当间隔一个断面布置测孔；对于边墙应加强岩壁吊车梁附近中上部和发电机层以下挖空率较高部位的围岩变形监测。

测点布置应考虑围岩变形的分布、岩体结构等地质条件。同一孔中测点可以是单点，也可以是多点，点距应根据围岩变形梯度、岩体结构和断层部位等确定。测点（固定锚头）可以是灌浆式的，也可以是机械式的、气压式的或油压式的等。测点锚头应避开裂隙、断层和夹层，放在较坚硬完整的岩石上。大的夹层、断层两侧宜各布置一个锚头。

当洞室周围有排水平洞、勘探平洞或模型试验洞时，宜从这些洞向地下洞室提前钻孔，预埋多点位移计；当覆盖层不厚时，宜从地面向洞室钻孔预埋仪器，以获得在洞室开挖过程中岩体位移变化全过程。

当固定锚头为机械式时，墙上水平测孔宜略向上倾斜 5°左右，便于渗水排出；当固定锚头为灌浆式时，测孔应略向下成 5°俯角倾斜，以便于灌浆和防浆液外流。

各种多点位移计的典型布置，如图 3.7－4 所示。

(2) 钻孔测斜仪的布置。测斜仪布置应根据围岩应力分布和岩体结构，重点布置在位移最大、对工程施工及运行安全影响最大的部位。同时兼顾其他比较典型或有代表性的部位。

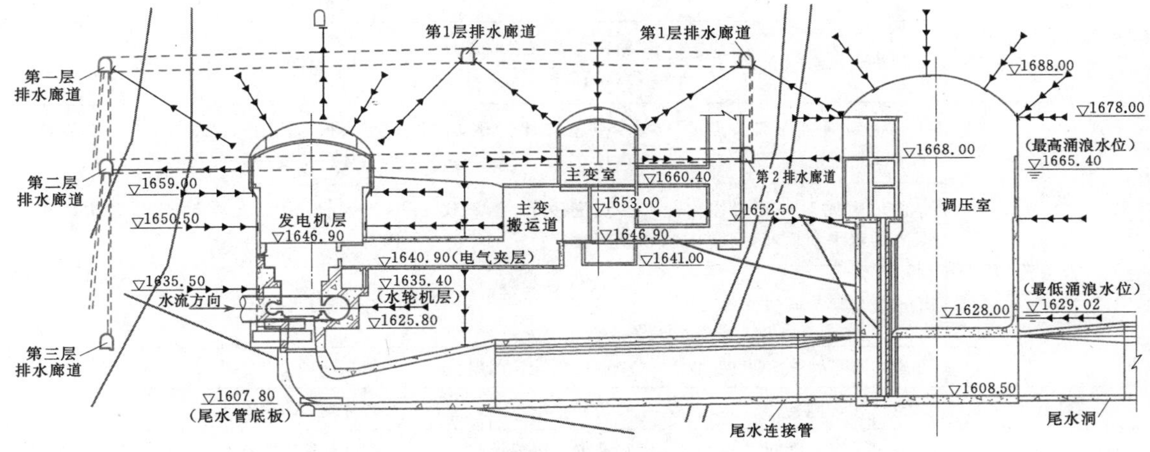

(a) 锦屏水电站地下厂房

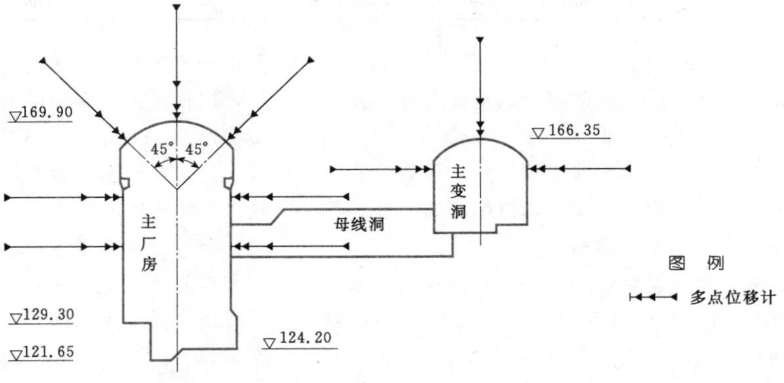

(b) 惠州抽水蓄能电站厂房

图 3.7－4　多点位移计的典型布置图（单位：m）

钻孔测斜仪常以铅垂钻孔布置于大型地下洞室的边墙附近，平行边墙或布置于大型地下洞室的出口正、侧面边坡内，观测岩体的变形，监视侧墙或出口边坡的稳定，多点位移计的典型布置见图 3.7-4。

大跨度洞室的拱部可以通过附近洞室垂直洞室轴线布置水平测斜管，用水平测斜仪观测拱部位移。

(3) 滑动测微计的布置。滑动测微计是观测岩体内部沿孔轴方向两点间相对位移的一种多点位移计，不同的是可以每相隔 1m 设一个测点。其布置方式可与多点位移相同，测孔方向不限。

滑动测微计常以铅垂钻孔布置于大型地下洞室的顶拱附近，观测洞室顶拱围岩岩体轴向变形。如惠州抽水蓄能电站滑动测微计的典型布置见图 3.7-5。

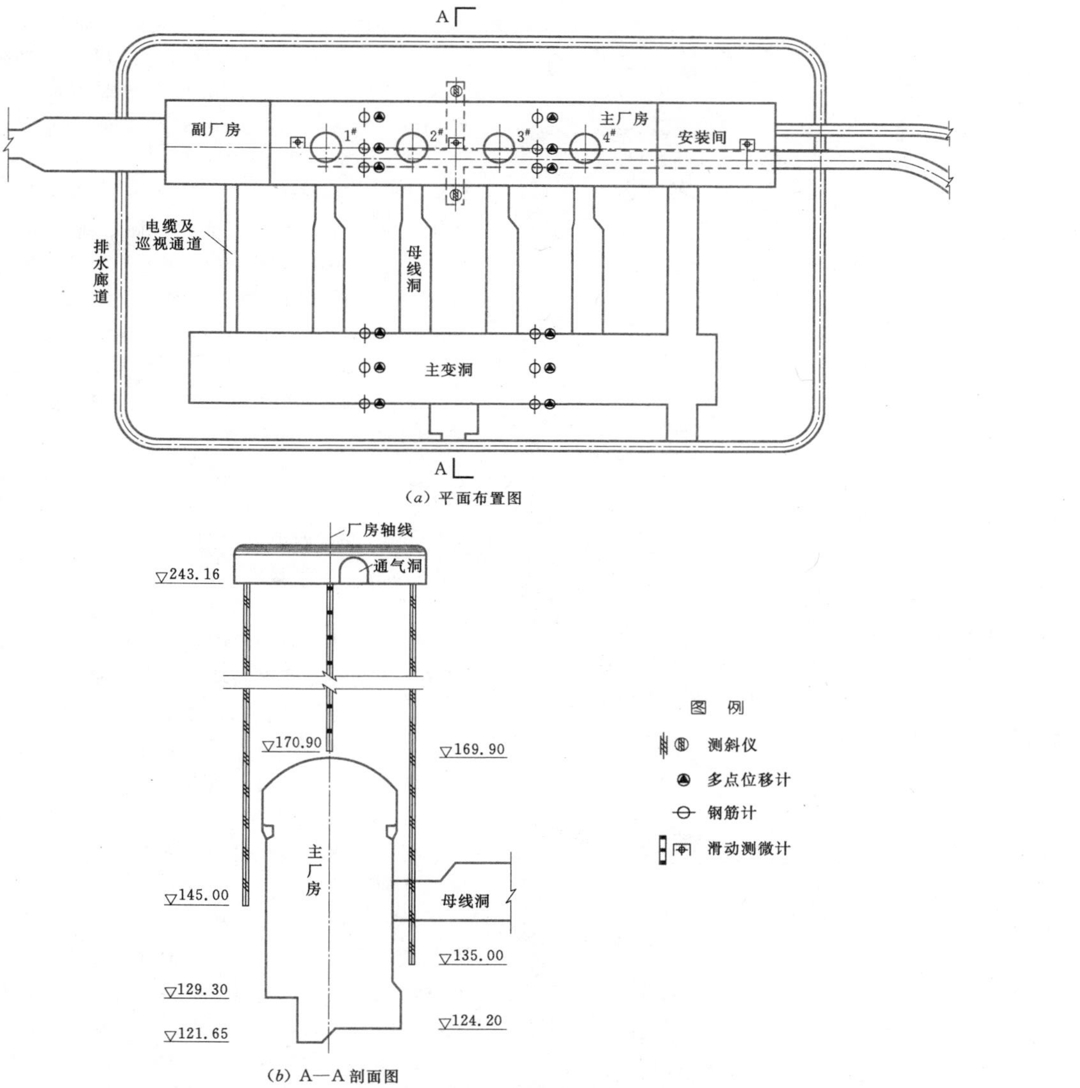

图 3.7-5 惠州抽水蓄能电站监测布置图（单位：m）

(4) 表面收敛测点布置。对地下厂房收敛变形监测是用收敛计（或激光断面仪、全站仪等）测量洞室围岩表面两点连线（基线）方向上的相对位移，即收敛值，主要监测两洞壁面之间距离变化、顶拱下沉等变形情况。根据监测结果，可以判断岩体稳定状况及支护效果，为优化设计方案、调整支护参数、指导施工以及监控工程安全状况提供技术支撑。

收敛变形观测主要在导洞开挖和拱部开挖边墙较矮时应用，用以观测围岩的初期变形。当洞室开挖空间（跨度和高度）已经很大时，存在观测上的困难，一般不监测；当地下洞室已经支护或投入运行后一般不需要监测。

收敛观测断面应选择洞室中具有代表性、岩体位移较大或岩体稳定条件最不利的部位。观测断面应尽量靠近掌子面。测点（线）应根据监测断面形状、大小以及能测到较大位移等条件进行布置。跟随施工过程，一般收敛测线（点）的各种布置形式见图 3.7－6。

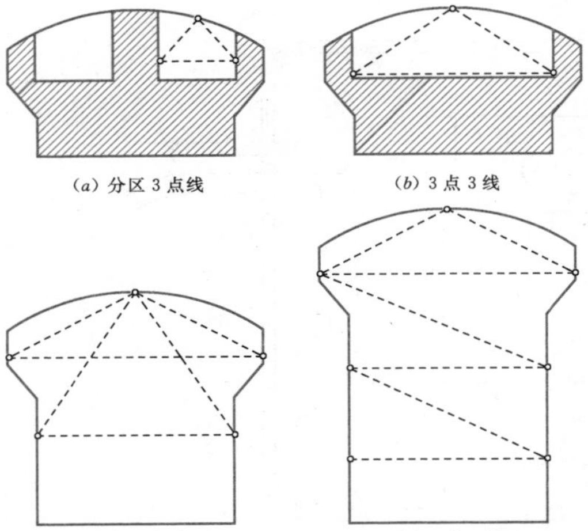

(a) 分区 3 点线　(b) 3 点 3 线　(c) 5 点 6 线　(d) 7 点 7 线

图 3.7－6　收敛测线（点）布置图

为了配合多点位移计观测，收敛测点可布置在多点位移计孔口附近。收敛测点安装一般早于多点位移计的安装，多点位移计安装前的围岩变形量可通过收敛变形监测得到，因此可利用收敛变形监测成果对多点位移计监测的变形进行校核与修正。典型的地下厂房的收敛点布置见图 3.7－7。

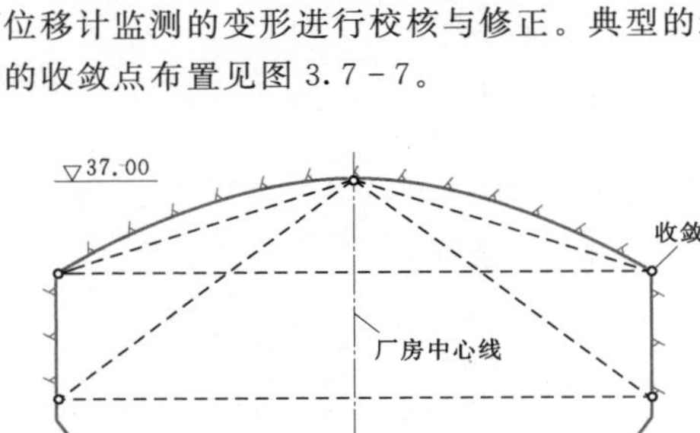

图 3.7－7　典型的地下厂房收敛测点布置图

3.7.7.2.2　围岩应力及温度

对围岩应力的监测主要是观测围岩初始应力变化和二次应力的形成与变化过程，用测得的应力信息反馈分析初始应力场。这项观测对于以应力控制的围岩尤其重要。目前的观测方法主要是通过埋入围岩内部的应力计或应变计进行观测。监测仪器一般选择在地质条件较为复杂、围岩应力相对集中的部位沿径向和切向布置，埋设时采用钻孔或挖坑、槽的方式，埋设时要注意：孔（槽）的尺寸在满足埋设要求的基础上要尽可能小；测量变化范围大的仪器需要组装埋设；应力（变）计在岩体内不应跨越结构面。

对围岩温度的监测一般是在监测部位钻孔埋入温度计进行观测。

【实例 1】　二滩水电站地下厂房围岩应力监测。由于二滩水电站地下厂房洞室群垂直埋深 200～300m，水平埋深 300m。地下主厂房、主变室和尾水调压室平行布置，主厂房与主变室相距 30m。主厂房：长×宽×高为 280.29m×25.5m×65.0m；主变室：长×宽×高为 199.0m×17.4m×24.9m；尾水调压室：长×宽×高为 92.9m×19.5m×65.3m。围岩以正长岩为主，新鲜、完整，局部有绿泥石化玄武岩，主要为一组节理，闭合紧密。为了掌握围岩应力分布情况，分别在厂房桩号 0＋104.00m、0＋105.00m 和 0＋106.00m 上游拱脚高程 1033.00m（孔深分别为 5m、10m、22m）和尾水调压室桩号 0＋154.00m、0＋156.00m 下游边墙底部高程 991.00m（孔深分别为 5m、20m）共计安装了 5 套应变计组。仪器采用两单元四分向环式钻孔应变计，即应变计内含 8 个钢环，各钢环互成 45°，共有两组 0°、45°、90°、135°四个方向的钢环。

3.7.7.2.3　围岩松动范围

对围岩松动范围的监测是指对爆破的动力作用和洞室开挖岩体应力释放引起的岩体扩容影响下的围岩表层岩体的松动范围的监测。通常采用声波法和地震波法监测。开挖爆破前后都要监测，以便对比分析，确定松动范围。监测成果可以作为锚杆及其他支护设计和围岩稳定性分析的依据。

1. 声波法

根据工程规模、地质条件、施工方法以及开挖洞室的几何形状，选定有代表性的观测断面，一般应在通过数值模拟、模型试验等分析方法预测的围岩松动范围最大和最小的部位布置测孔。根据需要可布置单孔测试或孔间穿透测试，必要时可预埋换能器。测孔应垂直围岩表面，呈径向布置，孔深应超出应力扰动区即预测的松动区深度，孔径应大于换能器的直径。测孔的数目一般应满足确定围岩松动范围界线的要求。

2. 地震波法（地震剖面法）

沿平行洞轴线掌子面进尺方向在洞底板和洞壁布置测线。每条测线 5～10 个测点，两测点间距 0.5～1m。配合声波观测时，断面和测点布置应与声波法相应。

声波法设备简单、便宜，地震波法测线可达数十米，更有代表性，可根据具体情况选定。

3.7.7.2.4 渗流

地下厂房渗水源主要包括原有山体地下水及其补给源、引水系统渗漏水和库区渗水等。根据不同的水文地质条件和厂区枢纽建筑物布置，地下厂房一般采用防渗帷幕、厂房外围排水系统和洞内排水系统相结合的防渗排水方案，对集中渗水通道则采取适当工程措施（局部混凝土置换，增设防渗帷幕及排水设施等）进行专门处理。为了监测防渗排水效果，需要对洞室围岩的渗透压力和渗流量进行监测。

围岩的渗透压力一般可采用钻孔埋设渗压计的方法进行监测，钻孔深度一般在支护锚杆长度以外，测点宜布置在距钻孔底部 50～100cm 的位置，必要时可沿钻孔深度布置 2～3 支渗压计。此外，还应该充分利用厂房外围排水廊道布设测压管，以监测帷幕防渗及排水廊道的排水效果。

对埋深浅的洞室，可以从地表平行洞壁钻孔，埋设测压管或渗压计；对埋深大的洞室，可以从洞内向围岩钻孔埋设渗压计；如果周围有排水洞、勘探平洞等，也可以利用这些洞室向大型地下洞室钻孔埋设。

地下厂房汇集流量主要包括围岩和机组渗水及机组检修排水。一般需对围岩和机组渗流量进行监测，应尽可能分区设置量水堰。对设有排水系统的，应根据排水系统的布置方式及结构型式，在上、中、下层排水廊道的排水沟、落水管及集水井处布置渗流量监测点。对设有自流排水管的引水钢管段和蜗壳，可在其排水管出口或渗流汇集处设渗流量监测点。

典型的渗流监测布置见图 3.7－8 和图 3.7－9。

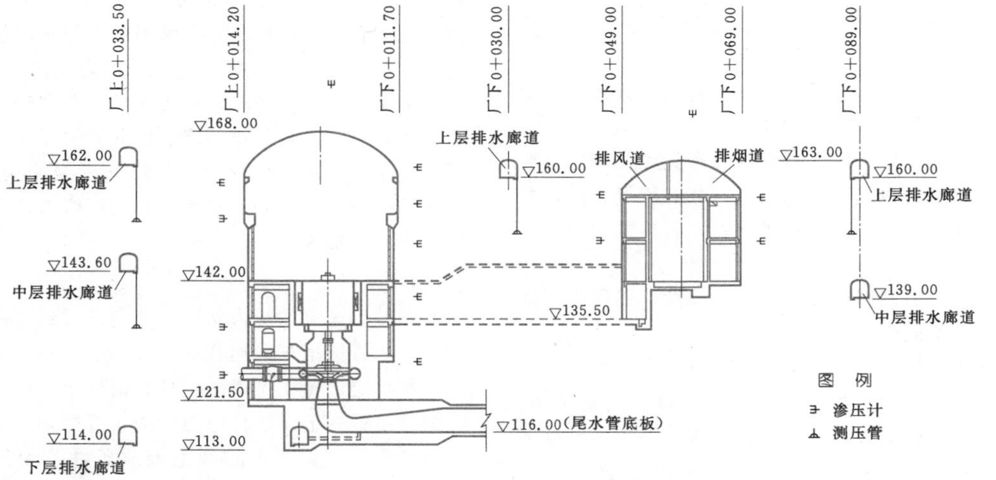

图 3.7－8 天荒坪二级抽水蓄能电站主厂房渗流监测横剖面图（单位：m）

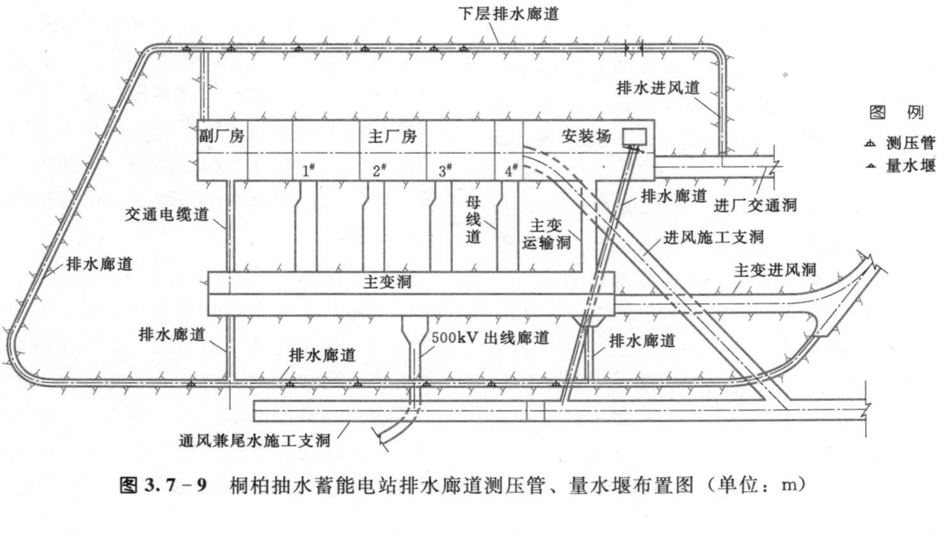

图 3.7－9 桐柏抽水蓄能电站排水廊道测压管、量水堰布置图（单位：m）

【实例2】 锦屏一级水电站地下发电厂围岩渗流监测。由于锦屏一级水电站地下厂区地下水的分布主要受断层、裂隙等的发育及分布情况控制，在裂隙不发育的洞室部位，一般仅表现为弱～微透水，在裂隙较发育，特别是f13断层上盘第③、④组裂隙集中发育地段，地下水活跃，多表现为渗、滴水，甚至涌水。根据地下水这种分布情况，在主厂房主监测断面的上游基础廊道底部、肘管段底部等部位各布置1支渗压计；调压室下游边墙的下部各布置3支渗压计，用于观测围岩渗透压力。同时，在厂房第一层～第三层排水廊道的排水沟及其集水井前等处布置量水堰并安装自动渗流量仪进行渗流量监测。

3.7.7.2.5 支护结构应力应变

1. 锚杆应力计布置

安装了锚杆应力计的支护锚杆称为监测锚杆，它既要起支护作用，又要监测随岩体变形的锚杆应力。锚杆应力计的直径、材料强度等级应与支护锚杆相同。

(1) 锚杆应力计的测孔（点）的布置原则与多点位移计布置原则相同。布置的方式有：按断面布置，监测断面一般和变形监测断面结合布置，锚杆应力监测点宜位于围岩内部变形和锚索荷载监测点邻近；按需要或在变形最大的部位随机布置，布置数量一般不硬性规定。

(2) 选定的监测锚杆应具有代表性，如代表不同锚杆型号、不同岩性（地段）等。

(3) 监测锚杆可布置单个或多个应力测点，测点数量和相互间距离可根据围岩地质条件、洞室结构、锚杆长度和岩体应力梯度等共同确定。一般4m以下锚杆布置1个测点；4～8m锚杆布置2个测点；8m以上锚杆布置3～4个测点。

典型锚杆应力计监测布置见图3.7-10。

2. 锚索测力计布置

对布置有支护锚索的洞室，锚索荷载监测断面一般和变形监测断面结合布置，锚索监测点宜布置于围岩内部变形和支护锚杆应力监测点邻近。锚索测力计布置数量一般为工作锚索的5%～10%，但在关键部位或锚索数量较少的情况下其监测比例可以适当放大。按需要或在变形最大的部位随机布置，布置数量一般不硬性规定。监测锚索应采用无黏结锚索。

龙滩水电站厂房锚索测力的布置见图3.7-11。

3. 应变计和钢筋计布置

当大型地下洞室顶拱设置钢筋混凝土衬砌结构时应设置应力应变监测断面，每个监测断面内可根据顶拱受力方向沿拱圈外缘和内缘布设单向混凝土应变计和钢筋计。如受力方向不明确，则采取成组布置方式，每组沿洞轴向和切向各布置一支同类型监测仪器。测点一般布置在拱顶、45°中心角和拱座处。为了解钢筋和混凝土联合受力情况，应变计布置在钢筋计附近，与钢筋计距离应不小于6倍应变计直径。

为了监测施工期和运行期混凝土衬砌的应力分布与变化，在隧洞衬砌沿切向和轴向布置两向应变计组并设温度测点，以了解衬砌的应变变化，从而计算混凝土应力，应变计组一般采用标距不小于10cm的应变计；由于衬砌应力的不均匀性，一般在断面上对称布置4～8组应变计组。另设温度计1支；也可采取非对称布置形式，有特殊要求时可单独布置。

应变计组可根据混凝土衬砌的功能，在地下厂房衬砌混凝土的内表面、中部或外表面布置。

3.7.7.2.6 岩壁吊车梁

在工程设计中为了减小地下洞室的跨度，节省工程量，有利于洞室围岩的稳定，同时为施工提供方便，将地下厂房桥机、开关站吊车及尾水闸室台车等大型起重设备的支承结构设计采用岩壁吊车梁方案。岩壁吊车梁的结构特点是将吊车轮压荷载经悬吊锚杆和梁底岩台传递给洞壁围岩，因此岩壁吊车梁的监测项目主要是悬吊锚杆应力、梁体与围岩的接缝变形、梁体结构的应力应变、梁底岩台的压应力、梁体变形以及围岩变形等。

1. 锚杆应力

岩壁吊车梁的受力状况主要是通过悬吊锚杆应力来反映。岩壁吊车梁通常在上层设置1～2排承拉锚杆，在下层设置1排承压锚杆，锚杆应力计布置在相应的悬吊锚杆上。锚杆应力计的布置原则：①监测断面一般布置在机组中心线上地质条件较为复杂的部位，如机组间距较大，可在机组间增设锚杆应力监测断面；②同一监测断面的锚杆应力计应在地下厂房上、下游侧对称布置；③根据锚杆长度，单根监测锚杆上可布置2～4个锚杆应力测点，测点位置根据围岩的地质条件和锚杆长度确定，要求最深测点布置在完整岩体中；④为了解承拉锚杆在岩壁吊车梁梁体中的受力情况，可在4测点监测锚杆伸入梁体的部位布置一个测点。龙滩水电站地下厂房岩壁吊车梁锚杆应力计布置见图3.7-11。

2. 梁体与岩壁接缝位移

梁体与岩壁之间的接缝开合度通过布置在接触面上的界面式测缝计进行监测。梁体在吊车负荷运行过程中将受到较大的、垂直向下的压力，梁体的上部将向厂房内侧发生变形，因此测缝计一般布置在梁体立面和立斜面交界处。根据岩壁吊车梁的规模，立面可布置1～2支测缝计，立斜面交界处布置1支测缝计。

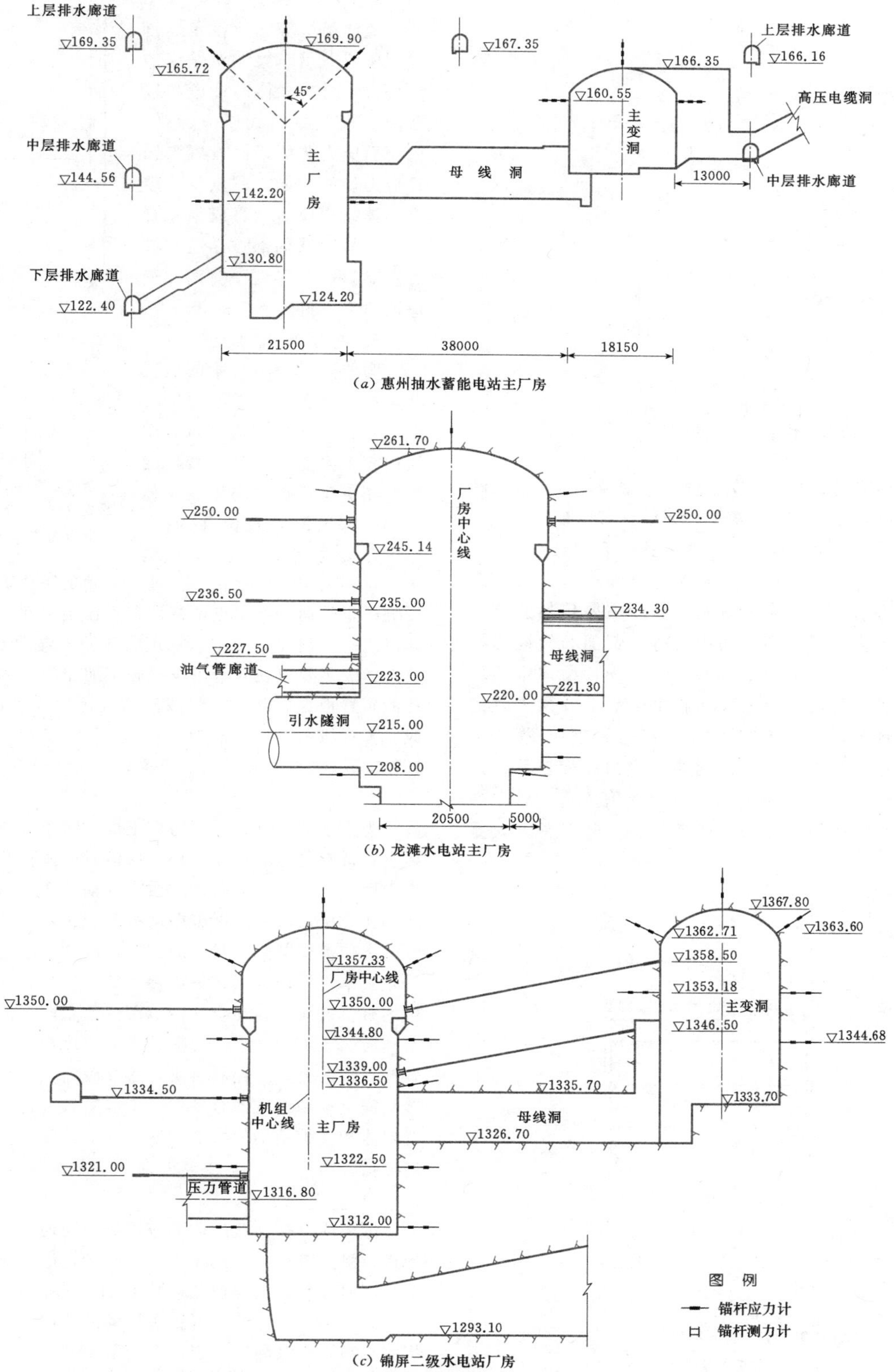

(a) 惠州抽水蓄能电站主厂房

(b) 龙滩水电站主厂房

(c) 锦屏二级水电站厂房

图 3.7-10 锚杆应力计（锚索测力计）监测布置图（高程单位：m；其余单位：mm）

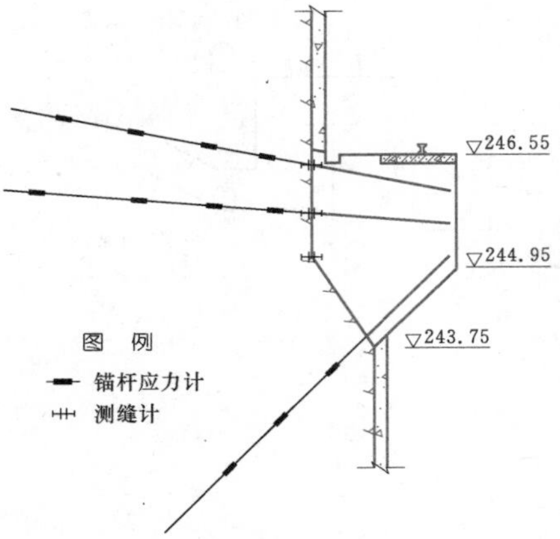

图 3.7-11　龙滩水电站地下厂房岩壁吊车梁锚杆应力计和测缝计布置图（单位：m）

接缝位移监测断面布置同岩壁吊车梁锚杆应力监测断面，测缝计应在地下厂房上、下游侧对称布置。龙滩水电站地下厂房接缝位移布置见图 3.7-11。

3. *岩壁吊车梁结构应力应变*

岩壁吊车梁结构应力应变监测主要包括监测梁体混凝土应力应变和钢筋应力等，断面布置同锚杆应力计的，上、下游对称布置。其中，梁体钢筋应力的监测布置在梁台主横筋和主竖筋上及梁外侧的周边主筋上，布置方式见图 3.7-12。对于规模不大的岩壁吊车梁可不进行混凝土应力应变监测，如需监测可布置 3～5 向应变计组和配套无应力计，一般布置在梁体的中部和牛腿区域，具体布置方式见图 3.7-12。

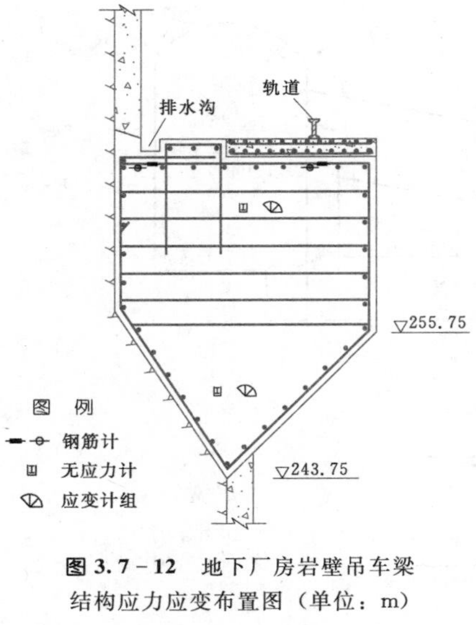

图 3.7-12　地下厂房岩壁吊车梁结构应力应变布置图（单位：m）

4. *壁座压应力*

监测吊机等起重设备运行过程中岩壁吊车梁体对壁座的压应力，可在梁体与壁座的接触面上设置界面式压应力计。壁座后应力监测断面设置与锚杆应力计的相同。测点位置根据梁体结构应力计算成果布置在受力最敏感的部位，通常布置在立斜面交界处、斜面和壁座的底部，见图 3.7-13。

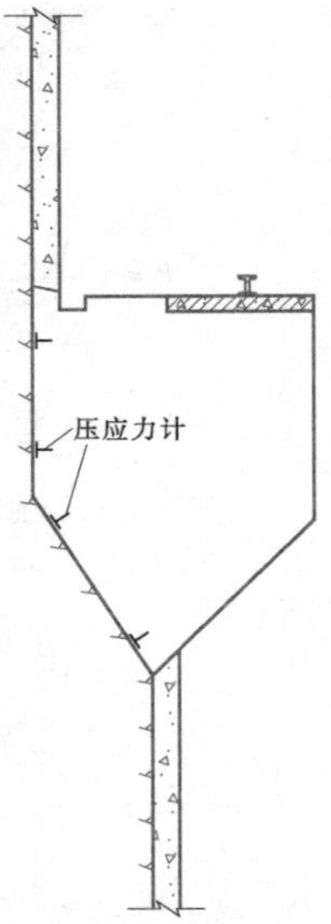

图 3.7-13　壁座压应力布置示意图

5. *梁体及围岩变形*

为监测岩壁吊车梁的运行状态，一般在梁体或梁内侧岩壁上布置表面变形监测点，围岩内布置多点位移计。表面变形监测点布置在梁内侧或梁体外侧，以监测垂直位移为主，布置在梁内侧岩壁上，以监测水平位移为主，要求在运行过程中满足通视条件和不影响吊车的运行；多点位移计布置在梁中部位置，孔向以水平或斜向下为主，深度大于承拉锚杆根部 1m 以上，安装要求在岩壁吊车梁施工前完成。测点或测孔的布置根据岩壁吊车梁部位的工程地质条件确定，或布置在机组中心线上。

3.7.7.2.7　围岩与岩壁吊车梁质点振动速度

1. 围岩

为了全面评价地下厂房施工爆破对邻近建筑物的影响，特别是边墙存在不稳定块体时可能存在诱发围岩失稳的危害，可以通过对质点振动速度、加速度的测试和分析，为评价爆破振动对围岩、岩壁吊车梁稳定的影响提供基础资料。通过质点振动速度监测，评价施工单位爆破方案和爆破参数的合理性，将爆破产生的有害效应控制在合理的范围内；获取爆破振动沿不利断面或不安全方向的振动衰减传爆规律，回归爆破振动传爆公式，控制后续开挖爆破施工；验证已有爆破安全控制标准的合理性；了解爆破有害效应对保留岩体和支护结构的影响程度，并对其安全性作出合理评估。国内外对于爆破振动效应的研究成果见表 3.7-4。

围岩质点振动速度监测应根据不同地下工程的要求进行测点布置，当只需了解某些指定的建筑物的安全程度时，仅在相应建筑物附近表面布设测点即可。当只需了解不同建筑物对爆破振动的响应情况时，应将测点布设在其附近。当需要了解振动强度随距离的衰减规律和确定安全距离时，则布置一条多测点构成的测线。

表 3.7-4　国内外对于爆破振动效应的研究成果表

质点速度（cm/s）	振动效应
≤0.1	人难以感觉到
0.1	人可以感觉到的微弱振动
0.5	使人产生不舒适感，有振感
1.0	使人扰动不安，有明显振感
3.0	使人有较强的振感
5.0	一般民用居住建筑的安全振动极限
10.0	钢筋混凝土结构、隧道支护结构的安全振动极限
14.0	使岩石介质产生裂缝，旧裂纹扩张
19.0	一般民用建筑严重开裂、破坏
30.0	无支护隧道内岩石振动脱落
60.0	岩石形成新的裂缝

测点布设应遵循的原则如下：

(1) 由于爆破地震效应在爆源的不同方位有明显差异，其最大值一般在爆破自由面后侧且垂直于炮心连线方向，因此应沿此方向布设测点。

(2) 由于爆破振动的强度随距离的增加呈指数规律衰减，测点间距应近密远疏，可按对数坐标确定测点距离。

(3) 为了保障振动强度衰减公式的拟合精度，测点数不宜太少，一般不得少于 6 个。

2. *岩壁吊车梁*

岩壁吊车梁混凝土与岩石之间的黏结主要依靠范德华力与机械咬合力来实现，将岩体看作一个特大骨料，则在混凝土与岩体的黏结面之间存在一个性质类似于混凝土内部骨料和水泥界面的过渡区，由于过渡区内水灰比大、孔隙多、结晶体大、范德华力小、裂缝多，以及混凝土硬化时的体积收缩，基岩的约束作用导致黏结面内出现收缩裂缝，还有温度应力的影响等种种因素，致使黏结面的强度比混凝土本体强度低得多。

岩壁吊车梁在爆破振动作用下，由于不受强烈的冲击波作用，由混凝土及黏结面的力学性能可知，黏结面及梁体混凝土很难被压坏；岩石与混凝土黏结面的抗剪强度为抗压强度的两倍以上，且下半斜面岩台对岩壁吊车梁具有一定的支撑作用，因此黏结面发生剪切破坏的可能性也很小；根据岩壁吊车梁在地下厂房岩台上的位置、结构及受力特点，在岩壁吊车梁与岩台的黏结面顶部，由于应力集中作用，水平向将出现最大拉应力，黏结面很有可能沿水平向被拉坏；爆破振动可能造成岩壁吊车梁的锚杆锚固力降低、梁体混凝土开裂等，将改变梁体的受力状况，影响岩壁吊车梁的稳定性。

(1) 每次爆破前根据爆破的药量和周围的环境情况，在距爆破源的水平向和垂直向 5～60m 范围内选不少于 6 个监测点，每点为 3 个测向。

(2) 以监控爆破质点振动速度为监测重点。

(3) 为获取爆破振动的衰减传播规律的测点，按指数分布在传播方向的直线上。

(4) 监测范围至少达 60m，并与爆破源不同距离处（10m、15m、20m、25m、40m、60m）分别在侧向及后冲向布置竖直向、水平径向和水平切向三个方向的传感器，进行质点振动速度测试。

(5) 岩壁吊车梁下有交叉洞室，如交通洞、施工支洞等。开挖时至少进行一次爆破，因此每次对岩壁吊车梁部位的下斜面上爆破测试时应布置应变片，以测试应力变化情况。

3.7.8　巡视检查

巡视检查总体要求及检查方法见本章 3.1 节，但针对发电厂房特点，视工程实际情况应加强对下述部位的巡视检查：

(1) 厂房结构。检查混凝土结构有无裂缝、位移变形、渗水、腐蚀、表层剥落等损伤；接缝止水是否有集中渗水现象等。

(2) 渗流及排水设施。对于河床式水电站地下厂房，应注重渗流及排水设施巡视检查，河床式电站厂房作为挡水建筑物，应检查上游胸墙及基础渗流、接缝止水效果、基础廊道排水孔及抽、排设施等；地下厂房尤其对具有丰富地下水及高水头压力的工程，应结合厂房及主变周围分层排水廊道及排水系统设施等，对排水效果、围岩渗水等进行巡视检查。

(3) 地下厂房岩壁吊车梁。对地下厂房岩壁吊车梁的巡视检查主要在承载试验期间进行，具体检查岩壁吊车梁梁体、混凝土裂缝产生和发展情况、梁体与围岩接缝变形、吊车行走过程中是否出现卡轨等。

3.7.9　监测频次

(1) 第一阶段：施工期及有水调试准备期监测。有水调试以前，施工期监测频次可取表 3.7-5 中的下限；有水调试前前一个月时段进入有水调试准备期，有水调试准备期监测频次取表 3.7-5 中的上限。此外，在临近充水前，应对整个发电厂房工程监测进行一次系统全面的巡回监测，一方面对所有监测设施进行检查；另一方面为机组有水调试前后监测数据资料分析，提供工程建筑物进入工作状态前的基准值。

(2) 第二阶段：有水调试期监测。首次充水和机组调试期由于机组支撑结构、蜗壳和基础初次受动水荷载作用，对结构受力、变形、渗流和工作性态等有重要影响。同时，由于受机械离心力、电磁不平衡力矩和水道脉冲等作用，存在机组支撑结构振动问题，因此应重点加强该阶段的安全监测。在首次充水和机组调试期间测次需具体结合首次充水和机组调试期间的试验程序与工况进行观测，但每周不宜少于 2 次。

(3) 第三阶段：运行期监测。第二阶段结束后，工程性态趋于稳定时可逐渐减少测次。运行期当结构应力、变形、渗流等性态变化时监测频次取表 3.7－5 中的上限，性态趋于稳定时，可取表 3.7－5 中的下限。

表 3.7－5　　发电厂房监测项目监测频次表

监测项目		监测频次		
		施工期及有水调试准备期	有水调试期、吊车梁承载试验及工况	运行期
表面变形	河床式、坝后式	与坝体一致	与坝体一致	与坝体一致
	地面厂房	4～1 次/月	4～1 次/月	4～1 次/月
内部及基础变形	河床式、坝后式	与坝体一致	与坝体一致	与坝体一致
	地面厂房	6～4 次/月	2 次/周	4～1 次/月
接缝变形	河床式、坝后式	与坝体一致	与坝体一致	与坝体一致
	地面厂房、地下厂房	6～4 次/月	2 次/周	4～1 次/月
机组支撑结构应力应变		6～4 次/月	2 次/周	4～1 次/月
扬压力	河床式		与坝体一致	与坝体一致
渗透压力	河床式、坝后式	与坝体一致	与坝体一致	与坝体一致
	地面厂房、地下厂房	6～4 次/月	2 次/周	4～1 次/月
渗流量	河床式、坝后式		与坝体一致	与坝体一致
	地面厂房、地下厂房		2 次/周	4～1 次/月
锚杆应力	岩壁吊车梁	4～2 次/月	据承载试验程序及工况	4～1 次/月
梁体与岩壁接缝变形	岩壁吊车梁	4～2 次/月	据承载试验程序及工况	4～1 次/月
壁座压应力	岩壁吊车梁	4～2 次/月	据承载试验程序及工况	4～1 次/月
钢筋应力	岩壁吊车梁	4～2 次/月	据承载试验程序及工况	4～1 次/月
混凝土应力应变	岩壁吊车梁	4～2 次/月	据承载试验程序及工况	4～1 次/月
围岩变形	岩壁吊车梁	6～4 次/月	据承载试验程序及工况	4～1 次/月
泥沙压力	河床式		按需要	按需要
强震动		调试到正常工作状态	自动测记	自动测记
厂房结构振动		调试到正常工作状态	按需要	按需要

注　1. 在首次充水和机组调试前宜实现自动化监测，以便加密测次，保证工程安全。
2. 表中监测频次均系正常情况下测读的要求，可根据工程实际情况适当调整监测项目的具体测次。
3. 除表面变形监测、河床式和坝后式水电站的厂房部分监测项目与坝体监测一致，除岩壁吊车梁外，首次充水及机组调试期间应具体结合试验程序与工况进行观测，但每周不宜少于 2 次。
4. 岩壁吊车梁相关监测应具体结合试验程序与工况（含机组检修吊车梁吊运大件）进行观测。
5. 相关监测仪器设施应力求在同一时间观测，以便相互验证与对比分析。
6. 如遇工程扩（改）建或长期停运又重新充水调试时，需再按第一、二阶段的要求进行观测。

3.8 通航建筑物

3.8.1 船闸

3.8.1.1 结构特点及监测重点

船闸是利用向两端有闸门控制的航道内充、泄水，以调节闸室水位，使船舶能克服航道上集中水位落差的厢形通航建筑物。船闸按其在轴线上布置的闸门数量可分为单级船闸、双级船闸和多级船闸；按并行的轴线数可分为单线船闸、双线船闸和多线船闸。船闸一般由设有闸门和阀门的上下闸首、放置船舶的闸室、导引船舶入闸室的上游及下游引航道、为闸室充水与泄水的输水系统，以及闸门与阀门的启闭机械和控制系统组成。

船闸大多与其他水工建筑物结合布置，平原地区船闸一般布置在土质基础上，工程规模相对较小；山区或丘陵地区船闸大多布置在岩石基础上，工程规模一般相对较大。船闸主要工程特点为：上下闸首直接挡水，在上下游水头和岸坡岩体变形的作用下，可能产生顺水流向的水平位移或两侧墙的变形，导致闸门不能正常开启或关闭；闸室段闸墙受侧向水头及墙后填土（或岸坡变形）作用，易产生向闸室方向的倾斜变形；土质基础上的船闸在上部结构荷载作用下，容易产生基础过大沉降和不均匀沉降；单独布置的高水头船闸，在上游水头作用下，还可能出现绕闸渗流现象等。因而船闸的结构及开挖边坡变形、基础沉降、绕闸渗流、扬压力等是工程安全监测的重点。若按工程部位考虑，上下闸首结构复杂，设有闸门、启闭机、交通桥、电气及其他辅助设备，受力条件最为复杂，是整个船闸工程的主体部位，因而应作为整个工程的监测重点或关键部位。

3.8.1.2 监测设计依据

船闸监测设计依据参见本章 3.1 节。引用标准应增加《船闸水工建筑物设计规范》(JTJ 307)、《船闸总体设计规范》(JTJ 305) 和《船闸输水系统设计规范》(JTJ 306) 等。

3.8.1.3 监测项目

船闸根据其闸首、闸室等水工建筑物级别及自身实际情况，通常按表 3.8－1 进行监测项目的分类和选择。船闸高边坡监测设计内容参见本章 3.9 节；船闸水力学监测设计内容参见本章 3.11 节。

3.8.1.4 变形监测

1. 垂直位移监测

船闸垂直位移通常有选择性地采用水准点、基岩变形计（或沉降计）、静力水准、真空激光及位错计等方式进行监测。

表 3.8－1　船闸工程安全监测项目分类表

序号	监测项目	建筑物级别		
		1	2	3
1	垂直位移	●	●	●
2	水平位移或倾斜	●	●	●
3	扬压力	●	●	●
4	绕闸渗流	●	●	○
5	闸基排水量监测	●	●	○
6	应力应变及温度	●	○	○
7	水位监测	●	●	●
8	强震监测	●	○	

注　有●者为必设项目；有○者为可选项目；空格为可不监测。

水准点一般布置在闸首结构块体顶部的四角及基础廊道内、闸室段结构块体顶部的中间位置及基础廊道内、上下游引航道的堤顶部位、船闸两岸的结合部位或土堤上等。

水准点应尽早埋设和尽早开始观测。垂直位移工作基点至少设置一组，一般布置在距船闸较远，不受工程沉降和位移影响，安全可靠，并便于观测的基岩或坚实的土基上，每组工作基点由三个固定点组成（大型工程可用双金属标）。若工程区设有水准控制网，也可利用其网点作为垂直位移观测的工作基点。

基岩变形计（或沉降计）一般布置在闸首或闸室结构块体的底板两侧或四角（闸室分块较多时可选择典型块体布设），应在闸首或闸室基础混凝土浇筑前打孔埋设，船闸（上闸首）监测布置见图 3.8－1。

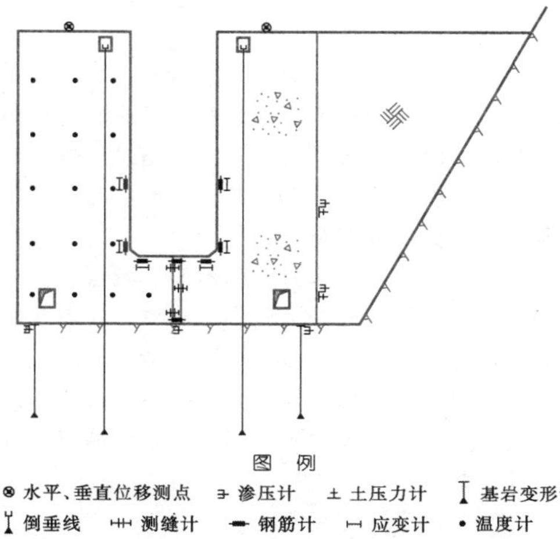

图 3.8－1　船闸（上闸首）监测设施布置示意图

静力水准系统或激光准直系统一般布置在基础廊道或上部廊道内，按船闸结构分块，通常 1 个分块布设 1 个测点，各测点布置应与精密水准点布置相结合，必要时真空激光的两端点可设置钢管标或双金属标。

位错计一般布置在闸首与闸室结构块体间或部分闸室相邻结构块体间的结合缝上，且尽量在基础混凝土部位埋设，主要用于监测相邻结构块体间的不均匀沉降情况。

对于通过大坝的船闸，垂直位移监测应结合大坝垂直位移监测统筹布置。

2. 水平位移或倾斜监测

大型船闸的水平位移或倾斜在具备条件时宜采用垂线和引张线（或真空激光）相结合的方法进行监测。垂线一般布设在上、下闸首部位，并兼作引张线（或真空激光）的工作基点。引张线（或真空激光）布置在左右闸墙上部廊道内，两端分别设在上、下闸首垂线附近，引张线经过的闸室段各结构块体上均应设置测点。必要时，在各闸首垂线附近的顶部需对应设置水平位移测点（三角网点），使之与垂线测点进行互相校验。通过大坝的船闸应结合大坝位移监测统一考虑。

中小型船闸和不具备布设垂线条件的大型船闸，其水平位移或倾斜通常采用测斜仪法与水准法或交会法相结合，或利用其中某一种方式或其他方式进行监测。测斜管通常布置在闸首和闸室的典型部位，其管底应深入到基础稳定的岩体内。船闸闸首和闸室顶部布设有水准点，利用成对布设的水准点亦可监测该部位的倾斜。船闸的水平位移监测可结合工程实际情况，采用三角交会法。交会法除在船闸结构块体顶部的合适位置布置测点外，另在其上游或下游两岸可靠稳定的位置布置若干工作基点，采用三角网测边或测边测角的方法进行观测。

3.8.1.5　渗流监测

1. 船闸基础扬压力监测

船闸基础扬压力可通过埋设测压管或渗压计的方法进行观测。测点的数量及位置应根据船闸的结构型式、基础帷幕排水形式和地质条件等因素确定，以能测出基底扬压力的分布及其变化为原则，应至少在船闸中部顺流向设 1 个扬压力监测断面，测点布置在该断面帷幕前后、排水孔处及地下轮廓线有代表性的转折处，断面上的测点数量不应少于 3 个。船闸左右侧承压水头不对称时，还应设置垂直于船闸轴线的扬压力监测断面，一般设在上闸首和闸室基础部位，各断面上的测点数量不应少于 2 个。

2. 绕闸渗流监测

单独布置的高水头船闸，两侧为岩石边坡或土质堤坝，在上游水头作用下，可能发生绕闸渗流破坏。绕闸渗流一般采用埋设测压管的方法进行监测，在船闸结构体与两侧山体或堤坝接合面附近布设测点，顺流向测点数不应少于 2 个。

3. 闸基排水量监测

基础廊道内设有排水孔的船闸，其排水孔总排水量采用量水堰进行监测。对单个排水孔出水量较大的可采用容积法监测。

3.8.1.6　应力应变及温度监测

1. 钢筋混凝土结构应力

船闸的上、下闸首直接挡水，且设有闸门及启闭机等附属设施，结构和受力条件复杂，需对结构应力进行重点监测。一般应根据结构应力计算成果，在闸门附近垂直流向布置监测断面，在该断面的中下部、底部及应力集中区，有选择地布设若干钢筋计、应变计以及无应力计，监测混凝土结构应力和钢筋受力情况。

2. 闸墙水土压力

对于闸墙背后有较高填土的船闸，在侧向土压力和地下水渗透压力作用下，容易产生向闸室内侧的倾斜或滑移，应在闸墙和填土结合面的中下部，布设若干土压力计和渗压计，以监测闸墙背后填土及渗水压力情况。以上土压力计、渗压计应根据实际需要，选择在闸首和闸室有代表性的位置布设。

3. 温度

对于结构块体尺寸较大的大型船闸，可根据混凝土温控的实际需要，选择在闸首、闸室典型部位分层布设少量温度计。

4. 接缝和裂缝

船闸主体建筑物通常由多个结构块体组成，可根据其结构特点和实际需要，在典型结构缝上或出现裂缝位置布设测缝计或裂缝计，以监测各块体间或裂缝的开合和发展情况。

5. 宽槽回填

船闸的闸首、闸室为大体积混凝土结构，因施工需要部分设置有临时施工宽缝。为合理选择宽缝回填时机和监测宽缝回填效果，应有针对性地布设若干温度计、测缝计和钢筋计等监测仪器。应根据实际需要将监测仪器布设在较具代表性的部位。

3.8.1.7　水位监测

船闸正常运行过程中，应对上游水位、闸室水位和下游水位进行定时监测，一般通过布设自动水位计或水位标尺的方法进行观测。水位测点应布设在水面平稳、水流平顺、受风浪影响较小处，并尽量与引航道及闸室建筑物结合布置。

3.8.1.8 巡视检查

巡视检查总体要求及检查方法见本章3.1节，但针对船闸应加强下述部位的巡视检查：

(1) 船闸建筑物混凝土结构有无裂缝、破损和掉块现象。

(2) 船闸建筑物混凝土有无溶蚀、侵蚀和裂缝渗水等现象。

(3) 船闸建筑物各分块结构缝有无张开、缩小、错动等变形情况。

(4) 船闸的闸门、启闭机、电器设备是否正常，各观测设施是否完好。

(5) 船闸闸墙背侧填土有无沉降、开裂、滑移、塌陷等现象。

(6) 上下游引航道等是否存在变形、破损、坍塌、滑坡等现象。

(7) 基础廊道渗漏和涌水检查。

3.8.1.9 监测频次

船闸工程各监测设施在埋设安装后可参照表3.8-2，按照不同阶段的实际情况进行日常观测。

3.8.2 升船机

3.8.2.1 结构特点及监测重点

升船机是一种通过机械提升来克服上下游水位集中落差的通航建筑物，一般主要由升降运行的船厢室段、位于其两端的闸首以及上、下游引航道3部分组成。在闸首上，设有闸门及其启闭机械；船厢室段设有承重（塔柱）结构、承船厢和平衡重及其与上、下闸首对接的设备、承船厢的事故爬升机构等。

表3.8-2 船闸工程安全监测项目监测频次表

监测项目	监测频次		
	施工期	试运行或运行初期	正常运行期
垂直位移	2～1次/月	3～1次/旬	2～1次/月
水平位移或倾斜	2～1次/月	3～1次/旬	2～1次/月
扬压力	2～1次/旬	5～2次/旬	1次/旬
绕闸渗流	2～1次/旬	5～2次/旬	1次/旬
闸基排水量	2～1次/旬	5～2次/旬	1次/旬
应力应变及温度	4～2次/旬	5～2次/旬	2～1次/月
水位		按需要	按需要
强震动		随时	随时

注 1. 以上各项监测如遇特殊情况应加密测次。
2. 定期监测船闸充放水全过程，各监测物理量的变化情况。

升船机等通航建筑物是根据枢纽总体规划、结合工程的综合利用而布置，按其布置方式和所具有的功能，通常分为垂直升船机和斜面升船机。垂直升船机主要工程特点：闸首是承船厢室与上、下游引航道之间的挡水结构，是保证船舶安全可靠地进出承船厢的主要建筑物，在上下游水位等荷载作用下，可能产生顺水流向和垂直于水流向的结构变形或渗透变形；若闸首基岩内存在不利的软弱结构面，还可能产生深层变形，影响闸首的整体稳定性；垂直升船机塔柱是支撑承船厢和平衡重的承重结构，为高耸薄壁筒体结构，在各种荷载作用下，塔柱会产生侧向变形。斜面升船机主要工程特点是利用布设在天然地基或桩基上的斜坡道等来实现通航要求，地基的不均匀沉降对斜坡道上的轨道梁产生不利影响。因此，升船机建筑物基础和结构变形、闸基渗透压力是工程安全监测的重点。

3.8.2.2 监测设计依据

升船机监测设计依据参见本章3.1节。引用标准应增加《高层建筑混凝土结构技术规程》（JGJ 3）、《混凝土结构设计规范》（GB 50010）和《水工混凝土结构设计规范》（DL/T 5057、SL 191）等。

监测仪器选型原则参照本章3.1节相关内容。

3.8.2.3 监测项目

升船机参照枢纽工程主体建筑物的等级并根据实际情况，通常按表3.8-3进行监测项目的分类和选择。升船机边坡监测设计内容参见本章3.9节，升船机水力学监测设计内容参见本章3.11节。

3.8.2.4 变形监测

1. 垂直位移

垂直升船机的垂直位移通常采用精密水准、静力水准、基岩变形计、多点位移计、沉降计等方式进行监测。

精密水准点一般布置在上闸首基础廊道、上闸首左右墩顶部、船厢室段底板、船厢室段塔柱基座（筏基面上）等部位。

以上各水准点保护盒尽量随混凝土施工浇筑一并安装，待混凝土凝固后再将标芯埋入，以便施工期及时观测。升船机船厢室及塔柱监测设施布置见图 3.8-2。

表 3.8-3　升船机安全监测项目分类表

监测项目	建筑物级别		
	1	2	3
垂直位移	●	●	●
水平位移或挠度	●	●	○
基底扬压力	●	●	●
基底渗流量	●	●	●
应力应变、温度及接缝	●	○	
强震动	○	○	
上、下游水位	●	●	●
泥沙淤积	○	○	
巡视检查	●	●	●

注　有●者为必设项目；有○者为可选项目；空格为可不监测。

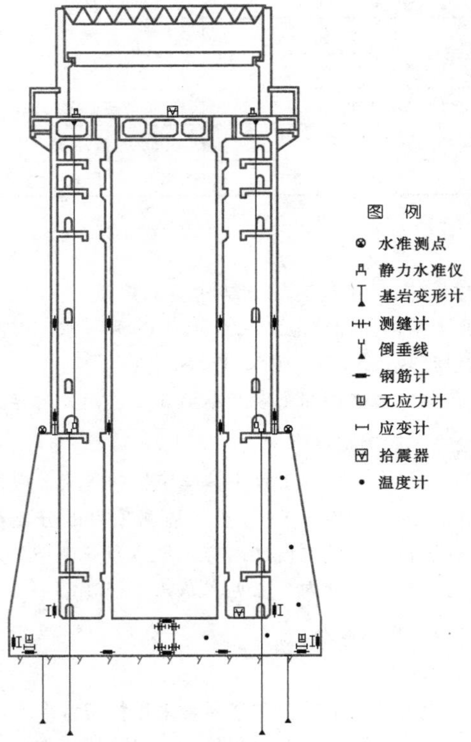

图 3.8-2　升船机船厢室及塔柱监测设施布置示意图

静力水准一般布设在升船机上闸首基础廊道内和塔柱顶部起重平台上，并与前述精密水准点配套布设。

垂直位移工作基点至少布置一组，一般布置在距升船机及其他建筑物影响范围以外稳定安全且便于观测的基岩或坚实的土基上（有条件的大型工程可用双金属标），垂直位移工作基点纳入工程高程控制网。位于大型水利枢纽的垂直升船机应结合水利枢纽大坝垂直位移监测统一布置。

基岩变形计、多点位移计一般布设在上闸首、船厢室段基岩内。在基岩混凝土浇筑前钻孔埋设，钻孔深度根据工程的地质情况而定。

斜面升船机垂直位移重点监测斜坡道地基不均匀沉降，可根据工程地质情况顺斜坡道轨道梁布设沉降计、基岩变形计或多点位移计。

2. 水平位移及挠度

垂直升船机水平位移宜采用垂线法进行监测，若有特殊要求或结构所限，也可采用交会法观测。垂线法监测时：垂线一般布设在上闸首左、右墩以及船厢室段塔柱筒体内；每条垂线均采用一线多测站式，单段垂线长度不宜大于 50m；当正、倒垂线结合布置时，宜在同一个观测台上衔接。交会法监测时：其水平位移标点可布设在船厢室段塔柱筒体外墙、筏基顶部及上闸首左、右墩顶；工作基点布设在两岸稳定的地方；定期用平面控制网进行校验。

对于大型水利枢纽的垂直升船机应结合水利枢纽大坝水平位移监测统一布置。

对于斜面升船机，根据其结构型式仅对上闸首或挡水结构的水平位移进行适当监测。

3.8.2.5　渗流监测

1. 基础扬压力

升船机基础扬压力可通过埋设测压管或渗压计的方法进行观测。测点的数量及位置应根据升船机的结构布置型式、基础帷幕排水系统的设置以及地质条件等因素确定，以测出基底扬压力的分布及其变化为原则，应至少在升船机中部顺流向设 1 个扬压力监测纵断面，测点布置在帷幕前后、排水孔轴线上、船厢室底板中部及上、下游侧的建基面处，断面上测点不少于 3 个。

若升船机左右侧承压水头不对称时，还应设置垂直于升船机轴线的扬压力监测横断面，一般设在升船机上闸首和船厢室底板基础部位，各断面上的测点数量不应少于 3 个。

2. 基础渗流量

升船机基础渗流量监测设计时应结合基础廊道排水设施的布置、渗漏水的流向等具体情况进行统筹规划。渗流量一般采用量水堰或流量计进行监测，当升船机部位基础排水孔的渗漏水较小时可采用容积法进行监测。

3.8.2.6 应力应变及温度监测

1. 钢筋混凝土结构应力

垂直升船机主要由上、下闸首及承重结构等组成，结构和受力条件复杂，需对其在各种运行工况（含施工期）下的结构应力进行监测。一般应根据闸首和塔柱结构受力状态和结构应力计算成果，有针对性地布设监测仪器。

闸首根据其结构型式分为整体式和分离式两种。整体式结构的特点是两侧边墙和底板连成整体，结构受力复杂，因此闸首U形槽底部是应力监测的主要对象，可在闸首垂直流向布设监测断面；分离式结构特点是闸首底板沿流向设有结构缝，结构受力明确，可根据结构计算成果布设监测断面。塔柱按照其建筑材料和结构特征分为不同的型式，但目前用得比较多的是钢筋混凝土塔柱型式，根据塔柱的高度，可沿高程截取3～4个监测断面。在上述这些监测断面上有选择地布设若干钢筋计、应变计、无应力计、锚索测力计等仪器，以监测钢筋混凝土结构受力及预应力损失等情况。

对于大中型斜面升船机还应对斜坡道上的轨道梁和板式基础结构进行应力监测，根据斜面升船机的结构要求，选择一定的轨道横向联系梁布设钢筋计、应变计、无应力计、压应力计等仪器。

2. 混凝土温度

升船机温度的监测主要针对上闸首、船厢室筏基及典型塔柱筒体等大体积混凝土结构布设温度计，温度计一般按网格状布置，可选择对称结构的一半布设。

3. 接缝和裂缝

升船机上闸首和船厢室筏基由于结构需要，布设有纵、横向永久缝或施工缝以及宽槽缝。监测设计时可在结构缝、宽槽缝面上沿高程布设测缝计，对于宽缝回填还应布设钢筋计，在大体积混凝土中可能出现裂缝的部位适当布设裂缝计。

3.8.2.7 水位及泥沙淤积监测

升船机建筑物上下游水位的监测一般采用水位计或水尺，水位计或水尺布设在岸坡稳固地点或升船机建筑物上，所测水位应基本上代表上、下游平稳水位。

升船机上、下游引航道泥沙淤积情况，需根据各工程的具体情况，拟定监测方案，若有必要进行监测，则一般在工程完工前测得航道地形初始状态，在运行期定期测量航道水下地形，相关内容详见本章3.11节。

3.8.2.8 巡视检查

巡视检查总体要求及检查方法见本章3.1节，但针对升船机应加强巡视检查的部位有以下方面：

(1) 升船机建筑物左右边坡有无裂缝、滑坡、溶蚀及绕渗等现象。

(2) 升船机建筑物混凝土有无破损和掉块现象。

(3) 升船机建筑物混凝土有无溶蚀或水流浸蚀现象。

(4) 基础廊道排水孔工作状态，渗漏水的水量和水质有无显著变化。

(5) 升船机建筑物结构缝、宽槽缝有无张开、错动等现象。

(6) 金属结构防腐及锈蚀情况。

(7) 上下游引航道是否存在裂缝、坍塌等现象。

3.8.2.9 监测频次

升船机建筑物各监测项目监测频次可参照表3.8-4和结合工程实际情况确定。

表3.8-4　　升船机建筑物安全监测项目监测频次表

监测项目	监测频次		
	施工期	试运行期	运行期
垂直位移	3～1次/月	3～1次/月	1次/月
水平位移或挠度	3～1次/月	3～1次/月	1次/月
基底扬压力	3～1次/月	5～1次/旬	3～2次/月
基础渗流量	3～1次/月	5～1次/旬	3～2次/月
应力应变、温度及接缝	3～1次/月	5～1次/旬	2～1次/月
强震动		随时	随时
水位		4～2次/天	4～2次/天

注　如遇特大洪水、地震等特殊情况，则应适当增加测次。

3.9　边坡工程

3.9.1　边坡工程特点及监测重点

3.9.1.1　工程特点

边坡是地壳表面具有临空条件的地质体，由坡顶、坡面、坡脚及其下部一定深度内的岩土体组成。按成因划分，边坡可分为自然边坡（古滑坡）、工程开挖边坡。按构成边坡的岩性划分，边坡可分为土质边坡、岩石边坡和土石混合边坡；按边坡陡缓程度划分，坡度小于 30°为缓坡，30°～45°为斜坡，大于 45°为陡坡；按边坡高度划分，坡高 30m 以下为低边坡，30～70m 为中等高度边坡，70m 以上为高边坡。

影响边坡稳定的因素十分复杂，归纳起来可分为内在因素和外在因素两个方面。内在因素包括边坡岩土体类型、岩土体结构、地应力等；外在因素包括水的作用、地震作用、边坡形态及人类活动等。影响边坡稳定最根本的因素为内在因素，它们决定了边坡的变形失稳模式和规模，对边坡稳定性起着控制性作用。外在因素只有通过内在因素才能对边坡起破坏作用，促进边坡变形失稳的发生和发展，但当外在因素变化很大、时效性很强时，往往也会成为导致边坡失稳的直接诱因。国内外对边坡失稳模式的研究起步较早，研究成果相对成熟，认识也相对统一，虽然其分类多种多样，但宏观上一般划分为滑动型、崩塌型和有限变形等类型。边坡主要变形失稳模式特征见表 3.9－1。

表 3.9－1　　边坡主要变形失稳模式特征表

变形失稳模式			形成条件	典型示意图	影响稳定的主要因素
滑动型	平面型	单一滑面	倾向坡外的单一软弱面被切脚	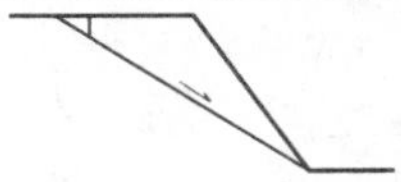	软弱面的组成物质及强度
滑动型	平面型	阶梯状滑面	顺坡向中缓倾角节理与陡倾结构面组合		结构面延伸情况、性状、水的作用、地震或爆破产生的震动力等
滑动型	平面型	折线型滑面	由陡、缓节理组（2～3 组）或坡顶张裂隙组合形成大块体，缓节理必须暴露于坡脚或坡面	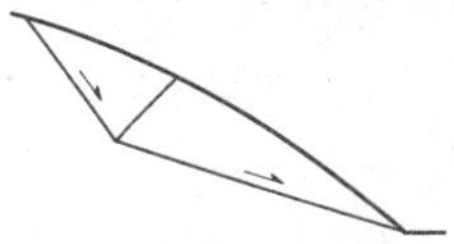	节理的性状、水的作用、地震或爆破产生的震动力等
滑动型	圆弧型		坡体为松散堆积物，坡度大于自然稳定坡角	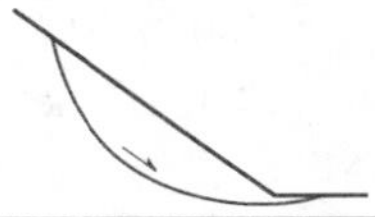	岩土体物质组成、抗剪强度、水的作用
滑动型	楔体型		两组结构面切割形成楔形体，交线倾向坡外		结构面的组成物质及强度
滑动型	组合型		松散堆积物与下伏基岩接触面较平，且被切脚		接触面的抗剪强度和起伏情况
崩塌型	倾倒型		结构面发育（切割呈层状）且边坡与之近平行陡开挖	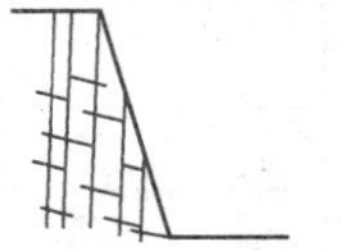	临时或周期性起作用的裂隙水压力、地震或爆破产生的振动力等
崩塌型	滑移型		结构面切割形成底部有倾坡外斜面的块体	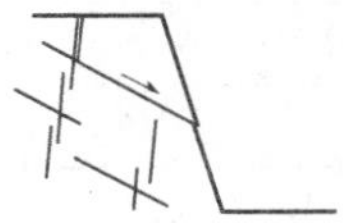	结构面性状，水的作用、地震影响
有限变形			岩体坚硬完整，地应力高		岩体的完整程度、地应力的高低

为满足工程需要对自然边坡进行改造，称为边坡工程。根据边坡对工程影响的时间差别可区分为永久边坡和临时边坡两类，按其与工程的关系可分为建筑物地基边坡（必须满足稳定和有限变形要求）、建筑物邻近边坡（必须满足稳定要求）和对建筑物影响较小的延伸边坡（容许有一定限度的破坏）。边坡安全监测体系布置应根据其性质（永久、临时）、重要性（与建筑物的关系）、失稳模式等因素进行综合考虑。

3.9.1.2 监测重点

边坡工程一般涉及的地质环境较为复杂，一方面，鉴于边坡工程的复杂性和地质勘察的局限性，有必要随工程建设对实际地质条件作进一步分析核实；另一方面，随工程建设的进展，边坡工程的环境必然发生变化，因此，工程边坡的监测应根据边坡工程区域背景、地质环境、水文环境、地应力环境、变形失稳机制和安全等级等因素，进行针对性监测布置。边坡监测设计重点应从监测设计规划、监测实施阶段和监测项目三个方面予以区分。

边坡监测设计规划重点是划分边坡各部位的监控等级，从而使安全监测项目设置、监测频次、监测成果分析深度及反馈速度与边坡监控等级相对应。边坡监测实施阶段重点是施工期安全监测，施工期实施重点是及时埋设仪器设备和及时观测。边坡监测项目重点是变形、地下水位和支护效应，但监测项目原则上应根据边坡监控等级进行动态增减。

3.9.2 监测设计依据

边坡监测设计依据参见本章3.1节。但基于边坡的特点，应加强收集边坡工程环境与背景条件，即历史背景、工程边坡地形地貌、地层岩性、地质构造、物理地质现象、水文地质、地应力、地震动参数、施工方法及程序等。

引用标准应增加《水电水利工程边坡设计规范》(DL/T 5353）和《水利水电工程边坡设计规范》(SL 386)。

3.9.3 监控等级的确定

3.9.3.1 监控等级

一般来说，边坡的安全监控等级可根据边坡的类别和级别、工程类比经验、地质条件、环境因素、稳定性和治理方式等情况综合确定。因其影响因素众多，目前尚难以把边坡的安全监控等级与边坡稳定的类别和级别相互对应，根据边坡稳定安全等级的差别，仅能在监测断面、监测项目、监测仪器选型、监测频次和资料分析深入程度和反馈实时性等方面体现其差别。根据上述因素，通过总结国内一些边坡工程的监测实施情况并参照类似监测的标准，可将边坡工程的安全监控等级划分为五级，使监测项目、监控标准可与监控等级相互对应，便于参考选用。安全监控等级的划分标准如下：

（1）一级监控等级：红色警戒状态。此时，边坡已出现了整体失稳的各种迹象，应立即启动应急预案，着手实施工程紧急抢险措施或对人员、设备进行撤离。对应一级监控等级边坡监测，需要加大巡视检查力度，系统地完善监测设施，尽可能实现自动化观测，结合地质情况和计算成果综合全面分析监测资料，揭示其变化规律并及时反馈相关部门。

（2）二级监控等级：橙色预警状态。此时，边坡已出现了潜在及局部失稳的迹象，应着手准备启动应急预案，除正常工程治理措施外还应制定工程抢险措施。对应二级监控等级的边坡监测，需要加大巡视检查力度，补充必要的监测设施，加密监测频次，结合地质情况和计算成果深入分析异常部位的监测资料，揭示变化规律，适时向相关部门报告。

（3）三级监控等级：黄色常规状态。此时，边坡处于正常工作状态，总体上按正常工程治理措施实施即可，处于运行期则可正常运行。对应三级监控等级的边坡监测，按照正常设计的要求开展相关工作即可，处于施工期的观测频次原则上取上限。

（4）四级监控等级：蓝色基本稳定状态。此时，边坡基本稳定，尚未实施的工程措施可适当滞后实施或局部优化，处于运行期则可正常运行。对应四级监控等级的边坡监测，在正常设计要求基础上可适当降低监测频次。

（5）五级监控等级：绿色稳定状态。此时，边坡已稳定，尚未实施的工程措施可进行全面优化，处于运行期则可正常运行。对应五级监控等级的边坡监测，在正常设计要求基础上可取监测频次下限，临时监测设施经论证后可以封存停测。

需要说明的是，某种状态的边坡边界条件发生变化并满足某些特征后，边坡安全监控等级应动态调整。

3.9.3.2 监控等级选择原则

边坡监控等级的选择可遵循的原则如下：

（1）在施工前期无监测成果的情况下，主要考虑边坡类别、级别、规模等因素来确定。边坡开工初期，原则上可按二、三级监控等级控制实施。其中安全等级为一、二级且有动态设计要求的边坡可作为二级监控等级，三级以下边坡可取三级监控等级。对于采用“强开挖、弱支护”大开挖方式的边坡可降低一级监控等级，采用“弱开挖、强支护”方式的边坡宜提升一级监控等级。

（2）在施工初期已取得一定监测成果的情况下，主要根据监测成果和实际揭示的地质条件综合动态判断。对于有潜在整体深层失稳迹象的边坡，原则上可按一、二级监控等级实施，其中永久和大型临建边坡可取一级监控等级，对于其他临时边坡可取二级监控等级；对于有潜在局部失稳边坡可取三级监控等级，其中除永久和大型临建以外边坡可降低 1 级监控等级。若有异常和特殊情况，则应根据各类信息综合判断，动态提升监控等级并采取相应工程措施。

（3）在施工后期边坡排水、支护等工程措施已实施完成的情况下，各部位边坡原则上可取三级监控等级；在经历 2～3 个雨季考验无异常后，可取四级监控等级；在经历 3～5 个雨季考验无异常后可取五级监控等级。若有异常和特殊情况，则应动态提升监控等级并采取相应工程措施。

3.9.3.3　监控等级定性判识

由于边坡工程的复杂性，各监控等级的临界特征判识很难采用统一定量的某一监控标准来确定，但可采用以下一些定性分析方法结合工程经验进行综合判断。

（1）当边坡位移—时间曲线出现拐点、深层和表面变形方向与地质结构特征逐步趋向统一、支护措施监测效应量出现明显增长、边坡地表面出现裂缝等现象时，可作为一、二级监控等级的初步判识，综合分析后可进入预警和警戒监控状态。反映边坡变形发展阶段划分及特征点情况的典型特征曲线见图 3.9－1。

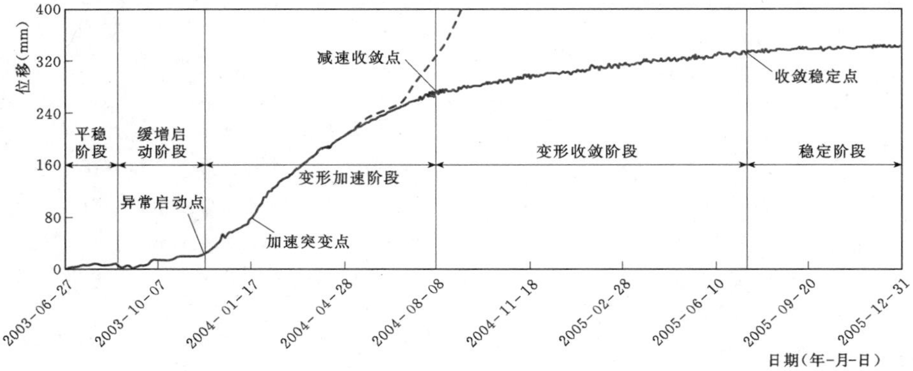

图 3.9－1　边坡变形典型特征曲线

（2）当边坡各监测效应量—时间曲线变化平缓、无四级以上不利地质结构面存在、开挖爆破满足相关技术要求、支护措施实施及时和巡视检查成果正常时，可作为三级监控等级的初步判识，进入常规监控状态。

（3）当边坡施工基本结束且各种工程措施已实施完毕，各监测效应量—时间曲线变化平稳，经历过 2～5 个雨季的考验无异常情况后，可作为四、五级监控等级的初步判识，进入基本稳定～稳定监控状态。

边坡工程安全监控等级划分及其监测频次可参照表 3.9－2。

表 3.9－2　**边坡工程安全监控等级划分及其监测频次表**

安全监控等级			监测项目							
级别	性质	状态	表面变形		内部变形		加固效果	渗流		巡视检查
			人工	自动	人工	自动		人工	自动	
一级	警戒	红色	1 次/天	4～2 次/天	1 次/天	4～2 次/天	4～2 次/天	1 次/天	4～2 次/天	2～1 次/天
二级	预警	橙色	2 次/周	2～1 次/天	2 次/周	2～1 次/天	2～1 次/天	2 次/周	2～1 次/天	4～2 次/周
三级	常规	黄色	4～2 次/月	4～2 次/周	4～2 次/月	4～2 次/周	4～2 次/周	4～2 次/月	4～2 次/周	2～1 次/周
四级	基本稳定	蓝色	1 次/2～3 月	1 次/周	1 次/1～2 月	1 次/周	1 次/周	1 次/2～3 月	1 次/周	2～1 次/月
五级	稳定	绿色	1 次/1～2 季	2～1 次/月	2～1 次/月	2～1 次/月	2～1 次/月	2～1 次/月	2～1 次/月	1 次/月

注　1. 所有监测项目的监测频次在汛期视情况可加密，渗流和巡视检查必须加密。
2. 边坡安全监控等级分级主要依据监测成果绝对值、相对速率与加速度、边坡类别和等级、工程类比经验值、地质条件、环境量和计算成果等综合确定，暂无法定量给出安全监控等级的分级监控指标。
3. 现场边界条件变化并满足某种条件后，边坡安全监控等级应动态升降。
4. 专项监测（爆破振动、声波、地应力测试等）根据实际情况设定监测频次，一般和边坡施工方法相匹配。
5. 五级边坡经过 4～5 个雨季考验后，监测频次可调整为 2～1 次/半年。

3.9.4 监测项目

边坡安全监测项目设置以实现各部位边坡安全监控目标为前提，同时可根据边坡的规模和特点，设置必要的为施工期或提高边坡设计、施工水平的科研服务的监测项目。主要根据其监控等级及工程实际情况，可按表3.9-3进行监测项目的分类和选择。

表3.9-3 工程边坡安全监测项目分类表

序号	监测类别	监测项目	建筑物等级 1	2	3	4	5
一	巡视检查	裂缝、坍塌、排水、支护、监测设施等	●	●	●	●	●
二	外部变形	表面变形	●	●	●	●	●
		裂缝	●	●	○	○	○
		表面倾角	○	○	○	○	○
三	内部变形	钻孔轴向变形	●	●	●	○	○
		垂直钻孔轴向变形	●	●	●	○	○
		勘探、锚固及排水洞等变形	●	○	○	○	○
四	加固效果	预应力锚索（杆）	●	●	●	●	●
		非预应力锚索（杆）	○	○	○	○	○
		抗滑支挡结构受力	●	●	○	○	○
五	渗流	地下水位	●	●	●	○	○
		渗流量	●	●	○	○	○
		水质分析	○	○	○	○	○
六	专项监测	爆破振动	●	○	○	○	○
		声波	○	○	○	○	○
		地应力	○	○	○	○	○
七	环境量	降水量	●	●	○	○	○
		江河水位	○	○	○	○	○

注 1. 有●者为必设项目，有○者为可选项目。
2. 巡视检查，包括日常巡视检查、年度巡视检查和特别巡视检查。
3. 勘探、锚固及排水洞等变形监测，包括沿洞轴线拉伸、压缩及错动等变形。
4. 抗滑支挡结构监测，包括变形、渗流、结构应力应变、温度等。

3.9.5 外部变形监测

外部变形监测是了解边坡宏观变形规律最直观、最重要的手段。边坡外部变形监测一般分为表面变形监测、表面裂缝开合度和表面倾斜监测等。

3.9.5.1 表面变形

1. 表面变形测点布置

边坡表面变形测点布置原则，在平面上一般可考虑50～200m间距，在高程上一般20～60m高差布置一个测点，呈网格状布置，在开挖边坡内一般沿马道布置，监测部位应包括开挖边坡和开口线以外一定范围的自然边坡，以便于边坡整体变形规律的分析。表面变形监测布置以监控边坡的整体稳定性为主，兼顾局部稳定性。测点应布置在相对稳定的基础上，避免在松动的表层上布点。

2. 水准点布置

开挖边坡水准点一般沿马道布置，尽量与表面变形监测点相结合，宜在马道一端或两端布置工作基准点。由于边坡工程规模和相对高差一般较大，在精度要求相对较低部位也可采用表面变形监测点的三角高程测量法，通过测量基点与测点之间的距离、天顶距等计算测点的垂直位移。

3. 监测方法

边坡表面变形监测传统方法是采用大地变形测量，包括平面变形测量和高程测量，测量方法有人工测量和测量机器人自动测量。

GPS测量系统是目前较为先进的测量技术。其测点布置原则基本等同表面变形监测点，但应根据边坡的地形条件使布置的测点至少能接收4颗以上卫星信号，远离电磁干扰和高大障碍物等地方，测点、基准点布置原则及其观测可参考本章3.2节相关部分内容。考虑技术经济性，GPS测量系统测点宜选择在代表性部位且与表面变形监测点结合布置，对于难于到达的部位、处于危险临界状态的边坡，以及常规方法难以进行有效监测的部位可优先考虑布置。

3.9.5.2 表面裂缝

表面裂缝监测布置主要根据裂缝分布、性质等，包括裂缝的开合度、剪切和位错等，一般布置在边坡马道、斜坡或滑坡的地表，或排水洞、监测洞等裂缝出露部位。表面裂缝监测一般采用简易测量标点、测缝计和收敛计等。

3.9.5.3 表面倾斜

表面倾斜监测一般用于与边坡施工期和滑坡、大型危岩体治理期的表面倾斜监测，它的优点是安装、观测、整理资料简便等；缺点是测量范围小、受局部地质缺陷的影响大等。边坡表面倾斜监测一般采用梁式倾斜仪、倾角计等。

3.9.6 内部变形监测

内部变形监测是用于了解边坡岩土体深层变形规律，指导实施深部支护措施和复核稳定计算的重要手段。边坡内部变形监测主要采用钻孔和利用地勘平洞、排水洞、灌浆洞、监测洞等埋设相应仪器，监测岩土体内部的变形。其中钻孔内部变形监测一般包括钻孔轴向变形和垂直于钻孔轴向的变形监测等。

为了与数值计算成果进行对比分析及信息化动态设计提供依据，以及对工程处理措施效果进行评价，边坡内部变形监测一般选取典型断面进行监控，在边坡同一部位的监测断面布置应有主次之分。监测断面通常选在：地质条件差、变形大、可能破坏的部位（如有断层、裂隙存在的部位）；开挖高、坡度陡、开挖体型凸出部位，或有典型试验、分析计算成果的部位。监测设计布置应采用点面结合兼顾整个区域的原则，以监控某一边坡范围的整体变形趋势。内部变形监测断面的选择在平面上一般可考虑100～200m间距，在高程上以能连续反映内部变形特征为原则，一般高差40～60m布置一个测点。

3.9.6.1 钻孔轴向的变形

一般采用多点位移计、滑动测微计、铟钢丝位移计、伸缩仪和土位移计等监测边坡岩土体沿钻孔轴向的变形。

1. 多点位移计

多点位移计布置主要应考虑边坡潜在变形失稳模式、钻孔深度、孔径、钻孔方位角、钻孔倾角、测点数量等。一般布置在有断层、裂隙、夹层或层面出露的部位。多点位移计对于楔形体、倾倒、崩塌、滑移变形等潜在失稳模式的监控较为有效。对于有锚索支护的部位，为了确定锚索锚固深度的合理性和避免与锚索交叉，孔向宜平行于锚索、孔深应在锚孔深度基础上加深约5～10m，其他部位一般应深于潜在变形深度或滑面约5～10m。测点数量根据主要结构面的数量、孔深及岩层特点一般采用3～6测点，根据测点数量和仪器类型，测点孔径一般采用110～150mm。钻孔方位角应综合考虑弱面和边坡临空面的走向，尽可能正交或呈较大交角。若监测主要针对弱面的压缩和拉张变形，钻孔倾角应尽可能和弱面的倾角正交，若主要监测剪切变形，钻孔倾角应尽可能和弱面的倾角小角度相交。为保证安装埋设胶体介质（常为水泥砂浆）的密实度，通常情况下水平钻孔倾角可采用下倾5°～10°布置。

2. 滑动测微计

滑动测微计的测量精度比多点位移计高1～2个数量级，在整个测孔深度内可以测量出每米间距的轴向变形，可以近似认为是连续线法监测，在构造密集带或高精度小变形监测领域明显优于多点位移计，但存在不能自动监测、接触式滑动测微计适应钻孔剪错变形能力差、二次仪表昂贵和测读工作复杂等不足。

3. 其他

铟钢丝位移计、伸缩仪和土位移计等测量原理基本与多点位移计的相同，布置原则和部位也基本和多点位移计的相同，一般利用边坡已有地下洞室根据设计目的予以布置。

3.9.6.2 垂直于钻孔轴向的变形

一般采用活动（固定）测斜仪、垂线法和时域反射计（Time Domain Reflection，TDR）等监测垂直于钻孔轴向的变形。

1. 测斜孔

测斜孔布置应考虑边坡潜在变形失稳模式、钻孔深度、孔径、测斜管、管材等。至少在滑面前后缘各布置一个测斜孔，孔口宜与大地水平变形测点结合布置。测斜孔一般布置在缓倾坡、缓倾潜在滑面和堆积体边坡部位，对平面型滑动、圆弧型滑动潜在失稳模式的监测效果较好。测斜孔孔深应大于潜在滑移面深度5～10m以上，受制于垂直式活动测斜仪的测量角度范围，一般情况下采用竖直造孔，孔深超过60m后应采用测扭仪对测斜管的两对导槽扭转角度进行修正，根据测斜管管径大小，钻孔孔径一般采用130～150mm。在预估变形较大、监测时间较长和地下水具有腐蚀性的部位优先采用韧性优良、适应大变形和抗腐蚀性好的大管径 ABS 管材；在预估变形较小和监测时间较长的部位优先采用耐久性、抗扭转性良好的铝合金管材；对临时边坡短期监测优先采用 PVC 或玻璃纤维管材。固定测斜仪的布置一般均是先期采用活动测斜仪监测出滑移面的位置后，再在滑移面上、下一定范围内布置固定测斜仪，以保证布置仪器的监测效果，同时精简仪器数量。

2. 垂线法

垂线法主要监测相对于悬挂点或锚固点的水平位移，监测设备一般选用垂线坐标仪。由于综合费用较为昂贵，因此主要用于大型水电工程和重要人工边坡的运行期监测。

3. 时域反射计

时域反射计原理是利用同轴电缆在受剪切后电缆间有相对错动导致阻抗发生变化，二次仪表的信号在阻抗变化处的反射回波可分析出错动深度和变化大小，布置因素基本与测斜孔的相同。其优点是可以自动监测、适应大变形、电缆可以作为其他配套传感器的信号传输线等，但存在不能确定滑移带的绝对变形和滑移方向、对土质类边坡适应性较差等缺点。对于滑坡体的内部变形监测可采用时域反射计，加上相应的传感器，还可同时监测边坡岩土的其他参数。

3.9.6.3 洞内变形

在边坡监测设计时，应尽量利用边坡已有的地质勘探平洞、锚固洞、排水洞、灌浆洞和监测洞等，在边坡开挖前实施超前埋设，监测边坡受开挖、爆破、支护、时效等因素影响的变形全过程。洞内变形的监测主要根据监测目的布置相关监测项目，可利用上述沿洞轴线变形、垂直于洞轴线变形和表面裂缝等相关监测手段。与钻孔方法监测相比，具有其直观、便于维护、可更换、受施工干扰小等优点。

3.9.6.4 工程实例

【实例 1】 小湾水电站左岸饮水沟堆积体及 2 号山梁边坡，边坡前缘高程为 1130.00m，后缘高程为 1600.00m，沿江长约 300m，平均厚约 40m，最厚处约 80m，体积约 400 万 m^3。坡体组成主要为块石、特大孤石夹碎石质土和倾倒崩塌的原地堆积物。饮水沟堆积体的潜在失稳模式主要为圆弧滑动，主要发生在细颗粒物质含量相对较多或局部开挖坡度较陡的部位，部分堆积体物质在库水作用下产生的塌岸性质的圆弧形滑移或崩塌破坏。系统的工程措施主要为开挖、地表地下排水、锚杆和锚筋桩，并局部辅以预应力锚索、抗滑桩及挡墙、网格梁植草和锚拉板等支护措施。根据边坡特性、与主要建筑物的关系和潜在失稳模式，变形监测布置有表面变形监测点、多点位移计、测斜孔、表面裂缝计。表面变形监测以网格状布置，宏观控制整个监测区域；内部变形监测布置 3 个监测断面，主要为测斜孔监测潜在深部滑面的构成情况，辅以必要的多点位移计对潜在崩塌破坏模式予以监测。坡体表面已有裂缝出露部位的前（后）缘的裂缝计主要垂直于裂缝布置，侧边缘的裂缝计主要与裂缝小角度相交布置。并在排水洞内裂缝出露部位布置适当沿高程错动方向的裂缝计。小湾水电站饮水沟堆积体表面变形及内部变形监测布置平面和典型剖面参见图 3.9－2 和图 3.9－3。

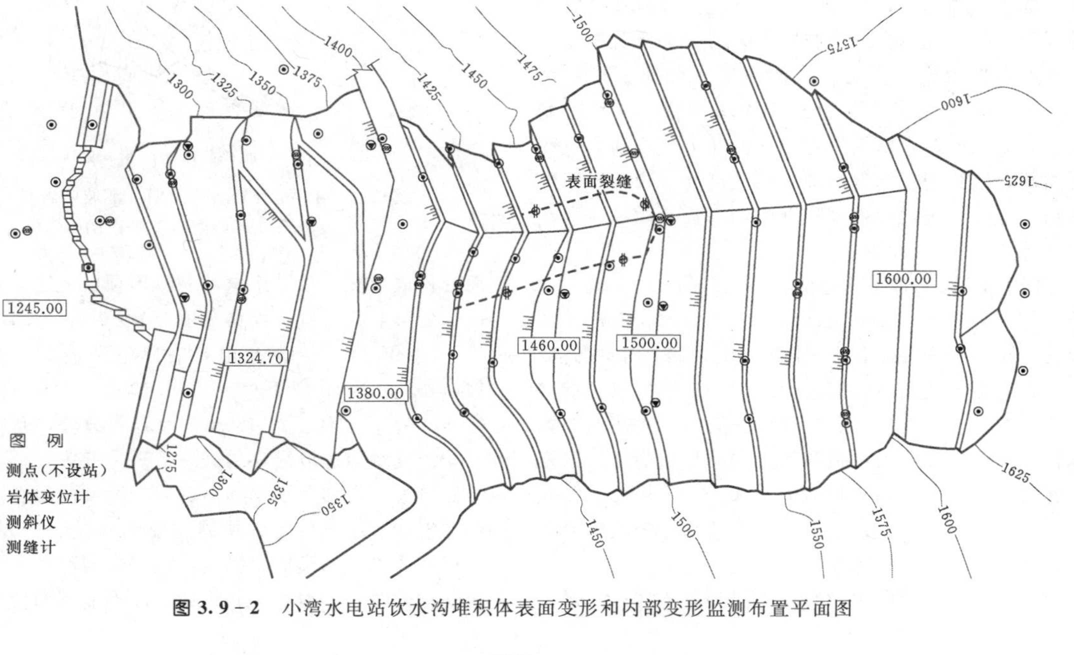

图 3.9－2 小湾水电站饮水沟堆积体表面变形和内部变形监测布置平面图

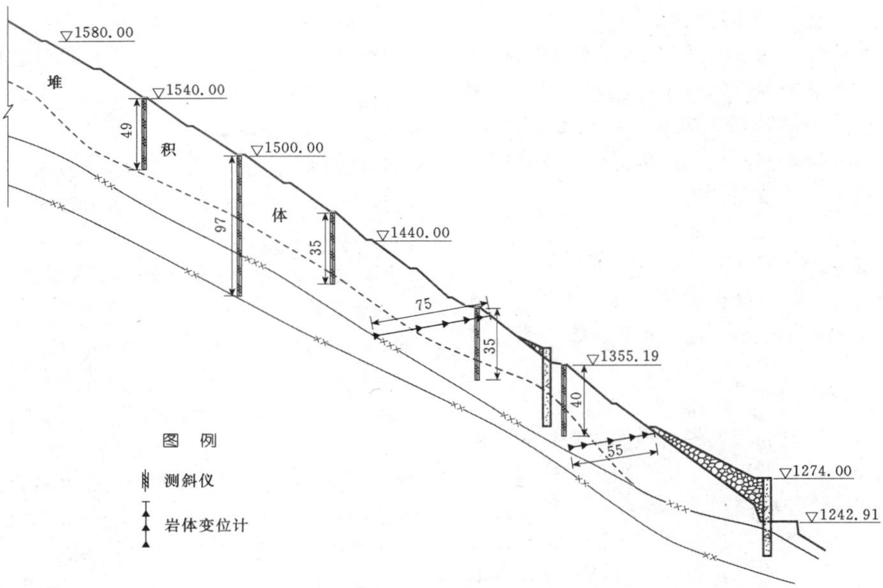

图 3.9-3　小湾水电站饮水沟堆积体内部变形监测布置典型剖面图（单位：m）

【实例 2】　观音岩水电站右岸铅厂滑坡体，滑坡体前缘高程为 1090.00m，后缘高程为 1275.00m，沿江长约 350m，平均厚 14m，最厚处 28m，体积约 120 万 m^3。滑坡堆积物为大块石，碎石夹泥组成，块石中普遍夹泥，成分多为砂岩、砾岩，含砂砾岩，架空现象明显。滑坡形态似圈椅状，后缘滑坡壁明显。铅厂滑坡体的潜在失稳模式主要为沿堆积体内部圆弧滑动。系统的工程措施主要为削坡减载、地表排水、锚杆和锚筋桩，并辅以随机预应力锚索和锚拉板等辅助支护措施。根据边坡特性、与主要建筑物的关系和潜在失稳模式，变形监测布置有表面变形监测点、测斜孔。表面变形监测以网格状布置，宏观控制整个监测区域；内部变形监测布置 2 个监测断面，布置测斜孔监测潜在深部滑面的构成情况。观音岩水电站铅厂滑坡体表面及内部变形监测布置平面和典型剖面参见图 3.9-4 和图 3.9-5。

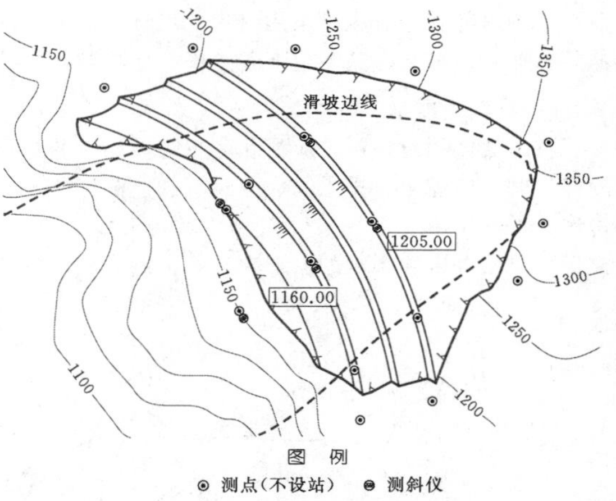

图 3.9-4　观音岩水电站铅厂滑坡体表面及内部变形监测布置平面图

【实例 3】　景洪水电站右岸坝顶以上边坡，边坡下部高程 612.00m，上部高程 726.00m，沿江长约 280m，为土质边坡。右岸坝顶以上边坡的潜在失稳模式主要为土质边坡内部圆弧滑动。系统的工程措施主要为开挖、地表排水、锚杆和锚筋桩，并在局部辅以预应力锚索和网格梁植草等必要的支护措施。根据边坡特性、与主要建筑物的关系和潜在失稳模式，变形监测布置有表面变形监测点、测斜孔。表面变形监测以网格状布置，宏观控制整个监测区域；内部变形监测布置 3 个监测断面，布置测斜孔监测潜在深部滑面的构成情况。景洪水电站右岸坝顶以上边坡表面及内部变形监测布置平面参见图 3.9-6。

【实例 4】　小湾水电站右岸电站进水口正面边坡，边坡下部高程为 1139.00m，上部高程为 1245.00m，沿江长约 180m，为岩质边坡，基本直立开挖。进水口边坡潜在的破坏形式主要为以卸荷裂隙为底滑面的滑移式崩塌和由两组卸荷裂隙组合成的楔形体滑动。系统的工程措施主要为开挖、地表排水、锚杆及锚筋桩和预应力锚索。根据边坡特性、与主要建筑物的关系和潜在失稳模式，变形监测布置有表面

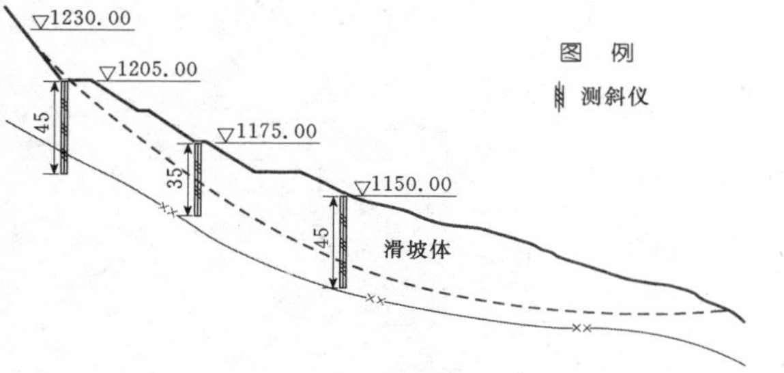

图 3.9-5 观音岩水电站铅厂滑坡体内部变形监测布置典型剖面图（单位：m）

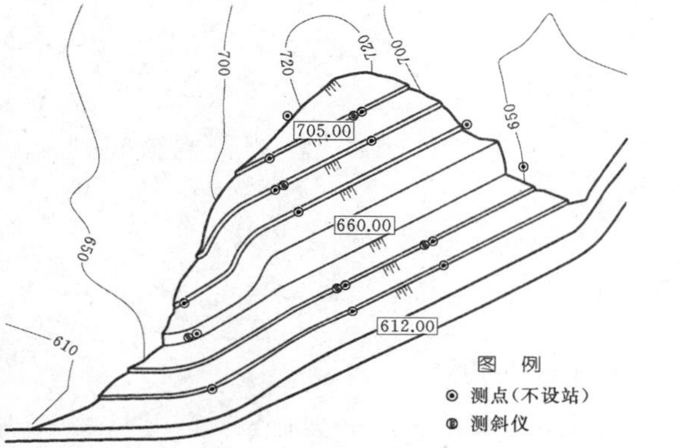

图 3.9-6 景洪水电站右岸坝顶以上边坡表面及内部变形监测布置平面图

变形监测点和多点位移计等。表面变形监测以网格状布置，宏观控制整个监测区域；内部变形监测布置 5 个监测断面，布置多点位移计对潜在崩塌破坏和楔形体滑动模式予以监测。小湾水电站进水口正面边坡内部变形监测布置典型剖面图参见图 3.9-7。

【实例 5】 小湾水电站坝肩槽边坡，边坡下部高程为 950.50m，上部高程为 1245.00m，沿江长约 280m，为岩质边坡。坝基以微风化～新鲜的Ⅰ、Ⅱ类岩体为主，岩体质量较好。建基面位于中高地应力区，岩体中具有一定的地应力集中，低高程坝基有轻微岩爆现象。且由于上部岩体被开挖，建基面岩体将会产生卸荷回弹而出现一定厚度的松弛岩体。其可能的破坏型式主要为以卸荷裂隙为底滑面的滑移式崩塌或近 EW 向和近 SN 向陡倾角结构面切割块体产生的倾倒崩塌破坏。边坡工程措施主要为开挖、地下排水、预应力锚杆和锚筋桩。根据边坡特性、与主要建筑物的关系和潜在失稳模式，为监测开挖卸荷松弛、拱坝浇筑和蓄水影响压实变形的全过程，充分利用坝基各层排水平洞和交通洞布置多点位移计、滑动测微计进行超前变形监测，在底部高程随开挖埋设多点位移计。深部超前变形监测左、右岸各布置 4 个高程。

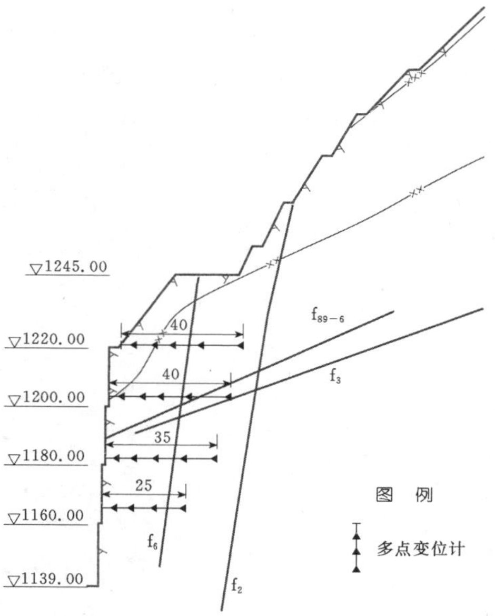

图 3.9-7 小湾水电站进水口正面边坡内部变形监测布置典型剖面图（单位：m）

小湾电站坝肩槽内部变形监测布置典型剖面图，见图 3.9-8。

3.9.7 支护效应监测

边坡支护效应监测是用于监测边坡支护结构的受力特性，了解支护措施的安全状况。边坡支护效应监测主要包括锚固措施和抗滑支挡结构监测。

支护效应监测布置原则上可按断面布置，但应该根据支护措施的布置、类型等，考虑重点，兼顾全面。支护效应监测断面宜与内部变形监测断面重合布置，便于为边坡安全评价和动态跟踪优化提供匹配的监测信息。

3.9.7.1 锚固措施

锚固措施监测项目主要包括预应力锚索（杆）荷载和普通砂浆锚杆应力。一般采用锚索（杆）测力计监测预应力锚索（杆）荷载大小和变化，采用锚杆应力计监测锚杆应力大小和沿程分布。

1. 锚索测力计

锚索锚固力变化在一定程度上可客观反映边坡的稳定状态及变形速率。一般工程边坡往往存在一定的稳定安全裕度，因此锚索测力计测值不会产生过大的变化速率，可根据稳定分析成果选择在关键块体和关键部位布置。对于高陡深切及存在坡体新建建筑物加载过程的边坡，可能出现随开挖深切或坡体加载引起的变形增大而承担变位加载，使锚索受力导致测力计读数迅速增加甚至锚索破坏，这些部位应加强锚索测

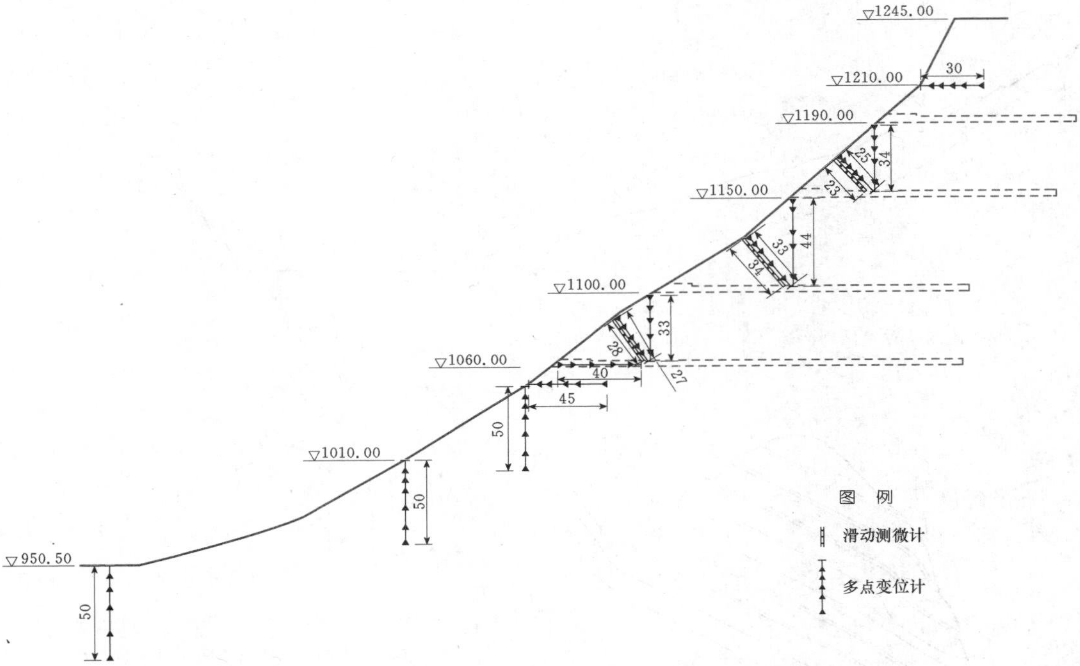

图 3.9-8　小湾电站坝肩槽内部变形监测布置典型剖面图（单位：m）

力计布置。监测锚索的布置主要考虑锚索加固区域的划分、锚索级别、锚索和锚固段长度的不同，一般选取约 5%～10%左右的工作锚索作为监测锚索（采用无黏结锚索），关键部位可适当增设（如潜在滑动块体）。用锚索测力计可以在初期锚索张拉、锁定过程中确定千斤顶压力表和锚索测力计读数之间的关系，采取联合标定的办法用以解决张拉工作锚索的千斤顶压力表读数的修正问题。采用锚索测力计监测锚索荷载锁定损失和群锚效应的大小，以便在施工初期进行补偿张拉，掌握后期监测锚索的荷载大小及其变化情况，了解预应力锚索对边坡的加固效果和长期工作性态，对锚索支护赋存锚固力做出定量的评价。预应力锚杆测力计布置原则基本同锚索测力计。

2. 普通砂浆锚杆应力计

锚杆应力监测主要布置在有代表性的地段并兼顾锚杆型式和长度，每根宜布置 3～5 测点，以便了解应力状态、支护效果和应力的沿程分布规律，判识开挖爆破对边坡的影响及边坡浅表变形深度。

3.9.7.2　抗滑支挡结构

抗滑支挡结构一般包括抗滑桩、挡墙、锚固洞、抗剪洞、桩板墙等一种或几种结构的联合受力体系。抗滑支挡监测主要考虑结构受力特点以及结构型式，监测项目主要包括对结构变形、应力应变、与基岩之间的接缝开合度、岩土接触压力、渗透压力及锚固荷载等参数监测。一般采用表面变形监测点、测斜孔等监测变形；采用钢筋计、应变计（组）、无应力计等监测应力应变；采用测缝计、土位移计等监测接缝开合度；采用土压力计和渗压计监测接触压力和渗水压力。

为验证和获取荷载分布特性与内部应力分布情况，监测截面沿抗滑支挡轴线方向一般布置不少于 3 个。在结构顶部布置表面变形监测点，在结构物与岩土体壁面接触位置埋设测斜管，监测抗滑支挡结构的位移、挠度及其与边坡协调变形的情况。在受力大、结构复杂部位的混凝土内布置应变计（组）和无应力计、主受力钢筋上布置钢筋计，监测承载以后混凝土应力应变和钢筋应力大小。在抗滑支挡结构正面和背面的不同截面布置压应力计，监测结构承受的下滑力大小和岩体的抗力大小，了解结构的受力以及荷载分布特性。对于有连接体系的多排抗滑桩或抗滑桩与锚固洞等联合受力体系结构应特别加强连接体的结构受力情况监测。

在与基岩接触面之间可能出现张开缝位置布设测缝计，监测承受荷载后接缝开合情况。通过对变形、混凝土和钢筋的应力应变以及桩锚荷载的监测，综合判断抗滑支挡结构的安全工作状态。

3.9.7.3　工程实例

【实例 1】　小湾水电站左岸饮水沟堆积体及 2

号山梁边坡,处理时,在边坡高程 1245.00m 共计布置 3m×5m 抗滑桩 10 根,4m×7m 抗滑桩 5 根,桩间外露地表以联系墙相连,桩的顶部布置有锚索。根据抗滑桩的结构,在抗滑桩顶部布置表面变形监测点监测桩顶表面变形。在桩体混凝土浇筑过程中预埋测斜管监测桩身沿程深度变形。在桩身和岩体之间接缝

间布置压应力计、渗压计上和单向测缝计,监测其接缝间压应力、渗水压力和开合度变化情况。在桩身外露部分的工作锚索上布置相同吨位的锚索测力计监测锚索荷载变化情况。在桩身下部底滑面附近内外侧钢筋上布置相应直径的钢筋计,监测钢筋受力变化情况。具体见图 3.9-9。

(a) 抗滑支挡监测布置平面

(b) 抗滑支挡监测布置立面

(c) 5 号桩典型监测布置

图 例

⊙ 测点(不设站)　⊡ 测斜仪　⊣ 渗压计　⊥ 应力计
⊢ 测缝计　↦ 钢筋计　□ 预应力测力计

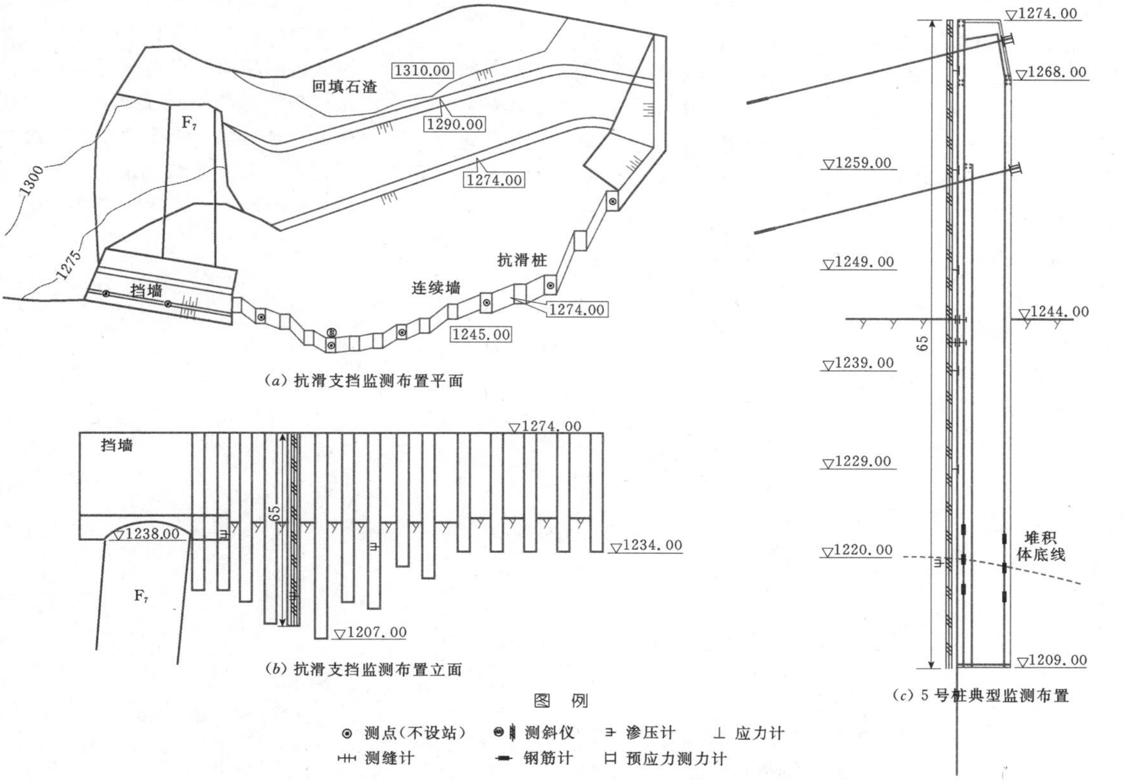

图 3.9-9　小湾水电站饮水沟堆积体及 2 号山梁抗滑支挡典型监测布置图(单位:m)

3.9.8　渗流监测

地下水是影响边坡稳定的重要因素之一,地下水对边坡稳定性的影响明显,水对岩土有软化、泥化作用,且会产生静水压力和动水压力,降低有效应力,对边坡的稳定很不利。边坡渗流监测主要考虑水文地质条件,一般分为地下水位、渗流量和水质监测。

渗流监测断面一般与内部变形和支护效应监测断面重合布置,便于为边坡安全评价和动态设计提供配套的监测信息。

3.9.8.1　地下水位

地下水位监测主要根据勘探期间布置的水位孔观测成果、开挖及造孔等过程揭示的地下水出渗情况、水文地质、渗流及稳定计算成果和渗排水措施等综合考虑布置。在岩质边坡上一般布置单管水位孔,监测

基岩裂隙水;对于有多层承压水的地段可采用同一钻孔内埋设多支渗压计或测压管分别监测,钻孔内各渗压计或测压管之间应设置良好的隔水措施,防止承压水之间相互影响;在土质边坡内一般布置双管式水位孔,其中一个测压管的透水段深入下伏基岩内部用于监测基岩裂隙水,另一测管的透水段位于土和基岩交界面上用于监测上层滞水。水位孔根据测管数量,孔径一般采用 110~150mm,孔向一般竖直向下。

3.9.8.2　渗流量

根据边坡排水洞的布置,在排水洞的一端或两端出口或汇水点水流平顺处,按汇水量的大小,布置三角形、梯形和矩形量水堰,监测边坡各部位的渗流量。

3.9.8.3　水质分析

边坡水质一般可作简易分析,必要时应进行全分

析或专门研究。边坡水质分析选点、取样和分析项目可参照本章 3.1 节相关内容。

通过渗流状况的监测，可综合判断边坡工程排水设施的排水效果、地表水的下渗量及地下水的变化情况，揭示边坡地下水有无集中渗漏和排水失效等现象，以及水环境因素对边坡安全状况的影响程度。

3.9.8.4　工程实例

【实例 1】　小湾水电站左岸饮水沟堆积体及 2 号山梁边坡，其坡体组成主要为块石、特大孤石夹碎石质土和倾倒崩塌的原地堆积物。堆积体部位地下水类型主要为基岩裂隙潜水和上层滞水，基岩裂隙潜水水面一般位于基岩面以下 19～58m。在堆积体与基岩接触面附近存在上层滞水，由于堆积层透水性的非均匀性和相对隔水层的非连续性，上层滞水的分布具有非连续性的特点，其水层厚度也不均匀。堆积层由于其组成物质主要为块石和碎石，且存在不同程度的架空现象，故其透水性较强。接触带土层颗粒相对较细，且较为密实，透水性微弱，具相对隔水层特征。边坡排水主要采取地表截水和排水孔，深部采用排水洞和排水孔等。根据边坡渗排措施和水文地质，渗流监测断面和内部变形监测断面结合，布置单管式水位孔、双管式水位孔和渗压计监测地下水位变化情况，在各层排水洞两端布置量水堰，监测边坡地下水的渗流量大小和变化情况。小湾水电站饮水沟堆积体及 2 号山梁地下水位监测典型布置图，见图 3.9-10。

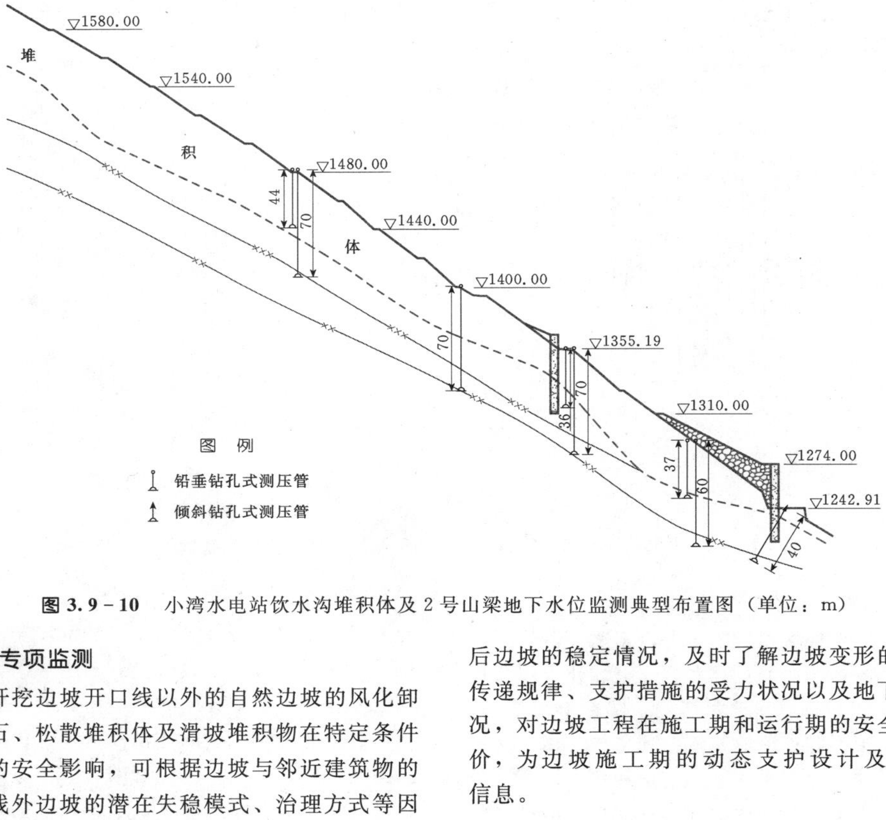

图 3.9-10　小湾水电站饮水沟堆积体及 2 号山梁地下水位监测典型布置图（单位：m）

3.9.9　其他专项监测

为监测开挖边坡开口线以外的自然边坡的风化卸荷岩体、危石、松散堆积体及滑坡堆积物在特定条件下对工程区的安全影响，可根据边坡与邻近建筑物的关系、开口线外边坡的潜在失稳模式、治理方式等因素对边坡危险源予以适当监测。为确定边坡开挖爆破振动的控制参数，优化爆破工艺、减小爆破动力作用对边坡的影响，可进行爆破振动监测。为监测开挖中岩体应力释放和爆破作用对岩体的扰动范围和程度，可进行声波测试。根据当地地应力和建筑物附加应力大小，可对岩石应力的长期变化情况进行监测。

通过上述各种监测手段，监测边坡因施工爆破、开挖卸荷松弛和时效等导致的变形及支护结构实施前后边坡的稳定情况，及时了解边坡变形的空间和时域传递规律、支护措施的受力状况以及地下水的变化情况，对边坡工程在施工期和运行期的安全状况进行评价，为边坡施工期的动态支护设计及时提供基本信息。

3.9.9.1　边坡危险源

广义上的边坡危险源主要指在自然条件下（尤其在降雨、大风及地震等作用下），可能发生崩塌、坠落、滑坡等地质灾害，进而造成人员伤亡和财产损失的风化卸荷岩体、危石、松散堆积体及滑坡堆积物。工程边坡危险源特指对开挖边坡采取工程处理措施以后，在边坡开挖开口线以外存在、对工程区构成威胁的危险源。

边坡危险源防治和监测是高山峡谷地区建设巨型水电站工程所面临的新课题，目前国内相关标准中尚无针对性的治理要求与标准界定。在没有相应标准的条件下，根据相关工程经验，危险源的破坏通常具有相对不确定性，对危险源的防治应贯彻“安全第一、以人为本、以防为主、分期防治”的原则，尽量避免采用开挖爆破等工程措施扰动其天然自稳状态，严禁破坏天然植被。

危险源防治应结合工程实际情况，一般采取锚固、支挡、疏导、拦截、避让等工程防治措施，主要为清坡、喷锚、主动防护网、被动防护网、混凝土或浆砌石贴坡、锚索、明洞等手段。对危险源的监测主要是针对上述工程措施进行的针对性监测布置，应以变形监测为主。

1. 变形

边坡危险源变形监测一般可选择表面变形监测点、GPS测量系统、铟钢丝位移计、测缝计、倾角计、多（单）点位移计、固定测斜仪和简易砂浆条带等监测手段。为保护人员安全、便于仪器保护和监测资料的综合分析判断，监测布置应充分结合抗剪洞、锚固洞、灌浆洞、排水洞和地勘平洞等进行。

因边坡危险源交通不便和较为危险的特点，对其表面变形的监测应采用固定棱镜法。该方法适用于监控边坡危险源大范围整体变形和局部孤石等特定的小范围变形，布置灵活，并且在一定程度上可改造成自动测量系统，是常用的边坡监测手段。GPS测量系统布置灵活，不受天气和通视条件等影响，但造价较为昂贵，可作为表面变形监测的必要补充。但这两种方法均由于其自动测量方式在精度和实时性方面的缺陷，对崩塌、坠落等失稳模式的危险源监测适应性不佳。

铟钢丝位移计重点用于局部孤石等特定的小范围变形监测，也可以监控较大范围松散结构体的整体变形。其结构简单，易于实现自动化测量，但是若安装在坡体表面不易保护，温度影响较大，系统测量精度随测线长度增加而降低。

测缝计主要针对特定结构缝进行监测，精度高，易于实现自动化测量，但监控范围很小。监测布置重点考虑缝的开合度，必要时应监测缝两侧岩体的相对滑移。

危险岩体失稳变形通常都伴随有倾斜变化，采用倾斜计监测岩体的倾斜变化，可以有效反映岩体整体稳定性。该方法精度高，易于实现自动化测量，但监控范围很小，一般用于较大的局部孤石等特定的小范围监测。

2. 锚杆、锚索荷载

若危险源采用了锚杆和预应力锚索等支护措施，应结合工程实际特点选择一定比例的锚杆和预应力锚索，布置适量的锚杆应力计和锚索测力计，监测支护措施效应大小和变化情况。

3. 主动防护网

主动防护网监测主要是对缆绳应力应变的大小和变化进行监测。采用的仪器有钢筋计、应变计、测力计等，一般在同一区域内应同时监测2根以上的缆绳，以便监测信息相互验证。

4. 被动防护网

一般较大结构体失稳前，通常先有小的落石滚落，被动防护网监测可以及时了解被动网是否拦截落石，并及时发出预警信息，在一定程度上可以避免较大块体岩石下落造成的损失。

被动防护网监测是将一组冲击传感器安装在被动网防护系统上，每一个传感器负责监控一个减压环及其周围的冲击或振动情况，传感器将收集到的危险信号传输给附近的记录器，记录器分析传输数据并预测报警。

上述方法应根据危险源的治理方式针对性的布置，综合选用各种监测设备和手段，以加强边坡危险源监测的可靠性和系统性。

3.9.9.2 爆破振动影响

爆破振动影响监测以质点振动速度为主，质点振动加速度为辅。主要考虑爆破方法、起爆药量、爆破工艺和起爆顺序等因素进行测点布置。一般选择若干监测断面进行相互比较验证，部分监测断面可以与内部变形监测断面一致，选择边坡最高、爆破作业频繁等有代表性部位，在距爆源不同距离处布置测点。测点一般布置在新鲜基岩上，少数测点可布置于喷混凝土中。典型爆破振动监测布置见图3.9-11。

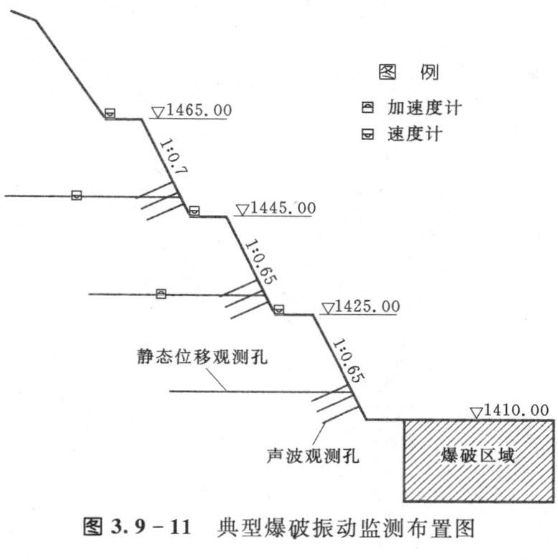

图3.9-11 典型爆破振动监测布置图

3.9.9.3　岩石应力

岩石应力监测布置主要根据地应力测试和反演计算成果、建筑物附加荷载的施加特性，采用岩石应力计组合监测岩石所受附加应力的大小和方向。根据岩石应力计仪器的具体尺寸确定合适的钻孔孔径，孔深、孔向和倾角，一般根据建筑物附加荷载的大小和方向综合确定。

3.9.10　巡视检查

巡视检查总体要求及检查方法见本章 3.1 节，但针对边坡工程应加强巡视检查部位如下：

(1) 边（滑）坡地表或排水洞有无新裂缝、坍塌发生，原有裂缝有无扩大、延伸，断层有无错动发生。

(2) 地表有无隆起或下陷，边坡后缘有无裂缝，前缘有无剪切和错位出现，局部楔形体有无滑动迹象。

(3) 排水沟、排水洞、排水孔、截水沟是否通畅，排水量是否正常。

(4) 有无新的地下水露头，原有的渗水量和水质有无变化。

(5) 支护结构、喷层表面、锚索墩头混凝土是否开裂及裂缝的开展情况。

(6) 支护结构监测设施有无损坏等。

3.9.11　监测频次

工程边坡监测项目各阶段的监测频次正常情况下可按表 3.9－4 的规定执行。但应适当考虑以下因素：

(1) 监测效应量能及时捕捉被监测结构物的性态变化过程。例如锚索荷载、混凝土温度等初期测值变化较快的监测项目，在仪器安装埋设初期其监测频次应按照相关的安全监测标准确定。

(2) 基准值的选取。部分监测仪器是选取某次测值为相对基准值，如应变计和测斜仪等，其初期监测频次应按照相关的安全监测标准确定。

(3) 建筑物安全等级和监控级别。安全等级和监控级别较高的区域和部位，其监测频次应适当加密，以便能连续、完整地反映其性状变化过程。

(4) 汛期和非汛期。汛期和非汛期的所有监测项目，监测频次规划均应区别对待，汛期加密、非汛期适当减少，特别是变形、渗流、巡视检查等监测项目。

(5) 自动测报和人工采集数据。实现了远程通信和自动化采集数据的监测项目（如测量机器人、GPS 测量系统等）监测频次可加密，没有实现自动测报量和人工采集数据的监测项目（如便携式测斜仪、滑动测微计、表面变形监测等）监测频次可适当减少。

(6) 劳动强度的大小。有些监测项目（如传统的表面变形监测）在大范围布置测点后，受气候、仪器效率和人工熟练程度等因素制约，完全巡测一遍就可能长达几天，长时段观测会影响分析评价的时效与同步性，其监测频次应适当减少。

表 3.9－4　　工程边坡各监测项目监测频次表

监测类别	监测项目		监测频次 施工期	监测频次 首次蓄水和初蓄期	监测频次 运行期
巡视检查	—		1 次/周	1 次/周～2 次/月	1 次/月～1 次/季
变形监测	表面变形	表面变形监测点	1 次/周～1 次/月	1 次/周～1 次/月	1 次/月～1 次/季
		裂缝、倾斜	1 次/周～1 次/月	1 次/周～2 次/月	1 次/月～1 次/季
	岩体内部变形	便携式测斜仪、收敛等	1 次/旬～1 次/月	1 次/周～1 次/月	1 次/月～1 次/季
		多点位移计等电测类	1 次/周～1 次/月	1 次/周～2 次/月	1 次/月～1 次/季
渗流监测	地下水位		1 次/周～1 次/月	1 次/周～2 次/月	1 次/月～1 次/季
	渗流量		1 次/旬～1 次/月	1 次/周～2 次/月	1 次/月～1 次/季
	水质分析		按需要		
支护效应监测	锚固措施	锚杆应力、锚索锚固力	1 次/周～1 次/月	1 次～2 次/月	1 次/月～1 次/季
	抗滑支挡结构	变形	1 次/周～1 次/月	1 次～2 次/月	1 次/月～1 次/季
		应力应变	1 次/周～1 次/月	1 次～2 次/月	1 次/月～1 次/季
		接缝	1 次/周～1 次/月	1 次～2 次/月	1 次/月～1 次/季
		渗压	1 次/周～1 次/月	1 次～2 次/月	1 次/月～1 次/季
专项监测	爆破振动		爆前、爆后		
	声波		爆前、爆后		
	岩体应力		爆前、爆后		

续表

监测类别	监测项目	监测频次		
		施工期	首次蓄水和初蓄期	运行期
危险源监测	表面变形	1次/周～1次/月	1次～2次/月	1次/月～1次/季
	内部变形	1次/周～1次/月	1次～2次/月	1次/月～1次/季
	主动防护网	1次/周～1次/月	1次～2次/月	1次/月～1次/季
	被动防护网	随时		

注 1. 表中监测频次均系正常情况下人工测读的最低要求。
2. 首次蓄水期各阶段和初蓄期，在水位影响范围内或测值变化平稳时测次取下限、反之取上限。

3.10 其他建筑物

3.10.1 水闸

3.10.1.1 结构特点及监测重点

水闸是建在河道、渠道及水库、湖泊岸边，具有挡水和泄水功能的低水头水工建筑物。水闸一般由闸室段、上游连接段和下游连接段组成。闸室段是水闸的主体，设有底板、闸门、闸墩、启闭机、工作桥、交通桥等。上游连接段由护底、铺盖、两岸翼墙和护坡等组成。下游连接段一般由护坦、海漫、防冲槽、两岸翼墙、护坡等组成。

水闸大多建在平原或丘陵地区的软土地基上，其主要特点为部分水闸为穿堤建筑物，两岸与土质岸堤相接，闸室段直接挡水，在上下游水头作用下，容易出现绕闸渗流现象。另外，水闸出口水流条件复杂，下游常出现的波状水跃和折冲水流，可能对河床和两岸造成淘刷。由于水闸多数位于江、河、湖、海附近，基础大多为淤泥、粉沙、流沙及软土等土质，地基土质均匀性差、压缩性大、承载力低，在水闸结构荷载作用下，容易产生基础过大沉降。因而水闸的绕闸渗流、基础沉降、扬压力及翼墙变形、下游冲刷等是工程安全监测的重点。若按工程部位考虑，闸室段结构复杂，是整个水闸工程的主体，因而闸室段又是水闸工程的监测重点或关键部位。

3.10.1.2 监测设计依据

水闸监测设计依据参见本章3.1节。引用标准还应包括以下标准：

(1)《水闸设计规范》(SL 265)。

(2)《水闸技术管理规程》(SL 75)。

(3)《水闸施工规范》(SL 27)。

(4)《水闸工程管理设计规范》(SL 170)。

(5)《水闸安全鉴定规定》(SL 214) 等。

监测仪器选型原则参照本章3.1节相关内容。

3.10.1.3 监测项目

水闸工程根据其工程级别及自身实际情况，通常按表3.10-1进行监测项目的分类和选择。

表3.10-1 水闸工程安全监测项目分类表

监测项目	建筑物级别		
	1	2	3
垂直位移	●	●	●
倾斜或水平位移	●	●	○
扬压力	●	●	○
绕闸渗流	●	●	○
应力应变	○	○	
水闸前、后水位	●	●	●
过闸流量	●	○	○
冲刷及淤积	●	●	○

注 有●者为必设项目；有○者为可选项目；空格为可不监测。

3.10.1.4 变形

1. 垂直位移

水闸垂直位移通常采用水准点、沉降计和位错计相结合的方式进行监测。

水准点一般布置在以下部位：闸室结构块体顶部的四角（闸墩顶部）、上下游翼墙顶部各结构分缝两侧、水闸两岸的结合部位或土堤上。

以上水准点应尽早埋设和尽早开始观测。垂直位移工作基点至少设置一组，一般布置在距水闸较远，不受工程沉降和位移影响、安全可靠并便于观测的基岩或坚实的土基上，每组工作基点由3个固定点组成。

沉降计一般布置在水闸基础底板的四角（多孔连续水闸选择典型块体布设），应在水闸基础底板混凝土浇筑前打孔埋设，具体见图3.10-1。

位错计一般布置在闸室段各块体间或闸室块体与翼墙及护坦板间的结合缝上，且尽量在基础部位布设，主要用于监测相邻混凝土块体间的不均匀沉降

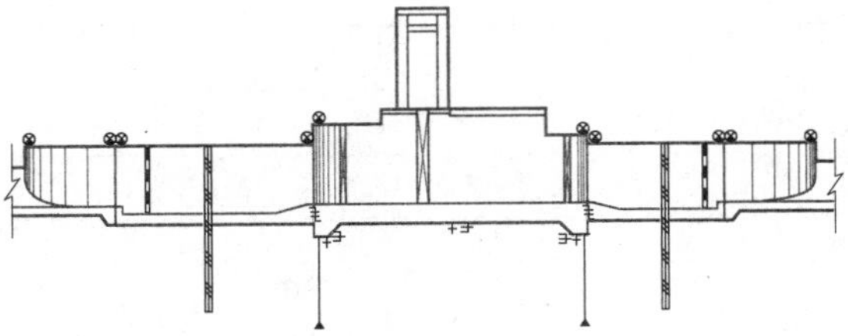

图　例

⊗水准测点　沉降计　渗压计　测斜仪　水尺　位错计

图 3.10－1　水闸监测设施布置示意图

情况。

2. 倾斜或水平位移

水闸倾斜或水平位移通常采用测斜仪法与水准法、视准线法或交会法相结合，或利用其中某一种方式或其他方式进行监测。

测斜管导管通常布置在闸墩和翼墙的典型部位，其管底应深入到基础稳定的地层内。

在水闸闸墩和上下游翼墙顶部布设有水准点，利用成对布设的水准点亦可监测该部位的倾斜。

若根据结构需要确需监测水闸的水平位移，则可结合工程实际情况，采用视准线法或交会法。视准线原则上使布置在水闸结构块体顶部的测点与两岸工作基点形成一条直线，采用小角度法或活动觇标法进行观测；交会法除在水闸结构块体顶部的合适位置布置测点外，另在其上、下游两岸可靠稳定的位置布置若干工作基点，采用测角交会法、测角交会法和边角交会法等进行观测。

3.10.1.5　渗流

1. 闸基扬压力

闸基扬压力监测的重点是坐落于松软地基上且运行水头较高或水位变化频繁的水闸。闸基的扬压力可通过埋设测压管或渗压计进行观测。一般对渗透性较好的地基采用测压管，对渗透性较小的地基采用渗压计。条件允许时测压管管口可延伸至闸墩顶部。

测点的数量及位置应根据水闸的结构型式、闸基轮廓线和地质条件等因素确定，并应以能测出闸基扬压力的分布及其变化为原则，测点可布置在闸底板中部地下轮廓线有代表性的转折处。扬压力监测断面不宜少于 2 个，每个断面上的测点不应少于 3 个。

2. 绕闸渗流

绕闸渗流监测的重点是运行水头较高、两侧土质渗透性较好的水闸。绕闸渗流一般采用测压管进行观测，一般在水闸结构体与两侧堤防接合面附近布设测点，顺流向测点数不应少于 2 个。

3.10.1.6　应力应变及温度

1. 钢筋混凝土结构应力

对于建筑在软基上的大型水闸，或采用新型结构的水闸，可以根据结构应力计算成果，在受力复杂或应力集中的部位，布设若干钢筋计、应变计以及无应力计，监测混凝土应力应变和钢筋应力情况。其具体布置原则应根据水闸结构特点和实际需要，少而精地进行测点布设。

2. 地基反力及墙后土压力

对于建筑在地质条件较差的软基上，完全由水闸底板承受上部荷载作用的水闸，可在水闸基底布设土压力计，以监测水闸底板地基反力作用。水闸翼墙墙后填土高度较大时，容易产生侧向倾斜或滑移，可在翼墙混凝土和填土的结合面上布设土压力计，以监测翼墙背后填土压力情况。土压力计的布设应根据实际需要，选择在水闸基础和翼墙的典型部位布设。

3. 温度

对于结构块体尺寸较大的大型水闸，可根据混凝土温控的实际需要，选择在水闸典型部位布设少量温度计。

4. 接缝和裂缝

对于基础条件较差的多孔连续水闸，可根据水闸结构特点和实际需要，在典型结构缝上或出现裂缝位置布设测缝计或裂缝计，以监测各块体间接缝或裂缝的张开和发展情况。

3.10.1.7　水位

水闸的上、下游水位可通过布设自记水位计或水位标尺进行观测。测点应设在水闸上、下游水流平顺，水面平稳，受风浪和泄流影响较小处。

3.10.1.8　流量

水闸的过闸流量一般通过水位观测，根据闸址处经过定期律定的水位—流量关系曲线推求。对于大型水闸，必要时可在适当地点设置测流断面进行观测。

3.10.1.9　冲刷及淤积

水闸上下游淤积及下游冲刷一般用人工巡视检查方法进行监测。对于流量较大的大型水闸，可通过在闸的上游或下游布置 2～3 条固定监测断面，按 1∶2000或 1∶1000 的比例进行水下地形测量。

3.10.1.10　巡视检查

巡视检查总体要求及检查方法见本章 3.1 节，但针对水闸工程应加强巡视检查的部位如下：

（1）水闸建筑物混凝土结构有无裂缝、破损和掉块现象。

（2）水闸建筑物混凝土有无溶蚀、侵蚀和裂缝缝水等现象。

(3) 水闸建筑物各分块结构缝有无张开、缩小、错动等变形情况。

(4) 水闸的闸门、启闭机、电器设备是否正常，各观测设施是否完好。

(5) 水闸护底、铺盖、护坦、海漫、防冲槽等是否存在破损、冲刷、淤积、坍塌等现象。

(6) 水闸翼墙、护坡等是否存在变形、破损、坍塌、滑坡等现象。

3.10.1.11 监测频次

水闸工程各监测设施在埋设安装后可参照表3.10-2，按照不同阶段的实际情况进行日常观测。

表3.10-2 水闸工程安全监测项目监测频次表

监测项目	监测频次		
	施工期	试运行或运行初期	正常运行期
垂直位移	4～2次/月	3～1次/旬	1次/月
倾斜或水平位移	4～2次/月	3～1次/旬	1次/月
扬压力	1次/旬	5～2次/旬	1次/旬
绕闸渗流		5～2次/旬	1次/旬
应力应变	1次/旬	2～1次/旬	1次/月
水闸前、后水位		4～2次/天	2次/天
过闸流量		2～1次/天	按需要
冲刷及淤积	初始值	按需要	按需要

注 以上各项观测如遇特殊情况应加密测次。

3.10.2 渡槽

3.10.2.1 结构特点及监测重点

渡槽是用以跨越河渠、山谷、洼地和道路的架空输水建筑物，是输水工程中应用最广泛的交叉建筑物之一。近年来，随着城市生活供水、工业用水及环境用水的迅速增加，跨流域、跨省际调水工程日益增多，随着大型灌区工程的发展，特别是南水北调工程的开工，大中型和特大型渡槽发展很快，各种轻型结构渡槽、大跨度拱式渡槽被广泛采用，对渡槽施工期和运行期的安全监测越来越受到重视。

渡槽由输水的槽身、支承结构、基础及进出口建筑物等部分组成。渡槽按支承结构形式，一般可分为梁式、拱式、桁架式、组合式、悬吊式和斜拉式等，目前常用有梁式和拱式两种。渡槽按槽身断面型式分为矩形和U形。

安全监测主要针对3级以上渡槽，对4、5级渡槽不作要求，特大型渡槽还应根据其工程特性适当增加监测项目和监测仪器数量。由于渡槽细分类型较多，主要介绍在大中型工程中应用最广泛的梁式渡槽和拱式渡槽的监测设计。

大中型渡槽一般由进口渐变段、进口闸室、槽身、出口闸室和出口渐变段组成。监测目的是掌握工程在施工期及运行期的变形特性和结构应力变化规律，为工程安全运行提供科学的数据。由此，重点监测项目为建筑物变形、槽身结构应力和渗流压力，重点监测部位为槽身段。

3.10.2.2 监测设计依据

渡槽监测设计依据参见本章3.1节。引用标准参照本节水闸部分，还应增加《渠道防渗工程技术规范》(SL 18)。

3.10.2.3 监测项目

渡槽依据自身工程的实际情况，通常按表3.10-3进行监测项目的分类和选择。

表3.10-3 渡槽安全监测项目分类表

监测项目	建筑物级别		
	1	2	3
垂直位移	●	●	●
水平位移	●	●	○
渗流	●	●	○
应力应变	●	○	
水位	●	●	●
流量	●	●	○
冲刷	○	○	
风速、风向、气温	●	○	

注 有●者为必设项目；有○者为可选项目；空格为可不监测。

3.10.2.4 进、出口连接段

进、出口连接段建筑物一般包括进口渐变段、进口闸室、出口闸室和出口渐变段等。

1. 垂直和水平位移

进、出口连接段垂直位移通常采用水准点与沉降计相结合的方式进行监测。

水准点一般布置在进口渐变段的起点、止点及中点处，闸室段各结构分块的四个角或中墩的上、下游处，出口渐变段的起点、止点及中点处等部位。

垂直位移工作基点至少布置一组，一般布置在距建筑物较远，不受工程沉降和位移影响，安全可靠，并便于观测的基岩或坚实的土基上，每组工作基点由三个固定点组成。

沉降计一般布置在进、出口闸室基础部位的四个角，应在闸室钢筋混凝土底板浇筑前钻孔埋设。

进、出口连接段水平位移通常采用测斜仪法、视准线法或交会法相结合，或利用其中某一种方式，或其他方式进行监测。

测斜管通常布置在左、右闸墙部位，其管底应深入到基础稳定的地层内。

若采用视准线法或交会法可与槽身段水平位移监测结合考虑。

2. 应力应变温度和裂缝

指进（出）口连接段应力应变监测主要包括闸室结构应力应变监测、闸室混凝土温度监测、闸室混凝土裂缝监测。

闸室结构应力应变一般采用钢筋计、应变计和无应力计进行监测，测点宜布置在闸室门槽附近和其他拉应力较大的部位。

闸室混凝土温度监测以施工期混凝土温度监测为主，为混凝土浇筑施工提供温控资料，监测仪器为温度计，测点宜布置在各混凝土块中间部位。

闸室混凝土裂缝一般采用测缝计进行监测，同时还应与目测、超声波探伤仪检测相结合，共同反映闸室段不同部位的裂缝深度及裂缝开合度变化情况。测点宜布置在闸室段施工期出现裂缝的部位或拉应力较大的位置。

3. 闸室地基反力和墙后土压力

闸室地基反力和墙后土压力一般采用界面式土压力计进行监测，闸室地基反力测点宜布置在闸室基础部位的四个角和中部，墙后土压力测点宜布置在侧墙中下部土压力较大的部位。

4. 渗透压力

闸室渗透压力一般采用渗压计进行监测，在闸室中心线上至少设 1 个纵向监测断面，断面上测点数量不应少于 3 个。

3.10.2.5　槽身段

1. 变形

槽身段变形监测的重点为垂直位移监测，一般采用水准测量的方法进行监测。水准点宜成对布置在槽身各槽墩垂直面上的侧墙顶部，根据建筑物的规模采用相应等级的水准测量精度进行直接水准测量。对于槽身重点监测部位，还应在底板中梁和边梁上布置水准点和应变测点，测点宜布置在该跨梁的中间及按等分法布置在两侧。水准点采用吊钩形式，以便吊挂水准尺。典型梁式槽身监测设施布置见图 3.10－2。

若根据结构需要监测水平位移，则可结合工程实际情况采用视准线法或交会法。视准线法原则上使布置在各槽身侧墙顶部的测点与两岸工作基点形成一条直线，采用活动觇标法或小角度法进行测量。交会法除在各槽身侧墙顶部布置测点外，另在两岸进出口建筑物附近布置若干工作基点，采用测角交会法、测边

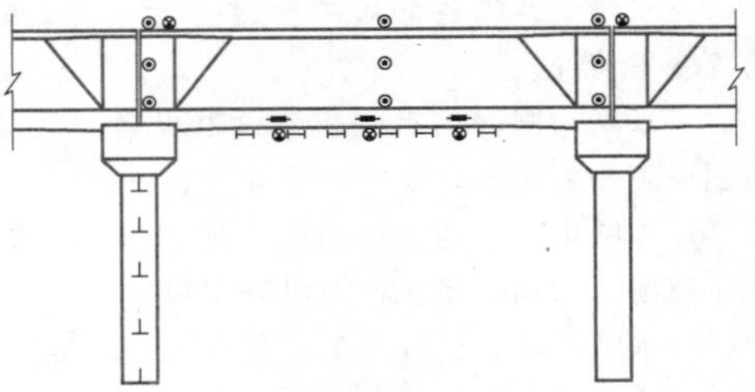

图 3.10－2　典型梁式槽身监测设施布置立视图

交会法和边角交会法等观测。

2. 应力应变

槽身段应力应变监测的重点是墩基受力、槽身钢筋混凝土结构受力及预应力损失情况，应根据建筑物的规模选择典型部位（如左、右阶地和河床中部）进行监测。

目前应用广泛的渡槽槽身多为薄壁式预应力结构，其结构受力情况较为复杂，一般至少在跨中等部位布置一个应力应变监测断面，断面上应力应变测点宜布置在受力较集中的角缘处及底板中部，并根据纵、横向预应力锚索的布置，设置若干预应力监测点。典型矩形槽身应力应变监测设施布置见图 3.10－3，槽身预应力一般采用锚索测力计进行监测。

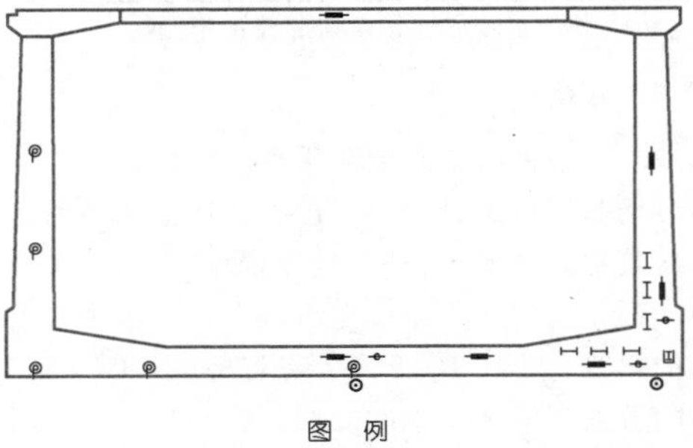

图 3.10－3　典型矩形槽身应力应变监测设施布置剖面图

桩基受力一般采用压应力计进行监测，测点宜沿桩底至桩顶分层布置，以了解混凝土桩基不同高程的压应力分布，分析桩基实际承载效果。同时，除在设计阶段对桩做现场静荷载试验外，在施工期还必须对桩用低应变法和高应变法进行检测。检测内容主要为桩身完整性和单桩承载力。对桩身完整性检测，宜选该批桩总数的 30%～50%进行。对桩承载能力检测的桩数不宜少于总桩数的 10%。对桩身完整性检测及承载力估测主要采用小应变动力法，对桩承载能力

检测采用高应变法。

槽身裂缝的监测和检查可采用的方法：①在检测人员可以到达的部位一般采用目测或超声波探伤仪测定裂缝深度、长度和宽度；②利用埋入槽身的钢筋计和应变计的监测成果分析混凝土开裂趋势和开裂情况；③在可能发生裂缝的位置或已出现裂缝的地方布置裂缝计。

3. 渡槽渗漏

在运行期应对渡槽混凝土有缺陷、冷缝、裂缝的部位以及各接缝处进行渗漏观测。主要观测项目为漏水点位置、渗水现象及漏水量等。对个别漏水量较大的缝应设法将水集中后用容积法量测。

3.10.2.6 其他监测

1. 风速、风向及气温

为了解风对渡槽的影响程度，应尽量收集风速、风向及气温资料。可采用便携式风向风速仪在现场测量，并在现场设置百叶箱，以便准确了解渡槽处的风速、风向及气温。

2. 槽墩冲刷

渡槽槽墩局部冲刷可布设固定测流监测断面，该断面宜布置在渡槽轴线及其上、下游附近，断面数量应不少于3个。按1∶500比例尺测图要求，测量其水下地形，以掌握桥墩周围的冲淤变化过程和规律。

3. 渡槽水位及流量

渡槽槽内水位变化可采用布设水尺和远程通信的水位计相结合的方法进行监测，测点应布置在进口闸室渐变段前、进口闸室后、槽身段中部、出口闸室前和出口闸室渐变段后。渡槽安全监测设施布置见图3.10-4。

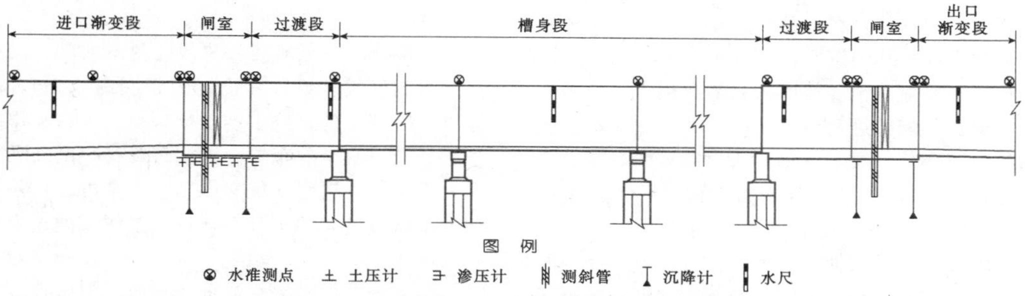

图3.10-4 渡槽安全监测设施布置纵剖面图

渡槽槽内流量变化可在进口闸室渐变段前和出口闸室渐变段后布置测流断面进行监测。根据渠道水面宽度宜在监测断面上设置3～5个流速测线，用流速仪进行监测。在工程运行初期宜采用精测法进行观测，绘制出水位与流量关系曲线。待水位流量关系曲线（流量系数）确定后，可直接用水位计测取槽内水位，通过水位流量关系计算出流量。如需要，也可设置超声波流速仪进行长期监测。

3.10.2.7 巡视检查

巡视检查总体要求及检查方法见本章3.1节，但针对渡槽工程应加强巡视检查的部位如下：

（1）两岸结合部及相邻槽身之间的错动。

（2）伸缩缝开合情况和止水工作状况。

（3）槽身混凝土有无裂缝及裂缝渗水情况。

（4）混凝土有无溶蚀、空蚀或水流侵蚀现象。

（5）槽身漏水量。

（6）进、出口和引水渠有无意外堵塞，进水口、闸门有无损坏。

（7）进、出口闸墩、边墙、门槽、底板等处有无裂缝和损伤。

（8）进、出口建筑物岸坡和渠坡有无渗水、冲刷和滑动迹象。

（9）闸门及其开度指示器，止水等能否正常工作。

（10）启闭机能否正常工作，备用电源及手动启闭是否可靠。

（11）观测及通信设施是否完好等。

3.10.2.8 监测频次

渡槽工程各监测设施安装埋设后可参照表3.10-4，按不同阶段的实际情况进行日常观测。

表3.10-4 渡槽安全监测项目监测频次表

监测项目	监测频次		
	施工期	试运行或运行初期	正常运行期
垂直位移	3～1次/月	3～1次/旬	1次/月
水平位移	3～1次/月	3～1次/旬	1次/月
渗流	1次/旬	5～2次/旬	2～1次/旬
应力应变	2～1次/旬	3～1次/旬	2～1次/月
水位		4～2次/天	2次/天
流量		4～2次/天	按需要
冲刷	初始值	按需要	按需要
风速、风向、气温	逐日量	逐日量	按需要

注 以上各项观测如遇特殊情况应加密测次。

3.10.3　倒虹吸及涵管

3.10.3.1　结构特点及监测重点

现代综合利用的水利工程，特别是跨流域、长距离调水的水利工程，多为各种型式的水工建筑物集于一身而联合应用于水利工程之中，其中倒虹吸及涵管往往是不可缺少的重要水工建筑物。

倒虹吸根据渠道与所经河流的相对位置，可划分为渠道倒虹吸和河道倒虹吸两大类。其中，渠道倒虹吸为渠穿河建筑物，即通过修建渠道倒虹吸让渠道穿过天然河流；河道倒虹吸为河穿渠建筑物，即通过修建河道倒虹吸让天然河水穿过渠道。倒虹吸一般由进口渐变段、进口检修闸、倒虹吸箱涵（管）身段、出口节制闸、出口渐变段等组成。

倒虹吸主要工程特点为：倒虹吸箱涵（管）埋设在地下，承受外部土压力和内、外水压力；土质基础上的倒虹吸箱涵（管）在上部荷载作用下，容易产生基础沉降过大和不均匀沉降；倒虹吸在基坑开挖过程中，开挖边坡受地下水和结构荷载的作用，容易产生较大的变形；在运行过程中，河床的冲淤变化将使倒虹吸箱涵（管）荷载发生变化，从而影响倒虹吸箱涵（管）的结构受力；进、出口渐变段在上、下游水头和岸坡土体的作用下，可能产生倾斜或两边墙的变形。因而倒虹吸箱涵（管）的垂直位移、内、外水压力及结构受力等是工程安全监测的重点。倒虹吸箱涵（管）受力条件较为复杂，是整个倒虹吸工程的主体部位，因而应作为整个工程的监测重点或关键部位。

涵管作为一种重要的输水型式，具有可埋于地下，工程完成后可恢复原有的植被，土地可照常利用，对生态环境的影响很小等重要特点。涵管根据材质一般可分为铸铁管、钢管、预应力钢筋混凝土管、预应力钢筒混凝土管、玻璃钢管、现浇预应力钢筋混凝土圆涵和现浇普通钢筋混凝土箱涵等。涵管输水时，与倒虹吸管受力条件不同，主要为明流，但其监测内容与倒虹吸大致相同。

3.10.3.2　监测设计依据

倒虹吸及涵管监测设计依据参见本章3.1节。引用标准应增加《给水排水管道工程结构设计规范》（GB 50332）。

3.10.3.3　监测项目

倒虹吸按照水工建筑物级别及自身实际情况，通常按表3.10-5进行监测项目的分类和选择，涵管监测设计可参照运作。

3.10.3.4　倒虹吸箱涵（管）

1. 垂直位移

倒虹吸箱涵（管）垂直位移通常采用水准点与沉降计相结合的方式进行监测。

表3.10-5　倒虹吸工程安全监测项目分类表

监测项目	建筑物级别		
	1	2	3
垂直位移	●	●	○
应力应变及温度	●	○	
倒虹吸管外水压力和土压力	●	○	
基坑开挖边坡变形	○	○	
河床冲淤	●	○	
水位	●	●	○
闸基渗透压力	●	○	○
流量	○	○	○

注　有●者为必设项目；有○者为可选项目；空格为可不监测。

水准测点一般布置在每段管身的两端。测点按墙上水准的形式埋设，其位置距管底约0.5m，观测工作以二等精度的直接水准进行。垂直位移工作基准点一般在左、右岸各布置一组，布置在距倒虹吸工程较远，不受工程沉降和位移影响，安全可靠，并便于观测的基岩或坚实的土基上，每组工作基准点由三个固定点组成。

沉降计一般布置在河床主槽段、斜坡管段和基础有地质缺陷的管段基础内，宜在倒虹吸管混凝土浇筑前钻孔埋设。

2. 应力应变

倒虹吸箱涵（管）埋设于地下，直接过水，承受外部土压力，内、外水压力和结构自重荷载作用，结构受力条件复杂，需对结构应力进行监测。一般根据结构应力计算成果，在斜坡段、河床主槽段各选一联倒虹吸箱涵（管），垂直流向布置监测断面，在断面的左、右侧墙的上、下角边缘，底板中间及应力集中区，布设钢筋计、应变计以及无应力计，监测混凝土应力和钢筋应力。其具体布置应根据倒虹吸箱涵（管）结构特点和实际需要，少而精地进行测点布设。倒虹吸管典型监测断面仪器布置见图3.10-5。

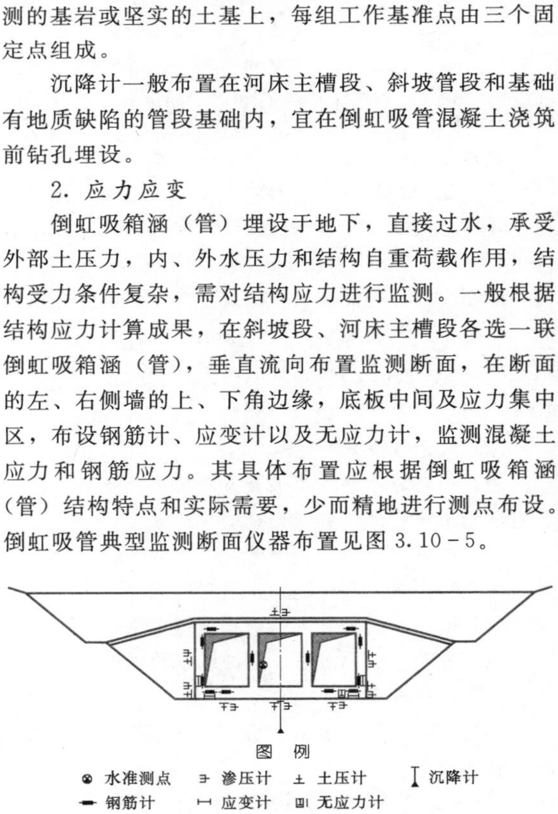

图3.10-5　倒虹吸管典型监测断面仪器布置图

3. 外水压力和土压力

倒虹吸箱涵（管）承受外水压力和土压力作用，容易产生变形和结构受损，宜在倒虹吸箱涵（管）基础及侧墙布设土压力计和渗压计监测倒虹吸箱涵（管）外水压力及土压力。外水压力和土压力监测断面一般结合应力应变监测断面选取。

4. 施工期基坑开挖边坡变形

倒虹吸一般需采取开挖深基坑方式施工，为保证施工安全，宜对其边坡变形进行监测。其监测方法有视准线法、钻孔测斜法、测边或测角交会法等。由于此项观测受施工现场情况的影响很大，故具体观测方法只能根据施工现场具体情况确定。

5. 河床冲淤

倒虹吸上部的河床冲淤情况可用断面法进行观测，在倒虹吸轴线附近或更大范围布置2～3条水下地形固定监测断面，宜用不小于1∶500比例尺测图要求施测。

3.10.3.5 进、出口及渐变段

1. 变形

进、出口及渐变段变形监测包括垂直位移监测和水平位移监测。

垂直位移通常采用水准点与沉降计相结合的方式进行监测。水准点一般布置在进、出口闸室段每一闸室的四个角及进、出口渐变段边墙等部位。沉降计一般布设在进出口闸墩基础之下，其锚固点需深入到基础稳定的地层中，具体见图3.10-6。

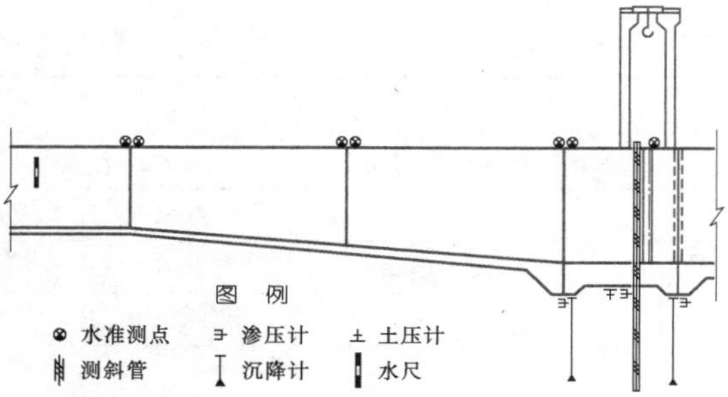

图3.10-6 进、出口及渐变段监测设施布置示意图

水平位移通常采用测斜仪法进行监测。测斜管通常布置在进、出口闸室和渐变段左、右边墙的典型部位，其管底应深入到基础稳定的地层内。

2. 应力应变及温度

闸室设有闸门及启闭机等附属设施，结构受力条件复杂，需对结构应力进行监测。一般应根据结构应力计算成果，在进口闸室门槽附近和其他拉应力较大的部位布置钢筋计、应变计、无应力计、温度计及土压力计，其具体布置应根据闸室结构特点和实际需要，少而精地进行测点布设。

3. 渗透压力

闸室渗透压力可通过埋设渗压计的方法进行监测。测点的数量及位置应根据闸室的结构形式和地质条件等因素确定，一般应至少在进口闸室中部顺流向设1个渗压监测纵断面，测点布置在基础开挖轮廓线有代表性的位置及转折处，断面上的测点数量不宜少于3个。

4. 进、出口水位及流量

通常在倒虹吸进口渐变段前和出口渐变段后水流相对平稳的位置布设水尺，若需要实现自动化监测，则在水尺附近布设自记水位计。对于大型河流，还应在倒虹吸之上的河岸附近布设水尺或水位计。

若需监测倒虹吸的输水流量，则在进、出口水尺附近各布置一条测流断面，在工程运行初期采用精测法进行观测并绘制水位与流量关系曲线。待水位流量关系曲线（流量系数）确定后，可直接用水位计监测水位，通过水位流量关系计算出流量。若条件许可，也可采用超声波流量计进行监测。

3.10.3.6 倒虹吸上部明渠

1. 垂直位移

倒虹吸上部明渠垂直位移采用几何水准法监测。一般在河渠交叉范围内，箱涵（管）与箱涵（管）接触面、箱涵（管）与土堤接触面的等部位各布设1个监测断面，在每个监测断面的左、右岸渠堤的顶部及外坡坡角处布设水准点，具体见图3.10-7。

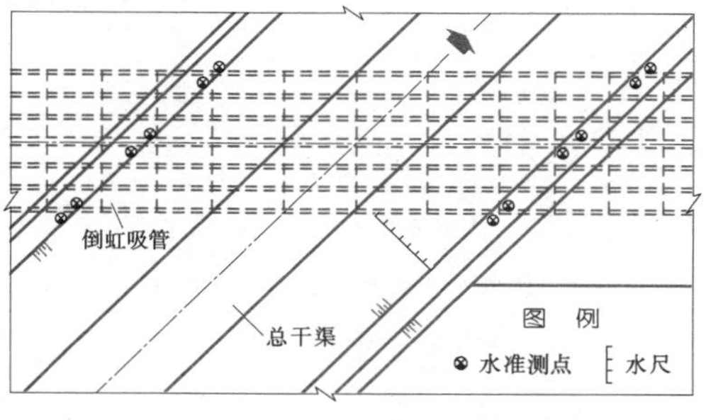

图3.10-7 倒虹吸上部明渠监测设施布置示意图

2. 渠内水位

通常在与倒虹吸交叉处的渠道中部设1组水尺，监测渠内的水位变化。若需要实现自动化监测，则在水尺附近布设自记水位计。

3.10.3.7 涵管

1. 涵管类型

涵管根据材质一般可分为铸铁管、钢管、预应力钢筋混凝土管、预应力钢筒混凝土管（PCCP 管）、玻璃钢管、现浇预应力钢筋混凝土圆涵和现浇普通钢筋混凝土箱涵等。相对其他管材而言，PCCP 管、现浇预应力钢筋混凝土圆涵和现浇普通钢筋混凝土箱涵属于大、中型输水工程中应用较多的管型。

2. 涵管监测

沙土或淤泥质基础上的涵管在上部荷载作用下，容易产生基础沉降过大和不均匀沉降。基础沉降和不均匀沉降监测通常采用沉降计。涵管的渗漏监测采用渗压计。对新型结构还需埋设少量钢筋计、测缝计和应变计进行结构应力和接缝变形。一般在进、出口涵管段，涵管与地面建筑物交叉段，涵管穿过不良地质带等处，各至少布设 1 个监测断面，其仪器布置参见倒虹吸管的相关内容。

3.10.3.8　巡视检查

巡视检查总体要求及检查方法见本章 3.1 节，但针对倒虹吸及涵管应加强巡视检查的部位如下：

1. 倒虹吸箱涵（管）

（1）两岸结合部及相邻倒虹吸箱涵（管）之间的错动。

（2）倒虹吸箱涵（管）伸缩缝和止水是否发生异常。

（3）箱涵（管）壁有无裂缝、空蚀、渗水等损坏现象。

（4）混凝土有无破损。

（5）倒虹吸箱涵（管）地面有无阴湿、渗水、管涌、流土或隆起等现象。

（6）倒虹吸箱涵（管）河床内水面有无冒泡、变浑或漩涡等异常现象。

2. 进、出口及渐变段

（1）进水口和引水渠有无意外堵塞，进水口闸门有无损坏。

（2）进、出口淤积或冲刷情况，有无空蚀现象。

（3）进水口闸墩、边墙、门槽、底板等处有无裂缝和损伤。

（4）进、出口建筑物岸坡和渠坡有无渗水、冲刷和滑动迹象。

（5）闸门及其开度指示器，止水等能否正常工作，有无不安全因素。

（6）启闭机能否正常工作，备用电源及手动启闭是否可靠。

（7）观测及通信设施是否完好等。

3. 涵管

（1）涵管混凝土结构有无裂缝、破损和掉块现象。

（2）管壁有无裂缝、空蚀、渗水等损坏现象。

（3）涵管混凝土有无溶蚀、侵蚀和裂缝渗水等现象。

（4）各分块结构的接缝有无张开、缩小、错动等变形情况。

（5）填土有无沉降、开裂、滑移、塌陷等现象。

3.10.3.9　监测频次

倒虹吸工程各监测设施在埋设安装后可参照表 3.10－6，按照不同阶段的实际情况进行日常观测。涵管工程可参照运作。

表 3.10－6　　倒虹吸工程安全监测项目监测频次表

监测项目	监测频次		
	施工期	试运行或运行初期	正常运行期
垂直位移	2～1 次/月	3～1 次/旬	2～1 次/月
应力应变及温度	4～2 次/旬	5～2 次/旬	2～1 次/月
倒虹吸管外水压力和土压力	2～1 次/旬	5～2 次/旬	2～1 次/月
基坑开挖边坡变形	4～2 次/旬		
河床冲淤	初始值	按需要	按需要
水位		3～1/天	1/天
闸基渗透压力	2～1 次/旬	5～2 次/旬	2～1 次/月
流量		按需要	按需要

注　以上各项观测如遇特殊情况应加密测次。

3.10.4　特殊渠道

3.10.4.1　结构特点及监测重点

渠道是用于输送水流的槽状宽沟，其断面形式一般为矩形或梯形。渠道工程大多位于平原或丘陵地区，渠坡由开挖或填筑形成，一般为土质边坡。用于长距离输水的渠道工程，由于沿线经过不同地形及地质区域，不可避免会遇到深挖方、高填方、高地下水及不良地质等特殊渠段，确保这些特殊渠段的渠坡和渗流稳定是保证渠道工程安全运行的关键。

深挖方、高填方、高地下水及不良地质等特殊渠段的主要工程特点：深挖方渠段在渠道开挖过程中及开挖后，土体原有应力状态和渗流状态发生改变，可能产生向临空侧的土体滑移；高填方渠段在渠坡填筑后，随着土体逐渐固结硬化，将产生较大的沉降变形；高地下水渠段的渠坡在地下水作用下，可能产生向渠道内的渗透变形及破坏；不良地质渠段在渠道开挖后，可能产生与其地质特性相应的过大变形或渠坡滑移等。因而特殊渠段应作为整个渠道工程的监测重点或关键部位，其渠坡变形、渗透压力是工程安全监测的重点项目。

3.10.4.2 监测设计依据

特殊渠道监测设计依据参见本章3.1节。引用标准应增加《灌溉与排水工程设计规范》(GB 50228)、《渠道防渗工程技术规范》(SL 18)和《堤防工程设计规范》(GB 50286)。

监测仪器选型原则参照本章3.1节相关内容。

3.10.4.3 监测项目

特殊渠道一般选择垂直流向的典型渠道横剖面布设监测断面，监测断面的数量根据特殊渠道的实际情况及代表性原则来确定。监测项目根据所在渠道工程的级别划分及自身实际情况拟定，通常按表3.10-7进行监测项目的分类和选择。

表3.10-7 特殊渠道安全监测项目分类表

序号	渠道类型	监测项目	建筑物级别		
			1	2	3
一	深挖方	渠坡变形	●	●	●
		地下水及渗透压力	●	●	○
		锚固结构受力	●	○	○
二	高填方	垂直位移（沉降）	●	●	●
		渗透压力	●	●	○
		土工膜受力	●	●	○
三	高地下水	渠坡变形	●	●	○
		地下水及渗透压力	●	●	●
四	不良地质	渠坡变形	●	●	○
		地下水及渗透压力	●	○	○
		其他	●	○	○

注 有●者为必设项目；有○者为可选项目。

3.10.4.4 深挖方渠道

1. 渠坡变形

渠坡变形监测包括水平位移监测和垂直位移监测。

水平位移监测通常采用测斜仪法与交会法相结合，或利用其中某一种方式进行监测。一般在渠道深挖方监测断面上，沿渠坡每级或隔一级马道上布设1根测斜管和（或）1个水平位移观测墩。测斜管利用活动测斜仪进行观测，最下一级马道上的测斜管导管应深入到基础稳定地层内，见图3.10-8。水平位移观测墩采用交会法进行观测，其工作基点应利用现场地形条件布设在两岸可靠稳定的位置，并组成平面三角控制网以便定期校核。当现场不具备控制网布设条件时，也可采用GPS测量方法进行观测。

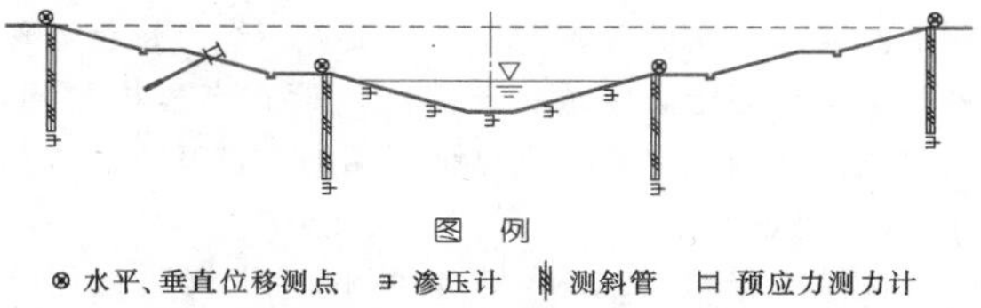

图3.10-8 深挖方渠道监测设施布置示意图

垂直位移通常采用精密水准法进行监测。一般在渠道深挖方监测断面上，沿渠坡每级或隔一级马道上布设1个水准测点，水准点应尽早埋设和尽早开始观测。水准工作基点至少设置一组，一般布置在距渠道较远，不受工程沉降和位移影响，安全可靠，并便于观测的基岩或坚实的土基上，每组工作基点由三个固定点组成。若工程区设有水准工作网，也可利用其网点作为垂直位移观测的工作基点。

2. 地下水及渗透压力

深挖方渠坡地下水可通过埋设测压管或渗压计的方法进行观测。测点的数量根据渠道开挖轮廓线、防渗设施的布置和地质条件等因素确定，以能测出渠坡地下水浸润线或渗透压力的分布及其变化为原则，单侧渠坡的测点数量不宜少于2个，渠底测点数量不宜少于1个。若采用渗压计观测地下位线时，可采用将其埋设在测斜管管底的方式。

3. 锚固结构受力

深挖方渠坡由于开挖深度大，极易引起边坡滑移或失稳，一般采用锚杆或锚索进行加固处理。为监测锚固结构受力变化情况和支护效果，应选择在部分锚杆或锚索上布设锚杆应力计或锚索测力计监测锚杆应力或锚索锚固力，测点的数量不少于锚杆或锚索总数的2%。

3.10.4.5 高填方渠道

1. 垂直位移（沉降）

高填方渠道在渠坡填筑过程中或填筑后，将产生一定量的垂直位移（沉降）变形，垂直位移（沉降）过大时会影响渠道的安全使用。垂直位移通常采用分层沉降管与精密水准点结合监测，或利用其中某一种方式进行监测。渠道高填方监测断面布置原则同深挖方渠道，一般在渠坡顶部和背水侧渠坡马道上各布设1根分层沉降管（或测斜沉降管）和1个水准测点，见图3.10-9。分层沉降管采用电磁沉降仪进行观测，宜在渠堤开始填筑前钻孔埋设沉降管底座和基准磁铁，并随着渠堤填筑不断接长沉降管、埋设沉降磁盘和持续观测。水准测点应在具备埋设条件后，尽早埋设和尽早开始观测，水准工作基点布置在距渠道较远、不受工程沉降和位移影响、安全可靠，并便于观测的基岩或坚实的土基上，至少设置一组，每组工作基点由三个固定点组成。若工程区设有高程控制网，也可利用其网点作为垂直位移观测的工作基点。

2. 渗透压力

高填方渠道过水时，渠内水位高于周边地面高程，渠基和背水侧渠坡可能产生集中渗漏通道，从而导致渠堤发生渗透破坏。渠堤内的渗透压力一般通过渗压计进行监测。渗透压力监测断面应与变形监测断面结合布置，测点的数量以能测出渠堤内渗流浸润线分布及其变化为原则，一般将渗压计布置在渠道防渗层之下和开挖填筑面附近，其布置方式见图3.10-9。

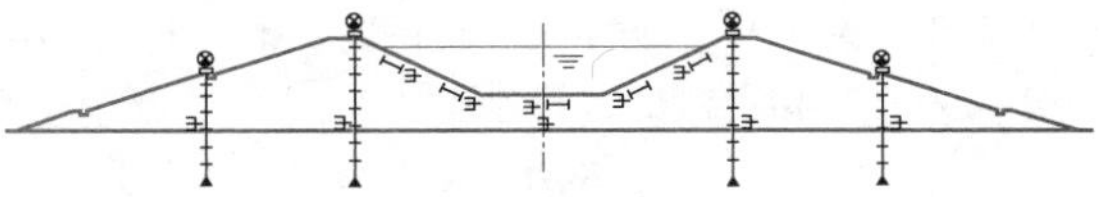

图 3.10-9 高填方渠道监测设施布置示意图

3. 土工膜受力

为防止渠道内水向渠基和背水侧渠坡集中渗漏，高填方渠道通常在设计水位线以下设置防渗土工膜。土工膜受力情况可通过柔性应变计进行监测。监测断面可与渗透压力监测断面设置在一起。测点的数量根据渠道内坡轮廓线和内水深度等因素确定，监测断面处的渠底和单侧渠坡上宜分别设置不少于1支和2支土工膜应变计。

3.10.4.6 高地下水渠道

1. 渠坡变形

高地下水渠道在渠坡开挖后，可能因地下水向渠内渗透，引起渠坡渗透变形，从而导致渠坡变形或滑移失稳。渠坡变形监测包括水平位移和垂直位移监测。

水平位移监测通常采用测斜仪法进行监测。一般在渠道高地下水监测断面上，沿渠坡每级或隔一级马道上布设1根测斜管，见图3.10-10。测斜管采用活动测斜仪进行观测，最下一级马道上的测斜管导管应深入到基础稳定地层内。

垂直位移通常采用精密水准法进行监测。其监测断面和测点布置参见前述深挖方监测断面水准点布置。

2. 地下水及渗透压力

高地下水渠道在渠坡开挖过程中，地下水可能向渠内产生集中渗漏，渠坡内的渗透压力一般通过测压管或渗压计进行监测。测点的数量以能测出渠坡内渗流浸润线分布及其变化为原则，单侧渠堤上的测点数量不应少于2个，见图3.10-10。

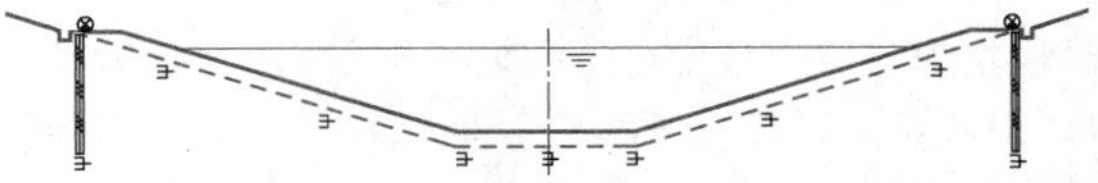

图 3.10-10 高地下水渠道监测设施布置示意图

3.10.4.7 不良地质渠道

1. 不良地质渠道类型及特点

长距离输水渠道沿线通过不同的地质区域，可能会遇到不同类型的不良地质区段，并产生与不良地质特性相应的渠坡变形或滑移。不良地质类型主要有膨胀土、湿陷性黄土、饱和沙土、软性土、煤矿采空区等。这些不良地质土体具有各自不同的物理和力学特性：膨胀土具有遇水膨胀、失水收缩的特性；湿陷性黄土具有干时强度高、湿时强度大幅降低的特性；饱和沙土具有含水量高、强度低、易液化等特性；软性土具有强度低、变形量大等特性；煤矿采空区具有地下水位低、易沉降特性。对不良地质渠道的监测应根据其各自的物理和力学特性，有针对性的布设监测设施。监测项目以变形监测和渗流监测为主。

2. 典型不良地质渠道安全

以中膨胀土不良地质段挖方渠道为例进行叙述，具体如下：

(1) 渠坡变形。渠坡变形监测包括水平位移监测和垂直位移监测。

水平位移监测通常采用测斜仪法与交会法相结合，或利用其中某一种方式进行监测。一般在渠道膨胀土监测断面上，沿渠坡每级或隔一级马道上布设1根测斜管和1个水平位移观测墩，见图3.10-11。测斜管利用活动测斜仪进行观测，最下一级马道上的测斜管应深入到基础稳定地层内。水平位移观测墩采用交会法进行观测，其工作基点应利用现场地形条件布设在两岸可靠稳定的位置，并组成平面三角控制网以便定期校核。当现场不具备控制网布设条件时，也可采用GPS测量方法进行观测。

垂直位移通常采用精密水准法进行监测。一般沿渠坡每级马道及渠坡坡顶上各布设1个水准测点。水准工作基点至少设置一组，由三个固定点组成，一般布置在不受工程影响，安全可靠，并便于观测的基岩或坚实的土基上。

(2) 地下水及渗透压力。膨胀土渠道的渠坡变形与地下水位及土体含水量密切相关。边坡地下水位可通过渗压计进行监测，测点的数量根据渠道开挖轮廓线和地质条件等因素确定，以能测出渠坡地下水位线分布及其变化为原则，一般在左、右岸渠坡、渠底及下坡脚处各布置一个测点，其具体布置见图3.9-11。土体含水量及吸力（张力）可通过埋设含水量计和吸力计进行观测，一般在渠坡马道及渠底部位竖直钻孔，以单孔单点的方式进行埋设，监测范围在开挖面以下3m以内，分别监测不同深度的土体含水量及吸力变化情况。

(3) 土体应变。膨胀土渠道的不同深度土体因开挖卸荷、开挖间歇时间及降水影响，其土体干缩和湿胀情况不尽相同，为测定单位土体变形量的实际情况，可在每支含水量计的旁边布设1支土应变计，见图3.10-11。

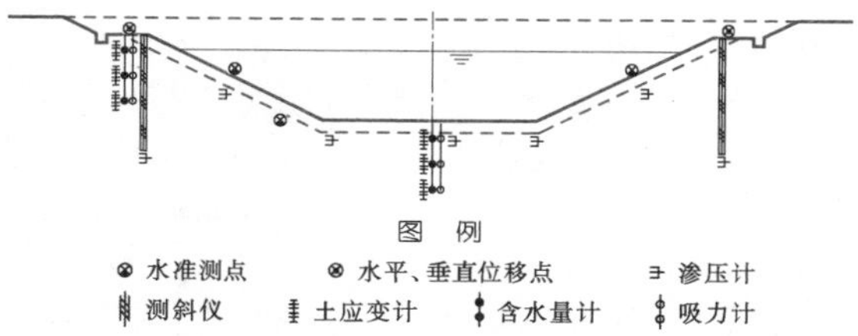

图3.10-11 膨胀土渠道监测设施布置示意图

3.10.4.8 巡视检查

巡视检查总体要求及检查方法见本章3.1节，但针对特殊渠道应加强巡视检查的部位如下：

(1) 渠道有无裂缝，裂缝宽度、条数，裂缝有无渗水。

(2) 背水坡、外堤脚及排水沟有无散浸、渗水、鼓泡、跌窝、管涌等现象。

(3) 有无滑坡、塌陷、冲刷、鼓肚等现象。

(4) 护坡有无裂缝、错位、坍塌、悬空等现象。

(5) 有无灌窝、白蚁、鼠洞等隐患痕迹。

(6) 渠道水流是否正常、有无异常水流现象出现。

(7) 渠道两岸防护堤是否损坏，排水沟是否堵塞。

(8) 位于特殊渠段的建筑物外观有无损害、有无明显变形、有无裂缝等。

(9) 位于特殊渠段的建筑物机电设备以及金属结构有无损坏、锈蚀，配电、通信、监控线路有无损坏等。

3.10.4.9 监测频次

特殊渠道各监测设施在埋设安装后可参照表3.10-8，按不同阶段实际情况进行日常观测。

表3.10-8 特殊渠道安全监测项目监测频次表

渠道类型	监测项目	监测频次		
		施工期	试运行或运行初期	正常运行期
深挖方	渠坡变形	3～1次/月	6～2次/月	2～1次/月
	地下水及渗透压力	2～1次/旬	4～2次/旬	1次/旬
	锚固结构受力	2～1次/旬	4～2次/旬	3～1次/月
高填方	垂直位移（沉降）	2～1次/月	4～2次/月	2～1次/月
	渗透压力	2～1次/旬	4～2次/旬	1次/旬
	土工膜受力	2～1次/旬	4～2次/旬	3～1次/月
高地下水	渠坡变形移	3～1次/月	4～2次/月	3～1次/月
	地下水及渗透压力	2～1次/旬	4～2次/旬	1次/旬
不良地质	渠坡变形	3～1次/月	4～2次/月	3～1次/月
	地下水及渗透压力	2～1次/旬	4～2次/旬	1次/旬
	其他	2～1次/旬	4～2次/旬	3～1次/月

注 以上各项观测如遇特殊情况应加密监测频次。

3.10.5　泵站

3.10.5.1　结构特点及监测重点

中国的泵站类型很多，数量很大，且多数为小型泵站。本节主要叙述新建、扩建或改建的大型及中型灌溉、排水、工业及城镇供（调）水泵站的安全监测设计。

按泵站的布置形式，一般可分为引水式和岸边式两种。引水式泵站一般布置于水源岸边坡度较缓的位置。岸边式泵站一般布置于水源岸边坡度较陡的位置。另外，按泵站的结构形式又可分为竖井式泵站、缆车式泵站、浮船式泵站、潜没式泵站等。

岸边式泵站主要特点：泵房直接挡水，建筑物结构为比较复杂的空间结构，部分大型泵站与排水闸合建，为穿堤建筑物，进口水流条件复杂，容易淤积；由于泵站多数位于江、海、湖、河附近，其基础经常会遇到土质均匀性差、承载力低、压缩性大的淤泥、粉沙、流沙及软土等，因此泵站的基础变形和扬压力是工程安全监测的重点。泵房是装设主机组，电气及其他辅助设备的建筑物，是整个泵站工程的主体，因而泵房又是泵站工程的监测重点或关键部位。

3.10.5.2　监测设计依据

泵站监测设计依据参见本章 3.1 节。引用标准还应包括以下标准：

(1)《泵站设计规范》(GB 50265)。

(2)《泵站技术改造规程》(SL 254)。

(3)《泵站技术管理规程》(SL 255)。

(4)《泵站安装及验收规范》(SL 317)。

(5)《泵站施工规范》(SL 234)。

(6)《泵站现场测试规程》(SD 140) 等。

3.10.5.3　监测项目

泵站按照各自的实际情况，通常按表 3.10-9 进行监测项目的分类和选择。

表 3.10-9　泵站安全监测项目分类表

监测项目	建筑物级别		
	1	2	3
垂直位移	●	●	●
倾斜或水平位移	●	●	○
扬压力	●	●	●
进、出池水位	●	●	●
应力应变	○	○	
泥沙淤积	○	○	
流量	●	●	○
振动	○	○	

注　有●者为必设项目；有○者为可选项目；空格为可不监测项目。

3.10.5.4　监测设施布置

1. 垂直位移

泵站垂直位移通常采用水准点与沉降计相结合的方式进行监测。水准点一般布置在以下部位：泵房各分块的四个角、出水池挡土墙顶各结构分缝两侧、主要镇墩的墩顶、泵房两岸的结合部位或土堤上等。

以上泵房各水准点尽量在施工初期埋设在底板的四个角，以便施工期随时观测，待工程快完工时转接到电动机层或便于继续观测的上部结构，见表 3.10-10 泵站测点布置一览表。

垂直位移工作基点至少布置一组，一般布置在距泵站较远，不受工程沉降和位移影响，安全可靠，并便于观测的基岩或坚实的土基上，每组工作基点由三个固定点组成。

沉降计一般布置在泵房典型机组部位（典型机组部位视机组台数而定）的四个角，应在泵房钢筋混凝土底板浇筑前钻孔埋设。

表 3.10-10　泵站测点布置一览表

监测项目	监测仪器	测点布置	埋设方法
垂直位移	水准点	泵房各分块的四个角；挡土墙顶；泵房两岸的结合部位等	预留坑或钻孔
	沉降计	典型机组四个角	打孔进行埋设
倾斜或水平位移	测斜管	出水池挡土墙；典型机组	打孔进行埋设
	视准线	泵房各分块	混凝土墩埋强制对中基座
	三角网	泵房各分块	
扬压力	渗压计	板桩前后、底板中部、排水孔处、防渗板下、两岸结合部	挖坑填沙
	测压管	板桩前后、底板中部、排水孔处	挖坑填沙

续表

监测项目	监测仪器	测点布置	埋设方法
进、出池水位	水尺、水位计	进水池段、出水池后	绘制或成品安装
流量	管道流量计	在平顺的管道上	预留对接
	流速仪	在平顺的明渠上	固定断面
应力应变	应变计、钢筋计、测缝计、位错计、无应力计、土压力计、温度计	应力集中部位、拉应力区、结构分缝处、建基面、挡土墙受力面、桩基上、不良地质区等	结合钢筋混凝土的施工进行预埋
泥沙淤积	测深仪、全站仪	前池进水口区域或更大范围	固定断面
振动	速度、加速度计	典型机组的典型部位	粘贴或预埋

2. 倾斜或水平位移监测

泵站倾斜或水平位移通常采用测斜仪法与水准法、视准线法或交会法相结合，或利用其中某一种方式，或其他方式进行监测。

测斜管通常布置在泵房典型机组部位和出水池挡土墙的典型部位，其管底应深入到基础稳定的地层内。

在以上典型部位利用成对布置的水准点亦可监测该部位水工建筑物的倾斜。

水平位移也可结合工程实际情况采用视准线法或交会法进行监测。视准线原则上使布置在泵房各分块的测点与两岸工作基点形成一条直线，采用小角度法或活动觇标法进行测量；交会法除在泵房上部结构合适的位置布置测点外，需在泵房进水口或出水口附近可靠稳定的位置布置若干工作基点，采用测角交会法、测边交会法或边角交会法等进行观测。

3. 扬压力

扬压力监测的重点是修建在江河湖泊堤防上和松软地基上的挡水泵站，应根据泵站地基的防渗排水设施，如钢筋混凝土防渗铺盖、齿墙、板桩（或截水墙、截水槽）、灌浆帷幕、排水孔（或排水减压井）、反滤层等的具体布置来布置渗压计或测压管。一般对渗透性较好的地基采用测压管，对渗透性较差的地基采用渗压计。通常在所选泵房典型机组部位板桩前后、建筑物中部、排水孔处的建基面附近各布置一个扬压力测点，必要时在泵房左右岸结合部位各布置一个扬压力测点。

4. 进、出池水位

通常在泵站进水池段和出水池段水流相对较平稳的位置布设水尺，若需要实现自动化监测，则在水尺附近布设自记水位计。

5. 应力应变及振动

对于建筑在软基上的大型泵站或采取新型结构、新型机组的泵站，可以考虑设置或部分设置泵房基底压力、钢筋混凝土结构应力应变、结合缝的开合度及错动、桩基的受力、机组运行所引起的振动等监测项目。各监测项目仪器的具体布置应根据结构的特点和实际需要，少而精地进行测点布置。

6. 泥沙淤积

泥沙淤积一般用人工巡视检查方法进行监测，对于大型或河流含沙量很大的泵站，按需要可以在泵站前池进水口区域或更大范围布置2～3条水下地形固定监测断面，用不小于1：500的比例进行施测。

7. 流量

根据泵站科学管理和经济运行的要求，可适当地设置水压力、单泵流量、总流量等监测设施。

水压力测点主要布置在水泵进口段和出口段，以便计算水泵的实际效率，判断水泵的吸水和空蚀情况。一般采用压力传感器进行监测。

单泵流量监测需选择1～3个流态和压力较稳定的水泵，在平顺的管道上安装流量计，目前工程上常用的流量计主要有电磁式流量计、超声波流量计及差压式流量计等，可根据泵站具体情况进行选择。

总流量可根据单泵流量进行计算，也可以在出水明渠设置测流断面，通过人工测量流速或通过埋设超声波流量计进行监测。

3.10.5.5 巡视检查

巡视检查总体要求及检查方法见本章3.1节，但针对泵站应加强巡视检查的情况如下：

（1）泵站建筑物混凝土结构有无裂缝和局部损坏现象。

（2）泵站建筑物各分块结构缝有无错台和基础变形情况。

（3）进水池有无淤积、护坡是否存在变形、冲刷、坍塌和滑坡、护底反滤层是否完好、拦污栅是否存在淤堵和破损现象。

（4）出水池挡土墙是否沉降、底板有无开裂、与干渠衔接是否良好。

(5) 出水管道有无漏水和存气现象、镇墩是否出现裂缝和变形。

(6) 机电设备和控制设备是否正常，观测设施是否完好等。

3.10.5.6　监测频次

泵站工程各监测设施安装埋设后可参照表 3.10-11，按不同阶段的实际情况进行观测。

表 3.10-11　泵站安全监测项目监测频次表

监测项目	监测频次		
	施工期	试运行或运行初期	正常运行期
垂直位移	3～1 次/月	3～1 次/旬	1 次/月
倾斜或水平位移	3～1 次/月	3～1 次/旬	1 次/月
扬压力	1 次/旬	5～2 次/旬	1 次/旬
进、出池水位		4～2 次/天	2 次/天
应力应变	1 次/旬	2～1 次/旬	1 次/月
泥沙淤积	初始值	按需要	按需要
流量		4～2 次/天	按需要
振动		2～1 次/天	按需要

注　以上各项观测如遇特殊情况应加密监测频次。

3.10.6　堤防与吹填工程

3.10.6.1　工程特点及监测重点

为提高河道防洪标准，通常在平原地区河道两岸修建堤防。堤防断面形式一般为梯形，主要由土料填筑形成。由于堤防顺河流向距离很长，沿线经过不同地形及地质区域，不可避免会遇到高地下水及不良地质等特殊地段，为确保堤防防洪安全，需对地质条件较差的堤段进行重点监测。

随着国民经济的发展，在大江大河下游地区需要进行岸线调整，修筑围堤和吹填造地。该区地基一般为粉细砂、淤泥质土、夹黏质粉土、砂质粉土等，具有地基承载力低、压缩性高、抗剪强度低、易产生渗透变形、抗冲刷能力低等不良地质特性。围堤和吹填区在施工期及完建初期，由于上部增加的土体荷载作用，地基土中原有的应力状态发生改变，将会产生压缩变形、渗透变形或土体滑移，从而引起上部建筑物产生沉降变形和滑动破坏。为了保证围堤及吹填区在建设与使用期间的安全稳定，并便于日常运行管理，需选择在其有代表性的部位布设监测设施进行施工期的跟踪监测和运行期的长期安全监测。

3.10.6.2　监测设计依据

监测设计依据参见本章 3.1 节。引用标准应增加《堤防工程管理设计规范》(SL 171) 和《堤防工程设计规范》(GB 50286)。

监测仪器选型原则参照本章 3.1 节相关内容。

3.10.6.3　监测项目

堤防与吹填工程一般选择垂直于水流方向典型堤防横剖面布设监测断面，监测断面的数量根据工程的实际情况及代表性原则来确定。监测项目根据所在堤防工程的级别划分及自身实际情况拟定，通常按表 3.10-12 进行监测项目的分类和选择。

表 3.10-12　堤防工程安全监测项目分类表

序号	堤防类型	监测项目	建筑物级别		
			1	2	3
一	常规堤防	沉降变形	●	●	○
		堤基和堤身渗流压力	●	○	
		防渗体工程效果	●	○	
		堤后防护区地下水	●	○	
		渗流量	○	○	
二	吹填区围堤	堤基和堤身沉降变形	●	●	○
		堤基软土侧向滑动变形	●	●	○
		各期棱体坡脚的水平位移	●	○	
		堤基排水固结效果（含孔隙水压力）	●	○	
		临江侧水位、潮位	●	○	
		吹填区沉降变形	●	○	
		工程区附近水下地形	●	○	

注　有●者为必设项目；有○者为可选项目；空格为可不监测项目。

3.10.6.4 常规堤防监测

各堤段的地质条件、堤身现状、加固处理方案及施工方法等不尽相同，因而各堤段所设监测系统及设施也有所区别，但作为监测系统，其最基本的单元为一个监测断面（因为一个断面能构成最小的监测系统），而一个断面又由若干个测点组成，所以在设计监测系统时，以确定堤段监测断面和设置各断面上的测点为主要内容。监测设计要点归纳如下：

(1) 按堤防工程地质条件分类和等级来确定监测断面，一般1～2级堤防，当其地质条件为D（差）类和C（较差）类时，约平均每2～5km布置一个断面；当地质条件较好为A（好）类或B（较好）类时，仅在该堤段设置1～2个监测断面。

(2) 在各个监测断面上根据所设置监测项目、防渗加固处理型式和堤防现状布置测点，一般堤身浸润线监测布置2～3个测点；堤基渗透压力监测布置为2～3个测点；堤身垂直位移监测布置1～2条测线或按需设置。

(3) 在选择监测设施时，渗流监测宜选用测压管与渗压计相结合的方式；堤身垂直位移监测一般选用沉降管和水准点，其精度和量程应满足设计要求。

3.10.6.5 吹填区围堤监测

1. 监测断面选择

根据岸线调整工程围堤的总体布置、结构型式和基础地质条件，选择在纵向围堤基础面高程较低或淤泥（沙）层较厚的代表性地段布置1～2个监测断面。

另外，在工程区的围堤上和吹填区内，也分别布设少量监测设施，以全面监测围堤和吹填区的沉降固结情况。

2. 监测设施布置

(1) 在选定监测断面内的围堤顶部、两侧各级马道、背水侧堤脚等处各布置1～2个水准点，并在Ⅰ、Ⅱ、Ⅲ期吹填层面上布置若干临时水准点。

(2) 各监测断面内的围堤堤顶和两侧马道上各布置1根沉降管。

(3) 各监测断面内的围堤迎水侧马道和背水侧堤脚处各布置1根测斜管。

(4) 各监测断面内的围堤底部基础不同部位布置3条孔隙水压力测线，在各条测线上分不同地层或高程各布设3支孔隙水压力计。

(5) 选择在其中1个监测断面的围堤迎水坡面布设一组水尺。

(6) 在边滩围堤顶部每隔100m左右布置1个水准点，在围滩吹填区内埋设若干根分层沉降管和水准点。

(7) 围堤上、下游的合适位置布设2根测压管。

(8) 测量堤外一定范围的水下地形，测图比例尺不宜小于1：500。

吹填区围堤监测设施布置参见图3.10-12。

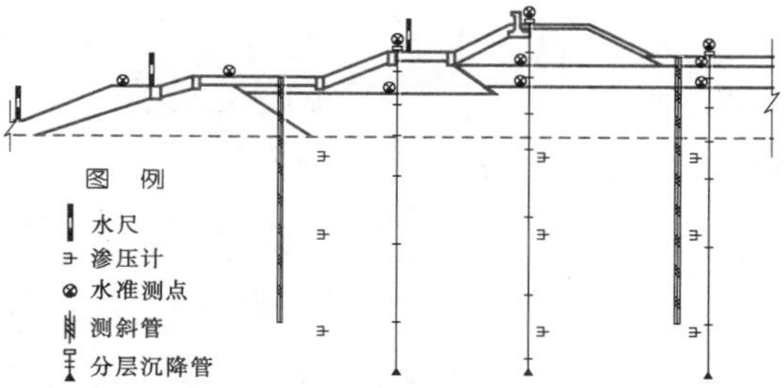

图3.10-12 某吹填区围堤监测设施布置示意图

3.10.6.6 巡视检查

巡视检查总体要求及检查方法见本章3.1节，但针对堤防与吹填工程应加强巡视检查的部位及项目如下：

(1) 堤防迎水坡面有无破损、裂缝、隆起、塌陷、滑动等异常变形情况。

(2) 堤防迎水侧护坡体有无崩塌、冲坑等水流冲刷破坏情况。

(3) 堤防两侧坡面有无冒水、流土、散浸、管涌等异常渗水情况。

(4) 堤防两侧护坡是否完好，有无兽穴、蚁穴等隐患。

(5) 堤内吹填区（尤其是临近围堤的区域）土体有无明显隆起、塌陷、开裂等较大变形情况。

(6) 其他肉眼可见的异常情况。

3.10.6.7 监测频次

堤防与吹填工程各监测设施在埋设安装后可参照表3.10-13，按不同阶段实际情况进行日常观测。

3.10.7 水工隧洞挡水封堵体

3.10.7.1 结构特点及监测重点

水工隧洞挡水封堵体大部分是水工结构的组成部分，常用水工隧洞挡水封堵体为楔形体和圆柱体。通常情况下，直接与水库接触的水工隧洞封堵体的级别与挡水建筑物的级别一致；隧洞施工支洞的封堵体与所在隧洞的级别一致。

水工隧洞挡水封堵体主要结构特点一般为大体积混凝土，通过封堵体与围岩之间的摩擦阻力抵抗水压作用，其级别通常与同部位的建筑物一致。根据封堵体的工作性质，封堵体渗流和接缝开合度监测是安全监测的重点。

表 3.10－13　　堤防与吹填工程安全监测项目监测频次表

堤防类型	监　测　项　目	监　测　频　次		
		施工期	试运行或运行初期	正常运行期
常规堤防	沉降变形	3～1 次/月	3～1 次/旬	1 次/月
	堤基和堤身渗流压力	按需要	3～1 次/旬	1 次/月
	防渗体工程效果	按需要	3～1 次/旬	1 次/月
	堤后防护区地下水	3～1 次/月	5～2 次/旬	1 次/月
	渗流量	按需要	3～1 次/旬	1 次/月
吹填区围堤	堤基和堤身沉降变形	8～4 次/月	4～2 次/旬	1 次/月
	堤基软土侧向滑动变形	8～4 次/月	4～2 次/旬	1 次/月
	各期棱体坡脚的水平位移	4～2 次/月	3～1 次/旬	1 次/月
	堤基排水固结效果（含孔隙水压力）	8～4 次/月	4～2 次/旬	1 次/月
	临江侧水位、潮位	按需要	按需要	按需要
	吹填区沉降变形	4～2 次/月	3～1 次/旬	1 次/月
	工程区附近水下地形	按需要	按需要	按需要

注　以上各项观测如遇特殊情况应加密监测频次。

3.10.7.2　监测设计依据

水工隧洞封堵体监测设计依据参见本章 3.1、3.5 和 3.6 节。

监测仪器选型原则参照本章 3.1 节相关内容。

3.10.7.3　监测项目

封堵体通常按表 3.10－14 进行监测项目的分类和选择。

表 3.10－14　　水工隧洞安全监测项目分类表

类　型	监　测　项　目			
封堵体	渗流	接缝开合	温度	应力应变
	●	●	○	○

注　有●者为必设项目；有○者为可选项目。

3.10.7.4　监测布置

1. 渗流

封堵体通常采用渗压计监测渗透压力。渗压计布置原则：①沿封堵体轴线布置 2～3 个断面，其中上、下游侧各布置 1 个监测断面；②每个监测断面在封堵体与衬砌之间、衬砌与围岩之间的顶部、边墙、底板布置渗透压力测点。

在封堵体末端若具备汇水条件且发生渗漏的，可在封堵体后选择合适位置布置量水堰监测封堵体总渗漏量。

2. 接缝开合度

为保证封堵体的工作可靠性，通常对封堵体与围岩（衬砌）之间进行接触和回填灌浆。故封堵体应进行接缝开合度监测，通常采用测缝计进行监测，其监测断面布置可与渗压计监测断面结合，测缝计通常仅布置在顶部和边墙处。

3. 温度

封堵体一般为大体积混凝土，重要的隧洞封堵体通常需采取温控措施以防止混凝土出现温度裂缝。应根据工程实际情况对封堵体进行温度监测，通常应根据温控冷却水管布置型式在先浇筑块和封堵体中段呈一定网格状布置温度计。

4. 应力应变

根据封堵体的工作原理，且封堵体一般为大体积混凝土，其混凝土应力应变一般较小，故封堵体混凝土应力应变监测可视需要布置，采用应变计和无应力计进行监测。为监测封堵体传力情况，视需要可在封堵体中后部分缝处沿轴线中心布置压应力计。

水工隧洞封堵体典型监测布置见图 3.10－13。

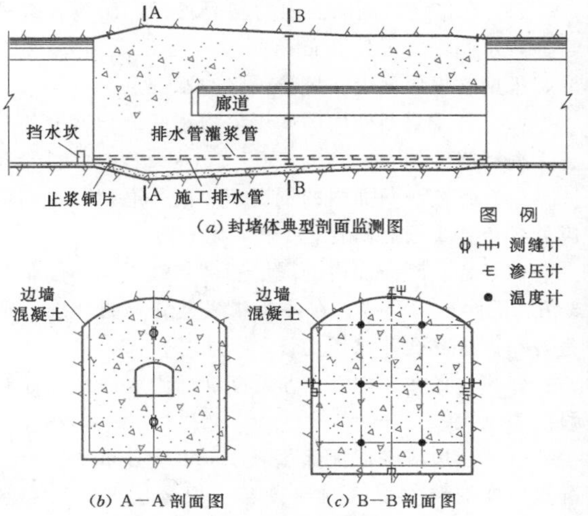

图 3.10－13　水工隧洞封堵体典型监测布置图

3.10.7.5 巡视检查

巡视检查总体要求及检查方法见本章3.1节，但针对水工隧洞封堵体应加强巡视检查的部位如下：

(1) 封堵体后渗漏、排气现象。

(2) 封堵体周边围岩（衬砌）是否出现裂缝和变形。

3.10.7.6 监测频次

水工隧洞封堵体各监测设施安装埋设后可参照表3.10-15，按不同阶段的实际情况进行日常观测。

表3.10-15 水工隧洞封堵体安全监测项目监测频次表

监测项目	监测频次		
	施工期	首次充水期或运行初期	正常运行期
巡视检查	1次/周	1次/天～1次/周	1次/月
渗流	2～1次/月	1次/天～1次/周	1次/月
接缝开合度	2～1次/月，开始冷却～接缝灌浆完成期间，1次/天	1次/周～1次/月	视需要
温度	1次/旬，初期温升和冷却期间4～1次/天	2～1次/月	视需要
应力应变	2～1次/月	2～1次/月	1次/月

注 以上各项观测如遇特殊情况应加密监测频次。

3.11 专项监测

3.11.1 表面变形监测控制网

3.11.1.1 设计目的和内容

工作基点（泛指三角形网、视准线、交会法各观测站以及水准测量的工作基点等）会受水压温度影响或遭受人为破坏而产生位移或本身就设在不稳定的基础上。工作基点的不稳定将影响整个监测成果的可靠性，使监测资料失真。因此，必须对工作基点进行校测。

校测工作基点稳定性的方法有多种，对于设在坝体廊道内的引张线、激光准直系统的端点，一般是在其附近埋设倒垂线，对于设在坝面的视准线或交会测点，还可用简单的方向线法和精密测距测角法校测工作基点的水平位移，但方向线法和精密测距测角法由于校核基点都要埋设在工作基点附近，若工作基点附近有整体变动，则不易被发现。因此，对于高坝（70m以上）由于受库水压力等因素的影响，坝区附近变形影响范围较广，通常需要把工作基点与远离坝区的水平位移三角形网控制点联系起来，即采用平面控制网的方法来校测工作基点的水平位移。同样，廊道内的静力水准系统工作基点的校测方法一般是在基点附近设双金属标，坝面垂直位移监测工作基点的校核，需要设在远离坝区的水准基准点，并布设成水准网的形式，即高程控制网，来校测水准工作基点的稳定性。

大坝变形网的测点按其稳定性高低可分为基准点（又称校核基点，是为变形监测而布设的长期稳定可靠的监测控制点）、工作基点（又称起测基点，是为直接监测位移测点而在位移测点附近布设的相对稳定的测量控制点）和位移测点（是布设在建筑物上和建筑物牢固结合，能代表建筑物变形的监测点）三级。本节主要介绍一级变形控制网布置中基准点与工作基点的布置与监测。

3.11.1.2 设计依据和原则

3.11.1.2.1 设计依据

变形控制网设计依据参见本章3.1节。但根据变形控制网的特点，应收集工程枢纽变形监测布置图，工程枢纽地形及结构布置图，工程基本的地质、水文、气象等环境条件。

3.11.1.2.2 设计原则

大坝变形控制网包括：平面变形控制网和高程变形控制网，而GPS变形控制网即可作为平面变形控制网又可作为高程变形控制网。

1. 平面变形控制网

(1) 监测大坝水平位移的三角形网基准点一般布设在大坝下游不受大坝水库压力影响的地区，基准点组不宜少于4个，以互相校核本身的稳定性。

(2) 网点之间要联测的方向应互相通视，视线离障碍物应大于2m。

(3) 纯测角或测边网，各三角形应尽可能布设成等腰三角形，其内角最小不应小于30°，最大不应大于120°。

(4) 三角形的个数及布置范围，以能利用远离坝区的基准点校测坝区内工作基点，又遵循图形结构简单及野外作业工作量小的原则。

(5) 大坝平面变形控制网观测平差后最弱点指定

方向位移量全中误差应不大于±2.0mm。

2. 高程变形控制网

(1) 布设在大坝下游的高程变形控制网基准点：若采用基岩标，应成组设置，每组不得少于 3 个测点，一般应设置在大坝下游 1～5km 处；若设双金属标或钢管标作为水准基点时应布设两组及以上，一般每组 1 个测点。

(2) 水准网点的布设范围应尽可能广些，基准点应埋设于水库变形影响范围之外。

(3) 大坝高程变形控制网观测平差后最弱点位移量全中误差应不大于±2.0mm。

3. GPS 变形控制网

(1) 随着 GPS 技术的发展，其在变形控制网观测领域已开始应用，尤其应用在施工控制网和大面积的变形控制网观测时有其独特的优越性，主要表现在以下方面：

1) 选点灵活、布点方便。GPS 测量不要求测站间相互通视，GPS 变形控制网中各个点的可靠性与点位无直接关系，对图形条件要求较低，可同时测量三维坐标。

2) 全天候作业、观测时间短。在任何时间、任何气候条件下，均可以进行 GPS 变形控制网观测，大大方便了测量作业；在每个测站上的观测时间一般在几个小时左右。

3) 与常规大地测量比较，GPS 测量比例误差较小，特别是随变形控制网面积的增大，GPS 变形控制网网点的相对精度（网中相邻点之间的距离精度）更高。

(2) 为保证对卫星的连续跟踪观测和卫星信号的质量，GPS 变形控制网选点时要求测站上空应尽可能的开阔，在 10°～15°高度角以上不能有成片的障碍物；选站时应尽量使测站附近的小环境（地形、地貌、植被等）与周围的大环境保持一致，以减小气象元素代表性误差。

(3) 为减少各种电磁波对 GPS 测量设备接收的卫星信号的干扰，在测站周围约 200m 的范围内不能有强电磁波干扰源，如电视台、电台、微波站等大功率无线电发射设施，距高压输电线和微波无线电信号传送通道等不得小于 50m；为避免或减少多路径效应的发生，测站应远离对电磁波信号反射强烈的地形、地物，如高层建筑、成片水域等。

(4) GPS 变形控制网应布设成连续网，除边缘点外，每点的连接点数应不少于 3 点。

(5) GPS 变形控制网中，最简独立闭合环或附合路线的边数不应大于 5 条。

(6) 在布设 GPS 变形控制网时，应采用高精度测距边作为起算边长与 GPS 变形控制网观测值（基线向量）一同进行联合平差，测距边可在 3～5 条左右，电磁波测距边两端点的高差不应过大。

(7) GPS 变形控制网网点与精密水准高程点联测不得少于 2 点。

(8) 为保证整网的点位精度均匀，起算点应均匀地分布在 GPS 变形控制网的周围。要避免所有的起算点分布在网中一侧。

(9) GPS 变形控制网基准点应布设在不受大坝水库压力影响的地区。

3.11.1.3　平面变形控制网布设

1. 网点布设

一般在大坝及近坝边坡等建筑物的位移测点及工作基点布置完成的基础上，再进行平面变形控制网测点布设。首先应将各建筑物变形监测工作基点纳入平面变形控制网范围，再根据枢纽及变形监测工作基点布置范围、地形地质条件及网形结构，布设基准点。

一般校测大坝变形监测工作基点的变形控制网，大部分为精度高但规模小的网，主要担负坝区变形监测。若还要控制下游边坡、上游库区的表面变形监测，则规模就较大，这时可根据工程变形监测部位的分布情况，可分为：①小区域性质的工程变形控制网（监测范围相对集中）；②几个相对独立的小规模变形控制网。

由于变形监测要求精度高、速度快，故在设计布网方案时，多数网的基线或控制系统的基准点都不会离大坝过远、网形结构简单、野外作业工作量较少。

平面变形控制网一般采用三角形网，包括三角网、测边网和边角网三种。在三角形网观测中，测角主要是控制横向误差，测边主要是控制纵向误差。所以当三角形中间隔角从小增大时，测角引起的横向误差逐渐增大，纵向误差逐渐减小，而测边引起的误差则刚好相反。所以单纯的测角或测边网对组成网的三角形网形要求较高，由于边角测量其精度具有互补性，故采用边角测量的边角网点位的精度受网形限制较小。由于角度观测受大气折光的影响较大且难以消除，故测角带来的横向误差随着边长的增加显著增大。而测边时由于其固定误差保持不变，而显出其优越性，尤其在边长达 300m 以上的高精度变形监测中，只有借助于测边或既测边又测角才能达到精度要求。

精密电磁波测距技术的发展应用，使边角网观测精度比以往的单纯三角网有明显的提高，由于采用了计算机严密平差程序计算，可以快速精确地获得成果。目前随着全站仪的普遍应用，纯测角网已逐渐减少，纯测边网也很少采用，国内外各种类型的大坝尤其是大中型工程中的平面变形控制网一般均采用边角网法。

三角形网应遵照图形结构简单及野外作业工作量小的原则。根据观测需要也可布置较复杂的三角形网。具体的布设原则如下：

(1) 基准点（或基准边）应选在不变形区，但为了减少观测误差的积累，又应离大坝不太远。

(2) 图形结构应尽可能简单，不能以过多的三角形传递到变形区工作基点处。择优选取，以便迅速获得精确测量成果。

(3) 坝区变形观测，一般均布设一次全面网，即由控制网点直接观测位移测点。但在特殊情况下也可分层控制。

(4) 要注意包括所有用机械法或遥控观测的重要测点，以便通过大地测量控制，把其他方法所观测得到的相对位移量变为绝对位移量。

三角形网点均应建造观测墩，观测墩高度宜在1.25m左右。观测墩顶部应设强制对中底座，对中底座对中精度不应低于0.2mm，对中底座应调整水平，倾斜度不得大于4′。三角形网观测视线坡度不宜过大，并应偏离建筑物2m以上。

2. 优化设计

三角形网设计时应进行可靠性评价，整个网的总体可靠性因子 $\overline{r_i}$（平均多余观测分量，$\overline{r_i}=r/n$，其中 n 为总的观测值数，r 为多余观测数）反映了三角形网能发现粗差的大小和某一固定的粗差被发现的可能性以及未发现的粗差对平差结果的影响。$\overline{r_i}$ 值越大说明三角形网能够发现的粗差越小和发现某一固定大小的粗差能力越强以及未发现的粗差对平差结果的影响越小。

各观测值的可靠性因子 r_i（多余观测分量，$0\leqslant r_i\leqslant 1$）反映了该观测值的局部可靠性。①$r_i$ 越小，该观测值在网中的地位越高，该观测值的粗差越难被发现。当 r_i 等于零，则该观测值不可缺少，即使有大的粗差或错误也无法发现，平差结果受粗差的影响随 r_i 的减小而增大。②r_i 越大，该观测值在网中的地位越低，较小的粗差也能发现。当 r_i 等于1，则该观测值完全成为多余，观测值的粗差能完全确定，即使删除，其网平差结果也不受影响。为保证有必要的多余观测分量来发现并剔除粗差，r_i 不宜小于0.2，如因条件限制，个别观测量不能满足此要求时，则应在观测中采取特殊措施，以排除观测值蕴含粗差的可能性。

可靠性因子的计算公式为

$$r_i = 1-(AQA^{\mathrm{T}}P)_{ii} \qquad (3.11-1)$$

式中 r_i——第 i 个观测值的可靠性因子；

Q——三角形网的协因数矩阵 [$Q=(A^{\mathrm{T}}PA)^{-1}$]；

A——观测方程的系数矩阵，又称设计矩阵；

P——观测的权矩阵；

$(AQA^{\mathrm{T}}P)_{ii}$——矩阵 $(AQA^{\mathrm{T}}P)$ 的第 i 个对角元素。

三角形网必须要有一定的多余观测，总体可靠性因子 $\overline{r_i}$ 越大，则网的可靠性越好，同时观测值的精度和网的灵敏度也越高，但建网费用也越高。

三角形网优化设计时，在多余观测分量一定的情况下，观测值之间的精度相差不要太大，边角观测值之间的精度应基本匹配。对于边角全测的初始方案，也可根据边角观测值的平均多余观测分量来判断边角精度匹配的情况。网的初始观测方案应对所有可能观测的边和方向进行全测，模拟初始观测方案，进行平差计算，对精度、可靠性乃至灵敏度计算结果进行分析，首先确定观测精度（或指定方向的观测精度）是否达到最弱点指定方向位移量全中误差不大于±2.0mm的设计要求。如果该方案还达不到设计要求，则说明所拥有的仪器设备精度不够高或者是网形布置不合适或者观测方案不合理，整个方案需作适当调整。在观测值精度达到设计要求的基础上，再进行网的优化设计，对计算的观测值多余观测分量按从大到小的顺序排列，删去多余观测分量较大的那些观测值，然后重新作模拟计算，得到网的优化设计方案。

三角形网优化过程中观测值的多余观测分量、点位精度、可靠性、灵敏度等计算可使用控制网平差软件进行，计算时应先设定模拟观测方案。

变形控制网的平差计算方法一般可分为经典平差、秩亏自由网平差（伪逆平差）和拟稳平差等。

在变形控制网优化设计阶段应采用经典平差进行测点误差评定。

除了变形控制网中存在若干个（有多余起算数据）固定点采用固定基准作间接平差外，对于自由（无多余起算数据）变形控制网，目前比较成熟的就是采用固定基准的经典平差、重心基准的秩亏自由网平差和拟稳基准的拟稳平差三类。

如果自由变形控制网中存在不动点，采用固定基准最好，它有坚实的稳定基础。这种网的平差计算方法可采用经典平差。

如果自由变形控制网中各测点都是变形点，根据观测数据和变形情况分析，这些测点等概率形变。在这种情况下，采用秩亏自由网平差更合适。

如果自由网中存在着一部分测点相对另一部分是稳定测点，但实际上不是固定不变，则采用拟稳平差为好。

由于采用不同的平差基准，所得到的各点位移量存在着差异（然而实际的位移场理论上应该唯一）。所以，在实际变形分析中，要注意研究所采用的基准是否合适，应该正确地选择与实际情况接近的基准，使变形分析结果尽量与实际相符。

3. 布设实例

大型大坝的平面变形控制网一般由多种观测方法进行综合布设。图 3.11－1 为某拱坝的平面变形控制网的布置图，该坝坝高 87m，坝顶弧长 185m。

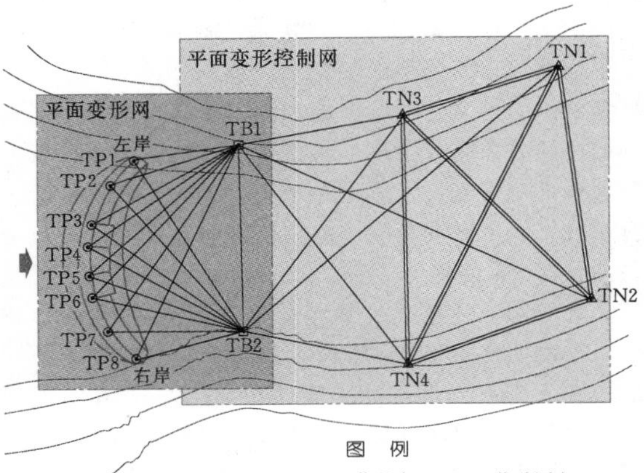

图 3.11－1　拱坝平面变形控制网布置图

该平面控制网由 TN1、TN2、TN3、TN4 等 4 个边角网基准点（校核基点）组成基准点组，其中 TN1、TN2 分别布设于大坝下游约 600m 范围，通过基准点组互相校核各基准点稳定性，以确保基准点本身的稳定可靠；两个工作基点 TB1、TB2，工作基点分别布设于大坝下游约 80～90m 范围。该网观测时采用 TCA2003 全站仪按一等边角网法定期进行，按边角网严密平差后最弱点各方向坐标位移量的全中误差小于±1.4mm。

大坝共布设 TP1～TP8 8 个位移测点，其中 TP1、TP8 分别为左、右岸拱端测点，TP2、TP7 分别为左、右 1/4 拱环测点，TP4 为拱冠测点。位移测点平面位移量观测通过 TB1、TB2 两个工作基点采用 TCA2003 全站仪机载软件“双照准法”六测回边角前方交会法自动进行，每测次观测时间包括迁站及仪器安置仅需约 90min，各位移测点径、切向位移量观测全中误差远小于相关标准容许的限值。

图 3.11－2 为某面板堆石坝平面变形控制网布置图。该坝坝高 95m，坝顶长 450m，平面变形控制网由 TN1、TN2、TN3、TN4 等 4 个边角网基准点（校核基点）及 TB1～TB9 9 个平面位移工准基点组成（TB8、TB9 主要用于通过交会法监测上游面板位移测点的位移），其中 TN1、TN2 分别布设于大坝下约 700～800m 范围。基准点 TN1、TN2 距离大坝已跨过一个较明显的山岙，有利于削弱大坝及水库等作用力对山体的影响，对基准点本身的稳定有利。

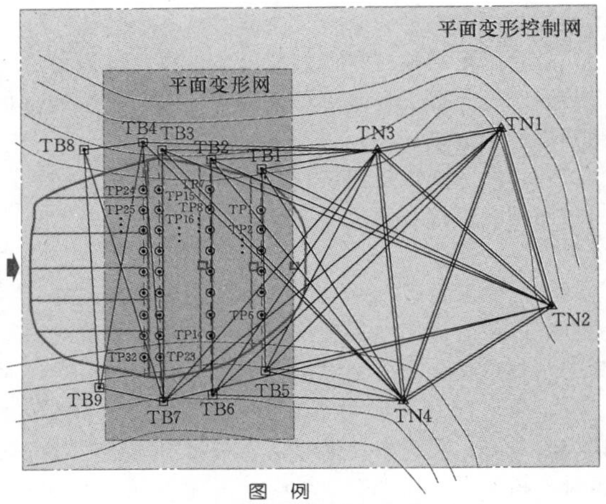

图 3.11－2　面板堆石坝平面变形控制网布置图

工作基点位于大坝两岸山坡侧，平面位置距大坝约 40～80m 范围内。平面控制网观测时采用 TCA2003 全站仪按一等边角网法定期进行，按边角网严密平差后最弱点各方向坐标位移量全中误差小于±2mm。

为从宏观上监测大坝表面水平及垂直位移，在上游面板正常蓄水位以上布设一个纵向断面共 9 个横断面的水平位移测点 TP24～TP32，坝顶下游侧布设一个纵向断面共 9 个横断面的水平位移测点 TP15～TP23，两条马道上分别布设一个纵向断面共 14 个水平位移测点 TP1～TP14，这 4 个纵项断面上的位移测点均进行水平垂直位移观测。下游坝坡三座观测房处各对应有一个水平、垂直位移测点，分别通过 TB1、TB2 两工作基点采用极坐标法进行观测三维坐标。

大坝位移测点平面位移观测通过 TB1～TB4 4 个工作基点采用 TCA2003 全站仪按视准线法进行。由于采用了小角度法观测视准线，上游面板工作基点对应的后视点与坝顶工作基点对应的后视点共用一个 TB7，这种布设方法减小了工作基点的数量，在减轻观测工作量的同时又不影响观测精度，在后视点布设受地形条件限制时均可采用这种方法。

大坝上游面板的观测采用三维坐标法进行，即通过 TB4 工作基点采用小角度法观测水平位移及三角高程法观测垂直位移。由于 TB4～TP32 视距较长，通过 TB4 工作基点单向观测工作量较大且难以保证监测精度（一般土石坝工程视准线法视距超过 400m、三角高程法视距超过 300m 都难以达到监测精度要求）。2006 年后通过 TB8、TB9 采用 TCA2003 自动进行前方边角交会及三角高程法观测三维坐标取代了 TB4 工作基点的观测工作，大大提高了监测精度及速度。

各位移测点纵、横向及垂直方向位移量观测全中误差均满足相关标准的规定要求。

3.11.1.4 高程变形控制网布设

1. 网点布设

在大坝及近坝边坡等枢纽建筑物的垂直位移监测点及工作基点布置完成的基础上，再进行高程变形控制网点布设。首先应将各建筑物表面变形监测工作基点纳入高程变形控制网范围，再根据枢纽及变形监测工作基点布置范围、地形地质、及网形结构布设水准基点（高程基准点）。

水准基点是整个垂直位移观测的基础，其点位若有超标准的变动，将关系到整个观测资料的延续及使用价值，所以是影响全局的重要环节。变形监测必须重视水准基点的点位选择、结构及埋设质量，并应注意以下方面：

(1) 水准基点到大坝的间距要适当，垂直位移水准基点应设在不受库区水压力影响的不变形地区，即设于变形影响半径之外（或称设在下游沉降漏斗以外）的地区，见图 3.11-3。同时，还应考虑水准基点到大坝的距离对观测精度的影响。基点远离坝址，固然有稳定的优点，但长距离引测到坝址，精度将大为降低，特别是对混凝土坝就难以达到全中误差 ±（1～2）mm的精度。如果基点过于接近坝址，将受基点本身活动频繁的影响，失去垂直位移基点的功能。所以，水准基点位置的确定，应经工程、地质及观测误差估计等多方面因素斟酌后再予决定。

根据实测资料分析，大型水库的库水压力对变形影响的半径可达数公里。在大坝下游一定范围内，都有受到库水压力的影响，若将基点选在影响半径以外，例如数十公里外，则对垂直位移观测带来极大困难。为了达到变形观测所要求的精度、速度，一般基点都选在影响甚小处，只要变形影响值在变形观测精度之内，则可视为相对不变点。

为了保证垂直位移观测最弱点精度达到全中误差 ±（1～2）mm，在岩基地质较好的前提下，基点距坝 1km 左右比较适宜，但对高坝及大库容的基点，

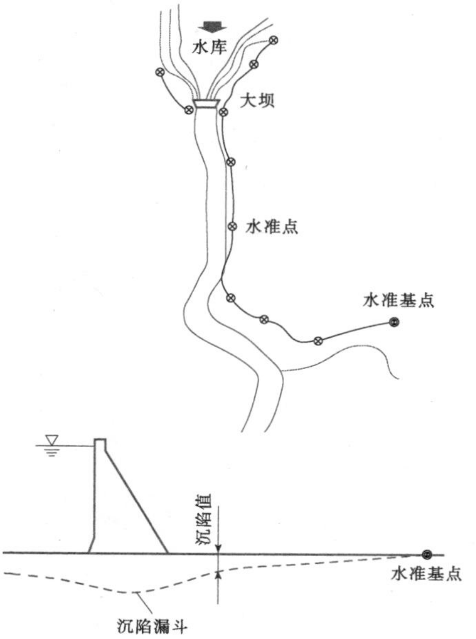

图 3.11-3 水准基点的埋设位置

则应布置在 1～5km 范围内，并与下游地表变形观测的水准网统一规划。

(2) 水准基点地基的优劣对垂直位移观测也是一个关键。混凝土坝垂直位移观测系统的水准基点，需埋于性能良好的新鲜岩基内，土坝和堆石坝的水准基点也应如此，若岩基过深，可选固结稳定的土地基埋设，必要时埋设双金属标或钢管标。

(3) 对基岩标水准基点，要求埋设可相互检核的由三个点以上组成的水准基点组，相邻两点间距可在 30～100m。水准基点组可布设一组，通过各水准工作基点形成闭合水准环，条件限制时可按支水准路线进行往返测，有条件的也可布设二组以上水准基点组组成附合水准路线，有利于各工作基点的变形复测。

2. 布设实例

(1) 土石坝工作基点通常布设在大坝两岸便于对各纵排测点进行观测的地点，一般对每一纵排点，在两端的岸坡处各设一点，形成附合水准路线，其平差后最弱点高程中误差为相等长度的支水准路线最弱点高程中误差的一半。但由于受地形限制，并不是所有工程均能布设理想的附合水准路线，有时布设附合水准路线后大大增加了水准路线的长度，结果并不能提高最弱点高程观测精度。故只要能满足相关标准要求，水准路线的布设要因地制宜，布设成支水准线路也是可行的。图 3.11-4 为某面板堆石坝水准基点、工作基点及位移测点的布置图。该坝坝高 86m，坝顶

长 440m。LS1、LS2、LS3 及 LS4 等均为工作基点，各工作基点距大坝约 200～400m。LE1～LE3 及 LE4～LE6 分别为二组构成附合路线的一等水准基点组，其中 LE1～LE3 距大坝约 1800m，LE4～LE6 距大坝约 800m。图中 TN1、TN2、TN3、TN4 为 4 个边角网基准点（平面校核基点）。

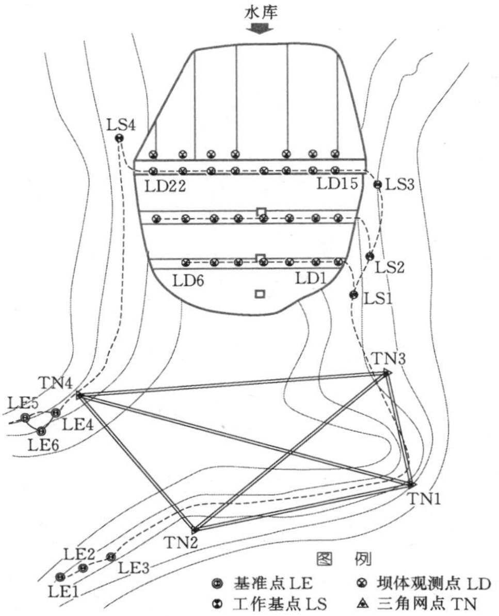

图 3.11-4　高程变形控制网布置图

由于各纵排测点在高程上相距数米或数十米（根据坝高不同而定），上下连测比较困难，故在每纵排测点的两端或一端合适高程处布设工作基点，每次可在两端点间观测各测点，则可避免仪器上、下爬坡而提高观测效率。

工作基点由水准基点控制，1～3 年检测一次。大坝一等精密水准观测平差后得到工作基点位移量全中误差小于±2.0mm。

对于低坝，可由水准基点直接观测位移测点，避免由于观测层次多而增加工作量。工作基点的埋设可参考水准基点。

（2）混凝土重力坝的工作基点主要布设在坝顶、廊道及坝基的两端，一般对每一纵排点，在两端的岸坡处各设一点，形成附合水准路线。混凝土重力坝工作基点的布设原则与土石坝工作基点的布设原则一致。拱坝工作基点的布设类似于混凝土重力坝。

3.11.1.5　观测方法

3.11.1.5.1　平面变形控制网

1. 水平角观测

（1）水平角应采用 J_1 级及以上精度经纬仪或全站仪方向法观测 12 测回；也可采用全组合测角法观测，其方向权数为 24 或 25，方向权数为测回数与方向数的乘积。全组合测角法按照《国家三角测量规范》（GB/T 17942）有关规定执行。

（2）全部测回应在上午或下午两个不同时间段内各完成一半，每一时间段观测的基本测回数不超过总基本测回数的 2/3。在全阴天，可适当变通。

（3）水平方向观测采用双照准法：照准目标二次、读数二次。具体操作参照 GB/T 17942 执行。

（4）水平方向观测限差见表 3.11-1。

表 3.11-1　　水平方向观测限差

项　　目	限　　差
二次照准目标读数的差	4″
半测回归零差	5″
一测回内 2C 互差	9″
同一角度各测回角值互差	5″
三角形最大闭合差	2.5″
按菲列罗公式计算的测角中误差	0.7″
极条件自由项	$1.4\sqrt{[\delta\delta]}$
边条件自由项	$2\sqrt{0.49\ [\delta\delta]+m_{1gs1}^2+m_{1gs2}^2}$

注　δ 为求距角正弦对数秒差；m_{1gs1}、m_{1gs2} 为起始边长对数中误差。

（5）方向观测读数取至 0.1″，从测回角度值开始取至 0.01″。平差后坐标取至 0.1mm。

2. 垂直角观测

（1）控制网点间的高差观测采用三角高程法，必要时采用精密水准法。采用三角高程测量时，需观测垂直角，并用边长观测值计算高差。

垂直角视工程具体情况一般采用 J1 级及以上精度经纬仪或相应等级全站仪按中丝法观测 4～12 测回，分别进行对向观测。为消除大气折光的影响，两测站的垂直角观测应尽量在接近的时间段内进行。

（2）垂直角应在中午附近大气垂直折光变化最小的时间段观测最为有利，取地方时间 10：00～14：00，一般情况下必须在 10：00～16：00 目标成像清晰时进行。

（3）垂直角观测一测回的程序：盘左观测对向目标，再盘右观测对向目标。

（4）垂直角观测采用双照准法：照准目标二次、

读数二次。垂直角读数取至0.1″，从测回角度值开始取至0.01″。平差后坐标取至0.1mm。

(5) 量取仪器高和目标位置高时需用专用卡尺二次量取，全站仪仪器高二次量取应分别量测观测墩一侧底座面及其对角侧底座面至仪器中心高程面的垂直距离，读至0.1mm，二次读数之差应小于0.4mm，此距离应扣除对角侧底座面与底座中心面的高差（视不同底座而定，如F-1A通用式强制对中底座约2.2mm），棱镜高二次量取应分别量测观测墩底座一侧中心面及其对角底座中心面至棱镜中心高程面的垂直距离。

(6) 垂直角观测限差见表3.11-2。

(7) 垂直角观测应与边长观测采用同样的仪器高和目标高。

(8) 高差及高程均取至0.1mm。计算高差时取本测站一个时段经气象及常数改正后的边长观测值进行计算。

(9) 各测回高差计算。全站仪一测回高差为

$$h = D\sin\left[\alpha + (\cos\alpha - K)\frac{D}{2R}\right]/\cos\left(D\frac{\cos\alpha}{2R}\right) \tag{3.11-2}$$

式中 D——边长（斜边），m；

α——垂直角；

K——本地区大气垂直折光系数；

R——本地区地球曲率半径，m；

h——测回高差，m。

(10) 三角形高差闭合差W应满足

$$W \leqslant 0.014\sqrt{(D_1^2 + D_2^2 + D_3^2)} \tag{3.11-3}$$

式中 D_1、D_2、D_3——三角形三边长，m；

W——高差闭合差，mm。

表3.11-2 垂直角观测限差

项　　目	限　差
二次照准目标读数的差	4″
一测回中各方向指标差互差	8″
测回差	5″
两次量取仪器或目标高互差	0.4mm

注　无竖盘指标自动归零补偿的经纬仪等观测时测回差限差取6″。

3. 边长观测

(1) 边长观测应采用测距标准偏差 $m_D \leqslant \pm(1+D)$mm（D为测量距离，km）的全站仪或测距仪。每次观测时，测前、测后应分别在仪器站和棱镜站读取温度、气压、湿度。

(2) 观测时需量取仪器高和棱镜高，量高采用专用卡尺，读至0.1mm。全站仪或测距仪仪器高二次量取应分别量测观测墩一侧底座面及其对角侧底座面至仪器中心高程面的垂直距离，读至0.1mm，二次读数之差应小于0.4mm，此距离应扣除对角侧底座面与底座中心面的高差（视不同底座而定），棱镜高二次量取应分别量测观测墩底座一侧中心面及其对角底座中心面至棱镜中心高程面的垂直距离。

边长观测宜与垂直角观测采用同样的仪器高和目标高。

(3) 边长观测时将仪器设定为不进行气象改正（设置气象改正为零，如各参数设置成标准值，此时气象改正总和为零），记录观测边长（斜距）再进行气象改正和常数改正计算（包括加常数、乘常数、周期误差、气象等改正）。

(4) 改正后的边长用三角高程（或精密水准）网平差后的高程进行改平。

(5) 改平后的边长投影至该测区平均高程面。

(6) 每条边需要对向观测，每单向边需分两个时段观测，每单向一个时段观测二测回，一测回读数四次。

(7) 边长读数至0.1mm，计算至0.01mm。温度读至0.1℃，气压读至0.1hPa。

(8) 观测边长超限时，除明显的单向一时段超限可补测外，需重测该边长的所有观测值。

(9) 边长观测时间段的划分：上午、下午、夜间各为一个时间段，可选择两个时段。

(10) 边长观测限差见表3.11-3（D为斜边长，km）。

表3.11-3 边长观测限差

项　　目	限差（mm）
一测回中各次读数差	1
一时段内测回差	2
各项改正后各时段观测边长较差	$\sqrt{2}(A+BD)$
各项改正后对向观测边长较差	$\sqrt{2}(A+BD)$
测边为主的边角组合网角条件自由项	$2m_s\sqrt{[aa]}$

注　1. 测回差应将斜距经气象改正后进行比较。

2. 边长较差应将斜距化算到同一水平面上方可进行比较。

3. $A+BD$为仪器标称精度。

4. 表中a为圆周角条件或组合角（条件方程式系数）；m_s为观测边的平均测距中误差，mm。

3.11.1.5.2　高程变形控制网

高程变形控制网观测一般采用精密水准法，按往、返观测一测回即可，对于水准路线较长的工程也可考虑提高测次的方法以保证工作基点位移量观测中误差满足相关标准的要求。

1. 观测方式

(1) 一、二等水准观测采用单路线往返观测。一条路线的往返测，必须使用同一类型的仪器和转点尺承，沿同一道路进行。

(2) 同一测段的往测（或返测）与返测（或往测）应分别在上午与下午进行。在日间气温变化不大的阴天和观测条件较好时，若干里程的往返测可同在上午或下午进行。但这种里程的总站数，一等水准观测不应超过该区段总站数的 20%，二等水准观测不应超过该区段总站数的 30%。

2. 观测的时间和气象条件

水准观测应在标尺分划线成像清晰而稳定时进行。不应进行观测的情况如下：

(1) 日出后与日落前 30min 内。

(2) 太阳中天前后各约 2h 内（可根据地区、季节和气象情况，适当增减中午间歇时间）。

(3) 标尺分划线的影像跳动而难于照准时。

(4) 气温突变时。

(5) 风力过大而使标尺与仪器不能稳定时。

3. 设置测站

(1) 一、二等水准观测，必须根据路线土质选用尺桩或尺台（尺台重量不轻于 5kg）作转点尺承，所用尺桩或尺台数应不少于 4 个，特殊地段可采用大帽钉。

(2) 测站视线长度（仪器至标尺距离）、前后视距差、视线高度按表 3.11-4 规定执行。

4. 测站观测限差

测站观测限差应不超过表 3.11-5 的规定。

使用双摆位自动安平水准仪观测时，不计算基辅分划读数的差。

表 3.11-4　　水准观测测站视线规定　　单位：m

等级	仪器类型	视线长度	前后视距差		任一测站上前后视距差累积		视线高度	
			光学	数字	光学	数字	光学（下丝读数）	数字
一等	DSZ_{05}，DS_{05}	≤30	≤0.5	≤1.0	≤1.5	≤3.0	≥0.5	≥0.65
二等	DS_1，DS_{05}	≤50	≤1.0	≤1.5	≤3.0	≤6.0	≥0.3	≥0.55

表 3.11-5　　水准观测测站限差　　单位：mm

等级	上下丝读数平均值与中丝读数的差		基辅分划读数的差	基辅分划所测高差的差	检测间歇点高差的差
	0.5cm 刻划标尺	1cm 刻划标尺			
一等	1.5	3.0	0.3	0.4	0.7
二等	1.5	3.0	0.4	0.6	1.0

测站观测误差超限，在本站发现后可立即重测，若迁站后才检查发现，则应从水准点或间歇点（必须经检测符合限差）起始，重新观测。

5. 观测原则

(1) 观测前约 30min，应将仪器置于露天阴影下，使仪器与外界气温趋于一致；设站时，应用测伞遮蔽阳光；迁站时，应罩以仪器罩。自动安平水准仪在强烈阳光下应用测伞遮阳。

(2) 对气泡式水准仪，观测前应测出倾斜螺旋的置平零点，并作标记，随着气温变化，应随时调整零点位置。对于自动安平水准仪的圆水准器，必须严格置平。

(3) 在连续各测站上安置水准仪的三脚架时，应使其中两脚与水准路线的方向平行，而第三脚轮换置于路线方向的左侧与右侧。以始终将水准仪物镜朝向固定的一支水准尺整平仪器。

(4) 除路线转弯处外，每一测站上仪器与前后视标尺的三个位置，应接近一条直线。禁止为了增加标尺读数，而把尺桩（台）安置在壕坑中。

(5) 同一测站上观测时，不得两次调焦。转动仪器的倾斜螺旋和测微鼓时，其最后旋转方向，均应为旋进。

(6) 每一测段的往测与返测，其测站数均应为偶数。由往测转向返测时，两支标尺应互换位置，并应重新整置仪器。

(7) 在高差甚大的地区，应选用长度稳定、偏差较小的水准标尺作业。

6. 往返测高差不符值、环闭合差

(1) 往返测高差不符值、环闭合差和检测高差之差等的限差应不超过表 3.11-6 的规定。

表 3.11-6 水准观测闭合差限值 单位：mm

等级	测段、区段、路线往返测高差不符值	附合路线闭合差	环闭合差	检测已测测段高差之差
一等	$1.8\sqrt{K}$		$2\sqrt{F}$	$3\sqrt{R}$
二等	$4\sqrt{K}$	$4\sqrt{L}$	$4\sqrt{F}$	$6\sqrt{R}$

注 K 为测段、区段或路线长度，km；当测段长度小于 0.1km 时，按 0.1km 计算；L 为附合路线长度，km；F 为环线长度，km；R 为检测测段长度，km。

(2) 检测已测测段高差之差的限差，对单程检测或往返检测均适用，检测测段长度小于 1km 时，按 1km 计算。

(3) 水准环线由不同等级路线构成时，环线闭合差的限差，应按各等级路线长度及其限差分别计算，然后取其平方和的平方根为限差。

(4) 当连续若干测段的往返测高差不符值保持同一符号，且大于限值的 20%时，则在以后各测段的观测中，除酌量缩短视线外，还必须加强仪器隔热和防止尺桩（台）位移的措施。

7. 成果的重测和取舍

(1) 测段往返测高差不符值超限，应先就可靠程度较小的往测或返测进行整测段重测，并按下列原则取舍：

1) 若重测的高差与同方向原测高差的不符值超过往返测高差不符值的限差，但与另一单程高差的不符值不超出限差，则取用重测结果。

2) 若同方向两高差不符值未超出限差，且其中数与另一单程高差的不符值亦不超出限差，则取同方向中数作为该单程的高差。

3) 若 1) 款中的重测高差［或 2) 款中两同方向高差中数］与另一单程的高差不符值超出限差，必须重测另一单程。

4) 若超限测段经过两次或多次重测后，出现同向观测结果靠近而异向观测结果间不符值超限的分群现象时，如果同方向高差不符值小于限差之半，则取原测的往返高差中数作往测结果，取重测的往返高差中数作为返测结果。

(2) 区段、路线往返测高差不符值超限时，应就往返测高差不符值与区段（路线）不符值同符号中较大的测段进行重测，若重测后仍超出限差，则必须重测其他测段。

(3) 符合路线和环线闭合差超限时，应就路线上可靠程度较小（往返测高差不符值较大或观测条件较差）的某些测段进行重测，如果重测后仍超出限差，则必须重测其他测段。

(4) 每公里水准测量的偶然中误差 M_Δ、全中误差 M_w 超限时应分析原因，重测有关测段或路线。

8. 外业测量成果的验算

(1) 每完成一条水准路线的测量，必须进行往返测高差不符值及每公里水准测量的偶然中误差 M_Δ 的计算（小于 100km 或测段数不足 20 个的路线，可纳入相邻路线一并计算），并应符合表 3.11-6 及表 3.11-7 的规定。

表 3.11-7 每公里水准测量的偶然中误差 M_Δ 和全中误差 M_w 单位：mm

等 级	M_Δ	M_w
一等	0.45	1.0
二等	1.0	2.0

每公里水准测量的偶然中误差 M_Δ 为

$$M_\Delta = \pm\sqrt{[\Delta\Delta/R]/(4n)} \qquad (3.11-4)$$

式中 Δ——测段往返测高差不符值，mm；

R——测段长度，km；

n——测段数。

(2) 每完成一条附合路线或环线的测量，必须对观测高差施加各项改正，然后计算附合路线或环线的闭合差，并应符合表 3.11-6 的规定。当构成水准网的水准环超过 20 个时，还需按环闭合差 W 计算每公里水准测量的全中误差 M_w，并应符合表 3.11-7 的规定（山区布测的一等水准网，闭合环不足 50 个时，M_w 限差为 1.2mm）。

每公里水准测量的全中误差 M_w 为

$$M_w = \pm\sqrt{[WW/F]/N} \qquad (3.11-5)$$

式中 W——经过各项修正后的水准环闭合差，mm；

F——水准环线周长，km；

N——水准环数。

3.11.1.5.3 GPS 变形控制网

(1) GPS 变形控制网观测应采用 A 级及以上精度的 GPS 静态定位法。

(2) 为保证 GPS 变形控制网中各相邻点具有较高的相对精度，对网中距离较近的点一定要进行同步观测，以获得它们间的直接观测基线。当实行分区观测时，相邻分区间至少要有 4 个公共点。

（3）适当增加观测期数（时段数）及重复设站次数，以保证 GPS 网点的位移量观测中误差满足规范规定的要求。

（4）观测时段的分布应尽量日夜均匀，且夜间观测时段所占比例不得少于 25%。

（5）A 级 GPS 测量方法基本技术要求参见《全球定位系统 GPS 测量规范》（GB/T 18314），以确保网点的位移量观测中误差满足相关标准的要求。

3.11.1.5.4　变形控制网观测资料整理

（1）观测资料应附上观测期间气象情况及大坝水位情况。

（2）按照相关标准要求进行野外作业测量成果的验算。

（3）提交全部的闭合差（自由项）计算资料并进行野外作业成果的检查验收。

（4）分析计算本次观测结果。

（5）编写技术总结，对本次观测及现有观测网进行评价。

（6）提交全面的技术性报告和所有资料。

3.11.1.5.5　观测频次

各种形式的变形控制网，其终点距大坝不能很远，故或多或少要受到库区水压力的影响。此外，为了检核工作基点是否受不测因素的影响而产生意外的位移，大坝变形观测规定要定期对各类工作基点作校核测量，一般每年复测一次，连续复测 4～5 次，并经分析认为稳定后，可延长至每 2～3 年复测一次。

3.11.2　水力学监测

水力学监测为水工建筑物安全监测设计中所有输水建筑物、泄水及消能建筑物和通航建筑物的水力学监测专项设计布置部分。

3.11.2.1　监测目的和特点

在建筑物中有水流流动就会产生水力学问题，如水电工程泄水建筑物在泄洪时、输水建筑物过水时和通航建筑物的船闸、升船机的运行中都存在大量水力学现象，需要监测。

水力学监测的目的是对相应建筑物设计、科研和模型试验成果进行验证，并为相关工程的泄洪消能研究和消能工的设计和发展提供第一手的观测资料。监测建筑物过流时的工作状态，保证过流时建筑物自身和周边的建筑物及下游河道的安全运行，发现问题及时解决，并在确保建筑物安全的前提下为工程调度运行提供客观真实的基础资料。

通常情况下，水力学监测具有以下特点：

（1）多次系统地放水监测可能性比较小，一般泄水建筑物水力学监测重复性观测条件差，事先必须周密策划，观测时严格按要求进行，力求完整、安全可靠地保存记录和资料。观测工作具有很强的短期突击性特点。

（2）因必须在过流期间监测，导致水力学监测的环境往往比较恶劣，要有足够的安全保障措施来保证工作人员的安全。

3.11.2.2　设计依据

水力学监测设计依据参见本章 3.1、3.3、3.5 和 3.7 等节。由于水力学监测有别于其他监测项目，其绝大部分水力学指标必须在泄水（输水）过程中量测。因此水力学监测设计依据和所需资料还应包括以下方面：

（1）泄水建筑物组合运行工况。

（2）泄水建筑物、输水建筑物及通航建筑物特性及参数、布置图、观测结构设计图等。

（3）水力学试验研究报告及相关计算成果。

引用标准应增加《水运工程水工建筑物原型观测技术规范》（JTJ 218）、《水工（专题）模型试验规程》（SL 156）和《水工（常规）模型试验规程》（SL 155）。

3.11.2.3　监测项目及监测布置

1. 监测项目

水力学监测包括泄水及消能建筑物水力学监测、输水建筑物水力学监测及通航建筑物水力学监测。从监测项目看，可分为集中多方力量、监测内容众多的综合性原型监测和常年水力学指标监测两种。各种建筑物所需监测的项目列于表 3.11-8。

2. 监测布置

水力学监测布置要以水力学设计、水工模型试验为依据，对易存在问题和需要核实、验证的部位布设测点。对测点的要求是易于埋设传感器，易布设电缆线，又能反映水力特性。

因水力学测点要直接或间接布置在建筑物过流面，监测又在建筑物过流期间，故需采用预埋或预设等方式随过流面混凝土浇筑一同进行，建立预埋件并通入电缆护套及电缆等。预埋件埋设后，加上封盖，要求其平整光滑，不影响水流。属于长期监测点的预埋盒要保证传感器在盒内防潮、防漏电。对集中监测的预埋盒，保证能在监测前顺利打开与安装传感器并接上电缆。

水位、水面线、流态、流速和水压力等常规项目观测，只需在上游库区、下游河道、泄水陡槽（坝面）或渠道，布置若干断面和测点，设置水尺、测压

表 3.11－8　　**水力学监测项目表**

建筑物		监测项目
泄水及消能建筑物	溢洪道	水位、流量、水面线、流速、压力、流态、空化、空蚀、掺气、河道冲淤、雾化及流激振动
	泄水洞	
	溢流坝	
输水建筑物	输水隧洞及交叉建筑物	水位、流量、水面线、流速、压力、流态、空化、空蚀、掺气、河道冲淤、雾化及流激振动
	抽水泵站	水位、流量、压力、水泵水力特性和振动等
通航建筑物	船闸	上下游航道流态、水位、流速、闸室水位、廊道内压力、空化、空蚀、通气、振动、缆绳拉力等
	升船机	除船闸所测内容外，还需监测承船厢运行速度、曳引力、厢内波动、进出船厢水位等

管或感应器即可，或直接用远程通信方式摄影测量。水流脉动、空化及流激振动则需视泄水（输水）建筑物或通航建筑物，过流边界特征确定测区和布置测点。如泄水建筑物坝面、陡槽过流流速比较高（一般大于 25m/s）、边界突变部位、闸门前后等，易发生水流空化，流激振动等部位，对这些敏感部位需布设脉动压力，空化和振动测点。

采用挑流消能的泄水建筑物（特别是高坝、挑流），一般应对其进行雾化监测，测点布置范围最好能涵盖模型试验（或预报）雨雾区范围。应监测雾化的雨强、雨区、雾区范围和强度。对于船闸、升船机水力学监测除以上所列监测内容外还需监测缆绳拉力、曳引力、船舶航速、承船厢运行速度、升船机机械性能等。

监测站要根据测点多少、监测内容的种类、引线长短、测量安全要求、自动监测系统容量、人力安排等众多因素，选定位置、数量。长期水力学监测测站应引入监测室内，便于管理和安全测量。在集中全面进行监测时，可以设计若干临时测站，测站需避风雨，能安放监测自控测量仪系统。对于摄影测量测站，要保证良好拍摄角度，能安放若干台摄影经纬仪及录像设备进行远程通信。

3. 监测仪器和监测方法

对于泄水及消能建筑物，水力学监测项目常用的监测仪器可参考表 3.11－9。

表 3.11－9　　**泄水及消能建筑物各种水力学指标的监测仪器与监测方法**

监测项目	监测仪器	监测方法及要点
水位、水面线	水尺、水位感应器	水尺可直读及远程通信，感应器可汇入自测自控系统，其精度、安全可靠性可适应监测要求
流态	目测、摄影测量和录像	目测适用于小工程、等级低、要求不高的情况，或者环境恶劣只能目测
水压力（时均、脉动）	测压管、压力感应器	测压管可人工观测，亦可再安装压力感应器，安装（自动采集、处理）自动控制系统
空化	水听器	在判断为高速水流空化区域内加设空化水听器，并引线至自动采集处理系统
通气孔风速	风速仪、毕托管或布设感应器	在通气孔（槽）布设风速器或感应器，直读或引线自控
流速	流速仪或立体摄影	根据流速大小，选择流速仪的种类和量程
水舌外形	摄影、摄像及立体摄影	定性监测采用摄影和录像方法，定量监测需采用立体摄影经纬仪或两架以上相机立体摄影的方法
河道水面波动	水尺或波高仪	根据精度要求选择水尺或者波高仪

续表

监测项目		监测仪器	监测方法及要点
下游河道冲刷		水下测深仪	在泄水前后均需测量河道水深
泄洪雾化	雨强	雨量计、滴谱法	根据雨强大小选取测量方法［雨强大用自测的雨量计或量筒，雨强小（微）用滴谱法］
	雾区	摄影测量	定性监测采用在雾区处加设摄影仪方法，定量监测需采用立体摄影经纬仪或两架以上相机立体摄影的方法
流激振动		压力及加速度感应器、应变仪	通过测取监测位置的脉动压力，振动位移及加速度，研究流激振动

水力学监测仪器的性能、工作原理和操作规范可参阅本卷第 2 章。

3.11.2.4 泄水及消能建筑物水力学监测

泄水及消能建筑物一般包括溢洪道、泄水洞及溢流坝及其相应消能工。因此，水力学监测可分溢洪道水力学监测、泄水洞水力学监测和溢流坝水力学监测。许多枢纽工程往往是由多种泄水建筑物组成，因此监测工作具有综合性。

随着我国水电工程飞速发展，水力学监测工作也得到相应发展，取得了大量工程实测水力学监测成果，积累了不少设计、组织、实施水力学监测的经验。国内部分泄水建筑物水力学监测表见表 3.11－10。

表 3.11－10　国内部分泄水建筑物水力学监测一览表

工程名称	泄水建筑物	监测项目	监测成果	备注
丰满水电站	溢流坝	水面线、水舌形状、坝面、护坦鼻坎压力及脉动、空化空蚀、掺气浓度、尾水波动及下游冲刷	丰满溢流坝原型观测报告	1960～1983 年观测 6 次
回龙山水电站	溢流坝	面流水跃流态、水面线、掺气浓度、下游波动及冲刷、闸门启闭力等	1. 回龙山溢流坝面流消能原型观测与模型验证； 2. 回龙山溢流坝、弧门振动及应力观测报告	1971～1976 年观测 3 次
桓仁水电站	溢流坝	下游冲刷	桓仁溢流坝下游岩石河床冲刷调查报告	1965～1971 年观测
白山水电站	溢流坝	下游冲刷、雾化	1. 白山水电站深孔原型观测报告； 2. 白山水电站泄洪原型观测报告	1983 年、1992 年观测
丹江口水电站	溢流坝及溢流坝台阶面	压力、水面线、台阶面空化	丹江口水利枢纽溢流坝原型应用与模型试验	1960～1984 年观测
刘家峡水电站	溢洪道	流量、流速、水面线、掺气、压力、脉动、底板冲刷	刘家峡溢洪道 1970 年放水观测报告	1970～1977 年观测
碧口水电站	溢洪道	掺气、弯道水流、流速、流态	陡槽紊流边界层的原型观测与研究	1978 年观测
鲁布革水电站	溢洪道、泄水洞	水面线、流态、压力、脉动、振动、雾化	鲁布革水电站泄水建筑物原型综合观测及分布反馈总报告	1993～1994 年观测
东江水电站	滑雪溢洪道、放空洞	水面线、压力、脉动、掺气、雾化	1. 东江水电站滑道水力学原型观测报告； 2. 东江水电站二级放空洞水力学原型观测报告	1992 年观测

续表

工程名称	泄水建筑物	监测项目	监测成果	备　注
东风水电站	坝体中孔、溢洪道、泄洪洞	压力、水面线、流态、脉动、空化空蚀、雾化	东风水电站泄洪原型观测报告	1997年观测
五强溪水电站	溢流坝（消力池）	流量、水面线、压力、脉动、流速	1. 五强溪泄水建筑物原型观测报告； 2. 五强溪水电站左消力池1998年水力学原型观测报告	1996年观测
二滩水电站	坝体表孔、中孔、泄洪洞、消力池、弧门	压力、脉动、水面线、振动、雾化	1. 二滩水电站双曲拱坝泄洪振动研究； 2. 二滩水电站双曲拱坝水电塘原型观测报告； 3. 二滩水电站双曲拱坝坝身泄洪诱发坝体振动原型观测报告； 4. 二滩水电站1号泄洪洞工作闸门流激振动原型观测； 5. 二滩水电站2号泄洪洞工作闸门流激振动原型观测； 6. 二滩水电站表孔水力学原型观测； 7. 二滩水电站2号泄洪洞水力学原型观测； 8. 二滩水电站高双曲拱坝泄洪雾化原型观测	1998～1999年观测
李家峡水电站	底孔、中孔	泄洪雾化	黄河李家峡水电站泄洪雾化降雨观测报告	1997年观测
岩滩水电站	表孔宽尾墩、消力池、闸室	水面线、压力、脉动、雾化、空化空蚀	岩滩水电站宽尾墩厍式消力池联合消能工水力学原型观测报告	1996年观测
白盆珠水电站	溢流坝、消力池	水面线、流态、压力流速、下游冲刷	白盆珠水电站溢流坝高速水流原型观测研究报告	1994年观测
小浪底水利枢纽工程	泄洪洞	泄洪洞洞身、孔板的压力、流速、噪声及流激振动	小浪底水利枢纽工程水力学原型观测报告	2004年观测
公伯峡水电站	泄洪洞	洞内流态、压力、掺气	公伯峡水电站右岸旋流式泄洪洞水力学原型试验报告	2006年观测

3.11.2.4.1 溢洪道水力学监测

1. 监测布置

溢洪道由引水渠、控制段、泄水槽及鼻坎段组成。虽然各类溢洪道由于不同地形、不同布置形式各段水力现象有一定差异，但溢洪道水力监测均由以上各部分组成。本处所指溢洪道包括岸边溢洪道、滑雪式溢洪道。

泄洪时水流会通过引水渠引向控制段，引水渠水流流态、流速分布均会影响溢洪道的过流能力和溢流堰后流态，因此需要监测引水渠的水位、流态和流速。水流进入闸室段，需要监测闸墩水流收缩程度、闸墩及门槽压力以及堰面空化特性；过闸室后泄槽上要测量流态和水面线；若设有掺气槽（坎），还需测量掺气槽（坎）的掺气浓度、空腔长度、通气量、掺气槽（坎）的水面线、流态、压力和流速等；水流到槽末后需视出口衔接流态（或消能方式）不同，测取不同水力学参数；出口流态为底流时，监测主要有水跃形状、衔接流态、下游冲刷等。溢洪道出口为挑流鼻坎时，出口流态为挑流，还需测水舌空中形态（包括水舌上下缘、水面线、扩散角、挑距等）、下游河道水面线、水面波动及流速。

除此之外，还需测量泄洪雾化的雨量、雨强、雾流扩散形态和区域。

2. 监测实例

东江水电站位于湘江主要支流耒水的上游。枢纽总体布置见图3.11-5。

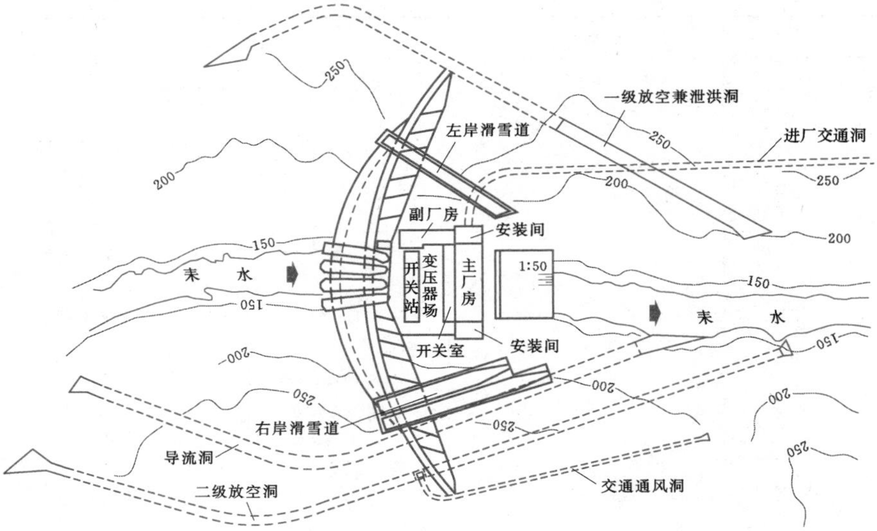

图 3.11-5　东江水电站枢纽总体平面图

拱坝底宽 35m，顶宽 7m，最大坝高 157m，大坝厚高比 0.22。顶拱中心角 82°，坝顶中心弧长 438m。

三孔滑雪式溢洪道（简称滑雪道）为主要泄水建筑物，三孔滑雪道分别布置在两岸，左岸一孔，右岸两孔，其孔口形式、溢流面曲线均相同，但陡槽段坡度及尾部消能工有别。滑雪道进口底板高程 266.00m，弧形工作门，孔口尺寸 10m×7.5m（宽×高），左岸滑雪道坡度 $i=0.993$。扭曲鼻坎挑流消能，右岸两孔滑雪道均采用窄缝式消能工，坎末高程 194.00m，左孔 $i=0.961$，右孔 $i=0.643$。滑雪道单孔最大下泄流量 $1470m^3/s$。

窄缝式消能工参数为：鼻坎挑角 0°，边墙收缩段长度 30m；分两次收缩，第一次收缩长 15m，收缩角 4°45′49″，第二次收缩段长 15m，收缩角 9°27′44″，收缩率 $\eta=0.25$；窄缝出口宽度 2.5m，坎末高程 194.00m，坎上水头 91.00m（正常水位）。右岸滑雪式溢洪道布置见图 3.11-6。

对溢洪道进行水力学监测的重点如下：

(1) 监测窄缝式消能工尾部边墙收缩隆起的水面线、压力增高及边墙振动。

(2) 监测滑雪道槽身掺气设施的掺气及减蚀效果。

(3) 监测窄缝式消能工挑射水流引起的雾化及影响范围、降水强度、对建筑物及周围环境的影响，特别是对坝后开关站的影响。

(4) 监测泄流对下游河床冲刷及岸坡稳定的影响。

三孔滑雪道以右岸左孔滑雪道为主（该孔为窄缝式消能工，且斜坡段坡度最大）。主要原型观测项目为掺气浓度、边墙振动、水舌轨迹、雾化及下游冲淤等。具体的观测项目所采用的监测仪器及监测方法见表 3.11-11，水力学监测运行条件见表 3.11-12，振动监测工况见表 3.11-13。

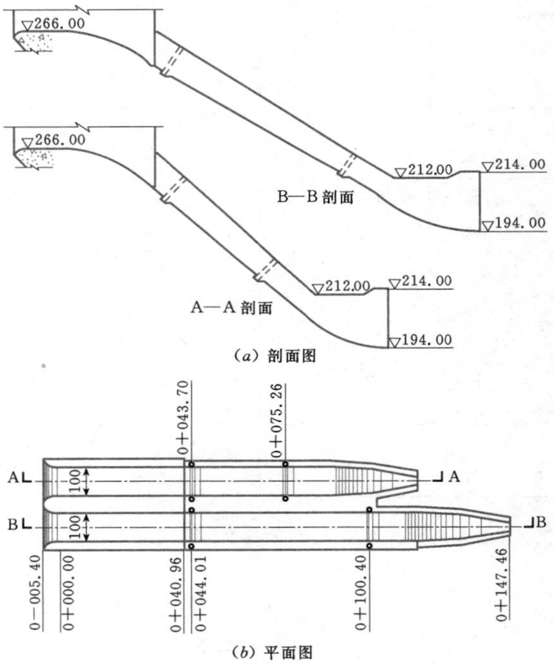

图 3.11-6　右岸滑雪式溢洪道布置图（单位：m）

边墙振动，测点布置见图 3.11-7～图 3.11-9，掺气槽掺气浓度测点布置见图 3.11-10。

表 3.11-11　原型观测项目对应的监测仪器及监测方法

原型观测项目	监测仪器及监测方法	原型观测项目	监测仪器及监测方法
掺气浓度	掺气浓度仪	上下游水位	自制水位仪
边墙振动	传感器→测振仪→分析处理	水舌轨迹	摄影经纬仪→立体坐标量测仪→测图仪
雾化观测	雨量筒→压力传感器→SG—60 型数据采集处理	通气管风速	毕托管
时均压力	压力传感器→数据处理	下游冲淤	断面测量
脉动压力	压力传感器→应变仪→数据处理	不平整调查	量测、摄影
水面线	水尺直读	流态	录像、摄影

表 3.11-12　水力学监测运行条件

泄水建筑物	闸门开度	库水位（m）	泄流量（m^3/s）	下游水位（m）
左岸滑雪道	63.2%	282.04	555	147.06
	100%	282.04	1045	
右岸左孔滑雪道	52.63%	282.01	434	149.93
	80.1%	282.01	767	
右岸右孔滑雪道	52.6%	281.99	433	149.86
	100%	281.99	1043	
三孔滑雪道	50%	281.96	1215	
	中孔 100%，其余孔 80%	281.96	2846	

表 3.11-13　振动测点布置及工况

时间	10 月 28 日下午	10 月 29 日下午	10 月 30 日下午	10 月 31 日下午
泄水情况	左岸滑雪道	右岸左滑雪道	右岸右滑雪道	左滑雪道和右岸左、右滑雪道
观测位置	左岸滑雪道	右岸左滑雪道	右岸右滑雪道	右岸左滑雪道
测点布置	图 3.11-9	图 3.11-7（*b*）	图 3.11-8	图 3.11-7（*a*）
开闸顺序（开度）	0→63.2%→100%	0→52.6%→80.1%	0→52.6%→100%	右岸左滑雪道 50%→左岸滑雪道和右岸右滑雪道均为 50%→右岸左滑雪道 80%→左岸滑雪道和右岸右滑雪道均为 100%

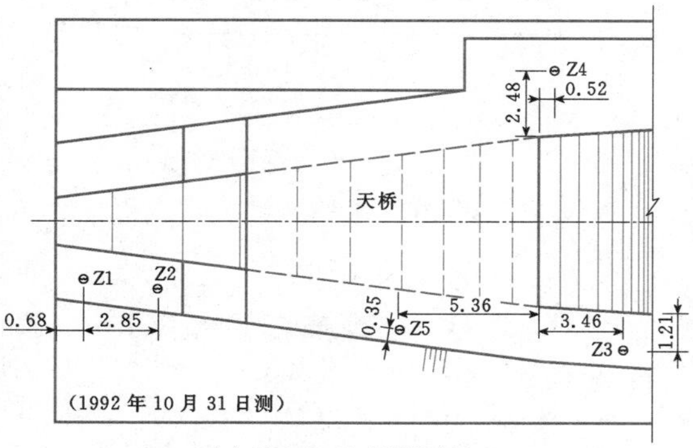

（*a*）1992.10.31.的测点布置

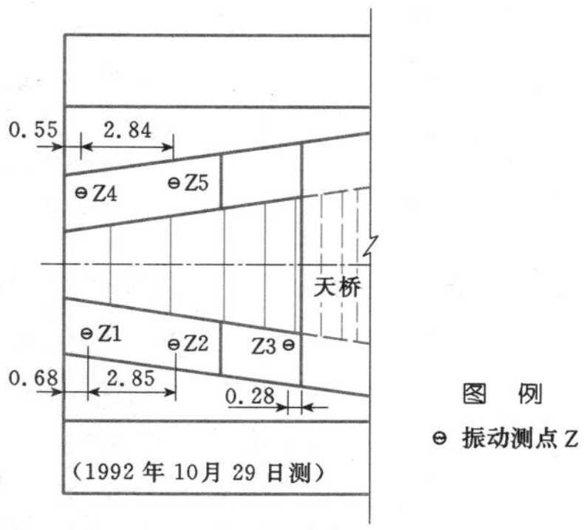

（*b*）1992.10.29.的测点布置

图 3.11-7　右岸左滑雪道测振测点布置图（单位：m）

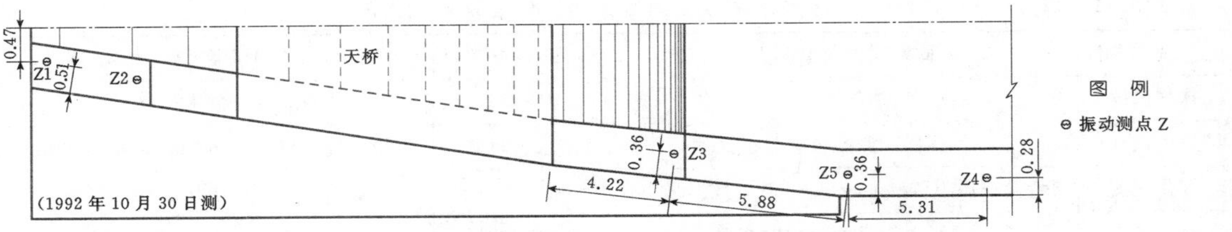

图3.11-8 1992.10.30. 右岸右滑雪道测振点布置图（单位：m）

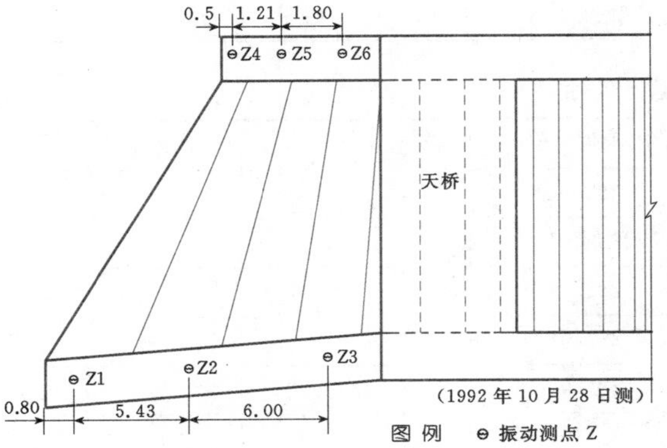

图3.11-9 1992.10.28. 左岸滑雪道测振点布置图（单位：m）

滑雪式溢洪道水力学监测取得成果有：①右岸左、右滑雪道和左岸左滑雪道的水面线和鼻坎水舌轨迹；②时均压力及脉动压力特征资料；③测到导墙振动特性（振动位移）；④通气孔风速、风量和掺气浓度；⑤雨强与水舌相对关系，取得泄水雾化效果。

从监测结果可以看出，东江水电站的溢洪道设计成功，窄缝消能效果好，有效地减轻了对下游河床及两岸的冲刷；雾化对环境影响不大；滑雪道边墙振动甚微，溢洪道掺气槽掺气效果良好，减蚀效果明显。

3.11.2.4.2 泄洪洞水力学监测

1. 监测布置

泄洪洞（包括底孔）是泄水建筑物的一种类型，一般它由闸室段、洞身段和出口段组成。泄洪洞在高速水流作用下容易在闸室底板、门槽、曲线段、反弧、鼻坎（差动、异形鼻坎）发生空化，出现空蚀等问题，因此有必要做水力学安全监测。泄洪洞监测内容包括：进口流态、水位、漩涡、洞内明满流现象、闸室与洞身压力、明流段水面线、洞顶水面余幅、掺气槽的掺气浓度、空腔尺寸、出口末端水舌形状或水跃特征、下游泄洪雾化及河冲刷与淤积等。具体各段布置监测项目及监测方法手段基本与溢洪道水力监测相同。

根据泄洪洞水力学监测条件的差异，枢纽地形地质条件的不同以及泄洪安全管理条例的限制，需要在安全监测之前进行专门设计和布置。

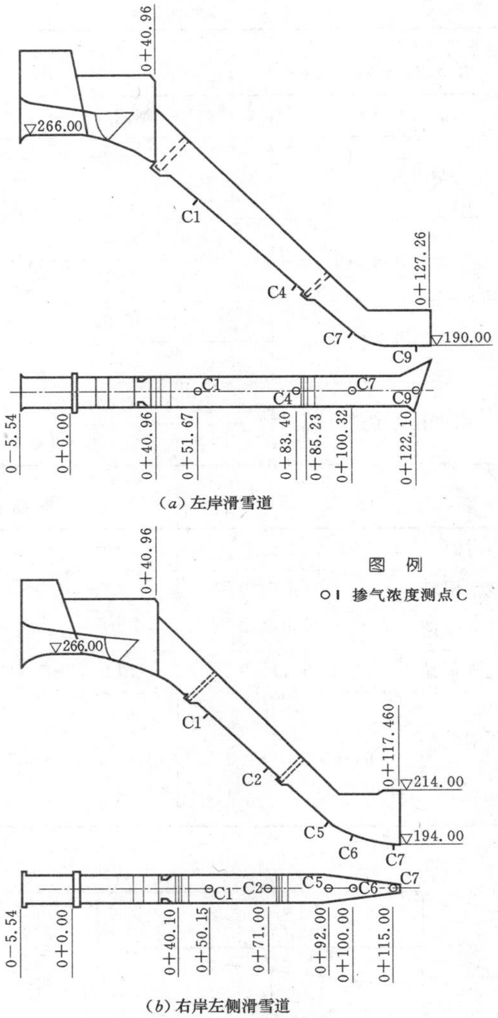

图3.11-10 掺气浓度测点布置图（单位：m）

2. 监测实例

【实例1】 小浪底水利枢纽建筑物包括：拦河大坝。坝高160m，坝顶长1667m。泄洪排沙建筑物。3条洞径14.5m的孔板泄洪洞、3条洞径为6.5m的排沙洞、3条城门洞形的明流泄洪洞（10.5m×13m、10m×13m、10.5m×13m）、1座3

孔 11.5m（宽）×17.5m（高）的正常溢洪道，以及洞群进口集中布置的由 10 座高约 113m 进水塔组成的塔群和出口集中布置的 3 个大型综合消力塘。水利枢纽总泄洪能力为 17327m^3/s，其中 9 条泄洪洞泄流能力为 13299m^3/s，占枢纽总泄洪能力的 78%。引水发电建筑物有地下厂房，6 条洞径为 7.8m 的引水发电洞，3 条 12m（宽）×19m（高）的尾水隧洞。2 号泄洪洞由导流洞改建而成，其消能采用内消能方式。2 号孔板洞压力段（孔板段）和闸室结构设计图 3.11－11。

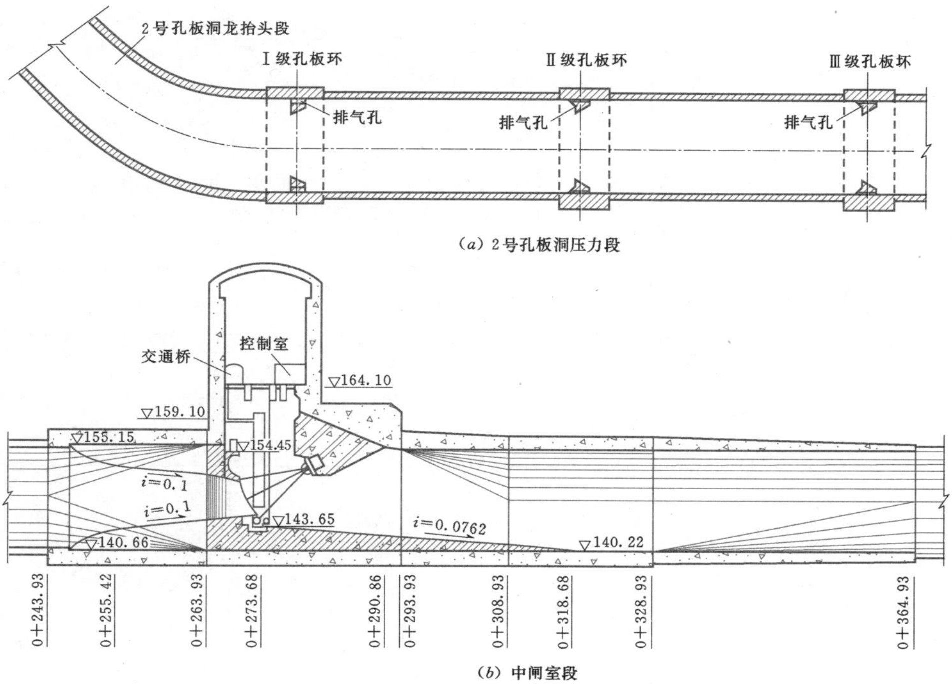

图 3.11－11 2 号孔板洞压力段（孔板段）和中闸室结构图（单位：m）

小浪底工程泄洪洞水力学原型观测项目主要有以下方面：

(1) 孔板洞段监测时均压力、脉动压力、空化噪声、孔板振动（第 3 级孔板），通过观测，计算每级孔板的消能水头及消能系数及对孔板段在其运行水头下的运行安全特性作出分析与评价（含恒定流和非恒定流工况）。

(2) 偏心铰弧门振动监测闸门振动位移、加速度、主要构件的振动应力，并对闸门运行的安全性作出评价，对闸门的操作方式和程序提出建议。

(3) 中室段水力学监测时均压力、脉动压力、空化噪声、掺气浓度、通气孔风速等。

(4) 事故门动水下门过程水力学监测。

2 号孔板泄洪洞段压力测点布置在洞壁圆心高程位置附近，分别在每个孔板环上游 0.5 倍洞径的位置上布置时均压力测点 $\overline{P}1$、$\overline{P}2$、$\overline{P}3$ 及其后的 $\overline{P}4$，下游 0.5 倍洞径和 1 倍洞径的位置上布置脉动压力测点 P′1～P′4、P′6、P′7，此外，在第三道孔板环圆心高程位置上布置脉动压力测点 P′5，在中闸室前的渐变段布置时均压力测点 $\overline{P}5$，共计布置 4 个时均压力测点和 7 个脉动压力测点。

空化测点布置在每一级孔板下游 1 倍洞径处，测点编号依次为 Ca1、Ca2、Ca3 和 Ca4。

在 2 号孔板环脉动压力测点 P′5 同一位置上布置了 1 个加速度测点 a1，可以测量 3 个方向的振动加速度。

中闸室段在边墙上布置了 3 个时均压力测点 $\overline{P}6$、$\overline{P}8$ 和 $\overline{P}9$，底板布置了空化测点 Ca5、流速测点 V1 和三个时均压力测点 $\overline{P}5$、$\overline{P}7$ 和 $\overline{P}10$，还在通气孔后空腔区布置了空腔负压测点 $\overline{P}11$、$\overline{P}12$。

孔板洞段及中闸室段各测点布置见图 3.11－12 和位置高程见表 3.11－14。风速测点布置见图 3.11－13、图 3.11－14，闸门振动测点布置见图 3.11－15 和图 3.11－16。

在孔板洞和偏心铰弧门的监测中，全部采用计算机控制的数据采集方式，在采样过程中可以做到实时监测孔板洞和弧门的运行情况。

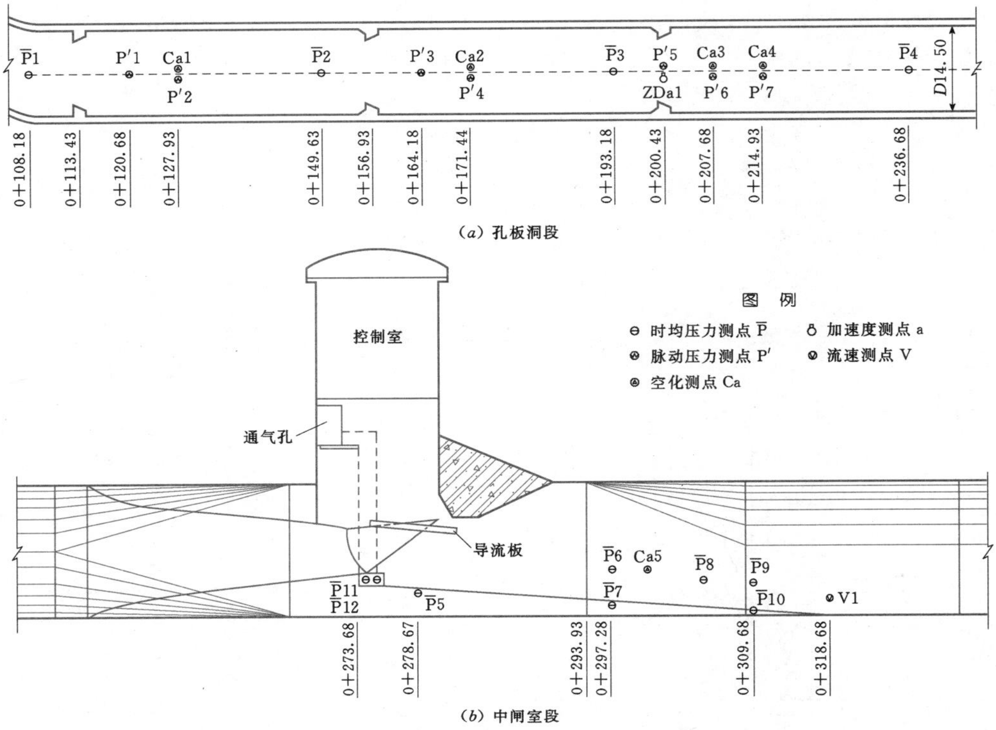

图 3.11-12　2 号孔板洞段及中闸室段水力学测点布置（单位：m）

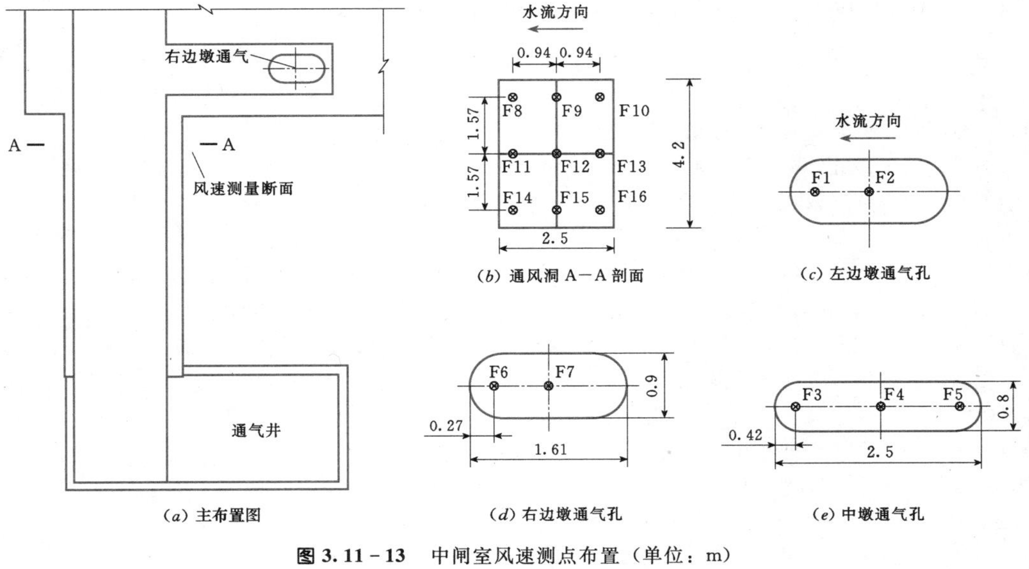

图 3.11-13　中闸室风速测点布置（单位：m）

F1～F16—风速测点

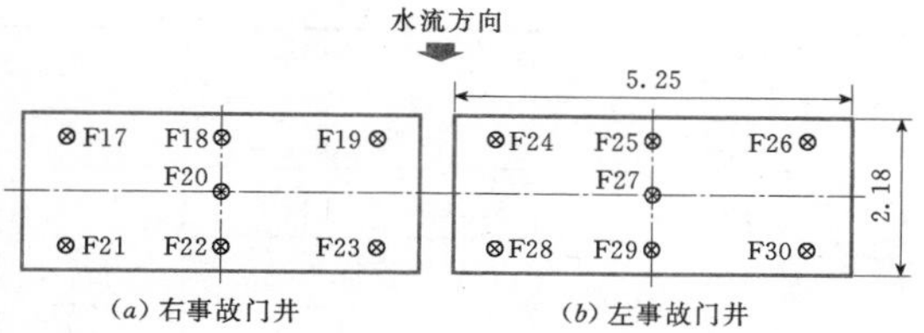

图 3.11－14 2 号孔板洞事故门井风速测点布置图（单位：m）

F17～F30—风速测点

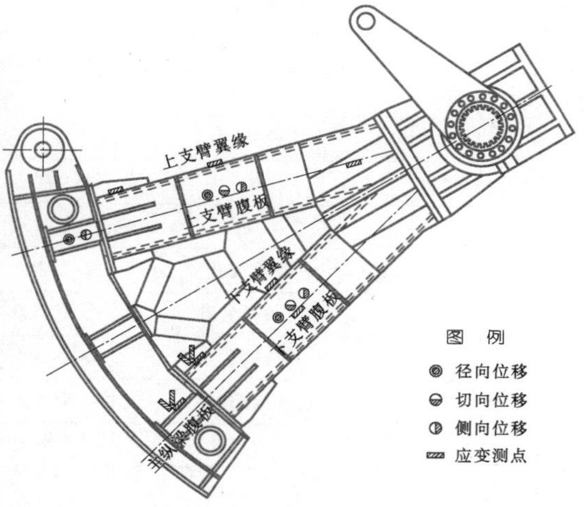

图 3.11－15 2 号孔板洞偏心铰弧形工作闸门振动测点布置侧视图

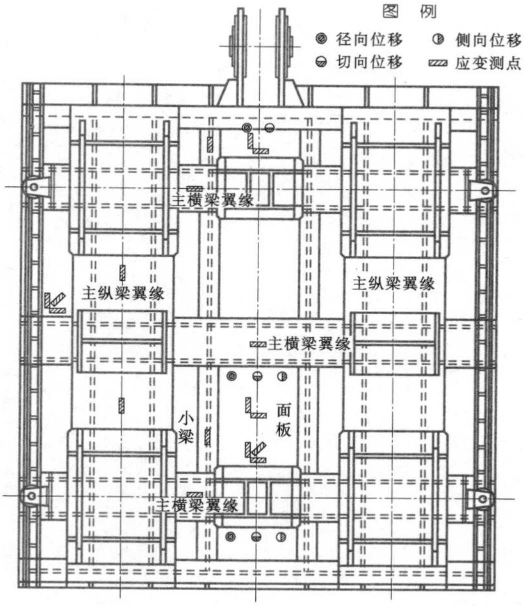

图 3.11－16 2 号孔板洞偏心铰弧形工作闸门振动测点布置平面图

监测成果有：①孔板洞段时均和脉动压力特征资料；②中闸室压力（时均和脉动）资料，通气孔通风量和风速，门井通风状况；③孔板泄洪的水流空化特性资料；④泄洪的弧门流激振动特性资料等。

表 3.11－14　　2 号孔板泄洪洞中闸室水力学原型观测点布置

观测内容	测点编号	传感器类型	安装位置			备注
			高程（m）	桩号	位置	
掺气浓度	C5	电阻式掺气传感器	143.27	0＋278.67	底板	图中未示
	C7		141.85	0＋297.28	底板	
	C9		143.56	0＋309.68	左边墙	
	C10		140.24	0＋309.68	底板	
	清水电阻		—	—	底板	
时均压力	$\overline{P}1$	压力传感器	148.75	0＋106.18	1 号孔板洞前 0.5 倍洞径处	
	$\overline{P}2$		148.50	0＋149.68	2 号孔板洞前 0.5 倍洞径处	
	$\overline{P}3$		148.23	0＋193.18	3 号孔板洞前 0.5 倍洞径处	
	$\overline{P}4$		147.98	0＋236.68	渐变段前 0.5 倍洞径处	
	$\overline{P}5$		143.27	0＋278.67	底板	
	$\overline{P}6$		147.61	0＋302.31	突扩下游 23.64m 处	
	$\overline{P}7$		141.85	0＋297.28	底板	
	$\overline{P}8$					损坏
	$\overline{P}9$		143.56	0＋309.68	左边墙	
	$\overline{P}10$		140.24	0＋309.68	底板	

续表

观测内容	测点编号	传感器类型	安装位置			备注
			高程（m）	桩号	位置	
空腔负压	$\bar{P}11$	压力传感器	144.66	0+273.68	左支洞空腔	
	$\bar{P}12$		144.66	0+273.68	右支洞空腔	
脉动压力	P′1	压力传感器	148.66	0+120.68	孔板洞段	
	P′2		147.87	0+127.93	孔板洞段	
	P′3		148.40	0+164.18	孔板洞段	
	P′4		143.61	0+171.44	孔板洞段	
	P′5		148.20	0+200.43	孔板洞段	
	P′6		147.39	0+207.68	孔板洞段	
	P′7		147.35	0+214.93	孔板洞段	
流速	V1	流速仪	140.22	0+318.44	底板	3 个测点
风速	F1～F2	流速仪、差压传感器	—	—	左边墩通气孔	2 个测点
	F3～F5		—	—	中墩通气孔	3 个测点
	F6～F7		—	—	右边墩通气孔	2 个测点
	F8～F16		—	—	通风洞	9 个测点
	F17～F23		—	—	右事故门井	7 个测点
	F24～F30		—	—	左事故门井	7 个测点
振动	a1		148.20	0+200.43	孔板	
空化	Ca1	水听器	147.87	0+127.93	孔板洞段	
	Ca2		147.61	0+171.44	孔板洞段	
	Ca3		148.89	0+207.68	孔板洞段	
	Ca4		148.85	0+214.93	孔板洞段	
	Ca5		147.61	0+302.31	突扩下游 23.64m 处	

【实例 2】 东风水电站位于贵州省清镇、黔西两市县交界的乌江鸭池河河段上。拦河大坝采用双曲抛物线薄拱坝，坝顶高程 978.00m，顶宽 6m，底宽 25m，最大坝高 162m。泄洪系统由左岸泄洪洞、左岸溢洪道、坝身三个中孔和三个表孔组成，见图 3.11-17。泄洪建筑物出口水流皆采用沿河床纵向拉开，同时还利用水流空中相撞以达到充分消能的目的，减轻对下游河床的冲刷。特别是坝身中孔采用了适合深山峡谷的窄缝消能工。

为了监测拱坝中孔水力特性，判断拱坝安全性，1997 年 8～9 月的原型观测对中孔进行了压力流态及空化等项监测。

对中中孔监测内容有弧门后左边墩时均压力、脉动压力、通气量、空化状况及流态。左边墩上布置 9 个时均压力测点、5 个脉动压力测点、1 个空化监测点和通气量测区，具体布置见图 3.11-18 和图 3.11-19。

图 3.11-17　东风水电站外形

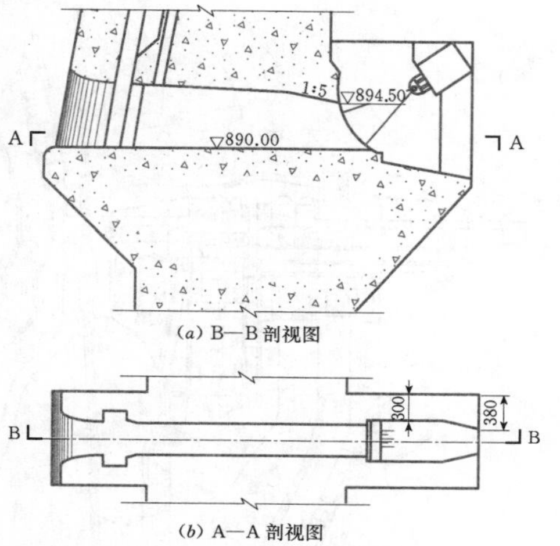

图 3.11-18 中中孔布置图
（高程单位：m；其余单位：cm）

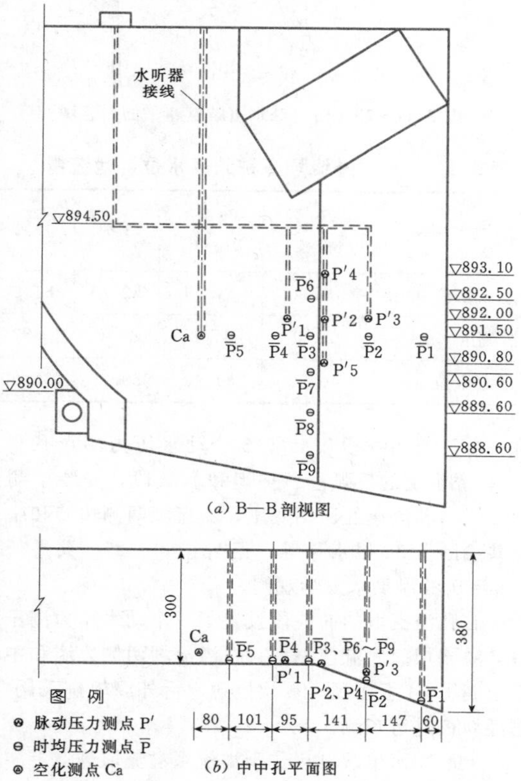

图 3.11-19 中中孔边墩测点布置图
（高程单位：m；其余单位：cm）

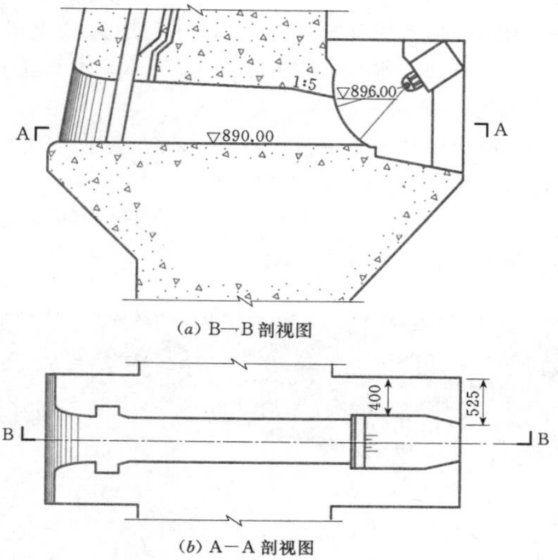

图 3.11-20 左中孔布置图
（高程单位：m；其余单位：cm）

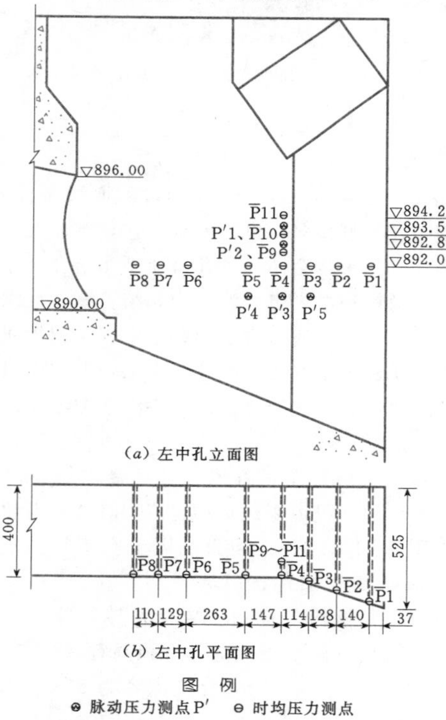

图 3.11-21 左中孔边墩测点图
（高程单位：m；其余单位：cm）

左中孔观测内容有左边墩时均压力、脉动压力、空化、通气量和流态。左边墩上布置 11 个时均压力测点、5 个脉动压力测点，进口快速平板事故门检修门槽下游通气孔处布置空化监测点。详见图 3.11-20 和图 3.11-21。

监测成果如下：

(1) 取得中中孔及左中孔时均压力及脉动压力特征图和表，了解泄流流态和水力学现象，坎后通气状况。

成果表明，主流区的水流作用在中孔边墙上的脉动压力最大值范围 1～6m 水柱，脉动压力最小值范围约－1～－6m 水柱，均方根在 0.5～2m 水柱左右。脉动的优势频率在 1～8Hz 范围内。

从空化监测的结果可以看出，在边墩所测的测点部位未发生空化，亦未见空蚀破坏。

(2) 水流表面掺气严重，导致实测水面线与模型有一定差异，见图 3.11－22。

图 3.11－22　东风水电站洪流雾化掺气效果

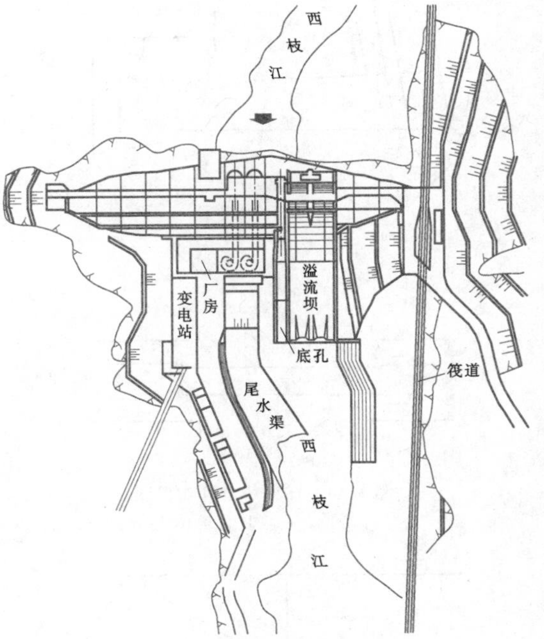

图 3.11－23　白盆珠水电站枢纽平面布置图

3.11.2.4.3　溢流坝水力学监测

1. 监测布置

溢流坝是溢洪道位于挡水坝段的泄洪布置方式。溢流坝布置类型很多，也很复杂，它具泄量大、泄洪安全的优点。常常会与坝体孔口泄洪相结合，亦可与厂顶过流及岸边溢洪道、泄洪洞相结合综合泄洪。因为泄洪流程短，所有水力学问题集中在溢流坝面及其挑坎上。挑流坎下水力学监测基本上类似溢洪道。其设计、布点、设站和施测亦同溢洪道水力学监测。

2. 监测实例

白盆珠水利枢纽工程由主坝、溢洪道、泄洪底孔、电站厂房、筏道等建筑物组成。具体的枢纽平面布置见图 3.11－23。主坝为混凝土空腹重力坝，坝顶长 240m，最大坝高 66.2m。

溢流坝是枢纽工程的主要泄水建筑物，为双孔溢流坝，采用开敞式溢流堰，堰顶高程 73.00m。水库正常蓄水位为 75.00m，相应库容为 57800 万 m^3，溢流坝 500 年一遇设计泄流量 $Q=1700m^3/s$，5000 年一遇校核泄流量 $Q=2100m^3/s$。溢流坝各种频率的水位、泄流量见表 3.11－15。溢流坝结构布置见图 3.11－24。

主要对溢流坝面的流态、水面线、底流速、动水压力、脉动压力、闸门振动、鼻坎挑射水舌和下游河床冲刷情况进行水力学监测。分析研究各种水力参数之间的关系和影响因素。并判别其对工程的影响。

表 3.11－15　溢流坝各种频率水位、泄流量

洪水频率	0.02%（校核）	0.2%（设计）	1%	5%
水库水位（m）	85.90	84.00	82.70	81.90
泄流量（m^3/s）	2100	1700	1430	687
下游水位（m）	40.90	39.90	39.20	36.90

溢流堰曲线段安装了 3 个动水压力测点（测压管）；溢洪道的反弧段、护坦和鼻坎段，安装了测试脉动压力和流速的通用底座，溢流坝两侧边墙和中墩上共绘制了 24 根水尺等，见图 3.11－25。共进行了 5 个组次的泄洪水力学观测。

右孔溢流堰的曲线段设置了 3 个动水压力测压孔口，溢流坝面底流速测点，在溢流坝两侧边墙和中墩上绘制了 24 根水尺。鼻坎挑射水舌外缘轨迹采用 T2 型经纬仪进行观测。

上游库水位观测点位于溢流坝溢流堰进口上游右侧 30m 的水库内，下游河道水位观测点位于鼻坎下游 130m 处（桩号 0＋210.00）的右岸，均采用自动水位仪测量和记录。

监测成果包括：①坝面两侧边墙水面线和水舌；②鼻坎流速；③河道下游冲刷平面等值线；④坝面护坦及鼻坎时均压力和脉动压力值；⑤溢流堰顶弧门振动特性等。

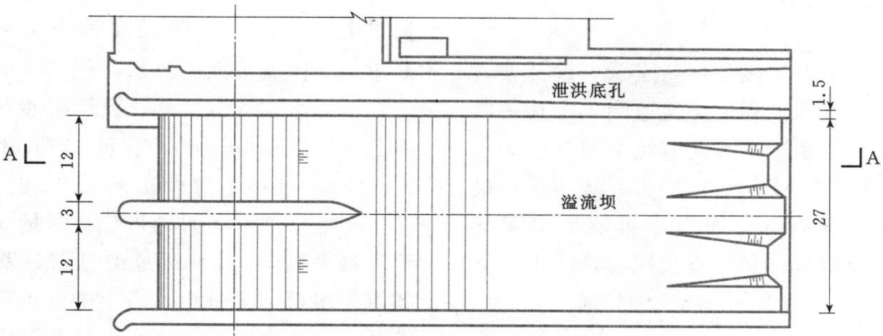

(a) 平面图

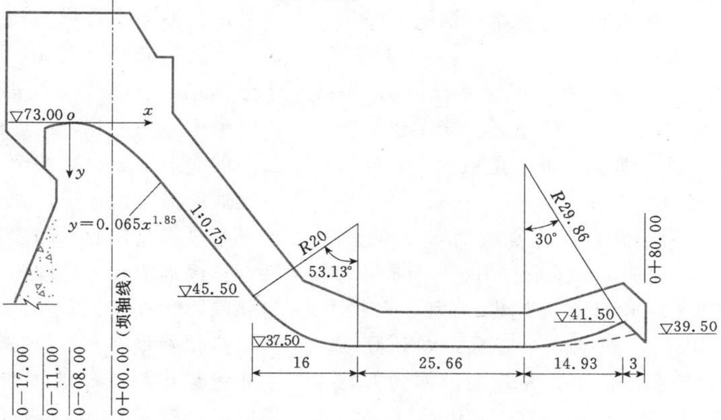

(b) A—A 剖视图

图 3.11-24 溢流坝结构布置图（单位：m）

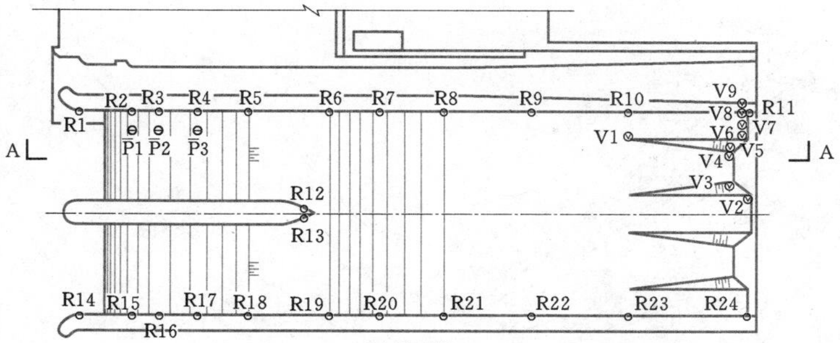

(a) 平面图

(b) A—A 剖视图

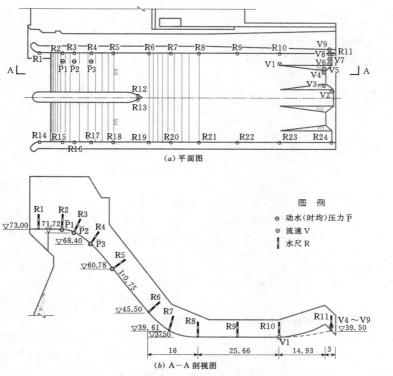

图 3.11-25 溢流坝水力学观测设备布置图（单位：m）

3.11.2.4.4　泄洪雾化监测

1. 监测布置

雾化灾害预报和防治直接与枢纽安全、投资等诸多问题相关，所以对已建工程的雾化监测，尤其是对大型挑流消能泄水建筑物泄洪雾化监测愈加重视。由于泄洪雾化观测范围广，观测条件恶劣，必须认真设计、布置、观测。雨强测点分布应尽可能涵盖雾化区。测雨的雨量筒或雨量计必须安装牢固，防止被泄洪时的坝后风刮翻。

2. 监测实例

东风水电站枢纽工程由拱坝、左岸泄洪洞、溢洪道和右岸地下厂房等组成。

泄洪系统采用坝身与左岸岸边泄洪相结合方式，以岸边为主，并沿河岸纵向拉开的原则。泄洪建筑物由左岸泄洪洞、溢洪道、坝身三个中孔和三个表孔组成，最大下泄流量 12369m³/s。

坝身左右为两个大中孔，孔底高程为 890.00m，控制断面为 5m×6m，出口为弧形工作门，断面为 5m×8m。坝身中部为中中孔，控制断面为 3.5m×6m，出口设弧形工作门。坝顶 3 个表孔，堰顶高程 967.00m，出口为挑流鼻坎消能。左岸泄洪洞为开敞式无压洞，堰顶高程 950.00m，弧形工作门 12m×21m，洞身长 465m，断面 12m×17.5m 城门洞形，出口采用斜鼻坎挑流消能，鼻坎高程 913.35m。左岸溢洪道长 268.2m，堰顶高程 950.00m，出口设曲面贴角鼻坎挑流消能。鼻坎高程 885.73m。

正常水位 970.00m，设计洪水位 974.13m，相应下游水位 860.00m 时，泄量 12369m³/s，校核洪水位 977.53m，相应下游水位 865.00m 时，泄量 9283m³/s。

水电站泄洪布置的特色：泄量大、落差大，泄洪建筑物沿纵向约 500m 范围分散布置，而且每种泄洪建筑物出口均为挑流，每个挑流水舌又都沿河床纵向拉开，中孔收缩式挑流水舌拉开 100～120m，泄洪洞水舌由扭鼻坎水舌纵向拉开 100m，溢洪道曲面贴角鼻坎水舌纵向拉开 80m，因此从空中分散，消能效果十分理想。但随空中消能而来的泄洪雾化问题很突出，由于泄洪雾化，已造成过进厂交通洞进水，进厂公路的交通中断，边坡滚石块等诸多事故。为此，进厂交通洞有一段改道，原洞口加叠梁，洞口外挖排水沟。通过雾化监测，即通过获取雨强、雨量、雨区范围、雾区范围和可见度等可以判断泄洪雾化对电站建筑物的影响程度。

雾化测量在枢纽 1200m×200m（长×宽）范围内布置雾化测点；具体布置见图 3.11-26。前后对不同泄水建筑物闸门局开、全开 8 组泄水进行雾化监测。

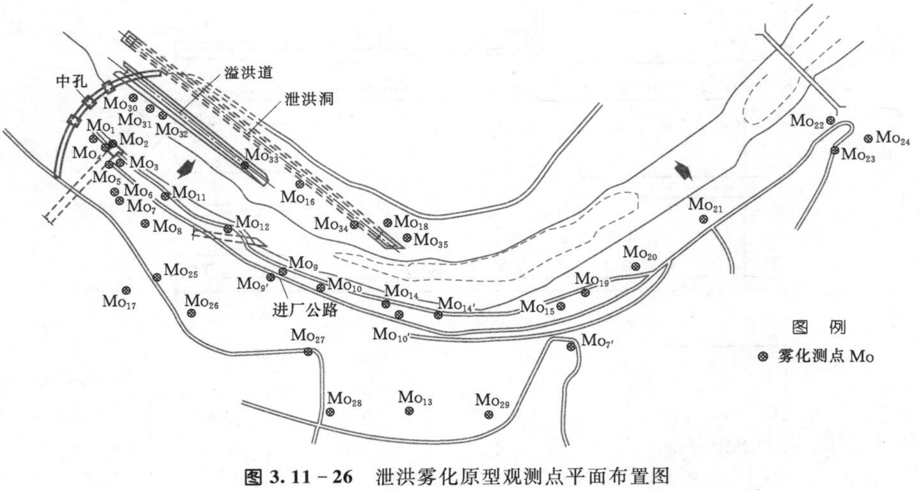

图 3.11-26　泄洪雾化原型观测点平面布置图

大雨区用特制雨量筒（重量法）测量，小雨量采用滴谱法予以测量，雾区范围用录像机和照相机立体同步进行拍摄。

由于电站泄水建筑物水流均从较高鼻坎或孔口挑流跌入河床，水流在空中流程较长，又因鼻坎消能工形状特殊，中孔出口采用收缩窄缝式，泄洪洞用扭鼻坎，溢洪道鼻坎为曲面贴角鼻坎，水舌挑离鼻坎后均纵向拉开撕裂，加剧雾化和扩大雨区范围，具体见图 3.11-17、图 3.11-22 和图 3.11-27。和同样流量水头条件下的其他泄水消能工相比，所测雾化要严重得多。

取得各个泄洪建筑物运行时雨区、雨强资料，测得各种雨强时可见度，并用此划分各种等级雨雾防治等级等。

(a) 左中孔　　(b) 溢洪道　　(c) 右中孔

图 3.11－27　东风水电站泄洪雾化

3.11.2.4.5　流激振动监测

1. 监测布置

在泄水建筑物的溢流坝表孔、中孔及闸门、泄洪洞及闸门，以及与其相关的导墙、隔墩等易发生振动的部位进行流激振动监测。

2. 监测实例

大广坝水利枢纽工程位于海南昌化江中游。主要建筑物包括拦河大坝、电站进水口和压力钢管、地下厂房、尾水调压井和尾水隧洞、尾水渠、地面副厂房、开关站、灌区高干渠取水口与渠首小电站等。

拦河坝的河床部分为碾压混凝土重力坝，最大坝高 57m，坝长 719m。溢洪道为开敞式溢流坝，堰顶高程 126.00m，16 个孔，孔口净宽 16m，孔口闸门尺寸为 16m×14.5m（宽×高），设 16 扇露顶式弧形钢闸门。

流激振动监测主要对弧形闸门主要受力构件（如支臂、主横梁等部位）自振特性（频率、阻尼比、振幅等）进行测试分析，对闸门结构进行动态安全评价，并提出最佳局部开启范围。

在选定测试闸门上共布置 35 个应力测点，其中主横梁 10 个，支臂 10 个，纵隔板 4 个，面板 3 个及水平次梁 3 个，支臂 5 个。在选定的 5 号、6 号、12 号和 13 号四孔弧形工作闸门结构上分别按部位布置振动传感器，在选定闸门的面板上主横梁，下主横梁及二主梁中部共布置 3 个测点的振动加速度传感器；在闸门右支臂的上下弦杆上布置 2 个测点的振动传感器；在左支臂上亦布置 2 个测点的振动传感器。见图 3.11－28～图 3.11－30。

在闸门面板上的典型部位布置 3～4 个高精度水流脉动压力传感器，以掌握动水压力的作用量级及其脉动能量在频域的分布情况。

应用实验模态分析技术测试闸门结构的动力特性。测取闸门在不同开度条件下作用于门体的水流脉动压力荷载，取得闸门振动的加速度、动位移及其动应力等物理参数，明确振动类型、性质及其量级等，判断闸门振动程度及其危害性。

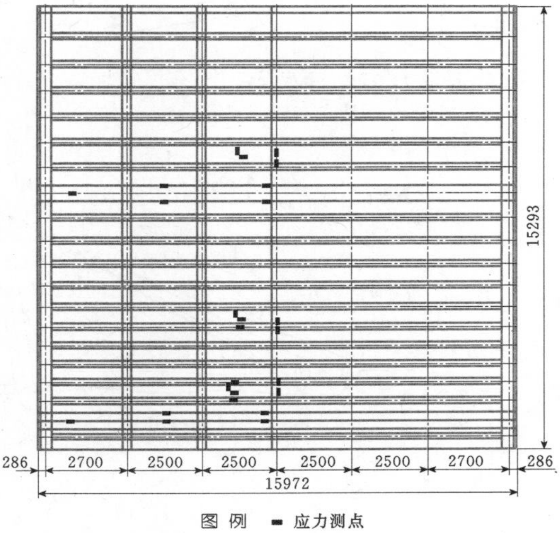

图 3.11－28　溢流坝弧形工作门应力测点布置图（单位：mm）

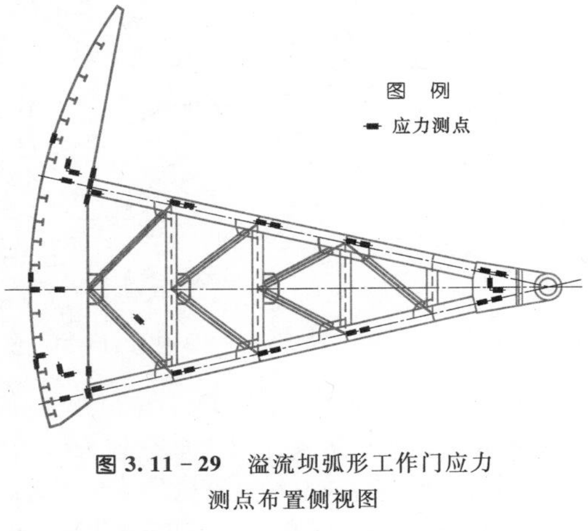

图 3.11－29　溢流坝弧形工作门应力测点布置侧视图

观测成果取得闸门结构特性、流激振动特性（振动位移、加速度及振型）等资料。

3.11.2.4.6　泄水及消能建筑物综合型水力学监测

水电工程特别当泄洪量比较大时，其泄洪布置往

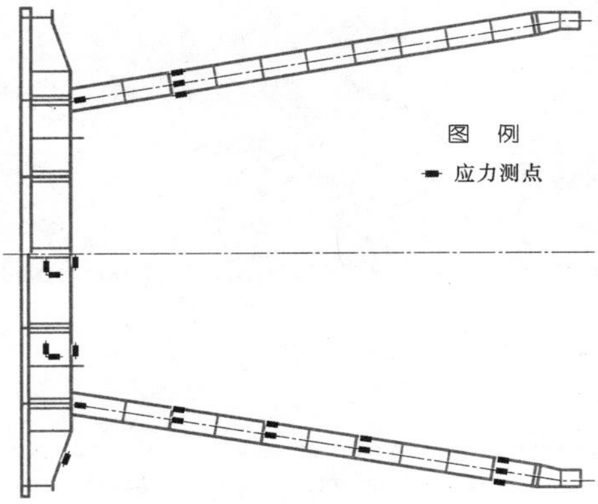

图 3.11－30　溢流坝弧形工作门应力测点布置俯视图

往是多种泄水建筑物组成。因此水力学监测也是综合型监测。

1. 监测布置

根据不同建筑物的结构特点和枢纽工程的组成特点综合布置。

2. 监测实例

鲁布革水电站首部枢纽由高 103.8m 的风化斜土墙堆石坝、电站进水口、左岸开敞式溢洪道、左岸泄洪洞、右岸泄洪洞、左岸（电站进水口下）冲沙洞等组成，水电站的首部枢纽布置见图 3.11－31。

泄洪建筑物采用一槽两洞的布置方式，构成了表、中、底三层，归槽水舌纵向拉开。左岸泄洪道全长 420m，最大泄量 $6424m^3/s$，由引渠、驼峰型溢流堰、泄槽和折板式挑流鼻坎组成。驼峰堰高 5.6m，堰

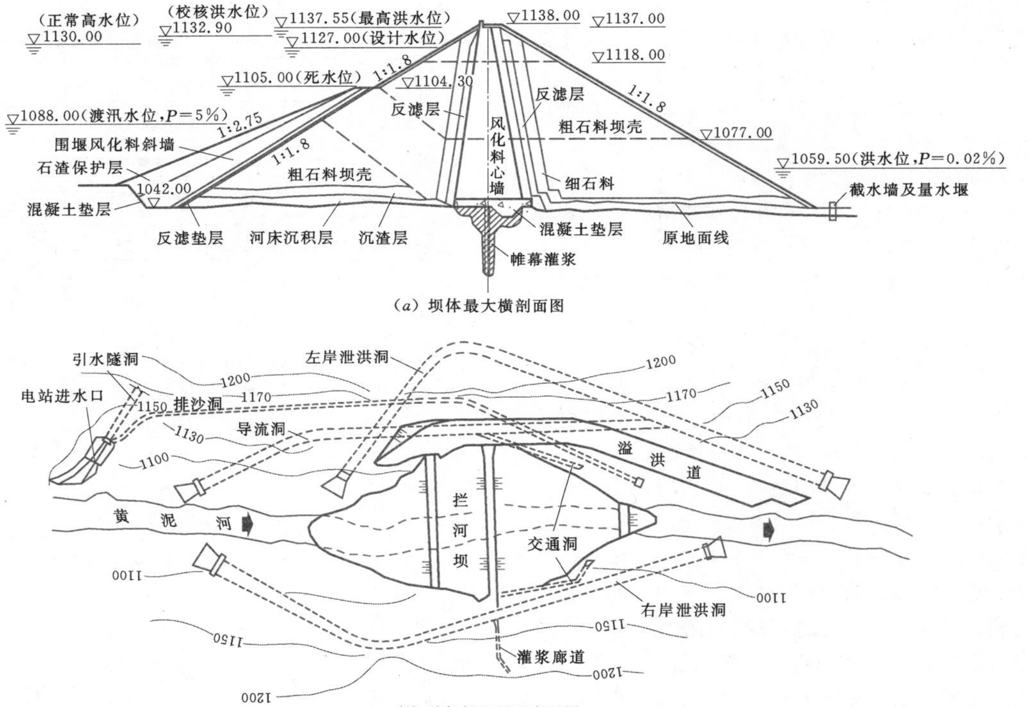

图 3.11－31　鲁布革水电站首部枢纽布置图

顶高程 1112.60m，堰后泄槽分两槽，每槽净宽 13m，并分为弯道段和陡槽直线段（底坡分别为 0.01 和 0.33），在陡坡段设有两道掺气设施；左岸泄洪洞由进水口、有压段、斜井反弧段，平直段及折板式挑流鼻坎组成，为减免空蚀破坏在斜坡反弧段布置了两道掺气坎，右岸泄洪洞由进水口、压力管道段、明流段及连续非对称斜向挑流鼻坎组成。

泄洪建筑物的总下泄量为：设计水位 1127.00m，泄量 $5455m^3/s$（500 年一遇）；校核水位 1132.90m，泄量 $8560m^3/s$（5000 年一遇＋5%修正值）；保坝洪水位 1137.55m，泄量 $10454\ m^3/s$。

泄水建筑物具有落差大、流速高、水流条件复杂的特点。

溢洪道监测弯道段水力学问题、隔墙振动及掺气坎的掺气减蚀效果和出口折板式挑坎的水力特性；右岸泄洪洞工作闸室破坏处理监测，右岸泄洪洞工作弧

门振动监测，下游河床基岩局部冲刷的观察研究，泄洪的挑流水舌引起的雾化监测。

整个监测分为两年实施，计划见表3.11-16，监测重点是左岸溢洪道，右岸泄洪洞工作弧门振动，同时对左岸泄洪洞下掺气坎后掺气浓度、鼻坎脉动特性及下游雾化做局部观测。第二次监测只观测了左岸泄洪洞。

在现场监测结束后，又按原型观测工况在1∶25溢洪道模型重演其水力学参数并进行测量，还要对右岸泄洪洞闸室工程处理进行汛后调查和反馈分析。

表3.11-16　鲁布革水电站泄水建筑物水力学监测项目

监测项目	监测位置			备注
	左岸溢洪道左槽	左岸泄洪洞	右岸泄洪洞	
流态	含引渠、弯道段、挑流鼻坎流态	含进口漩涡，鼻坎挑流	含进口漩涡，鼻坎挑流	第一年计划
水面线	在左右边壁画18根水尺	在鼻坎上及其附近共布置了15个测点		
脉动压力	共布置10个测点	共布置了2个测点		
掺气浓度	共布置5个测点			
空腔负压	上下掺气坎布置了仪器			
通气孔进气量	上下进气孔均安装风速仪			
建筑物振动	在中隔墩上安装4个横向测点		闸门振动，共布置动应力、脉动压力、加速度测点26个	
不平整度缺陷调查	对凹坑、分缝、钢筋头等施工缺陷进行拍照、录像、标记编号		检查右洞闸室测处理后效果	
空蚀破坏调查	待行水后对上述缺陷进行调查统计			
雾化形态、降雨量	在左、右岸布置18个测点三个断面，并用录像机、照相机拍摄	同溢洪道	同溢洪道	
脉动压力		沿程共布置了10个测点		第二年计划
掺气浓度		沿程共布置了6个测点		
空腔负压		上、下掺气坎各布置了2个测点		
通气孔进气量		上、下通气孔坎安装了风速传感器		
底流速		在桩号0+684.83处安装了一个3点式流速仪		
不平整度缺陷调查		在凹坑、分缝、钢筋头等施工缺陷进行了记录		
雾化形态，降雨量		沿左右岸布置了42个人工采样点及10个电测点		
空蚀破坏调查		行水后对施工缺陷进行调查		

根据上述监测计划中监测的内容和要求，溢洪道掺气浓度及脉动压力测点布置和左、右岸泄洪洞水力学观测测点布置见图 3.11－32 和图 3.11－33，与反馈试验模型测点一一对应。闸门结构应力和振动监测布置见图 3.11－34 和图 3.11－35。

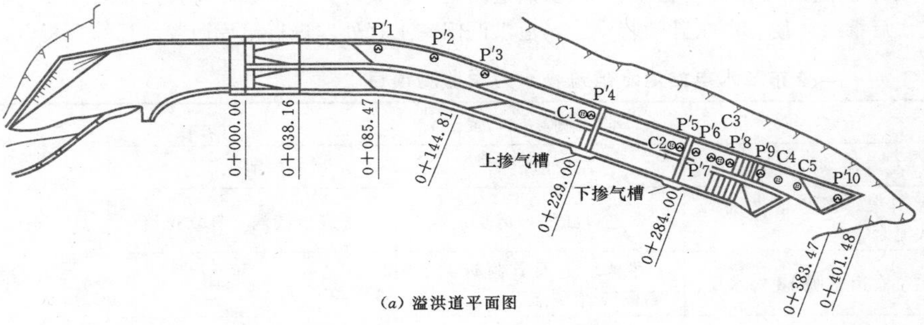

(a) 溢洪道平面图

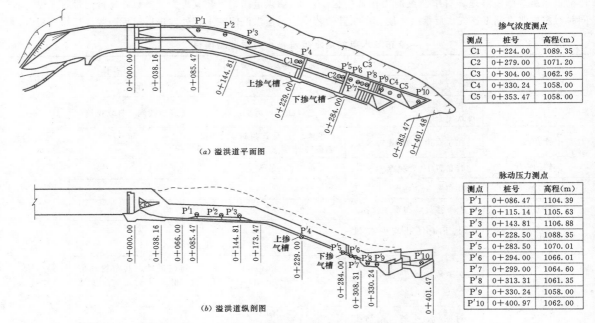

掺气浓度测点

测点	桩号	高程(m)
C1	0+224.00	1089.35
C2	0+279.00	1071.20
C3	0+304.00	1062.95
C4	0+330.24	1058.00
C5	0+353.47	1058.00

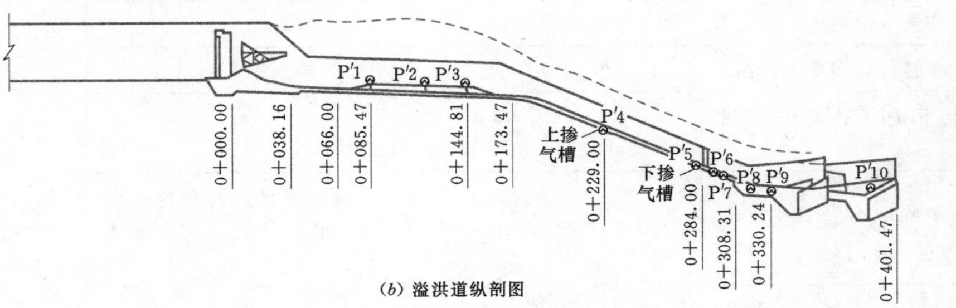

(b) 溢洪道纵剖图

脉动压力测点

测点	桩号	高程(m)
P′1	0+086.47	1104.39
P′2	0+115.14	1105.63
P′3	0+143.81	1106.88
P′4	0+228.50	1088.35
P′5	0+283.50	1070.01
P′6	0+294.00	1066.01
P′7	0+299.00	1064.60
P′8	0+313.31	1061.35
P′9	0+330.24	1058.00
P′10	0+400.97	1062.00

图 3.11－32　溢洪道掺气浓度及脉动压力测点布置图（单位：m）

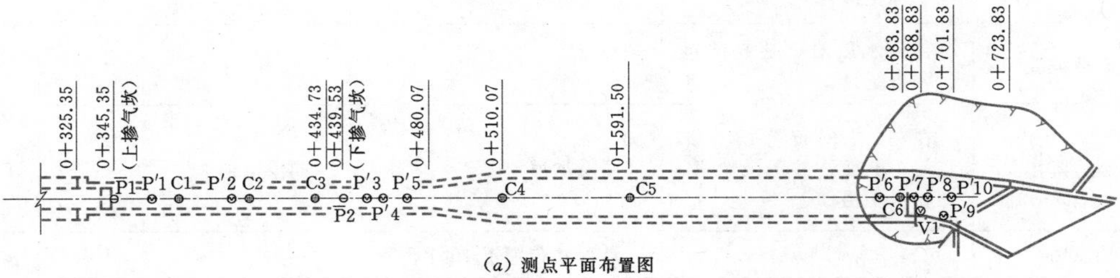

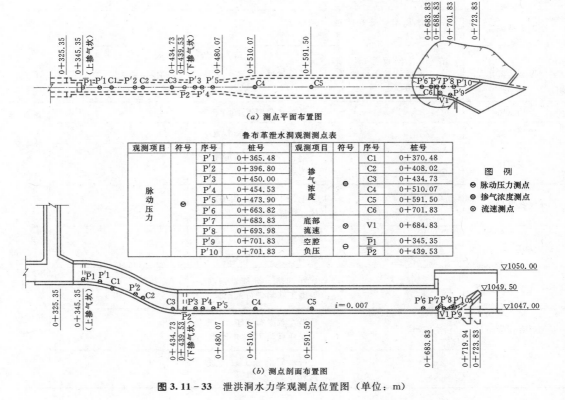

(a) 测点平面布置图

鲁布革泄水洞观测测点表

观测项目	符号	序号	桩号	观测项目	符号	序号	桩号
脉动压力	⊗	P′1	0+365.48	掺气浓度	◍	C1	0+370.48
		P′2	0+396.80			C2	0+408.02
		P′3	0+450.00			C3	0+434.73
		P′4	0+454.53			C4	0+510.07
		P′5	0+473.90			C5	0+591.50
		P′6	0+663.82			C6	0+701.83
		P′7	0+683.83	底部流速	⊘	V1	0+684.83
		P′8	0+693.98				
		P′9	0+701.83	空腔负压	⊖	P̄1	0+345.35
		P′10	0+701.83			P̄2	0+439.53

图　例

⊗ 脉动压力测点

◍ 掺气浓度测点

⊘ 流速测点

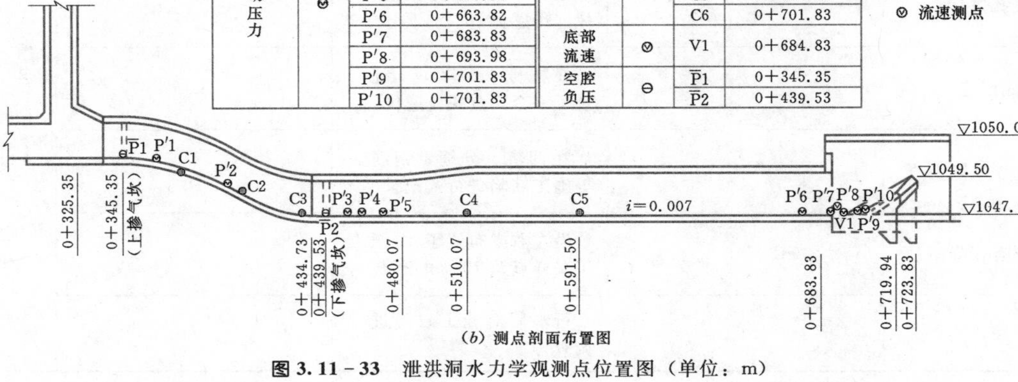

(b) 测点剖面布置图

图 3.11－33　泄洪洞水力学观测点位置图（单位：m）

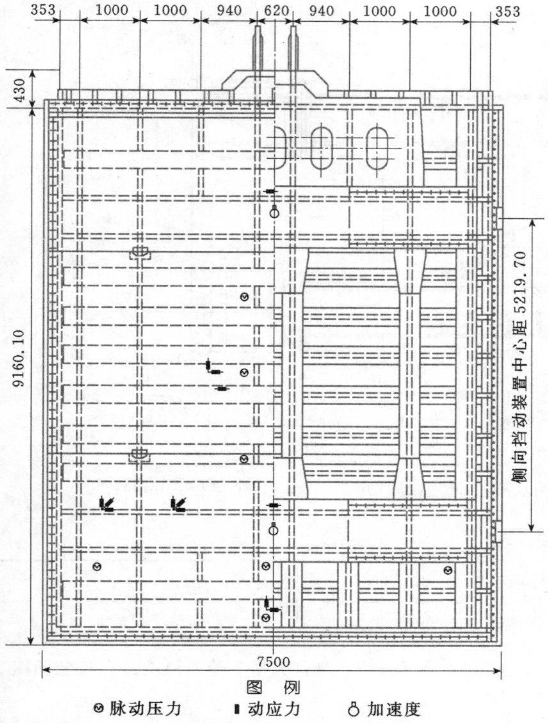

图 3.11－34 闸门门叶测点布置图（单位：mm）

溢洪道共进行了 4 次监测，4 次监测中闸门均为全开且仅开启左槽；左岸泄洪洞进行了一次监测，监测中闸门开度由 1/5→2/5→4/5→全开，每个开度稳定 15～20min；右岸泄洪洞进行了 3 次监测，每次监测闸门开度由 1/5→2/5→3/5→4/5→全开→4/5→3/5→2/5→1/5→关闭。

左岸泄洪洞监测，库水位从 1124.71m 下降至 1123.67m，消落库水位 1.04m，观察中闸门开度由 1/5→3/5→全开，每个开度稳定 15～20min。

经这两年两次对溢洪道、泄洪洞水力学监测，取得成果见表 3.11－17。

3.11.2.5 输水建筑物水力学监测

输水建筑物一般指输水洞、输水管、输水渠等，主要由进水口、输水洞（管或渠）及出口等组成。当由高处向低处输水时，可为自流式，若由低处向高处输水时，则需设计提升泵。输水建筑物在河网地区，往往要跨越河道（运河）及相邻管道，形成交叉建筑，如输水建筑物上设倒虹吸式涵管。从用途上看输水建筑物有灌溉引水，农用引水和城市用水，由水库或河流引往灌溉渠、自来水厂或火电厂冷却系统。输水建筑物的水流流量、输水水头一般比泄洪建筑物规模小。对于它的水力学监测，大部分监测项目与泄水

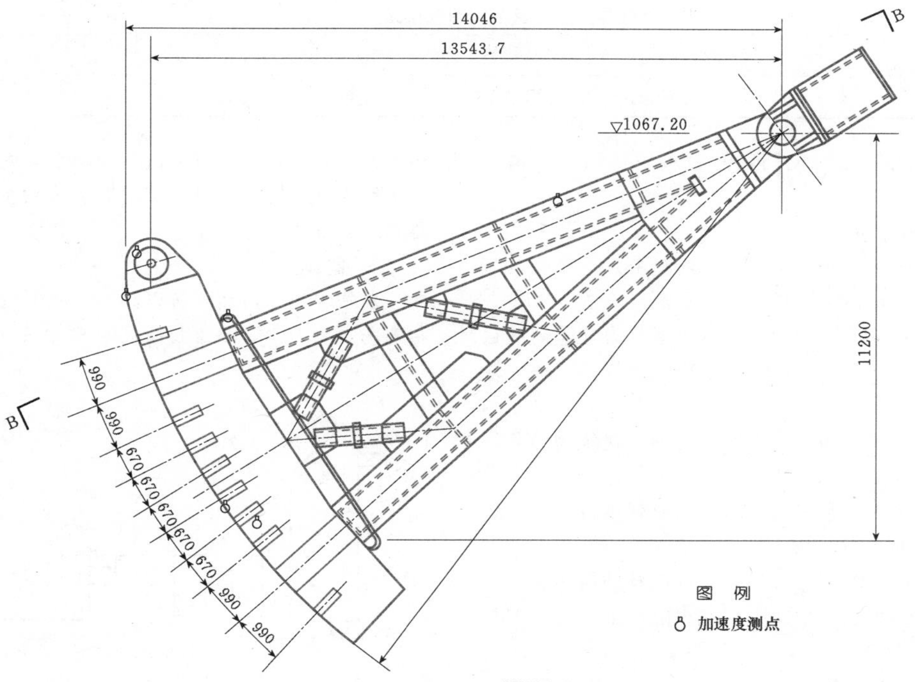

(*a*) A—A 剖视图

图 3.11－35（一） 弧形闸门立面与平面图（支臂测点布置图）（高程单位：m；其余单位：mm）

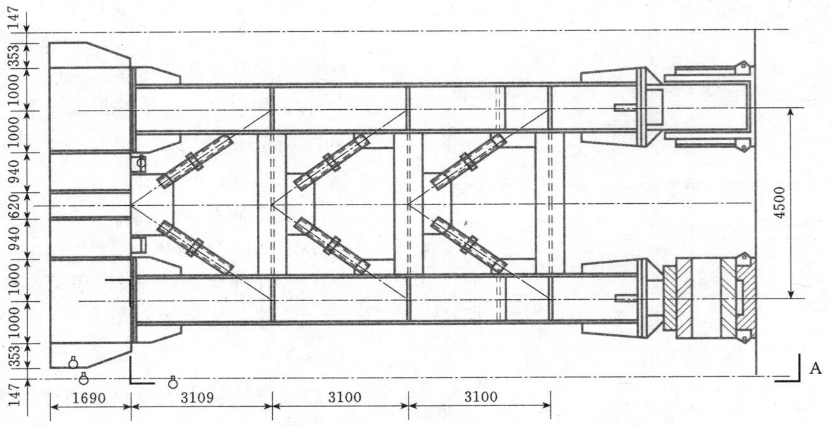

(b) B—B 剖视图

图 3.11-35（二）　弧形闸门立面与平面图（支臂测点布置图）（高程单位：m；其余单位：mm）

表 3.11-17　　**监测成果表**

监测建筑物	监测成果内容
溢洪道	流态水面线：整理成实测水深表、照片及水面线分布图
	底板沿程压力：列出底板压力测点的脉动均方根、紊动强度、最优频率表绘制溢洪道底板脉动压力功率谱图
	溢洪道中隔墩振动：列出中隔墩测点振动均方根表及位移或加速度自动率谱图
	掺气槽及通气孔的通气孔通风量、掺气坎下游沿程掺气浓度
	溢流堰面不平整度施工缺陷及空蚀调查情况
泄洪洞	泄洪洞脉动压力流速：绘制脉动压力的功率谱图，流速分布图
	掺气槽压力流态掺气浓度及通气量：编制空腔负压、通气量表、掺气浓度

建筑物的水力学监测相同，但输水水量的监测精度更高。

1. 监测布置

(1) 输水建筑物进口水力学监测项目有进口流态、流速、进口体型边界压力测量等。

(2) 输水管（输水洞）或输水渠水力学监测项目有输水管（输水洞）压力、输水渠水面线、流速、输水过程线等。

(3) 交叉建筑物水力学监测与输水建筑物的监测项目基本相同。

(4) 泵站水力学监测，除以上所列项目之外，还需测定水泵的水力特性。

(5) 出口监测项目有流态、流速及冲刷等。

(6) 若输水建筑物在水厂或火电厂上，则需增加水质及水温监测。

2. 输水建筑物水力学指标监测方法及仪器

输水建筑物水力学指标监测方法及仪器基本同泄水建筑物监测，只是流量测量精度要求较高，若输水建筑物有泵站，则需对流道振动和水流均匀性加以监测；作为供水输水监测，需增加水质、水温测量的仪器和测试方法。

3. 监测实例

泵站水力学监测实例以江都水利枢纽工程抽水泵站现场观测为例，测流断面见图 3.11-36。

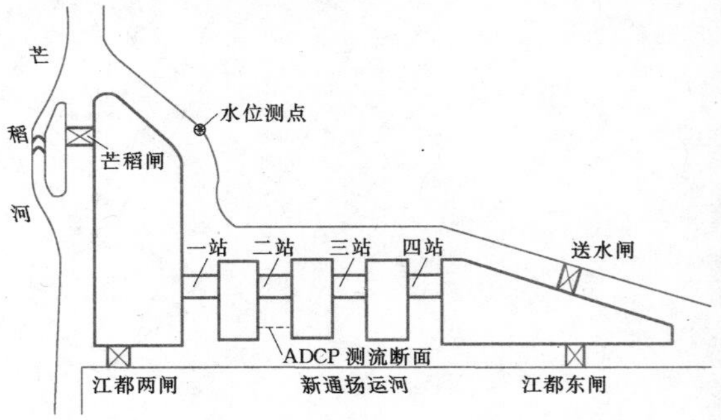

图 3.11-36　江都水利枢纽及泵站的测流断面图

江都第二抽水泵站改造后安装立式全调节轴流

泵，配套同步电动机8台，总装机容量8000kW，泵站设计扬程6.8m，单泵设计流量10.2m³/s。

(1) 监测布置及监测方法有以下方面：

1) 水泵流量监测采用流速面积法。测流断面设在水泵叶轮处，用五孔探针测量流速，信号自动采集与计算均由计算机完成。泵站流量采用ADCP进行测量。

2) 泵装置扬程测量。水泵装置扬程为泵站上下游水位差，水位量测断面位置见图3.11-36。自动记录水位站上、下水位记录仪器均为日记式自记水位计，校核水位设备为直立式搪瓷水尺，水尺零点高程的测定按国家三等水准测量的要求执行。

3) 电机输入功率测量。采用2个功率表法测量三相三线制电路的输入功率。

4) 机组振动测量。测试立式机组泵壳和泵轴处的垂直振动。试验中泵壳的振动测点位置选在泵壳顶部填料函处，泵轴的振动用电机上机架的振动表示。振动传感器选用压电式加速度传感器。

5) 机组噪声测量。机组噪声分电机层、检修层、水泵层3个高程测量，每台机组又分东、西2个测点，测量仪器采用Ils5920型噪声监测仪，声级测量范围：40～120dB，分辨率优于0.1dB。

(2) 通过现场对泵站及泵的水力学监测，其监测成果如下：

1) 江都第二抽水泵站原型观测采用先进的监测手段，测试方法符合泵站现场测试规程要求，测试结果可靠。

2) 江都第一、二抽水泵站通过更新改造，水泵流量增加3m³/s，泵装置效率提高9%，超过了预定模板，取得较好的社会经济效益。

3) 当上游水位8.43m、下游水位－0.53m时，装置净扬程8.96m，水泵虽由于进水流态等原因空蚀较为严重，但仍能正常运行。下游水位0.09m、泵站扬程8.7m时，机组能顺利起动。

4) 江都第一、二抽水泵站机组能满足南水北调东线工程的运行要求。

5) 江都抽水站前池及引河由于大面积旋涡区和静水区的存在，泥沙淤积严重，阻碍来流，影响水泵进水，必须清除。

3.11.2.6 通航建筑物水力学监测

1. 监测布置

通航建筑物有船闸、升船机和引航道等。水力学监测布置主要有：对船闸的灌排水、闸室内流态、廊道压力、阀门启闭及门后空穴等进行监测；对升船机承船厢运行水力学和升船机机械问题进行监测；对引航道的流态、流速等进行监测。

2. 监测实例

【实例1】 船闸水力学监测。大型高水头船闸要监测水力学项目见表3.11-18，具体监测以大化船闸水力学监测为例。

大化船闸的上游最高通航水位155.00m，最低通航水位153.00m；下游最高通航水位136.40m，最低通航水位126.00m；船闸最大工作水头达29m。船闸总长204.1m，船闸有效尺度120m×12.0m×3.0m（长×宽×门槛水深），上闸首采用卧倒门，下闸首采用人字门。船闸设计通过能力为年货运量180万t（其中下行140万t）。设计500t船队尺寸为109m×10.8m×1.6m（长×宽×吃水深），500t单船尺寸为45m×10.8m×1.6m（长×宽×吃水深）。大化船闸总体布置见图3.11-37。

表3.11-18 船闸水力学监测项目、布置及仪器设备

监测位置	监测项目	监测布置	监测仪器及设备
闸室	水位时间关系（充水）、闸室流态、闸室缆绳拉力（充水、泄水）	在闸室水位稳定位置设测点	拍照、录像
输水廊道	时均压力、脉动压力、空穴、通气量、振动	廊道内闸门后、廊道顶，布置压力测点压力传感器、测压管、水听器、阀门后、闸门	
上、下引航道	流态、流速、船舶航速、船舶首尾水位升降、曳引力		

大化船闸上游引航道总长457.5m，停船段梯形断面左侧近大坝处以墩板式透水导航墙与中间渠道进口连接。上游引航道底高程150.00m，最大和最小通航水深分别为5m和3m，右侧设靠船墩13个，1号靠船墩距坝轴线87m，中间渠道总长293.5m。

下游引航道长312.9m，停船段复式梯形断面底宽23m，最小通航水深10m，右侧设靠船墩7个，1号靠船墩距下闸首103.88m。

船闸输水系统采用闸墙主廊道闸室中心进口水平分流、闸底纵向支廊道二区段顶部支孔出水，盖板消能的布置型式。为了减少闸室泥沙淤积，大化船闸在国内首次设置了冲沙装置。

大化船闸施工阶段已在输水廊道及阀门本体预埋了各种传感器底座，信号电缆均牵引至观测廊道；在闸室、上下闸首的阀门井和下游检修门井以及中间渠道的上游进口、斜坡段起坡点、挡水墙顶和闸室取水口上下游引航道的系船柱上等处分别布置了高精度水位计；在上下阀首闸门井及上闸首的下游检修门井现场吊装了水听器；在灌泄水阀门最上节吊杆上分别布置了三向振动加速度传感器；在廊道顶通气管及门楣通气管分别布置风速仪；在试验船舶的缆绳与系船柱之间布置了缆绳拉力计；在中间渠道上游进水口及斜坡段起坡点分别布置了一台三维流速仪，船舶船头及船尾各布置了一台三维流速仪；采用数码摄像机记录了闸室、中间渠道及进出水口流态。

在集控楼启闭机房建立了临时监测站，采用由动态电阻应变放大器、电荷放大器及数据采集系统、空气声级计组成的测量系统、超高速瞬态波形采集仪等，完成水位、油压、振动加速度、空气声级等非恒定流信号的采集和分析处理。

监测成果如下：

(1) 输水系统水力特性和分析。

(2) 闸室输水惯性超高（降）。

(3) 输水阀门井及检修门井水位过程线。

(4) 输水系统进水口、泄水口、闸室水面的水流流态，分析停泊条件。

(5) 灌（泄）水过程门楣及廊道顶通气特性。

(6) 阀门段廊道空化特性，确定合理的通气量。

(7) 阀门及吊杆流激振动特性。

(8) 中间渠道的流态、流速，提出解决改善中间渠道流态的运行方式。

(9) 闸室充、泄水时上下游引航道水流流态、水流流速及水位波动，分析停泊条件。

(10) 通过实船试验获得的上、下游引航道的系缆力分析停泊条件；通过对监测成果的分析，提出保证船闸安全、高效运行的相关运行参数。

【实例 2】　升船机水力学监测。

升船机水力学监测的监测项目等见表 3.11-19。

国内升船机监测实际工程不多，现以水口升船机作为垂直升船机实例。

水口升船机采用的是全平衡垂直提升形式。上下闸首工作门上设有与船厢对接密封、锁定及拉紧和充、泄水等装置。为保证升船机万一发生承船厢失水事故时的安全，水口升船机设有一套独特的安全锁定装置。为了验证这种装置的可靠性和升船机在运行中一系列的动态特性，进行了 1∶10 升船机整体物理模型试验。根据模型试验研究中发现的问题，提出修改方案。修改方案极大地增强了升船机运行的安全可靠性。

表 3.11-19　　升船机水力学监测

监测项目	监测方法及仪器设备	监测成果
承船厢运行速度与牵引力	利用船厢车轮驱动测速发电机法、电阻应变片法等	运行速度图、最大牵引力、吸力
承船厢运行过程中的水体波动	触点式电阻水位计、波高仪	速度与波高的关系
承船厢运行过程中船只缆绳拉力	缆绳拉力计	速度与缆绳拉力的关系
承船厢端门启闭过程中厢内外水位差、缆绳拉力	缆绳拉力计	最大缆绳拉力与厢内外水位差变化范围
船舶进出承船厢航行速度、曳引力、船只进出船厢时的水位	三维测速仪、计程仪、电阻应变片法、拉力计、波高仪	航速与曳引力的关系、最大水面壅高降低值

水口升船机为一座钢丝绳卷扬、全平衡的垂直升船机，总体布置由上游引航道、上闸首、升船机主体、下闸首和下游引航道组成，全长约 1400m。升船机规模为通航 2×500t 级一顶二驳船队。

升船机拖动设备安装在高程 74.00m 的主机房内，由一套 4 吊点带平衡重的多钢丝绳卷扬机组成，最大提升力为 4×600kN，最大提升高度为 59.5m，主拖动电机功率为 4×160kW。4 个吊点之间采用内环式闭环刚性同步轴连接，可实现机械同步运转。

升船机在安装期间监测了承船厢的挠度及应力、闸门挠度及轮压等。

(1) 升船机整体动态特性监测。监测内容包括升船机在厢内有无船舶，船的正常升降运行、紧急制动、船舶进出船厢等工况下的厢内水面波动、钢丝绳的力值增量、卧倒门开启工况下的厢内船舶系缆力以及船厢失水安全锁定工况等。

1) 在承船厢右侧紧靠厢壁共布置了 15 个水压力传感器，测点编号为 1～8，10～16，具体见图 3.11-38。水压力传感器型号为 CYG14，量程为 2.5m。

测取了各种工况下实测厢内水面波动值。资料表明船厢正常升降运行时，厢内水面波幅最大达 6.6cm，与模型所测的最大值 6cm 基本吻合。船厢急停运行测得最大波幅值也仅 9.6cm。由此可见，水口升船机升降运行比较平稳。

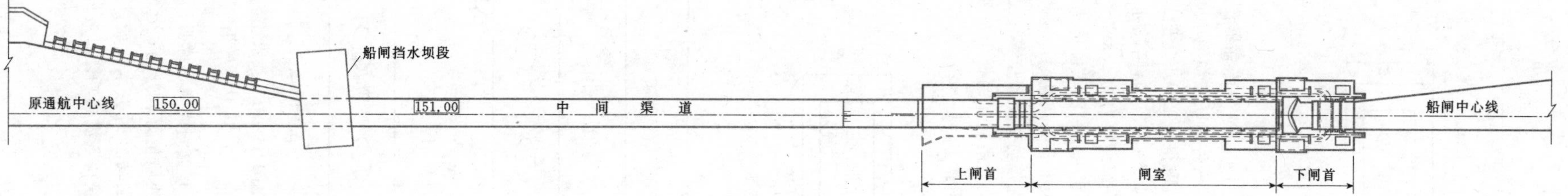

(a) 平面图

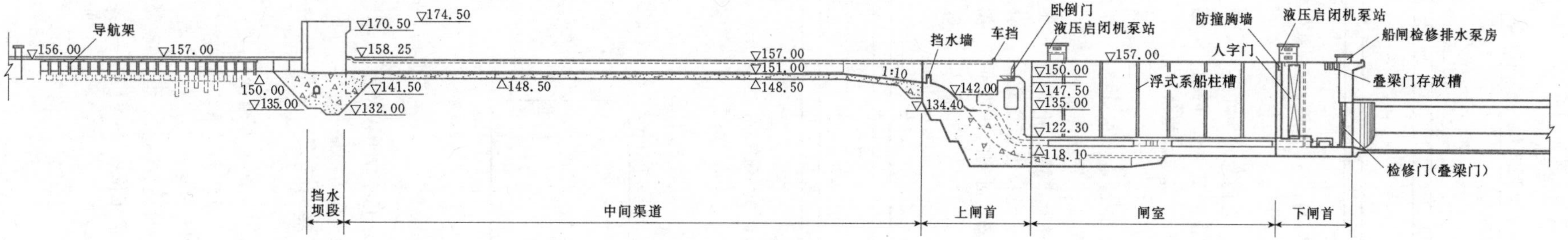

(b) 剖面图

图 3.11-37 大化船闸总体布置图(单位:m)

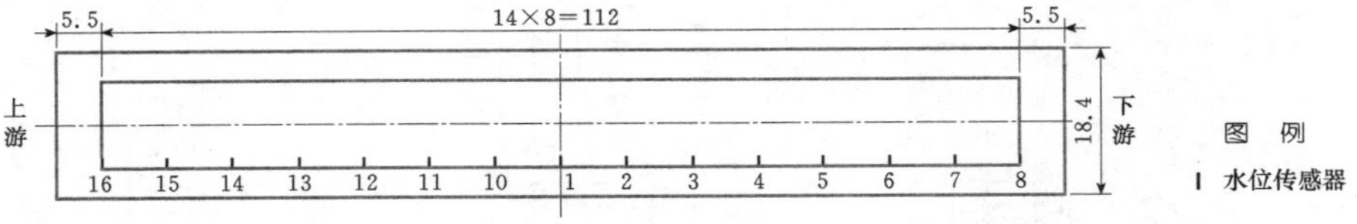

图 3.11－38　船厢水位测点布置示意图（单位：m）

1～16—水压力传感器编号

各测点波幅值均在 30cm 左右。它们都发生在卧倒门启门的初期，其中包含厢内水位高出 10cm 的超高，因此实际出现第一个波峰波谷后，各点波幅值均仅为 10cm 左右。

2）升船机船厢右侧分别在上、下游端 8 根可控平衡重和 2 号、4 号吊点组两边侧的 4 根钢丝绳接近根部的位置，共安装 12 个位移传感器，测点编号见图 3.11－39。用于监测升船机钢丝绳拉力值变化，取得空厢试验、进船试验、承船试验及卧倒门开放和出船试验的拉力最大变化值。

3）采用 4 个拉力传感器测试船舶缆绳拉力，传感器两端用铁件串联在缆绳中间，见图 3.11－40。

测试后取得各工况下货船最大缆绳拉力，表明其满足相关标准要求（船闸输水系统设计规范，300t 级船舶容许缆绳拉力为 18kN）。

4）船厢失水量由水位传感器监测，船厢、吊具、钢梯的应力变化采用粘贴应变片进行量测，钢梯的位移采用直流差动变压器位移传感器量测。在右侧主纵梁、主横梁、吊具和钢梯上分别布置 26 测点，见图 3.11－41 和图 3.11－42。

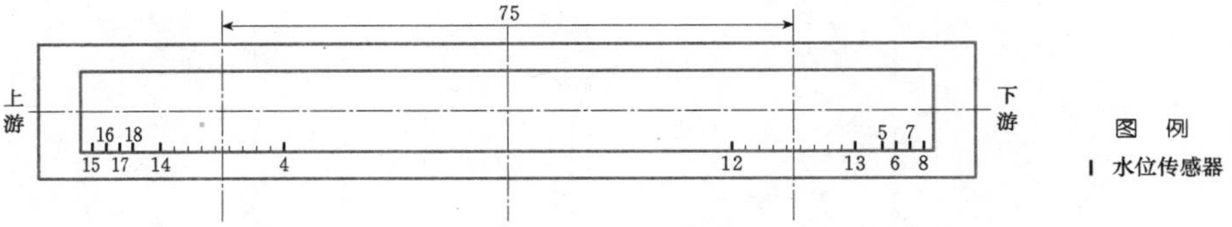

图 3.11－39　船厢钢丝绳增力测点布置示意图（单位：m）

4～8、12～18 为位移传感器编号

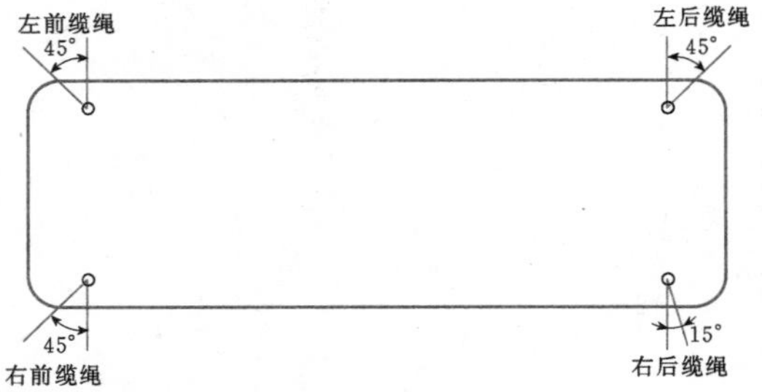

图 3.11－40　船舶缆绳示意图

监测了失水锁定过程，取得失水过程中水位变化，水量变化及钢梯位移过程和钢梯应力增量，厢体及吊具应力增量，船厢变形、钢丝绳拉力增量等资料。

5）安全锁锭装置测试及液压系统调平性测试，资料表明升船机锁定机械运行质量和液压调平系统功能良好。

其他船厢与工作门对接时，对接装置的机、电、液各部分动作正确，运行正常，对接定位可靠，U 形框密封性能良好。

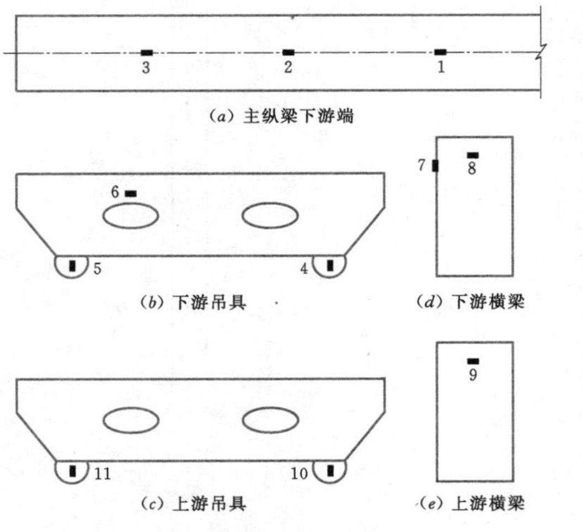

图 3.11－41　失水过程船厢应力测点

1～11—应力测点编号

6）所有监测成果都说明：水口升船机设计合理，制造、安装质量好；升船机运行平稳、安全、可靠；安全锁锭装置经过失水试验，能相当平稳地锁住船厢，试验获得圆满成功。

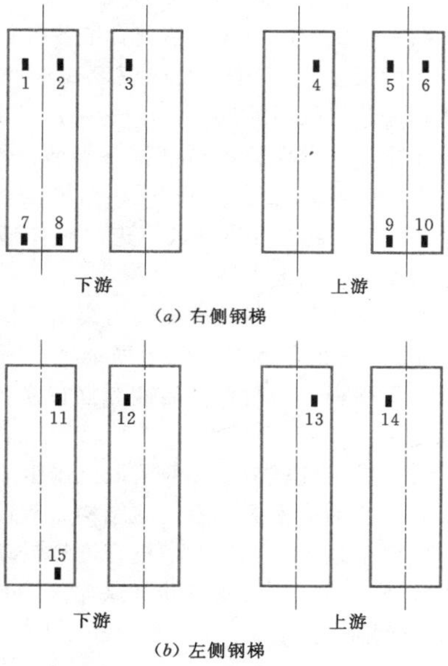

图 3.11-42 失水过程钢梯应力测点
1～15—应力测点编号

3.11.2.7 水力学监测资料整理

水力学监测，由于监测项目及测点多，取得的资料丰富，因此应分门别类整理好记录资料和各种自动采集系统的数据，再按各自参数条件和规律进行分析，编写监测报告。

一般水力学监测资料可整理的内容如下：

(1) 流态、水面线可以整理成水深图（表）或水面线分布图。定性的流态水面线可用照片及录像表示。

(2) 压力及脉动（溢流坝、溢洪道和泄洪洞或其他过水部位的压力和脉动压力）均可列出脉动压力均方根、紊动强度、最优频率图和表。

(3) 振动监测可以整理振动位移、加速度、功率谱及振型资料（包括图和表）。

(4) 掺气监测成果可整理成通气孔风速、风量、掺气槽空腔长度、掺气浓度等实测参数的图和表。

(5) 空化监测资料整理后可提供空化位置、空化数及空化噪声功率谱等资料。

(6) 雾化监测成果有泄洪雾化的雨区雨强图和表、可见度表和雨区分级图等。

(7) 通航建筑物、输水建筑物还需整理：①船闸、升船机、输水系统水力特性、行船条件、航道系缆力等引航道水力特性，升船机提升装置及锁定装置的性能资料；②泵站工作特性安全度等资料。

3.11.3 强震动监测

3.11.3.1 监测目的

强震动监测的目的是监测地震时地面运动以及在其作用下水工结构反应的全过程，是取得地震破坏作用和结构抗震性能认识的来源。不仅为确定地震设计地震动参数和确定地震烈度提供定量数据和理论依据，同时为评估地震灾害和采取应急措施，减轻或防止地震次生灾害提供依据。

3.11.3.2 监测设计依据

(1) 强震动监测设计的依据除了常用的水工结构计算和试验成果外，主要为水工建筑物动力分析计算成果。

(2) 相关标准除参见本章3.1节外，还应增加下列内容：

1)《地震台站建设规范》(DB/T 8.1)。

2)《地震台站观测环境技术要求》(GB/T 19531.1)。

3)《中国数字强震动台网技术规程》(JSGC)。

4)《数字强震动加速度仪》(DB/T 10)。

5)《水工建筑物抗震设计规范》(DL 5073)。

6)《建筑抗震设计规范》(GB 50011)。

7)《水工建筑物强震动安全监测技术规范》(DL 5416)。

(3) 监测仪器。强震反应监测系统由加速度传感器、记录器、计算机、传输线路四部分组成。主要技术指标见本卷第2章。

3.11.3.3 监测项目

强震动监测项目主要对地震时结构震动加速度监测，可通过对加速度曲线进行积分或再次积分求出震动速度和位移。对于1级高土石坝可增加监测动孔隙水压力和动位移，对于1级高混凝土坝可增加监测动水压力等其他物理量的监测。

强震加速度监测台阵布设规定如下：

(1) 抗震设防烈度为8度及以上的1、2级大坝应设置结构反应台阵，进水塔、垂直升船机等水工建筑物，宜设置结构反应台阵。

(2) 抗震设防烈度为7度的1级大坝，应设置结构反应台阵。

(3) 抗震设防烈度为8度及以上的1级水工建筑物，应在蓄水前设置场地效应台阵。

3.11.3.4 监测布置

强震动监测设计的内容主要为强震监测台阵设计，内容包括确定台阵的类型、规模和组网方式，给出仪器的布设方案和设置方法，提出对仪器的性能要求和选型，仪器安装和管理维护的技术要求。

若库区布设有微震监测台网，建筑物强震动监测台网的时钟系统应统一与标准时间校对，便于对地震资料分析。

强震动监测台阵的类型包括水工建筑物结构反应台阵和场地效应台阵等。强震动监测台阵设计必须在水利水电工程地质勘察、建筑物抗震设计和结构动力计算的基础上，把测点布置在能反映输入地震动和建筑物反应特征的部位。既要考虑建筑物的整体反应，又应突出重点部位。

1. 重力坝

重力坝的各个坝段的振动基本上可以看作独立的。当坝段独立进行振动时，它不仅呈顺河向振动和竖向振型，而且还会呈现横河向、扭转和鞭鞘振型，是一个三维空间体系的振动问题。对于实体重力坝，这几种振型都是顺河向位移较竖向位移大。顺河向位移最大值一般都出现在坝顶，沿坝高两个 1/3 点处的位移也较大。

重力坝强震反应测点的布设首先应考虑振型，特别是对主振型的监测，应尽量布设在能够反映出坝体结构特征的位置上。

一般可在溢流坝段和非溢流坝段各选一个最高坝段或地质条件较为复杂的坝段进行监测。测点应布置在坝顶和坝基廊道内；高坝可在中间不同高程加设 1～3 个测点。并应根据结构特点选择 1～3 个其他坝段及两坝肩，在坝顶各布设 1 个测点；在局部应力集中部位以及局部薄弱环节也宜布置测点；在离坝址 2 倍坝高以远的基岩上应设置 1 个测点，监测地面震动，作为地震输入点。

2. 拱坝

拱坝坝体的受力主要传递到两岸坝肩抗力体，故坝肩抗力体的稳定对大坝的安全影响较大。大坝的各坝段之间横缝是经过灌浆处理的，水库蓄水后，在库水压力的作用下，大坝在小震情况下整体振动特点突出。在强震作用下大坝振动不同于弱震，依据国内有关强震观测台阵的实际监测资料及文献，拱坝水平强震监测分为径向和切向两个分量，又因地处高烈度区，所以还需监测垂直向的地震动。对于 1 级高拱坝宜增加监测动水压力。

根据有限元动力计算成果，拱坝在不同工况动力变形中以拱冠、左右 1/4 拱处最为明显。根据现行抗震标准，大坝强震监测台阵要求布设方案优化、合理，测点应布置在结构的振型典型部位，以测得比较完整、系统的强震数据，能监测到拱坝结构前关键阶次整体振动特性，从而满足对大坝的地震安全监测和抗震设计复核的需要。一般要求如下：

（1）沿拱冠梁不同高程布置，以求其动力放大倍数，一般需要在坝顶及基础廊道各布置一个测点，坝体部位根据坝高及工程规模设 1～5 个测点。

（2）在左右 1/4 拱坝顶及基础廊道各布置 1 个测点，坝体部位根据坝高及工程规模设 1～3 个测点，以求其地震运动相位与振型。

（3）在左、右岸坝肩坝顶高程各布置一个测点；在拱坝河谷基础不同高程分布的强震监测点，距坝址 2 倍坝高的远区布置 1 台强震仪，进行坝体地震反应观测，以求得大坝的地震输入。

（4）对存在地质缺陷或表面较为突出部位的坝肩抗力体可布置 1～2 个测点。由于坝址区已考虑在基岩自由场设置强震台，滑坡区地震台宜布置于滑坡体表面较稳定区。

（5）目前拱坝抗震措施一般采取抗震钢筋和阻尼器等方案，其监测应根据抗震措施结构布置进行相应布置。一般包括地震工况下的横缝开度和错动、抗震钢筋应力等监测项目，监测仪器和采集设备应有 1～50Hz 动态监测能力。

3. 土石坝

在监测物理量上，应记录地震动加速度。对于 1 级高土石坝可增加监测动孔隙水压力，土石坝反应台阵应监测点应布置在最高挡水坝段，坝基、坝顶、坝坡的变坡部位和 2/3 坝高附近，对于坝线较长者，宜在坝顶增加布点。测点方向应以顺河向为主，重要测点可布成水平顺河向、水平横河向、竖向三分量。

场地效应台阵应设在河床覆盖层、基岩、断层破碎带、河谷自由场等布点。可布成三分向。地震动输入机制台阵应在河谷及两岸基岩沿高程布点。必要时，可打钻孔布置井下加速度计，可布成三分向。其位置可在大坝下游 2～5 倍坝高范围。

强震动衰减台阵应在对工程影响较大的潜在震中区到工程场地的河谷自由场之间布置，可布成南北、东西及竖向三分向。一般要求如下：

（1）地震基本烈度Ⅶ度及以上的 1、2 级大坝应设置结构反应台阵，对于 1 级土石坝可设置动孔隙水压力监测。

（2）动孔隙水压力一般选择 1～2 个监测断面，一般这些测点布设在基础上和心墙内，心墙内一般布设按 2～3 个高程布设测点。

（3）土石坝反应台阵一般选择一个监测断面布设测点，左、右岸坝肩各布设一个测点，对于坝线较长者，可在坝顶增设测点。

（4）监测断面一般选择在最高坝段或地质条件较为复杂的部位。在监测断面上，测点一般布置在坝顶、坝坡的变坡部位、坝基和河谷自由场处。

(5) 测点方向应以顺河水平向为主，坝顶、基础和河谷自由场处一般设置三分向测点，其他部位设置顺河水平向测点。

4. 船闸

建在基本烈度Ⅶ度及以上区域内的大型船闸，需对建筑物的强震反应进行监测。强震监测主要采用自动触发和自动记录的强震仪观测，强震仪布设在直接挡水的上闸首部位，一般在闸首顶部和基础廊道内各布设1台，并尽量与工程其他部位布设的强震仪进行联网同步监测。

5. 升船机

强震动安全监测应根据垂直升船机设计烈度、等级、结构类型和地形地质条件进行仪器布置。通常对地震基本烈度为Ⅶ度及以上的升船机均应布置强震仪，强震仪主要布置在塔基、塔顶及沿塔柱高度方向刚度有较大变化处。要求各强震仪能在4度以上地震时自动触发和自动记录。

3.11.3.5 工程实例

【实例1】 新丰江水电站位于广东省河源市东埔镇新丰江支流的亚婆山峪谷出口处，控制流域面积5734km²，总库容139亿m³，电站装机容量为302.5MW。新丰江大坝为单支墩大头坝，最大坝高105m，坝顶轴线长440m，由19个18m宽的支墩及两岸重力坝段组成。由于是大头坝，横向刚度差，横向抗震是比较薄弱的环节，因此，在8号坝段共布设4个强震反应测点，其中坝顶及靠近基础的2个测点采用三分向强震仪，坝中部的2个测点为一分向。5号坝段也设4个测点，其中坝顶及靠近基础1个测点采用二分向强震仪，其余测点主要监测顺河向强震反应，故采用一分向强震仪。为使监测具有代表性，又在11号溢流坝段和14号左岸挡水坝段的坝顶各布置了1个一分向强震仪，为监测场地的地震动特性，在右岸基岩上布置了1个三分向强震仪。

【实例2】 二滩水电站拱坝最大坝高240m，坝型为抛物线双曲拱坝，总库容58亿m³。坝址区地震基本烈度为Ⅶ度，由于工程重要，大坝按抗震设防烈度8度设防。二滩拱坝的强震观测具体测点布置为：①沿拱冠梁的4个不同高程布置，以求其动力放大倍数；②选坝顶4个不同坝段布置，以求其地震运动相位与振型；③沿拱坝的左肩和右肩布置，以求得大坝的地震输入。总共设计安装强震监测点12个（合计24个测量通道），其中6个3分向测点、6个单分向测点，二滩水电站拱坝强震测点布置见图3.11-43。

【实例3】 李家峡水电站拱坝位于青海省尖扎县和化隆县交界处的李家峡峡谷中段，坝型为三心圆双曲混凝土拱坝，最大坝高155m，坝址区地震基本烈度为Ⅶ度，大坝按抗震设防烈度8度进行设计。强震反映监测点布置见图3.11-44。

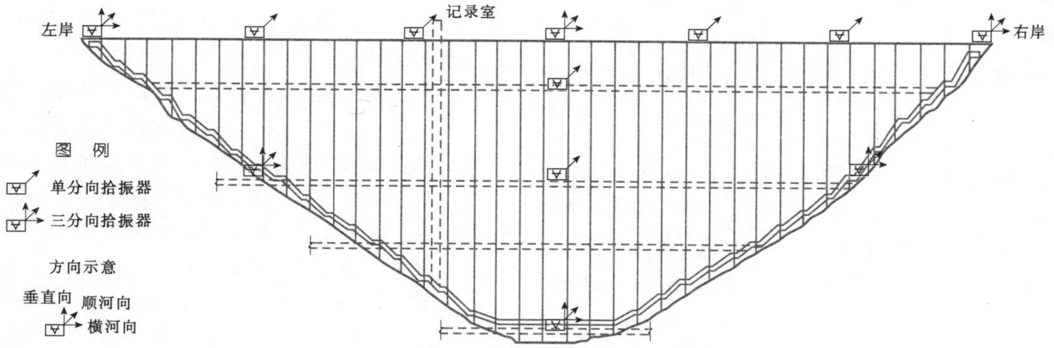

图3.11-43 二滩水电站拱坝强震测点布置图

在拱冠梁（11号坝段）上沿不同高程布设4个测点，以监测地震时坝段沿高度的变化及其主振型特征，以求其动力放大位数。为测量各坝段之间的相对运动，了解整个坝体在地震中的整体形状，沿坝顶8个不同坝段的顶部布设测点，以求其他地震运动相位与振型。为了获得大坝地震动特征，在沿江公路中段的河谷自由场布置三分量测点1个，距离坝体约1km。整个坝面共有三分向测点7个，二分向测点6个。台阵中布置于垂直向7个，水平径向13个，水平切向13个。

【实例4】 小浪底水利枢纽工程位于河南省洛阳市以北约40km的黄河干流上，上距三门峡大坝130km，下距焦枝铁路桥8km、距黄河京广铁路桥115km。是一座以防洪、防凌、减淤为主，兼顾发电、灌溉、供水等综合效益的水利枢纽工程，枢纽由大坝、泄洪排沙建筑物、输水发电系统等组成。大坝为壤土斜心墙堆石坝，最大坝高160m，总库容126.5亿m³，泄洪排沙建筑物由三条直径14.5m的

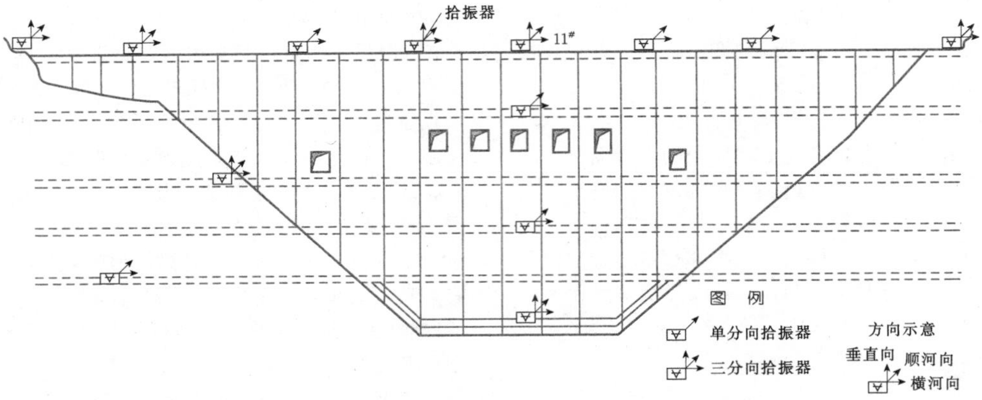

图 3.11-44　李家峡水电站拱坝强震测点布置图

孔板泄洪洞（由导流洞改建而成）、三条明流泄洪洞、三条直径 6.5m 的排沙洞和正常溢洪道及非常溢洪道组成，水电站系统由 6 条直径 7.8m 的引水发电洞、地下厂房和 3 条尾水洞组成，电站装机 6 台，总容量 180 万 kW，地下厂房长 250.5m，宽 26.2m，高 61.44m。

坝址区地震基本烈度为Ⅶ度，设计按照抗震设防烈度 8 度设防。

根据土石坝在地震作用下的动力反应特征，土石坝最危险的坝段是最高坝段，为此选取大坝静态监测主监测断面作为地震反应的主监测断面，一方面可以土石坝的最大动力值，另一方面可以对变形、渗流和应力等监测项目综合分析。小浪底工程大坝共布设 3 台 3 分向强震仪和 6 台单分向强震仪。其具体布设情况如下：

在主监测断面上的坝顶和坝基（与覆盖层自由场共用）分别布设 1 台 3 分量强震仪。由于顺河向是土石坝稳定的控制方向，为监测大坝不同高程的地震反应情况，在该监测断面 240.00m 和 190.00m 处分别布设 1 台单分量强震仪，布设方向为顺水流向。

由于土石坝河谷宽、坝轴线长，为测量大坝不同部位的相对运动，进而了解大坝的整体性状，在两个次监测断面的坝顶和高程 190.00m 分别布设 1 台单分量强震仪，布设方向为顺水流向。另外在坝顶右坝肩也布设 1 台 3 分量强震仪。小浪底工程大坝强震监测布置见图 3.11-45。

【实例 5】　毛尔盖水电站位于四川省阿坝藏族羌族自治州黑水县境内的黑水河中游红岩乡至俄石坝河段，电站是黑水河流域水电规划二库五级方案开发的第 3 梯级电站，工程等别为二等工程，工程规模为大（2）型。该电站利用落差 260m，设计装机容量为 420MW。电站正常蓄水位为 2133.00m，正常蓄水位以下相应库容 5.35 亿 m^3，调节库容 4.44 亿 m^3，具有年调节能力。坝址控制流域面积 5317.00km^2，多年平均流量 104.00m^3/s。

工程主要由首部枢纽、引水系统和地面厂房系统三部分组成。

首部枢纽由挡水建筑物、溢洪道、放空洞组成。拦河大坝采用砾石土直心墙堆石坝，大坝坝顶高程为 2138.00m，坝顶宽 12m，坝顶上游侧设净高 1.2m 的防浪墙，心墙底高程为 1991.00m，最大坝高为 147m，大坝基础防渗分两部分：河床段采用混凝土防渗墙，墙体下部接帷幕灌浆；左右两岸采用双排帷幕灌浆。开敞式溢洪道布置在大坝左坝肩，采用岸槽式溢洪道。

工程区 50 年超越概率 10％的地震动峰值加速度为 0.112～0.119g，对应地震基本烈度为Ⅶ度。由于工程的坝高超过 100m，故工程等别提高到Ⅰ级，因此按相关标准规定，工程的抗震设防烈度不提高，按 7 度设防，动力分析地震动峰值加速度为 0.119g。

根据本工程的实际情况，本工程大坝共布设 7 台 3 分向强震仪，坝顶布设 3 台，其中最大断面部位 1 台，左右岸坝肩各一台；在最大断面的不同高程马道上布设 4 台，高程分别为 2108.00m、2078.00m、2048.00m、2021.00m，具体布置见图 3.11-46。

3.11.4　环境量监测

3.11.4.1　监测项目

环境的改变，会对水工建筑物的工作状态产生很大的影响，环境是影响结构内部应力应变的外在因素，也是大坝安全监测的重要组成部分。与水工建筑物安全监测有关的环境量主要包括库水位、库水温、气温、降雨量、冰压力、坝前淤积和下游冲刷等项目。

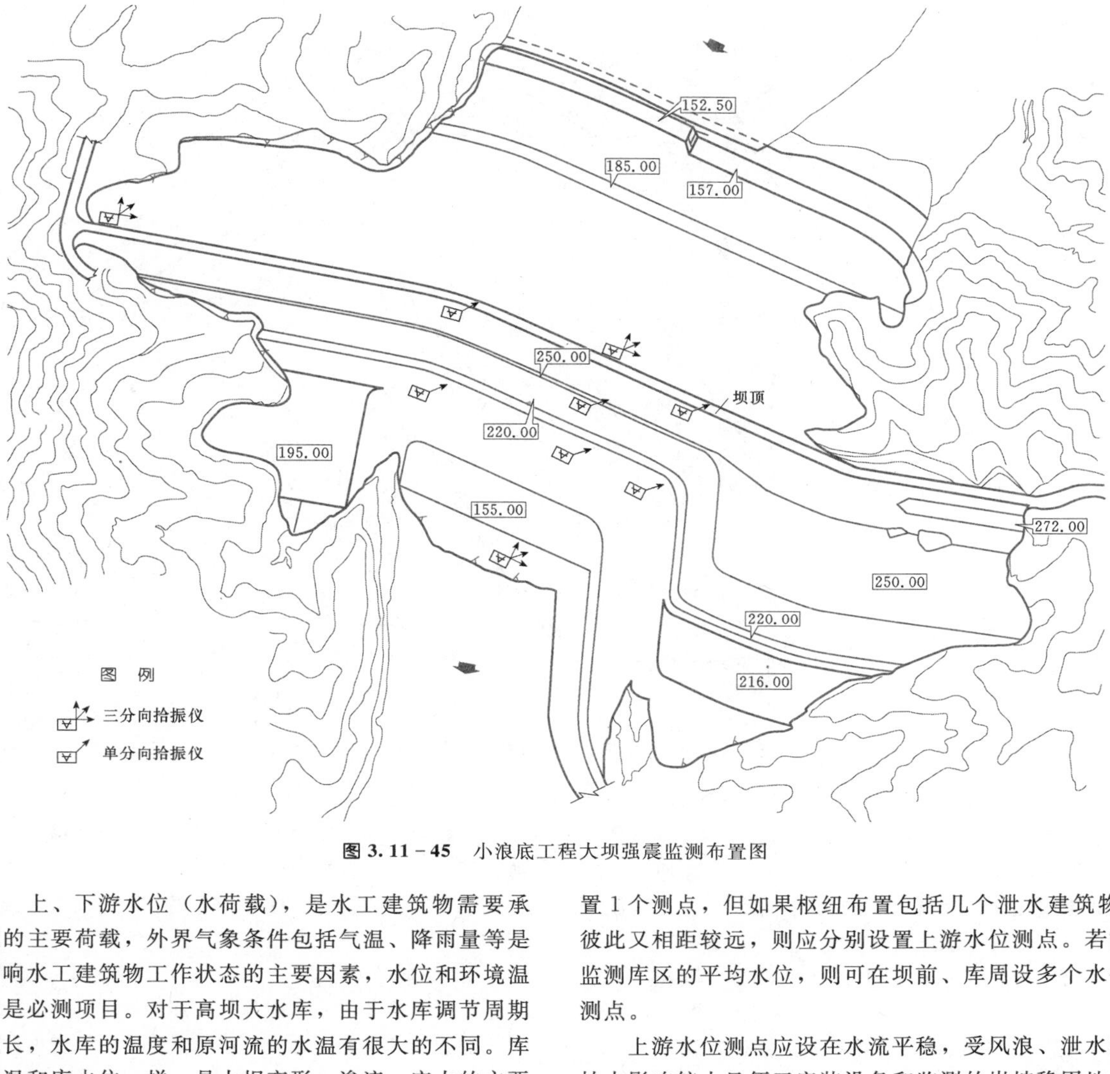

图 3.11-45 小浪底工程大坝强震监测布置图

上、下游水位（水荷载），是水工建筑物需要承担的主要荷载，外界气象条件包括气温、降雨量等是影响水工建筑物工作状态的主要因素，水位和环境温度是必测项目。对于高坝大水库，由于水库调节周期较长，水库的温度和原河流的水温有很大的不同。库水温和库水位一样，是大坝变形、渗流、应力的主要影响因素，也是大坝运行管理的重要依据，在监测库水位同时，也应进行水温监测。

当大坝建成后，原来河流的输沙平衡遭到破坏，水流夹带的泥沙将会在库区淤积，在坝的下游造成冲刷。为了掌握大坝上游淤积及下游冲刷的规律，以判断其对水库寿命和大坝安全的影响，有必要进行淤积和冲刷监测。

3.11.4.2 设计依据

环境量监测设计依据参见本章 3.1 节。

3.11.4.3 监测布置

1. 水位监测

上游水位一般以坝前水位为代表，在坝前至少设置 1 个测点，但如果枢纽布置包括几个泄水建筑物，彼此又相距较远，则应分别设置上游水位测点。若需监测库区的平均水位，则可在坝前、库周设多个水位测点。

上游水位测点应设在水流平稳，受风浪、泄水和抽水影响较小且便于安装设备和监测的岸坡稳固地点或永久建筑物上。测点距离溢洪设备的距离一般不应大于最大溢洪水头的 3～5 倍。

下游水位测点应布设在受泄流影响较小、水流平顺、便于安装和观测的部位，一般布设在各泄水建筑物泄流汇合处的下游不受水跃和回流影响的地点。测点宜布设在坝趾附近当下游河道无水时，可采用测压管监测河道中的地下水位代替下游水位。

水位监测可用自计水位计或水尺进行监测。

2. 库水温监测

水库的水温随着气温、入库水流温度及泄流条件等变化，不同区域、不同深度的水温也有差异。若监测目的是为了了解水温对坝体结构应力和变形的影响，则库水温度监测位置宜布置在坝体附近，并与坝

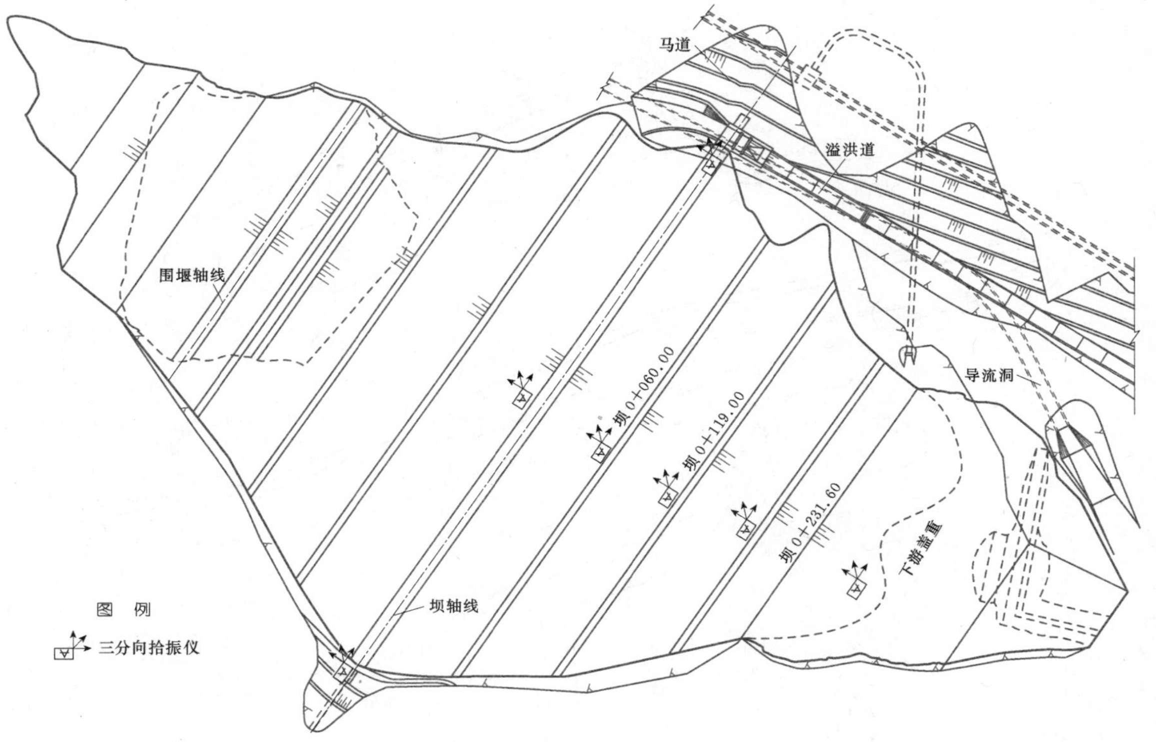

图 3.11-46　毛尔盖水电站大坝强震监测布置图

体应力温度监测坝段一致。设在距上游坝面 5～10cm 处的监测混凝土上游坝面温度的测点亦可作为水库水温的测点。如果是为了监测库水温对生态环境的影响，则应在水库的不同地点、不同深度选测监测断面，全面布设库水温度监测点。

对于坝高在 30m 以下的低坝，至少应在正常蓄水位以下 20cm、1/2 水深处及库底各布置一个测点。对于坝高在 30m 以上的中高坝，从正常蓄水位到死水位以下 10cm 处的范围内，每隔 3～5m 宜布置一个测点，死水位以下每隔 10～15m 布置一个测点，必要时正常蓄水位以上也可适当布置测点。

库水温监测可用深水温度计、半导体水温计、电阻温度计等进行监测。

3. 气温监测

气温是空气冷热程度的物理量，是影响大坝工作状态的主要因素之一，特别是对于没有进行混凝土内部温度观测的大坝，在进行资料分析时，气温是不可缺少的自变量。

如气象台站离库区较远，则在坝区附近至少应设置一个气温测点；如库区有气象台站时，可以直接利用气象台站观测的气温，但为了便于管理或便于接入监测自动化系统，可在坝区附近设气温监测点。

气温测点处应设置气象观测专用的百叶箱，箱体离地面 1.5m，箱内可布置各类可接入自动化系统的直读式温度计或自计温度计。必要时可增设干、湿温度计。

4. 降水量监测

降水入渗地表，可能影响大坝的绕坝渗流和坝基渗流的监测成果，是渗流分析的依据之一。坝区附近至少应设置一个降水量测站。

雨量测点应选择四周空旷、平坦，避开局部地形、地物影响的地方。一般情况下，四周障碍物与仪器的距离应超过障碍物的顶部与仪器关口高度差的 2 倍。

雨量测点周围应有专用空地面积，布设一种仪器时，面积不少于 4m×4m；布设两种仪器时，面积不少于 4m×6m。周围还应设置栅栏，保护仪器设备。

5. 冰压力监测

在寒冷地区，库面结冰膨胀会对坝体产生向下游的推力，应进行冰压力的监测。冰压力的监测点一般布置在冰面以下 20～50cm 处，每 20～40cm 设置一个压力传感器，并在旁边相同深度设置一个温度计，进行静冰压力及冰温监测，同时监测的项目还有气温、冰厚等。

消冰前根据变化趋势，在大坝前缘适当位置及时安设预先配置的压力传感器，进行动冰压力监测，同时监测的项目还有冰情、风力、风向等。

6. 坝前淤积和下游冲刷监测

坝前淤积监测目的是了解因淤积引起的泥沙压力大小和范围，一般可在坝前设监测断面。若要了解库区的淤积，则应从坝前至入库口均匀布置若干监测断面，断面方向一般与主河道基本垂直，在河道拐弯处可布置成辐射状。

下游冲刷监测的目的是了解冲刷范围，以便分析对大坝结构安全的影响。在下游冲刷区域至少应设置3个监测断面。

设计布置时应根据河道水面比降等，确定合适地形测量测图比例尺、基本等高距和淤积剖面测量比例尺。

可采用水下摄像、地形测量或断面测量法等监测坝前淤积和下游冲刷。

参 考 文 献

［1］ DL/T 5178—2003 混凝土坝安全监测技术规范［S］. 北京：中国电力出版社，2003.

［2］ DL/T 5259—2010 土石坝安全监测技术规范［S］. 北京：中国电力出版社，2011.

［3］ GB/T 12897—2006 国家一、二等水准测量规范［S］. 北京：中国标准出版社，2006.

［4］ GB/T 17942—2000 国家三角测量规范［S］. 北京：中国标准出版社，2000.

［5］ GB/T 16818—2008 中、短程光电测距规范［S］. 北京：中国标准出版社，2008.

［6］ DL/T 5173—2012 水电水利工程施工测量规范［S］. 北京：中国电力出版社，2003.

［7］ 李珍照，等. 大坝安全监测［M］. 北京：中国电力出版社，1997.

［8］ 王德厚. 大坝安全监测与监控［M］. 北京：中国水利水电出版社，2004.

［9］ 李建林，王乐华，等. 岩石边坡工程［M］. 北京：中国水利水电出版社，2006.

［10］ 邹丽春，王国进，等. 复杂高边坡整治理论与工程实践［M］. 北京：中国水利水电出版社，2006.

［11］ 李瓒，陈兴华，等. 混凝土拱坝设计［M］. 北京：中国电力出版社，2000.

［12］ 朱伯芳，高季章，等. 拱坝设计与研究［M］. 北京：中国水利水电出版社，2002.

第 4 章

监测仪器设备安装与维护

本章共分 8 节。主要介绍安全监测仪器采购、验收、安装的基本要求；安全监测仪器的检验方法与步骤；变形监测仪器设备的安装埋设与维护方法；渗流监测仪器设备的安装埋设与维护方法；应力应变及温度监测仪器设备的安装埋设与维护方法；动力学及水力学监测仪器设备的安装埋设与维护方法；安全监测仪器电缆的连接与保护方法等。本章最后对安全监测中使用到的监测仪器及测量仪表的维护方法进行了介绍。

章主编　李端有　赵花城

章主审　王　跃　李　民

本章各节编写及审稿人员

<table>
<tr><th>节次</th><th>编　写　人</th><th>审稿人</th></tr>
<tr><td>4.1</td><td>李端有</td><td rowspan="5">王　跃　李　民</td></tr>
<tr><td>4.2</td><td>甘孝清　李端有</td></tr>
<tr><td>4.3</td><td>邹双朝　李　强</td></tr>
<tr><td>4.4</td><td>耿贵彪　甘孝清</td></tr>
<tr><td>4.5</td><td>周　武　李端有</td></tr>
<tr><td>4.6</td><td>甘孝清　金　峰　张　晖</td><td>王玉洁　陈惠玲</td></tr>
<tr><td>4.7</td><td>甘孝清</td><td rowspan="2">王　跃　李　民</td></tr>
<tr><td>4.8</td><td>赵花城　廖勇龙</td></tr>
</table>

第4章 监测仪器设备安装与维护

4.1 安装与维护的基本要求

4.1.1 安装与维护的一般规定

设计人员应在设计文件中明确安全监测仪器设备(以下简称仪器设备)的主要安装埋设方法、要求及注意事项。仪器设备安装单位在安装过程中应保证仪器设备能够优质、按期完成安装埋设，真正发挥安全监测的作用，并保证仪器设备在土建、机电和金属结构等施工全过程得到保护。

(1) 仪器设备的采购、检验、安装、观测、维护等必须严格按设计图纸、技术文件和相关标准的要求执行，确保仪器设备的安装质量和观测数据的准确、可靠。对于特殊仪器设备，应根据仪器设备产品说明书和安装、埋设指导书进行安装和埋设。

(2) 仪器设备到达现场后应进行开箱验收，检查仪器设备型号规格、各项技术参数、仪器数量、外观质量、包装等是否符合设计和标准的要求。开箱验收合格后再进行现场检验，复核仪器设备的各项性能参数是否符合规范规定。

(3) 仪器设备安装埋设前，应将检验合格的仪器设备进行妥善保管。对不符合设计和规范要求，或检验不合格的仪器设备不得安装使用。

(4) 仪器设备安装与电缆敷设施工前，应制订详细的施工方案，内容包括：仪器设备的场外预安装方法；与仪器设备安装配套的土建施工方法；仪器设备现场安装程序与方法；电缆连接与敷设方法；仪器设备和电缆的保护与维护方法；施工过程中对人员、材料、机械设备的组织方案等。施工方案经审核同意后，必须严格执行、实施。

(5) 仪器设备安装埋设位置的施工放样要求准确无误。其中，埋设于水工建筑物或岩土体内的仪器放样误差不超过10cm，各表面变形监测点的放样误差不超过20cm。对于需要进行钻孔的仪器设备安装，其钻孔的孔深、孔向、孔斜应严格控制。一个孔内有多个测点的，应控制每个测点的位置符合设计要求，误差控制在10cm以内。

(6) 仪器设备安装埋设过程中应随时对仪器进行检测，确定仪器是否正常。监测仪器安装埋设后立即检测仪器的工作状态是否正常，发现不正常情况应分析原因，并提出补救措施。对埋设过程中受损坏的仪器立即补埋或采取必要的补救措施。

(7) 当仪器设备安装埋设在混凝土结构中，仪器设备周围进行混凝土浇筑时，应用人工或小型振动棒小心振捣密实，防止损坏仪器设备。当仪器设备安装在填筑土体或堆石体中时，应采用挖沟或挖槽埋设的方式，安装完成后用细粒料回填并用小型打夯机或人工振捣密实；仪器设备上方回填高度超过1m后方可恢复大型碾压设备施工。

(8) 在工程施工期间，应对已安装完成的仪器设备和电缆采取必要的保护措施。已安装完成的仪器设备及电缆应设置醒目的标识，对临时暴露在外的仪器设备、电缆等应设置保护罩、保护钢管、栅栏等保护装置，避免损坏仪器设备和电缆。

(9) 若发现设计布置有误或现场条件限制等其他特殊情况不能按设计位置埋设仪器和敷设电缆时，应及时与设计和有关单位协商处理，经同意后变更测点点位或敷设线路。

(10) 仪器设备安装埋设后，要立刻作好安装埋设记录和填列考证表。工程竣工后要绘制仪器埋设竣工图，并附全部埋设记录和考证表。

(11) 仪器设备安装埋设记录应标示工程名、仪器编号、埋设位置、气温、二次仪表编号、日期、时间、监测数据、说明、埋设示意图及安装人员等项目。仪器设备埋设中对各种仪器设备、电缆、监测剖面、控制坐标等进行统一编号，每支仪器均应建立档案卡。

(12) 仪器设备安装埋设完成后，应将仪器设备的实际位置、电缆牵引位置绘制成图，并以书面形式将仪器设备与电缆的实际位置及保护注意事项等及时通知各相关部门，加强工程施工期间对仪器设备和电缆的保护。

(13) 仪器设备安装埋设后应派遣专人进行维护和保养，并建立仪器设备的维护、维修档案。

4.1.2 仪器设备采购和验收

仪器设备采购、验收和检验是安装埋设前质量控制的关键工作。仪器设备检验将在本章 4.2 节专门进行介绍。

仪器设备采购和验收须满足以下规定：

(1) 为了保证仪器设备的性能和质量，应严格按设计给定的技术标准、性能要求、型号或类型进行设备选型与采购。

(2) 仪器设备的量程、精度、灵敏度、非线性度和重复性等技术指标必须符合相关技术标准的规定。

(3) 严格监督和控制仪器设备出厂检验、包装、运输、保险、保管、交货、验收等各环节的操作质量，避免运输过程中仪器设备受损。

(4) 仪器设备验收应提交的资料包括：

1) 出厂合格证。

2) 制造厂家名称地址。

3) 使用说明书。

4) 型号、规格、技术参数。

5) 设备安装方法及技术规程。

6) 测读及操作规程。

7) 观测数据处理方法。

(5) 仪器设备运达工地后，应及时组织开箱检查、验收。

4.1.3　安装埋设前的准备

仪器设备的安装埋设是关系安全监测成败的重要环节，因此仪器设备安装埋设前应做好充分的准备工作。

(1) 根据设计图纸、通知、相关技术标准及工程施工进度安排，提前备齐所需监测的仪器设备和试验设备。

(2) 仪器设备运抵现场后，按有关标准或仪器设备生产厂家提供的方法，对仪器设备的性能进行检验。检验合格后，仪器设备放在干燥的仓库中妥善保存，严禁仪器设备和电缆受到日晒、雨淋和水浸泡。

(3) 安装埋设前应对仪器设备进行检验、测试。如果第一次检验合格后储存时间不超过 6 个月且无异常，可直接进行安装埋设，否则需重新进行检验。

(4) 根据设计图纸和现场情况，按有关标准和仪器设备生产厂家的要求准备加长电缆，并连接仪器设备的加长电缆，对电缆接头进行处理。电缆及电缆接头应进行防水、耐水压、绝缘电阻等项目的检验。

(5) 根据设计图纸，加工仪器设备安装埋设所需要的辅助部件，购置配套齐全的施工器具。

(6) 对于可以在室内进行的仪器设备预安装应尽量在仪器设备搬运至现场前完成。

(7) 进行仪器设备安装埋设点位测量放线，测量定位资料应及时整理，并填写到考证表内永久保存。

4.2　仪器设备的性能检验

安全监测仪器设备大多在隐蔽的工作环境下长期运行，一旦安装埋设完成，基本无法再进行检修和更换。因此，必须对所有待埋设的仪器设备的性能进行全面检验。检验仪器设备的主要目的如下：

(1) 检验仪器设备的主要性能参数是否合格，避免使用不合格产品。

(2) 检验仪器设备的稳定性，保证仪器设备的长期观测精度和使用寿命。

(3) 检验仪器设备出厂参数的可靠性，防止在引用参数上出现差错。

(4) 检查仪器设备是否损坏，防止使用在运输保管过程中已经损坏的仪器设备。

4.2.1　一般规定

(1) 所有仪器设备出厂后、安装埋设前，均应按照国家及水利工程行业有关技术标准、工程施工规定的有关技术要求或厂家提供的方法进行检验。对于安装单位不能自行检验的仪器设备，必须委托其他具备检验资质的单位进行检验，同时应提供委托单位的资质及其检验的合格证、性能参数等资料。

(2) 各仪器设备生产厂家必须提供所供应仪器设备的检验资料及产品合格证书等。

(3) 用于检验的仪器设备应经国家标准计量单位检验合格，其检验参数应在有效的使用期内。

(4) 用于安全监测的二次直读式仪表应定期检验（校准），并达到有关技术标准或厂家说明书规定的要求，确保仪器完好并在有效的使用期内。更换仪表时，应先检验其是否具有互换性，并进行对比检测，以确保监测数据的延续性。

(5) 检验合格后，仪器设备应放在干燥的仓库中妥善保存，严禁受到日晒、雨淋和水浸泡。

(6) 仪器设备检验内容包括力学性能检验、温度性能检验、绝缘性能检验、防水性能检验等。其中，检验防水性能时若有一个样品不合格，必须对全部仪器设备进行防水性能检验，剔除不合格品。

(7) 电缆的检验内容包括电缆各芯线电阻、电缆各芯线间的绝缘电阻、抽样检验（10%）电缆的防水性能等。按每 2000m 随机抽取两个样品（20m）作为 1 组进行检验，但每一型号每批电缆至少应有 1 组样品。电缆的防水性能检验若有一个样品不合格，则该组不合格，应以原样品数量的 2 倍随机取样进行复检，复检必须全部合格，否则认定该批该型号电缆不合格。

(8) 各项检验项目的技术要求和方法按《混凝土坝安全监测技术规范》(DL/T 5178) 和《土石坝安全监测技术规范》(SL 551) 执行。

(9) 保证检验的仪器设备数量及有关性能参数符合技术标准和设计要求，且检验时间距埋设时间不得超过 6 个月。

4.2.2 钢弦式仪器

钢弦式仪器的检验内容主要包括力学特性参数、温度特性参数和防水绝缘特性等三方面。各项检验参数必须满足钢弦式仪器相关标准的要求。

4.2.2.1 力学性能检验

1. 检验项目

(1) 分辨力 γ。

(2) 滞后 H。

(3) 不重复度 R。

(4) 非线性度（不符合度）L。

(5) 综合误差 E_c。

(6) 灵敏度系数检验误差 α_k。

2. 检验设备

根据仪器类型选择不同的检验设备和工具。

(1) 对于压力类仪器，主要包括专用压力罐 1 套、加压泵 1 台、精密压力表 1 块、钢弦式频率读数仪 1 台。土压力计需采用专用传力夹具进行检验，检验时需准备相应量程的标准压力机。

(2) 对于钢筋计和锚杆应力计等应力类仪器需在万能材料试验机上进行检验。

(3) 对于变形与应变类仪器，主要检验设备和工具包括率定架 1 套、百分表 1 块或千分表 1 块（应变计）、专用紧固接头 2 对、润滑油 1 瓶、加力器 1 个、钢弦式频率读数仪 1 台。

3. 检验要求

(1) 检验前，传感器应在参比工作条件下预先放置 24h 以上。参比工作条件定义为：环境温度为 10～30℃，检验时环境温度应保持稳定；环境相对湿度不大于 80%。

(2) 检验时，校准点通常应包括基点和满量程点，并按均匀分布取 6～11 点；校准循环一般取 3～5 次。注意，如不能实现均匀分布校准点，可容许在一个端点处不均匀分布，具体校准点数可由相应的产品标准规定。

4. 检验方法

(1) 对于压力类仪器，把仪器放入高压容器中，用水（或变压器油）作为传力介质加压或减压，按仪器规格确定最大压力，将压力等分 5 级，每级稳压 10～30min 之后再加压或减压。从 0 开始分级加压至最大压力后又分级退压回 0，重复 3 次。

(2) 对于钢筋计和锚杆应力计等应力类仪器，将仪器与拉压接手相连，两端夹在万能材料试验机上，进行加载与减载。按仪器规格确定最大拉力，将荷载等分 5 级以上。从 0 开始，分级加载至最大拉力后，又分级减载回 0，重复 3 次。

(3) 对于变形和应变类仪器，把专用夹具固定在大（小）率定架上，组成位移、应变计的率定架，将传感器筒和拉杆夹在率定架上，再安装好百分表。按仪器规格确定最大拉伸长度，将传感器的拉伸长度分成 5 级以上，从 0 开始分级拉伸至最大拉伸长度，再分级压缩回 0，重复 3 次。

5. 误差检验计算

(1) 额定输出频率上限 f_{nr} 为

$$f_{nr} = \frac{1}{m}\sum_{j=1}^{m} f_{nrj} \tag{4.2-1}$$

式中 f_{nrj}——第 j 次加荷输出频率上限，Hz；

m——试验循环的次数。

(2) 额定输出频率下限 f_{dr} 为

$$f_{dr} = \frac{1}{m}\sum_{j=1}^{m} f_{drj} \tag{4.2-2}$$

式中 f_{drj}——第 j 次加荷下限输出频率，Hz。

(3) 额定输出频率 f_n 为

$$f_n = |f_{nr} - f_{dr}| \tag{4.2-3}$$

(4) 零点输出 F_0 为

$$F_0 = \frac{1}{m}\sum_{j=1}^{m} f_{0j}^2 \tag{4.2-4}$$

式中 f_{0j}——第 j 次加荷和退荷测量时零载荷下的输出频率，Hz。

(5) 满量程输出上限 F_{nr} 为

$$F_{nr} = \frac{1}{m}\sum_{j=1}^{m} f_{nrj}^2 \tag{4.2-5}$$

式中 f_{nrj}——第 j 次加荷输出频率上限，Hz。

(6) 满量程输出下限 F_{dr} 为

$$F_{dr} = \frac{1}{m}\sum_{j=1}^{m} f_{drj}^2 \tag{4.2-6}$$

式中 f_{drj}——第 j 次加荷至满量程输出下限时的测量值，Hz。

(7) 满量程输出 F_n 为

$$F_n = |F_{nr} - F_{dr}| \tag{4.2-7}$$

(8) 非线性度（不符合度）L 为

$$L=\frac{\Delta F_L}{F_n}\times 100(\%F.S) \qquad (4.2-8)$$

式中 ΔF_L——正、反行程实际平均特性曲线与工作直线（曲线）偏差最大值，Hz^2。

(9) 滞后 H 为

$$H=\frac{\Delta F_H}{F_n}\times 100(\%F.S) \qquad (4.2-9)$$

式中 ΔF_H——正行程实际平均特性曲线与反行程实际平均特性曲线相同输入测试点输出偏差最大值，Hz^2。

(10) 不重复度 R 为

$$R=\frac{\Delta F_R}{F_n}\times 100(\%F.S) \qquad (4.2-10)$$

式中 ΔF_R——正行程和反行程重复校准时，各测试点输出偏差的最大值，Hz^2。

(11) 综合误差 E_c 为

$$E_c=\frac{\Delta F_c}{F_n}\times 100(\%F.S) \qquad (4.2-11)$$

式中 ΔF_c——正行程实际平均特性曲线和反行程实际平均特性曲线与工作直线偏差的最大值，Hz^2。

(12) 分辨力 γ 为

$$\gamma=\frac{\Delta F_r}{F_n}\times 100(\%F.S) \qquad (4.2-12)$$

式中 ΔF_r——可引起输出变化的最小增量，Hz^2。

(13) 灵敏度系数 K。对不同类型的钢弦式仪器，灵敏度系数 K 计算公式如下：

1) 应变计 K 为

$$K=\frac{\sum_{i=1}^{n}\frac{L_i}{L}}{\sum_{i=1}^{n}(f_i^2-f_0^2)} \qquad (4.2-13)$$

式中 L_i——各级拉压长度，mm；

L——仪器长度，mm；

f_0——拉压前的初始频率，Hz；

f_i——各级拉压时的频率，Hz；

n——拉压次数。

2) 钢筋计（锚杆应力计）K 为

$$K=\frac{P}{A_e(f^2-f_0^2)} \qquad (4.2-14)$$

式中 P——检验时的最大拉力，N；

A_e——钢筋计钢套截面面积，cm^2；

f——最大拉力时的频率，Hz；

f_0——未受拉时的初始频率，Hz。

3) 测缝计、位移计 K 为

$$K=\frac{\sum_{i=1}^{n}L_i}{\sum_{i=1}^{n}(f_i^2-f_0^2)} \qquad (4.2-15)$$

式中 L_i——每次拉压长度，mm；

f_i——每次拉压 L_i 长度的频率，Hz；

f_0——拉压前的初始频率，Hz；

n——拉压次数。

4) 渗压计、压力传感器 K 为

$$K=\frac{\sum_{i=1}^{n}P_i}{\sum_{i=1}^{n}(f_i^2-f_0^2)} \qquad (4.2-16)$$

式中 P_i——各级压力时的压强，kPa；

f_i——各级压力下的频率，Hz；

f_0——压力为 0 时的频率，Hz；

n——加压次数。

(14) 灵敏度系数检验的误差 α_K 为

$$\alpha_K=\frac{K_T-K_i}{K_T}\times 100\% \qquad (4.2-17)$$

式中 K_T、K_i——仪器厂家和用户检验的 K 值。

6. 检验标准

钢弦式仪器力学性能检验的分辨力、滞后、非线性度（也称不符合度）、综合误差、灵敏度系数等检验误差应满足表 4.2-1 的规定。

表 4.2-1 钢弦式仪器力学性能检验标准

检验项目名称	分辨力 γ	滞后 H	不重复度 R	非线性度 L	综合误差 E_c	灵敏度系数检验误差 α_K
限差	≤0.2%F.S	≤1%F.S	≤0.5%F.S	≤2%F.S	≤2.5%F.S	≤1%

4.2.2.2 温度性能检验

1. 检验设备

主要包括恒温水槽 1 台，二等标准水银温度计 1 支（读数范围：－20～70℃；精度：0.1℃），钢弦频率计 1 台。

2. 检验方法

(1) 先将仪器在参比工作条件下预先放置 24h 以上。参比工作条件定义为：环境温度为 20℃±2℃，试验时环境温度应保持稳定；环境相对湿度不大于 80%。

（2）将若干冰块敲碎，块径小于30mm。恒温水槽底均匀铺满碎冰，厚100mm，把仪器横卧在冰上，仪器与槽壁不能接触，再覆盖厚100mm的碎冰，仪器电缆接到频率计上。把温度计插入冰中，向放好仪器的碎冰槽内注入自来水，水与冰的比例约为3∶7，恒温2h以上。

（3）0℃频率测定时，每隔10min读一次频率，并记下测值，连续三次读数不变后，结束0℃试验，得到0℃时的频率值。

（4）通电加热搅动，使温度上升至10℃，恒温30min。每隔10min测读一次温度和频率，连续测读三次直至测值稳定，结束10℃温度频率测试。

（5）继续升温，分别至20℃、30℃、40℃、50℃、60℃，按照第（4）步方法测量每级温度与频率值。

3. 误差检验计算

温度系数K计算公式为

$$K=\frac{\sum_{i=1}^{n}T_i}{\sum_{i=1}^{n}(f_i^2-f_0^2)} \tag{4.2-18}$$

式中 T_i——逐级温度，℃；

f_i——每级温度的频率（或频率的平均值），Hz；

f_0——0℃时的频率，Hz；

n——升温级数。

4. 检验标准

具有温度测量功能的钢弦式仪器，其温度测量误差不应大于±0.5℃。

4.2.2.3 防水性能检验

1. 检验设备

检验设备主要包括压力容器压力表、进水管、排水管、排水阀、手动或电动压水试验泵、钢弦频率计、100V直流兆欧表等。

2. 检验方法

（1）用兆欧表测量仪器绝缘度。将绝缘度值大于50MΩ的仪器放入水中浸泡24h之后，测量浸泡后的绝缘值。若浸泡后绝缘值下降，视为防水性较差。

（2）将初检合格的仪器放入压力容器中，仪器电缆从出线孔引出，关好密封盖。用高压皮管将压力泵与压力容器连接。启动压力泵，使高压容器充水，待水从压力表安装孔中溢出时，排除压力容器内的空气，再安装上0.2级的标准压力表。拧紧电缆出线孔螺丝。

（3）试压水。可加压到最高试验压力，看密封处是否完全封闭。如有漏水现象，则打开回水阀将压力降至0，重新处理好后再试压，直至完全密封不漏水为止。

（4）把仪器的电缆按芯线颜色连接到钢弦频率计上。

（5）按最高水压分为4～5级（等分）加压。从0开始，分级加压至最高压力后，再分级退压回0。各级水压下测读一次频率。完成上述试验循环后结束。

（6）加压测试结束后，用100V直流兆欧表测量仪器的绝缘电阻。绝缘电阻大于50MΩ时为防水性能合格。

4.2.3 差动电阻式仪器

4.2.3.1 力学性能校验

1. 检查项目

（1）最小读数（灵敏度）f。

（2）端基线性度误差α_1。

（3）回差α_2。

（4）重复性误差α_3。

2. 检验设备

检验设备主要包括零级千分表，10mm和15mm零级百分表，活塞式压力计，万能材料试验机，大、小校正仪等。

3. 检验方法

（1）先将仪器在参比工作条件下预先放置24h以上。参比工作条件定义为：环境温度为10～30℃，试验时环境温度应保持稳定；环境相对湿度不大于80%。

（2）将仪器安装到检验设备上时应控制电阻比的变化不大于20×0.01%。

（3）检验前，应在测量范围上、下限值的1.2倍内预先拉压循环三次以上，直至测值稳定。

（4）仪器分档检验：根据仪器量程可将检验分为n档（n一般取6～11）。先将仪器下行至下限值，量测电阻比后，逐挡上行，每档测试，全量程共测得n个电阻比。然后向下行，每档测试，同样测得n个电阻比。共完成三次循环。

4. 误差检验计算

（1）各测点总平均值$(z_a)_i$为

$$(z_a)_i=\frac{(z_u)_i+(z_d)_i}{2} \tag{4.2-19}$$

式中 i——测点序号（0，1，…，n）；

$(z_u)_i$——上行第i测点电阻比测值的平均值；

$(z_d)_i$——下行第i测点电阻比测值的平均值。

（2）各测点的理论值$(z_t)_i$为

$$(z_t)_i=\frac{\Delta zi}{n-1}+(z_a)_i \tag{4.2-20}$$

式中 i——测点序号（0，1，…，$n-1$）；

Δz——量程上限各自 n 次电阻比测值的平均值与量程下限各自 n 次电阻比测值的平均值之差。

(3) 各点电阻比测值的偏差 δ_i 为

$$\delta_i = (z_a)_i - (z_t)_i \qquad (4.2-21)$$

(4) 端基线性度误差 α_1 为

$$\alpha_1 = \frac{\Delta_1}{\Delta z} \times 100\% \qquad (4.2-22)$$

式中　Δ_1——δ_i 的最大值。

(5) 回差 α_2 为

$$\alpha_2 = \frac{\Delta_2}{\Delta z} \times 100\% \qquad (4.2-23)$$

式中　Δ_2——每一循环中各测点上行及下行两个电阻比测值之间的差值取最大值。

(6) 重复性误差 α_3 为

$$\alpha_3 = \frac{\Delta_3}{\Delta z} \times 100\% \qquad (4.2-24)$$

式中　Δ_3——三次循环中各测点上行及下行的各自三个电阻比测值之间的差值取最大值。

(7) 最小读数 f 的计算如下：

1) 应变计和无应力计 f 为

$$f = \frac{\Delta L}{L\Delta z} \qquad (4.2-25)$$

式中　ΔL——相应于全量程的变形量，mm；

L——应变计标距，mm。

2) 钢筋计、锚杆应力计 f 为

$$f = \frac{P}{A} \times \frac{1}{\Delta z} \qquad (4.2-26)$$

式中　P——检验时的最大拉应力，N；

A——钢筋计钢套截面积，cm^2。

3) 位移计、测缝计 f 为

$$f = \frac{\Delta L}{\Delta z} \qquad (4.2-27)$$

式中　ΔL——相应于全量程的变形量，mm。

4) 压应力计 f 为

$$f = \frac{P}{A\Delta z} \qquad (4.2-28)$$

式中　P——检验时的最大压力，N；

A——压应力计的有效面积，cm^2。

5) 渗压计 f 为

$$f = \frac{P}{\Delta z} \qquad (4.2-29)$$

式中　P——检验时的最大压强，kPa。

(8) 误差 α_f 为

$$\alpha_f = \frac{f_T - f_i}{f_T} \times 100\% \qquad (4.2-30)$$

式中　f_T、f_i——厂家和用户检验的 f 值。

5. 检验标准

差动电阻式仪器力学性能参数的各项误差，其绝对值不得大于表 4.2-2 中的规定值。

表 4.2-2　差动电阻式仪器力学性能检验限差表

项　目	α_1	α_2	α_3	α_f
限差（%）	2	1	1	3

4.2.3.2　温度性能检验

1. 检验设备

检验设备主要包括双层保温桶 1 个，恒温水槽 1 台，二等标准水银温度计 1 支（读数范围：−20～70℃；精度：0.1℃），水银导电表 1 个，水工比例电桥 1 台、500V 直流兆欧表 1 台。

2. 检验方法

(1) 先将仪器在参比工作条件下预先放置 24h 以上。参比工作条件定义为：环境温度为 20℃±2℃，试验时环境温度应保持稳定；环境相对湿度不大于 80%。

(2) 0℃电阻 R_0 校验。将若干冰块敲碎，块径小于 30mm。恒温水槽底均匀铺满碎冰，厚 100mm，将仪器横卧在冰上，仪器与槽壁不能接触，再覆盖 100mm 厚碎冰，仪器电缆接到水工比例电桥上。将温度计插入冰中，向放好仪器的碎冰槽内注入自来水，水与冰的比例约为 1∶2 左右，保证仪器在 0℃情况下恒温 2h，测量仪器电阻 R_0 值。

(3) 温度系数检验。将仪器浸入水下 5cm，勿使仪器碰到加热器，保持温度变化在±0.1℃以内的情况下恒温 1h 以上。检验的分档规定见表 4.2-3。

表 4.2-3　分 档 规 定

仪　器	检验温度（℃）			
电阻温度计	0	35	70	
差动电阻式仪器	0	20	40	60（渗压计免做）

(4) 温度绝缘检验。

1) 高温绝缘：在进行温度性能检验时，测量温度达到量程上限时的仪器绝缘电阻，绝缘电阻绝对值应不小于 50MΩ。

2) 低温绝缘：在进行 0℃电阻检验时，测量仪器处于 0℃时的绝缘电阻，绝缘电阻绝对值应不小于 50MΩ。

3. 误差检验计算

(1) 0℃电阻。除温度计外，其他差动电阻式仪器测量 0℃电阻 R_0 后，计算 0℃电阻 R_0' 为

$$R'_0 = R_0\left(1-\frac{\beta}{8}T_1^2\right) \quad (4.2-31)$$

式中 R_0——实测0℃电阻；

β——由厂家提供或取 $\beta=2.2\times10^{-6}$；

T_1——温度值，渗压计取40℃，其他仪器取60℃。

(2) 温度常数 α 的计算如下：

1) 温度计的温度常数 α 为

$$\alpha=\frac{1}{R_0\alpha_0} \quad (4.2-32)$$

式中 α_0——铜丝材料的电阻温度系数，由厂家提供，或取 $\alpha_0=42.5\times10^{-4}$。

2) 除温度计外，其他差动电阻式仪器的0℃以上和0℃以下的温度常数 α'、α''为

$$\alpha'=\frac{1}{R_0(\alpha+\beta T_1)} \quad (4.2-33)$$

$$\alpha''=(1.066\sim1.097)\alpha' \quad (4.2-34)$$

式中 α——由厂家提供，或取 $\alpha=2.89\times10^{-3}$℃$^{-1}$。

4. 检验标准

差动电阻式仪器温度性能限差应满足表4.2-4的规定。

表4.2-4 差动电阻式仪器温度性能检验限差表

检验项目	R'_0 (Ω)	$R'_0\alpha'$ (℃)	T (℃)	
			电阻温度计	差动电阻式仪器
限差	≤0.1	≤1	≤0.3	≤0.5

4.2.3.3 防水性能检验

1. 检验设备

检验设备主要包括能承受2.0MPa的高压容器1个，相应压力的水压机1台，1～2级压力表1个(量程为1.0MPa)，500V直流兆欧表1台，专用夹具及电缆引出管止水橡皮塞等。

2. 检验方法

(1) 注意事项有以下方面：

1) 高压容器内的空气应排尽，高压容器和水压机中灌满水，防止漏水。

2) 高压容器上设置电缆引出管，将仪器电缆头引出到容器以外。

3) 螺杆螺帽等应拧紧，保证试验安全。

(2) 防水检验的方法如下：

1) 检验时对仪器施加水压（一般0.5MPa)，持续时间应不小于0.5h，渗压计应在量程范围内加压。对耐高压仪器设备应采用特殊的高压容器，并施加相应的水压。

2) 测量仪器电缆芯线与外壳（或高压容器外壳）之间的绝缘电阻，量测温度为室温。

3. 检验标准

检验标准中要求被检仪器的绝缘电阻不小于50MΩ。

4.2.4 水管式沉降仪

如果水管式沉降仪使用了压力传感器，则压力传感器的检验方式参照钢弦式仪器或差动电阻式仪器的检验方法执行。本手册仅介绍水管式沉降仪系统的检验方法。

4.2.4.1 仪器量测性能检验

1. 检验项目

(1) 测尺初始读数 N_0。

(2) 满量程沉降量测尺读数 N_n。

(3) 不重复度 R。

(4) 综合误差 ε_c。

2. 检验设备

检验设备主要包括：游标卡尺（量程150mm)，蒸馏水，起吊葫芦，压力表（0.4级，量程0.25MPa)，运输颠振试验台等。

3. 检验方法

(1) 参比工作条件如下：

1) 环境温度：0～30℃。

2) 相对湿度：≤90%。

3) 大气压力：86～106kPa。

(2) 在参比工作条件下，将水管式沉降仪按预定管路长度安装于试验场地，并将测量管内充满蒸馏水。

(3) 在沉降测量范围内取相邻两测试点间沉降增量为满量程的20%，选取测试点数。

(4) 逐级增加测点沉降量至满量程沉降值，每级沉降在测量管内充水后保持15min，再读取沉降仪测尺的输出值。

(5) 施加沉降至满量程沉降量后，按(4)的步骤逐级减少沉降量，并读取测尺输出值。

(6) 当沉降减至0时，测量管内充水后保持15min，读取测尺输出值。

(7) 按(4)～(6)的步骤，重复进行3次试验。

4. 检验参数计算

(1) 测尺初始读数 N_0 为

$$N_0=\frac{1}{3}\sum_{j=1}^{3}N_{0j} \quad (4.2-35)$$

式中 N_{0j}——第 j 次施加沉降或减少沉降后测尺初始读数。

（2）满量程沉降量测尺读数 N_n 为

$$N_n = \frac{1}{3}\sum_{j=1}^{3} N_{nj} \qquad (4.2-36)$$

式中　N_{nj}——第 j 次加至满量程沉降值时的测尺读数。

（3）不重复度 R 为

$$R = \frac{\Delta N_b}{N_n} \times 100\%\text{F.S} \qquad (4.2-37)$$

$$N_d = N_0 - N_n$$

式中　ΔN_b——施加沉降、减少沉降时，同一沉降测试点测尺读数的最大偏差值；

N_d——满量程沉降量测尺读数与测尺初始读数之差。

（4）综合误差 ε_c 为

$$\varepsilon_c = \frac{\Delta N_c}{N_d} \times 100\%\text{F.S} \qquad (4.2-38)$$

式中　ΔN_c——施加、减少沉降时，沉降量与各对应沉降测试点测尺读数差值的最大值。

5. 检验标准

水管式沉降仪检验应符合表 4.2-5 的规定。

表 4.2-5　水管式沉降仪检验限差表

检验项目	不重复度 R（%F.S）	综合误差 ε_c（%F.S）
限差	≤±0.2	≤±0.4

4.2.4.2　防水密封性检验

（1）将进水管的一端密封，在管路的另一端加压至 120kPa±10kPa，将测读装置的阀门关闭，向系统内加压至 120kPa±10kPa，压力持续时间不少于 2h。

（2）水管式沉降仪管路、测读装置、接头及阀门应在 100kPa 压力下无渗漏。

4.2.4.3　监测稳定性检验

（1）将水管式沉降仪按预定管路长度安装于试验场地。

（2）转动水管式沉降仪阀门向测量管内充蒸馏水至测量管顶部，再转动阀门使水管式沉降仪进水管与测量管连通。

（3）水管式沉降仪用蒸馏水观测时，液面稳定时间 15min，沉降仪测值变化应小于 1mm/5min。

（4）若水管式沉降仪用于寒冷地区，则检验用蒸馏水应改为特制不冻液，液面稳定时间 30min，沉降仪测值变化应小于 1mm/5min。

4.2.4.4　耐运输颠振性能试验

（1）将沉降仪包装好，固定在运输颠振试验台上进行试验。

（2）试验后，沉降测头及测读装置在运输包装的情况下，应能承受最大加速度为 5g、历时 20min 的运输颠振试验。试验后仪器应无松动、脱落及损伤。

4.2.4.5　外观检验

（1）采用目测方式进行检验。

（2）水管式沉降仪表面不应有锈斑、明显划痕及损伤。

4.2.5　引张线式水平位移计

如果引张线式水平位移计使用了位移传感器，则位移传感器的检验方式参照钢弦式仪器或差动电阻式仪器的检验方法执行。本手册仅介绍引张线式水平位移计系统的检验方法。

4.2.5.1　仪器量测性能检验

1. 检验项目

（1）铟钢丝与锚固板接头的合理性与可靠性。

（2）法兰盘的分线板型式，铟钢丝与分线板摩阻力的减小措施，观测台及加荷系统的合理性。

（3）两次平行测量示值之差。

（4）系统综合误差。

（5）铟钢丝屈服强度与温度系数。

2. 检验设备

检验设备主要包括：位移给进设备、500mm 或 900mm 游标卡尺、拉力试验机等。

3. 检验方法

（1）参比工作条件如下：

1）环境温度：15～35℃。

2）相对湿度：25%～75%。

3）大气压力：86～106kPa。

（2）在参比工作条件下，将引张线式水平位移计按保护管全长单测点成套安装好，引张线起始端锚固于水平位移给进设备上。

（3）在只施加常加张力的条件下，按满量程位移量给进往复各 3 次，每次间隔 5min，然后进行正式检验。

（4）从位移值为 0 开始，按满量程位移量的 20%逐级给进，直至满量程位移量。每级位移量给进后，加施增加张力，保持 5min，读取终端位移量（标尺示值）。每一级位移量平行测量 2 次。

（5）给进至满量程位移值后，按（4）的步骤逐级反向给进，直到位移值为 0 时，读取相应的位移值。

（6）退回到位移值为 0 后保持 10min，读取位移值。

（7）按步骤（4）～（6），重复进行 3 次试验。

4. 检验参数要求

引张线式水平位移计检验应符合表 4.2-6 的规定。

表 4.2-6　　引张线式水平位移计检验限差表

序号	测量范围（mm）	标尺分刻度（mm）	平行两次测量差值（mm）	系统综合误差（mm）	最远测点参考距离（m）
1	0～500	≤1	≤±2	≤±5	≤200
2	0～800	≤1	≤±2	≤±10	≤400
3	0～1000				

4.2.5.2　铟钢丝屈服强度与温度系数检验

(1) 取 600mm 长的一段铟钢丝，两端固定于拉力试验机夹具上，有效长度为 500mm。

(2) 对铟钢丝缓慢施加拉力，直至铟钢丝达到屈服破坏，记录屈服拉力值。

(3) 铟钢丝屈服强度 $[\sigma_s]$ 为

$$[\sigma_s]=\frac{p_f}{\pi\left(\frac{D}{2}\right)^2}=\frac{4p_f}{\pi D^2}\qquad(4.2-39)$$

式中　p_f——屈服拉力值；

D——铟钢丝直径。

铟钢丝的屈服强度 $[\sigma_s]\geqslant$980MPa。

(4) 铟钢丝温度系数 α 应满足相关标准的要求。

4.2.5.3　外观检验

(1) 全部零部件应倒棱，金属零部件须进行防锈处理（不锈钢除外）。

(2) 全部零部件的表面应无锈斑及裂痕。

(3) 铟钢丝和砝码的滑轮应转动灵活，无摩擦声。

4.2.6　测斜仪

4.2.6.1　检验设备

(1) 测斜仪专用标定台：标定台分度的准确度应不大于被检测斜仪准确度的 1/3。

(2) 测斜仪读数装置。

(3) 压力容器。

(4) 直流 100V 兆欧表。

(5) 振动试验台。

4.2.6.2　性能参数

1. *检验方法*

(1) 测斜仪在正常试验条件下预先放置 2h 以上。

(2) 将测斜仪安装在测斜仪专用标定台上。

(3) 按测量范围预先做三次循环。

(4) 按测量范围选取测试点数，测试点数应选择在 7～21 点之间。

(5) 测斜仪正行程与反行程每点的测值，应按照不同类型测斜仪的测量方法取得。如伺服加速度计式测斜仪，先从正行程起始点开始测量至最后一点；然后反转 180°再从正行程起始点开始测量至最后一点，以两次测量的平均值作为下面计算中的正行程的测值。

(6) 将测斜仪的负测量范围角度值 $(D_a)_{-\max}$ 作为起始点，逐点读数直至正测量范围角度值 $(D_a)_{+\max}$，全量程共测得 n 个测值 V_u；再从正测量范围逐点读数直至负测量范围，同样测得 n 个测值 V_d；共循环三次。分别计算上行及下行各个测试点测值的平均值 $(V_u)_i$ 及 $(V_d)_i$，然后计算各点总平均值，即

$$(V_a)_i=\frac{(V_u)_i+(V_d)_i}{2}\qquad(4.2-40)$$

式中　$(V_a)_i$——上行、下行第 i 点测值的总平均值；

$(V_u)_i$——上行第 i 点三次测值的平均值；

$(V_d)_i$——下行第 i 点三次测值的平均值。

(7) 计算测斜仪所测出的各点水平位移，即

$$Y_i=L\sin D_i\qquad(4.2-41)$$

式中　Y_i——测斜仪所测位移；

L——测斜仪标距；

D_i——标定台转动的角度。

2. *分辨力检验*

角度分辨力 θ 和位移分辨力 f 为

$$\theta=\frac{(D_a)_{+\max}-(D_a)_{-\max}}{(V_a)_{+\max}-(V_a)_{-\max}}\qquad(4.2-42)$$

$$f=\frac{(Y_i)_{+\max}-(Y_i)_{-\max}}{(V_a)_{+\max}-(V_a)_{-\max}}\qquad(4.2-43)$$

式中　θ——角度分辨力；

f——位移分辨力；

$(Y_i)_{+\max}$——式 (4.2-41) 求出的最大正测量值，mm；

$(Y_i)_{-\max}$——式 (4.2-41) 求出的最大负测量值，mm；

$(V_a)_{+\max}$——与正测量范围角度值相对应测斜仪的输出值；

$(V_a)_{-\max}$——与负测量范围角度值相对应测斜仪的输出值；

$(D_a)_{+\max}$——测量的正最大角度值；

$(D_a)_{-\max}$——测量的负最大角度值。

各种类型的测斜仪应符合表 4.2-7 中的规定。

表 4.2-7 测斜仪测量范围及分辨力表

型式	测量范围角度 D_a (°)	角度分辨力 θ (″)	位移分辨力 f (mm)
电阻应变片式	0～±5	≤9	≤Lsin (9/3600)
	0～±10	≤18	≤Lsin (18/3600)
伺服加速度计式	0～±30	≤5	≤Lsin (5/3600)
	0～±50	≤10	≤Lsin (10/3600)
钢弦式	0～±5	≤5	≤Lsin (5/3600)
	0～±10	≤10	≤Lsin (10/3600)
	0～±30	≤18	≤Lsin (18/3600)
电解液式	0～±10	≤5	≤Lsin (5/3600)
	0～±30	≤11	≤Lsin (11/3600)

注 L 为测斜仪的标距。

3. 符合度检验

用工作曲线计算出各测点的测值为

$$d_i = f(V_i) \quad (4.2-44)$$

式中 d_i——按工作曲线计算出的角度值；

V_i——测斜仪输出值，即 $(V_a)_i$。

符合度 δ 的计算为

$$\delta = \frac{(d_i)_{\max}}{(D_a)_{+\max} - (D_a)_{-\max}} \times 100\% \quad (4.2-45)$$

式中 δ——符合度；

$(d_i)_{\max}$——按工作曲线计算的计算值与标定台对应的读数值中偏差最大者；

$(D_a)_{+\max}$——测量的正最大角度值；

$(D_a)_{-\max}$——测量的负最大角度值。

测斜仪的符合度 δ 应符合以下规定：

(1) 电阻应变片式，$\delta \leqslant \pm 1\%$F.S。

(2) 伺服加速度计式，$\delta \leqslant \pm 0.1\%$F.S。

(3) 钢弦式，$\delta \leqslant \pm 1\%$F.S。

(4) 电解液式，$\delta \leqslant \pm 1\%$F.S。

4. 滞后检验

计算出每一次循环中各测试点上行及下行两个测值之间的差值的绝对值，令其中最大值为 Δ_1，则滞后 α' 为

$$\alpha' = \frac{\Delta_1}{(V_a)_{+\max} - (V_a)_{-\max}} \times 100\% \quad (4.2-46)$$

测斜仪的滞后应符合以下规定：

(1) 电阻应变片式，$\alpha' \leqslant \pm 0.5\%$F.S。

(2) 伺服加速度计式，$\alpha' \leqslant \pm 0.05\%$F.S。

(3) 钢弦式测斜仪，$\alpha' \leqslant \pm 0.5\%$F.S。

(4) 电解液式测斜仪，$\alpha' \leqslant \pm 0.5\%$F.S。

5. 不重复度检验

计算出三次循环中各测试点上行及下行各自的三个测值之间的差值的绝对值，令其中最大值为 Δ_2，则不重复度 α'' 为

$$\alpha'' = \frac{\Delta_2}{(V_a)_{+\max} - (V_a)_{-\max}} \times 100\% \quad (4.2-47)$$

测斜仪的不重复度应符合以下规定：

(1) 电阻应变片式，$\alpha'' \leqslant \pm 0.5\%$F.S。

(2) 伺服加速度计式，$\alpha'' \leqslant \pm 0.05\%$F.S。

(3) 钢弦式，$\alpha'' \leqslant \pm 0.5\%$F.S。

(4) 电解液式，$\alpha'' \leqslant \pm 0.3\%$F.S。

4.2.6.3 绝缘电阻检验

(1) 将测斜仪放入压力容器内，加压至 2MPa，压力保持时间不少于 60min。

(2) 用额定直流电压为 100V 的兆欧表测量电路与壳体之间的绝缘电阻值。

(3) 测斜仪在 2MPa 的水压下，电路与壳体之间的绝缘电阻值应大于 50MΩ。

4.2.6.4 稳定性检验

在性能试验结束后，将测斜仪静置至少 30 天后，在正常试验条件下，按同样的步骤试验。试验后，其性能仍能符合上述各项规定。

4.2.6.5 耐运输颠振性能检验

测斜仪按运输要求包装后直接固定在振动试验台上，应能承受最大加速度为 3g、历时 2h 的运输颠振试验。试验后，其性能仍能符合上述各项规定。

4.2.6.6 外观检验

(1) 目测检查，测斜仪的外观不应有锈斑、明显划痕及损伤。

(2) 引出的电缆及护套应无损伤。

4.2.7 垂线坐标仪

1. 检测设备

(1) 数字万用表。

(2) 引张线标定架。

(3) 大量程百分表。

2. 外观检验

(1) 垂线坐标仪各部分应连接牢固，不应有松动、脱焊或接触不良等现象。

(2) 垂线坐标仪表面应采用防腐材料或进行防腐处理，无锈斑及裂痕，引出的电缆、护套应无损伤。

(3) 垂线坐标仪外壳上应清楚标明其厂标、型号、编号、测量范围。

对上述检测内容应采用手动和目测的方法。

3. 力学性能检测

(1) 检测 X 方向位移时将标定装置安装在 Y 方向，检测 Y 方向位移时将标定装置安装在 X 方向。在垂线仪连接底板上均有 X 方向和 Y 方向标定装置安装孔。

(2) 转动调节旋钮使活动导杆的夹线端移动到垂线位置，用线卡将垂线夹住。

(3) 转动调节旋钮，带动垂线运动，直至该显示窗显示 25.00 左右的数值。

(4) 松开百分表卡座螺栓，安装 50mm 量程百分表，在表针指示到 25mm 时固定百分表，拧紧卡座螺栓。

(5) 转动调节旋钮，在百分表指示到 5mm 时停住，记录下此时显示窗的数值后就可以开始正式标定。

(6) 标定步长：5mm。

(7) 输入位移由手动调节旋钮产生，用百分表监视位移量。步长 5mm，每输入一步位移后记录下相应的显示数值。5～45mm 为正程，45～5mm 为反程。相邻的正程与反程称为一次循环。标定时做三次循环。

(8) 标定完 X 方向后，从 Y 方向取下标定装置安装到 X 方向，接着进行 Y 方向标定。操作方法同上。

(9) 以上为 50mm 量程仪器检验方法，其他量程仪器参照执行。

4. 数据处理

采集到的数据根据垂线坐标仪传感器类型的不同分别参照《土工试验仪器　岩土工程仪器振弦式传感器通用技术条件》(GB/T 13606) 等中的相关规定处理。

4.2.8　活动觇标

活动觇标在出厂前虽然作了检查和校正，但在长途运输和使用中，水准器与照准牌可能发生变动，因此，在使用前和使用过程中应经常进行检查与校正。

4.2.8.1　水准管轴检验与校正

1. 检验

先粗略整平仪器，然后转动照准牌使照准牌水准管平行于一对脚螺旋的连线，并调节螺旋使水准管的气泡居中，将照准牌旋转 180°，此时水准管也转动了 180°，若气泡偏离中央，表明水准管轴不垂直于竖轴，需要校正。

2. 校正

用脚螺旋调节气泡偏离的一半，另一半用水准管校正螺旋校正。重复检校操作，直到照准牌转到任何位置，气泡始终居中为止（最多不超过 1 格）。

4.2.8.2　圆水准器检验与校正

检验方法是将长水准器整平，然后观察圆水准器是否居中。如不居中，可用圆水准器下部的校正螺丝进行校正。

4.2.8.3　照准牌检验与校正

在相距 30m 的两个脚架上分别安置经纬仪和活动觇标，整平后用望远镜纵丝照准觇标的中心线，观测觇标中心线是否竖直。如果不竖直，可松开照准牌固定止动螺丝，将照准牌中心线调整竖直，并将中心线移动到首次测定的零位上，然后固定螺丝。

4.2.8.4　零位测定

活动觇标零位测定一般与圆水准器校验同时进行。用经纬仪首先测定活动觇标底座孔左右两边缘角值，取其中数。然后将度盘读数微动至角值中数处，并固定。再将照准觇标中心线移动至视线中心线重合，最后读取分划尺与游标上的读数，如此反复最少三次，取中数，即为觇标的零位。

4.2.9　量水堰

量水堰检验方法适用于新建的和使用中的薄壁堰，包括矩形堰（全宽型堰、收缩堰）与三角堰。量水堰由堰板、上下游引水槽和水位测针等设施构成。由于过堰水流属自由泄流，堰上水头与流量呈单值函数关系，根据相应的流量公式，可由测得的堰上水头换算出流量。

1. 检验设备

检验设备主要包括直尺 2 把（量程 50cm 或 100cm）、精密水准仪（二级）、水平尺、钢角尺等。

2. 检验项目

(1) 堰板。堰板应为金属平板，上游面距堰口 20～50mm 内应为光滑平面，不得有突出物。堰口应为矩形平面，无毛刺与刮痕。堰口横剖面应为直角梯形，顶缘宽 1～2mm，下缘斜角大于 45°。堰板应垂直于引水槽壁。矩形堰堰口应水平（斜率不大于 0.1%），三角堰堰口两侧应对称，计算夹角与设计值之差不大于 0.2%。

(2) 引水槽。引水槽侧壁应为平面且充分光滑（达到水泥抹面的平整度），两侧壁应平行且垂直于水平面（在有效过水断面内，横向宽度的最大偏差不大于 2mm），对上游引水槽槽底的要求视堰高 P 与最大水头 h_{max} 而定。当 P 很小或 h_{max}/P 很大时，要求槽底顺直、平坦甚至光滑，上游引水槽底部不得积存杂物，堰口下游（水舌之下）两侧的通气洞应对称布置，且保持通畅。

(3) 水位测针。水位测针的进水管不得突出侧壁，其位置应低于堰口，在堰板上游 6 倍最大水头处；水位测针的示值误差不大于 0.1mm；水位测针应垂直安装，其零点高程应以堰口中点高程为起点。

至少施测 4 次，其中较接近的 3 次的离差应不大于 0.4mm，取用其平均值。

（4）消浪栅。当引流量较大或进水水头偏高，致使引水槽水流不够平稳，则应增设固定的竖条型消浪栅。消浪栅距堰板至少 10 倍最大水头。

3. 检验方法

（1）目测堰体表观。

（2）用钢角尺检验堰板是否垂直于槽壁。

（3）用水平尺及水准仪检验堰口是否水平。

（4）用直尺检验引水渠在堰口以上的宽度。

（5）水位测针定期检定。

（6）用水准仪检验测针零点高程。

4.2.10　水力学仪器

1. 脉动压力计

（1）检验设备及工具。主要设备有精密压力表、液压检测台、动态应变仪（或压力转换仪）和数字电压表等。

（2）检验方法。通过调节液压检测台、读取精密压力表和数字电压表示值，即能获得待测传感器的电压（或电流）灵敏度及非线性等技术指标，计算出仪器 K 值（可参照钢弦式仪器和差动电阻式仪器的检验方法）。

2. 水听器

（1）水听器虽为非定型产品，但按国家规定，须经专门计量检定单位检定后方可使用。

（2）检测项目包括：水密耐压、电压灵敏度频率响应和接收指向性等。水密耐压性通过高压水罐进行检验，灵敏度频响和指向性则必须在标准水池内测定。其测试原理是利用标准大功率放大器和标准声学换能器将电能转换成声能，在标准距离和角度范围安装待测水听器进行接收，采用标准采集分析系统获得待测水听器的频响和指向特性。

3. 通用底座

用于安装各类仪器的通用底座必须严格按设计尺寸及精度要求加工，对制成品必须检验表面粗糙度情况、焊接质量及密封性能。

4. 总压式流速仪

总压式流速仪由于内部测量主要部件采用的是脉动压力计，其仪器检验方法与脉动压力计相同。

4.2.11　二次测量仪表

4.2.11.1　水工比例电桥

水工比例电桥的检验方法有两种：率定器法和简易法，其中比较常用的是率定器法，本手册以率定器法介绍水工比例电桥的检验方法。

1. 检验项目

（1）绝缘电阻 R_x。

（2）零位电阻 $\bar{r}_0$ 及变差 $\Delta\bar{r}_0$。

（3）电阻比 z 及电阻 R 的准确度。

（4）内附检流计灵敏度 f_g 及工作时间 T_g。

2. 检验设备

检验设备主要包括水工比例电桥率定器 1 台，光点反射式检流计 1 台，100V 直流兆欧表 1 台等。

3. 检验标准

水工比例电桥检验各限差要求见表 4.2－8。表中 z 和 R 的限差适用于电阻比率定器法检验，如采用简易率定法进行检验时，限差值可适当放宽一倍。

表 4.2－8　　水工比例电桥检验限差表

检验项目	R_x (MΩ)	$\bar{r}_0$ (Ω)	$\Delta\bar{r}_0$ (Ω)	z (10^{-4})（绝对值）	R (Ω)（绝对值）	f_g (mm)	T_g (s)
限差	≥200	≤0.01	≤0.002	≤1	≤0.02	$>3\times10^{-4}$	≤3

4.2.11.2　数字电桥

1. 检验设备

数字电桥检验设备主要包括：由计量部门检定合格的 100V 直流兆欧表及电阻比电桥率定器。

2. 检验项目

（1）绝缘电阻 R_x。

（2）电阻比、电阻的准确度。

3. 检验标准

数字电桥检验各项限差必须满足表 4.2－9 中的规定。表中 z 与 R 的限差，适用于电阻比率定器法。

表 4.2－9　　数字电桥检验限差表

项目	R_x (MΩ)	z (10^{-4})（绝对值）	R (Ω)（绝对值）
限差	≥200	≤1	≤0.02

4. 检验周期

数字电桥宜每月检验，电桥率定器每年送检一次。数字电桥超限时，电桥需送厂检修，不得继续使用。

4.2.11.3 频率读数仪

频率读数仪可用频率发生器进行检验，也可采用多台同型号仪器比测进行检验。

1. 检验方法

(1) 选取一支稳定可靠、便于加载或控制位移的钢弦式位移传感器，固定在校正仪上。

(2) 逐渐增加钢弦式位移传感器的位移量，并同时使用3台以上同型号的频率读数仪对其频率进行测量，并作记录。

(3) 计算各频率读数仪测量频率的最大误差。

2. 检验标准

各频率读数仪具有很好的一致性，频率误差控制在±0.1%F.S以内，温度误差在1.0%F.S，说明测试的仪器均合格。

3. 检验周期

频率读数仪的检验周期为1年。

4.2.11.4 测斜仪读数仪

1. 检验设备

测斜仪读数仪检验设备主要包括：现场检定装置1套，百分表1块，测斜仪读数仪1台等。

2. 检验工作原理

检验装置由固定杆和活动杆组成，固定杆与活动杆的一端铰接在一起，通过调节活动杆，活动杆与固定杆及调节杆形成直角三角形，固定杆、活动杆的长度可精确测量，通过百分表可测量出调节杆的长度。通过该检验装置，可测出固定在活动杆上测斜管中测斜仪倾角的相对变化，与测斜仪读数仪测量结果的比较即可计算出检验结果。

3. 检验方法

(1) 将测斜管固定安装在检验装置活动杆上，使测斜管一测槽方向与活动杆移动方向平行，作为主滑动方向。将测斜仪导轮放入主滑动槽。一般开始位置为固定杆与活动杆重合位置，用读数仪读取测斜仪在此状态下的读数。

(2) 根据测斜仪的量程计算另一直角边的最大调节长度，百分表量程内分成7等份，调节活动杆至1等分处，固定活动杆，记录百分表和读数仪的读数。分别记录活动杆在2等份、3等份、4等份、5等份、6等份、7等份处百分表和读数仪的读数。

(3) 重复上述操作一次，分别记录百分表和读数仪的读数。

(4) 分别计算测斜仪检验装置的倾角（水平位移）和读数仪测量倾角（水平位移），综合两次测量结果计算灵敏系数及线性度。

4. 检验标准

(1) 灵敏度不大于0.01%F.S。

(2) 线性度不大于0.1%F.S。

满足以上两条要求，说明所测试的测斜仪读数仪是合格的。

5. 检验周期

倾斜仪读数仪的检验周期为1年。

4.2.11.5 全站仪与水准仪及水准标尺的检验

4.2.11.5.1 全站仪

全站仪一般不能自行检验，但需检查能否正常使用，并通过使用了解其测读误差，若仪器的测程、精度达不到要求时，送回厂家修理，调试。同时，应定期送至国家计量及有关部门认可的单位进行检验。

1. 检验项目

初次使用的全站仪首先进行一般的检查和调整，主要是调整仪器的三轴关系，然后对下述仪器误差进行检校：

(1) 双轴补偿纵横向指标差。

(2) 垂直编码度盘指标差。

(3) 水平视准差。

(4) 水平轴倾斜误差。

(5) 自动目标识别轴的准直差（电动机驱动型自动寻找目标全站仪）。

由于全站仪的上述误差随时间和温度而变化，因此，需重新检校的情况包括：①每次精密测量前；②长途运输后；③长期工作后；④工作环境温度变化较大时。

检验误差之前，仪器应当放置到与外界温度一致。在检验误差时仪器应当安全稳固，避免阳光直射引起某一侧温度升高。

2. 检验与校正方法

(1) 照准部水准轴应垂直于竖轴的检验和校正检验：①先将仪器大致整平，转动照准部使其水准管与任意两个脚螺旋的连线平行，调整脚螺旋使气泡居中；②然后将照准部旋转180°，若气泡仍然居中则说明条件满足，否则应进行校正；③校正的目的是使水准管轴垂直于竖轴，即用校正针拨动水准管一端的校正螺钉，使气泡向正中间位置退回一半。为使竖轴竖直，再用脚螺旋使气泡居中即可。此项检验与校正必须反复进行，直到满足条件为止。

(2) 十字丝竖丝应垂直于横轴的检验和校正：①检验时用十字丝竖丝瞄准一清晰小点，使望远镜绕横轴上下转动，如果小点始终在竖丝上移动则条件满足，否则需要进行校正；②校正时松开四个压环螺钉（装有十字丝环的目镜用压环和四个压环螺钉与望远镜筒相连接)。转动目镜筒使小点始终在十字丝竖丝上移动，校好后将压环螺钉旋紧。

(3) 视准轴应垂直于横轴的检验和校正方法如下：

1) 在平坦地面上，选择相距约 100m 的 A、B 两点，在 AB 连线中点 O 处安置全站仪，并在 A 点设置一瞄准标志，在 B 点横放一根刻有毫米分划的直尺，使直尺垂直于视线 OB，A 点的标志、B 点横放的直尺应与仪器大致同高；

2) 用盘左位置瞄准 A 点，制动照准部，然后纵转望远镜，在 B 点尺上读得 B_1；用盘右位置再瞄准 A 点，制动照准部，然后纵转望远镜，再在 B 点尺上读得 B_2。如果 B_1 与 B_2 两读数相同，说明条件满足。若 $c>60''$ $[c=(B_1-B_2)/2]$，则需要校正。

3) 校正时，在直尺上定出一点 J，使其读数 B_3 满足 $|B_2-B_3|=|B_1-B_2|/4$，J 与仪器中心的连线与横轴垂直。打开望远镜目镜端护盖，用校正针先松十字丝上、下的十字丝校正螺钉，再拨动左右两个十字丝校正螺钉，一松一紧，左右移动十字丝分划板，直至十字丝交点对准 J。此项检验与校正也需反复进行。

(4) 横轴应垂直于竖轴的检验和校正方法如下：

1) 选择较高墙壁近处安置仪器。以盘左位置瞄准墙壁高处一点 P (仰角最好大于 30°)，放平望远镜在墙上定出一点 M_1。

2) 倒转望远镜，盘右再瞄准 P 点，又放平望远镜在墙上定出另一点 M_2。如果 M_1 与 M_2 重合，则条件满足，否则需要校正。

3) 校正时，瞄准 M_1、M_2 的中点 M，固定照准部，向上转动望远镜，此时十字丝交点将不对准 P 点。抬高或降低横轴的一端，使十字丝的交点对准 P 点。此项检验也要反复进行，直到条件满足为止。

以上 4 项检验校正，以 (1)、(3)、(4) 项最为重要，在观测期间最好经常进行。每项检验完毕后必须旋紧有关的校正螺钉。

经纬仪的检验与校正与全站仪相同。

4.2.11.5.2　水准仪

水准仪一般不能自行检验，但需检查能否正常使用，并通过使用了解其测读误差，若仪器的测程、精度达不到要求时，送回厂家修理，调试。同时，应定期送至国家计量及有关部门认可的单位进行检验。

1. 检验项目

水准仪的检验严格按照《国家一、二等水准测量规范》(GB 12897) 进行，检验内容包括以下方面：

(1) 水准仪的外观、转动部件、光学性能、补偿性能、设备件数。

(2) 水准仪上概略水准器检验。

(3) 光学测微器隙动差和分划值。

(4) 水准仪视线观测中误差。

(5) 补偿误差。

(6) 十字丝检验。

(7) 视距常数。

(8) 调焦透镜运行误差。

(9) 水准仪 i 角检验。

2. 检验与校正方法

(1) 圆水准轴平行于纵轴的检验和校正方法如下：

1) 转动脚螺旋使圆水准器气泡居中，将水准仪绕纵轴旋转 180°后，若气泡仍居中，说明圆水准轴平行于纵轴的条件满足，否则需要校正。

2) 校正时，先稍松开圆水准器底部中央的同定螺丝，再拨动圆水准器的校正螺丝，使气泡返回偏移量的一半，然后转动脚螺旋使气泡居中。如此反复检校几次，直至水准仪转至任何方向圆水准器气泡都不偏离中央为止，最后旋紧固定螺丝。

(2) 十字丝横丝垂直于纵轴的检验及校正方法如下：

1) 置平水准仪，以十字丝横丝一端瞄准某一标志 P，旋转水平微动螺旋，若横丝始终不离开标志，则说明十字丝横丝垂直于仪器纵轴，否则需要校正。

2) 校正时，旋下十字分划板护罩，用小螺丝刀松开十字丝外环固定螺丝，微微转动外环，使水平方向微动时横丝不离开标志，最后旋紧十字丝外环固定螺丝，并旋上十字丝分划板护罩。

(3) 水准管轴平行于视准轴的检验及校正方法如下：

1) 在平坦地面上选定相距 60～80m 的 A、B 两点 (打木桩或安放尺垫)，竖立水准尺。先将水准仪安置于 AB 的中点 C，精平仪器后，分别读取 A、B 点水准尺的读数 a'_1，b'_1。

2) 改变仪器高度，再重读两尺读数为 a''_1，b''_1。两次分别计算高差，差数如在 5mm 以内，则取其平均数，作为 A，B 两点的正确高差 h_1，即

$$h_1=\frac{1}{2}[(a'_1-b'_1)+(a''_1-b''_1)] \qquad (4.2-48)$$

3) 将水准仪搬到 B 点附近相距 2m 处，精确调平后分别读取 A、B 点的水准尺读数 a_2，b_2，又测得高差 $h_2=a_2-b_2$，如果 $h_2=h_1$，则说明水准管轴平行于视准轴；否则，应按下列公式计算 A 点尺的应有读数 a'_2 和视准轴与水准管轴的交角 (视线的倾角) i，即

$$a'_2=h_1+b_2 \qquad (4.2-49)$$

$$i=\frac{|a_2-a_2'|}{D_{AB}}\rho \qquad (4.2-50)$$

式中　D_{AB}——A，B 两点间的距离。当 $i>20''$时，需要校正；

ρ——常数，206265。

4）水准管轴平行于视准轴的校正有两种方法：①校正水准管时，转动微倾螺旋，使横丝在 A 点尺上的读数从 a_2 移到 a_2'，视准轴已水平，但水准管气泡不居中，用校正针拨动水准管上、下两个校正螺丝，使气泡回复居中（水准管轴水平）；②校正十字丝时，卸下十字丝分划板外罩，用校正针拨动十字丝环上、下两个校正螺丝，移动横丝，使对准 A 尺上的正确读数 a_2'。校正时，要保持水准管气泡居中。

（4）自动安平水准仪的检验及校正方法如下：

1）圆水准轴平行于纵轴的检验及校正同一般水准仪。

2）当圆水准气泡居中时，视线水平的检验同一般水准仪的水准管轴平行于视准轴的检验，但只能校正十字丝。

3）自动安平水准仪补偿棱镜功能正常的检验：瞄准水准尺并读数，用手轻击三脚架架腿，可看到十字丝产生震动，但如果很快能稳定下来，并且横丝仍瞄准原来的读数，则说明补偿棱镜的功能正常。

4.2.11.5.3　水准标尺

水准标尺的检验包括以下内容：

（1）检查水准标尺有无凹陷、裂缝、碰伤、划痕、脱漆等现象。

（2）查看标尺刻划线和注记是否粗细均匀、清晰，有无伤痕，能否读数。

（3）水准标尺上圆水准器居中检验。

（4）水准标尺分划面弯曲差检验。

（5）水准标尺零点差与尺常数检验。

（6）水准标尺中轴线与标尺底面垂直性检验。

4.2.11.6　收敛计

1. 静态检验

静态检验是指收敛计在基线长度不变的情况（没有位移）下所进行的重复性检验。

（1）静态检测的观测值为仪器读数的观测值。

（2）检验时，按照加载、读数、卸载的次序进行测量，为一次观测。

（3）一次观测的读数观测值应取三次读数的平均值。

（4）每次观测之间，应重新挂尺和仪器，以便测点的接触误差能够反映到检验结果中。

（5）每组观测至少完成 9 次观测，每条基线完成 1～3 组观测。

2. 动态检验

动态检验是指收敛计在基线长度发生改变的情况（有位移）下所进行的非重复性检验。动态检验的方法与静态检验的方法基本相同。每次观测之间，改变基线长度。

4.2.12　电缆检验

1. 检验项目

电缆在使用前须进行检验，检验内容如下：

（1）电缆各芯线电阻。

（2）电缆各芯线间的绝缘电阻。

（3）抽样检验（10%）电缆的防水性能。

2. 检验方法

（1）用万用表检测芯线的电阻，有无折断，检查外皮有无破损。

（2）用 500V 直流兆欧表检查各芯线之间的绝缘电阻。

（3）将电缆置于耐压参数规定的水压环境下 48h，测量电缆芯线与水压容器间的绝缘电阻。

3. 检验标准

（1）五芯水工电缆的电阻值应不大于 3Ω/100m。

（2）电缆各芯线之间的绝缘电阻不小于 100MΩ。

（3）防水性能检验时，电缆芯线与水压容器之间的绝缘电阻不小于 100MΩ。

4.3　变形监测仪器设备安装埋设

4.3.1　表面变形标点安装

4.3.1.1　平面控制网及水平位移标点

1. 技术要求

（1）先依据设计图纸在现场进行平面控制点初选，尽量选在通视良好、交通方便、地基稳定且能长期保存的地方。视线离障碍物不宜小于 1.5m，并避免视线通过吸热、散热较快和强电磁场干扰的地方。基准点必须建立在变形区以外稳固的基岩或坚实土基上。若基准点选在土基上，对土基基础应进行基础加固处理。

（2）对于能够长期保存、离施工区较远的首级网点，应考虑网形结构且便于加密，对于直接用于施工放样的控制点则应考虑方便放样，靠近施工区并对主要建筑物的放样区组成有利的网形。控制网点的分布应做到坝轴线下游的点数多于坝轴线上游的点数。

（3）在全网控制点满足通视条件时，才开始工作基点网标墩基坑开挖。标墩基础均应开挖，位于基岩的要进行基面平整并按后续施工图凿一个与基岩相连接的坑，没有基岩的地方则需开挖至坚实原始土层。

(4) 首级平面控制网点和主要建筑物的主轴线点应埋设具有强制归心装置的混凝土观测墩，标墩的高度一般为 1.2m，标墩的顶部安装不锈钢强制对中基座。

(5) 各等级控制网点周围应用醒目的保护装置，以防止车辆或施工机械的碰撞。

2. 安装步骤

(1) 混凝土观测墩结构见图 2.3-1，墩面尺寸依据强制对中基座尺寸而定。

(2) 观测墩混凝土施工分三次浇筑。开挖观测墩基坑（底高程满足规范及设计要求），立模，绑扎基础钢筋和墩身竖向钢筋，浇筑观测墩基础混凝土。

(3) 待基础混凝土终凝后，绑扎墩身钢筋，立模，浇筑墩身一期混凝土，并在墩顶部位预埋强制对中基座的调节螺杆。

(4) 将强制对中基座安装在预埋的调节螺杆上，调节螺栓使得强制对中基座的顶面保持水平，其水平度应小于 4′，照准标志中心线与标墩标心中心的偏差不得大于 1.0mm。立模浇筑墩身二期混凝土。

(5) 待观测墩混凝土表面干燥后，用白色外墙涂料粉饰观测墩墩身，便于远距离观测时能快速寻找到混凝土观测墩。并在观测墩墩身上用红色油漆喷印测点编号和其他相关信息或保护警示等。

3. 平面控制网复测

平面控制网建成后，需对平面控制网进行复测，发现和及时改正可能发生的位移。必须进行复测的条件如下：

(1) 平面控制网建成一年以后。

(2) 开挖工程基本结束、进入混凝土工程和金属结构、机电安装工程开始之时。

(3) 处于高边坡部位或离开挖区较近的控制点，应适当增加复测次数。

(4) 发现网点有被撞击的迹象或在其周围有裂缝或有新的工程活动时。

(5) 遇明显有感地震。

(6) 利用控制网点作为起算数据进行布设局部专用控制网时。

(7) 复测的精度不宜低于建网时的精度，复测时采用的固定点应根据点位的可靠性及其在网中的位置决定，复测网平差时可多选几个固定点，通过观测改正数的大小及分布逐步淘汰移动点或增加固定点，正确鉴别网点的位移情况。

(8) 随着工程的进展，应根据放样的需要逐步加密、补充控制点，使施工放样直接在控制点或其加密点上进行，以提高轮廓点放样的精度及其可靠性。

平面控制网观测要求如下：

1) 在观测开始前，必须先将测量仪器置于大气中一段时间，以便仪器、设备的温度与大气温度趋于一致，然后再精密调平，进行观测。在整个过程中，仪器不得受到日光的直接照射。

2) 水平角观测一般采用方向法观测 12 测回，也可用全组合测角法观测，应使用具有调平装置的觇标或棱镜作为照准目标。全部测回应在上午和下午两个时间段各完成约一半，在全阴天，可适当放宽要求。

4. 表面变形观测

对于非直线型建筑物，如边坡重力拱坝、曲线型桥梁以及一些高层建筑物等无法设置一条基准线进行位移观测的，需要采用全站仪或 GPS 等进行水平位移监测。一般单独设立水平位移监测点，监测点大多为安装有强制对中基座的观测墩。观测方法多采用边角交会法、精密导线法等。交会点、导线点安装与观测如下：

(1) 交会法测点上的固定觇标面应与交会角的分角线垂直，觇标上的图案轴线应调整铅直，不铅直度不得大于 4′。

(2) 采用交会法观测时，水平角应以 J1 型经纬仪或精度不低于 J1 型经纬仪的全站仪进行观测，边角网测角中误差不得大于 0.7″，交会法测角中误差不得大于 10″。边长用标称精度优于 1mm+1ppm 的测距仪或全站仪直接测量。

(3) 交会点的观测应采用方向法观测 4 测回（晴天应在上、下午各观测两测回）。各测回均采用同一度盘位置，测微器位置宜适当改变。每一方向均须采用“双照准法”观测，即照准目标两次，读测微器两次，两次照准目标读数之差不得大于 4″。观测方向的垂直角超过±3°时，方向的观测值应加入垂直轴倾斜改正。

(4) 导线的观测，在拱坝廊道内，由于受条件限制，一般布设的导线边长较短，为减少导线点数，使边长较长，可由实测边长计算投影边长。实测边长应用特制的基线尺，其长度与边长相适应，测定两导线点间（即两微型觇标中心标志刻划间）的长度。为减少方位角的传递误差，提高测角效率，可采用隔点设站的办法。

4.3.1.2 视准线

视准线法是通过建筑物轴线（例如大坝轴线）或平行于建筑物轴线的固定不变的基准视线，采用仪器测定各监测点位置相对于该基准线的位移，从而得到建筑物的水平位移。

视准线安装要求如下：

(1) 视准线离障碍物的距离不应小于 1m。

(2) 工作基点应采用钢筋混凝土观测墩。

(3) 测点宜设观测墩，墩顶应设置强制对中基座，对中精度不应低于0.2mm。

(4) 工作基点和测点混凝土观测墩的安装方法与平面控制网点及水平位移标点观测墩的安装方法相同。

(5) 觇标应高于地面1.2m以上。

(6) 观测墩顶部的强制对中基座应调整水平，倾斜度不得大于4′。

(7) 视准线各测点基座中心应埋设在两端点基座中心的连线上，其偏差不得大于10mm。

(8) 观测视准线不宜过长，按相关技术标准的要求重力坝应控制在300m范围内，滑坡坝体应控制在800m范围内，拱坝应控制在500m范围内。

(9) 工作基点用大地测量方法进行观测，也可通过正倒垂线装置控制，也可通过埋设在附近的多点位移计等内部变形观测设施控制。

(10) 观测时，宜在两端工作基点上观测邻近的测点。将实测的测点相对于视准线的偏离量与两端工作基点的位移变化量进行叠加计算，可以求得各测点的实际水平位移量。

(11) 视准线应采用视准仪或J1型经纬仪或精度不低于J1型经纬仪的全站仪进行观测。每一测次应观测两测回。采用活动觇标法时，两测回观测值之差不得超过1.5mm；采用小角度法时，两测回观测值之差不得超过3″。

(12) 活动觇标法则是利用活动觇标上的标尺，直接测定测点相对于视准线的偏离量。活动觇标是机械结构的，容易发生隙动差，在每次观测时应测定觇标的零位差。活动觇标的读数量程有限（一般有效量程在100mm），不适用位移量大的观测项目。

(13) 小角度法是利用精密经纬仪精确地测出基准线方向与置镜点到观测点的视线方向之间所夹的小角，从而计算观测点相对于基准线的偏离值。

4.3.1.3 精密水准点

精密水准点安装应该按照工程设计要求，沿选定水准路线布设精密水准点。水准点应选在地基稳定、具有地面高程代表性的地点，并且利于标石长期保存和高程联测。

1. 精密水准点布设原则

(1) 宜均匀布设在大坝轴线上下游的左右岸，不受洪水、施工影响，便于长期保存和使用方便的地点。

(2) 基岩水准点，宜选在基岩露头或距地面不深于5m的基岩上。

(3) 应尽量沿坡度较小的公路、大路布置。

(4) 应避开土质松软的地段和磁场较强的地段。

(5) 应尽量避免通过大的河流、湖泊、沼泽与峡谷等障碍物。

不应选为水准点的地点如下：

(1) 易受水淹、潮湿或地下水位较高的地点。

(2) 易发生土崩、滑坡、沉陷、隆起等地面局部变形的地区。

(3) 路堤、河堤、冲积层河岸及地下水位变化较大的地点。

(4) 距公路30m以内或其他受剧烈震动的地点。

(5) 不坚固或准备拆修的建筑物上。

(6) 短期内将因修建而可能毁掉标石或不便观测的地点。

水工建筑物垂直位移监测精密水准点通常分为基准点、工作基点和变形监测点。每个工程应有3个稳固可靠的点作为基准点。

2. 基准点的埋设

(1) 基岩水准标石的埋设。深层基岩水准标石的埋设应根据地质条件，设计成单层或多层保护管式的标石。

对于浅层基岩水准标石的埋设，应在除去风化层的坚硬岩石面上，按岩层水准标石的基座大小开凿出基座坑，在基座坑的四角及基座坑的中心位置分别钻出直径20mm、深0.1m的孔洞，要求四角的孔洞距基座边约0.1m且与基座坑中心的孔洞对称，在各孔洞中打入直径20mm、长0.25m的钢筋。

埋设基座前将基座坑清洗干净，浇灌混凝土至基座深度的一半，充分振捣后放入基座钢筋骨架并将其捆绑于打入岩层的钢筋上，在基座中心垂直安置标石钢筋骨架，将标石钢筋骨架底部与基座钢筋骨架捆扎牢固，再浇灌混凝土至基座顶面，并使混凝土顶面呈水平状态。若坚硬岩石面距地面不大于0.4m时，在标石北侧距标石体0.2m处的基座上安放一个水准标志，作为下标志；若坚硬岩石面距地面超过0.4m时，下标志应安置在标石柱体北侧，柱石顶面下方0.2m处。

待基座混凝土凝固后，在基座中心逐层安置柱石模型板。浇灌混凝土至下标志处并充分振捣后，在下标志孔内安放下标志，再浇灌混凝土至柱石模板的顶面，在柱石顶部中央安置水准标志，水准标志安放应端正、平直、字头朝北，将混凝土顶面抹平。

(2) 岩层水准标石的埋设。在出露岩层上埋设基本水准标石或普通水准标石，应清除表层风化物，在坚硬的岩石表面上开凿深度不小于0.15m、直径不小于0.2m的孔洞，清洗干净后浇灌混凝土镶嵌水准标志，水准标志安放应端正、平直，待混凝土初凝后，加盖标志铁保护盖或水泥保护盖，做好外部装饰。

（3）钢管水准标石的埋设。钢管水准标石用于冻土地区，由外径不小于 60mm、壁厚不小于 3mm、上端焊有水准标志的钢管代替柱石。距钢管底端 100mm 处装有两根 250mm 的钢筋根络。钢管内灌满水泥砂浆，钢管表面涂抹沥青或乳化沥青漆。

在标石坑底铺设 20～40mm 厚水泥砂浆作为垫层，待垫层初凝后，在垫层中心垂直安放预制的钢管水准标石基座模板，在模板中心垂直放入经防腐处理后且装有钢筋网的钢管，基本水准标石的下标志应朝北，浇灌基座混凝土并逐层振捣，待混凝土凝固后拆模，回填坑土并进行外部装饰。

3．工作基点的埋设

对用于水工监测的工作基点也可以按照基准点的要求进行埋设，但考虑单个点的施工成本，一般采用混凝土柱水准标石埋设。

（1）土质坚实的地区可使用土模建造标石基座，在标石坑底部按规定尺寸挖掘基座土模，用罗盘和水平尺使土模一侧位于南北方向并使土模底面水平。

（2）土质不坚实、易塌陷的地区应使用模板建造标石基座，在标石坑底部按照标石的基座大小安置基座模板，用罗盘和水平尺使模板一侧位于南北方向，并使模板底面水平。

（3）埋设基座时，先浇灌混凝土至基座深度的一半，充分振捣后放入基座钢筋骨架，并在基座中心垂直安置柱石钢筋骨架，将柱石钢筋骨架底部与基座钢筋骨架捆扎牢固，再浇灌混凝土至基座顶面，充分振捣并使混凝土顶面处于水平状态。

4．监测点的埋设

（1）道路水准标石的埋设。采用机械钻孔时，应避开自来水、煤气管道、光缆及电缆等地下埋设物。孔中放入外径不小于 110mm、壁厚不小于 3mm 的 PVC 管，距管底部约 0.5m 的管壁上均匀分布 10～12 个孔径为 15mm 的圆孔。管内和管外下部空隙处灌入 1∶2 的水泥砂浆，上部用 PVC 黏胶粘接水准标志，标志周边再用三个相距约 120°的螺钉固定到管壁上，标志顶部与地面齐平。

（2）墙脚水准标志的埋设。在选定的建筑物墙壁或石崖直壁上，高出地面 0.4～0.6m 处钻孔，并用水洗净浸润，然后浇灌 1∶2 的水泥砂浆，放入墙脚水准标志，使圆鼓内侧与墙面齐平。

5．水准点的外部装饰

水准标石埋设后，应进行外部装饰，要求既利于保护标石，又不影响环境美观。

深层基岩标石埋设后，上部应建造保护房屋，其规格依据点位环境分别设计。

浅层基岩标石埋设后，应在点位四周砌筑砖、石护墙或混凝土护栏。其长、宽、高的规格不应小于 1.5m、1.5m、1.0m。

埋设在森林、草原、沙漠、戈壁地区的基本水准标石和普通水准标石，按规格建造保护井，加盖保护盘。

埋设在政府机关、学校、住宅院内以及埋设在耕地内的基本水准标石和普通水准标石，按规格建造保护井，加盖保护盘，盘面与地面齐平。

在山区、林区埋设标石，可在距水准点最近的路边设置方位桩，方位桩可采用木材、石材、混凝土或金属材料制作，并在桩上标明方位桩的方向和距离。

水准点标石的类型除基岩水准点的标石应按地质条件作专门设计外，其他水准点的标石类型应根据冻土深度及土质状况进行选定，原则如下：

（1）有岩层露头或岩石在地面不深于 1.5m 的地点，优先选择埋设岩层水准标石。

（2）沙漠地区或冻土深度小于 0.8m 的地区，应埋设混凝土柱水准标石。

（3）冻土深度大于 0.8m 或永久冻土地区，应埋设钢管水准标石。

（4）有坚固建筑物和坚固石崖处，应埋设墙脚水准标石。

4.3.1.4　双金属标

常见的双金属标有平行式和同轴式两种型式，见图 4.3-1 和图 4.3-2。平行式双金属标采用平行设置的两根具有不同线膨胀系数的金属管（一般是钢管和铝管）组成双金属标。由于埋设双金属标需要有较大口径的孔，因此，埋设成本比较高。同轴式双金属标可在倒垂孔内同轴放两根金属管，把倒垂孔与双金属标孔合在一起（见图 2.3-7），减少了钻孔量。

双金属标的安装有以下 4 个步骤。

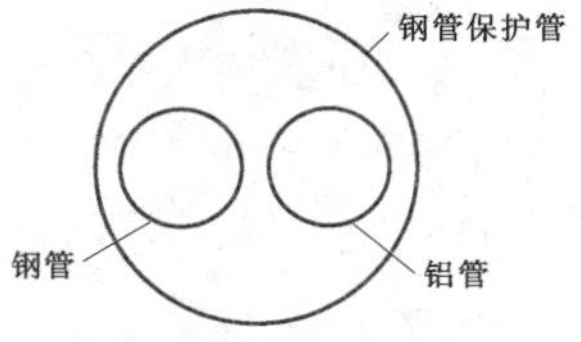

图 4.3-1　平行式双金属标

1．造孔

（1）按设计要求的孔位、孔径和孔深钻孔，采用岩芯钻，尽量将岩芯取全，特别对于断层、软弱夹层（带）应全部取出，按规范进行详细地质描述，做出

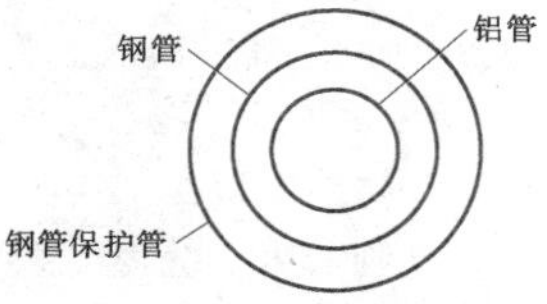

图 4.3-2　同轴式双金属标

钻孔岩芯柱状图。

(2) 钻孔时，选择性能好的钻机，在钻孔处用混凝土浇筑钻机固定底座，预埋紧固螺栓，严格调平钻机滑轨（或转盘）并控制倾斜度，然后将钻机紧固在混凝土底座上。

(3) 孔口埋设长度 3m 的导向管，导向管必须调整垂直，并用混凝土加以固结。

(4) 钻具上部装设导向环，导向环外径可略小于导向管内径 2～4mm。钻进时，宜采用低转速、小压力、小水量。

(5) 必须经常检查钻孔偏斜值，每钻进 1～2m 检测一次。检测可采用倒垂浮体组配合弹性置中器进行，测定钻孔不同高程处钻孔中心线位置与孔口中心位置的偏心距。

(6) 在钻孔过程中，一旦出现偏斜，首先分析原因，同时采取切实可行的纠斜措施。

2. 保护管（套管）的埋设

(1) 保护管采用相应孔径的无缝钢管。保护管（套管）每隔 3～8m 焊接 4 个大小不同的 U 形钢筋，组成断面的扶正环。

(2) 保护管保持平直，底部加以焊封。底部以上 0.5m 范围内，内壁加工为粗糙面，以便用水泥浆固结锚块。保护管采用丝口连接，接头处精细加工，保证连接后整个保护管的平直度，安装保护管时全部丝口连接缝用防渗漏材料密封。

(3) 下保护管前，可在钻孔底部先放入水泥砂浆（高于孔底约 0.5m）。保护管下到孔底后略微上提，但不得提出水泥砂浆面，并用钻机或千斤顶进行固定。

(4) 准确测定保护管的偏斜值，若偏斜过大，加以调整，直到满足设计要求，方可用 M15 水泥砂浆固结。待水泥砂浆凝固后，拆除固定保护管的钻机或千斤顶。

3. 双金属标的安装

(1) 在保护管（套管）内安装双金属管，双金属管采用钢管和铝管。

(2) 坝顶安装钢管长度可根据施工条件适当加长，坝体廊道内由于安装空间限制钢管长度不宜超过 2m。

(3) 双金属管在套管内的位置，宜每隔 2m 设置一个橡胶隔离环，以保证心管间及心管与保护管间不直接接触。

(4) 钢管采用丝口连接，铝管采用管箍连接或丝口套接。

(5) 双金属管的底盖应采用铜棒专门加工，底盖应能密封止水。

(6) 在双金属管底设置锚块，锚块采用 A3 钢加工，锚块与双金属管采用丝口连接，连接处应密封不漏水。

(7) 埋设双金属管时，宜向孔底放入厚 0.5m 加入缓凝剂的水泥砂浆，将双金属管缓慢放至孔底沉入水泥砂浆中进行锚固。

4. 双金属标位移传感器安装

(1) 双金属标位移观测采用位移传感器来获取。

(2) 根据金属标心管的孔径加工位移传感器支架，支架分别固定在钢心管和铝心管上，并上下错开，错开距离根据位移传感器进行调整。

(3) 位移传感器外筒固定在内层标心管上，位移传感器拉杆与外层标心管连接固定。

(4) 保证位移传感器安装铅直。

(5) 根据预估位移量的大小，对位移传感器进行预拉，固定后读取初始值。

双金属标的安装埋设见图 4.3-3。

4.3.1.5　深层沉降测点

1. 钻孔埋设

(1) 测标长度应与点位深度相适应，顶端应加工成半球形并露出地面，下端为标脚，埋设于预定的观测点位置。

(2) 施工时需在土层中预埋混凝土板。埋设采用钻孔埋设，钻孔时孔径应符合设计要求，并保证孔壁铅直，垂直偏差率应不大于 1.5%，并且无塌孔、缩孔现象存在，遇到松散软土层应下套管或采用泥浆护壁。深层标钻孔深度为埋置深度再加 50cm。成孔后必须清孔。

(3) 测标、保护管应整体徐徐放入孔底混凝土板上，如钻孔较深应在测标与保护管之间加隔离环，避免测标在保护管内摆动。

(4) 标志埋好后，提起保护管 30～50cm，并立即在提起部分和保护管与孔壁之间的孔隙内灌砂，以提高灵活性。

(5) 最后用定位套箍将保护管固定在孔口的基础底板上，并用保护管测头随时检查保护管在观测过程中有无脱落现象。

2. 直埋方式

(1) 为使测杆始终处于自由状态，防止测杆与填

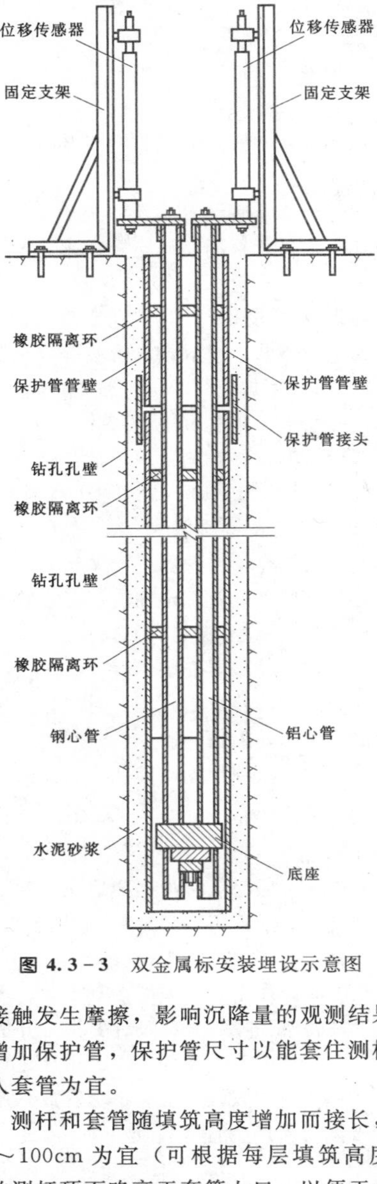

图 4.3-3　双金属标安装埋设示意图

料直接接触发生摩擦，影响沉降量的观测结果，在测杆外侧增加保护管，保护管尺寸以能套住测杆并使标尺能进入套管为宜。

(2) 测杆和套管随填筑高度增加而接长，每节长度以 50～100cm 为宜（可根据每层填筑高度调整），接长后的测杆顶面略高于套管上口，以便于水准尺直接放置在测杆之上。施工过程中套管上口应加盖，避免填料落入管内影响测杆的自由变形。盖顶高出碾压面应不大于 50cm。

(3) 测杆与套管接长过程中，应保证测管的竖直度，防止测管扭曲或倾斜。

(4) 深层沉降标的直埋施工方式可参照电磁式沉降仪在土体填筑中的埋设方式。

4.3.2　真空激光准直系统

4.3.2.1　技术要求

真空激光准直系统分为激光系统和真空管道系统两部分。激光系统由激光点光源（发射点）、波带板及其支架（测点）和激光探测仪（接收端点）组成，其要求如下：

(1) 激光点光源包括定位扩束小孔光阑、激光器和激光电源。小孔光阑的直径应使激光束在第一块波带板处的光斑直径大于波带板有效直径的 1.5～2 倍。激光器应采用发散角小（$1\times10^{-3}\sim3\times10^{-3}$rad）、功率适宜（1～3MW）的激光器。激光电源应和激光器相匹配。外接电源应尽量通过自动稳压器。

(2) 测点宜设观测墩，将波带板支架固定在观测墩上。宜采用微电机带动波带板起落，由接收端操作控制。波带板宜采用圆形，当采用目测激光探测仪时，也可采用方形或条形波带板。

(3) 激光探测仪有手动（目测）和自动探测两种，应尽量采用自动探测，激光探测仪的量程和精度必须满足位移观测的要求。

4.3.2.2　真空管道系统安装

真空管道系统包括真空管道、测点箱、软连接段、两端平晶密封段、真空泵及其配件，其要求如下：

(1) 真空管道宜选用无缝钢管，其内径应大于波带板最大通光孔径的 1.5 倍，或大于测点最大位移量的 1.5 倍，但不宜小于 150mm。

(2) 管道内的气压应控制在 20kPa 以下，并应按此要求确定容许漏气速率，漏气速率不宜大于 120Pa/h。

(3) 测点箱必须和坝体牢固结合，使之真实反映坝体位移。测点箱两侧应开孔，以便通过激光。同时应焊接带法兰的短管，与两侧的软连接段连接。测点箱顶部应有能开启的活门，以便安装或维护波带板及其配件。

(4) 每一测点箱和两侧管道间必须设软连接段。软连接段一般采用金属波纹管，其内径应和管道内径一致，波数依据每个波的容许位移量和每段管道的长度、气温变化幅度等因素确定。

(5) 两端平晶密封段必须具有足够的刚度，其长度应略大于高度，并应和端点观测墩牢固结合，保证在长期受力的情况下，其变形对测值的影响可忽略不计。

(6) 真空泵应配有电磁阀门和真空仪表等附件。

(7) 测点箱与支墩、管道与支墩的连接，应有可调装置，以便安装时将各部件调整到设计位置。

(8) 管道系统所有的接头部位，均应设计密封法兰。法兰上应有橡胶密封槽，用真空橡胶密封。在有负温的地区，宜选用中硬度真空橡胶并略微加大橡胶圈的断面直径。

4.3.2.3 真空激光准直设备安装

(1) 按设计位置进行真空管道的发射端、接收端、测点支墩，以及管道的支墩放样和施工；按真空管道中心轴线的高程控制各支墩安装面的高程；对于长距离准直系统，必须考虑地球曲率对各支墩高程要求的影响，放样时应加地球弯曲差改正，改正值的计算为

$$\widehat{\sigma}_h = \frac{L^2}{2R} \qquad (4.3-1)$$

式中 $\widehat{\sigma}_h$ ——放样点高程改正值，m；

L ——放样点到起点的距离，m；

R ——地球曲率半径，取 6378245m。

一般可以用位于激光准直系统中间部位的测墩中心线位置为基准，计算距测墩不同距离的各墩高程修正值 Δh。

(2) 用 J1 经纬仪或全站仪进行真空管道轴线的放样。控制各测墩中心线对轴线位置的偏差小于 3～5mm。用钢带尺丈量各测墩中心线间距，相邻测墩间距偏差控制在±3mm 内。整个系统长度的总偏差也应控制在 10～20mm 内。对于较长的准直距离，可以取较大的偏差值。

(3) 用一、二等精密水准控制各支墩的安装面高程。测墩与设计值的偏差应控制在±3mm 内，各支墩的偏差可适当放宽。待支墩底板安装完毕后，再用水准仪校测，求得各支墩的实际偏差，然后用钢垫补偿。

4.3.2.4 真空管道的焊接与安装

(1) 真空管道的内壁必须进行清洁处理，除去锈皮、杂物和灰尘。此项工作在安装前后，以及正式投入运行前应反复进行数次。

(2) 每两测点间选用 2～3 个管整段钢管焊接，钢管对焊端应在两端打出高 5mm 的 30°坡口，采用双层焊。每一测点箱和每段管道焊接完成后，必须单独检测。检漏可采用充气、涂肥皂水观察法。检漏工作应反复多次，发现漏孔，应及时补焊。

(3) 长管道由几根钢管焊接而成。每根钢管焊接前或一段管道焊好后，均应作平直度检查，不平直度不得大于 10mm。

(4) 在高精度经纬仪的检测下，进行钢管的安装定位、测点箱的安装定位及钢管与测点箱、波纹管的对接。

(5) 根据真空泵的容量选用相应口径的抽气钢管，确保钢管与真空管道对接处的焊接质量。

(6) 对组成的真空管道进行密封试验，确保管道、测箱密封达到要求后再进行测点仪器的安装。

(7) 每段管道的中部应该用管卡将管道固定在支墩上，其余支墩上设活动滚杠，以便管道向两端均匀变化。

4.3.2.5 真空泵的安装调试

(1) 将真空泵及其冷却系统的电缆接入控制箱，检查无误后，将控制箱面板上的工作方式选择开关打在手动位置。

(2) 启动水泵开关（按电磁阀按键）检查，应确保排水循环管有水排出。

(3) 启动真空泵开关（按真空泵按键）并注意皮带轮是否按正确方向旋转（按箭头方向）。如旋转方向相反，则应立即停止真空泵启动，并关掉控制箱内三相电源。将三相中二根相线位置互换，再重复启动真空泵开关操作。

(4) 真空泵启动后即进行计时，并观察真空表上的读数，一般表上指针应有明显变化，若变化很小，则应关真空泵，检查真空管道的密封性，检查各种阀门是否处在正常位置，排除了漏气的可能再进行抽真空调试。如真空泵启动 3min 后，指针尚未达到 −0.092MPa，此时即停止真空泵工作。几分钟后，再进行抽气工作。要防止真空泵在高气压的情况下工作时间超过 3min，以避免真空泵不必要的损伤。正常情况下，一般在 10～15min 后，即可将真空管道内的气压由 1 个大气压抽至 20～40Pa，对于管道较短的情况下，真空度可达 1～5Pa。

(5) 真空度达到要求后，即关好各个真空表的阀，关真空泵和水泵，记录时间，检查漏气状况。气压上升应不超过 5～10Pa/h。

4.3.2.6 波带板翻转机构的调整

(1) 调整激光源位置，使发出的激光束均匀地照明像屏。

(2) 对于准直距离较长的真空管道，大气折射使光束传输时偏离中心轴线的距离较大，在调整位置时应充分考虑其影响。

(3) 调整好的波带板在真空状态下所形成的光斑偏离值不得大于 10mm；距点光源最近的几个测点应从严要求，偏离值不得大于 3～5mm。

(4) 激光点光源的小孔光阑和激光探测仪必须和端点观测墩牢固结合，保证两者相对位置长期稳定不变。

4.3.2.7 保护措施

(1) 应采取保护措施，防止渗水、雨水直接滴入激光发射端及接收端，一般激光系统的两端均设置在室内，并备有保护箱。

(2) 真空激光准直观测前应先启动真空泵抽气，

使管道内压强降到规定的真空度以下。

4.3.2.8　观测

用激光探测仪观测时，每测次应往返观测一测回，两个“半测回”测得偏离值之差不得大于 0.3mm。

4.3.3　垂线系统

4.3.3.1　正垂线与倒垂线安装

正垂线与倒垂线安装若是在新建混凝土坝内，则在混凝土浇筑时用定型模板预留孔洞即可，若是在已建成混凝土坝上安装，则需钻孔。

1. 钻孔

(1) 按设计要求的孔位、孔径和孔深钻孔，采用岩芯钻，开孔孔径一般不小于 219mm，将岩芯尽量取全，特别对于断层、软弱夹层（带）应尽量取出，按工程地质标准进行详细描述，作出钻孔岩芯柱状图。

(2) 钻孔时，将选择性能好的钻机，将在钻孔处用混凝土浇筑钻机底盘，预埋紧固螺栓。严格调平钻机滑轨（或转盘）并控制倾斜度。然后将钻机紧固在混凝土底座上。

(3) 孔口埋设长度 3m 的导向管，导向管必须调整垂直，并用混凝土加以固结。

(4) 钻具上部装设导向环，导向环外径可略小于导向管内径 2～4mm。钻进时，宜采用低转速、小压力、小水量。

(5) 必须经常检查钻孔偏斜值，每钻进 1～2m 检测一次。检测可采用倒垂浮体组配合弹性置中器进行，测定钻孔不同高程处钻孔中心线位置与孔口中心位置的偏心距。

(6) 在钻孔过程中，一旦出现偏斜，首先分析原因，同时采取切实可行的纠斜措施。

2. 保护管（套管）埋设

(1) 保护管一般采用直径不小于 160mm 的无缝钢管。保护管（套管）每隔 3～8m 焊接 4 个大小不同的 U 形钢筋，组成断面的扶正环。

(2) 保护管保持平直，底部加以焊封。底部以上 0.5m 范围内，内壁加工为粗糙面，以便用水泥浆固结锚块。保护管采用丝口连接，接头处精细加工，保证连接后整个保护管的平直度，安装保护管时全部丝口连接缝用防渗漏材料密封。

(3) 下保护管前，可在钻孔底部先放入水泥砂浆（高于孔底约 0.5m）。保护管下到孔底后略提高，但不得提出水泥砂浆面，并用钻机或千斤顶进行固定。

(4) 然后准确测定保护管的偏斜值，若偏斜过大，应加以调整，直到满足设计要求，方可用 M15 水泥砂浆固结。待水泥砂浆凝固后，拆除固定保护管的钻机或千斤顶。

3. 正垂线安装

(1) 布设在混凝土坝体中的正垂线埋管（混凝土管、钢管）应按设计坐标进行放样测量，在埋管部位准确标定其中心位置，进行埋管定位。

(2) 埋管垂直度应严格控制在设计容许的偏差内。埋管应牢固加固，以防止在混凝土浇筑施工中发生变形。严禁碰撞。

(3) 混凝土浇筑施工完成后应及时复测正垂线埋管垂直度，以调整后续埋管的垂直度。

(4) 混凝土管在安装过程中管口应平顺衔接，防止错台，接口处应用油毡封闭，防止水泥砂浆流入。钢管在安装过程中管口应平顺衔接，焊缝应平整、严密。正垂线埋管埋设安装完成以后，应及时整理编绘埋管竣工资料。

(5) 复测正垂线埋管有效孔径，确定正垂线埋设位置。

(6) 按照确定的正垂线埋设位置，安装正垂线悬线装置、固定夹线装置、活动夹线装置。

(7) 悬挂正垂线阻尼重锤，固定夹线装置。

(8) 在正垂线混凝土观测墩上埋设垂线坐标仪基座，在正垂阻尼油桶中注入变压器油。

(9) 正垂线挂重重量 $G>20\ (1+0.02L)$ kg（L 为测线长度，单位为 m）。

4. 倒垂线安装

(1) 浮体组采用恒定浮力式。测线采用强度较高的不锈钢丝，其直径的选择将保证极限拉力大于浮子浮力的 3 倍。浮体组浮力可按 $P>250\ (1+0.01L)$ N（L 为测线长度，单位 m）确定。

(2) 采用浮体组配合弹性导中器复测保护管垂直度，确定倒垂线锚块埋设位置。安装倒垂浮体组，安装倒垂线锚块，通过滑轮将安装倒垂线锚块的不锈钢丝吊入倒垂线保护管，依靠锚块重力张拉不锈钢丝。

(3) 按照锚块埋设位置将不锈钢丝在管口准确定位。在倒垂线保护管内安装注浆软管，准确计算埋设锚块水泥砂浆用量，通过注浆软管平缓注入水泥砂浆。注浆结束后再次检测不锈钢丝在管口的准确位置，如发现安装位置有偏移，应即时进行调整，使之恢复到锚块埋设位置。

(4) 倒垂锚块埋设安装 7～10 天以后，安装倒垂浮体组和倒垂线不锈钢丝固定夹具，进行倒垂线不锈钢丝张拉。按照浮体工作浮力向浮体组注入变压器油，在浮体支架上盘绕固定多余钢丝，加盖浮体组保护盖，在混凝土观测墩上安装垂线坐标仪基座。

(5) 垂线安装就绪后，再安装坐标仪底盘。

4.3.3.2　垂线坐标仪安装

垂线坐标仪分为传感器式垂线坐标仪和光学式垂线坐标仪，传感器式垂线坐标仪分为电容式、电感式、CCD式、步进电机式、电磁差动式等；光学式垂线坐标仪分为光学垂线坐标仪和盘式垂线瞄准器等。本手册以电容式垂线坐标仪、CCD式垂线坐标仪和盘式垂线瞄准器为例介绍仪器的安装方法。

1. 电容式坐标仪安装

(1) 支架准备。

1) 坐标仪支架通常可分为混凝土或钢结构悬臂式支架、钢结构支架、混凝土观测墩台等。悬臂式支架通常用于正垂线中间各测点或倒垂线测点位于结构物之外的情况，悬臂式支架从结构物观测点处伸出，见图4.3-4。当结构物是混凝土体时（如混凝土坝内竖井），可采用混凝土悬臂支架，也可采用钢结构悬臂支架。悬臂式支架应具有足够的刚度，其位移可以代表所测部位的位移。为确保安装在悬臂式支架的仪器不产生过大的附加温度变形，对处于温度变幅较大的测点部位，坐标仪中心至结构物边缘的距离应控制在80cm以内。固定架的支架端部埋入混凝土要稳定可靠，混凝土支架在固定架浇筑15天后再安装仪器。固定架埋设时需用水平尺调平。

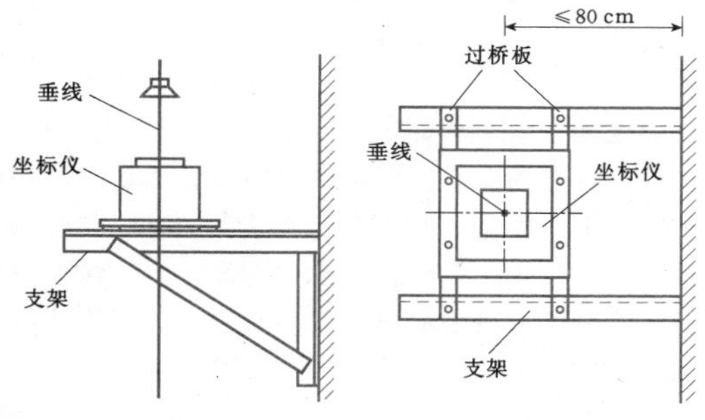

(*a*) 主视图　　(*b*) 俯视图

图4.3-4　悬臂式支架安装示意图

2) 钢结构支架通常用于有一定工作空间的正垂线终端测点和倒垂线测点，钢结构支架应根据工程特点和实际需求设计，可定制或在现场加工厂制备，其结构应确保有足够的刚度。现场安装时，应先在结构物上（如混凝土坝体廊道地面）定位并钻孔预埋锚筋，待锚筋具备强度后将钢结构支架焊接于锚筋上，以确保支架与测点处结构物牢固连接。支架安装过程中应注意校准方位和保持水平。图4.3-5为正、倒垂线支架结构示意图。

3) 混凝土观测墩台通常用于有一定工作空间的正垂线终端测点和倒垂线测点，混凝土观测墩台应根据现场实际情况进行设计，通常采用现场浇制，墩座应采用插筋与地面混凝土连接，台面与墩座应有足够的强度和刚度。台面浇制时应按设计要求将预埋件准确定位，待混凝土达到一定强度后方可进行仪器的安装。

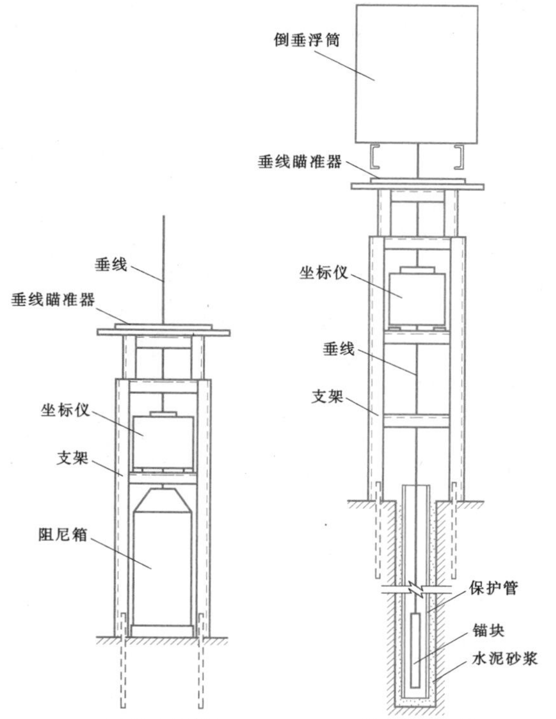

(*a*) 正垂线支架　　(*b*) 倒垂线支架

图4.3-5　钢支架安装示意图

(2) 仪器安装。

1) 在准备好的支架或墩台上，先安装仪器底板，再安装四块极板，要求两组平行极板分别平行于坝体左右岸方向和上下游方向，固定极板部件的螺丝拧紧时要适量，以免连接件瓷子被破坏，最后将各极板引线头烫锡。

2) 中间极感应部件由一个圆柱形极板组成，以两块半圆环形的夹块固定在垂线上。中间极安装时一定要固紧在线体上，防止因重力作用使中间极下滑。

3) 电容式垂线坐标仪是精密的传感器，虽可在潮湿环境下使用，但仍需有保护设施，防止漏水或凝结水直接流入仪器。应设法尽可能地改善仪器的工作环境，使其处于较为良好的工作状态，以期获得长期稳定可靠的监测数据。

4) 将屏蔽电缆线穿过仪器底板的过线孔，每根芯线固定在其相应的位置，与感应极引线焊接。焊接后接头部分进行绝缘处理，并检查绝缘性能。

2. CCD 式坐标仪安装

（1）坐标仪顶端须在垂线上加防水罩。坐标仪底盘的位置应根据仪器的量程或位移量的大小而定，但应使仪器导轨平行于监测方向，坐标仪的底盘应调整水平。

（2）垂线坐标仪安装时，将垂线置于坐标系中间，使测量基值 x = 半量程 ± 1mm，y = 半量程 ± 1mm，累积位移量 = ±（实测值 − 基值）。

（3）垂线的坐标仪安装如图 4.3-6 所示。

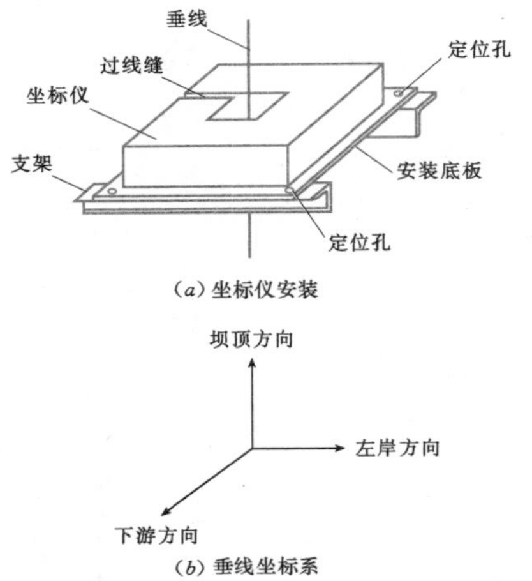

图 4.3-6　CCD 式垂线坐标仪安装示意图

3. 盘式垂线瞄准器安装

（1）将瞄准器水平安装在距地面 1.2～1.5m 的高度。左、右钢尺前需留有不少于 1m 的工作空间，Y 轴与坝轴线平行。

（2）瞄准器支架可根据垂线在廊道中位置自行加工制作。瞄准器可以固定在桌面支架上，也可以固定在墙体侧壁悬臂支架上。自制安装支架时尺寸不宜太大，应考虑瞄准器的自由活动。

（3）为了保证仪器上、下游的测量范围，仪器的坐标原点与垂线 X 方向的相对位置需根据安装时的季节、蓄水水位以及安装仪器廊道在坝体位置等因素来决定，确保仪器安装后能够在量程范围内监测大坝变形。

（4）卸下设备周围的螺栓，取下防护罩，重新把设备周围的螺栓装上。

（5）把瞄准器的底座固定在支架上，用可调垫脚将底座调至水平，然后紧固螺栓，完成瞄准器安装。

4.3.4　引张线系统

引张线系统一般用于直线型混凝土建筑物，主要用于测定混凝土建筑物垂直于轴线方向的（顺水流方向）水平位移。引张线系统的设备应包括端点装置、测点装置、测线及其保护管，见图 4.3-7。其安装技术要求如下：

（1）引张线宜采用浮托式。线长不足 200m 时，可采用无浮托式。

（2）引张线应设防风护管。端点装置可采用一端固定、一端加力的办法，也可采用两端加力的方法。

（3）加力端装置包括定位卡、滑轮和重锤（或其他加力器），固定端装置仅有定位卡、固定栓。定位卡应保证换线前后位置不变。测线越长引张线所需的拉力越大。长度为 200～600m 的引张线，一般采用 40～80kg 的重锤张拉。重锤重量为

$$H = \frac{S^2 W}{8Y} \tag{4.3-2}$$

式中　H——水平拉力（近似于重锤重量），kg；

S——引张线长度（两浮托间距），m；

W——引张线钢丝单位重，kg/m；

Y——引张线悬链线垂径，m。

（4）有浮托的引张线的测点装置包括水箱、浮船、读数尺或仪器底盘、测点保护箱。无浮托的引张线则无水箱及浮船。浮船的体积通常为其承载重量与其自重之和的排水量的 1.5 倍。水箱的长、宽、高分别为浮船的 1.5～2 倍。读数尺长度应大于位移量变幅，一般不小于 50mm。

（5）测线钢丝直径的选择宜使其极限拉力为所受拉力的两倍，一般采用直径为 0.8～1.2mm 的不锈钢丝。

引张线安装步骤如下：

（1）测点的安装。引张线仪安装在测点部位的墩台或支架上，引张线仪与测点装置密不可分，因此，无论是新建还是改建引张线准直系统，引张线仪安装时通常都需同引张线测点装置一起施工。双管式测点考虑有电缆保护管，现场安装时用模板埋设相距为 528mm×269mm、伸出底板高程为 45mm 的 4 个螺杆。线体设置高程为高出底板 94～100mm。引张线保护管用外径 120mm、壁厚不小于 3mm 的电焊钢管，电缆保护管用外径为 64mm 的镀锌钢管。单管式现场安装时用模板埋设相距为 528mm×224mm、伸出底板高程为 45mm 的 4 个螺杆，线体设置高程为高出底板 94～100mm，引张线保护管用外径 120mm、壁厚不小于 3mm 的电焊钢管。

（2）引张线仪安装。在测点保护箱底板上留有相距 250mm×130mm 的 4 个 M6 的螺孔，用于安装引张线仪的底板。调节螺杆高度，使引张线距离仪器为 58mm，并保证仪器底板的中心和引张线在同一铅垂面内，且保证仪器底板水平。将与仪器连接的电缆端穿过仪器底板上的电缆孔，固定后与相应的极板引线焊接。接头部分进行绝缘处理，并检查绝缘性能。

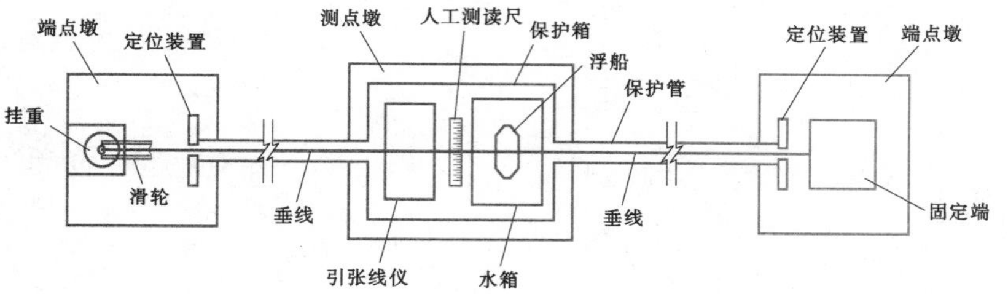

图 4.3-7 引张线系统安装示意图

(3) 引张线的调试标定。为确保仪器质量，仪器在出厂前均按下述方法每个工程都可配备一套标定设备，用户可在现场用该设备和 5mm、10mm 的量块作标定试验，确定其主要参数。具体安装技术要求如下：

1) 定位卡、读数尺（或仪器底盘）的安装通常宜在张拉测线之后进行。

2) 定位卡的 V 形槽槽底应水平，方向与测线一致。

3) 安装滑轮时，应使滑轮槽的方向及高度与定位卡的 V 形槽一致。

4) 同一条引张线的读数尺零方向必须统一，一般将零点安装在下游侧。尺面应保持水平，分划线应平行于测线，测尺的位置应根据测尺的量程和位移量的变化范围而定。

5) 仪器底盘应水平，位置及方向应依据所采用的仪器而定。

6) 水箱水面应有足够的调节余地，以便调整测线高度满足量测工作的需要。寒冷地区应采用防冻液。

7) 保护管安装时，宜使测线位于保护管中心，保证测线在管内有足够的活动范围。保护管和测点保护箱应封闭防风。

8) 金属材料应作防锈处理。

9) 引张线仪宜在引张线体安装后进行安装。安装时请将线体置于坐标系中间，使测量基值（双向时）y=半量程±1mm，z=半量程±1mm，累积位移量=±（实测值－基值）。

CCD 式引张线仪安装见图 4.3-8。

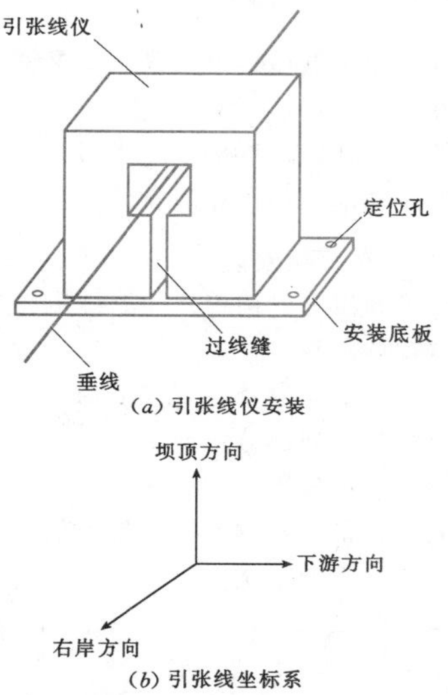

图 4.3-8 CCD 式引张线仪安装示意图

4.3.5 引张线式水平位移计

引张线式水平位移计的埋设方法有挖坑槽埋设方法和不挖坑槽（表面）埋设方法两种。埋设的技术要求如下：

(1) 细心整平埋设基床，各机械件连接牢固可靠。特别对测点钢丝的连接应保证牢固，装配时应圆弧转弯，不能损伤钢丝。

(2) 埋设的锚固板周围应填密实，使之与土体同步位移。

(3) 埋设前应先建好观测房和视准线观测标点，以使仪器设备安装完成后能立即开展正常的观测。

具体埋设步骤有以下 4 个方面。

4.3.5.1 准备

(1) 不挖坑槽埋设方法。即表面埋设方法，在坝面填筑到距埋设高程约 30cm，测量定出埋设的管线和测点位置。

(2) 挖坑槽埋设方法。在坝面填筑到埋设高程以上约 1m 时，测量定出埋设的管线和测点位置，开挖至埋设高程以下 30cm，槽底面宽度应不小于 1m，见图 4.3-9。

(3) 做好观测房，并预留铟钢丝保护管进入观测房内。

4.3.5.2 基床整平

(1) 细心整平埋设基床成水平。在填筑层面（不挖坑槽）或槽底（挖坑槽）回填细粒料，整平压实达

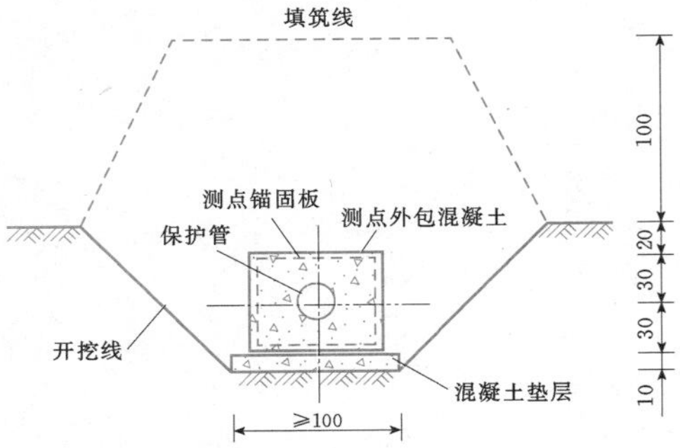

图 4.3-9　挖坑槽埋设方法（单位：cm）

到埋设高程；在粗颗粒料中，以反滤层型式填平补齐压实达到埋设高程。

（2）整平的基床，不平整度应不大于±2mm，碾压的压实度应与周围坝体相同。

4.3.5.3　引张线线路安装

（1）将锚固板、保护管及伸缩接头、分线盘、挡泥圈按所需程度和数量预先摆放在铺设位置，注意伸缩接头有单端和双端之分。单端用于连接锚固装置，双端用于保护管中间部分的连接。

（2）将整盘钢丝松开后，按设计长度（测点至观测台标点的距离）配置钢丝，并每根加长 3～5m，分别盘绕，系上测点的编号牌。

（3）钢丝的安装宜从观测台向锚固端开始进行，依次穿过保护管、挡泥圈压紧螺帽、浸油石棉盘根、压环、伸缩接头、分线盘、压环、油浸石棉盘根、挡泥圈压紧螺帽、下一节保护管，直至锚固板。

（4）安装时所有伸缩套管内表面及 O 形密封圈上涂抹适量黄油润滑。

（5）如安装多个测点，则应在端头安装支撑片，同时注意支撑片的方向，以防止铟钢丝穿管时交叉或打结。安装中间伸缩节时，将伸缩头一端与保护管相连，然后将铟钢丝装上支撑片。将其套入伸缩套管内，套入的深度为 35cm。伸缩套管连接见图 4.3-10，分线盘见图 4.3-11。

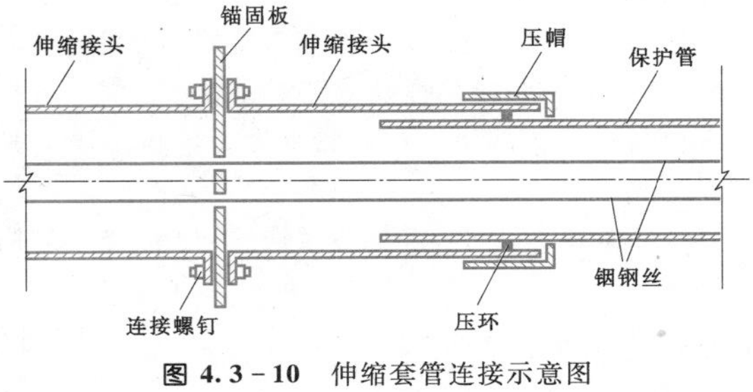

图 4.3-10　伸缩套管连接示意图

（6）安装过程中如遇到钢丝折断、长度不够或因

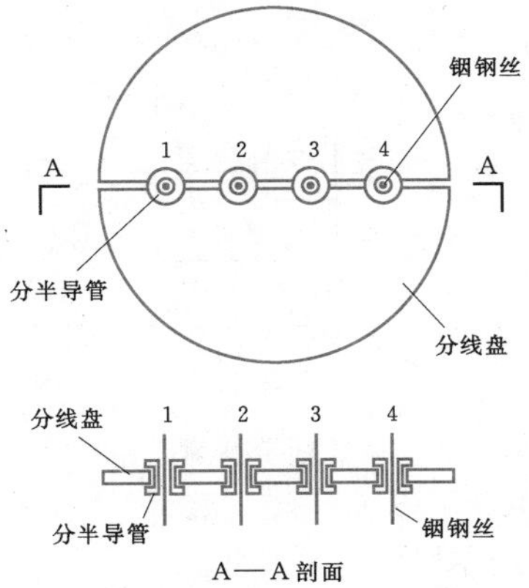

图 4.3-11　分线盘示意图

分时段施工安装监测的情况，需要对钢丝进行接长。接头的位置应尽可能要远离支撑片或锚固板。

（7）锚固板安装连接完成后，应将锚固板固定在预先浇筑好的混凝土支墩上，注意锚固板前的保护管应安装伸缩套管以满足变形的需要。

（8）钢丝和保护管安装完成后，应调整和检查保护管安装的线性度，然后浇筑混凝土固定锚固板，见图 4.3-12。

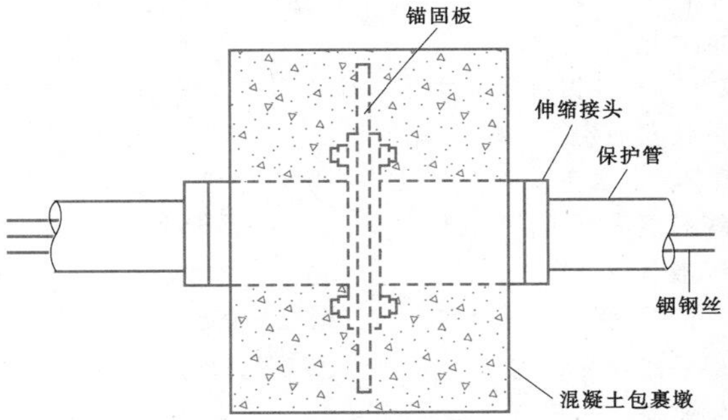

图 4.3-12　测点混凝土墩平面示意图

（9）混凝土凝固拆模后，人工仔细回填管线周围，压实至满足周围坝体的密实度要求。压实土料时勿冲击管身。如仪器位于细料填筑部位，则回填原坝料，如仪器位于粗颗粒料填筑部位，则以反滤形式回填压实，靠近仪器设备周围用细粒料充填密实。

（10）测点及管路以上 1.5m 以内坝体填筑应采用静碾的方式。回填高程超过仪器顶面以上约 1.8m 后即可进行大坝的正常施工填筑。

（11）观测房设在下游坝坡上时，在坝体两岸设固定标点，以视准线或交汇法测定出观测房内位移计标点的位置。观测房设在两岸时，在基岩上设固定标点。埋设安装完成即进行标点的观测、记录。

4.3.5.4　支架及传感器安装

（1）支架的高度严格与引入观测台的钢丝高度匹配，且支架高度应满足配重安装的要求。

（2）支架安装时应保证地面平整，支架固定前应使用水平尺调平支架。在确定支架安装平面满足要求的同时要注意支架的水平位置，保证支架的中心线刚好在钢丝保护管之间。

（3）滑轮组安装在支架内侧，安装时应严格控制位置，其位置误差应小于2mm。调整好位置后用螺栓固定在支架上。对多测点安装，滑轮组的安装位置应保证悬挂钢丝绳在滑轮上互不重叠。

（4）钢缆与配重块是通过钢丝卡或夹片连接的，先将钢丝拉紧并绕经对应的滑轮，应避免交错。根据监测需要确定配重的悬挂高度后，再将钢丝用卡具固定，多余的钢缆应绕成小盘。

（5）所有卡具安装完毕后，进行配重块试挂。将底部配重块与挂钩相连，逐块加载，仔细检查钢丝与接头及夹具是否有松动，同时检查配重块底部是否落至地面，若落至地面应卸载并重新调整卡具位置，直至符合要求位置。

（6）若采用游标卡尺读数，则将固定标尺安装在观测台面测量水平面板上，滑尺固定在铟钢丝上。在导向砝码盘上挂约50kg砝码后，预测该测点最大水平方向的变形量。将滑尺固定在铟钢丝上合适的位置，满足当测点发生最大变形时滑尺仍在固定标尺的量程范围内的要求。

（7）加重后约30min读数一次，重复读数至最后两次读数值不变，并记录在考证表上。

（8）所有测点应试挂预拉72h后方可安装传感器。

（9）传感器安装前应用读数仪检查是否正常，然后现场确定传感器安装的位置。

支架及传感器安装见图4.3-13。

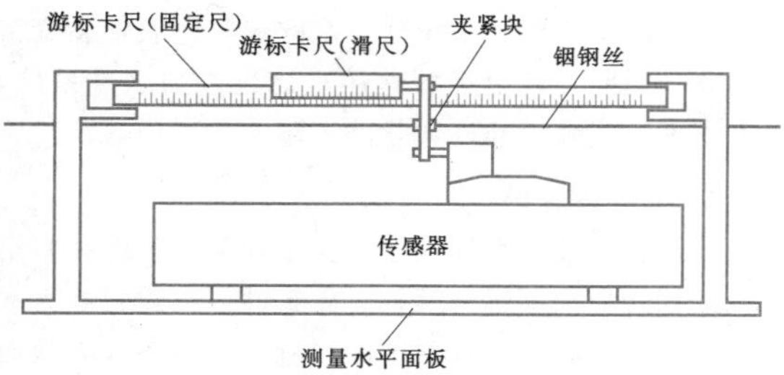

图4.3-13　支架与传感器安装示意图

4.3.6　滑动测微计

4.3.6.1　钻孔中测管测环的安装

（1）安装之前，必须钻好一个或多个孔，孔径不得小于100mm。

（2）将测管上有黑线标记的一端插入测环上有SOLEXPERTS AB标记的一端，插入前在测管O形圈上涂一层薄薄的凡士林（不能在测环内壁涂凡士林、黄油或胶，以免安装时挤到测环斜面处，影响测量精度），将测管上的槽对准测环上的键插入到底，轻轻上紧4个螺丝，不要太紧，以免测管变形；必要时可在测管与测环的连接处再包一层防水胶带。将2～3m的测管、测环连接到一起备用。

（3）在孔内安装注浆胶管或注浆管，确认注浆胶管或注浆管到达孔的底部。

（4）将装配了尾管的一段测管首先放入孔内，固定到注浆管的底端。

（5）将连接成2～3m的测管一节一节放入孔内进行拼接，直到孔底，确认测管上的标记相互排成一条直线；若上浮力很大，可用清水充入测管内。

（6）从注浆管往测孔内灌浆，安装完成。

4.3.6.2　桩基中测管测环的安装

1．钻孔灌注桩

（1）将预装配好的测管测环绑扎在钢筋笼的主筋上。

（2）吊装时钢筋笼应尽量保持平直，以免测管弯裂，最下一节钢筋笼上的测管应用铁丝或塑料扎带绑紧，每个测环上绑一根，不能绑在测管上，以免测管弯曲。

（3）上部钢筋笼上的测管先用塑料绳暂时固定，待钢筋笼吊装并对接后再将测管放下、对接、绑扎。

（4）钢筋笼定位后，如孔内水位较高，应立即向测管内注入清水，以免泥浆浸入；当孔内水位很低或无水时，应逐渐向测管内注水，保持水位略高于混凝土浇筑高度，以平衡浇筑混凝土时的上浮力。

（5）注水后用滑动测微计或三向位移计检查测管，以确定测管是否正确安装，或用特制十字形模拟探头检查测管是否畅通。

2．混凝土预制桩

（1）对于方型桩或其他预制桩，应在预制前将测管预埋在桩内，一般在对角线或两侧对称部位预埋两条测管，当桩较长时（长于20m），也可只在上部两节桩内预埋两根测管，下部几节只埋一根。

（2）为了打桩时不损坏桩头及对接准确，每节桩的两端均应有钢制桩头，在钢制桩头上预钻两个测管对接孔，钻孔内径应大于测管外径约2cm（孔径80mm）。

（3）预制时在每节桩两端的测管外先套一节外径76mm、壁厚5mm、长200mm的钢管，混凝土初凝后再取下待用，桩对接时再套上去。每节桩对接时应全部用钢板封住，以免打桩时泥浆挤入测管。

(4) 先打入试桩，根据两测管的实际方向及主梁的布置，确定锚桩部位。试桩打入后，检查测管是否畅通，然后将测管孔用钢板盖住并用焊接或加锁的方式保护，以免测管被堵。

3. 预应力管桩

(1) 管桩端部应是封闭的，打入后在中央孔内注满清水。

(2) 按照测管测环在钻孔中安装埋设的方法，安装测管及注浆。

(3) 由于中央孔较大（约 20cm），为保证测管处于中央，应每隔 2m 安装一个特制的扶正器。

(4) 测管安装后至注浆前，向测孔内注满清水并检查测管是否畅通。

4. 钢管桩

(1) 钢管桩端部应是封闭的。对于直径大于 600mm 的钢管桩，可将测环直接焊接到桩内壁，但测环必须特制。

(2) 对于小直径钢管桩，可参照在预应力管桩中的方法埋设。

4.3.7　竖直传高仪

4.3.7.1　基本安装步骤

(1) 按照有关工程设计图纸完成放样、预埋件埋设以及一期混凝土浇筑等工作，保证其工程质量。

(2) 按照有关图纸准备（或购置）竖直传高仪的安装根络、连接件及其他零散件。并准备长度 3 倍于传递高度的尼龙线或细麻绳及 3 个 1kg 左右的垂球，作为施工放样的工具。

(3) 通过垂球和细绳检查各预埋位置的准确性，确保上下高程传递丝安装的中心位置误差不大于 1cm。

(4) 将仪器上箱（小箱）置于上安装平台上（或悬吊于特制的安装架上），仪器下箱（大箱）置于下安装平台上，用螺栓螺母将其初步固定。

(5) 采用尼龙线或细麻绳加垂球进行定位，调整上、下两箱的相对位置，使得上、下两接测标志刻线平面及中心线位于一条铅垂线上，并使传递丝（暂以线绳代替）调整至设计位置，而后将两仪器箱与根络用螺栓固紧。

(6) 安装传递丝保护管支架。

(7) 安装传递丝保护管。

(8) 再次检查竖直传高仪上、下两箱的相对位置，符合要求后进行二期混凝土的浇筑作业。

(9) 依此安装传递丝Ⅰ（铟钢丝）和传递丝Ⅱ（不锈钢丝），在下箱中进行初步调试，然后挂上铟钢尺，使尺面平行于两接测标志，且间隙不大于 2mm。

(10) 检查并固紧仪器的所有部位，进行观测前的精确调试。

(11) 进行上、下混凝土墩、台及其设备的表面防护及装饰。

4.3.7.2　安装技术要求

(1) 竖直传高仪上、下基面板均用水平尺调平，水平度不得大于 8′。

(2) 上、下接测标志刻线面应在同一铅垂面内，其偏差不得大于 3mm，十字刻线应处于水平和铅垂位置。

(3) 传递丝与上部绕线栓、下部线夹均应严格固紧，在加重锤力的作用下不得发生相对滑动。

(4) 传递丝与保护管内壁应保留不小于 2cm 的间隙，不得发生相互摩擦及碰撞现象。

(5) 安装调试完成后，当加力重锤使传递丝受力时，加力架应大致保持水平，读数指针大致指示于刻度盘的中间偏下部位。

(6) 表面防护和修饰应平整和规范。

4.3.8　静力水准系统

静力水准是根据连通管内液面保持自然水平的原理，用传感器测量各测点液面高度变化，测出两点或多点之间高差的垂直位移监测方法。它主要由主体容器、水管、浮子、传感器、通气管、三通等组成。基准点可为水准点或双金属标。

4.3.8.1　安装前准备

(1) 仪器测墩应与被测基础紧密结合，各仪器测墩面高程差应小于 10mm。

(2) 安装前将容器、连接管、浮子等清洗干净。

(3) 在容器与连接管内注入蒸馏水，并仔细排除水管、三通、钵体内的气泡。

(4) 连接管路。由于静力水准仪与连通管装置密不可分，因此，无论是新建还是已建静力水准系统，静力水准仪安装应与连通管路一起施工。

4.3.8.2　系统安装

(1) 预埋底板组件或仪器支架安装。预埋底板组件包括钢底板和不锈钢螺杆。此组件应在建立静力水准测点仪器墩时埋入仪器墩的混凝土中。各仪器墩面高程需用水准仪找平，容许高差±5mm。预埋底板面与仪器墩混凝土面平，插入预埋底板组件后用水平尺找平，保持定位螺杆与仪器墩面垂直。如果有些场合不适于或不需要建混凝土仪器墩（如廊道内墙上安装），可以采用角钢制作的悬臂式三脚支架，支架与被测点位刚性连接，悬臂三脚支架提供仪器安装平面，各测点仪器安装平面高差也应控制在±5mm范围内。

(2) 容器（储液筒）安装。容器须安装在稳定的位置或能准确观测的位置。首先按照要求在测点预埋三个均布的M8×40（伸出长度）螺杆。检查各测墩顶面水平度、高程、测墩预埋钢板、安装仪器螺杆是否符合设计要求。将容器安装在测墩钢板上。

(3) 容器调平。每个容器上有三根用于系统精密调平的螺纹支撑杆。支架安装完成后，将容器装在托架上，将水准器在主体容器顶盖表面垂直交替放置，调节螺杆螺丝使仪器顶面水平及高程满足要求。

(4) 连接通液管。安装前先设计好敷设路线，并按实际长度截取通液管。通液管安装位置应低于主体容器，并沿测点呈逐渐下降的趋势，便于充液和排气。按各测点之间的管线路径顺序铺放连通管，并与各钵体串接起来。连通管材料为纤维增强型PVC软管，用热水泡胀后接入钵体液嘴，冷却后即可保证不漏液，连接示意图见图4.3-14。

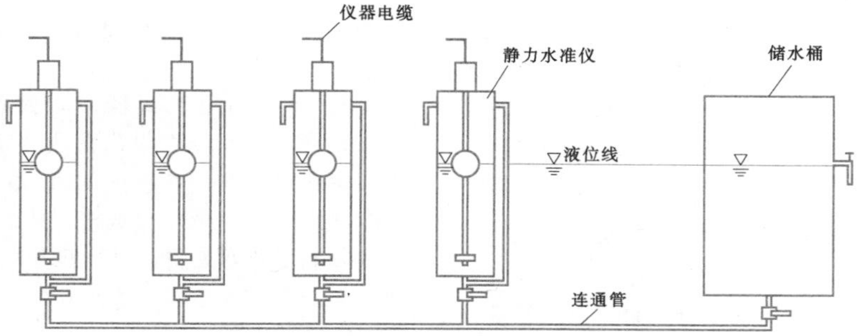

图4.3-14　静力水准仪连接示意图

(5) 通液管充液。连通管内液体工作介质采用蒸馏水配甲醛溶液，以达到防腐效果。如果在高寒地区安装，则应按当地工作环境下的最低温度配入防冻液。充液由最低端的管口充入，便于排除管内的空气和气泡。充液时应缓慢加入直至可以在容器内看到液体，并使得任何容器内的液面不超过25mm。

(6) 传感器安装。将O形圈放置在传感器腔室上并在O形圈上涂一层黄油，在容器上口12mm范围内涂一层黄油。将悬重的吊钩与传感器相连，用双手拿起传感器，并保持传感器垂直，慢慢提起悬重，然后小心地将传感器放入容器内。传感器安装就位后，应使传感器在悬重作用下静置几个小时。

(7) 连接通气管。通气管的作用是使所有容器内液面以上的压力保持恒定，整个通气系统相互连通并仅在一点与大气连通。如传感器自身配置了通气管，应使所有传感器的通气管相互连通。

(8) 继续充液。传感器与通气管安装完成后，继续向通液管内注入蒸馏水，使容器内的液体加至大约使悬重淹没一半的位置。充液完成后，关闭充液阀。

(9) 加硅油。为防止钵体内液体蒸发，需要在容器内加入硅油，加入口在仪器安装板上，平时用橡胶塞堵住。

(10) 读取初始值。充液完成并待容器内液面稳定后，读取传感器测值作为初始测值。

(11) 电缆接长及引线。

4.3.8.3　管线保护和测点仪器的保护

(1) 系统安装完成后，将连通管和电缆线加以包裹保护后放入沟槽或桥架中。包裹方式最好采用1m一段的聚氯乙烯保温材料，既可以起到保护作用，又能达到隔热效果，在坝顶安装时更有必要。

(2) 用专用金属保护箱逐个将仪器罩住。专用保护箱专门定做，安装于坝顶的保护箱应采用不锈钢制作，箱体内壁用发泡材料作成隔热层。

4.3.8.4　仪器安装注意事项

(1) 水管之间接头必须连接紧固，以防漏水。

(2) 水管防冻液宜用分段法进行灌注，以便于减少气泡和排气。

(3) 宜选用冰点为－25℃的防冻液，防冻液与纯净水配比为4:1，混合均匀后进行灌注。

(4) 在安装过程中，传感器与浮筒、浮子应配套使用，不得对换，否则会影响观测精度。

4.3.9　沉降仪

4.3.9.1　水管式沉降仪

1. 管路的设置

(1) 按各测头至观测房观测台的距离，再加长10m，分别准备各测头的进水管、排水管、通气管。

(2) 采购管路时应尽可能按观测设计要求的各测

头所需管路长度，尽可能减少管路接头。若必须使用接头连接时，可用接头组合件连接。

（3）将压紧螺母组合密封垫套入管路，使管路头部（应剪成平口）插入接头内，并保持平直，然后将组合密封垫推至接头端口放正，将压紧螺母拧上接头，但切不可拧得过紧。

（4）一个沉降测头三根管路的连接头不得在同一长度处，必须错开不少于 50cm，否则会使连接处变得粗大，不利于穿越保护管。

（5）几个沉降测头的管路同时使用同一根保护管路，则每一个管路的连接头都应相互错开。

（6）管路安装过程中应记录某编号管路连接接头处在哪节保护套管内，以便管路穿越保护套管后，若再发现有密封性等不符合质量要求时，重新处理连接接头。

2. 接头密封性试验

（1）管路连接后，应进行密封性试验。

（2）用配置的空压机（或打气筒）与管接头连接，施加 0.2MPa 压力，分别检查三根管路连接部分是否漏气（将接头放入盛水盆内），同时也能检查出管路本身是否有开裂之处。

3. 管路坡降设计

（1）为保证观测质量，应使管路在沉降测头到观测房之间有一定坡降，也就是沉降测头水杯口与管路出口间有一定的高差，其作用：一是使得沉降测头内进水管水杯口的溢流水顺利进入排水管排至观测房的排水沟，防止沉降测头内积水；二是管路也可适应坝体的变形。如果管路与沉降测头在同一高程，坝体沉降变形后，沉降测头会比管路位置低，排水管内的积水会倒流入测头内，影响沉降测量装置的正常工作。当某一段管路高于沉降测头水杯口时，可能无法测量；三是当管路较短时，测头内溢流水可经由排水管自行排出。

（2）沉降测头水杯口与管路出口间高差大小应在结合具体工程、埋设高程等分析估算埋设剖面最大沉降量和沉降差的基础上确定，一般不应小于 1.0～1.5m。

（3）管路坡降大小和方式，应根据管路的长短、预估坝体沉降变形的大小、填筑坝面形状等因素决定，满足沉降测头水杯口与管路出口高差的要求。管路出口与沉降测头间的高差不宜过大，避免增加埋设工作量。对于粗粒料坝体，一般采用局部坡降法。与均匀坡降法、分段坡降法比较，局部坡降法可节省埋设工作量和碎石保护料。

（4）局部坡降法是在距沉降测头约 10～20m 的一段管路上设置较大坡降（约 0.5%～15%），其余部分则采用水平埋设，见图 4.3－15。

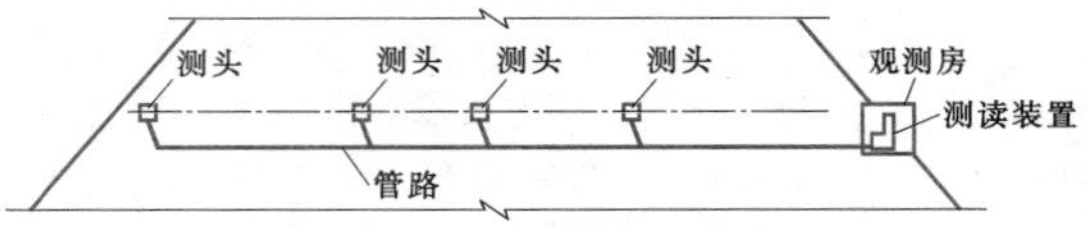

图 4.3－15 局部坡降法观测布置图

4. 管路埋设施工

按施工方式不同，水管式沉降仪管路的埋设可分为槽式法、沟式法、沟槽混合法。具体采用何种方法应根据设计要求、具体工程和施工条件等因素而定。

（1）槽式法。

1）当坝面填筑到低于管路埋设高程（0.8～1.5m）时，沿管路埋设剖面线（管路埋设剖面线与沉降测头埋设线不在同一剖面线），两侧相距 1.5～3m，用坝料中块石干砌成槽，见图 4.3－16，也可直接用坝料堆筑两道埂。坝面填筑时，可使管路埋设剖面坝轴线方向成马鞍形，见图 4.3－17。

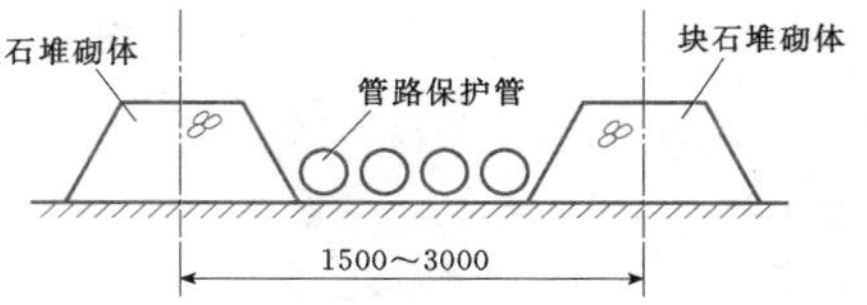

图 4.3－16 块石干砌成槽（单位：mm）

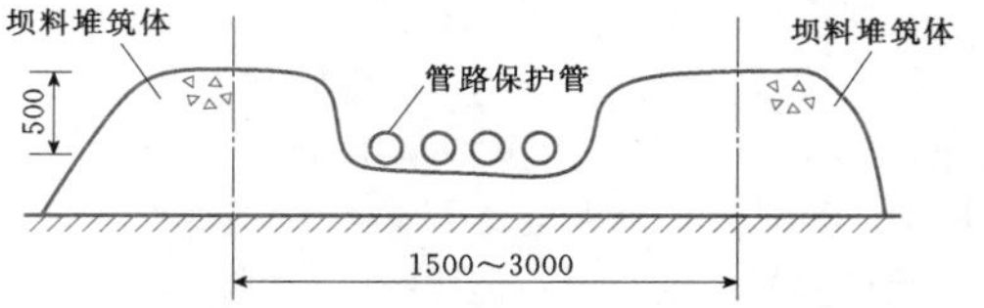

图 4.3－17 坝料堆筑成槽（单位：mm）

2）槽深或埂高与坝面和管路埋设高程有关，一般为 0.5m，靠沉降测头部分应高一些。在槽底铺垫碎石料，厚度约 0.25～0.3m。管路周围也应采用碎石料保护。

3）管路埋设部位可作为新填筑坝料的一部分，埋设后不必在槽内进行专门的人工或机械压实。但对于槽式法、严禁用翻斗车将坝料直接卸至管路埋设部位，大粒径、超大粒径块石会将保护管路砸坏、压扁。正确的回填方法是将坝料卸于埋设剖面两侧后，再用推土机将坝料缓慢地推至管路埋设剖面内。槽式法的优点是对坝面施工干扰小，施工速度快，不需专用的压实工具。

（2）沟式法。当坝填筑到高于沉降测头埋高程约

0.8～1.2m 后，沿埋设剖面线挖沟，在沟底回填碎石料形成要求的坡降，使管路沿沟中间铺设，并在管路周围覆盖碎石料，然后由人工或机械压实。沟底宽度应大于压实机具的宽度，见图 4.3-18。

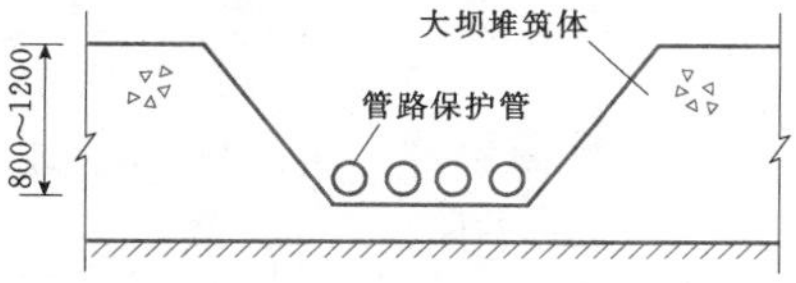

图 4.3-18 沟式法（单位：mm）

沟式法的优点是易于保护管路，回填料易压实，但施工时间长，对坝面施工干扰大。

(3) 沟槽混合法。根据坝面填筑情况，在一条埋设剖面线上可同时采用沟式法和槽式法。若与坝面填筑施工能有效配合或坝面填筑施工能按设计的沉降仪埋设方案进行，则尽可能采用槽式法。

(4) 碎石保护料。埋设管路时，在管路周围必须用碎石料保护。对碎石料的基本要求：一是粒径不宜太大，要能起到保护管路的作用；二是应有一定的级配，易于压实；三是应满足上坝坝料的要求。碎石粒最大粒径应小于 50～80mm，并有一定的级配。

5. 管路穿越保护管

(1) 将每个沉降测头的三根管路的头部合在一起包扎，并标记编号。若是几个测头的管路合用一根保护管，则应将几个测头的已包扎、编号的管路再捆扎在一起，捆扎时应错开，使管路易穿越保护管。在管路头部绑扎一根长约 5m 的 6 号铁丝，便于穿管。

(2) 管路穿越保护管时应从观测房开始管路穿越保护管的操作需有 3～5 人，2～3 人负责穿越保护管，1～2 人在观测房整理管路，将管路送入保护管，防止保护管口刮伤管路，防止管路相互缠绕。

(3) 当管路穿越到沉降测头时，应将该沉降测头同一编号的管路（三根）解下，其他管路继续穿越保护管。

6. 管路的连接

(1) 管路与沉降测头底部进水管接头、通气管接头、排水接头连接时，应先将管路再向上游侧拉一段长度，然后将管路往保护管回推，目的是使管路在保护管内处于宽松的状态，当测头和保护管发生沉降和水平位移时不会使管路承受拉力。

(2) 按管路连接方法将三根管路与测头连接，管路连接后应再次检查管路的密封性和测量装置测读的正确性。

(3) 对已立模的沉降测头高程进行测量。测尺放置在旋去螺盖的测头圆筒口上。连通水管水杯口高程 h_0 等于测尺读数减 l，见图 2.3-38。测读精度为毫米级。

7. 管路密封性试验

(1) 管路密封性试验，观测台设备见图 2.3-42，关闭管路中的阀门，并用堵头将各通气管、排水管堵好。用空压机（或打气筒）向压力罐内充气 0.1～0.2MPa，然后关闭进气阀门。若压力能维护 1h，则说明密封性能是好的，若密封不好，压力很快下降，则应分别检查各个沉降测头和管路的密封。

(2) 若检查出其中某号测头和管路密封达不到要求，则应判断是测头处密封不好还是管路中连接不好，或其他原因。若是管路连接接头处密封不好，应拆开该管路测头处的连接，将三根管路分别用堵头密封，从观测房分别对该测头的三根管路施压，通过此方法检查出究竟是哪一管路密封不好。

(3) 根据该管路连接接头离沉降测头的距离（管路的设置已有各管路连接接头的记录），判定连接接头在哪一段保护管内。

(4) 将该测头的三根管路同时拉动，当密封不好的连接接头从二根保护管空隙（20cm）露出后，即可进行检修。检修后再次加压试验，直至满足密封要求。从观测房将已检修的三个管路拉回到原位。

8. 沉降测头的埋设

(1) 沉降测头的埋设基础应自辗压坝面或开沟后的沟底做起，即不可在铺垫的碎石料上做基础，否则会影响坝体变形测量的准确性。

(2) 埋设测头的基础可用混凝土浇筑或浆砌石块砌成，其顶面尺寸为 50cm×50cm，顶面应水平（用水平尺校对，不平度不大于 2mm）。基础顶面高程比沉降测头水杯口高程（即设计的测量高程）约低 0.45m。基础的高度一般为 0.8～1.2m，见图 4.3-19。沉降测头基础将已安装管路的测头放置于基础顶面，应用水平尺再次校准测头容器口的水平。

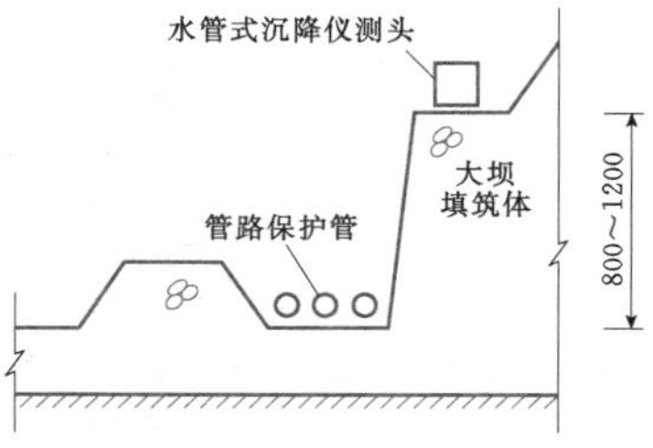

图 4.3-19 沉降测头基础（单位：mm）

(3) 测量容器的高程 H，水杯口的高程 $h_0=H-\Delta h$，Δh 是容器口至水杯口的尺寸，仪器出厂时已测定。

(4) 在沉降测头周围立模，模板至少离测头容器外边缘 10cm。

(5) 对沉降测头进水管充水排气，直至没有气泡从测头水杯口冒出，溢出的水由排水管排至观测房内的排水沟（或盛水桶）。稳定 20～30min 后，测读观测台测量管内的水柱高度 h_1。若测量管测尺零点高程为 H_0（H_0 经工作基点引测得到），则测量管水柱高程为 $H_1=h_1+H_0$。

(6) 比较沉降测头水杯口高程 h_0 和测量管内的水柱高程 H_1。当 $h_0=H_1$ 或 h_0 比 H_1 小 2mm 左右时，认为测量准确；当 $h_0>H_1$ 时，则应再充水排气，直至测量准确。

(7) 在确认沉降测量装置已正常的情况下，盖好测头容器的螺盖，浇筑混凝土或水泥砂浆（注意填筑混凝土或水泥砂浆时应将测头底部的管路保护好）。

9. 观测房与观测固定标点

(1) 水管式沉降测量装置观测房一般建在坝后坡上，应在装置埋设前，或与装置埋设同时进行。

(2) 观测房的基础应布置钢筋，浇筑混凝土，靠坝体一侧设挡土墙，内外均应有排水沟。

(3) 观测房面积。考虑水管式沉降测量装置观测设备、引张线式水平位移计观测设备以及其他观测设施，其面积约 12～15m^2。

10. 施工期仪器的埋设及保护

(1) 当施工不能全断面同时达到埋设高程时，水管式沉降计采用分段埋设，埋设时测点的高程及管路的坡度按全断面统一确定，管路埋入坝体内并引至临时断面的下游坡妥善保护。

(2) 进行临时断面内部沉降观测时，将尚未埋入的进水管、通气管、排水管和测量管及测读装置放入临时观测房，观测临时断面内部沉降。

(3) 大坝继续施工时，用专用接头将进水管、通气管、排水管等接长或将已预留足够长度的各种管道，依次延伸至观测房内。

4.3.9.2 电磁式沉降仪

电磁式沉降仪可以安装在钻孔中，或者直接安装在正在回填的填土上。

1. 钻孔中埋设

钻孔可以是敞开的、封闭的、灌浆的或者不灌浆的。在封闭钻孔的情况下，应先拉出安装在孔口套管内的锚固点磁铁定位针之后再拉出套管。在需要灌浆的钻孔中，使用膨润土水泥浆灌浆，可以先行灌浆或者在磁铁安装之后再用灌浆管灌浆。

钻孔中安装埋设方法如下：

(1) 用黏合剂将底塞固定在测管的底部。

(2) 在测管的底部用螺丝固定基准磁铁，基准磁铁的位置大约位于底盖上方 1m 处。

(3) 选择测管上的较远部分，嵌入伸缩接头。沿着测管将星形磁铁定位于设计位置，见图 4.3-20。

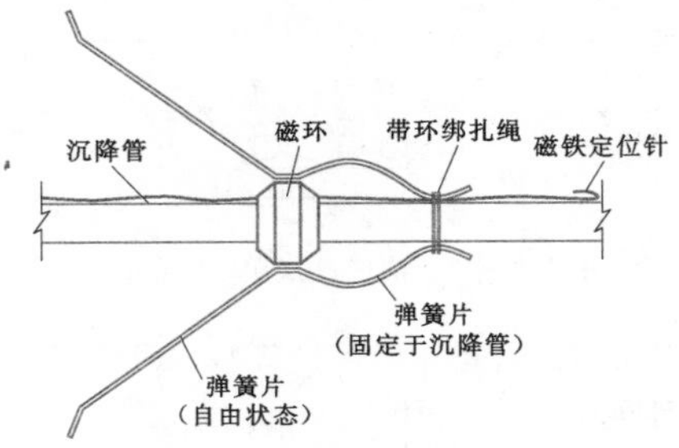

图 4.3-20　星形磁铁示意图

(4) 用两端带环的 250mm 长的绑扎绳（或爪子链）缠绕测管一周，再将弹簧片紧贴测管表面一周，使它们收拢并固定在测管上。然后把两个环放在一起，用簧片磁铁定位针穿过两环和管壁与磁铁之间的空隙，直到它从另一端出来。

(5) 用另一根长 250mm 的绑扎绳将另一端的弹簧片以同样的方式进行绑扎，使其位于合适的位置。把磁铁端部的探针穿过绑扎绳的环。如果安装正确，弹簧片的张力将会绷紧绑扎绳，以阻止磁铁沿测管上、下滑动。

(6) 按照图 4.3-21 所示的方法安装拉绳，在距离拉绳头约 30cm 的地方用一层胶带将拉绳缠绕在测管上，防止拉绳被过早扯掉。

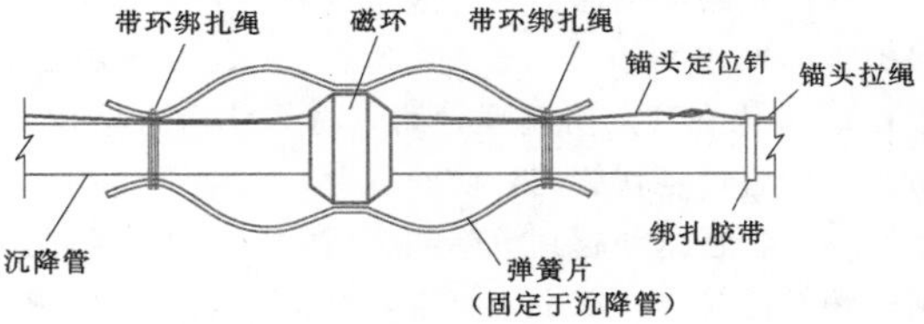

图 4.3-21　锚头拉绳安装方法

(7) 将拉绳与测点一一对应，并在每一根拉绳的末端做好标识，便于按测点顺序拉动拉绳。顶部锚固点拉绳编号为 1 号，往下依次为 2 号、3 号等。

(8) 将测管等装置集中起来，然后把它们逐根连接放到钻孔中。如果采用后灌浆方式，则安装测管入孔的时候，将灌浆管固定至钻孔的底部。如果钻孔中有水或者水泥砂浆，有必要在测管内注水以平衡浮力。

(9) 当测管完全到达钻孔底部时，要确认所有的嵌入组件都伸直开来，避免弯曲，以便正确地测量位移变化。

(10) 在最终锚固之前，使用读数探头确认锚固点的位置。如果锚固点位置产生滑移，则应重新调整它的位置至设计高程。

(11) 灌浆采用水泥膨润土砂浆，各组分水泥、膨润土、水比例为 43∶2∶40。

(12) 从顶部的磁铁开始，逐个释放定位簧片。首先选择 1 号拉绳，给它一个快而大的拉力使定位簧片松弛释放。在定位 2 号拉绳之前，需要完全地将 1 号拉绳和磁铁定位针从钻孔中抽出后方可进行下一步。对所有的磁铁重复这一步骤。

钻孔中埋设星形（三爪形）磁铁的安装方法见图 2.3-44。

2. 填土中埋设

填土中埋设电磁式沉降仪时采用磁性沉降盘。

(1) 填土施工过程中，测管逐级向上加长埋设安装，在安装的时候伸缩套管应有足够的伸缩量。

(2) 每填土到测点高程将磁性沉降盘放于测管处填土表面，然后继续填土，将磁性沉降盘埋入填土中。

(3) 测管周边填土施工时，避免使用大型碾压设备，以免损坏测管和沉降盘，宜采用人工夯实或小型蛙式打夯机碾压的方式。

(4) 测管接长过程中，保证测管的竖直度，防止测管扭曲或倾斜。

填土中埋设沉降磁盘的安装方法见图 2.3-44。

4.3.9.3 液压式沉降仪

液压式沉降仪安装分为钻孔中埋设方式和填土中埋设方式。

1. 钻孔中埋设

(1) 钻孔孔径不小于 75mm。传感器与储液罐之间的距离根据传感器本身的量程和预期的沉降量来确定，最小距离应超过预期最大沉降量的 3 倍。

(2) 通液管的长度应在订货时确定，以满足传感器与储液罐之间的距离，并适应现场安装及调整。

(3) 测量钻孔的深度，计算传感器至固定点的距离，即为固定导管的长度。

(4) 将传感器安装在固定管的上端，在管的下端轻轻系上灌浆管。将一根长绳系在管的上端，用绳索将传感器连同灌浆管一起慢慢放至钻孔底部。

(5) 用灌浆管向钻孔底部灌注 1.5m 深水泥砂浆（或按实际深度确定），然后将灌浆管向上提起 2m，再灌注膨润土浆，直至完全充满钻孔。

(6) 调整储液罐，将储液罐顶部螺丝拆下，抽出 10mL 液体。为减少液体挥发，可在储液罐内液体表面注入薄薄的一层硅油。更换顶部连接螺丝，用 U 形管连接干燥剂室与储液罐顶部的通气口。

(7) 将沉降法兰用螺栓连接到沉降盘上。

(8) 组装好沉降法兰与沉降盘后，应确保储液罐处于垂直状态，这时可用螺丝钉将储液罐与法兰固定。安装时应避免液体沿通气口进入通气管。

(9) 在钻孔边缘至电缆保护箱之间挖一条电缆沟，将信号电缆引至终端箱。电缆周围用砂或者其他细粒料回填电缆沟。电缆引至保护箱位置时，地面至电缆保护箱之间可穿钢管或 PVC 管进行保护。

钻孔中安装埋设的方法见图 2.3-46。

2. 填土中埋设

(1) 将传感器固定在沉降盘上。

(2) 在已完成的填筑土层上开挖平底槽，平底槽深应为 30～60cm，将沉降盘放在槽底平面上，然后用小颗粒土料回填，用于回填的材料应去除粒径大于 10mm 的颗粒，回填时应当围绕传感器夯实至槽口平面高程为止。

(3) 电缆和通液管应埋设在深约 30～60cm 的沟槽内，沟槽不能上下起伏。电缆和通液管应各自独立埋设且不能相互接触和扭在一起，在任何地方都不能高于储液罐。也可将电缆和通液管各自穿镀锌钢管或 PVC 管进行保护。回填沟槽之前应检查有无气泡的迹象，如发现任何气泡都需要在初始读数之前冲洗通液管。

(4) 电缆沟槽里的回填材料不容许有大的、有角的石块直接接触电缆。为了防止水沿着沟槽形成渗流通道，应分段在沟槽的空隙中填入膨润土。

(5) 储液罐安装在稳定的地面上或观测房的墙面上，储液罐的高程应在安装过程中进行测量和记录。松开储液罐顶部的螺丝注入去气防冻液直到观测管内显示半满状态，储液罐不能直接暴露安装在阳光直射处。

(6) 连接从传感器至储液罐之间的通液管，不容许空气驻留在通液管内，同时应确保连接传感器上的通气管无堵塞。

(7) 连接通气管到通气管的汇集处，并在干燥管中添加新的干燥剂。

填土中安装埋设的方法见图 2.3-45。

4.3.10 钻孔测斜仪

4.3.10.1 钻孔

(1) 钻孔测斜仪的导管埋设在所需观测部位的岩土体里面。孔位确定后，由地质钻机钻孔并作岩芯素描。要求钻孔尽可能垂直，其铅垂度偏差小于 2°，一般开孔为 130～200mm，终孔直径应至少大于测斜管外径 30mm，钻孔深度应超过最深位移带 2m，深入稳定基岩内。

(2) 钻孔完毕后，检查钻孔是否畅通，核实钻孔深度和倾斜度，要求钻孔孔壁平整光滑且轴线一致。

(3) 全面清洗钻孔，清除孔内残留岩粉，验收合格才能埋设导管。

4.3.10.2　安装测斜管

1. 钻孔中安装

(1) 测斜管钻孔安装时，为了使测斜仪测量到位，防止安装时测斜管中有沉淀物，测斜孔都需比安装深度深一些。一般按每 10m 多钻深 0.5m，即安装深 10m 时，测斜孔深 10.5m；安装深 20m 时，测斜孔深 21m；以此类推。

(2) 钻到预定位置后，不要立即提钻，需把水泵接到清水里向下灌清水，直至泥浆水变成清水为止。提钻后立即安装测斜管。

(3) 测斜管安装前应检查是否平直，两端是否平整，对不符合要求的测斜管应进行处理或舍去。测斜管一般是 2～3m 长的铝合金管、ABS 管或 PVC 管。在安装过程中应逐根铆接并密封好，然后下放到孔底。在这个过程中一定要保证安装的质量，特别是导管凹槽的对接应准确，同时应防止铆钉铆入凹槽内，以保证凹槽的畅通。

(4) 测斜管连接。测斜管采用现场逐节组装的方法进行安装，采用边向孔内插入边连接的方式。首先将第一根测斜管的一端套上底盖，用自攻螺钉拧紧底盖。为防止缝隙漏浆，可用土工布裹扎封口处，然后插入孔中慢慢地向下放。放完一节，再向管接头内插入下一节测斜管，按此方法一直连接到设计的长度（见图 4.3－22 和图 4.3－23）。安装时必须注意下一节测斜管一定要插到上一节测斜管端面处，并用自攻螺钉拧紧，接头处应用土工布裹扎防止缝隙漏浆。当测孔较深，测斜管重量较大时，可用尼龙绳吊住测斜管往下放。若孔内有水，测斜管向上浮，放不下去时，应向测斜管内注入清水，边往下放边注水。

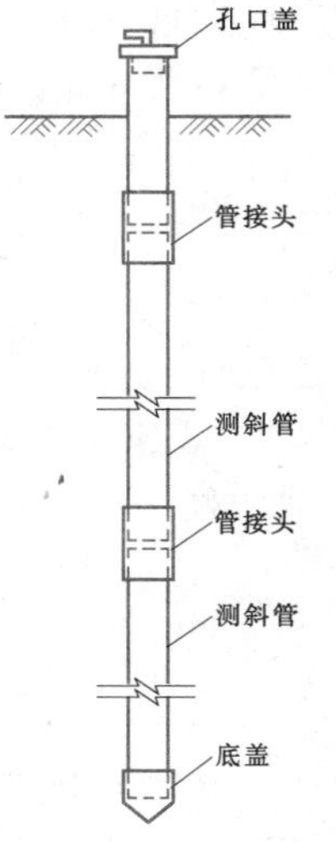

图 4.3－22　PVC 测斜管安装示意图

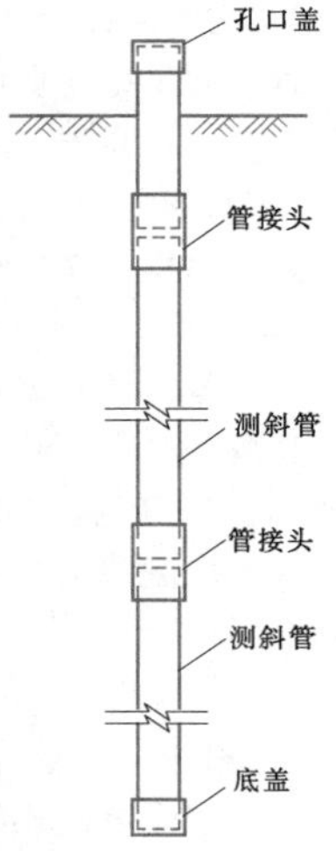

图 4.3－23　铝合金、ABS 测斜管安装示意图

(5) 用测扭仪测量测斜管导槽转角，每 3m 应不超过 1°，全长范围内应不超过 5°，以保证测斜仪探头沿导槽方向畅通无阻。安装过程应细心操作，防止用力过猛使导管产生过大的扭曲。

(6) 当测斜管长度安装到位后，需要调整凹槽的方向，先把最后一节测斜管上的接头取下，看清管内凹槽方向，把管子向上提起少许，慢慢转动测斜管，使测斜管内的一对凹槽垂直于测量面。对准后再缓慢放下。

(7) 测斜管安装合格后应将测斜管与孔壁之间的空隙回填密实。回填时用手扶正测斜管，不断向测斜管内注入清水，注满并保持满管清水，以防回填时浆液渗入测斜管内。同时，一边回填一边轻轻地摇动管子，使回填密实。回填的原料视钻孔确定：岩石钻孔用水泥砂浆或纯水泥浆回填；土中钻孔可用中粗砂或原状土、膨胀泥球等回填。回填速度不能太快，以免塞孔后回填料下不去形成空隙。填满后盖上管盖，用自攻螺丝上紧。一天后再去检查一下，回填料若有下沉应补充填满。

(8) 回填完成后，应对安装过程进行总结，量测导槽的方位角，记录孔口高程、坐标、观测深度等参数，并安装孔口保护装置。

(9) 安装完毕后，应用模拟探头进行检查。

2. 混凝土中安装

(1) 测斜管安装在混凝土桩或混凝土连续墙、混凝土围堰等建筑物中时，可先在平地上完成一部分组装工作。

(2) 将 3～4 节测斜管在平地上拼装连接，在每个管接头处用土工布加塑料黏胶带密封，将组装好的测斜管小心插到加工好的钢筋笼中，调整好槽口方向后用铁丝绑扎，每 1～2m 扎一道，逐节连接、绑扎并将接头密封好。

(3) 确认绑扎牢固后装好底盖和孔口盖，底盖也须用土工布加胶带密封。吊装钢筋笼时要小心轻放。混凝土浇筑完毕初凝后打开孔口盖，进行测量。

4.3.10.3　仪器操作方法

以伺服加速度计式活动测斜仪为例介绍仪器操作方法。

(1) 观测前先用模拟探头检查测斜孔和导槽是否

畅通。

(2) 检查电缆与探头的两个接头，看是否有脏污、受潮、受损。

(3) 调整插头和插座并准确地连接这两部分，尽量避免扭曲和摩擦接头。

(4) 在接口的另一半即电缆上拧紧滚花紧固螺母，首先用手拧紧，然后用扳手在滚花紧固螺母的扳手平面上扳紧，当固定电缆接线时，轻轻拉紧迫使O形圈和两个金属平面相互连接，在拧紧接头时最好让探头自由悬挂，以避免两部分接头产生相对扭转。接头拧得不要过紧，仅比用手拧的稍紧即可（过紧会扭弯接头并损坏插针）。

(5) 将两个保护盖置于安全的地方，当电缆与探头松开后要各自装上保护盖。

(6) 电缆使用时，通常在开始观测之前从卷盘里面拉出足够的电缆。对于较深的钻孔和测斜管来说，电缆过于沉重而不便于手工操作时，可使用带滑轮装置的特殊机械卷盘。如不使用卷盘时，操作者可把电缆盘成圈放进盒子或纸箱，以方便测量过程中放开电缆而不致缠绕。

(7) 观测前应检查仪器和测头是否处于正常工作状态。将功能开关置于电池位置，检查电源电压是否正常，正常后再将功能开关置于工作位置，将探头竖起并向正反两个方向倾斜，观察显示器数字有否变化，倾角增大，数字亦增加，表示仪器正常。

(8) 将探头平稳的放入测斜管顶部并将电缆放入（如采用孔口电缆卡具，将其装于管口，并将电缆放入卡槽中）。使测斜仪高轮方向对准 A_0 方向（A_0 方向通常被选定为预期的位移方向，应在测斜管上做出 A_0 方向标记）。如果电缆存放在卷盘（非滑环型）中，拉出足够的电缆以便能使电缆到达测斜管底部。

(9) 将电缆接到读数仪上并打开读数仪，以使电源通到探头。

(10) 小心地将探头下放至测斜管底部，不要让电缆从手中滑过而使探头自由下落，避免探头猛烈碰撞测斜管底部并损坏探头内的传感器。

(11) 使探头在孔底静置约10min，容许探头有足够的时间来达到温度平衡稳定。观察读数仪上的读数，以确定温度是否稳定。

(12) 提升探头直到最近的电缆标记放到卡口滑轮装置的卡口中（如果未使用卡口滑轮装置，直到最近的电缆标记在测斜管管口）。确保电缆在滑轮装置里，并按要求读取第一个数据。

(13) 提升探头直至下一个电缆标记进入卡口，等待2s后再读数，重复此过程直到探头到达测斜管顶部。让探头在每次读数时保持静止至关重要，同时容许有足够的时间（2s）让探头在读数之前静置。

(14) 将探头从测斜管中取出，旋转180°直到高轮在 A_{180} 方向，然后将探头再次放至测斜管底部，重复（9）～（11）步操作。

(15) 测完一对导槽后，将探头以 A_0 方向为基准，顺时针旋转90°，再测另一对导槽 B_0 和 B_{180} 方向的测值；如果测量精度要求不高，B_0 和 B_{180} 方向的测值可在测 A_0 和 A_{180} 方向时同时测出。

(16) 在测量过程中要注意检查数据，如发现可疑数据应及时补测。测斜仪同一位置的正、反向测值之和应基本不变，这可用来校验测值的正确性，测斜仪的初值应连续测读2次，且在二次的累计误差小于仪器精度后，取其平均测值。

(17) 当观测完成时，将探头擦干净并晾干。装上接头上的盖子并将探头放回到携带箱。电缆应擦干净并重绕，装上接头上的盖子。

4.3.11 多向位移计

多向位移计的安装方法与滑动测微计的安装方法相同。

4.3.12 多点位移计

多点位移计基本组件包括锚头、测杆、电测基座、位移传感器、保护罩等组成见图4.3-24。

1. 钻孔

(1) 多点位移计钻孔孔位、孔深、孔斜应严格按设计图纸放样和施钻。考虑浆液的收缩性，液面在浆液终凝后会有所下降，为保证最深处测点的锚头能够被固定，孔深在设计深度的基础上再加深50cm。

(2) 在围岩开挖或边坡挖至设计高程后及时钻孔，钻孔孔径根据仪器类型和测点数确定，不应小于76mm。钻孔孔斜偏差不应大于0.01m/m。为保证多点位移计测头埋入岩体内，应用直径300mm的钻头对孔口进行扩孔，扩孔孔深1m。

(3) 钻孔采用岩心钻，终孔后进行岩芯地质素描。

(4) 仪器埋设前钻孔内应用高压水进行冲洗，以保持钻孔通畅、孔壁干净。距离开挖工作面近的孔口，预留安装保护设施。

(5) 检查钻孔通畅，核实钻孔深度。

2. 测杆安装

(1) 组装方法。位移计测杆须在现场组装。由于安装空间和安装条件的限制，对不锈钢测杆，宜选择在孔口现场组装，但必须使用安全绳，以在必要时可以将测杆拉回。

(2) 测杆连接。孔口组装要求组织有序，锚头和测杆安装必须从最深测点开始安装，安装时灌浆管和

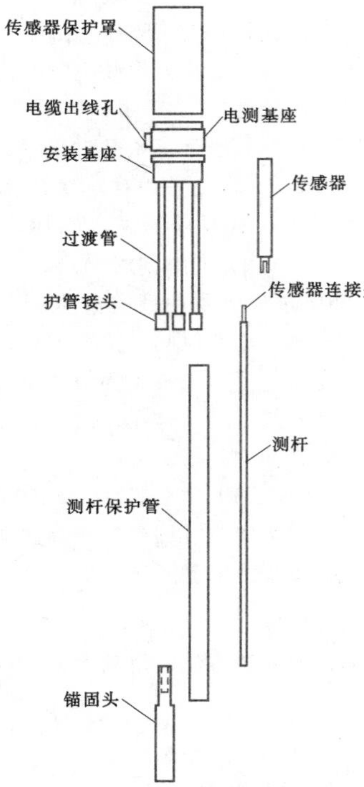

图 4.3－24　多点位移计组件

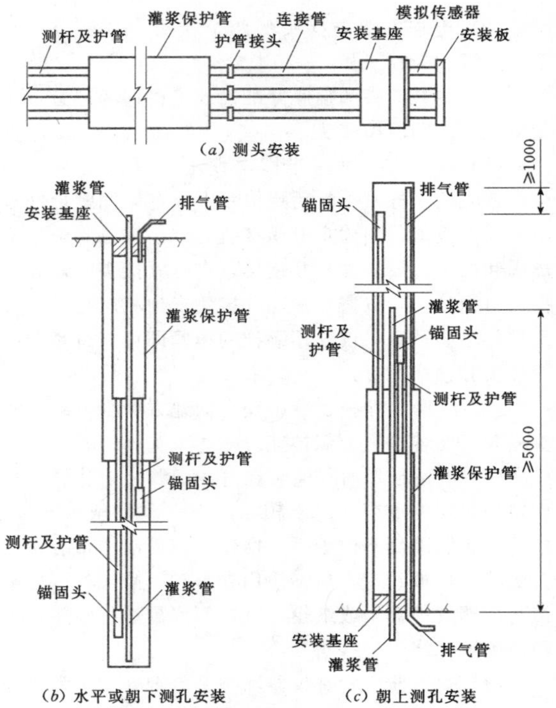

图 4.3－25　多点位移计测杆安装示意图（单位：mm）

测杆同时安装，将每个锚头、测杆、测杆保护管依次连接，并注意记录已连接长度，以便控制下一锚头的安装部位。安装过程中注意做好测杆和锚头的（测点）标识，以免造成锚头位置混淆，每个锚头都要系好安全绳，每隔一段距离宜安装支撑环，以免测杆打结和扭转。

(3) 现场将测杆与安装基座按照测杆编号对应连接，同时将模拟传感器与测杆连接并用安装板固定在基座上，见图 4.3－25。

(4) 根据钻孔方向固定灌浆管与排气管。一般情况下，如果钻孔方向向上、斜向上的钻孔，灌浆管深入孔口 5m 或至孔深的一半，排气管则深入孔底（注意在排气管底端 0.1m 段钻一些小孔利于排气，建议钻孔深度较最深锚头不小于 1m），必要时可以设置多根灌浆管。对于水平孔、斜向下及正垂向下孔，灌浆管需深入孔底（建议较最深的锚头长 1m），排气管可不安装或仅深入基座 0.1m 即可。

(5) 孔口封堵。孔口封堵采用水泥砂浆或环氧锚固剂，尤其是向上的钻孔，采用速凝水泥或环氧锚固剂封堵比较迅捷，还有一个方法是使用棉纱与速凝水泥混合材料来封堵，注意速凝水泥固化时间不能少于 10min，同时操作要迅速，封堵时要保证测头基座与孔壁之间要密实，避免漏浆甚至在有一定压力时将整个基座顶出孔外。

(6) 灌浆。使用现场工程师指定的灌浆材料。在灌浆前，应先将管路中注入清水以降低摩擦。对于水平孔，为保证灌浆的效果，灌浆压力不小于 0.5MPa，对于垂直向上的孔，灌浆压力可根据孔深适当增大。

3. 电测基座安装

待灌浆浆液达到终凝后即可进行电测基座的安装。具体步骤如下：

(1) 拆卸安装板，并旋出各模拟传感器。

(2) 卸灌浆管，用小刀将排气管根部从安装基座面切断，切口要平齐基座面。

(3) 清理安装基座表面，使之表面清洁。

(4) 安装两个基座间的 O 形环。

(5) 将配对的电测基座按照测杆孔编号，依序与安装基座连接，并用两个螺栓连接固定。

4. 传感器安装

(1) 将传感器插入安装孔，达到测杆连接点后，将传感器旋入测杆顶部的连接器，直到拧到位后停止，见图 4.3－26。

(2) 根据传感器的量程和岩土体可能发生的位移方向和位移大小，预拉传感器，用读数仪测取读数，若读数正常，则将传感器外筒固定在电测基座上。

(3) 安装下一支传感器，直至全部传感器安装完成。

(4) 全部传感器安装完毕后，将多点位移计电缆从保护罩的电缆孔中引出，安装保护罩。

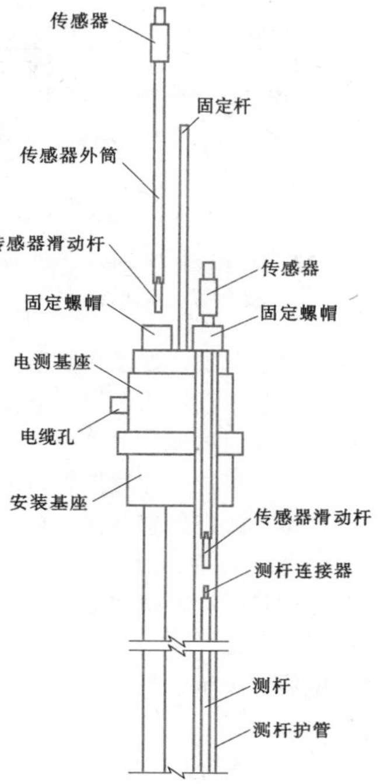

图 4.3-26 多点位移计传感器安装示意图

4.3.13 基岩变形计

1. 钻孔

(1) 在设计部位，按设计要求的孔径、孔向和孔深钻孔。一般要求孔深比最深测点深 1m 左右，孔口保持稳定平整。钻孔轴线弯曲度应不大于钻孔半径，以避免传递杆过度弯曲，影响传递效果。

(2) 采用岩芯钻钻孔，并对岩芯进行详细记录和保存，绘制钻孔柱状图。

(3) 钻孔结束后应冲洗干净，并检查钻孔通畅情况。距离开挖工作面近的孔口应预留安装保护设施的孔。

2. 仪器安装

(1) 检查基岩变形计的仪器编号、出厂合格证，现场检验，测量并记录仪器初始值，按照需要连接加长电缆。特别是要做好电缆接头的硫化（或采用热缩材料）。

(2) 将传递杆逐根用内箍接头相连至设计长度，用土工布、胶带包裹，外涂黄油，防止传递杆与水泥浆固结在一起，从孔口慢慢放入钻孔中，直至设计位置。

(3) 用水泥砂浆从孔底向上灌浆。直至拉杆底部 40cm 左右埋没在水泥砂浆内。回填方式可以采用塑料管将水泥砂浆灌到孔底，也可以直接往孔里灌注水泥砂浆。

(4) 孔口用砂浆抹平并用木板盖住，避免其他杂物掉入孔中，确保传递杆处于钻孔中。

(5) 在孔底、孔口仪器底座混凝土浇筑 24h 后，可以安装基岩变形计、护套及基座，保持传递杆与基岩变形计同轴，边用读数仪读取数据边拉伸基岩变形计，调整基准值。最后固定基岩变形计，小心填筑混凝土，避免损坏传感器及电缆。安装人员应一直在施工现场监督看护，直至仪器顶部混凝土浇筑完毕。

基岩变形计安装示意见图 2.3-62。

4.3.14 土位移计

以滑线电阻式土位移计为例介绍仪器安装埋设方法。

滑线电阻式土体位移计组一般以岸坡为基点，在各测点埋设锚板，将位移传感器安装在锚板处，基点与各测点锚板用拉杆联系在一起，拉杆采用护套管保护，拉杆将基点的位移或测点的位移传递到相邻的测点，用位移传感器测量各测点锚板与拉杆间的相对位移 ΔX_1、ΔX_2、…、ΔX_n [$\Delta X_n = K_f\ (an_i - an_0)$]，其中 K_f 为仪器灵敏度系数，an_i 为当前读数，an_0 为初始读数，任一点相对与基点的位移量为

$$X_1 = \Delta X_1$$

$$X_2 = \Delta X_1 + \Delta X_2$$

$$\vdots$$

$$X_n = \Delta X_1 + \Delta X_2 + \cdots + \Delta X_n (n \text{ 为测点数})$$

土位移计组由锚板、滑线电阻式位移传感器、拉杆及护套管、仪器电缆及保护管组成。其埋设、安装调试的方法如下。

1. 准备工作

(1) 仪器系统、埋设安装附件加工。根据设计图纸提前加工好仪器系统的安装附件、保护管路等，并仔细检验合格后等待安装。

(2) 埋设用细料准备。根据埋设线路的长短准备好足够的细料。

(3) 埋设人员到位。埋设工作量较大，其作业也会与坝体的填筑产生一定的干扰，因此应组织足够的埋设人员，尽快完成埋设，以减小施工干扰。

2. 埋设要求与施工

以沟槽法为例介绍仪器埋设方法。

(1) 沟槽要求。同引张线式水平位移计埋设要求。

(2) 碎石保护料。埋设管路时，在管路周围必须用碎石料保护。对碎石料的基本要求：①粒径不宜太大，要能起到保护管路的作用，最大料径应小于 50

～80mm；②应有一定的级配，易于压实；③应满足上坝坝料的要求。

（3）施工要求如下：

1）测点锚固板的埋设。先用 C25 混凝土浇筑测点基础，在测点基础上布置插筋。将调试好的位移计锚固板点焊在插筋上，再次检查整套设备的性能后开始二次浇筑混凝土将锚固板固定起来，浇筑前应将端部保护活套法兰紧密固定于钢板上。

2）位移计、连杆、保护管的安装。根据仪器安装说明图所示的结构进行安装。安装时要注意仪器位置的固定、保护管和松套法兰的连接。

3. 安装调试与观测记录

土位移计组埋设过程中必须做好施工记录，如仪器编号、安装位置、安装日期、人工填筑情况、回填土料性质、气象因素、参加埋设人员等，应准确地填入考证表内，并附位置图、结构示意草图等。

埋设时要注意将位移计的初始读数调到量程中部位置，并记录好初始读数。

4.3.15　测缝计（裂缝计）

4.3.15.1　埋入式测缝计

埋入式测缝计的安装包括套筒安装和传感器安装等两个步骤。

1. 套筒安装

若测缝计埋设于岩壁与混凝土接缝，埋设时先在岩壁上钻孔，孔径大于 90mm，孔深 50cm，钻孔必须垂直于缝面。然后在孔内填入膨胀水泥砂浆，将套筒或带有加长杆的套筒埋入孔中，筒口与孔口齐平。将螺纹涂上黄油，筒内填满棉纱，旋上筒盖。但不论在任何场合，套筒底座的面必须与可看到的拟完成的混凝土面完全一致。

套筒底座底塞有一个螺母用以固定套筒底座与模板。如果仪器不采用与模板连接的安装方法，则将底塞上的螺丝孔须封堵，以防止水泥浆进入套筒内。

若测缝计埋设于新老混凝土接触面之间，则在前期混凝土浇筑时，将测缝计套筒直接固定在设计位置，将螺纹涂上黄油，筒内填满棉纱，旋上筒盖即可。

测缝计套筒安装示意见图 4.3－27。

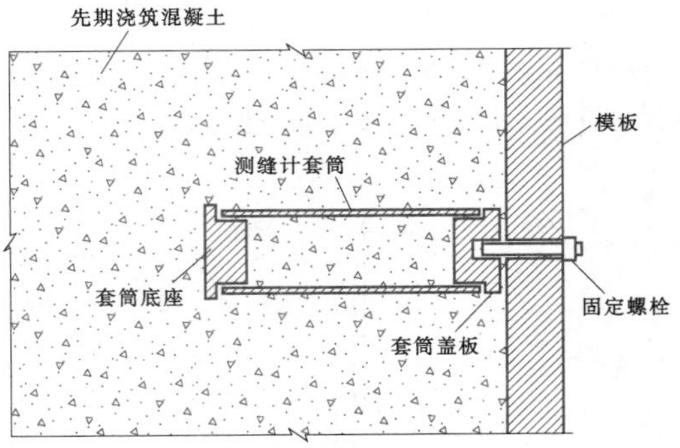

图 4.3－27　测缝计套筒安装（新老混凝土接合面）示意图

2. 传感器安装

（1）混凝土浇至高出仪器埋设位置 20cm 时，挖去捣实的混凝土，拉出套筒底塞上螺栓将底塞取出。此时，套筒底座内应彻底清理干净并抹上一层薄黄油。

（2）在传感器连接器的丝口上抹少许环氧或螺纹锁固剂，把测缝计放进套筒底座，传感器推进套筒底座直至不动。在施加向孔内压力的同时，顺时针方向旋转传感器直到接头稳妥地拧紧在套筒底座内的丝扣中。注意：如果用钢性直埋式电缆，电缆束或卷筒也应旋转进行，以免卷曲电缆。

（3）用三脚架及张拉垫片对传感器进行预拉，可以轻轻挤压传感器，或把传感器往外拉，将仪器设置在其应力量程的 25%左右。

（4）将套筒与测缝计之间的缝隙用涂黄油的棉纱塞满，然后回填混凝土。

测缝计传感器安装示意见图 4.3－28。

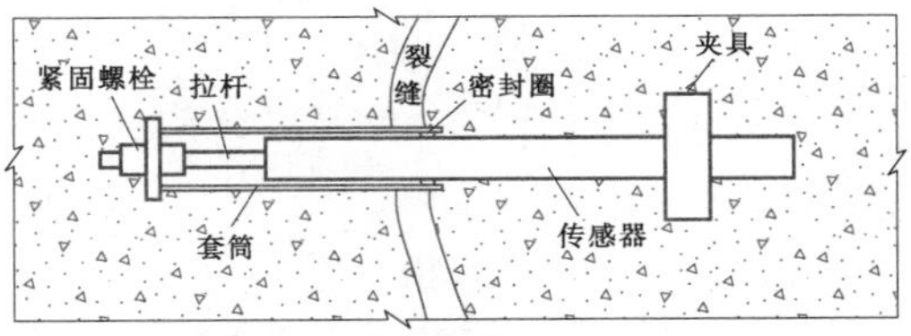

图 4.3－28　测缝计传感器的安装示意图

3. 初始读数读取

为获得测缝计合理正确的基准值，从仪器埋设的初次读数至混凝土初凝（约 12～20h）的测读频次不应少于 7 次。

4.3.15.2　表面测缝计

表面测缝计的安装方法有多种，常用的方法如下：

（1）表面安装的测缝计加不同夹具后用于监测一般表面裂缝，测值为两端固定点间的相对位移（距离）变化值。安装时先按设计要求在开合缝两侧的测点处划好准确位置，如两点距离超出仪器有效长度时需加接过度杆件和保护装置。

表面测缝计安装时首先用冲击钻在裂缝两侧选定的位置打 2 个 $\phi8\times30$mm 小孔，插入 M6 自爆（膨胀管）螺丝，用直径 4mm 左右的水泥钉敲进滑芯，使其膨胀牢固。再用2个M6×50mm的长杆螺丝把传感器与支架固定在埋好的自爆螺丝上（固定时先将传感器预拉在合适的位置）夹紧，见图2.3-71。当裂缝变化过大，测缝计超量程时，可松开此固定螺丝，移动传感器，重新调整夹紧位置，做好调整前后的记录。固定和保护好仪器及电缆走线，填写安装考证表，根据现场情况做好系统保护。

（2）表面安装的测缝计由位移传感器、前后端座、保护管、关节轴承、预埋杆件、信号传输电缆等组成，见图2.3-72。表面测缝计主要用于表面有可能产生错动裂缝的监测项目中。当安装在有压水下时，应采用坑式埋设，坑内充填硬脂黄油并加罩盖。

4.3.15.3　三向测缝计

不同类型和不同量程的三向测缝计安装方法不同，具体以仪器厂家提供的安装方法进行埋设。现以量程100mm的差阻式、电位器式三向测缝计在面板堆石坝周边缝处的安装为例介绍其安装方法。

典型三向测缝计结构示意见图2.3-67和图2.3-68。

三向测缝计安装步骤如下：

（1）根据各个测点布置位置处的建筑物结构尺寸，设计加工坐标板（仪器安装机架）等安装固定装置和仪器保护罩（若仪器上方需要碾压回填，则须用现浇钢筋混凝土等强度较高的材料制作保护罩）。在安装机架上预留仪器安装孔，注意孔的位置与间距满足设计要求或仪器厂家要求。

（2）制备测缝计安装基面，使趾板和面板在同一平面上，在安装基面上测出机架固定位置和活动支座的固定位置。可在混凝土期间用模板在安装基面上预留好安装螺孔（或在混凝土浇筑完成后用膨胀螺栓固定机架和活动支座）。

（3）将三向测缝计的机架和活动支座分别放在趾板和面板的确定位置，从固定板螺孔中穿出地脚螺杆至趾板和面板内，浇注环氧水泥砂浆固定地脚螺杆，移出固定钢板，等待砂浆凝固。当砂浆达到一定强度后，将测缝计固定板对准地脚螺杆放置在安装基面上，拧紧螺帽。

（4）将连接杆、伸缩套管、万向节等依次与传感器连接，然后将两端万向节分别穿入仪器机架的预留孔和活动支座上的安装孔，拧紧螺丝固定万向节。

（5）三向测缝计的两端固定好后，检查连杆的接头螺母是否拧紧，止紧螺钉是否松动，支座处的调节梅花扁螺母是否扳紧等。然后通过伸缩节调节将传感器拉出，拉出的长度可根据传感器的量程以及可能发生的位移方向决定，但不少于1/3量程，对于可能发生拉伸变形的传感器，拉出量宜偏少，对于可能发生压缩变形的传感器，拉出量宜偏大。

（6）记录安装的工作过程。记录1～3号传感器对应的仪器编号，测量记录各边的准确距离和各支传感器的初始读数，便于计算周边缝的开合度。

（7）盖上三向测缝计保护罩，将传输电缆S形敷设在电缆沟内。

4.3.16　脱空计

1．底座槽留置或开挖

垫层料填筑时或混凝土面板浇筑前，在脱空计埋设部位按设计要求预留脱空计底座槽或开挖脱空计底座槽。

2．安装

将脱空计的传感器A和传感器B依次与基准板连接，再与底座连接，注意记录传感器的顺序，然后用纱布或塑料布包裹传感器的波纹管转滑动部位，注意使其转动自如。

3．埋设

混凝土浇筑前24h，将脱空计安置于埋设位置，将基准板与混凝土面板的钢筋连接，并将传感器的测值调整到设计要求值。混凝土浇筑过程中由专人值班，必须避免混凝土下料时直接冲击在脱空计上损坏仪器。

4．电缆埋设

脱空计埋设完后，按设计要求的走向敷设电缆，严格防止各种油类沾污腐蚀电缆，经常保持电缆的干燥和清洁。电缆牵引时尽可能埋入混凝土中，或挖槽埋设，混凝土保护层厚度应不小于10cm。在无法埋入时，尽可能穿管保护，保护管应固定牢固。

当电缆跨施工缝或结构缝时，采用穿管过缝的保护措施，电缆在管中的部分应尽量采取S形敷设，防止由于缝面张开而拉断电缆。

电缆暂时不能引入监测站时，要设临时观测站，可采用预埋电缆储藏箱作为临时测站。

5．防雷

在雷击区，脱空计应与面板防雷系统连接起来。

脱空计安装埋设方法见图2.3-73。

4.3.17　位错计

位错计由测缝计改装而成，用来监测两介质之间的相对错动位移。以位错计在混凝土中的埋设介绍其安装方法，其他部位的安装方法类似。

（1）根据仪器设计位置，在先期浇筑混凝土中的仪器安装部位预留60cm（高）×30cm（宽）×10cm（深）的凹槽。可用木模板制成相应尺寸的木盒，在木盒的一边穿孔预埋位错计锚固板。为防止混凝土浇筑过程中锚固板被振离设计位置，应将锚固板牢固地固定在木盒上。将木盒固定在混凝土模板上，待混凝土模板拆除后，拆除木盒。

（2）在后期浇筑混凝土施工前安装位错计。位错计的上、下万向接头分别与混凝土中预埋的上锚固板和下锚固板相连。根据变形可能发生的大小将位错计调至 1/4 或 3/4 量程，然后将下锚固板垫平，使下锚固板伸入后期浇筑混凝土 18～20cm。

（3）用隔离材料包裹好位错计，并用木板或其他材料封堵凹槽，防止混凝土砂浆进入槽内，影响仪器正常工作。

（4）当后期浇筑混凝土浇筑至仪器埋设部位时，采用人工捣实回填。

（5）仪器安装过程中，始终用读数仪监测仪器的工作状态，待后期浇筑混凝土凝固时间达到 24h 后读取初始值。

位错计安装埋设示意见图 4.3－29。

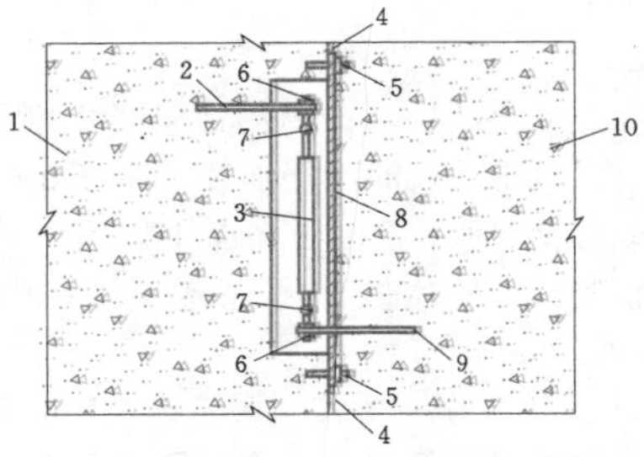

图 4.3－29　位错计安装埋设示意图

1—先期浇筑混凝土；2—上锚固板；3—位移传感器；4—接触面；5—膨胀螺栓；6—紧固螺栓；7—万向节；8—封堵板；9—下锚固板；10—后期浇筑混凝土

4.3.18　倾角计

如采用便携式倾角计，须事先将基准板固定在地面或地下洞室岩体表面或其他建筑物表面上，每次观测时，测量每一块基准板的表面斜度，以确定转动变形的大小、方向和速率。

采用非便携式倾角计时，直接将传感器固定在观测点的表面上，可采用人工现场测读的方法观测，也可采用自动化采集的方式进行观测。

根据观测要求的不同，倾角计基准板可以水平安装在岩土体表面或建筑物表面，也可以垂直安装在岩土体表面或建筑物表面。以下介绍倾角计基准板的水平安装方法。

（1）根据安全监测设计测量定位监测点的位置。

（2）在测点处清理出 50cm×50cm 的基面。

（3）用水泥砂浆或环氧树脂等黏结材料将基准板牢固地固定在基面上，同时调整一组定位销的方位与待测方向一致，方位角精度为±3°。

（4）安装基准板保护装置。保护装置的尺寸应大于传感器框架的尺寸。

（5）当基准板安装在风化层或完整性较差的岩体表面时，应采用锚杆或钢管桩将基准板基座与岩土体固结成一体，然后在基座上安装基准板和保护装置。

（6）监测地下岩土体结构等位置的转动位移时，可用钢管埋到经灌浆扫孔后的钻孔内，将基准板固定在钢管顶部。

（7）基准板安装结束后，应记录测点高程、平面坐标、各组定位销的方位和施工情况。

（8）倾角计基准板安装固定后，应及时观测倾角计稳定的初始读数，作为观测基准值。

4.3.19　收敛测点

收敛测点是由灌浆锚头或膨胀锚头和一个以锚栓型式安装在锚头端部的不锈钢有眼螺栓组成。收敛测点也可固定在结构上。

收敛测点的位置用以反映被测物体的位移大小和方向。收敛测点的典型位置见图 4.3－30。由于各个监测对象的情况各异，收敛测点的布设型式可以与图中显示的不同。

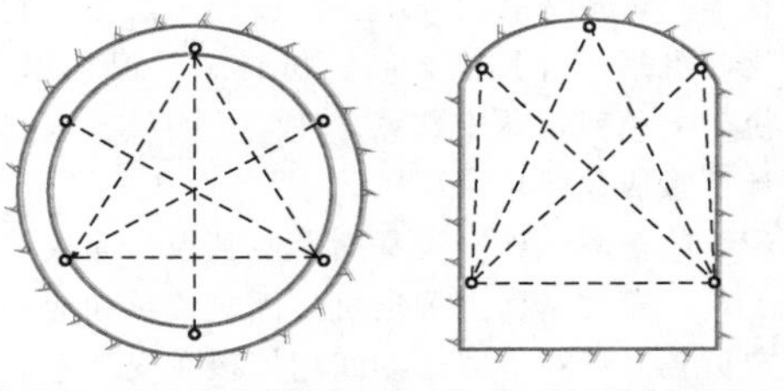

(*a*) 预制混凝土衬砌中的收敛测点　(*b*) 岩石隧洞中的收敛测点

图 4.3－30　收敛测点布置示意图

吊钩和有眼螺栓系统可以适应卷尺的任何旋转角度。因为测点的形状或位置的任何变动都将会影响系统的重复性，所以收敛测点一经安装就要对其进行保护。

4.3.19.1　安装灌浆钢筋锚头

在岩石和混凝土中安装灌浆钢筋锚头的方法如下：

（1）选择参考测点的位置并做上记号。

（2）钻直径 25～40mm 的孔，孔深约比锚头的长度深 30～50mm。利用压缩空气清除孔内残渣。

（3）用适宜的非收缩浸水浆液对孔内的锚头进行灌浆。必要时将孔口密封防止浆液渗出。

（4）浆液硬化后，将备用的有眼螺栓拧在锚头内并做张拉测试达到最大值。若锚头固定不动说明安装合适。取下备用有眼螺栓。

(5) 将防松螺母拧在有眼螺栓上，然后将有眼螺栓拧在锚头内。如转动有眼螺栓困难，用可调扳钳(夹住整个螺栓的圆环)起辅助杠杆作用。注意：不要用螺丝刀做辅助杠杆。因为插入任何工具都可能使有眼螺栓变形，致使其将来无法获取重复性好的读数。

(6) 用可调扳钳(夹住整个螺栓的圆环)固定有眼螺栓的位置，并用拧紧防松螺母。

灌浆钢筋锚头测点安装示意见图4.3-31。

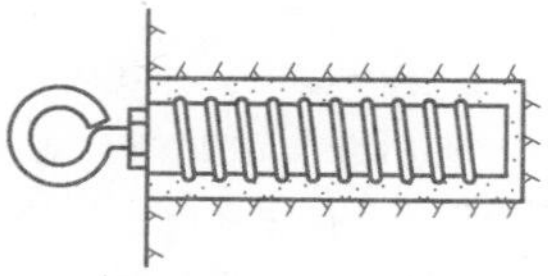

图4.3-31 灌浆钢筋锚头测点安装示意图

4.3.19.2 安装玻璃树脂锚固钢筋锚头

在岩石或混凝土中安装玻璃树脂锚固钢筋锚头的方法如下：

(1) 选择参考测点的位置并做上记号。

(2) 钻直径约25mm的孔，孔深应达到树脂筒说明书中规定的深度，然后用压缩空气的方法清除孔内残渣。

(3) 安装树脂筒和钢筋锚头。

(4) 将防松螺母拧在柱头螺栓上，再将螺栓拧在锚头内，旋转锚头以便混合树脂。一定要按树脂筒生产厂家规定的速率转动锚头。如果用手转动锚头，则将扳手套在防松螺母上进行。在树脂说明书容许的情况下，亦可用钻机旋转锚头。在树脂完全固化之前密封住孔口是非常有必要的，这样可以避免树脂溢出，并始终确保锚头处于中心位置。

树脂完全固化后，拧下柱头螺栓，将备用的有眼螺栓拧在锚头内，做张拉测试达到最大值。如果没有可测量的位移，说明该锚头安装合适，拧下备用的有眼螺栓。

(5) 将防松螺母拧在有眼螺栓上，然后将有眼螺栓拧在锚头内。如转动有眼螺栓困难，用可调扳钳(夹住整个螺栓的圆环)起辅助杠杆作用。

(6) 用可调扳钳(夹住整个螺栓的圆环)固定有眼螺栓的位置，并拧紧防松螺母。

4.3.19.3 安装膨胀锚头

在岩石或混凝土中安装膨胀锚头的方法如下：

(1) 选择参考测点的安装位置，并做标记。

(2) 钻孔深至120～150mm。

(3) 利用压缩空气清除孔内残渣。

(4) 调整膨胀锚头使之适合钻孔大小，然后将其插进岩石内直至固定螺栓稍稍低于岩石表面为止。

(5) 拧紧锚头。

(6) 将备用有眼螺栓拧在膨胀锚头上。做张拉测试达到最大值。如果没有可测量的位移，说明该锚头安装合适。取下备用有眼螺栓。

(7) 将防松螺母拧在有眼螺栓上，然后将有眼螺栓拧在锚头内。如转动有眼螺栓困难，用可调扳钳(夹住整个螺栓的圆环)作辅助杠杆用。注意：不要用螺丝刀做辅助杠杆。因为插入任何工具都可能使有眼螺栓变形，致使其将来无法获取重复性好的读数。

(8) 用可调扳钳(夹住整个螺栓的圆环)固定有眼螺栓的位置，并用扳手拧紧防松螺母。

膨胀锚头测点安装示意见图4.3-32。

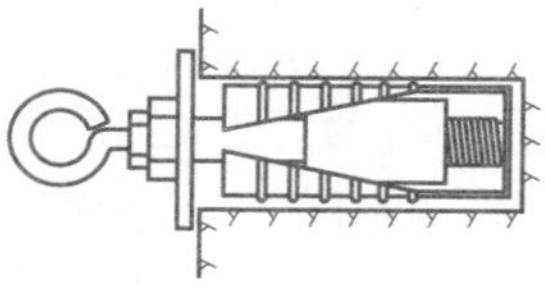

图4.3-32 膨胀锚头测点安装示意图

4.3.19.4 安装钢构件上锚头

在钢构件上安装锚头测点的方法如下：

(1) 选择参考测点的安装位置，并做标记。

(2) 用钻头在钢构件上钻孔(孔可钻透也可不钻透)。

(3) 如果钢钩件不好钻透，用丝锥处理钻孔。

(4) 将防松螺母拧在有眼螺栓上，然后将有眼螺栓拧在锚头内。如转动有眼螺栓困难，用可调扳钳(夹住整个螺栓的圆环)起辅助杠杆作用。注意：不要用螺丝刀做辅助杠杆。因为插入任何工具都可能使有眼螺栓变形，致使其将来无法获取重复性好的读数。

(5) 用可调扳钳(夹住整个螺栓的圆环)固定有眼螺栓的位置，并用拧紧防松螺母。

钢构件上锚头测点安装示意见图4.3-33。

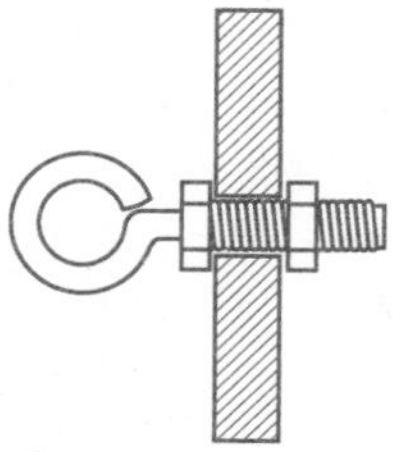

图4.3-33 钢构件上锚头测点安装示意图

4.4　渗流监测仪器及设施安装埋设

4.4.1　测压管

4.4.1.1　安装埋设与灵敏度检验

1. 造孔

（1）测压管除必须随填筑体适时安装外，一般应在建筑物竣工后、蓄水前进行钻孔安装。随填筑体施工安装时，应确保管壁与周围介质结合良好和不因施工损坏。

（2）安装单管时钻孔直径不宜小于 100mm，以便有足够空隙填充封孔材料。埋设多管时，应根据装管数量及其直径，自下向上逐级扩径，原则上每增加一根测管相应孔径至少扩大一级，或直接按扩大孔径自孔口钻至孔底。自上而下逐级成孔，自下而上逐管安装埋设。

（3）造孔宜采用清水钻孔，严禁用泥浆固壁。钻孔施工过程中应取岩芯或采用钻孔录像的方法对岩（土）层作简要地质素描。需要防止塌孔时，可采用套管护壁，如预计难以拔出，应事先在监测部位的套管壁上钻好透水孔。测压管应在帷幕灌浆和固结灌浆后进行钻孔安装，以防被浆液堵塞。

（4）终孔后宜测量孔斜，以便精确确定测点位置。

2. 测压管安装与埋设

（1）安装前，应对钻孔深度、孔底高程、孔内水位、有无塌孔以及测压管加工质量、各管段长度、接头、管盖等进行全面检查并做好记录。

（2）下管前应先在孔底填约厚 10cm 的反滤料。下管过程中，必须连接严密，吊系牢固，保持管身顺直。就位后，应立即测量管底高程和管水位，并在管外回填反滤料，可轻击管身，以利于反滤料固结密实，直至本测点的设计进水段高度。从孔底至反滤料顶面的孔段长度是测压管的进水段（可大于测压管管体透水段），也是该测压管的实际监测范围，故须在埋设中严格遵守设计意图，精确测量并记录存档。

（3）对反滤料的要求，既能防止细颗粒进入测压管，又具有足够的透水性，一般其渗透系数宜大于周围介质的 10～100 倍，对黏壤土或砂壤土可用纯净细砂；对岩体、砂砾石层可用细砂到粗砂的混合料。回填前需洗净、风干，缓慢入孔。

3. 封孔

（1）凡不需要监视渗透的孔段（即非反滤料段），原则上均应严密封闭，以防地表水等干扰。尤其在一孔埋设多个分层测点时，更需注意各测点间的隔离止水质量，必要时需在导管外叠套橡皮圈或油毛毡圈 2～3 层，管周再填封孔料，以防水压力串通。

（2）封孔材料。在土体内宜采用膨润土球或高崩解性黏土球，并据土质材料特性亦可选用土球和与同质土料的混合体；在岩体内可采用膨润土或高崩解性黏土与砂的掺和料，或采用水泥砂浆、水泥膨润土的混合浆；在坝体堆石或坝基覆盖层内可采用级配砂砾石料。要求封孔材料在钻孔中潮解或饱和后的渗透系数小于周围介质的渗透系数。土球应由直径 5～10mm 的不同粒径组成，所采用的回填料除灌浆外均应风干，不宜日晒、烘烤。封孔时，对于非灌浆回填需逐粒、逐步缓慢投入孔内，在掺入同质土料或掺砂时的掺量宜为 10%～20%，切忌大批量倾倒，以防架空，并可轻击管身，以利于回填料固结密实，管口下 1～2m 范围内应用夯实法回填；对于灌浆回填应自进水段反滤止水以上孔底部向上逐层注浆，注浆管应伸至底部可采用自流式灌浆，直至孔口。

（3）对于坝基、岸坡岩体及近坝区岩体地下水位监测孔内设置的单管测压管，可根据地质条件、监测功能等，在测压管进水管段反滤以上如为透水坝基、无明显透水带或隔水层的较均质岩体内的孔管间回填，也可采用级配砂砾石或砂料，但在岩体内钻孔设置的测压管管口下 2～3m 范围内应用夯实法回填封孔材料或采用水泥砂浆封孔，以防地表水渗入管内影响测值，见图 4.4－1。

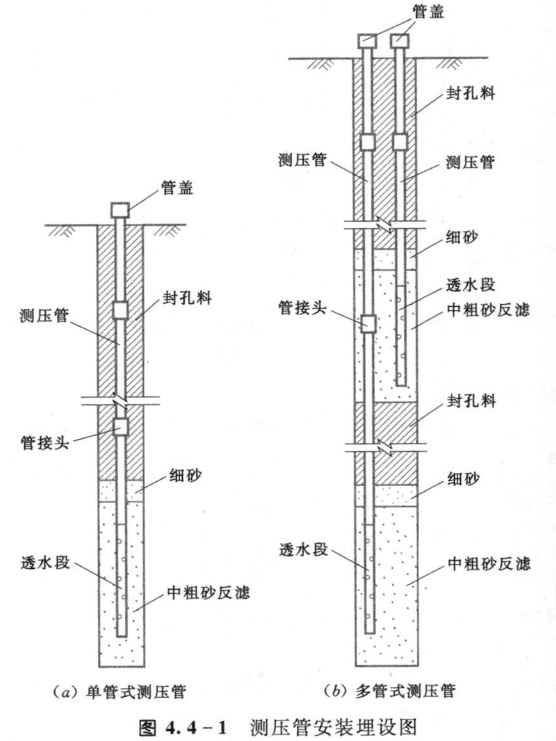

图 4.4－1　测压管安装埋设图

(4) 封孔至设计高程后，对于回填土质料的测压管，应向孔（管）内注入清水，至水面超过土质段顶面，使其遇水膨胀。

4. 灵敏度检验

(1) 测压管安装、封孔完毕后应进行灵敏度检验。检验方法采用注水试验，一般应在施工期或库水位稳定期进行。

(2) 试验前先测定管中水位，然后向管内注入清水。若进水段周围为壤土料或岩体，注水量相当于1m测压管容积的3～5倍；若为砂砾料，则为5～10倍。注水后不断观测测压管管内水位，直至恢复到或接近注水前的水位。对于黏壤土，若管内水位在注水后5天内降至注水前水位，则灵敏度合格；对于砂壤土或岩体，若1天内降至注水前水位，则灵敏度合格；对于砂砾料，若1～2h降至注水前水位或注水后水位升高不足3～5m，则灵敏度合格。

(3) 当一孔埋多根测压管时，应自上而下逐根检验，并同时监测非注水管的水位变化，以检查它们之间的封孔止水是否可靠。

4.4.1.2 管口装置及保护

测压管管口应高于地面，经灵敏度检验合格后，应尽快安装管口装置及保护，无压测压管可采用混凝土预制件、现浇混凝土或砖石砌筑，并宜安装保护盒盖如钢板等，有压测压管应安装压力表，管口装置见图4.4-2和图4.4-3。无压、有压测压管管口装置及保护均要求结构简单、牢固，能防止地表水进入和人畜破坏，并能加锁防盗且开启方便。尺寸和型式应根据测压管水位测量方式、工作方式（无压或有压）和自动化监测的要求确定，还应满足二次测量仪表的测量要求。

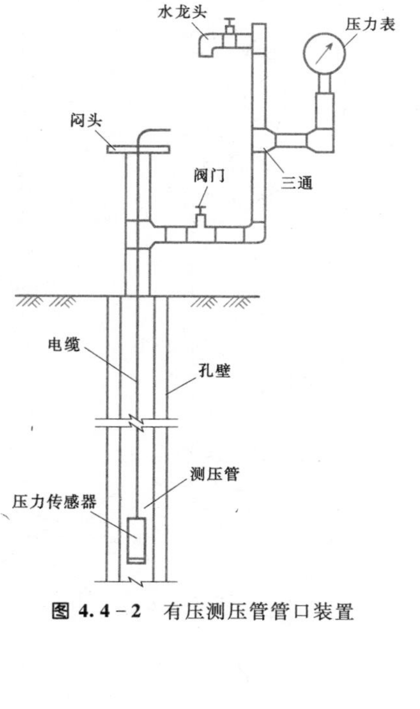

图4.4-2 有压测压管管口装置

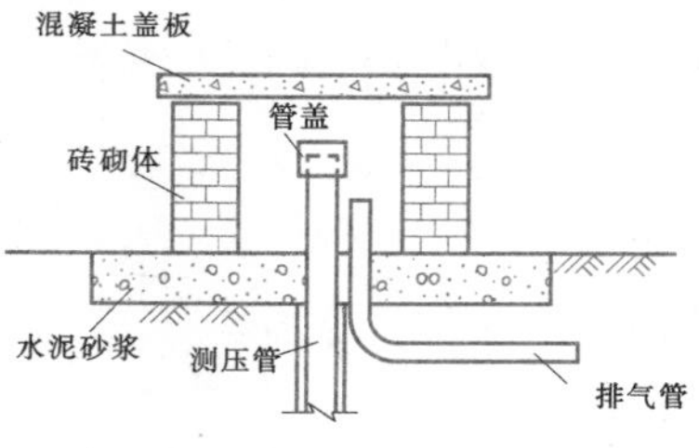

图4.4-3 无压测压管管口装置

对于仅利用测压孔监测地下水位的均质岩体内钻孔（或地质勘探孔），当地质条件好、不易出现塌孔时，可直接将钻孔作为测压管（孔）使用，但应在孔口设置封口管，使管口高于地面，并设置管口装置予以保护。

4.4.2 孔隙水压力计（渗压计）

4.4.2.1 坑槽安装埋设法

(1) 在土石体内（或基础表面）安装埋设孔隙水压力计，当填筑高程超出测点埋设高程约0.30m时，在测点开挖坑槽，深约0.4m，采用砂包裹体的方法，将孔隙水压力计在坑槽内就地安装埋设，见图4.4-4。砂包裹体由中粗砂组成，并以水饱和。然后采用薄层铺料并压实的方法，按设计回填原开挖料。埋设后的孔隙水压力计，仪器以上的填筑安全覆盖厚度应不小于1m。

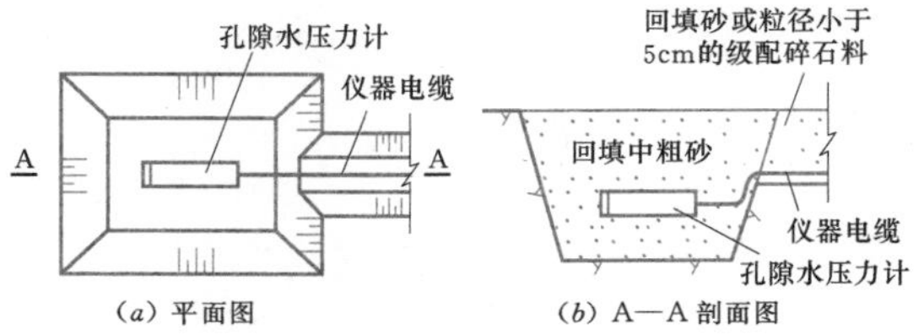

图4.4-4 孔隙水压力计坑槽法安装埋设图

(2) 孔隙水压力计的连接电缆可沿基础、土石体及坡面开挖沟槽敷设。当必须横穿防渗体敷设时，应加阻水环；当在堆石内敷设时，应加保护管；当进入观测房时，应以钢管保护。

(3) 连接电缆在敷设时必须留有裕度，并禁止相互缠绕。敷设裕度依敷设的介质材料、位置、高程而定，一般约为敷设长度的5%～10%。

(4) 连接电缆以上的填筑安全覆盖厚度，在黏性土体内应不小于0.5m，在堆石内应不小于1m。

4.4.2.2　钻孔安装埋设法

（1）在建筑物及其基础、地下工程围岩或绕坝渗流两岸岩体中钻孔安装埋设孔隙水压力计时，其钻孔孔径应根据该孔中安装埋设的仪器数量而定，一般取 90～146mm。成孔后应在孔底铺设中粗砂垫层，孔深 30～50cm，见图 4.4-5。

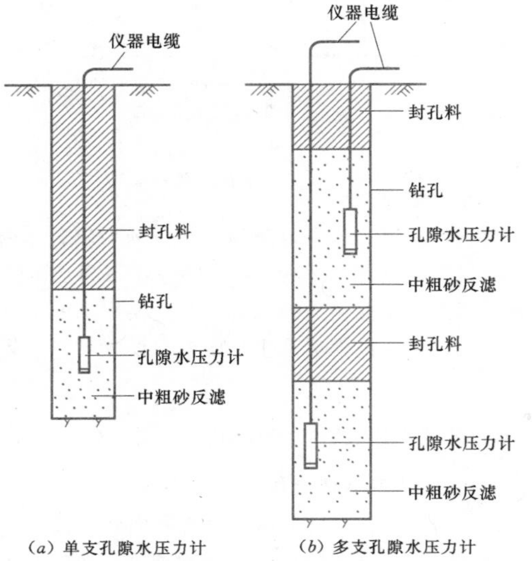

图 4.4-5　孔隙水压力计钻孔安装埋设图

（2）孔隙水压力计的连接电缆，在孔内宜采用软管套护，并辅以受力铅丝与仪器测头相连。安装埋设时，应自下而上依次进行，并依次以中粗砂封埋仪器测头，据不同介质以回填料逐段封孔（与测压管的封孔方法相同）。封孔段长度应符合设计规定。回填料、封孔料应分段捣实。

（3）孔隙水压力计安装与封孔埋设过程中，应随时进行检测，一旦发现仪器传感器和连接电缆损坏，应及时修复处理或重新安装埋设。

4.4.3　水位计

电测水位计不需要安装，这里以传感器式水位计（量水堰计）为例介绍水位计的安装埋设方法。

量水堰计一般安装在与量水堰槽连通的观测井内，观测井位于量水堰板上游约 1m 处，并尽可能远离量水堰板。观测井内的水位高程与量水堰槽内的水位高程相同，量水堰计量测到的水位变化即为量水堰槽内的水位变化。量水堰计的安装埋设见图 4.4-6。安装步骤如下：

（1）仪器安装前应在现场检查传感器与浮筒组件，并测量出传感器的零位输出。

（2）堰流计安装时先在设计位置放好样，然后钻眼打入膨胀螺栓，并用设备厂家提供的管箍将防污管固定，注意保证防污管的垂直度。

（3）将浮筒与传感器连接起来，并将传感器固定在防污管的孔口保护盖上。

（4）浮筒与传感器连接时，通过锁紧螺栓卡住传感器的不同部位以调整浮筒底部高度，应使浮筒底部高程低于量水堰板槽口最低处，且保证浮筒底部与防污管基座的净距不小于 10cm。

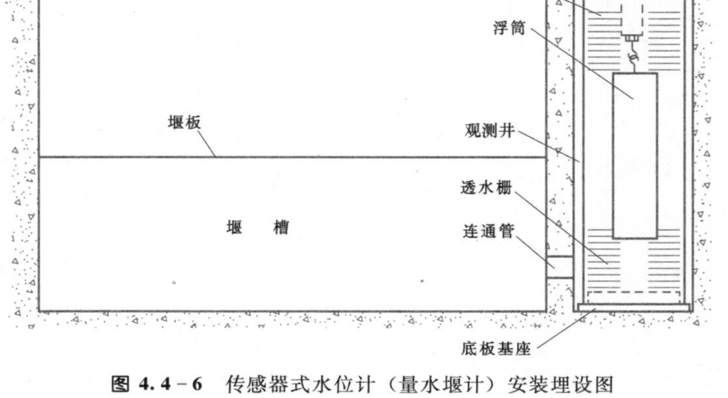

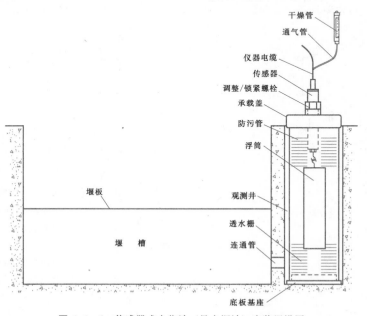

图 4.4-6　传感器式水位计（量水堰计）安装埋设图

（5）将浮筒与传感器缓慢放入防污管，防止损坏传感器。孔口保护盖与防污管应接合紧密。

（6）待水面静止后读取传感器测值。

（7）在观测井表面加装保护罩，防止仪器受损，并保证传感器通气管不直接接触雨水。

4.4.4 量水堰

4.4.4.1 量水堰的设置要求

（1）量水堰应设在排水沟直线段的堰槽段。该段应采用矩形断面，两侧墙应平行和铅直。槽底和侧墙应衬护防渗。

（2）堰板应与堰槽两侧墙和水流向垂直。堰板应平整，高度应大于5倍的堰上水头。

（3）堰口过流应为自由出流。

（4）测读堰上水头的水尺或测量仪器，应设在堰口上游3～5倍堰上水头处。尺身应铅直，其零点高程与堰口高程之差不得大于1mm。必要时可在水尺或测量仪器上游设栏栅稳流或设置连通管量测。

（5）堰槽段的尺寸及其与堰板的相对关系应满足：堰槽段全长大于7倍堰上水头，但不得小于2m；堰板上游段长度应大于5倍堰上水头，但不得小于1.5m；下游段长度应大于2倍堰上水头，但不得小于0.5m。

（6）堰板应为平面，局部不平处应不大于±3mm。堰口的局部不平处应不大于±1mm。

（7）堰板顶部应水平，两侧高差应不大于堰宽的1/500。直角三角堰的直角，误差应不大于30″。

（8）堰板和侧墙应铅直。倾斜度应不大于1/200。侧墙局部不平处应不大于±5mm。堰板应与侧墙垂直，误差应不大于30″。

（9）两侧墙应平行。局部的间距误差应不大于10mm。

4.4.4.2 量水堰的流量计算公式

（1）直角三角形量水堰。推荐渗流量公式为

$$Q = 1.4H^{5/2} \tag{4.4-1}$$

式中 Q——渗流量，m^3/s；

H——堰上水头，m。

（2）梯形量水堰。推荐渗流量公式为

$$Q = 1.86bH^{3/2} \tag{4.4-2}$$

式中 Q——渗流量，m^3/s；

H——堰上水头，m；

b——堰口宽度，m。

（3）无侧收缩矩形量水堰。推荐渗流量公式为

$$Q = mb\sqrt{2g}H^{3/2} \tag{4.4-3}$$

其中 $$m = 0.402 + 0.054H/P$$

式中 Q——渗流量，m^3/s；

H——堰上水头，m；

b——堰口宽度，m；

P——堰口高度（堰槽底板至堰顶的距离），m。

（4）有侧收缩矩形量水堰。推荐渗流量公式为

$$Q = \left(0.405 + \frac{0.0027}{H} - 0.030 \times \frac{B-b}{B}\right) \times \left[1 + 0.55 \times \left(\frac{b}{B}\right)^2 \left(\frac{H}{H+P}\right)^2\right] b\sqrt{2g}H^{3/2} \tag{4.4-4}$$

式中 Q——渗流量，m^3/s；

H——堰上水头，m；

B——堰槽宽度，m；

b——堰口宽度，m；

P——堰口高度（堰槽底板至堰顶的距离），m。

4.4.4.3 观测要求

（1）渗流量观测时间及测次应与渗透压力观测一致。

（2）量水堰观测渗流量，其水尺的水位读数应精确至1mm，测量仪器的观测精度应与水尺测读一致。堰上水头两次观测值之差应不大于1mm。量水堰堰口高度与水尺、测量仪器零点应定期校测，每年至少一次。

4.4.5 分布式光纤

分布式光纤集传感与传输于一体，光纤的任何部位都是传感器。因此，分布式光纤的埋设主要指光缆的埋设、定位和光损耗测评等。分布式光纤埋设是确保分布式光纤传感测试技术成功的关键。早期分布式光纤在工程应用中失败的主要原因就是光纤的埋设成活率低，通过对光缆结构的改进和尝试，目前工程应用中分布式光纤埋设的成活率已大大提高。

4.4.5.1 分布式光纤光缆安装

1. 分布式光纤光缆埋设前的准备

（1）在光缆埋设前采取OTDR（光时域分析仪）对光纤的完好性进行检验，在确保光纤通信状态良好的情况下，对传感光缆进行标定，确定光缆的各检验参数。

（2）处理观测端使其清洁完好。

2. 分布式光纤光缆在混凝土中的埋设

（1）开槽。当混凝土浇筑至设计高程时，在仓面上先沿光纤布设线路开挖一条光缆槽，光缆槽的深度约5～10cm，深度和宽度可根据所用光纤光缆的断面尺寸进行调整。

（2）敷设。在光缆槽内敷设光缆，将光缆敷设成

平顺状态。在两种混凝土之间或拐弯部位，应适当将光缆放松，必要时用波纹管等柔性护管保护，拐弯半径应大于 15 倍光缆直径。敷设过程中，使用激光笔或 OTDR 等设备随时监控，防止光纤在施工过程中被折断，发现光纤缺陷时应及时处理。

（3）定位。测量光缆的平面位置，并记录光缆刻度，绘制光缆平面布置草图。一个区段敷设完成后，应及时连接解调仪，采用强弯曲、拉伸、升降温等方法，测定各特征点间距，并保存定位测量的所有数据。

（4）回填。剔除粗骨料，人工回填混凝土并整平。

3. 分布式光纤光缆在土石坝中的埋设

（1）分布式光纤光缆在土石坝坝体内采用挖槽埋设的方法。每层填筑料填筑完成后，立即人工开挖约宽 20cm、深 20cm 的沟槽，沟槽底部应尽量平整。

（2）将光缆敷设入沟槽内，然后用相同的大坝填筑料进行人工回填，夯实后的回填料干密度应尽量与大坝填筑料碾压后的干密度相近。沟槽回填前应做试验，以确定具体夯实施工方法。

（3）光缆埋设需弯曲时应保证其有足够的转弯半径，避免光纤被折断。

（4）敷设过程中，使用激光笔或 OTDR 等设备随时监控，发现光纤缺陷应及时处理。一个区段敷设完成后，应及时连接解调仪，采用强弯曲、拉伸、升降温等方法，测定各特征点间距，记录施工情况，绘制草图，并保存定位测量的所有数据。

（5）光缆埋设完成后，在坝顶合适的部位修建观测房，存放多余光缆和保护光纤接口，放置光纤测量设备，便于后期观测。观测房内应有供电（220V 交流电源）、照明和防潮设施。

4. 注意事项

（1）在光缆埋设前采用 OTDR 对光纤的完好性进行检验，在确保光纤通信状态良好的情况下进行埋设。

（2）力求光缆平顺铺设，避免外力损伤和折断光缆，拐弯半径应大于 15 倍光缆直径，否则将产生光纤损耗，从而影响测量精度。

（3）在混凝土中埋设光缆时，应注意不得正对光缆振捣和碾压，在常态混凝土中，振捣棒与光缆的距离应大于 50cm，在碾压混凝土中，光缆的保护碾压层厚应大于 30cm。

（4）光缆的铺设方向应尽可能与混凝土冷却水管的铺设方向一致，并控制两者之间的平行间距大于 50cm，当光缆与冷却水管相交时，应准确记录两者交叉部位的空间位置。

（5）在光缆定位时应特别注意各层光缆周围结构或参照物的变化情况，如光缆距离冷却水管、周围常规监测点的方向及距离、光缆所处部位混凝土的保护层厚度、混凝土的约束情况等。

4.4.5.2　光纤的连接

（1）光纤接续应遵循的原则：①芯数相等时，要同束管内的对应色光纤对接；②芯数不同时，按顺序先接芯数大的，再接芯数小的。

（2）光纤接续的方法有熔接、活动连接、机械连接等三种。在工程中大多采用熔接法，熔接法具有熔接点损耗小、反射损耗小、可靠性高等特点。光纤敷设中的临时连接和测量，可采用活动连接或机械连接。

（3）光纤接续（熔接法）的步骤如下：

1）开剥光缆。注意不要伤到束管，开剥长度约 1m，用卫生纸将油膏擦拭干净，将光缆穿入并固定到接续盒内。固定时一定要压紧，不能有松动，否则有可能造成光缆扭曲、折断纤芯。

2）分纤。将不同束管，不同颜色的光纤分开，穿过热缩管。剥去涂覆层的光纤很脆弱，使用热缩管可以保护光纤熔接头。

3）制作光纤端面。光纤端面制作的好坏将直接影响接续质量，所以在熔接前一定要做好合格的端面。先用专用的剥线钳剥去涂覆层；再用沾酒精的无纺布在裸纤上擦拭几次，应适度用力，以防拉断光纤；然后用精密光纤切割刀切割光纤，切割长度应根据光纤和热缩管的种类确定。

4）放置光纤。将光纤放在熔接机的 V 形槽中，小心压上光纤压板和光纤夹具，要保证光纤顺直，光纤端部应接近电极但不能超过中线，关上防风罩，按熔接机说明书指示，选择合适的程序，完成放电熔接，通常需要 5～10s 时间。

5）打开防风罩，小心取出光纤，再将热缩管放在裸纤中心，放到加热槽中加热。注意，根据使用的热缩管长度和直径选择适当的加热程序，防止过热导致热缩管变形。

6）盘纤固定。将接续好的光纤盘到光纤收容盘上，在盘纤时，盘圈的半径越大，弧度越大，整个线路的损耗越小，所以一定要保持一定的半径，尽量减少激光在纤芯里传输时的损耗。尤其是对热缩管，应加以固定和保护。

7）密封和挂起。野外接续盒一定要密封好，防止进水。熔接盒进水后，光纤及光纤熔接点长期浸泡在水中，可能会导致部分光纤衰减增加。对悬空的接续盒，应套上不锈钢挂钩并挂在吊线上。

4.5 应力应变及温度监测仪器安装埋设

4.5.1 无应力计

(1) 按设计图纸加工或按尺寸要求购置双层锥体镀锌白铁皮无应力计隔离筒，内外筒之间的缝隙填充松散物，筒内涂 5mm 沥青，以防止筒壁与混凝土黏结。

(2) 用铅丝将一支应变计固定于隔离筒内正中的位置，然后将无应力计隔离筒用辅助钢筋架立在设计埋设点位，距相邻应变计组 1～1.5m。

(3) 无应力计宜采用挖坑埋设，当混凝土浇至仪器埋设部位时，在仓面上挖坑并整理无应力计隔离筒安装基面，然后将无应力计隔离筒按照混凝土结构受力特点调整好筒体方向，一般宜使筒体中心轴垂直于水平面。也可事先将系牢应变计的无应力计隔离筒预先固定在设计位置。

(4) 无应力计筒内填满与应变计组附近相同的混凝土，混凝土切勿掉入内外筒之间的缝隙中，以人工捣实，注意不要损伤仪器。用大应变计配套的无应力计筒内的混凝土应剔除粒径大于 5cm 的骨料，尽量使应变计两端之间的骨料不大于 3cm，然后回填。用小应变计配套的无应力计筒内的混凝土应剔除粒径大于 3cm 的骨料。

(5) 随后用混凝土将无应力计隔离筒覆盖，采用人工捣实的方式，避免损坏无应力计。无应力计安装后其上方用人工捣实的混凝土回填层厚度应不小于 30cm。

(6) 无应力计埋设后，在仪器旁插上标记，继续浇筑混凝土时必须对仪器加以保护，防止振坏或移位，但振捣也不能太远，以免造成仪器附近积水，影响埋设质量及观测成果。

4.5.2 应变计（组）

1. *混凝土应变计安装*

根据设计要求，确定应变计的埋设位置。埋设仪器的角度误差应不超过 1°，位置误差应不超过 2cm。埋设仪器周围的混凝土回填时，要小心填筑，剔除混凝土中粒径大于 5cm 以上的大骨料，人工分层振捣密实。混凝土下料时应距仪器 1.5m 以上，振捣时振捣器与仪器距离应大于振动半径且不小于 1m。埋设时，应保持仪器的正确位置和方向，及时检测，发现问题应及时处理或更换仪器。埋设后，应做好标记，混凝土浇筑期间应派专人守护，以防人为损坏。

(1) 单向应变计。在混凝土振捣后，及时在埋设部位挖坑埋设，注意方向与设计一致。

(2) 双向应变计。两支应变计应保持相互垂直，相距 8～10cm。两支应变计的中心与混凝土结构表面距离应相同。

(3) 应变计组。应将应变计固定在支座或支杆等附加装置上，以保证在浇筑混凝土过程中仪器有正确的装配位置和定位方向，并使其保持不变，具体见图 4.5-1。根据应变计组在混凝土内的位置，分别采用预埋锚杆或带锚杆的预制混凝土块固定支座位置和方向。埋设时，应设置无底保护木箱，并随混凝土的升高而逐渐提升，直至取出。

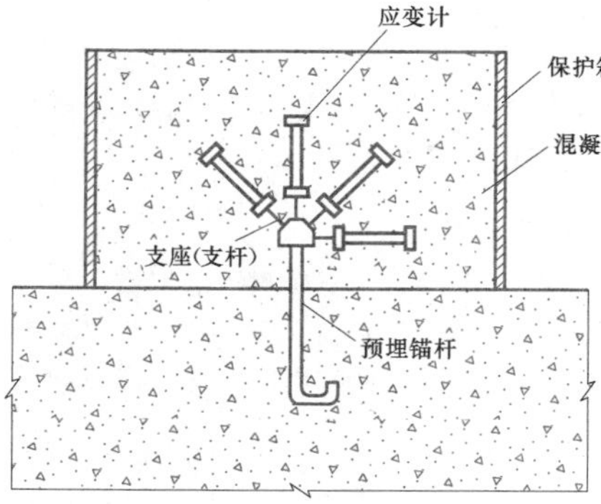

图 4.5-1 应变计组安装埋设示意图

2. *岩体应变计安装*

岩体应变计用以观测岩体在埋入应变计之后的内部变形，即由于岩体的应力变化引起的变形相对变化率。应变计在岩体内不应跨越结构面，但在节理发育的岩体内，应变计标距应加长，一般为 1～2m。在埋设位置造孔（槽），其横截面的尺寸在满足埋设要求的基础上尽可能要小。孔（槽）内应冲洗干净，不容许沾油污。埋设时应用膨胀性稳定的微膨胀水泥砂浆填充密实。仪器轴向方位误差应小于 1°。埋设前后应及时检测。为了防止受砂浆变形的影响，使仪器与岩体同步变形，在应变计中部应嵌一层隔离材料，见图 4.5-2。应变计组应固定在支架或连接杆上，或埋设在各个方向的钻孔内。单向应变计可固定在连接杆上，埋入钻孔内的不同深度。

4.5.3 钢板计

钢板计主要用来测量压力钢管的应变和应力变化。钢板计应严格按照设计提出的应变测量方向进行安装，钢板计埋设安装示意图见图 2.5-5。具体安装步骤如下：

(1) 将专用夹具焊接在压力钢管外表面，夹具应有足够的刚度保证钢板应力计不弯曲变形。

(2) 对钢板应力计预压以扩大受拉量程，一般将拉伸范围调整到 1200$\mu\varepsilon$，然后将钢板应力计安装在

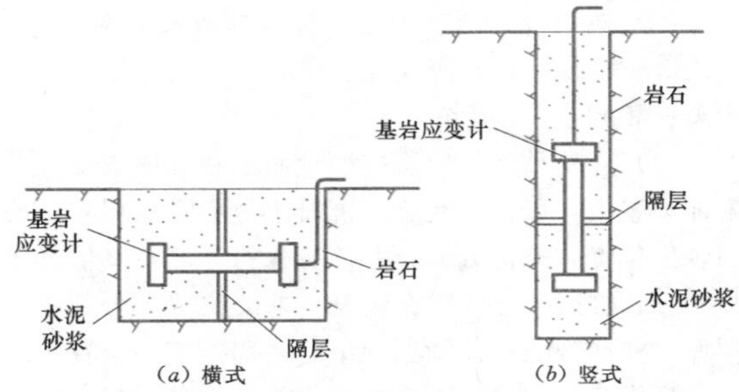

图 4.5-2　基岩内应变计埋设安装示意图

专用夹具上。

(3) 仪器外盖上保护铁盒，盒周边与压力钢管接触处点焊，盒内充填沥青等防水材料以防仪器被外水压力或灌浆压力损坏。

4.5.4　钢筋应力计

钢筋应力计主要用于观测钢筋混凝土中的钢筋应力。安装埋设时，根据结构钢筋直径选配相应规格（一般选择等直径）的钢筋应力计，然后将钢筋应力计焊接绑扎在钢筋上，并保证钢筋应力计与钢筋在同一轴线上。

钢筋应力计埋设前要进行除污除锈等工作，保证其与混凝土结合良好，钢筋应力计安装埋设过程中不要用钢筋应力计的电缆来提起仪器。

钢筋应力计与被测钢筋连接。由于使用的要求和测试的参数不同，厂家提供资料的计算参数、标定方法也不同，采购时要明确用途。安装时一般有串联和并联两种方法。

1. 串联安装法

串联安装法是钢筋应力计最常用的安装方法，使用的钢筋应力计标称直径一般与被测钢筋相同，钢筋应力计所测的力等于被测钢筋的受力。先把钢筋应力计安装位置的钢筋断开，把钢筋应力计与安装杆组装后串在钢筋断开处，安装杆全断面焊接在主筋上，见图 4.5-3。焊接时要用湿毛巾包住焊缝与钢筋应力计安装杆、钢筋应力计，并在焊接的过程中不断地往湿毛巾上浇水降温，直至焊接结束，仪器温度降到 60℃以下时方可停止浇水。焊接时可采用对焊、坡口焊或熔槽焊，焊缝强度应不低于被测钢筋的强度。

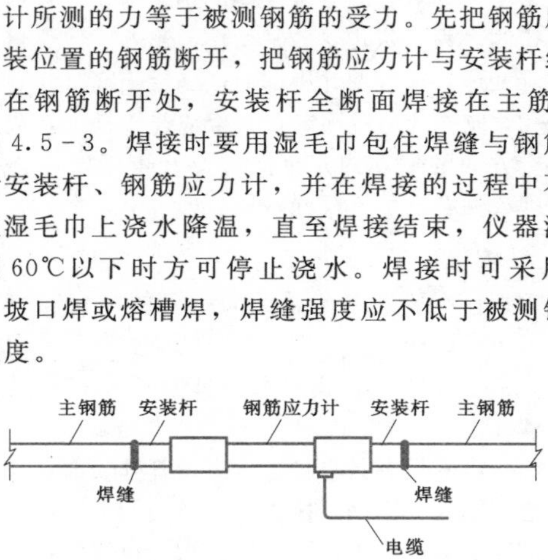

图 4.5-3　钢筋应力计串联安装示意图

2. 并联安装法

并联安装法主要有绑焊安装和绑扎安装两种方法。

(1) 绑焊安装。绑焊安装是将钢筋应力计并联在被测钢筋上的一种安装方法，计算分析时钢筋上的受力不等于钢筋应力计的受力，这种方法多用于用小直径的钢筋应力计测大直径钢筋（主筋）的受力。安装时先将钢筋应力计与安装杆连接，再将安装杆焊接在主筋上，见图 4.5-4。焊接时需要对钢筋应力计进行降温处理，方法与串联安装法相同。

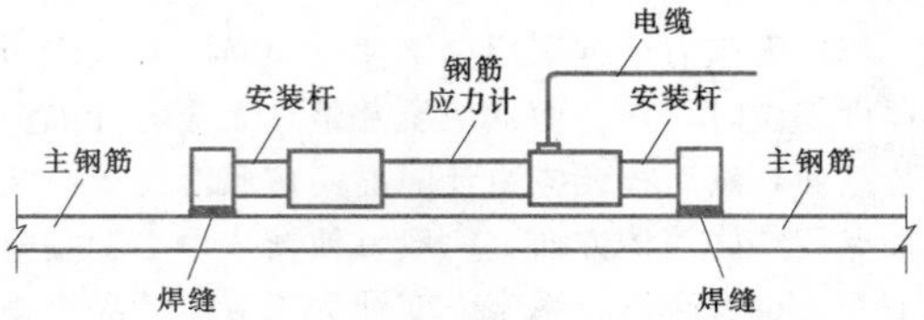

图 4.5-4　钢筋应力计绑焊并联安装示意图

(2) 绑扎安装，又称姊妹杆扎接安装。此法与绑焊基本一样，不同的是事先在安装杆上焊上足够长（50～150cm）的钢筋，安装时将焊接好加长钢筋的安装杆与钢筋应力计组装后用铁丝与被测钢筋并联绑扎在一起，见图 4.5-5。

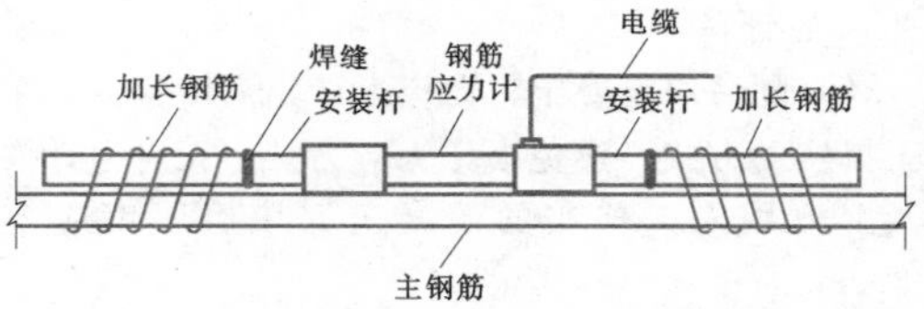

图 4.5-5　钢筋应力计绑扎并联安装示意图

焊接时应注意不要损坏或烧毁电缆，电缆头的金属线头不要搭接在待焊钢筋网上，以防止焊接时形成回路电弧损坏钢筋应力计。

钢筋应力计安装后应作明显标记。混凝土浇筑之前，应用篷布遮盖保护。混凝土浇筑过程中应派专人守护，待仪器周围 50cm 范围内混凝土浇筑完毕后，守护人员方可离开。

钢筋应力计周围浇筑混凝土时，应采用人工插捣的方式，或采用小型振捣器（棒头直径 25mm 或 30mm）进行振捣。混凝土浇筑过程中，大振捣器不得接近钢筋计组 1m 以内范围。浇筑混凝土时禁止振动棒碰到安装有钢筋计的钢筋网上。在浇筑周围部分的混凝土时，特别是振捣器碰在钢筋上，使钢筋发生较大的抖动，钢筋计容易损坏，需要特别注意。在浇筑混凝土的过程中，要跟踪观测仪器读数的变化，一旦有异常变化，说明仪器可能损坏，要立即采取补救措施。待混凝土初凝后读取基准值。

将仪器的埋设参数填入仪器安装埋设考证表，将电缆沿钢筋牵引到设计位置，在混凝土浇筑过程中，一定要注意对电缆的保护。

4.5.5　锚杆应力计

锚杆应力计主要用于观测岩土体中的锚杆应力，装上锚杆应力计的锚杆称为观测锚杆。观测锚杆的安装埋设应根据观测设计的要求进行，具体步骤如下：

(1) 根据设计的要求造孔。钻孔直径应大于锚杆应力计的最大外轮廓尺寸。钻孔方向应符合设计要求，孔弯应小于钻孔半径。钻孔应冲洗干净，并严防孔壁沾油污。

(2) 按照观测设计的要求裁截锚杆长度。选用螺纹连接的锚杆应力计，需要在裁截后的锚杆上先焊接螺纹接头（或对锚杆端头套丝，两端采用螺纹套接），然后再将其与锚杆应力计连接起来，接头与锚杆应保持同轴。

(3) 观测锚杆的组装。将锚杆应力计按设计深度与裁截的锚杆对接，同时装好排气管。需要焊接的锚杆应力计，应采用对焊、坡口焊或熔槽焊进行焊接，且锚杆应力计与锚杆应保持同轴。焊接时应严格按相关技术标准执行，焊接时及焊接后应在仪器部位浇水冷却，使仪器温度不超过 60℃。但不得在焊缝处浇水，以免影响焊接质量。焊接时应保护好电缆，焊接完后，将仪器电缆绑扎于观测锚杆上。

(4) 组装检测合格后，将组装的观测锚杆缓慢地送入钻孔内。安装时，应确保锚杆应力计不产生弯曲，电缆和排气管不受损坏。

(5) 锚杆应力计入孔后，引出电缆和排气管，装好灌浆管。对于水平孔和朝天孔，先用木楔楔入孔口与观测锚杆之间的缝隙，将观测锚杆固定住，然后用棉纱、锚固剂或加入速凝剂的水泥砂浆封闭孔口，保证灌浆过程中不发生漏浆现象并能抵抗住灌浆压力。

(6) 灌浆。应按照设计规定的配合比配制砂浆，并在规定的压力下灌浆，灌至孔内停止吸浆并持续 10min 后结束。在砂浆凝固前不得敲击、碰撞或拉拔锚杆，待孔内砂浆凝固后，方可进行下一步作业。砂浆固化后，读取初始值。

倾向上方的锚杆应力计的安装方法见图 4.5-6。对于水平孔和倾向下方的锚杆应力计，与倾向上方向的锚杆应力计相比，安装时只是在进浆管和排气管的设置上有所区别：倾向上方的孔内，排气管伸入孔底，进浆管伸入孔内约 1～2m；水平孔和倾向下方的孔内，进浆管伸入孔底，排气管伸入孔内约 0.5m。

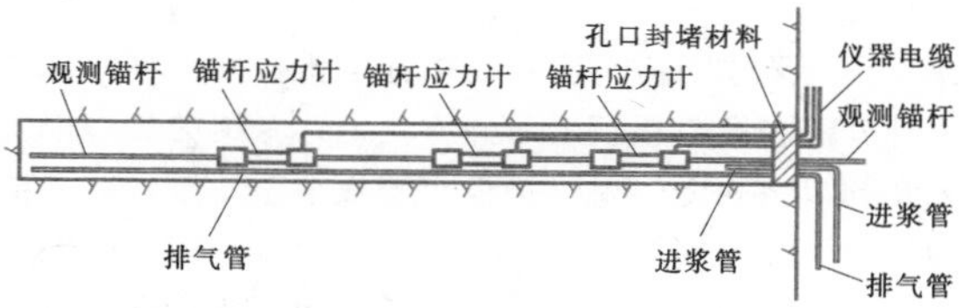

图 4.5-6　锚杆应力计安装（倾向上方的孔）示意图

4.5.6　锚杆测力计

锚杆测力计用于观测预应力锚杆预应力的形成和变化。锚杆测力计的安装包括安装测力计和观测锚杆的张拉锁定，即测力计安装后加载的过程。具体步骤如下：

(1) 锚杆测力计安装前，建议对测力计、千斤顶、压力表进行现场配套联合标定。

(2) 观测锚杆张拉前，将测力计安装在孔口垫板上。对于有专用传力板的测力计，应先将传力板装在孔口垫板上，使测力计或传力板与锚杆孔轴线垂直，偏斜应小于 0.5°，偏心应不大于 5mm。

(3) 安装机具和锚具，同时对测力计的位置进行校验，合格后开始预紧和张拉。

(4) 仅用于施工监测的测力计，应安装在外锚板的上部。

(5) 观测锚杆应在对其有影响的其他工作锚杆张拉之前进行张拉加荷。张拉程序一般与工作锚杆的张拉程序相同。有特殊需要时，可另行设计张拉程序。

(6) 测力计安装就位后，加荷张拉前，应准确测得初始值和环境温度。反复测读，三次读数差小于 1%F.S，取其平均值作为观测基准值。

(7) 基准值确定后，分级加荷张拉，逐级进行张拉观测。一般每级荷载测读一次，最后一级荷载进行稳定观测，每 5min 测读一次，连续三次读数差小于 1%F.S 为稳定状态。张拉荷载稳定后，应及时测读锁定荷载。张拉结束之后，根据荷载变化速率确定观测时间间隔，进行锁定后的稳定观测。

(8) 对锚杆测力计及其电缆进行保护。

4.5.7　锚索测力计

锚索测力计用于观测预应力锚索预应力的形成和变化。锚索施工所需材料的提供与制作、钻孔、安装、张拉和回填等工作由土建承包人负责实施，锚索测力计埋设安装示意见图 4.5-7。具体安装方法和步骤如下：

(1) 锚索测力计安装前，对测力计、千斤顶、压力表进行现场配套联合标定。

(2) 锚索施工时，观测锚索应在对其有影响的周围其他工作锚索张拉之前进行张拉。

(3) 锚索内锚固段与承压垫座混凝土的承载强度达到设计要求后方可张拉。在锚索张拉前，将锚索测力计安装在孔口垫板上，并将测力计专用的传力板安装在孔口垫板上，要求垫板与锚板平整光滑，并与测力计上下面紧密接触，测力计或传力板与锚索孔轴线垂直，其倾斜度应小于 0.5°，偏心应不大于 5mm。

(4) 准备好安装锚具和张拉机具，并对测力计的位置进行校验，校验合格后进行预紧。

(5) 测力计安装就位，加荷张拉前，准确测量其初始值和环境温度，连续测三次，当三次读数的最大值与最小值之差小于 1%F.S 时，取其平均值作为观测的基准值。

(6) 基准值确定后，按设计技术要求分级加荷张拉，逐级进行张拉观测：每级荷载测读一次，对最后一级荷载进行稳定监测。每 5min 测读一次，连续测读三次，最大值与最小值之差小于 1%F.S 时则认为已处于稳定状态。

(7) 张拉荷载稳定后，及时测读锁定荷载；张拉结束后根据荷载变化速率确定观测时间间隔；最后进行锁定后的稳定监测。

(8) 对锚索测力计及其电缆进行保护。

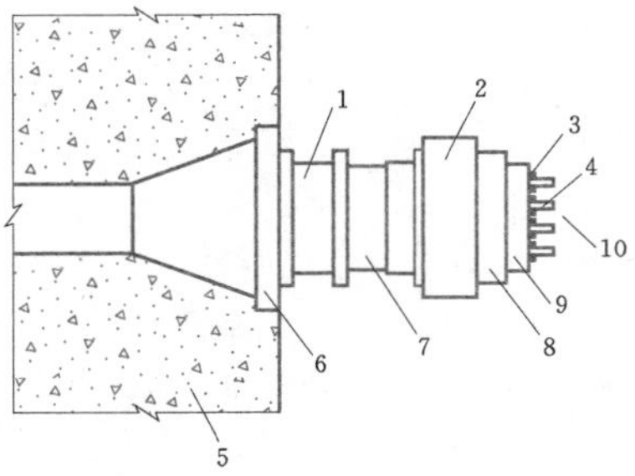

图 4.5-7　锚索测力计埋设安装示意图

1—锚索测力计；2—千斤顶；3—工作锚夹片；4—钢绞线；5—锚墩；6—垫板；7—工作锚；8—活塞；9—工具锚；10—锚束轴线

4.5.8　土压力计

1. 填土中埋设

土压力计可采用非坑埋或坑埋两种方式。一般采用非坑埋方式，特别是在堆石体中埋设时更适宜。

(1) 非坑埋。在填方高程即将达到埋设高程时，在填筑面上测点位置制备仪器基面。基面必须平整、均匀、密实，并符合规定的埋设方向。在堆石体内，仪器安装基面应分层填筑，先以较大的砾石或碎石填充堆石表面孔隙，再以较小粒径砂砾、砂铺平，压实。然后按设计观测方位安装土压力计，回填保护层，铺平、压实。仪器周围安全覆盖厚度以内的填方，应采用薄层铺料、专门压实的方法，确保仪器安全，并尽量使仪器周围材料的级配、含水量、密度等与邻近填方接近。为了不损坏受压板，与其接触的材料宜采用中细砂。

(2) 坑埋。根据填方材料的不同，在填方高程超过埋设高程约 1～1.5m 时，在埋设位置挖坑至埋设高程，坑底面积约 $1m^2$。在坑底制备基面，仪器就位后，将开挖的土石料（筛除粒径大于 5mm 的碎石）分层回填压实。对于水平方向和倾斜方向埋设的土压力计，按要求方向在坑底挖槽埋设，槽宽为 2～3 倍仪器厚度，槽深为仪器半径。回填要求与非坑埋的相同。

(3) 土压力计埋设的安全覆盖厚度：①在黏性土填方中应不小于 1.2m；②在堆石填方中应不小于 1.5m。

2. 混凝土结构表面埋设

安装在混凝土结构表面的土压力计通常为界面土压力计，用于测量结构的土压力。界面土压力计可以在浇筑混凝土结构时安装，也可以直接在现有结构的表面上安装。

(1) 在浇筑混凝土结构安装时，安装步骤如下：

1) 用钉子和焊接方法将土压力计的挂耳固定到模板上。

2) 将土压力计的感应面直接正对模板，见图 4.5-8。

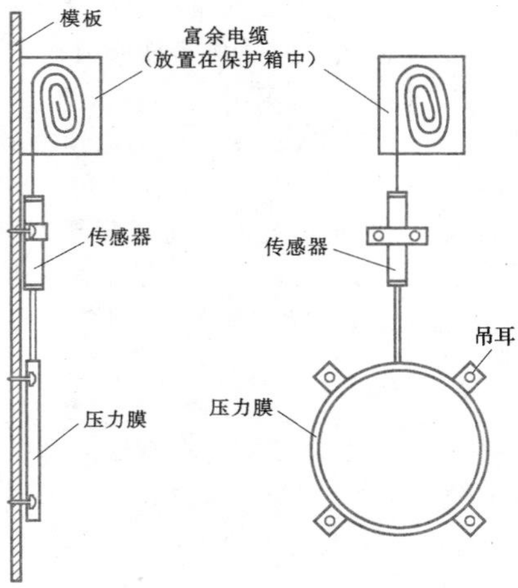

图 4.5-8　土压力计安装（现浇混凝土结构）示意图

3) 将板轻轻地钉到板面上使其与混凝土充分结合。

4) 在仪器上方设置一个电缆保护箱，将多余电缆放置在箱内，并将保护箱固定在模板上，避免电缆损坏。

(2) 在现有混凝土结构的表面上安装时，安装步骤如下：

1) 确定土压力计吊耳的位置，钻孔并安装膨胀螺栓。

2) 拌和速凝水泥砂浆或环氧砂浆，将其抹在现有混凝土结构表面，然后将土压力计压进水泥砂浆或环氧砂浆中，使多余的水泥砂浆或环氧砂浆挤出。按住压力计，直至水泥砂浆或环氧砂浆凝固，见图4.5-9。

3) 用螺栓或用钢钉将土压力计就位。

4) 选用粒径小于10mm的细颗粒回填材料覆盖土压力计。

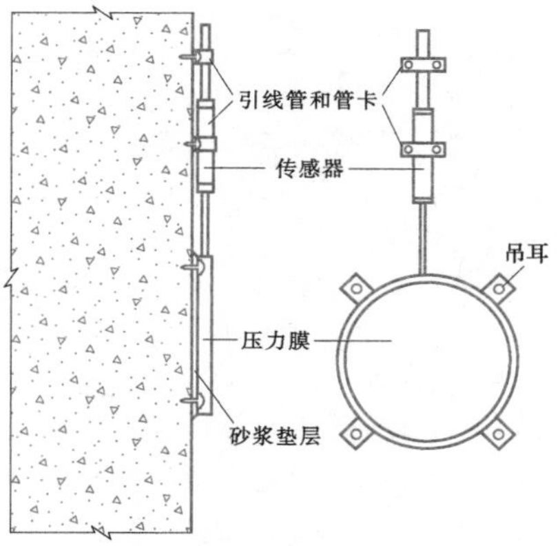

图 4.5-9 土压力计安装（已浇混凝土结构）示意图

3. 灌注桩或地下连续墙埋设

土压力计用于深基坑支护工程时，可埋设在灌注桩或地下连续墙的钢筋笼表面。灌注桩和地下连续墙为水下浇筑混凝土，保证土压力计膜片不被水泥砂浆包裹，并与槽壁紧密相贴，是桩（墙）土压力测试成败的关键之一。

桩（墙）土压力计埋设时采用配套的土压力计埋设器，其结构见图4.5-10。将埋设器主杆焊牢在钢筋笼上，把土压力计用胶布固定在托盘上，导线（留出一定余量）引到钢筋笼顶部系牢，钢丝绳也引到钢筋笼顶上系牢。

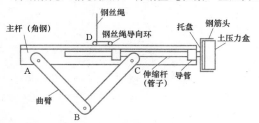

待钢筋笼入槽就位后，将钢丝绳拉紧，土压力计变形膜即可与槽壁贴牢。在拉紧钢丝绳前后用仪器观测土压力计压力值变化情况，以控制土压力计与槽壁的贴紧程度。伸缩杆行程可达20cm，只要槽壁无较大坍孔，这一行程是可以保证土压力计变形膜与槽壁紧密相贴的。

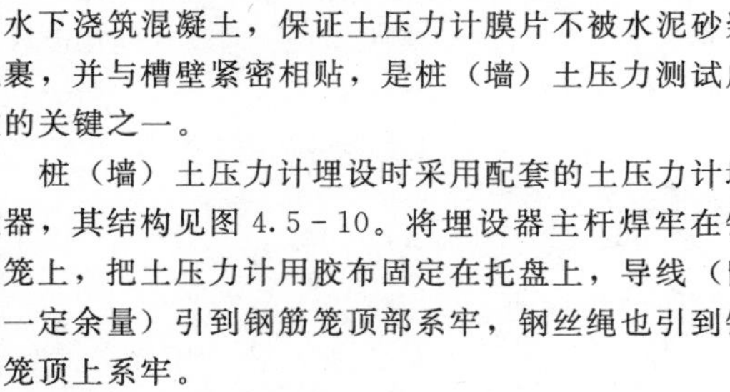

图 4.5-10 土压力计在地下结构工程中的埋设示意图

4.5.9 温度计

温度计的安装埋设应根据被测介质的安装条件确定埋设方法，分为钻孔埋设法和填筑埋设法。

(1) 埋设在钻孔中的基岩温度计，可将温度计按设计深度绑扎在细木条上，送入孔内之后，用与被测介质相当的材料回填、埋设。

(2) 埋设在坝体内的温度计一般不考虑方向，可直接埋入混凝土内，位置误差应控制在5cm内。

(3) 埋设在混凝土表层的温度计，可在该层混凝土捣实后挖坑埋入，回填混凝土后用人工捣实。

(4) 埋设在浇筑层底部或中部的温度计，振捣时，振捣器距温度计应不小于0.6m。

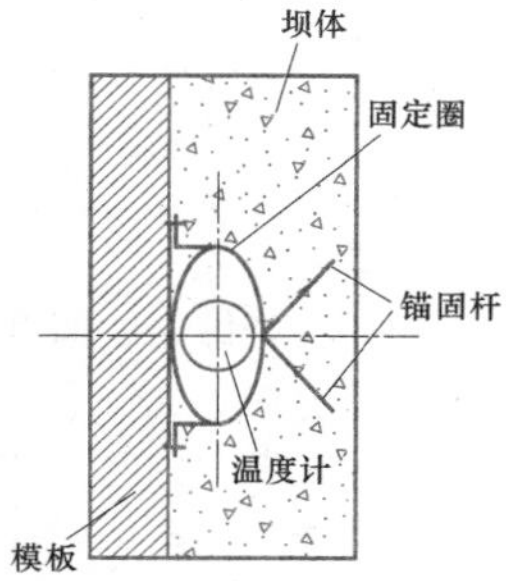

图 4.5-11 库水温度计埋设安装示意图

(5) 埋设在大坝上游面的库水温度计，应使温度计轴线平行于坝面，且距坝面5～10cm，埋设安装示意图见图4.5-11。

4.6 动力及水力学监测仪器安装埋设

4.6.1 强震仪

4.6.1.1 安装一般要求

(1) 安装在建筑物中的传感器和记录器应有保护装置。

(2) 应有足够的空间安装和维护记录器，应具备供电条件和通信条件。

(3) 对于记录器的选件GPS天线，要仔细规划布置天线电缆。

(4) 仔细规划传感器的位置，以及和记录器之间的电缆连接。对于互连记录器，规划互连电缆的布局。如果可能，所有的电缆均应穿过接地的金属导管。

(5) 确定传感器的方向，以确定记录数据的坐标系统。如果仪器安放在建筑物中，传感器一般沿建筑物的主轴平行方向摆放。如果可能，在同一个建筑物中所有的传感器保持相同的方向。

(6) 安装注意事项如下：

1) 应确保各测点拾振器接地，接地宜与接地网连接，采集装置也应接地。

2) 应有备用电源，一旦停电即启用备用电源。

3) 应设置起板阀值。

4) 应采用审定检验法检验。

4.6.1.2　仪器组装与安装

1. 传感器安装

(1) 应在传感器安装位置修建混凝土观测墩，其露出地面部分的尺寸为 40cm×40cm×20cm（长×宽×高），基础要求稳定牢固。在土基上安装加速度计时，应开挖并浇筑混凝土基础，再修建混凝土观测墩。

(2) 用罗盘定位好传感器的方向。将传感器定位在观测墩上。

(3) 在传感器的两个固定孔位置钻孔并用膨胀螺栓将传感器固定。

(4) 观察传感器上的水准泡，用薄金属片调平传感器使水准气泡居中，拧紧膨胀螺栓的螺帽，将传感器紧固在观测墩上。

(5) 在传感器安装和调平后，调零三通道传感器加速度的平均值。调零的目的是保证记录器的三通道数据都有最小的直流偏移。

(6) 传感器安装完成后，安装仪器保护罩。

2. 记录器安装

(1) 按部位集中设置观测室，记录器和辅助系统均安装在观测室内。

(2) 传感器电缆集中引至观测室，穿钢管保护并做好防雷接地。

(3) 记录器放置在桌面或台面时，要适当固定记录器，以免在大震发生时将记录器震落地面。

4.6.2　脉动压力计

1. 底座安装

(1) 脉动压力计的底座埋设示意见图 4.6-1。

(2) 安装前必须对每个底座严格进行检查。底座的过流面不平整度应小于 2mm，底座的各焊缝应焊接密实。

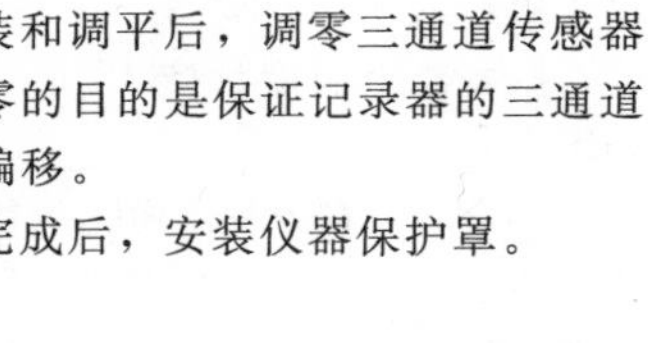

图 4.6-1　底座埋设示意图

(3) 先用经纬仪、水准仪等测定每个测点的准确位置，待混凝土模板固定并验仓后，方可安装底座。

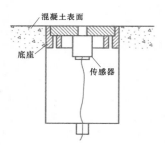

(4) 底座过流面应紧密贴于模板表面，并牢固焊接在附近钢筋网上，以防在混凝土浇筑中因振捣而引起位移；当预埋点处无钢筋时，应提前了解土建的施工计划，在混凝土浇筑的上一仓就预埋钢筋，作为下一仓底座埋设的固定支架。

(5) 底座表面与混凝土表面连接不平整度应控制在 5mm 以内。在土建施工单位进行混凝土表面不平整处理的同时，严格按设计要求进行底座过流面的相应处理。

(6) 在金属结构部位，底座宜由金属结构施工单位安装，焊接质量和不平整度要求与金属结构施工设计一致。

2. 脉动压力计安装

(1) 脉动压力计在出厂时已做好后端防水处理，只需在现场和配套的盖板配合安装在专用的水力学仪器通用底座上，但需保证脉动压力计与底座可靠连接，且具备可更换性。

(2) 脉动压力计安装前应先对照其产品说明书中仪器桥路中各引线的连接方法，用万用电表分别测量仪器各信号线间的电阻值，若正常则可与电缆相连；在仪器与电缆对接时，应记录好仪器芯线与电缆芯线的对接方式，以便于后期观测时查找；电缆连接宜采用、硫化连接的方式，在仪器丝口处缠上生胶带和防水胶；将仪器与盖板连接拧紧；将底座内吹干，垫上垫圈并在其四周及螺孔处涂上防水胶；用螺杆将盖板固定，然后在螺杆周围再涂上环氧树脂，以防水流冲击时松动。

(3) 仪器安装一般要求在拆模和混凝土面不平整度处理完成之后进行，避免其他工种交叉作业造成不必要的仪器损坏。

(4) 所装仪器必须与底座过流面保持齐平，满足过流面对平整度的要求。

4.6.3　水听器

1. 底座安装

水听器底座的安装方法同脉动压力计底座的安装。

2. 水听器安装

(1) 水听器自带不锈钢盖板，直接与底座相连即可。

(2) 室内组装。水听器在室内组装时先将前置放大器芯线与敏感元件芯线对接；在放大器输出端按要求接好直流电源和万用电表，然后轻击水听器的正面，观察是否有交变电压输出，以确定仪器是否正常；将其输出端与一短电缆相接；水听器内部连线应用热塑管和密封胶进行绝缘处理；水听器外壳安装面安装密封圈和密封胶；组装完毕后再进行一次仪器检查。

(3) 现场安装。现场仪器安装方式与脉动压力传感器安装基本相同，应注意电缆接头及底座的防水密封、内部除潮和安装后与底座连接的不平整度处理。

4.7 仪器保护与电缆连接

安全监测是一项完全不同于土建工程的项目，不仅要经历较长的施工期，还要经历较长的运行期，加之现场施工条件复杂，交叉干扰多，从而对仪器及电缆的保护提出了很高的要求。施工中只要能建立切实有效的措施，就可以将仪器的损失降低到最低程度，确保仪器的完好率。

4.7.1 一般规定

(1) 监测仪器在安装埋设后应立即检测仪器的工作状态是否正常，发现不正常应分析原因，并提出补救措施。

(2) 仪器安装埋设完后立即将仪器的实际位置、电缆牵引位置绘制成图，并做好埋设仪器的施工记录。

(3) 施工期各仪器设备应派遣专人进行保护和保养。

(4) 在施工过程中对所埋的仪器设备及电缆设置醒目的标识，对临时暴露在外的监测设施电缆应设置保护装置。

(5) 当所埋仪器和电缆部位有土建施工作业时，仪器安装单位应到现场进行协调，提醒土建施工单位在施工过程中注意保护仪器及电缆。

(6) 结合安全监测工程与水利水电工程的特点，制定出可行的仪器设备及电缆的保护和维护计划。

4.7.2 仪器埋设初期的保护

(1) 安全监测仪器的埋设应重点关注土建施工的干扰，协调土建施工、监测施工单位、监理及设计各方的关系，合理安排工期，抓住仪器埋设的最佳时机，保证仪器的及时埋设及完好率。

(2) 仪器埋设完成后，及时修建观测站，对仪器及电缆进行保护。对测斜孔、沉降孔安装完成后应立即对测孔进行保护，加装保护装置。

(3) 仪器及电缆、观测站等应有醒目标记，避免被施工机械及车辆撞坏。

(4) 仪器安装埋设完成后，将仪器安装位置及电缆走线等绘制成图，并将仪器保护和注意事项形成文字材料，及时报送各参建单位。

(5) 尽量将外露于建筑物外的观测设施（如电缆、观测站等）设置在不影响土建施工的地方，便于监测仪器设备的保护。

(6) 混凝土施工期间，事先与土建承包商进行沟通，交待混凝土施工期间仪器保护方面的注意事项，并在混凝土浇筑期间派人24h值班，避免因振捣、移泵管、踩踏等损坏安全监测仪器和电缆。

(7) 仪器预留的多余电缆用木箱或铁箱装起来，悬挂在不影响土建施工的地方，以免土建施工中被破坏。

4.7.3 仪器运行期的保护

仪器埋设完成并经历较长时间运行后，仪器及电缆容易发生损坏，应加强保护。仪器及电缆的损坏主要有两类：有意识破坏和无意识破坏。

有意识的破坏主要是人为破坏，如电缆盗割和观测站、观测房被撬等，减少这类损失的主要方法如下：

(1) 可以就地保护的仪器就地保护，必须将电缆引出的，尽量减少电缆牵引长度，电缆尽量埋入地下。观测站以简洁为主，并采用难以转卖、无法再生的材料制作，如使用混凝土修建的观测站，遭到破坏的可能性比钢板制作的要少得多。

(2) 进行经常性的巡视检查，一旦发现偷盗现象，立即报告保卫部门进行追查。

(3) 与土建单位及其他承包单位建立经常性联系，加强协同保护。

(4) 提倡使用专用的轻便开启工具。

无意识的破坏主要由交叉施工引起，预防措施如下：

(1) 仪器埋设完成后，通过监理尽快向有关施工单位提交仪器的埋设部位、电缆牵引走向等数据，注明防护区域及相关注意事项。

(2) 在仪器及电缆部位设醒目标志，电缆钢管涂上颜色，以与脚手架相区别，避免无意被破坏。

(3) 经常性地对现场进行巡视检查，了解土建施工进度，并与相关各方进行协调。

4.7.4 仪器设备的日常维护

(1) 定期或不定期通过数据测量，检验监测仪器设备或电缆的完好程度。

(2) 在建筑物度汛之前埋设的所有仪器和电缆均需进行可靠的保护，以确保仪器及电缆在度汛期间的安全。

(3) 对全部仪器设备、电缆和相应设施进行日常维护，防止其在各种施工过程中的损坏。

(4) 制定日常维护规程，对暴露在施工工作面的或已埋设的仪器和电缆进行专人保护。

(5) 对测点和孔口采用厚实的保护装置，提高防冲击能力。

(6) 测点和仪器埋设周边施工有滚石、飞石情况时，用木板、竹排、围栏等设施保护测点和仪器。

(7) 测点和监测设施设立醒目标志，注明“监测设施严禁破坏”等字样。

(8) 仪器埋设前准确绘制钻孔方位图和电缆走线图，并及时报送监理人。

(9) 设计加工需用专用工具方能开启的孔口保护装置，减少人为破坏的影响。

(10) 配备高素质、专业知识全面并了解工程实际和施工情况的工程技术人员加强巡视检查，发现仪器设备遭到破坏立即采取补救措施。

(11) 对各施工区域落实专人负责工程联系，对土建施工单位开始进行可能导致监测设施、电缆损坏的施工工序时，提出仪器和电缆保护的建议方案，并同期加强仪器设备的维护工作。

(12) 发现异常情况及时汇报。

4.7.5　仪器电缆的保护和标识

对于有些部位的监测仪器，如果仪器电缆受损，可能导致无法修复或修复难度极大，从而会引起仪器失效。因此，要提高安全监测仪器的安装埋设质量，保证安全监测仪器的完好率，必须做好电缆的保护与维护工作。一般地，应采取以下应对措施加强仪器电缆的保护与维护工作。

(1) 在不影响建筑物工程质量或保证监测仪器测值真实性的条件下，在连接监测仪器的电缆根部缠绕柔性材料，以提高电缆随周边介质自适应变形的能力。

(2) 对埋设在土体内的电缆，应进行松铺，以免随土体的变形拉断电缆。对于有保护管的电缆，应在保护管转角部位留有冗余。

(3) 对埋设在混凝土中的观测电缆，应顺着钢筋进行牵引，并尽量固定在钢筋下部以免振捣施工损坏。

(4) 选取合适的电缆连接和牵引时间，一方面尽量减小对土建施工单位的影响，另一方面有利于观测电缆的保护。

(5) 大型施工通过电缆上方时，电缆应采用钢管保护，且宜采用暗敷方式，避免机械碾压损伤电缆。

(6) 对需要长距离牵引且需要预埋的电缆，应多预埋 1～2 根电缆。

仪器电缆的标识包括以下方面：

(1) 仪器电缆引入临时或永久观测站后，应在电缆的末端设置电缆标识，标明仪器的设计编号。

(2) 电缆标识应具有良好的防水性，在施工期和运行期内应能清晰可见，并应定期进行维护或更换。

(3) 为了防止因仪器外露电缆被盗割或损坏而不能辨别仪器编号，宜在电缆出混凝土或岩体的地方增加一个电缆标识，便于后期电缆重新接长，同时应经常进行现场巡视检查，一旦发现电缆损坏，应立即核对仪器测值（与最近一次测值进行比较），采取补救措施。

(4) 有些部位的电缆在施工期内可能会长期露在外面，并且是多根电缆成束绑扎在一起，容易受到损坏。此时，应每隔一定的距离在每根电缆上增设一个电缆标识，便于中间损坏部位的电缆重新连接。

4.7.6　仪器电缆连接

常用的电缆连接方法有硫化和热缩两种方法。

1. 硫化连接方法

(1) 根据监测设计和现场情况准备仪器的加长电缆。

(2) 按照相关标准的要求剥制电缆头，去除芯线铜丝的氧化物。

(3) 连接后应保持各芯线长度一致，并使各芯线接头错开，电缆连接对接芯线长度见表 4.7-1 和表 4.7-2。

表 4.7-1　电缆连接对接芯线长度（芯线数不同）　单位：mm

芯线颜色	仪器出厂电缆	接长电缆	
	三芯	四芯	五芯
蓝			65
黑	25	65	65
红	45	45	45
绿		25	25
白	65	25	25

表 4.7-2　电缆连接对接芯线长度（芯线数相同）　单位：mm

芯线颜色	仪器出厂电缆			接长电缆		
	三芯	四芯	五芯	三芯	四芯	五芯
蓝			25			105
黑	25	25	45	65	85	85
红	45	45	65	45	65	65
绿		65	85		45	45
白	65	85	105	25	25	25

（4）芯线搭接部位用黄蜡绸、电工绝缘胶布和橡胶带包裹，电缆外套与橡胶带连接处应锉毛并涂补胎胶水，外层用橡胶带包扎，包扎后的直径应大于硫化器钢模槽直径 2mm 左右。

（5）接头硫化时必须严格控制温度，硫化器预热至 100℃ 后放入接头，升温到 155～160℃，保持 15min 后，关闭电源，自然冷却到 80℃后脱模。

（6）硫化接头应在 0.1～0.15MPa 气压下试验时不漏气，在 1.0MPa 压力水中的绝缘电阻应大于 50MΩ。

（7）接头硫化前后应进行测量。具体测试量应由所连接仪器种类确定，如水力学仪器、强震仪等，应记录电缆芯线电阻、仪器的电阻比和电阻等。

（8）电缆测量端芯线应进行搪锡，并用石蜡封。

电缆硫化连接方法见图 4.7－1。

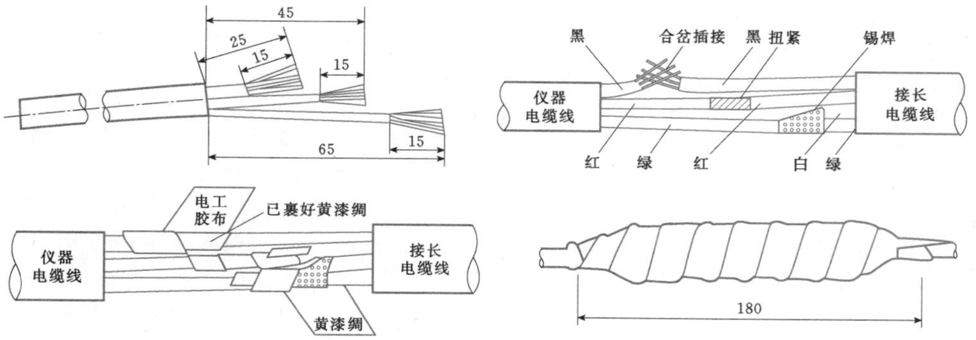

图 4.7－1　电缆硫化连接示意图（单位：mm）

2. 热缩连接方法

（1）裁剪好仪器电缆和接长电缆，并将电缆端头护套用木锉锉毛长 30mm。

（2）剪两根热缩胶管（长 150mm、170mm 各一根）分别套入仪器电缆和接长电缆，再将绝缘胶管剪成 40mm 长，套入芯线较长的一端。

（3）每根芯线绝缘层剥去 10mm 长，将同色芯线的铜丝交叉拧紧，然后用锡焊好。连接时保持各芯线长度一致，并使各芯线接头错开，采用锡和松香焊接，检查芯线的连接质量，焊接时严禁焊点出现毛刺。

（4）将绝缘胶管套在焊接部位，并使焊点处于胶管中间，然后加热绝缘胶管，使其收缩紧固。

（5）每根芯线分别按上述方法焊接，焊接时注意使每根芯线长度一致。

（6）用黑胶布将所有芯线缠绕成整体。

（7）将热熔胶片烤成糊状，并均匀涂抹在锉毛的护套上。

（8）先将长 150mm 的热缩胶管推向接头处，并使胶管两端均匀搭在护套的热熔胶上。

（9）烘烤宜使用专用热风枪。烘烤既要保证环氧树脂充分融化，又不能将热缩管烤坏。注意，烘烤宜从中间向两边进行，以排除空气。

（10）再将长 170mm 的热缩胶管推向接头处，按上述方法烘烤。

4.8　安全监测测量仪表维护

4.8.1　一般维护方法

由于部分安全监测测量仪表结构型式基本相同，包括钢弦式、差动电阻式、电感式调频式、压阻式、电容式、电位器式等仪器测量仪表，因此仪表的维护方法大体相同。注重日常维护，可以使仪表达到最好的使用效果和最佳的可靠性，日常维护包括以下内容：

（1）仪表的机壳和面板宜采用沾了肥皂水的软抹布定期清洁，不要使用其他类型的清洁溶剂，同时要防止水等液体进入仪器内部。

（2）防止水等液体进入读数仪面板上各插座端子内，勿将任何类型的碎屑沾到面板上。

（3）使用时应防止仪器落地或与硬物碰撞；当仪表提示“电池欠压请充电”时，应对仪表实施充电。

（4）在潮湿环境中，测量完毕应立即将上盖合上扣紧，以防潮湿空气进入仪器内部。若仪器内部已受潮，读数不稳定，可关掉电源开关，把整个仪器置入低于 50℃的干燥箱内干燥 6h 以恢复稳定。

（5）仪表应在通风干燥的室内存放。

（6）若仪表长期不用，应打开后盖，取出蓄电池，将电充足后单独保存，3～6 个月充电一次，并检查仪表是否正常。

（7）为保证测量精度，应定期将仪表送具备资质的单位检验。

4.8.2　全站仪

全站型电子速测仪简称全站仪，它是一种可以同时进行角度（水平角、竖直角）测量、距离（斜距、平距、高差）测量和数据处理，由机械、光学、电子元件组合而成的测量仪器。由于只需一次安置，仪器便可以完成测站上所有的测量工作，故被称为全站仪。

全站仪兼具经纬仪与测距仪的功能，这里仅对全站仪的维护方法进行介绍。

1. 保管

（1）全站仪的保管由专人负责，每次使用完后应放回仪器仓库，不得放在现场工具箱内。

（2）仪器箱内应保持干燥，应防潮防水并及时更换干燥剂。仪器必须放置专门架上或固定位置。

（3）仪器长期不用时，应在一个月左右定期取出通风防霉并通电驱潮，以保持仪器良好的工作状态。

（4）仪器放置要整齐，不得倒置。

2. 使用

（1）外出现场测量前应检查仪器箱背带及提手是否牢固。

（2）开箱取出全站仪前，要看准仪器在箱内放置的方式和位置，装卸仪器时，必须握住提手，将仪器从仪器箱取出或装入仪器箱时，应握住仪器提手和底座，不可握住显示单元的下部。切不可拿仪器的镜筒，否则会影响内部固定部件，从而降低仪器的精度。应握住仪器的基座部分，或双手握住望远镜支架的下部。仪器用毕，先盖上物镜罩，并擦去表面的灰尘。装箱时各部位要放置妥当，合上箱盖时应无障碍。

（3）在太阳光照射下进行观测时，应使用遮阳伞，并带上遮阳罩，以免影响观测精度。在杂乱环境下测量，仪器要有专人守护。当仪器架设在光滑的表面时，要用细绳（或细铅丝）将三脚架三个脚连起来，以防滑倒。

（4）当架设仪器在三脚架上时，尽可能用木制三脚架，因为使用金属三脚架可能会产生振动，从而影响测量精度。

（5）当测站之间距离较远，搬站时应将仪器卸下，装箱后背着走。行走前要检查仪器箱是否锁好，检查安全带是否系好。当测站之间距离较近，搬站时可将仪器连同三脚架一起靠在肩上，但仪器要尽量保持直立放置。

（6）搬站之前，应检查仪器与脚架的连接是否牢固，搬运时，应把制动螺旋略微关住，使仪器在搬站过程中不致晃动。

（7）仪器任何部分发生故障，不应勉强使用，应立即检修，否则会加剧仪器的损坏程度。

（8）光学元件应保持清洁，如沾染灰沙必须用毛刷或柔软的擦镜纸擦掉。禁止用手指抚摸仪器的任何光学元件表面。清洁仪器透镜表面时，应先用干净的毛刷扫去灰尘，再用干净的无线棉布沾酒精由透镜中心向外一圈圈的轻轻擦拭。除去仪器箱上的灰尘时切不可用任何稀释剂或汽油，而应用干净的软布沾中性洗涤剂擦洗。

（9）在潮湿环境中工作时，作业结束后应用软布擦干仪器表面的水分及灰尘后装箱，回到室内应立即开箱取出仪器放于干燥处，彻底晾干后再装回箱内。

（10）冬天室内、室外温差较大时，仪器搬出室外或搬入室内，应隔一段时间后才能开箱。

3. 电池维护

全站仪的电池是全站仪最重要的部件之一，全站仪所配备的电池一般为 Ni－MH（镍氢电池）和 Ni－Cd（镍镉电池），电池的好坏、电量的多少决定了外业时间的长短。

（1）电源打开期间不要将电池取出，因为此时存储数据可能会丢失，必须在电源关闭后再装入或取出电池。

（2）可充电池可以反复充电使用，但是如果在电池还存有剩余电量的状态下充电，则会缩短电池的工作时间。

（3）不要连续进行充电或放电，否则会损坏电池和充电器。如有必要进行充电或放电，则应在停止充电约 30min 后再使用充电器。

（4）超过规定的充电时间会缩短电池的使用寿命，应尽量避免。

（5）电池剩余容量显示级别与当前的测量模式有关，在角度测量的模式下，电池剩余容量够用，并不能够保证电池在距离测量模式下也能用。因为距离测量模式耗电高于角度测量模式，当从角度模式转换为距离模式时，由于电池容量不足，不时会中止测距。

（6）长时间不使用全站仪时，应定期（3 个月左右）将电池取出进行充放电。

4. 检验与校正

详见本章 4.2.11 节。

4.8.3　水准仪

1. 清洁

清洁水准仪时一定要非常小心，尤其是在清洁水准仪的镜头和反射器时，不能使用粗糙不干净的布和较硬的纸，建议使用抗静电镜头纸、棉花块或者镜头刷清洁仪器。

2. 防潮

如果在潮湿的天气中使用水准仪，使用后应将水准仪放入室内后从仪器箱中取出自然晾干；如果在镜头上有水滴，让水分自然蒸发即可。

3. 使用

(1) 施测时，应避免阳光直射，否则将影响测量精度。

(2) 转动部分发生阻滞不灵的情况，应立即检查原因，在原因未弄清之前切勿过重用力扭转转板，以防损坏水准仪结构或扣件。

(3) 出现影响观测的灰尘时，可用软毛刷轻轻拂去，也可用专用擦镜布或丝绒软巾揩擦，切勿用手指接触镜片。

(4) 施测完毕后，应将各部分揩擦干净，特别要妥善擦干水汽；装入仪器箱内的水准仪和脚架均应收藏在干燥通风、无酸性和腐蚀性挥发物的房间内。

(5) 水准仪在被雨水淋湿后，切勿开机使用，应用干净软布擦拭干后放在通风处存放一段时间。

4. 维修

应到具有相应资质的维修站点进行维修，并且每年进行一次校准，以保证仪器的精度。

5. 电池维护

与全站仪的电池维护法相同。

6. 检验与校正

详见本章 4.2.11 节。

4.8.4 GPS 设备

GPS 设备在使用过程中，应注意以下事项：

(1) GPS 属于精密测量仪器设备，平时应指定专人负责保养和维护。

(2) GPS 设备应在常温、干燥、通风、阴凉的环境中存放，以防止设备长时间不使用时被腐蚀，从而影响 GPS 的定位精度和使用寿命。

(3) GPS 设备在运输时应对接收机及其附件装箱，并采取防震、防摔措施，在进行长途运输时，应先把仪器装在仪器箱内，再把仪器箱装在专供运输用的木箱内，并在空隙处填以泡沫、海绵、刨花或其他防震物品，必要时用绳子捆扎结实。

(4) 在使用 GPS 接收机及其附件时，应小心，轻拿轻放，勿磕勿碰，确保仪器使用安全。

(5) 作业结束后，应及时擦净接收机上的水汽和尘埃，并装箱。

(6) 在雨雪天使用 GPS 接收机时，应及时清理仪器表面的水、雪，以防流入仪器内部，腐蚀内部结构，影响使用寿命；回到室内后应及时用干净的软布将仪器及箱子内的水分擦净，并放在阴凉、通风的地方晾干。

(7) 雷电发生时应关闭电源，停止观测，防止损坏仪器。

(8) 在 GPS 接收机内的数据输出完成后，应及时拔出连接数据线，以防止数据线长期在电脑上通电，使其内部结构老化，影响使用寿命。

(9) 不能对 GPS 电池连续充电，否则会损坏充电器，缩短电池的使用寿命。

4.8.5 觇标

1. 维护与保管

(1) 手轮旋转如不灵活或传动过紧，应检查原因。如传动轴间隙过大或过紧，可将手轮止动螺丝松开，调试合适后再固定。

(2) 觇标使用完毕后，应擦拭干净，罩上塑料套，装入箱中。

(3) 定期对活动觇标进行检查，如发现有不合格项，应及时进行校正，并做好校正记录。

2. 检验与校正

详见本章 4.2.11 节。

4.8.6 激光准直系统

1. 真空泵冷却循环水

真空泵冷却系统主要包括储水箱、回水箱、潜水泵、水位浮子开关等，宜每 2 个月补一次水，每 6 个月换一次水。储水箱应保持清洁，水质清澈，水位不得低于 30cm，维护时应排除箱内所有陈水，充分擦拭后注入新水；回水箱应保持清洁，盖好上盖防止进入杂物，维护时应擦拭内面，清除杂物。内部设备特别是水位浮子的位置不可改变；潜水泵应保持进水清洁，工作时完全进入水中，维护时擦拭表面；水位浮子应保持表面清洁，维护时擦拭表面，但不可以改变现有的箱内长度、中间沙锤的位置。

应特别注意，维护时应切断电源，以免发生意外。

2. 真空泵油

真空泵油宜 6 个月更换一次。将废油全部放出并注入少量新油，用手转动皮带轮几转，使新油将泵内部清洗干净，再放出，最后灌入新油，灌入新油位置应在红色警戒线附近。

3. 发射端、接收端电暖器及除湿机

对于这些设备，每 3 个月应维护一次。电暖器应按季节使用，温度设定不可设为连续加热，不用时应断下电源并妥善保管，维护时应擦拭表面污垢；除湿机应全天24h供电，上盖必须处于打开位置。维护时擦拭表面污垢。

4．发射端和接收端的观测室

观测室宜每半个月维护一次。应保持室内清洁，温度在−5～40℃之间，湿度在85%以下；冬季应特别注意室内的保温，北方寒冷地区应为大门加装保温门帘。

5．仪器传动部件

仪器传动部件应定期维护，用绸布擦拭仪器外壳，为仪器的导轨、精密滚珠丝杠加注适量润滑油。旋转测微手轮时，以手感均匀舒适为宜。如感觉异常，不可用力扭转，以免损坏精密滚珠丝杠。

4.8.7　垂线系统

（1）当检查发现正垂线悬挂装置、倒垂线夹线装置缺油时，应及时涂抹黄油。

（2）若正、倒垂线体受卡阻，应采取相应措施使线体呈自由铅垂状，操作过程中均应手轻、心细、动作柔稳，防止折断线体。

（3）注意保持读数盘清洁，每次观测时清扫灰尘及杂物，主尺及游标尺至少每月用细棉纱擦净一次（去除积水及灰尘），再用带油的细棉纱擦一次，然后涂上薄油层保护，使得瞄准装置便于滑动以及清晰读取标尺刻划。

（4）油桶中的油面应高于重锤或浮子的上表面5mm。若油桶杂物和水过多，则首先固定重锤或浮子，注意线体不可弯折，然后使用吸管抽干桶中油与水，小心清除重锤或浮子上附着物，并反复用棉纱蘸擦桶中杂物和水，清理干净后，添加半桶变压油，松开重锤或浮子。再次添加变压油至重锤或浮子上表面5mm处，并盖好油盖。

（5）对已损坏的油桶应及时更换。新油桶型号及浮力必须满足原设计要求，更换过程中采取有效措施确保线体安全，尤其是分离倒垂线浮子和线体的夹线装置时，动作切勿过大，方法参照第（4）条。分离后的线体要妥善悬挂，防止下坠折断。

（6）对于垂线线体断裂，必须编制技术方案按规范要求重新布设垂线，读取首次测值。新垂线线体直径、长度、拉力、浮力等参数必须满足原设计要求。

4.8.8　引张线系统

（1）定期对传动、转动零件加机油进行润滑保养，确保滑轮等部件润滑。

（2）当环境灰尘较大或传动出现卡壳时，需用干净的毛刷沾汽油清洗丝杆；清洗时不得让毛刷的毛落在丝杆上，清洗后再加机油润滑。油污必须清除，不得留在仪器底板上。当环境潮湿且灰尘大时，应适当增加清洗上油次数。

（3）每月检查测点浮船密封性，发现破裂应及时更换和修补。

（4）注意保持测点测站清洁，每次观测时清扫灰尘及杂物。测点标尺至少每月用细棉纱擦净一次（去除积水及灰尘），再用带油的细棉纱擦一次，然后涂上薄油层保护，使得标尺刻划清晰，便于观测读数。

（5）检查测点箱内浮船盒中的硅油有无蒸发，当液面低于正常液位1cm时应及时补充。检查测点箱内浮船盒中的硅油有无污染，必要时应予以更换。

（6）对于线体断裂，必须按照相关技术标准的要求重新布设引张线，测取首次值。新线体直径、长度、拉力等参数必须满足原设计要求。

（7）若引张线仪停用时间过长，使用前必须用机油清洗和加润滑油脂，试运转后方可投入正常运行。

（8）在维修或更换新仪器时，仪器底板与混凝土支墩预埋件或钢支架连接的螺钉，不应发生任何松动现象，以确保仪器的基准点位置不变。

4.8.9　静力水准系统

（1）一般情况下，静力水准仪不需要特别维护。每次人工观测时，注意指针变化情况，当指针即将出量程前，应及时补充蒸馏水。

（2）添加蒸馏水时，应使用注射器少量多次添加，避免产生气泡，一旦有气泡应及时排除。

（3）静力水准系统一般每5年大修一次。即清洗钵体和连通管，更换磨损件和蒸馏水。

4.8.10　引张线式水平位移计系统

（1）观测房内应干燥、通风，房内设备应定期用棉纱擦拭，保持室内清洁。

（2）对于采用自动化测量的引张线式水平位移计，应定期检查蓄电池电量，检查接口板的数据线是否连接牢固。

（3）加荷减速机部件工作100h或使用一年后换油一次。

（4）定期检查加荷砝码钢丝绳、长挂砝码钢丝绳、滑轮是否润滑，否则应及时补充黄油。

（5）定期检查观测房内的铟瓦钢丝、游标卡尺座与铟瓦钢丝滑轮是否松动。尤其是钢丝与砝码连接处，维护该处时，砝码应处于落地状态，并防止钢丝打折。

（6）拆除或者改动仪器机柜的部件以及附件（包括拆除游标卡尺座）时，必须在专业人员指导下进行，并应严格按使用说明书操作。

（7）设备安装全面运行后，每年全面维护保养1次。

4.8.11 水管式沉降仪

（1）观测房内应干燥、通风，房内设备应定期用棉纱擦拭，保持室内清洁卫生。

（2）若水管式沉降仪采用自动化观测设备，其自动化观测设备的维护方法与引张线式水平位移计相同。

（3）定期检查储水箱是否缺水，若水位不能满足要求，应及时补充蒸馏水或者纯净水，补充水后应及时盖好水箱盖，防止灰尘杂物进入。

（4）测量管上部应加盖密封，防止灰尘进入管内，确保管内不锈钢探头清洁以及测尺刻度清晰。

（5）每月定期检查水管沉降测头、水管与机柜、电磁阀、分水器连接处是否漏水，如漏水应及时更换和维修。装卸水管时应特别注意保护，不得使其受到折弯、损伤；电磁阀装卸时注意阀向。

（6）设备全面维修后，重新注入蒸馏水时应按30：1比例添加苯甲酸钠防腐剂，注水过程应缓慢进行，避免产生气泡。

（7）设备安装全面运行后，每3年全面维护、保养1次。

4.8.12 收敛计

1. 钢尺的维护

（1）应经常对仪器进行定期保养，使其清洁。为防腐蚀，应定期给钢尺涂油并擦拭干净。用石墨润滑卷尺曲柄系统。

（2）任何时候都应避免在地面上拖拉钢尺，避免钢尺扭结和受到交通工具的碾压。当收回钢尺的时候，用清洁的软布擦拭钢尺除去污物和水分。

（3）禁止润滑张力套筒的螺丝。仪器出厂前已经使用了高质量的润滑剂，如果再用其他类润滑剂会稀释原有润滑效果，同时会带进一些灰尘或脏物。

（4）更换卷尺后，新卷尺最可能引起数据零漂，而且由此产生的漂移不能通过量测检测或调节挂钩克服，因为卷尺中的尺孔并不处在完全相同的位置。可以通过测读稳定参考测点来比较新旧读数，以此算出零漂值。

2. 仪器的维护

若仪器暴露于尘土或潮湿环境中使用后，在当天工作结束时，应该用软布将仪器擦拭干净，尤其是滑动杆部分。

保存仪器时应使滑动杆缩回，读数仪的显示在3～5mm。

3. 仪器校正

如果收敛计螺母未锁紧，仪器底端的挂钩就会变位，产生零漂。重新定位挂钩的操作步骤如下：

（1）用一可调扳钳夹住挂钩环，然后用开口扳手拧紧螺母。

（2）检查零漂。

（3）如需要，松开螺母，将挂钩旋转180°（方向随意），然后再拧紧螺母。

（4）重复量测检测，继续调节直到挂钩回到原位为止。

4.8.13 钻孔倾斜仪

1. 保养维护

（1）擦净探头。完成测量时，擦干探头上的湿气并盖好保护盖。如果需要，当地下水含盐度高或有化学剂时，用清水冲洗或用实验室清洁剂刷洗。

（2）清洁接头。保持接头干净，如有必要用棉花团沾酒精轻轻擦拭，注意尽量少用酒精。不要采用喷射润滑剂清洁接头或用电动接触清洁器清洁接头的方式，这些产品中的溶剂将会腐蚀接头内的氯丁橡胶。

（3）干燥探头。倾斜仪放回办公室后，从控制电缆、探头和读数仪上拿下保护盖，让接头在空气中自然风干后再盖上保护盖。

（4）探头的保管。探头、控制电缆和读数仪都应放在干燥的地方。长时间储藏，探头应垂直放置。

（5）测轮润滑。定期润滑测轮，喷少量的润滑剂或者滴少量的油在轮轴的两侧，检查轮子使其光滑转动。

（6）O形圈保护。定期清洗和润滑测斜仪探头末端接头上的O形圈。

（7）清洁电缆。必要时用清水清洗电缆或用实验室用清洁剂涮洗电缆。不要用溶剂清洁电缆。电缆的末端浸入水中之前确保盖好保护盖。不要将电缆接头浸入水中。

2. 注意事项

（1）连接探头和控制电缆时，避免将螺母拧得过紧，以防压扁O形圈致使密封效果降低。

（2）严禁磨损、切割电缆，电缆及接头保持干燥，正确盘绕电缆防止电缆扭转。

（3）如测斜管安装时弯曲较大，应定期精确校验控制电缆。

4.8.14 竖直传高仪

（1）丈量竖直高差的标准铟瓦带尺应按中国计量科学研究院检验规定进行检定。

（2）在进行竖直高差观测时应先将带尺悬挂于观测位置凉置20min以上。

（3）严禁碰损带尺，严防带尺在观测过程中滑落。

（4）在进行高差差分观测时应注意将承力螺杆松

开，使传递丝处于受力状态；观测完毕应将承力螺杆顶住加力重锤，减轻传递丝受力。

（5）注意对加力架的转动轴和读数放大装置转动轴的防尘、抗锈保护。

（6）注意经常给设备及其保护网装置表面上防锈油。

4.8.15　电测水位计

电测水位计的维护事项如下：

（1）因电池容量有限，每次测量完毕后，应立即关闭电源开关。

（2）测量后必须将探头及钢尺电缆等擦拭干净，并把钢尺电缆整齐地缠绕在绕线盘上，然后放置于箱柜内。

（3）探头工作时要求密封，禁止拆卸，以免损坏。

（4）发现探头有故障时，应及时送修。

（5）钢尺电缆切忌弯折，特别是靠近探头端部，以免损坏和断裂。

（6）探头应轻拿轻放，切忌剧烈震动。

4.8.16　钢弦式仪器测量仪表

1. 日常维护

（1）清洁。

1）用沾了肥皂水的软抹布对读数仪的机壳和面板作定期的清洁。

2）在清洁读数仪的面板的时候，不要使用任何类型的溶剂。

3）勿将任何类型的碎屑沾到面板上。

4）防止水等液体进入读数仪面板上各插座端子内。

（2）充电。新出厂时的电池是未被充满的，其电量约为电池额定容量的 20%左右，首次使用读数仪不必充电，待仪器提示“电池欠压请充电”时再进行初次充电，以激活电池容量。容许在读数仪开机状态进行充电及使用，但充电的时间应比额定时间长。读数仪长期不使用时应将电池放空后储藏，建议每 3 个月内对读数仪进行一次完全充放电。

2. 检验

读数仪需要定期地（每年）送回生产厂家或法定计量机构进行检验。

4.8.17　差动电阻式仪器测量仪表

1. 仪表精度的检查

（1）将随仪表提供的五芯测量线插入仪表输入插座，将五芯测量线的鳄鱼夹按黑、蓝、红、绿、白五色夹住电桥率定器相对应的五接线柱。

（2）用电桥率定器的各档标准输出检查仪表工作是否正常，测值是否准确。如测值误差超出本使用说明产品技术指标的规定，及时送工厂修理。

2. 仪表使用注意事项

（1）差动电阻式仪器测量仪表是专用精密电子仪器，不能承受强烈撞击，使用时要细心，要存放在清洁干燥室内。

（2）不能用兆欧表测绝缘电阻，也不能用于测量其他仪器特别是有源器件。

（3）不要打开仪表后盖，有故障送厂修理。

（4）更换电池时必须关断电源，按电池极性更换电池。

4.8.18　压阻式仪器测量仪表

1. 仪表精度的检查

将 0.01 级标准电阻箱与 R_1、R_2 金属膜电阻按图 4.8-1 所示连线，仪表测量表夹按图示颜色夹好，开启电源，如仪表显示读数为 750.0±3.0（不同厂家或型号仪器的读数不同）即表示仪表工作正常。如仪表显示读数与 750.0±3.0 相差较大即表示仪表工作不正常，检查电池电压是否太低，检查测量线是否连接正确，鳄鱼夹与测线焊接处是否可靠，排除以上原因后如测值仍不正常，则应返厂检修。

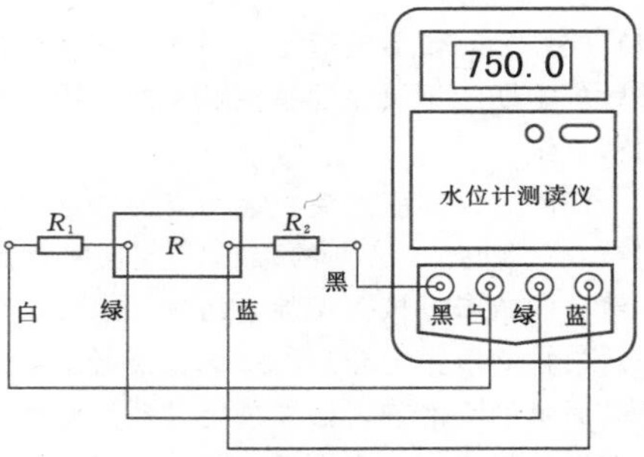

图 4.8-1　仪表精度检查接线图

2. 仪表使用注意事项

仪表使用注意事项与差动电阻式仪器测量仪表相同。

4.8.19　电位器式仪器测量仪表

1. 仪表精度的检查

（1）将两台 0.01 级标准电阻箱按图 4.8-2 所示连线。然后把五芯测量线的鳄鱼夹按黑、蓝、红、绿、白五色夹住电阻箱，打开电源。当电阻箱 1 与电阻箱 2 的阻值都是 1000Ω 时，仪表应显示电阻比值 5000×0.01%（±5×0.01%）。

（2）分别调整两标准电阻箱的输出电阻值，调整时注意两电阻箱的电阻和应始终保持为 2000Ω。将仪表转换开关旋转到欲测的 z 项目位置，调整两电阻箱

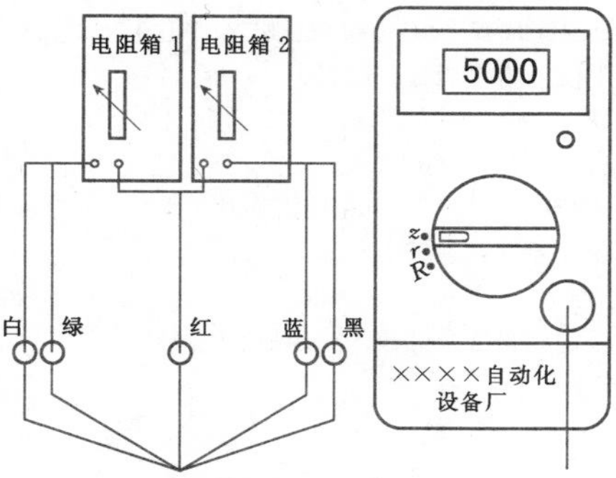

图 4.8-2　仪表精度检查接线图

的不同阻值，可以输出从 0～10000×0.01%的不同标准电阻比组合，作为检查仪表的输入基准值，以验证仪表 z 挡工作是否正常、准确。如测值误差超出使用说明技术要求的规定，及时送工厂修理。

（3）分别调整两标准电阻箱的输出电阻值，调整时注意两电阻箱的电阻和应始终保持为 2000Ω。将仪表转换开关旋转到欲测的 r 项目位置，调整两电阻箱的不同阻值，可以输出从 0～1999.9Ω 不同标准电阻值，作为检查仪表的输入基准值，以验证仪表测量 r 挡工作是否正常、准确。如测值误差超出使用说明技术要求的规定，及时送工厂修理。

（4）分别调整两标准电阻箱的输出电阻值，调整时注意两电阻箱的电阻和应始终保持小于 2000Ω。将仪表转换开关旋转到欲测的总电阻 R 项目位置，调整两电阻箱的不同阻值，可以输出从 0～1999.9Ω 不同标准电阻值，作为检查仪表的输入基准值，以验证仪表测量总电阻 R 挡工作是否正常、准确。如测值误差超出技术要求的规定，及时送工厂维修。

2. 仪表使用注意事项

仪表使用注意事项与差动电阻式仪器测量仪表相同。

4.8.20　光纤光栅式仪器测量仪表

1. 光学接头清洁

（1）取一块干净的酒精棉。

（2）滴上少量酒精，然后将多余的酒精挤出。

（3）打开光学接头的保护帽。

（4）将光学接头端面朝下按在酒精棉上平移，重复几次，然后新取一块酒精棉擦干。

2. 使用注意事项

（1）仪器后面板上的光纤插座是激光输出到测温光纤的出口，在主机启动后，有不可见的红外激光发射。严禁眼睛正对此端口，以免造成伤害。

（2）光纤光栅式仪器测量仪表具有高增益和宽带的特点，比较容易受到外来的电磁干扰，为了保证系统的可靠运行，把主机放置在远离强电磁辐射源的地方（工控机除外）。

（3）仪器内含有温度敏感部件，主机的使用环境温度不宜有较大的变化，最好保持在 25℃左右。

（4）测温光纤在安装和使用过程中，光纤弯曲应不小于 60mm 的直径，不能沿轴向扭曲，以免损坏光纤或引起附加损耗。

（5）应保证仪器光纤插座和测温光纤两端的插头清洁干净。在光纤与主机不连接时，盖住光纤插座和测温光纤插头，以免灰尘污染或意外损伤；切勿用手或其他物体碰剐光纤接头的端面。

4.8.21　渗压设施

（1）野外观测孔应加强孔口保护，测点处必须有明显警示标志。

（2）每年定期由内到外疏通渗流引流管，防止碳酸钙结晶体和异物堵塞管壁。

（3）若测压管管口部位有渗流水进入，则应及时进行防渗处理，即沿管口四周开凿嵌入式止水带，回填防水砂浆。

（4）渗压构件间漏水，则应加生胶带重新连接或更换部件，操作过程中要合理用力。

（5）压力表不归零、量程不足等原因导致不能正常监测时，应及时更换压力表；压力表每年检定一次，不合格压力表严禁使用。

（6）当渗流观测孔及地下水位观测孔出现导致无法进行正常监测的淤堵时，应采取冲孔、捞砂、扫孔等手段进行孔内淤堵处理。

（7）定期清理量水堰内淤积物、堰板及堰口附着物，保持堰口流水畅通。水位尺应经常擦拭，确保尺刻划清晰，若堰板和水位尺出现变形，应及时更换。

4.8.22　脉动压力计

脉动压力计一般埋设在泄水建筑物的过流面上，工作环境恶劣，容易受损失效。一般情况下，脉动压力计的传感器已密封于测头装置中，不可能打开来检查，没有办法对其进行维护，仪器维护仅限于周期的检查电缆连接和保养连接端子。日常的仪器维护采用静态监测，主要是通过绝缘表进行电缆绝缘度检测辅以万用表进行线间电阻检测；条件具备时对由荷载的仪器连接二次仪表进行采样检测。由于水力学监测仪器的电缆铺设一般是在土建施工过程中随混凝土浇筑同步进行的，若埋设在混凝土中的电缆损坏，则该仪器一般无法补救，作失效处理；若是由于仪器本身失效，一般可在观测前对仪器进行更换。

参 考 文 献

[1] 南京水利科学研究院勘测设计院，常州金土木工程仪器有限公司．岩土工程安全监测手册［M］．北京：中国水利水电出版社，2008.

[2] DL/T 5178—2003 混凝土坝安全监测技术规范［S］．北京：中国电力出版社，2003.

[3] SL 60—94 土石坝安全监测技术规范［S］．北京：水利电力出版社，1994.

[4] DL/T 1046—2007 引张线式水平位移计［S］．北京：中国电力出版社，2007.

[5] DL/T 1047—2007 水管式沉降仪［S］．北京：中国电力出版社，2007.

[6] 陈黎敏．传感器技术及其应用［M］．北京：机械工业出版社，2009.

[7] 胡向东，刘京诚，余成波，等．传感器与检测技术［M］．北京：机械工业出版社，2009.

第5章

安全监测自动化系统

本章共分10节。主要介绍了安全监测自动化系统设计依据和原则，安全监测自动化系统的总体结构，数据采集装置主要技术指标及要求、采集模块类型及特性、采集装置功能特点及配置以及采集装置布置设计原则，安全监测自动化系统网络设计、网络拓扑结构常见型式以及通信介质的选用，安全监测自动化系统的系统软件、应用软件以及几种常用监测信息管理系统应用软件，安全监测自动化系统的防雷接地系统，典型工程的安全监测自动化系统应用实例，产品验收步骤与组织、出厂验收、现场验收、安装调试、运行维护以及考核验收，安全监测自动化系统主要考核指标。

章主编　施济中

章主审　赵志勇　赵花城

本章各节编写及审稿人员

节次	编　写　人	审稿人
5.1	施济中	赵志勇 赵花城
5.2	和再良	
5.3		
5.4	魏德荣	
5.5	施济中	
5.6	魏德荣	
5.7	陈　刚	
5.8		
5.9		
5.10	魏德荣	

第5章 安全监测自动化系统

5.1 安全监测自动化系统设计依据和原则

5.1.1 重要性及必要性

安全监测系统是监视水工建筑物安全的耳目，通过日常的监测和分析，可掌握水工建筑物的工作性态。当水工建筑物遇到洪水、水库高水位、地震等情况时，为确保建筑物安全，充分发挥工程在防洪、发电以及航运等方面的综合效益，就需要尽快得到工程实时监测的资料，以使管理人员能及时掌握工程的安全性态，作出科学的决策和调度。

在这种情况下，传统的人工监测显然无法提供大量有效的数据供分析和决策，从而难以满足对工程实时监测和快速反馈的要求。因而，必须建立高效的自动化监测系统，实现对监测数据的实时采集、传输、分析和反馈。特别是在水利水电建设快速发展的今天，水工枢纽建筑物规模和难度越来越大，安全监测的测点越来越多，监测系统十分庞大、分散，用人工观测已很难应付日常的安全监测工作，因此实现安全监测自动化显得更为紧迫。

1. 适应现代化工程运行管理的需要

随着计算机技术的深入发展，各级政府、各大中型企业和工程管理部门基本上实现了办公自动化和管理现代化，如果工程安全监测继续延续人工监测和手工录入数据库的方式，势必制约工程运行管理单位的工作效率。安全监测自动化系统实现了安全信息的自动采集、自动传输、自动存储、自动化管理，有关人员通过网络即可及时了解大坝的安全信息，真正实现远程管理与现场检查相结合的现代化工程运行管理模式，使管理上了一个新台阶。

2. 满足工程安全监测快速反馈的需要

为了及时掌控建筑物的安全性态，要求工程安全监测系统能够及时、准确、完整地同步采集工程建设、运行各个阶段建筑物的状态信息和关联信息。

(1) 及时性要求是指按照相关规范要求及时采集数据，及时分析判断采集到的数据，及时整理保存数据，及时发现和报告异常信息。

由于工程安全监测传感器数据量多，传感器或者传感器电缆汇集处交通条件差，人工采集数据的工作量大，如果遇到紧急情况需要及时采集数据时，人工采集系统将难以满足需要。

(2) 准确性要求是指在数据采集的同时，对于异常数据进行校核验证，保证采集数据的准确性。

人工采集数据时，在测量和数据录入过程中都可能由于操作人员的疏忽而导致人为误差，人为误差是一种随机性误差，很难使用软件方法校正和剔除，因此，人工数据采集方式较难消除随机误差。

(3) 完整性要求是指保证设计施工运行全过程的资料完整性，保证传感器相关参数的完整性，保证每次监测资料的完整性。

在资料分析过程中，需要用到被监测的建筑物各个阶段和各个方面的数据，如结构图纸、环境信息、监测数据、传感器的原始参数等，纸质方式保存和管理数据，不利于数据检索和处理。

3. 降低工程运行管理成本

工程安全监测对象的变化非常缓慢，这就意味着监测数据采集不需要连续进行，两次监测之间间隔的时间较长，但是要求每一次监测工作尽可能在较短的时间内完成。这样的要求给监测技术人员的配置带来了困难，如果安排的人数较多，工作量不饱满，导致工程运行管理成本上升；如果安排的人数较少，在工程度汛期间或者发生地质灾害等情况时，满足不了监测过程的技术要求。

监测工作是一项专业性极强的工作，它涉及多个工程学科，需要专门的技术人员来从事这项工作，如果每个工程都配备大量的监测技术人员，客观上难以实现，采用监测自动化系统后，既可提高监测质量，又可适当减少监测人员，降低运行单位的管理成本。

4. 提高信息交流速度

现代工程运行管理过程中，不可避免地要与外界交换数据和信息，如技术顾问远程咨询、设备生产厂家远程帮助、企业管理者远程指挥等。工程安全监测自动化系统可有效提高相关信息交流速度，有利于开展各种在线咨询及技术服务等工作。

5.1.2 设计依据和原则

5.1.2.1 设计依据

1. 技术标准

(1)《大坝安全监测自动化技术规范》(DL/T 5211)。

(2)《大坝安全监测数据自动采集装置》(DL/T 1134)。

(3)《混凝土坝安全监测技术规范》(DL/T 5178)。

(4)《混凝土坝安全监测资料整编规程》(DL/T 5209)。

(5)《土石坝安全监测技术规范》(SL 60 或 DL/T 5259)。

(6)《土石坝安全监测资料整编规程》(SL 169 或 DL/T 5256)。

(7)《大坝安全自动监测系统设备基本技术条件》(SL 268)。

(8)《水电厂计算机监控系统运行及维护规程》(DL/T 1009)。

(9)《通信局(站)防雷与接地工程设计规范》(YD 5098)。

(10)《大坝安全监测系统验收规程》(GB/T 23385)。

(11) 水工建筑物设计规范中有关安全监测的条款。

2. 工程基本资料

(1) 工程的水工结构设计计算和科研试验资料。

(2) 安全监测设计文件、审批意见和合同要求。

(3) 现场有关监测实施文件。

5.1.2.2 设计原则

(1) 整体规划，统一平台。水利水电工程安全监测涉及的监测项目、测点数量以及传感器的类型较多，且分布在整个枢纽的各建筑物中，因此必须进行整体规划，制定统一的软、硬件平台，以保证系统的完整和统一。

(2) 抓住重点，兼顾全面。监测自动化系统的总体规模及布置一般应根据监测项目设置、测点数量、仪器种类以及相应的布置情况来确定。纳入自动化监测系统的测点，以满足监测工程安全工作性态为主，抓住对建筑物安全起控制性作用的关键部位的项目和测点，并确保这些项目和测点能长期可靠地对建筑物进行实时监测。对未接入自动化系统或自成系统的监测项目，其监测的数据应能方便地输入或导入到监测信息管理系统。

(3) 技术先进，稳定可靠。保证自动化系统长期稳定可靠运行是实现对建筑物进行安全监测的重要前提，否则测量数据的可信度会降低。因此，在满足观测精度和可靠性的前提下，采用先进、成熟的自动化监测系统是十分必要的。为保证在任何情况下都不会发生长时间的数据中断，对关键部位的监测必须留有人工监测的接口。

(4) 开放性好。系统应具备良好的开放性，应便于系统功能的修改、增加、删除、扩充和完善。

(5) 实时性高。建立高效的自动化监测系统，实现监测数据的实时采集、传输、分析和反馈，及时掌握建筑物工作状态，以便运行管理作出科学决策和调度。

(6) 实用性强。应从各个工程实际出发，以满足相应工程安全监测数据采集、处理、报表制作、信息报送以及不同建筑物工作状态评价的不同要求。

(7) 安全性高。监测自动化系统应具有完善的安全保密、安全控制和安全管理的功能。

(8) 分步实施，逐步完善。在安全监测系统规模庞大的情况下，可以采取分步实施，由小到大，最终形成统一的系统。

(9) 性能价格比高。高的性能价格比是确定选用自动化系统的重要因素，在技术先进、稳定可靠的前提下，选用经济合理的产品。

5.2 安全监测自动化系统的构成、功能及性能

5.2.1 类型

经多年的研制、开发和应用，监测自动化系统的结构布置已形成了三种基本型式，即集中式监测数据自动采集系统，分布式监测数据自动采集系统和混合式监测数据自动采集系统。应根据工程大小、测点多少选定合适的系统结构型式。

1. 集中式监测数据自动采集系统

集中式监测数据自动采集系统是将自动化监测仪器安装在现场的切换单元或直接连接到安放在监测主机附近的自动采集装置的一端进行集中观测。典型的集中式监测数据自动采集系统结构见图 5.2-1。

集中式监测数据自动采集系统的结构简单，系统重复部件少；高技术设备都集中在机房内，工作环境好；便于管理。但系统共用一台自动采集装置，一旦自动采集装置发生故障，所连接的监测仪器都无法测量，造成整个系统瘫痪，系统风险过于集中。此外，由于控制电缆和信号电缆都较长，所传输的又都是模拟信号，极易受到外界干扰。因此，集中式监测系统存在可靠性不高，测值准确性差，测量时间长，专用电缆用量大，不易扩展等不足。

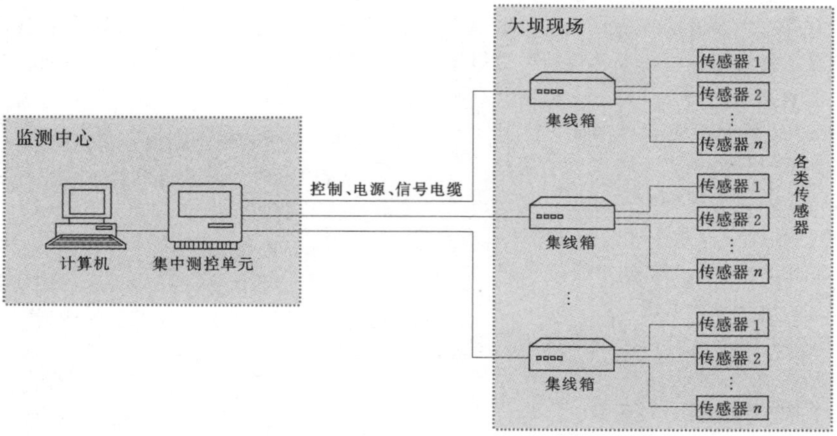

图 5.2-1　集中式监测数据自动采集系统结构示意图

2. 分布式监测数据自动采集系统

分布式监测数据自动采集系统由自动化监测仪器、数据自动采集单元和监测主机组成。其中数据自动采集单元布设在现场，各类自动化监测仪器通过专用电缆就近接入采集单元，由采集单元按照采集程序进行数据采集、A/D 转换、存储并通过数据通信网络发送至监控中心主机做深入分析和处理，典型的分布式监测数据自动采集系统结构见图 5.2-2。

对于监测范围广、测点数量多、工程规模巨大的工程，如有主、副坝以及总厂、分厂的水利水电枢纽等，宜采用二级管理方案。根据枢纽结构特点，以建筑物或工程为基本单元，将枢纽划分为若干监测子系统；由各子系统再组成上一级管理网络，并对各子系统现场网络进行管理。

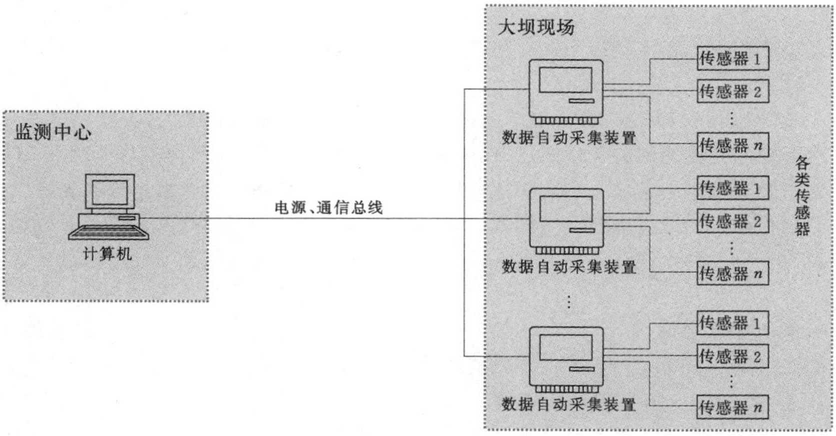

图 5.2-2　分布式监测数据自动采集系统示意图

分布式监测数据自动采集系统与集中式监测数据自动采集系统相比，优点如下：

(1) 可靠性高。因采集单元分散，若发生故障，只影响这台采集单元上所接入的自动化监测仪器，不会使整个系统停止测量，系统的风险分散，可靠性增加。

(2) 抗干扰能力强。分布式监测数据自动采集系统的数据通信网络上传输的是数字信号，不同于集中式监测数据自动采集系统专用电缆上传输的模拟信号，不受外界干扰。

(3) 采集时间短。由于分布式监测系统由多台采集单元同时进行数据采集，系统数据采集速度比集中式单台采集单元快，采集时间短。

(4) 便于系统扩展。增加采集单元并进行相应系统配置后，就可在不影响系统正常运行情况下将更多的自动化监测仪器接入，便于分期分步实施。

3. 混合式监测数据自动采集系统

混合式监测数据自动采集系统是介于集中式和分

布式之间的一种采集方式，又称集散式监测数据自动采集系统。它具有分布式布置的外形，而采用集中方式进行采集。设置在仪器附近的遥控转换箱类似简单数据采集装置，汇集其周围的仪器信号，但不具有数据采集装置的A/D转换和数据暂存功能，故其结构比数据采集装置简单。转换箱仅是将仪器的模拟信号汇集于一条总线之中，然后传到监控室进行集中采集和A/D转换，再将数据输入计算机进行存储和处理。

混合式转换箱结构简单，维修方便，系统造价低，但系统风险大，测值准确性低。

20世纪70年代中期及以前，采集系统为集中式的采集系统，以后的系统逐渐发展为分布式采集系统，以下叙述的总体结构主要针对后者。

5.2.2　总体结构

安全监测自动化系统总体由以下四部分组成。

1. 监测仪器系统

该系统由分布在各个建筑物的监测仪器组成，包括环境量监测仪器、变形监测仪器、渗压及渗流监测仪器、应力应变及温度监测仪器等。

该系统的特点是监测仪器分散，相互之间各自独立，基本不存在联系，但从监测点的布置来看却是系统整体的有机联系体。系统中成千上万个测点测量到的信息之间有着密切的相关关系，这种关系的实质表征了水工建筑物的安全因素。在本卷第2章、第3章中已对此有专门论述。

接入自动化系统的监测仪器应以建筑物的强度、刚度、稳定等安全起控制性作用的关键断面、控制断面的测点为主，并考虑其他不利条件、结构物特别复杂等不利因素。自动化系统的最终规模，应根据工程环境、建筑物规模、特点及技术经济条件等因素综合考虑。

2. 监测数据自动采集系统

该系统的主要装置是测控单元，它在计算机网络支持下通过自动采集和A/D转换对现场模拟信号或数字信号进行采集、转换和存储；并通过计算机网络系统进行传输。

3. 计算机网络系统

该部分包括计算机系统及内外通信网络系统，该系统可以是单个监测站，也可分为中心站和监测分站，站中配有计算机及其附属设备，计算机配置专用的采集及通信管理软件，其主要功能是在计算机与测控单元之间形成双向通信，上传存储数据、指令下达以及进行物理量计算等。

4. 安全监测信息管理系统

该系统主要功能是对所有观测数据、文件、设计和施工资料以数据库为基础进行管理、整编及综合分析，形成各种通用报表，并对结构物的安全状态进行初步分析和报警，并与相关系统进行数据交换、共享和信息发布。

5.2.3　安全监测自动化系统的功能

目前国内外安全监测自动化系统一般都具有以下九方面的功能。

1. 采集功能

采集功能包括对各类传感器的数据采集功能和信号越限报警功能。采集系统的运行方式如下：

（1）中央控制方式（应答式）。由后方监控管理中心监控主机（工控机）或联网计算机命令所有数据采集装置同时巡测或指定单台单点测量（选测），测量完毕将数据存于计算机中。

（2）自动控制方式（自报式）。由各台数据采集装置自动按设定时间进行巡测、存储，并将所测数据按监控主机的要求送到后方监控管理中心的监控主机。

监测数据的采集方式分为：常规巡测、检查巡测、定时巡测、常规选测、检查选测、人工测量等。

2. 显示功能

显示建筑物及监测系统的总貌、各监测子系统概貌、监测布置图、数据过程曲线、监控图、报警状态显示窗口等。

3. 操作功能

在现场监控主机或管理计算机上可实现监视操作、输入/输出、显示打印、报告测值状态、调用历史数据、评估运行状态；根据程序执行状况或系统工作状况发出相应的声响；整个系统的运行管理（包括系统调度、过程信息文件的形成、进库、通信等一系列管理功能，调度各级显示画面及修改相应的参数等）；进行系统配置、测试、维护等。

4. 数据检验功能

监测站和数据采集单元应具有数据检验功能，具体如下：

（1）测值自校。在数据采集单元内具有自校设备，以保证测量精确度。

（2）超差自检。可以输入并储存检验标准，对每一监测仪器的每次测值自动进行检验，超过检验标准的数据能自动加以标记，显示报警信息以及通过网络进行信息发布。

5. 数据通信功能

此功能包括现场级和管理级的数据通信，现场级通信为测控单元之间或数据采集装置与监控管理中心监控主机之间的双向数据通信；管理级通信为监控管理中心内部及其同上级主管部门计算机之间的双向数据通信。

6. 数据管理功能

经换算的数据自动存入数据库，可供浏览、插入、删除、查询及转存等，并具有绘制过程线、分布线、相关线和进行一定分析处理的能力。

7. 综合信息管理功能

可实现在线监测、大坝工作性态的离线分析、预测预报、图表制作、数据库管理及安全评估等。

8. 硬件自检功能

系统具有硬件自检功能，能在管理主机上显示故障部位及类型，为及时维修提供方便。

9. 人工接口功能

自动化监测系统备有与便携式检测仪表的接口，能够使用便携式监测仪表采集监测数据，并录入监测信息管理系统，可防止资料中断。

5.2.4 安全监测自动化系统的性能

1. 可靠性

(1) 系统中平均单台设备的故障率不超过年运行次数和的 2%（故障率计算方法：按规定的年采集次数中，所有因设备故障不能采集的次数与全年所有设备应采集总次数之比）。

(2) 系统平均无故障工作时间（MTBF）：系统不小于 6300h；数据采集装置不小于 20000h。

(3) 系统的全年自动化平均数据采集故障率小于 2%（计算方法：按规定的年采集次数中，数据采集装置全年因设备故障未能自动采集到的数据个数之和与全年应采集数之比值）。

(4) 数据采集系统及设备能适应现场工作环境，具有足够的抗干扰性能，能长期可靠地稳定运行。能适应恶劣的工作环境，环境温度－10～60℃，环境湿度 98%。

(5) 系统具备耐久性，系统中各台设备和电缆应能稳定工作 10 年以上。

2. 准确度

各种监测项目的监测准确度高于或满足《混凝土坝安全监测技术规范》（DL/T 5178）、《土石坝安全监测技术规范》（SL 60 或 DL/T 5259）等有关标准的要求。

3. 兼容性

数据采集单元应能接入所在监测站的所有类型的传感器，并全部变换为标准数字量输出。

4. 防雷性

数据采集系统具备防雷和抗干扰措施，能保证系统在雷电感应和电源波动情况下正常工作。防雷电感应大于 1500W。

5. 易维修性

平均修复时间（MTTR）不大于 72h（包括维修响应时间）。

6. 可扩展性

系统应具有优良的可扩展性和扩展灵活性，系统扩展时对原有数据采集网络无重大影响且不中断原有系统的正常工作。

7. 安全性

系统在任何手动或自动操作、信息传输通信以及硬件、软件和固件等方面都具备较严密的安全性措施。

8. 响应性

具有快速巡检能力，巡检一次时间不大于 20min，同时能够快速反馈建筑物的工作结构性态。

5.3 安全监测自动化系统数据采集装置

数据采集装置是指能对传感器自动进行信号测量、转换、处理、存储，并能实现双向数据通信的装置。测控单元主要由采集模块、A/D 模块、防雷模块、电源模块、蓄电池、通信接口及机箱等部件组成。

安全监测自动化系统中数据采集装置数量的多少、布置的部位，应根据工程具体情况，结合所选采集装置的要求决定。应以采集装置性能好、管理方便、性价比高为原则，对采集装置性能、数量和布置位置进行优选。

5.3.1 主要技术指标及要求

(1) 通信接口：RS—485/RS—232/CANBUS/LonWorks/USB 或其中部分接口。

(2) 应能接入大坝变形、渗流、应力应变及温度、环境量等监测仪器，仪器型号包括差动电阻式、振弦式、电容式、电感式、电位器式、光电式、标准量或数字信号等。

(3) 8～32 个通道、8～40 个通道、10～30 个通道。

(4) 环境要求。

温度：一般条件－10～50℃，特殊条件－25～70℃。

相对湿度：不大于 95%（40℃）。

大气压力：53～106kPa。

(5) 数据传输：1200～9600bit/s。

(6) 平均无故障工作时间：$MTBF \geqslant 6300$h，采

样时间不大于 2～5s/点。

(7) 完成一次巡检时间不超过 20min。

(8) 具有人工测量接口，人工测量仪器应独立于数据采集装置，通过电缆直接与监测仪器连接，以方便人工比测或在采集装置发生故障时人工测读数据。

5.3.2 模块类型及特性

1. 差动电阻式数据采集模块

差动电阻式数据采集模块主要参数如下：

(1) 测点容量：一般为 8～16 通道，有些采用 10～30 通道。

(2) 测量范围：电阻比 0.8000～1.2000，电阻值 0.02～120.02Ω。

(3) 准确度：电阻值不大于 0.02Ω，电阻比不大于 0.0002。

(4) 分辨力：电阻值 0.01Ω，电阻比 0.0001。

(5) 测量时间：每通道 3～5s。

2. 振弦式数据采集模块

振弦式数据采集模块主要参数如下：

(1) 测点容量：8～32 通道。

(2) 测量范围：频率 400～5000Hz，温度－20～80℃。

(3) 准确度：频率不大于 0.2Hz，温度不大于 0.5℃。

(4) 分辨力：频率 0.1Hz，温度 0.1℃。

(5) 测量时间：每通道 3～5s。

3. 电容式数据采集模块

电容式数据采集模块主要参数如下：

(1) 测点容量：8～32 通道。

(2) 测量范围：匹配传感器。

(3) 准确度：不大于 0.2%F.S。

(4) 分辨力：不大于 0.05%F.S。

(5) 测量时间：每通道 3～5s。

4. 电感式数据采集模块

电感式数据采集模块主要参数如下：

(1) 测点容量：8 通道。

(2) 测量范围：10～99kHz。

(3) 准确度：上、下频不大于 10Hz，频差不大于 2Hz。

(4) 分辨力：1Hz。

(5) 测量时间：每通道 3～5s。

5. 电位器式数据采集模块

电位器式数据采集模块主要参数如下：

(1) 测点容量：8～32 通道。

(2) 测量范围：电阻比 0.0000～1.0000。

(3) 准确度：0.05%F.S。

(4) 分辨力：0.01%F.S。

(5) 测量时间：每通道 3～5s。

6. 标准量仪器数据采集模块

标准量仪器数据采集模块主要技术参数如下：

(1) 测点容量：8～32 通道、20～60 通道。

(2) 测量范围：电流 0.000～20.000mA，电压－2.500～2.500V，－5.000～5.000V，－10.000～10.000V。

(3) 准确度：0.05%F.S。

(4) 分辨力：不大于 0.01%F.S。

(5) 测量时间：每通道 3～5s。

7. 数字信号传感器数据采集模块

数字信号传感器数据采集模块主要技术参数如下：

(1) 测点容量：8～32 通道。

(2) 测量范围：匹配数字传感器。

(3) 数据传输速率：300～9600bit/s。

(4) 测量时间：每通道 3～5s。

8. 环境量采集模块

环境量传感器数据采集模块主要技术指标决定于所采用的传感器类型。

5.3.3 功能特点及配置

目前，国内使用的数据采集装置配置及结构各不相同，基本有两种型式：第一种型式是数据采集装置中每个模块均有独立的 CPU 时钟、通信功能，每个测量单元可接 1～3 个模块，每个模块只能接一种型式的传感器；第二种型式是数据采集装置中有一个主模块，该模块具有智能装置，是采集装置的核心设备，其余模块为扩展模块，与其配套使用，一般 1 个测量单元可接 5 个模块，某些国外产品可接 1～15 个模块。

1. 数据存储能力

不掉电存储容量不小于 1MB，可扩展。

2. 电源及功率

电源应能采用 220V 交流电、太阳能蓄电池、自备电池等多种形式，一般要求在断电情况下能自动采用备用电池工作 7 天（视采集密度而变）。

3. 网络容纳节点数

网络容纳节点数 99～128 个，每个数据采集单元的测点数一般为 8～40 个。

4. 通信接口及通信介质

测控单元与外界的数据通信接口基本上都采用 RS—485 总线，网络传输率为 1200～9600bit/s 通信速率与距离成反比，1km 以内为 9600bit/s。也有用 CANBUS 总线协议，有些单位也在开发 LonWorks

总线协议。

常用的通信介质有双绞线、电话线，传输距离较远时采用光缆，受地理条件限制时可采用无线通信，有的还能支持以太网接口、USB/PSTA/GPRS/COMS等通信方式。

5. 测量方式

测量方式均可为定时、间断、单检、巡检或任设测点群。

6. 采集对象

差动电阻式、振弦式、电容式、电感式、电位器式、光电式、标准量或数字信号等。

7. 操作系统

操作系统均兼容 Microsoft Windows 当前主流版本。

8. 工作环境

温度为－10～50℃，相对湿度不大于95%。

9. 防雷防干扰要求

采集装置一般要求电源系统、通信系统及传感器测量单元上都设有防雷模块，所有进线均内置防过载电压、过电流等多重保护，防护标准功率为500～1500W。

采集装置还应有防潮、抗震及防强电磁干扰，防电磁干扰能力满足《电磁兼容　试验和测量技术　射频电磁场辐射抗扰度》（GB/T 17626.3—2006）试验等级1的要求。

10. 控制与报警功能

能在采集计算机上显示故障部位及类型，为及时维修提供方便，能对监测数据进行自动检验类别，对照测量超限时能自动报警。

11. 其他指标

时钟准确度为±1s/月；数据采集缺失率小于3%；系统平均无故障时间不小于6300h；测控单元不小于20000h；系统单点采集时间为2～5s；完成一次巡测时间不大于20min。

5.3.4 布置设计原则

（1）数据采集装置的数量由监测项目设置、测点数量和仪器类型经综合考虑后确定。

（2）数据采集装置宜布置在测点较为集中的部位。

（3）纳入数据采集装置的仪器种类和数量，根据选用监测项目重要性、可靠性、工程特点等因素综合确定。

（4）数据采集装置宜布置在交通便利、防潮性能好，并满足防雷接地要求的地点。

（5）数据采集装置应尽量集中布设。

（6）数据采集装置的接口最终数量还应有适量的富余，以便扩充。

5.4 安全监测自动化系统网络及通信

5.4.1 网络设计

网络系统必须严格遵守各种相关的技术标准和规范。并要特别注意系统的先进性、实用性、开放性、可扩展性、可靠性、可维护性和经济性。

1. 网络总体方案

大坝及其他水工建筑物安全监测自动化系统分布面广、监测点多，集数据采集、分析和评价于一体，通常以水工枢纽建筑物（大坝、电站厂房、船闸等）为监测对象。信息类型有模拟信号和数字信号。监测信息的特点是信息量巨大，实时性要求较高。

目前大坝安全监测自动化系统网络设计一般要对系统配置、设备选型及维护、系统扩充性、数据采集、存储、数据处理分析等进行比较全面的考虑，通常选用分布式数据采集网络系统。整个系统可分为监测中心站、监测管理站、监测站三级结构。

根据数据采集装置的布置，规划监测站的数量布局。监测站与相关的数据采集装置组成相对独立的网络系统，这样有利于安全监测自动化分阶段实施。

监测中心站可自行组成局域网，各监测管理站可与监测中心构成局域网。将监测中心站局域网与监测管理站局域网互联，即形成覆盖整个枢纽的企业网。

2. 监测中心站网络设计

监测中心站局域网是各个网络的交汇传输枢纽，又是信息的汇聚中心，信息传输量大。同时，监测中心站还要对所采集的数据进行分析、评价等处理等，可靠性要求很高。另外，监测中心站需不断发展和完善，因而要求有良好的可扩展性。为避免信息量大造成的网络拥堵，可将监测中心站局域网划分为主干网和分支网两个网络层次。主服务器设置在主干网上，客户机放在分支网上，充分利用服务器和主干网的资源。

3. 监测管理站——监测中心层网络设计

监测管理站——监测中心站网络的特点：①传输距离较远；②网络覆盖区域大；③数据流量大，对数据传输的安全性与可靠性要求高。

基于该层网络的特点，监测中心站与监测管理站之间的通信介质通常选用光缆。

网络拓扑结构有星形、总线形、环形和树形四种。其最重要的指标是传输可靠性。

4. 监测站——数据采集单元层网络设计

由于大坝安全监测系统内的数据采集装置大部分

都布置在大坝的廊道内，监测站——数据采集装置层网络主体常采用电缆通信介质，当情况特殊时可视具体情况，采用光缆或无线通信介质。在大坝安全监测系统中，数据采集装置通常沿建筑物的各个廊道分布，而同一子系统的数据采集装置所分布的廊道之间不一定相通，有些廊道有多条分叉。因此，适合于本系统的网络拓扑结构有总线形、星形和环形三种，可根据每个监测站及所属数据采集装置的位置特点，选择一种或多种结构的混合拓扑结构。

5.4.2　网络拓扑结构

网络拓扑结构是指连接网络设备的物理线缆的铺设形式，常见的有星形、环形、总线形和树形结构。其各种结构见图 5.4-1。

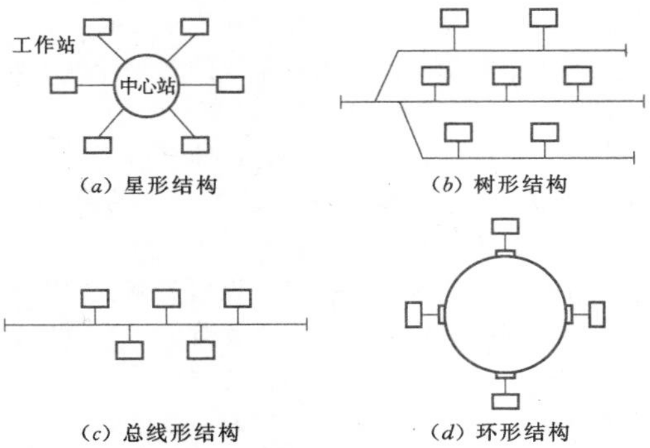

(*a*) 星形结构　(*b*) 树形结构　(*c*) 总线形结构　(*d*) 环形结构

图 5.4-1　网络拓扑图

1. 星形结构

星形拓扑结构是以一台中心处理机（通信设备）为主而构成的网络，其他入网机器仅与该中心处理机之间有直接的物理链路，见图 5.4-1 (*a*)。中心处理机采用分时或轮询的方法为入网机器服务，所有的数据必须经过中心处理机，星形的中心起到控制作用，每个建筑物的监测管理站对数据采集装置都有一条网络电缆连接。星形结构的主要特点是：网络结构简单，便于管理（集中式）；单一星形结构可靠性较高，传输速度快，某台数据采集装置故障不影响其他数据采集装置通信，多种通信介质都能应用，但通信电缆太多，每台入网机均需物理线路与处理机互联，线路利用率低，增加布线的工程量，并不能体现分布式系统的优点。

2. 树形结构

树形拓扑结构是同一线路可联有多个终端或集中器，见图 5.4-1 (*b*)。这种结构的最大优点是线路总长度较短，成本较低，但结构复杂，链路有故障时影响较大。

3. 总线结构

总线拓扑结构是所有入网设备共用一条物理传输线路，所有的数据发往同一条线路，并能够由附接在线路上的所有设备感知，入网设备通过专用的分接头接入线路，见图 5.4-1 (*c*)。总线结构符合各建筑物的数据采集装置或传感器共享总线，各网络单元都辅以地址，可输送和接收监测管理站的信息，使多单元可在监测管理站的指挥下有条不紊地工作，具有结构紧凑、节省电缆和敷设工作的优点，但一旦发生物理线路中断，对网络破坏大，网络传输速度随网络节点的增多而降低，目前大部分网络拓扑采用总线结构型式，其他还有多种型式的混合结构。

总线结构有 RS—485、CANBus、CAB—BWS 和 LonWorks 总线，它们均具有其各自的优缺点。

(1) RS—485 总线。RS—485 接口总线是一种半双工异步通信总线，是为弥补 RS—232 通信距离短、速率低等缺点而产生的，是一种相对经济、具有相当高的噪声抑制、相对高的传输速率、传输距离远的平台。各建筑物的数据采集装置或传感器共享总线，各网络单元都赋以地址，可输送和接收监测管理站的信息，使多单元可在监测管理站的指挥下有条不紊地工作，这符合分布式系统的优点，并适用于分期施工。单个 RS—485 总线只能有一个主机，往往应用在集中控制枢纽与分散控制单元之间。

(2) CANBus 总线。CANBus 控制器局域网络总线技术是制造厂中连接现场设备（传感器、执行器、控制器等）、面向广播的串行总线系统。CANBus 数据链路层协议采用平等式（peer to peer）通信方式，即使主机出现故障，系统其余部分仍可运行，总线上任意节点在任意时刻主动地向网络其他节点发送信息而不分主次，因此可在各节点之间实现自由通信，适用于分布式测控系统之间的数据通信。

(3) LonWorks 总线。LonWorks 网络技术是一种可应用在楼宇、工业生产、小区管理等多领域的设备联网技术，该网络结构在网络节点比较分散、节点输入输出数据量变化不大、实时性要求不严格的应用场合比较具有优势，在大坝安全监测自动化数据采集系统中应用，尚在开发阶段，存在一定的缺陷与不足。

4. 环形结构

环形拓扑结构是入网设备通过转发器接入网络，每个转发器仅与两个相邻的转发器有直接的物理线路，环形网的数据传输具有单向性，一个转发器发出的数据只能被另一个转发器接收并转发，所有的转发器及其物理线路构成了一个环状的网络系统，见图 5.4-1 (*d*)。该系统实时性较好，路径固定，无路由选择问题，某个节点发生故障时，可以自动旁路，可靠性较高；缺点是节点过多时影响传输效率，并且网络扩充不便，灵活性不高。

5.4.3 通信介质

通信介质主要有双绞线、同轴电缆、光缆和无线信道等，应根据工程具体情况选用。

1. 双绞线

双绞线由一对铜线螺旋绕制而成，分为非屏蔽双绞线（UTP）和屏蔽双绞线（STP）。双绞线具有构造简单，传输速率快，传输误码率低，投资费用低廉（屏蔽双绞线抗干扰能力较强）等优点，但传输损耗大，且随着频率升高双绞线间产生漏话现象。另外，不能对电磁波产生屏蔽，容易混入外部杂音。双绞线主要使用于100kHz以下或数字信号10Mbit/s以下的信号传输或低速局域网计算机之间连线。传输距离与所支持的网络接口有关，如RS—485为1200m，大于该距离会导致传输误码率增高，需增加中继器将传输信号放大或降低传输速率以保证信号正确传输。

2. 同轴电缆

同轴电缆的频带要比双绞线宽得多，具有传输速率快、传输误码率低的特点，它的外部金属能屏蔽中心导体的电磁波，抗干扰能力强，传输距离远。因此，一般高频信号的传输和长距离的传输都使用同轴电缆。但电缆及配件投资费用较高。

3. 光缆

光缆与双绞线和同轴电缆相比较，具有无可比拟的低损耗、传输频带宽、容量大、传输距离远，无电磁感应、不漏话且抗雷击等优良性能。近年来投资费用已有较大幅度下降，是现场环线或总线理想的通信介质。但从模块信号到光缆以及光缆信号至计算机均需配有光电转换器。

4. 无线信道

无线信道是指利用电波传输信号。无线电技术的原理是导体中电流强弱的改变会产生无线电波，利用这一现象，通过调制可将信息加载于无线电波之上，当电波通过空间传播到达收信端，电波引起的电磁场变化又会在导体中产生电流，通过解调将信息从电流变化中提取出来，就达到了信息传递的目的。无线电波从天线发射，不同的频率其天线的形状和尺寸各不相同，并且无线电波传播方式也多种多样，主要传播方式有地表面波、直射波和电离层反射波。无线传输时需增加发送、接收及天线设备。目前国内常用的无线通信方式除了电台方式之外，还有利用海事卫星、VSAT卫星、全球通卫星、北斗卫星、公用通信网（GSM、GPRS、CDMA）等方式进行无线通信。

5.5 安全监测自动化系统软件及信息管理

与早期采用逻辑电路的自动化装置不同，软件是计算机自动化监控系统不可缺少的组成部分，一个完整的计算机自动化监控系统，必然由硬件和软件两部分构成。监控系统软件是随着计算机监控系统的发展而逐渐发展起来的，其主要包括系统软件、应用软件和支持软件等。

安全监测信息管理是对被监测建筑物的基础信息及有关初始信息等的管理，主要包括文档管理、测点管理、监测数据入库、监测资料计算及巡视检查信息管理等部分，安全监测信息管理主要由安全监测自动化系统软件来完成。

5.5.1 系统软件

系统软件包括计算机操作系统、语言编译器、文件管理、系统恢复与切换、系统诊断等软件，但主要是指操作系统软件，操作系统软件是整个安全监测自动化系统的软件平台，目前比较常用的操作系统软件主要有Microsoft Windows系列和Linux系列。

Windows系列操作系统在计算机操作系统中占有绝对优势，服务器使用最多的是Windows NT系列操作系统，它的最大优点是操作界面友好，其次是支撑软件和工具软件丰富，而且也比较稳定。它的最大缺点在于安全性较差，有软件病毒的问题需要防范，而且对硬件的要求较高。

Linux系列操作系统是新近发展起来的操作系统，其运行稳定，安全性高，对硬件要求低，因此发展前景很好。

5.5.2 应用软件

应用软件是指在特定操作系统的环境下，为满足用户的特定应用需要及完成某些特定功能而开发的专用程序。监测自动化系统的应用软件通常是按照功能划分，采用模块化编制，每个模块分别执行不同的功能，并且模块之间有一定的联系和依赖关系，这些模块按照用户的需要整合起来共同完成特定系统的监控任务。安全监测自动化系统的常用应用软件模块如下：

（1）人机接口界面软件。人机接口界面软件主要包括图形显示程序、人机交互操作界面程序、报表打印程序等。

（2）数据库软件。数据库软件主要是用于完成数据的管理功能，包括实时及历史数据库的加载，处理其他程序对数据库的存取要求，并按照功能规定完成对数据的运算或其他处理任务等。

(3) 网络软件。网络软件主要包括客户端/服务器软件及网络冗余管理软件。其中客户端/服务器软件接收来自不同客户端的客户服务请求，并将客户服务请求发给相应的服务程序，最后将服务程序的处理结果返回给对应的客户端。

(4) 通信与远程控制软件。通信与远程控制软件主要用于实现本地监测自动化系统与远方流域、梯级管理机构等上级系统之间的通信和数据互传，以及执行上级的控制命令等。

(5) 高级应用软件。高级应用软件主要包括监测资料管理软件、监测资料分析软件等，其中监测资料管理软件包含有监测资料整编、图形报表制作等功能，监测资料分析软件包含有统计模型、确定性模型和混合模型等数模分析法，而且还有安全预报模型。

(6) 专家系统。专家系统是根据水电站坝工领域的一个或多个专家提供的知识和经验，运用人工智能技术，采用推理机的方法，模拟人类专家进行决策，解决那些需要人类专家决定的复杂问题的程序。

(7) 多媒体软件。多媒体软件主要包括语音及电话语音报警软件，视频信息处理及远程视频监视软件等。

5.5.3 常见的安全监测信息管理系统应用软件

5.5.3.1 大坝安全监测管理软件

每个系统都有一整套安全监测管理软件，《大坝安全监测自动化技术规范》(DL/T 5211—2005) 中第 6.2.8 条规定：“该软件宜有在线监测、离线分析、数据库管理、安全管理等功能。应包含数据的人工/自动采集、测值的离线性态分析、图形报表制作等日常工程安全管理的基本内容。”可见，大坝安全监测信息管理是大坝安全监测管理中的一个重要内容。信息管理主要包括文档管理、测点管理、监测数据入库管理、监测资料计算管理、巡视检查信息管理等部分。

1. 文档管理

文档管理主要是指对监测设计图纸、监测项目、测点分布、监测仪器以及施工埋设相关信息的管理。要求具有添加、修改、删除功能。

2. 测点管理

测点管理主要对测点项目名称、代码、类型、测点仪器、监测数据、报表数据等进行管理。

3. 监测数据入库管理

入库管理可实现自动化监测数据自动入库、半自动化监测数据人工入库、人工监测录入数据、网络共享数据入库和其他功能的数据入库方式。

监测数据入库管理应具有的主要功能如下：

(1) 在同步自动化监测数据时，具有自动识别功能，按数据采集频率表设置的时间间隔及采集次数，进行联网监测仪器监测数据的自动采集入库。

(2) 在同步自动化监测数据时，能进行诸如前述数据的整编换算，将仪器读数转换成物理量，然后存入整编数据库。

(3) 在同步自动化数据采集时，具有可靠性检查功能，即在自动数据采集处理过程中，对采集的监测数据进行简单的数据可靠性检查，当发现数据错误时能发出技术报警信息。

(4) 支持半自动化监测数据通过文件数据导入的方式人工入库，进行统一管理。

(5) 在半自动化监测数据导入过程中，能自动检查数据，发现问题，及时报警。

(6) 支持人工监测数据人工输入方式入库，进行统一管理。

(7) 支持网络共享数据，如水位、气温、降雨量等环境量数据入库，进行统一管理。

(8) 支持其他可能的数据入库方式。

4. 监测资料计算管理

监测资料计算管理主要将监测数据（包括人工采集的数据）换算成具有意义的监测物理量。

监测资料数据管理应支持各监测点的不同测值或物理量转换成果进行相差检验和剔除，并以表格形式显示检验和剔除情况。

5. 巡视检查信息管理

巡视检查信息管理主要用于对被监测建筑物相关的巡视检查记录进行管理。

巡视检查信息管理应具有对巡查记录进行增加、删除和修改的功能。

通常，系统集成厂商将安全监测自动化系统管理软件分成三块：即数据采集软件、信息管理软件和数据分析软件。大坝监测自动化系统管理软件结构模式见图 5.5-1，大坝安全监测资料分析及辅助决策软件结构模式见图 5.5-2。

显然，安全监测自动化系统管理软件的主要功能有数据采集、信息库管理、异常值在线监控及报警、远程网络通信等，用以完成“测、判、报”的任务，一般不必配置大坝安全综合评判和辅助决策的相关软件，大大简化了基层管理人员的工作。省级（或国家级）管理层则可以配置相关软件，通过远程网络通信系统在及时了解和掌握各个管辖大坝的监测状况的基础上，针对大坝测值的异常检验结果，复核基础资料，并结合其他检查和大坝安全定期检查，选择合理的安全评判方法，给出大坝安全的综合评价并上报上一级主管部门。

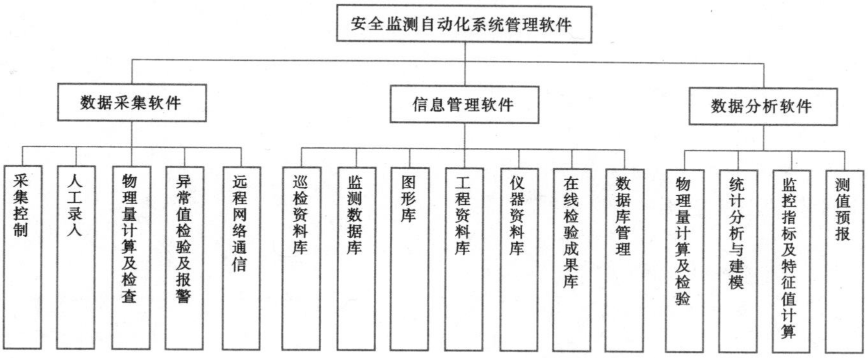

图 5.5-1　大坝安全监测自动化系统管理软件结构模式图

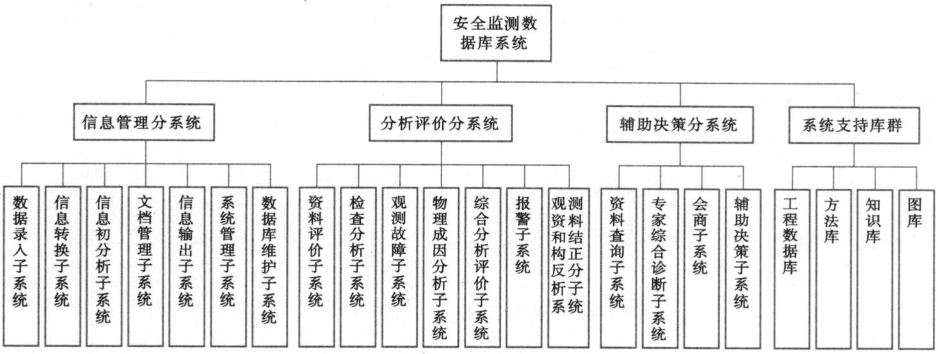

图 5.5-2　大坝安全监测资料分析及辅助决策软件结构模式

5.5.3.2　大坝远程管理系统软件

当前，由于通信网络技术、计算机技术、自动化技术的飞速发展，我国水利、电力系统的大坝安全管理部门都在组织力量着手建设大坝安全远程管理系统，以期对管辖大坝的运行状态实施远程、实时监控，做到及时发现问题、迅速处理问题，同时提高他们对汛期水库调度和大坝安全管理的科学决策能力。类似系统也在一些流域、梯级管理机构，或者跨流域的大型引水工程的管理机构中应用。

5.6　安全监测自动化系统的防雷接地系统

根据国际电联提供的世界年雷暴日分布统计，我国是世界上年雷暴日最多的国家之一，也是雷电事故的高发区。由于水电站大坝都处在高山峡谷，有不少建在雷暴区。随着大坝安全监测自动化系统的广泛应用，雷电侵害也日益增多。

5.6.1　雷击形式及入侵途径

对安全监测自动化系统造成危害的雷击主要有直击雷和雷电电磁脉冲（LEMP）两种形式。

1. 直击雷

雷电直接击中地面物体为直击雷，产生的雷击破坏性很大。但是，直击雷基本上只会击中室外露天安装的设备，不会击中室内安装的仪器。然而，如果直击雷击中室外线路（如电源线、信号线），高压冲击波形成的过电压将沿此线路传播而侵入室内，所有与之连接的电器设备都会受到这个传导过电压的波及，破坏程度可能十分严重。如果雷电击中避雷针时，强大的雷电流经过引下线和接地体泄入大地，在接地体附近产生放射型的地电位，它会在靠近的其他电子设备接地体中产生高压地电位二次反击，入侵电压可高达数万伏，损坏设备甚至危及人身安全。

2. 雷电电磁脉冲（LEMP）

雷电电磁脉冲是一种感应电流，它伴随雷击而发生，故又称感应雷。感应雷的波形和直击雷波形相似，感应雷的能量远小于直击雷。但作为监测自动化系统硬件的数据采集单元和计算机等均采用大规模集成电路构成，其耐压不过几十伏，抗损坏能量不到 1×10^{-3}J，因此安全监测自动化系统很容易遭受感应雷雷击。并且，感应雷虽然没有直击雷威力大，但其分布范围广，有时在 1km 以外的空中闪电也能损坏计算机，故对安全监测自动化系统而言，雷电电磁脉冲的危害性更大。

产生雷电电磁脉冲的情况如下：

(1) 当建筑物附近雷击或空中闪电时会产生强大电磁脉冲辐射，此电磁脉冲辐射会传导和耦合到金属导线及构件上，使其带上高电压，再沿导线传播到各处。

(2) 当云层积累静电荷时，会在下方导体上感应集中大量的相反静电荷，雷击发生后，云层中电荷消失，这些导体上的感应静电荷会发生浪涌泄放传播到各处。

5.6.2 直击雷的防护

直击雷的防护是一种外部防雷。主要有合理地进行系统设计和技术防雷两种防护方法。

5.6.2.1 合理地进行系统设计

(1) 在进行自动化系统设计时，应尽可能将传感器、数据采集装置和计算机等紧凑布置，尽量减少系统分布范围。

(2) 对于较远的连接，必要时应采用无线或光纤通信及太阳能蓄电池供电等措施。

(3) 应将系统尽可能布置在具有屏蔽效果的观测室或廊道内，观测室尽可能不要设置在山头、开阔地带等易遭受雷击的地方，并按防雷标准设计。

(4) 电缆布设时应避免产生环路和尽量采用屏蔽双绞线电缆，同时应选择耐压抗老化水平高的电缆，在坝外要采用镀锌管埋入式敷设，并尽可能减少镀锌管连接点的接触电阻。

(5) 在仪器选型时，尽量选择耐压水平高、传输数字（或频率）信号的仪器，如振弦式仪器，尽量不要选择传输模拟信号的仪器，必要时可选择光纤传感器。

(6) 无线发送的信号馈线，应选择合理路径，避免沿山顶山脊走线，避开高大孤树，设置独立避雷针引下网。

5.6.2.2 技术防雷

外部技术防雷保护系统主要有避雷针（接闪器）、避雷带（网）和接地系统。

1. 避雷针

避雷针通常是一根垂直安装在高处的金属针（棒），又称接闪器。避雷针是一个系统，它由避雷针、引下线、接地线、接地体组成。避雷针用引下线接到接地线，接地线与接地体连接。彼此之间必须是很好的低电阻连接。接地体埋在地下，接地电阻很小，一般要求小于 10Ω，监测管理中心站要求更小。设计、安装良好的避雷针可以很好地保护一定范围内的设备免遭直接雷击。不同的避雷针设计有不同的保护范围，图 5.6－1 为单针型避雷针的保护范围示意图。

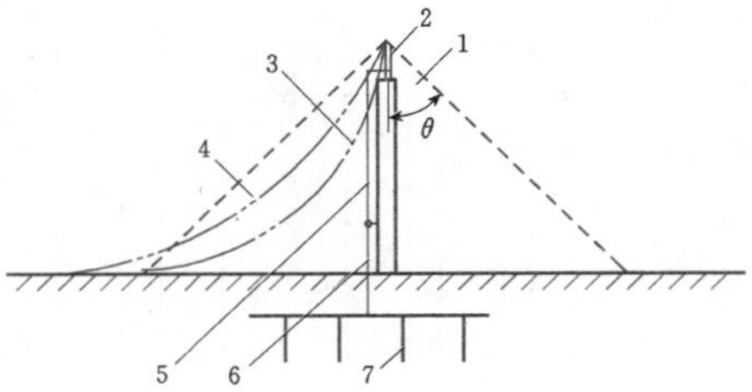

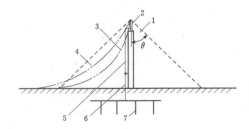

图 5.6－1　单支避雷针构成及保护区示意图

1—假设保护角（45°）；2—避雷针（接闪器）；3—实际保护范围线 A（滚球半径等于避雷针高）；4—实际保护范围线 B（滚球半径大于避雷针高度）；5—引下线；6—接地线；7—接地体

避雷针一般由圆钢或钢管制成。避雷针长度在 1m 时，常采用 ϕ12mm 圆钢或 ϕ20mm 钢管制作；长度在 2m 时，常用 ϕ16mm 和 ϕ20mm 圆钢或 ϕ25mm 和 ϕ40mm 钢管制作，并采用热镀锌防腐。引下线常用扁铁或圆钢制作，截面要大些。引下线沿建筑物向下安装，通过断接卡与露出地面的接地线连接。为便于操作，规定断接卡离地 1.7m。

2. 避雷带（网）

避雷带是敷设在防护建筑上部的金属带和金属网。通常采用 ϕ12mm 镀锌圆钢，用多根引下线按最短距离通到接地体，以减少引下线的电感量。采用避雷带的好处是可以扩大避雷保护范围，见图 5.6－2；其次是雷电袭击时可避免二次反击。

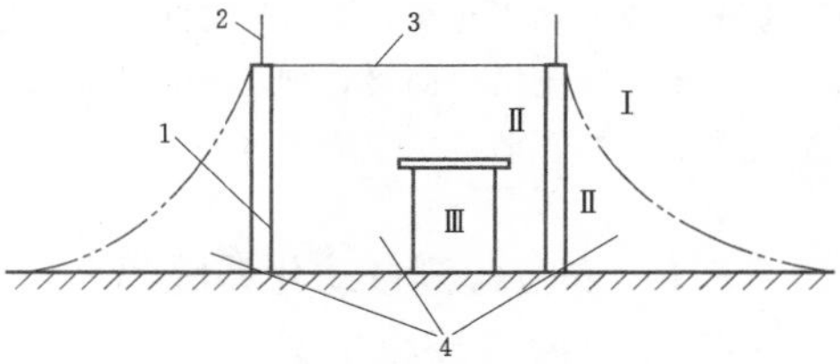

图 5.6－2　双支避雷针保护区示意图

Ⅰ—雷电保护区的 0_A 区；Ⅱ—雷电保护区的 0_B 区；Ⅲ—雷电保护区室内 1 区；

1—支柱；2—避雷针；3—避雷线；4—防护范围

3. 接地系统

接地系统又称接地装置或接地地网，由各种型式的金属接地体埋入地下组成。接地电阻，接地体布设，接地体间距、长度和深度都有相应的要求。防直击雷的首要任务就是做好接地系统设计，尽量减少接地电阻，使雷击瞬间能及时把巨大的雷电流泄放到大地。防止雷电波被引入地时，产生二次反击。

（1）使用稀土降阻剂。常用降低接地电阻的方法是在地网上加盐、加炭、加金属屑，但这些材料都比较容易流失。使用稀土降阻剂可以经历多年且降阻性能稳定。当接地电阻太高时，可以考虑使用一些长效降阻剂降低接地电阻。

（2）均衡电位地网。均衡电位地网又称等电位地网。建筑防雷规定，因受特殊地质条件限制，接地电阻很难达到 10Ω 的情况下，可采用均衡电位地网。均衡电位地网布置时，首先在距离防护建筑物 3m 处布置一环形水平地网，然后以米字形辐射状布置各长 10m 的水平接地体，再在环形水平地网和辐射状水平接地体的接点处各向下打入 2m 长的地极，最好在辐射状水平接地体间隔 3m 布置一个向下 2m 长的地极，各地极上端与水平接地体紧密焊接，接地体相互间形成一个整体，并将接地线连接在一起。可以将接地系统直接布置在防护的建筑物地下，深度大于 80cm。均衡电位地网结构见图 5.6－3。

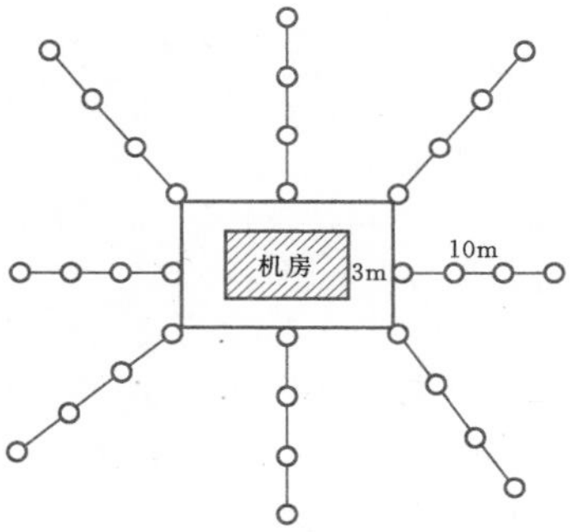

图 5.6－3 均衡电位地网示意图

计算机机房的接地网连接特别强调等电位连接，并使共地网达到等电位。

5.6.3 雷电电磁脉冲（LEMP）防护

雷电电磁脉冲防护是一种内部防雷。雷电感应过电压是微电子设备的主要危害，同时，在技术上用一般建筑物和一般电气设备的防雷装置、防雷经验，已很难满足对建筑物内微电子设备的防护要求，因此需要采用全方位的防护。

1. 电源防雷

系统电源防雷是防雷的重点，因为利用市电作为电源时，很容易从遍布各地相互联通的交流电网上引入各种雷电影响，对监测自动化系统造成危害的雷电有 95%来自电源感应雷，监测管理中心站的电源防雷可采用多级避雷器，主要有三相并联式电源避雷器、隔离变压器、稳压电源、单相并联式电源避雷器、单相串联式电源避雷器等组成，布置见图 5.6－4。

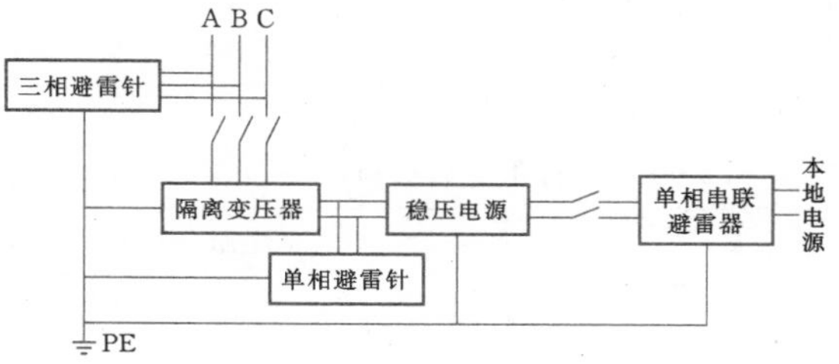

图 5.6－4 系统电源防雷示意图

计算机工作电源供电，必须采用多级避雷器。机房的电源柜的高低压侧应有独立的阀型避雷器，进阀要采用钢管保护埋地。

2. 室外线路防雷

室外线路包括室外电源电缆、室外信号线和室外通信线，它们容易遭受感应雷入侵。

（1）穿管埋设防护。穿管埋设首先将室外线路穿入具有一定直径的热镀锌铁管，再固定埋设在地下。穿管埋地后，金属管起到了很好的屏蔽和分流接地作用，对室外线的防雷效果最佳。

（2）架空室外线的防护。当不允许埋地铺设时，有时室外线只能架空布设。这时要将室外线穿入金属管或金属软管内，或者采用屏蔽线，另外再采取防雷措施，例如在高出室外线 1m 以上架设避雷线，避雷线两端和中途要多次接地。屏蔽线也要接地。

室外线长度在数米以内时可以不作防雷保护。

3. 信号线端口隔离

信号线外部防护比较麻烦，也不能完全防护好，因此，在采取外部防雷保护的同时，宜采用一些端口隔离保护措施。

端口隔离的原理是将电信号用导线直接连接改为经光电隔离后的连接。应用时在所有的信号接入线上分别装有光电器件，电信号经过光电转换后，转换为遥测设备接收的电信号实现光电隔离。经过光电隔离后，雷电感应信号和各种干扰信号不会进入遥测设备，隔离效果明显。较强电流和过电压也不会进入和损坏遥测设备，但会损坏光电隔离电路，这时需要经过维修才能恢复。

对于互联网络之间的通信线，需要采取防止高低电位反击的隔离措施，如变压器隔离法、光电隔离法等。

4. 通信线路的防雷

通信线路采用避雷器防雷，避雷器安装在遥测装置内，常用的避雷器有各种放电管、压敏电阻、TVS

管。通信线路的防雷要求较高，除了满足避雷要求外，还必须保证通信传输的各项技术要求达到原定指标。因此，选择防雷器件时要考虑其电容、残压、通过电流的容量、响应速度等指标。常用防雷器材相关性能见表 5.6-1。

表 5.6-1　常用防雷器材相关性能比较表

参　数	放电管	压敏电阻	TVS 管
电容	很小	大	较小
残压	高	中	低
通过电流的容量	大	大	小
响应速度	慢	快	很快

应用电话线通信时，通信设备上一般均已配有防雷设施。

对于进出计算机机房的所有线缆，均应选择适合的避雷器加以保护。

5. 等电位连接

等电位连接是内部防雷的重要措施。研究表明：对避免因雷电袭击产生的过电压二次反击，优化接地系统比减低接地电阻更为重要。等电位连接是用连接导线或过电压保护器将防雷空间内的所有有源设备外壳、管道、金属构件、防雷装置、建筑地网、电源零线、外引导线屏蔽层等连接在一起，构成等电位环形接地网，形成均压等电位，雷电袭击时可避免二次反击。

5.7　工 程 实 例

安全监测自动化系统具有实时性好、效率高、同步性好、准确性高等显著特点，随着计算机系统的高速发展，现今已广泛应用于水电站、水库、水闸、泵站、堤防、桥梁等不同类型工程的水工建筑物，在水工建筑物的安全运行方面起到了较大的作用。据不完全统计，安全监测自动化系统已在国内几百个工程中成功应用，并取得较好的效果。以下根据不同工程类型介绍安全监测自动化系统在工程中的应用实例。

5.7.1　小湾水电站安全监测自动化系统

小湾水电站位于云南省西部南涧县与凤庆县交界的澜沧江中游河段，系澜沧江中下游河段规划八个梯级中的第二级。

小湾水电站由混凝土双曲拱坝、坝后水垫塘及二道坝、左岸泄洪洞及右岸地下引水发电系统组成。水库库容为 150 亿 m^3，电站装机容量 4200MW（6×700MW）。挡水建筑物为混凝土双曲拱坝，最大坝高 294.5m，拱冠梁顶宽 12m，拱冠梁底宽 72.912m，坝顶长 892.786m。

小湾水电站枢纽工程安全监测系统包括枢纽区变形监测网、拱坝及坝基坝肩抗力体、引水发电系统、枢纽区边坡、泄洪洞工程、导流洞堵头、库盘变形、库区淤积及下游冲刷的安全监测、水力学观测、强震监测系统和枢纽区安全监测自动化系统。

该工程安全监测自动化系统接入的测点近 7000 个，主要监测仪器有垂线坐标仪、引张线仪、铟钢丝位移计、静力水准仪、双金属标仪、固定测斜仪、多点位移计、基岩变位计、裂缝计、测缝计、应变计、钢筋计、压应力计、温度计、锚索测力计、渗压计、水位计等。仪器类型有电容式、差阻式、振弦式、压阻式、电位器式、标准量和数字信号等。

系统主要由数据自动采集系统、通信系统、安全监测信息管理系统等三部分组成。

系统采用分布式、多级连接的网络结构型式。安全监测自动化系统按三级设置，即监测站、监测管理站和监测中心站。

（1）监测站和监测管理站之间，通信方式主要采用光纤和双绞线的 RS—485 总线方式，边坡等局部采用移动 GSM 无线通信。

（2）监测管理站和监测中心站之间，采用内部专用局域网方式通信。

（3）现场监测中心站与流域监控中心之间，使用专用网络，实现异地远程数据通信与管理。流域监控中心在必要时通过远程以客户端、Web 等方式实现对小湾水电站安全监测中心的有关管理工作。

安全监测信息管理及分析评价系统用于对监测资料成果的深入分析和对在线监测疑点进行反馈，其系统结构为现场监测中心站及监测管理站中采用 Client/Server（客户机/服务器）和 Brower/Server（浏览器/服务器）混合结构。

具备与三级站之间的通信、监测数据采集、整理整编、分析和报表制作上报、信息浏览发布等功能。

集成自成体系的有饮水沟堆积体 GPS、大坝强震系统、坝顶 GPS、激光三维测量系统和横缝动态测量系统等。

图 5.7-1 为小湾水电站安全监测自动化系统网络结构图。

5.7.2　十三陵蓄能电厂安全监测自动化系统

十三陵蓄能电厂位于北京市昌平区西北，是京津电网重要事故备用电厂，同时又在电网中担负着重要的调峰作用。电站利用已建成的十三陵水库为下池，

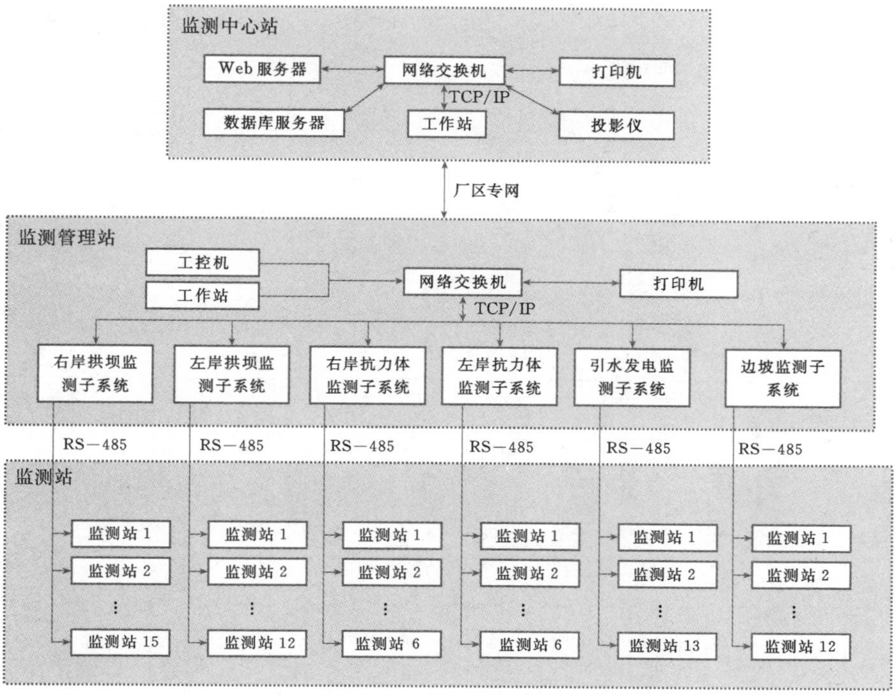

图 5.7-1 小湾水电站安全监测自动化系统网络结构图

在水库左岸蟒山后的上寺沟修建上池，引水系统和地下厂房布置于蟒山山体内。电厂最大水头差 481m，总装机容量 800MW。十三陵蓄能电厂水工建筑物主要由上池、引水系统（水道）和地下厂房等组成，工程等级为大（一）等，枢纽建筑物等级为 1 级。

系统配置了 37 台数据采集装置，接入监测仪器测点总数 1100 支，包括测压管弦式渗压计、量水堰仪、水管式沉降仪、引张线式水平位移计、振弦式孔隙水压计、振弦式土压计、差动电阻式测缝计、差阻式钢筋计、差动电阻式锚索测力计以及气象站等各类监测仪器。

该自动化系统的总体结构采用两级监控模式，主变观测室监控站（BMCS）作为第一级监控；在昌平基地水工部设监控管理中心（PSMC）作为第二级监控。BMCS 实质上是一个以采集主机为中心，配备了相应外设的小型工作站，对系统内所有现地数据采集装置的工作进行集中操作与控制，并实现数据通信、存储、打印、绘图和接受上一级微机命令等功能。PSMC 配备了一流的办公自动化设备，通过电厂内部局域网系统依靠信息管理软件对整个监测自动化系统进行控制和管理，同时向电厂领导和上级主管部门发送有关水工建筑物安全状况的信息。图 5.7-2 为十三陵蓄能电站上池安全监测自动化系统网络结构图。

5.7.3 山东泰安抽水蓄能电站安全监测自动化系统

泰安抽水蓄能电站位于山东省泰安市西郊的泰山西南麓，距山东省省会济南市 70km，电站由上水库、下水库、输水系统、地下厂房系统、中控楼及地面开关站等建筑物组成，上水库正常蓄水位 410.00m，相应库容 1127.6 万 m^3；下水库正常蓄水位 165.00m，相应库容 2234.7 万 m^3，为不完全多年调节水库；地下厂房布置 4 台单级混流可逆式水泵水轮发电机组，总装机容量为 1000MW（4×250MW）。

为了监测上水库、输水系统、地下厂房及下水库四大水工建筑物的安全运行情况，根据建筑物所处地质条件、结构布置特点及其重要性，在各建筑物中布置了较齐全的监测项目，主要如下：

（1）上水库监测项目。堆石坝内外部水平、垂直位移监测；接缝（包括面板之间垂直缝、面板与趾板之间周边缝）变形监测；面板变形（挠度）、应变应变及温度监测；坝体、坝基、岸坡渗流监测；库水位、气温、降水监测等。

（2）地下厂房监测项目。洞室群洞壁围岩变形、外水压力监测；岩壁吊车梁受力监测；蜗壳混凝土应力应变监测等。

（3）输水、排水系统监测项目。混凝土衬砌竖井

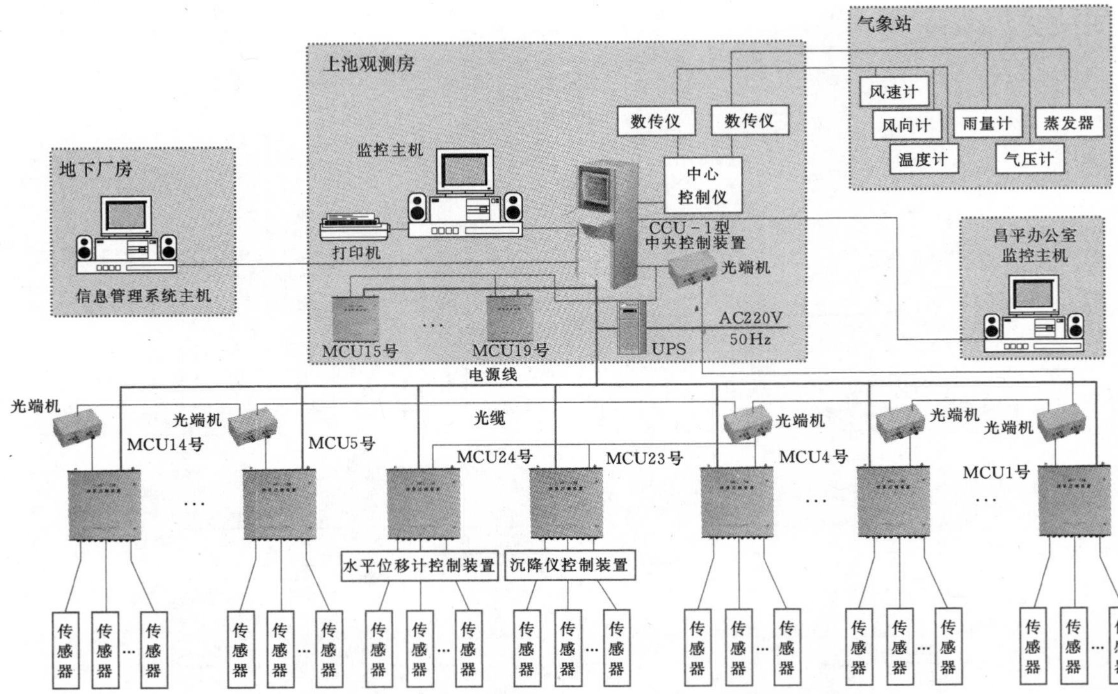

图 5.7－2　十三陵蓄能电站上池安全监测自动化系统网络结构图

段的围岩变形、外水压力监测；混凝土衬砌岔管的应力应变、围岩变形、外水压力观测；钢衬段钢板应力应变、围岩变形、外水压力监测；排水系统渗透压力、渗漏量监测；山体地下水位监测等。

（4）下水库监测项目。坝体水平、垂直位移监测；坝体、坝基、库岸渗流监测；心墙应力应变监测；溢洪道底板渗透压力监测；库水位、气温、降雨监测等。

本工程各建筑物安全监测所有监测项目中，可接入监测数据自动采集系统的监测仪器共计有 1052 个测点，其中振弦式传感器 524 个测点，差动电阻式传感器 507 个测点，电流信号传感器 17 个测点，环境量传感器 4 个测点。

泰安电站工程安全监测数据自动采集共设有 22 个现场监测站与 1 个监测中心站。分别布置在上水库、输水系统、地下厂房及下水库四个建筑物的相关部位，除下水库的 BS4 现场监测站与中心站之间采用无线通信外，其余现场监测站与中心监测站采用光纤通信。

光纤通信网络中共包含 22 节点，这些节点通过共计 25 台单、双向光端机组成一个完整的数据采集通信网络。

光端机均除中心站采用 RS—232 接口与监控主机连接外，其余测站均使用 RS—485 接口与该测站的测量单元连接通信。此外，在下库的 BS4 测站安装 1 台数传电台与测量单元连接，并通过无线方式与安装在中心站上的另一台数据电台进行无线数据交换，且均采用 RS—232 端口与测量单元或监控主机连接。

图 5.7－3 为泰安抽水蓄能电站自动监测系统网络结构图。

5.7.4　北疆供水工程安全监测自动化系统

北疆供水工程全长 378km，是典型的线性的、以渠道为主的供水工程，位于新疆荒漠戈壁滩上，中部横贯沙漠，属于典型的温带、寒温带大陆性气候区。北疆供水工程主体工程由“635”水库、顶山隧洞、戈壁明渠、小洼漕倒虹吸、三个泉倒虹吸、沙漠明渠、平原明渠、“500”水库等组成。主要建筑物还包括：1 座顶山分水枢纽、2 座分水闸、11 座节制退水闸、33 座排洪涵洞、20 座跨农渠建筑物、50 座公路桥，以及 378km 伴渠公路、200km 供水管道、35kV 输变电线路、通信光缆等。

北疆供水工程信息化系统计算机网络纵向按管理层次结构划分为三级网络，具体如下：

第一级：中心级，即建管局信息中心计算机网络。

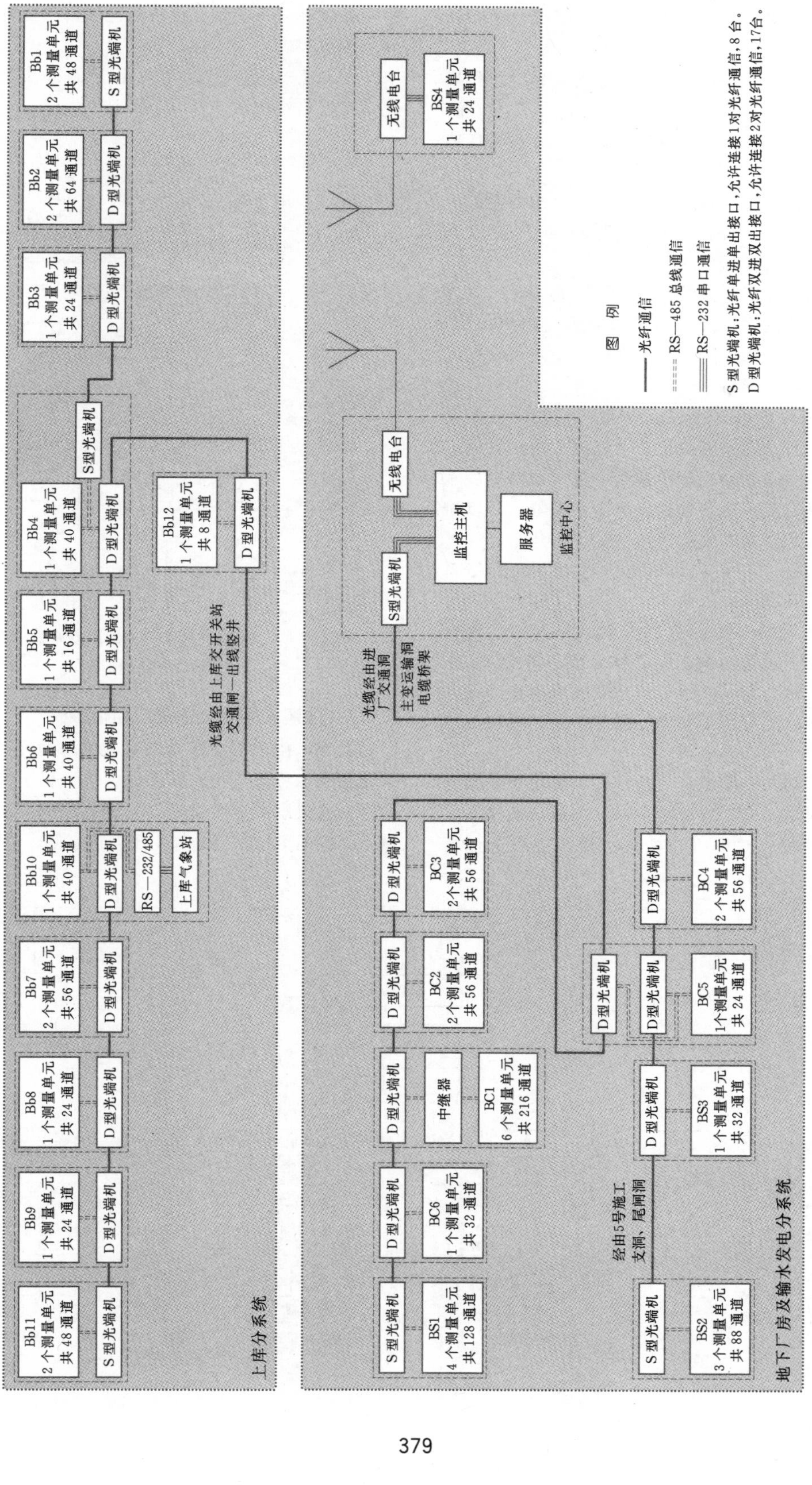

图 5.7-3 泰安抽水蓄能电站自动监测系统网络结构图

第二级：分中心级，即 5 个管理处信息分中心计算机网络。

第三级：站所级，即 34 个管理站（所）计算机网络。

该系统横向上按安全等级划分为三块区域具体如下：

高安全区：内网控制区，用于实时监控类业务。

中等安全区：内网管理区，用于生产管理类业务。

低安全区：外网，提供互联网接入业务。

整个计算机网络系统总体结构分为内网和外网，它们是两个独立的物理网络。内网进一步划为管理区和控制区两套物理网络。

内网控制区承载与水利生产密切相关的监控业务，该网络的安全性及实时性要求较高。内网管理区为信息网，承载安全性相对较低的业务，如信息展示等。两区通过特殊安全装置进行横向物理隔离，以避免低安全区系统影响高安全区系统的正常运行。

外网纵向也是一个三级网络，是独立的网络系统，主要提供互联网接入业务。

该计算机网络系统的内网控制区采用层次化设计，分为三层：建管局调度中心作为核心节点，5 个管理处作为汇聚节点，其他管理站及管理所作为接入节点。整个网络具有便于管理、易于扩展、方便故障定位等特点。

管理区网络是一个星形交换网，主要用于日常管理和办公。它是一套二层交换网络，即所有的接入主机都在同一网段，这样设计使主机接入变得更加简易，通过部署一些安全设备就能使网络变得更加易于管理和可控。

图 5.7－4 为北疆供水工程控制区安全监测自动化系统网络结构图。

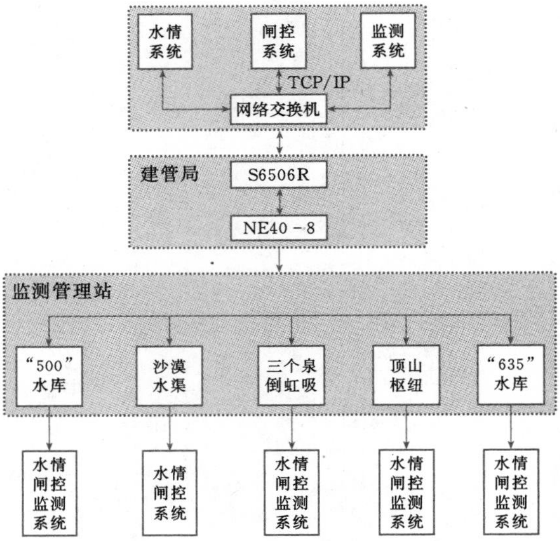

图 5.7－4　北疆供水工程控制区安全监测自动化系统网络结构图

5.7.5　北溪水闸安全监测自动化系统

北溪水闸位于福建省漳州市龙海县九龙江上，是北溪引水工程的重要组成部分。坝型属于混凝土重力闸坝。北溪水闸枢纽由南、北港拦河闸，南、北港船闸（北港船闸已停用）和中干渠进水闸、节制闸组成。

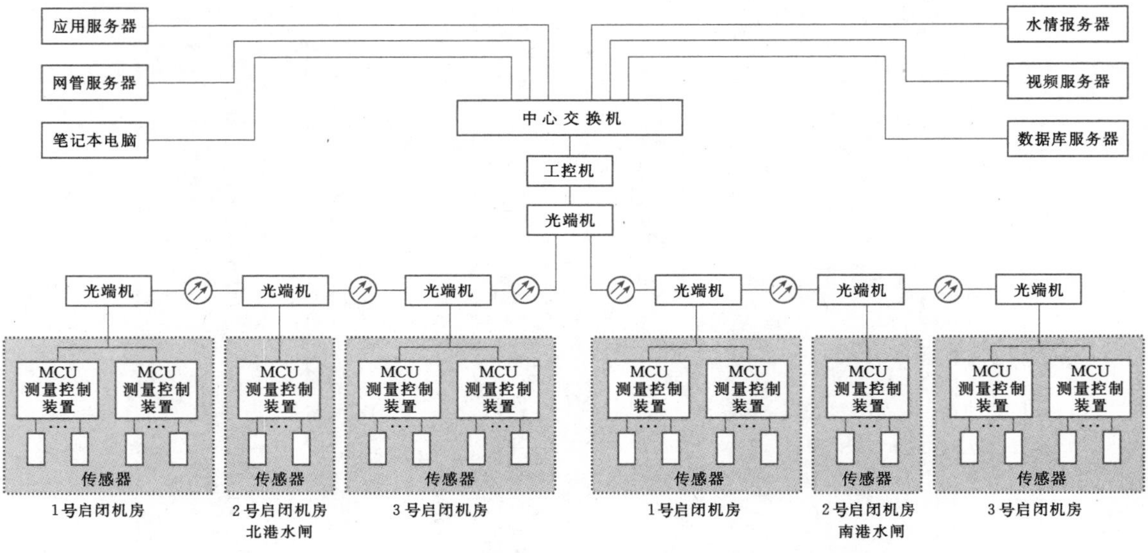

图 5.7－5　北溪水闸安全监测自动化系统（郭州头控制站）网络结构图

该综合自动化系统工程主要由水情自动测报系统、测流在线监测系统、水质自动监测系统、工业电视及广播系统、闸门监控系统、大坝安全监测系统、数据库网络平台、综合自动化信息管理系统、三维仿真系统、三防会商系统等组成。

大坝安全监测系统结构采用 RS—485 总线形连接、光缆通信方式，采用相对集中的监测站引入传感器电缆，再用光缆以 RS—485 通信方式将汇集数据传送至监测中心站。大坝监测主要项目有外部变形监测、水平位移监测、混凝土坝渗流渗压监测、应力应变监测、环境量监测等。所涉及的监测仪器设备主要有遥测引张线仪、垂线坐标仪、双金属标仪、渗压计、温度计等。其中南港和北港拦河闸共安装振弦式渗压计 40 支，引张线共 39 个测点，垂线坐标仪 4 台，静力水准仪 41 台，双金属标仪 2 台套，气压计 1 支，百叶箱 1 台，共配置采集模块 17 块，数据采集装置箱 17 个，数据采集软件、信息管理软件各 1 套，综合自动化信息软件 1 套。图 5.7－5 为北溪水闸安全监测自动化系统（郭州头控制站）网络结构图。

5.8 产 品 验 收

5.8.1 验收步骤与组织

1. 验收步骤

安全监测自动化系统各项设备及软件的验收应分两步进行：

(1) 出厂验收。各项设备和软件在出厂时进行验收（进口产品可在到达工程现场时进行）。

(2) 现场验收。在现场安装调试后，交付运行前进行验收。

2. 验收组织

无论出厂验收和现场验收均应由业主单位、监理单位和实施单位（或生产厂商）组成的验收小组负责进行。

5.8.2 出厂验收

1. 验收步骤

(1) 供货单位（或生产厂家）应提前通知验收小组对出厂产品进行验收。

(2) 验收小组根据产品技术标准和质量检验要求对产品逐一进行验收，重要技术指标的检验应参与试验。重要进口产品应通知国家商检部门参与验收。

(3) 验收小组完成验收后应提出验收报告，重要进口产品应由国家商检部门出具商检报告，对质量是否符合订货要求提出评价。

(4) 对不合格产品提出退货或索赔要求。

2. 验收方法

系统检验按下述试验方法进行：

(1) 应检验提交产品质量检验证书、产品技术说明书、产品维修保证书及产品装箱清单。

(2) 除按已有规程规定外，性能和功能试验应在下列条件下进行：

1) 大气环境条件。环境温度：10～40℃。

2) 电源条件。交流频率：50Hz，容许偏差±2%。电压：220V，容许偏差±10%。

(3) 试验设备及仪器。

1) 工程配置的计算机系统。

2) 工程配备的监测自动化设备（数据采集单元、监测仪器，或仪器的模拟件），按照现场配置方式组成安全监测自动采集系统，分别进行功能及性能试验。

(4) 功能检验的方法如下：

1) 连接工程的监测系统，连续通电 72h，定时检验间隔不大于 4h，按招投标文件和订货合同的条款进行功能检验。如测试中出现重大故障则终止连续运行试验，待故障排除后重新开始计时试验；如测试中出现一般性故障，待故障排除后继续试验。排除故障过程不计时。

2) 根据工程监测系统布置，输入模拟参数，检验测点换算的公式、制作抽样测点的测值表格。

3) 设置几种异常值检验系统报警处理功能。

4) 设置故障检验系统的自检功能。

5) 装载冗余备份并进行检验。

检验结果如满足招投标文件和合同规定的功能与性能要求，则认为系统验收合格。

5.8.3 现场验收

现场验收的步骤如下：

(1) 实施单位（或生产厂家）在自动化系统运到工程现场后，通知验收小组进行验收。

(2) 在开箱验收前，国内产品必须向验收小组提供生产许可证，进口产品则必须提供海关报关单等证明材料。

(3) 检查设备包装外观，检查设备标志、包装、运输、储存等环节必须严格按有关规定进行。

(4) 验收小组根据供货单位（或生产厂家）提交的装箱清单及订货合同要求进行产品清点，核对产品品种、数量及备件品种、数量，核对提交文件资料是否齐全。

(5) 验收小组对各项产品进行外观检查。

(6) 验收小组对各项产品的主要功能和技术性能进行现场测试。

(7) 验收小组提出验收报告，报告应对验收产品的品种、数量和质量是否符合订货合同要求提出意见。

(8) 对不合格产品提出退货或索赔要求。

5.9　安全监测自动化系统安装调试、运行维护及考核验收

5.9.1　系统安装调试

1. 安装调试前的准备工作

(1) 对需安装自动化系统的廊道、坝面及有关建筑物进行清理，拆除模板，清除建筑垃圾，排除积水等。

(2) 自动化系统安装所需的各项土建工程，如设备基座、测点墩台，电缆沟、管、架预埋管线及验收。观测站房等设施的施工。

(3) 自动化系统安装施工所需的风、水、电设施。

(4) 自动化系统运行所需的永久电源及接地网。

2. 安装调试步骤

(1) 实施单位（或生产厂家）制定安装进度计划。

(2) 铺设电源线路、通信线路及安装支架等。

(3) 安装各项设备（注意仪器的安装方位应与设计一致），接通电源和地线，进行测试和调整（必须进行仪器灵敏度、稳定性测试）。

(4) 系统联调的步骤如下：

1) 对每个自动化测点进行快速连续测试，检查测值的稳定性。

2) 选定监测项目及测点，人为给予一定物理量，检查自动化测值有否出现相应变化。

(5) 建立防止人为破坏系统的防护保安措施。

3. 试运行步骤

(1) 组建试运行小组。试运行小组由业主、监理、系统设计、运行单位和实施单位（或生产厂家）等有关人员组成。

(2) 试运行小组对自动化系统的各种功能和性能进行全面测试，核对各种技术指标，对系统作出初步评价。

(3) 试运行小组编制试运行工作大纲。

(4) 根据试运行工作大纲由试运行人员试运行一年。

(5) 试运行小组提出试运行报告。

4. 技术培训

在工厂验收之前及试运行之前，由实施单位（或生产厂家）分两期对运行人员进行技术培训。

培训工作必须在运行之前完成，培训人员应经考核合格，取得上岗证书。

5.9.2　系统运行维护

《大坝安全监测自动化技术规范》（DL/T 5211—2005）第 13 章“系统运行维护”要求：

(1) 系统的监测频次：试运行期 1 次/天，常规监测不少于 1 次/周，非常时期可加密测次。

(2) 所有原始实测数据必须全部输入数据库。

(3) 监测数据至少每 3 个月作 1 次备份。

(4) 宜每半年对自动化系统的部分或全部测点进行 1 次人工比测。

(5) 运行单位应针对本工程特点制订监测自动化系统运行管理规程。

(6) 每 3 个月对主要自动化监测设施进行 1 次巡视检查，汛前应进行 1 次全面检查。

(7) 每 1 个月校正 1 次系统时钟。

(8) 系统应配置足够的备品备件。

5.9.3　考核验收

系统在投入运行前必须通过验收，验收应在系统试运行期满后进行。

系统考核验收由考核验收小组负责，考核验收小组由业主单位、运行单位，设计单位、监理单位、技术监督单位和实施单位（或生产厂家）等有关领导组成。

考核验收的步骤如下：

(1) 项目承担单位提出《竣工验收申请报告》。

(2) 试运行小组提交试运行报告，考核验收小组对试运行报告进行审查讨论。

(3) 设计、监理、施工安装单位提供相关的技术报告。

(4) 在验收小组参与下，试运行小组进行现场操作和测试，检验自动化系统经过一年试运行后，在系统性能和功能方面有无恶化。系统考核的要求如下：

1) 系统功能要求：数据采集功能；数据处理和数据库管理功能；监测系统运行状态自检和报警功能。

2) 时钟准确度要求。

3) 系统运行稳定性要求。

4) 系统运行可靠性要求。

5) 系统比测指标。

上述系统考核要求的具体指标可参照有关规定执行。

(5) 验收小组应审查提交材料的完整性。

(6) 试运行报告和考核验收现场操作测试结果，均达到自动化监测系统质量合格要求，即可通过验收。

（7）运行单位接收自动化系统硬件、软件设备清单，系统硬件、软件使用说明书及有关备品、备件和文件资料、图纸等。

完成上述各项工作后，自动化系统才能正式投入运行。

5.10 安全监测自动化系统主要考核指标

5.10.1 有效数据缺失率

有效数据缺失率是指在考核期内未能测得的有效数据个数与应测得的数据个数之比。错误测值或超过一定误差范围的测值均属无效数据。对于因监测仪器损坏且无法修复或更换而造成的数据缺失，系统受到不可抗力及非系统本身原因造成的数据缺失，不计入应测数据个数。统计时计数时段长度可根据大坝实际监测需要取1天、2天或1周，最长不得大于1周。数据缺失率FR的计算为

$$FR = \frac{NF_i}{NM_i} \times 100\% \qquad (5.10-1)$$

式中 NF_i——缺失数据个数；

NM_i——应测得的数据个数。

5.10.2 采集装置平均无故障时间

采集装置平均无故障工作时间$MTBF$是指考核期内两次相邻故障间的正常工作时间。故障是指采集装置不能正常工作，造成所控制的单个或多个测点测值异常或停测。平均无故障工作时间$MTBF$的计算为

$$MTBF = \sum_{i=1}^{n} t_i \Big/ \left(\sum_{i=1}^{n} r_i \right) \qquad (5.10-2)$$

式中 t_i——考核期内，第i个测点或采集单元的正常工作时数；

r_i——考核期内，第i个测点或采集单元出现的故障次数；

n——系统内测点或采集单元总数。

当第i个测点或采集单元在考核期内未发生故障时，取$r_i=1$。

5.10.3 单测点比测指标

取某测点考核期自动化监测和人工比测相同或相近时间的测值进行相关性分析。

（1）人工比测一般采用过程线比较或方差分析进行对比。

（2）过程线比较是取某测点相同时间、相同测次的自动化测值和人工测值，分别绘出自动化测值过程线和人工测值过程线，进行规律性和测值变化幅度的比较。

（3）方差分析是取某监测点试运行期自动化监测和人工比测相同时间、相同测次的测值分别组成自动化测值序列和人工测值序列，计算其标准差σ_z、σ_r；再设某一时刻的自动测值为X_{zi}，人工测值为X_{ri}，则两者差值为

$$\delta_i = | X_{zi} - X_{ri} | \qquad (5.10-3)$$

取$\delta \leqslant 2\sigma$，其中均方差的计算公式为

$$\sigma = \sqrt{\sigma_z^2 + \sigma_r^2}$$

式中 σ_z——自动化测量精度；

σ_r——人工测量精度。

5.10.4 短期测值稳定性

自动化系统短期测值稳定性考核主要通过短时间内的重复性测试，根据重复测量结果的中误差来评价。

根据大坝结构和运行特点，假定在较短时间内库水位、气温、水温等环境量基本不变，则相关监测值也应基本不变。通过自动化系统在短时间内连续测读n次（如$n=15$次），读数分别为x_1，x_2，…，x_n，由n次读数计算其中误差，根据中误差评价读数精度及测值稳定性。n次实测数据算术平均值$\overline{x}$的计算公式为

$$\overline{x} = \frac{\sum_{i=1}^{n} x_i}{n} \qquad (5.10-4)$$

对短时间内重复测试的数据，用贝塞尔公式计算出短期重复测试中误差σ，作为采集装置的测读精度，评价是否达到厂家的标称技术指标，其计算公式为

$$\sigma = \sqrt{\frac{\sum_{i=1}^{n} (x_i - \overline{x})^2}{n-1}} \qquad (5.10-5)$$

参 考 文 献

[1] 张建云，唐镇松，姚永熙．水文自动测报系统应用技术［M］．北京：中国水利水电出版社，2005.

[2] 何勇军，刘成栋，向衍，范光亚．大坝安全监测与自动化［M］．北京：中国水利水电出版社，2008.

[3] 廖荣庆．大坝安全监测自动化系统的网络设计［J］．水利水电快报，2004（1）：28-30.

[4] 王润英，方卫华．大坝安全监测自动化系统的LEMP防护［J］．河海大学学报，2001（3）：99-102.

[5] 田均明．系统防雷的几种方法［J］．水利水文自动化，2002（3）.

[6] 南京水利科学研究院勘测设计院，常州金土木工程仪器有限公司．岩土工程安全监测手册［M］．2版．北京：中国水利水电出版社，2008.

第6章

监测资料分析与评价

本章共分9节。主要以水工建筑物中的大坝为例，介绍了资料分析的内容、要求和方法，资料分析的基础工作，环境量及监测效应量真伪性分析，监测资料的常规分析，变形和应力监测量的统计模型，渗流监测量的统计模型，确定性模型和混合模型，安全监测资料的反演，安全性态综合评价等，其他水工建筑物可根据各自特点参照运用。

章主编　顾冲时　李　民

章主审　魏德荣　和再良

本章各节编写及审稿人员

节次	编　写　人	审稿人
6.1	李　民	魏德荣　和再良
6.2		
6.3		
6.4		
6.5	顾冲时　郑东健	
6.6	顾冲时　郑东健　苏怀智	
6.7	顾冲时　郑东健　包腾飞	
6.8	顾冲时　苏怀智　包腾飞	
6.9	顾冲时　郑东健	

第6章　监测资料分析与评价

6.1　资料分析的内容、要求和方法

6.1.1　资料分析的内容

大坝安全监测资料分析就是对监测仪器采集到的数据和人工巡视观察到的情况资料进行整理、计算和分析，提取大坝所受环境荷载影响的结构效应信息，揭示大坝的真实性态并对其进行客观评价。

监测资料包括通过仪器采集得到的大坝效应量和环境量监测数据，以及通过人工巡视检查观察得到的资料。

资料分析一般有以下四项内容。

6.1.1.1　大坝监测效应量的变化规律

（1）分析大坝各监测效应量以及相应环境监测量随时间变化的情况，如周期性、趋势性、变化类型、发展速度、变化幅度、数值变化范围、特征值等。

（2）分析同类监测效应量在空间的分布状况，了解它们在坝高及上、下游方向等不同位置的特点和差异，掌握其分布规律及测点的代表性情况。

（3）分析监测效应量变化与有关环境因素的定性和定量关系，特别注意分析监测效应量有无时效变化，其趋势和速率如何，是在加速变化还是趋于稳定等。

（4）通过反分析的方法反演结构及地基材料物理力学参数，并分析其统计值及变化情况。

6.1.1.2　大坝结构性态存在的问题

根据大坝各类监测效应量的变化过程以及沿空间的分布规律，联系相应环境量的变化过程和坝基、坝体结构条件因素，分析效应量的变化过程是否符合正常规律、量值是否在正常的变化范围内、分布规律是否与坝体的结构状况相对应等。如有异常，应分析原因，找出问题。

6.1.1.3　大坝结构性态变化的预测

根据所掌握的大坝效应量变化规律，预测未来时段内在一定的环境条件下效应量的变化范围；对于发现的问题，应估计其发展变化的趋势、变化速率和可能后果。

6.1.1.4　大坝结构性态的客观判断

根据大坝监测资料分析，对大坝过去和现在实际结构性态是否安全正常做出客观判断，并对今后可能出现的最不利环境影响因素组合条件下的大坝性态状况做出预先判断。

6.1.2　资料分析的要求

6.1.2.1　监测数据和检查资料要确实可靠

资料分析所采用的监测数据应通过合理性检查和可靠性检验，对数据中存在的粗差要进行识别和剔除，以消除或减少数据中系统误差的影响，并对监测数据的精度有一个正确评价。

人工巡视检查所观察到的现象和时间等记录要确切，以便将观察到的环境因素变化、结构物的表面现象和内部效应变化等有机地联系起来。

6.1.2.2　计算和分析方法要科学合理

不同效应量的监测方法和所用的监测仪器有所不同，因此将其监测数据转化为相应的物理量时必须采用正确的计算方法和合理的计算参数，计算软件须经过验证和认定，计算成果也应经过合理性检查。

环境量对效应量的影响分析应以相应的物理分析为基础，分析方法应满足相应的运用条件，分析成果应能对它们之间的相互关系作出合理的物理解释。

6.1.2.3　资料分析和成果要及时反馈

监测资料要及时整理、计算和分析，成果必须及时上报。各阶段（施工期、蓄水期和运行期等）的分析成果（图表、简报、报告）要及时满足大坝安全监测的需要，尤其要与施工进度及蓄水进度相适应，以便有效地进行施工质量监控和蓄水进程控制。遇有重大环境因素变化（如出现大洪水、较高烈度地震等）或监测对象出现异常状态、险情状态时，要作出迅速反应。大型工程关键部位的重要监测项目，应尽可能实现在线实时监测和分析反馈。

6.1.2.4　分析成果要全面反映

分析成果从空间上要全面反映大坝各主要部位的性态以及它们之间的联系，从项目上要全面反映建筑

物变形、渗流、应力等多方面性态，从时间上要全面反映建筑物性态在施工期、蓄水期和正常运行期的全过程中的变化，分析成果具有概括力和综合性。

6.1.2.5　分析和评价要突出重点

在反映全面的同时，还要分清主次、抓住重点。一般要着重分析关键和重要部位，深入分析相应部位渗流和变形性态；对环境因素发生过重大或剧烈变化的情况，以及建筑物发生异常或险情时的性态，要重点分析。

6.1.2.6　分析方法和手段技术要先进

以先进的计算机设备、通信设备和系统软件、支持软件等硬软件为基础，开发先进的大坝安全监测信息系统，采用先进的分析理论和方法，对主要效应量建立适当的数学模型揭示其变化规律，对其性态进行解释、预报和反馈，并以此为基础拟定合理的监控指标，有效地实现大坝安全预警。

6.1.2.7　分析过程要人机结合

在分析过程中要把仪器采集得到的数据与人工巡视检查的结果相结合，定性分析判断与定量分析计算相结合，人的智能性工作要与计算机高效处理功能相结合。

6.1.2.8　组织管理要做好

做好监测分析工作的组织、分工和协调，形成一个有机整体。组织好各层次间数据、信息和分析成果的流动，建立科学的工作秩序。有计划有步骤地进行各时期的分析工作，通过分期实施、逐步完善，建立健全监测分析系统，实现施工期、蓄水期和运行期全过程的监测分析任务。

总的来说，通过对仪器监测数据及巡视检查资料的定性和定量分析，对大坝的状态作出及时的分析和原因解释，并对其性态作出评估和预测，为判断大坝安全从安全监测的角度提供客观依据；发挥检验设计和指导施工的作用，并为专门科研问题提供有价值的成果。

6.1.3　资料分析的方法

监测资料分析一般可以分为常规分析（定性分析）、定量正分析和定量反分析等三部分。

6.1.3.1　常规分析

定性分析主要对监测资料进行特征值分析和有关对照比较，考察测值的变化过程和分布情况，从而对其变化规律以及相应的影响因素有一个定性的认识，并对其是否异常有一个初步判断。

6.1.3.2　定量正分析

定量正分析就是根据效应量监测数据，联系环境影响监测数据，对效应量的状况和变化规律作出定量分析和合理解释，它是评价大坝性态和判断其是否正常的前提，正分析一般通过建立数学模型来实现定量分析。

大坝安全监测数学模型主要揭示大坝监测效应量的变化规律以及环境量对它的影响和程度，并以此为基础来预测效应量未来的变化范围或取值，它一般是一个反映环境量与效应量之间因果关系的模型。建模的过程就是分析影响相应效应量的各类环境因素，构造各环境影响分量的结构型式，再根据效应量和环境量的实测数据，利用相应的物理和数学方法确定模型中各环境影响分量表达式中的参数。

根据确定模型中待定参数方法的不同，大坝安全监测资料分析模型可粗略分为以下三类。

1. 统计模型

大坝安全监测统计模型是通过数理统计分析确定大坝监测效应量与环境影响分量之间统计关系所建立起来的定量描述大坝监测值变化规律的数学方程，在监测效应量数学模型中各环境分量表达式系数主要根据数理统计分析方法确定。

2. 确定性模型

大坝监测确定性模型是通过物理计算成果来确定大坝监测效应量与环境影响分量之间关系所建立起来的描述大坝监测值变化规律的数学模型，建模时先通过物理理论计算成果构造环境影响变量与大坝监测效应量之间的确定性关系，再根据实测值对实现物理计算时的假定和所采用的计算参数进行合理调整，在监测效应量数学模型中各环境分量表达式系数主要是根据物理计算成果来确定。

3. 混合模型

大坝监测混合模型是通过物理计算成果与数理统计分析方法相结合来确定大坝监测效应量与环境影响分量之间关系所建立起来的，描述大坝监测值变化规律的数学模型。建模时，对于那些与效应量关系比较明确的环境影响因素，采用相应的物理理论计算成果来确定环境影响分量表达式的各参数，对于那些与效应量关系不明确或采用物理理论计算成果难以确定它们之间关系的环境影响因素，则采用数理统计方法来确定环境影响分量表达式的各参数。

6.1.3.3　定量反分析

对监测资料的定量反分析就是从效应量监测数据中提取有关大坝结构和地基以及荷载的信息，即对大坝和地基材料的实际物理力学参数反演以及结构几何形状和不够明确的外荷载反分析。

反分析所反演的参数包括混凝土和基岩的弹性模

量、泊松比、线膨胀系数、导热系数、渗透系数、流变参数等，所分析的结构形状主要有结构裂缝和软弱面等。

6.1.4 各阶段资料分析的侧重点

大坝监测资料分析的侧重点因大坝所处的阶段不同而有所区别。

一般来说从大坝开始施工到水库首次蓄水为止为施工期；从水库首次蓄水到或接近正常蓄水位为止为首次蓄水阶段，若首次蓄水后长期达不到正常蓄水位则该阶段延至竣工移交时；水库达到正常蓄水位后为运行阶段，若水库长期达不到正常蓄水位则首次蓄水三年后为运行期。

6.1.4.1 施工阶段

(1) 分析各测点作为相应物理量计算基准的初始测值的合理性。

(2) 分析对施工安全有关的监测成果，如边坡及洞室围岩稳定等，确保施工安全。

(3) 对施工质量具有监督控制作用的监测成果进行及时反馈分析。如坝体混凝土温度、接缝开合度、围岩松弛范围、坝体填筑体沉降量等，通过上述监测成果的及时反馈，可对坝体混凝土温度采取有效的控制措施、更好地选择接缝灌浆时间并了解灌浆质量、根据围岩真实松弛范围调整防护设计、对坝体填筑质量进行有效控制等。

(4) 对于一些与施工环节及施工进度关系密切的部位，要对其监测成果及时分析，以便把握好每一个施工环节，对施工进程采取有效控制，以防施工应力过大造成结构破坏，给大坝安全留下隐患。

(5) 在蓄水前对已有的监测成果进行全面分析，对相应性态作出客观评价，为首次蓄水提供依据。

6.1.4.2 首次蓄水阶段

(1) 着重对主要效应量如变形、渗流以及处于敏感部位的应力等监测成果进行分析，分析它们对相应环境量变化的敏感性以及它们的变化是否符合一般规律等。

(2) 对在蓄水过程中出现的问题，要分析原因，为采取相应的处理措施提供依据。

(3) 分析近坝区滑坡体变形监测成果，根据它在蓄水过程中的发展变化，对其稳定性做出判断。

(4) 蓄水到正常蓄水位后，对监测成果进行全面分析，对大坝在蓄水过程中以及在正常蓄水位下的性态做出客观评价，为竣工验收提供依据。

6.1.4.3 运行阶段

(1) 着重对变形、渗流等主要效应量在空间的分布和随时间的变化规律进行分析，建立相应的数学模型来拟合其历史过程并预测未来变化。

(2) 根据已掌握的规律对日常观测值进行分析，判断其是否在正常范围内，若异常，则分析原因。

(3) 以相应规范标准和监测数学模型为基础，拟定相应效应量的监控指标。

(4) 当大坝出现异常或险情时，根据监测和巡视资料分析可能原因和发展趋势，提出加强监测的意见以及处理建议。

(5) 当大坝遭遇地震等难以预测的自然灾害时，要及时对灾后的仪器监测资料和人工巡视检查资料进行分析，分析灾害对大坝带来的影响，并对大坝性态是否正常做出评价。

(6) 结合大坝安全定期检查进行资料分析，分析的内容和要求可根据定期检查的要求进行。在后几次定检的资料分析中，应侧重对前几次定检中发现的问题和处理情况进行分析。

6.2 资料分析的基础工作

6.2.1 资料的收集与积累

资料是分析的基础，只有充分收集和积累相关的资料才能为做好监测资料分析工作、最大程度地发挥监测成果的作用提供条件。资料分析工作做得深入与否，与资料收集的是否充分、分析人员对资料是否熟悉有直接关系。

6.2.1.1 监测资料的收集

1. 监测成果资料

监测成果资料主要是仪器监测资料，仪器监测资料有原始观测资料和计算成果资料。

原始资料包括现场人工观测记录数据以及录入监测管理系统的原始监测资料数据库数据（包括自动化采集的原始监测数据）；计算成果资料主要为由原始监测数据经计算所得到的物理量数据，特征值统计数据，相应物理量分布及变化过程线图，观测报表，年度整编报告和观测分析报告等。

2. 监测设计及管理资料

监测设计资料主要为监测设计图纸及相应的监测技术文件；管理资料主要为监测规程、监测计划和措施，以及相应的监测工作总结等。

3. 监测设备及仪器资料

监测设备及仪器资料主要为监测设施施工竣工图，仪器埋设、安装记录，仪器性能及使用说明书、出厂合格证书，现场检测及检验资料，监测设备的变化及维护、改进记录等。

6.2.1.2　水工建筑物资料的收集

1. 大坝的勘测、设计及施工资料

勘测资料主要有坝区地形图、坝区地质资料（坝基地质平面、剖面图，钻孔岩芯柱状图，探坑、探槽平面及剖面图，断层、裂隙以及软弱破碎带等地质构造细部资料，地下水位及工程水文资料，地震资料等）。

设计资料主要有坝工结构设计及计算资料，大坝水工模型试验和结构模型试验资料，坝体施工资料，筑坝材料及基岩物理力学性能试验资料等。

施工资料主要有坝基开挖，地基处理（帷幕灌浆、排水孔钻设、断层破碎带加固处理等），坝体施工资料等。

2. 大坝的运行、消除缺陷维护资料

这部分资料为各类影响大坝运行的环境量监测资料和人工巡视检查资料，前者主要有上下游水位、流量、气温、水温、降水、冰冻资料，以及泄洪和地震资料等，后者为大坝缺陷检查记录，维修、加固以及经常性的人工巡视检查记录等。

6.2.1.3　其他资料的收集

主要为国内外大坝监测资料成果及分析成果，以及各种技术参考资料等，特别是类似工程的资料。

6.2.2　资料的整理和整编

监测资料的整理就是将从现场观测到的原始资料数据通过检验取舍后计算加工成便于分析的成果资料。对年度监测资料或多年监测资料进行收集、整理、审定，并按一定规格编印成册，称为监测资料整编。在资料整理、整编的过程中，一般要对监测数据进行检验，再计算成相应的物理量，还要编制监测成果报表，并绘图直观反映相应物理量在空间的分布和随时间的变化，最后加上编制说明装订成册。

6.2.2.1　原始监测数据的检验

原始监测数据都是在现场通过监测仪器和相应的监测方法采集得到的数据，因此，在现场监测时应首先检查操作方法是否符合规定，并且各项数据在监测时都有相应的限差，监测量不同，相应的限差也不同，各类监测量要满足监测限差要求，否则要重测。

数据中的粗差（疏失误差）采用物理判别法及统计判别法检验，应在数据采集回来后马上进行。根据相应的准则进行检查、判断和推断，对确定为异常的数据要立即重测，对来不及重测的粗差值应予以剔除。

数据中的系统误差采用相应的方法检验和鉴别，对检验出的系统误差要分析发生原因，并采取修正、平差、补偿等方法加以消除或减弱。

数据中的偶然误差通过重复性量测数据后，用计算均方根偏差的方法评定其实测值监测精度，尤其对于经过多个测量环节并经过多次计算的数据，要根据相应的监测环节进行精度分析和误差传递理论推算其最终间接得到的数据的最大可能误差，对其精度做出相应评价。

6.2.2.2　变形效应量的计算

原始观测数据经过检验合格后，必须根据相应的方法换算为变形监测物理量。

1. 水平位移计算

（1）准直法监测的位移效应量计算。准直法监测的位移量计算公式为

$$d_i = L + K\Delta + \Delta_R - L_0 \quad (6.2-1)$$

式中　d_i——i 点位移效应量，mm；

K——归化系数，$K=S_i/D$；

S_i——测点至右端点的距离，m；

D——准直线两工作基点的距离，m；

Δ——左、右端点变化量之差，$\Delta=\Delta_L-\Delta_R$，mm；

L_0——i 点首次监测值，mm；

L——i 点本次监测值，mm。

各符号意义如图 6.2-1～图 6.2-3 所示。

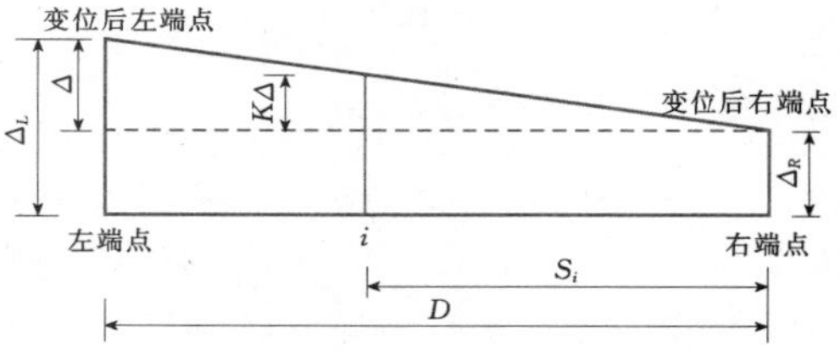

图 6.2-1　准直法监测各测点位移效应量计算示意图

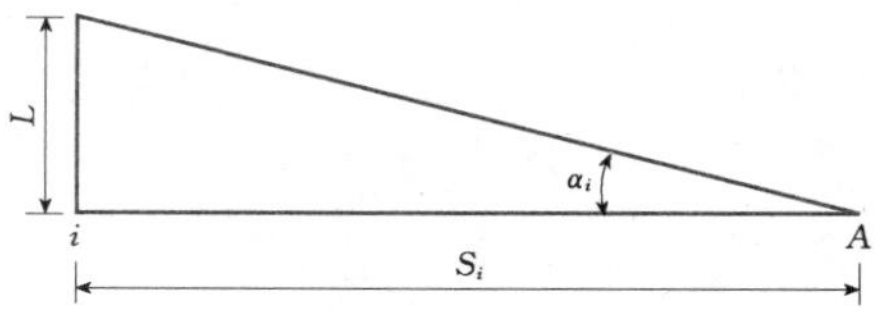

图 6.2-2　视准线小角度监测法监测值 L 计算示意图

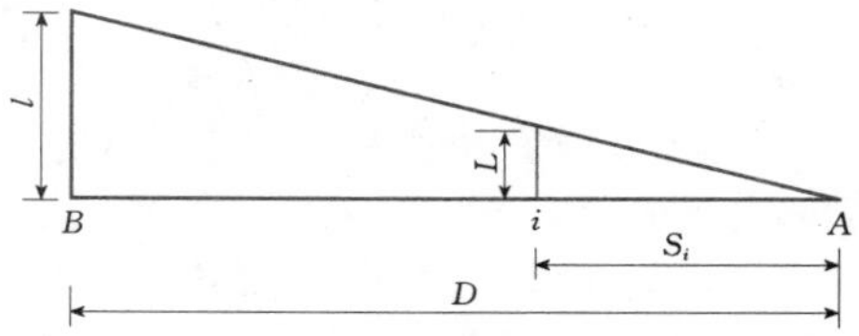

图 6.2-3　激光准直法监测值 L 计算示意图

四种主要准直监测方法监测值 L 的确定方法如下：

1）引张线法：监测值 L 等于监测仪器或分划尺读数。

2）视准线活动觇标法：监测值 L 等于活动觇标读数。

3）视准线小角度法：监测值 L 的计算公式为

$$L=\frac{\alpha_i}{\rho}S_i \tag{6.2-2}$$

式中　α_i——小角度观测值，（″）；

ρ——常数，取 206265″；

S_i——工作基点到测点的距离，mm。

4）激光准直法：监测值 L 的计算公式为

$$L=Kl \tag{6.2-3}$$

式中　l——接收端仪器读数值，mm；

K——归化系数，$K=S_i/D$；

S_i——测点到激光源的距离，m；

D——激光准直全长，m。

（2）正、倒垂线监测的位移效应量计算。

1）倒垂测点位移量计算。倒垂测点位移量指倒垂观测墩（所在部位）相对于倒垂锚固点的位移量，即

$$D_x=K_x(X_0-X_i) \tag{6.2-4}$$

$$D_y=K_y(Y_0-Y_i) \tag{6.2-5}$$

式中　X_0、Y_0——倒垂线测点 X 向和 Y 向首次观测值，mm；

X_i、Y_i——倒垂线测点 X 向和 Y 向本次观测值，mm；

D_x、D_y——倒垂线测点 X 向和 Y 向位移量，mm；

K_x、K_y——X 向和 Y 向位置关系系数（其值为－1 或 1），与倒垂观测墩布置位置（方向）和垂线坐标仪的标尺方向有关。

2）正垂线测点相对位移量计算。正垂线测点相对位移值指正垂线悬挂点相对正垂线观测墩的位移值，即

$$\delta_x=K_x(X_i-X_0) \tag{6.2-6}$$

$$\delta_y=K_y(Y_i-Y_0) \tag{6.2-7}$$

式中　δ_x、δ_y——正垂线测点 X 向和 Y 向相对位移量，mm；

X_0、Y_0——正垂线测点 X 向和 Y 向首次观测值，mm；

X_i、Y_i——正垂线测点 X 向和 Y 向本次观测值，mm；

K_x、K_y——X 向和 Y 向位置关系系数（其值为－1 或 1），与正垂观测墩布置位置（方向）和垂线坐标仪的标尺方向有关。

3）正垂线悬挂点绝对位移量计算。正垂线悬挂点绝对位移量指正垂线测点相对位移值与该测点所在测站的绝对位移值之和，即

$$D_x=\delta_x+D_{x0} \tag{6.2-8}$$

$$D_y=\delta_y+D_{y0} \tag{6.2-9}$$

式中　D_x、D_y——正垂线悬挂点 X 向和 Y 向绝对位移量，mm；

δ_x、δ_y——正垂线悬挂点 X 向和 Y 向相对位移量，mm；

D_{x0}、D_{y0}——测点所在测站 X 向和 Y 向绝对位移量，mm。

4）一条正垂线含多个测点时，悬挂点以外测点的绝对位移量的计算公式为

$$D_x=D_{x0}-\delta_x \tag{6.2-10}$$

$$D_y=D_{y0}-\delta_y \tag{6.2-11}$$

式中　D_x、D_y——测点 X 向和 Y 向绝对位移量，mm；

D_{x0}、D_{y0}——悬挂点 X 向和 Y 向绝对位移量，mm；

δ_x、δ_y——测点 X 向和 Y 向相对位移量，mm。

2. 垂直位移计算

垂直位移监测中，水准基点、工作基点、测点的引测、校测、监测的记录，按《国家一、二等水准测量规范》（GB 12897—2006）中的要求执行。

6.2.2.3　渗流效应量的计算

1. 扬压力效应量计算

（1）扬压水位计算。

1）测压孔内水位低于测压孔孔口高程时，扬压水位为测压孔孔口高程减去孔内水位到孔口的铅直距离，单位为 m。

2）测压孔内水位高于测压孔孔口高程，采用孔口引管监测时，扬压水位为测压孔孔口高程加上孔口以上水柱高，单位为 m。

3）测压孔孔内水位高于测压孔孔口高程，采用压力表监测时，扬压水位为压力表读数（单位为 MPa）乘以 101.972 加上压力表安装高程，单位为 m。

4）采用渗压计监测时，为渗压计算值（单位为 MPa）乘以 101.972 加上测点高程，单位为 m。

差动电阻式渗压计监测的渗透压力计算公式为

$$P=f'\Delta z-b\Delta T \tag{6.2-12}$$

式中　P——渗透压力，MPa；

f'——渗压计（修正）最小读数，MPa/0.01%；

Δz——电阻比测量值相对电阻比基准值的变化量，0.01%；

b——渗压计的温度修正系数，MPa/℃；

ΔT——温度测量值相对温度基准值的变化量,℃。

振弦式渗压计监测的渗透压力计算公式为

$$P = K\Delta F + K_T \Delta T \tag{6.2-13}$$

式中　P——渗透压力或压力，MPa；

K——渗压计仪器一次线性系数，MPa/Hz²；

K_T——渗压计温度系数修正值，MPa/℃；

ΔF——渗压计线性读数 L 相对基准线性读数 L_0 之差，Hz²；

ΔT——温度测量值相对温度基准值的变化量,℃。

为使式（6.2-12）和式（6.2-13）计算所得的渗压值符号一致为"一"，则应规定 Δz 为当次电阻比测值减去基准电阻比值，ΔF 为当次线性读数值减去基准线性读数值，ΔT 为当次温度测值减去基准温度值。

（2）扬压水柱计算。扬压水柱为相应扬压水位减去测压孔所在坝基面高程，单位为 m。

（3）渗压系数计算。

1）坝体渗压系数。坝体渗压系数按式（6.2-14）和式（6.2-15）计算。

下游水位高于测点高程时

$$\alpha_i = \frac{H_i - H_2}{H_1 - H_2} \tag{6.2-14}$$

下游水位低于测点高程时

$$\alpha_i = \frac{H_i - H_3}{H_1 - H_3} \tag{6.2-15}$$

式中　α_i——第 i 测点渗压系数；

H_1——上游水位，m；

H_2——下游水位，m；

H_i——第 i 测点实测水位，m；

H_3——测点高程，m。

2）坝基渗压系数。坝基渗压系数按式（6.2-16）和式（6.2-17）计算。

下游水位高于基岩高程时

$$\alpha_i = \frac{H_i - H_2}{H_1 - H_2} \tag{6.2-16}$$

下游水位低于基岩高程时

$$\alpha_i = \frac{H_i - H_4}{H_1 - H_4} \tag{6.2-17}$$

式中　H_4——测点处基岩高程，m；

α_i、H_1、H_2、H_i 意义同式（6.2-14）。

2. 渗流量计算

（1）坝基单孔渗流量计算。单孔渗流量一般采用容积法监测，其渗流量 Q_i 的计算公式为

$$Q_i = \frac{V}{t} \tag{6.2-18}$$

式中　Q_i——坝基单孔渗漏量，L/s；

V——充水容积，L；

t——充水时间，s。

（2）坝段基础渗流量计算。坝段基础渗流量 Q_{Bj} 为相应 j 坝段基础所有单孔渗流量之和，即 $Q_{Bj} = \sum_{i=1}^{m_j} Q_i$，$m_j$ 为 j 坝段基础排水孔数。

（3）坝基总渗流量计算。坝基总渗流量 Q_F 为所有坝段基础渗流量总和，即 $Q_F = \sum_{j=1}^{m} Q_{Bj}$，$m$ 为坝段总数。

（4）坝基及坝体总渗流量计算。采用容积法监测时，坝体及坝基总渗流量为坝基总渗流量和坝体总渗流量之和。采用量水堰监测时，根据量水堰的堰型和位置计算、确定相应部位的渗流量。

1）采用直角三角堰法监测时，相应部位渗流量的计算公式为

$$Q = 1.4H^{\frac{5}{2}} \tag{6.2-19}$$

式中　Q——渗漏量，m³/s；

H——堰上水头，m。

2）采用矩形堰法监测时，相应部位渗流量的计算公式为

$$Q = mb\sqrt{2g}H^{\frac{3}{2}} \tag{6.2-20}$$

其中
$$m = 0.402 + 0.054\frac{H}{p}$$

式中　Q——渗漏量，m³/s；

b——堰宽，m；

H——堰上水头，m；

g——重力加速度，m/s²；

p——堰口至堰槽底的距离，m。

6.2.2.4　应力应变及温度监测效应量的计算

1. 混凝土总应变计算

差动电阻式应变计监测的混凝土总应变计算公式为

$$\varepsilon = f'\Delta z + b\Delta T \tag{6.2-21}$$

式中　ε——总应变，10^{-6}；

f'——应变计（修正）最小读数，10^{-6}/0.01%；

Δz——电阻比测量值相对电阻比基准值的变化量，0.01%；

b——应变计的温度修正系数，10^{-6}/℃；

ΔT——温度测量值相对温度基准值的变化量,℃。

振弦式应变计监测的混凝土总应变计算公式为

$$\varepsilon = K\Delta F + K_T\Delta T \qquad (6.2-22)$$

式中 ε——总应变，10^{-6}；

K——应变计仪器系数，$10^{-6}/Hz^2$；

K_T——应变计温度系数修正值，$10^{-6}/℃$。

ΔF——应变计线性读数 L 相对基准线性读数 L_0 之差，Hz^2；

ΔT——温度测量值相对温度基准值的变化量，℃。

一般规定拉应变为"+"，压应变为"−"。为使式（6.2-21）和式（6.2-22）计算所得的应变值符号一致，则应规定 Δz 为当次电阻比测值减去基准电阻比值，ΔF 为当次线性读数值减去基准线性读数值，ΔT 为当次温度测值减去基准温度值。

2. 混凝土应力应变计算

混凝土应力应变为应变计测得的总应变减去无应力计测得的混凝土自由应变。

3. 单轴应力应变计算

对于单向应变计，其单轴应力应变即为由相应的应变计测值算得的应力应变。

对于平面相互垂直的两向应变计和空间三向应变计组，各方向的单轴应力应变计算公式为

$$\varepsilon'_x = \frac{1-\mu}{(1+\mu)(1-2\mu)}\varepsilon_x + \frac{\mu}{(1+\mu)(1-2\mu)}(\varepsilon_y + \varepsilon_z) \qquad (6.2-23)$$

$$\varepsilon'_y = \frac{1-\mu}{(1+\mu)(1-2\mu)}\varepsilon_y + \frac{\mu}{(1+\mu)(1-2\mu)}(\varepsilon_z + \varepsilon_x) \qquad (6.2-24)$$

$$\varepsilon'_z = \frac{1-\mu}{(1+\mu)(1-2\mu)}\varepsilon_z + \frac{\mu}{(1+\mu)(1-2\mu)}(\varepsilon_x + \varepsilon_y) \qquad (6.2-25)$$

式中 ε'_x、ε'_y、ε'_z——x、y、z 方向单轴应力应变，10^{-6}；

ε_x、ε_y、ε_z——x、y、z 方向由相应应变计计算得到的应力应变，10^{-6}；

μ——混凝土泊松比。

4. 接缝开合度

差动电阻式测缝计监测的接缝开合度计算公式为

$$J = f'\Delta z + b\Delta T \qquad (6.2-26)$$

式中 J——缝的开合度，mm；

f'——测缝计（修正）最小读数，mm/0.01%；

Δz——电阻比测量值相对电阻比基准值的变化量，0.01%；

b——测缝计的温度修正系数，mm/℃；

ΔT——温度测量值相对温度基准值的变化量，℃。

振弦式测缝计监测接缝开合度计算公式为

$$J = K\Delta F + K_T\Delta T \qquad (6.2-27)$$

式中 J——开合度，mm；

K——测缝计仪器系数，mm/Hz^2；

K_T——测缝计温度系数修正值，mm/℃；

ΔF——测缝计线性读数 L 相对基准线性读数 L_0 之差，Hz^2；

ΔT——温度测量值相对温度基准值的变化量，℃。

一般规定计算开合度为"+"表示张开，为"−"表示闭合。为使式（6.2-26）和式（6.2-27）计算所得的开合度符号一致，则应规定 Δz 为当次电阻比测值减去基准电阻比值，ΔF 为当次线性读数值减去基准线性读数值，ΔT 为当次温度测值减去基准温度值。

5. 钢筋应力

差动电阻式钢筋计监测的钢筋应力计算公式为

$$\sigma = f'\Delta z + b\Delta T \qquad (6.2-28)$$

式中 σ——钢筋应力，MPa；

f'——钢筋计的（修正）最小读数，MPa/0.01%；

Δz——电阻比测量值相对电阻比基准值的变化量，0.01%；

b——钢筋计温度修正系数，MPa/℃；

ΔT——温度测量值相对温度基准值的变化量，℃。

振弦式钢筋计监测的钢筋应力计算公式为

$$\sigma = K\Delta F + K_T\Delta T \qquad (6.2-29)$$

式中 σ——钢筋应力，MPa；

K——钢筋计仪器系数，MPa/Hz^2；

K_T——钢筋温度系数修正值，MPa/℃；

ΔF——钢筋计线性读数 L 相对基准线性读数 L_0 之差，Hz^2；

ΔT——温度测量值相对温度基准值的变化量，℃。

一般规定计算钢筋应力为"+"表示拉应力，为"−"表示压应力。为使式（6.2-28）和式（6.2-29）计算所得的钢筋应力符号一致，则应规定 Δz 为当次电阻比测值减去基准电阻比值，ΔF 为当次线性读数值减去基准线性读数值，ΔT 为当次温度测值减去基准温度值。

6. 压应力

差动电阻式压应力计监测的压应力计算公式为

$$\sigma = f'\Delta z + b\Delta T \qquad (6.2-30)$$

式中 σ——压应力，MPa；

f'——压应力计（修正）最小读数，MPa/0.01%；

Δz——电阻比测量值相对电阻比基准值的变化量，0.01%；

b——压应力计温度修正系数，MPa/℃；

ΔT——温度测量值相对温度基准值的变化量，℃。

振弦式压应力计监测的压应力计算公式为

$$\sigma = K\Delta F + K_T\Delta T \qquad (6.2-31)$$

式中 σ——压应力，MPa；

K——压应力计仪器系数，MPa/Hz^2；

K_T——压应力计温度系数修正值，MPa/℃；

ΔF——压应力计线性读数 L 相对基准线性读数 L_0 之差，Hz^2；

ΔT——温度测量值相对温度基准值的变化量，℃。

实际算得的压应力为"－"值，若算得为"＋"值则表示未受到压应力，压应力计不能监测拉应力。为使式（6.2-30）和式（6.2-31）计算压应力时符号一致，则应规定 Δz 为当次电阻比测值减去基准电阻比值，ΔF 为当次线性读数值减去基准线性读数值，ΔT 为当次温度测值减去基准温度值。

7. 温度

温度监测值的计算公式为

$$\left.\begin{aligned} T &= \alpha'\Delta R \quad T \geqslant 0℃ \\ T &= \alpha''\Delta R \quad T \leqslant 0℃ \end{aligned}\right\} \tag{6.2-32}$$

其中 $$\Delta R = R - R'_0$$

式中 T——温度，℃；

ΔR——电阻变化量；

R——实测的仪器电阻，Ω；

R'_0——0℃时的仪器的计算电阻值，Ω；

α'、α''——温度系数，℃/Ω。

8. 根据实测单轴应力应变 ε' 计算混凝土应力

将时间划分为 n 个时段，每个时段的起始和终止时刻（龄期）分别为 τ_0，τ_1，τ_2，…，τ_{i-1}，τ_i，…，τ_{n-1}，τ_n。各个时段中点龄期 $[\overline{\tau_i} = (\tau_i + \tau_{i-1})/2]$ 为 $\overline{\tau_1}$，$\overline{\tau_2}$，…，$\overline{\tau_i}$，…，$\overline{\tau_n}$。各时刻对应的单轴应变分别为 ε'_0，ε'_1，ε'_2，…，ε'_i，…，ε'_n。各中点龄期对应的单轴应变分别为 $\overline{\varepsilon_1}'$，$\overline{\varepsilon_2}'$，…，$\overline{\varepsilon_i}'$，…，$\overline{\varepsilon_n}'$。各时段单轴应变增量（$\Delta\varepsilon'_i = \varepsilon'_i - \varepsilon'_{i-1}$）分别为 $\Delta\varepsilon'_1$，$\Delta\varepsilon'_2$，…，$\Delta\varepsilon'_i$，…，$\Delta\varepsilon'_n$。

（1）应力计算松弛法。在 τ_n 时刻的应力为

$$\sigma(\tau_n) = \sum_{i=1}^{n} \Delta\varepsilon'_i E(\overline{\tau_i}) K_P(\tau_n, \overline{\tau_i}) \tag{6.2-33}$$

式中 $E(\overline{\tau_i})$——$\overline{\tau_i}$ 时刻混凝土的瞬时弹性模量；

$K_P(\tau_n, \overline{\tau_i})$——龄期 $\overline{\tau_i}$ 时的松弛曲线在 τ_n 时刻的值。

（2）应力计算变形法。在 $\overline{\tau_n}$ 时刻的应力为

$$\sigma(\overline{\tau_n}) = \sum_{i=1}^{n} \Delta\sigma(\overline{\tau_i})$$

$$\left.\begin{aligned} &\Delta\sigma(\overline{\tau_i}) = E'(\overline{\tau_i}, \tau_{i-1})\,\overline{\varepsilon_i}' \qquad i = 1 \\ &\Delta\sigma(\overline{\tau_i}) = E'(\overline{\tau_i}, \tau_{i-1})\left\{\overline{\varepsilon_i} - \sum_{j=1}^{i-1} \Delta\sigma(\overline{\tau_j}) \times \right. \\ &\left.\left[\frac{1}{E(\tau_{j-1})} + c(\overline{\tau_i}, \tau_{j-1})\right]\right\} \qquad i > 1 \end{aligned}\right\} \tag{6.2-34}$$

式中 $\Delta\sigma(\overline{\tau_i})$——$\overline{\tau_i}$ 时刻的应力增量；

$E'(\overline{\tau_i}, \tau_{i-1})$——以 τ_{i-1} 龄期加荷单位应力持续到 $\overline{\tau_i}$ 时的总变形 $\left[\frac{1}{E(\tau_{i-1})} + c(\overline{\tau_i}, \tau_{i-1})\right]$ 的倒数，即称为 $\overline{\tau_i}$ 时刻的持续弹性模量；

$E(\tau_{j-1})$——τ_{j-1} 时刻混凝土的瞬时弹性模量；

$c(\overline{\tau_i}, \tau_{j-1})$——以 τ_{j-1} 为加龄期持续到 $\overline{\tau_i}$ 时的徐变度。

在上述物理量计算过程中，对那些存在的多余监测数据换算时应先做平差处理，物理量的正负号按照有关规范确定。若规范中尚未有统一规定的，应根据监测开始时所定义的保持不变。

物理量计算应注意：①方法合理，计算准确；②计算公式正确反映转换量之间的物理关系，计算参数的选取要合理；③计算单位采用统一的国际单位；④计算有效数字位数应与采集仪器读数精度相匹配；⑤计算成果要经过全面校核、重点复核、合理性审查等，确保成果准确无误。

各次监测效应量计算结果与相应的基准值有关，因此要慎重确定观测基准值。埋设在混凝土内部的监测仪器的基准值选取与混凝土的特性、仪器性能以及周围的温度有关，具体根据仪器种类参考相关文献确定。

6.2.2.5 监测成果表的编制及绘图

监测物理量数值包括环境变量及结构效应变量数值，输入计算机后生成相应的月报表和年报表，以及在重要的情况下的日报表等。报表统一采用规范的格式。表格内资料中断处相应的格内应填以缺测符号"—"，并在备注栏内说明原因。

各类监测物理量需绘制相应的图形来直观反映它们随时间变化的过程线和在空间的分布图，以及相关图和过程相关图。过程线一般包括单测点的、多测点的以及同时反映环境量变化的综合过程线；分布图包括一维分布图、二维等值线图或立体图；相关图包括点聚图、单相关图及复相关图；过程相关图依时序在相关图点位间标出变化轨迹及方向。

6.2.2.6 监测资料的整编

监测资料整编的时段一般为一个日历年，每年整编工作必须在次年的汛前完成。整编的对象为水工建筑物及其地基、边坡、环境因素等各监测项目在该年的全部监测资料。整编工作主要将上述资料进行汇集，并对观测情况进行考证、检查、校审和精度评定，编制整编监测成果表及各种曲线图，编写观测情

况及资料使用说明，将整编成果刊印成册等。

对观测情况检查考证的项目一般有各测点平面坐标、高程、结构、安设情况、设置日期、起测时间以及基准值的查证，各种仪器仪表检验参数及检验结果的查证，各监测参考基面高程考证，基准点稳定性考证等。

整编时对监测成果所作的检查主要是合理性检查。检查各监测物理量的计（换）算和统计是否正确、合理，特征值数据有无遗漏、谬误，有关图件是否准确、清晰，并通过将监测值与历史测值对比，与相邻测点对照以及与同一部位几种有关项目间数值的对应关系来检查工程性态变化是否符合一般规律等。对检查出的不合理数据，应做出说明；不属于十分明显的错误，一般不应随意放弃或改正。

监测成果校审，主要是在日常校审基础上的抽校及对时段统计数据的检查、成果图表的格式统一性检查、同一数据在不同表中出现时的一致性检查以及全面综合审查。

整编时须对主要监测项目的精度给出分析评定或估计，列出误差范围，以利于资料的正确使用。

整编中编写的监测说明，一般包括监测布置图、测点考证表，采用的仪器设备型号、参数等说明，监测方法、计算方法、基准值采用、正负号规定等的简要介绍，以及考证、检查、校审、精度评定的情况说明等，尤其要注重工程存在的问题、分析意见和处理措施等是否正确。整编成果中应编入整编时段内所有的监测效应量和原因量的成果表、曲线图以及现场检查成果。

对整编成果质量的要求是项目齐全、图表完整、考证清楚、方法正确、资料恰当、说明完备、规格统一、数字正确。成果表中应根除大的差错，细节性错误的出现率不超过1/2000。

整编后的成果均应印刷装订成册。大型工程的监测资料整编成果还应存入计算机的磁盘或光盘，整编所依据的原始资料应分册装订存档。

6.3 环境量及监测效应量真伪性分析

6.3.1 环境量分析

大坝效应量的变化主要由作用在它上面的环境（荷载）因素引起的。作用于大坝的环境因素（荷载）主要有坝的自重、上下游静水压力、溢流时的动水压力、波浪压力、冰压力、扬压力、淤沙压力、回填土压力、地震力、温度变化影响等，它们是引起大坝效应量变化的外因，通过坝体结构、地基地质因素以及相应的材料特性等内因起作用。在不同时期（施工期、蓄水期、运行期）以及对不同类型的坝，它们的影响作用不同。

1. 自重

自重对大坝效应监测值的影响在坝体施工期间是不断变化的，在施工过程中，随着坝体的升高，自重不断增大，但大坝完建后，自重值达到最大并就此稳定不变。

2. 上下游静水压力

上下游静水压力对大坝的影响主要在大坝挡水以后。在静水压力的作用下，坝体及相应基础会产生变形、渗流以及应力等变化，因此它们是影响大坝性态的主要环境因素。当下游水位（对岸坡坝段则是下游地下水位）变化不大且下游水深相对上游水位较小时，可只考虑上游水压力即水库水位变化的影响。

水库水位决定了上游水压力，而水压力是大坝最主要的荷载之一，大坝大多数效应量测值都与水库水位有密切关系。水库水位越高，坝的变形和渗透就越大，应力状况也越不利，甚至出现不安全情况，这就使高水位时的监测及资料分析显得特别重要。

3. 扬压力

扬压力影响混凝土坝的抗滑稳定性和坝体应力，它主要取决于上下游水位且本身也是一种监测项目。

4. 降水

坝区降水会使库水位和坝肩山体地下水位上升，降水渗入土坝会使坝体渗流水位上升。因此降水是影响大坝渗流，尤其是两岸地下水位的主要因素。

5. 温度

温度会引起坝体及基岩热胀冷缩，从而引起温度变形，有时还产生温度应力。大坝的水平位移、垂直位移、挠度、接缝、应力等状态一般与温度变化都有明显的关系，有时温度对上述效应量的影响比库水位的影响更为显著。对于拱坝、支墩坝及宽缝重力坝等薄壁或有大空腔的坝体，尤其是这样。

温度变化会引起坝体接缝及基岩裂隙的张合，以及改变水的黏滞度，所以温度变化也间接影响大坝渗流状态。

6. 冰压力

在寒冷地区，坝前库水面会结冰，由此对坝面产生冰压力。冰压力的大小与气温有关，随着气温降低，冰体膨胀，冰压力增大。冰压力主要对低坝影响较大，对高坝影响很小，冰压力主要发生在寒冷地区的冰冻期间。

7. 泥沙压力

水库蓄水后随着时间的推移，在坝前会产生泥沙淤积，在多泥沙的河流上淤积情况会更明显。泥沙淤积的结果会对大坝产生泥沙压力并改变大坝的渗流条件，从而影响坝体变形、应力以及渗流状态。在有泥沙淤积明显影响的情况下，分析资料时要考虑泥沙压力因素，但需要有坝前泥沙淤积的监测资料。

8. 地震力

在发生较强烈地震的情况下，坝的变形、应力和渗流状态都会有变化。分析地震前后监测资料时，要考虑地震影响。地震发生的机会很少，在地震后要立即观测，及时采集震后的监测资料，若能采集到地震期间的资料更有利于分析地震对大坝的影响作用。

6.3.2　监测效应量的误差分析

6.3.2.1　监测效应量误差的定义

监测效应量误差就是监测效应量观测值与效应量真值之间的差值。

6.3.2.2　监测效应量误差的研究意义

由于监测方法和监测设备不尽完善，周围环境的影响以及人类认识能力的限制，在对大坝安全监测效应量的监测过程中所获得的观测值与真值之间，不可避免地存在差异，在数值上表现为误差。误差的存在具有必然性和普遍性，它不能完全被消除，但可以控制，使它的影响达到最小。研究大坝监测效应量误差具有的意义如下：

(1) 正确认识监测效应量误差的性质，分析误差产生的原因，以采取必要措施消除、抵偿和减弱误差。

(2) 正确处理监测数据，对监测数据进行合理计算，以便在一定的条件下使计算结果更接近效应量真值。

(3) 改进监测方法和监测仪器，以便在最经济的条件下得到理想的监测数据。

6.3.2.3　监测效应量误差的来源

在监测效应量的观测过程中，误差产生的主要原因如下：

(1) 监测仪器影响。用来监测大坝效应量的传感器和相应数据采集仪表本身存在误差，它们会给监测数据带来误差。

(2) 环境影响。无论是监测传感器还是监测数据采集仪器都在标准的环境条件下进行过标定，并以此标定成果为基础进行监测和效应量计算，但由于实际监测环境条件与标准条件不同，会造成一定的误差。

(3) 监测方法影响。任何监测方法都不是尽善尽美的，监测方法的不完善会引起监测误差。各类监测效应量的监测方法不同，由此带来的监测误差也不同。

(4) 监测人员影响。监测人员受分辨能力的限制，因工作疲劳引起的视觉器官的生理变化，固有习惯会引起读数误差，以及由于精神上的因素产生的一时疏忽等会引起误差。

6.3.2.4　监测效应量误差的分类

按照监测效应量误差的特点与性质，其误差可分为疏失误差、系统误差和偶然误差三类。

1. 疏失误差

疏失误差是一种超出了在规定条件下预期的误差，也称“粗大误差”或“寄生误差”。它是由于监测人员的疏忽而产生的错误，这种误差值较大，明显歪曲了测量结果。如仪器操作错误、记录错误、计算错误、小数点串位、正负号弄反等，应杜绝这类误差的发生。监测分析时应认真检查以发现此类错误，并加以处理。通常的处理方法是加以剔除。

2. 系统误差

系统误差是指在偏离规定的监测条件下多次监测同一量时，绝对值和符号保持恒定的误差；或在该监测条件改变时，按某一确定规律变化的误差。它是由于监测设备、仪器、操作方法不完善或外界条件变化所引起的一种有规律的误差。

按对误差掌握的程度，系统误差可分为已定系统误差和未定系统误差。前者误差绝对值和符号确定；后者误差绝对值和符号不确定，但通常可估计出误差范围。

按误差出现的规律，系统误差可分为不变（恒定）系统误差和可变系统误差。前者误差绝对值和符号固定分为恒正系统误差和恒负系统误差；后者误差绝对值和符号变化，按变化规律又可分为线性系统误差、周期性系统误差和复杂规律系统误差等。

在大坝安全监测中，量具不准引起的测长误差，差动电阻式仪器电缆氧化引起的误差以及压力表不准引起的扬压力监测误差等都是系统误差。监测中的系统误差通常对多个测点或多次测值都有影响，且影响值和符号有一定的规律。

系统误差会使监测值增大或减小一个常数，或使测值产生趋势性时效变化，或使测值产生周期性变化等，因此除在监测中应尽量采取措施来消除或减少系统误差外，还应在资料分析时努力发现和消除系统误差的影响。

3. 偶然误差

偶然误差是实际监测条件下，多次监测同一监测量时，绝对值和符号的变化时大时小，时正时负，以不可预定方式变化着的误差，它是由于若干偶然原因所引起的微量变化的综合作用所造成的，是一种随机误差。

产生偶然误差的原因可能与监测设备、方法、外界条件、监测人员的感觉等因素有关。偶然误差对监测值个体而言似乎没有规律，不可预计和控制，但其总体服从统计规律，可以应用数理统计理论估计它对监测结果的影响。

大坝安全监测的每种监测项目中，每个测点的监测值都存在偶然误差。例如变形监测时瞄准仪器十字丝与觇标中心不密切重合的照准误差，读游标时的读数误差；采用容积法监测渗漏水时的计时误差、水量读数误差等。偶然误差可能由于环境温度变化和气流扰动引起的仪器微小变化，监测人员感觉器官临时的生理变化，空气中的折光变化等综合产生，是普遍存在且一般难以消除的。系统误差经消除后的残存值也可看做偶然误差。

6.3.3 监测效应量真伪性分析

6.3.3.1 监测效应量真伪的定义

大坝监测效应量真值是在某一时刻和某一种环境状态下效应量本身体现出来的客观值或实际值，是一个理想的概念，一般是无法得到的。实际监测中，以在没有系统误差的情况下足够多次的观测值的平均值作为约定真值来代替效应量真值。

大坝监测效应量伪值是严重偏离和歪曲了效应量真值的值，主要是由疏失误差造成的。

6.3.3.2 监测效应量真伪性分析方法

因监测效应量伪值是对相应真值的歪曲，在资料分析中应该加以鉴别并予以剔除。在判别伪值时要特别慎重，应作充分的分析和研究后根据判别准则确定。

如果在同一时间内和相同条件下对某一效应量进行多次重复性观测，要判别其中的粗值（伪值）则可用 3σ 准则（拉伊塔准则）、肖维勒准则、罗曼诺夫斯基准则（t 检验准则）、格罗布斯基准则、狄克逊准则等。大坝监测效应量监测值系列一般很长，它们是在不同的时间段即不同监测条件下获得的监测值，测值跨越的期间各类环境因素在不断地变化，因此判断其中粗差（伪值）不能简单套用上述准则。

判断效应量粗值（伪值）常用的方法是根据效应量和环境量监测值建立相应的数学模型来拟合监测效应量，即通过数学模型将效应量测值系列 $y_i(i=1,2,\cdots,n)$ 表示为

$$y_i = f(x_{1i}, x_{2i}, \cdots, x_{mi}) + \varepsilon_i$$

或写为

$$\hat{y}_i = f(x_{1i}, x_{2i}, \cdots, x_{mi})_i$$

式中 y_i——监测效应量测值系列，$i=1,2,\cdots,n$；

$\hat{y}_i$——监测效应量数学模型拟合值系列，$i=1,2,\cdots,n$；

x_{ij}——环境影响量系列，$i=1,2,\cdots,m$；$j=1,2,\cdots,n$；

ε_i——$y_i-\hat{y}_i$ 的差值系列，称作残差系列，$i=1,2,\cdots,n$，其服从正态分布 $N(0,\sigma^2)$ 的随机序列，σ^2 为残差的方差。

可根据 3σ 准则来判别效应量粗值（伪值）。根据随机误差的正态分布规律，其残差 ε_i 落在 $\pm3\sigma$ 以外的概率约为 0.3%，因此发现大于 3σ 的残差 ε_i 的测值为

$$|\varepsilon_i| > 3\sigma$$

则可初步判断为异常值，再进一步分析环境因素有无异常变化以及结构情况有无变化等，判断是不是粗值（伪值），若是，则予以剔除。

6.4 监测资料的常规分析

监测资料的常规分析就是通过测值资料简单统计分析、测值变化过程和分布情况的考察、与历史测值和相关资料对照，从而对测值的变化规律以及相应的影响因素有一个定性的认识，并对其是否异常有一个初步判断。常规分析是一种定性分析，或称作初步分析。对每个监测项目的各测点都应作常规分析，这是以后对资料进一步深入分析的基础。常规分析一般有以下几个环节。

6.4.1 特征值统计分析

对各个测点的观测值及环境量测值集合进行特征值统计。特征值通常指算术平均值、均方根均值、最大值、最小值、极差、方差、标准差等，必要时还须统计变异系数、标准偏度系数、标准峰度系数等离散和分布特征。通过上述特征值分析，可以了解测值的变化范围以及与主要环境因素的关系等。

6.4.1.1 环境量特征值统计

1. 水位特征值统计

水位主要指上游和下游水位。水位的特征值统计主要是对上、下游水位进行特征值统计。

（1）日平均水位计算。水位变化缓慢或等时距监测时，日平均水位采用算术平均法计算，即各次水位监测值之和除以监测次数。等时距监测即本日第一次到次日第一次监测的 24h 内各测次时距相等，零时到第一次观测与最后一次监测到 24 时的时距不要求相等。

水位日变化较大且不等时距监测时，采用面积包围法求算日平均水位。即由本日零时至 24 时水位过程线所包围的面积除以一日的时间求得。图 6.4-1 所示的是某日零时至 24 时，在各时距 t_1、t_2、…、t_n 间监测到的水位值为 H_0、H_1、H_2、…、H_{n-1}、H_n，则该日的平均水位$\overline{H}$可表示为

$$\overline{H}=\frac{1}{48}[H_0t_1+H_1(t_1+t_2)+H_2(t_2+t_3)+\cdots+H_{n-1}(t_{n-1}+t_n)+H_nt_n] \tag{6.4-1}$$

若该日零时或 24 时没有实测水位记录，则应根据其前后测次的水位和时间，用直线插补法求出零时或 24 时水位后，再按式（6.4-1）计算。

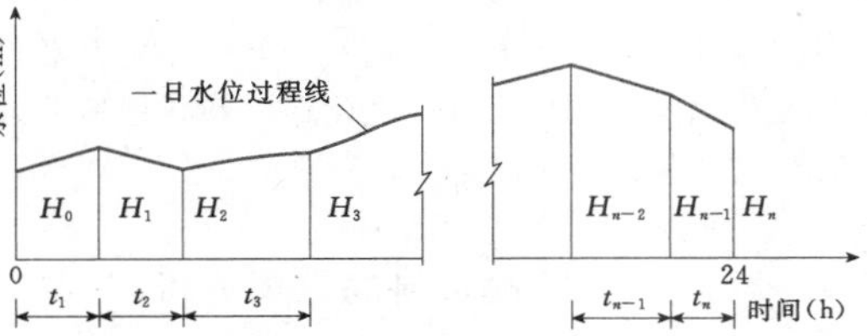

图 6.4-1　用面积包围法求日平均水位

（2）最高、最低水位及相应变化幅度统计。为了解大坝运行条件，对上下游水位通常统计下列特征值：

1）年、月、日平均值。

2）年内最高、最低值及其出现日期，年水位变化幅度。

3）超出某一高水位的日数及日期，低于某一水位的日数及日期。

根据某些监测项目资料分析需要，有时还可以统计某一特定时段的水位平均值、变幅、最高最低值、变化速率等。

2. 气温特征值统计

气温是一种最基本的气象要素，也是影响大坝性态的主要环境因素之一。它对大坝上下游水温、坝体温度、坝基温度有直接影响，从而影响到大坝的变形、应力以及渗透等效应量，因此气温是一主要环境监测量。

气温特征值统计主要统计平均气温、最高气温、最低气温和变化幅度等。

常用的有一年的日、旬、月、年平均气温、最高气温、最低气温和相应变化幅度，多年的日、旬、月、年平均气温、最高气温、最低气温和相应变化幅度。

统计出年、月、旬平均气温（当年及多年）；年内最高、最低气温值及其出现日期；年内气温极差（最高气温与最低气温差值）；超出（或低于）某一气温的日数及日期。

（1）日平均气温计算。设一日内各钟点 i 测得的气温序列为 $t_i(i=1,2,\cdots,24)$，则计算日平均气温 $\overline{T}$ 的计算公式为

$$\overline{T_1}=\frac{1}{24}\sum_{i=1}^{24}t_i \tag{6.4-2}$$

$$\overline{T_2}=\frac{t_2+t_8+t_{16}+t_{20}}{4} \tag{6.4-3}$$

$$\overline{T_3}=\frac{t_{d\max}+t_{d\min}}{2} \tag{6.4-4}$$

式中　t_i——i 时的气温观测值；

$t_{d\max}$ 和 $t_{d\min}$——日最高和最低气温测值，式（6.4-2）计算值最接近真实日平均气温，式（6.4-3）与式（6.4-2）计算值差值小于 0.5℃，式（6.4-4）最简便，计算值误差约为 0.3～1℃。

多年日平均温度则取多个年份每年该日的日平均温度求算术平均值。

（2）旬、月、年平均温度计算。设 t_{ji} 为某年 j 月份 i 日的平均温度，m_j 为 j 月份的天数，则 j 月份的月平均气温 T_{Mj} 的计算公式为

$$\overline{T_{Mj}}=\frac{1}{m_j}\sum_{i=1}^{m_j}t_{ji} \tag{6.4-5}$$

j 月份上旬的旬平均气温计算公式为

$$\overline{T_{j1}}=\frac{1}{10}\sum_{i=1}^{10}t_{ji} \tag{6.4-6}$$

j 月份中旬的旬平均气温计算公式为

$$\overline{T_{j2}}=\frac{1}{10}\sum_{i=11}^{20}t_{ji} \tag{6.4-7}$$

j 月份下旬的天数为 n_j，则相应下旬平均气温计算公式为

$$\overline{T_{j3}}=\frac{1}{n_j}\sum_{i=21}^{20+n_j}t_{ji} \tag{6.4-8}$$

年平均气温 T_y 的计算公式为

$$\overline{T_y}=\frac{1}{12}\sum_{i=1}^{12}\overline{T_j} \tag{6.4-9}$$

多年旬、月及年平均气温计算方法类似。

3. 水温特征值统计

水温因受监测方法的限制，测次及监测数据远少于气温监测数据，统计时同样采用算术平均方法。统计出水温相应的平均值、最高和最低值以及相应的出现时间等。

4. 坝体温度特征值统计

坝体温度是坝体热状态的表征。坝体温度场的变化会引起坝体变形、渗流等效应量的变化，对混凝土

坝尤其是混凝土拱坝，还会引起坝体温度应力。

坝体温度变化对混凝土坝影响比较明显，一般也只有混凝土坝才有坝体实测温度，因此对坝体温度的分析主要是混凝土坝坝体温度分析。

坝体温度特征值统计主要统计坝体不同时期的最高温度、最低温度、平均温度等。

6.4.1.2 物理量特征值统计

大坝安全监测物理量主要有变形、渗流、应力应变三类。

变形有坝体变形、坝基变形、坝区变形、坝体接缝变形等；渗流有坝基扬压力、坝体渗压或渗流水位、坝肩地下水位、坝体及坝基渗流量等；应力应变有混凝土坝体应力应变、钢筋应力、锚杆应力等。它们都是在环境因素作用下产生的效应量，其量值大小和变化与相应的环境因素相对应。统计出大坝安全监测物理量不同阶段的最大、最小值以及相应发生时间、平均值等，以了解相应物理量的变化范围，对相应环境量变化的敏感程度等。

6.4.2 对比分析

对比分析是将大坝安全监测值与其历史极值及相同条件下测值、相关效应量及环境量测值、设计与模型试验值、安全监控及预测值进行比较来对测值做出判断的一种方法。一般进行以下比较。

6.4.2.1 与历史测值比较

将测值与其历史测值比较，先与上次测值比较，看是连续渐变还是突变；与历史最大、最小值比较，看是否有突破；与历史上同条件（环境量作用情况相近）的测值比较，看差异程度和偏离方向（正或负）如何。如果测值较前次测值有突变，或者突破了历史极值，或者较历史上相同条件下测值偏离较大，则要分析原因。

6.4.2.2 与相关的资料对照

与测值相关的资料主要有相邻的同类效应量测值资料、相邻点能起相互印证的其他效应量测值资料、相应的环境量测值资料等。

与相邻测点同类效应量测值比较，看它们的差值是否在正常的范围内，分布是否符合历史规律。与能起相互印证的其他效应量测值比较，看它们之间有无不协调的异常现象。例如在混凝土重力坝坝踵基岩面测点同时布置有基岩变形、坝体与基岩接缝变形、坝基面压应力等效应量监测，若测值资料反映出基岩变形为压缩变形，坝体与基岩接缝呈闭合状态，坝基面应力为压应力，则认为上述效应量测值之间是协调的，它们所反映的坝踵性态在性质上是一致的，其测值可以起到相互印证的作用。

与相应的环境量测值比较主要看效应量测值变化是否与环境量测值变化相对应。

6.4.2.3 与设计计算值及模型试验值比较

设计计算值和模型试验值与大坝安全监测值在量值上存在差异，比较时主要看它们的变化和分布趋势是否相近。进行数值比较时，应注意设计计算工况和模型试验以及大坝安全监测物理量计算基准取值时相应工况的影响，并进行相应的变换处理使两者具有可比性，再比较数值差别有多大，测值是偏大还是偏小等。

6.4.2.4 与规定的安全监控值和预测值比较

将监测值与相应的安全监控值比较，看测值是否超限；与预测值比较，看差值是偏于安全还是危险等。

通过上述对比分析初步判为异常的测值，若在现场，应先检查计算有无错误，量测系统有无故障，如未发现疑点，应及时重测一次，以验证观测值的真实性。经多方比较判断，确信该观测量为异常值时，应及时向上级报告。

6.4.3 变化过程分析

以时间为横坐标，所考察的环境量或大坝效应量测值为纵坐标绘制测值随时间变化的过程线。

考察测值过程线，了解该测值随时间而变化的规律及变化趋势，分析其变化有无周期性，最大、最小值多少，一年或多年的变幅多大，各时期变化速率如何，有无反常升降，有无不利趋势性变化等。

在效应量测值过程线图上还可以同时绘上环境因素如水位、温度、降水量等的过程线，以此可了解测值和这些因素的变化是否相对应、周期是否相同，滞后多长时间，两者变化幅度的大致比例等。

在同一图上可同时绘有多个测点或多个项目监测值的过程线，通过比较了解它们相互间的联系及差异所在。

6.4.3.1 水位变化过程分析

通常绘制年度日平均水位过程线，有时也绘制多年水位过程线或年内某一时期水位过程线，且常常把上下游水位过程线绘制在同一张图上，水位比例尺可根据水位变幅取得相同或不相同。图 6.4-2 所示为某水库年度上下游水位过程线示例。

在水位过程线上，通常还应表示出最高、最低水位值及发生时间、封冻期等。

6.4.3.2 气温变化过程分析

气温变化过程分析一般需绘制年度日平均气温过

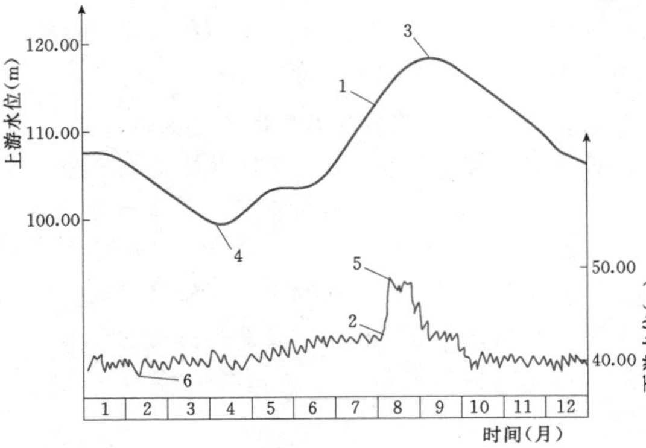

图 6.4-2　1981 年度水位过程线示例图

1—上游水位；2—下游水位；3—上游最高水位 119.87m；4—上游最低水位 100.05m；5—下游最高水位 49.92m；6—下游最低水位 38.42m

程线。图 6.4-3 为某坝址多年日平均气温变化过程线。

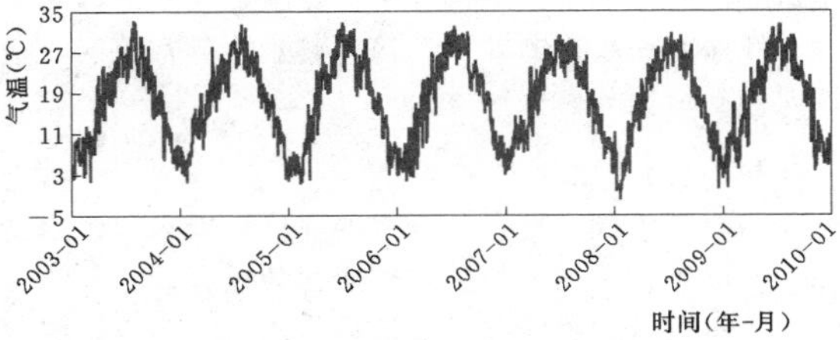

图 6.4-3　某坝址多年日平均气温变化过程线

在气温变化过程线中主要有以下 4 种变化。

(1) 随机变化。偶然因素引起的变化。如云层变化、阵雨来临等均可造成温度随机变化。这种变化可以用求平均的方法在一定程度上消除。

(2) 循环变化。日循环和年循环变化，是时间的固定周期函数。循环变化的影响可用固定时间的观测值或用一个完全循环的周期内的平均予以消除。

(3) 周期振动。一种频率不固定的周期变化，它由两个以上不同周期的循环及环境变化造成。

(4) 多年趋势。在相当长的年代内所具有的缓慢变化，由气候变化及环境变化引起。

在大坝安全监测中，实测气温值所反映的函数关系 $f(t)$ 是未知的，但它们是一个周期 2π 弧度内等间距的 m 个时刻 $t_i\left(t_i = i\dfrac{2\pi}{m}, i = 0,1,2,\cdots,m-1\right)$ 所对应的观测值 y_i，可用"实用谐量分析法"拟合。

$$\hat{y}_i = \frac{a_0}{2} + \sum_{k=1}^{n}\left[a_k\cos\left(ki\frac{2\pi}{m}\right) + b_k\sin\left(ki\frac{2\pi}{m}\right)\right] \tag{6.4-10}$$

或

$$\hat{y}_i = c_0 + \sum_{k=1}^{n} c_k\sin\left(ki\frac{2\pi}{m} + \varphi_k\right) \tag{6.4-11}$$

其中

$$c_k = \sqrt{a_k^2 + b_k^2},\ c_0 = \frac{a_0}{2},\ \varphi_k = \tan^{-1}\frac{a_k}{b_k} \tag{6.4-12}$$

$$\begin{cases} a_0 = \dfrac{2}{m}\displaystyle\sum_{i=0}^{m-1} y_i \\ a_k = \dfrac{2}{m}\displaystyle\sum_{i=0}^{m-1} y_i\cos\left(ki\dfrac{2\pi}{m}\right) \\ b_k = \dfrac{2}{m}\displaystyle\sum_{i=0}^{m-1} y_i\sin\left(ki\dfrac{2\pi}{m}\right) \end{cases} \tag{6.4-13}$$

6.4.3.3　水温变化过程分析

绘制水位变化过程线时往往把不同深度的水温以及岸上气温变化过程线同时绘在同一幅图上，以便充分表达水温的特点，更好地分析水温变化规律。如图 6.4-4 所示为水温、气温综合过程线图。

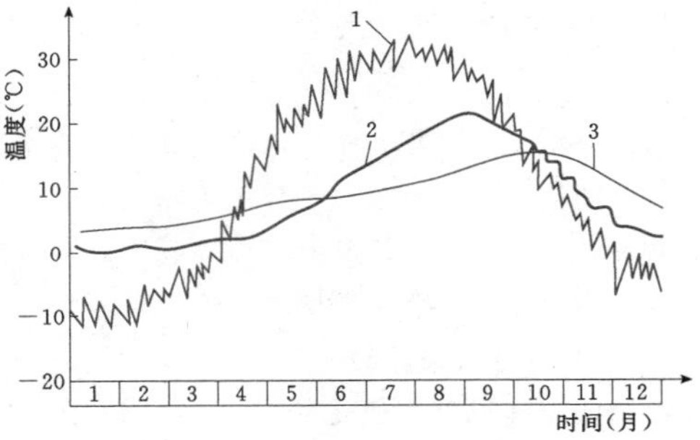

图 6.4-4　水温、气温综合过程线图

1—气温；2—表层水温；3—底层水温

分析水温气温综合过程线变化可以看到以下几个特点。

(1) 水温以年周期变化，变化过程较气温平滑，越深处的水温变化越平滑。

(2) 水温变化滞后于气温变化，越深处水温变化滞后时间越长。

(3) 水温年变化幅度小于气温年变化幅度，越深处水温变化幅度越小。

(4) 水温过程线在峰两侧不对称，表现为上升段较平稳，下降段较陡峻，深水部位水温的这种变化情况更为显著。

图 6.4-5 所示为某大坝上游不同高程处的实测水温变化过程。

6.4.3.4　坝体温度变化过程分析

坝体温度主要受外界气温和水温的影响。对混凝土坝来讲，坝体温度在前期还受到混凝土水泥水化热以及人工冷却降温的影响。大坝安全监测中更

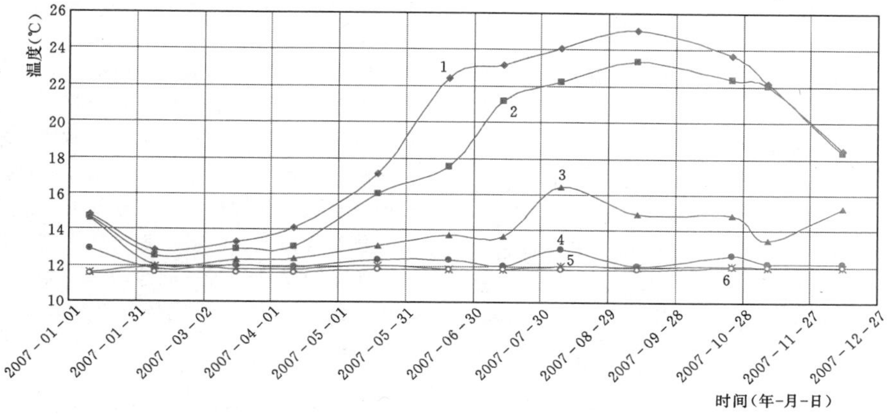

图 6.4-5 某大坝上游水温变化过程线

1—高程 160.00m；2—高程 150.00m；3—高程 140.00m；4—高程 130.00m；5—高程 120.00m；6—高程 110.00m

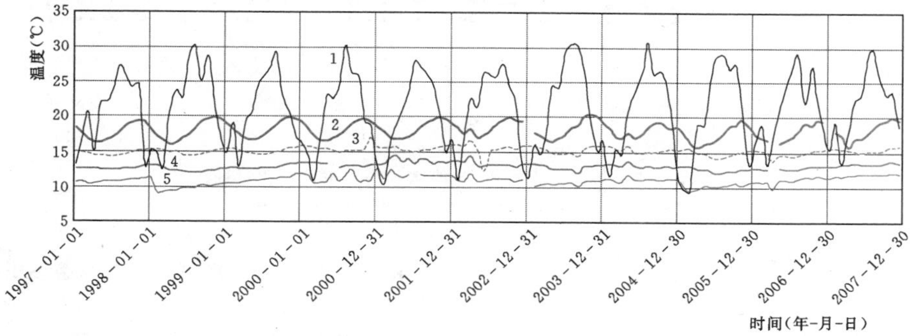

图 6.4-6 某拱坝高程 110.00m 坝体混凝土温度变化过程线

1—距下游坝面 0.1m；2—距上游坝面 15m；3—距上游坝面 10m；4—距上游坝面 5m；5—距上游坝面 0.1m

注重混凝土坝体温度变化，在混凝土坝中一般设有坝体温度监测断面，用以监测坝体温度的分布和变化规律，而在土石坝坝体中一般不设坝体温度监测。

绘制坝体混凝土温度过程线时一般常把位于坝体监测剖面同一高程上距坝表面不同距离的多个测点温度甚至气温、水温或基础温度等变化过程线绘于同一图上，以便于对照比较。

坝体混凝土温度变化过程一般可以反映出以下几个特点。

(1) 温度变化具有周期性。变化周期以年周期为主，如图 6.4-6 所示为某拱坝坝体混凝土温度变化过程。表层和浅表层混凝土温度受大气环流半月周期的影响，具有“中间变化”，表现出几天至十几天不等的周期变化。最表层混凝土温度受日气温影响，具有日变化。

(2) 混凝土温度变化滞后于气温和水温，水下越深及坝内距坝表面越远滞后时间越长。

(3) 温度变化幅度以坝体表面混凝土最大，距坝表面越远温度变化幅度越小。

(4) 靠近上游坝面水下部位混凝土温度过程线升温段较平缓，降温段较陡峻，温度峰值两侧形状不对称。

(5) 坝体混凝土到达稳定温度一般需要数年，具体时间与坝体的状况有关。

6.4.3.5 坝基温度变化过程分析

坝基温度一般通过在坝基垂直钻孔内距坝基表面不同位置设温度测点监测，绘制坝基温度过程线可以看出坝基温度变化一般具有一定的年周期。温度变化幅度以坝基表面附近最大，随着与坝基面距离增大而减小。

6.4.3.6　混凝土坝基扬压力变化过程分析

坝底扬压力对混凝土重力坝是一种主要荷载，它对混凝土重力坝的稳定、应力和变形等有明显影响。

坝基渗流对坝体底面的作用力是一种体积力，工程上常把它作为一种垂直向上作用于坝底面上的面力来计算。实测坝底面扬压力可用坝底扬压水柱分布图的总面积表示，渗透压力则可用渗透压力水柱分布图的面积表示，浮托力则为扬压力与渗透压力之差。扬压力、渗压力和浮托力反映所分析的坝底面的渗透情况，测孔扬压水位、扬压水柱、渗透压力水柱、扬压系数以及渗压系数则反映单孔（坝底上一点）的渗透情况。

绘制和分析扬压值（扬压水位、扬压水柱、扬压系数或扬压力等）的过程线是研究扬压力随时间发展变化的一种常用方法。较常见的做法是把几个互相有关联的反映扬压的过程，如一个坝段横断面上的各测孔扬压水位变化过程，沿坝轴线方向的各测孔扬压水位变化过程以及各坝段底面扬压力变化过程等，连同上下游水位变化过程一同绘制在一幅图上，以便对比分析，图 6.4-7 为某混凝土坝坝基实测扬压水位变化过程线。

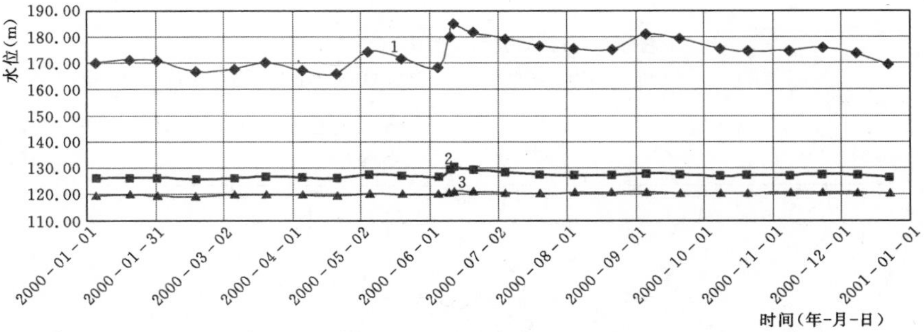

图 6.4-7　某混凝土坝 15 坝段基础扬压水位变化过程线

1—上游水位；2—上游防渗帷幕后 2m；3—距上游防渗帷幕 10m

坝基扬压值随时间变化具有的特点如下：

（1）扬压值随着上、下游水位的涨落而升降。对于高坝，上游水位变幅远较下游水位为大，扬压值变化则反映出明显受上游水位变化的影响。当上游水位随时间存在年变化周期时，扬压值变化也呈相应的年周期变化，越靠近上游侧的测孔扬压值受上游水位的影响越明显。

（2）渗流渗透的过程中沿途要克服阻力，因此扬压值的变化相对相应水位的变化一般存在时滞现象。但渗流通道畅通，阻力很小时，扬压值变化可与相应水位变化同步，是否存在时滞现象与相应的渗流条件有关。

（3）扬压值的变化幅度反映了对相应水位变化的敏感程度，因此其变化幅度与距相应渗流源的距离有关。坝踵附近的扬压值变幅因会受坝前淤积影响一般接近且小于上游水位变幅，坝趾附近扬压值变幅接近或小于下游水位变幅，坝基面中间各点扬压值变幅一般小于上游水位变幅，具体大小与距相应渗流源及排水设施的距离有关。

（4）扬压变化随防渗及排水条件的变化而变化。防渗削弱以及排水不畅会使扬压增大，加强防渗尤其保持排水畅通可使扬压有效降低。

6.4.3.7　混凝土坝体及坝基排水量变化过程线绘制与分析

大坝建成后其渗漏水的组成部分如下：

（1）从上游坝面渗入到坝体后经坝体排水管排出的渗漏水。

（2）通过基岩与坝体接触面、基础及防渗体后经坝基排水孔排出的渗漏水。

（3）经止水不佳的横缝及与上游坝面串通的裂缝和混凝土浇筑冷缝等入渗并由坝内廊道或下游坝面渗出的渗漏水。

（4）绕过坝底防渗和排水设施，由基岩排向下游的渗漏水。

（5）绕过坝的两端，由两岸坡岩石渗向下游的漏水。

上述第（2）种渗漏水流量可以通过容积法量测各坝基排水孔出水量得到，若采用量水堰量测则必须保证坝体渗漏水不得汇入相应的区域；第（1）种渗漏水量一般通过量水堰法测得的坝基和坝体总排水量减去坝基排水量（2）得到；对于第（3）种渗漏水较集中的可以设导流管引出量测；对于第（3）种渗漏水在坝表面呈渗湿出露的情况，以及第（4）和第（5）种渗漏情况，只能根据调查情况进行估算。

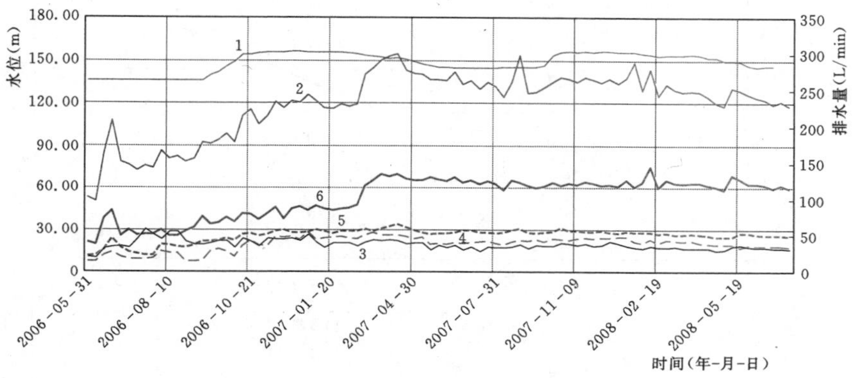

图 6.4-8　某重力坝坝基排水量过程线

1—上游水位；2—右岸坝段基础总排水量；3—右厂 16 坝段坝基排水量；4—右厂 17 坝段坝基排水量；5—右厂 18 坝段坝基排水量；6—右厂 19 坝段坝基排水量

为了解大坝渗漏水的变化规律，常绘制大坝相应的渗漏水变化过程线。图 6.4-8 为某重力坝坝基排水量过程线。图 6.4-9 为某坝混凝土裂缝渗水过程线。

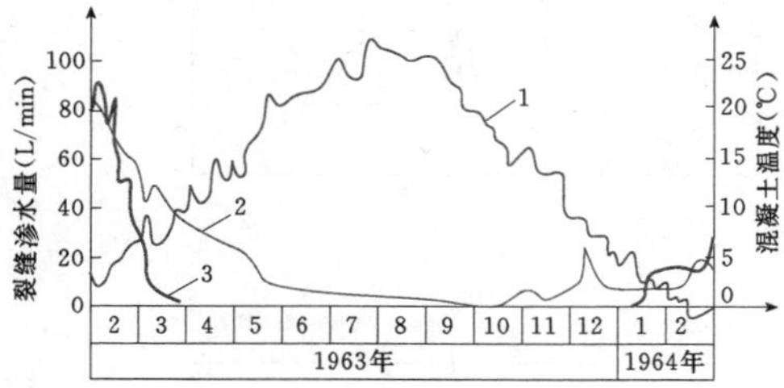

图 6.4-9　某坝混凝土裂缝渗水过程线

1—混凝土温度；2—裂缝渗水（1 号）；3—裂缝渗水（2 号）

大坝排水量变化过程一般具有以下特点：

（1）排水量随上游水位的升降而增减，与上游水位变化具有同样的年周期。

（2）裂缝（隙）漏水量与混凝土（岩石）温度状况有关。温度升高，相应缝隙变小，漏水量减小；温度降低，缝隙变大，漏水量增加，如图 6.4-9 所示。裂缝漏水量变化一般具有气温变化的相同年周期。

（3）当入渗的缝隙位于混凝土坝表面上部，高水位时被淹没，低水位时暴露在大气中，坝体漏水还受坝面干湿交替的影响，在漏水过程线上表现为水位上升期漏水量大于水位下降前期。这是因为水位上升前长期处于干燥状态的缝隙相对较宽，水位上升时漏水量较大；经过水淹后混凝土饱和湿胀，缝隙变小，漏水量也相应减小。

（4）不同部位的漏水量随着时间推移发生不同变化。有的部位排水量随时间会逐渐变小，甚至不出水；有的则会变得逐渐增大；有的部位时而出水，时而又不出水。这与排水通道畅通与否及各排水部位之间的联系状况有关。

（5）地震会引起大坝排水量变化。2008 年 5 月 12 日四川汶川发生 8.0 级地震，某工程泄洪坝段坝基总排水量增加 109.1L/min，右岸坝段坝基总排水量增大 25.22L/min。

6.4.3.8　混凝土坝变形变化过程分析

大坝变形是一个主要效应量。对混凝土坝来说，变形包括坝体、坝基的水平和垂直变形、倾斜、接缝变形等。同样，通过绘制大坝变形变化过程线来分析其随时间的发展变化规律。图 6.4-10～图 6.4-12 分别为某重力坝 12 号和 13 号坝段顺河向水平位移过程线以及某拱坝 11 号坝段不同高程测点和不同坝段坝顶高程 194.00m 径向水平位移过程线。

考察大坝变形过程线，一般可能出现的情况如下：

（1）上游水位升高，坝前水压力增大，坝体水平位移一般倾向下游，坝基垂直位移表现为下沉，坝基向下游倾斜；水位降低，坝体水平位移向上游回弹，坝基垂直位移则向上反弹，坝基向上游倾斜。这种规律在水库初蓄过程中较明显，在运行期间因受温度影响尤其是上游水位变幅较小时，上游水位与坝体变形之间的关系往往被温度与坝体变形的关系掩盖。

（2）坝体变形与坝体温度状态有关。对于混凝土拱坝和重力坝一般高温季节坝体向上游位移，低温季节坝体向下游位移，这是由拱坝和重力坝的结构特点以及相应的坝内温度梯度状况决定的，见图 6.4-11。对于平均温度起主要作用的薄长闸墩结构，温度上升，闸墩上游侧向上游位移，下游侧向下游位移；

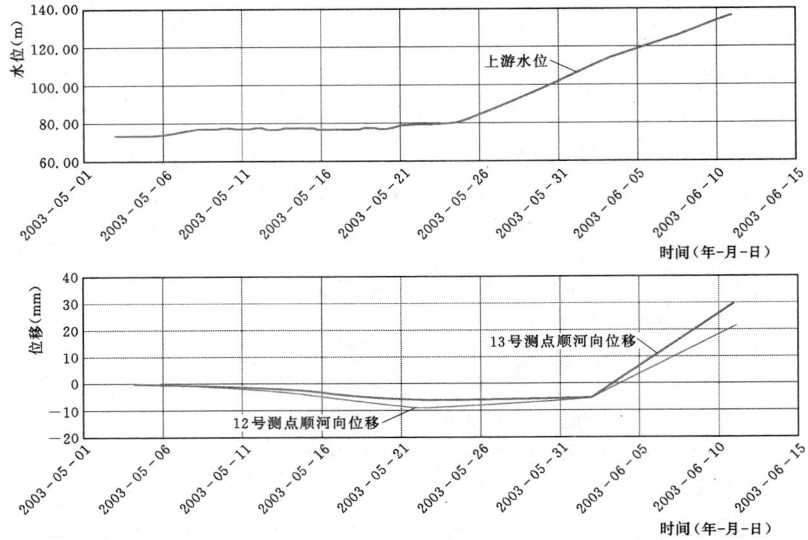

图 6.4-10　某重力坝泄洪 12 号和 13 号坝段坝顶测点顺河向水平位移过程线

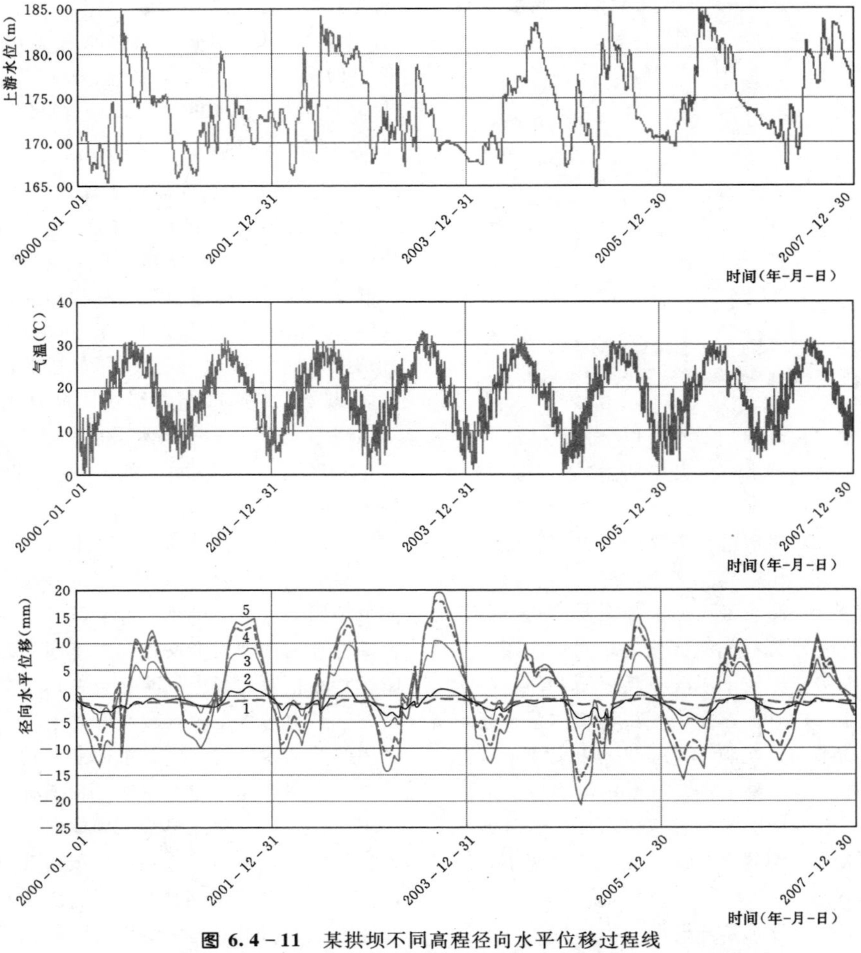

图 6.4-11　某拱坝不同高程径向水平位移过程线

1—高程 105.00m；2—高程 120.00m；3—高程 153.00m；4—高程 177.00m；5—高程 194.00m

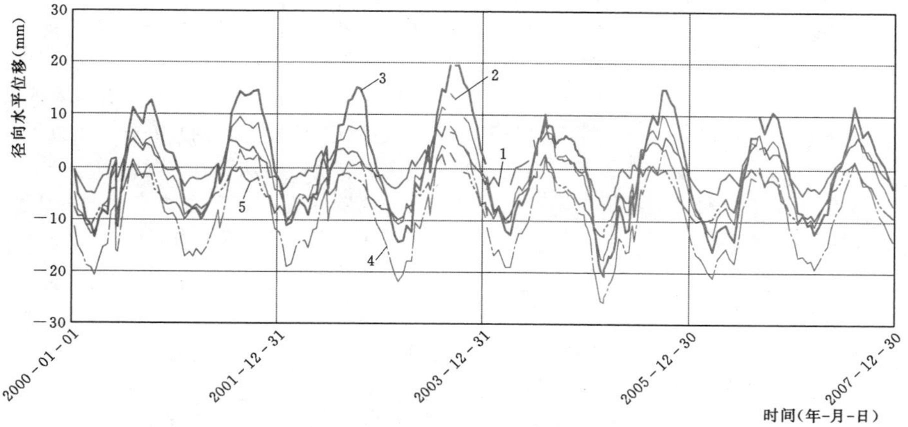

图 6.4-12 某拱坝不同坝段坝顶高程 194.00m 径向水平位移过程线

1—4 号坝段；2—7 号坝段；3—11 号坝段；4—13 号坝段；5—17 号坝段

温度降低，闸墩上游侧向下游位移，下游侧向上游位移，表现出混凝土结构热胀冷缩的特性，见图 6.4-13。温度升高时坝顶垂直位移一般表现为上抬，坝体向上游倾斜；温度降低时坝顶垂直位移表现为下沉，坝体向下游倾斜。温度对大坝变形的影响一般较水压更大，因此从大坝位移变化过程中可明显看出其与坝址气温的关系，位移变化与气温变化存在相同的年周期。气温对坝体变形的影响存在时滞现象，测点在坝体位置越深处，时滞时间越长（图 6.4-11）。

（3）坝体变形可能存在时效变化。造成变形的时效变化有两种可能。①对混凝土坝来说，由于坝体混凝土的徐变和基岩蠕变，坝基裂隙和坝体裂缝不可逆趋势性压缩变形等会使坝体产生不可逆时效变形；对土石坝来说，在自重作用下坝体会随时间产生趋势性沉降变形。②由于影响坝体变形的环境因素为不可逆变化，如水库从空库蓄水到死水位，水库蓄水后坝体温度趋势性降低的影响，也会使坝体产生趋势性时效变形。

6.4.3.9 混凝土坝接缝及裂缝变化过程分析

在混凝土坝施工过程中通常用横缝将整个坝体分为若干坝段施工，各坝段根据其具体情况有时又采用纵缝将坝段分成若干坝块。在坝体混凝土浇筑施工过程中，各纵缝通过接缝灌浆将坝块连接成各个坝段。拱坝则通过横缝灌浆，将各坝段连接成一个拱坝整体。混凝土重力坝横缝一般不灌浆，但有的则在某高程以下进行横缝灌浆或部分坝段进行横缝灌浆，将各坝段部分联成一体，以改善受力条件。受各种环境因素的影响，在混凝土施工过程中又难免在坝体上会产生混凝土裂缝。

混凝土坝体中纵缝、横缝以及裂缝随时间的变化情况同样可绘制出相应的变化过程线。图 6.4-14 和图 6.4-15 为某拱坝横缝开合度及相应温度变化过程

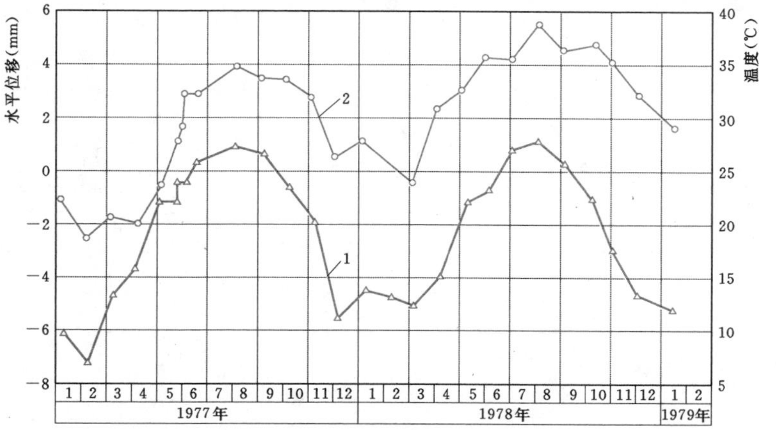

图 6.4-13 某重力坝闸墩临时测点水平位移过程线

1—前 1 旬平均气温；2—5 号坝段闸墩下游侧测点水平位移

线，图 6.4－16 为某工程右纵坝段表面裂缝开合度及相应温度变化过程线。

从接缝和裂缝的变化过程一般可以看到以下变化特点。

（1）混凝土坝永久性伸缩缝、未作处理的裂缝以及灌浆质量不好的拱坝横缝，它们的开合度变化与温度变化关系密切，具有与气温变化相同的年周期，温度升高，缝闭小；温度降低，缝张大，见图 6.4－14。

（2）混凝土坝临时工作缝在灌浆处理前开合度的变化较大。在灌浆过程中由于灌浆压力的作用，工作缝一般会张大，在变化过程线上显示出一突张台阶，此后变化幅度明显变小。若工作缝经灌浆处理后其缝隙被水泥充填密实，则其开合度难以看出随环境因素变化的影响，但从已有工程的灌浆缝开合度实测资料分析成果分析，大多经灌浆处理的工作缝仍为接触缝，并受到温度变化的影响。

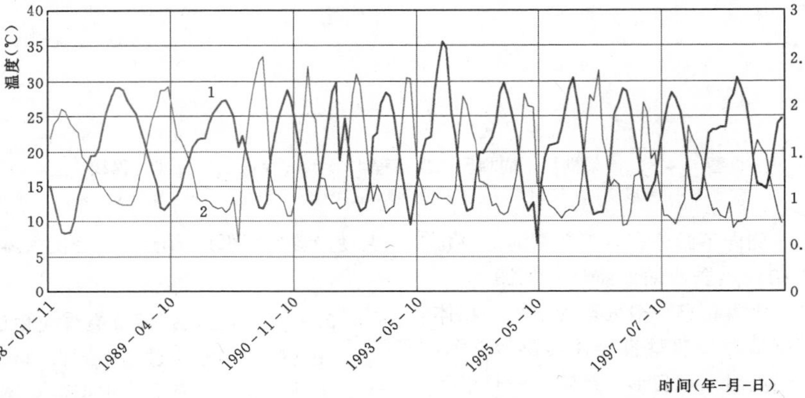

图 6.4－14　某拱坝横缝开合度（灌浆质量差）及相应温度变化过程线

1—测点温度；2—测点开合度

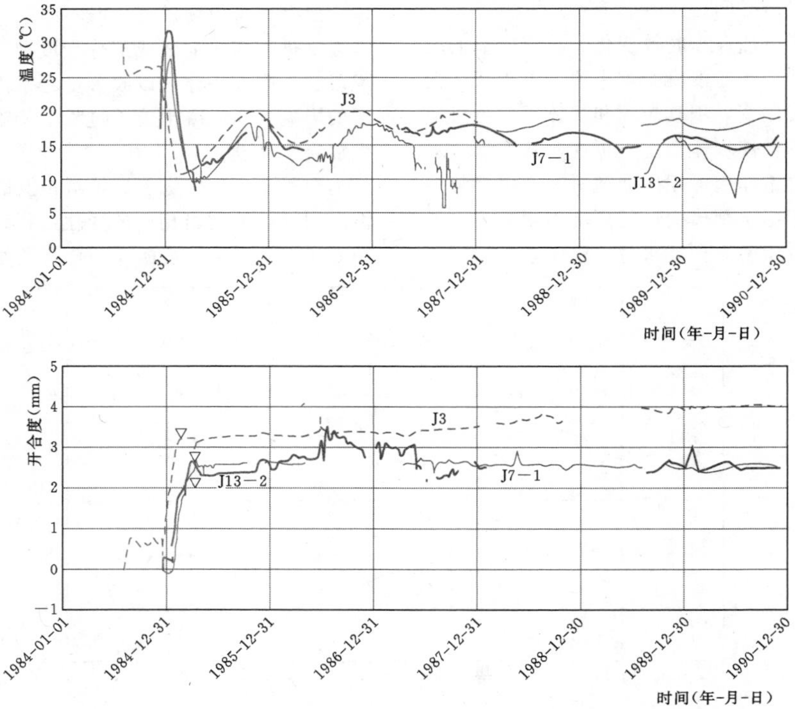

图 6.4－15　某拱坝横缝开合度及相应温度变化过程线（绘▽处为灌浆时间）

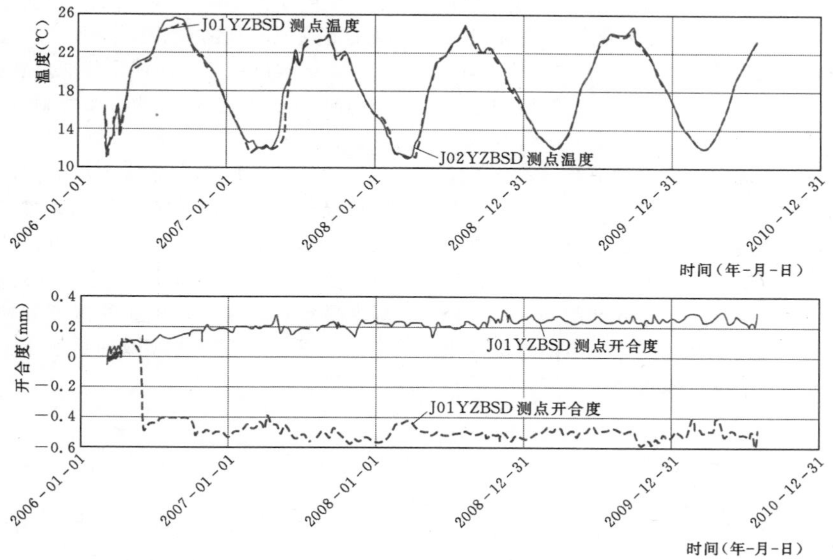

图 6.4-16　某工程右纵坝段表面裂缝开合度及相应温度变化过程线

(3) 上游水位的变化对混凝土重力坝永久横缝开合度没有影响。上游水位变化对混凝土拱坝横缝的影响一般表现为随着水位上升横缝开合度呈闭合变化，水位高时更明显。

(4) 当坝体受到较强烈地震影响时，接缝宽度可能发生变化，并可能出现新裂缝。

6.4.3.10　坝体混凝土应力变化过程分析

混凝土坝的应力与坝的结构以及相应的部位有关，其变化规律比较复杂。但通过对混凝土坝体应力随温度、上游水位等变化过程的分析，可以得到如下规律：

(1) 上游水位变化，混凝土坝各点的应变和应力也相应发生变化。对于混凝土重力坝，坝体水平截面上的垂直正应力 σ_y 随水库水位上升，靠上游坝面的测点应力向加大拉应力（或减小压应力）的方向变化，靠下游坝面的测点应力向加大压应力方向变化。

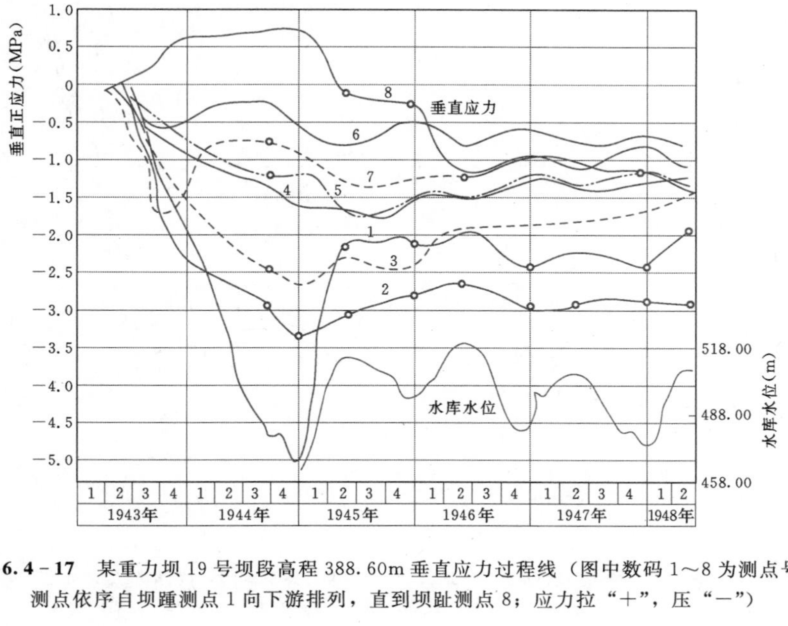

图 6.4-17　某重力坝 19 号坝段高程 388.60m 垂直应力过程线（图中数码 1～8 为测点号，测点依序自坝踵测点 1 向下游排列，直到坝趾测点 8；应力拉“+”，压“-”）

图 6.4－17 为某重力坝 19 号坝段高程 388.60m 水平截面自上游到下游 1～8 测点垂直正应力 σ_y 变化过程线，图中测点垂直正应力变化与上游水位变化对应，且坝踵测点 1 与坝趾测点 8 的垂直正应力的变化趋势相反。

对于混凝土拱坝，随着上游水位上升，垂直正应力 σ_y 表现为在水平拱圈截面拱冠上游侧测点向加大压应力方向变化，靠下游侧测点向加大拉应力方向变化；水平正应力 σ_x 表现为水平拱圈截面任何测点皆向加大压应力方向变化。图 6.4－18 和图 6.4－19 分别为某双曲拱坝和某周边缝拱坝实测应力随水位变化过程图，上述列举的拱坝专门做过蓄水试验，因试验期间温度变化影响很小，图示实测应力过程较好地反映了上游水位变化的影响作用。

对于大体积混凝土坝尤其是上游水位年变化幅度很小而气温变化较大时，水位对坝体应力的影响较小。

（2）温度升降使混凝土坝体热胀冷缩，由于大体积混凝土的内部约束和结构外部约束，使其产生温度变形和应力。温度上升使得压应力增大或拉应力减小；温度降低使得拉应力增大或压应力减小。温度呈年周期变化，相应的应变和应力也呈年周期变化。图 6.4－20 为某双曲拱坝下游坝面实测应力过程线。

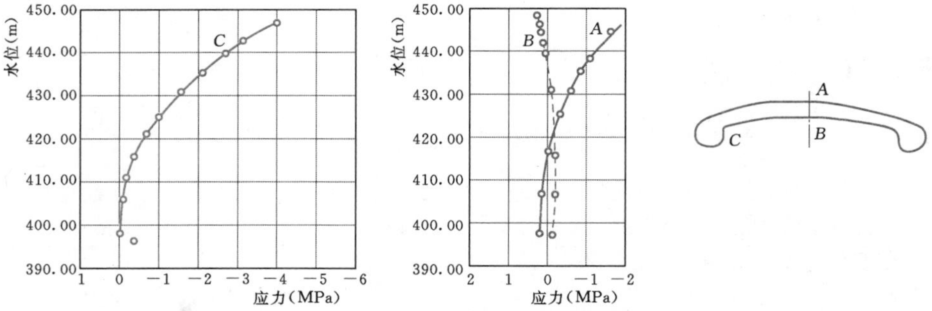

(a) 水平应力与水位关系图　(b) 垂直应力与水位关系图　(c) 高程 420.00m 平面图

图 6.4－18 某双曲拱坝实测应力随水位变化过程图

（单位：MPa；应力拉“＋”，压“－”）

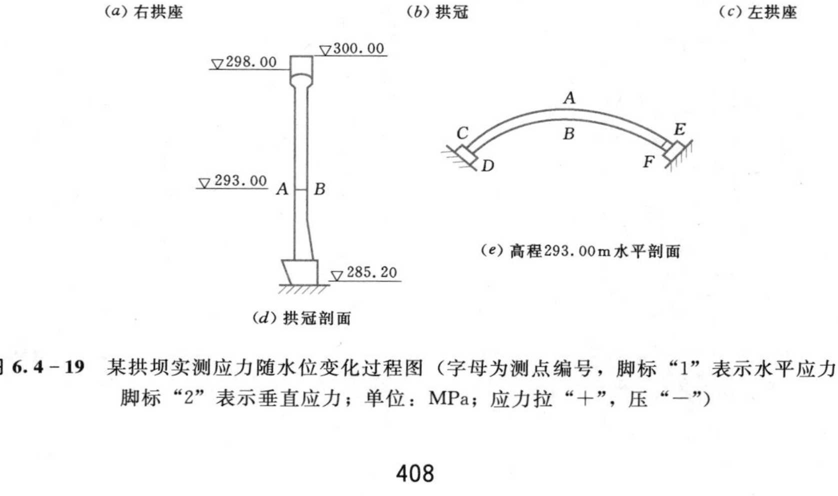

(a) 右拱座　(b) 拱冠　(c) 左拱座　(d) 拱冠剖面　(e) 高程293.00m水平剖面

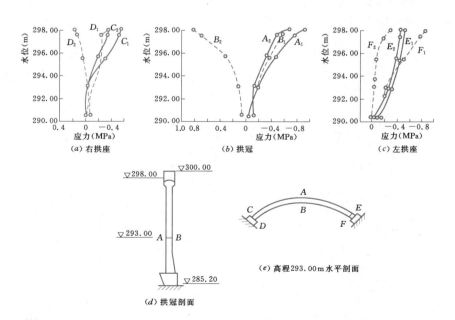

图 6.4－19 某拱坝实测应力随水位变化过程图（字母为测点编号，脚标“1”表示水平应力，脚标“2”表示垂直应力；单位：MPa；应力拉“＋”，压“－”）

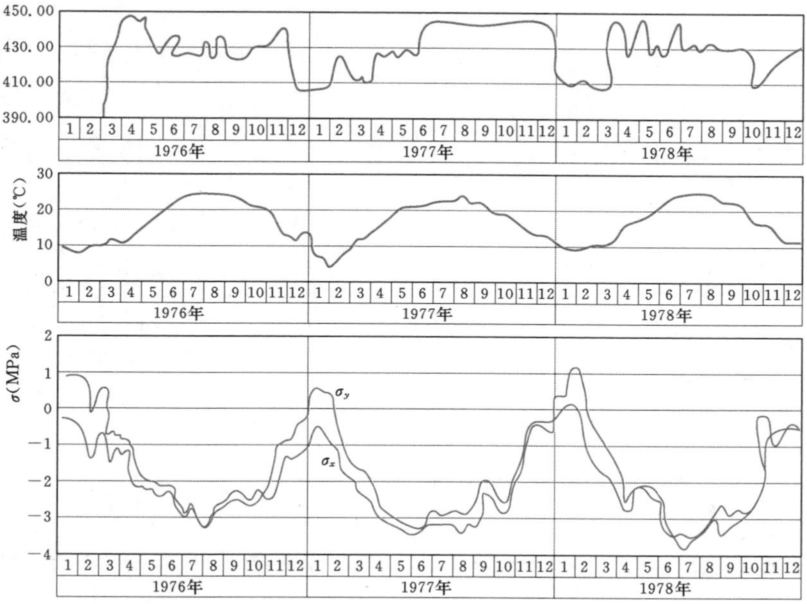

图 6.4-20 某双曲拱坝下游坝面实测应力过程线（应力拉“+”，压“-”）

6.4.4 分布图比较分析

以横坐标表示测点位置，纵坐标表示测值，绘制的台阶图或曲线为测值沿空间的分布图。考察测值的分布图，可以了解监测量随空间而变化的情况，得知其分布有无规律，最大、最小数值出现在什么位置，各测点之间特别是相邻测点间的差异大小、是否有突变等；对于图上同时绘有坝高、弹性模量、地质参数的分布图，可以了解测值分布是否与它们有对应关系以及关系如何。对于图上绘出多条同一项目不同时期的分布线，可以由它了解测值的演变情况。而对于绘有同一时间多个项目测值的分布线簇，可对比它们的同异而判知各项目之间关系是否密切、变化量是否同步等情况。

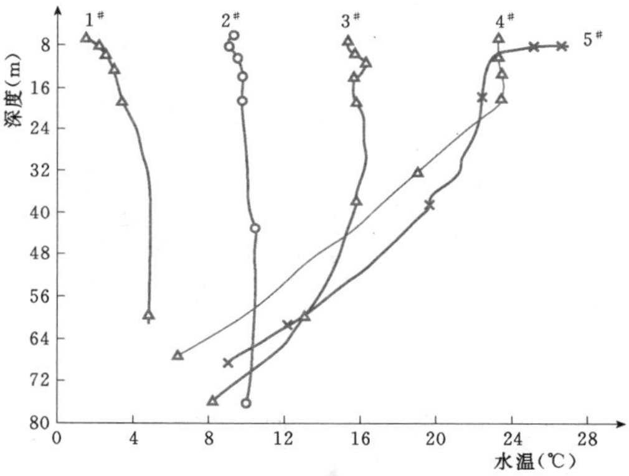

图 6.4-21 坝前垂线水温分布图

6.4.4.1 坝前水温分布图的绘制及分析

要了解水温对坝体温度场的影响，则要知道坝前水温沿水深（坝高）和坝轴线方向的分布情况。

垂线水温分布图绘制：以水温为横坐标，水深为纵坐标，将同一垂线一个测次各点的测值连线或多个测次的测值连线绘制在同一张图上，见图 6.4-21，它反映了不同时间坝前水温沿水深的分布情况。

垂线年水温等值线图绘制：以时间为横坐标，水深为纵坐标，将一条垂线各次观测的水温值标注在相应位置上，再绘制出水温等值线图，见图 6.4-22。

断面水温分布图绘制：以水平距离为横坐标，水深为纵坐标，绘制水温观测断面图，在图上画出各测温垂线及测点位置，并将同一测次的水温测值标注在相应测点上，再绘出等温线。它反映了观测断面上某一观测时间坝前水温的分布情况，见图 6.4-23。选择若干个代表性测次分别绘制断面水温等值线图则可反映出不同时期的水温分布特点。

通过水温分布图分析可以了解坝前水温分布的一般特点和相应分布图的作用。

(1) 水温沿深度分布依季节而不同。一般冬春季水温上部低于下部，夏秋季水温上部高于下部，中间过渡期上下水温大体相同。

(2) 上下水温差幅夏季大、冬季小，具体差值与坝址区气候、地理的实际条件有关。

(3) 一般情况下断面水温等值线图上同次观测的水温大致相同，因此如果不是水面附近、岸坡附近及

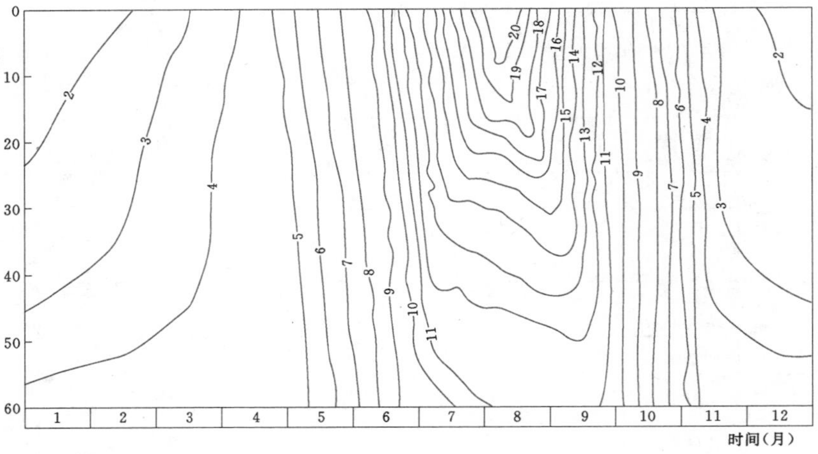

图 6.4-22　坝前垂线年水温等值线图（单位：℃）

取水孔等过流空洞附近，等温线大体是平线。在热交换和水流条件复杂处水温分布也较复杂，等温线常发生弯曲或疏密变化。

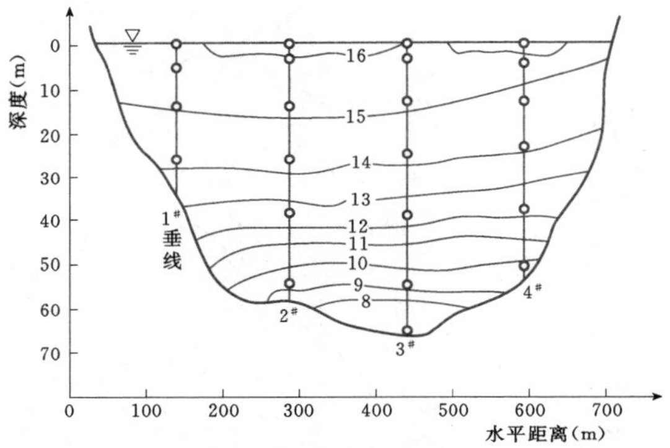

图 6.4-23　观测断面水温等值线图（单位：℃）

6.4.4.2　坝体温度分布图的绘制及分析

绘制坝体温度分布图并进行分析，主要是要了解坝体温度在相应空间的分布状况及特点。绘制坝体温度分布图的前提条件是要有足够数量且在相应的坝体空间中分布合适的测点温度，在实际工程中一般在混凝土坝中有温度测点，具有绘制坝体温度分布图的条件。

坝体温度分布图可根据具体条件和要求绘制，最简单的是单向温度分布图，常用的坝体温度分布图为温度等值线图。

单向温度分布图绘制：以距离为横坐标，温度测值为纵坐标绘制温度分布线，见图 6.4-24。单向温度分布图反映了沿某一方向（一般是上下游方向）的温度分布。根据不同时间的坝体温度测值绘制分布图可得到多条温度分布线，由此可以反映温度分布的变化过程。

坝体温度等值线图绘制：首先确定并绘制相应的剖面（坝体横剖面、纵剖面或水平剖面），在相应剖面上标上温度测点位置并标上同一次的温度观测值，然后按照绘制等值线的方法绘制等温线图，由此得到的是某一时间在某一剖面的等温线图。若采用的是多年平均温度，即得到多年平均等温线图，见图 6.4-25～图 6.4-27。

从不同时期的混凝土坝体等温线图可以看出坝体

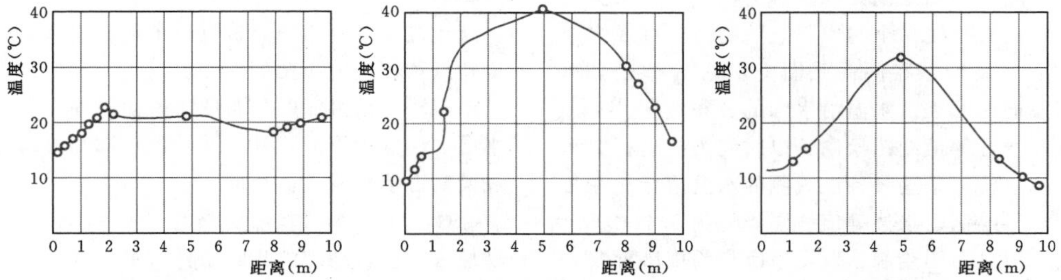

(*a*) 龄期 1 天　　(*b*) 龄期 28 天　　(*c*) 龄期 122 天

图 6.4-24　某拱坝高程 472.00m 断面混凝土温度分布图

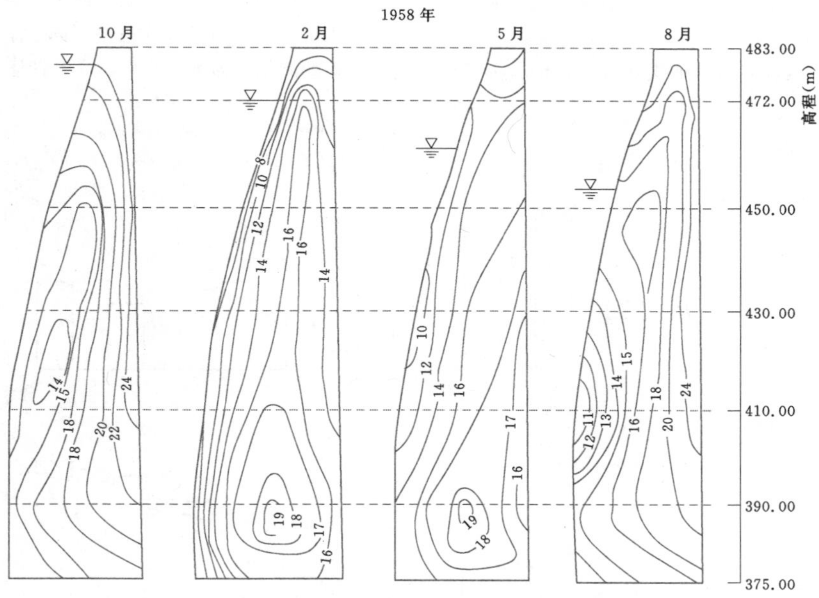

图 6.4-25 某拱坝拱冠悬臂梁断面等温线年变化图（单位：℃）

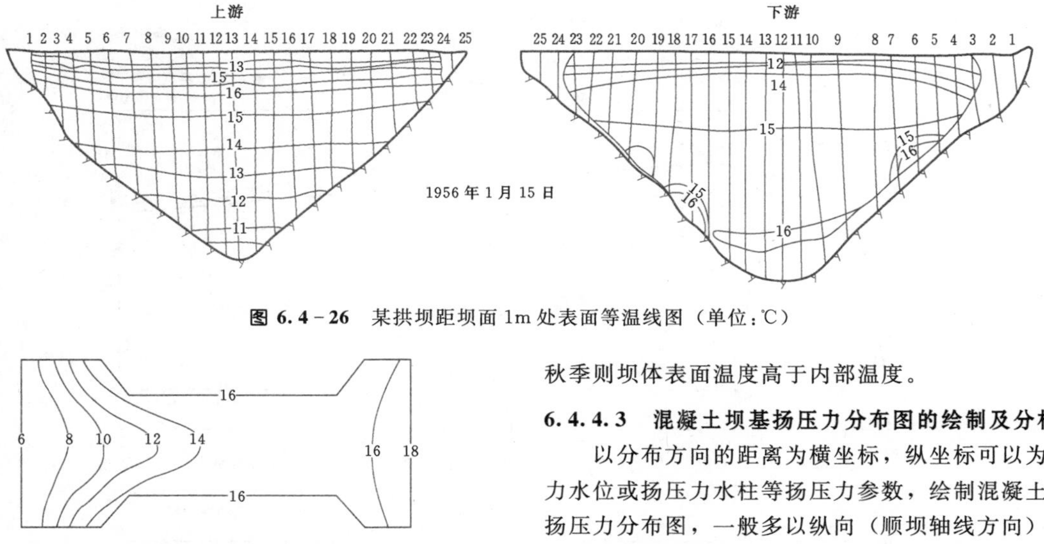

图 6.4-26 某拱坝距坝面 1m 处表面等温线图（单位：℃）

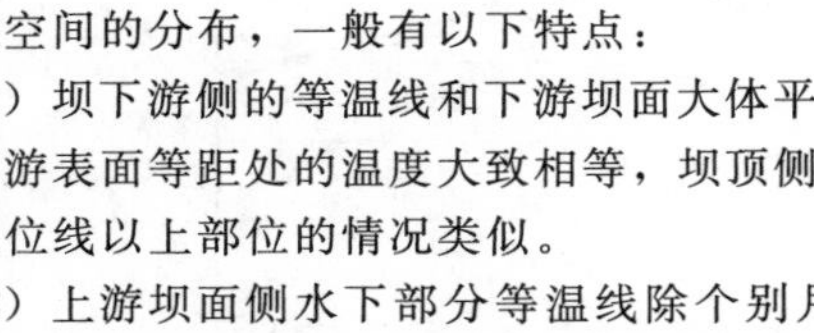

图 6.4-27 宽缝重力坝水平断面等温线图（单位：℃）

温度在空间的分布，一般有以下特点：

(1) 坝下游侧的等温线和下游坝面大体平行，表明与下游表面等距处的温度大致相等，坝顶侧和上游坝面水位线以上部位的情况类似。

(2) 上游坝面侧水下部分等温线除个别月份外，均与坝面相交，随所处水深及距坝面深度而变化。

(3) 等温线分布靠坝外表面较密而内部较稀，表明温度梯度在坝表面附近较大而内部较小。

(4) 冬春季节，坝体表层温度低于内部温度；夏秋季则坝体表面温度高于内部温度。

6.4.4.3 混凝土坝基扬压力分布图的绘制及分析

以分布方向的距离为横坐标，纵坐标可以为扬压力水位或扬压力水柱等扬压力参数，绘制混凝土坝基扬压力分布图，一般多以纵向（顺坝轴线方向）和横向（顺河流方向）作为分布方向绘制坝基扬压力分布图。

实际分析中常常将多次扬压力监测成果用多条分布线绘制在同一张图上，以便于比较各种情况下的扬压力分布状况。扬压力监测成果可以是某观测日期的监测成果，也可是某一期间的扬压力监测成果统计值。若把一年或多年相应扬压力水位最高、最低以及平均值绘在同一分布图上，则可以看出扬压力水位年内或多年变化幅度大小等。图 6.4-28～图 6.4-30 为坝基纵向、横向扬压力分布图实例。

根据国内外混凝土坝实际工程情况，坝基扬压力分布一般有以下特点。

（1）扬压水位沿纵向（坝轴线方向）分布形状与坝基面的形状一致，即两岸高，河床部位低，呈现出坝基渗流水由高处流向低处的态势；扬压水柱分布则河床部位高，两岸低，即坝前水头越高，扬压水柱越高。

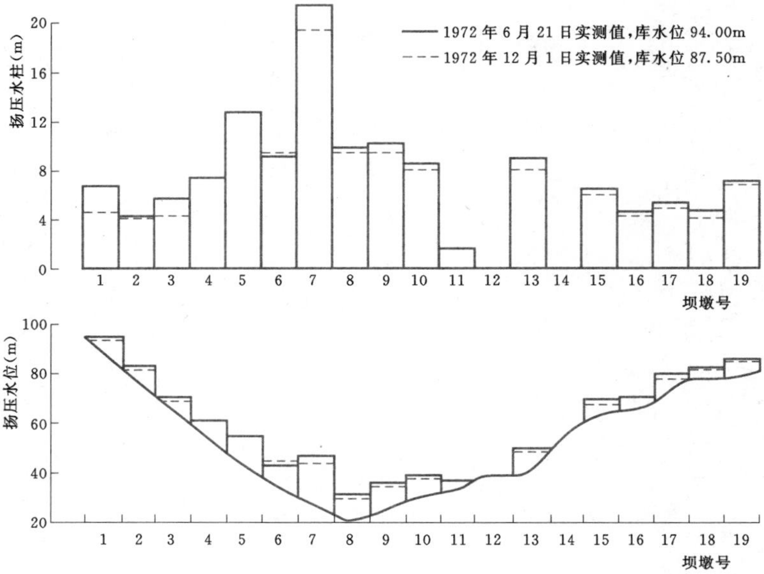

图 6.4-28　某混凝土坝基础纵向扬压水位分布图

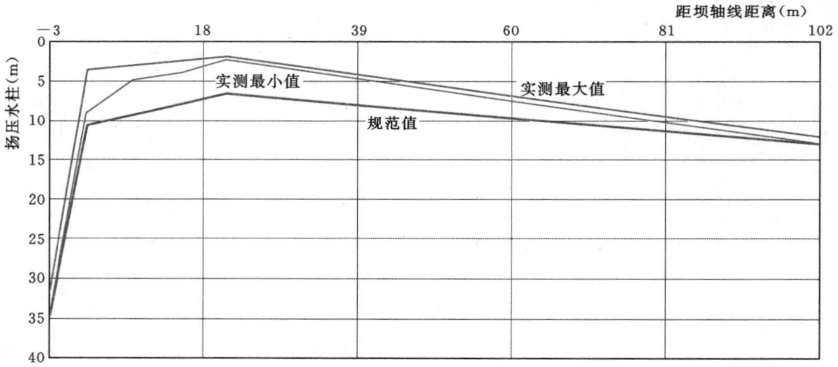

图 6.4-29　某混凝土重力坝 7 号坝段连同消力池基础实测扬压力分布图

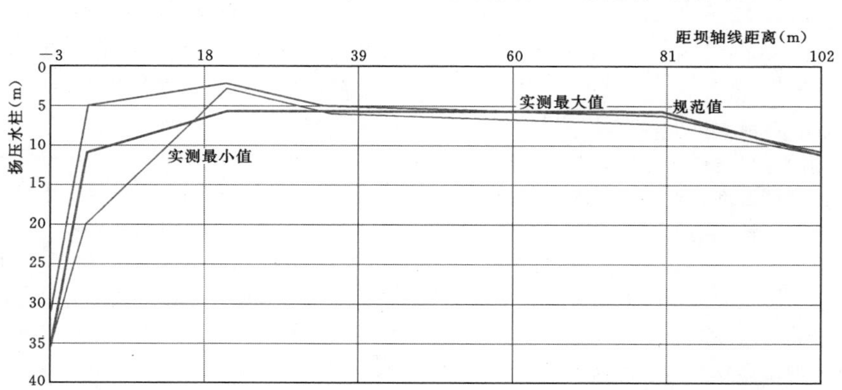

图 6.4-30　某混凝土重力坝 8 号坝段连同消力池基础实测扬压力分布图

（2）沿纵向（坝轴线方向）扬压系数 α（或渗压系数 α'）的分布取决于坝基防渗条件（地质、防渗帷幕、排水情况），防渗条件好扬压系数就小，防渗条件差扬压系数就大。

（3）沿横向（顺河向）扬压分布一般为扬压水柱以上游侧高（等于或接近坝前水柱），下游侧低（等于或接近下游水柱），上下游之间呈折线变化，转折点在防渗帷幕和排水孔处。

6.4.4.4　混凝土坝体及坝基排水量分布图的绘制及分析

以排水量为纵坐标，以纵向（坝轴线方向）的坝段或排水孔为横坐标绘制各坝段或排水孔排水量分布图。图 6.4-31 为某重力坝右岸坝基排水孔渗漏量分布图。

坝体和坝基渗漏水量的分布主要受防渗排水条件及坝前水深等情况的影响。渗漏水量分布一般有以下规律。

（1）坝基渗透系数小的部位，包括微裂隙和无裂隙岩石或被泥化物质充填的断层破碎带处，渗漏量小；节理发育，风化严重的岩石漏水量大。

（2）防渗帷幕质量好的坝段，坝基漏水量少；帷幕弱化部位漏水量增大。

（3）排水系统通畅部位漏水量大，堵塞部位漏水量较小。

（4）坝体混凝土质量好则漏水量少，质量差则漏水量大。

（5）止水有缺陷的横缝往往是漏水通道，相应部位漏水量大。

6.4.4.5　混凝土坝变形分布图的绘制及分析

混凝土坝体的变形与坝体结构、坝高、地质条件以及混凝土质量等都有关系。一般常以坝高或坝段为横坐标，实测坝体变形值为纵坐标，绘制沿坝高和坝轴线方向坝体变形分布图。图 6.4-32～图 6.4-34 为坝体变形分布图实例。

混凝土坝体变形分布一般有以下特点。

（1）坝体水平位移变化幅度在相同结构条件下，坝高较大者一般变幅也较大。通常表现为河床中央坝段较高，水平位移变幅较大；两岸坝段较低，水平位移变幅较小，见图 6.4-32。

（2）地基较软弱的坝段比地基较坚实坝段水平位移大。

（3）若有不同坝体结构时，则坝体刚度较小的坝段水平位移较大。

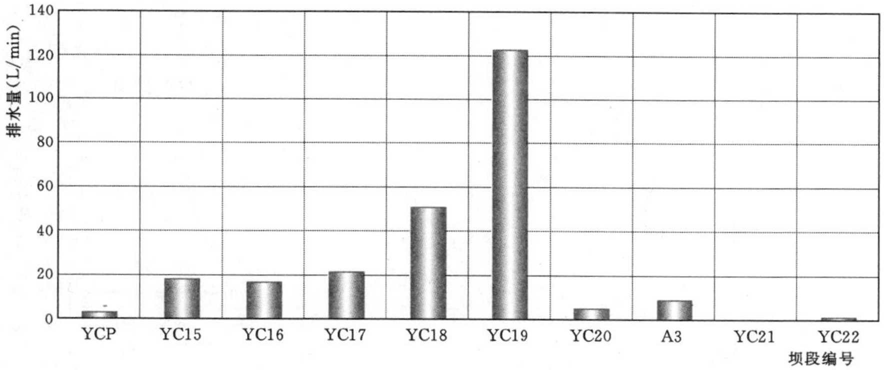

图 6.4-31　某重力坝水位 153.00m 时右岸坝基排水量分布图（2008 年 3 月 29 日）

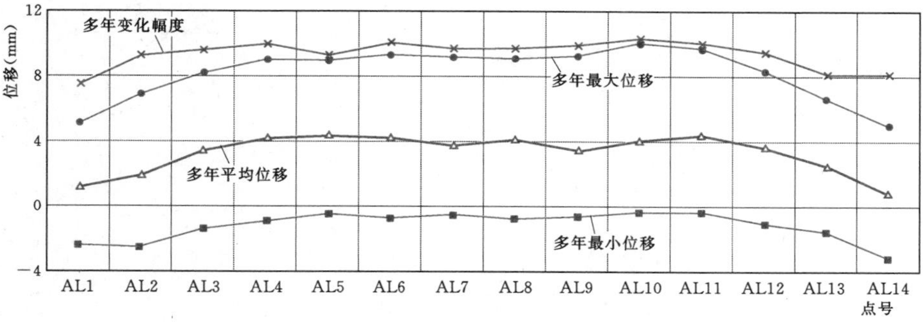

图 6.4-32　某重力坝坝顶（顺河向）水平位移分布图

(4) 在同一坝段上，水平位移变幅与测点所在高程有关。对重力坝而言，测点越靠近上部位移变幅越大。对拱坝而言，水平位移最大变幅的测点可能位于坝顶，也可能位于坝体中部。图 6.4-33 为某上部设置有泄洪孔的拱坝拱冠挠度分布图，最大径向位移出现在坝顶，可能与其上部设置泄洪孔削弱了拱圈刚度有关。图 6.4-34 中某周边缝拱坝拱冠的最大径向位移出现在半坝高处，这可能与沿基础及两岸所设的周边缝起着铰作用有关。

(5) 坝体垂直位移的分布同样与坝段高度及基础地质条件有关。坝段高者垂直位移量也较大。相同坝高情况下，地质条件较好的坝基垂直位移较小。

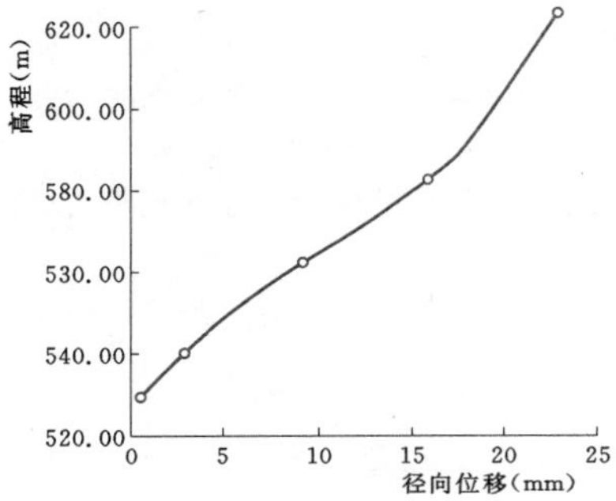

图 6.4-33　某拱坝拱冠挠度图
(正常蓄水位情况)

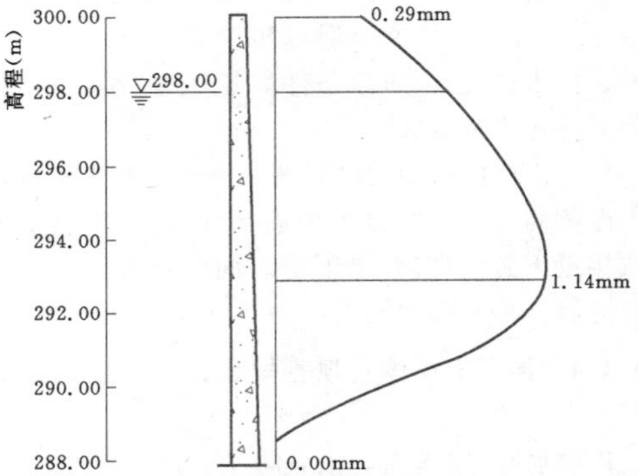

图 6.4-34　某周边缝拱坝拱冠径向挠度分布图

6.4.4.6　坝体混凝土应力分布图的绘制及分析

以实测应力值为纵坐标，以所研究截面上测点的距离为横坐标绘制的坝体混凝土应力分布图，可以直观地反映在某一时刻坝体水平截面及横截面上应力的分布状况。坝体混凝土的应力分布情况与坝型、坝的结构情况、分缝及灌浆情况、所在部位、地基条件以及混凝土和基岩弹性模量、泊松比等有关，比较复杂，各坝的应力分布差异很大。图 6.4-35～图 6.4-39 给出了重力坝、拱坝的几个实测应力分布图。

6.4.5　相关图比较分析

以纵坐标表示测值，以横坐标表示环境量因素，所绘制的散点加回归线的图则为测值与环境因素的相

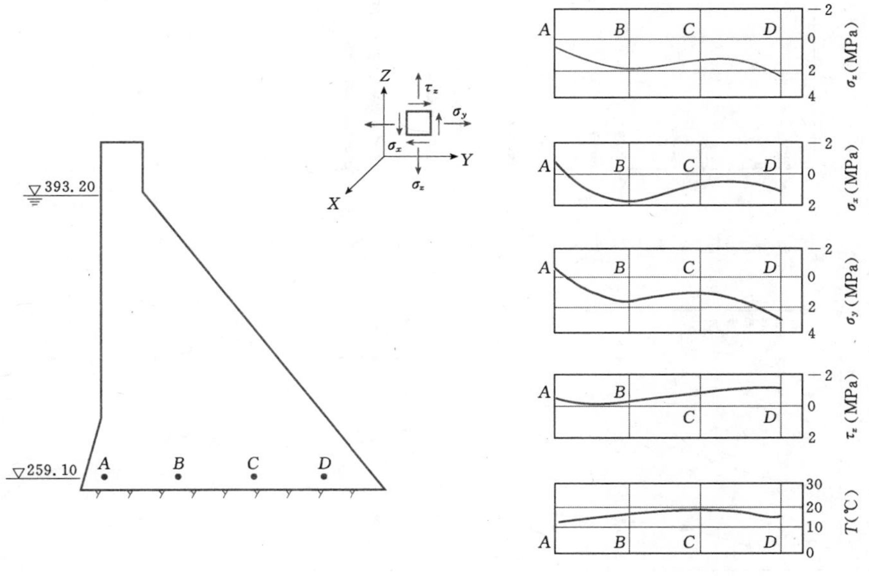

图 6.4-35　某重力坝实测应力分布图
(高程单位：m；温度单位：℃；应力单位：MPa，正应力以压为负)

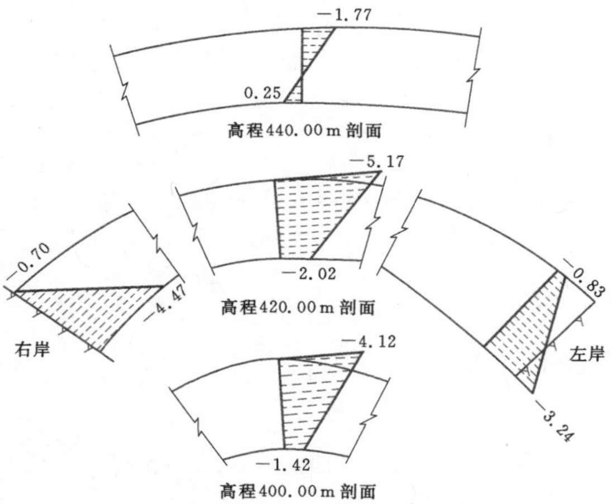

图 6.4-36 某双曲拱坝不同高程实测拱应力分布图（水位 448.30m；单位：MPa；拉"+"，压"−"）

关图。在相关图上把各次测值依次用箭头相连，并在点据旁标上观测时间，此称过程相关图。在过程相关图上可以看出测值随时间的变化过程、环境因素变化影响以及测值滞后于环境因素的变化程度等。测值与环境因素的相关图上把另一环境因素标在点据旁（如在水位—位移关系图上标出温度值），则可以看出该环境因素对测值变化的影响情况。当影响明显时，还可以绘出该因素等值线，这就是复相关图，表达了两种环境因素与测值的关系。

考察测值和环境量之间的相关图、复相关图或过程相关图，除可了解效应量与环境量因素之间的直观关系外，还可以从各年度相关线（或点据）位置的变化情况，发现测值有无系统的变动趋向，有无突出异常点等。

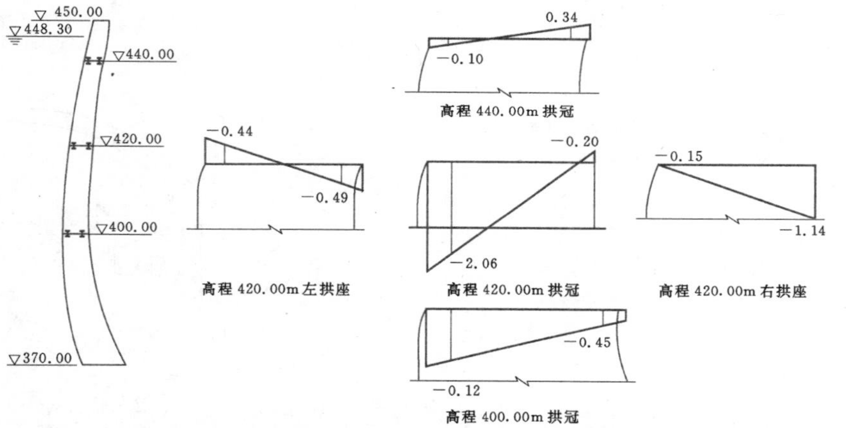

图 6.4-37 某双曲拱坝不同高程实测梁应力分布图（水位 448.30m；单位：MPa；拉"+"，压"−"）

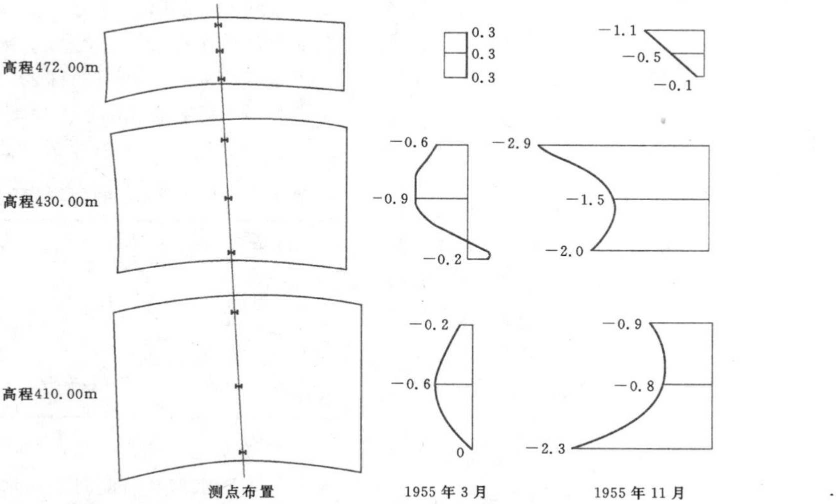

图 6.4-38 某双曲拱坝拱冠断面上实测拱应力分布图（单位：MPa；拉"+"，压"−"）

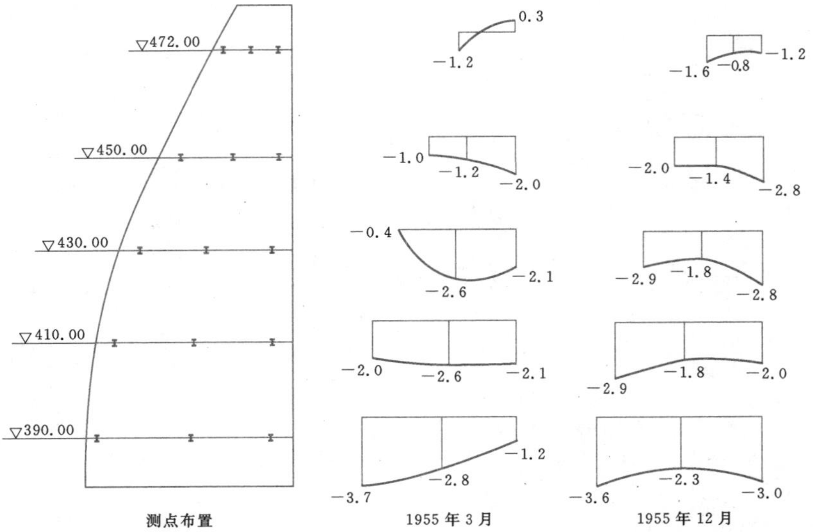

图 6.4-39　某双曲拱坝拱冠断面上实测梁应力分布图（单位：MPa；拉“+”，压“−”）

6.5　变形和应力监测量的统计模型

监测变形和应力所得的物理量是监测水工建筑物运行工况的重要量，其中变形监测直观可靠，国内外普遍作为最主要的监测量。这里介绍混凝土坝、土石坝和地下工程等水工建筑物的变形统计模型、混凝土坝裂缝的开合度以及应力的统计模型，重点介绍模型中因子选择的基本理论和计算公式。

6.5.1　混凝土坝变形监测点的统计模型

6.5.1.1　引言

众所周知，在水压力、扬压力、泥沙压力和温度等荷载作用下，大坝任一点产生一个位移矢量 δ，它可分解为水平位移 δ_x、侧向水平位移 δ_z 和竖直位移 δ_y，见图 6.5-1。

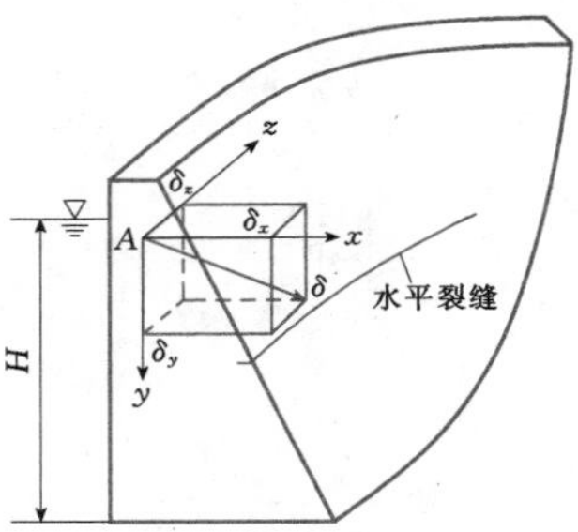

图 6.5-1　位移矢量及其分量示意图

按其成因，位移可分为三个部分：水压分量 δ_H、温度分量 δ_T 和时效分量 δ_θ，即

$$\delta(\delta_x \text{ 或 } \delta_y \text{ 或 } \delta_z) = \delta_H + \delta_T + \delta_\theta \quad (6.5-1)$$

某些大坝在下游面产生较大范围的水平裂缝（图 6.5-1），它对位移也有一定的影响，如何考虑裂缝的影响，则需要附加裂缝位移分量 δ_J，那么式（6.5-1）变为

$$\delta(\delta_x \text{ 或 } \delta_y \text{ 或 } \delta_z) = \delta_H + \delta_T + \delta_\theta + \delta_J \quad (6.5-2)$$

下面介绍上述各个分量中的因子选择的基本理论和公式，并根据监测设备埋设情况，提出因子选择的原则。

6.5.1.2　统计模型各因子的选择

从式（6.5-1）或式（6.5-2）可看出，任一位移矢量的各个分量 δ_x、δ_y、δ_z 具有相同的因子，因此这里重点研究 δ_x（以下简称 δ）的因子选择。

1. 水压分量 δ_H 的数学表达式

分析表明，δ_H 的数学表达式可归纳为表 6.5-1。

表 6.5-1　δ_H 的数学表达式

坝　型	库水压力	坝基扬压力	坝身扬压力
重力坝	$\sum_{i=1}^{3} a_i H^i$	$a_f \Delta \overline{H}_j$	$a_b (\Delta \overline{H}_j)^2$
拱坝和连拱坝	$\sum_{i=1}^{4(5)} a_{1i} H^i + \sum_{i=1}^{3} a_{2i} H_1^i$	$a_f \Delta \overline{H}_j$	$a_b (\Delta \overline{H}_j)^2$

表 6.5-1 中 H、H_1、$\Delta \overline{H}_j$ 分别为监测时的上游水深、下游水深和监测时的库水位与监测前 j 天的平均库水位之差。a_i、a_{1i}、a_{2i}、a_f、a_b 为拟合系数。

2. 温度位移分量 δ_T 的数学表达式

经分析，δ_T 的数学表达式归纳为表 6.5-2。

3. 时效分量的因子选择

大坝产生时效分量的原因很复杂，它综合反映坝体混凝土和基岩的徐变、塑性变形以及基岩地质构造的压缩变形，同时还包括坝体裂缝引起的不可逆位移以及自生体积变形。一般正常运行的大坝，时效位移（$\delta_\theta—\theta$）的变化规律为初期变化急剧，后期渐趋稳定，见图 6.5-2。下面介绍时效位移一般变化规律的数学模型及其选择的基本原则。

表 6.5-2　δ_T 的数学表达式

情　况	周　期　项	水深因子反映水温因子	气温因子反映水温因子
只有气温资料	$\sum_{i=1}^{m}\left(b_{1i}\sin\frac{2\pi it}{365}+b_{2i}\cos\frac{2\pi it}{365}\right)$	$\sum_{i=1}^{3}b_iH^i$	$\sum_{i=1}^{m_1}b_iT_i$
有混凝土温度资料	$\sum_{i=1}^{m_2}b_iT_i$ 或 $\sum_{i=1}^{m_3}b_{1i}\overline{T}_i+\sum_{i=1}^{m_3}b_{2i}\beta_i$		

注　m、m_1、m_2 和 m_3 分别为周期数、气温因子数、温度计支数和等效温度层层数；b_{1i}、b_{2i}、b_i 为拟合系数；只有气温资料时，T_i 为监测日前 i 天的气温平均值，有混凝土温度资料时，T_i 为第 i 支温度计处的温度值；$\overline{T}_i$、β_i 分别为第 i 层温度层处等效平均温度和梯度。

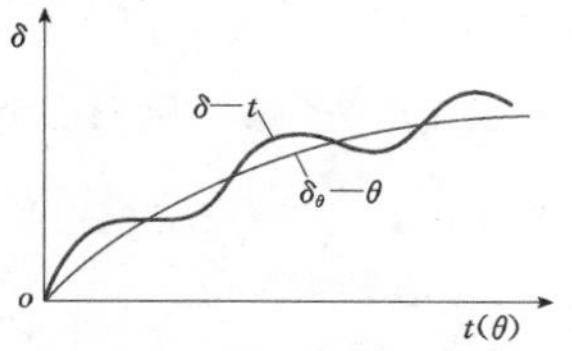

图 6.5-2　时效位移（$\delta_\theta—\theta$）变化规律

（1）时效位移 δ_θ 的数学模型。

1）指数函数型。设 δ_θ 随时间 θ 衰减的速率与残余变形量（$C-\delta_\theta$）成正比，即

$$\frac{d\delta_\theta}{d\theta}=c_1(C-\delta_\theta) \tag{6.5-3}$$

其解为

$$\delta_\theta=C[1-\exp(-c_1\theta)] \tag{6.5-4}$$

式中　C——时效位移的最终稳定值；

c_1——系数。

2）双曲函数型。当测值较少，采用上述模型将产生较大误差，为此用下列方程表示 δ_θ，即

$$\frac{d\delta_\theta}{d\theta}=C(\xi+\theta)^{-2} \tag{6.5-5}$$

其解为

$$\delta_\theta=\frac{\xi_1\theta}{\xi_2+\theta} \tag{6.5-6}$$

式中　ξ_1、ξ_2——参数。

C——同式（6.5-4）含义。

3）多项式型。将式（6.5-6）展开为幂级数，则 δ_θ 可用多项式表示为

$$\delta_\theta=\sum_{i=1}^{m_3}c_i\theta^i \tag{6.5-7}$$

式中　c_i——系数。

4）对数函数型。将式（6.5-6）用对数表示，则 δ_θ 为

$$\delta_\theta=c_1\ln\theta \tag{6.5-8}$$

式中　c_1——系数。

5）指数函数（或对数函数）附加周期项型。考虑混凝土和岩体的徐变可恢复部分，徐变采用 Poynting-Thomso 模型，并设水库水位和温度呈周期函数变化，则可得 δ_θ 模型为

$$\delta_\theta=c_1(1-e^{-k\theta})+\sum_{i=1}^{2}\left(c_{1i}\sin\frac{2\pi i\theta}{365}+c_{2i}\cos\frac{2\pi i\theta}{365}\right) \tag{6.5-9}$$

式中　c_1、k、c_{1i}、c_{2i}——系数。

6）线性函数。当大坝运行多年后，δ_θ 从非线性变化逐渐过渡为线性变化，因而 δ_θ 可用线性函数表示为

$$\delta_\theta=\sum_{i=1}^{m_3}c_i\theta_i \tag{6.5-10}$$

式中　c_i——系数；

m_3——分段数。

（2）选择时效位移的基本原则。由实测资料 $\delta—t$，根据其变化趋势或分离出的时效位移分量（$\delta-\delta_H-\delta_T$），合理选用上述 δ_θ 的数学模型。如某连拱坝选用式（6.5-8）和式（6.5-10），即 $\delta_\theta=c_1\theta+c_2\ln\theta$，以及式（6.5-9）。某重力坝选用式（6.5-9）和式（6.5-10）。某拱坝采用式（6.5-8），而 θ 分两个时段：开始蓄水和首次达到较高水位。某重力拱坝也采用式（6.5-8），并考虑低水位、平水位、高水位等重大影响变形的事件变化日期。

4. 坝体裂缝因子的选择

不少大坝运行多年后，出现较多的裂缝，这些裂缝在一定程度上改变了大坝的结构性态，其中一部分产生时效位移（包含在时效位移中）。另外，有些缝

（如纵缝和水平缝）的开合度随外荷载（水压和温度）呈一定的规律性变化，这些变化也直接影响大坝的位移。为反映裂缝张开或闭合对位移的影响，可选用测缝计的开合度测值作为因子，即

$$\delta_f = \sum_{i=1}^{m_4} d_i J_i \tag{6.5-11}$$

式中　d_i——系数；

J_i——各测缝计的开合度，其中水平位移 δ_x、侧向位移 δ_y 和铅直位移 δ_z 分别用 x、y、z 向的开合度测值；

m_4——测缝计个数。

由表 6.5-1、表 6.5-2 及式（6.5-4）、式（6.5-6）～式（6.5-11）可得到水压分量 δ_H、温度分量 δ_T、时效分量 δ_θ 以及坝体裂缝影响分量 δ_f 的表达式，据此得到混凝土坝变形测量的统计模型为

$$\delta = \delta_H + \delta_T + \delta_\theta + \delta_f \tag{6.5-12}$$

6.5.1.3　应用实例

以某重力拱坝 13 号坝段坝顶水平位移为例，其中温度计布置，见图 6.5-3（由于温度计较多，图中只绘上下游表面温度计）。其统计模型选用 M_{I} 及 M_{II} 两种形式，即温度因子选用各温度计的测值 T_i 和等效温度（$\overline{T}_i$，β_i），即

$$M_{\text{I}}：\quad \hat{\delta} = a_0 + \sum_{i=1}^{3} a_i H^i + \sum_{i=1}^{16} b_i T_i + c_1\theta \tag{6.5-13}$$

$$M_{\text{II}}：\quad \hat{\delta} = a_0 + \sum_{i=1}^{3} a_i H^i + \sum_{i=1}^{4} b_i \overline{T}_i + \sum_{i=1}^{5} b_i\beta_i + c_1\theta \tag{6.5-14}$$

式中　a_0——常数项。

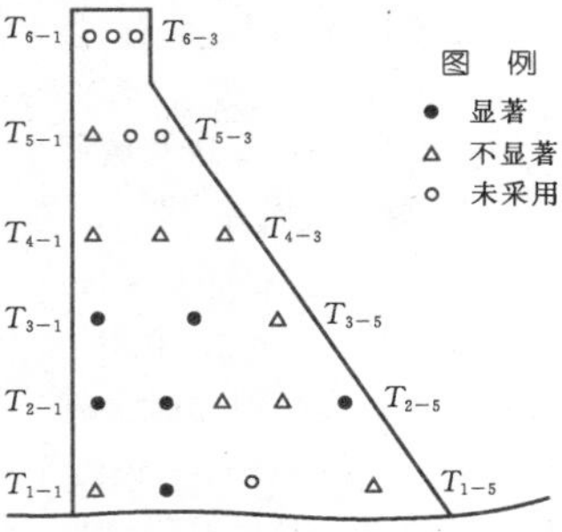

图 6.5-3　温度计位置图

用式（6.5-13）、式（6.5-14）分析正垂线监测资料（1995～2009 年，选用 178 个样本），用逐步回归分析法得到的最佳回归方程为

$$\begin{aligned} M_{\text{I}}：\hat{\delta} = & -14.990 - 3.733\times 10^{-5}H^3 - \\ & 1.286T_{1-2} + 1.200T_{1-4} - 1.036T_{2-1} + \\ & 1.630T_{2-2} + 0.527T_{2-5} - 0.418T_{3-1} + \\ & 0.798T_{3-2} + 0.430T_{5-2} + 0.008\theta \end{aligned} \tag{6.5-15}$$

复相关系数为 0.98，剩余均方差为 1.25mm。

$$\begin{aligned} M_{\text{II}}：\hat{\delta} = & -62.300 + 0.657H - \\ & 8.630\times 10^{-3}H^2 + 6.120\overline{T}_2 - \\ & 1.800\overline{T}_3 - 0.350\overline{T}_4 + 27.860\beta_1 + \\ & 21.780\beta_2 - 4.930\beta_3 + 0.026\theta \end{aligned} \tag{6.5-16}$$

复相关系数为 0.94，剩余均方差为 2.13mm。

其中，H 为水深；T_{1-2}、T_{1-4}、T_{2-1}、T_{2-2}、T_{2-5}、T_{3-1}、T_{3-2} 和 T_{5-2} 分别为各温度计的测值；$\overline{T}_2$、β_2、$\overline{T}_3$ 和 β_3 分别为第 2、第 3 层温度计测值等效温度的平均温度和梯度；$\overline{T}_4$ 为第 4 层温度计测值的等效温度的平均值；θ 以月为单位。

从上面的回归模型可以看出：

（1）M_{I}、M_{II} 的复相关系数均较大，两种模型的计算值与实测值的拟合精度较高，其中 M_{I} 比 M_{II} 的精度更高，但是 M_{I} 的计算工作量较大。

（2）M_{I}、M_{II} 中有较大的常数项，这是由于没有考虑初始状态的影响。将式（6.5-13）、式（6.5-14）改为

$$M_{\text{I}}：\hat{\delta} = \sum_{i=1}^{3} a_i(H^i - H_0^i) + \sum_{i=1}^{16} b_i(T_i - T_{0i}) + c_1(\theta - \theta_0) \tag{6.5-17}$$

$$M_{\text{II}}：\hat{\delta} = \sum_{i=1}^{3} a_i(H^i - H_0^i) + \sum_{i=1}^{4} b_i(\overline{T}_i - \overline{T}_{0i}) + \sum_{i=5}^{9} b_i(\beta_i - \beta_{0i}) + c_1(\theta - \theta_0) \tag{6.5-18}$$

式中　H_0、T_0、θ_0——垂线开始监测时所对应的水深、温度和时间；

$\overline{T}_{0i}$、β_{0i}——垂线开始监测时所对应的各层温度计测值等效温度的平均值和梯度。

用式（6.5-17）和式（6.5-18）求得的回归模型，其常数项接近于零。其原因主要是：设状态Ⅰ为

大坝无变形情况下的状态，对应的水位、温度变化为零；状态Ⅱ为垂线开始监测时的状态，对应的水深、温度和时间分别为 H_0、T_0、θ_0。而垂线监测的位移值为相对于状态Ⅱ的变形值（图 6.5-4）。式（6.5-13）、式（6.5-14）的水压和温度等所产生的位移值为相对于状态Ⅰ的变形值，与监测值有差别。故回归分析法分析时，必然存在常数项 a_0。式（6.5-17）、式（6.5-18）中水深、温度和时效扣除了初始状态的水位、温度和时效（H_0、T_0、θ_0），所以这两式的位移计算值与实测值一致，回归方程中的常数项也就接近于零。

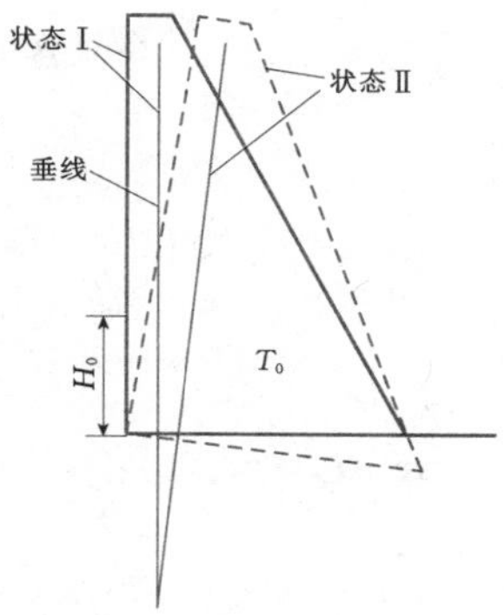

图 6.5-4　初始值状态示意图

式（6.5-15）中，水压分量为 H^3，而式（6.5-16）中为 H、H^2，这不能说明前者主要受弯矩，后者主要受库盘变形和剪力的影响，因为 H、H^2、H^3 之间存在很大的相关关系（相关系数 $r>0.9$ 以上），因此，因子 H、H^2、H^3 之间都包含相互的影响。

式（6.5-15）中，底部两边温度计和顶部中间温度计测值显著，这符合温度引起变形的规律。

时效位移 δ_θ 的变化规律是反映大坝运行状态的重要表征，其突然增大或变化急剧是大坝或地基"病态"工作的征兆，因此，国内外都十分重视对时效位移的分析研究。在回归模型中，时效位移比较显著，应引起足够重视。

6.5.2　土石坝变形监测量的统计模型

土石坝的变形分为竖直方向的位移（即沉降），上下游方向的水平位移和沿坝轴线方向的位移等三个分量。由于土石坝是由多种材料组成的散粒体，在荷载作用下，竖直位移要比混凝土坝大得多，位移的大小和时间效应对坝的安全以及防止裂缝的出现等都是重要影响因素。

影响土石坝变形的因素有坝型、剖面尺寸、筑坝材料、施工程序和质量、坝基的地形、地质以及水库水位的变化情况等。由于这些因素错综复杂，有些因素难以定量描述，因此，从理论上分析土石坝变形监测量（以下简称变形）的统计模型的因子选择，在国内外还属探索阶段。

6.5.2.1　变形的统计模型

1．沉降的统计模型

根据分析，土石坝沉降的统计模型应分施工期和运行期两种情况。

（1）施工期。施工期的沉降主要与竖直荷载重量（即填土高度）和含水量有关，即与有效应力有关。因此，其统计模型的表达式为

$$\Delta = b_0 + b\ln\sigma \qquad (6.5-19)$$

式中　Δ——压缩率，等于 $\Delta\delta_v/\delta_v$；

δ_v——固结管横梁间的垂直距离；

$\Delta\delta_v$——压缩量；

σ——测点以上直立的土柱重量（γh）扣除测点附近测压计监测的孔隙水压力值，也就是有效应力；

b_0——常数项；

b——拟合系数。

（2）运行期。土石坝的沉降主要由固结引起，同时也受库水位和温度等的一定影响，其中固结引起的沉降也反映时效的特性。运行期沉降的统计模型为

$$\delta_T = b_0 + \sum_{i=1}^{3} a_{1i}H^i + \sum_{i=1}^{m_1} a_{2i}\overline{H}_i + \sum_{i=1}^{m_2} b_i T_i + \sum_{i=1}^{m_3}\left(b_{1i}\cos\frac{2\pi it}{365} + b_{2i}\sin\frac{2\pi it}{365}\right) + c_1\theta + c_2\ln\theta \qquad (6.5-20)$$

式中　b_0——常数项；

a_{1i}、a_{2i}、b_i、b_{1i}、b_{2i}、c_1 和 c_2——拟合系数；

H、$\overline{H}_i$、t、θ——监测时的上游水深、监测时前 i 天的平均水深、监测时与始测时间的累积天数、θ 为 $t/100$；

T_i——监测当天温度，以及前 i 天的平均温度。

2．水平位移的统计模型

由沉降的成因及其影响因素分析，土石坝在施工期主要产生沉降，同时附带产生水平位移。在运行期由于水压力或渗透力的水平分力作用，产生水平位移；同时土体的固结和次固结过程中，由于侧向变形，在产生沉降的同时还引起水平位移。在初次蓄水期，因土体湿化，上游坡的水平位移指向上游，当库水位升高并持续一定时间，水平位移指向下游，水位下降后位移又向上游回弹。由于土的变形特性，水平位移在第一次蓄水的 1～2 年内是比较大的，如斜墙坝可以达到最终值的 70%～85%，然后随蓄水位的

周期循环显示出有逐渐收敛的趋势。因此，水平位移主要受时间、水位变化等因素的影响，温度影响的分析与对沉降的影响分析相同。

综上所述，水平位移统计模型可采用式（6.5-20）。

6.5.2.2　应用实例

某水电站一级混凝土重力坝左岸由土石坝连接，土石坝为黏土式心墙坝，最大坝高约 30m，在坝顶设有两条水平位移和沉降的监测线，分别位于坝轴线下游 3m（编号为 1—3）、23.8m（编号为 2—3）。从 1999 年开始监测，每月中旬监测一次。下面以 1999～2006 年底的监测资料为样本建立模型。

1. 回归模型

用式（6.5-20）作为统计模型，由逐步回归分析法得到点 1—3 和点 2—3 的回归模型。

（1）沉降。

点 1—3 的沉降为

$$\delta_v = 0.042 - 0.006H_1^2 - 1.174\sin\frac{4\pi t_2}{365} - 3.133\sin\frac{6\pi t_2}{365} + 0.649\cos\frac{8\pi t_2}{365} - 2.415\sin\frac{18\pi t_2}{365} + 0.103T_6 + 25.982\ln\frac{t+1000}{t_1+1000} \quad (6.5-21)$$

$$R = 0.99, S = 1.28\text{mm}$$

点 2—3 的沉降为

$$\delta_v = 0.723 - 3.600\times10^{-4}(H_1 - H_2)^2 + 0.579\sin\frac{2\pi t_2}{365} - 1.771\cos\frac{2\pi t_2}{365} + 0.136\sin\frac{8\pi t_2}{365} + 0.111T_{10} - 0.028T_0 + 37.698\ln\frac{t+1000}{t_1+1000} - 14.500\ln\frac{t+500}{t_1+500} \quad (6.5-22)$$

$$R = 0.99, S = 1.32\text{mm}$$

（2）水平位移。

点 1—3 的水平位移为

$$\delta_H = 2.785 + 7.000\times10^{-5}H_1^3 + 1.766\sin\frac{4\pi t_2}{365} - 0.787\cos\frac{4\pi t_2}{365} - 1.387\cos\frac{6\pi t_2}{365} - 0.250T_9 + 39.560\ln\frac{t+500}{t_1+500} - 34.104\ln\frac{t+1000}{t_1+1000} \quad (6.5-23)$$

$$R = 0.95, S = 1.99\text{mm}$$

点 2—3 的水平位移为

$$\delta_H = -0.270 + 4.100\times10^{-4}H_1^3 + 0.031H_2^3 + 0.075T_1 + 7.603\ln\frac{t+500}{t_1+500} \quad (6.5-24)$$

$$R = 0.86, S = 1.25\text{mm}$$

式中　H_1、H_2——监测日上、下游库水位减去始测日的对应水位；

T_0、T_1、T_2、…、T_{10}——监测日，前 5 天，前 10 天，前 20 天，…，前 90 天的平均气温减去始测日气温；

t_1——从计算起点至始测日的时间，d；

t_2——从始测日期算的时间，d；

t——从计算起点起算的时间，d；

R——复相关系数；

S——剩余均方差。

2. 成果分析

（1）时效位移比较显著，其中对沉降的影响比对水平位移要大。

（2）沉降与水位呈负相关，即库水位升高，沉降值减小，向下游的水平位移增大。

（3）温度的线性项和周期函数项反映气温变化对位移的影响，其中点 1—3 的周期项的回归系数比点 2—3 要大得多，说明点 1—3 的冻胀效应比点 2—3 要大。另外，从温度线性项可以看出：点 1—3 的位移变化要滞后于气温 1～2 个月，而点 2—3 的位移变化几乎与气温同步。

6.5.3　地下洞室周壁变形的统计模型

6.5.3.1　无支护的洞室在施工期周壁变形的统计模型

1. 蠕变位移 u^c 的统计模型

设测得几组洞壁径向变位资料，并经分析，分离出蠕变位移实测数据，则蠕变位移的统计模型为

$$u^c = A[1 - \exp(-Kt)] \quad (6.5-25)$$

式中　A——蠕变位移的最终稳定值；

K——参数；

t——时间。

2. 弹性变位 u^e 的统计模型

弹性变位的统计模型为

$$u^e = B[1 - \exp(-KL)] \quad (6.5-26)$$

式中　B、K——拟合系数；

L——开挖面到量测断面的距离，m。

6.5.3.2　洞室支护的周壁变形的统计模型

为了保持围岩稳定或者运行期承受水压力，在洞室开挖后进行支护，此时的洞壁变形统计模型为

$$\frac{t}{u_t} = A + Bt \tag{6.5-27}$$

式中　A、B——拟合系数；

u_t——t 时的径向位移。

6.5.3.3　运行期有压隧洞洞壁变形的统计模型

有压水工隧洞通常采用圆形断面，在运行期承受内水压力 P_1，而且 P_1 往往是控制断面的主要荷载。同时，它也受到外水压力 P_2 和温度 T 的作用。由于围岩的流变和衬砌混凝土的徐变，因此还有时效分量。山岩压力和衬砌自重可视为定值，用常数项表示。因此，隧洞洞壁的变形统计模型为

$$\delta = \delta_P + \delta_T + \delta_\theta + a_0 \tag{6.5-28}$$

式中　δ_P——水压力分量；

δ_T——温度分量；

δ_θ——时效分量；

a_0——常数项。

运行期有压隧洞洞壁变形的统计模型具体表达式为

$$\delta = b_0 + b_1 P_1 + b_2 P_2 + b_3 T + b_4 (1 - e^{-\beta\theta}) \ (\text{或 } b_4\theta + b_5 \ln\theta) \tag{6.5-29}$$

式中　b_0——常数项；

b_1、b_2、b_3、b_4、b_5——拟合系数；

β——系数；

θ——监测日与始测日累计天数除以 100；

P_1、P_2——内水和外水压力。

6.5.4　边坡变形量的统计模型

一般情况，采用回归模型分析建立边坡变形和时间之间关系的数理统计模型。根据理论分析和实测资料，不稳定边坡的蠕变速度与变形成正比，即有

$$\frac{d\varepsilon}{dt} = A + B\varepsilon \tag{6.5-30}$$

式中　A、B——常数；

ε、t——变形和时间。

式（6.5-30）的通解为

$$\varepsilon = c + a \cdot \exp[bt] \tag{6.5-31}$$

为简化计算，式（6.5-31）两边取对数后得

$$\lg(\varepsilon - c) = \lg a + bt\lg e \tag{6.5-32}$$

或

$$\varepsilon' = a' + b't \tag{6.5-33}$$

其中　$\varepsilon' = \lg(\varepsilon - c)$，$a' = \lg a$，$b' = b\lg e$　(6.5-34)

但不是所有的边坡位移蠕变过程线都为线性关系，通常取另一种形式为双曲线型

$$\lg\varepsilon' = \frac{a'}{t} + b't \tag{6.5-35}$$

也可能一时段内取直线型，另一时段内为双曲线型，甚至其他形式，如指数函数型等。应根据每个滑坡的 $\lg\varepsilon - t$ 关系曲线具体确定。

6.5.5　应力统计模型

6.5.5.1　实际应力计算

对于长期混凝土内的实际应力计算，需要运用叠加原理将微小时段的徐变应力叠加，因此这一计算方法可以称为叠加法。具体运算过程有两种做法：一是直接利用徐变试验求得的变形资料进行计算，称为变形法；二是首先利用徐变资料算出松弛系数，再用松弛系数来计算应力，称为松弛系数法。

1. 变形法

首先将实测应变资料经过计算，绘制成单轴应变过程线（或列表），将全部应变过程划分为几个时段，时段可以是等间距的也可以是不等间距的。早期应力增量较大，时段细些，后期应力变化不大，可以将时段划分得粗些。将徐变资料进行计算，按每一时段的开始龄期 τ_0，τ_1，…，τ_{n-1} 绘制成总变形过程线，或制成相应于应力作用龄期之后的各时段中点龄期的有效弹模表，供进一步计算使用。

由徐变概念可以得知某一时刻的实测应变，不仅有该时刻弹性应力增量引起的弹性应变，而且包含在此以前所有应力引起的总变形。$\tau_{i-1} - \tau_i$ 时段应力增量 $\Delta\sigma_i$ 引起的总变形，将包含在 $\tau_{n-1} - \tau_n$ 时段的应变 ε'_n 中，因此，计算这一时段的应变增量时应予以扣除。在 τ_n 的应力增量应为

$$\Delta\sigma_n = E_s(\overline{\tau}_n, \tau_{n-1}) \left\{ \varepsilon'_n(\overline{\tau}_n) - \sum_{i=1}^{n-1} \Delta\sigma_i \left[\frac{1}{E(\tau_i)} + c(\overline{\tau}_n, \overline{\tau}_i) \right] \right\} \tag{6.5-36}$$

式中　$E_s(\overline{\tau}_n, \tau_{n-1})$——以 τ_{n-1} 为加荷龄期，持续到 $\overline{\tau}_n \left(\overline{\tau}_n = \frac{\tau_{n-1} + \tau_n}{2} \right)$ 的总变形的倒数，即 $\overline{\tau}_n$ 时刻 $\Delta\sigma_n$ 的有效弹性模量；

$\varepsilon'_n(\overline{\tau}_n)$——单轴应变过程线上 $t = \overline{\tau}_n$ 时刻的单轴应变值；

$c(\overline{\tau}_n, \overline{\tau}_i)$——徐变度。

在 $\overline{\tau}$ 时刻的混凝土实际应力为

$$\sigma_n = \sum_{i=0}^{n-1} \Delta\sigma_i + \Delta\sigma_n = \sum_{i=0}^{n} \Delta\sigma_i \tag{6.5-37}$$

2. 松弛系数法

如果某一混凝土体在内外力作用下，若应变保持不变，由于混凝土的徐变性能，将使相应的应力逐渐降低，这就称为应力松弛，可表示为

$$\sigma(t)=\sigma_0 K_p(t,\tau_0) \qquad (6.5-38)$$

式中　$K_p(t,\tau_0)$——松弛系数，是由徐变曲线算得的松弛曲线的纵坐标；

σ_0——初始应力，在 $t=\tau_0$ 时开始作用于混凝土体的应力。

松弛曲线 $K_0(t=\tau_0)$ 和徐变变形曲线相似，也是混凝土龄期和荷载作用时间的函数，在进行实际应力计算之前，首先需要求出与计算中划分时段相应龄期的松弛曲线。

松弛曲线的公式为

$$\varepsilon_x(t)=\frac{\sigma_x(\tau_1)}{E(\tau_1)}+\sigma_x(\tau_1)c(t,\tau_1)+\int_{\tau_1}^{t}\frac{d\sigma_x(\tau)}{d\tau}\left[\frac{1}{E(\tau)}+c(t,\tau)\right]d\tau$$

即

$$\varepsilon_x(t)-\varepsilon_x(\tau_1)=\sigma_x(\tau_1)c(t,\tau_1)+\int_{\tau_1}^{t}\frac{d\sigma_x(\tau)}{d\tau}\left[\frac{1}{E(\tau)}+c(t,\tau)\right]d\tau \qquad (6.5-39)$$

根据假定，应变为常量，即 $\varepsilon_x(t)=\varepsilon_x(\tau_1)$。令 $\frac{\sigma_x(\tau)}{\sigma_x(\tau_1)}=K_p(t,\tau)$，则式（6.5－39）变为

$$c(t,\tau_1)+\int_{\tau_1}^{t}\frac{\partial K_p(t,\tau)}{\partial\tau}\left[\frac{1}{E(\tau)}+c(t,\tau)\right]d\tau=0 \qquad (6.5-40)$$

解出式（6.5－40），即得初始应力为 0.1MPa 作用下的应力松弛曲线的表达式。通常可用近似计算或图解法，从徐变试验资料中推求。

松弛系数求得后，混凝土内实际应力的计算公式为

$$\sigma_n=\sum_{i=0}^{n}\Delta\varepsilon_i' E(\tau_i)K_p(\tau_{n+1},\tau_i) \qquad (6.5-41)$$

式中　σ_n——n 时段的混凝土的实际应力；

$\Delta\varepsilon_i'$——第 i 时段单轴应变增量；

$E(\tau_i)$——第 i 时段的瞬时弹性模数；

$K_p(\tau_{n+1},\tau_i)$——第 i 时段的松弛曲线在 τ_{n+1} 时刻的数值。

式（6.5－41）的计算过程见图 6.5－5。

应该指出这两种方法虽然计算过程有差别，其实质是一样的，而且都必须具备各个龄期完整的徐变试验资料。实际工作中不可能进行与计算时段相应的各个龄期的徐变试验，通常只进行 5 个龄期或稍多几个龄期的徐变试验，其他龄期的徐变试验资料只能用内插外延方法推算求得。

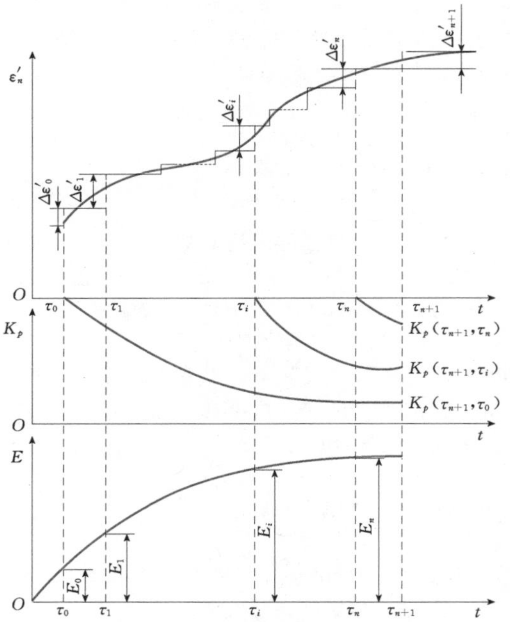

图 6.5－5　松弛系数法计算过程

3. 混凝土实际应力计算步骤

应变计组的测值经检验，并进行各种误差处理和修正后，就可用来计算混凝土的应力。所谓实际应力是指通过应变计资料算得的应力成果，既区别于由混凝土直接测量（例如用压应力计测量混凝土压应力）的应力，又区别于客观存在的混凝土内的真实应力（应力真值），实际应力是带有应变计监测误差和各种材料特性误差并扣除无应力计的测值而计算的应力。分别研究实际有效应力和无应力计的应变，对了解坝体内的实际应力状态具有重要的意义。为此，将实际应力计算步骤归纳如下：

（1）将各温度计的电阻值换算为温度值，以电阻比和温度值为纵坐标、时间为横坐标，绘制过程线，并进行误差检验和修正。

（2）初步选定基准时间和基准值计算无应力计应变，用无应力计应变和温度相关线求得混凝土温度膨胀系数 α，求出自生体积变形 $G(t)$，分析无应力计的可靠性。

（3）计算各支应变计的计算电阻比，绘制控制图、叠加图，分析应变计组资料的系统误差并加以修正或删除。计算应变计组的不平衡量，进行平差，并对平差后的应变过程线进行修匀。

（4）重新选择基准时间和基准值。这是进行最后计算前的工作，确定基准时间和基准值的原则如下：

1）选择电阻比测值 Z_T 开始落在控制图上、下限

以内的测点作为基准值，以相应的时间为基准时间，这时说明仪器正常工作。

2）参照初期选定的基准时间，选在电阻比、温度呈规律性变化的时刻。

3）混凝土终凝以后，混凝土已有足够强度能够带动仪器共同变形。

4）仪器上部已覆盖较厚的混凝土，取不受气温变化干扰时的测值。

选定基准值以后重新进行无应力计和工作应变计资料计算，新基准值和初期选定基准值不同时，只需在原有计算结果上加上因基准值变动而产生的修正值。

5）计算单轴应变。从处理后的电阻比、温度过程线上取得各测次的电阻比和温度值，计算各支仪器的应变值，并由此计算单轴应变。

（5）实际应力和实际主应力计算。利用徐变资料，用前述的变形法或松弛系数法从单轴应变可计算出测点的实际应力分量。根据实际应力可直接求得实际主应力，这样就获得了应变计资料分析的最终成果。

6.5.5.2　应力应变统计模型

应用应变资料导出的实际应力建立统计模型，其目的是了解坝体内的应力应变随外界荷载变化的规律，预测它们的发展趋势，进而为安全监控和应力应变计算理论的修正提供依据，其意义是显著的。然而根据前面的分析可以看出：应力应变监测量与其他监测量（如位移、裂缝开合度、渗流量等）的不同之处就在于它们的影响因素复杂，计算环节多，各个环节带入的误差和误差传递，使最终成果的精度降低；而且对某些影响因素（如无应力计资料的分析）尚需深入研究。

由以上分析可知，应力（或应变）主要与水压力、温度、自重、湿胀以及时效等因素有关，可表示为

$$\sigma = \sigma_H + \sigma_T + \sigma_G + \sigma_W + \sigma_\theta \qquad (6.5-42)$$

式中　σ_H、σ_T、σ_G、σ_W、σ_θ——应力的水压、温度、自重、湿胀和时效分量。

下面分别讨论各个分量的表达式。

（1）水压分量 σ_H。根据坝工理论和力学知识，水压力产生坝体应力，可用水头 H 的多项式表示，即

$$\sigma_H = \sum_{i=1}^{m_1} a_i (H^i - H_0^i) \qquad (6.5-43)$$

式中　H——水头，当下游无水时 H 等于库水位减坝底高程，下游有水时 $H = H_u - H_d$；

m_1——一般取 3～4；

a_i——拟合系数；

H_0——初始水头，即基准应力时的水头。

（2）温度分量 σ_T。温度分量为坝体和地基的变温引起的应力，根据弹性理论，变温引起的温度应力为

$$\sigma_T = f(E_c, E_r, \alpha, \mu, T_i, \cdots) \qquad (6.5-44)$$

式中　E_c、E_r——坝体混凝土的弹性模量和坝基基岩的变形模量；

α、μ——坝体混凝土的线膨胀系数和泊松比；

T_i——第 i 支温度计的变温值。

由于温度应力分量 σ_T 与变温值 T_i 呈线性关系。因此，σ_T 的表达式为

$$\sigma_T = \sum_{i=1}^{m_2} b_i T_i \qquad (6.5-45)$$

式中　T_i——第 i 支温度计的变温值，等于第 i 支温度计的瞬时温度减去初始温度；

b_i——拟合系数；

m_2——温度计的总支数。

当坝体温度计支数很多时，将大大增加数据处理的工作量。因此，每层实际温度分布可近似用等效温度（即平均温度 $\overline{T}_i$ 和梯度 β_i）来代替，故选择 $\overline{T}_i$、β_i 作为因子，即

$$\sigma_T = \sum_{i=1}^{m_2} b_{1i} \overline{T}_i + \sum_{i=1}^{m_2} b_{2i} \beta_i \qquad (6.5-46)$$

式中　$\overline{T}_i$、β_i——第 i 层等效温度的平均温度、温度梯度的变化值，它们等于监测应力与初始应力所对应的第 i 层等效温度的平均温度和温度梯度的差值；

b_{1i}、b_{2i}——拟合系数；

m_2——温度计的层数。

当坝体混凝土无温度计时，对于长期运行的大坝，由于坝体混凝土温度已达到准稳定温度，则可用周期项表示，即

$$\sigma_T = \sum_{i=1}^{m_2} \left(b_{1i} \sin \frac{2\pi i t}{365} + b_{2i} \cos \frac{2\pi i t}{365} \right) \qquad (6.5-47)$$

式（6.5-47）中符号含义与表 6.5-2 相同。

（3）自重应力分量 σ_G。坝体在自重和竖直荷载作用下将产生应力，因此，自重应力分量取决于坝体高度或浇筑高度所对应的自重与其他竖直荷载。根据弹性理论可以推得

$$\sigma_G = f(\rho g, L, \cdots) \qquad (6.5-48)$$

即自重应力分量与混凝土的容重 ρg、坝体的几何尺寸 L 等有关。当坝体高度一定时，σ_G 是定值；当坝体边浇筑边监测应力时，σ_G 随坝体浇筑高度而变化。

（4）湿胀应力分量 σ_W。根据有关资料，当坝体

混凝土含水量增加到一定值时，湿胀应力是一个常量。因此，在统计分析时，该分量将由统计模型中的常数项来反映。

(5) 时效分量 σ_θ。应力的时效分量是由于混凝土徐变和干缩等因素引起的应力。因此，时效分量初期变化急剧，后期变化渐趋稳定。根据混凝土的徐变规律，σ_θ 的表达式为

$$\sigma_\theta = c_1(\theta - \theta_0) + c_2(\ln\theta - \ln\theta_0) \qquad (6.5-49)$$

式中　θ——从始测日起算，每增加 1 天 θ 增加 0.01。

(6) 应力统计模型。根据以上分析，应力的统计模型可写成

$$M_{\mathrm{I}}:\ \sigma = \sum_{i=1}^{m_1} a_i(H^i - H_0^i) + \sum_{i=1}^{m_2} b_{1i}\overline{T}_i + \sum_{i=1}^{m_2} b_{2i}\beta_i + c_2(\ln\theta - \ln\theta_0) + a_0 \qquad (6.5-50)$$

$$M_{\mathrm{II}}:\ \sigma = \sum_{i=1}^{m_1} a_i(H^i - H_0^i) + \sum_{i=1}^{m_2} b_{1i}\overline{T}_i + c_1(\theta - \theta_0) + c_2(\ln\theta - \ln\theta_0) + a_0 \qquad (6.5-51)$$

$$M_{\mathrm{III}}:\ \sigma = \sum_{i=1}^{m_1} a_i(H^i - H_0^i) + \sum_{i=1}^{m_2}\left(b_{1i}\sin\frac{2\pi it}{365} + b_{2i}\cos\frac{2\pi it}{365}\right) + c_1(\theta - \theta_0) + c_2(\ln\theta - \ln\theta_0) + a_0 \qquad (6.5-52)$$

应特别指出：式 (6.5-50) ～式 (6.5-52) 中，监测值 σ 要扣除自重应力 σ_G。

6.5.5.3　应用实例

黄河干流上的某重力拱坝，最大坝高 178m，总库容 247 亿 m^3。该坝设置了安全监测系统，应力是该系统的重点监测项目之一。在拱冠、左右 1/4 拱以及近坝断裂和基础处理工程结构等部位进行应力监测，现以坝踵处的应力计监测资料为例，介绍其分析方法和步骤。

1. 统计模型的因子选择

根据上述的统计数据，针对该重力拱坝的特点，模型 M_{I} 为

$$\sigma = \sum_{i=1}^{3} a_i(H^i - H_0^i) + b_{11}\overline{T}_1 + b_{21}\beta_1 + b_{12}\overline{T}_2 + b_{22}\beta_2 + b_{13}\overline{T}_3 + b_{23}\beta_3 + b_{14}\overline{T}_4 + c_1(\theta - \theta_0) + c_2(\ln\theta - \ln\theta_0) \qquad (6.5-53)$$

式中　$\overline{T}_1$、β_1、$\overline{T}_2$、β_2——高程 1435.00m、1463.00m 处等效温度的平均温度和温度梯度变化值；

$\overline{T}_3$、β_3——高程 1480.00m、1500.00m、1540.00m 处等效温度的平均温度和温度梯度均值的变化值（由于这三层温度计测值变化相近，故合并为一层，以减少因子）；

$\overline{T}_4$——高程 1560.00m 和 1580.00m 处等效温度的平均温度均值的变化值(由于这两个高程的温度计很少,无法计算 β)；

H_0——初始水头，H_0=1483.68m－1435.00m=48.68m。

模型 M_{II} 为

$$\sigma = \sum_{i=1}^{3} a_i(H^i - H_0) + b_1 T + c_1(\theta - \theta_0) + c_2(\ln\theta - \ln\theta_0) \qquad (6.5-54)$$

式中　T——坝踵应力计（D_9C_1）处的温度计测值，其他温度计与应力计在时间上不同步，不选为因子。

自重应力 σ_G 为 3.2MPa（由三维有限元和工程力学计算得到，为压应力），应力监测值应扣除 σ_G，然后用式 (6.5-53)、式 (6.5-54) 建立回归模型。

2. 回归分析成果

D_9C_1 的监测资料从 2006 年 1 月至 2008 年 5 月，共计 27 个子样，M_{I} 的因子数为 12 个，M_{II} 的因子数为 6 个。

表 6.5-3　　9 号坝段坝踵应力统计模型计算成果

回归方法	最佳回归方程	R	S	F
M_{I}	$\sigma = -24.23 - 0.0055(H - H_0) + 65.98\beta_1 + 36.530\beta_2 - 0.6235\overline{T}_3 - 6.858\beta_3 - 0.2769\ln\left(\frac{\theta}{\theta_0}\right)$	0.959	0.0385	22.8
M_{II}	$\sigma = -21.12 - 0.1692(H - H_0) + 0.0011(H^2 - H_0^2) - 0.4263\ln\left(\frac{\theta}{\theta_0}\right)$	0.894	0.0921	30.4

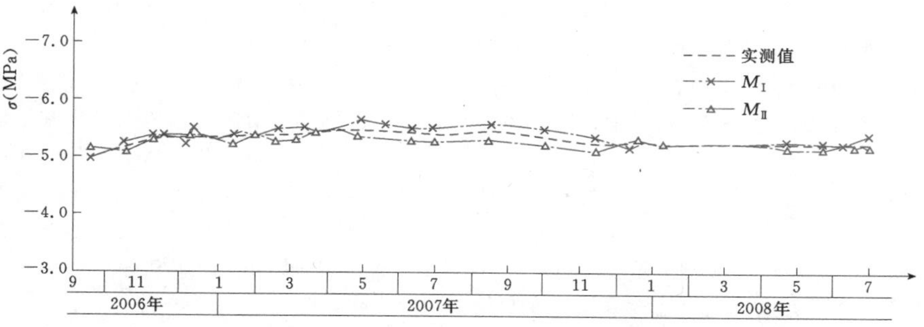

图 6.5-6　坝踵应力统计模型的回归值与实测值的拟合过程线

采用加权回归分析法，$M_Ⅰ$、$M_Ⅱ$ 的回归分析成果见表 6.5-3，回归值与实测值的拟合如图 6.5-6 所示。

3. 成果分析

（1）精度分析。$M_Ⅰ$ 的精度较高（$R=0.96$，$S=0.04$MPa），实测值与回归值基本吻合。$M_Ⅱ$ 的精度比 $M_Ⅰ$ 要低（$R=0.89$，$S=0.09$MPa），其原因是：$M_Ⅱ$ 只考虑一个温度因子，而 $M_Ⅰ$ 考虑了坝体温度的变化对坝踵应力的影响。

（2）相关分析。根据简单相关系数矩阵，两种模型的因子之间的最大简单相关系数为

$$M_Ⅰ：\ r_{HT}=0.4526，r_{H\beta}=0.1795，$$
$$r_{H\theta}=0.7954，r_{T\theta}=0.4464$$
$$M_Ⅱ：\ r_{HT}=0.0988，r_{H\theta}=0.6982，$$
$$r_{T\theta}=-0.2738$$

上述数据说明：库水位与时效之间的相关关系密切，库水位与温度（除 $M_Ⅱ$）以及温度与时效之间也有一定的相关关系。

（3）坝踵应力的时效分量和常数项的分析如下：

1）坝踵应力与时间呈负相关（$r_{\sigma\theta}$ 为负值），说明坝踵应力的时效分量随时间减小，即压应力有增大趋势。根据这一特点，该坝踵应力将保持较大的压应力。

2）$M_Ⅰ$、$M_Ⅱ$中的常数项为$-2.112\sim-2.423$MPa。由于在统计分析时，各个分量均扣除了初始应力，并扣除了自重应力。因此，常数项反映了坝踵的初始应力的主要部分，该部分估计是由湿胀引起的湿胀应力，其值与理论推导的结果基本一致。

6.6　渗流监测量的统计模型

6.6.1　混凝土坝坝体和坝基渗压的统计模型

6.6.1.1　引言

混凝土坝渗压监测包括两部分：一部分是坝体渗透压力；另一部分是坝基扬压力。它们都是由渗透水引起的荷载，对大坝的稳定、变形、应力都有一定的影响。坝高 100m 左右的重力坝，坝基面上作用的扬压力，大约是坝体重量的 20%左右。因此整理分析坝体、坝基扬压力的监测资料对于验算大坝的稳定和耐久性，监控坝的安全，了解坝身混凝土的抗渗性能以及坝基的帷幕、排水效应和坝基情况的变化等都有重要意义。

6.6.1.2　坝体渗透压力的统计模型

1. 影响因素分析

坝体混凝土是一种弱透水性材料，在水压力作用下，会产生渗透现象，表现为渗透压力和漏水量。这种渗透可分为均匀渗透和不均匀渗透两种类型。

（1）均匀渗透。当坝体混凝土质量良好，密实均匀，接缝都作了防渗处理时，水可通过微细的孔隙入渗，这种微细孔隙对每个混凝土坝都是难以避免的。这是因为水泥颗粒周围的黏着水由于水化作用而蒸发，因而产生孔隙；拌和及浇注时混入少量空气而产生空隙；混凝土骨料级配组合中存在少量孔隙；因温度应力、局部应力引起的细微裂缝等。这些孔隙和裂纹大多为封闭和中断的，故密实的混凝土渗透系数很小（可以小于 2×10^{-12} cm/s），渗透流速很慢，渗透压力是逐渐发展的，历时较长。

（2）不均匀渗透。不均匀渗透即当坝身混凝土质量不良时，存在若干张开的和贯通的裂缝。如：浇筑不良产生的蜂窝和冷缝；骨料或埋设构件（钢管、钢筋）间的空隙；水平施工缝结合不好存在的孔隙；坝体横缝止水不佳，有渗漏路径；较大的温度裂缝和冰冻龟裂等。这些裂隙会形成一些不规则的渗漏途径，导致大量的渗漏，产生较大的孔隙水压力和较多的渗漏水。

一般混凝土坝都是均匀渗透。质量不佳的除了有均匀渗透外，还有不均匀渗透，甚至可能以不均匀渗透为主。

在坝体内设置排水系统能有效地排除渗流水、降低渗透压力，在坝的上游面浇筑特别密实的抗渗性好

的混凝土，也可起到减渗作用。

上述是影响坝体渗透压力的内因（坝体结构因素），此外，还有外因（即荷载因素），主要如下：

(1) 上游库水压力，它是渗透压力变化的主要因素。

(2) 下游水压力，它对低高程的下游处的渗透压力有一定影响。

(3) 坝体混凝土温度，当混凝土温度降低时，裂隙增大，渗透加剧。靠近上游表面处混凝土温度变化对入渗裂隙影响较明显，这部分混凝土温度主要受水温影响。

(4) 时效影响，坝体在外荷载作用下产生的应力，会改变坝体内的孔隙，使坝体渗流状态改善或恶化。此外，渗透压力传递和消散对渗流也会产生影响。

2. 坝体渗压的统计模型

以我国西北某重力拱坝坝体渗压计监测资料为例，讨论坝基、坝体渗流情况，以此建立坝体渗压的统计模型。根据影响因素分析，渗压值主要受水压、温度和时效等因素影响，即可表示为

$$P_i = P_H + P_T + P_\theta \qquad (6.6-1)$$

式中　P_i——坝内任一点的总渗透压力；

P_H——库水位变化引起的渗透压力分量；

P_T——温度变化引起的渗透压力分量；

P_θ——渗透压力传递和消散引起的时效分量。

众所周知，混凝土材料渗透系数较小，骨料级配与散粒体也有所不同，其渗透方程比较复杂，因此，它除了与 H 的一次方有关外，可能还与 H 的更高次方有关，因此取至四次式。温度和时效采用与扬压力统计模型相同的因子形式。因此，得到渗透压力的统计模型为

$$P = a_0 + \sum_{i=1}^{4} a_i H^i + b_1 T + c_1\theta + c_2 \ln\theta \qquad (6.6-2)$$

式中　H——水深即为上游库水位 H_u 与坝底高程之差；

T——混凝土温度；

θ——从起始日起算，每增加一天，θ 增加 0.01；

a_0——常数项；

a_i、b_1、c_1、c_2——拟合系数。

6.6.1.3　混凝土坝坝基扬压力的统计模型及成果分析

一般沿坝轴线的帷幕和排水孔后各设一排扬压力孔，并选择若干坝段布置横向扬压力孔，以监测坝基扬压力的变化情况。下面研究这些扬压力孔中水位、帷幕和排水孔后的渗压系数以及横向监测坝基面上总扬压力的统计模型。

1. 扬压力孔水位的统计模型

根据实测资料分析表明，坝基扬压力主要受上游水位和下游水位变化的影响；降雨对岸坡坝段坝基扬压力也有一定影响；另外，由于基岩温度的变化引起节理裂隙的宽度变化，从而引起扬压力的变化；此外考虑到坝前淤积、坝基帷幕防渗和排水效应等随时间的变化，还需选入时效因子。

综上所述，扬压力采用以下统计模型，即

$$Y = Y_{Hu} + Y_{Hd} + Y_P + Y_T + Y_\theta \qquad (6.6-3)$$

式中　Y——某扬压力测孔的扬压力测值；

Y_{Hu}——上游水位分量；

Y_{Hd}——下游水位分量；

Y_P——降雨分量；

Y_T——温度分量；

Y_θ——时效分量。

下面说明各个分量的因子选择。

(1) 上游水位分量 Y_{Hu}。由扬压力实测资料及渗流理论分析表明，扬压力要滞后于上游水位一定的时间，可以有两种处理方法。

1) 前期平均水位。一般用测值前 i 天的库水位均值 $\overline{H}_{ui}$ 作为因子，即

$$Y_{Hu} = \sum_{i=1}^{m_1} a_{ui}\overline{H}_{ui} \qquad (6.6-4)$$

式中　$\overline{H}_{ui}$——前 i 天的平均库水位，一般 i=1，2，5，10，15，…，m_1；

a_{ui}——回归系数。

2) 有效水位。平均水位的概念比较模糊，实际上上游水位对扬压力的影响可能是第 2 天、第 5 天等，其后的作用也不会立即消失，其扬压力是逐渐上升和下降的过程，而不是平均的过程见图 6.6-1。为此，需要深入研究其因子选择。

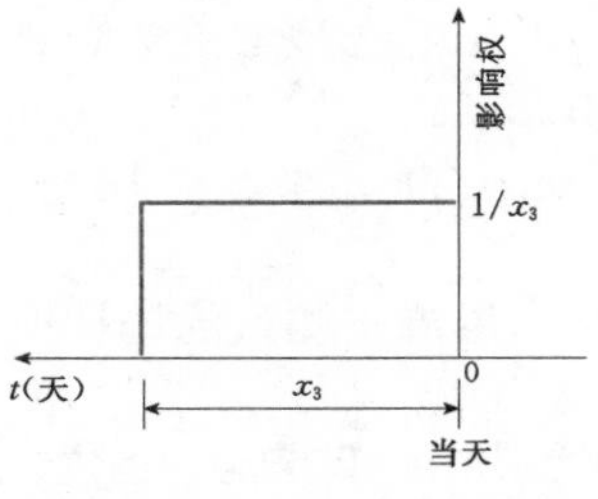

图 6.6-1　前 x_3 天平均水位

上游水位对扬压力的影响过程，如图 6.6-2 所示，其基本服从正态分布，称为影响曲线。

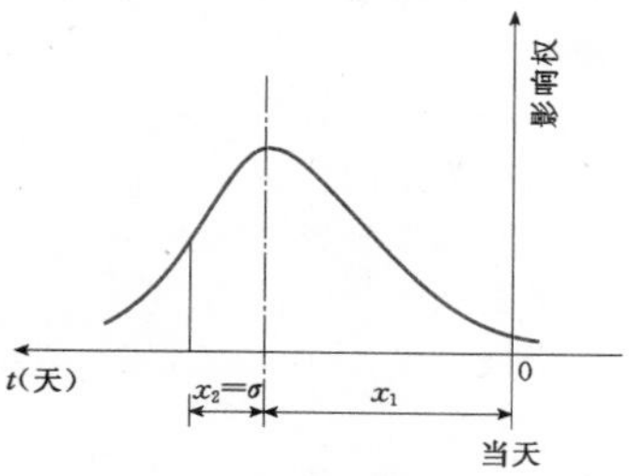

图 6.6-2 正态分布影响曲线

则上游水位分量为

$$Y_{Hu}=a_1\int_{-\infty}^{0}\frac{1}{\sqrt{2\pi}x_2}e^{\frac{-(t-x_1)^2}{2x_2^2}}H_i(t)\mathrm{d}t=a_{1u}H_{un} \qquad (6.6-5)$$

式中 $H_i(t)$ ——t 时刻的上游水位；

H_{un} ——有效上游水位；

x_1 ——上游水位滞后天数；

x_2 ——上游水位正态分布标准差，即影响天数；

a_{1u} ——回归系数。

其中 x_1、x_2 需通过试算求得，找到了实际的滞后天数，提高了回归精度，为评价防渗效果提供了依据。上游水位一般每天有一个测值，因此，可把连续型积分改成离散型积分，积分区间只需取 x_2 的 2～3 倍即可满足要求。

(2) 下游水位分量 Y_{Hd}。下游水位对扬压力的影响也有一个滞后的过程，但下游水位变化小。因此，下游水位取当日测值作为因子，即

$$Y_{Hd}=a_dH_d \qquad (6.6-6)$$

式中 a_d ——下游水位分量的回归系数；

H_d ——对应日期的下游水位。

(3) 降雨分量 Y_P。对降雨分量通常有两种处理方法。

1) 前期降雨量。一般采用前 i 天的降雨量的平均值作为因子，如前 1 天、2 天、5 天、10 天等的平均降雨量作为因子，即

$$Y_P=\sum_{i=1}^{m_2}d_i\overline{p}_i \qquad (6.6-7)$$

式中 $\overline{p}_i$ ——前 i 天的平均降雨量，$i=1$，2，5，10，…，m_2 天；

d_i ——回归系数。

2) 有效降雨量。在降雨过程中，有一部分入渗产生地下水，地下水主要通过节理裂隙渗流影响两岸坝段坝基的扬压力。在该过程中呈现非线性关系，并有滞后效应。采用前期降雨量的均值作为因子，同样存在难以精确模拟降雨对扬压力影响的状况。根据降雨对地下水的影响规律和裂隙渗流的指数定律以及滞后效应，降雨分量采用的模式为

$$Y_P=d_1\int_{-\infty}^{0}\frac{1}{\sqrt{2\pi}x_4}e^{\frac{-(t-x_3)^2}{2x_4^2}}[P(t)]^{2/5}\mathrm{d}t=d_1p' \qquad (6.6-8)$$

式中 d_1 ——降雨分量的回归系数；

x_3 ——降雨分量的滞后天数；

x_4 ——降雨影响权正态分布标准差（影响天数）；

$P(t)$ ——t 时刻的单位时段降雨量；

p' ——有效降雨量。

同样 x_3 和 x_4 经试算求得，连续型积分可转化为离散型积分。

(4) 温度分量 Y_T。渗流受地基裂隙变化的影响，裂隙变化受基岩温度的作用。而基岩温度变化较小，且基本上呈年周期变化。在无实测基岩温度时，可直接采用正弦波周期函数作为温度分量，即

$$Y_T=\sum_{i=1}^{m_3}\left(b_{1i}\sin\frac{2\pi it}{365}+b_{2i}\cos\frac{2\pi it}{365}\right) \qquad (6.6-9)$$

式（6.6-9）中，$m_3=2$，即用年周期和半年周期 b_{1i}、b_{2i} 为回归系数。

(5) 时效分量 Y_θ。时效分量是扬压力的一个重要分量，也是评价渗流状况的一个重要依据。坝前淤积、坝基裂隙的缓慢变化以及防渗体的防渗效应的变化等因素，都将影响坝基的渗流状况。其一般规律是在蓄水初期或某一工程措施初期变化较快，然后，随着时间的延伸而逐渐趋向平稳，这个分量称为时效分量，并选用目前常用的模式，即

$$Y_\theta=c_1\theta+c_2\ln\theta \qquad (6.6-10)$$

式中 c_1——时效分量线性项的回归系数；

c_2——时效分量对数项的回归系数；

θ——从蓄水初期或工程措施初期开始的天数除以 100，即每 100 天增加 1.0。

(6) 坝基扬压力孔水位的统计模型。综上所述，坝基扬压力孔水位的统计模型为

$$M_{\mathrm{I}}:\quad Y=\sum_{i=1}^{m_1}a_{ui}\overline{H}_{ui}+a_{2d}H_d+\sum_{i=1}^{m_2}d_i\overline{p}_i+\sum_{i=1}^{m_3}\left(b_{1i}\sin\frac{2\pi it}{365}+b_{2i}\cos\frac{2\pi it}{365}\right)+c_1\theta+c_2\ln\theta+a_0 \qquad (6.6-11)$$

M_{II}：

$$Y = a_{1u}H_{um} + a_{2d}H_{di} + d_1 p' + \sum_{i=1}^{m_3}\left(b_{1i}\sin\frac{2\pi it}{365} + b_{2i}\cos\frac{2\pi it}{365}\right) + c_1\theta + c_2\ln\theta + a_0 \quad (6.6-12)$$

2. 坝基面的总扬压力统计模型

在某些坝段，为了掌握沿坝基面上的总扬压力，布置有 3 个以上的测压孔，见图 6.6-3。总扬压力计算公式为

$$U = \sum_{i=0}^{m+1}\frac{(H_i + H_{i+1})}{2}\Delta b_i \quad (6.6-13)$$

式中　H_i——i 测压孔的水位，其中在坝踵和坝趾处分别用上游和下游水位，即 $H_0 = H_u$，$H_{m+1} = H_d$；

Δb_i——两测压孔间的间距；

m——测压孔的个数。

由上下游水位（或基岩高程）和扬压力孔的水位测值，应用式（6.6-13）求出 U。然后，用 M_{I}［式（6.6-11）］或 M_{II}［式（6.6-12）］，建立坝基面上总扬压力的统计模型。

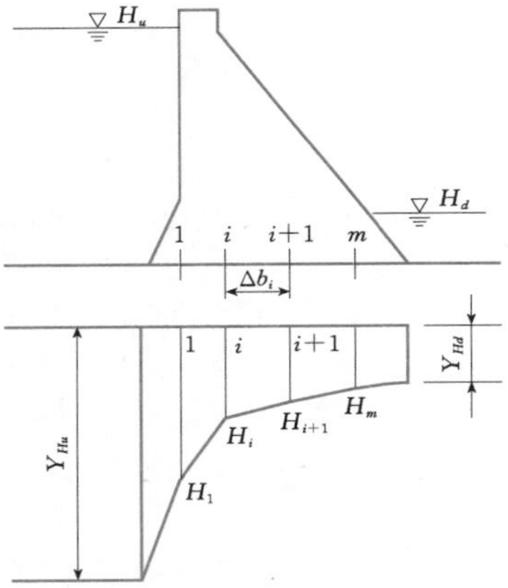

图 6.6-3　坝基总扬压力示意图

6.6.1.4　两岸地下水位的统计模型

两岸地下水位的统计模型可参考坝基扬压力的统计模型（M_{I} 和 M_{II}），这里不再赘述。

6.6.2　土石坝浸润线测压管水位的统计模型

土石坝浸润线的高低直接影响边坡稳定，是安全监测中的必测项目。为了监测浸润线，通常在土石坝的典型横断面上从上游向下游布置若干测压管，根据横断面上测压管的测值变化来近似反映土石坝浸润线的变化。下面介绍浸润线测压管水位的统计模型。

6.6.2.1　统计模型及因子选择

土石坝浸润线的测压管水位的实测资料表明，其主要受上下游水位、降雨以及筑坝材料的渗透时变特性等影响，即

$$h = h_u + h_d + h_p + h_\theta \quad (6.6-14)$$

式中　h——测压管水位；

h_u——上游水位分量；

h_d——下游水位分量；

h_p——降雨分量；

h_θ——时效分量。

下面讨论各个因子的选择。

1. 上游水位分量

对某一测压管，测压管水位与库水位的一次方成正比。然而上游库水位在变动，有一个渗流过程，使测压管水位滞后于库水位，因此用前期库水位 $\overline{h}_{ui}$ 表示，即

$$h_u = \sum_{i=1}^{m_1} a_{ui}\overline{h}_{ui} \quad (6.6-15)$$

式中　a_{ui}——上游水位分量的回归系数；

$\overline{h}_{ui}$——监测日前第 i 天库水位的平均值。

2. 下游水位分量

一般下游水位变化较小，用监测日当天的下游水位作为因子，即

$$h_d = a_d H_d \quad (6.6-16)$$

式中　a_d——下游水位的回归系数；

H_d——监测日的下游水位。

3. 降雨分量

土石坝坝顶和下游面在降雨过程中，一部分雨水入渗坝体，这取决于降雨强度、雨型及土石坝的材料，与此同时，入渗引起测压管水位变化（即浸润线）也有一个滞后过程，因此用前期降雨量 $\overline{p}_i$ 作为因子，即

$$h_p = \sum_{i=1}^{m_2} d_i\overline{p}_i \quad (6.6-17)$$

式中　d_i——降雨分量的回归系数；

$\overline{p}_i$——前期降雨量。

4. 时效分量

土石坝竣工蓄水后，引起土体结构颗粒的变化；与此同时，坝前逐渐淤积形成自然铺盖等。这些因素对测压管水位的影响有一个时效过程，其模拟公式为

$$h_\theta = c_1\theta + c_2\ln\theta \quad (6.6-18)$$

式中　c_1、c_2——时效分量回归系数；

θ——蓄水初期开始的天数除以 100。

5. 土石坝浸润线测压管水位的统计模型

综上所述，土石坝浸润线测压管水位的统计模型为

$$h = a_0 + \sum_{i=1}^{m_1} a_{ui}\overline{h}_{ui} + a_d H_d + \sum_{i=1}^{m_2} d_i\overline{p}_i + c_1\theta + c_2\ln\theta \quad (6.6-19)$$

式中 a_0——常数项。

6.6.2.2 应用实例

某土石坝最大坝高45m，为均质土坝，在坝高最大断面处设5个测压管，如图6.6-4所示。

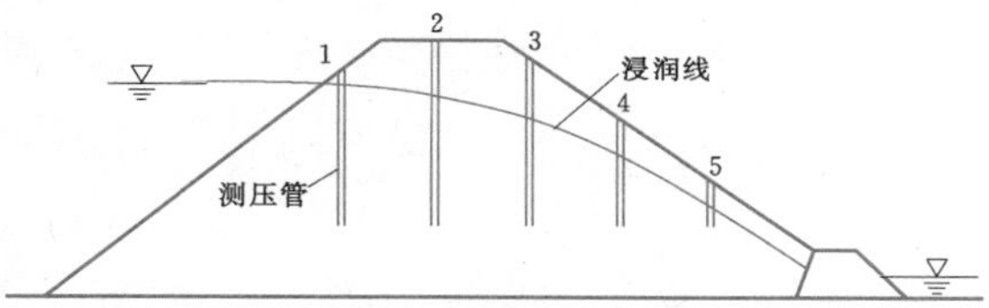

图6.6-4 坝体浸润线测压孔布置图

1. 统计模型选择

根据测压管水位与库水位过程线分析，测压管水位受库水位影响显著，库水位升高，浸润线测压管中的水位升高，反之下降。但是，测压管水位的变化一般要滞后7天左右。由于厂房离大坝较远，一般下游无水，即 $H_{di}\approx 0$。根据测压管水位与降雨量过程线分析，降雨对测压管水位有一定影响，降雨量大、历时长，测压管水位就较高。与此同时，测压管水位有明显的时效过程。

综上分析，浸润线测压管水位的统计模型为

$$h = a_0 + \sum_{i=1}^{5} a_{ui}\overline{H}_{ui} + \sum_{i=1}^{3} d_i\overline{p}_i + c_1\theta + c_2\ln\theta \tag{6.6-20}$$

式中 a_0——常数项；

a_{ui}——上游库水位的回归系数，$i=1, 2, \cdots, 5$；

$\overline{H}_{u1}$、$\overline{H}_{u2}$、$\overline{H}_{u3}$、$\overline{H}_{u4}$、$\overline{H}_{u5}$——监测日当天、前1天、前2天、前3天、前4天至前7天的库水位平均值；

d_i——降雨量的回归系数；

$\overline{p}_1$、$\overline{p}_2$、$\overline{p}_3$——监测日当天、前1天、前2天的降雨量平均值；

c_1、c_2——时效分量的回归系数；

θ——从分析时段开始至监测日天数除以100。

2. 回归模型及成果分析

(1) 回归模型。依据实测资料和式(6.6-20)，应用回归分析程序，建立上述5个测压管水位的回归模型，见表6.6-1。

表6.6-1 浸润线测压管水位的回归模型

孔号		1	2	3	4	5
a_0		116.4	69.05	39.23	35.86	26.09
h_u	a_{u1}	0.9895	2.632	−0.5175	1.38	1.358
	a_{u2}	0	0	2.653	−0.6074	0
	a_{u3}	0	−0.5959	0	0	0
	a_{u4}	0	−2.262	−1.416	0	0
	a_{u5}	−0.6809	0.8339	0	0	−0.5429
h_p	d_1	0	0.0023	0	0	1.22
	d_2	0.7178	1.227	1.285	0.369	0.5068
	d_3	0.2449	0	0.5041	−0.269	0.7075
h_θ	c_1	−0.2209	0	−0.4869	−0.3431	−0.5035
	c_2	0.3401	0.3516	0.4597	−0.0878	0.6218
R		0.98	0.97	0.98	0.98	0.98
S (m)		0.37	0.90	0.90	0.73	0.86

(2) 精度分析。从表6.6-1可看出，回归模型的复相关系数 R 在0.97以上，标准差 S 在0.90m以下，说明回归的精度高。

(3) 影响因素分析。所有测孔均选上游水位因子，说明上游水位对浸润线的测压管水位的影响显著。各测压管最高水位的分离结果表明，上游水位分量占年变幅的70%～75%。

降雨量对测压管水位也有一定影响，其影响量约占年变幅的20%～25%。

除2号孔水位有不显著的增大趋势外，其他呈下降趋势。截至 2009 年底，2 号孔水位的时效分量为 0.726m，其数值较小，且时效年增量逐年减小。

6.6.3　渗流量的统计模型

渗流量的大小反映混凝土坝体及坝基帷幕以及土石坝防渗体的防渗效果，是分析和评价大坝安全的重要依据，也是大坝监测的必测项目。下面讨论混凝土坝和土石坝渗流量的统计模型。

6.6.3.1　统计模型及因子选择

1. 混凝土坝渗流量的统计模型

混凝土坝的渗流量包括坝体和坝基的渗流量，其主要受上、下游水深的影响，温度对其也有一定的影响，温度变化引起坝体混凝土裂缝（或缺陷）的开合度变化以及坝基节理裂隙的宽度变化，从而引起渗漏量的变化；坝前淤积和防渗帷幕随时间的变化，引起渗漏量的变化。综上所述，混凝土大坝渗漏量的统计模型为

$$Q = Q_{H1} + Q_{H2} + Q_T + Q_\theta \tag{6.6-21}$$

式中　Q——渗漏量的测值；

Q_{H1}——上游水压分量；

Q_{H2}——下游水压分量；

Q_T——温度分量；

Q_θ——时效分量。

下面说明各个分量因子的选择。

（1）上游水压分量和下游水压分量。坝基渗漏量与上游水深的一次方、二次方及下游水深的一次方有关。与此同时，库水位变化对渗漏量影响有滞后效应。则水压分量的表达式为

$$Q_H = \sum_{i=1}^{2} a_{ui} H_1^i + \sum_{i=3}^{m_1} a_{ui} \overline{H}_{1i} + a_d H_d \tag{6.6-22}$$

式中　a_{ui}——上游水压因子的回归系数；

H_1^i——监测日的上游水深；

$\overline{H}_{1i}$——监测日前第 i 天的平均上游水深；

m_1——滞后天数；

a_d——下游水压因子的回归系数；

H_d——监测日的下游水深。

（2）温度分量。坝体混凝土和坝基的温度变化，引起结构面（如坝体裂缝和坝基节理裂隙）的缝隙变化，从而引起渗漏量的变化。一般坝体混凝土和坝基的温度计在运行多年后失效，难以用温度计的测值作为因子；而对于运行多年的大坝，坝体和坝基的温度呈现准稳定温度。因此，用周期项作为因子，即

$$Q_T = \sum_{i=1}^{2} \left(b_{1i} \sin \frac{2\pi it}{365} + b_{2i} \cos \frac{2\pi it}{365} \right) \tag{6.6-23}$$

（3）时效分量。随时间的增加，坝前淤积逐渐增多，坝基帷幕的防渗效应逐渐衰减，这有一个时效过程，其表达式为

$$Q_\theta = c_1 \theta + c_2 \ln\theta \tag{6.6-24}$$

式中　c_1、c_2——时效的回归系数；

θ——蓄水初期或起测日开始的天数除以 100。

（4）渗流量的统计模型。渗流量的统计模型为

$$Q = \sum_{i=1}^{2} a_{ui} H_1^i + \sum_{i=3}^{m_1} a_{ui} \overline{H}_{1i} + a_d H_d + \sum_{i=1}^{2} \left(b_{1i} \sin \frac{2\pi it}{365} + b_{2i} \cos \frac{2\pi it}{365} \right) + c_1 \theta + c_2 \ln\theta + a_0 \tag{6.6-25}$$

式中　a_0——常数项。

2. 土石坝渗流量的统计模型

土石坝渗流量主要受上下游水深、降雨入渗以及坝前淤积和防渗体的时变过程等影响，由于土石坝材料（坝体和坝基）随温度变化较小，所以一般不考虑温度分量。综上所述，土石坝渗流量的统计模型为：

$$Q = Q_{H1} + Q_{H2} + Q_P + Q_\theta \tag{6.6-26}$$

式中　Q——渗流量实测值；

Q_{H1}——上游水深分量；

Q_{H2}——下游水深分量；

Q_P——降雨分量；

Q_θ——时效分量。

下面讨论各个分量的因子选择。

（1）上游水压和下游水压分量。土石坝渗流量主要与上游水深和下游水深的二次方和一次方有关。与此同时，上游水深对渗流量有滞后效应，则

$$Q_H = \sum_{i=1}^{2} a_{ui} H_1^i + \sum_{i=3}^{m_1} a_{ui} \overline{H}_{1i} + a_d H_d \tag{6.6-27}$$

符号含义与式（6.6-22）相同。

（2）降雨分量。降雨入渗引起土石坝渗流，对渗流量有一定影响，同时有一定的滞后过程，因此用前期降雨量作为因子，即

$$Q_P = \sum_{i=1}^{m_2} d_i \overline{p}_i \tag{6.6-28}$$

符号含义与式（6.6-7）相同。

（3）时效分量。坝前淤积和防渗体的防渗效应随时间的变化有一个时效过程，其表达式为

$$Q_\theta = c_1 \theta + c_2 \ln\theta \tag{6.6-29}$$

符号含义与式（6.6-24）相同。

(4) 土石坝渗流量的统计模型。土石坝渗流量的统计模型为

$$Q=\sum_{i=1}^{2}a_{ui}H_1^i+\sum_{i=3}^{m_1}a_{ui}\overline{H}_{1i}+a_dH_d+\sum_{i=1}^{m_2}d_i\overline{p}_i+c_1\theta+c_2\ln\theta \qquad (6.6-30)$$

6.6.3.2 应用实例

某大坝位于广东省北江流域南水河的乳源县境内，是一座定向爆破堆石黏土斜墙坝，坝长 250m，坝顶宽 6m，坝顶高程 225.90m，最大坝高 81.3m。大坝采用的主要防渗措施是在上游建黏土斜墙，并在斜墙与坝基接触处进行了帷幕灌浆。渗流监测是该坝原型监测的主要内容之一，布设有两岸绕坝渗流监测和坝后渗漏量监测。下面以渗漏量监测为例进行分析。

1. 统计模型

根据实测资料和式（6.6-30），其统计模型为

$$Q=a_0+\sum_{i=1}^{2}a_{ui}H_1^i+\sum_{i=3}^{5}a_{ui}\overline{H}_{1i}+\sum_{i=1}^{3}d_i\overline{P}_i+c_1\theta+c_2\ln\theta \qquad (6.6-31)$$

式中 H_1^i——监测日当天的上游水深；

$\overline{H}_{1i}$——监测日、监测日前 1 天、前 2 天、前 3～4 天的平均上游水深；

$\overline{P}_i$——监测日、监测日前 1 天、前 2 天的平均降雨量。

2. 回归模型及成果分析

(1) 回归模型。依据实测资料和式（6.6-31），应用回归分析程序，建立渗漏量的回归模型，即

$$Q=16.28+14.33H_1+0.0298H_1^2+0.6506\overline{H}_{13}+0.6612\overline{H}_{14}+0.01929\overline{p}_1+0.6506\overline{P}_2+1.963\sin\frac{2\pi t}{365}+0.9943\cos\frac{2\pi t}{365}+0.6174\ln\theta$$

$$R=0.93,\ S=3.85\text{mL/s} \qquad (6.6-32)$$

(2) 精度分析。从式（6.6-32）可看出：渗漏量回归模型的复相关系数 R 为 0.93，标准差 S 较小，回归模型的精度较高。

(3) 影响因素分析。渗漏量主要受库水位的影响，库水位升高，渗漏量增大，反之减小；上游水深分量约占渗漏量年变幅的 75%。降雨对渗漏量也有一定的影响，降雨量大则渗漏量增大，降雨分量约占年变幅的 20%。渗漏量呈逐渐增大的趋势，但年增速率呈逐渐减小趋势，1994～2009 年时效分量为 5.32mL/s。

6.7 确定性模型和混合模型

6.7.1 混凝土坝的位移确定性模型和混合模型

众所周知，在外荷载（水压 H、温度 T 等）作用下，大坝和地基任一点产生一个位移矢量，通常将其分解为三个矢量：水平位移 δ_x、侧向水平位移 δ_z 和铅直位移 δ_y（图 6.5-1），即

$$\boldsymbol{\delta}(H,T,\theta)=\delta_x(H,T,\theta)\boldsymbol{i}+\delta_y(H,T,\theta)\boldsymbol{j}+\delta_z(H,T,\theta)\boldsymbol{k} \qquad (6.7-1)$$

从式（6.7-1）可看出，任一点的位移及其分量按成因可分为三个部分：水压分量 $f_H(t)$、温度分量 $f_T(t)$ 以及时效分量 $f_\theta(t)$，即

$$\delta(\text{或}\ \delta_x、\delta_z、\delta_y)=f_H(t)+f_T(t)+f_\theta(t) \qquad (6.7-2)$$

由式（6.7-2）可看出，δ_x、δ_z、δ_y 具有相同的因子。因此，下面重点介绍 δ_x 的各个分量的计算，计算各个分量可以采用有限元法。

6.7.1.1 各分量的计算公式

1. 水压分量 $f_H(t)$

根据坝体混凝土和基岩力学参数的已知情况，该分量有 3 种处理方式。

(1) 已知坝体与坝基和库区基岩的真实平均弹性模量 E_c、E_r、E_b。用有限元法计算不同水位 H_u^i（作用在坝体和库区基岩上）作用下，大坝任一点的位移，即 H_i（H_u^i － 坝基高程）→ δ_{H_i}，然后用多项式拟合，即

$$\delta_H=\sum_{i=0}^{m_1}a_iH^i \qquad (6.7-3)$$

求得 a_i。一般重力坝用三次式（$m_1=3$），拱坝和连拱坝用四次式（$m_1=4$）。

由于已知 E_c、E_r、E_b，所以 δ_H 无需修正，即 $f_H(t)=\delta_H$。

(2) 已知坝体与坝基的弹性模量之比（$R=E_c/E_r$），坝基弹性模量 E_r 与库区基岩弹性模量 E_b 相同。假设坝体混凝土的平均弹性模量为 E_{c0}，同样

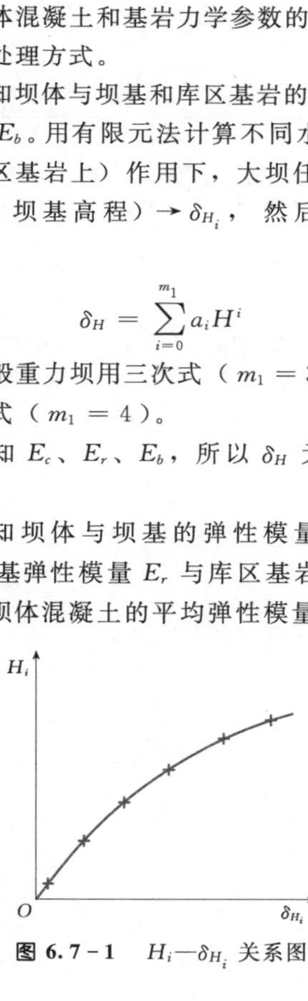

图 6.7-1 H_i—δ_{H_i} 关系图

用有限元计算不同 $H_i—\delta_{H_i}$ 的关系，见图 6.7-1，然后用多项式拟合得

$$\delta_H = \sum_{i=0}^{m_1} a_i H^i \tag{6.7-4}$$

求得 a_i。由于 δ_H 是假设 E_{c0} 用有限元求得，E_{c0} 与实际 E_c 有差异，从而式（6.7-4）的计算值与实测值有差别，需要用一个调整参数 X 进行调整，即

$$f_H(t) = X\sum_{i=0}^{m_1} a_i H^i \tag{6.7-5}$$

（3）当 $\lambda(=E_r/E_c)$ 未知，库区基岩的弹性模量 E_b 也未知。实际上，运行多年后大坝和基岩的实际平均力学参数与设计及试验值相差较大，库区基岩的力学参数也变化较大，这些因素对坝体变形都有较大的影响。因此，当 E_c、E_r 和 E_b 未知时，坝体变形以及坝基和库区基岩变形引起坝体位移要单独计算（图 6.7-2），并分别给予调整参数。

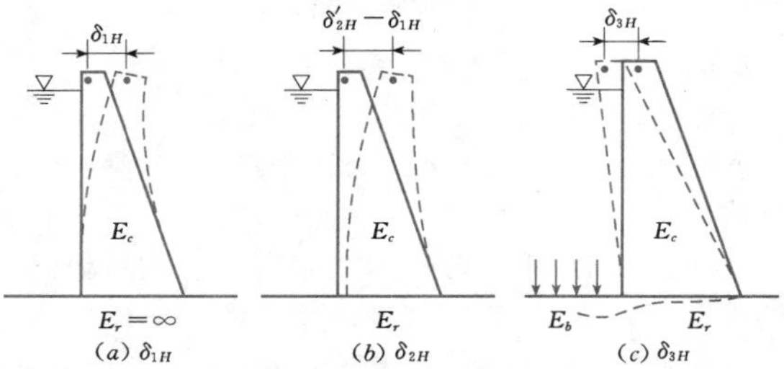

图 6.7-2　δ_{1H}、δ_{2H}、δ_{3H}示意图

1）δ_{1H}、$f_{1H}(t)$ 的计算。设 $E_r=\infty$（即 $\lambda=\infty$），$E_c=E_{c0}$。

用有限元计算不同 $H_i\to\delta_{1H_i}$，由多项式拟合得

$$\delta_{1H} = \sum_{i=0}^{m_1} a_{1i} H^i \tag{6.7-6}$$

求得 a_{1i}，则

$$f_{1H}(t) = X\delta_H = X\sum_{i=0}^{m_1} a_{1i} H^i \tag{6.7-7}$$

2）δ_{2H}、$f_{2H}(t)$ 的计算。设 $R_0=E_{r0}/E_{c0}$，用有限元计算 $H_i\to\delta'_{2H_i}$ 由多项式拟合，得

$$\delta'_{2H} = \sum_{i=0}^{m_1} a_{2i} H^i \tag{6.7-8}$$

求得 a_{2i}。设坝体位移近似等于 δ_{1H}，由式（6.7-8）减去式（6.7-6）得到坝基变形所产生的坝体位移，即

$$\delta_{2H} = \sum_{i=0}^{m_1} (a_{2i}-a_{1i}) H^i \tag{6.7-9}$$

$f_{2H}(t)$ 应等于 δ_{2H} 乘以 $R(R=E_r/E_c)$ 的调整参数 Y，即

$$f_{2H}(t) = Y\sum_{i=0}^{m_1} (a_{2i}-a_{1i}) H^i \tag{6.7-10}$$

3）δ_{3H}、$f_{3H}(t)$ 的计算。设库区基岩的弹性模量为 E_{b0}，用有限元计算库水重作用在库区基岩上引起的坝体位移，即 $H_i\to\delta_{3H_i}$，由多项式拟合得

$$\delta_{3H} = \sum_{i=0}^{m_1} a_{3i} H^i \tag{6.7-11}$$

求得 a_{3i}，同理

$$f_{3H}(t) = Z\sum_{i=0}^{m_1} a_{3i} H^i \tag{6.7-12}$$

因此，水压分量的表达式为

$$f_H(t) = X\sum_{i=0}^{m_1} a_{1i} H^i + Y\sum_{i=0}^{m_1} (a_{2i}-a_{1i}) H^i + Z\sum_{i=0}^{m_1} a_{3i} H^i \tag{6.7-13}$$

式（6.7-3）与式（6.7-4）仅是式（6.7-13）的特例。

2．温度分量 $f_T(t)$

$f_T(t)$ 是由于坝体混凝土的变温所引起的位移，这部分位移一般在坝体总位移中占相当大的比重，尤其是拱坝和连拱坝。所以，正确处理 $f_T(t)$ 对建立确定性模型至关重要。

根据温度计的设置情况，分 3 种情况进行讨论。

（1）坝体和边界设置足够数量的温度计，并连续监测温度。在这种情况时，温度计的测值足以描绘坝体的温度场。在计算温度分量时，首先要知道变温场，即监测位移时的瞬时温度场减去初始位移时的初始温度场。

初始温度场可以这样确定：首先定出基准位移（如安装垂线、引张线或激光准直等时的位移，即零位移），由此位移所对应的各温度计的测值作为初始温度场。

变温场的计算：当监测位移的某时刻，测得各温度计的测值（即为瞬时温度场），减去初始温度场，即为各温度计的变温值，即

$$\Delta T_i(x,y,z)\mid_{t_i-t_0} = T_i(x,y,z,t_i) - T_0(x,y,z) \tag{6.7-14}$$

为了简便，$\Delta T_i(x,y,z)\mid_{t_i-t_0}$ 用 T_i 表示。

在求得各温度计的变温值后，可以用有限元计算大坝任一监测点的温度位移。但是，用这种方法的计算工作量很大，如有 20 个温度计，为了满足拟合精度，就要计算 100～160 次，显然，这种方法是不可取的，在这种情况下，可采用单位温度和载常数进行简化计算。

1）单位温度和温度场的计算。单位温度可以有

两种处理方法，具体如下：

a. 某一温度计 i 处的温度为 1℃（或 10℃），该温度计的邻近温度为零度。这样，坝体实际变温场可以由单位温度乘以各温度计的变温值之和来表示，即

$$T(x,y,z,t)=\sum_{i=1}^{m_2}T_i(t)U_i(x,y,z) \tag{6.7-15}$$

式中 $U_i(x,y,z)$——第 i 支温度计处的单位温度；

$T_i(t)$——第 i 支温度计的变温值；

m_2——温度计的支数。

b. 单位等效温度。按照式（6.5-46）的处理方法，将断面 i 层的实测温度过程线用等效温度代替，当等效温度的平均温度 $\overline{U}_i=1$ ℃（或 10℃），温度梯度 $V_i=\tan\xi=1$ ℃（或 10℃）$/B$（B 为断面宽度），而相邻层的 $\overline{U}_j$、$V_j=0$，这样就构成单位等效温度。因此，坝体实际变温场也可表示为

$$T(x,y,z,t)=\sum_{i=1}^{m_2}[\overline{T}_i(t)\,\overline{U}_i(x,y,z)+\beta_i(t)V_i(x,y,z)] \tag{6.7-16}$$

式中 $\overline{T}_i(t)$——平均温度；

$\beta_i(t)$——温度梯度；

其他符号意义同前。

2）温度分量的调整参数。由于计算 b_i 或 b_{1i}、b_{2i} 时是假设坝体材料的热力学参数 α_{co} 求得的，从而 δ_T 与真实值有差别，需要用系数 J 来调整，即

$$f_T(t)=J\sum_{i=1}^{m_2}T_i(t)b_i(x,y,z) \tag{6.7-17}$$

或

$$f_T(t)=J\sum_{i=1}^{m_2}[\overline{T}_i(t)b_{1i}(x,y,z)+\beta_i(t)b_{2i}(x,y,z)] \tag{6.7-18}$$

（2）混凝土温度计较少或不连续监测。在这种情况时，用混凝土温度计的测值来描述坝体温度场就不够准确，尤其是竣工不久的大坝。需要研究另外的处理方法。

坝体混凝土的温度场可以分为 4 个分量：初始温度 T_0、水化热散发产生的温度分量 T_1、周期分量 T_2 以及随机分量 T_3。

$$T(x,y,z,t)=T_0(x,y,z)+T_1(x,y,z,t)+T_2(x,y,z,t)+T_3(x,y,z,t) \tag{6.7-19}$$

通常可预先确定，因此，可定出初始位移 A_0；T_3 对坝体的总变形影响较小。因此，下面着重研究 T_1、T_2 引起的位移分量。

1）T_1 引起的温度分量 δ_{T_1}。由 T_1 产生的 δ_{T_1}，其计算复杂。下面介绍简化计算的技巧。

a. T_1 温度场的计算。在天然冷却时，水化热产生的温升可表示为

$$T_1(x,y,z,t)=\sum_{i=1}^{m_2}B_i\mathrm{e}^{-k_it}\varphi_i(x,y,z) \tag{6.7-20}$$

将式（6.7-20）代入热传导方程，即

$$\frac{\partial T}{\partial t}=a\nabla^2T \tag{6.7-21}$$

在边界上 $T_1=0$

得到 $$a\nabla^2\varphi_i+k_i\varphi_i=0 \tag{6.7-22}$$

在边界上 $\varphi_i=0$

其中，B_i 为第 i 支温度计的变幅，其值为

$$B_i=\int\varphi_iT_i(x,y,z,0)\mathrm{d}v\Big/\int\varphi_i^2\mathrm{d}v$$

式中 a——导温系数；

$\varphi_i(x,y,z)$——第 i 支温度计的形函数；

k_i——特征值，每个 k_i 相应于 $\varphi_i(x,y,z)$；

m_2——温度计的支数。

由式（6.7-22）求得 $\varphi_i(x,y,z)$，从而确定水化热产生的变温场。

b. 变温位移 δ_{T_1} 的计算。用有限元计算在 $\varphi_i(x,y,z)$ 作用下，大坝任一点的位移（$b_i^{(1)}$），即

$$\varphi_i(x,y,z)\rightarrow b_i^{(1)}(x,y,z)$$

因此，变温位移

$$\delta_{T_1}=\sum_{i=1}^{m_2}b_i^{(1)}B_i\mathrm{e}^{-k_it} \tag{6.7-23}$$

2）T_2 引起的周期分量 δ_{T_2}。

在周期分量中，年周期影响最大，因此，下面首先讨论年周期分量，然后引出其他分量（半年、季节、月等）。

a）T_2 温度场计算。在式（6.7-15）中只考虑坝体温度场的线性组合，而没有考虑温度随时间变化的梯度。当温度监测资料不连续时，必须要考虑后一因素的影响。因此，温度场的表达式为

$$T_2(x,y,z,t)=\sum_{i=1}^{m_2}T_i(t)U_i(x,y,z)+\sum_{i=1}^{m_2}\frac{\mathrm{d}T_i(t)}{\mathrm{d}t}V_i(x,y,z) \tag{6.7-24}$$

其中 $$T_i(t)=\sum_{j=1}^{n}\overline{T}_{ij}\sin(j\omega t+\varphi_{ij})$$

$$(i=1,2,3,\cdots,m_2;j=1,2,4,6,\cdots,n) \tag{6.7-25}$$

$$\omega=\frac{2\pi}{r}=7.173\times10^{-4}(h)^{-1}$$

式中　$U_i(x,y,z)$——含义同式（6.7-15）；

$T_i(t)$——周期函数，由温度实测资料求得；

j——周期，对年周期 $j=1$，半年周期 $j=2$，季度周期 $j=4$；

$\overline{T}_{ij}$——第 i 支温度计处，j 周期的温度变幅；

φ_{ij}——相应的滞后相位角；

$V_i(x,y,z)$——$T_i(t)$ 对 t 导数的单位值，以下简称梯度，℃/h。

式（6.7-22）应满足下列条件

$$\left.\begin{aligned}&U_i = 1(10),\text{在 } i \text{ 处}\\&U_k = 0 \quad V_k = 0 \quad \text{在 } k \text{ 处}, k \neq i\end{aligned}\right\} \tag{6.7-26}$$

对年周期

$$T_i(t) = \overline{T}_{i1}\sin(\omega t + \varphi_{i1})$$

由式（6.7-25）、式（6.7-26）分别求出 $\dfrac{\partial T_2}{\partial t}$ 和 $\nabla^2 T_2$ 代入热传导方程，并整理后得到

$$\sum_{i=1}^{m_2}\overline{T}_{1i}(t)(a\nabla^2 U_{1i} + \omega^2 V_{i1}) = \sum_{i=1}^{m_2}\frac{\mathrm{d}T_{1i}}{\mathrm{d}T}(U_{1i} - a\nabla^2 V_{1i}) \tag{6.7-27}$$

满足式（6.7-27）的必要条件是

$$\begin{aligned}a\nabla^2 U_{1i} + \omega^2 V_{i1} &= 0\\U_{1i} - a\nabla^2 V_{i1} &= 0\\(i = 1,2,\cdots,m_2)\end{aligned} \tag{6.7-28}$$

式（6.7-28）满足式（6.7-26）。

由相关程序可求得 $j=1$（即年周期）的 U_{i1}、V_{i1}，从而由式（6.7-24）、式（6.7-25）求得该周期的温度场。

同理，可推得其他周期正弦波的下列方程组

$$\left.\begin{aligned}a\nabla^2 U_{ij} + \omega^2 V_{ij} &= 0\\U_{ij} - a\nabla^2 V_{ij} &= 0\end{aligned}\right\} \tag{6.7-29}$$

$$(i = 1,2,\cdots,m_2;j = 1,2,\cdots,n)$$

同样应满足式（6.7-26），从而求得 U_{ij}、V_{ij}。因而由式（6.7-24）、式（6.7-25）求得坝体温度场。

b）δ_{T_2} 的计算。用有限元计算 U_{ij} 以及 V_{ij} 的位移，即

$$U_{ij} \to b_{ij}^{(2)}, V_{ij} \to b_{ij}^{(3)} (i = 1,2,\cdots,m_2;j = 1,2,\cdots,n)$$

则

$$\delta_{T_2} = \sum_{i=1}^{m_2}\sum_{j=1}^{n} b_{ij}^{(2)} T_i(t) + \sum_{i=1}^{m_2}\sum_{j=1}^{n} b_{ij}^{(3)}\frac{\mathrm{d}T_1(t)}{\mathrm{d}t} \tag{6.7-30}$$

3）调整参数。式（6.7-23）～式（6.7-30）中的 $b_i^{(1)}$、$b_{ij}^{(2)}$、$b_{ij}^{(3)}$ 是在已知导温系数 a，假设线膨胀系数 α_{c0}，用有限元求得。为此需要用 J 参数 a/α_{c0} 来调整，即

$$f_T(t) = J\left[\sum_{i=1}^{m_2} b_i^{(1)} B_i \mathrm{e}^{-k_i t} + \sum_{i=1}^{m_2}\sum_{j=1}^{n} b_{ij}^{(2)} T_i(t) + \sum_{i=1}^{m_2}\sum_{j=1}^{n} b_{ij}^{(3)}\frac{\mathrm{d}T_1(t)}{\mathrm{d}t}\right] + A_0 \tag{6.7-31}$$

如果导温系数 a 也未知，则需要假设导温系数 a_0 计算温度场，这与实际温度场有差异，从而引起温度位移差异，同样需要用参数 ζ 来修正。由热传导方程可推导 $\zeta=\sqrt{\dfrac{a}{a_0}}$，因此

$$f_T(t) = J\zeta\left[\sum_{i=1}^{m_2} b_i^{(1)} B_i \mathrm{e}^{-k_i t} + \sum_{i=1}^{m_2}\sum_{j=1}^{n} b_{ij}^{(2)} T_i(t) + \sum_{i=1}^{m_2}\sum_{j=1}^{n} b_{ij}^{(3)}\frac{\mathrm{d}T_1(t)}{\mathrm{d}t}\right] + A_0 \tag{6.7-32}$$

（3）无混凝土温度计，只有边界温度。在这种情况下，温度位移分量计算复杂，下面介绍一般处理方法。

1）用有限元计算变温场和位移场。

2）用混合模型，即 $f_H(t)$ 用有限元计算值，$f_T(t)$ 用统计模型的温度分量。

3）对很薄的大坝，当坝体厚度很薄时（如连拱坝和薄拱坝），在外界温度作用下，沿厚度方向的温度变化可近似视为线性。这样，可用式（6.7-15）～式（6.7-17）计算温度场 $T(x,y,z,t)$ 和温度分量 $f_T(t)$。但是，应指出：在下游面有一层很薄的空气黏滞层，在该层中不发生热对流，主要是热传导，使混凝土表面与气温有差值，这个差值随季节和地区而定。

（4）温度分量的表达式。由以上分析可知，温度分量比较复杂，其一般表达式为式（6.7-32），当只考虑年周期变化时，即 $j=1$，则

$$f_T(t) = A_0 + J\zeta\left[\sum_{i=1}^{m_2} b_i^{(1)} B_i \mathrm{e}^{-k_i t} + \sum_{i=1}^{m_2} b_{i1}^{(2)} T_i(t) + \sum_{i=1}^{m_2} b_{i1}^{(3)}\frac{\mathrm{d}T_i(t)}{\mathrm{d}t}\right] \tag{6.7-33}$$

当坝体的水化热已散发，则式（6.7-33）中的 $k_i t \to \infty$，因此

$$f_T(t) = A_0 + J\zeta\left[\sum_{i=1}^{m_2} b_{i1}^{(2)} T_i(t) + \sum_{i=1}^{m_2} b_{i1}^{(3)}\frac{\mathrm{d}T_i(t)}{\mathrm{d}t}\right] \tag{6.7-34}$$

当温度计连续监测，不考虑 $T_i(t)$ 随时间变化的梯度，同时，由实测温度计算变温值（即 $\zeta=1$），则

式（6.7-34）变为

$$f_T(t) = A_0 + J\sum_{i=1}^{m_2} b_{i1}^{(2)} T_i(t) \quad (6.7-35)$$

3. 时效分量 $f_\theta(t)$ 的计算公式

时效分量的特点及其统计模式在前面已作了详细讨论，对其处理可用以下两种方法。

（1）统计模式。可采用式（6.5-4）～式（6.5-10）。

（2）用非线性有限元计算时效分量。由坝体混凝土的徐变资料以及基岩的流变资料，求出它们的本构关系（σ—t）。若无这些资料，可用不同阶段的变形或应力资料反演坝体混凝土弹性模量与基岩的变形模量，推求弹性模量的历时过程线 $E(t)$—t。然后用非线性有限元计算时效分量 $f_\theta(t)$。葡萄牙国立土木工程研究院（LNEC）根据一些坝的现场试验资料，得出流变模型为

$$\left.\begin{aligned} J(t,t') &= 2.37 + 8.49(t'^{0.38} + 0.05)(t-t')^{0.16} \times 10^{-5} \\ J_s(t,t') &= 2.37 + 8.07(t'^{0.38} + 0.05)(t-t')^{0.14} \times 10^{-5} \end{aligned}\right\} \quad (6.7-36)$$

式中 $J(t,t')$、$J_s(t,t')$——湿筛与充分拌和混凝土圆柱试件的流变模型；

t、t'——混凝土的龄期和加荷时间，采用快速试验 $t=t'+0.1$。

由于影响时效位移的因素复杂，它不仅与混凝土的徐变和基岩的流变有关，而且还受基岩的地质构造和坝体裂缝等因素的影响。因此，目前一般采用统计模式。

4. 确定性模型的一般表达式

综合以上分析，大坝任一监测点的位移确定性模型的一般表达式为

$$\begin{aligned}\delta = {} & X\delta_{1H} + Y\delta_{2H} + Z\delta_{3H} + J\zeta\delta_T + \delta_\theta = \\ & X\sum_{i=0}^{m_1} a_{1i}H^i + Y\sum_{i=0}^{m_1}(a_{2i} - a_{1i})H^i + \\ & Z\sum_{i=0}^{m_1} a_{3i}H^i + A_0 + J\zeta\Big[\sum_{i=1}^{m_2} b_i^{(1)} B_i \mathrm{e}^{-k_i t} + \\ & \sum_{i=1}^{m_2}\sum_{j=1}^{n} b_{ij}^{(2)} T_i(t) + \sum_{i=1}^{m_2}\sum_{j=1}^{n} b_{ij}^{(3)} \frac{\mathrm{d}T_i(t)}{\mathrm{d}t}\Big] + \delta_\theta \end{aligned} \quad (6.7-37)$$

$$\delta_\theta = \begin{cases} c_1\theta + c_2\ln\theta \\ c(1 - \mathrm{e}^{-\ln\theta}) + \sum_{i=1}^{2}\left(c_1\sin\frac{2\pi it}{365} + c_{2i}\cos\frac{2\pi it}{365}\right) \end{cases} \quad (6.7-38)$$

5. 混合模型的一般表达式

水压分量用有限元计算，即用有限元计算 H_i 产生的 δ_{1H_i}、δ_{2H_i}、δ_{3H_i}，用多项式拟合得 δ_{1H}、δ_{2H} 和 δ_{3H}［式（6.7-6）、式（6.7-9）和式（6.7-11）］。其他分量仍用统计分量。因此，混合模型的表达式为

$$\delta = X\delta_{1H} + Y\delta_{2H} + Z\delta_{3H} + \sum_{i=1}^{m_2} b_i T_i + \delta_\theta \quad (6.7-39)$$

6.7.1.2 参数估计

1. 确定性模型中的参数估计

从式（6.7-37）、式（6.7-39）可看出：除参数 X、Y、Z、$J\zeta$、c_1、c_2、…以外，水压分量 δ_H 和温度分量 δ_T 是用有限元计算求得，θ 为从初始监测日算起（以 100 天为单位），每增加 1 天，θ 增加 0.01。因此，将监测位移日 θ_i 的 H_i、T_i 代入有限元计算的各表达式中得

$$\delta_i = f_1(X,Y,Z,J_\zeta,c_1,c_2,\cdots) \quad (6.7-40)$$

式（6.7-40）中 X、Y、Z、J_ζ、c_1、c_2 等参数为隐函数。

根据多项式最小二乘法的拟合原理，求出式（6.7-40）的 δ_i 与监测位移 δ_i^0 的残差

$$R(t_i) = \delta_i^0 - \delta_i = f_2(X,Y,Z,J_\zeta,c_1,c_2,\cdots) \quad (6.7-41)$$

取 $R(t_i)$ 的范数

$$Q(t_i) = \sum_{i=1}^{n} R^2(t_i) = F(X,Y,Z,J_\zeta,c_1,c_2,\cdots) \quad (6.7-42)$$

要使 $Q(t_i)$ 为最小，必须满足下列条件

$$\frac{\partial F}{\partial X} = 0,\ \frac{\partial F}{\partial Y} = 0,\ \frac{\partial F}{\partial Z} = 0,$$

$$\frac{\partial F}{\partial (J\zeta)} = 0,\ \frac{\partial F}{\partial (c_i)} = 0,\ \cdots \quad (6.7-43)$$

由式（6.7-43）求得参数 X、Y、Z、J_ζ、c_1、c_2、…，以及标准差 S，从而建立确定性模型。

2. 混合模型的参数估计

应用上述原理，结合实测资料，由回归分析法，求得式（6.7-39）中的 X、Y、Z 以及 δ_T 与 δ_θ 的回归系数（b_i 和 c_i）。为保证水压分量必须进入回归方程，水压因子的偏回归平方和以及显著性检验的统计量赋以极大值。

6.7.1.3 变形单测点确定性模型和混合模型的应用举例

1. 变形单测点确定性模型应用实例

某连拱坝有 20 个拱，21 个支墩。13 号支墩位于

河床中间，支墩高 60m。支墩墙为变厚的双支墩，一片支墩的最大底厚 1.7m，最小顶厚 0.6m。上游坡比 1∶0.9，下游坡比 1∶0.3。13 号支墩的两边坝高、结构形态和尺寸基本相同，荷载对称，所测侧向水平位移很小。因此，取 1/2 坝段当做空间问题研究（即取 1/2 跨度的拱圈、面板，一片支墩以及 0.75 倍坝高的地基），有限元计算模型如图 6.7-3 所示。该支墩设有正垂线一条（顶高程 125.20m，监测处高程 83.57m），监测资料年限为 1987 年 1 月至 2004 年 12 月。

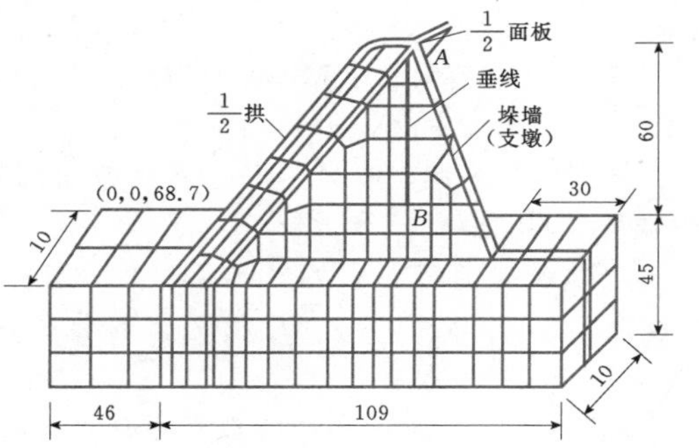

图 6.7-3　13 号支墩的有限元模型（单位：m）

现场测定坝体混凝土弹性模量 E_C 与地基变形模量 E_r 之比为 $R=0.62$。同时，考虑该坝的支墩墙厚度很薄，因此用边界温度计算，即上游用 8 个水温计，下游用 1 个气温计，支墩内用上、中、下 3 个高程的气温计。单位温度用 10℃（为了扩大 b_i）。以上温度计在监测年限内连续监测。根据以上情况，选用确定性模型的表达式为

$$\delta = X\delta_H + J\delta_T + \delta_\theta = X\sum_{i=0}^{4} a_i H^i + J\sum_{i=1}^{12} b_i T_i + c_1\theta + c_2\ln\theta \tag{6.7-44}$$

用有限元法计算 δ_H、δ_T，并调整有限元计算值与正垂线监测值的一致性，同时考虑初始温度场和初始水位 i，以及该坝的三次大的变故后，三个阶段的确定性模型以及预测方程如下：

第一阶段（1987 年 1 月至 1989 年 6 月）

$$\begin{aligned}\hat{\delta}_{\text{I}} =\ & 1.504 - 9.598\times10^{-2}H + 6.481\times10^{-3}H^2 - 1.990\times10^{-4}H^3 + 2.189\times10^{-6}H^4 + \\ & 0.072T_{75} + 0.042T_{80} + 0.053T_{90} + 0.006T_{105} + 0.066T_{110} + 0.054T_{120} + \\ & 0.049T_{125} + 0.018T_{127} + 0.037T_a - 0.023T_{1401} - 0.115T_{1405} - 0.087T_{1407} + \\ & 0.0359\theta - 0.1121\ln\theta \pm 0.97 \\ S =\ & 0.49\text{mm}\end{aligned} \tag{6.7-45}$$

第二阶段（1989 年 8 月至 2002 年 9 月）

$$\begin{aligned}\hat{\delta}_{\text{II}} =\ & -0.58 - 0.101H + 6.825\times10^{-3}H^2 - 2.096\times10^{-4}H^3 + 2.035\times10^{-6}H^4 + \\ & 0.054T_{75} + 0.032T_{80} + 0.040T_{90} + 0.049T_{105} + 0.017T_{1401} - 0.086T_{1405} - \\ & 0.065T_{1407} + 0.0042\theta + 0.0692\ln\theta \pm 0.564 \\ S =\ & 0.29\text{mm}\end{aligned} \tag{6.7-46}$$

第三阶段（2003 年 6 月至 2004 年 12 月）

$$\begin{aligned}\hat{\delta}_{\text{III}} =\ & -0.149 - 8.187\times10^{-2}H + 5.528\times10^{-3}H^2 - 1.698\times10^{-4}H^3 + 1.867\times10^{-6}H^4 + \\ & 0.058T_{75} + 0.034T_{80} + 0.043T_{90} + 0.053T_{105} + 0.019T_{1401} - 0.093T_{1405} - \\ & 0.070T_{1407} - 0.0036\theta + 0.066\ln\theta \pm 0.55 \\ S =\ & 0.28\text{mm}\end{aligned} \tag{6.7-47}$$

三个阶段的确定性模型的计算值与实测值拟合得相当好，尤其是第三阶段。为了检验预报效果，用 $\hat{\delta}_{\text{I}}$ 预报第二阶段的位移，$\hat{\delta}_{\text{II}}$ 预报第三阶段的位移，$\hat{\delta}_{\text{III}}$ 预报 2004 年 12 月以后的位移，如图 6.7-4 所示。

从图 6.7-4 中可看出：用 $\hat{\delta}_{\text{I}}$ 预报第二阶段的位移［图 6.7-4（*a*）］，并用置信带宽度 $\Delta=\pm1.96S$ 控制，用两年半资料建立的 $\hat{\delta}_{\text{I}}$ 可预报第二阶段的 3 年 5 个月时间；而统计模型仅能预报半年。用 $\hat{\delta}_{\text{II}}$ 预报第三阶段的位移［图 6.7-4（*b*）］用 $\Delta=\pm1.96S$ 控制，并且 $\hat{\delta}_{\text{II}}$ 的计算值普遍比实测值大。这是由于

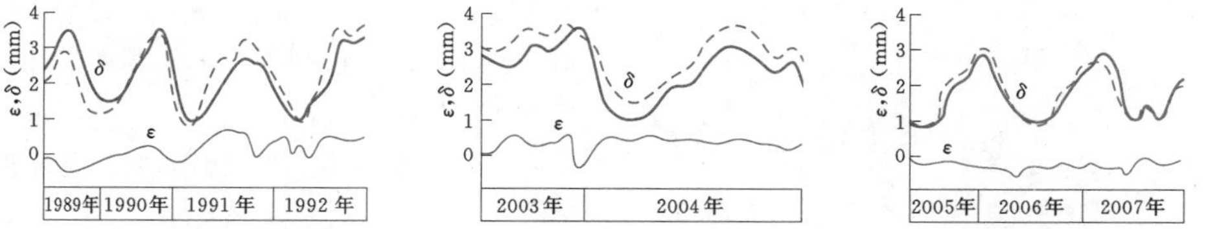

（*a*）$\hat{\delta}_{\text{I}}$ 预报第Ⅱ阶段过程线　（*b*）$\hat{\delta}_{\text{II}}$ 预报第Ⅲ阶段过程线　（*c*）$\hat{\delta}_{\text{III}}$ 预报 2005 年 1 月 1 日后过程线

图 6.7-4　确定性模型预报过程线

建立 $\hat{\delta}_{\text{II}}$ 时，有限元模型计算时没有反映加固加高措施，即 $\hat{\delta}_{\text{II}}$ 中没有反映这些因素，因而 $\hat{\delta}_{\text{II}}$ 的预报值普遍比第三阶段实测值大（约 0.4mm），这也说明大坝加固加高后，刚度增加。用 $\hat{\delta}_{\text{III}}$ 预报 2005 年 1 月以后的位移［图 6.7-4（c）］，也用 $\Delta=\pm1.96S$ 控制，共有 382 个样本，其中在置信带以内有 377 个，以外有 5 个，这 5 个点均发生在秋末冬初（11～12 月）气温骤降的时候，而在式（6.7-44）中没有考虑 $\partial T(t)/\partial t$ 的影响。统计模型的预报值在 Δ 以内的有 299 个点，在 Δ 以外的有 83 个点，均发生在 2006 年 2 月以后，说明统计模型失去预报作用。

2. 变形单测点混合模型应用实例

某重力拱坝，坝高 178m，在拱冠左右 1/4 拱处设置垂线（正、倒垂组合），共有 31 支坝体混凝土温度计（分 8 层）。温度计每月监测一次，与位移监测不同步，因此，用混合模型监测大坝比较合适。其表达式为

$$\delta=X\delta_{1H}+Y\delta_{2H}+\delta_T+\delta_\theta=X\sum_{i=1}^{4}a_{1i}H^i+Y\sum_{i=1}^{4}(a_{2i}-a_{1i})H^i+\sum_{i=1}^{8}(b_{1i}\overline{T}_i+b_2\beta_i)+c_1\theta+c_2\ln\theta+a_0 \quad (6.7-48)$$

式中　X、Y——调整参数；

H——坝前水深；

$\overline{T}_i$、β_i——各层等效温度的平均温度和梯度；

θ——时间，每增加 1 天，θ 增加 0.01。

根据 2006 年 10 月 26 日至 2008 年 9 月的变形监测资料，应用上述模型和方程建立各测点的变形混合模型。这里列出高程 530.00m 处拱冠径向位移的混合模型，即

$$\begin{aligned}\delta=&0.256-0.247H+4.390\times10^{-3}H^2-2.472\times10^{-5}H^3+1.315\times10^{-8}H^4+\\&0.385\overline{T}_1-28.960\beta_1+0.847\overline{T}_2-29.610\beta_2+1.784\overline{T}_3+1.982\beta_3+0.130\overline{T}_4-\\&12.410\beta_4-0.238\overline{T}_5+6.853\beta_5+0.086\overline{T}_6-0.626\theta+0.280\ln\theta\end{aligned}$$

$$R=0.93,\ S=0.45\text{mm} \quad (6.7-49)$$

式（6.7-49）的计算值与实测值拟合得较好。

6.7.2　混凝土坝的应力确定性模型和混合模型

混凝土坝的强度安全度决定于荷载作用下的应力场，因此，研究应力的确定性模型和混合模型具有一定的实用意义。运行期坝体的应力，通常有两种监测方式：①由应变计组监测应变，然后根据混凝土的徐变试验成果，推算应力；②由应力计直接监测应力。后一种情况，通常是在坝体应力方向比较明确的部位。下面说明在获得应力资料后，如何建立应力的确定性模型和混合模型。

6.7.2.1　基本原理

1. 建立确定性模型的基本原理

混凝土坝坝体中任一点应力，主要与水压力、温度、自重、湿胀（或干缩）以及时效等因素有关，即

$$\sigma=\sigma_H+\sigma_T+\sigma_G+\sigma_W+\sigma_\theta \quad (6.7-50)$$

式中　σ_H、σ_T、σ_G、σ_W、σ_θ——应力的水压、温度、自重、湿胀（或干缩）和时效分量。

下面说明各个分量的计算。

（1）水压分量 σ_H。根据坝工理论和力学知识，水压力产生的坝体应力与材料的物理力学参数、水压力和坝体的尺寸等因素有关，即

$$\sigma_H=f(E_c,E_r,\mu_c,\mu_r,P,L,\cdots) \quad (6.7-51)$$

式中　E_c、μ_c——坝体混凝土的弹性模量和泊松比；

E_r、μ_r——基岩的变形模量和泊松比；

P——水压力；

L——坝体的轮廓尺寸和几何形状。

对某座大坝来讲，L 是一定的，μ_c 和 μ_r 变化较小，对应力影响也较小。因此，应力主要受 E_c、E_r 和 P 的影响。这样，用与建立变形确定性模型基本相同的原理来建立水压力的应力分量表达式。即

$$\sigma'_H=\sum_{i=1}^{3}a_iH^i,\quad \sigma_H=X\sum_{i=1}^{3}a_iH^i \quad (6.7-52)$$

式中　X——弹性模量等取得不确切而引起的调整参数。

（2）温度分量 σ_T。温度分量是坝体和地基变温引起的应力，根据弹性理论，对于稳定温度场的变温引起的温度应力为

$$\sigma_T=f(E_c,E_r,\mu_r,\mu_c,\alpha,T_i,L,\cdots) \quad (6.7-53)$$

根据式（6.7-53），同样得到应力确定性模型中的温度分量表达式为

$$\sigma'_T=\sum_{i=1}^{m_2}b_iT_i,\quad \sigma_T=J\sum_{i=1}^{m_2}b_iT_i \quad (6.7-54)$$

或者用等效温度的平均温度 $\overline{T}$ 和梯度 β_i 表示为

$$\left.\begin{aligned}\sigma'_T&=\sum_{i=1}^{m_2}b_{1i}\overline{T}_i+\sum_{i=1}^{m_2}b_{2i}\beta_i\\ \sigma_T&=J\left(\sum_{i=1}^{m_2}b_{1i}\overline{T}_i+\sum_{i=1}^{m_2}b_{2i}\beta_i\right)\end{aligned}\right\} \quad (6.7-55)$$

式中　m_2——温度计的支数或层数；

J——线膨胀系数的调整参数。

(3) 自重应力 σ_G。坝体在自重或竖直荷载作用下，将产生应力。自重应力决定于坝体高度或浇筑高度所对应的自重与其他竖直荷载，根据弹性理论，可以推得

$$\sigma_G = f(\gamma_c, L, \cdots) \tag{6.7-56}$$

即自重应力分量 σ_G 与混凝土的容重、坝体的几何尺寸和形状等有关，当坝体高度一定时，σ_G 是定值。当坝体边浇筑边监测应力时，σ_G 随坝体的浇筑高度而变化。

(4) 湿胀应力分量 σ_W。根据有关资料分析，在水库蓄水后的 1～2 年内，坝体上游 3～4m 范围内的混凝土含水量增加约 1.5%，从而产生湿胀应力，并接近常量。干缩引起的应力比较复杂，这里暂不研究。因此，该分量不另选因子，由常数 b_0 反映。

(5) 时效分量 σ_θ。应力的时效分量主要体现混凝土的徐变等因素引起的应力。根据混凝土的徐变规律，σ_θ 可表示为

$$\sigma_\theta = c_1\theta + c_2\ln\theta \tag{6.7-57}$$

(6) 应力确定性模型的表达式。若将应力测值中扣除自重应力 σ_G 并考虑初始值的影响，那么应力确定性模型的表达式为

$$\sigma = a_0 + X\sum_{i=1}^{3}a_i(H^i - H_0^i) + J\sum_{i=1}^{m_2}b_i(T_i - T_{0i}) + c_1(\theta - \theta_0) + c_2(\ln\theta - \ln\theta_0) \tag{6.7-58}$$

式中　H_0^i、T_{0i}、θ_0——初始状态（即 $\sigma = 0$）时的水位、各温度计的测值以及时间。

2. 建立混合模型的基本原理

水压分量用有限元计算值的拟合表达式（6.7-52），其他分量用统计分量。则应力混合模型为

$$\sigma = a_0 + X\sum_{i=1}^{3}a_i(H^i - H_0^i) + \sum_{i=1}^{m_2}b_i(T_i - T_{0i}) + c_1(\theta - \theta_0) + c_2(\ln\theta - \ln\theta_0) \tag{6.7-59}$$

6.7.2.2 应用实例

某重力拱坝坝高 178m，在坝踵处设有应力计，监测资料为 1986 年 10 月至 1989 年 9 月。由有限元计算坝踵自重应力为 3.2MPa，将应力实测资料中扣除 σ_G。然后由有限元计算水压分量和温度分量，得到水压分量和温度分量的表达式。用式（6.7-58）或式（6.7-59）与实测值拟合，得到如下应力确定性模型和混合模型的表达式。

确定性模型为

$$\begin{aligned}\sigma =& -23.920 + 3.920\times10^{-3}(H - H_0) - 2.829\times10^{-4}(H^2 - H_0^2) + 2.972\times10^{-6}(H^3 - H_0^3) + \\ & 0.062\,\overline{T}_1 + 0.006\beta_1 - 0.021\overline{T}_2 + 4.122\times10^{-4}\beta_2 - 5.276\times10^{-3}\overline{T}_3 + \\ & 2.620\times10^{-4}\beta_3 - 8.896\times10^{-3}\overline{T}_4 + 0.038(\theta - \theta_0) - 0.469(\ln\theta - \ln\theta_0)\end{aligned}$$

$$R = 0.64,\quad S = 0.1\text{MPa} \tag{6.7-60}$$

混合模型为

$$\begin{aligned}\sigma =& -24.060 + 0.019(H - H_0) - 1.332\times10^{-3}(H^2 - H_0^2) + 9.826\times10^{-6}(H^3 - H_0^3) - \\ & 4.194\overline{T}_1 + 35.830\beta_1 + 3.587\overline{T}_2 + 2.370\beta_2 - 0.096\overline{T}_3 - 0.111\beta_3 + \\ & 0.463\overline{T}_4 + 0.267(\theta - \theta_0) - 0.264(\ln\theta - \ln\theta_0)\end{aligned}$$

$$R = 0.98,\quad S = 0.03\text{MPa} \tag{6.7-61}$$

从式（6.7-60）与式（6.7-61）可看出：

(1) 确定性模型的精度要比混合模型低，这是由于确定性模型中的水压和温度分量都是用有限元计算得到的。因此，它必须与产生应力的荷载一一对应，而该坝的温度资料每月仅提供一次，所以应力与温度之间不呈一一对应关系。而混合模型由于温度之间的相关关系，所以尽管每月只提供一个平均温度，然而它在一定程度上反映其他时间的温度影响。

(2) 混合模型中的水压与温度、水压与时效之间呈一定的相关关系，无法分离各个因子。确定性模型中各因子的相关性较差，为此用确定性模型并结合有限元分离各个分量。其结果为：在水位 530.00m 时 $\sigma_H = 0.46$MPa；1989 年 9 月相对 1986 年 10 月的变温引起的温度应力 $\sigma_T = -0.66 \sim -0.44$MPa，为压应力；从 1986 年 10 月到 1989 年 9 月，$\sigma_\theta = -0.27$MPa；$\sigma_G = -3.2$MPa；$b_0 = -2.4$MPa，它反映湿胀的影响。在水位 530.00m 时，坝踵压应力为 5.8～6MPa，其值与实测值十分接近。

6.7.3 土石坝渗压的确定性模型

6.7.3.1 渗压确定性模型的表达式

根据土石坝渗压的统计分析，渗压 h 主要受水位和时效的影响；温度影响很小，可忽略不计。因此，渗压确定性模型由水位分量和时效分量组成，即

$$h = f(H) + f(t) \tag{6.7-62}$$

式中　$f(H)$——水位分量；

$f(t)$——时效分量。

表 6.7-1　水位因子关系式以及确定性模型表

因子项 / 测压管名	水位因子关系式 $f(H)$	监测日水位	前10天平均水位	前10天至前20天平均水位	前20天至前30天平均水位	前30天至前40天平均水位	前40天至前50天平均水位	前50天至前60天平均水位	前60天至前70天平均水位	$\frac{t}{365}$	$e^{-t/365}$	$\ln\frac{t+500}{t_1+500}$	$\ln\frac{t+1000}{t_1+1000}$	常数项
T—05	$11.535+0.749H_1+0.057H_1^2+0.006H_1^3+0.221H_2$	0.035	—	0.054	—	—	0.072	—	0.482	−0.69	—	2.311	—	3.622
T—06	$9.764+0.698H_1+0.345H_2$	—	0.029	0.054	0.042	0.039	0.045	0.035	0.057	−0.469	−2.133	—	2.029	2.091
T—07	$7.315+0.675H_1-0.057H_1^2+0.005H_1^3+0.627H_2^2-0.007H_2^3$	—	0.010	0.022	—	0.010	0.013	—	0.017	−0.134	−3.066	—	—	2.540
T—08	$4.019+0.256H_1-0.009H_1^2+0.001H_1^3+0.702H_2$	0.08524	0.075	—	—	—	—	—	−0.027	—	—	—	—	3.236

注　H_1＝上游水库水位 H_u—830.00，m；H_2＝下游水库水位 H_d—815.00，m；t 为从某一点起算至监测日的时间，天；t_1 为“始测日”的时间，天。

土石坝的渗流实际上是有自由面的三维非稳定渗流，目前有关计算还不够完善。为此，可用稳定渗流有限元计算出 $f(H)$，然后用叠加原理来逼近实际的非稳定渗流。具体做法是，根据渗流资料的水位分量，将监测日前 10 天、前 10 天至前 20 天等平均水位代入关系式 $f(H)$，从而求得 $f(H)$，将它们作为可能的水位因子，用多项式拟合，求出水位分量的表达式为

$$f(H) = a_0 + \sum_{i=1}^{3} a_i f(H_i) \qquad (6.7-63)$$

时效分量选择统计模式为

$$f(t) = c_1 t/365 + c_2 e^{-t/365} + c_3 \ln\frac{t+500}{t_1+500} + c_4 \ln\frac{t+1000}{t_1+1000} \qquad (6.7-64)$$

式（6.7-64）简化为

$$f(t) = \sum_{i=1}^{4} c_i f_i(t) \qquad (6.7-65)$$

式中　t_1——从计算起点至始测日的时间（单位为天）；

t——从计算起点起算的时间（单位为天）。

因此，渗压确定性模型的一般表达式为

$$h = a_0 + \sum_{i=1}^{3} a_i f(H_i) + \sum_{i=1}^{4} c_i f_i(t) \qquad (6.7-66)$$

由以上分析可看出：建立渗压确定性模型的核心是用有限元法计算水位分量 $f(H)$。

6.7.3.2　应用实例

应用上述原理，对某土坝断面 0+200.00 的 T—05～T—08 测压管实测资料建立确定性模型。

1. 模型中的各个分量计算

（1）水压分量。经反分析求得该坝各材料区的渗透系数，参照实际运用时的上下游水位组合，上游水位从 830.00m 到 835.00m，下游水位从 816.50m 到 818.50m，某层承压水位高出上游水位 3.00m，用二维稳定渗流有限元法计算，得到 T—05～T—08 测压管处的水头值，用式（6.7-63）

$$f(H) = \sum_{i=0}^{3} (a_{1i} H_1^i + a_{2i} H_2^i) \qquad (6.7-67)$$

去拟合渗压与水位的关系（上下游水头差与上游水位密切相关，故关系式中未考虑上下游水头差一项），结果见表 6.7-1 中的第一项。用监测当天水位、前 10 天平均水位、前 10 天至前 20 天平均水位、…、前 60 天至前 70 天平均水位等代入相应水位关系式，得出 8 个水位因子。

（2）时效分量。用式（6.7-65）求取。

2. 渗压的确定性模型

T—05～T—07 用 1999 年 4 月至 2006 年 12 月的实测资料，T—08 用 2002 年 1 月至 2006 年 12 月的实测资料，采用多项式拟合得各管渗压同库水位的方程式，方程中各因子的系数见表 6.7-1，然后与测压管的水位测值用最小二乘拟合得到各测压管渗压确定性模型（表 6.7-1）。

3. 成果分析

成果分析见表 6.7-2。

（1）各方程拟合高度显著，复相关系数和剩余标准差与统计模型较接近。各测压管水位过程线的拟合是令人满意的。用 2007 年实测资料作为确定性模型预报效果的验证，效果很好。

（2）接近上游的测压管，上游水位的作用大；接近下游的测压管，下游水位的作用大，且滞后现象明显，测压管水位的变化几乎都是由水位变化引起的。T—08 管内水位无时效作用。确定性模型反映的水位作用和时效作用符合实际。

（3）与统计模型相比，确定性模型的物理概念明确，预报效果好，精度高，更适于大坝的安全监控。实际上，由于水位关系式 $f(H)$ 中未考虑坝轴线方向渗流（三维）和某层承压水位变化的影响（实测资料不足）以及非稳定渗流的近似处理等，确定性模型的优点还未充分体现。

表 6.7-2　　各测压管渗压的确定性模型精度分析表

测压管名	F	F'	R	S	样本最大变幅（m）	样本个数	因子数	实测值在 $h(t)$ 的 S 范围内的百分比（%）	实测值在 $h(t)$ 的 $1.96S$ 范围内的百分比（%）
T—05	200.05	3.0	0.91	0.327	2.67	243	13	58.3	83
T—06	110.93	3.0	0.90	0.295	3.44	274	13	58.3	94.4
T—07	122.18	3.0	0.87	0.25	2.68	274	13	72.0	94.4
T—08	170.85	3.0	0.85	0.20	2.61	179	8	75	100

6.8　安全监测资料的反演

前面介绍了安全监测资料的正分析方法，即建立安全监测物理量的数学模型。如果仿效系统识别的思想，以上述分析成果为依据，通过相应的理论分析，借以反求水工建筑物（如大坝）材料的物理力学参数和项源（坝体混凝土温度，拱坝的实际梁荷载等），这便为逆问题，简称反演分析。根据反演内容，大致可归纳为两大类问题：参数反演（坝体与地基的主要物理力学参数和渗流参数）以及项源反演。

6.8.1　混凝土坝坝体弹性模量和线膨胀系数及基岩变形模量的反演

为了监控大坝的运行以及进行有关方面的研究，需要确定坝体混凝土和基岩的"平均弹性模量"或"变形模量"。这里介绍利用大坝变形监测资料，用常规反演分析法和确定性模型反求混凝土和基岩的平均弹性模量或变形模量 E_c、E_r 以及混凝土的线膨胀系数 α_c。

6.8.1.1　基本原理和方法

1. 反演弹性常数 E_c、E_r 的基本原理和方法

(1) 基本原理。反演坝体和基岩的弹性模量或变形模量（E_c，E_r）的基本原理是：从安全监测资料的分析中找出真实的水压分量 δ_H。然后，假设 E_{c0}、E_{r0}，用结构分析法推求水压分量 δ'_H，则坝体或基岩的真实平均弹性模量的计算公式为

$$E_c = E_{c0}\frac{\delta'_H}{\delta_H} \tag{6.8-1}$$

$$E_r = E_{r0}\frac{\delta'_H}{\delta_H} \tag{6.8-2}$$

(2) 推求 E_c 和 E_r 的方法。根据推求 δ_H 的方法，反演大坝和基岩的 E_c、E_r 的方法可归纳为两种。

1）常规反演分析法。从统计模型中分离出 δ_H，用结构分析法（如有限元法）推求假设坝体混凝土和基岩的弹性模量 E_{c0} 或 E_{r0} 时的水压分量 δ'_H，用式（6.8-1）或式（6.8-2）反演 E_c 或 E_r。

2）确定性模型反演法。将大坝和坝基分为两个区域时，根据上面分析，变形的确定性模型的表达式为

$$\delta_H = X\sum_{i=0}^{m_1}a_{1i}H^i + Y\sum_{i=0}^{m_2}(a_{2i}-a_{1i})H^i + J\delta_T + \delta_\theta \tag{6.8-3}$$

其中　$X = E_{c0}/E_c$，$Y = R_0/R$，$R = E_r/E_c$，

$$R_0 = E_{r0}/E_{c0}，J = \alpha_c/\alpha_{c0} \tag{6.8-4}$$

式中　X、Y——坝体混凝土的弹性模量和基岩的变形模量的调整参数；

J——坝体混凝土的线膨胀系数的调整参数。

因此，当建立确定性模型后，X、Y 即为已知，而 E_{c0}、E_{r0} 是假设的，那么由式（6.8-4）可求得 E_c、E_r。

2. 反演平均线膨胀系数 α_c 的原理和方法

(1) 基本原理

$$\{\delta_T\} = \alpha_c\{\bar{\delta}_T\} \tag{6.8-5}$$

其中　$\{\bar{\delta}_T\} = [K]^{-1}\{\bar{R}_T\}$

从式（6.8-5）可看出：对某一大坝，在变温作用下，并且坝体混凝土的弹性模量与基岩的变形模量之比为一定值时，温度产生的坝体位移 δ_T 与线膨胀系数 α_c 成正比。因此，反演 α_c 的基本原理是：从安全监测资料分析中找出真实的温度分量 δ_T，然后假设 α_{c0}，用结构分析法（如有限元法）推求 δ'_T。根据式（6.8-5），坝体混凝土的真实平均线膨胀系数 α_c 的计算公式为

$$\alpha_c = \alpha_{c0}\frac{\delta_T}{\delta'_T} \tag{6.8-6}$$

(2) 推求 α_c 的方法。根据推求 δ_T 的方法，反演大坝混凝土的 α_c 的方法也可归纳为两种。

1）常规反演分析法。从统计模型中分离出 δ_T。用结构分析法（如有限元）推出坝体混凝土的线膨胀系数为 α_{c0} 时的水压分量 δ'_T，用式（6.8-6）反演 α_c。

2）确定性模型反演法。由式（6.8-4）中的 $J = \alpha_c/\alpha_{c0}$ 来反演 α_c。

6.8.1.2　反演 E_c、E_r 和 α_c 时应注意的问题

1. 应用常规反演分析法时条件的确定

只有当水位与温度之间相互独立时，从统计模型分析中分离出来的 δ_H、δ_T 才是真实的水压和温度分量。因此，在反演分析时，必须满足水位与温度变化对大坝变形影响相互独立的条件。

2. 反演参数时变形值的选取

根据变形的监测设备，现分别讨论如下：

(1) 只有正垂线监测资料的情况。正垂线监测资料包括坝体变形以及地基转角产生的坝体变形而引起监测点 A 的位移，不包括坝基面的剪切变形而引起的位移，见图 6.8-1。有限元计算值为监测点 A 的绝对位移。为使监测值与有限元计算值对应，监测值与有限元计算的坝体位移要作下列处理和计算：

1）首先应在有限元计算的 δ'_H 或 δ'_T 中扣除 δ_3，使有限元计算值与监测值相对应。然后，在监测值和有限元计算值中同时扣除地基转角 β 引起的位移 δ_2，这样才是坝体位移。

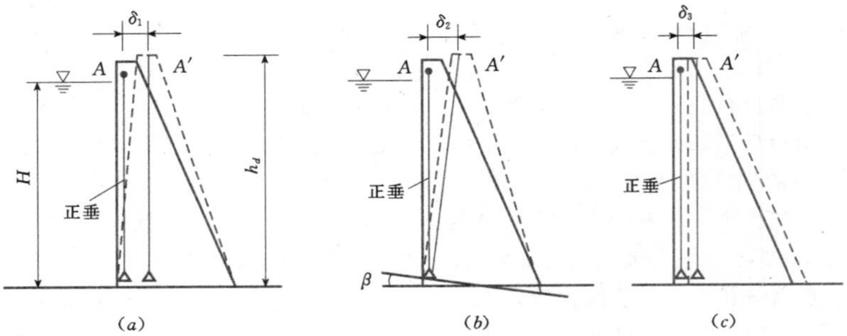

图 6.8-1　正垂线监测的位移分量图

因此，式（6.8-1）以及式（6.8-6）变为

$$E_c = E_{c0}\frac{\delta'_H - (\delta_{H20} + \delta_3)}{\delta_H - \delta_{H2}} \qquad (6.8-7)$$

$$\alpha_c = \alpha_{c0}\frac{\delta_T - \delta_{T2}}{\delta'_T - (\delta_{T20} + \delta_3)} \qquad (6.8-8)$$

其中

$$\delta_{H20}(\text{或}\ \delta_{T20}) = \beta_0 h_d$$

$$\delta_{H2}(\text{或}\ \delta_{T2}) = \beta h_d$$

式中　h_d——坝高；

β_0——假设 E_{r0} 时，用有限元计算坝基面上的转角；

β——真实 E_r 时，用有限元计算地基面上的转角。

2）计算 δ_{H20}、δ_{T20} 的核心是要确定地基面上的转角 β_0，而在监测值中无法求得，只能凭借理论计算，下面介绍 β_0 的计算。

用有限元计算在一定水深或温度作用下，坝基面上任一点的铅直位移 ξ，一般从坝踵到坝趾的变化是非线性的，这样推求坝基转角变位将比较复杂。为简化计算，用线性关系代替非线性关系，一般来讲，这种替代满足工程精度要求。因此，在地基变形模量一定时，坝基面上的转角 β_0 的计算公式为

$$\tan\beta_0 = \frac{\xi_{u0} - \xi_{d0}}{B} \qquad (6.8-9)$$

式中　ξ_{u0}、ξ_{d0}——坝踵、坝趾处的铅直位移，以向上为正，向下为负；

B——坝底宽。

一般转角 β_0 很小，可近似认为 $\beta_0 \approx \tan\beta_0$，因此

$$\delta_{H20}(\text{或}\ \delta_{T20}) = \beta_0 h_d = \frac{h_d}{B}(\xi_{u0} - \xi_{d0}) \qquad (6.8-10)$$

3）计算 δ_{H2}、δ_{T2} 的核心是确定 β，而计算 β 的关键又是要确定地基的真实弹性模量。由于用正垂线监测的位移资料中无法分离出地基转角产生的位移，在这种情况时，只能借助于现场试验测得的 E_r，然后用有限元计算坝踵和坝趾处的位移（ξ_u，ξ_d）。由式（6.8-9）求得

$$\beta \approx \tan\beta = \frac{1}{B}(\xi_u - \xi_d) \qquad (6.8-11)$$

则有

$$\delta_{H2}(\text{或}\ \delta_{T2}) = \frac{h_d}{B}(\xi_u - \xi_d) \qquad (6.8-12)$$

4）计算 δ_3 时，用真实弹性模量时的有限元计算值。

（2）有正垂线和倒垂线联合监测资料的情况。正垂线（AB）和倒垂（BC）线联合监测的资料为相对 C 点的位移，当 C 点较深时，可以看做绝对位移（图 6.8-2）。此时，有限元计算值与监测值基本对应。但是，为了反演 E_c、α_c 和 E_r，还必须分离出坝体和基岩变形。

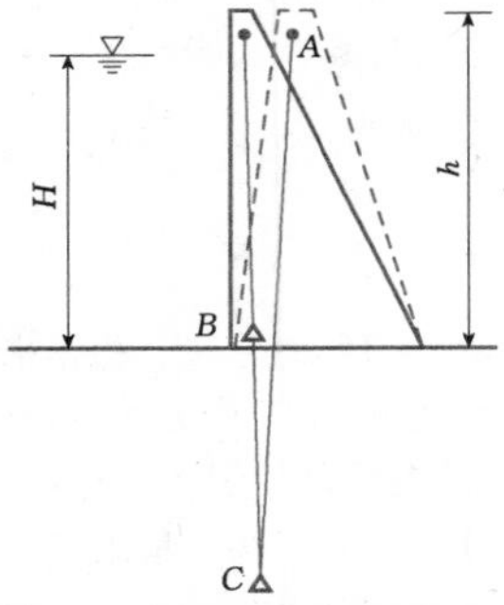

图 6.8-2　正垂、倒垂线联合监测的位移示意图

倒垂（BC）在 B 点的位移测值主要是基岩变形在 B 点产生的位移。因此，首先由倒垂监测资料来反演 E_c，其计算公式为

$$E_r = E_{r0}\frac{\delta'_{rH}}{\delta_{rH}} \qquad (6.8-13)$$

式中　δ_{rH}——真实水压分量，用数学模型中分离出来的值；

δ'_{rH}——假设 E_{r0} 时的有限元法计算值。

正垂（AB）测值扣除倒垂（BC）测值后，还有基岩转角产生的位移。而倒垂无法测出坝基面上的转

角，因此还要用前面介绍的方法即式（6.8-11）来推求β_0，这样，用式（6.8-12）计算δ_{H2}或δ_{T2}。所以，反演坝体混凝土的E_c和α_c的公式分别为

$$E_c = E_{c0}\frac{\delta'_H - \delta_{H2}}{\delta_H - \delta_{H2}} \tag{6.8-14}$$

$$\alpha_c = \alpha_{c0}\frac{\delta_T - \delta_{T2}}{\delta'_T - \delta_{T2}} \tag{6.8-15}$$

要注意的是：应将正垂A点的位移测值扣除倒垂在B点的测值，然后建立数学模型，从中分离出δ_H和δ_T。δ'_H、δ'_T也应将有限元法计算的A、B两点测值之差建立δ'_H和δ'_T的表达式。

（3）有正垂线与激光导线或视准线组合监测位移资料的情况。地基变形及其地基弹性模量的推求：令激光导线或视准线的监测值为y，正垂线监测值为z，则坝基面的位移测值为$\delta = y - z$。建立δ的数学模型，分离出水压和温度分量，然后用上述相同的方法反演坝基弹性模量E_r。

推求坝体变形及坝体弹性模量的原理和公式与正垂、倒垂监测资料的情况相同。

但是，由于正垂与激光导线或视准线的监测精度不同，为此要首先处理两者监测精度的问题。

3. 计算水位及其区域的选择

由式（6.8-1），式（6.8-2）或式（6.8-7）可知，E_c、E_r和H有关，为了较真实地反演坝体混凝土和坝基的弹性模量，必须慎重地选择水位。很显然，在水位很低时，坝体和坝基在水压力作用下的变形较小，用小变形反演坝体弹性模量会产生较大误差。只有当水位很高时，整个坝体受力，产生较大变形，从而用高水位的δ_H来反演坝体混凝土和基岩的综合弹性模量才较合理。为了尽量减少误差，要求用两个不同水深(H_1, H_2)的δ_{H2}与δ_{H1}以及δ'_{H2}与δ'_{H1}之间的差值$\Delta\delta_H$、$\Delta\delta'_H$来反演E_c、E_r，即

$$E_c = E_{c0}\frac{\Delta\delta'_H - (\Delta\delta_{H20} + \delta_3)}{\Delta\delta_H - \Delta\delta_{H20}} \tag{6.8-16}$$

$$E_r = E_{r0}\frac{\Delta\delta'_{rH}}{\Delta\delta_{rH}} \tag{6.8-17}$$

另外，要求数学模型中的δ_H—H与有限元计算的δ'_H—H的斜率基本一致，即

$$\frac{\partial\delta_H}{\partial H} \approx \frac{\partial\delta'_H}{\partial H} \tag{6.8-18}$$

4. 坝体混凝土的泊松比对位移的影响

某重力坝，计算水位在834.00m时，选择不同泊松比$\mu = 0.12 \sim 0.32$时（$E_c = 2.6\times10^4$MPa，$E_r = 1.0\times10^4$MPa）的水压分量，其成果如图6.8-3所示。

从图6.8-3中可看出：坝体混凝土的泊松比对位移影响很小。所以，用有限元计算建立理论模型时，可以不考虑泊松比的影响。

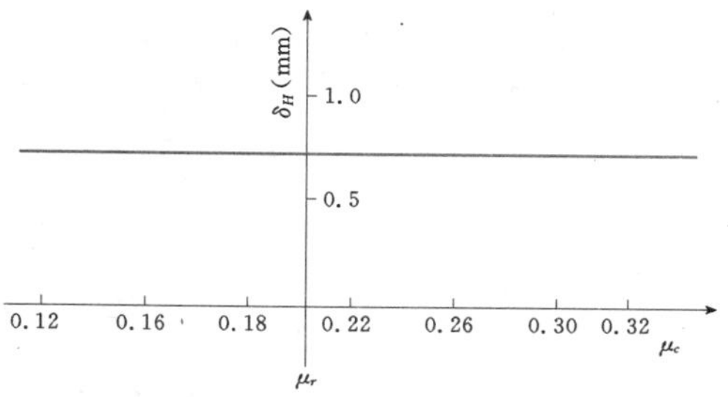

图6.8-3 不同μ_c时的δ_H值

6.8.2 土石坝材料的物理力学参数和徐变度的反演

土石坝的材料是散粒体，在荷载作用下，材料呈明显的非线性，因此反演土石坝材料的物理力学参数比较复杂。这里介绍利用位移监测资料，应用Duncan-Chang模型，用非线性有限元法反演土石坝材料的物理力学参数和徐变度。

6.8.2.1 物理力学参数的反演

1. 基本原理

土体的应力应变关系采用Duncan-Chang模型，其切线模量E_t和泊松比μ_t分别为

$$E_t = \left[1 - \frac{R_f(1-\sin\varphi)(\sigma_1 - \sigma_3)}{2(c\cos\varphi + \sigma_3\sin\varphi)}\right]^2 K p_a\left(\frac{\sigma_3}{p_a}\right)^n \tag{6.8-19}$$

$$\mu_t = \frac{G - F\lg\left(\dfrac{\sigma_3}{p_a}\right)}{\left[1 - \dfrac{D(\sigma_1 - \sigma_3)}{Kp_a\left(\dfrac{\sigma_3}{p_a}\right)^n\left[1 - \dfrac{R_f(1-\sin\varphi)(\sigma_1 - \sigma_3)}{2(c\cos\varphi + \sigma_3\sin\varphi)}\right]}\right]^2} \tag{6.8-20}$$

式中 σ_1、σ_3——最大和最小主应力；
p_a——大气压力，与E_t、σ_3的单位相同；
K——与变形有关的模数；
n——与变形有关的指数；
c、φ——黏聚力、摩擦角，采用总应力法时为c、φ，采用有效应力法时为c'、φ'；
R_f——破坏比，它等于主应力差的渐近值$(\sigma_1 - \sigma_2)_{ult}$与主应力差$(\sigma_1 - \sigma_3)_f$的比值；
G、F、D——参数。

从上两式可看出：切线模量E_t与R_f、c、φ、K、n等参数有关，泊松比μ_t与R_f、c、φ、K、n、G、F、D等参数有关。因此，土石坝材料的物理力学参数有8个。

2. 反演参数的原理

采用 Duncan - Chang 非线性模型进行 Biot 固结理论的有限元分析共有 13 个参数，除了上述 8 个参数外，还有非独立的参数 E_t、μ_t（依赖于上述 8 个参数）以及渗透系数 k 等，其中 k 的表达式为

$$k = A\exp(B,e) \tag{6.8-21}$$

式中　e——孔隙比；

A、B——试验参数。

若 k 是常数，那么独立的 Duncan 模型参数也有 8 个。根据式（6.8-19）、式（6.8-20），参数之间具有复杂的隐函数关系，若将全部参数作为反演对象，其计算工作量十分浩大，为简化计算而又满足工程要求，可以选择对 E_t、μ_t 影响敏感的参数（如 K、G、F、D 等）进行反演计算。

反演的基本思路是：假设待反演的 Duncan 非线性参数，并作为变量，进行 Biot 固结有限元数值分析，求得计算位移值 δ_{ij}，将此值与对应的监测值进行拟合，要求满足的目标函数为

$$Q_{\min} = \min\left\{ \sum_{j=1}^{m} \sum_{i=1}^{n} (\delta'_{ij} - \delta_{ij})^2 \right\} = \min f(K,G,F,D,\cdots) \tag{6.8-22}$$

式中　n——时段 Δt 的总数；

m——断面的监测点数。

从式（6.8-22）中反演待定参数。

6.8.2.2　徐变度的反演

根据前面的统计分析，土石坝变形的时效位移相当显著。特别是竣工蓄水后最初一年的沉降大约是最终沉降的 50%～70%，其值一般大于弹性变形，而时效位移的绝大部分是徐变引起。因此研究土石坝的徐变特性，对了解大坝工作性态和监测大坝的安全运行具有重大意义。下面介绍徐变度反演的基本原理。

1. 土的徐变特性

描述材料徐变特性可以用徐变度 $J(t)$ 表示，即单位应力引起时刻 t 的材料徐变应变量，见图 6.8-4。

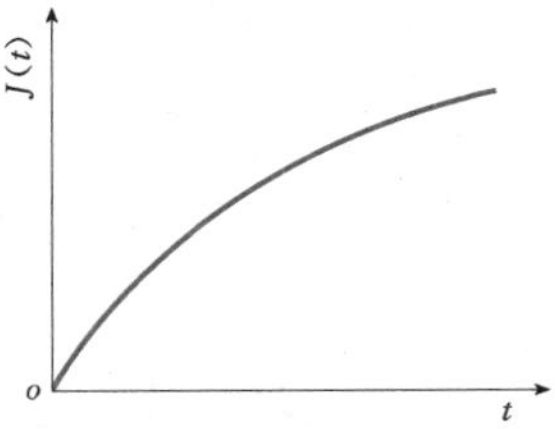

图 6.8-4　$J(t)-t$ 关系曲线

显然 $J(t)|_{t=0} = 0$，即在加载瞬间徐变为零。试验发现徐变的增长率随时间减少，即

$$\frac{\partial}{\partial t}J(t) > 0 \quad \frac{\partial^2}{\partial t^2}J(t) < 0 \tag{6.8-23}$$

实际应用时，往往用某一函数近似地表示土的徐变特性，即

$$J(t) = bf(t) \tag{6.8-24}$$

式中　b——材料徐变特性的参数；

$f(t)$——继效函数。

根据试验结果提出的继效函数常见有下列几种：

（1）对数型

$$f(t) = \ln(1+t)$$

（2）幂函数型

$$f(t) = t^{\beta}$$

式中　β——待定参数。

（3）混合型。上述形式的线性组合。

由土石坝变形统计分析表明：采用对数形式的继效函数，能较好地模拟土石坝材料的徐变特性，为此采用对数形式表示徐变度 $J(t)$，即

$$J(t) = b\ln(1+t) \tag{6.8-25}$$

2. 土石坝徐变度反演

徐变应变的物理方程为

$$\{\varepsilon\}^f = b\ln(1+t)\begin{pmatrix} 1-\mu^2 & \mu(1+\mu) & 0 \\ \mu(1+\mu) & 1-\mu^2 & 0 \\ 0 & 0 & 2(1+\mu) \end{pmatrix} \cdot \{\sigma\}' \tag{6.8-26}$$

从式（6.8-26）可看出：徐变应变 $\{\varepsilon\}^f$ 与系数 b 是线性关系。显然沉陷的时效位移 δ_t 与 b 成正比，即

$$\delta_t \propto b$$

式中　μ——泊松比；

$\{\sigma\}^f$——应力；

$\{\varepsilon\}^f$——徐变应变；

b——徐变系数。

假定徐变系数为 b'，用徐变力学有限元计算坝体各点沉陷值 δ'_t，则存在以下关系式

$$\frac{\delta_t}{\delta'_t} = \frac{b}{b'}, \quad b = b'\frac{\delta_t}{\delta'_t} \tag{6.8-27}$$

如果已知坝体监测点 i，在时刻 t 相对于初始时刻 t_0 的徐变位移实测值为 $\hat{\delta}_{it}$，按线性徐变力学原理也可算出 i 点在 t 时刻相对 t_0 时刻的位移值 δ_{it}，则实测值和计算值的总误差平方和为

$$Q = \sum_{i=1}^{n} \sum_{t=1}^{m} (\hat{\delta}_{it} - \delta_{it})^2 \tag{6.8-28}$$

由于 b 事先没有给定，δ_{it} 也就无法计算。因此，事先任意假定 b'，$\bar{\delta}_{it}$ 表示用 b' 计算的位移值；实际的徐变系数 $b = \eta b'$（η 为待定系数），按式（6.8-27），$\delta_{it} = \eta\bar{\delta}_{it}$，代入式（6.8-28）得

$$Q=\sum_{i=1}^{n}\sum_{t=1}^{m}(\hat{\delta}_{it}-\eta\bar{\delta}_{it})^2 \qquad (6.8-29)$$

η 值应当使总误差平方和 Q 达到极小值，即 $\dfrac{\partial Q}{\partial \eta}=0$，则

$$\frac{\partial Q}{\partial \eta}=-2\sum_{i=1}^{n}\sum_{t=1}^{m}(\hat{\delta}_{it}-\eta\bar{\delta}_{it})\bar{\delta}_{it}=0$$

$$\eta=\frac{\sum_{i=1}^{n}\sum_{t=1}^{m}\hat{\delta}_{it}\bar{\delta}_{it}}{\sum_{i=1}^{n}\sum_{t=1}^{m}\bar{\delta}_{it}{}^2},\quad b=\eta b' \qquad (6.8-30)$$

从式（6.8-30）可求出 b，那么由式（6.8-25）可求出徐变度 $J(t)$。

6.8.2.3 应用实例

某土石坝为黏土心墙砂壳坝，最大坝高 29.8m，覆盖层以砾质粗砂为主，厚约 5～15m。由于施工粗糙等原因，大坝质量较差，土质疏松，上游坡的某一区段常发生滑坡。该坝只有沉降监测资料，其中 0+650.00，0+750.00 两个断面测点的沉降资料为 1980～2007 年的。以这两个断面的沉降监测资料作为反演参数的重点，并将反演参数计算的沉降量与实测值作比较。

1. 非线性参数的反演结果

应用上述原理，反演坝体心墙、砂壳以及覆盖层的非线性参数，如表 6.8-1 所示。

表 6.8-1　坝体材料的主要计算参数反演结果

断面及材料 \ 参数		K	G	F	D
0+650.00	中　砂	300	0.260	0.13	4.80
	黏性土	100	0.305	0.15	2.06
0+750.00	黏性土	100	0.288	0.15	2.06
	覆盖层	130	0.270	0.15	3.50

从表 6.8-1 中可看出：由水土试验得到的 K 值分别为 $K_{砂}=330$、$K_{黏}=165$；而经过反演计算得到的 K 值分别为 $K_{砂}=300$、$K_{黏}=100$。此外，已建工程的 G 试验值比反演计算得到的 G 值大。这些表明：参数的试验值和参考值都比反演计算值高。这是由于大坝运行多年后，在自重作用下渐趋压实的原因。

2. 检验反演结果

采用上述参数，用有限元法计算沉降量，水位和时间等采用监测沉降时的水位和时间，那么得到有限元计算值 δ_{ij}（图 6.8-5 中的计算值过程线）。同时，给出实测过程线（图 6.8-5 中的实测值过程线）。从图 6.8-5 中可看出：计算值与实测值比较吻合。因此，反演的非线性参数比较合理。

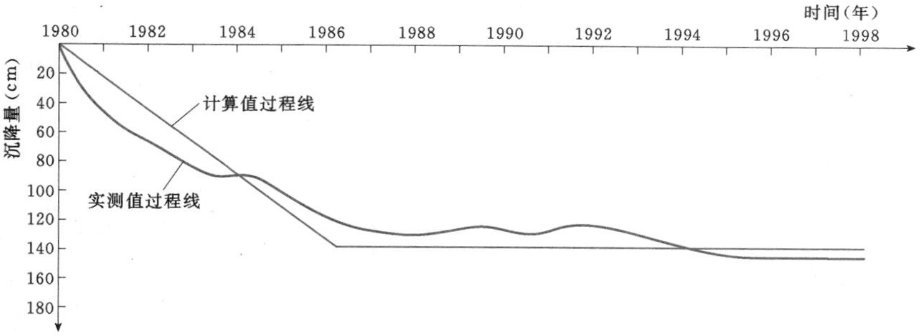

图 6.8-5　计算值与实测值沉降过程线

6.8.2.4 土石坝徐变度的反演

某土石坝是黏土心墙砂壳坝，最大坝高是 72.7m，该坝从 1978 年 4 月开工到 1999 年 10 月填筑到顶。以 1999 年 10 月作为徐变分析的起始时刻，预先假定 $b'=1\times10^{-5}$，材料非线性。采用 Duncan-Chang 非线性模型式（6.8-19）、式（6.8-20），两式中的参数用试验和反演分析的成果。利用有限元计算结果及沉降统计模型时效分量分离值，用式（6.8-30）计算求得 $\eta=6.058$、$b=6.069\times10^{-5}$，由式（6.8-27）得到徐变度的表达式为 $J(t)=6.609\times10^{-5}\ln(1+t)$。

6.8.3 拟定大坝安全监控指标的方法

6.8.3.1 数理统计法

1. 置信区间估计法

该法在国内外普遍采用，其基本原理是统计理论的小概率事件。取显著性水平 α（一般为 1%～5%），则 $P_{\alpha}=\alpha$ 为小概率，在统计学中认为是不可能发生的事件。如果发生，则认为是异常的。

该法的基本思路是根据以往的监测资料，用统计理论（如回归分析等）或有限元计算，建立监测效应

量与荷载之间的数学模型（统计模型、确定性模型或混合模型等）。用这些模型计算在各种荷载作用下监测效应量 $\hat{E}$ 与实测值 E 的差值 $(E-\hat{E})$，该值有 $1-\alpha$ 的概率落在置信带（$\Delta=\pm i\sigma$）范围之内，而且测值过程无明显趋势性变化，则认为大坝运行是正常的；反之是异常的。此时，相应的监测效应量的监控指标 E_m 为

$$E_m = E \pm \Delta \qquad (6.8-31)$$

该法简单，易于掌握。但存在如下缺点：

(1) 如果大坝没有遭遇过最不利荷载组合，或资料系列很短，则在以往监测效应量 E 的资料系列中，不包含最不利荷载组合时的监测效应量。显然用这些资料建立的数学模型只能用来预测大坝遭遇荷载范围内的效应量，其值不一定是警戒值。同时，资料系列不同，分析计算结果的标准差 σ 也不相同；σ 取值不同，i 也不相同，使置信带 $\Delta=\pm i\sigma$ 有一定任意性。

(2) 没有考虑大坝失事的原因和机理，物理概念不明确。

(3) 没有考虑大坝的重要性（等级与级别）。

(4) 如果标准差较大，由该法定出的监控指标可能超过大坝监测效应量的真正极值。

2. 典型监测效应量的小概率法

(1) 基本原理和计算公式。在以往实测资料中，根据不同坝型和各座坝的具体情况，选择不利荷载组合时的监测效应量 E_{mi} 或它们的数学模型中的各个荷载分量（即典型监测效应量）。显然 E_{mi} 为随机变量，每年有一个子样，因此得到一个样本，即

$$E = \{E_{m1}, E_{m2}\cdots, E_{mn}\}$$

一般 E 是一个小子样样本空间，用式（6.8-32）、式（6.8-33）估计其数字特征值。然后应用小子样统计检验方法（如 A—D 法、K—S 法）对其进行分布检验，确定其概率密度函数的分布函数 $f(E)$（如正态分布、对数正态分布和极值Ⅰ型分布等）为

$$\overline{E} = \frac{1}{n}\sum_{i=1}^{n} E_{mi} \qquad (6.8-32)$$

$$\sigma_E = \sqrt{\frac{1}{n-1}\left(\sum_{i=1}^{n} E_{mi}^2 - n\overline{E}^2\right)} \qquad (6.8-33)$$

令 E_m 为监测效应量或某一荷载分布的极值。当 $E>E_m$ 时，大坝将要失事，其概率为

$$P(E > E_m) = P_\alpha = \int_{E_m}^{\infty} f(E)\mathrm{d}E \qquad (6.8-34)$$

求出 E_m 分布后，估计 E_m 的主要问题是确定失事概率 P_α（以下简写为 α），其值根据大坝重要性确定。确定 α 后，由 E_{mi} 的分布函数直接求出 $E_m = F^{-1}(\overline{E}, \sigma_E, \alpha)$。如果 E_{mi} 是监测效应量的各个分量，那么将各个分量叠加才是极值。

(2) 典型监测效应量 E_{mi} 的选择。根据各座坝的具体情况，选择不利于强度和稳定的荷载组合所对应的监测效应量 E_{mi} 或它们的各个分量。按不同的监测效应量说明如下：

1) 变形。拱坝和连拱坝一般在最高水位与低温时产生的应力最大，对强度不利。在高水位和高温时，拱圈轴力最大，对稳定不利。因此，拱坝和连拱坝应选择上述荷载组合所对应的变形值或相应的温度、水压分量作为典型效应量。重力坝在水荷载最大时，对强度和稳定均不利，因此应选择每年最高水位时所对应的变形值或它的水压分量值作为典型效应量 E_{mi}。

应注意的是，不能不加分析地将每年极值变形（向下游或向上游）作为 E_{mi}，因为大坝变形受多种因素影响（如水压力、温度等），是它们的组合效应。当发生极值变形时，大坝和地基的强度或稳定并不一定是不利情况。如重力坝遭遇最高洪水位时（一般在夏季），水压和温度引起的变形一般相反，其变形可能小于水位和温度都较低时的变形值，但前者对强度和稳定比后者不利。

2) 扬压力。坝体横剖面上各测压管水头连成的面积，即为扬压力。由于扬压力越大，对强度和稳定都不利，因此应将每年的最大扬压力 U_{mi} 作为典型效应量。

3) 应力。由于每年极值应力一般均在不利组合情况下出现。故可将坝体及地基控制部位的极值应力 σ_{mi}（拉应力或压应力）作为典型效应量。

(3) 评价。

1) 该法定性联系了对强度和稳定不利的荷载组合所产生的效应量，并根据以往监测资料来估计监控指标，显然比置信区间估计法提高了一步。

2) 当有长期监测资料，并真正遭遇较不利荷载组合时，该法估计的 E_m 才接近极值；否则，只能是现行荷载条件下的极值。

3) 确定失事概率 α 还没有规范，α 值选择带有一定的经验性；所以，由此估计的 E_m 不一定是真实的极值。

4) 该法没有定量联系强度和稳定控制条件。

6.8.3.2　结构计算分析法

根据大坝安全准则

$$R - S \geqslant 0 \qquad (6.8-35)$$

式中　R——大坝或地基的抗力；

S——临界荷载组合的总效应。

若 R 为设计允许值（即有一定的安全度）或大坝运行规律所允许变化范围的值，则满足式（6.8－35）的荷载组合所产生的各监测效应量（如变形、应力和扬压力等）是警戒值。若 R 为极限值，则满足式（6.8－35）的荷载组合所产生的各监测效应量是极值。

在拟定这些指标时，应以原型监测资料为依据，用稳定、强度和抗裂作为控制条件的不利荷载组合。应用这些原理和方法可拟定某重力坝的变形监控指标及其运行控制水位。

结构分析法就是通过模拟大坝结构和基础地质条件和边界条件，用有限元等结构计算方法拟定监控指标。根据监控工况的不同，一般分三级监控指标进行拟定。

1. 一级监控指标

当混凝土坝处于一级监控状态时，其变形处于黏弹性阶段，为了反映混凝土和岩基的黏性流变，坝基和坝体一般采用不同的本构模型，坝基采用 Burgers 模型，混凝土采用广义 Kelvin 模型，其有限元平衡方程为

$$[K]\{\Delta\delta\} = \{\Delta R\} + \{R_0\} \qquad (6.8-36)$$

2. 二级监控指标

当混凝土坝局部出现塑性状态时，大坝处于二级监控状态，变形二级监控指标可应用黏弹塑性理论分析大坝在最不利荷载情况下的变形值而获得。由塑性力学可知，材料从弹性状态进入塑性状态时应力分量之间必须满足的屈服条件，可采用德鲁克—普拉格准则，即

$$F = \frac{\alpha}{3}I_1 + \sqrt{J_2} - K \qquad (6.8-37)$$

式中　I_1——第一应力不变量；

J_2——第二偏应力不变量；

α、K——材料参数。

当 $F<0$ 时，材料处于弹性状态；当 $F=0$，$dF>0$时，表示加载；当 $F=0$，$dF<0$ 时，表示卸载；当 $F=0$，$dF=0$ 时，表示中性变载。

3. 三级监控指标

当大坝在承受极限荷载处于临界破坏状态时，其处于三级监控，此时的监控指标反映的是大坝的极限承载能力。变形三级监控指标的拟定首先须进行材料参数敏感性分析，选择最不利荷载组合（应考虑所有可能荷载），而材料参数在合理范围内取下限值，并根据极限状态方程，由此求得的位移即为三级监控指标。

6.8.3.3　应用实例

1. 某重力拱坝 9 号坝段变形一级监控指标的拟定

这里以该坝的关键坝段（9 号坝段）为例，拟定坝顶径向位移的一级变形监控指标。

（1）拟定监控指标方法。由上述分析可知，估计监测量（如变形）的监控指标的核心是根据大坝和岩基抵御可能发生荷载的能力，以确定该荷载组合作用下大坝的各项监控指标。然而，该大坝经历的最高水位还低于正常水位 2600.00m，因此无法用前面介绍的常规方法估计正常水位 2600.00m 的监控指标。针对该大坝具体情况，故采用黏弹性模型——伯格斯模型来模拟，通过黏弹性有限元方法拟定该大坝的变形一级监控指标。

（2）某重力拱坝 9 号坝段变形一级监控指标。

1）有限元计算模型。有限元计算模型共计 1351 个等参单元，2645 个结点。坝基、坝体及断层的物理力学参数采用反演值，见表 6.8－2。

2）计算工况。水位取 2600.00m，温度荷载取最大温升和温降两种情况。

3）变形一级监控指标。利用黏弹性有限元法分析计算了在水位 2600.00m 以下，并考虑可能的最大温升和温降两种情况，得到 9 号坝段坝顶的径向位移一级监控指标，见表 6.8－3。

表 6.8－2　　某重力拱坝坝体、坝基材料参数表

部位 \ 参数		弹性模量 E (GPa)	泊松比	湿胀系数 α (10^{-5}/℃)	E_M (GPa)	η_M (10^8GPa·s)	E_K (GPa)	η_K (10^5GPa·s)
坝体		22.7	0.167	1.0	68	211.0	80	23000
坝基	2600.00～2480.00m	13.6	0.2	1.0	31	23.0	50	8.5
	2480.00～2435.00m	20.5	0.2	1.0	45	71.0	300	32
	2435.00m 以下	25.2	0.2	1.0	55	132.0	600	51

表 6.8－3　　9 号坝段坝顶径向位移一级监控指标　　单位：mm

位移	水压分量 δ_H	温度分量 δ_T		时效分量 δ_θ	一级监控指标 δ'	
		温升	温降		温升	温降
δ	37.76	－5.84	6.39	δ_θ	$31.92+\delta_{\theta}\pm\Delta$	$44.15+\delta_{\theta}\pm\Delta$

注　Δ 为垂线的中误差，其值为 0.1mm；位移向上游为负，向下游为正；δ_θ 为 $7.92\ln\theta-1.14\theta$。

2. 某连拱坝 13 号坝垛变形二级监控指标的拟定

(1) 某连拱坝 13 号坝垛坝顶水平位移的监控指标拟定的方法。该坝已运行了 40 多年，经历了各种荷载工况的考验，发生过几次大的变故，大坝出现了众多裂缝，缝端已产生塑性区。因此，拟定一级监控指标已无实际意义。因而，下面重点介绍该坝典型坝垛——13 号坝垛水平位移的二级监控指标。针对该坝的具体情况，并结合原位监测资料的分析结果，提出用小概率法和结构分析法等两种方法拟定该坝 13 号坝垛坝顶水平位移的监控指标。

(2) 某连拱坝 13 号坝垛坝顶水平位移的监控指标。

1) 小概率法拟定 13 号坝垛坝顶水平位移监控指标。

a. 子样的选择和分布检验。由原位监测资料表明，某大坝在冬季高水位时产生的应力最大，对强度不利；在夏季高水位时，拱圈推力最大，对稳定不利；而在秋末冬初，受寒流袭击气温骤降，对变形不利。综上分析，选择夏季高水位，秋末初冬高水位、冬季高水位等三个典型时段。经分析分别取每年夏季 7～9 月的最大实测位移，秋末冬初 10～11 月的最大实测位移以及冬季 12 月至次年 3 月最大实测位移作为典型效应量的样本。由前面介绍的小概率法拟定监控指标的基本原理，用 K—S 法对上述资料进行检验，得到各特征时段的位移分布。

a) 7～9 月最大水平位移分布。由 K—S 法检验，该坝 13 号坝垛在 7～9 月最大实测位移 δ 服从正态分布，即 $\delta—N(\bar{\delta}_1, \sigma_1)$，其中 $\bar{\delta}_1=3.0791$、$\sigma_1=0.7208$。当 $\delta>\delta_{m1}$(δ_{m1} 为位移的极值) 时概率为

$$F(\delta>\delta_{m1})=\alpha_1=\int_{\delta_{m1}}^{\infty}\frac{1}{\sqrt{2\pi}\sigma_1}e^{-\frac{(\delta-\bar{\delta}_1)^2}{2}}d\delta=\int_{\delta_{m1}}^{\infty}\frac{1}{0.7208\sqrt{2\pi}}e^{-\frac{(\delta-3.0791)^2}{2}}d\delta \tag{6.8-38}$$

b) 10～11 月最大水平位移分布。由 K—S 法检验，该坝 13 号垛在 10～11 月最大实测位移 δ 服从正态分布，即 $\delta—N(\bar{\delta}_2, \sigma_2)$。其特征值为 $\bar{\delta}_2=3.1328$，$\sigma_2=0.8574$。当 $\delta>\delta_{m2}$ (δ_{m2} 为位移的极值) 时概率为

$$F(\delta>\delta_{m2})=\alpha_2=\int_{\delta_{m2}}^{\infty}\frac{1}{\sqrt{2\pi}\sigma_2}e^{-\frac{(\delta-\bar{\delta}_2)^2}{2}}d\delta=\int_{\delta_{m2}}^{\infty}\frac{1}{0.8574\sqrt{2\pi}}e^{-\frac{(\delta-3.1328)^2}{2}}d\delta \tag{6.8-39}$$

c) 12 月至次年 3 月最大水平位移分布。由 K—S 法检验，该坝 13 号垛在 12 月至次年 3 月最大实测位移 δ 服从正态分布，即 $\delta—N(\bar{\delta}_3, \sigma_3)$。其特征值为 $\bar{\delta}_3=2.5859$，$\sigma_3=0.4998$。当 $\delta>\delta_{m3}$ (δ_{m3} 为位移的极值) 时，其概率为

$$F(\delta>\delta_{m3})=\alpha_3=\int_{\delta_{m3}}^{\infty}\frac{1}{\sqrt{2\pi}\sigma_3}e^{-\frac{(\delta-\bar{\delta}_3)^2}{2}}d\delta=\int_{\delta_{m3}}^{\infty}\frac{1}{0.4998\sqrt{2\pi}}e^{-\frac{(\delta-2.5859)^2}{2}}d\delta \tag{6.8-40}$$

b. 各时段的水平位移监控指标。由统计理论可知，α_1、α_2、α_3 当足够小时，可以认为这是一个小概率事件，即该事件几乎不可能发生，如果发生即为异常事件，见图 6.8-6。利用上述原理，对该坝取 $\alpha_1=\alpha_2=\alpha_3=1\%$，由式 (6.8-38) ～式 (6.8-40)，可求得 13 号坝垛坝顶水平位移在 7～9 月、10～11 月以及 12 月～次年 3 月的极值，即监控指标，见表 6.8-4。

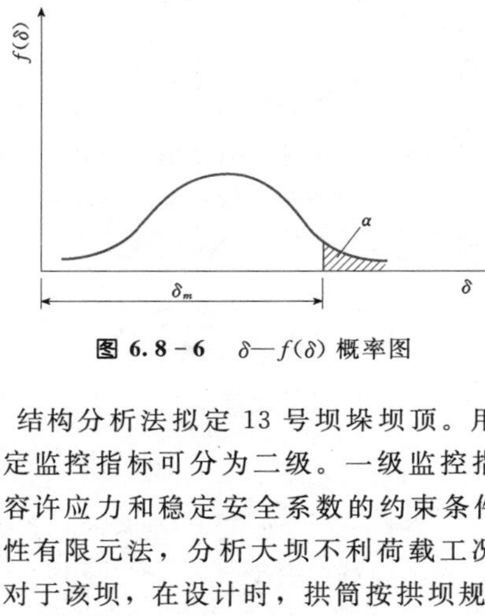

图 6.8-6　$\delta—f(\delta)$ 概率图

2) 结构分析法拟定 13 号坝垛坝顶。用结构分析法拟定监控指标可分为二级。一级监控指标是在混凝土容许应力和稳定安全系数的约束条件下，应用线弹性有限元法，分析大坝不利荷载工况下的位移值。对于该坝，在设计时，拱筒按拱坝规范设计，而支墩则按混凝土重力坝规范设计。由前面分析可知，该坝支墩的坝踵附近，在冬季时，一般产生拉应力，不符合重力坝坝踵不允许出现拉应力的设计准则。因此，针对该坝的具体情况拟定一级监控指标已无实际意义。因而，下面重点介绍该坝 13 号坝垛坝顶水平位移的二级监控指标，即在满足混凝土极限强度和稳定条件下，应用黏弹塑性有限元法，分析 13 号坝垛在最不利荷载工况时的坝顶水平位移值，即二级监控指标。

a. 二级监控指标拟定。由前面分析可知，变形二级监控的失事模式主要归结为强度、裂缝和稳定等破坏形式。由式 (6.8-37) 作为约束条件，用黏弹

塑性有限元法分析程序，计算在最不利荷载工况时坝顶的位移，从而定出二级监控指标。

b. 13号坝垛坝顶水平位移二级监控指标的拟定。由上述分析论证，该坝在夏季高温高水位（7～9月）时对稳定不利；在秋末初冬（10～11月）高水位，气温骤降时对位移不利；在冬季高水位时（12月～次年3月）对应力不利。其中夏季以1969年7月14日（库水位为130.64m）、秋末以1993年11月下旬（库水位为125.14m左右）以及冬季以1990年2月21日（库水位为126.32m）分别代表上述三种工况的最不利荷载组合。应用上述原理，求得上述三种不利荷载组合时的13号坝垛坝顶位移值，见表6.8-4，即为13号坝垛坝顶位移二级监控指标。

表6.8-4　13号坝垛坝顶水平位移二级监控指标

监控指标	小概率法			结构分析法		
	7～9月	10～11月	12月～次年3月	7～9月	10～11月	12月～次年3月
δ_m (mm)	5.21～5.41	5.68～5.88	4.03～4.23	5.09～5.29	5.63～5.83	3.97～4.17

从表6.8-4中可看出：①两种方法拟定的13号坝垛坝顶水平位移的监控指标十分接近，误差在5%以内；②由于结构分析法考虑了坝体和坝基的强度、稳定，并结合了实测资料，建议用结构分析法计算监控指标；③大坝和坝基在运行过程中随着时间的推移，条件在不断变化，特别是工程措施和遭遇特殊工况等，与此同时，随着监测资料的积累，上述指标应相隔一定时间后进行校核和修正，一般建议相隔3～5年要修正一次。

3. 某重力拱坝三级监控指标的拟定

（1）研究的必要性。该坝坝高库大，坝基地质条件复杂，水库水位降低十分缓慢，一旦出现不安全因素，无法迅速降低水位，从而可能造成严重后果。因此，需要拟定三级监控指标，用于对该坝的监控。

（2）拟定监控指标的方法及计算条件。

1）拟定监控指标的方法。该坝经历的最高水位比正常设计水位2600.00m低，因此用结构分析法拟定三级监控指标。

2）计算条件。

a. 有限元模型及材料参数。有限元模型与本节拟定该坝一级监控指标基本一致。在计算中，模拟了复杂的地质构造，其中包括一级构造F_7、F_{73}、F_{18}和二级构造F_{67}、F_{32}以及三级构造T_{25}、T_{66}、F_{49}、F_{215}、F_{314}等。其材料参数按下限取值，见表6.8-5。

表6.8-5　某重力拱坝大变形黏弹塑性材料参数选择表

部位	密度 (kg/m³)	弹性常数		黏性常数			
		弹性模量 (GPa)	泊松比	$E_1(E_K)$ (GPa)	$\eta_1(\eta_K)$ (GPa·s)	$E_2(E_M)$ (GPa)	$\eta_2(\eta_M)$ (GPa·s)
坝体	2450	20	0.167	80	2.40×10^7	67.0	1.2×10^9
坝基	2650	22	0.230	300	7.0×10^5	30.0	4.8×10^9

b. 工况的拟定。在坝工设计中，所采用的设计参数及指标常有一定的安全裕度，由该坝的地质力学及结构力学模型试验表明，水压荷载加到校核洪水位以上几十米，大坝仍未受损，由此可知，若仅以大坝的最不利荷载作为计算工况，按设计参数进行模拟分析，难以求得变形三级监控指标。因此，在计算时采用参数敏感性分析，即把某些参数（如c，f等）在一定范围内降低，进行大变形黏弹塑性有限元分析，并比较各种参数对强度和稳定的影响，最后选择影响最大的参数；并取用最不利荷载组合（即考虑所有可能的荷载中最不利的组合），进行结构分析计算，拟定三级监控指标。

根据上面的分析，结合该坝的实际情况，选择水位2600.00m，附加9级地震和上游离坝最近的2.4km处的7号地段峡口滑坡产生的涌浪（17.5m）。此外，温度选择两组，一是对稳定不利的最大温升，二是对变形和应力不利的最大温降，采用大变形黏弹塑性有限元法进行计算分析。

3）三级监控指标。由上面拟定的工况，对该坝进行了模拟分析计算，结果表明：在最大温降时，拱坝的纵缝和横缝已开始出现开裂，河床9号坝段坝顶径向位移已有112.40mm；在最大温升时，左岸坝肩出现较大的滑动，9号坝段坝顶径向位移达99.8mm。上述两组情况可作为该坝的三级监控指标。但应指出的是，该坝在实际运行中绝对不允许出现三级状况，当大坝显现出三级状况趋势时，应迅速采取措施，以保证工程安全。

6.9　安全性态综合评价

6.9.1　综合评价的体系结构及方法

由于单项分析的局限性，用综合评判来分析水工建筑物的工作性态更符合实际情况，下面以大坝为例对综合评价的体系结构及方法进行介绍。

综合评价是收集各种类型的资料（包括设计、施工、监测与日常巡查等），对这些资料进行不同层次的分析（包括单项分析、反馈分析、混合分析以及非确定性分析），找出荷载集和效应集之间的关系，综合反映大坝的运行，然后凭借专家的经验和洞察力，运用归纳、演绎中的逻辑思维和非逻辑思维方式，经过推理分析，找出问题的由来，并以此提出防范决策或处理方案，综合评价体系结构，见图 6.9-1。

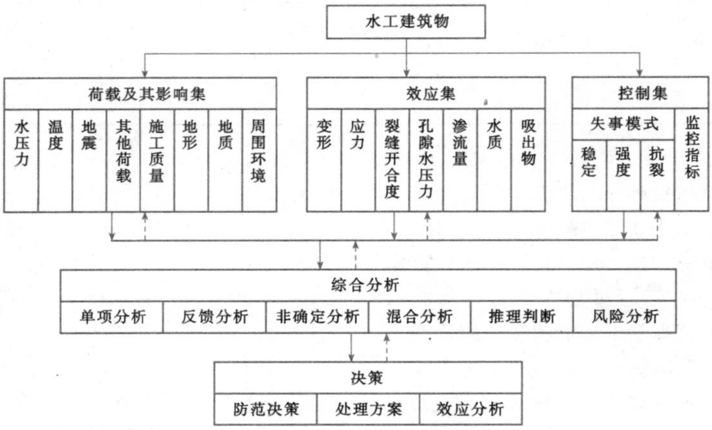

图 6.9-1　综合评价体系结构图

从图 6.9-1 中可以看出，综合评价与单项分析的不同点是：应用专家的智能（或网上会商技术）对各个监测量进行综合分析，并结合现场调研，将一些难以用变量形式表示的随机因素也列入分析对象，这样既抓住了主要影响因素，又能考虑一些次要影响量或易被忽略的因素，借以全面评价大坝的运行工况，用于制定防范措施。目前大坝安全综合评价主要采用层次分析法、模糊综合评价法、归纳推理法、专家系统评价法等，下面简单介绍综合评价的主要过程和实施要点。

6.9.2　综合评价的主要过程和实施要点

6.9.2.1　主要过程

由以上分析可知，综合评价是一门综合性科学，它的可靠性和精确度，一方面依赖于观测仪表及其观测精度，以及目测水平；另一方面依赖于专家的分析和推理能力。一般按下列过程进行。

1. 提出问题

根据设计、施工和运行情况，提出关键问题，并以这些问题为重点，进行推理分析。

2. 观察现象与收集素材

每一异常情况的发生，它首先表现于事物的表面，要解释其异常情况，对此现象必须作一正确评估，先要从认识表面现象入手，收集有关素材，联系客观实际，有机地寻找有关信息，为分析问题提供依据，编制网络。该阶段实质上是观察现象和收集素材阶段，也是为分析问题和解决问题奠定基础的阶段。

3. 分析异常情况的成因

专家根据所收集的素材以及观测到的现象，结合异常情况的特点，从时间、空间顺序进行组合，找出各种因素间的内在联系，描绘产生异常情况的草图。这是分析事物成因的初级阶段，也是对异常情况进行定性和定量分析相结合的阶段。

4. 绘出完整的图案

经过初步分析，得出异常情况的框图，以初步认识事物特性。要认识其异常的真谛，还必须联系它的发展背景，挖掘出前面所没有考虑到的因素，补充不足，最后绘出发生异常情况的真正图案。

5. 综合评价

在认识关键问题以后，专家根据具体情况对大坝安全进行综合评价。一般综合评价分确定型综合评价、不确定型综合评价和风险型综合评价。对坝的结构性态评价，以及对异常情况的综合评价，往往属于风险型综合评价。通常采取下列综合评价过程：假设了解到坝的状态变量 ξ 的信息记为 X_1，X_2，…，X_n，综合评价结果记为 a，则 a 是 X_1，X_2，…，X_n 的函数，记为 $a=f(X_1,X_2,\cdots,X_n)$，则称 a 为综合评价函数。令 θ 为综合评价估计函数，在一般情况下 θ 和 a 不完全相等，记 $L(\theta,a)$ 为两者的差函数（即损失函数），要求 $L(\theta,a)$ 达到最小作为最优综合评价。但由于 θ 是未知的，$L(\theta,a)$ 是一个统计量，所以一般经过多次抽样，求得若干个损失函数 $L(\theta,a)$ 的平均数来评价 a 的好坏，以求全面合理地对问题进行综合分析，并将实施措施再循环评判，分析其效应，最终给出综合评价结果。

6.9.2.2　实施要点

综合评价的关键是找出荷载集与效应集之间的确定性关系与非确定性关系，以及效应集与控制集之间的关系，然后馈控荷载，并作出综合评价。

1. 荷载集与效应集之间的关系

(1) 荷载集与效应集的确定性关系。众所周知，水工建筑物在荷载作用下，将产生荷载效应集，根据前面论述的原理，下面简单介绍几个典型荷载效应量与荷载之间的数学表达式。

变形 $\hat{\delta}$ 与荷载集之间的数学力学关系式为

$$\hat{\delta}=\delta_H(t)+\delta_T(t)+\delta_\theta(t)=a_0+\sum_{i=1}^{3(4)}a_iH^i+\sum_{i=1}^{m_2}b_iT_i+\delta_\theta(t) \tag{6.9-1}$$

式中　H——坝前水深；

T_i——各温度计的测值；

m_2——温度计的支数；

$\delta_\theta(t)$——时效分量。

由式（6.9-1）可以看出，δ_H 与 H 呈非线性关系；δ_T 与 T 呈线性关系；δ_θ 与 θ 呈非线性关系。

应力 $\hat{\sigma}$ 与荷载集之间的数学力学关系式为

$$\hat{\sigma}=f(H)+f(T)+f(\theta)=a_0+\sum_{i=1}^{3(4)}a_iH^i+\sum_{i=1}^{m_2}b_iT_i+f(\theta) \tag{6.9-2}$$

式中符号意义同前。

裂缝开度 $\hat{K}$ 与荷载集之间的数学力学关系式为

$$\hat{K}=K_H+K_T+f(\theta)$$

$$\hat{K}=a_0+\sum_{i=1}^{m_1}a_i\overline{H}_i+\sum_{i=1}^{m_2}b_i\overline{T}_i+f(\theta) \tag{6.9-3}$$

式中　$\overline{T}_i$——裂缝周围温度计当天以及前几天测值的均值；

$\overline{H}_i$——当天以及前几天的坝前水深值。

坝基扬压力与荷载集之间的关系式为

$$U=a_0+\sum_{i=1}^{m_1}a_i\overline{H}_i+\sum_{i=1}^{m_2}b_iT_i+c\delta+U(\theta) \tag{6.9-4}$$

式中　δ——坝体位移（水平或竖直位移）；

其他符号意义同前。

两岸测压孔水位 h 与荷载集之间的关系式为

$$h=a_0+\sum_{i=1}^{m_1}a_i\overline{H}_i+\sum_{i=1}^{m_2}b_ip_i+h(\theta) \tag{6.9-5}$$

式中　p_i——前 i 天的平均降雨量；

其他符号意义同前。

由式（6.9-5）可看出，h 与 $\overline{H}_i$、p_i 关系密切。

渗流量 Q 与荷载集之间的关系式为

$$Q=a_0+\sum_{i=1}^{2}a_iH^i+\sum_{i=1}^{m_2}b_i\overline{T}_i \tag{6.9-6}$$

从式（6.9-6）可看出，渗流量 Q 与水深和温度有关。

由式（6.9-1）～式（6.9-6）以及大坝安全监测资料分析成果表明：一般情况荷载效应集主要受荷载集的影响，它们之间存在着较密切的数学力学关系。由此分析它们之间的相互关系，从中得出荷载集中的每种荷载对单项监测量的影响程度，特别是研究时效分量的变化规律，借以评价大坝的工作性态。然而，由于非确定因素的影响，仅用上述表达式，还不能完全代表监测值的实际变化规律，从而需要研究其他未列入的影响因素。

(2) 荷载集与效应集的非确定性关系。由于影响大坝工作性态的因素错综复杂，有些影响因素无法用数学力学关系式表示。然而，认识这些影响因素对效应量的影响，有时是相当重要的。为说明其重要性，对常见的一些情况作一分析，从而揭示荷载集与效应集的非确定性关系。

1) 施工质量。施工质量的内涵丰富，它涉及到施工中的各个领域。如：混凝土质量、水泥标号和接缝灌浆等。由大量工程实践证明：施工质量的好坏，直接影响大坝的机构性态和运行的安危。然而这些因素很难用定量关系表示。如混凝土设计标号为 C25，而实际标号小于 C25，那么该坝的强度就降低。另外，诸如混凝土初期养护不当引起裂缝以及基础处理质量等，对大坝等水工建筑物的安全运行也有直接影响。

2) 施工程序。施工程序对大坝结构和安全运行也有较大影响。如相邻浇筑块的高差，分期施工等。如某工程分两期施工的断面，其坝基面上的应力见图 6.9-2。从图 6.9-2 中可看出：①若整体施工，则坝踵处应力处于受压状态，见图 6.9-2（*a*）。②若分两期施工，则坝踵由于应力损失，可能最终导致处于受拉状态图 6.9-2（*b*）。

因此，施工程序的不同，会引起应力场等的变化，这些效应较难定量表示。

3）工程处理措施。大坝工作条件复杂，往往要进行各种工程措施的处理。如：

a. 工程地质处理。对天然岩体，一般都存在不同程度的风化、节理或断裂等缺陷，有时还可能有较大的断层破碎带等，因此，在筑坝时需对岩基采取清基、固结灌浆或回填混凝土等加固处理措施。

b. 工程水文地质处理。由于坝基及两岸岩体存在节理和断裂等，从而在基础内形成渗流通道，产生较大的扬压力和渗流量，通常采用帷幕灌浆和排水等工程措施来降低扬压力。

c. 坝体裂缝或其他缺陷（如老化）的处理。坝体在温变和风雨侵蚀等作用下，往往出现裂缝以及坝体老化现象，工程上一般采用缝内灌浆以及局部加固等措施来解决这些问题。例如某连拱坝 1955～1984 年间经历了三次变故，1965 年汛后大坝进行补强加固；1967 年洪水漫顶；1982 年 10 月至 1983 年 5 月进行大坝加高加固。这三次大变故引起大坝结构性态的变化，第一次加固处理（1965～1967 年）提高了大坝的整体性和刚度。第二次加固（1982 年 10 月至 1983 年 5 月），使水压分量和时效位移有所减小，说明坝体刚度有所加强。从上面的例子可看出：工程处理往往影响大坝的结构性态。

鉴于上述分析可知：工程处理措施，对改善大坝的结构性态，确保工程安全起了较大作用。然而，这些工程措施，目前还很难定量表示其效应。

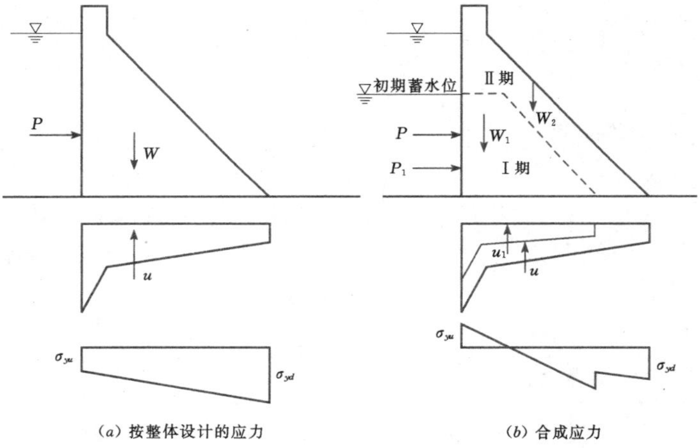

图 6.9-2　分期施工对坝踵应力的影响

P—总水压力；W—坝体自重；W_1—对应Ⅰ期的坝体自重；W_2—对应Ⅱ期的坝体自重；u—坝基面扬压力；P_1—对应Ⅰ期的水压力；u_1—对应Ⅰ期的坝基面扬压力；σ_{yu}、σ_{yd}—坝基面上、下游垂直正应力

4）物理力学参数。通常设计采用的坝体和岩体的物理力学参数是由室内或野外试验资料，经分析和专家研究后确定。实际上影响物理力学的因素很多。如施工质量；周围环境的影响，使大坝混凝土老化，引起坝体混凝土的物理力学参数降低；渗流水对岩体裂缝中夹带物的浸润，使岩体湿化，引起力学性能的降低等，从而使大坝的抗力减少。

5）地震荷载。地震荷载是一个突发性荷载，它除了建筑物自身产生惯性力外，还引起动水压力和动土压力等附加荷载，使大坝产生复杂的结构反应，原来的应力场、位移场和渗流场等产生剧烈变化。通常这些瞬时效应与其荷载之间也较难定量描绘。然而，这些瞬时效应可能引起断裂错位，造成岸坡塌方；也可能形成新的渗流通道，造成渗透变形破坏，土坝的沙土地基可能引起液化等。因此，对地震荷载的估计，不能只研究对坝体的作用，而是要把它的附加效应一起分析，找出荷载集和效应集之间的非确定关系，掌握其动态变化。

上面分析了一些荷载集和效应集之间的非确定性关系，处理这些关系，必须依赖于专业人员的工程经验和洞察力以及调研能力，才能揭示荷载集与效应集之间的动态关系。

根据上述荷载集与效应集之间的确定和非确定性关系，得出总的荷载效应集 Ω_E。

2. 效应集与控制集之间的关系

由前面提出的反演或反馈分析法推求各监测效应量的监控指标 Ω_E（即得到控制集），即

$$\Omega_E^{(m)} - \Omega_E = 0 \qquad (6.9-7)$$

式中 $\Omega_E^{(m)}$ ——控制集，对变形、强度、抗裂、扬压力和渗流量，分别为坝体或坝基材料的容许变形、极限强度、断裂韧度、设计扬压力和容许渗流量；

Ω_E ——临界荷载效应量集，对变形、强度、抗裂、扬压力、渗流量，分别为极值变形、极值应力、最大应力强度因子、极值扬压力和最大渗流量。

可以求得临界状态下的效应量集（$\Omega_E^{(m)}$）。

3. 馈控荷载

求出临界状态时的效应量集（$\Omega_E^{(m)}$）后，根据效应集与荷载集之间的关系式，即

$$\Omega_E^{(m)} = f(H,T,\theta,\cdots) \qquad (6.9-8)$$

可以反馈对应于各临界效应量的控制荷载组合（$H,T,\cdots$）。但在分析时，常会遇到下列问题：①根据各个临界效应量反馈得到的控制荷载（$H,T,\cdots$）不同，对此，可以采用不同级别的控制荷载加以处理；②效应量与荷载之间的非确定性关系，可通过日常巡视检查以及凭借各种类型专家的经验，经分析推理确定。

4. 综合评价

通过荷载集与效应集，效应集与控制集以及控制集和荷载集之间的确定性和非确定性关系的正逆分析，对水工建筑物的结构性态和运行工况做出综合评价，摸清薄弱部位及其原因，确定不同级别的控制荷载以及监测和警报方案，用于制定防范或实施措施，并对这些措施做出风险估计。

6.9.3 应用实例

6.9.3.1 工程的关键问题

某重力拱坝最大坝高 178m。坝区地形地质条件复杂，两岸山体裂缝发育，尤其是左坝肩，其主要问题有：①软弱夹层面 F_3—F_{15}—T_5 的安全系数较小；②左岸岩体的变形模量较低，山体单薄，整体性差；③左坝肩沿坝踵的断裂带（F_4）有不同程度的开裂；④左岸地下水位偏高（高于库水位 20m）等。这些问题影响大坝的安全运行。

6.9.3.2 荷载效应集的分析

该坝坝体与坝肩设置了变形、应力和扬压力等监测设施，经对监测资料的分析研究，得到如下结论。

1. 变形状态

坝体切向位移总体上向左岸变形，其中，在坝高 98.00m 处（即高程 530.00m，坝底高程为 432.00m），左 1/4 拱、拱冠和右 1/4 拱的切向位移时效分量从 2006 年 10 月至 2008 年 9 月分别为 －1.63mm，－2.84mm，－0.22mm，说明左岸的山体单薄，变形模量较低，再加上地下水位偏高，使左岸的整体性较差，预测今后仍有向左岸变形的趋势。

上游谷幅在 2008 年 5 月拉伸值约为 2mm，并偏向左岸。此外，坝高 53.00m、88.00m 的两岸基岩的垂直和水平向测缝计监测分析资料表明：左岸呈受压状态，右岸呈微拉伸状态。

2. 接缝变化状态

由高程 463.00m、497.00m、530.00m 处左岸 F_4 的测缝计监测资料分析得出高程 497.00m 及其以上的测缝计基本上呈拉伸状态。

经不同开裂深度的三维有限元渗流和稳定分析，F_4 开裂深度在 50～80m 时，左坝肩主要滑裂面上的渗压值增加较快，稳定安全系数降低也较快。

3. 应力状态

从提供的应力计和变位计测值资料表明，坝踵处的压应力较大，在拱冠坝踵处，其压应力为 5.8～6MPa，并且压应力有增大的趋势；它受库水位和温度的影响较小，主要受自重以及湿胀的影响。这说明该坝强度不是控制坝安全的主要方面。

4. 渗流变化状况

对左岸地下水位监测孔的资料进行分析后发现：地下水位呈上升趋势，已高出库水位约 20m，这与该岸的地质构造、施工和生活用水以及左岸山沟内的蓄水池等因素有关。从左岸的几条主要断层渗水性来看：F_4 渗水性较好，其他断层透水性较差。因此，左岸原来地下水有相当一部分通过 F_4 向河床侧排出，但是由于 F_4 露头处用混凝土贴角并进行化学灌浆，使 F_4 的透水性降低，从而使左岸地下水位抬高；右岸地下水位比库水位低，并有逐渐降低的趋势。

5. 最危险滑动面 F_3—F_{15}—T_5 的分析

由物理模型试验和三维有限元等分析表明，左岸 F_3—F_{15}—T_5 断裂面的稳定安全储备较低，安全系数不足 1.0。

6. 环境影响分析

左岸地下水位较高，进入断裂中的渗流水对其有侵蚀作用，使力学指标降低。

由以上分析，可得到总荷载效应，见图 6.9－3。

6.9.3.3 综合评价

从已收集到的资料综合分析可得出：①左坝肩的

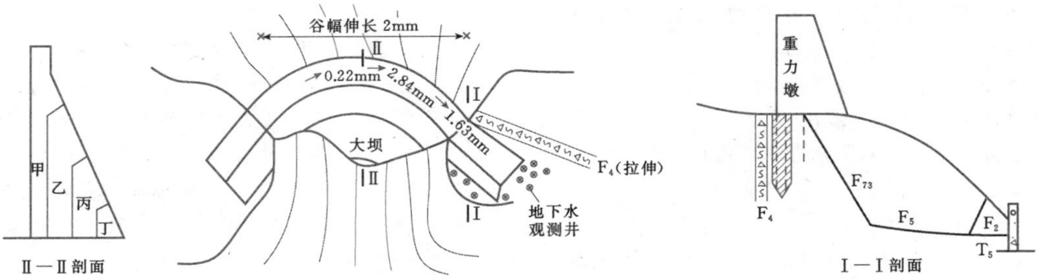

图 6.9－3　荷载效应图

稳定性较差，在荷载作用下，大坝总体上向左岸位移。因此，可能引起右半拱的横缝拉裂漏水；②在拱端推力作用下，F_4 呈受拉状态，可能造成渗流通道，再加上生活和施工用水，引起左岸地下水位偏高，从而恶化左岸渗流场，同时降低物理力学参数；③在上述因素综合作用下，使安全系数较小的一块（即 T_5 以上的一块）可能失稳。

6.9.3.4　处理措施

根据上述分析，该坝左坝肩稳定问题是整个大坝的安全核心，针对该坝实际情况，处理意见如下：

（1）加强左岸坝肩变形，特别是 F_3—F_{15}—T_5 滑裂面以及地下水位等的监测。

（2）加强 F_4 的开裂监测，建议其开裂深度控制在 50m 以内，并要保证主坝排水幕和防渗幕的正常工作。

（3）拆除山沟内的蓄水池，减小渗流源，加强左岸排水，降低左岸地下水位。

从上面的分析和应用实例可看出：

（1）综合评价的功能是充分利用专家的智能，将荷载集与效应集之间的确定性和非确定性、效应集与控制集之间的关系等有机联系起来，经过综合分析，揭示问题的实质，并在此基础上做出决策。因此，将比单项分析法提高一个层次。

（2）从荷载特性及其效应关系和时空顺序上，论证该坝的可能失事原因，并提出了符合实际的措施，克服了单项分析的缺陷。

（3）综合评价突出了专家的智能，因而评价的准确性，一方面决定于收集资料的完整性和精度；另一方面决定于专家的专业知识和实践经验，以及逻辑与非逻辑思维能力。因此，专家的综合评价能力是决定专家评价结果客观程度的主要决定因素。

（4）综合评价还处于探索阶段，关于这方面的理论，尚需进一步完善提高。随着工作的逐步深入，将逐渐向具有人工智能的安全评价专家分析系统方向发展。

参考文献

［1］　吴中如．水工建筑物安全监控理论及其应用［M］．北京：高等教育出版社，2003．

［2］　顾冲时，吴中如．大坝与坝基安全监控理论和方法及其应用［M］．南京：河海大学出版社，2006．

［3］　李珍照．混凝土坝观测资料分析［M］．北京：水利电力出版社，1989．

［4］　李珍照．大坝安全监测［M］．北京：中国电力出版社，1997．

［5］　费业泰．误差理论与数据处理［M］．北京：机械工业出版社，2000．

［6］　DL/T 5209—2005　混凝土坝安全监测资料整编规程［S］．北京：中国电力出版社，2005．

［7］　DL/T 5178—2003　混凝土坝安全监测技术规范［S］．北京：中国电力出版社，2003．

《水工设计手册》（第2版）编辑出版人员名单

总 责 任 编 辑　王国仪

副总责任编辑　穆励生　王春学　黄会明　孙春亮

阳　淼　王志媛　王照瑜

第11卷 《水工安全监测》

责任编辑　穆励生　李　莉

文字编辑　李　莉　殷海军　杨　非

封面设计　王　鹏　芦　博

版式设计　王　鹏　王国华

描图设计　王　鹏　樊啟玲

责任校对　张　莉　黄淑娜　梁晓静　陈春嫚

出版印刷　焦　岩　孙长福　刘　萍

排　　版　中国水利水电出版社微机排版中心